机械工
综合切削手册

齐习娟　尹成湖　主编

化学工业出版社

·北京·

内 容 简 介

本手册是与机械加工相关的综合性工具书，紧密结合机械加工从业人员的日常工作需要，从机械加工实用角度选材，为机械加工相关人员提供实用的方法、资料和数据。本手册以图表形式介绍相关内容，以利于读者方便地查阅所需内容及资料，提高读者的工作效率。本手册具有内容丰富、简明实用、查阅便捷的特点。

本手册共分 17 章，包括：机械制造概述；金属学基础知识；钢的热处理；常用工程材料；机械加工识图基础；公差配合；技术测量；常用机械零件和标准结构；金属切削加工原理；机械加工工艺规程制定；机械制造安全生产规程；机床夹具设计原理；车削加工；铣削加工；磨削加工；钳工加工；铆工及钣金加工。

本手册适合机械加工相关的工艺人员、高级技工和技术工人在日常工作中学习和使用，也可作为高等院校、职业院校机械类专业师生设计、实验和学习的参考用书。

图书在版编目（CIP）数据

机械工综合切削手册/齐习娟，尹成湖主编. —北京：化学工业出版社，2022.10
ISBN 978-7-122-41472-4

Ⅰ.①机… Ⅱ.①齐… ②尹… Ⅲ.①金属切削-手册
Ⅳ.①TG5-62

中国版本图书馆 CIP 数据核字（2022）第 085905 号

责任编辑：陈 喆 张兴辉
责任校对：赵懿桐 装帧设计：刘丽华

出版发行：化学工业出版社（北京市东城区青年湖南街 13 号 邮政编码 100011）
印 装：北京新华印刷有限公司
850mm×1168mm 1/32 印张 33¼ 字数 898 千字
2023 年 1 月北京第 1 版第 1 次印刷

购书咨询：010-64518888 售后服务：010-64518899
网 址：http://www.cip.com.cn
凡购买本书，如有缺损质量问题，本社销售中心负责调换。

定 价：128.00 元 版权所有 违者必究

制造业是国民经济的主体，没有强大的制造业就没有国家和民族的强盛。机械制造业是国民经济的支柱产业，国民经济中任何行业的发展必须依靠制造业的支持并提供装备。在国民经济生产力构成中，制造技术的作用占 60% 以上。打造具有国际竞争力的机械制造业，是我国提升综合国力、保障国家安全、建设世界强国的必由之路。

我国虽然是制造业大国，但并非制造业强国。机械加工生产水平的高低，已成为衡量一个国家产品制造水平高低的重要标志，机械加工在很大程度上决定着产品的质量、效益和新产品的开发能力。全球化竞争的加剧、能源环境的制约以及依赖于廉价的劳动力是我国制造业进一步发展的瓶颈。机械制造业的发展离不开科技和人才的支撑，其中机械行业从业人员特别是机加工人员的专业技能对机械制造业的发展尤为重要。机械制造业是人才和知识密集的行业，机械加工行业涉及的工种多，包括金属切削加工、质量检测、钳工作业、铆工作业、钣金加工、设备调整与维护、安全检查等各类从业人员。机加工过程中从毛坯到零件，从零件到成品的装配，以及零件和成品的质量保证等各个环节，涉及知识面非常广泛，机械加工从业人员需要全面掌握如机械制图、公差配合、金属切削原理、机床、刀具、机加工工艺、夹具、量具、辅具等基本知识，还需要了解一些金属材料学、铸造、锻压、热处理等相关知识，除了专业技能外，机加工从业人员还有必要了解一些国家及行业标准、安全生产规程等方面的知识。为培养机械加工技术高技能人才，加强工程实践能力和专业技能的训练，在深入机械加工制造企业及机械加工应用行业进行广泛调研的基础上，针对机械加工中所涉及的内容编写了本书。本书涵盖知识面广，且注重实用技术，贴近生产实际，多采用图、表和实例，方便机加工从业人员查阅。

本书特别注意理论与实践相结合，具有较强的综合性、实践性和实用性，由浅入深地综合介绍了现代机械加工人员所应掌握的各种知识。全书内容共分为 17 章，主要包括机械制造概述、金属学基础知识、钢的热处理、常用工程材料、机械加工识图基础、公差配合、技术测量、常用机械零件和标准结构、金属切削加工原理、机械加工工艺规程制定、机械制造安全生产规程、机床夹具设计原理、车削加工、铣削加工、磨削加工、钳工加工、铆工及钣金加工。

本书由河北科技大学齐习娟、尹成湖主编并统稿。参与本书编写和修改的还有魏胜辉、秦志英、赵月静，张英负责文字录入和图表处理工作。在此，还要感谢其他为本书的编写和出版提供了极大帮助的各位专家和教授，向参考文献的各位作者一并表示感谢。

由于编写时间仓促，加之编者水平有限，书中不足之处在所难免，恳请广大读者批评指正。

编　者

目/录

第5章 机械加工识图基础   88

第6章　公差与配合　164

第7章　技术测量　222

第8章 常用机械零件和标准结构   272

第9章 金属切削原理及刀具

第10章　机械加工工艺规程的制订 345

第11章　机械制造安全操作规程 464

第12章　机床夹具设计原理 465

第13章　车削加工　567

第14章 铣削加工 ⑥⑷⑨

第15章　磨削加工 747

第16章 钳工

第17章　铆工及钣金加工 987

参考文献 1032

赠送视频精讲

（手机直接扫描二维码观看，无需付费）

第 1 部分：普通车床加工操作视频教程

1. 三爪卡盘	2. 四爪卡盘	3. 一夹一顶装夹	4. 两顶尖装夹
5. 中心架装夹	6. 跟刀架装夹	7. 车刀的安装	8. 车端面
9. 车外圆-粗车	10. 车外圆-精车	11. 车外圆-机动进给	12. 车削台阶轴
13. 钻中心孔	14. 车削长轴-一夹一顶	15. 车削长轴-两顶尖装夹	16. 切断
17. 车沟槽	18. 车端面槽	19. 车削圆锥面-转动小滑板	20. 车削圆锥面-偏移尾座

21. 钻孔	22. 车内孔	23. 车台阶孔	24. 车盲孔
25. 铰孔	26. 车内沟槽	27. 三角形螺纹-装刀和车床调整	28. 三角形螺纹-车螺纹练习

第 2 部分：普通铣床加工操作视频教程

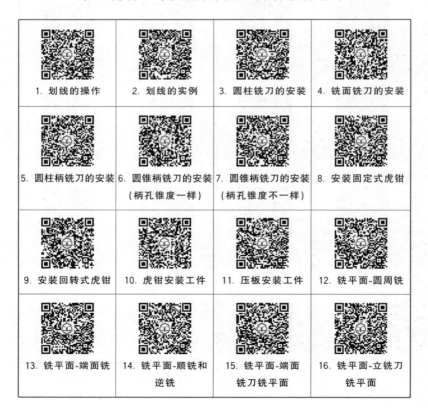

1. 划线的操作	2. 划线的实例	3. 圆柱铣刀的安装	4. 铣面铣刀的安装
5. 圆柱柄铣刀的安装	6. 圆锥柄铣刀的安装（柄孔锥度一样）	7. 圆锥柄铣刀的安装（柄孔锥度不一样）	8. 安装固定式虎钳
9. 安装回转式虎钳	10. 虎钳安装工件	11. 压板安装工件	12. 铣平面-圆周铣
13. 铣平面-端面铣	14. 铣平面-顺铣和逆铣	15. 铣平面-端面铣刀铣平面	16. 铣平面-立铣刀铣平面

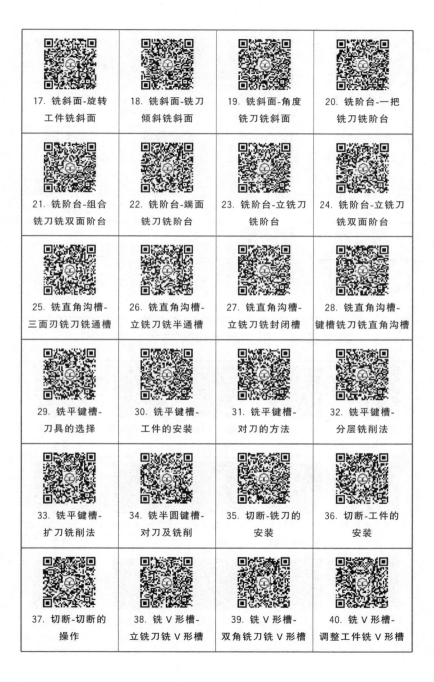

17. 铣斜面-旋转工件铣斜面	18. 铣斜面-铣刀倾斜铣斜面	19. 铣斜面-角度铣刀铣斜面	20. 铣阶台-一把铣刀铣阶台
21. 铣阶台-组合铣刀铣双面阶台	22. 铣阶台-端面铣刀铣阶台	23. 铣阶台-立铣刀铣阶台	24. 铣阶台-立铣刀铣双面阶台
25. 铣直角沟槽-三面刃铣刀铣通槽	26. 铣直角沟槽-立铣刀铣半通槽	27. 铣直角沟槽-立铣刀铣封闭槽	28. 铣直角沟槽-键槽铣刀铣直角沟槽
29. 铣平键槽-刀具的选择	30. 铣平键槽-工件的安装	31. 铣平键槽-对刀的方法	32. 铣平键槽-分层铣削法
33. 铣平键槽-扩刀铣削法	34. 铣半圆键槽-对刀及铣削	35. 切断-铣刀的安装	36. 切断-工件的安装
37. 切断-切断的操作	38. 铣Ｖ形槽-立铣刀铣Ｖ形槽	39. 铣Ｖ形槽-双角铣刀铣Ｖ形槽	40. 铣Ｖ形槽-调整工件铣Ｖ形槽

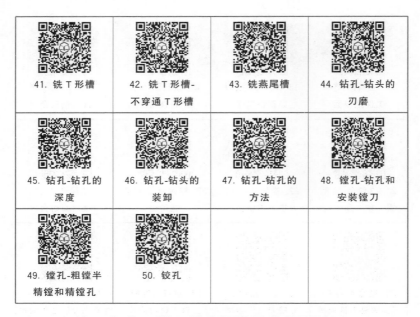

41. 铣 T 形槽	42. 铣 T 形槽-不穿通 T 形槽	43. 铣燕尾槽	44. 钻孔-钻头的刃磨
45. 钻孔-钻孔的深度	46. 钻孔-钻头的装卸	47. 钻孔-钻孔的方法	48. 镗孔-钻孔和安装镗刀
49. 镗孔-粗镗半精镗和精镗孔	50. 铰孔		

第 3 部分：钳工基本操作技能视频演示

1. 平面划线应用实例一	2. 平面划线应用实例三	3. 圆钢棒料的錾削	4. 长方体锯削	5. V 形块的锯削
6. 圆弧形面的锉配	7. 四方块上平面的刮削	8. 直角尺的研磨	9. 形件弯制	10. 手工铆接的操作
11. 磨花钻的刃磨	12. 钻孔	13. 铰孔	14. 在长方体上攻螺纹	15. 在圆杆上套螺纹

第1章
机械制造概述

 1.1 机械制造的概念

1.1.1 制造与制造技术

(1) 制造

制造是人类最主要的生产活动之一。制造的历史悠久,从制造石器、陶器、铜器和铁器,到制造简单的机械,如刀、枪、剑、戟等兵器,钻、凿、锯、锉、锤等工具,锅、盆、罐、犁、车等用具,这个漫长的时期属于早期制造。早期的制造是靠手工的,可以理解为用手来做。如制造的英文词汇为 manufacture,起源于拉丁文 manu(手)和 facture(做)。从英国工业革命开始,以机械工业化生产为标志,逐渐用机械代替手工,制造技术也从手艺向工艺转化,社会分工更加细化,产品生产由手工业向产业(机械制造业属于第二产业,包括制造业、采掘业、建筑业、运输业、通信业、电力业和煤气业等)转变,产品生产逐步实现了机械化、自动化,进一步解放了劳动力。现代制造技术或先进制造技术是 20 世纪 80 年代提出的,是机械、电子、信息、材料、生物、化学、光学和管理等技术的交叉、融合和集成并应用于产品生产的技术和理念。未来的制造将突破人们传统的思维和想象向纳米制造、分子制造、生物制造等方面发展。为了满足人类发展不断变化的需要，制造业和制造技术也在不断发展和进步。

制造是人类按照所需目的，运用主观掌握的知识和技能，借助于手工或可以利用的客观物质工具，采用有效的方法，将原材料转化为最终物质产品，并投放市场的全过程。制造是包括市场需求、产品设计、工艺设计、加工装配、质量保证、生产过程管理、营销、售后服务等产品寿命周期内的一系列活动。

（2）制造技术

制造技术是完成制造活动所需的一切手段的总和。制造技术是制造活动和制造过程的核心，手工制造的核心是能工巧匠的手艺、技巧、技能；机械制造的核心是机械制造技术，包括制造活动的知识、经验、操作技能、制造装备、工具和有效方法等。

（3）机械制造技术的发展

我国的制造有着悠久历史，各种石器、陶器、铜器、铁器、工具和用具的制造，创造了辉煌的古代制造文明。在近代，我国延续了农业经济发展道路，制造技术被西方的工业经济甩在了后面。新中国成立后，我国的机械工业从无到有，从小到大，从制造一般机械产品到制造高精尖产品，从单机制造到大型成套设备制造，目前形成了门类齐全、比较完整的机械工业体系，为国民经济和国防建设提供了大量的技术装备，在国民经济中的支柱产业地位明显。

目前，我国产品生产总量和制造规模已位居世界制造大国的行列，制造技术取得了长足的进步，一些产品已达到国际先进水平，部分制造企业在国际上崭露头角，产业区、经济带逐渐形成，有些产品的技术水平和市场占有率居世界前列，如大型施工机械、百万千瓦超临界火电机组、汽轮机和发电机的设计制造技术，汽车的产销量。中低端产品生产加工能力很强，高端技术装备依赖进口，大而不强的问题影响着我国的发展。自主品牌不足；单机生产的多，成套的少；产品附加值低。高档数控机床、大功率航空发动机、船舰发动机、集成电路芯片制造装备、光纤制造装备等高端关键技术设备仍依赖进口。

由制造大国向制造强国的转变是我国的一个发展规划，主要解决制造技术基础薄弱、创新能力不强、低端产品多高端产品少、资源消耗和能源消耗大、环境污染等问题。发展思路是：

① 提高装备设计、制造和集成能力。以促进企业技术创新为突破口，通过技术攻关，基本实现高档数控机床、重要装备、重大成套技术装备、关键材料与关键零部件的自主设计制造。

② 积极发展绿色制造。加快相关技术在材料与产品开发设计、加工制造、销售服务及回收利用等产品全生命周期中的应用，形成高效、节能、环保和可循环的新型制造工艺。

③ 用高新技术改造和提升制造业。大力推进制造业信息化，积极发展基础原材料，大幅度提高产品档次、技术含量和附加值，全面提升制造业整体技术水平。

1.1.2　工艺与机械制造工艺

（1）工艺与工艺过程

工艺是使各种原材料、半成品成为产品的方法和过程。材料加工的工艺类型分为去除加工、结合加工和变形加工。材料的工艺类型、原理及其加工方法如表1.1所示。工艺过程是生产过程的一部分，是改变生产对象的形状、尺寸、相对位置或性质等，使原材料成为成品或半成品的过程。

◇ 表1.1　材料的工艺类型、原理及其加工方法

分类	加工机理		加工方法
去除加工	力学加工		切削加工、磨削加工、磨粒流加工、磨料喷射加工、液体喷射加工
	电物理加工		电火花加工、电火花线切割加工、等离子体加工、电子束加工、离子束加工
	电化学加工		电解加工
	物理加工		超声波加工、激光加工
	化学加工		化学铣削、光刻加工
	复合加工		电解磨削、超声电解磨削、超声电火花电解磨削、化学机械抛光
结合加工	附着加工	物理加工	物理气相沉积、离子镀
		热物理加工	蒸镀、熔化镀
		化学加工	化学气相沉积、化学镀
		电化学加工	电镀、电铸、刷镀

续表

分类	加工机理		加工方法
结合加工	注入加工	物理加工	离子注入、离子束外延
		热物理加工	晶体生长、分子束外延、渗碳、掺杂、烧结
		化学加工	渗氮、氧化、活性化学反应
		电化学加工	阳极氧化
	连接加工		激光焊接、化学粘接、快速成形制造、卷绕成形制造
变形加工	冷、热流动加工		锻造、辊锻、轧制、挤压、辊压、液态模锻、粉末冶金
	黏滞流动加工		金属型铸造、压力铸造、离心铸造、熔模铸造、壳型铸造、低压铸造、负压铸造
	分子定向加工		液晶定向

(2) 机械制造工艺

机械制造工艺是各种机械的制造方法和过程的总称。它是用机械的制造方法，将原材料制成机械零件的毛坯，再将毛坯加工成机械零件，然后将这些零件装配成机器设备的整个过程。机械制造工艺过程的内容包括：毛坯制造、热处理、机械加工、装配和检验等，如图 1.1 所示。

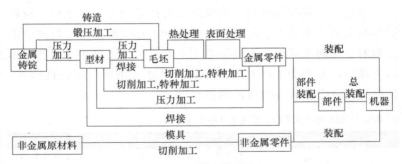

图 1.1 机械制造的内容框图

① 毛坯制造与热处理　机械零件的材料一般采用金属材料，如钢、铸铁等。机械零件的毛坯类型有铸件、锻件、型材、焊接件等，相应毛坯的制造方法有铸造、锻造、冲压、轧制、焊接等。

铸造是熔炼金属，制造铸型，并将熔融金属浇注铸型，凝固后获得的具有一定形状、尺寸和性能的金属毛坯的成形方法。

锻造是在加压设备及工（模）具的作用下，使坯料、铸锭产生局部或全部的塑性变形，以获得一定几何形状、尺寸和质量的锻件的加工方法。

焊接是通过加热或加压，或两者并用，并且用或不用填充材料，使工件达到结合的一种方法。

热处理是将固态金属或合金在一定介质中加热、保温和冷却，以改变其整体或表面组织，从而获得所需要性能的加工方法。常用的方法有退火、正火、淬火、高频淬火、调质、渗氮、碳氮共渗（氰化）等。

表面热处理是改善工件表面层的力学、物理或化学性能的加工方法。常用方法有感应加热表面淬火、火焰加热表面淬火、电解液淬火和激光淬火等。

表面处理是在基体材料表面上人工形成一层与基体的机械、物理和化学性能不同的表层的工艺方法。表面处理的目的是满足产品的耐蚀性、耐磨性、装饰或其他特种功能要求。机械表面处理包括喷砂、磨光、抛光、喷涂、刷漆等。化学表面处理包括发蓝发黑、磷化、酸洗、化学镀等。电化学表面处理包括阳极氧化、电化学抛光、电镀等。现代表面处理包括化学气相沉积、物理气相沉积、离子注入、激光表面处理等。

② 机械加工　机械加工是利用机械力对各种工件进行加工的方法。它包括切削加工、压力加工（无屑加工）和特种加工。

切削加工是利用切削刀具从工件上切除多余材料的加工方法，如车削、铣削、刨削、磨削、钳等加工方法将毛坯制成零件。

车削是工件旋转作主运动，车刀作进给运动的切削方法。

铣削是铣刀旋转作主运动，工件或铣刀作进给运动的切削方法。

刨削是用刨刀对工件作水平相对直线往复运动的切削加工方法。

钻削是用钻头或扩孔钻头在工件上加工孔的方法。

铰削是用铰刀从工件孔壁上切除微量金属层，以提高其尺寸精度和表面粗糙度的方法。

镗削是镗刀旋转作主运动，工件或镗刀作进给运动的切削加工方法。

插削是用插刀对工件作垂直直线往复运动的切削加工方法。

拉削是用拉刀加工工件内、外表面的方法。

刮削是用刮刀刮除工件表面薄层的加工方法。

磨削是用磨具以较高的线速度对工件表面进行加工的方法。

研磨是用研磨工具和研磨剂从工件上研去一层极薄表面层的精加工方法。

珩磨是利用珩磨工具对工件表面施加一定压力，珩磨工具同时作相对旋转和直线往复运动，切除工件上极小余量的精加工方法。

压力加工是使毛坯材料产生塑性变形或分离而无屑的加工方法，如冲压、滚轧、挤压、碾压等无屑加工方法直接从型材制成零件。

特种加工是直接借助电能、热能、声能、光能、电化学能、化学能以及特殊机械能量或复合应用以实现材料切除的加工方法，如电火花加工、电化学加工、激光加工、超声加工等方法。

③ 非金属材料模具成型 对塑料、陶瓷、橡胶等非金属材料，直接将原材料经模具成型加工成零件。

④ 装配 装配是按规定的技术要求，将零件或部件进行配合和连接，使之成为半成品或成品的工艺过程，如将零件装配成合件，将零件、合件装配成组件和部件，将零件、合件、组件和部件装配成机器。

⑤ 检验与测试 在机械制造过程中，需要判定毛坯、零件的尺寸、形状、表面质量、内部组织、力学性能等是否符合设计要求，需要判定部件和机器的性能和技术要求是否符合设计规定，这些测量、检验和测试用以判定零件加工、部件和机器装配是否合格。

⑥ 其他辅助工作 其他辅助工作包括毛坯、零件、部件和机器的搬运、储存、涂装和包装等。

1.1.3 生产过程、生产纲领与生产类型

（1）生产过程

生产过程是将原材料转变为成品的全过程。它包括原材料的运输和保存、生产技术准备工作、毛坯的制造、零件的机械加工与热处理、部件和整机的装配、机器的检验、调试和包装等。根据机械产品复杂程度的不同，其生产过程可以由一个车间或一个

机械工综合切削手册

工厂完成，也可以由多个车间或多个工厂联合完成。生产过程中的生产对象是指原材料、毛坯、工件、外协件、试件、工艺用件、在制品、半成品、制成品、合格品、废品等。

原材料是投入生产过程以创造新产品的物资。主要材料是构成产品实体的材料。辅助材料是在生产中起辅助作用而不构成产品实体的材料。原材料和成品是一个相对概念。一个工厂（或车间）的成品可以是另一个工厂的原材料或半成品，或者是本厂内另一个车间的原材料或半成品。例如，铸造车间、锻造车间的成品（铸件、锻件）就是机械加工车间的原材料，而机械加工车间的成品又是装配车间的原材料。这种生产上的分工，可以使生产趋于专业化、标准化、通用化、系列化，便于组织管理，利于保证质量，提高生产率，降低成本。

毛坯是根据零件（或产品）所要求的形状、工艺尺寸等而制成的供进一步加工用的生产对象。

工件是加工过程中的生产对象。

外协件是委托其他企业完成部分或全部制造工序的零、部件。

试件是为试验材料的力学、物理、化学、金相组织或可加工性等而专门制作的样件。

工艺用件是为工艺需要而特制的辅助件。

在制品是在一个企业的生产过程中，正在进行加工、装配或待进一步加工、装配或检查验收的制品。

半成品是在一个企业的生产过程中，已完成一个或几个生产阶段，经检验合格入库尚待继续加工或装配的制品。

制成品是已完成所有处理和生产的最终物料。

合格品是通过检验质量特性符合标准要求的制品。

废品是不能修复又不能降级使用的不合格品。

（2）生产纲领

生产纲领是指企业在计划期内，应当生产的产品产量和进度计划。企业应根据市场需求和自身的生产能力决定其生产计划。零件的生产纲领还包括一定的备品和废品数量，计划期为一年的生产纲领称为年生产纲领，计算式为：

$$N = Qn(1+\alpha)(1+\beta)$$

式中　N——零件的年生产纲领，件/年；

　　　Q——产品的年产量，台/年；

　　　n——每台产品中，该零件的数量，件/台；

　　　α——备品百分数；

　　　β——废品百分数。

年生产纲领是设计或修改工艺规程的重要依据，是车间（或工段）设计的基本文件。

生产纲领确定以后，还应该根据车间（或工段）的具体情况，确定生产批量。

生产批量是一次投入或产出同一产品（或零件）的数量。

在计划期内，产品（或零件）的生产批量计算式为：

$$n = NA/F$$

式中　n——每批中的零件数量；

　　　N——年生产纲领规定的零件数量；

　　　A——零件应该储备的天数；

　　　F——一年中工作日天数。

确定生产批量的大小主要应考虑三个因素：资金周转要快；零件加工、调整费用要少；保证装配和销售的必要储备量。

生产周期是生产某一产品（或零件）时，从原材料投入到出产品一个循环所经历的日历时间（如，从北京时间 2020 年 5 月 10 日 8 时 0 分 0 秒到 2020 年 5 月 10 日 10 时 0 分 0 秒）。

生产节拍是流水生产中，相继完成两件制品之间的时间间隔。

（3）生产类型

生产类型是企业（或车间、工段、班组、工作地）生产专业化程度的分类。一般分为大量生产、成批生产和单件生产三种类型。

单件生产——产品品种很多，同一产品的产量很少，各个工作地的加工对象经常改变，而且很少重复生产。例如，重型机械制造、专用设备制造和新产品试制都属于单件生产。

大量生产——产品的产量很大，大多数工作地按照一定的生产节拍进行某种零件的某道工序的重复加工。例如，汽车、拖拉机、自行车、缝纫机和手表的制造常属大量生产。

成批生产——一年中分批轮流地制造几种不同的产品，每种产品均有一定的数量，加工对象周期性地重复。例如，机床、机车、电机和纺织机械的制造常属成批生产。

按批量的多少，成批生产又可分为小批、中批和大批生产三种。在工艺上，小批生产和单件生产相似，常合称为单件小批生产；大批生产和大量生产相似，常合称为大批大量生产。

生产类型的具体划分，可根据生产纲领和产品及零件的特征确定。生产类型与重型机械、中型机械和轻型机械零件生产纲领（年生产量）的关系见表1.2，供工艺规程制订时参考。

◇ 表1.2　生产类型与零件特点及其生产纲领的关系

生产类型	零件年生产纲领/(件/年)		
	重型机械零件 （30kg 以上）	中型机械零件 （4～30kg）	轻型机械零件 （4kg 以下）
单件生产	≤5	≤10	≤100
小批生产	>5～100	>10～150	>100～500
中批生产	>100～300	>150～500	>500～5000
大批生产	>300～1000	>500～5000	>5000～50000
大量生产	>1000	>5000	>50000

生产类型不同，产品和零件的制造工艺、所用设备及工艺装备、采取的技术措施、达到的技术经济效果等也不同。因此，在制订机器零件的机械加工工艺过程和机器产品的装配工艺过程时，都必须考虑不同生产类型的特点，以取得最大的经济效益。各种生产类型的特点和要求见表1.3。

◇ 表1.3　各种生产类型的特点和要求

工艺特征	生产类型		
	单件小批	中批	大批大量
零件的互换性	用修配装配法或调整装配法，钳工修配或调整，缺乏互换性	大部分具有互换性。装配精度要求高时，灵活应用分组装配法和调整法，同时还保留某些修配法	具有广泛的互换性。少数装配精度较高处，采用分组装配法和调整装配法
毛坯的制造方法与加工余量	木模手工造型或自由锻造。毛坯精度低，加工余量大	部分采用金属模机器造型或模锻。毛坯精度较高，加工余量中等	广泛采用金属模机器造型、模锻或其他高效方法。毛坯精度高，加工余量小

工艺特征	生产类型		
	单件小批	中批	大批大量
机床设备及其布置形式	通用机床。按机床类别采用机群式布置	部分采用通用机床和高效专用机床。按工件类别分工段排列设备	广泛采用高效专用机床及自动机床。按流水线和自动线排列设备
工艺装备	大多采用通用夹具、标准附件、通用刀具和万能量具。靠划线和试切法达到精度要求	广泛采用夹具、部分靠找正装夹达到精度要求。较多采用专用刀具和专用量具	广泛采用专用高效夹具、复合刀具、专用量具或自动检验装置。靠调整法达到精度要求
对工人的技术要求	需技术水平较高的工人	需一定技术水平的工人	对调整工的技术水平要求高，对操作工的技术水平要求较低
工艺文件	有工艺过程卡，关键工序要工序卡	有工艺过程卡，关键零件要工序卡	有工艺过程卡和工序卡，关键工序要调整卡和检验卡
成本	较高	中等	较低

随着技术进步和市场需求的变化，生产类型的划分正在发生着深刻的变化，传统的大批大量生产往往不能适应产品及时更新换代的需要，而单件小批生产的生产能力又跟不上市场之急需，因此各种生产类型都朝着生产过程柔性化的方向发展。

1.1.4 机械制造工程师

机械制造工程师肩负着各种机械设备、工艺装备等的产品开发、设计、工艺规程设计、结构工艺性审查等工作任务，在机械制造过程中要树立以下观念：

（1）保证产品的质量，制造优质的机器

机械制造工程师的首要任务是制造合格的产品，树立质量是产品生命的观念。

（2）时间观念与提高劳动生产率

提高劳动生产率是人类不懈追求的目标，也是机械制造业永恒的课题。采用先进设备、新技术、新方法、新的刀具材料、改进刀具结构参数、改善切削条件、提高切削用量、减少辅助时间等来提高劳动生产率。

（3）降低生产成本，提高经济效益

采用新材料、新工艺和新技术可以有效地降低生产成本。提高职工素质、强化生产管理和质量管理、减少材料消耗、时间消耗和各种浪费等也是提高经济效益的重要途径。

（4）降低工人劳动强度，保证安全生产

机械制造工程师在设计机床设备、工艺装备、吊装运输器械和各种辅助工具时，都应把降低工人劳动强度和保证安全生产作为首要目标，安全第一。

（5）环境保护

在机械制造的全过程中，要减少对环境的污染，如对切屑、粉尘、废切削液、油雾等都要采取适当的处理办法。

 1.2　铸造

铸造方法分砂型铸造和特种铸造，除砂型铸造以外的铸造方法称特种铸造，包括熔模铸造、金属型铸造、压力铸造、低压铸造、离心铸造、消失模铸造、连续铸造等。

1.2.1　砂型铸造

砂型铸造是将液体金属浇入砂质铸型型腔中，待铸件冷凝后，将铸型破坏取出铸件的方法。铸造生产过程包括：制模、配砂、造型、造芯、熔化金属、合箱、浇注与清理、检验等，如图1.2所示。

（1）造型和造芯材料

造型和造芯材料包括制造砂型的型砂、制造砂芯的芯砂以及砂型和砂芯的表面涂料。造型材料性能的好坏，对造型和造芯工艺及铸件质量有很大影响。

1）型砂和芯砂的组成　型砂和芯砂的原料包括：砂、黏土、水、有机或无机黏结剂和其它附加物等。

2）对型砂和芯砂的性能要求　型砂和芯砂必须具备一定的

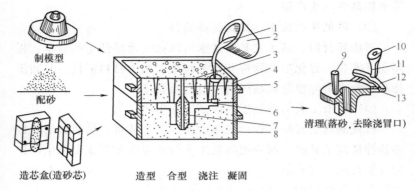

制模型

配砂

造芯盒(造砂芯)

造型　合型　浇注　凝固

清理(落砂，去除浇冒口)

图 1.2　砂型铸造生产过程

1—液体金属；2—浇包；3—气孔；4—上砂箱；5—型芯排气孔；6—型腔；7—砂芯；
8—下砂箱；9—出气冒口；10—浇口杯；11—直浇道；12—横浇道；13—内浇道

铸造工艺性能，才能保证造型、造芯、起模、修型、下芯、合型、搬运等顺利进行，同时能承受高温金属液的冲刷与烘烤。铸件上有些缺陷往往与造型材料直接有关，如砂眼、夹砂、气孔、裂纹等，都是因为型砂和芯砂的某些性能达不到要求所致。型砂和芯砂应具备的性能：

① 强度　强度是指型砂和芯砂紧实后再受到外力时抵抗破坏的能力。型砂和芯砂强度要符合工艺要求，若强度低，则可能发生塌箱、冲砂等，会使铸件产生砂眼、夹砂等缺陷；若强度太高，砂型太硬，透气性差，会使铸件产生气孔、内应力或裂纹等。

② 透气性　透气性是指型砂和芯砂通过气体的能力。当高温金属液浇入型腔后，在铸型内产生的大量气体必须顺利地从砂粒间隙排出，否则铸件产生气孔。

③ 耐火度　耐火度是指型砂和芯砂在高温液态金属作用下不软化、不烧结的能力。否则，铸件表面易粘砂，造成清理困难，严重时使铸件成为废品。

④ 退让性　退让性是指铸件在冷却收缩时，砂型和砂芯可被压缩而不阻碍铸件收缩的能力。否则，将造成铸件收缩受阻，产生内应力，引起变形或裂纹。

（2）模样和芯盒

模样是用来形成铸型型腔的，其形状应与铸件外形相近。芯盒是用来制造砂芯的，砂芯是形成铸件内腔的，其形状应与铸件内腔相近。模样与芯盒的材质，主要选用木材，故称木模。批量大时，多用金属模样。

（3）造型

造型是砂型铸造的一个重要生产过程。造型时，要考虑的问题是如何将模样从砂型中取出来，形成铸件的型腔，以便浇注；为了取出模型，要考虑铸型的分型面；根据铸件外形复杂程度、批量大小来考虑选用何种造型方法。单件小批生产，采用手工造型；大批量生产时可用机器造型。

1）手工造型

① 手工造型工具　手工造型时常用的工具如图1.3所示。

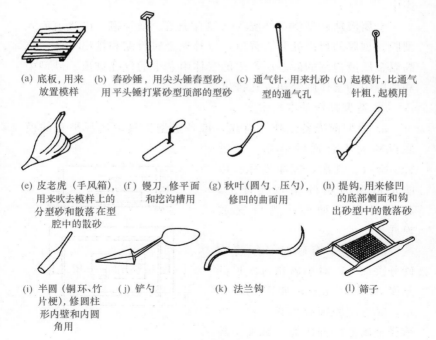

(a) 底板，用来　(b) 舂砂锤，用尖头锤舂型砂，　(c) 通气针，用来扎砂 (d) 起模针，比通气
　　放置模样　　　用平头锤打紧砂型顶部的型砂　　　型的通气孔　　　　针粗，起模用

(e) 皮老虎（手风箱），　(f) 镘刀，修平面　(g) 秋叶（圆勺、压勺），　(h) 提钩，用来修凹
　　用来吹去模样上的　　和挖沟槽用　　　修凹的曲面用　　　　的底部侧面和钩
　　分型砂和散落 在型　　　　　　　　　　　　　　　　　　　　出砂型中的散落砂
　　腔中的散砂

(i) 半圆（铜环、竹　(j) 铲勺　　　　　(k) 法兰钩　　　　　(l) 筛子
　　片梗），修圆柱
　　形内壁和内圆
　　角用

图1.3　手工造型工具

② 砂型的组成　合型后的砂型各部分名称如图1.4所示。型砂被舂紧在上、下砂箱中，连同砂箱一起，分别称作上型和下型。从砂型中取出模样，留下的空腔称为型腔。上、下型分界面称为分型面。图中所在型腔中有阴影线的部分表示砂芯。砂芯是用来形成铸件上的孔或内腔。砂芯上用来安放和固定砂芯的部分为芯头。芯头安放在砂型的芯座中。

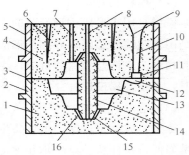

图1.4　砂型各部分名称

1—下型；2—下砂箱；3—分型面；
4—上型；5—上砂箱；6—通气孔；
7—出气冒口；8—芯通气孔；9—浇口杯；
10—直浇道；11—横浇道；12—内浇道；
13—型腔；14—砂芯；15—芯头；16—芯座

金属液从砂型浇口杯浇入，经直浇道、横浇道、内浇道流入型腔。型腔的最高处开有冒口，以补充金属收缩和排出气体。被高温金属液包围的砂芯所产生的气体由芯中通气孔排出。砂型中和型腔中的气体则经通气孔排出。

③ 造型操作基本技术

a. 造型前准备工作。首先，准备造型工具，选择平直的模底板和大小合适的砂箱，如图1.5所示。其次，擦净模样。以防止造型时型砂粘在模样上，起模时损坏型腔；然后安放模样。

b. 舂砂。舂砂时必须将型砂分次加入，对小砂箱每次加砂厚度50～70 mm，如图1.6所示，靠近型腔部分稍紧一些，以承受金属液的冲压力，远离型腔的砂层紧实度依次适当减小，以

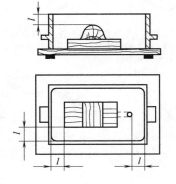

图1.5　砂箱大小要合适

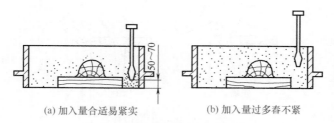

(a) 加入量合适易紧实　　　　(b) 加入量过多舂不紧

图 1.6　每次型砂加入量要合适

利透气。

c. 撒分型砂。下型造好后，砂箱翻转 180°，在造上型之前应在下型的分型面上撒上分型砂，以防止上、下型粘在一起分不开型。

d. 扎通气孔。上型舂紧刮平后，要在模样投影面范围内的上方，用直径 2～3mm 通气针扎出通气孔，以利于浇注时气体逸出，如图 1.7 所示。通气孔应均布，如图 1.8 所示。下型一般不扎通气孔。

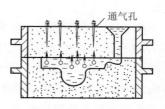

图 1.7　上砂型扎通气孔

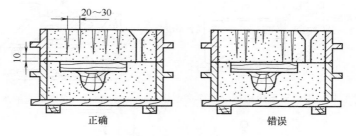

正确　　　　　　　　错误

图 1.8　通气孔应均布，深度适当

e. 开浇口杯。浇口杯应挖成漏斗形，如图 1.9 所示。直径大小视锥形大小而定，一般为 $\phi 60\sim 80mm$。

f. 作合型线。若上、下箱无定位销，应在上、下型打开前，

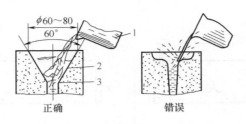

图 1.9　漏斗形浇口杯

1—浇包；2—浇口杯；3—圆弧

于砂箱分箱面处作合型线。一般是用砂泥粘敷在箱壁上，用镘刀抹平。先沿分型面横划分开线，再划出与分型面相垂直的两条以上的线。同时在相对应的砂箱直角处作出同样的记号，俗称打泥号。两处合型线应不相等，以免合型时弄错。打完泥号后再开型起模，如图 1.10 所示。

g. 起模。起模前用水笔蘸些水，刷在模样周围的型砂上，如图 1.11 所示，以增加这部分型砂的塑性，防止起模时损坏砂型。如图 1.12 所示，起模针的位置要尽量与模样的重心垂直线重合，避免起模时会碰坏型腔。如图 1.13 所示，起模前用小锤轻轻敲打起模针的下部，使模样松动，以利起模，严禁重锤敲打。

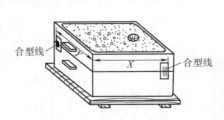

图 1.10　沿砂箱直角边最远处作合型线

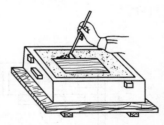

图 1.11　起模前应刷水

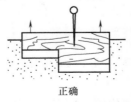

图 1.12　起模针要尽量钉在木模重心上

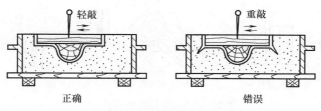

图 1.13　起模前要松动模样

h. 修型。起模后型腔如有损坏应进行修补。

i. 合型。修型、开浇道、下芯等工作完毕后，可进行合型。合型时，应注意保持水平下降，并对准合型线，防止错型。

2）机械造型　机器造型主要是将手工造型中的填砂、紧实与起模等操作由机器来完成。

（4）造芯

型芯与铸型配合形成铸件的内腔。

1）对型芯的技术要求　由于型芯受到高温液体金属的冲击与包围，因此除要求芯砂具有更高的性能外，制芯时还需采取以下措施：

① 放置型芯骨。较大或细长的型芯，放置芯骨以提高型芯的强度，常用的型芯骨见图 1.14。

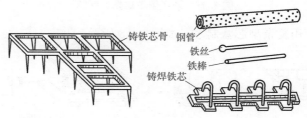

图 1.14　型芯骨

② 开通气孔。开通气孔以利于型芯中的气体排出，常见的型芯通气方法见图 1.15。

③ 烘干。型芯烘干的目的是提高型芯的强度。为了提高型芯的耐火度和铸件的表面质量，型芯表面还需刷涂料。

2）造芯方法

(a) 通气针扎气孔　　　　(b) 挖通气沟　　　　(c) 埋蜡线

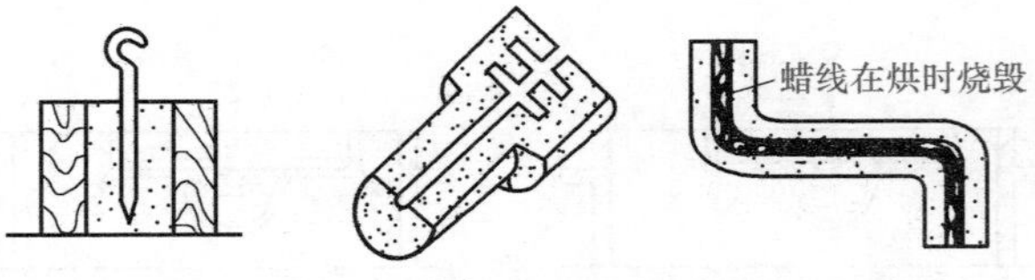

图 1.15　型芯的通气孔

① 用双开型芯盒制芯，如图 1.16 所示。

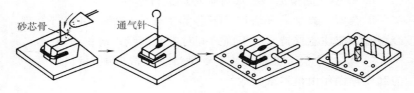

图 1.16　双开型芯盒制芯

② 用两半型芯盒黏合制芯，如图 1.17 所示。

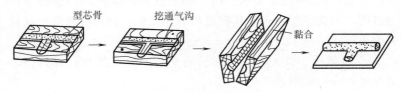

图 1.17　两半型芯盒黏合制芯

③ 用复杂型芯盒制芯，如图 1.18 所示.

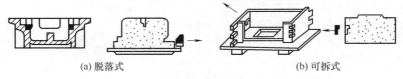

(a) 脱落式　　　　　　　　　　　　(b) 可拆式

图 1.18　复杂型芯盒制芯

④ 用刮板制芯，如图 1.19 所示。

3）型芯在铸型中的固定方法

① 型芯在铸型中主要由芯头固定。常用的型芯固定方式见图 1.20。

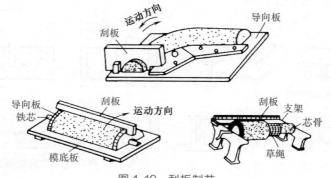

图 1.19 刮板制芯

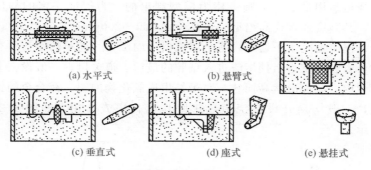

(a) 水平式   (b) 悬臂式   (c) 垂直式   (d) 座式   (e) 悬挂式

图 1.20 型芯的固定方式

② 型芯撑固定型芯的形式如图 1.21 所示。为了稳固型芯，防止浇注时受金属液冲力和浮力的作用而发生偏移或变形，可采用材质与铸件相近，形状与型芯表面相适应，高度与铸件壁厚相等的型芯撑予以固定。

（5）浇冒口系统

① 浇注系统　为了将液体金属浇入型腔而在砂型上开设的通道，称浇注系统。它由浇口杯、直浇道、横浇道和内浇道四部分组成。

浇口杯的作用是承受从浇包倒出来的金属液，减轻液流的冲击和分离熔渣，防止飞溅和溢出。小型铸件通常为漏斗状，可用手工在砂型上直接开挖。专门制作的浇口杯通常为盆状，有的还具有各种挡渣措施，如图 1.22 所示。

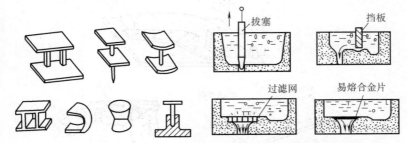

图 1.21　型芯撑　　　　图 1.22　具有挡渣措施的浇口杯

　　直浇道是垂直通道，连接浇口杯与横浇道，断面常为圆形。直浇道是用带 2°～4°圆锥棒为模型制出的。为保证一定的静压力，其高度通常要高出型腔最高顶面 100～200mm。

　　横浇道是水平通道，将金属液引入内浇道。简单的小铸件有时可省去。它是阻挡熔渣进入型腔的最后一道关口，一般设在上砂型内，截面形状高而狭。对于易生成氧化物的铝、镁合金的铸型，一般均须开设横浇道，并使其具有集渣作用，如图 1.23 所示。

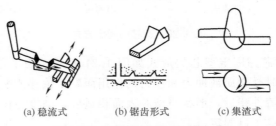

(a) 稳流式　　　　(b) 锯齿形式　　　　(c) 集渣式

图 1.23　具有集渣作用的横浇道

　　内浇道是金属液直接流入型腔的通路。它与铸件直接相连，并控制着金属液流入型腔的速度和方向，影响铸件内部的温度分布，对铸件质量有较大影响。内浇道开设的位置与方向，要有利于挡渣和防止冲刷砂芯或铸型壁，如图 1.24 所示。内浇道截面形状宜采用扁方形、浅圆形的截面形状，与铸件连接处应薄而宽，如图 1.25 所示。

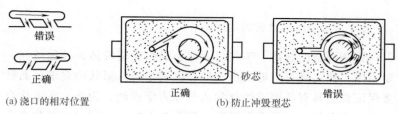

(a) 浇口的相对位置　　　　　　　　　　　(b) 防止冲毁型芯

图 1.24　内浇道的开设位置

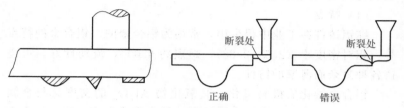

图 1.25　内浇道截面形状

② 冒口　冒口的主要作用是补缩。对收缩性大的合金与较厚的铸件,加冒口可以防止缩孔的产生。它的位置应开设在铸件最高及最厚的部位。冒口有明冒口和暗冒口两种,后者设在砂型的内部,如图 1.26 所示。此外,冒口还有排气、浮渣以及观察铸型是否注满的功用,故小型薄壁件可仅在铸件的顶部开设一个带有锥度的直通气道,称出气冒口,亦称出气口。

③ 冷铁　冷铁是一金属镶块,利用金属导热比铸型材料快得多的性能,起到提高铸件局部区域冷却速度的作用。冷铁与冒口相配合,可使铸件做到定向凝固,如图 1.27 所示。

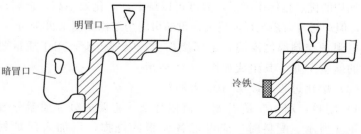

图 1.26　冒口　　　　　　　　　　图 1.27　冷铁的作用

1.2.2 铸造铝合金的熔炼

铸造合金的熔炼，不仅将固体金属熔化成液体，并加热到一定温度，使之具有足够的流动性，以满足铸件形状的要求，而且要保证合金具有所要求的化学成分和力学性能。为此，在熔化合金时，需要加入各种合金元素以调整合金成分，同时也要防止合金氧化、吸气或进入杂质等。

（1）特点

纯铝铸件在工业中很少用，常用为铝合金的。铝合金的特点是：相对密度小（2.5～2.88），熔点约 650℃，流动性好，可浇铸各种复杂而薄壁的铸件。

铝合金熔化后极易氧化，其氧化物 Al_2O_3 的密度又与金属液相近，易混入合金内，浇注后在铸件中形成夹渣缺陷。铝合金还易吸气，特别是吸收氢气，在铸件中形成气孔。因此熔化时，不能直接与燃料接触，必须放在坩埚内熔化。由于铝的熔点低，坩埚可用铸铁或含铬合金钢制成。浇包、扒渣勺和钟罩等工具可由钢板焊成。为防止铁等杂质进入铝液，坩埚与工具的表面须涂上一层涂料（氧化锌＋水玻璃＋水），并充分烘干和预热。炉料须经喷砂处理，以除去油污氧化物等。为排除已溶入铝液中的氢和 Al_2O_3，提高金属液的质量，熔炼后期还需精炼。

（2）设备

铝合金用坩埚炉种类很多，按其热源分为：焦炭炉、油炉、燃气炉、电阻炉、感应电炉等，其中油炉和电阻炉最为常见。

油炉的优点是使用灵活，温度可以调节，熔化效率高，金属烧损少，但炉衬寿命短，耗油量大。重油坩埚炉结构如图 1.28 所示。

电阻炉控制温度准确，金属烧损少，吸气也少，用于质量要求高的航空工业，其组成如图 1.29 所示。

（3）熔化过程（以 ZL105 为例）

1）配料 ZL105 是铝-硅系铸铝合金，主要成分和质量分数如表 1.4 所示。配料时，应考虑各元素的烧损，可加入回炉料 40％～60％。

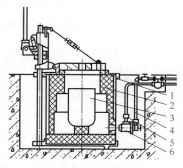

图 1.28 重油坩埚炉

1—炉盖；2—炉衬；3—坩埚；

4—进油管；5—进气管；6—喷油嘴

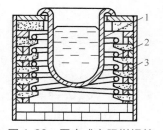

图 1.29 固定式电阻坩埚炉

1—坩埚；2—电阻丝；3—耐火砖

◇ 表 1.4 ZL105 的主要成分和质量分数

主要成分	Si	Mg	Cu	Al
质量分数/%	4.5～5.5	0.35～0.6	1.0～1.5	其余

2）原材料

① 金属材料包括纯铝锭（ZL105 合金锭）、镁锭、铝硅和铝铜中间合金等。

中间合金是一种预先熔制好的熔点较低的合金。因为硅和铜的熔点都比铝高（硅的熔点为 1440℃、铜的熔点为 1083℃），如直接加入并使其熔于合金中，则须将铝液温度升得很高，这样熔炼出来的合金将严重吸气和氧化，故一般先将铜和硅分别制成含铜 50%、熔点为 590℃ 的铝-铜中间合金和含硅 12%、熔点为 577℃ 的铝-硅中间合金。

② 精炼熔剂常用六氯乙烷，其作用是与铝液发生下列反应：

$$3C_2Cl_6 + 2Al \longrightarrow 3C_2Cl_4 \uparrow + 2AlCl_3 \uparrow$$

反应的结果是生成四氯乙烯和三氯化铝，它们的沸腾温度分别为 121℃ 和 183℃，在铝液温度下，形成气泡。在气泡的上升过程中，由于气泡中氢的分压力为零，故溶解在铝液中的氢向气泡中扩散，如图 1.30（a）所示，并随着气泡上浮，逸出排除。与此同时，悬浮在铝液中的氧化铝等夹杂物也被吸附在气泡的表面上，随着气泡上浮到金属液的表面，气泡破裂后，氧化物就被留在金属液的表面，可用扒渣勺将其除掉，如图 1.30（b）所示。

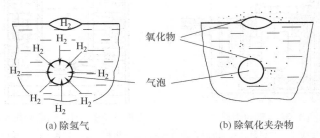

(a) 除氢气   (b) 除氧化夹杂物

图 1.30   六氯乙烷精炼示意图

3）熔化操作

① 装料。在加热到暗红色的坩埚内，加入事先预热到150℃的金属炉料。加料顺序是：先加回炉料，待熔化后，加入中间合金和铝锭，最后加镁块。因镁易燃而质轻，加入时需用扒渣勺将其压入液面以下快速熔化。温度不宜过高，一般在 680℃。

② 精炼处理。铝合金液加热到 700～730℃，搅拌后即可进行精炼。将用铝箔包好的、用量为铝液 0.4%～0.6% 的六氯乙烷，分 2～4 包，分批用钟罩压入到液体 1/3 的深处轻轻移动，直到不冒气泡为止。

精炼后静置数分钟，让气泡全部逸出后，方可浇注。

1.2.3 铸造铁合金的熔炼

铸铁按其化学成分和内部组织不同可分为普通灰铸铁、球墨铸铁、可锻铸铁等，其中普通灰铸铁应用最广。

（1）特点

灰铸铁的流动性好，能填充复杂而薄壁的铸型；熔点比钢低，因而不论对熔化设备或是对造型材料的要求都较简单；由于铸铁凝固时有石墨析出，使体积略有膨胀，所以收缩小，不易产生缩孔和热裂等缺陷。

一般铸铁的化学成分和质量分数如表 1.5 所示。

◇ 表1.5 铸铁的化学成分和质量分数

主要成分	C	Si	Mn	P	S
质量分数/%	2.5~3.6	1.1~2.5	0.6~1.2	≤0.5	≤0.15

（2）设备

铸铁熔化设备有冲天炉和工频感应电炉等。冲天炉熔化的铁液质量不如感应电炉，但炉子结构简单、操作方便，燃料消耗小，熔化率高，但污染环境。而工频感应电炉是目前对金属加热效率最高、速度最快，低耗节能环保型的感应加热设备。

1）冲天炉　冲天炉的大小规格用每小时熔化的铁液量来衡量，如1h熔化1t铁液称为1t冲天炉，或25t者，1h熔化25t铁液称为25t冲天炉。冲天炉的结构如图1.31所示。

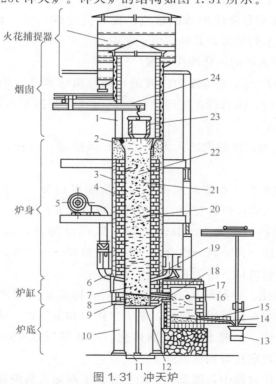

图1.31 冲天炉

1—加料口；2—铁砖；3—炉壳；4—耐火砖；5—风机；6—风带；7—底焦；
8—炉床；9—底板；10—支柱；11—基础；12—炉底门；13—铁水包；14—出铁槽；
15—出铁口；16—出渣口；17—前炉；18—过桥；19—风口；20—层铁；
21—层焦；22—熔剂；23—加料桶；24—加料装置

① 冲天炉用的原材料　冲天炉用的原材料为金属炉料、燃料和熔剂。

生产铸铁件常用金属炉料包括：生铁、废钢、硅铁、锰铁等。

燃料主要是焦炭。它既用来化铁，同时又靠它来支撑炉料。熔化前，炉内先加入一定高度的焦炭，称为底焦。在熔化过程中底焦的高度要求保持不变，因此，在其后所加入的每批炉料中都要加入层焦来补偿底焦的烧损。每批炉料与层焦的比，称为铁焦比，通常为 $10:1$。

熔剂主要是石灰石和萤石，加入量为金属炉料质量的 $3\%\sim4\%$。其作用是降低炉渣的熔点，提高流动性，使之易于排除，以保证铁水的质量，并使熔炼正常进行。

② 冲天炉的熔化操作过程

a. 修炉：首先清除炉内残渣，修好损坏部分的炉衬，然后闭上炉底门，用旧砂在底门上打一向出铁口倾斜 $5°\sim7°$ 的炉底，并进行烘干。

b. 点火：向炉内加入木柴，打开风眼盖，点火，让其自然通风燃烧。

c. 加底焦：木柴燃烧很旺时，从加料口分 $2\sim3$ 批加入底焦，其加入量应严格控制，一般高于风口 $0.6\sim1m$。

d. 加料：鼓风 $2\sim3min$，除灰后即可加料，按熔剂→废钢→新生铁→回炉料→铁合金→层焦→熔剂→…的次序向炉内加料，直加到料口下沿为止。

e. 熔化：炉料预热 $20\sim30min$ 后，即可正式鼓风熔化，鼓风半分钟左右，关闭风眼盖，堵上出铁口和出渣口。此时炉内焦炭急剧燃烧，炉温上升，铁料熔化。一般鼓风 $5\sim6min$ 后，即可由风口观察孔看到铁液滴下。

在熔化过程中，随着炉料的下降，不断加入新炉料，当炉中储存适量铁液后，即可出渣、出铁。

f. 打炉：熔化结束前，先停止加料。熔化结束后，将风眼盖打开，停止鼓风。出清铁液后，打开炉底门，将落下的炉料用水浇灭。

2）工频感应电炉　感应电炉按电源频率可分为高频感应电炉（简称高频炉）、中频感应电炉（简称中频炉）和工频感应电炉（简称工频炉）三类。高频感应电炉一般用于实验室进行科学研究，而工频感应电炉一般用于熔炼铸铁。工频感应电炉是以工业频率的电流（50Hz 或 60Hz）作为电源的感应电炉。它主要作为熔化炉，用来冶炼灰口铸铁、可锻铸铁、球墨铸铁和合金铸铁，还作为保温炉使用。目前，工频感应电炉具有铁水成分和温度易于控制、污染小、节能等优点，成为铸造生产的主要设备。工频感应电炉又分为无芯工频感应电炉和有芯工频感应电炉两种。

① 无芯工频感应电炉的基本结构。无芯工频感应电炉的炉体结构如图 1.32 所示。它由坩埚、感应圈、磁性轭铁和其它有关部分组成。

② 有芯工频感应电炉的炉体结构如图 1.33 所示。

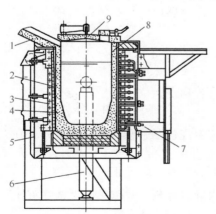

图 1.32　无芯工频感应电炉
炉体结构示意图

1—出铁槽；2—感应圈；3—磁性轭铁；
4—坩埚；5—支架；6—倾转机构；7—水
电引入系统；8—坩埚铁模；9—炉盖

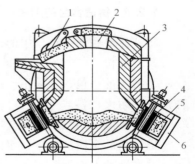

图 1.33　有芯工频感应电炉
炉体结构示意图

1—出铁口盖；2—加料口；3—炉体；
4—感应圈；5—熔沟；6—铁芯

3）工频感应电炉熔炼的操作特点

① 烘炉：无芯炉借助于坩埚铁模通电烘炉，有芯炉则需用煤气或其它外加燃料烘炉。炉衬必须缓慢加热烘烤，并保证彻底烘透而又不开裂。

② 加料：冷炉开炉时，无芯炉应先加与坩埚内径相近的大块金属料作为开炉块，然后加入熔点较低而元素烧损较少的炉料，再加其它炉料（合金材料大多在最后入炉）。有芯炉在冷炉开炉时最好直接加入铁液，或块度小而熔点低的炉料。热炉子开炉最好留有 1/3～1/4 炉的铁液启熔。

③ 供电：先低压供电，以预热炉料，然后提高供电功率，至铁液温度符合要求后，或停电扒渣出炉，或降低供电电压进行保温。这种炉子的铁液温度可较为精确地进行控制和调节。

总的来说，用工频感应电炉熔炼铸铁，可以准确地控制和调节铁液的温度与成分，获得纯度较高的低硫铁液，熔炼烧损少，噪声和污染小，而且可以充分利用各种废切屑和废料，大块炉料可整块入炉重熔，所以有很大的优越性，工频感应电炉的发展十分迅速。随着电力工业的发展，工频感应电炉在铸铁熔炼中的应用将更为广泛。

1.2.4 铸造合金的浇注

将液体金属浇入铸型中的过程称浇注。

（1）浇包

铸铁用的浇包，多采用比铸铝浇包厚一些的钢板焊成，并在内部搪上耐火材料。

（2）扒渣

出炉后的金属液，应在包内静置片刻，让气体与浮渣更好上浮，并在液面上撒上除渣剂，便于扒除熔渣。

（3）浇注温度

浇注温度对铸件质量影响很大，如浇注温度过低，金属流动性不好，容易产生冷隔和浇不足；过高，会使铸件产生粘砂、缩孔、裂纹、晶粒粗大等缺陷。浇注温度应按铸件壁厚而定。一般采用出炉温度高一点，而浇注时在保证铁液有足够流动性的前提下，温度尽可能低一点的原则。

（4）浇注速度

浇注速度快，金属易充满铸型。但太快，对铸型冲击力大，易冲砂，造成砂眼，并易卷入气体造成气孔；太慢，则会造成浇不足、冷隔等。在生产中对薄壁铸件应采用快速浇注，厚壁铸件可按慢-快-慢的原则浇注。

（5）浇注

浇注时应注意挡渣，并避免金属流中断。浇注一开始应立即点燃铸型中排出的 CO 及其它气体。浇口杯最好一直保持充满状态。

（6）测温

出炉与浇注均应测温。铸铝用插入式热电偶（镍铬丝组，最高温度 1100℃）直接测温。铸铁也可用插入式热电偶（双铂锗丝，最高温度可达 2000℃）直接测温，也可用光学高温计。

（7）其它注意事项

精炼过的铝液，应在 40min 内浇注完毕，如超过时间，则重新精炼。铸铁要控制炉料，以免搞错牌号，使铸件产生白口或强度不足等。

1.2.5 铸件的清理、检验及其主要缺陷

（1）清理

待金属凝固完毕，冷却到一定温度后，可将毛坯从铸型中取出，敲落型芯，去除浇冒口，清除黏附在铸件表面的砂粒和披缝、毛刺等。这些统称清理。

落砂是铸件从铸型中取出、除去芯砂与芯骨的工作。一般打箱时间按铸件大小而定。对收缩时受铸型或型芯阻碍的铸件，应早些打开砂箱、打断芯骨或挖松局部受阻部分的型砂。

去除浇冒口。铸铁件没有韧性可用锤子敲下来。铸铝可用手锯或带锯切除。

清除表面粘砂轻者用钢丝刷，铸铁、铸钢表面粘砂较为严

重，需用滚筒、喷丸等方法去除。

去除毛刺与披缝可用錾子、风錾或砂轮清除。

（2）检验

砂型铸造工序繁多，连贯性强，每道工序都存在着造成缺陷的可能。因此，铸件在落砂后应进行初步检查，如有明显缺陷时应立即决定是否报废或需要修补，分别存放。清理后的铸件要仔细检查。

（3）常见的铸造缺陷

常见的铸造缺陷有缩孔、缩松、砂眼、夹砂、气孔、铸造内应力、变形、裂纹等，如表1.6所示。

◇ 表1.6 常见的铸造缺陷及其产生的原因

名称与图示	产生的原因
气孔 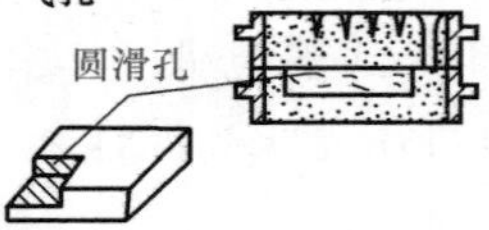	①捣砂太紧,型砂透气性差 ②起模、修型刷水过多 ③型芯气孔堵塞或未干透 ④金属溶解气体太多
砂眼 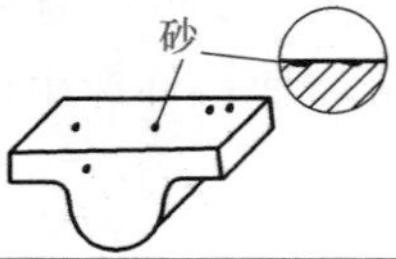	①造型时浮砂未吹净 ②型砂强度不够,被铁液冲坏 ③捣砂太松 ④合箱时,砂型局部损坏 ⑤内浇道冲着型芯
渣眼 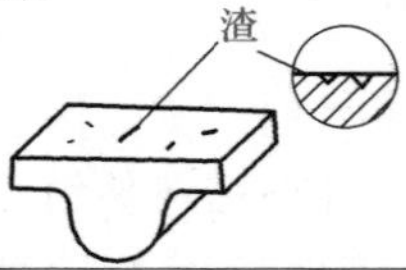	①浇注时,挡渣不良 ②浇注系统挡渣不良 ③浇注温度过低,渣未上浮
铁粒 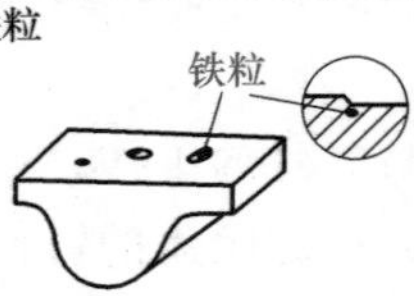	①浇注时,铁液流中断产生飞溅形成铁粒,而后浇注又被带入铸型 ②直浇道太高,浇注时,金属液从高处落下,引起飞溅
粘砂 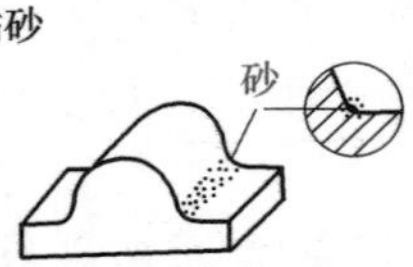	①型砂与芯砂耐火性差 ②砂粒太大,金属液渗入表面 ③温度太高 ④铁液中碱性氧化物过多

名称与图示	产生的原因
夹砂 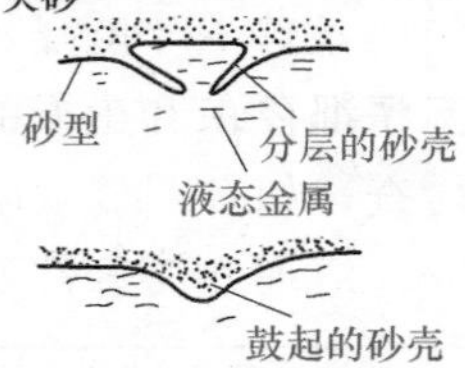 砂型　分层的砂壳 液态金属 鼓起的砂壳	①铸件结构不合理 ②型砂黏土或水过多 ③浇注温度太高 ④浇注速度太慢,砂型受高温烘烤开裂翘起,铁水渗入开裂的砂层
冷隔　　浇不到 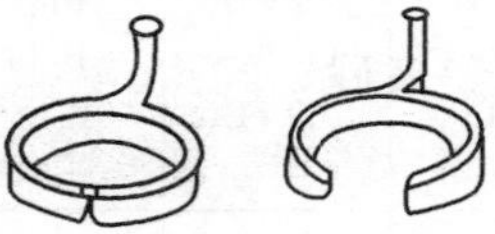	①浇注温度太低 ②浇注速度过慢或曾中断 ③浇注位置不当,浇口太小 ④铸件太薄 ⑤铸型太湿,或有缺口 ⑥包内铁液不够
缩孔 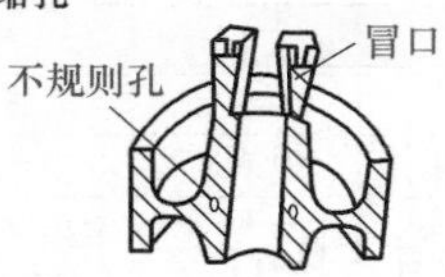 不规则孔　冒口	①铸件结构不合理,壁薄厚不均 ②浇冒口位置不当,冒口太小未能顺利凝固 ③浇注温度太高 ④合金成分不对,收缩过大
裂纹 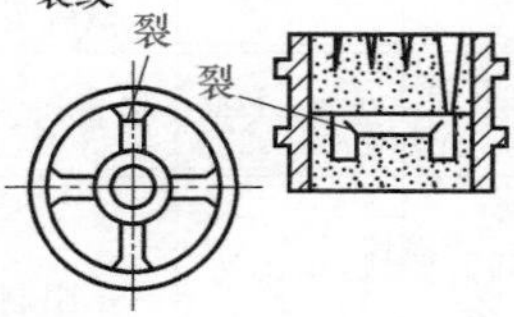 裂 裂	①铸件结构不合理,薄厚差别大,并急剧过渡 ②浇口位置不当 ③型砂退让性差 ④捣砂太紧,阻碍收缩 ⑤合金成分不对,收缩大
变形 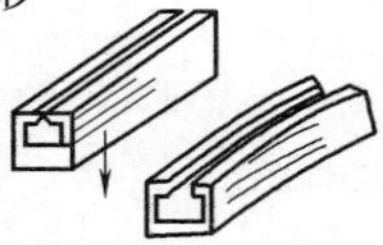	①铸件结构不合理,壁厚差过大 ②金属冷却时,温度不均匀 ③打箱过早
错型 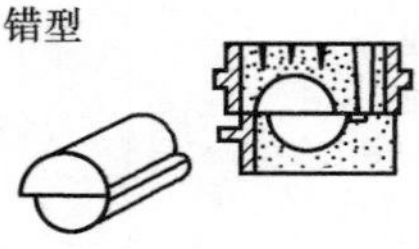	①合箱时未对准 ②定位销或泥号不准
偏芯 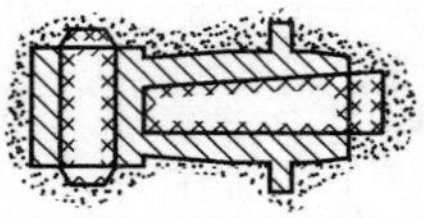	①型芯变形 ②下芯时放偏 ③下芯时未固定好,被冲偏 ④设计不良——型芯悬臂太长

1.2.6 各种铸造方法的特点

各种铸造方法各有优缺点，必须在特定的条件下才能显示出各自的优越性。铸造方法的选择要结合实际情况要求和生产的具体条件，达到合理的效果，可参考表1.7。

◇ **表 1.7　几种铸造方法的特点**

比较项目	砂型铸造	熔模铸造	金属型铸造	压力铸造	低压铸造	离心铸造
铸件尺寸精度	IT14～IT15	IT11～IT14	IT12～IT14	IT11～IT13	IT12～IT14	IT12～IT14（孔径精度低）
表面粗糙度 $Ra/\mu m$	粗糙	1.6～6.3	6.3～12.5	0.8～3.2	3.2～12.5	6.3～12.5
铸件晶粒	粗	粗	细	细	细	细
生产率	低	中	中或高	最高	中或高	中或高
适应金属	不限制	不限，以钢为主	以有色金属为主	多用于有色金属	以有色金属为主	多用于黑色金属及铜合金
生产批量	不限制	大批、大量，也可单件	成批、大量	大量	成批、大量	成批、大量
铸件重量范围	不限制	一般＜25kg	以中小铸件为主，一般＜100kg	一般＜10kg，也可用于中等铸件	以中小铸件为主	不限制
铸件形状	不限制	不限制	不宜复杂	不宜厚壁或厚薄悬殊的铸件	不宜过大或厚薄悬殊的铸件	适宜于回转体的中空铸件
铸件最小壁厚/mm	3	通常 0.7，孔 $\phi1.5\sim2$	铝合金 2～3，铜合金 3，灰铸铁 4，铸钢 5	铜合金 2，其它有色金属 0.5～1，孔 $\phi0.7$	2	孔 $\phi7$
应用举例	各种铸件	汽轮机叶片、刀具、拨叉、阀体	铝活塞、差速器壳、气缸盖、水泵叶轮	汽车喇叭、电器、仪表、照相机零件	气缸体、盖、带轮、船用螺旋桨、纺织机零件	铸件管、气缸套、活塞环、滑动轴承

1.2.7 铸造新技术

（1）悬浮铸造

悬浮铸造是在浇注过程中，将一定量的金属粉末或颗粒加到金属液流中混合，一起充填铸型。经悬浮浇注到型腔中的已不是通常的过热金属液，而是含有固态悬浮颗粒的悬浮金属液。悬浮浇注时所加入的金属颗粒，如铁粉、铁丸、钢丸、碎切屑等统称悬浮剂。由于悬浮剂具有通常的内冷铁的作用，所以也称微型冷铁。

悬浮浇注示意图见图 1.34。浇注的液体金属沿引导浇道 7 呈切线方向进入悬浮杯 8 后，绕其轴线旋转，形成一个漏斗形旋涡，造成负压，将由漏斗 1 落下的悬浮剂吸入，形成悬浮的金属液，通过直浇道 6 注入铸型 4 的型腔 5。

悬浮剂有很大的活性表面，并均匀分布于金属液中，因此与金属液之间产生一系列的热物理化学作用，进而控制合金的凝固过程，起到冷却作用、孕育作用、合金化作用等。悬浮铸造法得到的铸件与普通铸造法相比，可降低热裂倾向、缩松倾向，并可使缩孔减少 10%～20%，改善断面均匀性，提高力学性能。

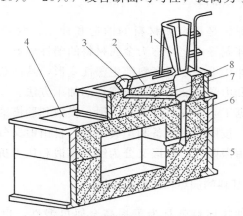

图 1.34　悬浮浇注示意图

1—悬浮剂漏斗；2—悬浮浇注系统铸型；3—浇口杯；4—铸型；

5—型腔；6—直浇道；7—引导浇道；8—悬浮杯

（2）定向凝固铸造技术

定向凝固是将金属浇注到特殊的铸型中，通过采取很高的温度梯度和严格控制的单向热流条件，使铸件在某一型壁上开始形核，并沿型壁垂直方向生长成平行的柱状晶。这种组织的铸件，其性质上具有方向性，在沿柱晶方向上的力学性能特别优异。这种技术目前广泛用于燃气轮机高温合金叶片的熔模铸造。

在定向凝固技术中，关键性参数是温度梯度。国外研究采用的温度梯度逐年加大。由于高温梯度定向凝固技术的出现，促进了许多新合金材料的问世。原位复合材料，犹如加钢筋的混凝土一样，具有优异的综合性能。这种合金凝固时在基体上自行生长出纤维状或片层状的强化相，大大增强了铸件金属的性能。

保证获得优质柱晶、单晶或共晶合金叶片的条件是高的温度梯度和低的凝固速率。目前国际上研究的重点是：创造费用低廉而具有较高温度梯度的定向凝固装置，共晶合金组织和性能的改进，定向凝固技术中的计算机控制等问题。

1.3 锻压

金属的锻压是指金属材料的锻造和冲压，两者和材料的挤压、拉拔、轧制等工艺统称为金属材料的塑性成形。金属塑性成形是在外力作用下使金属坯料产生塑性变形，从而获得具有一定形状、尺寸和力学性能的毛坯或零件的加工方法。

锻造根据工艺不同可分为自由锻、模锻和胎模锻。冲压一般指板料冲压。按照所用设备和工具不同，自由锻又分为手工自由锻和机器自由锻两种；模锻又分为锤上模锻和压力机上模锻。

1.3.1 坯料的加热和锻件的冷却

锻造前加热坯料就是为了提高金属可锻性，也就是提高塑性，降低变形抗力，从而实现用较小的力使坯料产生较大的塑性变形而不被破坏的目的。

（1）加热设备

目前，我国常用的锻造加热设备主要有油炉、煤气炉、电阻炉、感应电炉等。

① 室式油炉及煤气炉　室式油炉和煤气炉是分别以重油和煤气为燃料的加热炉。室式油炉的结构如图 1.35 所示。压缩空气和重油分别由两个管道送入喷嘴。当空气从喷嘴喷出时，所造成的负压把重油从内管吸出，并喷成雾状。这样，重油就能与空气均匀地混合，进而迅速稳定地燃烧。煤气炉的构造与室式重油炉基本相同，主要区别是喷嘴的结构不同。

② 电阻炉　电阻炉是利用电阻热为热源的加热炉，分为中温电阻炉（加热器为电阻丝，最高使用温度为 1100℃）和高温电阻炉（加热器为硅碳棒，最高使用温度为 1600℃）两种。图 1.36 为常用箱式电阻炉结构示意图。

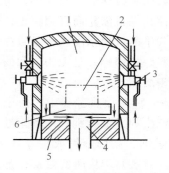

图 1.35　室式重油炉的结构示意图
1—炉膛；2—炉门；3—喷嘴；
4—烟道；5—炉底；6—坯料

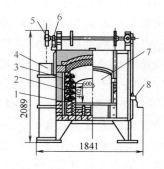

图 1.36　箱式电阻炉的结构示意图
1—炉底板；2—电热元件；3—炉衬；
4—配重；5—炉门升降机构；6—限位
开关；7—炉门；8—手摇链轮

电阻炉操作简便，控温准确，且可通入保护性气体控制炉内气氛，以防止或减少工件加热时的氧化，主要用于精密锻造及高合金钢、有色金属的加热。

③ 感应电炉　感应电炉是将工件放入感应圈内，利用工件内部感应电流产生的电阻热加热工件的设备。它加热快，零件表

面不易氧化、脱碳，温度易于控制，可实现自动化操作，适于大批量生产。

（2）钢的加热缺陷及防止

钢在加热过程中可能产生氧化、脱碳、过热、过烧、变形、开裂等缺陷。

① 氧化和脱碳　钢在加热时，表面将发生氧化，形成一层氧化皮，这在工艺上称为火耗损失。一般每加热一次，工件的火耗损失为 2%～3%。

钢在加热时，由于表层碳被烧掉而使含碳量降低的现象叫做脱碳。一般情况下，脱碳层可在机械加工时被切削掉，不影响零件的使用性能。减少氧化和脱碳的措施有：严格控制送风量；快速加热；采用真空加热法或保护气氛加热法等。

② 过热和过烧　钢在加热时，因加热温度过高或在高温下保温过久，导致晶粒显著粗化的现象叫做过热。过热的钢，可通过重新加热后锻造或热处理的方法使其晶粒细化而得到纠正。

把钢加热到接近熔点，致使炉气中的氧离子渗入，导致晶界被氧化的现象叫做过烧。过烧的坯料一打即碎，是无法挽回的废品。为此，钢的加热温度至少应低于熔点 100℃。

③ 变形和开裂　变形和开裂是坯料在加热过程中，由于各部分存在较大温差，膨胀不一致而产生的。低碳钢和中碳钢导热性好、塑性好，一般不易开裂。高碳钢、高合金钢或尺寸较大、形状复杂的坯料开裂倾向较大，应注意装炉温度不宜过高，加热速度不宜过快。

（3）锻造温度范围

金属材料开始锻造的温度称为该材料的始锻温度。始锻温度以坯料不产生过热、过烧为限，一般低于熔点 100～200℃。

金属材料停止锻造的温度称为该材料的终锻温度。在锻造过程中，随着温度的下降，材料的塑性越来越差，变形抗力越来越大。当温度降至终锻温度时必须停止锻造，否则，不仅坯料的变形抗力大，而且易于产生裂纹等缺陷。

从始锻温度至终锻温度的温度区间称为锻造温度范围。几种常用材料的锻造温度范围如表1.8所示。锻造时坯料的温度可用仪表测量，也可用观察金属火色的方法来大致判断。

◇ 表1.8 常用材料的锻造温度范围

材料种类	始锻温度/℃	终锻温度/℃
低碳钢	1200～1250	800
中碳钢	1150～1200	800
合金结构钢	1100～1180	850
铝合金	450～500	350～380
铜合金	800～900	650～700

（4）锻件的冷却

锻件的冷却也是保证锻件质量的重要环节，常用的冷却方法有三种：

① 空冷：锻件在无风的空气中放于干燥的地面上冷却。

② 坑（箱）冷：锻件在充填导热性较差或绝热材料（如黄砂、石灰、石棉等）的地坑（或铁箱）中冷却。这是一种冷却速度较慢的方法。

③ 炉冷：锻件在500～700℃的加热炉中随炉冷却。这是一种最缓慢的冷却方法。

一般地，锻件材料的含碳量及合金元素的含量越高、体积越大、形状越复杂，冷却速度越缓慢。冷却速度过快，锻件各部分温差过大，收缩不均匀，会导致锻件变形、表面过硬甚至开裂，造成废品。

1.3.2 自由锻造

将坯料置于铁砧上或锻造机械的上、下砧铁之间受力而产生塑性变形的工艺称为自由锻造。因坯料变形时仅有少部分金属受限制，而大部分金属可自由流动而得名。自由锻造使用的是通用工具，灵活性高，适合单件小批和大型锻件的生产，但锻件的精度低、生产率低。

自由锻造分为手工自由锻造和机器自由锻造两种。

（1）手工自由锻造

手工锻造工具根据功用可分为基本工具、辅助工具和测量工具三类。

1) **基本工具** 按功用可分为支持工具、打击工具和成形工具三类：

① 支持工具：是锻造过程中用来支持坯料承受打击并安放其它用具的工具，如铁砧，其多用铸钢制成，质量为 100～150kg，其主要形式如图 1.37 所示。

② 打击工具：是锻造过程中产生打击力并作用于坯料上使之变形的工具，如大锤、手锤等。它们一般用碳素工具钢制造，质量分别为 3.6～7.2kg 和 0.67～0.9kg。

③ 成形工具：是锻造过程中直接与坯料接触，并使之变形而达到所要求形状的工具，如图 1.38 所示冲孔用的冲子和图 1.39 所示修光外圆面用的摔子等。

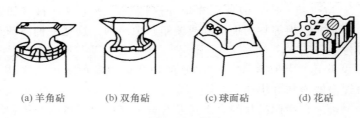

(a) 羊角砧　　　(b) 双角砧　　　(c) 球面砧　　　(d) 花砧

图 1.37　铁砧

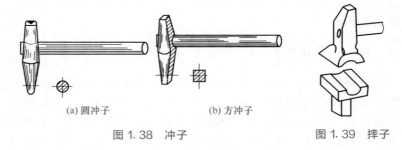

(a) 圆冲子　　　　　　(b) 方冲子

图 1.38　冲子　　　　　　　　　　　　图 1.39　摔子

2) **辅助工具** 用来夹持、翻转和移动坯料的工具，如钳子等。

3) **测量工具** 用来测量坯料和锻件尺寸或形状的工具，如钢直尺、卡钳、样板等。

（2）掌钳和打锤

手工自由锻一般由两人互相配合完成，其中一人掌钳，另一人打锤。

① 掌钳：掌钳工站在铁砧后面，左脚稍向前，用左手掌钳，右手操手锤。在锻造过程中，掌钳工左手用钳子夹持并不断反转和移动坯料，右手用挥动手锤的方法指示大锤的落点和打击的轻重。手锤一般不作为变形的工具使用。

② 打锤：锻造时，打锤工应听从掌钳工的指挥，锤打的轻重和落点由手锤指示。打锤有抱打、轮打和横打三种。使用抱打时，在打击坯料的瞬间，能利用坯料对锤的弹力使举锤较为省力；轮打时打击速度快，锤击力大；只有当锤击面处于与砧面垂直位置时，才能使用横打法。

（3）机器自由锻

机器自由锻所使用的设备分为自由锻锤和水压机两大类。自由锻锤有空气锤、蒸汽-空气锤、夹板锤、弹簧锤等多种，其中空气锤是目前中小型工厂中应用最广泛的通用设备。

空气锤是依靠电机驱动产生的压缩空气来推动下落部分对坯料做功的，由锤身、压缩缸、工作缸、传动机构、配气机构、下落部分及砧座等部分组成，如图1.40所示。电动机7通过传动机构带动压缩活塞15在压缩缸内作往复运动，产生压缩空气。操作者通过操纵配气机构手柄4（或脚踏杆8）使上、下旋阀2处于不同位置，使压缩空气沿不同气路从压缩缸进入工作缸1或排至大气，从而实现空转、上悬、下压、连续打击、断续打击等五个基本动作。

空气锤的规格是以下落部分的总质量（kg）表示的。锻锤的打击力（N）大约是下落部分重力的100倍。例如65kg空气锤，是指它的下落部分总质量为65kg，折算成重力约650N，那么打击力大约为6.5×10^4 N。常用空气锤的规格为65～750kg。

（4）自由锻造的基本工序及其操作

无论何种形状的自由锻件，都是运用基本工序，使加热后的坯料在上、下砧铁之间变形而得到的。只是有时为了限制金属向

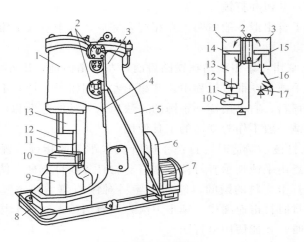

图 1.40　空气锤

1—工作缸；2—旋阀；3—压缩缸；4—手柄；5—锤身；6—减速器；

7—电动机；8—脚踏杆；9—砧座；10—砧垫；11—下砧；12—上砧；

13—锤头；14—工作活塞；15—压缩活塞；16—连杆；17—曲柄

某些方向变形，才采用一些简单的通用工具。

自由锻造的基本工序有镦粗、拔长、冲孔、弯曲、扭转、错移、切割等，其中前三种应用最多。

1）镦粗　镦粗是使坯料截面积增大、高度减小的锻造工序。

① 镦粗的种类

a. 完全镦粗：是坯料沿全高缩短的镦粗，如图 1.41（a）所示。

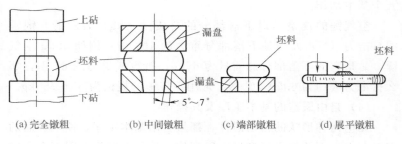

(a) 完全镦粗　　(b) 中间镦粗　　(c) 端部镦粗　　(d) 展平镦粗

图 1.41　镦粗

b. 中间镦粗：是坯料中间部位缩短的镦粗，使用漏盘的中间镦粗法如图 1.41 (b) 所示。

c. 端部镦粗：通常在漏盘上或胎模内进行，如图 1.41 (c) 所示。

d. 展平镦粗：是盘类坯料沿圆周方向的延展，如图 1.41 (d) 所示。

② 镦粗的应用

a. 制造饼、盘类零件（如齿轮）的坯料。

b. 作为冲孔前的准备工序。

c. 增加拔长的锻造比（变形量）。

2）拔长　拔长是使坯料的横截面积减小而长度增加的锻造工序。

① 拔长的种类

a. 实体拔长：如图 1.42 (a) 所示。

b. 带芯轴拔长：是减小空心坯料的壁厚和外径，增加其长度的拔长，如图 1.42 (b) 所示。

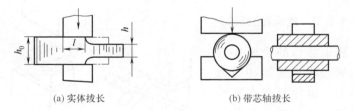

(a) 实体拔长　　　　　　　　　(b) 带芯轴拔长

图 1.42　拔长

② 拔长的应用

a. 锻造长轴线的锻件，如轴等。

b. 锻造空心件，如圆环、套筒等。

3）冲孔　冲孔是在坯料上锻出通孔或不通孔的锻造工序。冲孔的种类如下：

① 空心冲头冲孔：用于冲制直径大于 400mm 的孔，多在水压机上进行。

② 实心冲头单面冲孔：在坯料高度和孔径比值小于 0.125 时使用。其方法是坯料放在漏盘上，使用大端朝下的实心冲头冲下芯料，如图 1.43 所示。

③ 实心冲头双面冲孔：不受坯料厚度限制。一般先冲深至坯料厚度的 2/3～3/4，然后翻转锻件，将孔冲透，如图 1.44 所示。

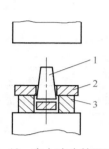

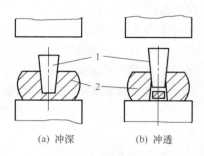

(a) 冲深   (b) 冲透

图 1.43 实心冲头单面冲孔

1—冲子；2—坯料；3—漏盘

图 1.44 实心冲头双面冲孔

1—冲子；2—坯料

4) 弯曲 弯曲是使坯料弯成一定角度或形状的锻造工序，如图 1.45 所示。

1.3.3 模锻和胎模锻

将加热后的金属坯料放入锻模内，施加冲击力或压力，迫使坯料在模膛所限制的空间内产生塑性变形，从而获得所要求的形状和尺寸锻件的锻造方法称为模锻。模锻可在模

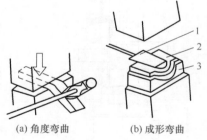

(a) 角度弯曲   (b) 成形弯曲

图 1.45 弯曲

1—成形压铁；2—工件；3—成形垫铁

锻锤、曲柄压力机、摩擦压力机及平锻机等专用模锻设备上进行，也可在自由锻锤上进行。

（1）锤上模锻

在模锻锤上进行的模锻称为锤上模锻，它是应用最多的模锻方法。

模锻锤的结构如图 1.46 所示。它的砧座 1 比自由锻锤大得多，通常是下落部分质量的 20～25 倍，且与锤身 7 相连在一起。锤头 5 装在两条导轨之间，且有一定的配合精度。锤击时，导轨对锤头起导向作用，保证锤头的运动精度。

模锻工作情况如图 1.47 所示。上模和下模分别安装在锤头和砧座的燕尾槽内，用楔铁来调整位置并紧固。在终锻模的分模面上，沿模槽边缘制有飞边槽。通常坯料的体积稍大于锻件。终锻时，多余的金属被挤出模腔，留在飞边槽内形成飞边。这样做有利于金属充满模腔，防止锻件尺寸不足。带孔锻件的孔不能直接锻出，总要留下一定厚度的冲孔连皮，锻后再和飞边一起用切模切去。

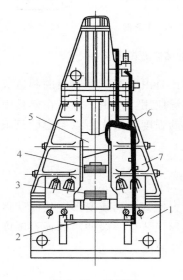

图 1.46　模锻锤

1—砧座；2—踏杆；3—下模；4—上模；

5—锤头；6—操纵机构；7—锤身

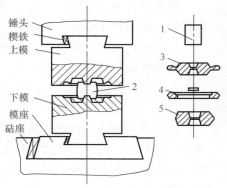

图 1.47　模锻工作示意图

1—坯料；2—锻造中的坯料；

3—带飞边和连皮的锻件；

4—飞边和连皮；5—锻件

模锻的生产率和锻件的精度远比自由锻高，且锻件的形状可较复杂，更接近于零件，是一种先进的锻造方法。但模锻必须用较大吨位的设备，模具制造成本高，所以只在大批量生产过程中采用。

（2）胎模锻

胎模锻是介于自由锻和模锻之间的一种锻造方法，也是在自由锻锤上用简单的模具生产锻件的一种常用的锻造方法。锻造时，胎模不固定在砧座和锤头上。

胎模按照结构形式不同可分为：扣模、弯曲模、套筒模及合模四种，如图 1.48 所示。

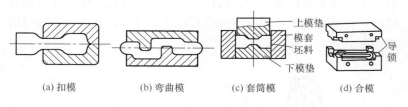

			上模垫
			模套
			坯料
			导锁
			下模垫

(a) 扣模　　　　(b) 弯曲模　　　　(c) 套筒模　　　　(d) 合模

图 1.48　胎模的结构形式

胎模锻件的尺寸精度和生产率比自由锻高，且胎模的制造成本较低，因而在中小批量生产中广泛应用。但由于坯料在模具中成形，变形抗力大，而且工人的劳动强度加大，所以胎模锻只限于小型锻件的生产。

1.3.4　冲压

冲压是利用冲模对板料施加压力使其分离或变形，从而获得具有一定形状、尺寸零件的塑性成形工艺。一般冲压的板料厚度为 1～2mm，无需加热，因而又称冷冲压。

（1）冲压设备

冲压设备种类很多，其中应用最多的是剪板机和曲柄压力机。

① 剪床　剪床是按直线轮廓剪切板料的设备，其结构如图 1.49 所示。

② 冲床　冲床（曲柄压力机）是冲压加工的基本设备。开式双柱固定台冲床如图 1.50 所示。冲压时将踏板踩下后，如果

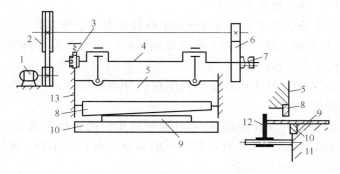

图 1.49　剪床结构及剪切示意图

1—电动机；2—带轮；3—制动器；4—曲轴；5—滑块；6—齿轮；7—离合器；
8—上刀刃；9—板料；10—下刀刃；11—工作台；12—挡铁；13—导轨

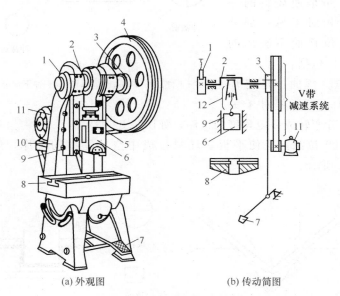

(a) 外观图　　　　　　　(b) 传动简图

图 1.50　开式双柱固定台冲床

1—制动器；2—曲轴；3—离合器；4—带轮；5—V 带；6—滑块；
7—踏板；8—工作台；9—导轨；10—床身；11—电机；12—连杆

立即抬起，滑块 6 便在制动器 1 的作用下完成一次冲压，否则将
进行连续冲压。

（2）冲压的基本工序

冲压的基本工序可分为分离工序和变形工序两大类。

1）分离工序　分离工序是使坯料的一部分与另一部分互相分离的工序，包括：

① 剪切：是使坯料按不封闭轮廓分离的工序，一般作冲压件的准备工序。

② 冲裁（冲孔和落料）：是使坯料按封闭轮廓分离的工序，如图 1.51 所示。冲孔时，被冲下的部分为废料或余料，余下的是成品；落料时正好与上述相反。

2）变形工序　变形工序是使坯料的一部分相对于另一部分产生位移而不破坏的工序，包括：

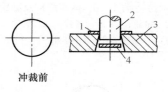

图 1.51　冲裁

1—工件；2—冲头；3—凹模；4—冲下部分

① 弯曲：是将坯料的一部分相对于另一部分弯转成一定角度的工序，如图 1.52 所示。

② 拉深：是使平板状坯料拉成中空状零件的工序，如图 1.53 所示。

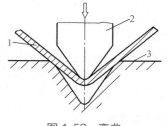

图 1.52　弯曲

1—工件；2—凸模；3—凹模

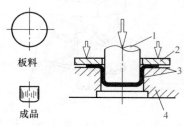

图 1.53　拉深

1—冲头；2—压板；3—工件；4—凹模

③ 成形：是利用局部变形使坯料或半成品改变局部形状的工序，如图 1.54 所示。

④ 翻边：是使带孔的平板坯料获得凸缘的变形工序，如图 1.55 所示。

图 1.54　成形

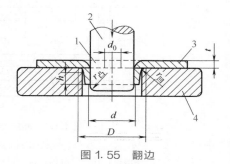

图 1.55　翻边

1—带孔坯料；2—凸模；3—成品；4—凹模

（3）冲模

1）冲模的基本构造　冲模的基本构造如图 1.56 所示。

① 模架包括上下模板 3、7 和导柱 6、导套 5。上模板 3 通过模柄 2 安装在压力机滑块的下端，下模板 7 用螺栓固定在压力机工作台上。导套 5 和导柱 6 是上下模板间的定位元件。

② 凸模 1 和凹模 9 是冲模的核心部分，边缘都磨成锋利的刃口，以便冲裁时使板料剪切分离。

③ 导料板 10 和定位销 11 是用来控制条料的送进方向和进给量的元件。

④ 卸料板 12 是使凸模在冲裁后与板料脱开的元件。

2）冲模的种类

① 简单冲模：是在一次冲程中只完成一道冲压工序的冲模，如图 1.56 所示。

② 连续冲模：是在一次冲程中模具的不同部位同时完成两道或两道以上冲压工序的冲模，如图 1.57 所示。

③ 复合冲模：是在一次冲程中模具的同一部位连续完成两道或两道以上冲压工序的冲模。落料和拉深的复合冲模如图 1.58 所示。

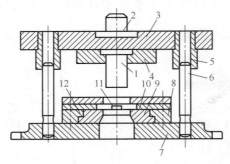

图 1.56 简单冲模

1—凸模；2—模柄；3—上模板；4,8—压板；5—导套；6—导柱；7—下模板；

9—凹模；10—导料板；11—定位销；12—卸料板

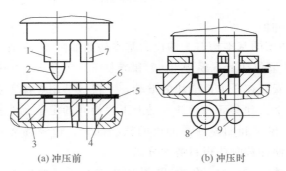

(a) 冲压前　　　　　　　　　(b) 冲压时

图 1.57 连续冲模

1—落料凸模；2—定位销；3—落料凹模；4—冲孔凹模；5—条料；6—卸料板；

7—冲孔凸模；8—成品；9—废料

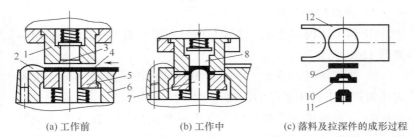

(a) 工作前　　　　　(b) 工作中　　　(c) 落料及拉深件的成形过程

图 1.58 落料及拉深的复合冲模

1—落料凸模；2—挡料销；3—拉深凹模；4—条料；5—压板（卸器）；6—落料凹模；

7—拉深凸模；8—顶出销；9—落料成品；10—开始拉深件；11—拉深成品件；12—废品

1.4 表面成形方法

1.4.1 概述

（1）切削

切削是用切削工具将坯料或工件上多余材料切除，以获得所要求的几何形状、尺寸精度和表面质量的加工方法（GB/T6477—2008）。切削过程是刀具与工件之间相对运动相互作用（如力、摩擦、热等作用），切除工件上多余的材料变成了切屑（废弃的部分材料），获得所要求工件表面的过程。

切削分为手工切削和机械加工。

手工切削称钳工，一般通过工人手持工具（包括手工工具、电动工具和机械工具）进行切削加工。钳工的加工方式多种多样，其工具简单、方便灵活，是装配和维修工作中不可缺少的加工方法。

机械加工是通过工人操作机床来完成切削加工的。其加工方法有车削、钻削、镗削、铣削、刨削、磨削等，所用的机床称车床、钻床、镗床、铣床、刨床、磨床等。

坯料通常称毛坯，机械加工零件常用的毛坯类型有铸件、锻件和型材等。

（2）零件的技术要求

在零件机械加工中，为了客观准确地表达机械零件的形状、结构大小和技术要求，便于生产、管理和交流，采用机械零件图样的形式。机械零件图样上的机械加工技术要求包括：尺寸及公差要求、几何精度要求、表面结构要求、材料热处理和表面处理的性能要求等，如齿轮零件图样的技术要求形式如图1.59所示。这些技术要求是根据产品的性能、功能和使用要求提出的，是加工、测量的依据。

（3）工件的机械加工工艺系统

零件在机械加工过程中的状态称工件，工件加工必须具备一

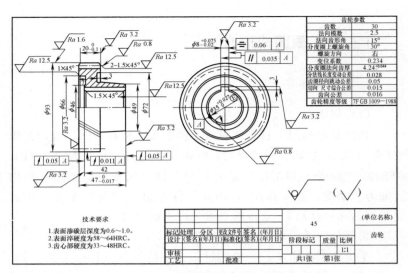

齿轮参数	
齿数	30
法向模数	2.5
法向齿形角	15°
分度圆上螺旋角	30°
螺旋方向	右
变位系数	0.234
分度圆法向齿厚	$4.24^{+0.044}$
公法线长度变动公差	0.028
齿圈径向跳动公差	0.05
切向一尺寸综合公差	0.015
齿向公差	0.016
齿轮精度等级	7F GB 1009—1988

技术要求

1. 表面渗碳层深度为0.6~1.0。
2. 表面淬硬度为58~64HRC。
3. 齿心部硬度为33~48HRC。

						45		（单位名称）
标记	处理	分区	更改文件号	签名	(年月日)			齿轮
设计	(签名)	(年月日)	标准化	(签名)	(年月日)	阶段标记	质量	比例
								1:1
审核								
工艺			批准			共1张	第1张	

图 1.59　齿轮零件图样及其技术要求形式

定的手段和条件，或者说需要有一个系统支持，这个系统称为机械加工工艺系统。这个系统由物资、能量和信息分系统组成。

机械加工系统的物资分系统包括机床、夹具、工件和刀具等。机床是加工设备，如车床、铣床、钻床、磨床等。机床通过夹具装夹工件。工件是加工对象。刀具是切削工件的工具，包括切削刀具和磨削磨具。必要时，刀具通过辅具（刀杆、刀夹等）与机床连接。机床夹具、刀具、辅具和量具称为工艺装备。

机械加工系统的能量分系统包括各种动力和能量消耗，如机床的动力源电机、夹具的液压气压、照明消耗等。

机械加工系统的信息分系统包括机床的运动量参数、工件的尺寸和精度参数、加工过程的工艺量参数、控制与检测参数等。

1.4.2　工件上的表面成形原理

（1）零件上的表面

零件是由一个或多个表面构成的，常见的表面有：平面、圆柱面、圆锥面、球面、圆环面、螺旋面、齿面、成形表面等，如

图 1.60 所示。

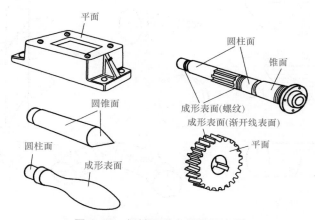

图 1.60　机械零件上常见的表面

（2）工件表面的成形

在切削加工中，表面成形的依据是几何学和微分几何的点动成线和线动成面的原理。

点在平面上沿一定方向运动所形成的轨迹为直线。点在空间中变动方向运动所形成的轨迹为曲线，如弧线、抛物线、双曲线、圆、波纹线、蛇形线等。

一条动线（直线或曲线）在平面上连续运动所形成的轨迹为平面，在空间中连续运动所形成的轨迹为曲面。形成曲面的动线称为母线。母线在曲面中的任一位置称为曲面的素线。用来控制母线运动的面、线和点称为导面、导线和导点。

如图 1.61 所示的表面，可以看作是一条母线沿着另一条导线的运动轨迹。在切削成形中，母线和导线统称为表面形成的发生线。

如图 1.61（a）所示，平面的形成原理是，直线 1（母线）沿着直线 2（导线）移动就形成了平面。例如，刨削平面、周边砂轮磨平面就是这种成形原理。直线 1（母线）和直线 2（导线）是平面形成的两条发生线。

若直线 1 变为圆弧曲线时，且与直线 2 共面，曲线 1（母

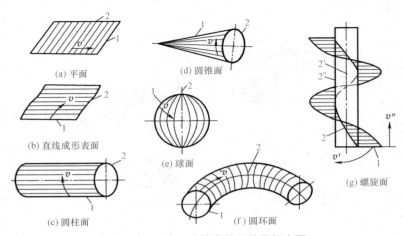

(a) 平面

(d) 圆锥面

(b) 直线成形表面

(e) 球面

(c) 圆柱面

(f) 圆环面

(g) 螺旋面

图 1.61　组成工件轮廓的几种几何表面

线）沿直线 2（导线）移动也形成平面，例如端面铣刀铣平面和端面砂轮磨平面就是这种成形原理。

如图 1.61（b）所示，直母线成形表面的形成原理是，直线 1（母线）沿着曲线 2（导线）移动就形成了直线成形面。例如，刨削成形表面和直齿圆柱铣刀铣成形表面。

如图 1.61（c）所示，圆柱面的形成原理是，直线 1（母线）沿着圆 2（导线）移动就形成了圆柱面。例如，长直线刃成形车刀车圆。当圆 2（母线）沿着直线 1（导线）移动时，同样也能形成圆柱面，如拉削。由此引出可逆表面的概念，母线和导线可以互换的表面称可逆表面。

图 1.61（c）～（g）都是回转曲面。车削成形是典型的回转表面成形。

图 1.61（c）所示的圆柱表面是由母线 1（直线）绕某轴线（导线 2）旋转一周形成的回转表面。也可以把它看成是矩形的一条长边（母线）绕另一长边（导线）旋转一周形成的回转表面（母线与导线平行同面）。

图 1.61（d）是母线 1（直线）与平面内的轴线（导线）相交（交点称导点），母线绕某轴线和交点旋转一周形成的回转表

面，也可以看成是直角三角形的斜边（母线）绕直角边（导线）旋转一周形成的回转表面。

图 1.61（e）所示的球面是母线（半圆弧）绕某轴线（导线）旋转一周形成的回转表面。也可以看成是半圆（母线）绕直径（导线）旋转一周形成的回转表面。

图 1.61（f）所示的圆环曲面是母线 1（圆）沿导线 2 的运动轨迹，也可以看成是绕某轴线（导线 2）旋转一周形成的回转表面（圆环表面）。

图 1.61（g）所示的螺旋面是直线（母线）绕某轴线（导线）螺旋运动所形成的回转表面。

还需注意，有些表面的两条发生线完全相同，只因母线的原始位置不同，就可能形成不同的表面。如图 1.62 所示，母线皆为直线 1，导线皆为回转的圆 2，轴线皆为 o-o，所需的运动也相同，但由于母线相对于旋转轴线 o-o 的空间位置不同，所产生的表面就不相同，即圆柱面、圆锥面和双曲面（母线与导线不同面）。由此看出，刀具与工件在机床上的相对运动位置关系，是保证表面形状精度的一个重要因素。

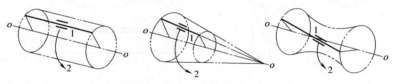

图 1.62　母线原始位置变化时的形成表面

1.4.3　发生线的形成方法与表面成形运动分析

（1）发生线的形成方法

发生线的形成方法与刀刃形状、接触形式有密切的关系。如图 1.63 所示，切削刃的形状与发生线接触形式有三种：切削刃的形状为一切削点，与发生线点接触；切削刃的形状为一条线，与发生线形状完全吻合；切削刃的形状为一条线，与发生线相切。

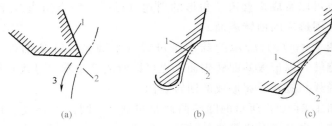

图 1.63　切削刃形状与发生线的关系

根据切削刃形状和加工方法不同，发生线的形成方法可归纳为四种，如图 1.64 所示。

① 轨迹法　如图 1.64（a）所示，切削刃的形状为一点 1，切削刃沿着一定轨迹 3 运动所形成发生线 2（与轨迹 3 相同或相似）的切削加工方法称轨迹法。采用轨迹法形成发生线需要 1 个独立的成形运动。

② 成形法　如图 1.64（b）所示，切削刃的形状为一条切

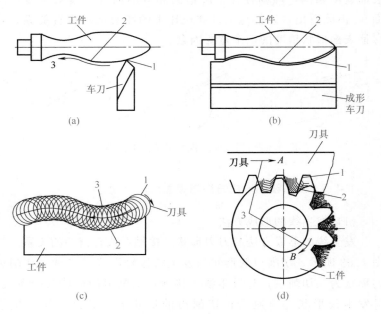

图 1.64　形成发生线的四种方法

削线 1，它的形状与需要成形的发生线 2 一致，因此用成形法来形成发生线，不需要运动。

③ 相切法 如图 1.64 (c) 所示，切削刃的形状为旋转刀具圆周上的一点 1，切削时刀具的切削刃绕刀具轴线作旋转运动，同时刀具的旋转轴心线沿一定的运动轨迹 3（发生线 2 的等距线）作轨迹运动，这样所形成发生线 2 的切削加工方法称相切法。用相切法形成发生线需要 2 个（切削刃的旋转运动和刀具的旋转轴心线的轨迹运动）独立的成形运动。

④ 展成法 展成法也称范成法，如图 1.64 (d) 所示，它是利用刀具与工件作共轭的展成运动形成发生线的切削加工方法，刀具的切削刃的形状为一条线 1，与需要成形的发生线 2 不相吻合。切削刃相对工件按一定的运动规律作共轭运动（如一对渐开线直齿圆柱齿轮啮合时的相对运动），所形成的包络线就是发生线。展成法一般用来加工齿类零件的齿形，如齿轮的渐开线。

（2）零件表面成形运动分析

形成零件表面所需的成形运动就是形成其母线及导线所需的成形运动的和。为了切削加工这些表面，机床上必须具有完成表面成形所需的成形运动。

例 1.1 如图 1.65 所示，用成形车刀车削成形回转表面，试分析其母线、导线的成形方法及所需要的成形运动，并说明形成该表面共需要几个成形运动。

分析：

母线（曲线 1）：刀具的切削刃与曲线 1 吻合，形成发生线 1 采用的是成形法，不需要成形运动。

导线（母线 1 上的各点绕轴线

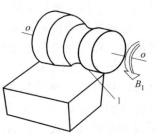

图 1.65 车削成形回转表面

o-o 旋转的运动轨迹，即圆）：成形刀具的每一点形成绕 o-o 轴线的轨迹圆，需要作轨迹运动，即发生线圆由轨迹法形成，需要 1 个成形运动 B_1。

形成成形回转表面的成形运动总数目是形成母线和导线所需

成形运动的和，即 1 个成形运动（B_1）。

例 1.2 如图 1.66 所示，用螺纹 60°成形车刀车削三角螺纹，试分析其母线、导线的成形方法及所需要的成形运动，并说明形成该表面共需要几个成形运动。

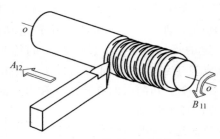

图 1.66 车削三角螺纹

分析：

母线：牙形（在螺纹轴向剖面轮廓形状，如 60°三角形）。成形车刀切削刃的形状与发生线的形状一致，形成发生线（牙形）采用成形法，不需要成形运动。

导线：螺旋线。形成螺旋线需要刀具相对工件作空间螺旋轨迹运动，采用轨迹法，需要 1 个成形运动（螺旋复合运动）。

由于螺纹刀绕工件作空间螺旋轨迹运动在机床上很难实现，因此，将 1 个空间螺旋运动分解为工件旋转 B_{11} 和刀具直线移动 A_{12} 两部分，B_{11} 和 A_{12} 之间的运动关系必须满足 B_{11} 转 1（转），A_{12} 移动被加工螺纹的 1 个导程的距离。

形成螺纹表面的成形运动总数是形成母线和导线所需成形运动的和，即 1 个空间螺旋轨迹运动（B_{11} 和 A_{12}）。

例 1.3 如图 1.67 所示，用齿轮滚刀滚切直齿圆柱齿轮，试分析其母线、导线的成形方法及所需要的成形运动，并说明形成该表面共需要几个成形运动。

分析：

母线：渐开线。形成发生线（齿轮的齿形渐开线），采用展成法，需要 1 个复合的展成运动（B_{11} 和 B_{12}），B_{11} 和 B_{12} 之间的

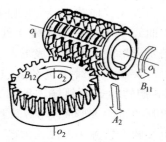

图 1.67 滚切直齿圆柱齿轮

运动关系必须满足 B_{11} 转 1 （转），B_{12} 转 K/Z （转），K 为滚刀的头数，Z 为被加工工件的齿数。

导线：直线（齿槽的直母线）。形成发生线（齿槽的直母线），采用轨迹法，需要 1 个成形运动 A_2。

形成直齿圆柱齿轮的齿面，共需要 2 个独立成形运动（B_{11}、B_{12}，A_2）。

习惯上把滚切齿轮看成是铣削，认为形成导线（直线，或直线齿槽），由相切法形成，需要 2 个成形运动 B_{11} 和 A_2。由于 B_{11} 是展成运动的一部分，故，形成直齿圆柱齿轮的齿面，总共需要 2 个独立成形运动（B_{11}、B_{12}，A_2）。

这两种分析方法都合乎情理，从不同角度分析问题值得提倡。由于工件表面的加工方法不同，其成形运动也就不同，希望开阔思路，提出不同的分析和解决问题的方法。

（3）成形运动的表示方法

形成工件表面发生线的运动形式有直线运动、回转运动和空间运动。由于直线运动和回转运动容易在机床上实现，我们称之为简单运动。为了便于表面成形运动分析、表示表面成形运动的形式和数目，直线运动形式用字母 A 表示，回转运动形式用字母 B 表示，成形运动的数目和顺序用阿拉伯数字表示，将其以下标的形式标注成运动形式字母 A 或 B 下标。如例题 1.1 中的 B_1，B 表示回转运动，下标 1 表示第 1 个成形运动。

对于发生线的成形运动形式是空间运动，由于它们在机床上不容易实现（使机床的结构复杂）或无法实现。只有几种特殊表面的成形运动，如螺旋运动、渐开线展成运动、花键展成运动，在机床上通过简单运动（直线运动和回转运动）的合成而得以实现，这些运动称复合运动。复合运动在表面成形运动中属于一个独立运动，而它们在机床上是由两部分或更多部分组成，因此，表示复合运动就需要用二位阿拉伯数字下标，第一位表示独立成形运动的序号（该复合运动组成部分的第 1 位下标相同），第二位下标表示该复合运动组成部分的序号。如例题 1.2（图 1.66）

中的螺旋运动表示分为 B_{11} 和 A_{12}。

又如例题 1.3 中用齿轮滚刀滚切直齿圆柱齿轮，共需要 2 个成形运动。第一个成形运动是一复合运动（渐开线展成运动），用 B_{11} 和 B_{12} 表示，下标的第一位表示第一个运动。B_{11} 的第二位下标表示第一个运动的第 1 部分；B_{12} 表示第一个运动的第 2 部分。第二个成形运动 A_2，A 为直线运动，下标 2 表示第二个成形运动。

1.5　金属切削机床的分类与型号编制

金属切削机床是用切削、特种加工等方法主要用于加工金属工件，使之获得所要求的几何形状、尺寸精度和表面质量的机器，简称机床。机床是机械制造中的加工设备，其作用是为切削过程的刀具和工件提供运动和动力。为了便于管理和使用，需要对机床进行分类及其型号编制。

1.5.1　机床的分类

机床的种类很多，从不同的角度就有不同的分类方法。

按机床的使用范围分为通用机床、专门化机床和专用机床。通用机床是可加工多种工件，完成多种工序的使用范围较广的机床。专门化机床是用于加工形状相似而尺寸不同的工件的特定工序的机床。专用机床是用于加工特定工件的特定工序的机床。

按机床的工作原理分为车床、钻床、镗床、磨床、齿轮加工机床、螺纹加工机床、铣床、刨插床、拉床、锯床和其他机床 11 类（GB/T 15375—2008）。

按机床的加工精度分为普通精度机床、精密机床和高精度机床。

按机床的重量和尺寸大小分为仪表机床、中型机床、大型机床（10t）、重型机床（大于 30t）和超重型机床（大于 100t）。

按机床主轴数目分为单轴机床、多轴机床等。

按机床的特性分为自动机床、数控机床等。

1.5.2 金属切削机床型号的编制方法

国家标准规定,机床的型号是由汉语拼音字母和阿拉伯数字等组成,用以表明机床的类型、特性、主要技术参数等。机床型号的构成如图 1.68 所示,它包括基本部分和辅助部分,中间用"/"隔开,读作"之",前半部分为基本部分,由国家统一管理,后半部分为辅助部分,是否纳入型号由企业决定。

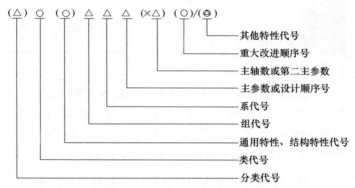

注1.有"( )"的代号或数字,当无内容时,则不表示。若有内容则不带括号。

　2.有"〇"符号的,为大写的汉语拼音字母。

　3.有"△"符号的,为阿拉伯数字。

　4.有"◎"符号的,为大写的汉语拼音字母,或阿拉伯数字,或两者兼有之。

图 1.68　机床型号的构成

(1) 类别代号和分类代号

机床的类别代号用该类机床名称汉语拼音的第一个字母表示。如车床(Che chuang),用"C"表示,读"车"。只有磨床类机床有分类,分类代号用阿拉伯数字表示,包括 M、2M、3M。机床的类别代号及其读音如表 1.9 所示。

◎ 表 1.9　通用机床类别代号

类别	车床	钻床	镗床	磨床			齿轮加工机床	螺纹加工机床	铣床	刨插床	拉床	锯床	其他机床
代号	C	Z	T	M	2M	3M	Y	S	X	B	L	G	Q
读音	车	钻	镗	磨	二磨	三磨	牙	丝	铣	刨	拉	割	其

（2）通用特性、结构特性代号

机床的通用特性的代号、含义及读音如表 1.10 所示。磨床的结构特性代号没有统一的规定，表示同类机床在结构性能上有区别，一般用一位汉语拼音字母表示，但不能采用通用特性用过的字母和"I""O"两个字母。

◇ 表 1.10　机床的特性

通用特性	高精度	精密	自动	半自动	数控	加工中心	仿形	轻型	加重型	简式或经济型	柔性加工单元	数显	高速
代号	G	M	Z	B	K	H	F	Q	C	J	R	X	S
读音	高	密	自	半	控	换	仿	轻	重	简	柔	显	速

（3）组、系代号

机床型号中的组、系代号不能省略，每类机床分为 10 组，用阿拉伯数字 0~9 表示，同一组机床的布局或使用范围基本相同。每组又划分 10 个系，用阿拉伯数字 0~9 表示，同系机床的主参数相同，主要结构及布局形式相同。常用机床的组系见表 1.11。

◇ 表 1.11　常用机床组、系代号及主参数、第二主参数（JB 1838—1994）

类	组	系	机床名称	主参数的折合系数	主参数	第二主参数
车床	1	1	单轴纵切自动车床	1	最大棒料直径	
	2	1	多轴棒料自动车床	1	最大棒料直径	轴数
	3	1	滑鞍转塔车床	1/10	最大车削直径	
	4	1	万能曲轴车床	1/10	最大工件回转直径	最大工件长度
	5	1	单柱立式车床	1/100	最大车削直径	最大工件高度
	5	2	双柱立式车床	1/100	最大车削直径	最大工件高度
	6	0	落地车床	1/10	最大工件回转直径	最大工件长度
	6	1	卧式车床	1/10	床身上最大回转直径	最大工件长度
	6	2	马鞍车床	1/10	床身上最大回转直径	最大工件长度
	7	1	仿形车床	1/10	刀架上最大车削直径	最大切削长度
	8	9	铲齿车床	1/10	最大工件直径	最大工件长度

类	组	系	机床名称	主参数的折合系数	主参数	第二主参数
钻床	3	0	摇臂钻床	1	最大钻孔直径	最大跨距
	4	0	台式钻床	1	最大钻孔直径	
	5	1	方柱立式钻床	1	最大钻孔直径	
	8	1	中心孔钻床	1	最大钻孔直径	最大工件长度
	8	2	平端面中心孔钻床	1	最大钻孔直径	最大工件长度
镗床	4	1	单柱坐标镗床	1/10	工作台面宽度	工作台面长度
	6	1	卧式镗床	1/10	工作台面宽度	工作台面长度
磨床	1	0	无心外圆磨床	1	最大磨削直径	
	1	3	外圆磨床	1/10	最大磨削直径	最大磨削长度
	2	1	内圆磨床	1/10	最大磨削孔径	最大磨削深度
	7	1	卧轴矩台平面磨床	1/10	工作台面宽度	工作台面长度
齿轮加工机床	3	1	滚齿机	1/10	最大工件直径	最大模数
	4	2	剃齿机	1/10	最大工件直径	最大模数
	5	1	插齿机	1/10	最大工件直径	最大模数
	7	0	碟形砂轮磨齿机	1/10	最大工件直径	最大模数
螺纹加工机床	6	0	丝杠铣床	1/10	最大铣削直径	最大铣削长度
	7	4	丝杠磨床	1/10	最大工件直径	最大工件长度
	8	6	丝杠车床	1/10	最大工件直径	最大工件长度
铣床	5	0	立式升降台铣床	1/10	工作台面宽度	工作台面长度
	6	0	卧式升降台铣床	1/10	工作台面宽度	工作台面长度
刨床、插床	2	0	龙门刨床	1/100	最大刨削宽度	最大刨削长度
	5	0	插床	1/10	最大插削长度	
拉床	6	1	卧式内拉床	1/10	额定拉力	最大行程
切断机床	2	2	卧式砂轮切断机	1	最大切料直径	
	5	1	立式带锯机	1/10	最大锯料厚度	
其他机床	4	0	圆刻线机	1/100	最大加工直径	
	4	1	长刻线机	1/100	最大加工长度	

（4）主参数、第二主参数

机床的主参数代号一般用两位阿拉伯数字表示，是反映机床所能加工工件尺寸大小的参数，如最大切削直径、工作台宽度等。两位阿拉伯数字是主参数数值的折算值，折算系数一般为

1、1/10、1/100，如 M1432A 中的"32"表示最大磨削直径为
320mm，其折算系数为 1/10。机床型号中的第二主参数也是表
示机床所能加工工件尺寸大小的参数。机床的主参数、主参数折
算系数和第二主参数见表 2.3。

（5）重大改进顺序号

按改进的先后顺序，重大改进顺序号用 A、B、C、…表示，
读英文字母本身读音。

例 1.4　解释机床型号 MGB1432D 中各符号的含义。

解：对照表 2.1，M 表示磨床类。对照表 2.2，G 表示机
床的通用特性为高精度磨床，B 表示机床的通用特性为半自动磨
床。14 表示外圆磨床组的万能外圆磨床。32 表示磨床的最大磨
削直径为 ϕ320mm（见表 2.4）。D 表示该磨床重大改进顺序号
为第四次重大改进。该磨床可称为：经过四次重大改进的、最大
磨削直径为 ϕ320mm 的、高精度、半自动万能外圆磨床。

例 1.5　简述机床型号 CA6140 中各符号的含义。

解：C 表示车床类。A 是结构特性代号，表示与基型 C6140
有区别。61 表示卧式车床，40 表示床身上最大回转直径
为 ϕ400mm。

1.5.3　专用机床和机床自动线的型号

专用机床的型号一般由设计单位代号和设计顺序号组成，型
号构成如图 1.69（a）所示。设计单位代号包括机床生产厂和机
床研究单位代号（位于型号之首）。专用机床的设计顺序号，按
该单位的设计顺序号排列，由 001 起始，位于设计单位代号之
后，并用"-"隔开。示例 1：某单位设计制造的第一种专用机
床为专用车床，其型号为×××-00。示例 2：某单位设计制造
的第 15 种专用机床为专用磨床，其型号为×××-015。

机床自动线的型号由设计单位代号、机床自动线代号和设计
序号组成，型号构成如图 1.69（b）所示。由通用机床或专用机
床组成的机床自动线。其代号为：ZX（读作"自线"），位于设
计单位代号之后，并用"-"分开。机床自动线设计顺序号的排

列与专用机床的设计顺序号相同，位于机床自动线代号之后。示例：某单位以通用机床或专用机床为某厂设计的第一条机床自动线，其型号为×××-ZX001。

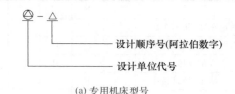

(a) 专用机床型号

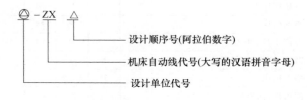

(b) 自动线型号

图 1.69　专用机床和机床自动线的型号

1.5.4　机床的相对精度分级与绝对精度分级

（1）机床的相对精度

机床的相对精度是指在机床型号编制中，同类机床按相对分级法分为三个相对精度等级，分别用汉语拼音字母 P、M、G 表示：

P——普通精度级（读音为"普"，在机床型号中省略标注）；

M——精密级（读音为"密"）；

G——高精度级（读音为"高"）。

（2）机床的绝对精度

各类机床加工零件的尺寸、形状和位置精度相同，则为同一绝对精度等级，这样就避免了各类机床之间因称呼"精密""高精度"不同而造成的混乱。机床精度绝对等级与相对等级的对应关系如表 1.12 所示。

◇ 表 1.12　机床绝对精度和相对精度的关系（JB/T 9871—1999）

表面类型	机床类型	机床绝对精度					
		Ⅵ	Ⅴ	Ⅳ	Ⅲ	Ⅱ	Ⅰ
圆柱面	卧式车床		P	M	G		
	立式车床、落地车床、仿形车床		P				
	外圆磨床、内圆磨床、无心磨床			P	M	G	
	卧式精镗床、立式精镗床			P			
	台式钻床、立式钻床、摇臂钻床		P				
	落地镗床、卧式铣镗床		P				
平面	导轨磨床			P	M		
	平面磨床			P	M		
	万能工具磨床			P	M	G	
	升降台、平面、摇臂铣床		P				
	牛头刨床		P				
齿轮螺纹面	滚齿机、插齿机		P	M	G		
	碟形砂轮磨齿机				P		
	成形砂轮磨齿机、剃齿机、丝杠车床			P	M		
	蜗杆砂轮磨齿机、螺纹磨床				P	M	
	大平面砂轮磨齿机					P	
	花键轴铣床、弧齿锥齿轮铣齿机、刨齿机		P				
	弧齿锥齿轮磨齿机			P	M		
其他	坐标磨床				P	M	

　　机床的精度一般是指机床制造和装配的各项指标符合国家制定的"机床精度标准"和"机床制造与验收技术要求标准"的规定。新机床的工作精度除检验机床的几何精度、运动精度、传动精度、定位精度、接触精度等外，还要经过标准试件切削试验的检验。当新生产机床不满足标准规定的要求为不合格品；在用机床达不到标准规定的要求，就要维修或报废。

　　根据被加工工件的加工精度要求，机床按绝对分级法分为六个绝对精度等级，分别用罗马数字Ⅵ、Ⅴ、Ⅳ、Ⅲ、Ⅱ、Ⅰ表示，Ⅳ级精度最低，Ⅰ级精度最高。

1.6　机床运动的传动原理图和传动系统图

1.6.1　机床的运动

在机床上的运动包括工作运动和辅助运动。

（1）工作运动

工作运动是机床为实现加工所必需的加工工具与工件间的相对运动。包括主运动和进给运动。

主运动是形成机床切削速度或消耗主要动力的工作运动。进给运动简称进给，是使工件的多余材料不断被去除的工作运动。形式有：自动进给、手动进给、机动进给、点动进给、横向进给、纵向进给、切向进给、径向进给、垂直进给、断续进给、连续进给、圆周进给、周期进给、微量进给、伺服进给、脉冲进给、摆动进给、分度进给、单向进给、双向进给、符合进给、附加进给。

点动是按动按钮即运动，松开按钮则运动停止。

摆动是绕一定轴线在一定角度范围的往复运动。

手动是人力操作实现的运动。

机动是动力驱动实现的运动。

（2）辅助运动

为了获得所需要的加工表面，刀具和工件必须完成的运动称表面成形运动（在切削术语中称主运动和进给运动）。此外，为了调整刀具与工件的位置、工艺参数、操纵和控制机床等所需要的运动称辅助运动，是机床在加工过程中，加工工具与工件除工作运动以外的其他运动。如：

趋近是进给运动开始前，加工工具与工件相互接近的过程。

退刀是进给运动结束后，加工工具与工件相互离开的过程。

返回是退刀后，加工工具与工件回到加工前位置的过程。

转位是每完成一加工工序后，工件转到下一工序的工作位置或另一加工工具进入工作位置的过程。

上料是把工件送到工作位置，并实现定位和夹紧的过程。

下料是把工件从工作位置取下的过程。

超越是在加工断续表面时，加工完一个表面后，使加工工具趋近另一个待加工表面的过程。

让刀（抬刀）是每一个工作行程结束后，加工工具与工件相互离开一定距离的过程。

分度运动是工件与加工工具按给定的角度或长度间隔所进行的相对运动，包括单分度、双分度和跨齿分度。

间歇分度是在工作运动间歇时进行的分度。

连续分度是在连续工作运动中进行的分度运动。

补偿是在加工过程中，为校准加工工具与工件相对的正确位置而引入的微量移动。

自动补偿是根据对工件或加工工具自动测量的结果，发出指令自动进行的补偿。

手动补偿是人工控制机床进行的补偿。

修整补偿是根据加工工具修整后的尺寸变化量进行的补偿。

计数补偿是加工完成一定数量的工件，对加工工具定量修整后进行的补偿。

（3）工作与辅助运动工作循环

工作循环是由工作运动和辅助运动组成的加工一个或一组工件的全过程。

半自动循环是能自动完成除上下料以外的工作循环。

自动循环是能自动重复完成的工作循环。

（4）机床运动的五个参数

在机床上的每一个运动，需要五个运动参数来确定。运动的五个参数是：运动的轨迹、运动的速度、运动的方向、运动的起点（或终点）和运动的路程（或行程）。机床运动调整和控制的目的就是调整和控制运动的五个参数。

（5）机床运动的传动联系

在机床上实现每个运动，机床必须具备动力源、传动装置和执行件 3 个基本部分。

动力源是提供运动和动力的装置，如交流电机、直流电机、伺服电机、液压缸、液压马达等。

执行件是机床上安装刀具和工件的零件，如主轴、刀架、工作台等。

传动装置是传递运动和动力的装置，并能实现变速、换向等功能。传动装置常用形式有机械式传动装置、液压式传动装置、电气式传动装置及其混合式传动装置。

把"执行件与动力源"或"执行件与执行件"连接起来就构成一个传动联系。传动装置是连接执行件与动力源或执行件与执行件的中间环节。在分析机床运动的传动联系时，把动力源和执行件称作传动联系的端件。在机床上将工件表面成形，需要多个运动。机床上各运动端件之间的联系和运动传递关系称机床的传动联系。

按实现运动的传动联系性质分为内联系和外联系。内联系实现的是一个复合运动，要求两端件（执行件与执行件）之间有严格的运动关系（传动比）。外联系两端件之间的运动关系要求不严格。

1.6.2 机床运动的传动原理图

为了表达机床上的成形运动及其传动联系和运动关系，用一些简明的符号把机床运动的动源、传动装置和执行件之间的传动联系和传动原理表示出来的示意图称机床传动原理图。在机床传动原理图中用的示意符号比较简单，目前还没有统一的标准，常用的示意符号如图 1.70 所示。机床传动原理图既可用来对复杂机床运动进行分析，也可用来表达机床或其他机器运动的传动方案。下面举例说明传动原理图的形式和表示内容。

（1）卧式车床传动原理图

根据车外圆和车螺纹所需的成形运动及其传动关系，既可车外圆又可车螺纹的机床传动原理图如图 1.71 所示。在机床传动原理图中，机床的动力源、传动装置和执行件用简明的示意符号表示。

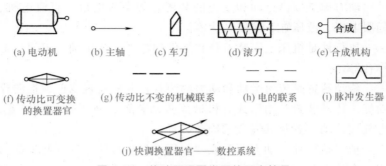

(a) 电动机 (b) 主轴 (c) 车刀 (d) 滚刀 (e) 合成机构

(f) 传动比可变换 (g) 传动比不变的机械联系 (h) 电的联系 (i) 脉冲发生器
的换置器官

(j) 快调换置器官——数控系统

图 1.70 传动原理图常用的示意符号

为了注释说明，根据确定的动力源，在机床传动原理图中的动力源上标出动力参数和运动参数。根据表面成形运动，在执行件上要标注运动的序号、形式和方向，如图 1.71 中的回转运动 B_1、直线运动 A_2，运动方向用箭头表示，运动序号用阿拉伯数字下标表示。传动装置（如主轴箱、进给箱）用传动比可变的换置器官（也称换置机构）示意符号表示，并在其旁边用习惯的字母符号加以说明，如主运动变速装置示意符号旁边标注 u_v；在车螺纹或外圆柱表面时的进给运动变速装置旁边标注 u_f。实现运动传动的三个基本部分（动力源、传动装置和执行件）用圆圈表示接点（或接口），在接点旁边用阿拉伯数字表示接点序号。接点间传动比不变的机械联系用单虚线连接，电联系用双虚线连接。

如图 1.71 所示，由电机 1～2、2～3、3～4（主轴），使主轴实现机床的主运动 B_1。由 4（主轴）～5、5～6、6～7（丝杠），丝杠～螺母（与刀具连接），使刀具实现机床的进给运动 A_2。车外圆时，B_1 与 A_2 不需要有严格的运动关系（传动比）。车螺纹时，B_1、A_2 与螺旋运动部分（B_{11} 与 A_{12}），B_{11} 与 A_{12} 必须有严格的运动关系（传动比）要求，其要求为：主轴（主运动 B_{11}）转 1 r，刀具（轴向进给运动 A_{12}）轴向移动一个被加工螺纹导程 S mm 的距离。

（2）车外圆的传动原理图

车外圆的主运动和进给运动采用各自电机作动源的传动方案

如图 1.72 所示，主运动和进给运动传动系统是独立的传动联系。主运动传动联系是由电机 1～2、2～3、3（传动装置 u_v）～4（主轴）到主轴，实现主运动 B_1。进给运动传动系统是由电机 5、5～6、6（传动装置 u_f）～7、7～8（丝杠）、丝杠～螺母（与刀具连接），实现进给运动 A_2。

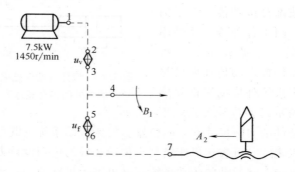

图 1.71　卧式车床的传动原理图

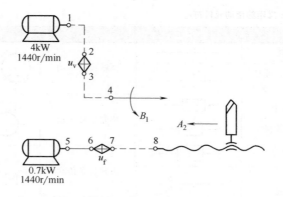

图 1.72　车外圆的传动原理图

（3）用液压传动作进给运动的车外圆传动原理图

在如图 1.73 所示的传动方案中，主运动采用电机作动源，配有一个变速系统 u_v；进给运动采用液压缸驱动，变速采用液压调速，实现进给运动 A_2 的变速。

1.6.3 机床传动系统图

（1）机床传动系统图的概念

机床运动传动系统图（简称机床传动系统图）是表示机床全部或部分运动传动关系的示意图。图中各种传动元件用规定的符号（见表 1.13）绘制，传动件按运动传递顺序尽可能画在系统外形的平面轮廓内，只表示运动传动关系，不代表传动件的实际尺寸和空间位置。机床传动系统图既可用来分析现有机床，又可表达机床或其它传动装置的传动设计方案，既可表示机床全部运动的传动系统，又可表示机床的一个或几个部分运动的传动系统。

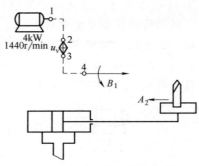

图 1.73 液压传动作进给运动的车外圆传动原理图

◇ **表 1.13 常用的传动元件符号**

名称	符号	名称	符号
轴、杠		圆锥齿轮传动	
零件与轴的连接 活动连接（空套）			
导键连接		蜗轮蜗杆传动	
固定键连接			
花键连接			
		齿轮齿条传动	
深沟球轴承			
角接触球轴承		平带传动	
推力球轴承			
圆锥滚子轴承		V 带传动	
向心滑动轴承			

名称	符号	名称	符号
弹性联轴器 固定联轴器		啮合式离合器 摩擦式离合器	
丝杠螺母传动 滚珠丝杠螺母传动		制动器	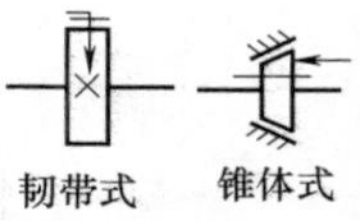 韧带式　　锥体式
圆柱齿轮传动	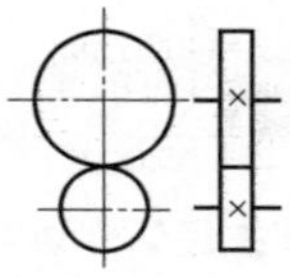		
轴的顺时针回转 轴的逆时针回转 两个方向回转		单向直线运动 往复直线运动 单向转动 交替移动	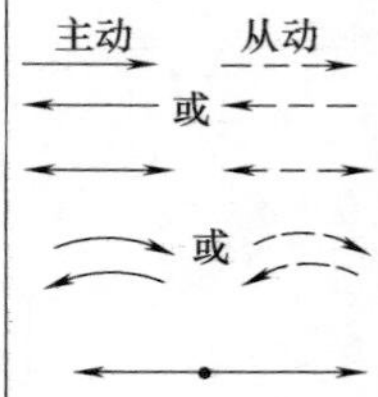 主动　　从动 或

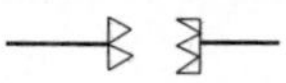

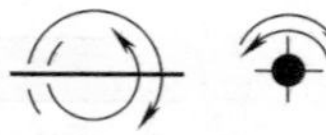

一般情况下，机床或机器是由多个运动组成的传动系统，在分析和设计机床运动的传动系统时，要一部分一部分地进行，这时该部分运动的传动系统就成为运动分析和设计的重点。在具体分析和设计过程中，可以把该部分单独进行分析和设计，如某机床主轴转速为 12 级的机床主运动传动系统，如图 1.74 所示；半闭环数控进给运动的传动系统，如图 1.75 所示。

（2）机床传动系统图的绘制步骤

机床的传动系统图一般画在一个能反映系统基本外形和主要部件相互位置的平面上，各传动件按运动传递顺序尽可能画在其轮廓内，绘制步骤如下：

① 布置和规划各部分的位置和区域，使各部件的传动系统占据合理的位置，大体与机床外形相似。

② 画传动轴的中心线。

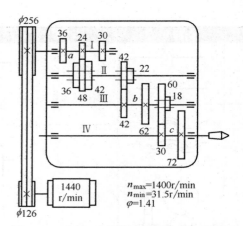

图 1.74　主轴 12 级转速主运动传动系统图

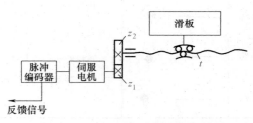

图 1.75　半闭环数控进给传动系统图

　　③ 按传动顺序布置和绘制各轴上的传动件，注意轴上零件的运动性质、滑移齿轮与其啮合齿轮的轴向位置。

　　④ 用加粗的实线将各传动轴画出，并按运动传动顺序用罗马数字标注出各传动轴序号"Ⅰ、Ⅱ、Ⅲ、…"。

　　⑤ 标注各传动件的传动参数，如齿轮的齿数、丝杠的螺距等。

　　⑥ 画各传动轴的支承和定位（如轴承的形式和布置），用实线画出机床的外形轮廓。

　　(3) 分析和绘制传动系统图时的注意事项

　　① 注意轴与轴上零件的运动关系。轴上零件与轴固定关系用"×"表示，说明轴上零件相对于轴既不能转动，也不能移动；轴上零件可沿轴向滑移关系的单键或花键连接，单键用一条

横线、花键用两条横线表示，说明轴上零件相对于轴不能转动，可以沿轴移动；轴上零件空套在轴上，在轴心线上画虚线或空白，表示轴上零件相对于轴可以转动，但不能沿轴移动。

② 滑移齿轮与其啮合齿轮的轴向位置必须满足一定的距离，否则可能产生运动干涉，即变速换挡时，前一种速度还未脱开，后一种速度可能接合。双联齿轮和三联齿轮的轴向布置如图 1.76 所示。

③ 注意各传动件运动传动参数的标注。

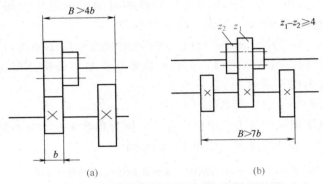

图 1.76　滑移齿轮与其啮合齿轮的轴向布置

（4）传动链

在分析机床传动系统时，不仅要分析机床运动的传动联系，还要了解运动的传动形式和采用的传动机构，通常根据机床传动系统图，以传动链的形式将每个运动的传动联系进行逐一分析。传动链是构成一个传动联系的一系列传动件，是运动传递所经过的每个传动件，如带轮、带、传动轴、轴承、齿轮副、联轴器、丝杠副、导轨副等。

按传动链传递运动的性质分为内联系传动链和外联系传动链。因为内联系传动链传递的运动是复合运动，要保证零件表面成形的形状精度，两端执行件之间有严格的传动比要求，因此，内联系传动链中不允许有摩擦副传动，并对传动链有传动精度要求。

1.7 机床附件型号编制方法

（1）一般规定（JB/T 2326—2005）

用于扩大机床的加工性能和使用范围的附属装置称机床附件。机床附件型号按类、组、系划分，每类产品分为 10 个组，每组又分 10 个系（即系列）。类、组、系划分的原则规定如下：

① 工作状态、基本用途相同或相近的机床附件为同一类，但"其他类"除外（下面"组系"亦然）；

② 同一类机床附件，结构、性能或使用范围有共性者为同一组；

③ 同一组机床附件，主参数成系列、基本结构及布局大致相同者为同一系列。

（2）型号组成及名称

机床附件型号由汉语拼音字母、阿拉伯数字及必要的间隔符号组成。型号组成方式如表 1.14 所示。

◇ 表 1.14　机床附件型号编制的组成方式及其类代号和通用特性代号

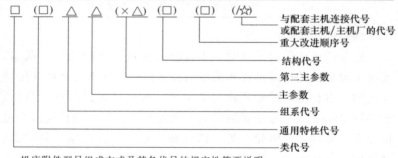

机床附件型号组成方式及其各代号的规定性简要说明：

a. 不带"（ ）"的代号或数字，型号中必须规定；带"（ ）"的代号或数字，有内容就填写并去掉括号，无内容就空缺；

b. "□"符号者为大写汉语拼音字母；

c. "△"符号者为阿拉伯数字；

d. "×"和"/"为间隔符号，必要时"/"可变通为"-"；

e. "☆"符号者一般为汉语拼音字母和阿拉伯数字组成的特定含义的代号；

f. 主机厂的代号可参考 GB/T15375—1994 中的表 A.1 的规定，或与有关方协商。

（3）机床附件类代号及通用特性代号

机床附件按工作状态和基本用途分为刀架、铣头与插头、顶尖、分度头、组合夹具（又分为三类）、夹头、卡盘、机用虎钳、刀杆、工作台、吸盘、镗头与多轴头和其他机床附件，共 15 类。类代号用大写的汉语拼音字母（组合夹具下角标有小写字母）表示，位于型号之首，各类机床附件的类代号见表 1.15。

◇ 表 1.15　机床附件的类代号

类别	刀架	铣头与插头	顶尖	分度头	孔系组合夹具	槽系组合夹具	冲模组合夹具	夹头	卡盘	机用虎钳	刀杆	工作台	吸盘	镗头与多轴头	其他
代号	A	C	D	F	H_k	H_e	H_m	J	K	Q	R	T	X	Z	P

机床附件的通用特性代号用大写的汉语拼音字母表示，位于类代号之后。型号中，一般只表示一个最主要的通用特性。通用特性代号见表 1.16。

◇ 表 1.16　机床附件的通用特性代号

通用特性	高精度	精密	电动	液压	气动	光学	数显	数控	强力	模块
代号	G	M	D	Y	Q	P	X	K	S	T

（4）组系代号

机床附件的组代号和系代号分别用一位阿拉伯数字表示，组代号在前，系列代号在后，它们位于通用特性代号之后（各类机床附件的组系代号划分见 JB/T 2326—2005 里的表 3）。

（5）主参数和第二主参数

主参数和第二主参数均用阿拉伯数字表示，位于组系代号之后。主参数与第二主参数之间用间隔符号"×"分开。

主参数和第二主参数应符合 JB/T 2326—2005 的表 3 规定，其计量单位应采用法定计量单位，长度一般采用毫米（mm），力一般采用牛［顿］（N）。

（6）结构代号

同一组系的机床附件，当主参数相同，而结构不同时，可采用结构代号加以区分；结构代号用汉语拼音字母 L～Z 的 13 个字母（O、X 除外），即按顺序为 L、M、N、P、Q、R、S、T、U、V、W、Y 和 Z 来表示；结构代号位于第二主参数之后。

结构代号位置由某些指定字母出现在型号中，且有特定含义的，如顶尖类产品规定 M 代表以米制圆锥号作主参数时，又如钻夹头类产品，规定 H、M、L 分别代表重型、中型和轻型三种情况时，指定的这些字母均不能作为该系列产品一般意义上的结构代号（或重大改进顺序号），但仍可有其他字母作为结构代号。结构代号在同类、同组系机床附件中应尽可能地具有统一的含义。

第2章
金属学基础知识

第3章
钢的热处理

钢的热处理是将固态钢采用适当的方式进行加热、保温和冷却，以获得所需组织结构与性能的一种工艺。钢件热处理时，首先要加热到临界点以上，使室温组织转变为均匀的奥氏体，这一过程称为钢的奥氏体化。奥氏体化的钢件在随后的冷却过程中奥氏体要发生分解和转变。由于冷却条件不同，转变产物的组织结构也不同，因而性能也会产生显著的差别。热处理的特点是改变零件或者毛坯的内部组织，而不改变其形状和尺寸。

 3.1 **热处理方式**

在工程中，改变金属材料性能常用的方法是热处理，热处理的方式、代号及其表示方法如表 3.1 所示。

◈ **表 3.1 热处理的方式、代号及其表示方法**

热处理方式	代号	热处理代号表示方法举例
退火	Th	退火表示方法为：Th
正火	Z	正火表示方法为：Z
淬火	C	淬火后回火至 45～50HRC，表示方法为：C48
油冷淬火	Y	油冷淬火后回火至 30～40HRC，表示方法为：Y35
高频淬火	G	高频感应加热表面淬火后，回火至 50～55HRC，表示方法为：G52
火焰淬火	H	火焰加热表面淬火后回火至 52～58HRC，表示方法为：H54

热处理方式	代号	热处理代号表示方法举例
调质	T	调质至 220～250HB,表示方法为：T235
调质高频淬火	T-G	调质后高频淬火回火至 52～58HRC,表示方法为：TG54
渗碳淬火	S-C	渗碳层深度至 0.5mm,淬火后回火至 56～62HRC,表示方法为：S0.5-C59
渗碳高频淬火	S-G	渗碳层深度至 0.8mm,高频淬火后回火至 56～62HRC,表示方法为：S0.8-G59
渗氮(氮化)	D	渗氮深度至 0.3mm,硬度大于 850HV,表示方法为：D0.3-900
碳氮共渗(氰化)	Q	碳氮共渗淬火后,回火至 56～62HRC,表示方法为：Q59

 3.2 热处理工艺方法的名称、定义和目的

表 3.2 为常用热处理名称、定义及目的,表 3.3 为一般热处理的工艺特点、处理目的和应用,表 3.4 为化学热处理的工艺特点、处理目的和应用,表 3.5 为表面热处理的工艺特点、处理目的和应用。

◇ 表 3.2 常用热处理名称、定义及目的

名称	定义	目的
退火	将金属或合金加热到适当温度,保持一定时间,然后缓慢冷却的热处理工艺	①降低硬度,提高塑性,改善切削加工性和压力加工性 ②细化晶粒,减少组织的不均匀性,为下一步工序作准备 ③消除铸、锻、焊、轧、冷加工等所产生的内应力
正火	将钢材或钢件加热到 A_{c3} 或 A_{cm} 以上 30～50℃保温适当的时间后,在静止的空气中冷却的热处理工艺。把钢件加热到 A_{c3} 以上 100～150℃的正火则称为高温正火	①得到细密的结构组织,为后序热处理做组织准备 ②改善切削加工性(低碳钢) ③提高强度和韧性 ④减少内应力和细化组织

名称	定义	目的
淬火	将钢件加热到 A_{c3} 或 A_{c1} 点以上某一温度,保持一定时间,然后以适当速度冷却获得马氏体和(或)贝氏体组织的热处理工艺	①提高硬度和强度(工具钢淬火可保证刀具的切削性能和耐磨性) ②得到要求的其他力学性能(中碳钢淬火后经过回火才能获得高强度、高韧性的综合力学性能)
回火	钢件淬硬后,再加热到 A_{c3} 点以下的某一温度,保温一定时间,然后冷却到室温的热处理工艺	①消除淬火后的脆性和内应力,减少工件的变形和开裂 ②调整硬度,提高塑性和韧性,获得工件所要求的力学性能 ③稳定工件尺寸
调质	钢件淬火后高温回火(500~650℃)的复合热处理工艺	使工件获得良好的强度、塑性和韧性等方面的综合力学性能
表面淬火	仅对工件表层进行淬火的工艺。一般包括感应淬火、火焰淬火等	使工件表面有高硬度和耐磨性,而心部保持原有的强度和韧性
时效	合金经固溶热处理或冷塑性形变后,在室温放置或稍高于室温保持时,其性能随时间而变化的现象	①对加工精度高的工件,需慢慢消除其内应力,从而稳定其形状和尺寸 ②对重要铸件、焊接件及粗加工后的工件,可消除内应力,防止变形、开裂并稳定尺寸
渗碳	为了增加钢件表层的含碳量和一定的碳浓度梯度,将钢件在渗碳介质中加热并保温,使碳原子渗入表层的化学热处理工艺	使低碳钢和低合金钢的表面层含碳量增加,再经淬火、回火处理,使钢件表面层具有高的硬度(≥59HRC)、耐磨性及疲劳强度等,而心部仍保持其原有的塑性和韧性
渗氮(氮化)	在一定温度下(一般在 A_{c1} 温度下)使活性氮原子渗入工件表面的化学热处理工艺	使含有 Al、Cr、Mo 等合金元素的钢件(常用钢为38CrMoAlA)表面形成高硬度的渗氮层(≥850HV),提高表面硬度,增加耐磨性、耐疲劳性和耐蚀性
碳氮共渗(氰化)	在一定温度下同时将碳、氮渗入工件表层奥氏体中,并以渗碳为主的化学热处理工艺	使中低碳钢、合金钢、高速钢等钢件的表面具有高的硬度(>700HV)、耐磨性及耐疲劳性,心部保持良好的塑性和韧性。为提高合金工具钢、高速钢制工具、刀具的热硬性、耐磨性,可采用低温碳氮共渗
深冷处理(冷处理)	钢件淬火冷却到室温后,继续在 0℃以下的低温(一般−60~−80℃)介质中冷却的热处理工艺	使合金钢制成的精密刀具、量具和精密零件的硬度、抗拉强度提高,并可稳定工件尺寸

◈ 表 3.3　一般热处理的工艺特点、处理目的和应用

类别	工艺特点		目的和应用
退火	将工件加热到一定温度（相变或不相变）保温后缓冷下来，或通过相变以获得珠光体型组织，或不发生相变以消除应力降低硬度的一种热处理方法		①降低硬度，提高塑性，改善切削加工性能或压力加工性能 ②经相变退火提高成分和组织的均匀性，改善加工工艺性能，并为下道工序作准备 ③消除铸、锻、焊、轧、冷加工等所产生的残余应力
	扩散退火	将工件加热至 $A_{c3}+150\sim200℃$，长时间保温后缓慢冷却	使钢材成分均匀，用于消除铸钢及锻轧件等的成分偏析
	完全退火	将工件加热至 $A_{c3}+30\sim50℃$，保温后缓慢冷却	使钢材组织均匀，硬度降低，用于铸、焊件及中碳钢和中碳合金钢锻轧件等
	不完全退火	将工件加热至 $A_{c1}+40\sim60℃$，保温后缓慢冷却	使钢材组织均匀，硬度降低，用于中、高碳钢和低合金钢锻轧件等
	等温退火	加热至 $A_{c3}+30\sim50℃$（亚共析钢），保温一定时间，随炉冷至稍低于 A_{c1} 的温度，进行等温转变，然后空冷	使钢材组织均匀，硬度降低，防止产生白点，用于中碳合金钢和某些高合金钢的重型铸锻件及冲压体等（组织与硬度比完全退火更为均匀）
	锻后余热等温退火	锻坯从停锻温度（一般为 $1000\sim1100℃$）快冷至 A_{c1} 以下的一定温度（一般为 $650℃$），保温一定时间后炉冷至 $350℃$ 左右，然后出炉空冷	低碳低合金结构钢锻件毛坯采用锻后等温退火处理，可获得均匀、稳定的硬度和组织，提高锻坯的切削加工性能，降低刀具消耗，也为最后的热处理好组织上的准备，此外该工艺也有显著的节能效果
	球化退火	在稍高和稍低于 A_{c1} 温度间交替加热及冷却，或在稍低于 A_{c1} 温度保温，然后慢冷	使钢材碳化物球状化，降低硬度，提高塑性，用于工模具、轴承件及结构钢冷挤压件等
	再结晶退火	加热至 $A_{c1}-50\sim150℃$，保温后空冷	用于经加工硬化的钢件降低硬度，提高塑性，以利加工继续进行，因此，再结晶退火是冷作加工后钢的中间退火
	去应力退火	加热至 $A_{c1}-100\sim200℃$，保温后空冷或炉冷至 $200\sim300℃$，再出炉空冷。对一些精密零件可采用较低的退火温度，减少本工序变形并解除退火前所存在的残余应力	用于消除铸件、锻件、焊接件、热轧件、冷拉件，以及切削、冷冲压过程中所产生的内应力，对于严格要求减少变形的重要零件，在淬火或渗氮前常增加去应力退火

机械工综合切削手册

类别	工艺特点		目的和应用
正火	一般将钢件加热至 A_{c3} 或 $A_{c_{cm}}$ ＋40～60℃,保温一定时间,达到完全奥氏体化和均匀化,然后在自然流通的空气中均匀冷却,大件正火也可采用风冷、喷雾冷却等以获得正火均匀的效果		调整钢件的硬度、细化组织及消除网状碳化物,并为淬火做好组织准备。正火的主要应用如下: ①用于含碳量(质量分数)低于0.25%的低碳钢工件,使之得到量多且细小的珠光体组织,提高硬度,从而改善其切削加工性能 ②消除共析钢中的网状碳化物,为球化退火作准备 ③作为中碳钢及合金结构钢淬火前的预先热处理,以减少淬火缺陷 ④作为要求不高的普通结构件的最终热处理 ⑤用于淬火退修件消除残余应力和细化组织,以防重淬时产生变形与开裂
淬火	将工件加热至 A_{c3} 或 A_{c1} ＋20～30℃,保温一定时间后快速冷却,获得均匀细小的马氏体组织或均匀细小马氏体和粒状渗碳体混合组织		①提高硬度和耐磨性 ②淬火后经中温或高温回火,可获得良好的综合力学性能
	单液淬火	将工件加热至淬火温度后,浸入一种淬火介质中,直到工件冷至室温为止。该工艺适合于一般工件的大量流水生产方式,可根据材料特性和工件有效尺寸,选择不同冷却特性的淬火介质	适用于形状规则的工件,工序简单,质量也较易保证
	双液淬火	将加热到奥氏体化的工件先淬入高温快冷的第一介质(水或盐水)中,冷却至接近马氏体转变温度时,将工件迅速转入低温缓冷的第二种介质(如油)中	主要适用于碳钢和合金钢制成的零件,由于马氏体转变在较为缓和的冷却条件下进行,可减少变形并防止产生裂纹
	分级淬火	将加热到奥氏体化后的工件淬入温度为马氏体转变温度附近的淬火介质中,停留一定时间,使零件表面和心部分别以不同速度达到淬火介质温度,待里温度趋于一致时再取出空冷	分级淬火法能显著地减小变形和开裂,适合于形状复杂、有效厚度小于20mm的碳素钢、合金钢零件和工具。渗碳齿轮采用分级淬火,可大大减少齿轮的热处理变形

类别		工艺特点	目的和应用
淬火	等温淬火	将加热到奥氏体化温度后的工件淬入温度稍高于马氏体转变温度(贝氏体转变区)的盐浴或碱浴中,保温足够的时间,使其发生贝氏体转变后在空气中冷却	①由于变形很小,很适合于处理如冷冲模、轴承、精密齿轮等精密结构零件 ②组织结构均匀,内应力很小,产生显微和超显微裂纹的可能性小 ③由于受等温槽冷却速度的限制,工件尺寸不宜过大
回火		将淬火后的工件重新加热到 A_{c1} 以下某一温度,保温一段时间,然后取出以一定方式冷却下来	①降低脆性,消除内应力,减少工件的变形和开裂 ②调整硬度,提高塑性和韧性,获得工件所要求的力学性能 ③稳定工件尺寸
	低温回火	回火温度为 150～250℃	降低脆性和内应力的同时,保持钢在淬火后的高硬度和耐磨性,主要用于各种工具、模具、滚动轴承以及渗碳或表面淬火的零件
	中温回火	回火温度为 350～500℃	在保持一定韧性的条件下提高弹性和屈服强度,主要用于各种弹簧、锻模、冲击工具和某些要求高强度的零件
	高温回火	回火温度为 500～650℃,回火后获得索氏体组织,一般习惯将淬火后经高温回火称为调质处理	可获得强度、塑性、韧性都较好的综合力学性能。广泛用于各种较为重要的结构零件,特别是在交变负荷下工作的连杆、螺栓、齿轮及轴等,不但可作为这些重要零件的最终热处理,而且还常可作为某些精密零件(如丝杠等)的预先热处理,以减小最终热处理中的变形,并为获得较好的最终性能提供组织基础
冷处理		将淬火后的工件,在 0℃ 以下的低温介质中继续冷却,一般到 −60～−80℃,待工件截面冷却至温度均匀一致后,取出空冷	可提高工件硬度、抗拉强度和稳定工件尺寸,主要适用于合金钢制成的精密刀具、量具和精密零件,如量块、量规、铰刀、样板、高精度的齿轮等,还可使磁钢更好地保持磁性

◇ 表 3.4　化学热处理的工艺特点、处理目的和应用

类别	工艺特点	目的和应用
渗碳	将低碳或中碳钢工件放入渗碳介质中加热及保温,使工件表面层增碳,经渗碳的工件必须进行淬火和低温回火,使工件表面渗层获得回火马氏体组织,当渗碳件的某些部位不允许高硬度时,则可在渗碳前采取防渗措施,即对防渗部位进行镀铜敷以防渗涂料,并根据需要在淬火后进行局部退火软化处理	增加钢件表面硬度,提高其耐磨性和疲劳强度,并同时保持心部原材料所具有的韧性。适用于中小型零件和大型重负荷、受冲击、要求耐磨的零件,如齿轮、轴等
渗氮	向工件表面渗入氮原子,形成氮化层的过程。为了保证工件心部获得必要的力学性能,需要在渗氮前进行调质处理,使心部获得索氏体组织;同时为了减少在渗氮中变形,在切削加工后一般需要进行消除应力的高温回火。渗氮分气体渗氮和液体渗氮,目前广泛应用气体渗氮。按用途还分为强化渗氮和抗蚀渗氮。当工件只需局部渗氮,可将不需要渗氮的部位预先镀锡(用于结构钢工件),或镀镍(用于不锈钢工件),或采用涂料法,或进行磷化处理	提高表面硬度、耐磨性和疲劳强度(可实现这两个目的为强化渗氮)以及抗蚀能力(抗蚀渗氮)。强化渗氮用钢通常是用含有 Al、Cr、Mo 等合金元素的钢。如 38CrMoAlA(目前专门用于渗氮的钢种),其他如 40Cr、35CrMo、42CrMo、50CrV、12Cr2Ni4A 等钢种也可用于渗氮,用 Cr-Al-Mo 钢渗氮得到的硬度比 Cr-Mo-V 钢渗氮的高,但其韧性不如后者。抗蚀渗氮常用材料是碳钢和铸铁。渗氮层厚度根据渗氮工艺性和使用性能,一般不超过 $0.5\sim0.7\text{mm}$ 渗氮广泛用于各种高速传动精密齿轮、高精度机床主轴,如镗杆、磨床主轴;在交向负荷工作条件下要求很高疲劳强度的零件,如高速柴油机轴,及要求变形很小和在一定抗热、耐磨工作条件下耐磨的零件,如发动机的气缸、阀门等
离子氮化	是利用稀薄的含氮气体的辉光放电现象进行的。气体电离后所产生的氮、氢正离子在电场作用下向零件移动,以很大速度冲击零件表面,氮被零件吸附,并向内扩散形成氮化层。氮化前应经过消除切削加工引起的残余应力的人工时效,时效温度低于调质回火温度,高于渗氮温度	基本适用于所有的钢铁材料,但含有 Al、Cr、Ti、Mo、V 等合金元素的合金钢离子氮化后的钢材表面,比碳钢离子氮化后表面的硬度高。多用于精密零件,及一些要求耐磨但用其他处理方法又难以达到高的表面硬度的零件,如不锈钢材料

类别	工艺特点	目的和应用
碳氮共渗	在一定温度下同时将碳氮渗入工件的表层奥氏体中,并以渗碳为主的工艺。防渗部位可采用镀铜敷以防渗涂料法	提高工件的表面硬度、耐磨性、疲劳强度和耐蚀性。目前碳氮共渗已广泛应用于汽车、拖拉机变速箱齿轮等
氮碳共渗	铁基合金钢铁工件表层同时渗入氮和碳并以渗氮为主的工艺,亦称为软氮化	提高工件的表面硬度、耐磨性、耐蚀性和疲劳性能,其效果与渗氮相近
渗硼	在一定温度下将硼原子渗入工件表层的工艺	可极大地提高钢的表面硬度、耐磨性、红硬性,提高零件的疲劳强度和抗酸碱腐蚀性
渗硫	使硫渗入已硬化工件表层的工艺	可提高零件的抗擦伤能力

◇ 表 3.5　表面热处理的工艺特点、处理目的和应用

类别	工艺特点	目的和应用
感应加热表面淬火	将工件的整体或局部置入感应器中,由于高频电流的集肤效应,使零件相应部位由表面向内加热、升温,使表层一定深度组织转变成奥氏体,然后再迅速淬硬的工艺。根据零件材料的特性选择淬火冷却介质。感应加热淬火件变形小、节能、成本低、生产率高	较大地提高零件的扭转和弯曲疲劳强度及表面的耐磨性。汽车拖拉机零件采用感应加热淬火的范围很广,如曲轴、凸轮、半轴、球销等
火焰加热表面淬火	用乙炔-氧或煤气-氧气的混合气体燃烧的火焰,喷射到零件表面上快速加热,达到淬火温度后立即喷水,或用其他淬火介质进行冷却,从而在表层获得较高硬度而同时保留心部的韧性和塑性	适用于单件或小批生产的大型零件和需要局部淬火的工具或零件,如大型轴类与大模数齿轮等。常用钢材为中碳钢,如 35、45 钢及中碳合金钢(合金元素总质量分数<3%),如 40Cr、65Mn 等,还可用于灰铸铁件、合金铸铁件。火焰表面淬火的淬层厚度一般为 2～5mm
电解液淬火	将工件需淬硬的端部浸入电解淬火液中,零件接阴极,电解液接阳极。通电后由于阴极效应而将零件浸入液中的部分表面加热,到达温度之后断电,零件立即被周围的电解液冷却而淬硬	提高淬火表面的硬度,增加耐磨性。因淬硬层很薄,所以变形很小。但由于极间形成高温电弧,造成组织过热、晶粒粗大。采用电解液淬火的典型零件是发动机气阀端的表面淬火

类别	工艺特点	目的和应用
激光淬火	以高能量激光作为热源快速加热并自身冷却淬硬的工艺。对形状复杂的零件进行局部激光扫描淬火,可精确选择淬硬区范围。该工艺生产率高、变形小,一般在激光淬火之后可省略冷加工	提高零件的耐磨性和疲劳性能。典型激光淬火件如滚珠轴承环、缸套或缸体内孔等

3.3　渗碳层深度及应用

　　淬火、渗碳、渗氮处理后的工件一般要进行磨削加工,典型渗碳层深度及应用如表 3.6 所示;渗氮层深度如表 3.7 所示。

◇ 表 3.6　渗碳层深度及应用

深度范围/mm	应用范围举例
0.2~0.4	模数≤1.25mm 的齿轮,厚度≤1.2mm 的摩擦片、样板等
0.4~0.7	模数 1.5~2.5mm 的齿轮、厚度≤2mm 的摩擦片、样板、小轴等
0.7~1.1	模数 3~4mm 的齿轮、轴、套筒、活塞、耕机的锄铲等
1.1~1.5	模数 4.5~6mm 的齿轮,脱粒机的脱粒齿等
1.5~2.0	模数≥7mm 的齿轮、机床主轴、碾米机的米刀、机引犁等

◇ 表 3.7　渗氮层深度及应用

深度范围/mm	应用范围举例
0.10~0.25	模数≤1.25mm 的齿轮等
0.25~0.40	模数 1.5~2.5mm 的齿轮、小轴、套、环、垫圈等
0.35~0.50	模数 3~4mm 的齿轮、直径≤100mm 的镗杆、齿盘、套筒、蜗杆等
0.45~0.55	模数 4.5~6mm 的齿轮、套筒、螺杆等
>0.50	模数> 6mm 的齿轮、直径≥250mm 的镗杆、气缸筒、主轴等

第4章
常用工程材料和热处理

第5章
机械加工识图基础

5.1　机械图样识读基础知识

在生产中，无论设计、加工、装配还是使用、维修各种机器设备，都离不开机械图样（俗称图纸）。图样表达机器和零件形象、清晰、准确，是工程技术交流的语言，当代机械加工人员必须掌握这种语言，才能够正确熟练地读懂图样中的内容和要求。

5.1.1　机械图样

（1）什么是机械图样

图样是根据投影原理、国家标准和有关规定来表达工程对象，并有必要技术说明的图。当表达的工程对象是各种机器设备的零件、部件或整台机器时，这些图就是机械图样。

（2）机械图样的类型

机器、设备都是由若干零、部件装配而成的，每个部件又由若干零件装配而成。零件是构成机器的最基本单元，也是机械加工的最基本单元。表达零件的图样称零件图。零件图是表达零件的形状、结构尺寸和技术要求的图样，是指导零件加工、制造和检验的技术文件。表达机器或部件或机构的图样称装配图。装配图是表达机器中部件与部件、部件与零件、零件与零件之间连接方式、装配关系和技术要求的图样。

零件的毛坯制造、机械加工工艺路线制订、毛坯图和工序图的设计、加工检验等，都是根据零件图来进行的。如图 5.1 所示是一个齿轮零件图样。一张完整的零件图一般应包括以下几项内容。

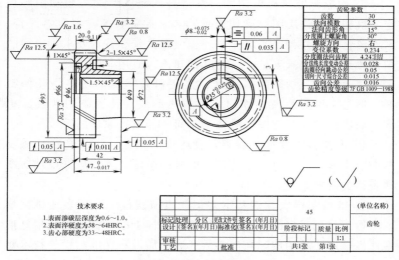

齿轮参数

齿轮参数	
齿数	30
法向模数	2.5
法向齿形角	15°
分度圆上螺旋角	30°
螺旋方向	右
变位系数	0.234
分度圆法向齿厚	4.24$^{-0.064}_{-0.188}$
公法线长度变动公差	0.028
齿圈径向跳动公差	0.05
切向一齿综合公差	0.015
齿向公差	0.016
齿轮精度等级	7F GB 1009—1988

图 5.1 齿轮零件图样

① 一组视图 一组正确、完整、清晰表达零件结构的视图，包括视图、剖视图、断面图等。

② 全部尺寸 正确、完整、清晰、合理地标注零件在加工、制造和检验时所需的尺寸。

③ 技术要求 零件图样上的技术要求分为三类。一类是直接注写在图样中的视图上，如表面粗糙度、尺寸公差、几何公差要求等。另一类是以文字、符号、代号等形式注写在图样的标题栏附近，以"技术要求"为标题逐条说明，如材料的性能、工艺、热处理、表面处理、检验等要求（见图中的技术要求）；图样上未标注的技术要求（如未注表面粗糙度要求 $\sqrt{^{Ra\,12.5}}$（$\sqrt{}$），未注倒角 C1 等）。第三类是工作性能参数要求，如齿轮的性能参数表，一般以表格形式注写在图纸的右上角，如弹簧的工作长度与工作负荷，一般以示意图的形式画在零件视图的相应区域等。

④ 标题栏 注明零件的名称、图号、设计单位、材料、质量、比例、设计、审核、更改的签字、日期等。

(3) 识读机械图样应具备的基本知识

① 国家标准《机械制图》和《技术制图》的一般知识和规定 机械制图是用图样确切表示物体（如机械零件或机器设备）结构形状、尺寸大小、工作原理、位置关系和技术要求等内容的知识体系，是机械人员必备的基础知识，应用非常广泛。

技术制图是指用线、符号、文字和数字等描绘事物几何特征、形态、位置及大小等的一种表达形式。技术制图涉及面更广，如机械传动系统图、机构运动简图、电气原理图等。

② 正投影的基本知识和各种图样的画法 正投影在机械制图中应用最广泛。只有了解各种图样的画法，才能更好地理解图样表达的内容。

③ 机械图样表达的基本知识 机械图样上主要表达机械加工质量或装配质量的要求。机械零件图样上的机械加工质量是指零件机械加工后的实际几何参数、表面质量和性能与设计技术要求的符合程度。机械零件图样上的技术要求如尺寸及公差要求、几何精度要求、表面结构要求、材料热处理和表面处理的性能要求等能看懂，能采取合理的方法把它加工出来，选择合理的量器、测量方法检验其是否合格等。

5.1.2 图纸幅面、对中方向符号、分区代号和比例

(1) 图样的基本幅面和加长幅面

根据图样实物的尺寸大小、结构复杂程度和表达的内容多少等需要，优先采用图纸幅面代号为 A0、A1、A2、A3、A4 的五种基本幅面，必要时，允许选用加长幅面。

在机械图样上，必须用粗实线画出图框，图幅大小（图纸边界）用细实线绘制，图框线与图纸边界线之间的区域称为周边。图纸的幅面尺寸、图框格式与周边尺寸如表 5.1 所示。按图样是否装订成册，图框格式分为留有装订边和不留装订边两种，装订侧的周边尺寸为 a，不装订侧的尺寸均为 e。按标题栏安放位置

◇ 表 5.1 图纸幅面和格式（GB/T 14689—2008）

mm

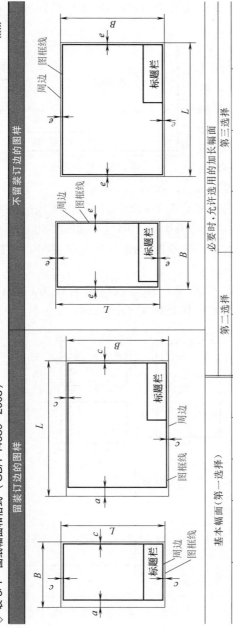

留装订边的图样

不留装订边的图样

基本幅面（第一选择）

幅面代号	尺寸 B×L	a	c	e
A0	841×1189	25	10	20
A1	594×841	25	10	20
A2	420×594	25	10	10
A3	297×420	25	5	10
A4	210×297	25	5	10

必要时，允许选用的加长幅面

第二选择		第三选择			
幅面代号	尺寸 B×L	幅面代号	尺寸 B×L	幅面代号	尺寸 B×L
A3×3	420×891	A0×2	1189×1682	A3×5	420×1486
A3×4	420×1189	A0×3	1189×2523	A3×6	420×1783
A4×3	297×630	A1×3	841×1783	A3×7	420×2080
A4×4	297×841	A1×4	841×2378	A4×6	297×1261
A4×5	297×1051	A2×3	594×1261	A4×7	297×1471
		A2×4	594×1682	A4×8	297×1682
		A2×5	594×2102	A4×9	297×1892

注：1. 加长幅面是由基本幅面的短边成整倍数增加后得出。

2. 加长幅面的图框尺寸，按所选用的基本幅面图框尺寸确定。例如 A2×3 的图框尺寸，按 A1 的图框尺寸确定，即 e 为 20mm（或 c 为 10mm）；对 A3×4 则按 A2 的图框尺寸确定，即 e 为 10mm（或 c 为 10mm）。

分为 X 型（标题栏处在长边 L 上）和 Y 型（标题栏处在短边 B 上）两种。

（2）对中和方向符号

① 对中符号　为在图样复制或缩微摄影时便于定位，对第一选择、第二选择的图样幅面，应在各边长的中点处，分别用线宽不小于 0.5mm 的粗实线绘制对中符号，从图纸边界线开始，伸入图框线内约 5mm，如图 5.2 所示。

图 5.2　对中符号

② 方向符号　当使用预先印制好图框及标题栏格式的图纸绘图时，为合理安排图形，允许看图的方向与看标题栏的方向不同，但必须在图样的下边对中符号处画出一个方向符号，见图 5.3，以明确表示看图方向。

图 5.3（a）所示是表示 X 型图样竖放时的看图方向，图 5.3（b）所示是表示 Y 型图样横放时的看图方向。

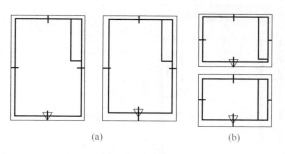

(a)　　　　　　　　(b)

图 5.3　方向符号

方向符号画在图样的下边对中符号处，用细实线绘制的等边三角形，其位置及尺寸大小见图 5.4。

（3）图幅分区代号

为便于查找或更改复杂图

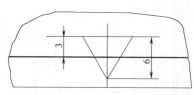

图 5.4　方向符号的位置及尺寸

样中某些局部的结构形状或尺寸，可在图纸周边内用细实线画出图幅分区，见图5.5。图幅分区数目必须取偶数，每个分区的长度应在25～75mm 之间选择，在图框的每一侧都有一条分区线与对中符号重合。沿水平方向在上、下周边内从左到右

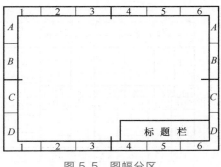

图 5.5　图幅分区

用阿拉伯数字顺序编号；沿竖直方向在左、右周边内从上到下用大写拉丁字母顺序编写。图幅分区代号由该区域的拉丁字母和阿拉伯数字组合而成，字母在前、数字在后并排书写，如 B2、C5 等。

（4）图样的比例

图样中的图形与其实物相应要素的线性尺寸之比称图样比例。尽量采用 1：1 比例，根据需要按表5.2选取。

◇ 表 5.2　图样比例（GB/T 14690—1993）

种类	比例			必要时，允许选取的比例				
原值比例	1：1							
缩小比例	1：2	1：5	1：10	1：1.5	1：2.5	1：3	1：4	1：6
	$1:2\times10^n$	$1:5\times10^n$	$1:1\times10^n$	$1:15\times10^n$	$1:2.5\times10^n$	$1:3\times10^n$	$1:4\times10^n$	$1:6\times10^n$
放大比例	5：1	2：1		4：1	2.5：1			
	$5\times10^n:1$	$2\times10^n:1$	$1\times10^n:1$	$4\times10^n:1$	$2.5\times10^n:1$			

注：n 为正整数。

5.1.3　标题栏及其填写

（1）标题栏

为了便于技术制图的识别、保管和交流，在每张技术图样上的右下角均应画出标题栏。

在国家标准 GB/T 10609.1—2008 的附录 A 中推荐了一种标题栏格式，它由更改区、签字区、名称及代号区和其他区四个区域组成，如图 5.6 所示。

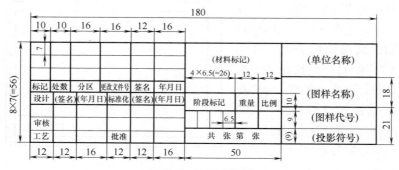

图 5.6 标题栏格式

（2）标题栏填写

标题栏更改区中的内容由下而上顺序填写，如区域格不够可顺延，或放到图纸中其他地方（应加表头）。

更改区：标记一栏按有关规定或要求填写；处数一栏要填写同一标记所表示的更改数量；分区一栏填写更改处所在图中的位置代号，即图幅分区代号；更改文件号是指更改图样时所依据的文件号码；签字：设计者签栏内，其他相关审核人员签在旁边，及更改日期。

签字区包括设计者、设计审核人、工艺审核人、标准化审核人和批准人签名和完成日期。

其他区：材料标记一栏填写零件图样对应零件材料的牌号，如 Q235，装配图空缺；阶段标记一栏自左向右填写图样所处的生产阶段标记（S—试制阶段；A—小批生产阶段；B—批量生产阶段）；质量一栏填写零件图样对应零件的计算重量，计量单位为千克；比例是图样比例；共　　张第　张一栏：当一个零件只用一张图纸来绘制时，此处不填写，当一个零件需要用两张或多张图纸来绘制时，需要填写同一图样代号的总张数及该张图样的张序数，如共 3 张 第 2 张。

名称及代号区：单位名称是设计者单位名称；图样名称是图样对应零件的名称；图样代号是该零件在产品零部件编号中所编的代号。

5.1.4 字体与图线

（1）字体

在图样上除了用图形表达机件的形状外，还需要用文字和数字注明零件的大小、技术要求及其他说明等。为了使图样上的字体统一、清晰明确，国家标准（GB/T 14691—1993）规定图样中的字体书写必须做到：字体工整、笔画清楚、间隔均匀、排列整齐。

字体的高度 h 尺寸系列为（mm）：1.8、2.5、3.5、5、7、10、14、20 共 8 种。

机械工程 CAD 制图（GBT 14665—2012）的有关规定：汉字的字距、行距、字母和数字的字符间距、词距、行距要求及其字高与图幅的关系如表 5.3 所示。

◎ 表 5.3 汉字字距、行距、字母、数字的字符间距、词距、行距及字高要求

mm

项目	字高(h)		字距、词距	行距	字符间距
图幅	A0　A1	A2　A3　A4	1.5	2	
汉字	7	5			
字母数字	5	3.5	1.5	1	0.5

（2）图线

GB/T 4457.4—2008 中规定了机械制图图线的 15 种基本型式，常用的线型见表 5.4。

◎ 表 5.4 机械图样的常用线型及应用

图线名称	图线型式	图线宽度	图样上应用
粗实线		$b(0.5\sim2mm)$	可见轮廓线 可见过渡线
细实线		约 $b/3$	尺寸线及尺寸界线，剖面线，重合剖面的轮廓线，齿轮的齿根线及螺纹牙底线，引出线，分界线及范围线

图线名称	图线型式	图线宽度	图样上应用
波浪线	～～～～	约 $b/3$	断裂处的边界线 视图和剖视的分界线
双折线	2～4 15～30 3～5	约 $b/3$	断裂处的边界线,局部剖视图中视图与剖视图的分界线
虚线	～1 2～6	约 $b/3$	不可见轮廓线、不可见过渡线
细点画线	15～30 ～3	约 $b/3$	轴线,对称线和中心线,齿轮的分度圆、节圆和节线
粗点画线	15～30 ～3	b	有特殊要求的线或表面的表示线
双点画线	15～20 ～5	约 $b/3$	相邻辅助零件的轮廓线、极限位置的轮廓线、假想投影轮廓线、中断线

（3）线宽

在机械图样中只采用粗、细两种线宽,其比例为 2：1,粗线宽度优先采用 0.5mm 和 0.7mm,也可从表 5.5 中选择其他线宽。GB/T 14665—2012（机械工程 CAD 制图规则）规定的线宽只有后 5 种。各种图线在机械图样中的应用实例如图 5.7 所示。

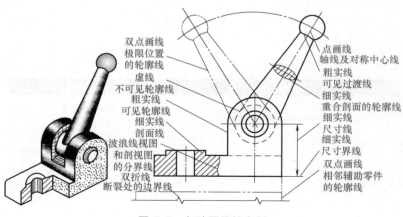

图 5.7　各种图线的实例

◇ 表 5.5　机械图样上粗细线宽度系列　　　　　　　　　　　　mm

粗线宽度系列	0.25	0.35	0.5	0.7	1	1.4	2
对应的细线宽度系列	0.13	0.18	0.25	0.35	0.5	0.7	1

5.1.5　不同材料的剖面符号

在机械图样上，需要在剖面区域内表示材料的类别时，可按国家标准规定的符号绘制，见表 5.6。

◇ 表 5.6　剖面区域的表示法（GB/T 4457.5—2013）

材料	剖面	材料	剖面
金属材料（已有规定剖面符号者除外）	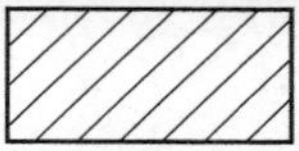	木质胶合板（不分层数）	
线圈绕组元件	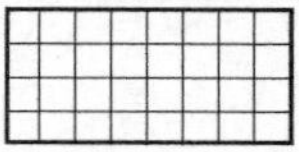	基础周围的泥土	
转子、电枢、变压器和电抗器等的叠钢片	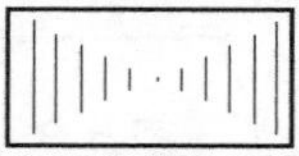	混凝土	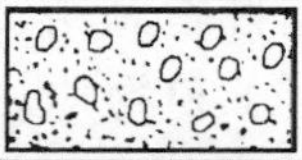
非金属材料（已有规定剖面符号者除外）		钢筋混凝土	
型砂、填砂、粉末冶金、砂轮、陶瓷刀片、硬质合金刀片等	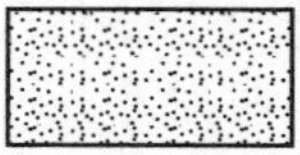	砖	
玻璃及供观察用的其他透明材料	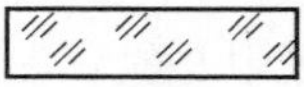	格网（筛网、过滤网等）	
木材　纵断面	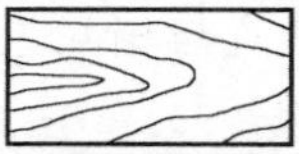	液体	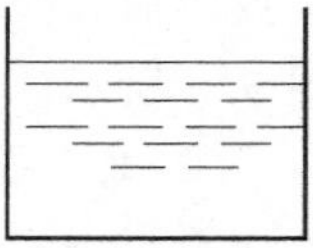
木材　横断面			

注：1. 表中所列剖面符号仅表示材料的类别，材料的名称和代号必须另行注明。

2. 叠钢片的剖面线方向应与束装中叠钢片剖面线的方向一致。

3. 由不同剖面符号的材料嵌入或附着在一起的成品，用其中主要材料的剖面符号表示，例如夹丝玻璃的剖面符号可用玻璃的剖面符号表示。

4. 在零件图中，也可以用涂色代替剖面符号。

5. 木材、玻璃、液体、叠钢片、砂轮及硬质合金刀片等剖面符号，也可在外形视图中画出全部或一部分作为材料的标志。

6. 液面用细实线绘制。

5.2 投影与识读形体组合体视图

5.2.1 投影与视图

(1) 投影概念和方法

投影是从日常生活中抽象出来的，如阳光照射下物体在地面上留下影子，灯光照射下椅子在地板上或墙壁上留下的影子，影子就是这些物体在平面上的投影，如图 5.8 所示。人们将这些投影现象经过科学总结，得到表达影子和物体之间几何关系的方法称投影法。从

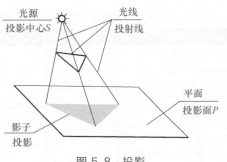

图 5.8 投影

绘画艺术到工程制图，在平面上表达空间物体，这种投射线（光线）通过物体向选定面投射，并在该平面上得到物体图形的方法称投影法，物体的图形称投影图，简称投影，物体称工程对象，选定面称投影面。

根据投射线类型，投影方法分中心投影法和平行投影法。再按投影面、投射线及物体的相互位置与相互关系，其基本分类如图 5.9 所示。

① 中心投影法 投影中心与物体之间的距离有限，投射线汇交投影中心点（光源）的投影方法称中心投影法，如图 5.10 所示。投射线是投影中心与物体上特征点的连线，延长投射线与投影面相交，交点的集合即为物体的投影。中心投影法若改变投影中心与物体之间的距离，物体的投影大小就会改变。

② 正投影（平行光） 如图 5.11 所示，投射线相互平行，投影方向的特征是投射线与投影面垂直。物体的投影尺寸和形状与物体和投影中心之间距离无关的特性在工程图中应用广泛。

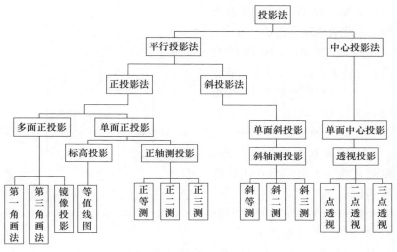

图 5.9　投影方法的分类

③ 斜投影（平行光）　如图 5.12 所示，投射线相互平行，投影方向的特征是投射线与投影面不垂直。

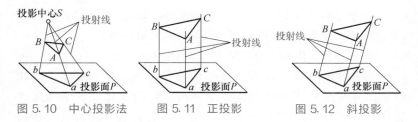

图 5.10　中心投影法　　图 5.11　正投影　　图 5.12　斜投影

（2）三面投影体系

为了能唯一确定物体的形状，必须采用多面投影，最基本的是三面投影体系。在三面投影体系中，由三个相互垂直的投影面组成，分别是正立投影面、水平投影面和侧立投影面，如图 5.13 所示。正直投影面，简称正面，用 V 表示。水平投影面，简称水平面，用 H 表示。侧立投影面，简称侧面，用 W 表示。

在三面投影体系中，两两投影面的交线称为投影轴。它们分别为 OX 轴、OY 轴、OZ 轴，简称 X 轴、Y 轴、Z 轴。

X 轴：V 面与 H 面的交线，它代表长度（左右）方向。

Y 轴：H 面与 W 面的交线，它代表宽度（前后）方向。

Z 轴：V 面与 W 面的交线，它代表高度（上下）方向。

三个投影轴相互垂直相交，交点 O 为原点。

（3）点的投影

点是最基本的几何元素，也是直线、平面以至立体的投影基础。

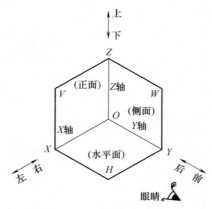

图 5.13　三面投影体系

如图 5.14（a）所示，将点 A 放在三面投影体系中，过点 A 分别向 H、V、W 投影面作垂线，其垂足为 a、a'、a''，三个垂足为点 A 在三个投影面上的投影。

点投影的规定如下：

① 空间点用大写字母表示，如 A、B、C、…。

② 水平投影用相应的小写字母表示，如 a、b、c、…。

③ 正面投影用相应的小写字母加一撇表示，如 a'、b'、c'、…。

④ 侧面投影用相应的小写字母加两撇表示，如 a''、b''、c''、…。

因为投影图形是画在二维平面图纸上的，所以 H、V、W 投影面需要展开成共面状态。展开时，V 面不动，H 面绕 OX 轴向下（顺时针）旋转 $90°$，W 面绕 OZ 轴向后（逆时针）旋转 $90°$，点的展开图见图 5.14（b）。

由图 5.14 可以得出点的三面投影规律：

① 点的正面投影和水平投影的连线垂直于 OX 轴，即 $aa' \perp OX$。

② 点的正面投影和侧面投影的连线垂直于 OZ 轴，即 $a'a'' \perp OZ$。

③ 点的水平投影到 OX 轴的距离 a_{YH} 等于点的侧面投影到 OZ 轴的距离 a_{YW}。

为了简单化，假设投影平面是无限大时，投影平面的边框省略。为了保证画图准确，如画点在侧投影面的投影，为保证 $a_{YH} = a_{YW}$，画图时一般过原点 O 作一条 $45°$ 的斜接线，画图过程和得到点 A 的

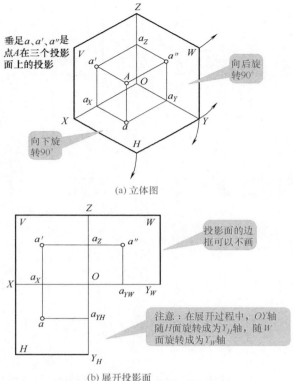

垂足a、a'、a''是点A在三个投影面上的投影

向后旋转90°

向下旋转90°

(a) 立体图

投影面的边框可以不画

注意：在展开过程中，OY轴随H面旋转成为Y_H轴，随W面旋转成为Y_W轴

(b) 展开投影面

图5.14 点投影的立体图和展开图

三面投影图的过程如图5.15所示。

（4）直线的投影

空间两点确定一条直线，直线的投影可由直线上任意两点的同面投影连线来确定，如图5.16所示。

① 投影面平行线 平行于一个投影面与另外两个投影面倾斜的直线称为投影面平行线。

平行于 H 面倾斜于 V 面、W 面的直线称为水平线。平行于 V 面倾斜于 H 面、W 面的直线称为正平线。平行于 W 面倾斜于 H 面、V 面的直线称为侧平线。投影面平行线的投影特性见表5.7。

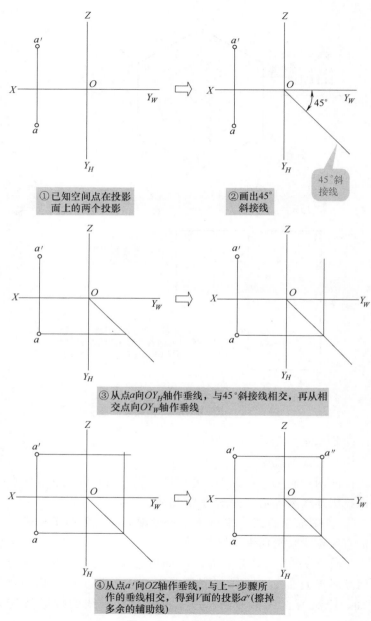

① 已知空间点在投影面上的两个投影

② 画出45°斜接线

45°斜接线

③ 从点a向OY_H轴作垂线，与45°斜接线相交，再从相交点向OY_W轴作垂线

④ 从点a'向OZ轴作垂线，与上一步骤所作的垂线相交，得到V面的投影a″(擦掉多余的辅助线)

图 5.15 点的三面投影

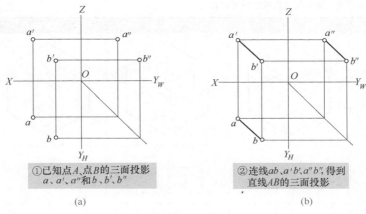

①已知点A、点B的三面投影
a、a'、a"和b、b'、b"

(a)

②连线ab、a'b'、a"b"，得到
直线AB的三面投影

(b)

图 5.16　两点确定一直线

◇ 表 5.7　投影面平行线的投影特性

项目	正平线	水平线	侧平线
立体图			
投影图			
投影特性	①在平行的投影面上的投影与投影轴倾斜，投影长度反映直线实长 ②在另外两个投影面上的投影平行于相应的投影轴，长度缩短		

② 投影面垂直线　垂直于一个投影面而平行于另外两个投影面的直线称为投影面垂直线。垂直于 H 面的直线称为铅垂线。垂直于 V 面的直线称为正垂线。垂直于 W 面的直线称为侧垂线。投影面垂直线的投影特性见表5.8。

项目	正垂线	铅垂线	侧垂线
立体图	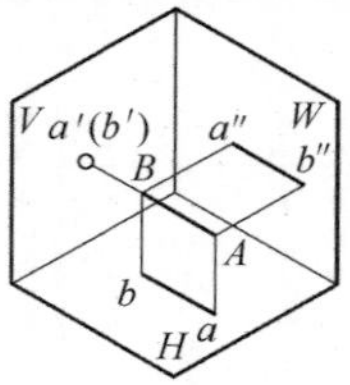	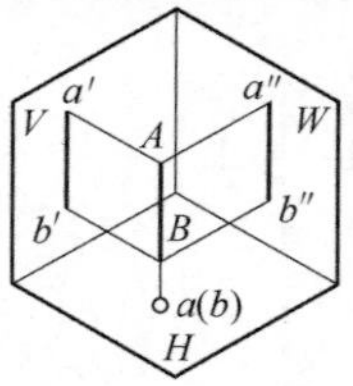	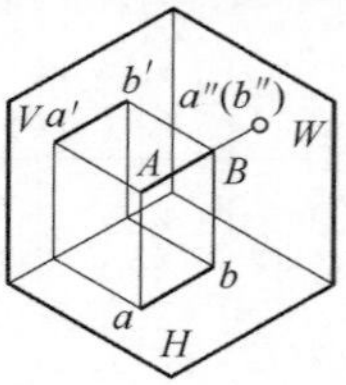
投影图	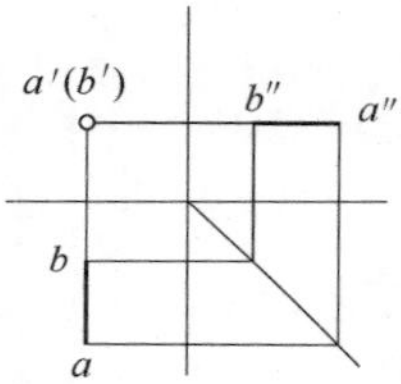	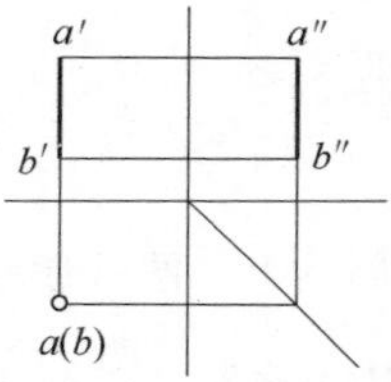	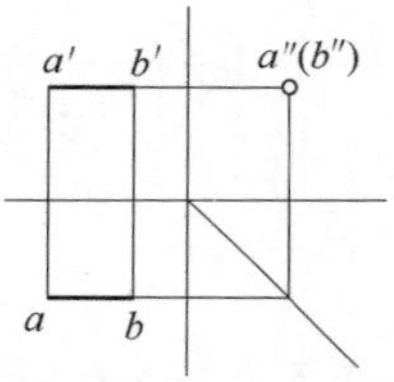
投影特性	①在直线垂直的投影面上的投影积聚成一点 ②在另外两个投影面上的投影分别垂直于相应的投影轴,反映实长		

　　直线的投影一般仍为直线,在特殊情况下积聚成一点。在表 5.8 中,正垂线 AB 中的点 A 在点 B 的正前方,正面投影 a' 可见, b' 不可见,所以 b' 加圆括号。铅垂线 AB 中的点 A 在点 B 的正上方,水平投影 a 可见, b 不可见,所以 b 加圆括号。侧垂线中点 A 在点 B 的正左方,侧面投影 a'' 可见, b'' 不可见,所以 b'' 加圆括号。两点的某一个投影重合时(只能一个投影重合,否则就是一个点),可见性的判断规则是:左遮右,前遮后,上遮下。

　　(5)平面的正投影特性

　　平面在三面投影体系中,与投影面的相对位置有三种:投影面垂直面、投影面平行面和一般位置平面。

　　① 投影面垂直面　垂直于一个投影面,而倾斜于另外两个投影面的平面称为投影面垂直面。垂直于 V 面而倾斜于 H 面、 W 面的平面称为正垂面。垂直于 H 面而倾斜于 V 面、 W 面的平面称为铅垂面。垂直于 W 面而倾斜于 H 面、 V 面的平面称为侧垂面。投影面垂直面的投影特性见表 5.9。

◇ 表 5.9　投影面垂直面的投影特性

项目	正垂面	铅垂面	侧垂面
立体图			
投影图			

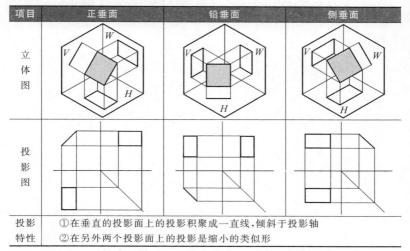

投影特性	①在垂直的投影面上的投影积聚成一直线,倾斜于投影轴 ②在另外两个投影面上的投影是缩小的类似形

② 投影面平行面　平行于一个投影面,而垂直于另外两个投影面的平面称为投影面平行面。平行于 V 面的平面称为正平面。平行于 H 面的平面称为水平面。平行于 W 面的平面称为侧平面。投影面平行面的投影特性见表 5.10。

◇ 表 5.10　投影面平行面的投影特性

项目	正平面	水平面	侧平面
立体图			
投影图			

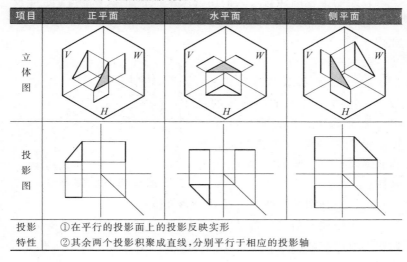

投影特性	①在平行的投影面上的投影反映实形 ②其余两个投影积聚成直线,分别平行于相应的投影轴

③ 一般位置平面　与三个投影面都倾斜的平面称为一般位置平面。一般位置平面的三个投影都是原平面图形的类似形，面积缩小，见图 5.17。

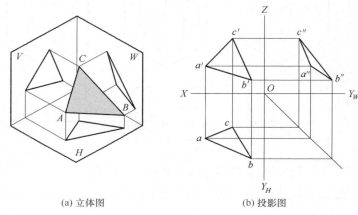

(a) 立体图	(b) 投影图

图 5.17　一般位置平面

5.2.2　视图

（1）视图

在绘制工程图样时，人们用视线来代替光线对物体进行投影，这样所得的图形称为视图，如图 5.18 所示。

（2）三视图

如图 5.19 所示，三个视图是按照观察方向命名的。物体的正面投影称为主视图；物体在水平面上的俯视投影称为俯视图；物体在侧面上左视的投影称为左视图。

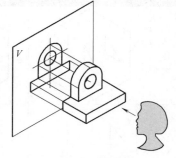

图 5.18　视图的产生

（3）三视图的视图位置及其投影规律

三视图展开后的位置见图 5.20。主视图反映物体的长和高，俯视图反映物体的长和宽，左视图反映物体的高和宽。三视图的

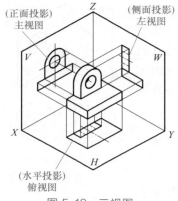

图 5.19 三视图

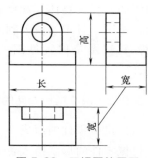

图 5.20 三视图的展开

投影规律：主、俯视图长对正；主、左视图高平齐；俯、左视图宽相等。

（4）投影面体系及空间分角

机械制图采用投影面体系是三面系，即水平投影面 H、正立投影面 V 和侧立投影面 W。

三个投影面垂直正交，在空间形成的八个空间角，在机械制图中称为空间分角。这八个角的命名分别称第一角、第二角、…、第八角，如图 5.21 所示。

（5）第一角投影及其视图位置

物体放在第一空间角得到的投影。我国和大多数国家采用第一角投影，视图及位置见图 5.22，符号见图 5.23。

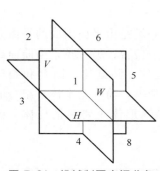

图 5.21 机械制图空间分角

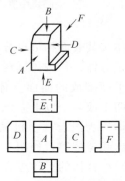

图 5.22 第一空间角投影及其视图位置

（6）第三空间角投影及其视图位置

物体放在第三空间角，投影面（假想是透明的）界于物体与观察者之间得到的投影，美国、日本、澳大利亚等一些国家采用。其视图及位置见图 5.24，符号见图 5.25。

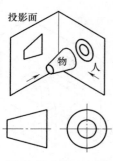

图 5.23　第一空间
角投影符号

5.2.3　识读机械零件的形体组合体

（1）机械零件的组成

机械零件的形状组成各异，但都可看作是由一个（或一些）立体（或基本形体）组合而成的。

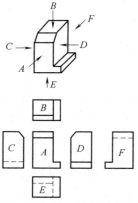

图 5.24　第三空间角投影
及其视图位置

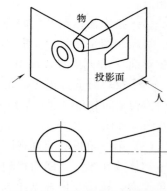

图 5.25　第三空间角投影符号

立体按其表面构成可分为两类：一类是由平面围成的平面立体，如正方体、长方体、棱柱、棱锥、棱台；另一类是由曲面或曲面与平面围成的曲面立体，如圆柱体、圆锥体、圆台和圆球等。由两个或两个以上立体（或基本形体，简称基本体）组合而成的形体称为组合体。机械零件的基本形体主要包括柱体、锥体、台体和球体等，如图 5.26 所示。

（2）组合体的形体组合方式

组合体的形体组合形式可分为叠加和切割两种基本形式，以

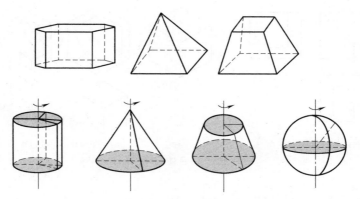

图 5.26　柱体、锥体、台体和球体

及既有叠加又有切割的综合形式。

　　① 叠加　组合体由基本形体堆叠而成，这种组合形式称为叠加。如图 5.27 所示，物体由底板、竖板和肋板三个基本形体叠加而成。

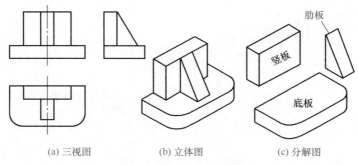

(a) 三视图　　　　(b) 立体图　　　　(c) 分解图

图 5.27　组合体的叠加形式

　　② 切割　组合体是由一个基本形体切去若干个基本形体后形成的，这种组合形式称为切割。如图 5.28 所示，物体是由一个正方体先切割去掉一个 1/4 圆柱体，再切割去掉一个缺角后形成的。

　　③ 综合形式　既有叠加又有切割的组合体，这样的形成方式称综合形式。如图 5.29 所示，物体由底板、竖板和肋板叠加而成，但底板上的孔和槽，竖板上的孔，又是以切割方式形成的。

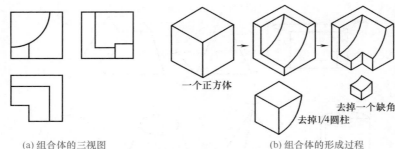

(a) 组合体的三视图

一个正方体

去掉1/4圆柱

去掉一个缺角

(b) 组合体的形成过程

图 5.28　组合体的切割形式

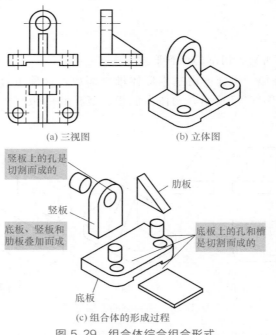

(a) 三视图

(b) 立体图

竖板上的孔是切割而成的

肋板

竖板

底板、竖板和肋板叠加而成

底板上的孔和槽是切割而成的

底板

(c) 组合体的形成过程

图 5.29　组合体综合组合形式

（3）组合体表面的连接关系

形体分析是将组合体分解为若干个基本体，相邻基本体表面的连接关系有：平齐、不平齐、相切和相交。

① 平齐和不平齐　当两形体的表面不平齐时，两形体之间有分界线，在视图上要画出分界线，如图 5.30（a）所示。当两

形体的表面平齐时，两形体之间没有分界线，在视图上也不可画出分界线，如图 5.30 （b）和（c）所示。

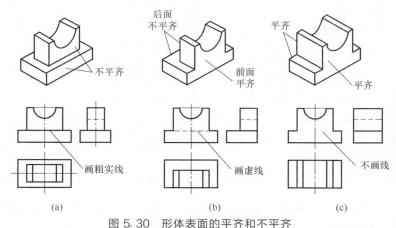

图 5.30　形体表面的平齐和不平齐

② 相切　两形体表面相切时，在相切处两表面是光滑过渡，不存在轮廓线，在视图上一般不画分界线（切线），如图 5.31 所示。

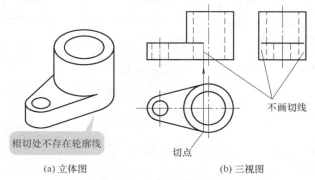

(a) 立体图　　　　(b) 三视图

图 5.31　形体表面相切

如图 5.32 所示的一种特殊情况，当两圆柱面相切时，若它们的公共切平面倾斜或平行于投影面，不画出相切的素线在该投影面上的投影，如图 5.32 （a）中的俯视图和左视图，以及图 5.32 （b）中的左视图，当两圆柱的公切平面垂直于投影面时，应画出相切的素线在该投影面上的投影，如图 5.32 （b）中的俯视图。

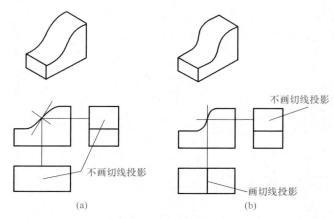

(a)   (b)

图 5.32   相切的特殊情况

③ 相交   两形体表面相交时，在相交处产生交线，在视图上要画出交线的投影，如图 5.33 所示。

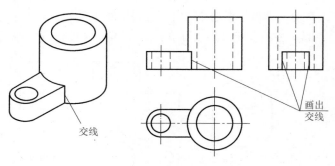

图 5.33   形体表面相交

（4）读组合体视图的基本要领

读组合体视图就是根据组合体的视图想象组合体的空间形状的过程，也是画图的逆过程。读组合体视图的基本要领：

① 几个视图联系起来看   一个视图不能完全确定组合体的空间形状和组成基本体之间的相互位置。如图 5.34 所示的四个组合体的主视图相同，但俯视图不同，它们的空间形状也不相同。又如图 5.35 所示，三组图形的主视图、俯视图相同，但左视图不相同，是三种不同的物体。

在读图时，应以主视图为中心，几个视图联系起来看。

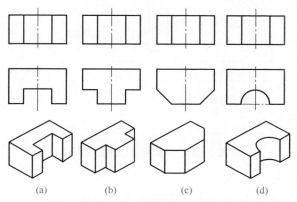

图 5.34　主视图相同俯视图不同的四个物体形状

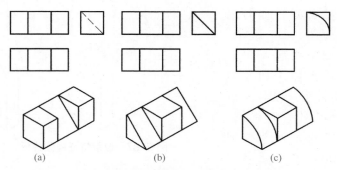

图 5.35　主视图俯视图相同左视图不同三个物体形状

② 找出形状特征视图和位置特征视图　在组合体的几个视图中，有的视图能够较多地反映其形状特征，称为形状特征视图；有的视图能够比较清晰地反映各基本体的相互位置关系，称为位置特征视图。读图时，抓住形状特征和位置特征视图，就能较快地想象出立体的空间形状。

组合体每一组成部分的形状特征并非总是集中在一个视图上，应从不同视图中找出某组成部分的形状特征。如图 5.36 所示，俯视图反映形体Ⅰ的形状特征，主视图反映形体Ⅱ的形状特征，左视图反映形体Ⅲ的形状特征。

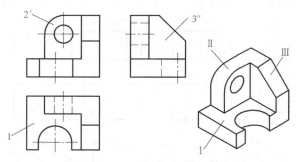

图 5.36　形状特征视图的分析

分析组合体各部分之间的相对位置和组合关系时，则要找出反映位置特征的视图。如图 5.37 所示，主视图中线框 $1'$ 和 $2'$ 反映了形体 I 和 II 的形状特征（圆和矩形），但对照俯视图，它们有可能向前叠加而凸出，也可能向后

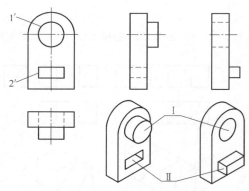

图 5.37　位置特征视图分析

切割而凹进，看左视图就清楚了，因此，左视图是位置特征视图。

③ 注意分析可见性　读图时，遇到视图中有虚线时，要注意形体之间的表面连接关系。比较图 5.38 （a）和（b）中两个立体的三视图，左视图完全相同，主视图基本相同，只有 A 和 B 所指示的三条线是粗实线，而 A_1 和 B_1 指示的三条线是虚线。俯视图的右侧略有差别，但这两个立体的空间形状却有很大差别。A 为粗实线，说明肋板与底板前面不平齐，肋板是放在底板的中间，A_1 为虚线，说明肋板与底板前面平齐，肋板是在底板前后各一块。B 为粗实线，说明半圆柱是叠加凸出的，而 B_1

为虚线，说明半圆柱是切割凹进去的。

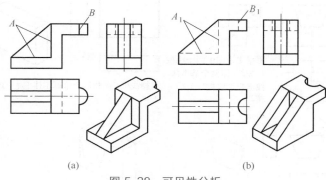

图 5.38 可见性分析

（5）读图的形体分析法

组合体由若干基本体组成，每个基本体有三个投影，在视图上表现为三个符合投影关系的封闭线框。用形体分析法读图，就是以主视图为主，按线框划分为若干部分（划分几个线框就是几个基本体），然后找出另外两个视图中的对应投影，分别想象出它们的形状，最后综合起来，想象出立体的整体形状。具体步骤是：分线框，对投影——识形体，定位置——综合起来想整体。

例 5.1 已知图 5.39 所示一组合体的三视图，试想象它的形状。

读图步骤：

① 分线框，对投影。从主视图入手，将主视图分成两个线框 1′ 和 2′，即两个基本体。根据投影关系（借助三角板、分规等工具）分别找出上述线框在俯视图对应投影线框 1 和 2 与左视图中的对应投影线框 1″ 和 2″，如图 5.39（a）所示。

② 识形体，定位置。根据线框 1、1′ 和 1″ 想象基本体 Ⅰ 为一长方体，如图 5.39（b）所示。根据 2、2′ 和 2″ 想象基本体 Ⅱ 的形状，如图 5.39（c）所示。根据主视图可知，Ⅰ 和 Ⅱ 顶面平齐，Ⅰ 和 Ⅱ 有公共的左右对称面。根据俯视图和左视图可知，Ⅱ 前后对称叠加在 Ⅰ 上。

③ 综合起来想整体。综合想象组合体的空间形状如图 5.39（d）所示。

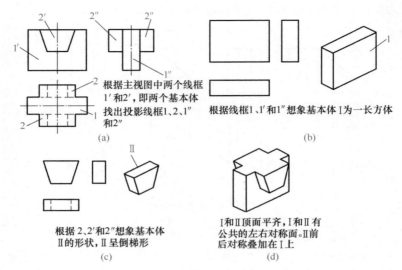

根据主视图中两个线框
1′和2′，即两个基本体
找出投影线框1、2、1″
和2″

(a)

根据线框1、1′和1″想象基本体Ⅰ为一长方体

(b)

根据2、2′和2″想象基本体
Ⅱ的形状，Ⅱ呈倒梯形

(c)

Ⅰ和Ⅱ顶面平齐，Ⅰ和Ⅱ有
公共的左右对称面。Ⅱ前
后对称叠加在Ⅰ上

(d)

图 5.39　识读组合体例题 1 图

　　本题中，线框的划分和三视图中线框之间的对应关系比较明显，因此比较容易分析。对于多数较为复杂的组合体，有时由于两形体表面平齐，使两形体的分界线消失，有时由于两形体表面相切不画切线的投影，使形体的投影构不成封闭线框，有时由于两形体相交，使某些投影轮廓线消失，并形成新的交线，这些都会给线框的划分和找出线框之间的对应关系带来困难，此时就需要假想添加上这些相应的线条之后来进行分析。

　　例 5.2　已知图 5.40 所示组合体的主视图和左视图，想象它的形状，并画出俯视图。

　　读图步骤：

　　① 分线框，对投影。从主视图入手，将主视图划分成四个线框 1′、2′、3′和 4′，即 4 个基本体。根据投影关系分别找出上述线框在左视图中的对应投影线框 1″、2″、3″、4″。

　　② 识形体，定位置。根据线框 1′、1″想象形体Ⅰ为一开槽长方体板。根据 2′、2″想象形体Ⅱ为一 U 形柱。根据 3′、3″想象形体Ⅲ为一圆柱。根据 4′、4″想象形体Ⅳ也为一圆柱，因为 4″为虚

机械工综合切削手册

线，可知 4″ 为打孔。

根据主视图可知，整个组合体左右对称，根据左视图可知 Ⅰ 和 Ⅱ 后面平齐，Ⅲ 叠加在 Ⅱ 上而凸出，Ⅳ 打孔穿过 Ⅱ 和 Ⅲ。

③ 综合起来想整体。综合想象组合体的空间形状如图 5.40 所示。

画俯视图步骤：根据形体分析的基本体，依次画出 Ⅰ 、Ⅱ 、Ⅲ 、Ⅳ 的俯视图，见图 5.40。

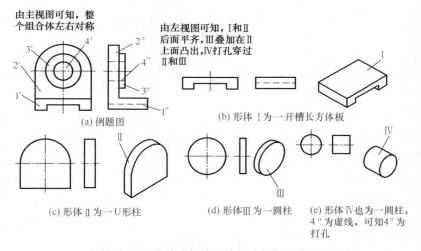

由主视图可知，整个组合体左右对称

由左视图可知，Ⅰ和Ⅱ后面平齐，Ⅲ叠加在Ⅱ上面凸出，Ⅳ打孔穿过Ⅱ和Ⅲ

(a) 例题图

(b) 形体 Ⅰ 为一开槽长方体板

(c) 形体 Ⅱ 为一 U 形柱

(d) 形体 Ⅲ 为一圆柱

(e) 形体 Ⅳ 也为一圆柱，4″ 为虚线，可知 4″ 为打孔

图 5.40　形体分析法识读组合体例题 2 图

5.3　机械零件的视图表达

5.3.1　视图

视图用来表达机械零件（简称机件）的外部形状，一般只画机件的可见部分，必要时才用虚线表达其不可见部分。根据国家标准《机械制图 图样画法 视图》（GB/T 4458.1—2002），视图有以下几种类型：基本视图、向视图、斜视图和局部视图，如表 5.11 所示。

◈ 表5.11 视图的分类和画法

分类	画法规定	图例
基本视图	基本视图是机件向基本投影面投影所得的视图 六个基本视图的名称为:主视图、左视图、俯视图、右视图、仰视图、后视图 在同一张图纸内按图(a)配置视图时,一律不标注视图的名称	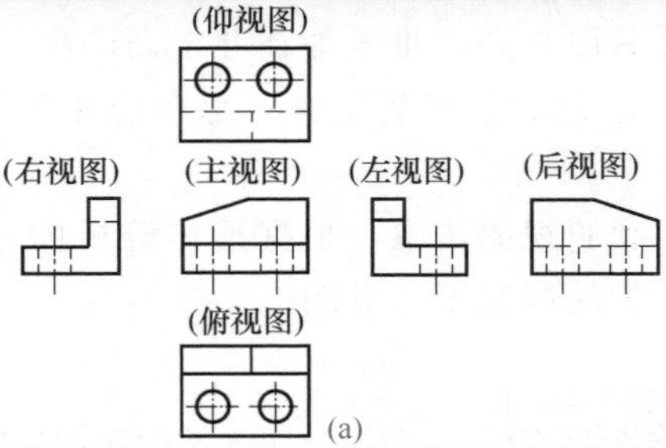 (a)
向视图	向视图是不按图(a)配置的视图,是可以自由配置的基本视图,应在视图上方标注视图名称"×"("×"为大写拉丁字母),在相应视图的附近用箭头指明投影方向,并标注相同的字母[图(b)],表示投影方向的箭头应尽量配置在主视图上	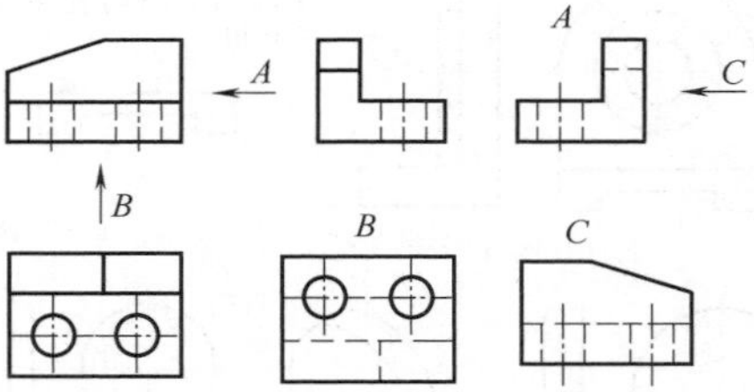 (b)
斜视图	斜视图是机件向不平行于基本投影面的平面投射所得的视图[图(c)] 斜视图通常按向视图的配置形式配置并标注。必要时,允许将斜视图旋转配置,表示该视图名称的大写拉丁字母应靠近旋转符号的箭头端[图(d)],也允许将旋转角度标注在字母之后 斜视图的断裂边界应以波浪线或双折线表示,当所表示的局部结构是完整的,且外轮廓线又成封闭时,波浪线或双折线可以省略不画	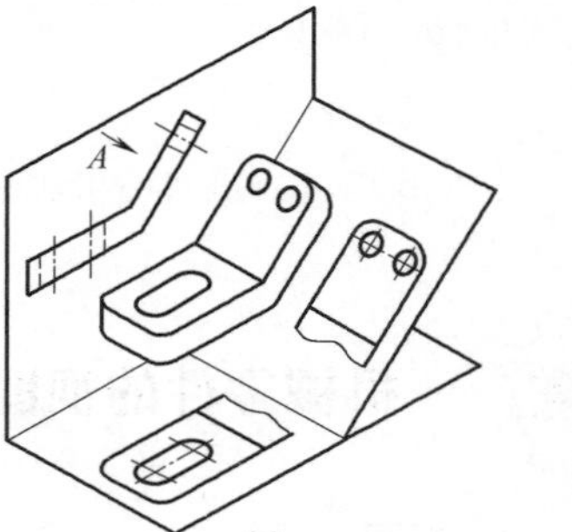 (c) 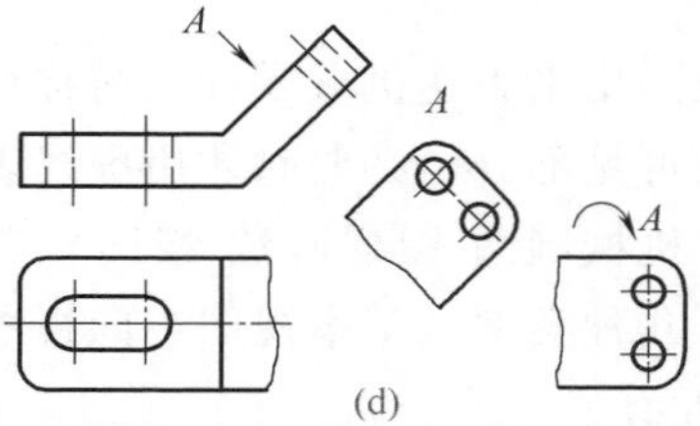 (d)

分类	画法规定	图例
局部视图	局部视图是将机件的一部分向基本投影面投射所得的视图 当采用一定数量的基本视图后,机件上仍有部分结构尚未表达清楚,而又没有必要再画出完整的基本视图时,可采用局部视图。如图(e)所示,用主、俯视图已清楚地表达了机件的主体形状,但仍有两侧的凸台和其中一侧的肋板厚度没有表达清楚,如果画右视图和左视图,则主体形状就重复了,因此没有必要画左、右视图,而画两个局部视图来表达凸台的形状,既简练又重点突出 局部视图的标注及画法:局部视图可按基本视图配置的形式配置,同时如果中间没有其他图形隔开时,可以省略标注,例如图(f)中主视图右侧的局部视图;也可以按向视图配置在其他适当位置,此时需要进行标注,例如图(f)中的 A 图 局部视图的断裂边界用波浪线或双折线表示,当所表示的局部结构是完整的且其投影的外轮廓线又封闭时,波浪线可以省略不画,例如图(f)中的 A 图	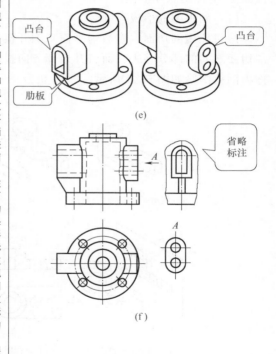

5.3.2　机械零件的剖视图

用视图表达机件时，内部不可见部分要用虚线来表示。当机件内部的结构形状较复杂时，较多的虚线与可见的轮廓线交叠在一起，不仅影响视图清晰，给看图带来困难，也不便于画图和标注尺寸。为了清楚地表达机件内部的结构形状，在技术图样中常采用剖视图这一表达方法，它的标准是国家标准《机械制图 图样画法 剖视图和断面图》（GB/T 4458.6—2002）。

（1）剖视图的形成

假想地用剖切面（多数为平面）剖开机件，将处在观察者和剖切面之间的部分移去，而将其余部分向投影面投射所得的图形称为剖视图，如图 5.41 所示。

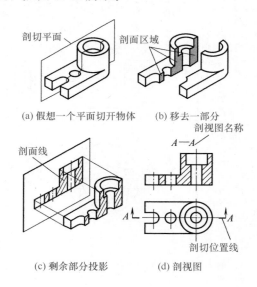

(a) 假想一个平面切开物体　　(b) 移去一部分

(c) 剩余部分投影　　(d) 剖视图

图 5.41　剖视图的形成

（2）剖视图的分类

根据机件被剖切范围的大小，剖视图分为全剖视图、半剖视图和局部剖视图，如表 5.12 所示。

◇ 表 5.12   剖视图的分类

分类	规定	图例
全剖视图	用剖切平面完全地剖开机件所得的剖视图,称为全剖视图 主要用于表达内部结构形状复杂的不对称机件或外形简单的对称机件	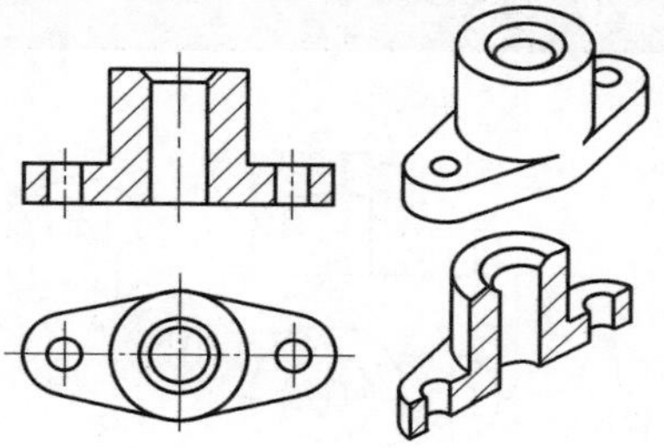
半剖视图	当机件具有对称平面时,在垂直于对称平面的投影面上的投影,可以对称中心线为界,一半画成剖视图,另一半画成视图,这种剖视图称为半剖视图	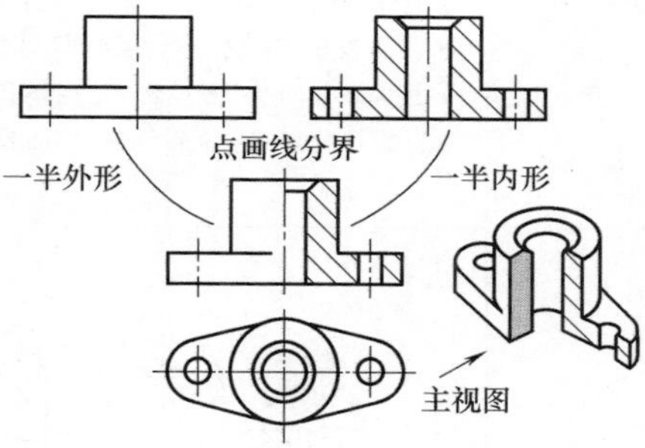 点画线分界 一半外形 一半内形 主视图
局部剖视图	用剖切平面局部地剖开机件所得的剖视图,称为局部剖视图 当机件只需要表达其局部的内部结构时,或不宜采用全剖视图、半剖视图时,可采用局部剖视图 例如,图中箱体左右不对称,因此主视图不能半剖,但也不能全剖,因为画全剖视图,左边的凸台就切走了,外形无法表达清楚,这时可采用局部剖视图	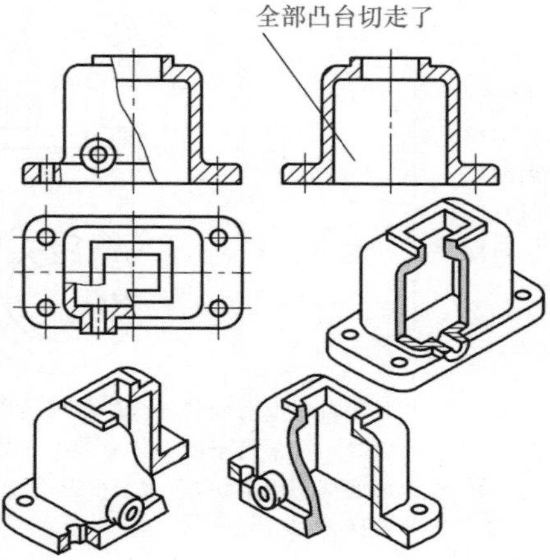 全部凸台切走了

（3）剖切面的类型（见表5.13）

◇ 表5.13　剖切面的种类

种类	图例和说明
平行于基本投影面的单一剖切面	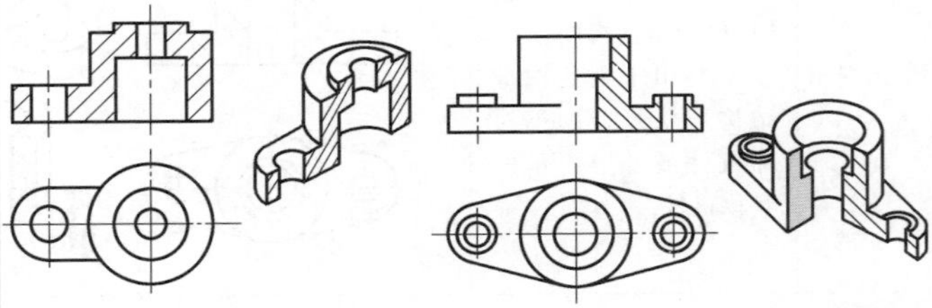 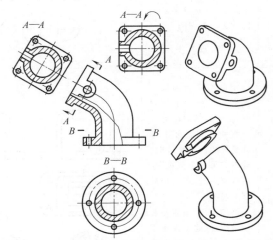 　　主视图画剖视图用正平面剖切,移去剖切面前面的部分,后面的部分向 V 面投影;俯视图画剖视图用水平面剖切,移去剖切面上面的部分,下面的部分向 H 面投影;左视图画剖视图用侧平面剖切,移去剖切面左边的部分,右边的部分向 W 面投影
不平行于基本投影面的单一剖切面——斜剖	当机件上有倾斜部分的内部结构需要表达时,可以和画斜视图一样,选择一个平行于倾斜部分的平面作为投影面,然后用平行于这个投影面的剖切面剖切,向这个投影面投影,这样得到的剖视图通常称为斜剖视图,简称斜剖

种类	图例和说明
几个平行的剖切平面	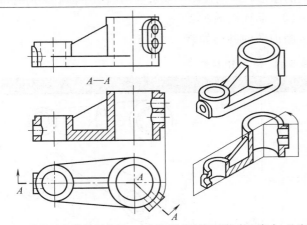
	用几个平行的剖切平面剖开机件，并向同一投影面投影得到剖视图（这种剖切方法旧标准称为阶梯剖，现在的标准已不用阶梯剖这个词了，但我们为方便仍沿用） 当机件上有较多孔、槽，且它们的轴线或对称面不在同一平面内，用一个剖切平面不可能把机件的内部形状完全表达清楚时，常采用阶梯剖
几个相交的剖切平面	
	当机件的内部结构形状用一个剖切平面剖切不能表达完全，且这个机件在整体上又具有公共回转轴时，可用两个相交的剖切平面（交线垂直于某一基本投影面）剖开机件

（4）剖视图的标注

剖视图用剖切符号、剖切线和剖视图名称（字母）进行标注，如图 5.42 所示。剖切符号是剖切区域的表示方法。剖切线是指示剖切位置的线，用细点画线绘制，并用箭头表示投影关系（剖视图按投影关系配置，中间又没有其他图形隔开时，可省略箭头）。剖视图名称用大写字母标注在剖视图的上方，并在剖切位置外侧标出同样的字母。

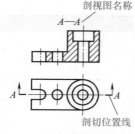

图 5.42　剖视图的标注

5.3.3　断面图

（1）断面图的概念

假想用剖切面将机件的某处切断，仅画出该剖切面与机件接触部分的图形，称为断面图。

断面图常用来表达机件某一部分的断面形状，如机件上的肋板、轮辐、孔、键槽、杆件和型材的断面等。

断面图与剖视图的主要区别在于：断面图仅画出机件被剖切断面的图形，而剖视图则要求画出剖切平面后面所有部分的投影。

（2）断面图的种类

断面图的种类如表 5.14 所示。

◇ 表 5.14　断面图的种类

分类	图例和说明
移出断面图	画在视图轮廓线之外的断面图称为移出断面图。移出断面图的轮廓线用粗实线绘制，通常配置在剖切线(表示剖切位置的点画线，可以省略)的延长线上。当断面图形对称时，可画在视图的中断处[图(a)]

分类	图例和说明
重合断面图	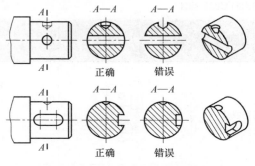 (a)　　　　　　(b)　　　　　　(c) 画在视图轮廓线内的断面图称为重合断面图 重合断面的轮廓线用细实线绘制 　　因重合断面图直接画在视图内剖切位置处，在标注时，对称的重合断面图不必标注[图(b)]；不对称的重合断面图可省略字母[图(c)]。 当视图中的轮廓线与重合断面的图形重叠时，视图中的轮廓线仍需连续画出，不可间断[图(c)]

（3）画断面图的注意事项

① 一般情况下，断面仅画出剖切面与物体接触部分的形状，但当剖切面通过回转面形成的孔或凹坑的轴线时，这些结构按剖视绘制（图5.43）。

② 当剖切面通过非圆孔，导致出现完全分离的两个断面时，这些结构也按剖视绘制（图5.44）。

图5.43 带有孔和凹坑的断面图

③ 若两个或多个相交剖切面剖切，得到的移出断面可画在一个剖切面的剖切线延长线上，但中间应断开（图 5.45）。

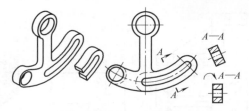

图 5.44　断面图形分离时的剖视画法

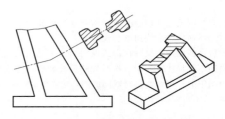

图 5.45　两相交平面剖切得到的断面

（4）断面图的标注

移出断面的标注与剖视图的标注基本相同，即一般用剖切符号表示剖切位置，用箭头表示投影方向，并注上字母，在断面图上方用同样的字母标出名称"×—×"，有些情况下可以省略标注，见表 5.15。

◇ 表 5.15　移出断面图的标注

断面图配置　　断面形状	对称的移出断面	不对称的移出断面
配置在剖切线或剖切符号延长线上		
	省略字母和箭头	省略字母

断面图 配置　　断面形状	对称的移出断面	不对称的移出断面
按投影关系配置		
	省略箭头	省略箭头
配置在其他位置		
	省略箭头	标注齐全

5.3.4　局部放大图与简化画法

（1）局部放大图

将机件的部分结构，用大于原图形所采用的比例画出的图形称为局部放大图。

局部放大图可以画成视图、剖视图、断面图，它与被放大部位的表达形式无关，且与原图采用的比例无关。为看图方便，局部放大图应尽量配置在被放大的部位的附近。

在画局部放大图时，应用细实线圈出被放大部位，当同一视图上有几个被放大部位时，要用罗马数字依次标明被放大部位，并在局部放大图的上方标注出相应的罗马数字和采用的比例（图 5.46）。

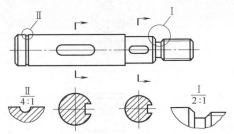

图 5.46　局部放大图

（2）简化画法

机械制图中常见的几种简化画法如表 5.16 所示。

◇ **表 5.16　机械制图中常见的几种简化画法**

说明	图例
当机件具有若干相同结构（齿、槽等），并按一定规律分布时，只需要画出几个完整的结构，其余用细实线连接，在零件图中则必须注明该结构的总数	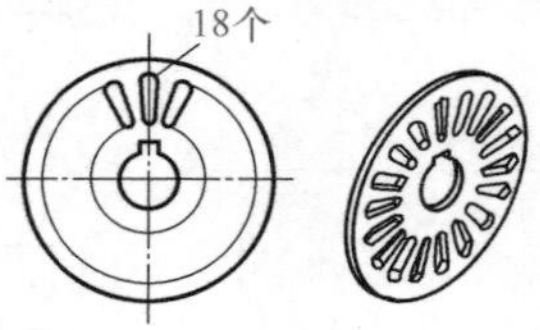
对于机件上若干直径相同且成规律分布的孔（圆孔、螺孔、沉孔等），可以仅画出一个或几个，其余用点画线表示其中心位置，但在零件图上应注明孔的总数	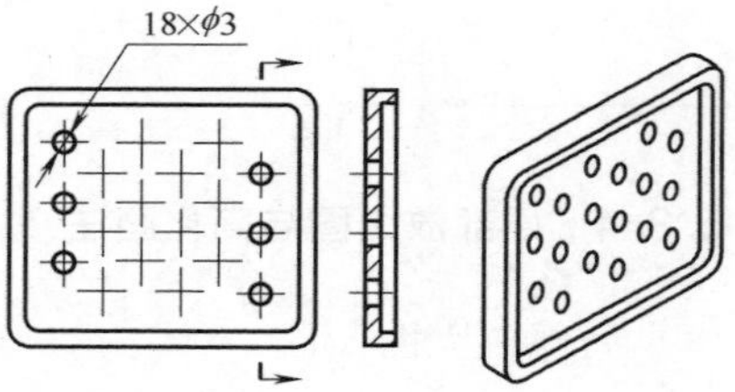
对于机件的肋、轮辐及薄壁等，如按纵向剖切，这些结构都不画剖面符号，而用粗实线将它们与邻接部分分开（介绍全剖视图时提及过）。当零件回转体上均匀分布的肋、轮辐、孔等结构不处于剖切平面上时，可将这些结构旋转到剖切平面上画出	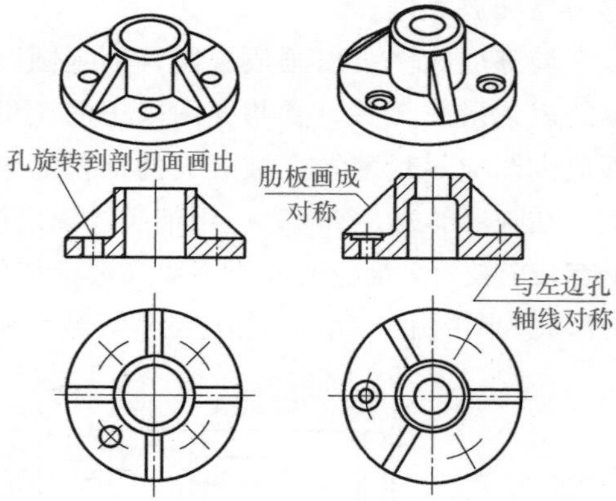
当图形不能充分表达平面时，可用平面符号（两条相交的细实线）表示	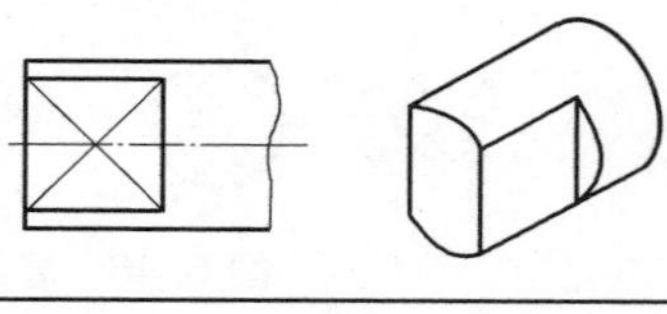

续表

说明	图例

机件上较小结构所产生的交线，如在一个图中已表示清楚时，其他图形可以简化或省略

例如，图（a）中圆柱截交线的投影与轮廓线很接近，省略不画；图（b）中相贯线的投影简化为直线，俯视图中的交线圆由四个简化成画两个（最大圆和最小圆）

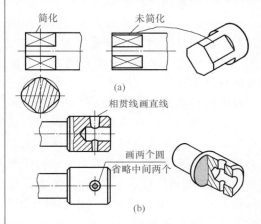

网状物、编织物或机件上的滚花部分，可在轮廓线附近用粗实线完全或部分地表示出来，但在零件图上或技术要求中注明具体要求

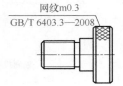

在不致引起误解时，对于对称机件的视图可只画一半或1/4，并在对称中心线的两端画出两条与其垂直的平行细实线

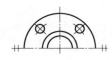

较长的机件，如轴、杆、型材、连杆等，沿长度方向的形状一致或按一定规律变化时，可断开后缩短画出，但要标注实际尺寸

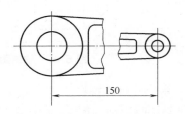

第5章 机械加工识图基础

129

5.3.5 轴测图

(1) 轴测图的基本知识

基本形体和组合体的立体图称轴测图。零件的视图都是平面图形，优点是绘制方便，度量性好；缺点是缺少立体感，不直观。在工程中，轴测图一般作为视图的辅助图样，立体感强，一看便清楚零件的大体形状，然后结合视图识读其结构，在产品介绍技术资料和说明性技术文件中应用较多。

看轴测图，懂得轴测图中为何圆形成为椭圆形，方形成为平行四边形等。尤其是当由平面视图想象零件的立体形状时，如能画出它的立体草图，对识图和加工制作都十分有益。

1) 轴测图的形成　在图 5.47 中，物体的空间位置用直角坐标系 $OXYZ$ 确定（图中，物体上相互垂直的三条棱分别与 OX、OY、OZ 坐标轴重合），用平行投影法按选定的投射方向（不平行于任何一个坐标轴）一起投射到选定的单一投影面 P 上，使物体长、宽、高三个不同方向的图形都有立体感，该图形就是轴测投影，称轴测图。

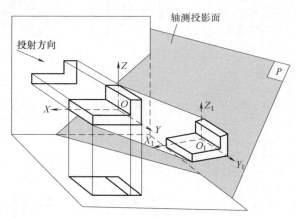

图 5.47　轴测图的形成

2) 术语及投影特性

① 轴测投影面。图 5.47 中的 P 平面是得到轴测投影的面，

称为轴测投影面。

② 轴测投影轴。与物体固连的直角坐标轴 OX、OY、OZ 在轴测投影面 P 上的投影 OX_1、OY_1、OZ_1 称为轴测投影轴，简称轴测轴。轴测轴是画轴测图和轴测图分类的主要依据。

③ 轴间角。轴测轴之间的夹角 $\angle X_1 O_1 Y_1$、$\angle Y_1 O_1 Z_1$、$\angle Z_1 O_1 X_1$ 称为轴间角。为了使轴测图有立体感，投射方向不能与坐标轴 OX、OY、OZ 平行，即不能重影为一个点，三个轴间角都不等于零。

④ 轴向伸缩系数。轴测轴上的单位长度与相应坐标轴上的单位长度的比值称为轴向伸缩系数，也称为轴向变形率。OX、OY、OZ 轴上的轴向伸缩系数分别用 p_1、q_1 和 r_1 表示。简化轴向伸缩系数分别用 p、q 和 r 表示。

3）轴测图两个显见的特性

① 空间平行于一坐标轴的直线段，其轴测投影平行于相应的轴测轴，并与该轴有相同的轴向伸缩系数。

② 空间相互平行的直线，其轴测投影也是平行的投影。

工程中常用正等轴测图，其特征是：轴间角均为 $120°$；轴向伸缩系数 p_1、q_1 和 r_1 均为 0.82。简化轴向伸缩系数 p、q 和 r 均为 1，其图形放大了 1.22 倍。二者大小有点差别，不影响立体的形状，如图 5.48 所示。

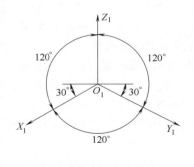

(a) 轴测轴及轴间角

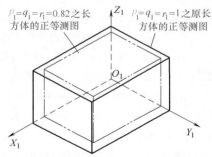

(b) 轴向伸缩系数简化前后长方体的正等测图

图 5.48　正等测图

（2）平面立体和曲面立体的正等测图画法

例 5.3　已知正五棱柱的两个视图如图 5.49（a）所示。试绘制其正等测图。

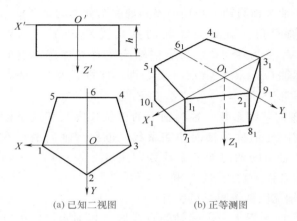

(a) 已知二视图　　　　(b) 正等测图

图 5.49　正五棱柱的正等测图

作图 ［见图 5.49（b）］：

① 画出轴测轴 O_1X_1、O_1Y_1 及 O_1Z_1（一般放在竖直位置）。

② 作正五棱柱顶面正五边形的正等测投影。可用坐标法在 X_1 轴上作出点 1_1、3_1（$O_11_1=O1$，$O_13_1=O3$）；在 Y_1 轴上作出点 2_1（$O_12_1=O2$）和点 6_1（$O_16_1=O6$）；过 6_1 点作 X_1 轴的平行线，在线上作出 4_1、5_1 点（$4_16_1=46$，$6_15_1=65$）；将点 1_1、2_1、3_1、4_1、5_1 连接起来，即得顶面的等测投影。

③ 由 1_1、2_1、3_1 及 5_1 点分别作 O_1Z_1 轴的平行线，并在各线上量取五棱柱的高 h，得到点 7_1、8_1、9_1、10_1，连接 10_1、7_1、8_1、9_1 即得正五棱柱底面的正等测投影。再分别连接 1_17_1、2_18_1、3_19_1 和 5_110_1，即得正五棱柱各侧面的正等测投影，最后得到整体的正等测图。

例 5.4　已知圆柱体的轴线垂直 H 投影面时的两个视图，如图 5.50（a）所示。试作圆柱体的正等测图。

作图 ［见图 5.50（b）］：

① 坐标轴 OX、OY 选在圆柱顶面上，OZ 轴与轴线重合［见图 5.50（a）］。轴测轴 O_1X_1、O_1Y_1 及 O_1Z_1 见图 5.49（b）。

② 用坐标法作顶圆上两直径端点 1、2、3、4 点；在 O_1X_1 轴和 O_1Y_1 轴上得到 1_1（$O_11_1=O1$）、2_1（$O_12_1=O2$）、3_1（$O_13_1=O3$）、4_1（$O_14_1=O4$）点。

把直径（OY 轴）分成六等份，过等分点作 OX 轴的平行线，交圆周于八个点 5、6、7、8、9、10、11、12；同样在 O_1Y_1 轴上将 3_14_1 作六等分，过等分点作 O_1X_1 轴的平行线，对应圆周上的八点作出 5_1、6_1、7_1、8_1、9_1、10_1、11_1、12_1 点，用光滑曲线连接八点，得到顶面圆的正等测图（椭圆）。

在椭圆的长轴顶点（5_1、9_1 附近）作 O_1Z_1 的平行线，量取圆柱的高 h，用光滑曲线连接，近似平行 9_1、10_1、1_1、11_1、12_1、4_1、5_1 点即可。

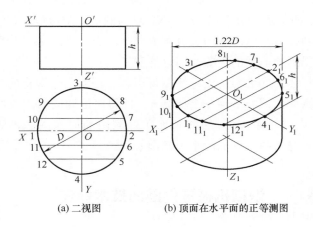

(a) 二视图　　　　　　(b) 顶面在水平面的正等测图

图 5.50　圆柱体的正等测图

坐标法画椭圆比较费事。为简便起见可用近似作图法画圆的正等测图（见图 5.51）。

先作出顶面的坐标轴 O_1X_1、O_1Y_1 选在圆柱顶面上，OZ 轴与轴线重合（见图 5.51）。再作出菱形 A_1、B_1、C_1、D_1；分别以 A_1、C_1 为圆心，以 A_12_1、C_11_1 为半径画弧；再以 O_1

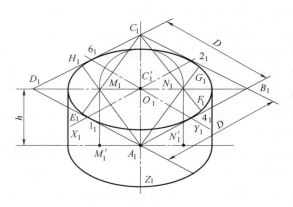

图 5.51　圆的正等测图的近似画法

为圆心作大圆弧的内切圆交 B_1D_1 于 M_1、N_1 两点；连接 A_1M_1、A_1N_1、C_1M_1 及 C_1N_1 并延长交大圆弧于 H_1、G_1 及 E_1、F_1 四个点；分别以 M_1、N_1 点为圆心，M_1H_1、N_1F_1 为半径画圆弧，与已画出的大圆弧在 H_1、E_1、F_1、G_1 点光滑连接，即得到顶面圆的正等测图（椭圆）。

　　圆柱体的底面圆的正等测图可用移心法画出。即将前三段半个椭圆圆弧的圆心下移一个柱高 h，即得底面椭圆的三段圆弧的圆心 $M_1{}'$、$C_1{}'$、$N_1{}'$，再按顶面正等测图的同样画法，就得到底面的正等测图（可见的半个椭圆）。

5.4　识读机械零件图的技术标注

5.4.1　尺寸注法

　　尺寸是表达机件的真实大小的重要数据。在机械零件图样上的标注尺寸包括线性尺寸和角度尺寸。在零件图上标注尺寸时，应按照《机械制图　尺寸注法》（GB/T 4458.4—2003）的基本规则和规定进行，必须做到：正确——符合标准规定；完整——不重复，无遗漏；清晰——排列有序，便于看图；合理——符合标准，满足要求。

（1）基本规则

① 图样上标注的尺寸数值就是机件实际大小的数值。它与画图时采用的比例无关、与画图的准确度无关。

② 图样中的尺寸，以 mm 为单位时，不需标注其计量单位的名称或代号。若采用其他单位，则必须注明相应计量单位的代号或名称。

③ 国家标准明确规定：图样上所标注的尺寸为机件的最后完工尺寸，否则要另加说明。

④ 机件的每一尺寸，在图样上一般只标注一次，应标注在反映该结构最清晰的图形上。

（2）尺寸要素

尺寸要素由尺寸界线、尺寸线和尺寸数字（包括必要的计量单位、字母和符号）3 个要素组成。

① 尺寸界线　尺寸界线用细实线绘制，用来表示所标注尺寸的度量范围。尺寸界线应由图形的轮廓线、轴线、对称中心线处引出；也可利用轮廓线、轴线、对称中心线作为尺寸界线，如图 5.52 所示。

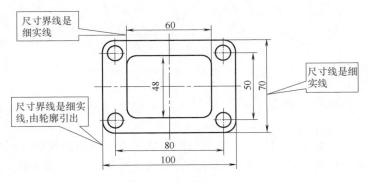

图 5.52　尺寸界线

图中，48、60、70 和 100 的四个尺寸界线是由图形的轮廓线引出；80 和 50 的两个尺寸界线由图形的对称中心线处引出。

② 尺寸线（包括尺寸终端）　尺寸线必须用细实线单独绘制，用来表示尺寸的度量方向。

线性尺寸的尺寸线必须与所标注的线段平行，其终端采用箭头的形式，见图 5.52。箭头画法如图 5.53 所示。当尺寸较小没有足够的空间画箭头时，允许用圆点或细斜线代替箭头，如图 5.54 所示。

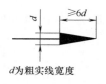

d 为粗实线宽度

图 5.53　尺寸线终端箭头画法

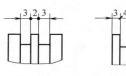

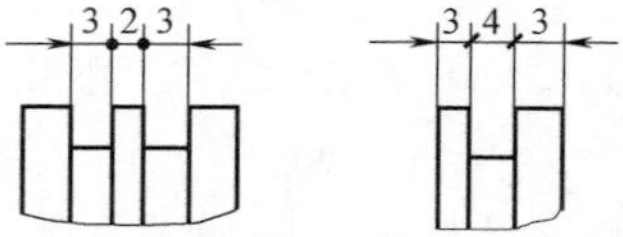

图 5.54　尺寸线终端形式

在圆或圆弧上标注直径或半径时，应在尺寸数字前加注相应符号。整圆或大于半圆的圆弧应标注直径，并在尺寸数字前加注符号 ϕ；小于等于半圆的圆弧应标注半径，并在尺寸数字前加注符号 R，如图 5.55 所示。

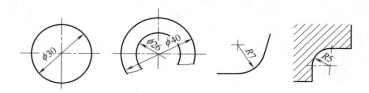

图 5.55　直径、半径的尺寸注法

标注球面的直径或半径时，应在符号 ϕ 或 R 前再加注符号 S。

直径和半径的尺寸线终端只能画成箭头。当圆的直径或圆弧的半径较小，没有足够的位置画箭头或注写数字时，应采用引出形式进行标注，其标注形式如图 5.56 所示。

③ 尺寸数字　线性尺寸数字一般应注写在尺寸线的上方中间处，当空间有限，在尺寸线上方注写数字有困难时，也允许数字注写在尺寸线的中断处。线性尺寸的数字方向，应随尺寸线的方

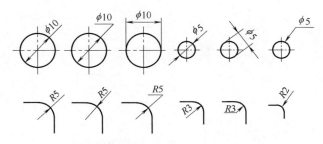

图 5.56 直径、半径的尺寸引出注法

位而变化，如图 5.57（a）所示，并尽可能避免在图示的 30° 范围内标注尺寸。当无法避免时，可按图 5.57（b）的形式引出标注。

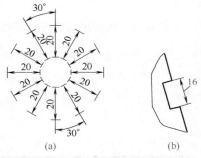

(a)   (b)

图 5.57　线性尺寸数字的写法

标注角度尺寸时，其尺寸线为圆弧，尺寸线终端为箭头形式。角度数字一律水平书写，一般注写在尺寸线的中断处，必要时也可引出标注，如图 5.58 所示。

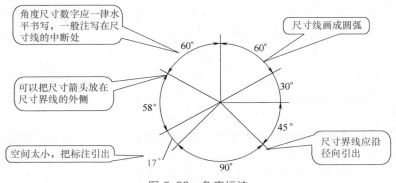

角度尺寸数字应一律水平书写，一般注写在尺寸线的中断处

尺寸线画成圆弧

可以把尺寸箭头放在尺寸界线的外侧

空间太小，把标注引出

尺寸界线应沿径向引出

图 5.58　角度标注

尺寸数字不能被任何图线穿过，不可避免时，须将该图线断开（剖面线、中心线），如图 5.59 所示。

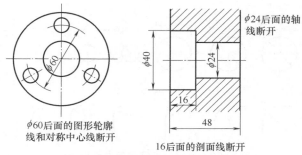

$\phi60$后面的图形轮廓
线和对称中心线断开

$\phi24$后面的轴
线断开

16后面的剖面线断开

图 5.59　图线不能穿过尺寸数字

5.4.2　典型结构的尺寸标注

（1）零件典型结构的尺寸符号或缩写词

　　了解零件典型结构的尺寸符号或缩写词有助于理解零件的结构形状，简化制图和标注。尺寸标注符号或缩写词及其含义如表5.17 所示。

◈ 表 5.17　标注尺寸的符号和缩写词

序号	含义	符号或缩写词	序号	含义	符号或缩写词
1	直径	ϕ	9	深度	↧
2	半径	R	10	沉孔或锪平	⊔
3	球直径	$S\phi$	11	埋头孔	∨
4	球半径	SR	12	弧长	⌒
5	厚度	t	13	斜度	∠
6	均布	EQS	14	锥度	◁
7	45°倒角	C	15	展开长	↻
8	正方形	□			

（2）零件典型结构标注实例

①　斜度与锥度标注　　见图 5.60、图 5.61。

②　球直径与球半径标注　　见图 5.62、图 5.63。

③　弧长、弦长和角度标注　　见图 5.64。

④　倒角和退刀槽标注　　见图 5.65、图 5.66。

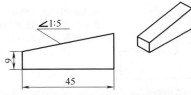

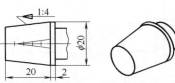

斜度用斜度符号标注，符号的底线与基准面(线)平行，符号的尖端应与斜面的倾斜方向一致，斜度一般都用指引线从斜面轮廓上引出标注

图 5.60　斜度的标注

锥度用锥度符号标注，符号尖端的指向就是锥体的小头方向，锥度可用指引线从锥体轮廓上引出标注，也可标注在锥体轴线上

图 5.61　锥度的标注

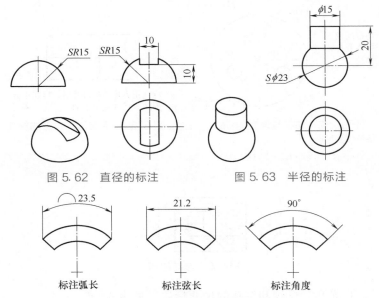

图 5.62　直径的标注

图 5.63　半径的标注

标注弧长　　　标注弦长　　　标注角度

图 5.64　弧长、弦长和角度标注

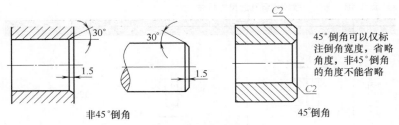

非45°倒角　　　　　　　　　　　45°倒角

45°倒角可以仅标注倒角宽度，省略角度，非45°倒角的角度不能省略

图 5.65　倒角的标注

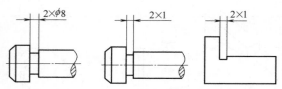

退刀槽可以按"槽宽×直径"的形式标注和"槽宽×槽深"的形式标注

图 5.66　退刀槽的标注

⑤ 均布与厚度标注　见图 5.67。

⑥ 平面与正方形标注　见图 5.68。

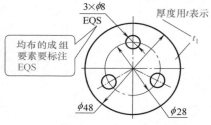

3×∅8
EQS

厚度用t表示

均布的成组要素要标注EQS

∅48

∅28

图 5.67　均布与厚度的标注

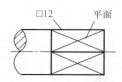

□12　平面

标注正方形结构尺寸时，可在正方形边长尺寸数字前加注"□"符号

图 5.68　平面与正方形的标注

⑦ 滚花标注　见图 5.69。

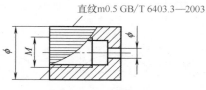

直纹m0.5 GB/T 6403.3—2003

图 5.69　滚花的标注

⑧ 光孔、螺纹和沉孔的尺寸标注　见表 5.18。

◇ 表 5.18　光孔、螺纹和沉孔的尺寸标注

结构	普通注法	简化注法
光孔	4×∅4　10	4×∅4↧10　　4×∅4↧10

续表

结构	普通注法	简化注法
螺孔	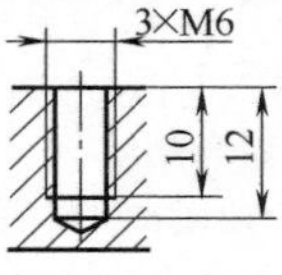	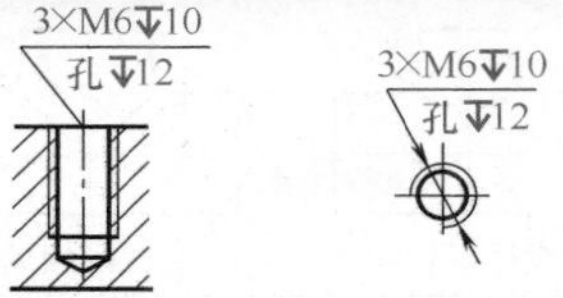
沉孔 沉头孔	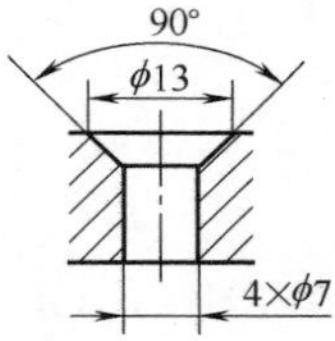	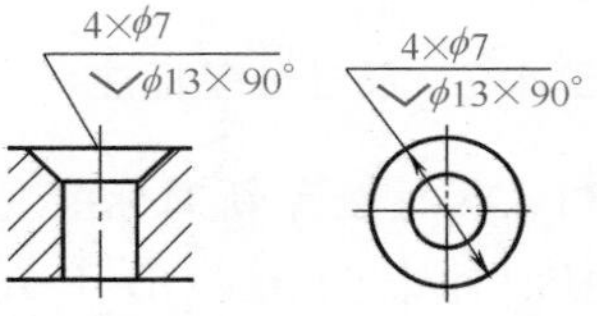
沉孔 柱形沉孔	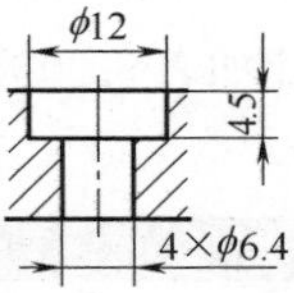	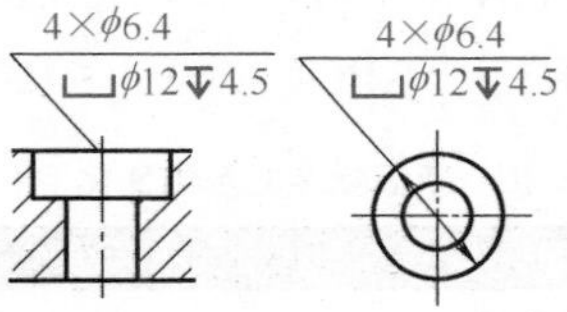
沉孔 锪平孔	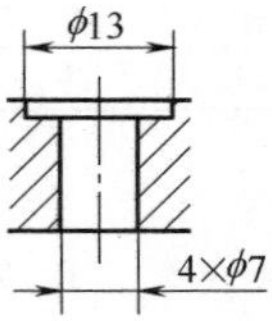	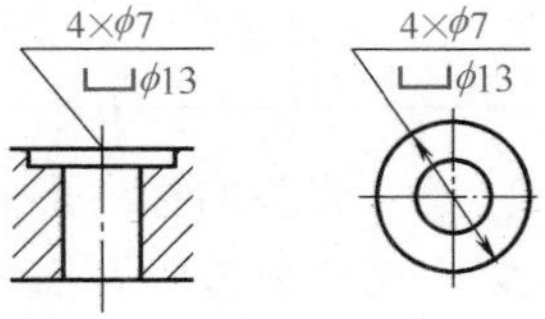

(3）铸件的工艺结构标注（见表 5.19）

◇ **表 5.19　铸件上常见的工艺结构标注**

铸造零件上的工艺结构	说明
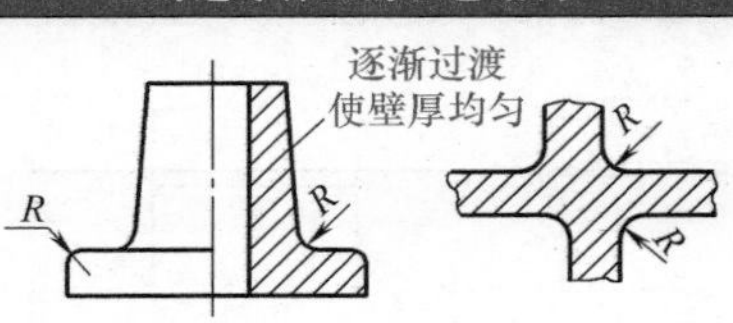	铸件表面相交处，要用铸造圆角 R 过渡，箭头从材料外指向材料表面，尺寸线通过圆心
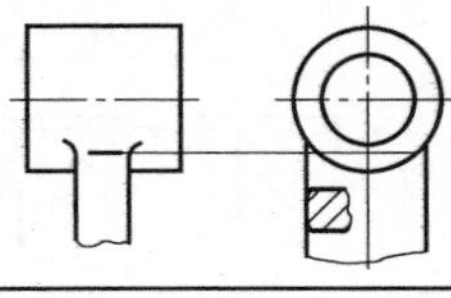	平面与曲面、曲面与曲面相交时过渡线不要与铸造圆角轮廓线连通，必须断开 平面与曲面相切时，不画过渡线

铸造零件上的工艺结构		说明
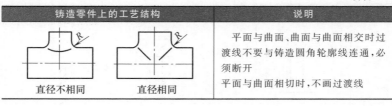 直径不相同	直径相同	平面与曲面、曲面与曲面相交时过渡线不要与铸造圆角轮廓线连通，必须断开 平面与曲面相切时，不画过渡线

5.4.3 尺寸公差标注

（1）尺寸公差新旧标准变化

新旧标准变化：GB/T 1800.1—2009 取代了 GB/T 1800.1—1997、GB/T 1800.2—1998、GB/T 1800.3—1998；GB/T 1800.2—2009 取代了 GB/T 1800.4—1998；术语变化如表 5.20 所示。

◇ 表 5.20 新旧标准的术语变化

旧标准	新标准	旧标准	新标准
基本尺寸	公称尺寸	最小极限尺寸	下极限尺寸
实际尺寸	实际(组成)要素	上偏差	上极限偏差
最大极限尺寸	上极限尺寸	下偏差	下极限偏差

（2）尺寸公差的标注形式

在标注尺寸公差时，需要标注理想形状要素的公称尺寸及其极限偏差（或公差带代号、或公差带代号和相应的极限偏差值均标注）。如轴和孔的直径尺寸公差标注形式如表 5.21 所示。

◇ 表 5.21 轴和孔的直径尺寸公差标注形式

标注形式	图例
注写极限偏差	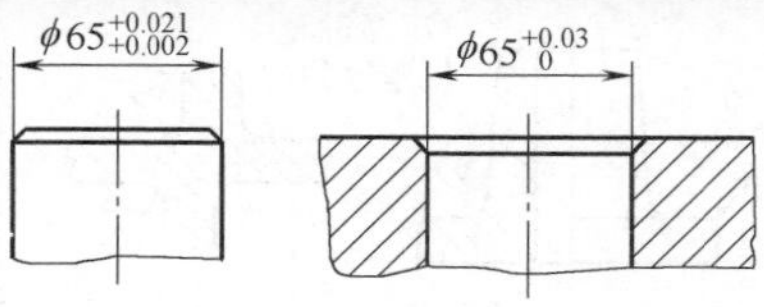 $\phi65^{+0.021}_{+0.002}$　　　　$\phi65^{+0.03}_{0}$
注写公差带代号	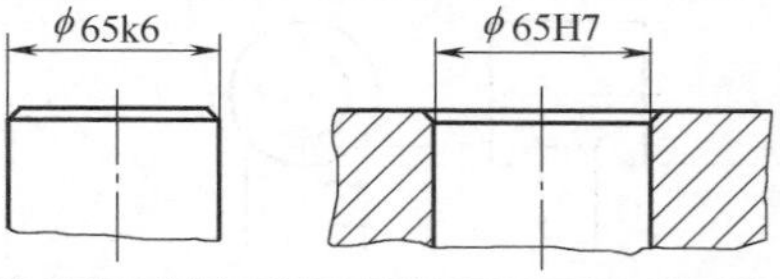 $\phi65k6$　　　　$\phi65H7$

标注形式	图例
注写公差带代号和极限偏差	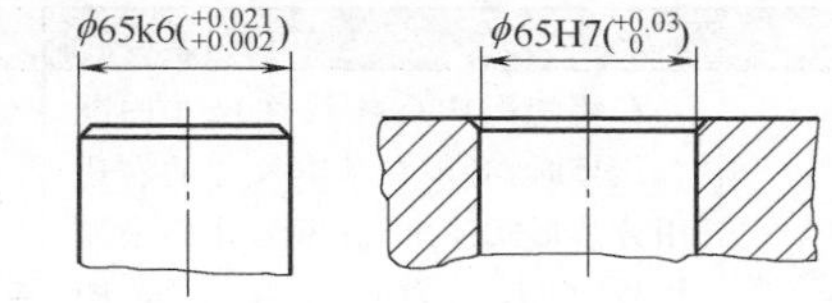 $\phi65k6(^{+0.021}_{+0.002})$　$\phi65H7(^{+0.03}_{0})$
同一公称尺寸不同极限偏差标注	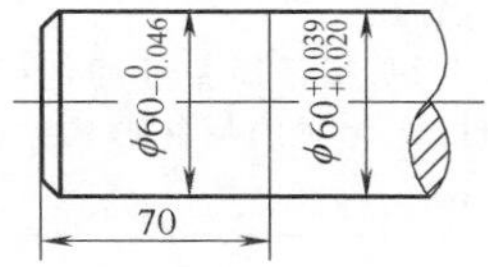 $\phi60^{\,0}_{-0.046}$　$\phi60^{+0.039}_{+0.020}$　70
要素的尺寸公差和几何公差遵守包容原则的标注	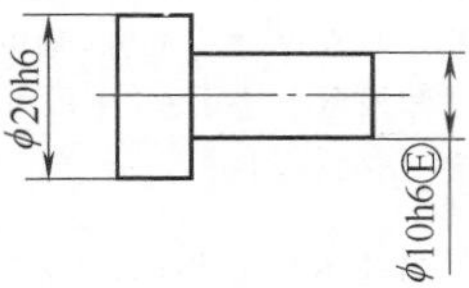 $\phi20h6$　$\phi10h6$Ⓔ
仅限制尺寸单向极限时,在尺寸右边加注"max"或"min"	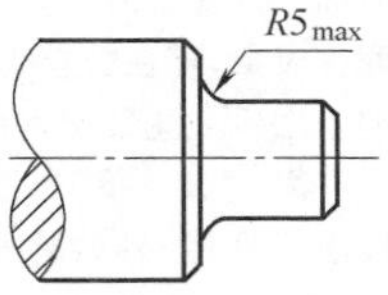 $R5_{max}$
角度公差的标注方法	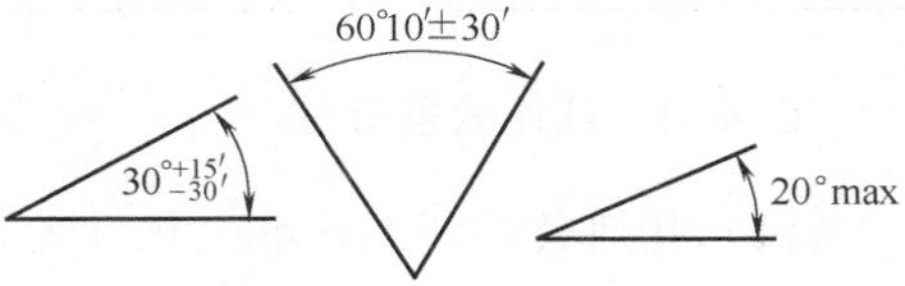 $30^{\circ}{}^{+15'}_{-30'}$　$60^{\circ}10'\pm30'$　20°max

（3）尺寸未注公差

线性尺寸的极限偏差数值按 GB/T 1804—2000 的规定；倒圆半径与倒角高度尺寸的极限偏差数值按 GB/T 1804—2000 的规定；角度尺寸的极限偏差按 GB/T 1804—2000 的规定。

（4）配合尺寸标注（表 5.22）

◇ 表 5.22　配合尺寸的标注

标注类型	规定	图例
标注配合代号	在装配图中标注线性尺寸的配合代号时，必须在基本尺寸的右边用分数形式注出，分子为孔的公差代号，分母为轴的公差代号[图(a)]，必要时也允许按图(b)的形式标注 当某零件需与外购件（非标准件）配合时的标注形式见图(a)、(b)	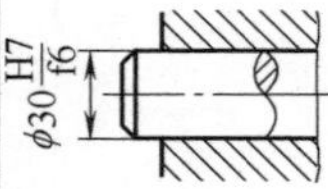 (a) 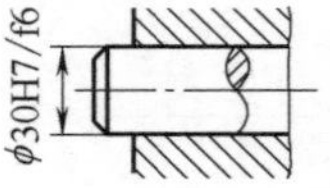　　　　　(b)
标注极限偏差	在装配图中标注相配零件的极限偏差时，孔的基本尺寸及极限偏差注写在尺寸线上方，轴的基本尺寸和极限偏差注写在尺寸线的下方[图(c)、(d)]	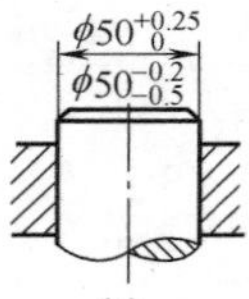 (c) 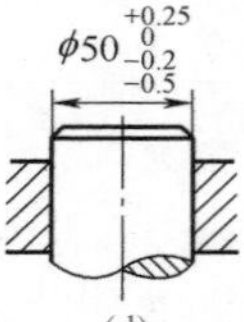　　　　　(d)
特殊的标注形式	当基本尺寸相同的多个轴（孔）与同一孔（轴）相配合而又必须在图外标注其配合时，为了明确各自的配合对象，可在公差带代号或极限偏差之后加注装配件的序号[图(e)] 标注标准件、外购件与零件（轴或孔）的配合要求时，可以仅标注相配零件的公差代号[图(f)]	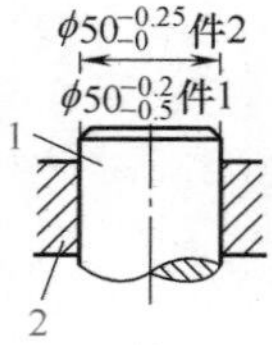 (e) 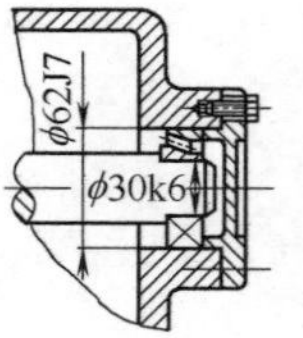　　　　　(f)

5.4.4　几何公差标注

（1）几何公差新旧标准变化（表 5.23）

◇ 表 5.23　几何公差新旧标准变化

旧标准		新标准	
形位公差	形状公差	几何公差	形状公差
			位置公差
	位置公差		方向公差
			跳动公差

注：公差项目及符号并未变化。

（2）公差类型、几何特征及符号（表 5.24）

◇ 表 5.24　公差类型、几何特征及符号

公差	几何特征	符号	公差	几何特征	符号
形状公差	直线度	—	方向公差	平行度	//
	平面度	▱		垂直度	⊥
	圆度	○		倾斜度	∠
	圆柱度	⌭	位置公差	同轴度	◎
形状公差 位置公差 方向公差	线轮廓度	⌒		对称度	⩵
				位置度	⊕
	面轮廓度	⌓	跳动公差	圆跳动	↗
				全跳动	⌰

（3）几何公差的组成（图 5.70）

（4）几何公差的标注（图 5.71）

被测要素为工件上的实际表面、轮廓面、轮廓线时，箭头置于要素的轮廓线或其延长线上，但必须与尺寸线明显错开，见图 5.72。

被测要素为工件轴线、对称面和中心线时，箭头与尺寸线对齐，见图 5.73。

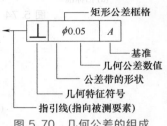

图 5.70　几何公差的组成

矩形公差框格
基准
几何公差数值
公差带的形状
几何特征符号
指引线(指向被测要素)

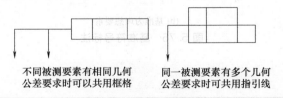

不同被测要素有相同几何公差要求时可以共用框格

同一被测要素有多个几何公差要求时可共用指引线

图 5.71　几何公差标注

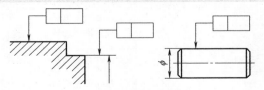

图 5.72　被测要素为表面轮廓

（5）基准的标注形式（图 5.74、图 5.75）

基准符号由基准三角形、连线、基准方格和基准字母组成，

基准的标注与公差框格的标注相同。

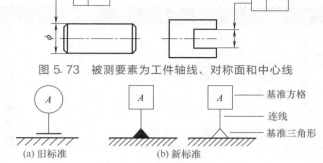

图 5.73 被测要素为工件轴线、对称面和中心线

基准方格
连线
基准三角形

(a) 旧标准   (b) 新标准

图 5.74 新旧标准的基准符号

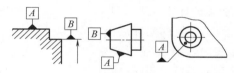

(a) 基准为实际要素

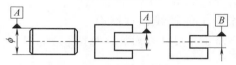

(b) 基准为理想要素

图 5.75 基准符号标注

（6）几何公差的（部分）附加符号（表5.25）

◇ 表5.25 部分几何公差的附加符号

说明	符号	标记位置	示例
最大实体要求	Ⓜ	注在公差值后或基准字母后	⊕ $\phi0.1$Ⓜ A
最小实体要求	Ⓛ		⊕ $\phi0.04$ AⓁ
自由状态条件	Ⓕ	注在公差值后	○ 0.1 Ⓕ
公共公差带	CZ	注在公差值后	⌰ 0.1 CZ
大径	MD	框格外	⊕ $\phi0.1$ A MD
线素	LE	框格外	∥ 0.1 A LE

最大或最小实体要求放在公差值后面时，表示被测要素应符合最大或最小实体要求，若放在公差框格的基准字母后面，表示该基准要素也应符合最大或最小实体要求。

5.4.5 表面结构标注

表面结构的评定参数包括表面轮廓和表面纹理。

（1）表面轮廓

将零件表面横向剖切，放大后的实际表面是一条曲线，其轮廓就称为表面轮廓，如图 5.76 所示。按测量和计算方法的不同，表面轮廓可分为：

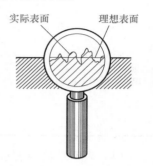

图 5.76　表面轮廓

① 粗糙度轮廓（R 轮廓）；

② 波纹度轮廓（W 轮廓）；

③ 原始轮廓（P 轮廓）。

机械零件的表面结构要求一般采用 R 轮廓参数评定。

（2）表面粗糙度 R 轮廓评定参数的变化（表 5.26）

◇ 表 5.26　表面粗糙度 R 轮廓评定参数的变化

旧标准		新标准	
R_a	轮廓算术平均偏差	Ra	轮廓算术平均偏差
R_z	微观不平度十点高度	Rz	轮廓最大高度
R_y	轮廓最大高度		

注：新标准中 a、z 不是下角标。

（3）表面粗糙度轮廓的图形符号及含义（表 5.27）

◇ 表 5.27　表面粗糙度轮廓图形符号及含义（GB/T 131—2006）

图形符号及名称	意义及说明
基本图形符号 $\sqrt{}$	表示表面可用任何方法获得。当不加注粗糙度参数值或有关说明（例如：表面处理、局部热处理状况等）时，仅适用于简化代号标注，不能单独使用
扩展图形符号 $\sqrt{}$	基本符号加一短画，表示表面是用去除材料的方法获得。例如：车、铣、钻、磨、剪切、抛光、腐蚀、电火花加工、气割等

图形符号及名称	意义及说明
扩展图形符号 	基本符号加一小圆,表示表面是用不去除材料的方法获得。例如:铸、锻、冲压变形、热轧、冷轧、粉末冶金等或者是用于保持原供应状况的表面(包括保持上道工序的状况)
完整图形符号 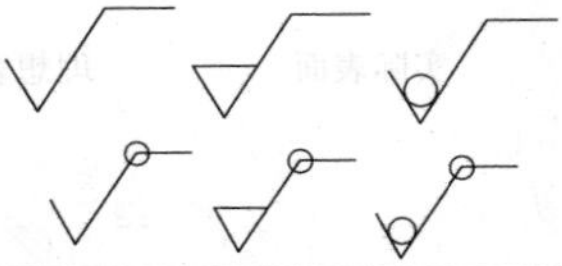	在上述三个符号的长边上均可加一横线,用于标注有关参数和说明。 在上述三个符号上均可加一小圆,表示所有表面或连续表面具有相同的表面粗糙度要求
MRR U *Rz* 0.8;L *Ra* 0.2　　　U *Rz* 0.8 L *Ra* 0.2 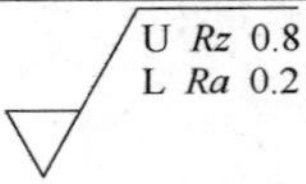 (a) 在文本中　　(b) 在图样上	表示表面参数的双向极限时,上限值在上方,在参数代号前加注字母"U";下限值在下方,在参数代号前加注字母"L"

（4）表面结构的表示方法（图 5.77）

完整图形符号＋补充要求

① 位置 a：注写表面结构的单一要求（参数代号和数值）。

② 位置 a 和 b：注写两个或多个表面结构要求。

③ 位置 c：注写加工方法。

④ 位置 d：注写表面纹理和方向。

⑤ 位置 e：注写加工余量。

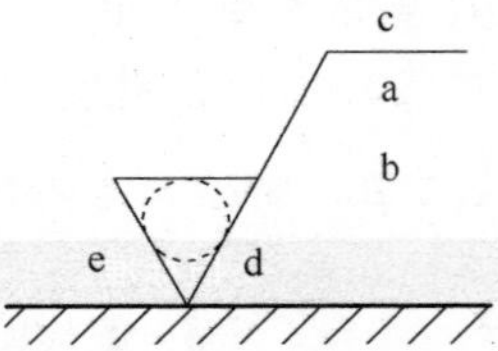

图 5.77　表面结构的表示方法

（5）表面结构要求在图样上的注法

① 表面结构要求的注写要与读取方向和尺寸标注相同。其正误如图 5.78 所示。

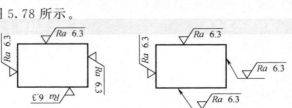

(a) 错误　　　　(b) 正确

图 5.78　表面结构符号的读取方向

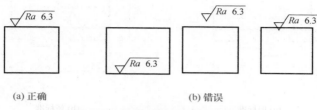

② 符号的尖端从材料外指向并接触材料表面，既不准脱离也不得超出。其正误如图 5.79 所示。

(a) 正确　　　　　　(b) 错误

图 5.79　表面结构符号的正确注法

③ 表面结构要求一般注写在可见轮廓线或其延长线上或者尺寸界线上，也可注在尺寸线上或几何公差框格上，如图 5.80、图 5.81 所示。

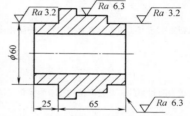

图 5.80　表面结构符号的表示形式

（6）表面结构要求的简化标注

大多数表面有相同表面结构要求的标注如图 5.82 所示。

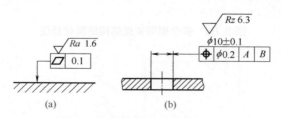

(a)　　　　　　　(b)

图 5.81　表面结构符号的表示形式

① 多个表面有相同的表面结构要求或图纸空间有限时的简化标注，如图 5.83 所示。

② 多个表面有相同的表面结构要求或图纸空间有限时的简化标注，如图 5.84 所示。

（7）键槽、倒角的表面结构要求标注

国标规定，键槽侧面表面结构要求 Ra 为 $1.6 \sim 3.2$，键槽底面表面结构要求 Ra 为 6.3，如图 5.85 所示。

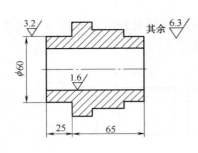
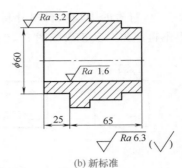

(a) 旧标准   (b) 新标准

图 5.82 其余相同表面结构要求的标注

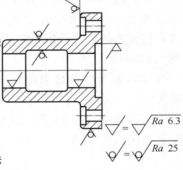

未指定工艺方法的多个表面结构要求的简化注法

要求去除材料的多个表面结构要求的简化注法

不允许去除材料的多个表面结构要求的简化注法

图 5.83 多个相同表面结构的简化标注

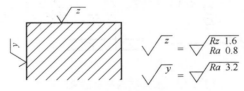

图 5.84 多个相同表面结构的表示

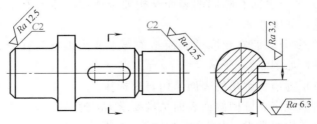

图 5.85 同一刀具加工的表面结构要求可以不同

（8）连续表面与封闭轮廓的表面结构要求标注

连续表面的表面结构只注一次，如图 5.86 所示。

封闭轮廓表面结构相同的注法如图 5.87 所示。

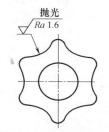

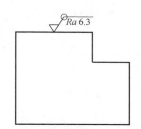

图 5.86　连续表面标注　　图 5.87　封闭轮廓表面结构相同要求的标注

（9）零件上不连续的同一加工表面结构要求注法（图 5.88）

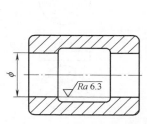

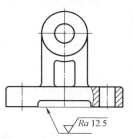

图 5.88　不连续的同一表面标注

（10）加工纹理方向符号（表 5.28）

◇ 表 5.28　常见的加工纹理方向符号（GB/T 131—2006）

符号	说明	示意图
=	纹理平行于标注代号的视图的投影面	
⊥	纹理垂直于标注代号的视图的投影面	

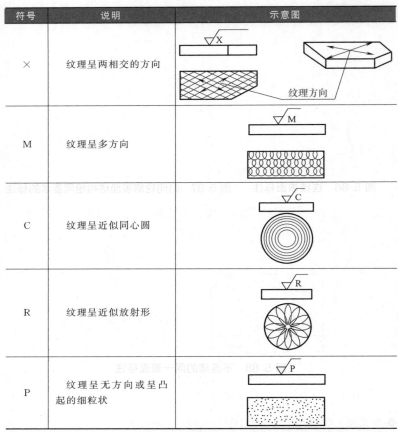

符 号	说 明	示意图
×	纹理呈两相交的方向	
M	纹理呈多方向	
C	纹理呈近似同心圆	
R	纹理呈近似放射形	
P	纹理呈无方向或呈凸起的细粒状	

注：当表中所列符号不能清楚地表明要求的纹理方向时，应在图样上用文字说明。

5.4.6 热处理标注

（1）热处理方法及代号（表 5.29）

◇ **表 5.29 热处理方法及代号**

热处理	代表符号	表示方法举例
退火	Th	标注为 Th
正火	Z	标注为 Z
调质	T	调质后硬度为 220～250HB 时,标注为 T235
淬火	C	淬火后回火至 45～50HRC 时,标注为 C48

热处理	代表符号	表示方法举例
油中淬火	Y	油淬＋回火,硬度为 30～40HRC,标注为 Y35
高频淬火	G	高频淬火＋回火,硬度为 50～55HRC,标注为 G52
调质＋高频淬火	T-G	调质＋高频淬火,硬度为 52～58HRC,标注为 T-G54
火焰表面淬火	H	火焰表面淬火＋回火,硬度为 52～58HRC,标注为 H54
氰化(C-N 共渗)	Q	氰化后淬火＋回火,硬度为 56～62HRC,标注为 Q59
氮化	D	氮化层深 0.3mm,硬度＞850HV,标注 D0.3-900
渗碳＋淬火	S-C	渗碳层深 0.5mm,淬火＋回火,硬度为 56～62HRC,标注为 S0.5-C59
渗碳＋高频淬火	S-G	渗碳层深度 0.9mm,高频淬火后回火,硬度为 56～62HRC,标注为 S0.9-G59

注：回火、发蓝用文字标注。

（2）热处理在零件图样上的标注

① 整体热处理工件一般标注在图的右侧或图的下方，如图 5.89 所示，渗碳齿轮热处理标注在右侧。

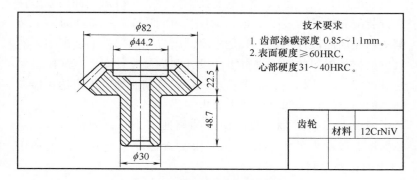

技术要求
1. 齿部渗碳深度 0.85～1.1mm。
2. 表面硬度≥60HRC,
　 心部硬度31～40HRC。

齿轮		
	材料	12CrNiV

图 5.89　渗碳齿轮的热处理标注

② 局部热处理工件，其热处理部位一般应标明，并在技术要求中注明热处理技术条件，如图 5.90 所示，也可将其注在零件图旁边。

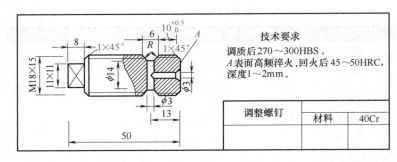

图 5.90 气缸头调整螺钉的热处理标注

 5.5 识读装配图

装配图是表达机器、部件或组件的图样。表达一台完整机器的装配图称为总装配图。表达机器中某个部件或组件的装配图称为部件装配图或组件装配图。

5.5.1 装配图的形式和表达的内容

装配图是生产组织中的重要技术文件，是机器、部件或组件进行装配和检验的技术依据，如图 5.91 所示是柱塞泵的一个装配图。在产品设计中，一般是先绘制出机器和部件的装配图，然后再根据装配图的要求进行零件设计和拆画零件图。装配图主要通过视图、尺寸标注、技术要求、标题栏和明细表来表达机器或部件的功能、性能和生产要求等内容。

图中，① 为图框，反映图纸的幅面大小、幅面格式等，应根据机器或部件的大小尺寸、结构复杂程度来选择，优先选用1∶1的比例绘制。

② 是基本视图（包括半剖视、局部剖视）。

③ 是向视图。

④ 是局部剖视图，这一组视图主要表达机器或部件的组成结构、工作原理、零部件间的相互位置关系、装配关系、相互运动关系、主要零件的结构形状等。

在装配图样的一组视图上要进行尺寸标注，主要表达机器或部件的性能、规格、安装、外形、配合和连接方面等尺寸。如，在主视图中的凸轮偏心距为 5mm，柱塞与泵套的直径和配合为 ϕ18H7/f6，来反映凸轮每转泵的排量；A 向视图中的 120、75 表示泵体的安装尺寸，18 为定位销的位置尺寸（主视图中 2× ϕ6 锥销孔配作）；外形尺寸如主视图上 175、左视图上的 70、A 向视图中的 94、156 等，配合尺寸如主视图中泵套与泵体的配合 ϕ30H7/k6，俯视图中轴承内圈与轴的配合 ϕ15js6、轴承外圈与轴承衬盖孔的配合 ϕ35H6、衬盖与泵体的配合 ϕ50H7/h6，凸轮与轴的配合 ϕ16H7/k6 等，连接尺寸如主视图上的调节阀与泵体的连接 M14×1.5-6g，俯视图上的轴与动力装置连接的 ϕ14h6 等。这些都是以标注形式的技术要求，来表达机器或部件的装配、检验、调整和使用等方面应满足的要求。

⑤ 明细表：为了便于读装配图和组织零件生产，在装配图中要对不同的零部件进行编写序号，并在明细表中填写各零部件的名称、数量、材料、标准或零件编号以及备注内容。

⑥ 技术要求：主要部分注写在视图中，另一部分以文字说明的形式逐条提出技术要求。文字说明形式的技术要求主要包括：特殊的检验、调试、使用、维护等方面的要求，以及不便于注写在视图上的技术要求，如零部件之间的位置公差。

⑦ 标题栏：标题栏反映机器部件的名称、规格、图纸编号、设计、审核人员的签字等内容。

5.5.2 装配图中零、部件序号及其编排方法

《机械制图装配图中零、部件序号及其编排方法》的国家标准代号为 GB/T 4458.2—2003。

装配图中零、部件的序号编排应按顺时针或逆时针方向顺次排列，在整个图上无法连续时，可只在每个水平或竖直方向按顺序排列。

装配图中所有的零、部件都毫无例外地必须编号。

对于某一个零、部件，无论在各视图上出现的次数多少，可

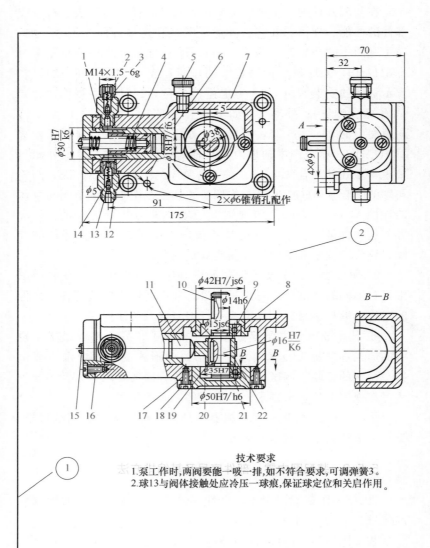

技术要求
1. 泵工作时，两阀要能一吸一排，如不符合要求，可调弹簧3。
2. 球13与阀体接触处应冷压一球痕，保证球定位和关启作用。

图 5.91 柱塞泵的

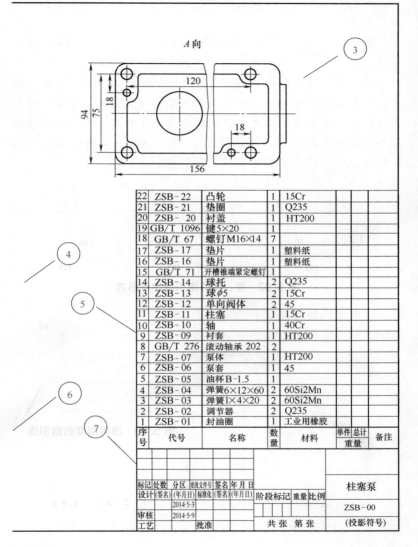

22	ZSB-22	凸轮	1	15Cr			
21	ZSB-21	垫圈	1	Q235			
20	ZSB-20	衬盖	1	HT200			
19	GB/T 1096	键5×20	1				
18	GB/T 67	螺钉M16×14	7				
17	ZSB-17	垫片	1	塑料纸			
16	ZSB-16	垫片	1	塑料纸			
15	GB/T 71	开槽锥端紧定螺钉	1				
14	ZSB-14	球托	2	Q235			
13	ZSB-13	球φ5	2	15Cr			
12	ZSB-12	单向阀体	2	45			
11	ZSB-11	柱塞	1	15Cr			
10	ZSB-10	轴	1	40Cr			
9	ZSB-09	衬套	1	HT200			
8	GB/T 276	滚动轴承 202	2				
7	ZSB-07	泵体	1	HT200			
6	ZSB-06	泵套	1	45			
5	ZSB-05	油杯B-1.5	1				
4	ZSB-04	弹簧6×12×60	1	60Si2Mn			
3	ZSB-03	弹簧1×4×20	2	60Si2Mn			
2	ZSB-02	调节器	2	Q235			
1	ZSB-01	封油圈	1	工业用橡胶			

序号	代号	名称	数量	材料	单件	总计	备注
					重量		

标记	处数	分区	更改文件号	签名	年月日			柱塞泵
设计	(签名)	(年月日)	标准化	(签名)	(年月日)	阶段标记	重量 比例	
				2014-5-3				ZSB-00
审核				2014-5-9				
工艺			批准			共 张 第 张		(投影符号)

装配图样

只编一个序号。

形状和尺寸完全相同的多个零、部件应采用同一个序号，一般只标注一次。

明细栏中的序号应与装配图上编写的零、部件的序号相一致。

指引线应自所编序号的零、部件可见轮廓内引出，并画一圆点，序号可在引线末端的水平线、圆圈或附近注写，见图 5.92。若所指部分是很薄的零件或涂黑的剖面不便画圆点时，指引线用箭头指向零、部件的轮廓，见图 5.93。当指引线通过剖面线的区域时，它不应与剖面线平行，可曲折一次。

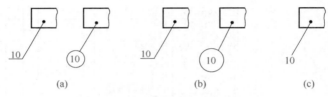

图 5.92　零、部件指引线序号形式

一组紧固件或装配关系清楚的零件组可以采用公共指引线，序号标注的形式见图 5.94。序号的字号比装配图中所注尺寸数字的字号大一号或两号。

装配图中零、部件序号及其编排实例如图 5.95 所示。

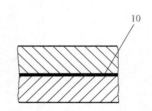

图 5.93　涂黑剖面的指引线

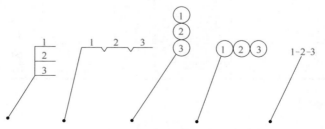

图 5.94　一组零件指引线序号形式

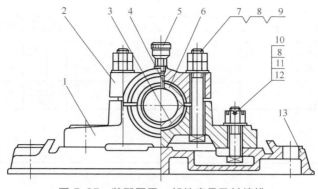

图 5.95 装配图零、部件序号及其编排

5.5.3 明细表及其填写

（1）明细栏的基本要求（GB 10609.2—2009）

装配图中一般应画有明细栏，配置在标题栏上方，按自下而上的顺序填写；当地方不够大时，可紧靠在标题栏的左侧由下向上延续。当装配图中不能在标题栏的上方配置明细栏时，可作为装配图的续页按 A4 幅面单独给出，其顺序应由上向下延伸。需要时还可连续加页。在明细栏的下方应配置标题栏，并在标题栏中填写与装配图相一致的名称和代号，而且在标题栏中都要按顺序依次填写"共×张第×张"。

当同一图样代号的装配图有两张或更多的图纸时，明细栏应放在第一张装配图上。

（2）明细栏的内容及格式

明细栏一般由序号、代号、名称、数量、材料、重量（单件、总计）、分区、备注等组成。也可按实际需要增加或减少项目。

明细栏放在装配图中标题栏上方时的格式和尺寸见图 5.96。

当明细栏作为装配图的续页单独给出时，其格式和各部分尺寸见图 5.97。

（3）明细栏中各项目的填写

明细栏中包含有七八个项目，这里只对其中某些项目作几点说明：

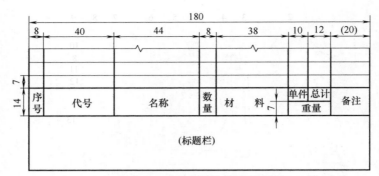

图 5.96 明细栏的内容及格式

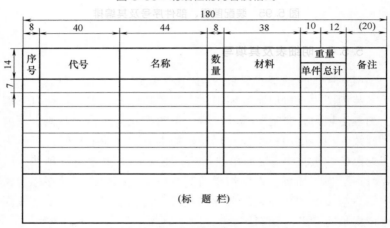

图 5.97 续页明细栏的内容及格式

① 代号一栏应填写图样中相应组成部分的图样代号或标准代号（如：GB/T 117—2000）。

② 名称一栏应填写相应组成部分的名称。必要时，也可写出其形式和尺寸（如：销 2.5×28）。

③ 材料一栏应填写材料的标记（如：45）。

④ 重量一栏应填写出相应组成部分单件和总件数的计算重量。

⑤ 当需要明确表示某零件或组成部分所处的位置时，可在备注栏内填写其所在的分区代号。

⑥ 备注一栏常填写必要的附加说明或其他有关的重要内容，例如齿轮的齿数、模数等。

5.5.4 焊接件图样与焊缝符号

（1）焊接件的特点

以焊代铸、以焊代锻的焊接件在工程应用中越来越多，这是因为焊接件制造速度较快，相对于同样的铸锻件重量较轻，成本较低等。但焊接件容易残存内应力和出现残留变形，会影响零件乃至机器的使用性能和工作寿命，所以对消除内应力的热处理要求比较严格。

（2）焊接件图样的内容

焊接件图样与组件图样表达的内容基本相同，包括一组视图、技术要求、标题栏和明细表等，但由于焊接工艺需要，焊缝要用规定画法表达，按焊接工艺要求要用规定代号标注，且每条焊缝只在能明显表达的视图中标注一次，其他焊接工艺要求在技术要求中写出，构成焊接件的每个构件的编号可用序号标出，列明细表写出各构件的名称、规格、材料和数量，如图 5.98 所示为法兰盘焊接图样。

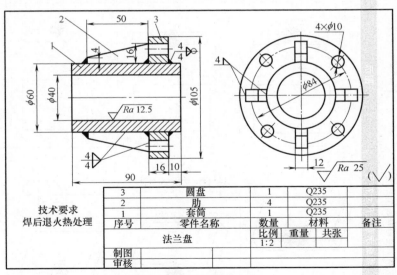

图 5.98　法兰盘（焊接件）

（3）焊接符号

常用焊缝符号表示法及标注（GB/T 324—2008）见表 5.30。

◎ 表 5.30　常用焊接符号表示方法

名称	符号	焊缝示意及尺寸符号	图示	标注示例	说明
卷边焊缝（卷边完全熔化）	八	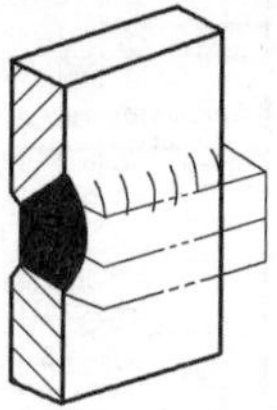	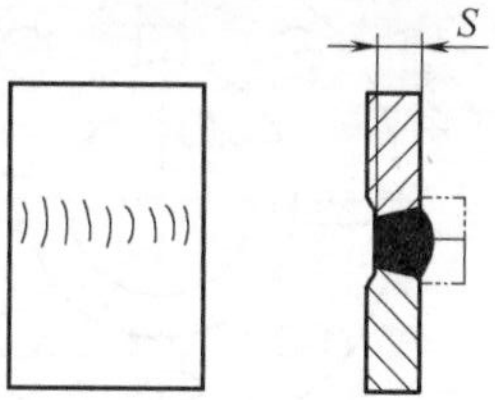	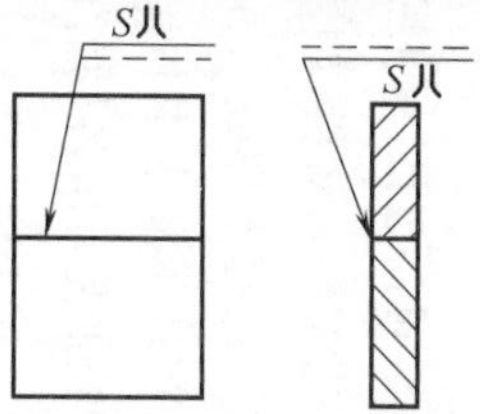	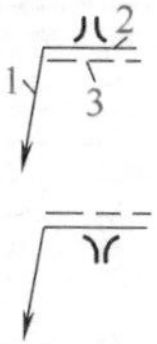 表示焊缝在接头的箭头侧 1—箭头线 2—基准线（实线） 3—基准线（虚线）
I形焊缝	‖	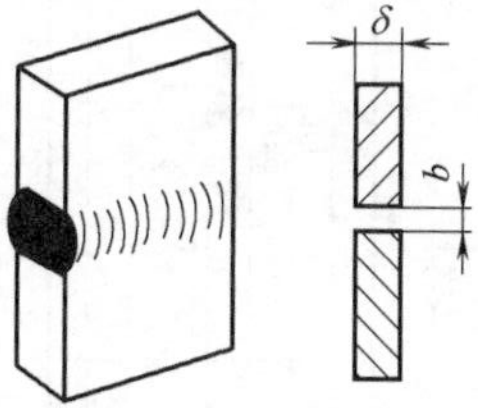	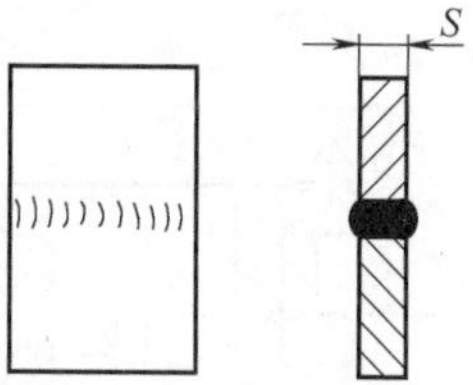	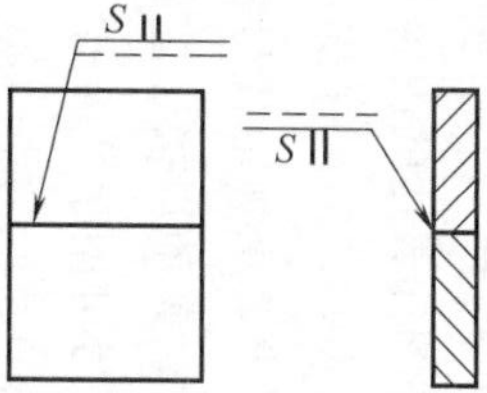	 表示焊缝在接头的非箭头侧
V形焊缝	V	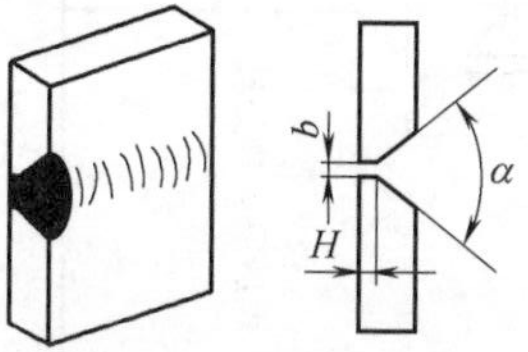	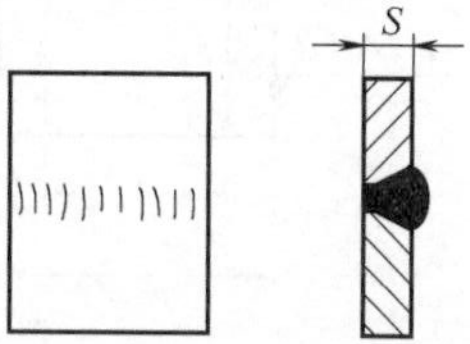	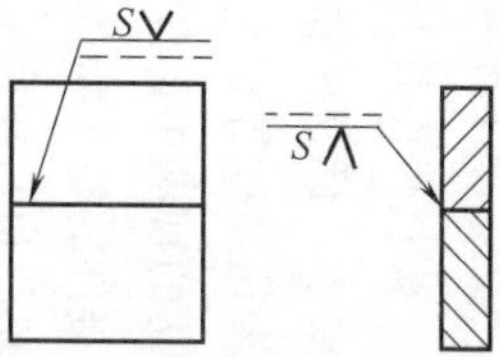	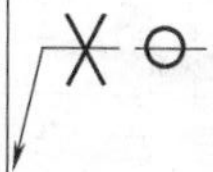 表示双面对焊缝

名称	符号	焊缝示意及尺寸符号	图示	标注示例	说明
单边V形焊缝	V	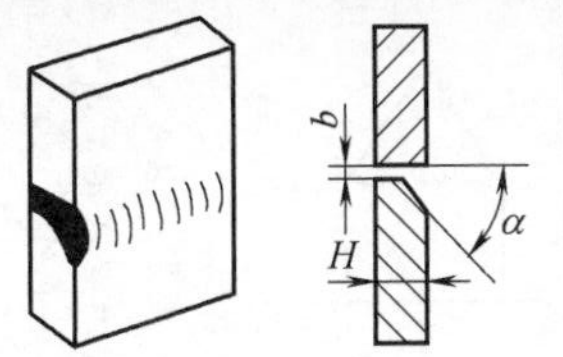 α、b、H	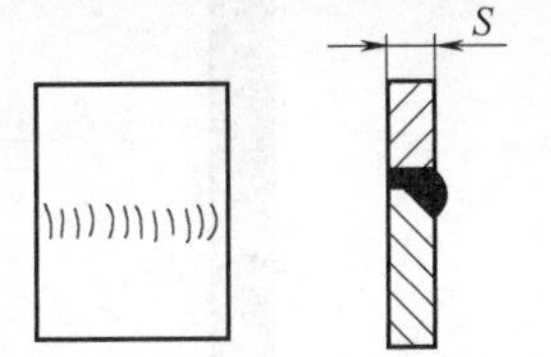 S	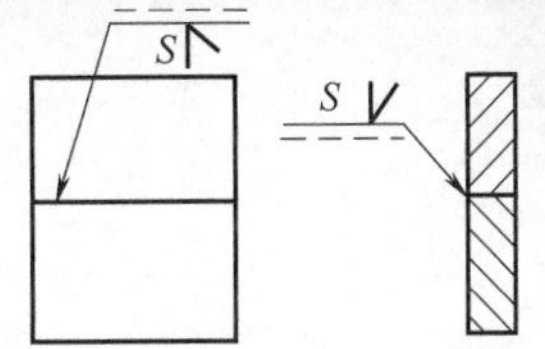 S	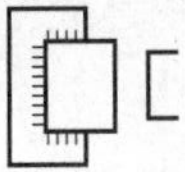 表示工件三面有焊缝
带钝边V形焊缝	Y	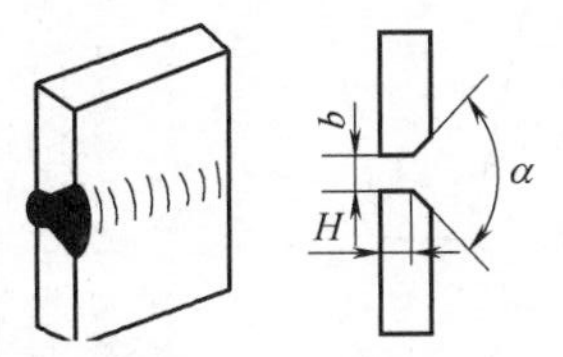 α、b、H	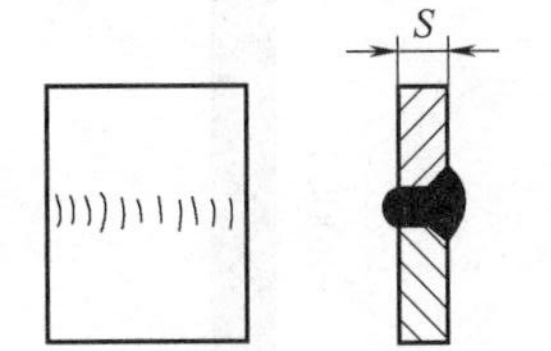 S	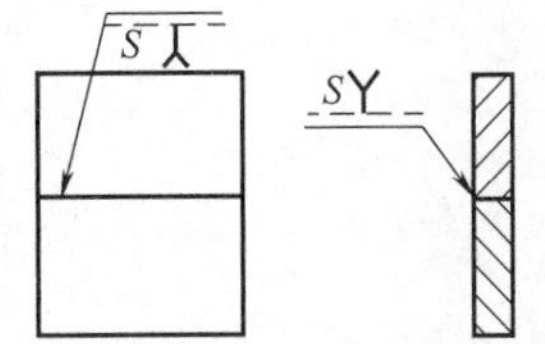 S	 表示焊缝在接头的非箭头一侧
角焊缝	△	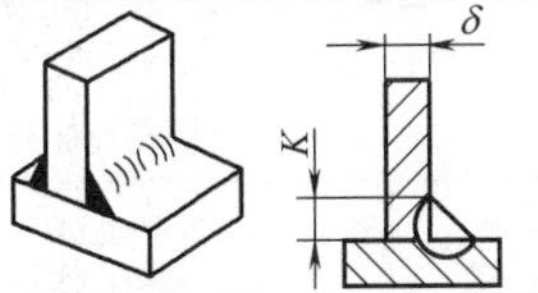 δ、K	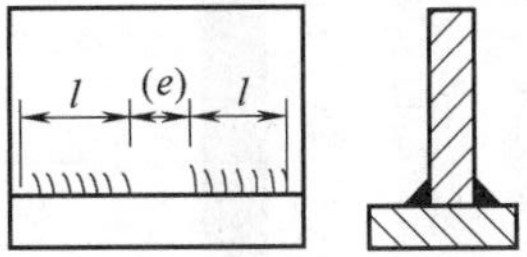 l、(e)、l	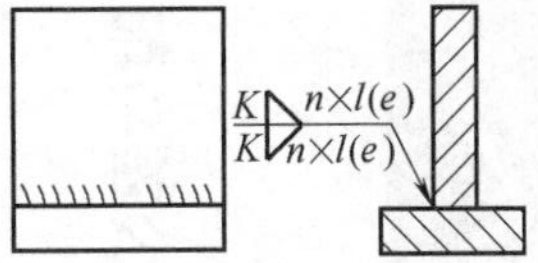 $K\,n\times l(e)$	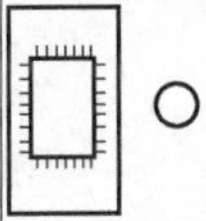 表示工件周围有焊缝
点焊缝	○	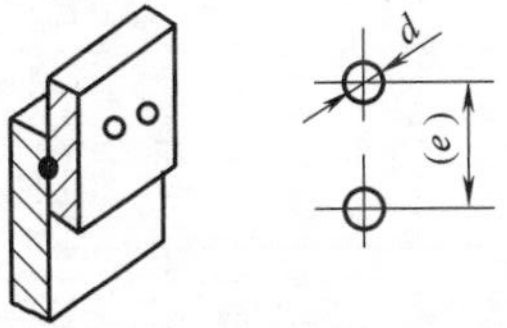 d、(e)	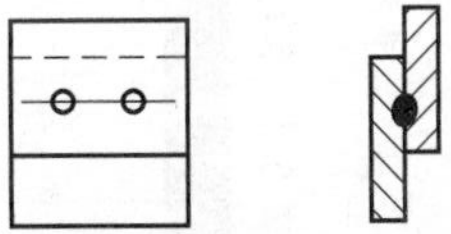	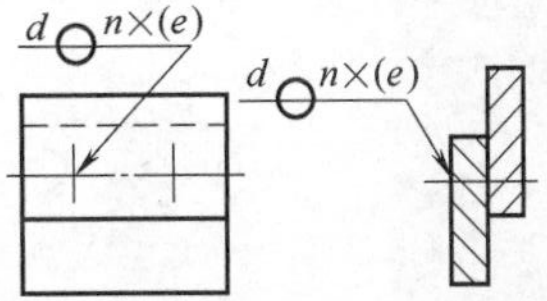 $d\,n\times(e)$	 表示在工地上或现场进行焊接

6.1　公差与配合

6.1.1　术语及定义

表 6.1 为术语及定义。

◈ **表 6.1　术语及定义（GB/T 1800.1—2009）**

术语	定义	图例及说明
几何要素	几何要素是指构成零件几何特征的点、线、面 　　点要素——圆锥顶点和球心 　　线要素——素线和轴线 　　面要素——球面、圆锥面、端平面和圆柱面	 　　几何要素分为组成要素和导出要素。组成要素是指面或面上的线，可以实际感知。导出要素是指由一个或几个组成要素导出得到的中心点、中心线或中心面，例如球心、轴线、圆锥顶点

术语	定义	图例及说明	
孔	通常指工件的圆柱形内表面,也包括非圆柱形内表面	$\phi 20H7$ $\phi 20H7$ ├─ 公称尺寸 ├─ 公差代号 ├─ 公差等级 └─ 基本偏差	16 H7/h6 定位键的宽度就是轴;夹具体上键槽和机床工作台上的T形槽就是孔
轴	通常指工件的圆柱形外表面,也包括非圆柱形外表面	$\phi 20s6$ $\phi 20s6$ ├─ 公称尺寸 ├─ 公差代号 ├─ 公差等级 └─ 基本偏差	
公称尺寸(基本尺寸)	公称尺寸(旧标准称基本尺寸),是根据使用要求,通过强度、刚度计算,并考虑结构及工艺等方面的因素后由设计者确定的尺寸。它可以是一个整数或一个小数值,例如32、0.5 等,最好圆整为优选尺寸	上偏差 下偏差 孔 轴 最小极限尺寸 最大极限尺寸 公称尺寸 旧标准的最大(最小)极限尺寸	零线 公称尺寸 下极限尺寸 上极限尺寸 新标准上下极限尺寸
零线	是确定偏差和公差的参考线		
极限尺寸	允许尺寸变化的两个界限值,较大的一个称为上极限尺寸,较小的一个称为下极限尺寸	下极限偏差(基本偏差) 公差带 尺寸公差 上极限偏差(ES, es) 零线 公称尺寸	
偏差	上极限尺寸减其公称尺寸所得的代数差称为上极限偏差(孔为ES,轴为es);下极限尺寸减其基本尺寸所得代数差称为下极限偏差(孔为EI,轴为ei)。上、下极限偏差统称为极限偏差。偏差可以为正、负或零	例如:孔径为 $\phi 20H7(\phi 20^{+0.021}_{0})$,其上偏差 ES$=+0.021$mm;下偏差 EI$=0$mm 轴径为 $\phi 20s6(\phi 20^{+0.048}_{+0.035})$,其上偏差 es$=+0.048$mm;下偏差 ei$=+0.035$mm	

术语	定义	图例及说明
公差 与公 差带	最大极限尺寸 与最小极限尺寸 的差值或上偏差 与下偏差的差值 称公差 轴或孔的尺寸变 动区域称公差带	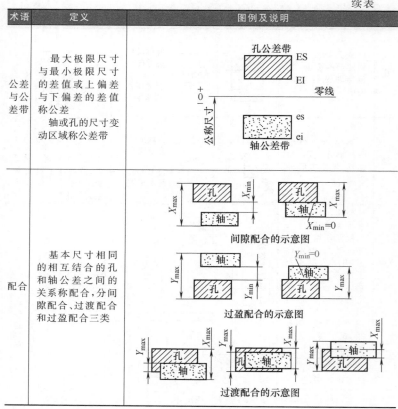
配合	基本尺寸相同 的相互结合的孔 和轴公差之间的 关系称配合，分间 隙配合、过渡配合 和过盈配合三类	

6.1.2 公差等级与标准公差

零件的尺寸精度是指零件几何要素的实际尺寸接近理论尺寸的准确程度，愈准确、精度就愈高，它由公差等级来确定，精度愈高，公差等级愈小。确定尺寸精确程度的等级称公差等级。

国标 GB/T 1800.1—2009 规定了 20 个标准公差等级，即IT01、IT0、IT2、…、IT18（称标准公差等级代号），等级数越大，公差越大（精度越低）。对所有基本尺寸，属于同一公差等级的公差，虽然数值不同，但具有同等的精确程度，常用基本尺寸的各级标准公差的数值如表 6.2 所示。

◇ 表6.2 标准公差数值（GB/T 1800.2—2009）

μm

公称尺寸/mm		标准公差等级																
大于	至	IT1	IT2	IT3	IT4	IT5	IT6	IT7	IT8	IT9	IT10	IT11	IT12	IT13	IT14	IT15	IT16	IT17	IT18
—	3	0.8	1.2	2	3	4	6	10	14	25	40	60	100	140	250	400	600	1000	1400
3	6	1	1.5	2.5	4	5	8	12	18	30	48	75	120	180	300	480	750	1200	1800
6	10	1	1.5	2.5	4	6	9	15	22	36	58	90	150	220	360	580	900	1500	2200
10	18	1.2	2	3	5	8	11	18	27	43	70	110	180	270	430	700	1100	1800	2700
18	30	1.5	2.5	4	6	9	13	21	33	52	84	130	210	330	520	840	1300	2100	3300
30	50	1.5	2.5	4	7	11	16	25	39	62	100	160	250	390	620	1000	1600	2500	3900
50	80	2	3	5	8	13	19	30	46	74	120	190	300	460	740	1200	1900	3000	4600
80	120	2.5	4	6	10	15	22	35	54	87	140	220	350	540	870	1400	2200	3500	5400
120	180	3.5	5	8	12	18	25	40	63	100	160	250	400	630	1000	1600	2500	4000	6300
180	250	4.5	7	10	14	20	29	46	72	115	185	290	460	720	1150	1850	2900	4600	7200
250	315	6	8	12	16	23	32	52	81	130	210	320	520	810	1300	2100	3200	5200	8100
315	400	7	9	13	18	25	36	57	89	140	230	360	570	890	1400	2300	3600	5700	8900
400	500	8	10	15	20	27	40	63	97	155	250	400	630	970	1550	2500	4000	6300	9700
500	630	9	11	16	22	32	44	70	110	175	280	440	700	1100	1750	2800	4400	7000	11000
630	800	10	13	18	25	36	50	80	125	200	320	500	800	1250	2000	3200	5000	8000	12500
800	1000	11	15	21	28	40	56	90	140	230	360	560	900	1400	2300	3600	5600	9000	14000

注：1. 公称尺寸大于500mm的IT1～IT5的标准公差值为试行的。

2. 公称尺寸小于1mm时，无IT14～IT18。

6.1.3　基本偏差与极限偏差

（1）基本偏差代号

基本偏差代号，对孔用大写字母 A、…、ZC 表示，对轴用小写字母 a、…、zc 表示（见图 6.1），各 28 个。其中，基本偏差 H 代表基准孔，h 代表基准轴。

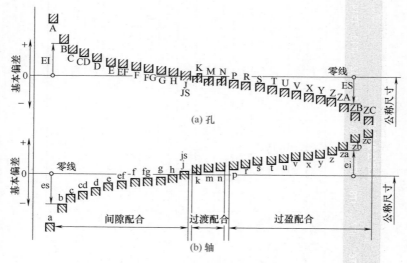

图 6.1　基本偏差系列示意图

（2）轴的极限偏差（见表 6.3）

（3）孔的基本偏差（见表 6.4）

6.1.4　线性尺寸和角度尺寸的未注公差

未注公差也称一般公差，是指在尺寸后不需注出其极限偏差数值，在车间通常加工条件下是可以保证的公差。根据 GB/T 1084—2000 的规定，一般公差分精密 f、中等 m、粗糙 c、最粗 v 四个等级。线性尺寸的极限偏差数值见表 6.5，倒圆半径与倒角高度尺寸的极限偏差数值见表 6.6，角度尺寸的极限偏差见表 6.7。

◎ 表 6.3　常用（优选）轴极限偏差（GB/T 1800.2—2009）

μm

公称尺寸/mm 大于	至	a 11*	b 11*	b 12*	c 9*	c 10*	c ▲11	d 8*	d ▲9	d 10*	d 11*	e 7*	e 8*	e 9*
—	3	−270 −330	−140 −200	−140 −240	−60 −85	−60 −100	−60 −120	−20 −34	−20 −45	−20 −60	−20 −80	−14 −24	−14 −28	−14 −39
3	6	−270 −345	−140 −215	−140 −260	−70 −100	−70 −118	−70 −145	−30 −48	−30 −60	−30 −78	−30 −105	−20 −32	−20 −38	−20 −50
6	10	−280 −370	−150 −240	−150 −300	−80 −116	−80 −138	−80 −170	−40 −62	−40 −76	−40 −98	−40 −130	−25 −40	−25 −47	−25 −61
10	14	−290 −400	−150 −260	−150 −330	−95 −138	−95 −165	−95 −205	−50 −77	−50 −93	−50 −120	−50 −160	−32 −50	−32 −59	−32 −75
14	18	−290 −400	−150 −260	−150 −330	−95 −138	−95 −165	−95 −205	−50 −77	−50 −93	−50 −120	−50 −160	−32 −50	−32 −59	−32 −75
18	24	−300 −430	−160 −290	−160 −370	−110 −162	−110 −194	−110 −240	−65 −98	−65 −117	−65 −149	−65 −195	−40 −61	−40 −73	−40 −92
24	30	−300 −430	−160 −290	−160 −370	−110 −162	−110 −194	−110 −240	−65 −98	−65 −117	−65 −149	−65 −195	−40 −61	−40 −73	−40 −92
30	40	−310 −470	−170 −330	−170 −420	−120 −182	−120 −220	−120 −280	−80 −119	−80 −142	−80 −180	−80 −240	−50 −75	−50 −89	−50 −112
40	50	−320 −480	−180 −340	−180 −430	−130 −192	−130 −230	−130 −290	−80 −119	−80 −142	−80 −180	−80 −240	−50 −75	−50 −89	−50 −112
50	65	−340 −530	−190 −380	−190 −490	−140 −214	−140 −260	−140 −330	−100 −146	−100 −174	−100 −220	−100 −290	−60 −90	−60 −106	−60 −134
65	80	−360 −550	−200 −390	−200 −500	−150 −224	−150 −270	−150 −340	−100 −146	−100 −174	−100 −220	−100 −290	−60 −90	−60 −106	−60 −134
80	100	−380 −600	−200 −440	−220 −570	−170 −257	−170 −310	−170 −390	−120 −174	−120 −207	−120 −260	−120 −340	−72 −109	−72 −126	−72 −159

公差带

公称尺寸/mm 大于	至	a	b		c			d				e		
		11*	11*	12*	9*	10*	11▲	8*	9▲	10*	11*	7*	8*	9*
100	120	−410 −630	−240 −460	−240 −590	−180 −267	−180 −320	−180 −400	−120 −174	−120 −207	−120 −260	−120 −340	−72 −109	−72 −126	−72 −159
120	140	−460 −710	−260 −510	−260 −660	−200 −300	−200 −360	−200 −450							
140	160	−520 −770	−280 −530	−280 −680	−210 −310	−210 −370	−210 −460	−145 −208	−145 −245	−145 −305	−145 −395	−85 −125	−85 −148	−85 −185
160	180	−580 −830	−310 −560	−310 −710	−230 −330	−230 −390	−230 −480							
180	200	−660 −950	−340 −630	−340 −800	−240 −355	−240 −425	−240 −530							
200	225	−740 −1030	−380 −670	−380 −840	−260 −375	−260 −445	−260 −550	−170 −242	−170 −285	−170 −355	−170 −460	−100 −146	−100 −172	−100 −215
225	250	−820 −1110	−420 −710	−420 −880	−280 −395	−280 −465	−280 −570							
250	280	−920 −1240	−480 −800	−480 −1000	−300 −430	−300 −510	−300 −620	−190 −271	−190 −320	−190 −400	−190 −510	−110 −162	−110 −191	−110 −240
280	315	−1050 −1370	−540 −860	−540 −1060	−330 −460	−330 −540	−330 −650							
315	355	−1200 −1560	−600 −960	−600 −1170	−360 −500	−360 −590	−360 −720	−210 −299	−210 −350	−210 −440	−210 −570	−125 −182	−125 −214	−125 −265

公称尺寸/mm		公差带												
		a	b		c			d				e		
大于	至	11*	11*	12*	9*	10*	▲11	8*	▲9	10*	11*	7*	8*	9*
355	400	-1350 / -1710	-680 / -1040	-680 / -1250	-400 / -540	-400 / -630	-400 / -760	-210 / -299	-210 / -350	-210 / -440	-210 / -570	-125 / -182	-125 / -214	-125 / -265
400	450	-1500 / -1900	-760 / -1160	-760 / -1390	-440 / -595	-440 / -690	-440 / -840	-230 / -327	-230 / -385	-230 / -440	-230 / -570	-135 / -198	-135 / -232	-135 / -290
450	500	-1650 / -2050	-840 / -1240	-840 / -1470	-480 / -635	-480 / -730	-480 / -880	-230 / -327	-230 / -385	-230 / -480	-230 / -630	-135 / -198	-135 / -232	-135 / -290

公称尺寸/mm		公差带												
		f					g			h				
大于	至	5*	6*	▲7	8*	9*	5*	▲6	7*	5*	▲6	▲7	8*	▲9
—	3	-6 / -10	-6 / -12	-6 / -16	-6 / -20	-6 / -31	-2 / -6	-2 / -8	-2 / -12	0 / -4	0 / -6	0 / -10	0 / -14	0 / -25
3	6	-10 / -15	-10 / -18	-10 / -22	-10 / -28	-10 / -40	-4 / -9	-4 / -12	-4 / -16	0 / -5	0 / -8	0 / -12	0 / -18	0 / -30
6	10	-13 / -19	-13 / -22	-13 / -28	-13 / -35	-13 / -49	-5 / -11	-5 / -14	-5 / -20	0 / -6	0 / -9	0 / -15	0 / -22	0 / -36
10	14	-16 / -24	-16 / -27	-16 / -34	-16 / -43	-16 / -59	-6 / -14	-6 / -17	-6 / -24	0 / -8	0 / -11	0 / -18	0 / -27	0 / -43
14	18													
18	24	-20 / -29	-20 / -33	-20 / -41	-20 / -53	-20 / -72	-7 / -16	-7 / -20	-7 / -28	0 / -9	0 / -13	0 / -21	0 / -33	0 / -52
24	30													

机械工综合切削手册

公称尺寸/mm		公差带												
		f					g			h				
大于	至	5*	6*	▲7	8*	9*	5*	▲6	7*	5*	▲6	▲7	8*	▲9
30	40	-25/-36	-25/-41	-25/-50	-25/-64	-25/-87	-9/-20	-9/-25	-9/-34	0/-11	0/-16	0/-25	0/-39	0/-62
40	50	-25/-36	-25/-41	-25/-50	-25/-64	-25/-87	-9/-20	-9/-25	-9/-34	0/-11	0/-16	0/-25	0/-39	0/-62
50	65	-30/-43	-30/-49	-30/-60	-30/-76	-30/-104	-10/-23	-10/-29	-10/-40	0/-13	0/-19	0/-30	0/-46	0/-74
65	80	-30/-43	-30/-49	-30/-60	-30/-76	-30/-104	-10/-23	-10/-29	-10/-40	0/-13	0/-19	0/-30	0/-46	0/-74
80	100	-36/-51	-36/-58	-36/-71	-36/-90	-36/-123	-12/-27	-12/-34	-12/-47	0/-15	0/-22	0/-35	0/-54	0/-87
100	120	-36/-51	-36/-58	-36/-71	-36/-90	-36/-123	-12/-27	-12/-34	-12/-47	0/-15	0/-22	0/-35	0/-54	0/-87
120	140	-43/-61	-43/-68	-43/-83	-43/-106	-43/-143	-14/-32	-14/-39	-14/-54	0/-18	0/-25	0/-40	0/-63	0/-100
140	160	-43/-61	-43/-68	-43/-83	-43/-106	-43/-143	-14/-32	-14/-39	-14/-54	0/-18	0/-25	0/-40	0/-63	0/-100
160	180	-43/-61	-43/-68	-43/-83	-43/-106	-43/-143	-14/-32	-14/-39	-14/-54	0/-18	0/-25	0/-40	0/-63	0/-100
180	200	-50/-70	-50/-79	-50/-96	-50/-122	-50/-165	-15/-35	-15/-44	-15/-61	0/-20	0/-29	0/-46	0/-72	0/-115
200	225	-50/-70	-50/-79	-50/-96	-50/-122	-50/-165	-15/-35	-15/-44	-15/-61	0/-20	0/-29	0/-46	0/-72	0/-115
225	250	-50/-70	-50/-79	-50/-96	-50/-122	-50/-165	-15/-35	-15/-44	-15/-61	0/-20	0/-29	0/-46	0/-72	0/-115
250	280	-56/-79	-56/-88	-56/-108	-56/-137	-56/-186	-17/-40	-17/-49	-17/-69	0/-23	0/-32	0/-52	0/-81	0/-130
280	315	-56/-79	-56/-88	-56/-108	-56/-137	-56/-186	-17/-40	-17/-49	-17/-69	0/-23	0/-32	0/-52	0/-81	0/-130
315	355	-62/-87	-62/-98	-62/-119	-62/-151	-62/-202	-18/-43	-18/-54	-18/-75	0/-25	0/-36	0/-57	0/-89	0/-140
355	400	-62/-87	-62/-98	-62/-119	-62/-151	-62/-202	-18/-43	-18/-54	-18/-75	0/-25	0/-36	0/-57	0/-89	0/-140
400	450	-68/-95	-68/-108	-68/-131	-68/-165	-68/-223	-20/-47	-20/-60	-20/-83	0/-27	0/-40	0/-63	0/-97	0/-155
450	500	-68/-95	-68/-108	-68/-131	-68/-165	-68/-223	-20/-47	-20/-60	-20/-83	0/-27	0/-40	0/-63	0/-97	0/-155

公称尺寸/mm		公差带											
		h			js			k			m		
大于	至	10*	▲11	12*	5*	6*	7*	5*	▲6	7*	5*	6*	7*
—	3	0 −40	0 −60	0 −110	±2	±3	±5	+4 0	+6 0	+10 0	+6 +2	+8 +2	+12 +2
3	6	0 −48	0 −75	0 −120	±2.5	±4	±6	+6 +1	+9 +1	+13 +1	+9 +4	+12 +4	+16 +4
6	10	0 −58	0 −90	0 −150	±3	±4.5	±7	+7 +1	+10 +1	+16 +1	+12 +6	+15 +6	+21 +6
10	14	0 −70	0 −110	0 −180	±4	±5.5	±9	+9 +1	+12 +1	+19 +1	+15 +7	+18 +7	+25 +7
14	18	0 −70	0 −110	0 −180	±4	±5.5	±9	+9 +1	+12 +1	+19 +1	+15 +7	+18 +7	+25 +7
18	24	0 −84	0 −130	0 −210	±4.5	±6.5	±10	+11 +2	+15 +2	+23 +2	+17 +8	+21 +8	+29 +8
24	30	0 −84	0 −130	0 −210	±4.5	±6.5	±10	+11 +2	+15 +2	+23 +2	+17 +8	+21 +8	+29 +8
30	40	0 −100	0 −160	0 −250	±5.5	±8	±12	+13 +2	+18 +2	+27 +2	+20 +9	+25 +9	+34 +9
40	50	0 −100	0 −160	0 −250	±5.5	±8	±12	+13 +2	+18 +2	+27 +2	+20 +9	+25 +9	+34 +9
50	65	0 −120	0 −190	0 −300	±6.5	±9.5	±15	+15 +2	+21 +2	+32 +2	+24 +11	+30 +11	+41 +11
65	80	0 −120	0 −190	0 −300	±6.5	±9.5	±15	+15 +2	+21 +2	+32 +2	+24 +11	+30 +11	+41 +11
80	100	0 −140	0 −220	0 −350	±7.5	±11	±17	+18 +3	+25 +3	+38 +3	+28 +13	+35 +13	+48 +13
100	120	0 −140	0 −220	0 −350	±7.5	±11	±17	+18 +3	+25 +3	+38 +3	+28 +13	+35 +13	+48 +13
120	140	0 −160	0 −250	0 −400	±9	±12.5	±20	+21 +3	+28 +3	+43 +3	+33 +15	+40 +15	+55 +15
140	160	0 −160	0 −250	0 −400	±9	±12.5	±20	+21 +3	+28 +3	+43 +3	+33 +15	+40 +15	+55 +15
160	180	0 −160	0 −250	0 −400	±9	±12.5	±20	+21 +3	+28 +3	+43 +3	+33 +15	+40 +15	+55 +15

机械加工综合切削手册

续表

公差带

公称尺寸/mm 大于	至	h 10*	h 11▲	h 12*	js 5*	js 6*	js 7*	k 5*	k 6▲	k 7*	m 5*	m 6*	m 7*
180	200	0/−185	0/−290	0/−460	±10	±14.5	±23	+24/+4	+33/+4	+50/+4	+37/+17	+46/+17	+63/+17
200	225												
225	250												
250	280	0/−210	0/−320	0/−520	±11.5	±16	±26	+27/+4	+36/+4	+56/+4	+43/+20	+52/+20	+72/+20
280	315												
315	355	0/−230	0/−360	0/−570	±12.5	±18	±28	+29/+4	+40/+4	+61/+4	+46/+21	+57/+21	+78/+21
355	400												
400	450	0/−250	0/−400	0/−630	±13.5	±20	±31	+32/+5	+45/+5	+68/+5	+50/+23	+63/+23	+86/+23
450	500												

公差带

公称尺寸/mm 大于	至	n 5*	n 6▲	n 7*	p 5*	p 6▲	p 7*	r 5*	r 6*	r 7*	s 5*	s 6▲	s 7*
—	3	+8/+4	+10/+4	+14/+4	+10/+6	+12/+6	+16/+6	+14/+10	+16/+10	+20/+10	+18/+14	+20/+14	+24/+14
3	6	+13/+8	+16/+8	+20/+8	+17/+12	+20/+12	+24/+12	+20/+15	+23/+15	+27/+15	+24/+19	+27/+19	+31/+19
6	10	+16/+10	+19/+10	+25/+10	+21/+15	+24/+15	+30/+15	+25/+19	+28/+19	+34/+19	+29/+23	+32/+23	+38/+23
10	14	+20/+12	+23/+12	+30/+12	+26/+18	+29/+18	+36/+18	+31/+23	+34/+23	+41/+23	+36/+28	+39/+28	+46/+28
14	18												

公称尺寸/mm		公差带										
		n			p			r			s	
大于	至	5*	6▲	7*	5*	6▲	7*	5*	6*	7*	6▲	7*
18	24	+24 +15	+28 +15	+36 +15	+31 +22	+35 +22	+43 +22	+37 +28	+41 +28	+49 +28	+48 +35	+56 +35
24	30											
30	40	+28 +17	+33 +17	+42 +17	+37 +26	+42 +26	+51 +26	+45 +34	+50 +34	+59 +34	+59 +43	+68 +43
40	50											
50	65	+33 +20	+39 +20	+50 +20	+45 +32	+51 +32	+62 +32	+54 +41	+60 +41	+71 +41	+72 +53	+83 +53
65	80							+56 +43	+62 +43	+73 +43	+78 +59	+89 +59
80	100	+38 +23	+45 +23	+58 +23	+52 +37	+59 +37	+72 +37	+66 +51	+73 +51	+86 +51	+93 +71	+106 +71
100	120							+69 +54	+76 +54	+89 +54	+101 +79	+114 +79
120	140							+81 +63	+88 +63	+103 +63	+117 +92	+132 +92
140	160	+45 +27	+52 +27	+67 +27	+61 +43	+68 +43	+83 +43	+83 +65	+90 +65	+105 +65	+125 +100	+140 +100
160	180							+86 +68	+93 +68	+108 +68	+133 +108	+148 +108
180	200	+51 +31	+60 +31	+77 +31	+70 +50	+79 +50	+96 +50	+97 +77	+106 +77	+123 +77	+151 +122	+168 +122

公称尺寸/mm		公差带											
		n			p			r			s		
大于	至	5*	▲6	7*	5*	▲6	7*	5*	6*	7*	5*	▲6	7*
200	225	+51/+31	+60/+31	+77/+31	+70/+50	+79/+50	+96/+50	+100/+80	+109/+80	+126/+80	+150/+130	+159/+130	+176/+130
225	250	+51/+31	+60/+31	+77/+31	+70/+50	+79/+50	+96/+50	+104/+84	+113/+84	+130/+84	+160/+140	+169/+140	+186/+140
250	280	+57/+34	+66/+34	+86/+34	+79/+56	+88/+56	+108/+56	+117/+94	+126/+94	+146/+94	+181/+158	+190/+158	+210/+158
280	315	+57/+34	+66/+34	+86/+34	+79/+56	+88/+56	+108/+56	+121/+98	+130/+98	+150/+98	+193/+170	+202/+170	+222/+170
315	355	+62/+37	+73/+37	+94/+37	+87/+62	+98/+62	+119/+62	+133/+108	+144/+108	+165/+108	+215/+190	+226/+190	+247/+190
355	400	+62/+37	+73/+37	+94/+37	+87/+62	+98/+62	+119/+62	+139/+114	+150/+114	+171/+114	+233/+208	+244/+208	+265/+208
400	450	+67/+40	+80/+40	+103/+40	+95/+68	+108/+68	+131/+68	+153/+126	+166/+126	+189/+126	+259/+232	+272/+232	+295/+232
450	500	+67/+40	+80/+40	+103/+40	+95/+68	+108/+68	+131/+68	+159/+132	+172/+132	+195/+132	+279/+252	+292/+252	+315/+252

公称尺寸/mm		公差带							
		t			u		v	x	y	z
大于	至	5*	6*	7*	▲6	7*	6*	6*	6*	6*
—	3	—	—	—	+24/+18	+28/+18	—	+26/+20	—	+32/+26
3	6	—	—	—	+31/+23	+35/+23		+36/+28	—	+43/+35

公称尺寸/mm		公差带								
		t			u		v	x	y	z
大于	至	5*	6*	7*	▲ 6	7*	6*	6*	6*	6*
6	10	—	—	—	+37 +28	+43 +28	—	+43 +34	—	+51 +42
10	14	—	—	—	+44 +33	+51 +33	—	+51 +40	—	+61 +50
14	18	—	—	—	+44 +33	+51 +33	+50 +39	+56 +45	—	+71 +60
18	24	—	—	—	+54 +41	+62 +41	+60 +47	+67 +54	+76 +63	+86 +73
24	30	+50 +41	+54 +41	+62 +41	+61 +48	+69 +48	+68 +55	+77 +64	+88 +75	+101 +88
30	40	+59 +48	+64 +48	+73 +48	+76 +60	+85 +60	+84 +68	+96 +80	+110 +94	+128 +112
40	50	+65 +54	+70 +54	+79 +54	+86 +70	+95 +70	+97 +81	+113 +97	+130 +114	+152 +136
50	65	+79 +66	+85 +66	+96 +66	+106 +87	+117 +87	+121 +102	+141 +122	+169 +144	+191 +172
65	80	+88 +75	+94 +75	+105 +75	+121 +102	+132 +102	+139 +120	+165 +146	+193 +174	+229 +210
80	100	+106 +91	+113 +91	+126 +91	+146 +124	+159 +124	+168 +146	+200 +178	+236 +214	+280 +258
100	120	+119 +104	+126 +104	+139 +104	+166 +144	+179 +144	+194 +172	+232 +210	+276 +254	+332 +310
120	140	+140 +122	+147 +122	+162 +122	+195 +170	+210 +170	+227 +202	+273 +248	+325 +300	+390 +365

公称尺寸/mm		t			u		v	x	y	z
大于	至	5*	6*	7*	6▲	7*	6*	6*	6*	6*
140	160	+152 +134	+159 +134	+174 +134	+215 +190	+230 +190	+253 +228	+305 +280	+365 +340	+440 +415
160	180	+164 +146	+171 +146	+186 +146	+235 +210	+250 +210	+277 +252	+335 +310	+405 +380	+490 +465
180	200	+186 +166	+195 +166	+212 +166	+265 +236	+282 +236	+313 +284	+379 +350	+454 +425	+549 +520
200	225	+200 +180	+209 +180	+226 +180	+287 +258	+304 +258	+339 +310	+414 +385	+499 +470	+604 +575
225	250	+216 +196	+225 +196	+242 +196	+313 +284	+330 +284	+369 +340	+454 +425	+549 +520	+669 +640
250	280	+241 +218	+250 +218	+270 +218	+347 +315	+367 +315	+417 +385	+507 +475	+612 +580	+742 +710
280	315	+263 +240	+272 +240	+292 +240	+382 +350	+402 +350	+457 +425	+557 +525	+682 +650	+822 +790
315	355	+293 +268	+304 +268	+325 +268	+426 +390	+447 +390	+511 +475	+626 +590	+766 +730	+936 +900
355	400	+319 +294	+330 +294	+351 +294	+471 +435	+492 +435	+566 +530	+696 +660	+856 +820	+1036 +1000
400	450	+357 +330	+370 +330	+393 +330	+530 +490	+553 +490	+635 +595	+780 +740	+960 +920	+1140 +1100
450	500	+387 +360	+400 +360	+423 +360	+580 +540	+603 +540	+700 +660	+860 +820	+1040 +1000	+1290 +1250

公差带

注：1. *为常用公差带，▲为优先公差带。
2. 公称尺寸小于1mm时，各级的 a 和 b 均不采用。

机械切削手册综合卷

◎ 表 6.4　常用（优选）孔的极限偏差（GB/T 1800.2—2009）

μm

公称尺寸/mm 大于	至	A 11*	B 11*	B 12*	C ▲11	D 8*	D ▲9	D 10*	D 11*	E 8*	E 9*	F 6*	F 7*	F ▲8
—	3	+330 +270	+200 +140	+240 +140	+120 +60	+34 +20	+45 +20	+60 +20	+80 +20	+28 +14	+39 +14	+12 +6	+16 +6	+20 +6
3	6	+345 +270	+215 +140	+260 +140	+145 +70	+48 +30	+60 +30	+78 +30	+150 +30	+38 +20	+50 +20	+18 +10	+22 +10	+28 +10
6	10	+370 +280	+240 +150	+300 +150	+170 +80	+62 +40	+76 +40	+98 +40	+130 +40	+47 +25	+61 +25	+22 +13	+28 +13	+35 +13
10	14	+400 +290	+260 +150	+330 +150	+205 +95	+77 +50	+93 +50	+120 +50	+160 +50	+59 +32	+75 +32	+27 +16	+34 +16	+43 +16
14	18													
18	24	+430 +300	+290 +160	+370 +160	+240 +110	+98 +65	+117 +65	+149 +65	+195 +65	+73 +40	+92 +40	+33 +20	+41 +20	+53 +20
24	30													
30	40	+470 +310	+330 +170	+420 +170	+280 +120	+119 +80	+142 +80	+180 +80	+240 +80	+89 +50	+112 +50	+41 +25	+50 +25	+64 +25
40	50	+480 +320	+340 +180	+430 +180	+290 +130									
50	65	+530 +340	+380 +190	+490 +190	+330 +150	+146 +100	+174 +100	+220 +100	+290 +100	+106 +60	+134 +60	+49 +30	+60 +30	+76 +30
65	80	+550 +360	+390 +200	+500 +200	+340 +150									
80	100	+600 +380	+400 +220	+570 +220	+390 +170	+174 +120	+207 +120	+260 +120	+340 +120	+126 +72	+159 +72	+58 +36	+71 +36	+90 +36

机械切削加工综合手册

公称尺寸/mm 大于	至	A 11*	B 11*	B 12*	C ▲11	D 8*	D ▲9	D 10*	D 11*	E 8*	E 9*	F 6*	F 7*	F ▲8
100	120	+630 +410	+460 +240	+590 +240	+400 +180	+174 +120	+207 +120	+260 +120	+340 +120	+126 +72	+159 +72	+58 +36	+71 +36	+90 +36
120	140	+710 +460	+510 +260	+660 +260	+450 +200	+208 +145	+245 +145	+305 +145	+395 +140	+148 +85	+185 +85	+68 +43	+83 +43	+106 +43
140	160	+770 +520	+530 +280	+680 +280	+460 +210									
160	180	+830 +580	+560 +310	+710 +310	+480 +230									
180	200	+950 +660	+630 +340	+800 +340	+530 +240	+242 +170	+285 +170	+355 +170	+460 +170	+172 +100	+215 +100	+79 +50	+96 +50	+122 +50
200	225	+1030 +740	+670 +380	+840 +380	+550 +260									
225	250	+1110 +820	+710 +420	+880 +420	+570 +280									
250	280	+1240 +920	+800 +480	+1000 +480	+620 +300	+271 +190	+320 +190	+400 +190	+510 +190	+191 +110	+240 +110	+88 +56	+108 +56	+137 +56
280	315	+1370 +1050	+860 +540	+1060 +540	+650 +330									
315	355	+1560 +1200	+960 +600	+1170 +600	+720 +360	+299 +210	+350 +210	+440 +210	+570 +210	+214 +125	+265 +125	+98 +62	+119 +62	+151 +62

公差带

公差带

公称尺寸/mm 大于	至	A 11*	B 11*	B 12*	C ▲11	D 8*	D ▲9	D 10*	D 11*	E 8*	E 9*	F 6*	F 7*	F ▲8
355	400	+1710 / +1350	+1040 / +680	+1250 / +680	+760 / +400	+299 / +210	+350 / +210	+440 / +210	+570 / +210	+214 / +125	+265 / +125	+98 / +62	+119 / +62	+151 / +62
400	450	+1900 / +1500	+1160 / +760	+1390 / +760	+840 / +440	+327 / +230	+385 / +230	+480 / +230	+630 / +230	+232 / +135	+290 / +135	+108 / +68	+131 / +68	+165 / +68
450	500	+2050 / +1650	+1240 / +840	+1470 / +840	+880 / +480									

公差带

公称尺寸/mm 大于	至	F 9*	G 6*	G ▲7	H 6*	H ▲7	H ▲8	H ▲9	H 10*	H ▲11	H 12*	JS 6*	JS 7*	JS 8*
—	3	+31 / +6	+8 / +2	+12 / +2	+6 / 0	+10 / 0	+14 / 0	+25 / 0	+40 / 0	+60 / 0	+100 / 0	±3	±5	±7
3	6	+40 / +10	+12 / +4	+16 / +4	+8 / 0	+12 / 0	+18 / 0	+30 / 0	+48 / 0	+75 / 0	+120 / 0	±4	±6	±9
6	10	+49 / +13	+14 / +5	+20 / +5	+9 / 0	+15 / 0	+22 / 0	+36 / 0	+58 / 0	+90 / 0	+150 / 0	±4.5	±7	±11
10	14	+59 / +16	+17 / +6	+24 / +6	+11 / 0	+18 / 0	+27 / 0	+43 / 0	+70 / 0	+110 / 0	+180 / 0	±5.5	±9	±13
14	18													
18	24	+72 / +20	+20 / +7	+28 / +7	+13 / 0	+21 / 0	+33 / 0	+52 / 0	+84 / 0	+130 / 0	+210 / 0	±6.5	±10	±16
24	30													

机械切削综合工手册

公称尺寸/mm		公差带												
		F	G		H							JS		
大于	至	9*	6*	▲7	6*	▲7	▲8	▲9	10*	▲11	12*	6*	7*	8*
30	40	+87 / +25	+25 / +9	+34 / +9	+16 / 0	+25 / 0	+39 / 0	+62 / 0	+100 / 0	+160 / 0	+250 / 0	±8	±12	±19
40	50													
50	65	+104 / +30	+29 / +10	+40 / +10	+19 / 0	+30 / 0	+46 / 0	+74 / 0	+120 / 0	+190 / 0	+300 / 0	±9.5	±15	±23
65	80													
80	100	+123 / +36	+34 / +12	+47 / +12	+22 / 0	+35 / 0	+54 / 0	+87 / 0	+140 / 0	+220 / 0	+350 / 0	±11	±17	±27
100	120													
120	140	+143 / +43	+39 / +14	+54 / +14	+25 / 0	+40 / 0	+63 / 0	+100 / 0	+160 / 0	+250 / 0	+400 / 0	±12.5	±20	±31
140	160													
160	180													
180	200	+165 / +50	+44 / +15	+61 / +15	+29 / 0	+46 / 0	+72 / 0	+115 / +0	+185 / 0	+290 / 0	+460 / 0	±14.5	±23	±36
200	225													
225	250													
250	280	+186 / +56	+49 / +17	+69 / +17	+32 / 0	+52 / 0	+81 / 0	+130 / 0	+210 / 0	+320 / 0	+520 / 0	±16	±26	±40
280	315													
315	355	+202 / +62	+54 / +18	+75 / +18	+36 / 0	+57 / 0	+89 / 0	+140 / 0	+230 / 0	+360 / 0	+570 / 0	±18	±28	±44
355	400													
400	450	+223 / +68	+60 / +20	+83 / +20	+40 / 0	+63 / 0	+97 / 0	+155 / 0	+250 / 0	+400 / 0	+630 / 0	±20	±31	±48
450	500													

公称尺寸/mm 大于	至	公差带 K 6*	K ▲7	K 8*	M 6*	M 7*	M 8*	N 6*	N ▲7	N 8*	P 6*	P ▲7
—	3	0 / −6	0 / −10	0 / −14	−2 / −8	−2 / −12	−2 / −16	−4 / −10	−4 / −14	−4 / −18	−6 / −12	−6 / −16
3	6	+2 / −6	+3 / −9	+5 / −13	−1 / −9	0 / −12	+2 / −16	−5 / −13	−4 / −16	−2 / −20	−9 / −17	−8 / −20
6	10	+2 / −7	+5 / −10	+6 / −16	−3 / −12	0 / −15	+1 / −21	−7 / −16	−4 / −19	−3 / −25	−12 / −21	−9 / −24
10	14	+2 / −9	+6 / −12	+8 / −19	−4 / −15	0 / −18	+2 / −25	−9 / −20	−5 / −23	−3 / −30	−15 / −26	−11 / −29
14	18	+2 / −9	+6 / −12	+8 / −19	−4 / −15	0 / −18	+2 / −25	−9 / −20	−5 / −23	−3 / −30	−15 / −26	−11 / −29
18	24	+2 / −11	+6 / −15	+10 / −23	−4 / −17	0 / −21	+4 / −29	−11 / −24	−7 / −28	−3 / −36	−18 / −31	−14 / −35
24	30	+2 / −11	+6 / −15	+10 / −23	−4 / −17	0 / −21	+4 / −29	−11 / −24	−7 / −28	−3 / −36	−18 / −31	−14 / −35
30	40	+3 / −13	+7 / −18	+12 / −27	−4 / −20	0 / −25	+5 / −34	−12 / −28	−8 / −33	−3 / −42	−21 / −37	−17 / −42
40	50	+3 / −13	+7 / −18	+12 / −27	−4 / −20	0 / −25	+5 / −34	−12 / −28	−8 / −33	−3 / −42	−21 / −37	−17 / −42
50	65	+4 / −13	+9 / −21	+14 / −32	−5 / −24	0 / −30	+5 / −41	−14 / −33	−9 / −39	−4 / −50	−26 / −45	−21 / −51
65	80	+4 / −13	+9 / −21	+14 / −32	−5 / −24	0 / −30	+5 / −41	−14 / −33	−9 / −39	−4 / −50	−26 / −45	−21 / −51
80	100	+4 / −15	+10 / −25	+16 / −38	−6 / −28	0 / −35	+6 / −48	−16 / −38	−10 / −45	−4 / −58	−30 / −52	−24 / −59
100	120	+4 / −15	+10 / −25	+16 / −38	−6 / −28	0 / −35	+6 / −48	−16 / −38	−10 / −45	−4 / −58	−30 / −52	−24 / −59
120	140	+4 / −18	+12 / −28	+20 / −43	−8 / −33	0 / −40	+8 / −55	−20 / −45	−12 / −52	−4 / −67	−36 / −61	−28 / −68
140	160	+4 / −18	+12 / −28	+20 / −43	−8 / −33	0 / −40	+8 / −55	−20 / −45	−12 / −52	−4 / −67	−36 / −61	−28 / −68
160	180	+4 / −18	+12 / −28	+20 / −43	−8 / −33	0 / −40	+8 / −55	−20 / −45	−12 / −52	−4 / −67	−36 / −61	−28 / −68

机械切削综合工手册

（第一部分 · 公差带 K、M、N、P）

公称尺寸/mm 大于	至	K 6*	K ▲7	K 8*	M 6*	M 7*	M 8*	N 6*	N ▲7	N 8*	P 6*	P ▲7
180	200	+4/−25	+13/−33	+22/−50	−8/−37	0/−46	+9/−63	−22/−51	−14/−60	−5/−77	−41/−70	−33/−79
200	225	+4/−25	+13/−33	+22/−50	−8/−37	0/−46	+9/−63	−22/−51	−14/−60	−5/−77	−41/−70	−33/−79
225	250	+4/−25	+13/−33	+22/−50	−8/−37	0/−46	+9/−63	−22/−51	−14/−60	−5/−77	−41/−70	−33/−79
250	280	+5/−27	+16/−36	+25/−56	−9/−41	0/−52	+9/−72	−25/−57	−14/−66	−5/−86	−47/−79	−36/−88
280	315	+5/−27	+16/−36	+25/−56	−9/−41	0/−52	+9/−72	−25/−57	−14/−66	−5/−86	−47/−79	−36/−88
315	355	+7/−29	+17/−40	+28/−61	−10/−46	0/−57	+11/−78	−26/−62	−16/−73	−5/−94	−51/−87	−41/−98
355	400	+7/−29	+17/−40	+28/−61	−10/−46	0/−57	+11/−78	−26/−62	−16/−73	−5/−94	−51/−87	−41/−98
400	450	+8/−32	+18/−45	+29/−68	−10/−50	0/−63	+11/−86	−27/−67	−17/−80	−6/−103	−55/−95	−45/−108
450	500	+8/−32	+18/−45	+29/−68	−10/−50	0/−63	+11/−86	−27/−67	−17/−80	−6/−103	−55/−95	−45/−108

（第二部分 · 公差带 R、S、T、U）

公称尺寸/mm 大于	至	R 6*	R 7*	S 6*	S ▲7	T 6*	T 7*	U ▲7
—	3	−10/−16	−10/−20	−14/−20	−14/−24	—	—	−18/−28
3	6	−12/−20	−11/−23	−16/−24	−15/−27	—	—	−19/−31
6	10	−16/−25	−13/−28	−20/−29	−17/−32	—	—	−22/−37
10	14	−20/−31	−16/−34	−25/−36	−21/−39	—	—	−26/−44
14	18	−20/−31	−16/−34	−25/−36	−21/−39	—	—	−26/−44

公称尺寸/mm		公差带						
		R		S		T		U
大于	至	6*	7*	6*	▲7	6*	7*	▲7
18	24	−24 −37	−20 −41	−31 −44	−27 −48	—	—	−33 −54
24	30					−37 −50	−33 −54	−40 −61
30	40	−29 −45	−25 −50	−38 −54	−34 −59	−43 −59	−39 −64	−51 −76
40	50					−49 −65	−45 −70	−61 −86
50	65	−35 −54	−30 −60	−47 −66	−42 −72	−60 −79	−55 −85	−76 −106
65	80	−37 −56	−32 −62	−53 −72	−48 −78	−69 −88	−64 −94	−91 −121
80	100	−44 −66	−38 −73	−64 −86	−58 −93	−84 −106	−78 −113	−111 −146
100	120	−47 −69	−41 −76	−72 −94	−66 −101	−97 −119	−91 −126	−131 −166
120	140	−56 −81	−48 −88	−85 −110	−77 −117	−115 −140	−107 −147	−155 −195
140	160	−58 −83	−50 −90	−93 −118	−85 −125	−127 −152	−119 −159	−175 −215

续表

公称尺寸 /mm		公差带							
		R		S		T		U	
大于	至	6*	7*	6*	▲7	6*	7*	▲7	
160	180	−61 / −86	−53 / −93	−101 / −126	−93 / −133	−139 / −164	−131 / −171	−195 / −235	
180	200	−68 / −97	−60 / −106	−113 / −142	−105 / −151	−157 / −186	−149 / −195	−219 / −265	
200	225	−71 / −100	−63 / −109	−121 / −150	−113 / −159	−171 / −200	−163 / −209	−241 / −287	
225	250	−75 / −104	−67 / −113	−131 / −160	−123 / −169	−187 / −216	−179 / −225	−267 / −313	
250	280	−85 / −117	−74 / −126	−149 / −181	−138 / −190	−209 / −241	−198 / −250	−295 / −347	
280	315	−89 / −121	−78 / −130	−161 / −193	−150 / −202	−231 / −263	−220 / −272	−330 / −382	
315	355	−97 / −133	−87 / −144	−179 / −215	−169 / −226	−257 / −293	−247 / −304	−369 / −426	
355	400	−103 / −139	−93 / −150	−197 / −233	−187 / −244	−283 / −319	−273 / −330	−414 / −471	
400	450	−113 / −153	−103 / −166	−219 / −259	−209 / −272	−317 / −357	−307 / −370	−467 / −530	

公称尺寸/mm		公差带						
		R		S		T		U
大于	至	6*	7*	6*	▲7	6*	7*	▲7
450	500	−119 −159	−109 −172	−239 −279	−229 −292	−347 −387	−337 −400	−517 −580

公称尺寸/mm		公差带															
		CD					EF						FG				
大于	至	6	7	8	9	10	5	6	7	8	9	10	6	7	8	9	10
—	3	+40 +34	+44 +34	+48 +34	+59 +34	+74 +34	+14 +10	+16 +10	+20 +10	+24 +10	+35 +10	+50 +10	+10 +4	+14 +4	+18 +4	+29 +4	+44 +4
3	6	+54 +46	+58 +46	+64 +46	+76 +46	+94 +46	+19 +14	+22 +14	+26 +14	+32 +14	+44 +14	+62 +14	+14 +6	+18 +6	+24 +6	+36 +6	+54 +6
6	10	+65 +56	+71 +56	+78 +56	+92 +56	+114 +56	+24 +18	+27 +18	+33 +18	+40 +18	+54 +18	+76 +18	+17 +8	+23 +8	+30 +8	+44 +8	+66 +8

注: 1. * 为常用公差带, ▲ 为优先公差带。
2. 公称尺寸小于 1mm 时, 各级的 A 和 B 均不采用。

◇ 表 6.5　线性尺寸的极限偏差数值（GB/T 1804—2000）　　　　mm

公差等级	尺寸分段							
	0.5 ~3	>3 ~6	>6 ~30	>30 ~120	>120 ~400	>400 ~1000	>1000 ~2000	>2000 ~4000
f(精密级)	±0.05	±0.05	±0.1	±0.15	±0.2	±0.3	±0.5	—
m(中等级)	±0.1	±0.1	±0.2	±0.3	±0.5	±0.8	±1.2	±2
c(粗糙级)	±0.2	±0.3	±0.5	±0.8	±1.2	±2	±3	±4
v(最粗级)	—	±0.5	±1	±1.5	±2.5	±4	±6	±8

◇ 表 6.6　倒圆半径与倒角高度尺寸的极限偏差数值（GB/T 1804—2000）　　　　mm

公差等级	尺寸分段			
	0.5~3	>3~6	>6~30	>30
f(精密级)	±0.2	±0.5	±1	±2
m(中等级)				
c(粗糙级)	±0.4	±1	±2	±4
v(最粗级)				

◇ 表 6.7　角度尺寸的极限偏差（GB/T 1804—2000）

公差等级	长度分段/mm				
	~10	>10~50	>50~120	>120~400	>400
精密 f	±1°	±30′	±20′	±10′	±5′
中等 m					
粗糙 c	±1°30′	±1°	±30′	±15′	±10′
最粗 v	±3°	±2°	±1°	±30′	±20′

例 6.1　某箱体上两孔的中心距 80mm，试确定其上下偏差。

解：根据该箱体的精度要求、重要程度等确定其公差等级，然后按确定的公差等级和尺寸分段查表 6.5 得出。如该箱体为机床上的零件，应选择精密级，查表 6.5 中精密级行，>30~120 列，得出其上下偏差为 ±0.15mm，其尺寸为（80±0.15）mm。如果该箱体为农机上的一个不重要零件，应选择粗糙级，同样查得该尺寸为（80±0.8）mm。

6.1.5　公差等级及公差带的选用

（1）公差等级的选用

公差等级的应用见表 6.8。

◇ 表6.8 公差等级的宏观应用

应用	公差等级(IT)																			
	01	0	1	2	3	4	5	6	7	8	9	10	11	12	13	14	15	16	17	18
量块																				
量规																				
配合尺寸																				
特别精密零件的配合																				
非配合尺寸（大制造公差）																				
原材料公差																				

（2）公差带的选择

公差带用基本偏差代号（公差带位置）和标准公差等级代号（公差带大小）表示，如 H8、f7。如某尺寸要求标注公差，可采用的形式如，100f7 或 $100^{-0.036}_{-0.071}$ 或 $100f7\left(^{-0.036}_{-0.071}\right)$。

公称尺寸≤500mm 的孔和轴公差带规定如图 6.2、图 6.3 所示，圆圈中的公差带为优先选用，其次选用方框中的公差带，最后选用其他的公差带。

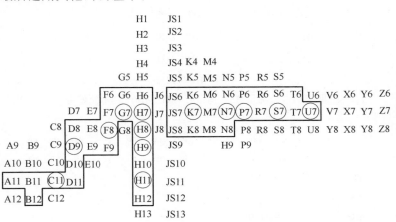

图 6.2　公称尺寸≤500mm 的孔公差带

公称尺寸大于 500～3150mm 的孔和轴公差带规定如图 6.4、图 6.5 所示，可按需要选择合适的公差带。

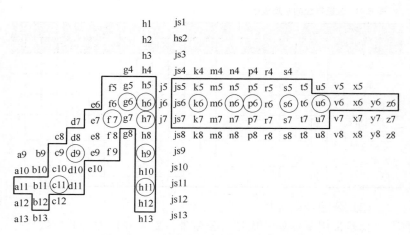

图 6.3　公称尺寸≤500mm 的轴公差带

```
                 G6    H6    JS6   K6    M6    N6

            F7   G7    H7    JS7   K7    M7    N7

D8    E8    F8         H8    JS8

D9    E9    F9         H9    JS9

D10                    H10   JS10

D11                    H11   JS11

                       H12   JS12
```

图 6.4　公称尺寸大于 500～3150mm 的孔公差带

```
            g6    h6    js6   k6    m6    n6    p6    r6    s6    t6    u6

      f7    g7    h7    js7   k7    m7    n7    p7    r7    s7    t7    u7

d8    e8    f8          h8    js8

d9    e9    f9          h9    js9

d10                     h10   js10

d11                     h11   js11

                        h12   js12
```

图 6.5　公称尺寸大于 500～3150mm 的轴公差带

6.1.6　配合的选择与应用

根据孔、轴公差带相互关系，配合分为间隙配合、过渡配合和过盈配合。间隙配合用于孔、轴间的活动连接；过渡配合主要用于孔、轴间的定位连接；过盈配合主要用于孔、轴间的紧固连接，不允许两者有相对运动。一般根据应用情况选择配合精度（配合尺寸的公差等级）。

IT5：用于间隙和过盈一致性要求比较高的特别精密的配合。

IT6 和 IT7：用于重要配合。

IT8 和 IT9：用于间隙或过盈一致性要求较低的配合。

IT11 和 IT12：用于大间隙和不重要配合。

在各种配合中，公差带位置固定不变的零件是配合的基准，称为基准孔或基准轴。例如，轴承外圈、电机输出轴、刀具的刀柄等标准或通用零、部件的轴与其他不确定零、部件上的孔相配合时，该轴就为基准轴。在图样上标注时，只标注基本尺寸和孔的公差。轴承内圈、主轴上的孔等标准或通用零、部件的孔与其他不确定零、部件上的轴相配合时，该孔就为基准孔。在图样上标注时，只标注基本尺寸和轴的公差。

当配合的两个零件都是不确定的情况下，可根据配合性质和加工情况等要求选择基孔制或基轴制。基孔制的配合是以孔的基本偏差不变，配合不同轴的基本偏差。基准孔的基本偏差用 H 表示，其下偏差 $EI=0$。基轴制的配合是以轴的基本偏差不变，配合不同孔的基本偏差。基轴制的基本偏差用 h 表示，其上偏差 $es=0$。表示配合时，孔和轴用相同的基本尺寸和不同的公差带表示，一般用分数形式标注在图样上，分子表示孔的公差带，分母表示轴的公差带，如 $\phi 50H8/f7$ 或 $\phi 50 \dfrac{H8}{f7}$。基本尺寸 $\leqslant$ 500mm 的基孔制与基轴制优先、常用配合如表 6.9、表 6.10 所示。

优先配合的选择应用说明见表 6.11、表 6.12。

◎ 表 6.9　基孔制常用、优先配合

基准孔	轴																				
	a	b	c	d	e	f	g	h	js	k	m	n	p	r	s	t	u	v	x	y	z
	间隙配合								过渡配合				过盈配合								
H6						$\frac{H6}{f5}$	$\frac{H6}{g5}$	$\frac{H6}{h5}$	$\frac{H6}{js5}$	$\frac{H6}{k5}$	$\frac{H6}{m5}$	$\frac{H6}{n5}$	$\frac{H6}{p5}$	$\frac{H6}{r5}$	$\frac{H6}{s5}$	$\frac{H6}{t5}$					
H7						$\frac{H7}{f6}$	▶$\frac{H7}{g6}$	▶$\frac{H7}{h6}$	$\frac{H7}{js6}$	▶$\frac{H7}{k6}$	$\frac{H7}{m6}$	▶$\frac{H7}{n6}$	▶$\frac{H7}{p6}$	$\frac{H7}{r6}$	▶$\frac{H7}{s6}$	$\frac{H7}{t6}$	▶$\frac{H7}{u6}$	$\frac{H7}{v6}$	$\frac{H7}{x6}$	$\frac{H7}{y6}$	$\frac{H7}{z6}$
H8					$\frac{H8}{e7}$	▶$\frac{H8}{f7}$	$\frac{H8}{g7}$	▶$\frac{H8}{h7}$	$\frac{H8}{js7}$	$\frac{H8}{k7}$	$\frac{H8}{m7}$	$\frac{H8}{n7}$	$\frac{H8}{p7}$	$\frac{H8}{r7}$	$\frac{H8}{s7}$	$\frac{H8}{t7}$	$\frac{H8}{u7}$				
H8				$\frac{H8}{d8}$	$\frac{H8}{e8}$	$\frac{H8}{f8}$		$\frac{H8}{h8}$													
H9			$\frac{H9}{c9}$	▶$\frac{H9}{d9}$	$\frac{H9}{e9}$	$\frac{H9}{f9}$		▶$\frac{H9}{h9}$													
H10			$\frac{H10}{c10}$	$\frac{H10}{d10}$				$\frac{H10}{h10}$													
H11	$\frac{H11}{a11}$	$\frac{H11}{b11}$	▶$\frac{H11}{c11}$	$\frac{H11}{d11}$				▶$\frac{H11}{h11}$													
H12		$\frac{H12}{b12}$						$\frac{H12}{h12}$													

注：注 ▶ 符号者为优先配合。

◇ 表 6.10　基轴制常用、优先配合

基准轴	孔																			
	A	B	C	D	E	F	G	H	JS	K	M	N	P	R	S	T	U	V	X	Y	Z
	间隙配合							过渡配合					过盈配合							
h5						$\dfrac{F6}{h5}$	$\dfrac{G6}{h5}$	$\dfrac{H6}{h5}$	$\dfrac{JS6}{h5}$	$\dfrac{K6}{h5}$	$\dfrac{M6}{h5}$	$\dfrac{N6}{h5}$	$\dfrac{P6}{h5}$	$\dfrac{R6}{h5}$	$\dfrac{S6}{h5}$	$\dfrac{T6}{h5}$					
h6						$\dfrac{F7}{h6}$	$\dfrac{G7}{h6}$	▶$\dfrac{H7}{h6}$	$\dfrac{JS7}{h6}$	$\dfrac{K7}{h6}$	$\dfrac{M7}{h6}$	▶$\dfrac{N7}{h6}$	▶$\dfrac{P7}{h6}$	$\dfrac{R7}{h6}$	▶$\dfrac{S7}{h6}$	$\dfrac{T7}{h6}$	▶$\dfrac{U7}{h6}$				
h7					$\dfrac{E8}{h7}$	$\dfrac{F8}{h7}$		▶$\dfrac{H8}{h7}$	$\dfrac{JS8}{h7}$	$\dfrac{K8}{h7}$	$\dfrac{M8}{h7}$	$\dfrac{N8}{h7}$									
h8				$\dfrac{D8}{h8}$	$\dfrac{E8}{h8}$	$\dfrac{F8}{h8}$		$\dfrac{H8}{h8}$													
h9				▶$\dfrac{D9}{h9}$	$\dfrac{E9}{h9}$	$\dfrac{F9}{h9}$		▶$\dfrac{H9}{h9}$													
h10				$\dfrac{D10}{h10}$				$\dfrac{H10}{h10}$													
h11	$\dfrac{A11}{h11}$	$\dfrac{B11}{h11}$	▶$\dfrac{C11}{h11}$	$\dfrac{D11}{h11}$				▶$\dfrac{H11}{h11}$													
h12		$\dfrac{B12}{h12}$						$\dfrac{H12}{h12}$													

注：注 ▶ 符号者为优先配合。

第 6 章　公差与配合

优先配合		说明
基孔制	基轴制	
$\dfrac{H11}{c11}$	$\dfrac{C11}{h11}$	间隙非常大,用于很松的、转动很慢的动配合,要求大公差与大间隙的外露组件,要求装配方便的很松的配合。相当于旧国标 D6/dd6
$\dfrac{H9}{d9}$	$\dfrac{D9}{h9}$	间隙很大的自由转动配合,用于精度非主要要求,或有大的温度变动、高转速或大的轴颈压力时。相当于旧国标 D4/de4
$\dfrac{H8}{f7}$	$\dfrac{F8}{h7}$	间隙不大的转动配合,用于中等转速与中等轴颈压力的精确转动,也用于装配较易的中等定位配合。相当于旧国标 D/dc
$\dfrac{H7}{g6}$	$\dfrac{G7}{h6}$	间隙很小的滑动配合,用于不希望自由转动,但可自由移动和滑动并精密定位时,也可用于要求明确的定位配合。相当于旧国标 D/db
$\dfrac{H7}{h6}$ $\dfrac{H8}{h7}$ $\dfrac{H9}{h9}$ $\dfrac{H11}{h11}$	$\dfrac{H7}{h6}$ $\dfrac{H8}{h7}$ $\dfrac{H9}{h9}$ $\dfrac{H11}{h11}$	均为间隙定位配合,零件可自由装拆,而工作时一般相对静止不动。在最大实体条件下的间隙为零,在最小实体条件下的间隙由公差等级决定 H7/h6 相当于 D/d,H8/h7 相当于 D3/d3,H9/h9 相当于 D4/d4,H11/h11 相当于 D6/d6
$\dfrac{H7}{k6}$	$\dfrac{K7}{h6}$	过渡配合,用于精密定位,相当于旧国标 D/gc
$\dfrac{H7}{n6}$	$\dfrac{N7}{h6}$	过渡配合,允许有较大过盈的更精密定位,相当于旧国标 D/ga
$\dfrac{H7}{p6}$	$\dfrac{P7}{h6}$	过盈定位配合,即小过盈配合,用于定位精度特别重要时,能以最好的定位精度达到部件的刚性及对中的性能要求,而对内孔承受压力无特殊要求,不依靠配合的紧固性传递摩擦负荷,H7/p6 相当于旧国标 D/ga~D/jf
$\dfrac{H7}{s6}$	$\dfrac{S7}{h6}$	中等压入配合,适用于一般钢件,或用于薄壁件的冷缩配合,用于铸铁件可得到最紧的配合,相当于旧国标 D/je
$\dfrac{H7}{u6}$	$\dfrac{U7}{h6}$	压入配合,适用于可以受高压力的零件或不宜承受大压入力的冷缩配合

◇ 表 6.12　配合的应用实例

配合	基本偏差	配合特性	应用实例
间隙配合	a、b	可得到特别大的间隙,应用很少	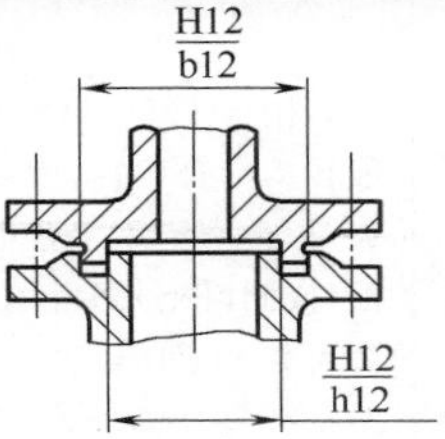 管道法兰连接用的配合
	c	可得到很大的间隙,一般适用于缓慢、松弛的动配合。用于工作条件较差(如农业机械),受力变形,或为了便于装配,而必须保证有较大的间隙时,推荐配合为 H11/c11。其较高等级的配合,如 H8/c7 适用于轴在高温工作的紧密动配合,例如内燃机排气阀和导管	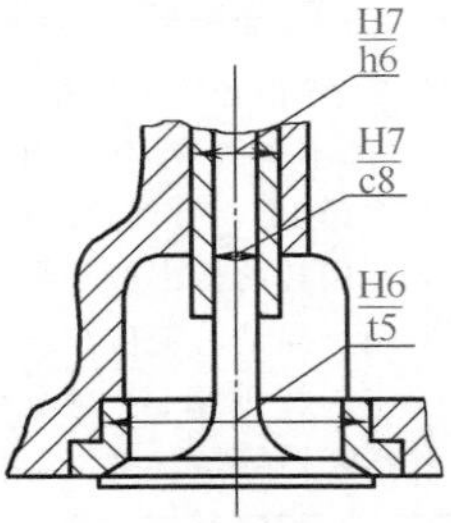 内燃机气门导杆与座的配合
	d	配合一般用于 IT7～IT11 级,适用于松的转动配合,如密封盖、滑轮、空转带轮等与轴的配合,也适用于大直径滑动轴承配合,如透平机、球磨机、轧滚成形和重型弯曲机,及其他重型机械中的一些滑动支承	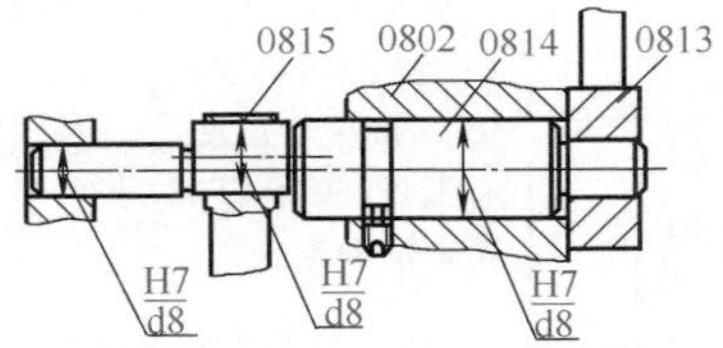 C616车床尾座中偏心轴与尾座体孔的结合
	e	多用于 IT7～IT9 级,通常适用要求有明显间隙,易于转动的支承配合,如大跨距支承、多支点支承等配合。高等级的 e 轴适用于大的、高速、重载支承,如蜗轮发电机、大电动机的支承及内燃机主要轴承,凸轮轴支承,摇臂支承等配合	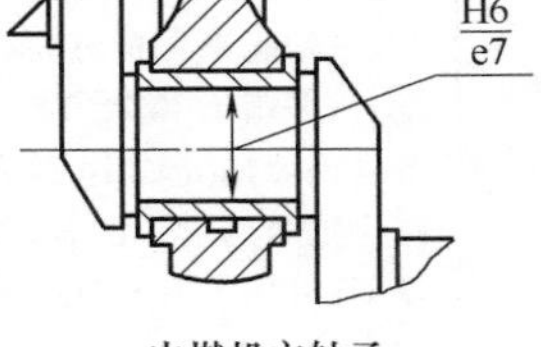 内燃机主轴承

配合	基本偏差	配合特性	应用实例
间隙配合	f	多用于 IT6～IT8 级的一般转动配合,当温度影响不大时,被广泛用于普通润滑油(或润滑脂)润滑的支承,如齿轮箱、小电动机、泵等的转轴与滑动支承的配合	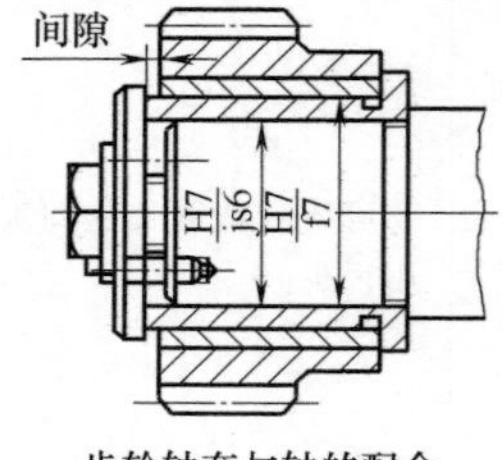 齿轮轴套与轴的配合
	g	配合间隙很小,制造成本高,除很轻负荷的精密装置外,不推荐用于转动配合。多用 IT5～IT7 级,最适合不回转的精密滑动配合,也用于插销等定位配合,如精密连杆轴承、活塞及滑阀、连杆销等	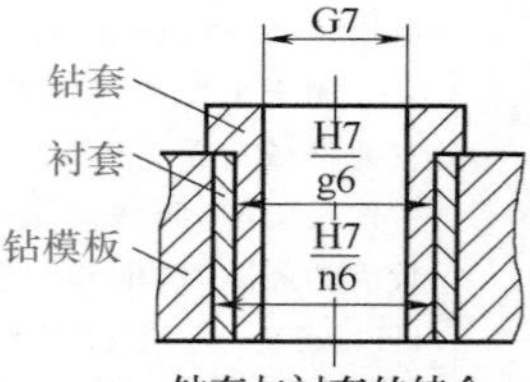 钻套与衬套的结合
	h	适用 IT4～IT11 级,广泛用于无相对转动的零件,作为一般的定位配合。若没有温度、变形影响,也用于精密滑动配合	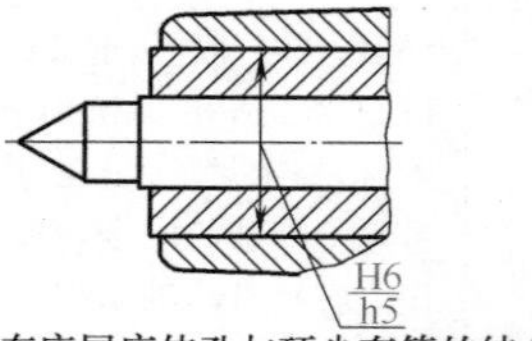 车床尾座体孔与顶尖套筒的结合
过渡配合	js	为完全对称偏差(±IT/2),平均起来为稍有间隙的配合,多用于 IT4～IT7 级,要求间隙比 h 轴小,并允许略有过盈的定位配合,如联轴器,可用手或木锤装配	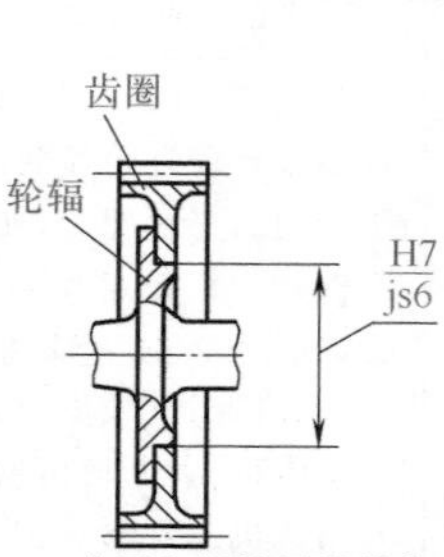 齿圈与钢轮辐的结合

配合	基本偏差	配合特性	应用实例
	k	平均起来没有间隙的配合,适用 IT4～IT7 级,推荐用于稍有过盈的定位配合,例如为了消除振动用的定位配合,一般用木锤装配	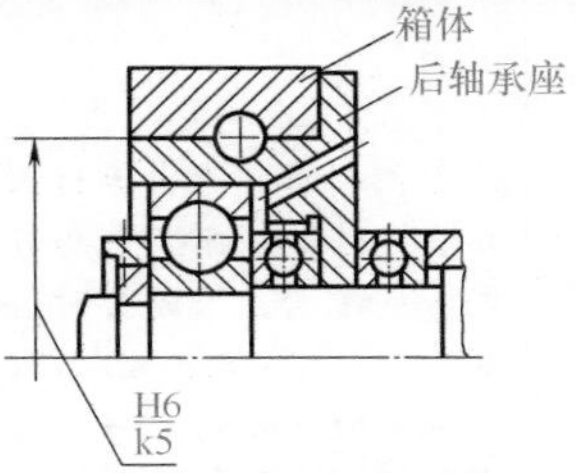 $\dfrac{H6}{k5}$ 某车床主轴后轴承座与箱体孔的结合
过渡配合	m	平均起来具有不大过盈的过渡配合。适用 IT4～IT7 级,一般可用木锤装配,但在最大过盈时,要求相当的压入力	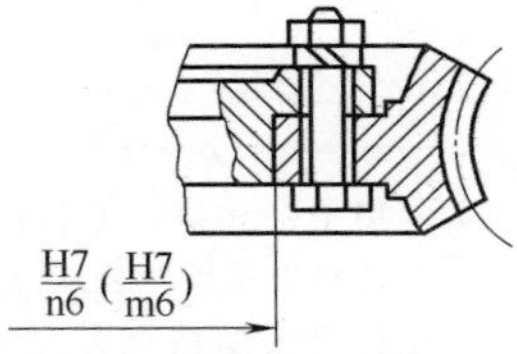 $\dfrac{H7}{n6}\left(\dfrac{H7}{m6}\right)$ 蜗轮青铜轮缘与轮辐的结合
	n	平均过盈比 m 轴稍大,很少得到间隙,适用 IT4～IT7 级,用锤或压力机装配。通常推荐用于紧密的组件配合,H6/n5 配合时为过盈配合	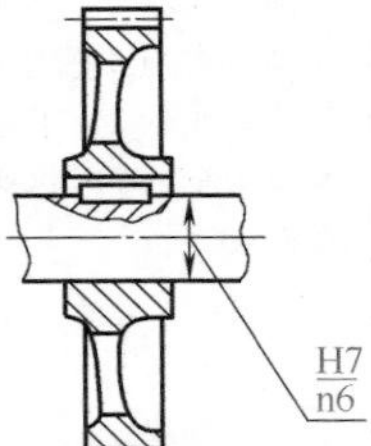 $\dfrac{H7}{n6}$ 冲床齿轮与轴的结合
过盈配合	p	与 H6 或 H7 配合时是过盈配合,与 H8 孔配合时则为过渡配合。对非铁制零件,为较轻的压入配合,当需要时易于拆卸。对钢、铸铁或铜、钢组件装配,是标准压入配合	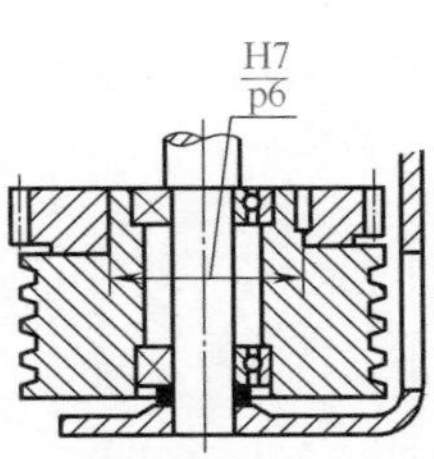 $\dfrac{H7}{p6}$ 卷扬机的绳轮与齿圈的结合

配合	基本偏差	配合特性	应用实例
过盈配合	r	对铁制零件为中等打入配合。对非铁制零件,为轻打入的配合。当需要时可以拆卸。与 H8 孔配合,直径在 100 mm 以上时为过盈配合,直径小时为过渡配合	 蜗轮与轴的结合
	s	用于钢和铁制零件的永久性和半永久性装配,可产生相当大的结合力。当用弹性材料,如轻合金时,配合性质与铁制零件的 p 公差座的轴相当。例如套环压装在轴上、阀座等配合。尺寸较大时,为了避免损伤配合表面,需用热胀或冷缩法装配	 水泵阀座与壳体的结合
	t u v x y z	过盈量依次增大,一般不推荐	 联轴器与轴的结合

注:以轴的基本偏差与基准孔相配。

6.2 几何公差

6.2.1 直线度、平面度公差

（1）直线度、平面度公差等级的公差值及应用（见表 6.13、表 6.14）

◇ 表 6.13 直线度、平面度的公差值（GB/T 1184—2008）

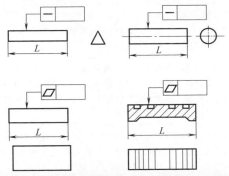

主参数 L /mm	公差等级											
	1	2	3	4	5	6	7	8	9	10	11	12
	公差值/µm											
≤10	0.2	0.4	0.8	1.2	2	3	5	8	12	20	30	60
>10~16	0.25	0.5	1	1.5	2.5	4	6	10	15	25	40	80
>16~25	0.3	0.6	1.2	2	3	5	8	12	20	30	50	100
>25~40	0.4	0.8	1.5	2.5	4	6	10	15	25	40	60	120
>40~63	0.5	1	2	3	5	8	12	20	30	50	80	150
>63~100	0.6	1.2	2.5	4	6	10	15	25	40	60	100	200
>100~160	0.8	1.5	3	5	8	12	20	30	50	80	120	250
>160~250	1	2	4	6	10	15	25	40	60	100	150	300
>250~400	1.2	2.5	5	8	12	20	30	50	80	120	200	400
>400~630	1.5	3	6	10	15	25	40	60	100	150	250	500

公差等级	应用举例
1、2	用于精密量具,测量仪器以及精度要求较高的精密机械零件。如零级样板、平尺、零级宽平尺、工具显微镜等精密测量仪器的导轨面。喷油嘴针阀体端面平面度,液压泵柱塞套端面的平面度等
3	用于零级及 1 级宽平尺工作面,1 级样板平尺的工作面,测量仪器圆弧导轨的直线度,测量仪器的测杆等
4	用于量具,测量仪器和机床的导轨。如 1 级宽平尺,零级平板,测量仪器的 V 形导轨,高精度平面磨床的 V 形导轨和滚动导轨,轴承磨床及平面磨床床身直线度等
5	用于 1 级平板,2 级宽平尺,平面磨床纵导轨、垂直导轨、立柱导轨和平面磨床的工作台,液压龙门刨床导轨面,六角车床身导轨面,柴油机进排气门导杆等
6	用于 l 级平板,普通车床床身导轨面,龙门刨床导轨面,滚齿机立柱导轨,床身导轨及工作台,自动车床身导轨,平面磨床垂直导轨,卧式镗床工作台,铣床工作台,以及机床主轴箱导轨,柴油机进排气门导杆直线度,柴油机机体上部结合面等
7	用于 2 级平板,0.02 游标卡尺尺身的直线度,机床主轴箱体,滚齿机床身导轨的直线度,镗床工作台,摇臂钻底座工作台,柴油机气门导杆,液压泵盖的平面度,压力机导轨及滑块等
8	用于 2 级平板,车床溜板箱体,机床主轴箱体、机床传动箱体、自动车床底座的直线度,气缸盖结合面、气缸座、内燃机连杆分离面的平面度,减速器壳体的结合面等
9	用于 3 级平板,机床溜板箱,立钻工作台,螺纹磨床的挂轮架,金相显微镜的载物台,柴油机气缸体连杆的分离面,缸盖的结合面,阀片的平面度,空气压缩机气缸体,柴油机缸孔环面的平面度,以及辅助机构和手动机械的支承面等
10	用于 3 级平板,自动车床床身底面的平面度,车床挂轮架的平面度,柴油机气缸体,摩托车的曲轴箱体,汽车变速器的壳体与汽车发动机缸盖结合面,阀片的平面度,以及液压、管件和法兰的连接面等
11、12	用于易变形的薄片零件,如离合器的摩擦片,汽车发动机缸盖的结合面等

（2）直线度平面度的公差等级与加工方法的对应关系

常用加工方法能达到的直线度和平面度公差等级见表 6.15。

◇ 表 6.15　常用加工方法能达到的直线度和平面度公差等级

加工方法			公差等级											
			1	2	3	4	5	6	7	8	9	10	11	12
车	普通车	粗											○	○
	立车	细									○	○		
	自动车	精					○	○	○	○				
铣	万能铣	粗											○	○
		细									○	○		
		精						○	○	○	○			
刨	龙门刨	粗											○	○
		细									○	○		
	牛头刨	精						○	○	○				
磨	无心磨	粗									○	○		
	外圆磨	细							○	○				
	平磨	精		○	○	○	○	○	○					
研磨	机动研磨 手工研磨	粗				○	○							
		细			○									
		精	○	○										
刮		粗						○	○					
		细				○	○							
		精	○	○	○									

（3）直线度平面度的公差等级与表面粗糙度的对应关系

直线度和平面度公差等级与表面粗糙度的对应关系见表 6.16。

◇ 表 6.16　直线度和平面度公差等级与表面粗糙度的对应关系　　　　　μm

主参数/mm	公差等级											
	1	2	3	4	5	6	7	8	9	10	11	12
	表面粗糙度 Ra 值　≤											
≤25	0.025	0.050	0.10	0.10	0.20	0.20	0.40	0.80	1.60	1.60	3.2	6.3
>25~160	0.050	0.10	0.10	0.20	0.20	0.40	0.80	0.80	1.60	3.2	6.3	12.5
>160~1000	0.10	0.20	0.40	0.40	0.80	1.60	1.60	3.2	3.2	6.3	12.5	12.5
>1000~10000	0.20	0.40	0.80	1.60	1.60	3.2	6.3	6.3	12.5	12.5	12.5	12.5

注：6、7、8、9 级为常用的形位公差等级，6 级为基本级。

6.2.2　圆度、圆柱度公差及应用

（1）圆度、圆柱度公差值及应用（见表 6.17、表 6.18）

◈ 表 6.17　圆度、圆柱度公差值（GB/T 1184—2008）

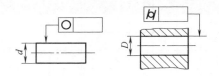

主参数 d(D) /mm	公差等级												
	0	1	2	3	4	5	6	7	8	9	10	11	12
	公差值/μm												
≤3	0.1	0.2	0.3	0.5	0.8	1.2	2	3	4	6	10	14	25
>3~6	0.1	0.2	0.4	0.6	1	1.5	2.5	4	5	8	12	18	30
>6~10	0.12	0.25	0.4	0.6	1	1.5	2.5	4	6	9	15	22	36
>10~18	0.15	0.25	0.5	0.8	1.2	2	3	5	8	11	18	27	43
>18~30	0.2	0.3	0.6	1	1.5	2.5	4	6	9	13	21	33	52
>30~50	0.25	0.4	0.6	1	1.5	2.5	4	7	11	16	25	39	62
>50~80	0.3	0.5	0.8	1.2	2	3	5	8	13	19	30	46	74
>80~120	0.4	0.6	1	1.5	2.5	4	6	10	15	22	35	54	87
>120~180	0.6	1	1.2	2	3.5	5	8	12	18	25	40	63	100
>180~250	0.8	1.2	2	3	4.5	7	10	14	20	29	46	72	115
>250~315	1.0	1.6	2.5	4	6	8	12	16	23	32	52	81	130
>315~400	1.2	2	3	5	7	9	13	18	25	36	57	89	140
>400~500	1.5	2.5	4	6	8	10	15	20	27	40	63	97	155

◈ 表 6.18　圆度和圆柱度公差等级应用举例

公差等级	应用举例
1	高精度量仪主轴,高精度机床主轴,滚动轴承滚珠和滚柱等
2	精密量仪主轴、外套、阀套,高压油泵柱塞及套,纺锭轴承,高速柴油机进、排气门,精密机床主轴轴颈,针阀圆柱表面,喷油泵柱塞及柱塞套等
3	工具显微镜套管外圆,高精度外圆磨床轴承,磨床砂轮主轴套筒,喷油嘴针、阀体,高精度微型轴承内外圈等
4	较精密机床主轴,精密机床主轴箱孔,高压阀门活塞、活塞销,阀体孔,工具显微镜顶尖,高压油泵柱塞,较高精度滚动轴承配合轴,铣削动力头箱体孔等
5	一般量仪主轴,测杆外圆,陀螺仪轴颈,一般机床主轴,较精密机床主轴及主轴箱孔,柴油机、汽油机活塞、活塞销孔,铣削动力头轴承箱座孔,高压空气压缩机十字头销、活塞,较低精度滚动轴承配合轴等

续表

公差等级	应用举例
6	仪表端盖外圆,一般机床主轴及箱体孔,中等压力下液压装置工作面(包括泵、压缩机的活塞和气缸),汽车发动机凸轮轴,纺机锭子,通用减速器轴颈,高速船用发动机曲轴,拖拉机曲轴主轴颈等
7	大功率低速柴油机曲轴、活塞、活塞销、连杆、气缸,高速柴油机箱体孔,千斤顶或压力油缸活塞,液压传动系统的分配机构,机车传动轴,水泵及一般减速器轴颈等
8	低速发动机,减速器,大功率曲柄轴轴颈,压气机连杆盖、体,拖拉机气缸体、活塞,炼胶机冷铸轴辊,印刷机传墨辊,内燃机曲轴,柴油机机体孔、凸轮轴,拖拉机、小型船用柴油机气缸套等
9	空气压缩机缸体,液压传动筒,通用机械杠杆与拉杆用套筒销子,拖拉机活塞环、套筒孔等
10	印染机导布辊,绞车,吊车,起重机滑动轴承轴颈等

(2) 圆度圆柱度公差等级与加工方法、尺寸公差等级和表面粗糙度的对应关系

各种加工方法能达到的圆度和圆柱度公差等级见表 6.19。圆度和圆柱度公差等级与尺寸公差等级的对应关系见表 6.20。圆度和圆柱度公差等级与表面粗糙度的对应关系见表 6.21。

◇ 表 6.19 各种加工方法能达到的圆度和圆柱度公差等级

表面	加工方法		公差等级											
			1	2	3	4	5	6	7	8	9	10	11	12
轴	车	自动、半自动车							○	○	○			
		立车、六角车						○	○	○	○			
		普通车					○	○	○	○	○	○	○	○
		精车			○	○	○							
	磨	无心磨			○	○	○	○						
		外圆磨	○	○	○	○	○	○						
		研磨	○	○	○									
孔	镗	普通钻孔							○	○	○	○		
		铰、拉孔						○	○	○	○			
		车(扩)孔						○	○	○	○	○		
		普通镗						○	○	○	○			
		精镗			○	○	○							
		珩磨				○	○	○	○					
		磨孔				○	○	○						
		研磨	○	○	○									

◇ 表 6.20　圆度和圆柱度公差等级与尺寸公差等级的对应关系

尺寸公差 等级(IT)	圆度、圆柱度 公差等级	公差带占 尺寸公差的 百分比 /%	尺寸公差 等级(IT)	圆度、圆柱度 公差等级	公差带占 尺寸公差的 百分比 /%
01	0	66		1	33
0	0	40	2	2	50
	1	80		3	85
1	0	25		0	10
	1	50	3	1	20
	2	75		2	30
2	0	16		3	50
3	4	80		6	16
	1	13		7	24
	2	20	9	8	32
4	3	33		9	48
	4	53		10	80
	5	80		7	15
	2	15		8	20
	3	25	10	9	30
5	4	40		10	50
	5	60		11	70
	6	95		8	13
	3	16		9	20
	4	26	11	10	33
6	5	40		11	46
	6	66		12	83
	7	95		9	12
	4	16		10	20
	5	24	12	11	28
7	6	40		12	50
	7	60		10	14
	8	80	13	11	20
	5	17		12	35
	6	28		11	11
8	7	43	14	12	20
	8	57	15	12	12
	9	85			

◇ 表 6.21　圆度和圆柱度公差等级与表面粗糙度的对应关系　　　　　　μm

主参数 /mm	公差等级												
	0	1	2	3	4	5	6	7	8	9	10	11	12
	表面粗糙度 Ra 值 ≤												
≤3	0.00625	0.0125	0.0125	0.025	0.05	0.1	0.2	0.2	0.4	0.8	1.6	3.2	3.2
>3～18	0.00625	0.0125	0.025	0.05	0.1	0.2	0.4	0.4	0.8	1.6	3.2	6.3	12.5
>18～120	0.0125	0.025	0.05	0.1	0.2	0.2	0.4	0.8	1.6	3.2	6.3	12.5	12.5
>120～500	0.025	0.05	0.1	0.2	0.4	0.8	0.8	1.6	3.2	6.3	12.5	12.5	12.5

注：7、8、9 级为常用的形位公差等级，7 级为基本级。

6.2.3　平行度、垂直度、倾斜度的公差及应用

（1）平行度、垂直度、倾斜度公差值及应用（见表 6.22、表 6.23）

◇ 表 6.22　平行度、垂直度、倾斜度公差值（GB/T 1184—2008）

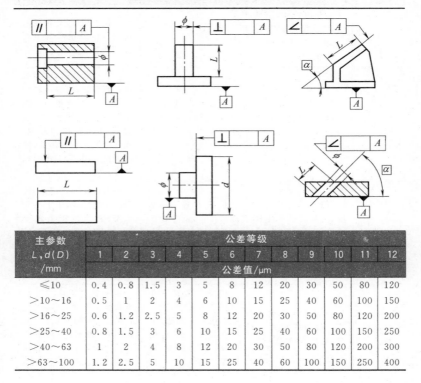

主参数 L,d(D) /mm	公差等级											
	1	2	3	4	5	6	7	8	9	10	11	12
	公差值/μm											
≤10	0.4	0.8	1.5	3	5	8	12	20	30	50	80	120
>10～16	0.5	1	2	4	6	10	15	25	40	60	100	150
>16～25	0.6	1.2	2.5	5	8	12	20	30	50	80	120	200
>25～40	0.8	1.5	3	6	10	15	25	40	60	100	150	250
>40～63	1	2	4	8	12	20	30	50	80	120	200	300
>63～100	1.2	2.5	5	10	15	25	40	60	100	150	250	400

主参数 L,d(D) /mm	公差等级											
	1	2	3	4	5	6	7	8	9	10	11	12
	公差值/μm											
>100~160	1.5	3	6	12	20	30	50	80	120	200	300	500
>160~250	2	4	8	15	25	40	60	100	150	250	400	600
>250~400	2.5	5	10	20	30	50	80	120	200	300	500	800
>400~630	3	6	12	25	40	60	100	150	250	400	600	1000
>630~1000	4	8	15	30	50	80	120	200	300	500	800	1200
>1000~1600	5	10	20	40	60	100	150	250	400	600	1000	1500
>1600~2500	6	12	25	50	80	120	200	300	500	800	1200	2000
>2500~4000	8	15	30	60	100	150	250	400	600	1000	1500	2500
>4000~6300	10	20	40	80	120	200	300	500	800	1200	2000	3000
>6300~10000	12	25	50	100	150	250	400	600	1000	1500	2500	4000

◇ 表 6.23 平行度和垂直度公差等级应用举例

公差等级	面对面 平行度应用举例	面对线、线对线 平行度应用举例	垂直度应用举例
1	高精度机床,高精度测量仪器以及量具等主要基准面和工作面等		高精度机床,高精度测量仪器以及量具等主要基准面和工作面等
2、3	精密机床,精密测量仪器、量具以及夹具的基准面和工作面等	精密机床上重要箱体主轴孔对基准面及对其他孔的要求等	精密机床导轨,普通机床重要导轨,机床主轴轴向定位面,精密机床主轴肩端面,滚动轴承座圈端面,齿轮测量仪的芯轴,光学分度头芯轴端面,精密刀具、量具的工作面和基准面等
4、5	普通车床,测量仪器、量具的基准面和工作面,高精度轴承座圈,端盖,挡圈的端面等	机床主轴孔对基准面要求,重要轴承孔对基准面要求,主轴箱体重要孔间要求,齿轮泵的端面等	普通机床导轨,精密机床重要零件,机床重要支承面,普通机床主轴偏摆,测量仪器,刀具,量具,液压传动轴瓦端面,刀具、量具的工作面和基准面等
6、7、8	一般机床零件的工作面和基准面,一般刀、量、夹具等	机床一般轴承孔对基准面要求,床头箱一般孔间要求,主轴花键对定心直径要求,刀具,量具,模具等	普通精度机床主要基准面和工作面,回转工作台端面,一般导轨,主轴箱体孔、刀架、砂轮架及工作台回转中心,一般轴肩对其轴线等

公差等级	面对面 平行度应用举例	面对线、线对线 平行度应用举例	垂直度应用举例
9、10	低精度零件,重型机械滚动轴承端盖等	柴油机和煤气发动机的曲轴孔、轴颈等	花键轴轴肩端面,带运输机法兰盘等对端面、轴线,手动卷扬机及传动装置中轴承端面,减速器壳体平面等
11、12	零件的非工作面,卷扬机、运输机上用的减速器壳体平面等		农业机械齿轮端面等

注:1. 在满足设计要求的前提下,考虑到零件加工的经济性,对于线对线和线对面的平行度和垂直度公差等级,应选用低于面对面的平行度和垂直度公差等级。

2. 使用本表选择面对面平行度和垂直度时,宽度应不大于 1/2 长度;若大于 1/2,则降低一级公差等级选用。

(2) 平行度、垂直度和倾斜度公差等级与加工方法和尺寸公差等级的对应关系

各种加工方法能达到的平行度、垂直度和倾斜度公差等级见表 6.24。平行度、垂直度和倾斜度公差等级与尺寸公差等级的对应关系见表 6.25。

◈ 表 6.24 各种加工方法能达到的平行度、垂直度和倾斜度公差等级

加工方法 公差等级	平行度																			
	轴线对轴线(或对平面)的平行度								平面对平面的平行度											
	车		钻	镗			磨	坐标镗钻	刨	铣		拉	磨			刮			研磨	超精磨
	粗	细		粗	细	精				粗	细		粗	细	精	粗	细	精		
1															○				○	○
2															○				○	○
3														○				○	○	
4						○								○				○	○	
5					○	○							○	○			○			
6				○	○							○	○			○				
7		○		○	○					○	○		○							
8		○		○		○			○	○	○									
9		○	○	○					○	○		○								
10	○	○	○						○	○										
11	○								○											
12																				

表（垂直度和倾斜度）——轴线对轴线（或对平面）的垂直度和倾斜度（车：粗、细；钻；镗：车立铣（细、精）、镗床（粗、细、精）；金刚石镗）；平面对平面的垂直度和倾斜度（磨：粗、细；刨：粗、细、精；铣：粗、细；插；磨：粗、细、精；刮：细、精；研磨）

公差等级	车粗	车细	钻	镗·车立铣细	镗·车立铣精	镗·镗床粗	镗·镗床细	镗·镗床精	金刚石镗	磨粗	磨细	刨粗	刨细	刨精	铣粗	铣细	插	磨粗	磨细	磨精	刮细	刮精	研磨
1																							
2																							
3																						○	○
4						○														○	○	○
5							○												○		○	○	○
6				○		○			○										○		○		
7				○			○	○	○		○						○		○		○		
8		○	○	○	○	○			○	○	○				○	○	○						
9		○	○			○				○	○												
10	○	○	○	○		○				○	○												
11	○									○													
12			○																				

◇ 表 6.25　平行度、垂直度和倾斜度公差等级与尺寸公差等级的对应关系

平行度（线对线、面对面）公差等级	3	4	5	6	7	8	9	10	11	12
尺寸公差等级（IT）				3、4	5、6	7、8、9	10、11、12	12、13、14	14、15、16	
垂直度和倾斜度公差等级	3	4	5	6	7	8	9	10	11	12
尺寸公差等级（IT）	5	6	7、8	8、9	10	11、12	12、13	14	15	

注：6、7、8、9 级为常用的形位公差等级，6 级为基本级。

6.2.4　同轴度、对称度、圆跳动和全跳动公差及应用

（1）同轴度、对称度、圆跳动和全跳动公差及应用与位置度系数（见表 6.26～表 6.28）。

选用公差等级时，除根据零件使用要求外，还应注意零件结构特征，如细长的零件或两孔距离较大的零件，应相应地降低公差等级 1～2 级。

◇ 表 6.26　同轴度、对称度、圆跳动公差值（GB/T 1184—2008）

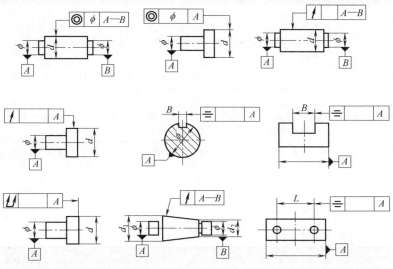

主参数 $d(D)B,L$ /mm	公差等级											
	1	2	3	4	5	6	7	8	9	10	11	12
	公差值/μm											
≤1	0.4	0.6	1.0	1.5	2.5	4	6	10	15	25	40	60
>1～3	0.4	0.6	1.0	1.5	2.5	4	6	10	20	40	60	120
>3～6	0.5	0.8	1.2	2	3	5	8	12	25	50	80	150
>6～10	0.6	1	1.5	2.5	4	6	10	15	30	60	100	200
>10～18	0.8	1.2	2	3	5	8	12	20	40	80	120	250
>18～30	1	1.5	2.5	4	6	10	15	25	50	100	150	300
>30～50	1.2	2	3	5	8	12	20	30	60	120	200	400
>50～120	1.5	2.5	4	6	10	15	25	40	80	150	250	500
>120～250	2	3	5	8	12	20	30	50	100	200	300	600
>250～500	2.5	4	6	10	15	25	40	60	120	250	400	800
>500～800	3	5	8	12	20	30	50	80	150	300	500	1000
>800～1250	4	6	10	15	25	40	60	100	200	400	600	1200
>1250～2000	5	8	12	20	30	50	80	120	250	500	800	1500
>2000～3150	6	10	15	25	40	60	100	150	300	600	1000	2000
>3150～5000	8	12	20	30	50	80	120	200	400	800	1200	2500
>5000～8000	10	15	25	40	60	100	150	250	500	1000	1500	3000
>8000～10000	12	20	30	50	80	120	200	300	600	1200	2000	4000

◇ 表 6.27　同轴度、对称度、圆跳动和全跳动公差等级应用举例

公差等级	应用举例
1、2、3、4	用于同轴度或旋转精度要求很高的零件。如 1、2 级用于精密测量仪器的主轴和顶尖,柴油机喷油嘴针阀等;3、4 级用于机床主轴轴颈,砂轮轴轴颈,汽轮机主轴,测量仪器的小齿轮轴,高精度滚动轴承内、外圈等
5、6、7	应用范围较广的公差等级,用于精度要求比较高的情况。如 5 级常用在机床轴颈,测量仪器的测量杆,汽轮机主轴,柱塞油泵转子,高精度滚动轴承外圈,一般精度轴承内圈;6、7 级用在内燃机曲轴、凸轮轴轴颈、水泵轴,齿轮轴输出轴,汽车后桥输出轴,电动机转子;G 级精度用于滚动轴承内圈,印刷机传墨辊等
8、9、10	用于一般精度要求。如 8 级用于拖拉机、发动机分配轴轴颈;9 级以下齿轮轴的配合面,水泵叶轮,离心泵泵体,棉花精梳机前后滚子;9 级用于内燃机气缸套配合面,自行车中轴;10 级用于摩托车活塞,印染机导布辊,内燃机活塞环槽底径对活塞中心,气缸套外圈对内孔等
11、12	用于无特殊要求

◇ 表 6.28　位置度系数　　　　　　　　　　　　　　　　　　　　　　　　μm

1	1.2	1.5	2	2.5	3	4	5	6	8
1×10^n	1.2×10^n	1.5×10^n	2×10^n	2.5×10^n	3×10^n	4×10^n	5×10^n	6×10^n	8×10^n

注：n 为正整数。

（2）同轴度、对称度、圆跳动和全跳动公差等级与加工方法和尺寸公差等级的对应关系

各种加工方法能达到的同轴度、对称度、圆跳动和全跳动公差等级见表 6.29。同轴度、对称度、圆跳动和全跳动公差等级与尺寸公差等级的对应关系见表 6.30。

6.2.5　形状和位置公差未注公差值

① 直线度和平面度的未注公差值见表 6.31。选择公差值时,对于直线度应按其相应线的长度选择;对于平面应按其表面的较长一侧或圆表面的直径选择。

② 圆度的未注公差值等于标准的直径公差值,但不能大于表 6.32 中圆跳动的未注公差值。

③ 圆柱度的未注公差值不做规定。圆柱度误差由三个部分组成:圆度、直线度和相对素线的平行度误差,而其中每一项误

◇ 表 6.29　各种加工方法能达到的同轴度、对称度、圆跳动和全跳动公差等级

加工方法		公差等级											
		1	2	3	4	5	6	7	8	9	10	11	12
		同轴度、对称度和径向圆跳动											
车	粗								○	○	○		
	细							○	○				
镗	精				○	○	○	○					
铰	细						○	○					
磨	粗							○	○				
	细					○	○						
	精	○	○	○	○								
内圆磨	细				○	○	○						
珩磨			○	○	○								
研磨		○	○	○	○								
		斜向和端面圆跳动											
车	粗										○	○	
	细								○	○	○		
	精							○	○	○			
磨	细					○	○	○	○	○			
	精				○	○	○						
刮	细		○	○	○	○							

◇ 表 6.30　同轴度、对称度、圆跳动和全跳动公差等级与尺寸公差等级的对应关系

同轴度、对称度、径向圆跳动、径向全跳动公差等级	1	2	3	4	5	6	7	8	9	10	11	12
尺寸公差等级(IT)	2	3	4	5	6	7,8	8,9	10	11,12	12,13	14	15
端面圆跳动、斜向圆跳动、端面全跳动公差等级	1	2	3	4	5	6	7	8	9	10	11	12
尺寸公差等级(IT)	1	2	3	4	5	6	7,8	8,9	10	11,12	12,13	14

注：6、7、8、9级为常用的形位公差等级，7级为基本级。

◇ 表 6.31　直线度和平面度的未注公差值（GB/T 1184—2008）　　　　mm

公差等级	基本长度范围					
	≤10	>10~30	>30~100	>100~300	>300~1000	>1000~3000
H	0.02	0.05	0.1	0.2	0.3	0.4
K	0.05	0.1	0.2	0.4	0.6	0.8
L	0.1	0.2	0.4	0.8	1.2	1.6

◇ 表 6.32　圆跳动的未注公差值（GB/T 1184—2008）

公差等级	圆跳动公差值
H	0.1
K	0.2
L	0.5

差均由它们的注出公差或未注公差控制。如因功能要求，圆柱度应小于圆度、直线度和平行度的未注公差的综合结果，应在被测要素上按 GB/T 1184—2008 的规定注出圆柱度公差值，或采用包容要求。

④ 平行度的未注公差值等于给出的尺寸公差值，或直线度和平面度未注公差值中的相应公差值取较大者。应取两要素中的较长者作为基准；若两要素的长度相等，则可选任一要素为基准。

⑤ 垂直度的未注公差值，见表 6.33 取形成直角的两边中较长的一边作为基准，较短的一边作为被测要素；若边的长度相等则可取其中的任意一边为基准。

◇ 表 6.33　垂直度的未注公差值（GB/T 1184—2008）　　　　mm

公差等级	基本长度范围			
	≤100	>100～300	>300～1000	>1000～3000
H	0.2	0.3	0.4	0.5
K	0.4	0.6	0.8	1
L	0.6	1	1.5	2

⑥ 对称度的未注公差值见表 6.34。应取两要素中较长者作为基准，较短者作为被测要素；若两要素长度相等则可选任一要素为基准。

◇ 表 6.34　对称度的未注公差值（GB/T 1184—2008）　　　　mm

公差等级	基本长度范围			
	≤100	>100～300	>300～1000	>1000～3000
H	0.5			
K	0.6		0.8	1
L	0.6		1.5	2

⑦ 同轴度的未注公差值未作规定。在极限状况下，同轴度的未注公差值与圆跳动的未注公差值相等。

⑧ 圆跳动（径向、端面和斜向）的未注公差值见表 6.32。对于圆跳动未注公差值，应以设计和工艺给出的支承面作为基准，否则应取两要素中较长的一个作为基准；若两要素的长度相等，则可选任一要素为基准。

6.3　表面结构

6.3.1　表面结构的术语参数

表面结构包括表面粗糙度、表面波纹度和表面纹理。技术产品文件包括《表面结构的表示法》（GB/T 131—2006）；《表面结构 轮廓法 术语、定义及表面结构参数》（GB/T 3505—2009）；《表面结构 轮廓法 图形参数》（GB/T 18618—2009）；《表面粗糙度参数及其数值》（GB/T 1031—2009）。

表面粗糙度是反映表面微观几何形状特性的参数值。按国家标准规定，表面结构的术语和参数代号见表 6.35。Ra、Rz 对应的取样长度和评定长度见表 6.36。

◇ 表 6.35　表面粗糙度的术语参数数值

基本术语或表面结构参数	GB/T 1031—1993	GB/T 1031—2009
取样长度	l	lp、lr、lw[①]
评定长度	l_n	ln
纵坐标值	y	$Z(x)$
轮廓峰高	y_p	Zp
轮廓谷深	y_v	Zv
轮廓单元的高度	—	Zt
轮廓单元的宽度	—	Xs
轮廓最大高度	R_y	Rz
评定轮廓的算术平均偏差	R_a	Ra
十点高度	R_z	—

① 给定的三种不同轮廓的取样长度。

6.3.2　轮廓的算术平均偏差 Ra 和轮廓最大高度 Rz 的系列数值

轮廓算术平均偏差 Ra 规定的系列数值和补充数值见表 6.37。轮廓最大高度 Rz 规定的系列数值和补充数值见表 6.38。

◇ 表6.36 Ra、Rz 对应的取样长度和评定长度

Ra/μm	Rz/μm	lr/mm	ln(ln=5lr)/mm
≥0.008~0.02	≥0.025~0.1	0.08	0.4
>0.02~0.1	>0.1~0.5	0.25	1.25
>0.1~2	>0.5~10	0.8	4
>2~10	>10~50	2.5	12.5
>10~80	>50~320	8	40

◇ 表6.37 轮廓算术平均偏差 Ra 的数值   μm

新国标 GB/T 1031—2009		旧国标 GB 1031—1983	
表面粗糙度		表面光洁度	
Ra		级别代号	R_a
Ra 规定值	Ra 补充系列值		
100	80,63	▽1	50~80
50	40,32	▽2	25~40
25	20,16.0	▽3	12.5~20
12.5	10.0,8.0	▽4	6.3~10
6.3	5.0,4.0	▽5	3.2~5
3.2	2.5,2.0	▽6	1.6~2.5
1.60	1.25,1.0	▽7	0.8~1.25
0.80	0.63,0.50	▽8	0.4~0.63
0.40	0.32,0.25	▽9	0.2~0.32
0.20	0.160,0.125	▽10	0.1~0.16
0.10	0.080,0.063	▽11	0.05~0.08
0.05	0.040,0.032	▽12	0.025~0.04
0.025	0.020,0.016	▽13	0.012~0.02
0.012	0.010,0.008	▽14	0.006~0.01

◇ 表6.38 轮廓最大高度 Rz 的数值   μm

新国标 GB/T 131—2006		旧国标 GB 1031—1983	
表面粗糙度		表面光洁度	
Rz		级别代号	R_z
Rz 规定值	Rz 补充系列值		
1600	1250,1000		
800	630,500		
400	320,250	▽1	>160~320
200	160,125	▽2	>80~160
100	80,63	▽3	>40~80
50	40,32	▽4	>20~40
25	20,16.0	▽5	>10~20

新国标 GB/T 131—2006		旧国标 GB 1031—1983	
表面粗糙度		表面光洁度	
Rz			
Rz 规定值	Rz 补充系列值	级别代号	R_z
12.5	10,8.0	▽6	>6.3~10
6.3	5.0,4.0	▽7	>3.2~6.3
3.2	2.5,2.0	▽8	>1.6~3.2
1.6	1.25,1.00	▽9	>0.8~1.6
0.8	0.63,0.50	▽10	>0.4~0.8
0.4	0.32,0.25	▽11	>0.2~0.4
0.2	0.160,0.125	▽12	>0.1~0.2
0.1	0.080,0.063	▽13	>0.05~0.1
0.05	0.040,0.032	▽14	≯0.05
0.025			

6.3.3 表面粗糙度的应用举例

表面粗糙度的应用举例见表 6.39，典型零件的常用粗糙度数值见表 6.40。

◇ 表 6.39 表面粗糙度应用举例

表面粗糙度 Ra/μm	相当表面光洁度	表面形状特征		应用举例
>40~80	▽1	粗糙的	明显可见刀痕	粗糙度最高的加工面，一般很少采用
>20~40	▽2		可见刀痕	
>10~20	▽3		微见刀痕	粗加工表面比较精确的一级，应用范围较广，如轴端面、倒角、穿螺钉孔和铆钉孔的表面、垫圈的接触面等
>5~10	▽4	半光	可见加工痕迹	半精加工面，支架、箱体、离合器、带轮侧面、凸轮侧面等非接触的自由表面，与螺栓头和铆钉头相接触的表面，所有轴和孔的退刀槽，一般遮板的结合面等
>2.5~5	▽5		微见加工痕迹	半精加工面，箱体、支架、盖面、套筒等和其他零件连接而没有配合要求的表面，需要发蓝的表面，需要滚花的预先加工面，主轴非接触的全部外表面等

表面粗糙度 Ra/μm	相当表面光洁度	表面形状特征		应用举例
>1.25~2.5	▽6	半光	看不清加工痕迹	基面及表面质量要求较高的表面,中型机床工作台面(普通精度),组合机床主轴箱和盖面的结合面,中等尺寸平带轮和V带轮的工作表面,衬套、滑动轴承的压入孔、一般低速转动的轴颈
>0.63~1.25	▽7	光	可辨加工痕迹的方向	中型机床(普通精度)滑动导轨面,导轨压板,圆柱销和圆锥销的表面,一般精度的刻度盘,需镀铬抛光的外表面,中速转动的轴颈,定位销压入孔等
>0.32~0.63	▽8		微辨加工痕迹的方向	中型机床(提高精度)滑动导轨面,滑动轴承轴瓦的工作表面,夹具定位元件和钻套的主要表面,曲轴和凸轮轴的工作轴颈,分度盘表面,高速工作下的轴颈及衬套的工作面等
>0.16~0.32	▽9		不可辨加工痕迹的方向	精密机床主轴锥孔,顶尖圆锥面,直径小的精密芯轴和转轴的结合面,活塞的活塞销孔,要求气密的表面和支承面
>0.08~0.16	▽10	最光	暗光泽面	精密机床主轴箱与套筒配合的孔,仪器在使用中要承受摩擦的表面,如导轨、槽面等,液压传动用的孔的表面,阀的工作面,气缸内表面,活塞销的表面等
>0.04~0.08	▽11		亮光泽面	特别精密的滚动轴承套圈滚道、滚珠及滚柱表面,量仪中中等精度间隙配合零件的工作表面,工作量规的测量表面等
>0.02~0.04	▽12		镜状光泽面	特别精密的滚动轴承套圈滚道、滚珠及滚柱表面,高压油泵中柱塞和柱塞套的配合表面,保证高度气密的结合表面等
>0.01~0.02	▽13		雾状镜面	仪器的测量表面,量仪中高精度间隙配合零件的工作表面,尺寸超过100mm的量块工作表面等
≤0.01	▽14		镜面	量块工作表面,高精度测量仪器的测量面,光学测量仪器中的金属镜面等

◈ 表 6.40 典型零件表面常用的粗糙度数值 μm

表面特性	部位	表面粗糙度 Ra 值 ≤			
滑动轴承的 配合表面	表面	公差等级		液体摩擦	
		IT7~IT9	IT11、IT12		
	轴	0.2~3.2	1.6~3.2	0.1~0.4	
	孔	0.4~1.6	1.6~3.2	0.2~0.8	
带密封的 轴颈表面	密封方式	轴颈表面速度/(m/s)			
		≤3	≤5	>5	≤4
	橡胶	0.4~0.8	0.2~0.4	0.1~0.2	
	毛毡				0.4~0.8
	迷宫	1.6~3.2			
	油槽	1.6~3.2			
圆锥结合	表面	密封结合	定心结合	其他	
	外圆锥表面	0.1	0.4	1.6~3.2	
	内圆锥表面	0.2	0.8	1.6~3.2	
螺纹	类别	螺纹精度等级			
		4	5	6	
	粗牙普通螺纹	0.4~0.8	0.8	1.6~3.2	
	细牙普通螺纹	0.2~0.4	0.8	1.6~3.2	
键结合	结合形式	键	轴槽	毂槽	
	工作表面 沿毂槽移动	0.2~0.4	1.6	0.4~0.8	
	工作表面 沿轴槽移动	0.2~0.4	0.4~0.8	1.6	
	工作表面 不动	1.6	1.6	1.6~3.2	
	非工作表面	6.3	6.3	6.3	
矩形齿花键	定心方式	外径	内径	键侧	
	外径 D 内花键	1.6	6.3	3.2	
	外径 D 外花键	0.8	6.3	0.8~3.2	
	内径 d 内花键	6.3	0.8	3.2	
	内径 d 外花键	3.2	0.8	0.8	
	键宽 b 内花键	6.3	6.3	3.2	
	键宽 b 外花键	3.2	6.3	0.8~3.2	

表面特性	部位	齿轮精度等级					
齿轮		5	6	7	8	9	10
	齿面	0.2~0.4	0.4	0.4~0.8	1.6	3.2	6.3
	外圆	0.8~1.6	1.6~3.2	1.6~3.2	1.6~3.2	3.2~6.3	3.2~6.3
	端面	0.4~0.8	0.4~0.8	1.6~3.2	1.6~3.2	3.2~6.3	3.2~6.3

表面特性	部位		蜗轮蜗杆精度等级				
蜗轮蜗杆			5	6	7	8	9
	蜗杆	齿面	0.2	0.4	0.4	0.8	1.6
	蜗杆	齿顶	0.2	0.4	0.4	0.8	1.6
	蜗杆	齿根	3.2	3.2	3.2	3.2	3.2
	蜗轮	齿面	0.4	0.4	0.8	1.6	3.2
	蜗轮	齿根	3.2	3.2	3.2	3.2	3.2

6.3.4 表面粗糙度与尺寸公差等级的对应关系

表 6.41 为表面粗糙度与公差等级的对应关系。

◇ **表 6.41 表面粗糙度与公差等级的对应关系**

公差 等级	基本尺寸/mm							
	>6 ～10	>10 ～18	>18 ～30	>30 ～50	>50 ～80	>80 ～120	>120 ～180	>180 ～250
	表面粗糙度 Ra 值/μm ≤							
IT6	0.2	0.4		0.8		1.6		3.2
IT7	1.6						3.2	
IT8	1.6			3.2				
IT9	3.2			6.3				
IT10	3.2			6.3				
IT11	3.2	6.3					12.5	
IT12	6.3				12.5			

6.3.5 表面粗糙度与尺寸公差、形状公差的对应关系

尺寸公差、形状公差和表面粗糙度是在设计图上同时给出的基本要求，三者互相存在密切联系，故取值时应相互协调，一般应符合：尺寸公差＞形状公差＞表面粗糙度。表 6.42 列出了表面粗糙度与尺寸公差、形状公差的对应关系，供参考。

◇ **表 6.42 表面粗糙度与尺寸公差、形状公差的对应关系**

尺寸公差等级		IT5			IT6			IT7			IT8		
相应的形 状公差		I	II	III	I	II	III	I	II	III	I	II	III
基本尺寸/mm		表面粗糙度参数值/μm											
至 18	Ra	0.20	0.10	0.05	0.40	0.20	0.10	0.80	0.40	0.20	0.80	0.40	0.20
	Rz	1.00	0.50	0.25	2.00	1.00	0.50	4.00	2.00	1.00	4.00	2.00	1.00
>18～50	Ra	0.40	0.20	0.10	0.80	0.40	0.20	1.60	0.80	0.40	1.60	0.80	0.40
	Rz	2.00	1.00	0.50	4.00	2.00	1.00	6.30	4.00	2.00	6.30	4.00	2.00
>50～120	Ra	0.80	0.40	0.20	0.80	0.40	0.20	1.60	0.80	0.40	1.60	1.60	0.80
	Rz	4.00	2.00	1.00	4.00	2.00	1.00	6.30	4.00	2.00	6.30	6.30	4.00
>120～ 500	Ra	0.80	0.40	0.20	1.60	0.80	0.40	1.60	1.60	0.80	1.60	1.60	0.80
	Rz	4.00	2.00	1.00	6.30	4.00	2.00	6.30	6.30	4.00	6.30	6.30	4.00

尺寸公差等级		IT9			IT10			IT11			IT12 IT13		IT14 IT15	
相应的 形状公差		I,II	III	IV	I,II	III	IV	I,II	III	IV	I,II	III	I,II	III
基本尺寸/mm							表面粗糙度参数值/μm							
至18	Ra	1.60	0.80	0.40	1.60	0.80	0.40	3.20	1.60	0.80	6.30	3.20	6.30	6.30
	Rz	6.30	4.00	2.00	6.30	4.00	2.00	12.5	6.30	4.00	25.0	12.5	25.0	25.0
>18~ 50	Ra	1.60	1.60	0.80	3.20	1.60	0.80	3.20	1.60	0.80	6.30	3.20	12.5	6.30
	Rz	6.30	6.30	4.00	12.5	6.30	4.00	12.5	6.30	4.00	25.0	12.5	50.0	25.0
>50~ 120	Ra	3.20	1.60	0.80	3.20	1.60	0.80	6.30	3.20	1.60	12.5	6.30	25.0	12.5
	Rz	12.5	6.30	4.00	12.5	6.30	4.00	25.0	12.5	6.30	50.0	25.0	100.0	50.0
>120~ 500	Ra	3.20	3.20	1.60	3.20	3.20	1.60	6.30	3.20	1.60	12.5	6.30	25.0	12.5
	Rz	12.5	12.5	6.30	12.5	12.5	6.30	25.0	12.5	6.30	50.0	25.0	100.0	50.0

注：I 为形状公差在尺寸极限之内；II 为形状公差相当于尺寸公差的 60%；III 为形状公差相当于尺寸公差的 40%；IV 为形状公差相当于尺寸公差的 25%。

6.3.6 各种加工方法达到的表面粗糙度

表 6.43 为各种加工方法达到的表面粗糙度。

◇ 表 6.43 各种加工方法达到的表面粗糙度

加工方法		表面粗糙度 Ra/μm												
		0.012	0.025	0.05	0.100	0.20	0.40	0.80	1.60	3.20	6.30	12.5	25	50	100
砂模铸造											▬	▬	▬	▬
型壳铸造											▬	▬	▬	
金属模铸造									▬	▬	▬	▬	▬	
离心铸造									▬	▬	▬	▬		
精密铸造								▬	▬	▬	▬			
蜡模铸造							▬	▬	▬	▬				
压力铸造							▬	▬	▬					
热轧											▬	▬	▬	
模锻								▬	▬	▬	▬			
冷轧							▬	▬	▬	▬				
挤压						▬	▬	▬	▬					
冷拉						▬	▬	▬	▬					
锉						▬	▬	▬	▬	▬	▬			
刮削						▬	▬	▬	▬					
刨削 粗									▬	▬	▬	▬		
刨削 半精							▬	▬	▬	▬				
刨削 精						▬	▬	▬	▬					

加工方法		表面粗糙度 Ra/μm													
		0.012	0.025	0.05	0.100	0.20	0.40	0.80	1.60	3.20	6.30	12.5	25	50	100
插削								■	■	■	■	■	■		
钻孔								■	■	■	■	■	■	■	
扩孔	粗										■	■	■		
	精								■	■	■	■			
金刚镗孔				■	■	■	■	■							
镗孔	粗										■	■	■	■	
	半精								■	■	■	■			
	精						■	■	■	■					
铰孔	粗							■	■	■	■				
	半精						■	■	■	■					
	精				■	■	■	■	■						
拉削	半精						■	■	■						
	精				■	■	■	■							
滚铣	粗									■	■	■	■		
	半精								■	■	■				
	精							■	■	■					
端面铣	粗								■	■	■	■			
	半精							■	■	■	■				
	精					■	■	■	■						
车外圆	粗										■	■	■		
	半精								■	■	■	■			
	精						■	■	■						
金刚车				■	■	■	■	■							
车端面	粗										■	■	■		
	半精								■	■	■	■			
	精						■	■	■						
磨外圆	粗							■	■	■	■				
	半精						■	■	■						
	精			■	■	■	■	■							
磨平面	粗							■	■	■					
	半精						■	■	■						
	精			■	■	■	■								
珩磨	平面		■	■	■	■	■								
	圆柱	■	■	■	■	■	■								
研磨	粗				■	■	■								
	半精			■	■	■									
	精	■	■	■	■										

加工方法		表面粗糙度 $Ra/\mu m$													
		0.012	0.025	0.05	0.100	0.20	0.40	0.80	1.60	3.20	6.30	12.5	25	50	100
抛光	一般				■	■	■	■	■						
	精	■	■	■	■										
滚压抛光				■	■	■	■	■	■						
超精加工	平面	■	■	■	■	■	■	■							
	柱面	■	■	■	■	■	■								
化学磨															
电解磨		■	■	■	■	■	■								
电火花加工															
切割	气割											■	■	■	■
	锯									■	■	■	■	■	
	车								■	■	■	■	■		
	铣										■	■	■	■	
	磨								■	■	■	■			
螺纹加工	丝锥板牙							■	■	■	■				
	梳铣							■	■	■	■				
	滚						■	■	■	■	■				
	车							■	■	■	■				
	搓丝					■	■	■	■						
	滚压					■	■	■	■						
	磨				■	■	■	■							
	研磨			■	■	■	■								
齿轮及花键加工	刨							■	■	■	■				
	滚							■	■	■	■				
	插							■	■	■	■				
	磨				■	■	■	■							
	剃				■	■	■	■							

第7章
技术测量

7.1　概述

7.1.1　测量术语与测量方法

（1）测量术语

① 测量是为确定量值进行的一组操作。量值是指由一个数乘计量单位所表示的特定量的大小。如：5.34mm。

② 测试是具有试验性质的测量。

③ 检验是为确定被测量值是否达到要求所进行的操作。

④ 示值是测量器具所给出的量的值。

⑤ 标称范围是测量仪器的操作器件调到特定位置时所得到的示值范围。

⑥ 测量误差是测量结果减去被测量的真值。

⑦ 读数精度是在量具上读数时所能达到的精确度。

（2）测量方法的分类

1）按获得测量结果过程分为直接测量与间接测量

① 直接测量是不必测量与被测量有函数关系的其他量，而能直接得到被测量值的测量方法。如用刻度尺测量长度，用等臂天平测量质量。

② 间接测量是通过测量与被测量有函数关系的其他量，来

得到被测量值的测量方法。如通过测量液柱高度进行压力测量；利用电阻温度计进行温度测量。

③ 替代测量法是将选定的且已知量值的同种量替代被测量，使在指示装置上得到相同效应，以确定被测量的测量方法。如借助天平和已知质量的砝码，确定被测量的质量。

2）按测量工具的调整与读数分为绝对测量与比较测量

① 绝对测量也称直接比较测量，是将被测量直接与已知其值的同种量相比较的测量方法。即被测量值可直接由量具示值表示出来的一种测量方法。如用游标卡尺测量轴径。

② 比较测量是将被测量与同它只有微小差别的已知同种量相比较，通过测量这两个量值间的差值以确定被测量值的测量方法。如微差测量法和零位测量法。

③ 微差测量法是将被测量与同它只有微小差别的已知同种量相比较，通过测量这两个量值间的差值以确定被测量值的测量方法。如用量块和比较仪进行活塞直径测量。

④ 零位测量法是调整一个或几个已知量值的量与已知关系的被测量达到平衡来确定被测量值的测量方法。如利用电桥电路和零位测量器进行电阻测量。

3）按测量装置与被测量表面接触与否，可分为接触测量与非接触测量

① 接触测量是计量器具的传感元件直接与工件被测表面相接触的测量方法。由于有测量力存在，可使接触可靠，但也会使工件产生变形造成测量误差。

② 非接触测量是计量器具的传感元件与工件被测表面不直接接触的测量方法，例如用工具显微镜测量孔径。由于不接触，不存在测量力，所以特别适用于较软材料或较薄的工件。

4）按零件被测量参数的多少分为综合测量与单项测量

① 综合测量是同时测量工件上几个相关的参数，综合地判定工件合格与否的测量方法。如用螺纹量规测量螺纹制件等。效率高，适用于大批量生产。

② 单项测量是分别测量工件上各个参数的测量方法。

5）按被测量是否随时间变化分为静态测量与动态测量

① 静态测量是对不随时间变化的量值的测量。

② 动态测量是对随时间变化量值的瞬间量值的测量。

6）按事前和事后控制分为主动测量与被动测量

① 主动测量是在工件加工过程中进行测量，同时按测量数据对机床进行调整以求直接控制工件合格的测量。

② 被动测量是对工件完工后进行的测量。

（3）车间常用量具的使用范围

车间用测量器具分工作用、验收用和校准用三种。

1）以光滑极限量规检验为例说明其种类

① 工作量规是供制作工件时操作者使用，分通规和止规。

② 验收量规是供检验人员或用户代表使用。一般无须专门制造，而是从工作量规中选择。检验人员应该使用与操作者形式相同、且已磨损较多的通规。用户代表在用量规检验工件时，通规应接近工件的最大实体尺寸，止规应接近工件的最小实体尺寸。验收量规应按工厂自己的规定涂以标记，以便与工作量规相区别。

③ 校对量规是供检定部门校对轴用量规（又称环规）使用，轴用校对量规有三种：

"校通-通"量规（TT）供制造轴用通规时使用。"校止-通"量规（ZT）供制造轴用止规时使用。"校通-损"量规（TS）用来校对使用中的轴用通规是否磨损时用。当检查轴用通规时应不能通过，若通过表示该轴用通规尺寸已超出磨损限，应予报废。

对于孔用量规（塞规）由于刚性好、不易变形，且便于直接用量仪检查，所以不设计校对规。

2）光滑极限量规的适用范围　标准的光滑极限量规适用于检验公称尺寸 $0\sim500\mathrm{mm}$，公差等级为 IT6～IT16 的孔和轴。当公差等级高于 IT6 时，由于量规公差小、制造困难，使用寿命短，一般不再采用量规检验。

7.1.2　车间常用量具与使用

车间常用量具有光滑极限量规（简称量规），它是一种以被测两个极限尺寸作为公称尺寸而制造的专用量具，它用来检验工件的实际尺寸是否在这两个极限尺寸之间。实物量具（简称量具）如量块、线纹尺、钢直尺、钢卷尺等。测量仪器（简称量仪）如千分尺、杠杆千分尺等；游标类的如游标卡尺、游标高度尺、游标深度尺等，表类的如百分表、千分表、内径表等。这些比较简单的计量仪器称为通用量具。

（1）卡钳

为了方便、准确地测量工件的外圆、内圆或内槽等部位的尺寸，常用的一种间接度量工具称为卡钳。用卡钳的卡脚测量相应部位，再在钢直尺上读出尺寸。卡钳分为外卡钳和内卡钳两种，如图 7.1 和图 7.2 所示。

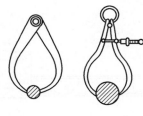 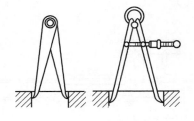

图 7.1　两种外卡钳　　　　　　图 7.2　两种内卡钳

用外卡钳测量外径的方法如图 7.3 所示，用内卡钳测量内径的方法如图 7.4 所示。

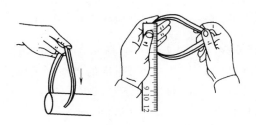

图 7.3　用外卡钳测量外径

（2）游标卡尺

游标卡尺是一种测量精度较高的量具，可直接测量工件的外径、内径、宽度、深度尺寸等，如图 7.5 所示。

游标卡尺主要包括尺体和游标等几部分。游标可沿尺体移动，其活动卡脚和尺体上的固定卡脚相配合，以测量工件的尺寸。其读数准确度有 0.1mm、0.05mm 和 0.02mm 三种，下面以准确度为 0.02mm 的游标卡尺为例，说明其刻线原理、读数方法、测量方法及其注意事项。

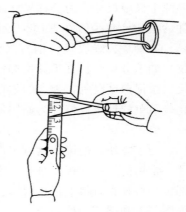

图 7.4　用内卡钳测量内径

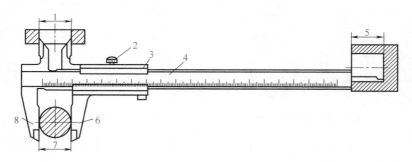

图 7.5　游标卡尺

1—测量内表面；2—紧固螺钉；3—游标；4—尺体；5—测量深度；6—活动卡脚；7—测量外表面；8—固定卡脚

1）刻线原理　如图 7.6（a）所示，当尺体和游标的卡脚贴合时，在尺体和游标上刻一上下对准的零线，尺体的每一小格为 1mm，游标上将 49mm 长度等分为 50 格，则：

游标每格长度＝49mm/50＝0.98mm

尺体与游标每格之差＝1mm－0.98mm＝0.02mm

2）读数方法　如图 7.6（b）所示，游标卡尺的读数方法可分为三步：

① 根据游标零线以左的尺体上的最近刻度，读出整数。

② 根据游标零线以右与尺体某一刻线对准的刻线的格数乘以 0.02 读出小数。

③ 将上面的整数和小数两部分相加，即为总尺寸。

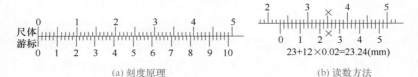

(a) 刻度原理   (b) 读数方法

图 7.6　游标卡尺的刻度原理及读数

3）测量方法　游标卡尺的测量方法如图 7.7 所示。

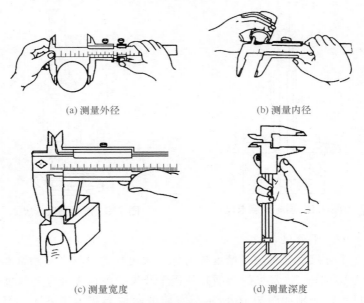

(a) 测量外径   (b) 测量内径

(c) 测量宽度   (d) 测量深度

图 7.7　游标卡尺的测量方法

4）使用游标卡尺的注意事项

① 使用前，先擦净卡脚，然后合拢两卡脚使之贴合，检查尺体和游标零线是否对齐。若未对齐，应在测量后根据原始误差修正读数。

② 测量时，方法要正确；读数时，视线要垂直于尺面，否

则测量值不准确。

③ 测量时，勿使内、外量爪过分压紧工件。

④ 游标卡尺只可用于测量已加工过的光滑工件表面，对表面粗糙的工件表面或运动中的光滑工件表面均不可用。

游标卡尺的种类很多，除了上述普通游标卡尺外，还有专门用于测量深度和高度的游标深度卡尺和游标高度卡尺，分别如图7.8和图7.9所示。游标高度卡尺还可用于钳工精密划线工作。

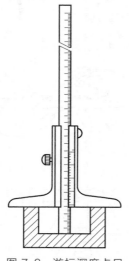 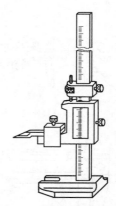

图 7.8　游标深度卡尺　　　　图 7.9　游标高度卡尺

（3）千分尺

千分尺是一种测量精度比游标卡尺更高的量具，其测量准确度为0.01mm。常见的类型有外径千分尺、内径千分尺和深度千分尺等，分别如图7.10所示。它们虽然种类和用途不同，但都是利用螺杆移动的基本原理。下面以外径千分尺为例，说明其刻线原理、读数方法及其注意事项。

如图7.11所示，千分尺的测量螺杆与微分套筒连在一起，当转动微分套筒时，测量螺杆和微分套筒一起向左或向右移动。

1）刻线原理　千分尺的读数机构由固定套筒和微分套筒组成（相当于游标卡尺的尺体和游标），如图7.11所示。固定套筒在轴

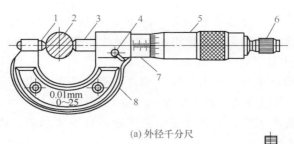

(a) 外径千分尺

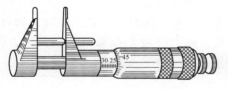

(b) 内径千分尺

(c) 深度千分尺

图 7.10　千分尺

1—砧座；2—工件；3—测量螺杆；4—止动器；

5—微分套筒；6—棘轮；7—固定套筒；8—弓架

线方向上刻有一条中线，中线的上、下方各刻一排刻线，刻线每小格间距均为 1mm，但上、下刻线互相错开 0.5mm。在微分套筒左端圆周上有 50 等分的刻度线，测量螺杆的螺距为 0.5mm，故微分套筒上每一小格的读数值为 0.5/50＝0.01（mm）。

当千分尺的测量螺杆左端与砧座表面接触后，微分套筒左端的边线与轴线刻度线的零线重合，同时圆周上的零线应与中线对准。

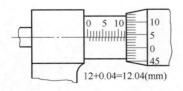

12+0.04=12.04(mm)

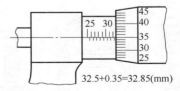

32.5+0.35=32.85(mm)

图 7.11　千分尺的刻线原理

2）读数方法　千分尺的读数方法如图 7.11 所示。

① 读出固定套筒上露出刻线的毫米数（应为 0.5mm 的整数倍）。

② 读出微分套筒上小于 0.5mm 的小数部分。

③ 将上述两部分读数相加，即为总尺寸。

3）注意事项

① 检查零点：使用前应先校对零点，若零点未对齐，在测量时应根据原始误差修正读数。

② 擦净工件：工件测量面应擦净，且不要偏斜，否则将产生读数误差。

③ 合理操作：当测量螺杆接近工件时，严禁再拧微分套筒，必须拧动右端棘轮，当棘轮发出"吱吱"打滑声，表示压力合适，应停止拧动。

（4）量规

量规是一种适于大批量生产的专用量具，也是一种间接量具。常见的有测量内径的塞规、测量外径的卡规、测量螺纹的螺纹规和测量间隙的塞尺等。

① 塞规和卡规 塞规的外形如图 7.12 所示。塞规用于测量孔径或槽宽，一端用于控制工件的最大极限尺寸，叫做"止端"；另一端用于控制工件的最小极限尺寸，叫做"过端"。用塞规测量时，只有当工件同时满足能通过"过端"而进不去"止端"，才能说明工件的实际尺寸在公差范围之内，是合格工件。

卡规的外形如图 7.12 所示。卡规用于测量外径或厚度，与塞规类似，一端为"止端"，另一端为"过端"，使用方法与塞规相同。

② 塞规和卡规的使用方法 见图 7.13。

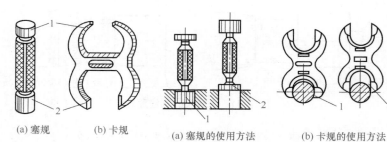

(a) 塞规　　　(b) 卡规

(a) 塞规的使用方法　　(b) 卡规的使用方法

图 7.12　塞规和卡规外形图　　　　图 7.13　塞规和卡规的使用方法

1—止端；2—过端　　　　　　　　1—过端；2—止端

（5）百分表

百分表是一种精度较高的比较量具，只能测出相对的数值，不能测出绝对数值。它主要用来检查工件的形状误差和位置误差（如圆度、平面度、垂直度、跳动等），也常用于工件的精度找正。

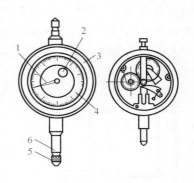

① 百分表的结构及工作原理　钟式百分表是一种常用的百分表，结构如图 7.14 所示。当测量杆向上或向下移动 1mm 时，通过齿轮传动系统带动大指针转一圈，小指针转一格。刻度盘在圆周上有 100 等分的刻度线，其每格读数值为 $1/100 = 0.01$mm；小指针每格读数值为 1mm。测量时大、小指针所示

图 7.14　钟式百分表

1—大指针；2—小指针；3—表壳；
4—刻度盘；5—测量头；6—测量杆

读数之和即为尺寸变化量，小指针处的刻度范围即为百分表的测量范围。测量前可通过转动刻度盘调整，使大指针指向零位。

② 百分表的正确使用　百分表常装在专用百分表座上使用，使用时需固定位置的，应装在磁性表座上；使用时需移动的，则直接装在普通表座上即可，如图 7.15 所示。

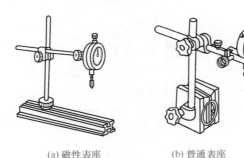

(a) 磁性表座　　　　　　　(b) 普通表座

图 7.15　百分表座

（6）90°角尺

一般90°角尺又称为直角尺，如图7.16所示。它的内侧两边及外侧两边分别制成准确的90°，用来检测小型零件上两垂直面的垂直度误差。测量时，将角尺的一边与工件贴紧，工件的另一面与角尺的另一边露出间隙，可用塞尺（见图7.17）来测量间隙大小，从而可计算出垂直度误差。

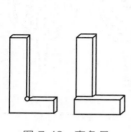

图 7.16　直角尺

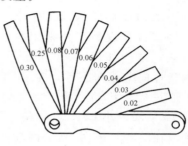

图 7.17　塞尺

（7）万能角度尺

万能角度尺是用来测量零件内、外角度的量具，如图7.18所示。

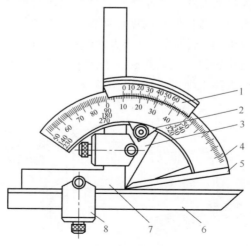

图 7.18　万能角度尺

1—游标；2—制动器；3—扇形板；4—主尺；
5—基尺；6—直尺；7—角尺；8—卡块

它的读数机构是根据游标原理制成的。主尺刻线每格为 $1°$，游标的刻线是将 $29°$ 等分为 30 格。

$$游标刻线每格度数 = \frac{29°}{30}$$

$$主尺与游标每格的差值 = 1° - \frac{29°}{30} = 2'$$

即万能角度尺的读数精度为 $2'$，它的读数方法与游标卡尺完全相同。

通过改变基尺、角尺、直尺的相互位置，可测量 $0°\sim320°$ 范围内的任意角度。测量时应先校对零位。当角尺与直尺均装上，且角尺的底边及基尺均与直尺无间隙接触，直尺与游标的零线对准时，表示万能角度尺的零位正确。否则，需要校正。

7.2 长度测量量具

7.2.1 游标类量具

（1）游标卡尺（见表 7.1）

◇ 表 7.1 游标卡尺（GB/T 1214.2—1996）　　　　　　　　　　mm

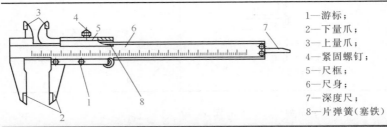

1—游标；
2—下量爪；
3—上量爪；
4—紧固螺钉；
5—尺框；
6—尺身；
7—深度尺；
8—片弹簧（塞铁）

测量范围	游标读数值		
	0.02	0.05	0.10
	示值误差		
0～125	±0.02	±0.05	±0.10
0～150	±0.02	±0.05	±0.10
0～200	±0.03	±0.05	±0.10
0～300	±0.04	±0.08	±0.10
0～500	±0.05	±0.08	±0.10
0～1000	±0.07	±0.10	±0.15

（2）深度游标卡尺（见表 7.2）

◇ 表 7.2　深度游标卡尺（GB/T 1214.4—1996）　　　　　　mm

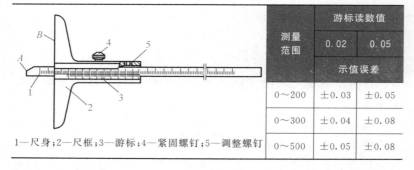

测量范围	游标读数值	
	0.02	0.05
	示值误差	
0～200	±0.03	±0.05
0～300	±0.04	±0.08
0～500	±0.05	±0.08

1—尺身；2—尺框；3—游标；4—紧固螺钉；5—调整螺钉

（3）高度游标卡尺（见表 7.3）

◇ 表 7.3　高度游标卡尺（GB/T 1214.3—1996）　　　　　　mm

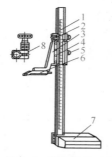

测量范围	游标读数值	
	0.02	0.05
	示值误差	
0～200	±0.03	±0.05
0～300	±0.04	±0.08
0～500	±0.05	±0.08
0～1000	±0.07	±0.10

1—尺身；2—微动框；3—尺框
紧固螺钉；4—游标；5—紧固螺钉；
6—划线爪；7—底座；8—表夹

（4）齿厚游标卡尺（见表 7.4）

（5）带表卡尺（见表 7.5）

（6）数显卡尺（见表 7.6）

（7）常用游标类量具使用中的注意事项

测量前要将卡尺的测量面用软布擦干净，卡尺的两个量爪合
拢，应密不透光。如漏光严重，需进行修理。量爪合拢后，游标
零线应与尺身零线对齐。如对不齐，就存在零位偏差，一般不能

◇ 表 7.4 齿厚游标卡尺（GB/T 6316—2008）   mm

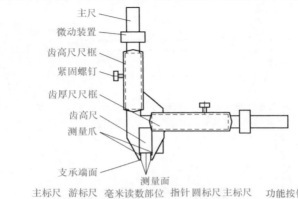

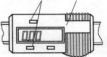

(a) 游标齿厚卡尺   (b) 带表齿厚卡尺   (c) 数显齿厚卡尺

测量范围	公差等级	最大允许误差
1～16	IT4	±0.03
1～25		
5～32		
15～55		

◇ 表 7.5 带表卡尺（GB/T 6317—1993）   mm

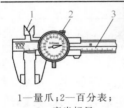

1—量爪；2—百分表；
3—毫米标尺

测量范围	指示表分度值	示值变动性	示值误差	指示表示值范围
0～150	0.01	0.006	±0.02	1
0～200	0.02			1
				2
0～300	0.05	0.05	±0.05	5

使用，若要使用，需加校正值，游标在尺身上滑动要灵活自如，不能过松或过紧，不能晃动，以免产生测量误差。

测量时，应使量爪轻轻接触零件的被测表面，保持合适的测量力，量爪位置要摆正，不能歪斜。

◈ 表 7.6　数显卡尺

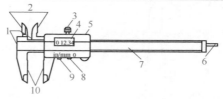

1—台阶测量面；2—刀口内测量面；3—紧固螺钉；4—液晶显示屏；5—数据输出接口；
6—深度尺；7—主尺；8—置零装置；9—米制、英制转换按钮；10—外测量面

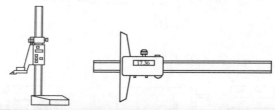

名称	测量范围	读数值	分辨率	示值误差
电子数显卡尺	0～150 0～200 0～300 0～500			±0.03
电子数显 高度卡尺	0～200 0～300	0.01	0.01	±0.03
	0～500			±0.05
电子数显 深度卡尺	0～200 0～300 0～500			±0.03

　　读数时，视线应与尺身表面垂直，避免产生视觉误差。

　　(8) 常用游标类量具的维护保养

　　① 不准把卡尺的两个量爪当扳手或划线工具使用，不准用卡尺代替卡钳、卡板等在被测件上推拉，以免磨损卡尺，影响测量精度。

　　② 带深度尺的游标卡尺，用完后应将量爪合拢，否则较细的深度尺露在外边，容易变形，甚至折断。

　　③ 测量结束时，要把卡尺平放。特别是大尺寸卡尺，否则易引起尺身弯曲变形。

④ 卡尺使用完毕，要擦净并上油，放置在专用盒内，防止弄脏或生锈。

⑤ 不可用砂布或普通磨料来擦除刻度尺表面及量爪测量面的锈迹和污物。

⑥ 游标卡尺受损后，不允许用锤子、锉刀等工具自行修理，应交专门修理部门修理，并经检定合格后才能使用。

7.2.2 螺纹测量量具

（1）外径千分尺（见表7.7）

（2）内径千分尺（见表7.8）

（3）深度千分尺（见表7.9）

（4）内测千分尺（见表7.10）

（5）公法线千分尺（见表7.11）

（6）螺纹千分尺（见表7.12）

◇ 表7.7 外径千分尺（GB/T 1216—2018）　　　　　　　　mm

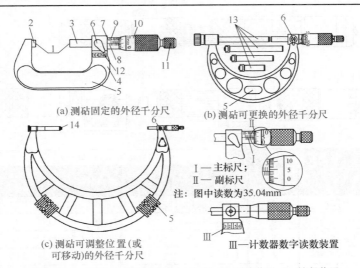

(a) 测砧固定的外径千分尺

(b) 测砧可更换的外径千分尺

Ⅰ—主标尺；
Ⅱ—副标尺
注：图中读数为35.04mm

(c) 测砧可调整位置（或可移动）的外径千分尺

Ⅲ—计数器数字读数装置

1—测量面；2—测砧；3—测微螺杆；4—尺架；5—隔热装置；6—锁紧装置；
7—固定套筒；8—基准线；9—标尺模拟读数装置；10—微分筒；11—测力装置；
12—计数器数字读数装置；13—可换测砧；14—可调整位置的测砧

测量范围	分度值	示值误差	两测量面平行度
0～25,25～50		0.004	0.002
50～75,75～100		0.005	0.003
100～125,125～150		0.006	0.004
150～175,175～20		0.007	0.005
200～225,225～250		0.008	0.006
250～275,275～330		0.009	0.007
300～325,325～350 350～375,375～400	0.01	0.011	0.009
400～425,425～450 450～475,475～500		0.013	0.011
500～600		0.015	0.012
600～700		0.016	0.014
700～800		0.018	0.016
800～900		0.020	0.018
900～1000		0.022	0.020

◇ **表 7.8　两点内径千分尺（GB/T 8177—2004）**　　　　　mm

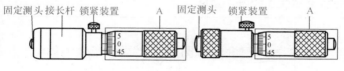

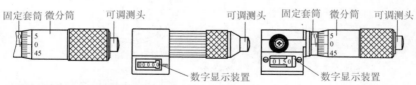

测微头量程		13mm、25mm、50mm			
测量长度 l/mm	最大允许 误差/μm	测量长度 l/mm	最大允许 误差/μm	测量长度 l/mm	最大允许 误差/μm
$l \leqslant 50$	4	$350 < l \leqslant 400$	11	$1600 < l \leqslant 2000$	32
$50 < l \leqslant 100$	5	$400 < l \leqslant 450$	12	$2000 < l \leqslant 2500$	40
$100 < l \leqslant 150$	6	$450 < l \leqslant 500$	13	$2500 < l \leqslant 3000$	50
$150 < l \leqslant 200$	7	$500 < l \leqslant 800$	16	$3000 < l \leqslant 4000$	60
$200 < l \leqslant 250$	8	$800 < l \leqslant 1250$	22	$4000 < l \leqslant 5000$	72
$250 < l \leqslant 300$	9	$1250 < l \leqslant 1600$	27	$5000 < l \leqslant 6000$	90
$300 < l \leqslant 350$	10				

◇ 表 7.9　深度千分尺（GB/T 1218—1987）　　　　　　　mm

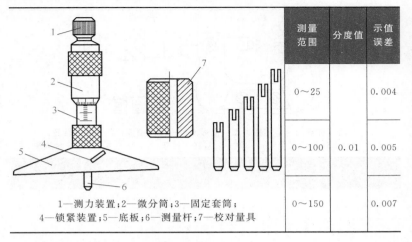

	测量范围	分度值	示值误差
	0～25		0.004
	0～100	0.01	0.005
	0～150		0.007

1—测力装置；2—微分筒；3—固定套筒；
4—锁紧装置；5—底板；6—测量杆；7—校对量具

◇ 表 7.10　内测千分尺（GB/T 42003—1987）　　　　　mm

	测量范围	分度值	示值误差
	5～30		0.007
	25～50		0.008
	50～75	0.01	0.009
	75～100		0.010
	100～125		0.011
	125～150		0.012

◇ 表 7.11　公法线千分尺（GB/T 1217—1986）　　　　　mm

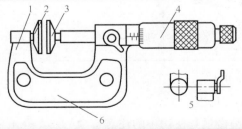

1—尺架；
2—测砧；
3—活动测砧；
4—微分筒；
5—半圆盘测砧；
6—隔热装置

测量范围	分度值	示值误差	两测量面平行度
0～25,25～50		0.004	0.004
50～75,75～100	0.01	0.005	0.005
100～125,125～150		0.006	0.006

◇ 表 7.12 螺纹千分尺（GB/T 10932—1989） mm

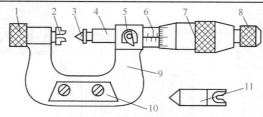

1—调零装置；2—V 形插头；3—锥形插头；4—测微螺杆；5—锁紧装置；
6—固定套筒；7—微分筒；8—测力装置；9—尺架；10—隔热板；11—校对量规

测量范围	测头对数	分度值	测头测量螺距的范围	示值误差
0～25	5	0.01	0.4～0.5；0.6～0.8；1～1.25；1.5～2；2.5～3.5	±0.004
25～50	5		0.6～0.8；1～1.25；1.5～2；2.5～3.5；4～6	±0.004
50～75；75～100	4		1～1.25；1.5～2；2.5～3.5；4～6	±0.005
100～125；125～150	3		1.5～2；2.5～3.5；4～6	±0.005

（7）壁厚千分尺（见表 7.13）

◇ 表 7.13 壁厚千分尺（GB/T 6312—1986） mm

型式	测量范围	分度值	示值误差
Ⅰ型	0～25	0.01	0.004
Ⅱ型			0.008

Ⅰ型
Ⅱ型
1—固定测砧；2—测微螺杆

（8）板厚千分尺（见表 7.14）

（9）奇数沟千分尺（见表 7.15）

（10）常用螺旋副测微量具使用中的注意事项

测量之前，转动千分尺的测力装置上的棘轮，使两个测量面合拢，检查测量面间是否密合，同时观察微分筒上的零线与固定套管的中线是否对齐，如有零位偏差，应进行调整。调整的方法

◇ 表 7.14　板厚千分尺（GB/T 2989—1999）　　　　　　　　　　　mm

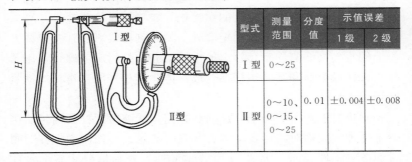

型式	测量范围	分度值	示值误差	
			1 级	2 级
Ⅰ型	0～25	0.01	±0.004	±0.008
Ⅱ型	0～10、0～15、0～25			

◇ 表 7.15　奇数沟千分尺（GB/T 10932—1989）　　　　　　　　　mm

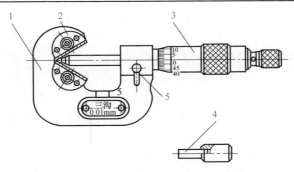

1—尺架；2—测砧；3—微分筒；4—校对量具；5—锁紧装置

型式	测砧夹角	测量范围	分度值	示值误差
三沟千分尺	60°	1～15	0.01	±0.004
		5～20		
		20～35		±0.005
		35～50		
		50～65		±0.006
		65～80		
五沟千分尺	108°	5～25		±0.004
		25～45		±0.005
		45～65		±0.006
		65～85		±0.007

是：先使砧座与测微螺杆的测量面合拢，然后利用锁紧装置将测微螺杆锁紧，松开固定套管的紧固螺钉，再用专用扳手插入固定套管的小孔中，转动固定套管使其中线对准微分筒刻度的零线，

最后拧紧紧固螺钉。如果零位偏差是由于微分筒的轴向位置相差较远而致，可将测力装置上的螺母松开，使压紧接头放松，轴向移动微分筒，使其左端与固定套管上的零刻度线对齐，并使微分筒上的零刻度线与固定套管上的中线对齐，然后旋紧螺母，压紧接头，使微分筒和测微螺杆结合成一体，再松开测微螺杆的锁紧装置。

测量时先用手转动千分尺的微分筒，待测微螺杆的测量面接近工件被测表面时，再转动测力装置上的棘轮，使测微螺杆的测量面接触工件表面，听到 2～3 声"咔咔"声后即停止转动，此时已得到合适的测量力，可读取数值。不可用手猛力转动微分筒，以免使测量力过大而影响测量精度，严重时还会损坏螺纹传动副。

使用时，千分尺的测微螺杆的轴线应垂直零件被测表面。该数时最好不从工件上取下千分尺，如需取下读数时，应先锁紧测微螺杆，然后再轻轻取下，以防止尺寸变动产生测量误差。读数要细心，看清刻度，特别要注意分清整数部分和 0.5mm 的刻线。

(11) 常用螺旋副测微量具的维护保养

① 不能用千分尺测量零件的粗糙表面，也不能用千分尺测量正在旋转的零件。

② 千分尺要轻拿轻放，不要摔碰。如受到撞击，应立即进行检查，必要时送计量部门检修。

③ 千分尺应保持清洁。测量完毕，用软布或棉纱等擦干净，放入盒中。长期不用应涂防锈油。要注意勿使两个测量面贴合在一起，以免锈蚀。

④ 大型千分尺应平放在盒中，以免变形。

⑤ 不允许用砂布和金刚砂擦拭测微螺杆上的污锈。

⑥ 不能在千分尺的微分筒和固定套管之间加酒精、煤油、柴油、凡士林和普通机油等；不允许把千分尺浸泡在上述油类及酒精中。如发现上述物质侵入，要用汽油洗净，再涂以特种轻质润滑油。

7.2.3　表类量具

（1）百分表（见表7.16）

◇ 表7.16　百分表（GB/T 1219—2000）　　　　　　　　　　mm

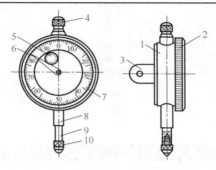

1—表体；2—表圈；3—耳环；4—测帽；5—转数指针；6—指针；
7—刻度盘；8—装夹套筒；9—测杆；10—测头

用途	测量范围	分度值	示值总误差	示值变动性
主要用于直接或相对测量工件的长度尺寸、几何形状偏差,也可用于某些测量装置的指示部分和深度尺寸	0～3		0.014	
	0～5	0.01	0.016	0.003
	0～10		0.018	

（2）大量程百分表（见表7.17）

◇ 表7.17　大量程百分表（GB/T 6311—2000）　　　　　　　　mm

用途	测量范围	分度值	示值总误差	示值变动性
主要用于大量程测量分度值为0.01mm	0～30		0.030	
	0～50	0.01	0.040	0.005
	0～100		0.050	

(3) 千分表（见表 7.18）

◇ 表 7.18　千分表（GB/T 1214—2000）　　　　　　　　　　mm

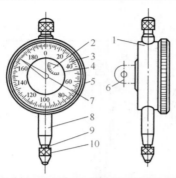

1—表体；
2—转数指针；
3—表盘；
4—转数指示盘；
5—表圈；
6—耳环；
7—指针；
8—套筒；
9—量杆；
10—测量头

用途	测量范围	分度值	示值总误差	示值变动性
主要用途与百分表相同，因其比百分表的放大比更大，分度值更小，测量的精确度更高，可用于较高精度的测量	0～1	0.001	0.004	0.003
	0～2		0.006	0.003
	0～3		0.008	0.003
	0～5		0.009	0.005

(4) 杠杆百分表（见表 7.19）

◇ 表 7.19　杠杆百分表（GB/T 8123—1998）　　　　　　　　mm

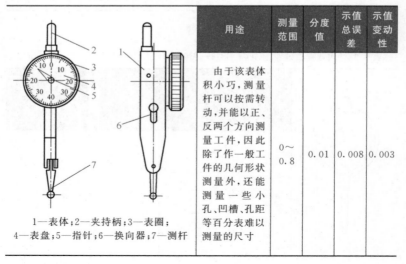

1—表体；2—夹持柄；3—表圈；
4—表盘；5—指针；6—换向器；7—测杆

用途	测量范围	分度值	示值总误差	示值变动性
由于该表体积小巧，测量杆可以按需转动，并能以正、反两个方向测量工件，因此除了作一般工件的几何形状测量外，还能测量一些小孔、凹槽、孔距等百分表难以测量的尺寸	0～0.8	0.01	0.008	0.003

（5）杠杆千分表（见表7.20）

◎ 表 7.20　杠杆千分表（GB/T 8123—1998）　　　　mm

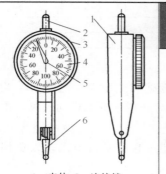

1—表体；2—连接销；
3—表圈；4—表盘；
5—指针；6—测量杆

用途	测量范围	分度值	示值总误差	示值变动性
主要用途与杠杆百分表相同,因其放大比大、分度值小、测量精度比杠杆百分表高,可测量一些制造精度较高的工件的几何形状和相互位置偏差,以及用相对法测量尺寸	0～0.2	0.002	0.003	0.0005

（6）内径百分表（见表7.21）

◎ 表 7.21　内径百分表（GB/T 8122—1987）　　　　mm

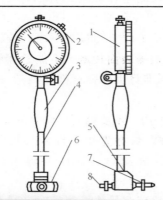

1—百分表；
2—制动器；
3—手柄；
4—直管；
5—主体；
6—定位护桥；
7—活动测头；
8—可换测头

用途、分度值	主要用于相对法测量孔径或槽宽及其几何形状误差。分度值为 0.01mm			
测量范围	6～10	10～18	18～35	35～50
活动测头工作行程	0.6	0.8	1	1.2
深孔深度 H　Ⅰ 型	≤40	≤50	≤60	≤80
深孔深度 H　Ⅱ 型	≥80	≥100	≥125	≥160
示值误差	0.012	0.012	0.015	0.015

测量范围		6～10	6～10	6～10	6～10
活动测头工作行程		1.6	1.6	1.6	1.6
深孔深度 H	Ⅰ型	≤100	≤125	≤200	≤250
	Ⅱ型	≥200	≥250	≥400	≥500
示值误差		0.018	0.018	0.018	0.018

（7）常用表类量具使用中的注意事项

① 测量前，应检查表盘玻璃是否破裂或脱落，测量头、测量杆、套筒等是否有碰伤或锈蚀，表盘和指针有无松动现象，检查指针的平稳性和转动稳定性。

② 测量时，测量杆的行程不要超过它的示值范围，以免损坏表内零件。

③ 表架要放稳，以免表落地摔坏。使用磁性表座时要注意表座的旋钮位置。

④ 测量时，应使测量杆垂直零件被测表面。测量圆柱面的直径时，测量杆的中心线要通过被测圆柱面的轴线。

⑤ 测量头与被测表面接触时，测量杆应预先有 0.3～1mm 的压缩量，保持一定的初始测力，以免负偏差测不出来。

⑥ 测量时应轻提测量杆，移动工件至测量头下面（或将测量头移至工件上），再缓慢放下与被测表面接触。不能急骤放下测量杆，否则易造成测量误差。不准将工件强行推入测量头下，以免损坏量仪。

⑦ 严防水、油、灰尘等进入表内，不要随便拆卸表的后盖。

⑧ 用内径千分表测量孔径时，最好先用游标卡尺粗测一下孔径尺寸，然后再用内径千分表测量，这样可防止读错尺寸。

⑨ 使用内径千分表测量属于比较测量法。测量时必须摆动内径千分表（图 7.19），千分表的最小读数即为被测孔的实际尺寸。

⑩ 在使用内径千分表时，必须注意表上的刻度盘不能转动，如果有了转动，就必须重新校正零位，否则，不能测得准确尺寸。

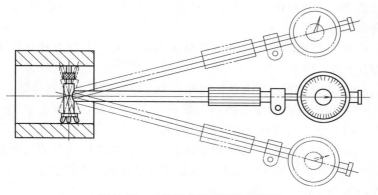

图 7.19　内径千分表的测量示意图

（8）常用表类量具的维护保养

① 使用时要仔细，提压测量杆的次数不要过多，距离不要过大，以免损坏机件，加剧测量头端部以及齿轮系统等过早地磨损。

② 不允许测量表面粗糙或有明显凹凸的工作表面，这样会使精密量具的测量杆发生歪扭和受到旁侧压力，从而损坏测量杆和其它机件。

③ 应避免剧烈震动和碰撞，不要使测量头突然撞击在被测表面上，以防测量杆弯曲变形，更不能敲打表的任何部位。

④ 在遇到测量杆移动不灵活或发生阻滞时，不允许用强力推压测量头，应送交维修人员进行检查修理。

⑤ 不应把精密量具放置在机床的滑动部位，如机床导轨等处，以免使量具轧伤和摔坏。

⑥ 不要把精密量具放在磁场附近，以免造成百分表机件感受磁性，失去应有的精度。

⑦ 防止水或油液渗入百分表内部，不应使量具与切削液或冷却剂接触，以免机件腐蚀。

⑧ 不要随便拆卸精密量表或表体的后盖，以免尘埃及油污侵入机件，造成传动系统的障碍或弄坏机件。

⑨ 在精密量表上不准涂有任何油脂，否则会使测量杆和套

筒黏结，造成动作不灵活，而且油脂易黏结尘土，从而损坏量表内部的精密机件。

⑩ 不使用时，应使测量杆处于自由状态，不应有任何压力加在上面。

⑪ 若发现百分表有锈蚀现象，应立即交量具修理站检修。

⑫ 精密量表不能与锉刀、凿子等工具堆放在一起，以免擦伤、碰毛精密测量杆，或打碎玻璃表盖等。

⑬ 使用完毕后，必须用干净的布或软纸将精密量表的各部分擦干净，然后装入专用盒子内，使测量杆处于自由状态，以免表内弹簧失效。

7.3 角度测量量具

7.3.1 刀口形直角尺

◇ 表 7.22　刀口形直角尺（GB/T 6092—2004）　　　　　　　　mm

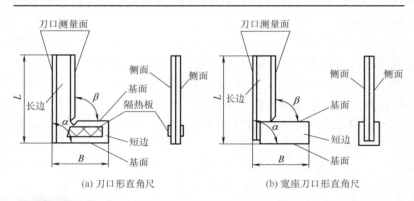

(a) 刀口形直角尺　　　　　　　　　　(b) 宽座刀口形直角尺

刀口形 直角尺	精度等级		0级、1级						
	基本尺寸	L	50	63	80	100	125	160	200
		B	32	40	50	63	80	100	125
宽座刀口 形直角尺	精度等级		0级、1级								
	基本尺寸	L	50	75	100	150	200	250	300	500	750	1000
		B	40	50	70	100	130	165	200	300	400	550

7.3.2　万能角度尺

◇ 表 7.23　万能角度尺（GB/T 6315—2008）

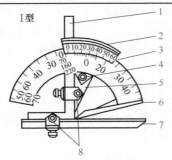 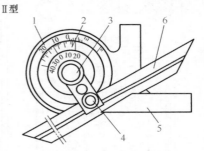

1—角尺；2—游标；3—主尺；4—制动器；
5—扇形尺；6—基尺；7—直尺；8—卡块

1—主尺；2—游标；3—制动器；
4—卡块；5—基尺；6—直尺

结构特点、用途	主要由主尺、直角尺、直尺、游标、扇形板、制动器等组成。通过几个尺的不同组合可测量 0°～50°、50°～140°、140°～230°、230°～320° 的不同角度				
型式	游标读数值	测量范围	直尺测量面	附加直尺测量面	其他测量面
			公称长度/mm		
Ⅰ型	2′,5′	0°～320°	≥150	—	≥50
Ⅱ型	5′	0°～360°	200,300	—	

7.3.3　正弦规

◇ 表 7.24　正弦规（JB/T 7973—1999）　　　　　　　　mm

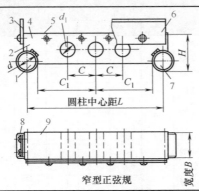

圆柱中心距L

窄型正弦规

宽度B

1—圆柱；
2—侧面；
3—前挡板；
4—主体；
5—工作面；
6—侧挡板；
7—圆柱；
8—螺钉；
9—侧面

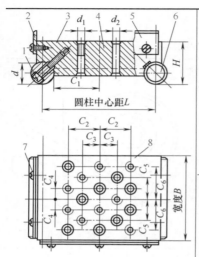

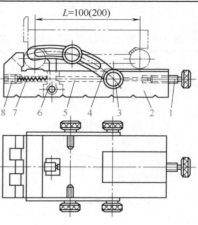

宽型正弦规

1—螺钉；2—前挡板；3—工作面；
4—主体；5—侧挡板；6—圆柱；
7—螺钉；8—侧面

正弦规支撑板

1—锁紧螺钉；2—底座；
3—支撑螺钉；4—支撑板；5—压紧杆；
6—压紧杠杆；7—弹簧；8—止推螺钉

基本尺寸													
型式	L	B	d	H	C	C_1	C_2	C_3	C_4	C_5	C_6	d_1	d_2	d_3
窄型	100	25	20	30	20	40	—	—	—	—	—	12	—	—
	200	40	30	55	40	85	—	—	—	—	—	20	—	—
宽型	100	80	20	40	—	40	30	15	10	20	30	—	7B12	M6
	200	80	30	55	—	85	70	30	10	20	30	—	7B12	M6

综合误差						
项目			$L=100$mm		$L=200$mm		备注
			0 级	1 级	0 级	1 级	
两圆柱中心距的偏差	窄型		±1	±2	±1.5	±3	
	宽型		±2	±3	±2	±4	
两圆柱轴线的平行度	窄型		1	1	1.5	2	全长上
	宽型		2	3	2	4	
主体工作面上各孔中心线间距离的偏差	宽型	μm	±100	±200	±100	±200	
同一正弦规的两圆柱直径差	窄型		1	1.5	1.5	2	
	宽型		1.5	3	2	3	
圆柱工作面的圆柱度	窄型		1	1.5	1.5	2	
	宽型		1.5	2	1.5	2	

项目		$L=100\text{mm}$		$L=200\text{mm}$		备注
		0 级	1 级	0 级	1 级	
正弦规主体工作面平面度		1	2	1.5	2	中凹
正弦规主体与两圆柱下部 母线公切面的平行度	μm	1	2	1.5	3	
侧挡板工作面与圆柱轴线的垂直度		22	35	30	45	
前挡板工作面与 圆柱轴线的平行度	窄型	5	10	10	20	全长上
	宽型	20	40	30	60	
正弦规装置成 30° 时的综合误差	窄型	±5″	±8″	±5″	±8″	
	宽型	±8″	±16″	±8″	±16″	

注：1. 表中数值是温度为 20℃时的数值。

2. 表中所列误差在工作面边缘 1mm 范围内不计。

7.4　精密量规

7.4.1　塞尺

◇ 表 7.25　塞尺（JB/T 8788—1998）　　　　　　　　　　　　mm

A 型	B 型	塞尺片 长度	片数	塞尺片厚度及组装顺序
组别标记				
150A13 200A13 300A13	75B13 100B13		13	0.10, 0.02, 0.02, 0.03, 0.03,0.04,0.04,0.05,0.05, 0.06,0.07,0.08,0.09
150A14 200A14 300A14	75B14 100B14	75 100 150 200 300	14	1.00, 0.05, 0.06, 0.07, 0.08,0.09,0.10,0.15,0.20, 0.25,0.30,0.40,0.50,0.75
150A17 200A17 300A17	75B17 100B17		17	0.05, 0.02, 0.03, 0.04, 0.05,0.06,0.07,0.08,0.09, 0.10,0.15,0.20,0.25,0.30, 0.35,0.40,0.45

A 型	B 型	塞尺片长度	片数	塞尺片厚度及组装顺序
组别标记				
150A20 200A20 300A20	75B20 100B20	75 100 150 200 300	20	1.00，0.05，0.10，0.15，0.20，0.25，0.30，0.35，0.40，0.45，0.50，0.55，0.60，0.65，0.70，0.75，0.80，0.85，0.90，0.95
150A21 200A21 300A21	75B21 100B21		21	0.05，0.02，0.02，0.03，0.03，0.04，0.04，0.05，0.05，0.06，0.07，0.08，0.09，0.10，0.15，0.20，0.25，0.30，0.35，0.40，0.45

注：保护片厚度建议采用≥0.30mm。

7.4.2 半径样板

◇ **表 7.26 半径样板（JB/T 7980—1999）** mm

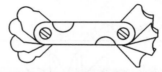

组别	半径尺寸范围	半径尺寸系列	样板宽度	样板厚度	样板数	
					凸形	凹形
1	1～6.5	1，1.25，1.5，1.75，2，2.25，2.5，2.75，3，3.5，4，4.5，5，5.5，6，6.5	13.5	0.5		16
2	7～14.5	7，7.5，8，8.5，9，9.5，10，10.5，11，11.5，12，12.5，13，13.5，14，14.5	20.5			
3	15～25	15，15.5，16，16.5，17，17.5，18，18.5，19，19.5，20，21，22，23，24，25				

7.4.3 中心孔规

◇ **表 7.27 中心孔规**

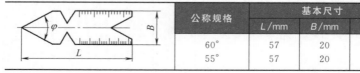

公称规格	基本尺寸		
	L/mm	B/mm	φ
60°	57	20	60°
55°	57	20	55°

7.4.4 螺纹样板

◇ 表 7.28 螺纹样板（JB/T 7981—1999） mm

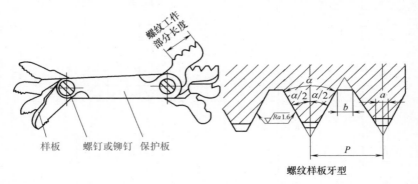

螺纹样板牙型

螺距 P		基本牙型角 α	牙型半角 α/2 极限偏差	牙顶和牙底宽度			螺纹工作部分长度
				a		b	
基本尺寸	极限偏差			最小	最大	最大	
0.40	±0.010	60°	±60′	0.10	0.16	0.05	5
0.45				0.11	0.17	0.06	
0.50			±50′	0.13	0.21	0.06	
0.60				0.15	0.23	0.08	
0.70	±0.015			0.18	0.26	0.09	10
0.75	±0.015		±40′	0.19	0.27	0.09	10
0.80				0.20	0.28	0.10	
1.00				0.25	0.33	0.13	
1.25			±35′	0.31	0.43	0.16	
1.50				0.38	0.50	0.19	
1.75	±0.020	60°	±30′	0.44	0.56	0.22	16
2.00				0.50	0.62	0.25	
2.50			±25′	0.63	0.75	0.31	
3.00				0.75	0.87	0.38	
3.50				0.88	1.03	0.44	
4.00				1.00	1.15	0.50	
4.50			±20′	1.13	1.28	0.56	
5.00				1.25	1.40	0.63	
5.50				1.38	1.53	0.69	
6.00				1.50	1.65	0.75	

螺距 P			基本牙型角 α	牙型半角 α/2 极限偏差	牙顶和牙底宽度			螺纹工作部分长度
每英尺牙数	基本尺寸	极限偏差			a		b	
					最小	最大	最大	
28	0.907				0.22	0.30	0.15	
24	1.058			±40′	0.27	0.39	0.18	
22	1.154				0.29	0.41	0.19	
20	1.270	±0.015	55°	±35′	0.31	0.43	0.21	10
19	1.337				0.33	0.45	0.22	
18	1.411			±30′	0.35	0.47	0.24	
16	1.588				0.39	0.561	0.27	
14	1.814			±30′	0.45	0.57	0.30	10
12	2.117				0.52	0.64	0.35	
11	2.309				0.57	0.69	0.38	
10	2.540				0.62	0.74	0.42	
9	2.822			±25′	0.69	0.81	0.47	
8	3.175	±0.012	55°		0.77	0.92	0.53	
7	3.629				0.89	1.04	0.60	16
6	4.233				1.04	1.19	0.70	
5	5.080				1.24	1.39	0.85	
4.5	5.644			±20′	1.38	1.53	0.94	
4	6.350				1.55	1.7	1.06	

7.4.5 光滑极限量规

(1) 光滑极限量规的型式和适用的基本尺寸范围 (见表 7.29)

◇ 表 7.29 光滑极限量规的型式和适用的基本尺寸范围

光滑极限量规型式		适用的基本尺寸/mm
孔用极限量规	针式塞规(测头与手柄)	1~6
	锥柄圆柱塞规(测头)	1~50
	三牙锁紧式圆柱塞规(测头)	>40~120
	三牙锁紧式非全型塞规(测头)	>80~180
	非全型塞规	>180~260
	球端杆规	>120~500
轴用极限量规	圆柱环规	1~100
	双头组合卡规	≤3
	单头双极限组合卡规	≤3
	双头卡规	>3~10
	单头双极限卡规	1~260

（2）孔用极限量规（见表 7.30）

◇ 表 7.30　孔用极限量规

mm

类型	型式	参数
针式塞规	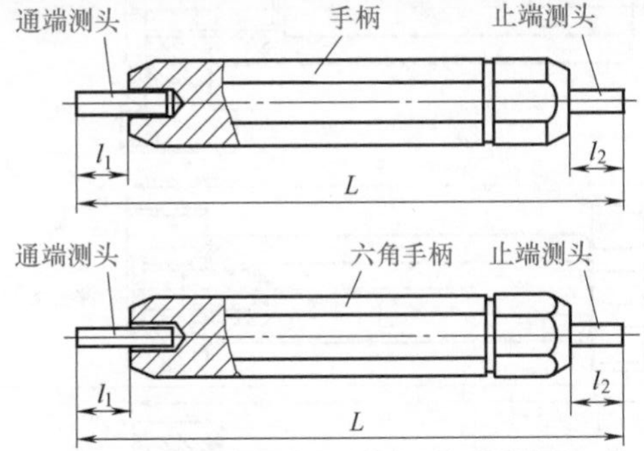	基本尺寸 D：$1<D\leqslant3$，L=65，l_1=12，l_2=8；$3<D\leqslant6$，L=80，l_1=15，l_2=10
锥柄圆柱塞规	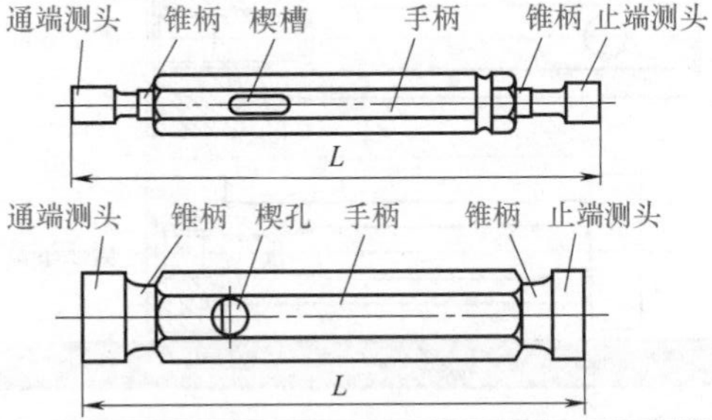	基本尺寸 D：$1<D\leqslant3$，L=62；$3<D\leqslant6$，L=74；$6<D\leqslant10$，L=85；$10<D\leqslant14$，L=97；$14<D\leqslant18$，L=110；$18<D\leqslant24$，L=132；$24<D\leqslant30$，L=136；$30<D\leqslant40$，L=145；$40<D\leqslant50$，L=171

续表

类型	型式	基本尺寸 D	双头手柄 L	单头手柄 通端塞规 L_1	单头手柄 止端塞规 L_1
三牙锁紧式圆柱塞规	双头手柄 / 单头手柄 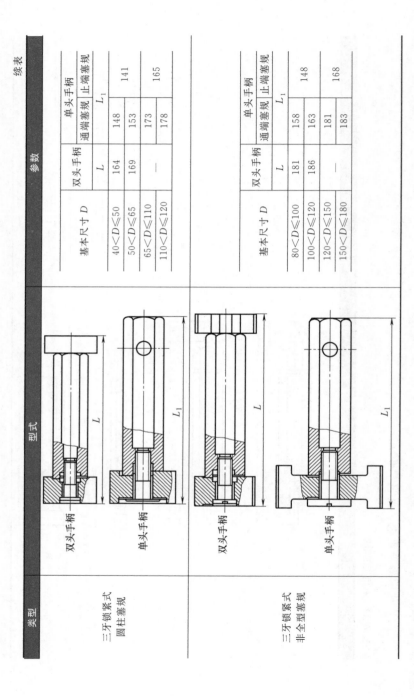	40<D≤50	164	148	141
		50<D≤65	169	153	
		65<D≤110	—	173	165
		110<D≤120		178	
三牙锁紧式非全型塞规	双头手柄 / 单头手柄	80<D≤100	181	158	148
		100<D≤120	186	163	
		120<D≤150	—	181	168
		150<D≤180		183	

续表

类型	型式	参数				

基本尺寸 D	L		l_1	l_3	l_3
	通端塞规	止端塞规			
$180 < D \leqslant 200$	52	42	70	124	156
$200 < D \leqslant 220$				130	172
$220 < D \leqslant 240$			80	144	190
$240 < D \leqslant 260$			84	154	208

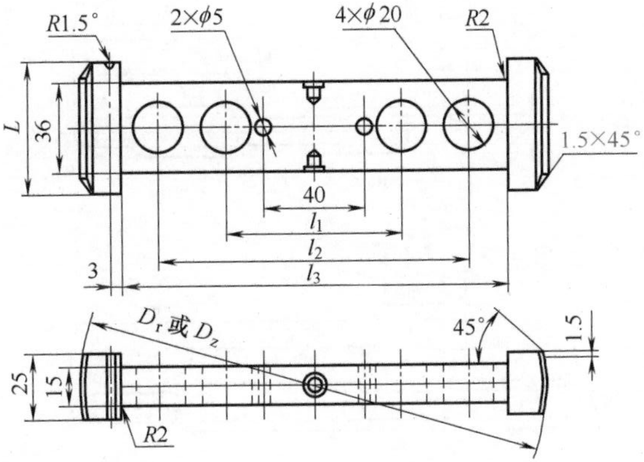

型式：

$1.5 \times 45°$
$R2$
$4 \times \phi 20$
$2 \times \phi 5$
$R1.5°$
40
l_1
l_2
l_3
36
L
3

$45°$
1.5
D_r 或 D_z
$R2$
25
15

类型：非全型塞规

类型	型式	参数

参数

基本尺寸 D	a	b	c	e	f	g	h	l_1	l_2
120<D≤180	16	12	8	12	—	2	0.6	22	60
180<D≤250	20	16	12	16	30			26	80
250<D≤315						2.5	0.8	32	50
315<D≤500	24	18	14	20	45				60

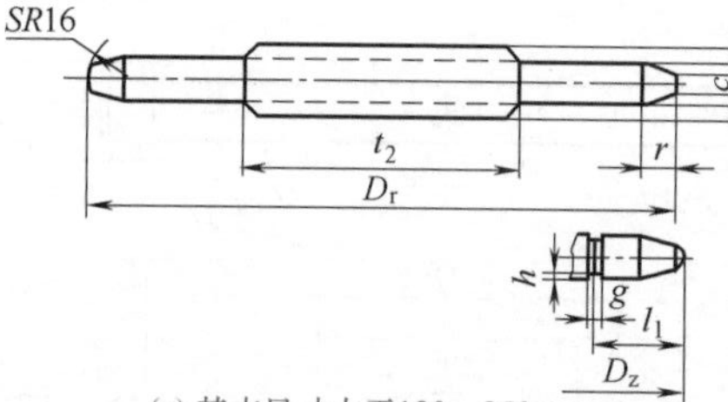

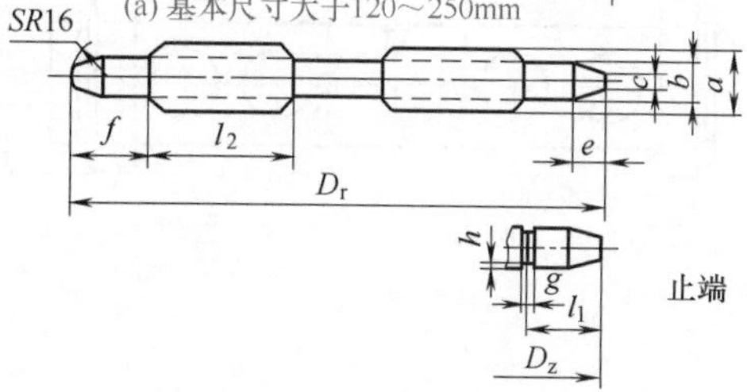

型式

(a) 基本尺寸大于120~250mm

通端　止端　SR16

(b) 基本尺寸大于250~500mm

通端　止端　SR16

类型：球端杆规

（3）轴用极限量规（见表 7.31）

◇ 表 7.31　轴用极限量规

mm

名称	型式	基本尺寸 D	D_1	L_1	L_2	b	基本尺寸 D	D_1	L_1	L_2	b
圆柱环规	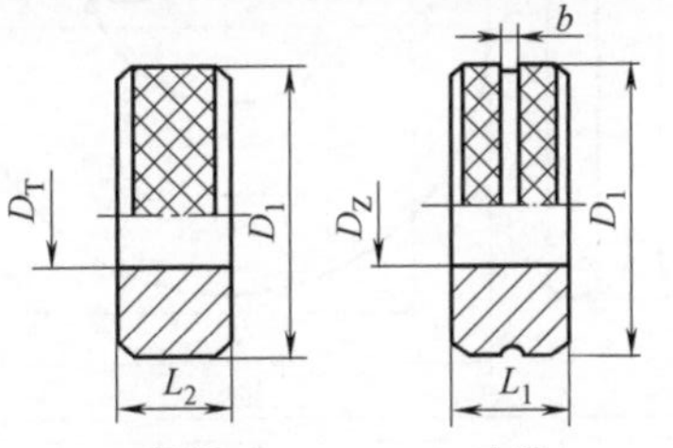b D_T D_1 D_Z D_1 L_2 L_1 通端 止端	1～2.5	16	4	6	1	＞32～40	71	18	24	2
		＞2.5～5	22	5	10		＞40～50	85	20	32	
		＞5～10	32	8	12		＞50～60	100	20	32	
		＞10～15	38	10	14		＞60～70	112	24	32	
		＞15～20	45	12	16		＞70～80	125	24	32	3
		＞20～25	53	14	18	2	＞80～90	140	24	32	
		＞25～32	63	16	20		＞90～100	160	24	32	
双头组合卡规	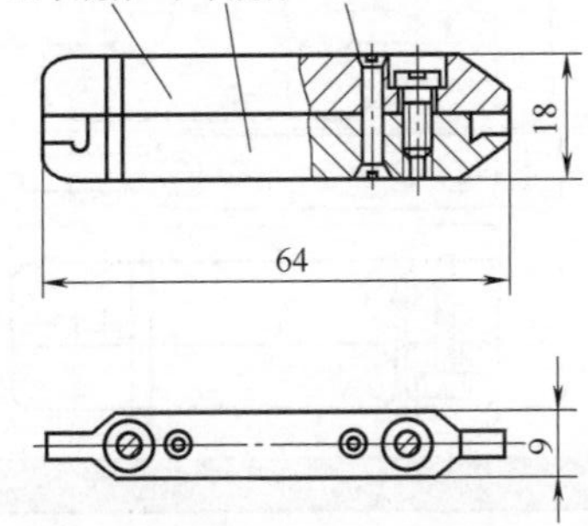上卡规体 下卡规体 圆柱销 18 64 9	1～3	—								

机械切削加工综合手册

名称	型式	基本尺寸 D	D₁	L₁	L₂	b

单头双极限组合卡规

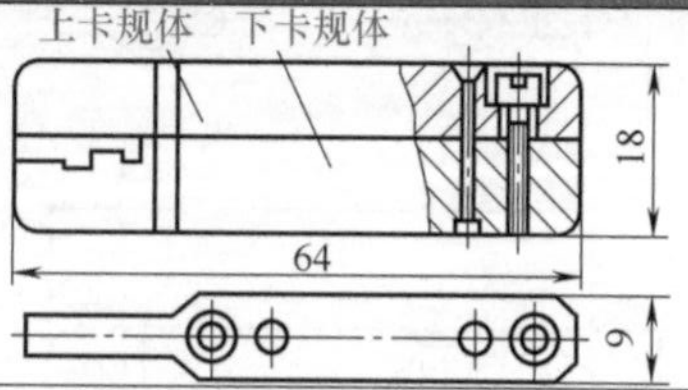

基本尺寸 D
1~3

（图中尺寸：18、6、64）

双头卡规

基本尺寸 D	L	l	B	d	b
>3~6	45	22.5	26	10	14
>6~10	52	26	30	12	20

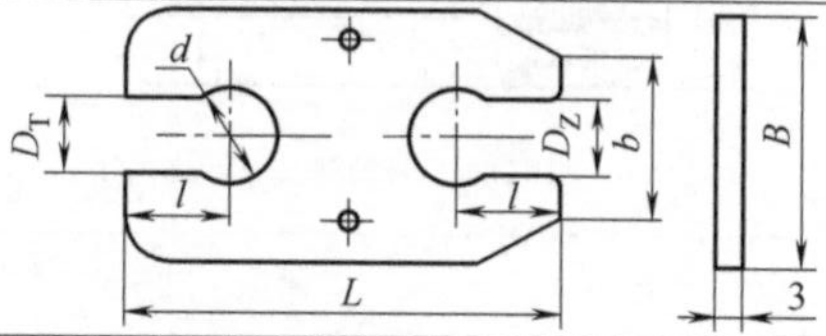

单头双极限卡规

基本尺寸 D	D₁	H	B	基本尺寸 D	D₁	H	B
1~3	32	31	3	>30~40	82	72	8
>3~6	32	31	4	>40~50	94	82	8
>6~10	40	38	4	>50~65	116	100	10
>10~18	50	46	5	>65~80	136	114	10
>18~30	65	58	6				

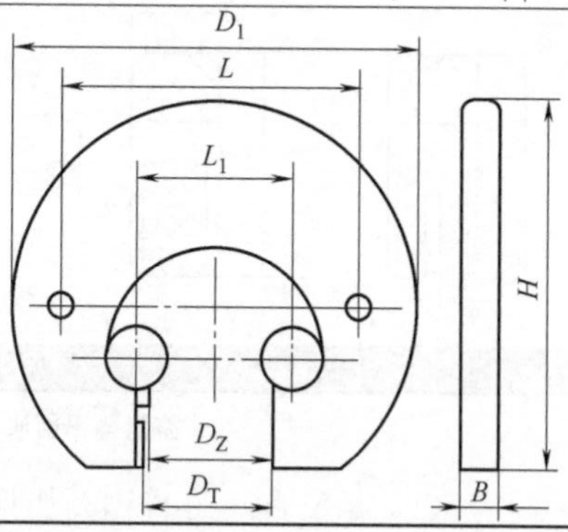

续表

名称	型式	D	D_1	H	B
单头双极限卡规		>80~90	150	129	10
		>90~105	168	139.5	
		>105~120	186	153	
		>120~135	204	168.5	10
		>135~150	222	178	10
		>150~165	240	192.5	12
		>165~180	258	202	12
		>180~200	278	216.5	14
		>200~220	298	227	14
		>220~240	318	242.5	14
		>240~260	338	252	14

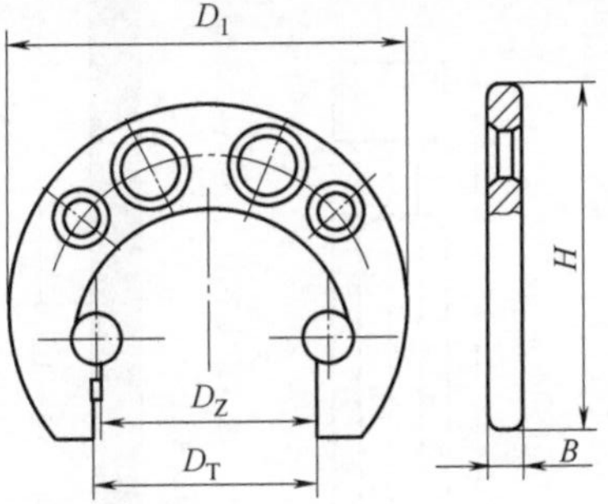

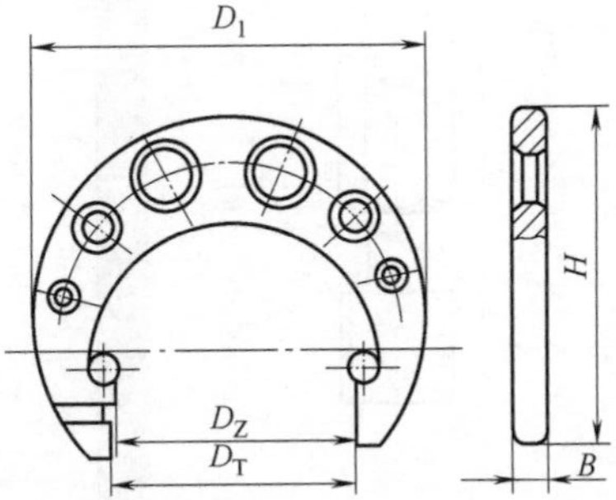

7.4.6 普通螺纹量规

(1) 普通螺纹量规名称及适用公称直径范围（见表 7.32）

◇ **表 7.32 普通螺纹量规名称及适用公称直径范围**　　　　　mm

普通螺纹量规名称		适用公称直径范围
内螺纹用螺纹量规	锥度锁紧式螺纹塞规	1～50
	双头三牙锁紧式螺纹塞规	40～62
	单头三牙锁紧式螺纹塞规	4～120
	套式螺纹塞规	40～120
	双柄式螺纹塞规	＞120～180
	整体式螺纹环规	1～120
	双柄式螺纹环规	＞120～180

(2) 普通螺纹量规的型式和尺寸

① 锥度锁紧式螺纹塞规的型式和尺寸　见表 7.33。

◇ **表 7.33 锥度锁紧式螺纹塞规的型式和尺寸**　　　　　mm

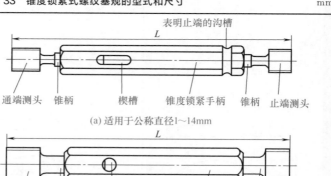

(a) 适用于公称直径 1～14mm

(b) 适用于公称直径 ＞14～50mm

公称直径 d	螺距 P	L	公称直径 d	螺距 P	L
1～3	0.2,0.25,0.3,0.35,0.4,0.45,0.5	58.5	＞6～10	1	86
				1.25,1.5	90
＞3～6	0.35,0.5,0.6,0.7,0.75	70.5	＞10～14	0.5	91
	0.8,1	74		0.75,1	93
＞6～10	0.5	82		1.25,1.5	99
	0.75	84		1.75,2	105

公称直径 d	螺距 P	L	公称直径 d	螺距 P	L
>14~18	0.5,0.75	104	>24~30	2	136
	1	106		3	146
	1.5	112		3.5	150
	2	120	>30~40	0.75,1,1.5	145
	2.5	124		2	150
>18~24	0.5,0.75,1	124		3	159
	1.5	128		3.5,4	172
	2	132	>40~50	1,1.5,2	154
	2.5	140		3	168
	3	144		4	182
>24~30	0.75,1,1.5	128		4.5,5	190

② 三牙锁紧式螺纹塞规的型式和尺寸　见表7.34。

◇ 表7.34　三牙锁紧式螺纹塞规的型式和尺寸　　　　　　　　　　mm

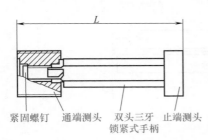

紧固螺钉　通端测头　双头三牙　止端测头
　　　　　　　　锁紧式手柄

(a) 适用于公称直径40~62mm

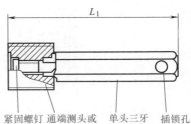

紧固螺钉　通端测头或　单头三牙　插锁孔
　　　　　止端测头　锁紧式手柄

(b) 适用于公称直径62~120mm

公称直径 d	螺距 P	双头手柄	单头手柄	
			通端	止端
		L	L₁	
40~50	1,1.5,2	153	139	139
	3	162	148	139
	4	178	155	148
	4.5,5	186	163	148
>50~62	1,1.5,2	153	139	139
	3	162	148	139
	4	178	155	148
	5	191	168	148
	5.5	198	168	155

公称直径 d	螺距 P	双头手柄	单头手柄	
			通端	止端
		L	L₁	
>62～80	1，1.5，2	—	159	159
	3		168	159
	4		173	168
	6		186	173
82，85，90，95，100，105，110，115，120	1.5，2	—	159	159
	3		168	159
	4		173	168
	6		186	173

③ 套式螺纹塞规的型式和尺寸　见表 7.35。

◇ 表 7.35　套式螺纹塞规的型式和尺寸　　　　　mm

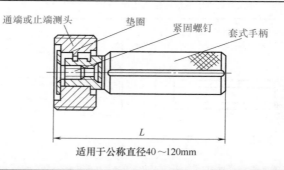

通端或止端测头　　垫圈　　紧固螺钉　　套式手柄

L

适用于公称直径40～120mm

公称直径 d	螺距 P	L		公称直径 d	螺距 P	L	
		通端	止端			通端	止端
40～50	1，1.5，2	119	119	>62～80	1，1.5，2	119	119
	3	126	119		3	126	119
	4	133	126		4	136	126
	4.5，5	141	126		6	151	136
>50～62	1，1.5，2	119	119	82，85，90，95，100，105，110，115，120	1.5，2	119	119
	3	126	119		3	126	119
	4	133	126		4	136	126
	5，5.5	141	133		6	151	136

④ 整体式螺纹环规的型式和尺寸　见表 7.36。

◈ 表 7.36 整体式螺纹环规的型式和尺寸 　　　　　　　　　　mm

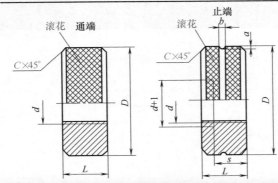

s 对于止端测头的螺纹牙数过多时，可在其一端切成台阶（或在其两端切成 120°的倒棱），但长度 s（或中间螺纹部分）上应有不少于 4 个完整牙

公称直径 d	螺距 P	通/止端	通端			止端			
		D	D	L	C	L	a	b	C
1～2.5	0.2, 0.25, 0.3 0.35, 0.4, 0.45	22		4	0.4	4	0.6	0.6	0.4
>2.5～5	0.35, 0.5			5		5			
	0.6, 0.7, 0.75, 0.8								
>5～10	0.5, 0.75	32		8	0.8	5	0.6	0.6	0.4
	1						0.8	1	0.6
	1.25			12	1.2	8			
	1.5								0.8
>10～15	0.5	38		8	0.8	5	1	2	0.4
	0.75, 1					6			0.6
	1.25			12	1.2	8			
	1.5			14					0.8
	1.75					10			1.2
	2			16	1.5				
>15～20	0.5	45		8	0.8	5	1	2	0.4
	0.75, 1					6			0.6
	1.5			16	1.5	8			0.8
	2					12			1.2
	2.5			20	2				
>20～25	0.5	53		8	0.8	5	1	2	0.4
	0.75, 1					8			0.6
	1.5			16	1.5	8			0.8
	2			18		12			1.2
	2.5, 3			24	2	16			

公称直径 d	螺距 P	通/止端 D	通端 L	通端 C	止端 L	止端 a	止端 b	止端 C
>60~70	1	112	16	1.5	10			1.2
	1.5,2				12			
	3		24	2	18			2
	4		32	3	24			
	6		50		32			3
>70~80	1,1.5,2	125	16	1.5	12	1.5	3	1.2
	3		24	2	18			2
	4		32	3	24			
	6		50		32			3
82,95,90	1.5,2	140	16	1.5	14			1.2
	3		24	2	18			2
	4		32	3	24			2
	6		50		32			3
>25~32	0.75,1	63	8	0.8	8			0.8
	1.5		16	1.5				
	2				12			1.2
	3		24	2	18			2
	3.5		28	2.5	24			2
>32~40	0.75,1	71	12	1.2	8	1	2	0.8
	1.5		16	1.5	10			
	2		18		12			1.2
	3		24	2	18			
	3.5		32	3				2
	4				24			
>40~50	1,1.5	85	16	1.5	10			0.8
	2				12			1.2
	3		24	2	18			
	4		32	3	24			2
	4.5,5		40		30			
>50~60	1	100	16	1.5	10	1.5	3	1.2
	1.5,2				12			
	3		24	2	18			
	4		32		24			2
	5		45	3	30			
	5.5				32			3
95,100	1.5,2	160	16	1.5	14	1.5	3	1.2
	3		24	2	18			2

公称直径 d	螺距 P	通/止端 D	通端 L	通端 C	止端 L	止端 a	止端 b	止端 C
95,100	4	160	32	3	24			2
	6		50		32			3
105,110	1.5,2	170	20	2	16			1.5
	3		28	2.5	20			2
	4		36	3	24	1.5	3	
	6		56		32			3
>40~50	1.5,2	180	20	2	16			1.5
	3		28	2.5	20			2
	4		36	3	24			
	6		56		32			3

7.4.7 量针

◇ 表7.37 量针   mm

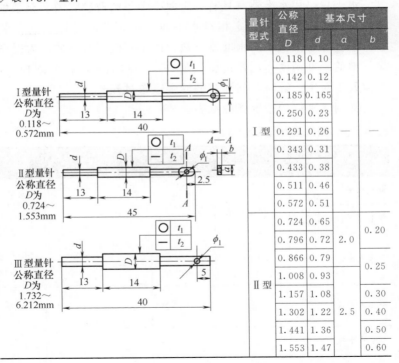

量针型式	公称直径 D	基本尺寸 d	基本尺寸 a	基本尺寸 b
Ⅰ型	0.118	0.10	—	—
	0.142	0.12		
	0.185	0.165		
	0.250	0.23		
	0.291	0.26		
	0.343	0.31		
	0.433	0.38		
	0.511	0.46		
	0.572	0.51		
Ⅱ型	0.724	0.65	2.0	0.20
	0.796	0.72		
	0.866	0.79		0.25
	1.008	0.93		
	1.157	1.08		0.30
	1.302	1.22	2.5	0.40
	1.441	1.36		0.50
	1.553	1.47		0.60

量针型式	公称直径 D	基本尺寸 d	a	b	量针型式	公称直径 D	基本尺寸 d	a	b
Ⅲ型	1.732	1.66			Ⅲ型	3.177	3.10		
	1.833	1.76				3.550	3.47		
	2.050	1.98				4.120	4.04		
	2.311	2.24	—	—		4.400	4.32	—	—
	2.595	2.52				4.773	4.69		
	2.886	2.81				5.150	5.07		
	3.106	3.03				6.212	5.12		

7.5 其他测量仪

7.5.1 水平仪

水平仪是用水准器（具有一定曲率半径的玻璃管内，充某种液体并留有气泡）来确定相对水平面微小倾角的液体式测角装置。但合像水平仪不用水准器读数，而用测微螺钉读数。为提高对气泡的瞄准精度，用棱镜将气泡一半的两端成像在分划板上，气泡处于对中位置时，气泡两端的半边像对齐。

常用水平仪的精度指标见表 7.38。

◇ 表 7.38 常用水平仪的精度指标

水平仪种类	型号	分度值 以 mm/m 表示	分度值 以秒表示	示值误差	生产单位
框式水平仪	Ⅰ组 Ⅱ组	0.02～0.05 0.06～0.10	4″～10″ 12″～20″	0.5″(0.0025mm/m) 1″(0.0025mm/m)	各水平仪厂均生产
条形水平仪	Ⅲ组 Ⅳ组	0.12～0.20 0.25～0.50	24″～40″ 50″～1′40″	2″(0.01mm/m) 1″(0.025mm/m)	
合像水平仪	GH66	0.01	2″	在全范围 $\leqslant \pm 0.02$mm/m，在 9～11mm/m 内 $\leqslant \pm 0.01$mm/m	沈阳水平仪厂
电感水平仪	68-813-13	0.05	1″、2″、4″、20″		沈阳第一机床厂等
电子水平仪		0.05	1″、2″、4″		上海水平仪厂

7.5.2 圆度仪

圆度仪是通过被测表面与测量传感器之间作相对回转运动，由传感器测出被测表面轮廓相对回转轴的位置并经信号处理和运算，从而得到被测表面圆度误差的一种专用仪器。现代圆度仪不仅能测量内、外圆的圆度误差，还能测量圆柱度、直线度、垂直度、平行度、同轴度等。

圆度仪有关参数的选择见表 7.39。

◇ 表 7.39　圆度仪有关参数的选择

测量头的选择		测量力的选择			放大率的选择
球形、尖形	斧形	测头半径/mm	测量力/N	被测表面	
磨削的小型工件	车削工件	0.0254	0.005	铜、铝等硬度小的工件	通常按记录轮廓图形占记录纸环带宽的 1/3～1/2 选取
		0.0762	0.02		
		0.254	0.05		
		0.762	0.1	钢件	
		2.54	0.2		

7.5.3 表面粗糙度测量

（1）光切显微镜的技术数据（见表 7.40）

◇ 表 7.40　光切显微镜的技术数据

光切显微镜

1—底座；
2—立柱；
3—横臂；
4—手轮；
5—固定螺钉；
6—微调手轮；
7—壳体；
8—锁紧手柄；
9—工作台；
10—物镜组；
11—测微目镜；
12—燕尾导轨；
13—千分尺

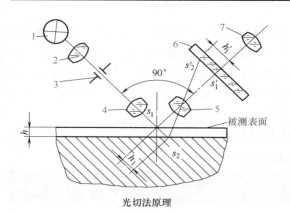

1—光源；
2—聚光镜；
3—狭缝；
4，5—物镜；
6—分划板；
7—目镜

光切法原理

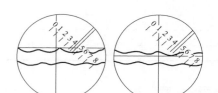

(a) 光切显微镜视场图 (b)

型 号	测量范围				工作距离/mm	视场直径/mm	放大倍数
	不平深度	不平宽度	用测微目镜	用坐标工作台			
JBQ 型（9J）	Ra：0.8～6.3μm		0.7μm～2.5mm	0.01～13mm	0.04～9.5	0.3～2.5	510、260、120、60
JSG 型	Rz：0.8～1.6μm	1.4～6.3μm	5～20μm	20～80μm			

（2）用表面粗糙度样块与被测表面进行比较法来判断

外圆表面粗糙度检验如图 7.20 所示，平面表面粗糙度如图 7.21 所示。检验时把样块靠近工件表面，用肉眼观察比较。重点判断 Ra0.8μm（▽7）、Ra0.4μm（▽8）、Ra0.2μm（▽9）三个表面粗糙度等级。

图 7.20　外圆表面粗糙度对比

图 7.21　平面表面粗糙度对比

第8章
常用机械零件和标准结构

第9章

金属切削原理及刀具

9.1 金属切削加工基本知识

9.1.1 切削运动与工件表面

(1) 切削运动

在切削中，刀具与工件之间相对运动相互作用（如力、摩擦、热等作用），切除工件上多余的材料变成了切屑（废弃的部分材料），形成所要求的工件表面。刀具与工件之间的相对运动称切削运动。它是形成工件表面的运动，也称表面成形运动。按其在切削中的作用分为主运动和进给运动，如图 9.1 (a) 所示。

① 主运动　主运动由机床或人力提供，是切除工件上多余材料形成新表面的主要切削运动，其大小用切削速度 v_c 表示。通常主运动的速度较高，消耗的功率最多。一种切削方法只有一个主运动，如车削的主运动是工件的旋转运动，铣削的主运动是刀具旋转运动，刨削的主运动是刀具往复直线运动，磨削的主运动是砂轮旋转运动。主运动可以由工件完成，也可以由刀具完成，运动形式可以是直线运动，也可以是旋转运动。

② 进给运动　进给运动由机床或手动提供，并与主运动配合间歇地或连续不断地将多余金属层投入切削，形成所要求几何

表面的切削运动，其大小用进给速度 v_f 表示。进给运动的运动速度较低，消耗功率较少。进给运动可以是连续的（如车外圆），也可以是间歇的（如刨削），可以由刀具完成，也可以由工件完成，数量上可以没有进给运动（如拉削），也可以有一个进给运动（如车削和钻削），还可以有两个进给运动（如磨外圆）。

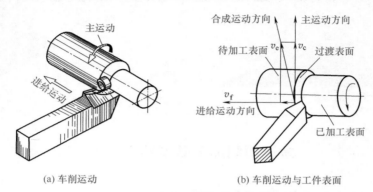

(a) 车削运动　　　　　　(b) 车削运动与工件表面

图 9.1　切削运动和工件表面

③ 主运动与进给运动的合成　主运动与进给运动的矢量和称合成运动，如图 9.1（b）所示。

主运动方向是切削刃选定点相对于工件的瞬时主运动方向。主运动大小是切削刃选定点相对于工件的主运动的瞬时速度，称切削速度，用符号 v_c 表示，单位是 m/min（磨削用 m/s）。

进给运动方向是切削刃选定点相对于工件的瞬时进给运动的方向。进给运动大小是切削刃选定点相对于工件的进给运动的瞬时速度，称进给速度，用符号 v_f 表示，单位是 m/min（或 m/s）。

合成运动方向是切削刃选定点相对于工件的瞬时合成切削运动的方向。合成运动大小是切削刃选定点相对于工件的合成切削运动的瞬时速度，称合成切削速度，用符号 v_e 表示，单位是 m/min（或 m/s）。

④ 铣削、钻削的切削运动与切削刃选定点　铣削和钻削的切削运动与切削刃选定点如图 9.2 所示，图中的 p_{fe} 是工作平面。切削刃选定点一般选择特殊点，如刀尖、瞬时切削速度最大

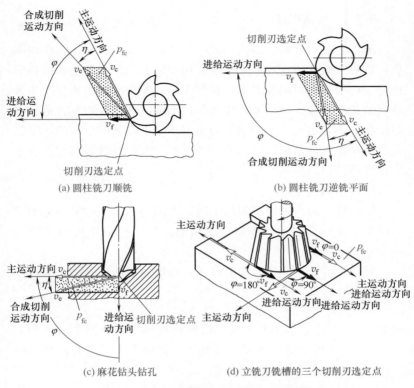

(a) 圆柱铣刀顺铣　　　　　　　　(b) 圆柱铣刀逆铣平面

(c) 麻花钻头钻孔　　　　　(d) 立铣刀铣槽的三个切削刃选定点

图 9.2　铣削、钻削切削刃选定点及其切削运动

的那一点。

（2）工件表面

在切削中，工件上的一层材料不断地被刀具切除形成新表面。在新表面形成过程中，工件上有三个不断变化的表面，分别是待加工表面、过渡表面和已加工表面，见图 9.1（b）。

待加工表面：工件上有待切除的表面。

已加工表面：工件上经刀具切削后形成的表面。

过渡表面：工件上由刀具切削刃形成的那部分表面，它在下一切削行程或刀具（或工件）的下一转里被切除，或者由下一切削刃切除。

9.1.2 切削用量

从工艺的角度看，切削用量（GB/T 4863—2008）是在切削加工过程中的切削速度、进给量和切削深度的总称。通常把切削速度、进给量和切削深度称为切削用量三要素。切削用量是非常重要的工艺参数，可用来直接或间接衡量生产率、刀具寿命、表面质量，还可用来计算切削力和切削功率。在实际生产中，工艺人员或操作人员是根据不同的工件材料、刀具材料和其它要求来选择合理的切削用量。

(1) 切削速度 v_c

切削速度是在进行切削加工时，刀具切削刃上的某一点相对于待加工表面在主运动方向上的瞬时速度。切削速度的单位是 m/min 或 m/s。

对于主运动是回转运动的机床，切削速度的计算公式为：

$$v_c = \frac{\pi d n}{1000} \tag{9.1}$$

式中　d——工件或刀具上某点的回转直径，如外圆车削中为工件上的待加工表面直径，钻削中为钻头的直径，磨削中为砂轮的直径，mm；

　　　n——工件或刀具的转速，切削为 r/min 或 r/s。

对于主运动是直线运动的机床，如刨床和插床，主运动参数是刨刀和插刀的每分钟往复次数（次/min），其平均切削速度是行程与单位时间内往复次数乘积的 2 倍。

(2) 进给量 f

进给量是刀具在进给运动方向上相对工件的位移量，可用刀具或工件每转一转或每行程的位移量来表示和度量。如车削和钻削的进给量用字母 f 表示，单位为 mm/r。

每齿进给量是多齿刀具每转或每行程中每齿相对工件在进给运动方向上的位移量，用 f_z 表示，z 为刀具的刀齿数，单位为 mm/z（毫米/齿）。

进给量 f 与每齿进给量 f_z 的关系为：

$$f = f_z z \qquad (9.2)$$

生产中也常用进给速度来表示进给运动参数，如数控加工。进给速度是单位时间内刀具在进给运动方向上相对于工件的位移量，用 v_f 表示，单位为 mm/min 或 mm/s。进给速度与进给量的关系为：

$$v_f = fn \qquad (9.3)$$

主运动是往复切削运动的机床，其进给运动是间歇的，进给量为刀具或工件往复切削运动一次的位移量，单位为 mm/(d·str)（毫米/双行程）。

（3）切削深度 a_p

切削深度也称背吃刀量（GB/T 12004—2010），也称吃刀深度，一般指工件已加工表面和待加工表面间的垂直距离，用 a_p 表示，单位为 mm。如外圆加工的切削深度为

$$a_p = \frac{d_w - d_m}{2} \qquad (9.4)$$

式中 d_w——待加工表面直径，mm；

       d_m——已加工表面直径，mm。

（4）车削、刨削、铣削等的切削运动和切削用量

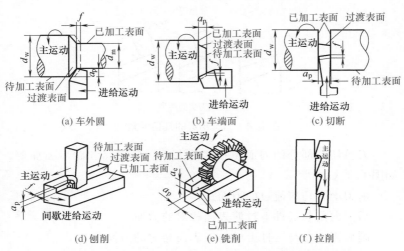

(a) 车外圆   (b) 车端面   (c) 切断

(d) 刨削   (e) 铣削   (f) 拉削

图 9.3 车削、刨削、铣削、拉削的切削运动和切削用量

车削、刨削、铣削、拉削的切削运动和切削用量如图 9.3 所示。图 9.3 (e) 铣槽中的 a_p 称切削深度或背吃刀量，a_e 称侧切削深度或侧吃刀量。

9.1.3 刀具组成要素与刀具参考系

（1）刀具的组成要素

金属切削刀具一般由切削部分和夹持部分组成。夹持部分称刀柄，是刀具上与机床或机床辅具安装的部分，其结构尺寸已标准化。刀具切削部分包括起切削作用部分和切屑成形控制部分。

① 刀具切削部分的基本要素　车刀切削部分的基本要素包括刀面、切削刃和刀尖，如图 9.4 所示。

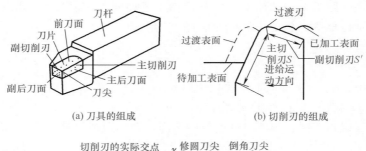

(a) 刀具的组成　　　　(b) 切削刃的组成

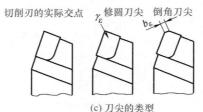

(c) 刀尖的类型

图 9.4　刀具组成的几何要素

刀具切削部分的刀面包括：前刀面、后刀面和副后刀面等，如图 9.4 (a) 所示。

前刀面是切屑流过的刀面。

后刀面是与工件上过渡表面相对的刀面。

副后刀面是与工件上已加工表面相对的刀面。

切削刃是前刀面上起切削作用的刃，由主切削刃 S、副切削

刃 S' 和过渡刃组成，如图 9.4（b）所示。

主切削刃 S 是前刀面与主后刀面的相交部分，在切削过程中，承担主要的切削任务，切除工件上的材料并形成工件上的过渡表面。

副切削刃 S' 是前刀面与副后刀面的相交部分，它配合主切削刃完成切削工作，形成已加工表面。

刀尖也称过渡刃，是主、副切削刃之间相连接的一小段切削刃。刀尖形状有实际交点刀尖、修圆刀尖和倒角刀尖三种，如图 9.4（c）所示。

② 车刀、钻头和立铣刀的几何要素　在刀具设计和制造中，对刀具的几何要素及其参数的要求更详细，如车刀要素如图 9.5 所示，麻花钻头要素如图 9.6 所示，套式立铣刀要素如图 9.7 所示。

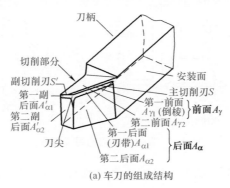

(a) 车刀的组成结构

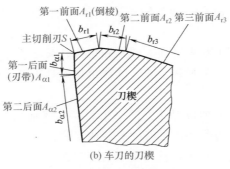

(b) 车刀的刀楔

图 9.5　车刀的组成要素

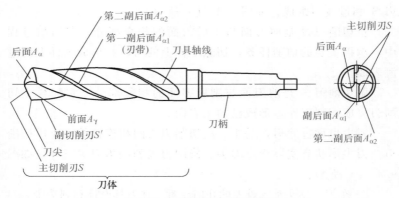

图 9.6　麻花钻头的组成要素

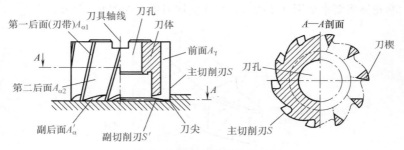

图 9.7　套式立铣刀的组成要素

刀体是刀具上夹持刀条或刀片的部分，也可以直接形成切削刃部分。

刀楔是前面和后面之间相夹形成切削刃的切削部分，见图 9.5（b）。

常用刀柄形状有圆柱、圆锥和矩形（或方形，车刀和刨刀的刀柄常称刀杆）等形式。刀孔的作用是刀具用以安装或固紧刀杆并连接在机床上。

安装面是刀柄或刀孔上的一个表面（或轴线），用于刀具在制造、使用、刃磨和测量时的安装或定位。

（2）刀具的参考系及相关术语和定义

刀具静止参考系是用于定义刀具在设计、制造、刃磨和测量时刀具几何要素方向和位置的参考系，如图 9.8 所示。在该参考系中的参考平面定义如下：

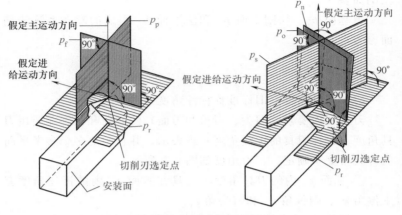

图 9.8　刀具静止参考系的平面

① 基面 p_r：过切削刃选定点的平面，它平行或垂直于刀具在制造、刃磨及测量时适合于安装或定位的一个平面或轴线，一般说来，其方位垂直于假定的主运动方向（也称主运动方向）。

② 假定工作平面（也称进给剖面）p_f：通过切削刃选定点并垂直于基面，它平行或垂直于刀具在制造、刃磨及测量时适合于安装或定位的一个平面或轴线，一般说来，其方位要平行于假定的进给运动方向，即主运动方向和进给运动方向确定的平面。

③ 背平面（也称切深剖面）p_p：通过切削刃选定点并垂直于基面和假定工作平面的平面。

④ 主切削平面 p_s：通过主切削刃选定点与主切削刃相切并垂直于基面的平面。

⑤ 正交平面（也称主剖面）p_o：通过切削刃选定点并同时垂直于基面和切削平面的平面。

⑥ 法平面（过去称法剖面）p_n：通过切削刃选定点并垂直于切削刃的平面。

由基面 p_r、假定工作平面 p_f 和背平面 p_p 三个平面组成的参考系也称进给与切深参考系。

由基面 p_r、切削平面 p_s 和正交平面 p_o 组成的参考系也称主剖面参考系。

由基面 p_r、切削平面 p_s 和法平面 p_n 组成的参考系称法剖面参考系。

9.1.4 刀具角度

(1) 刀具角度 (旧标准称标注角度)

刀具几何要素 (刀尖、刀刃和刀面) 的方向和位置需要用刀具角度 (也称刀具的标注角度) 来表示,并且需要多个参考平面的刀具角度来确定。车刀角度如图 9.9 所示。

① 基面 p_r 内的刀具角度　刀具在基面 p_r 内的标注角度有主偏角 κ_r、副偏角 κ_r' 和刀尖角 ε_r。

主偏角 κ_r 是主切削刃在基面上的投影与进给运动方向之间的夹角。

副偏角 κ_r' 是副切削刃在基面上的投影与进给运动方向之间的夹角。

刀尖角 ε_r 是在基面内度量的主切削刃和副切削刃在基面上投影的夹角。

② 切削平面 p_s 内的刀具角度　刃倾角 λ_s 在切削平面内度量,是主切削刃与基面的夹角。它也有正负之分,当刀尖处在切削刃最高位置时,取正号;反之,取负号。

③ 正交平面 (主剖面) p_o 内的刀具角度　刀具在主剖面 p_o 内的标注角度有前角 γ_o、后角 α_o 和楔角 β_o。

前角 γ_o 是在主剖面内度量的基面与前刀面的夹角。它有正负之分,若前刀面在基面的下方时,取正号;反之取负号。

后角 α_o 是在主剖面内度量的后刀面与切削平面的夹角。它也有正负之分,当后刀在切削平面右边时,取正号;在左边时取负号。

楔角 β_o 是在主剖面内度量的后刀面与前刀面之间的夹角。它与前角 γ_o、后角 α_o 的关系为:

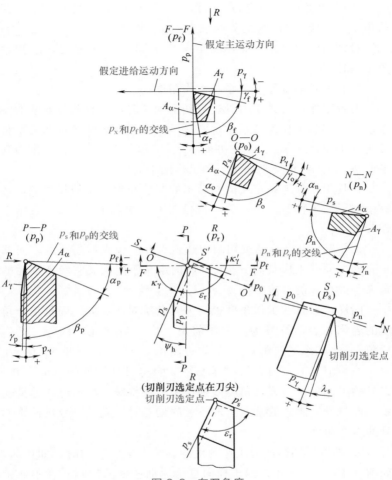

图 9.9　车刀角度

$$\gamma_{\mathrm{o}}+\alpha_{\mathrm{o}}+\beta_{\mathrm{o}}=90^{\circ} \tag{9.5}$$

④ 法平面（法剖面）p_{n} 内的刀具角度

法前角 γ_{n} 是在法剖面内度量的基面与前刀面的夹角。

法后角 α_{n} 是在法剖面内度量的后刀面与切削平面的夹角。

法楔角 β_{n} 是在法剖面内度量的后刀面与前刀面之间的夹角。

⑤ 假定工作平面 p_{f} 和背平面 p_{p} 内的刀具角度　在 p_{f} 和

p_p 内的刀具角度有相应的侧前角 γ_f、侧后角 α_f、侧楔角 β_f、背前角 γ_p、背后角 α_p 和背楔角 β_p。

最常用的刀具角度有：前角 γ_o、后角 α_o、主偏角 κ_r、刃倾角 λ_s 和楔角 β_o。

（2）刀具的工作参考系与工作角度

刀具工作参考系是刀具进行切削加工时，刀具几何要素的参考系。在刀具工作参考系中也定义了 6 个平面，其名称和表示符号为：工作基面 p_{re}、工作平面 p_{fe}、工作背平面 p_{pe}、工作切削平面 p_{se}、工作正交平面 p_{oe} 和工作法平面 p_{ne}。

刀具工作参考系定义的参考平面与静止参考系的相对应，名称中加了"工作"二字，表示符号在下标中多了字母 e，表示工作参考系。

工作基面 p_{re} 是通过切削刃选定点并与合成切削速度方向相垂直的平面。工作基面 p_{re} 与基面的定义不同，其它参考平面的定义与静止系的对应类同。

同样，刀具的工作角度也与刀具角度对应类同。刀具工作角度的名称和表示符号为：工作前角 γ_{oe}、工作法前角 γ_{ne}、工作后角 α_{oe}、工作主偏角 κ_{re}、工作刃倾角 λ_{se} 和工作楔角 β_{oe} 等。

一般情况下，刀具的实际安装基面与刀具设计的基面一致，刀具的工作角度与刀具角度差别很小。在特殊切削情况或刀具安装基面与设计假定的基面出现较大的偏差时，就需要分析计算刀具的工作角度。

① 进给运动速度对工作角度的影响　横向切削时，如切断，如图 9.10（a）所示，由于横向进给运动速度的影响较大不能忽略，因此不能用静止参考系中的刀具角度来反映刀具几何要素的切削情况，需要用工作参考系的刀具工作角度。这样基面 p_r 变为工作基面 p_{re}，切削平面 p_s 变为工作切削平面 p_{se}，由于 p_s 与 p_{se} 相差一个 μ 角，刀具的工作角度（α_{oe}、γ_{oe}）与刀具角度（α_o、γ_o）的关系为：

$$\alpha_{oe} = \alpha_o - \mu \tag{9.6}$$

$$\gamma_{oe} = \gamma_o + \mu \tag{9.7}$$

② 刀具安装高低对工作角度的影响　当刀具刀尖安装工件轴线装高 h 时，还以切断为例，如图 9.10（b）所示，刀具的基面 p_r 和切削平面 p_s 分别变为工作基面 p_{re} 和工作切削平面 p_{se}，使工作前角 γ_{oe} 增大，工作后角 α_{oe} 减小。

$$\gamma_{oe} = \gamma_o + \varepsilon \tag{9.8}$$

$$\alpha_{oe} = \alpha_o - \varepsilon \quad \varepsilon = \arcsin(2h/d_w) \tag{9.9}$$

式中　ε——刀具安装高低引起前角和后角的变化量，（°）；

d_w——工件直径，mm。

当刀具切削刃比工件轴线装低时，其工作角度的变化相反，即工作前角 γ_{oe} 减小，工作后角 α_{oe} 增大。

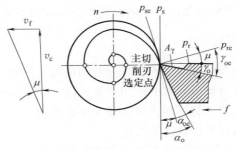

(a) 切断进给运动对工作角度的影响

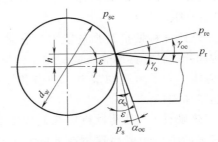

(b) 切断刀安装高低对工作角度的影响

图 9.10　切断的进给速度与刀具安装高度对刀具工作角度的影响

③ 刀柄轴线与进给方向不垂直时对工作角度的影响　如图 9.11 所示，车刀刀柄轴线与进给方向不垂直时，工作主偏角 κ_{re} 和工作副偏角 κ_{re}' 将发生变化。

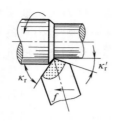 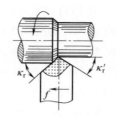 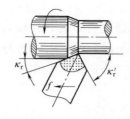

(a) 主偏角增大，副偏角减小　　　(b) 安装正确　　　(c) 主偏角减小，副偏角增大

图 9.11　刀柄轴线与进给方向不垂直时对工作角度的影响

车螺纹时，刀具进给方向上的运动速度比车外圆时大，其工作角度也有较大影响。车锥面时，进给运动方向与假定工作平面（或刀具安装的假设条件）不同，其工作角度也有较大影响。

9.1.5　刀具材料

刀具切削性能优劣，取决于刀具切削部分的材料、几何形状和结构。刀具材料对刀具的使用寿命、加工质量和加工成本影响很大，应重视刀具材料的合理选择和正确使用。

（1）刀具材料应具备的性能

刀具切削部分的材料应具备的基本性能是：

① 硬度。刀具材料的硬度必须高于工件材料的硬度，一般要求表面硬度在 60HRC 以上。

② 耐磨性。刀具材料抵抗磨损的能力。它是刀具材料力学性能、组织结构和化学性能的综合反映。

③ 强度和韧性。为了承受切削力、冲击和振动，刀具材料应具有足够的强度和韧性。

④ 耐热性（热硬性）。刀具材料应在高温下保持较高的硬度，以不失去切削能力。一般高速钢在 $600\sim700℃$、硬质合金在 $800\sim1000℃$ 时硬度才开始下降，逐渐失去切削能力。

⑤ 工艺性（可加工性）。为了便于制造，要求刀具材料有较好的可加工性，主要包括可锻、焊、切削和磨削、热处理和刃磨等。

⑥ 导热性和膨胀系数。在其他条件相同的情况下，刀具材

料的热导率越大，由刀具传出的热量越多，有利于降低切削温度和提高刀具使用寿命。线胀系数小，则可减少刀具的热变形。对于焊接刀具和涂层刀具，还应考虑刀片与刀杆材料、涂层与基体材料线胀系数的匹配。

⑦ 经济性。在选择刀具材料时，还应考虑经济性，在满足要求的情况下，应采用价格低的材料。

（2）刀具材料的类型和性能

常用的刀具材料的类型有：碳素工具钢（如 T10A、T12A）、合金工具钢（如 9CrSi、CrWMn）、高速钢、硬质合金、陶瓷、金刚石和立方氮化硼等，其物理力学性能如表 9.1所示。

◇ 表 9.1　几种刀具材料的物理力学性能

材料性质	刀具材料					
	碳素工具钢	高速钢	硬质合金	陶瓷	立方氮化硼	金刚石
密度 $\rho/(kg/m^3)$	7600～7800	8000～8800	8000～15000	3800～4700	～3480	～3520
硬度	60～65HRC（81.2～83.9HRA）	63～70HRC（83～86.6HRA）	89～95HRA	91～95HRA	8000～9000HV	10000HV
抗弯强度 σ_b/GPa	2.45～2.74	1.96～5.88	0.73～2.54	0.29～0.68	～0.294	0.294
弹性模量 E/GPa	205～215	196～225	392～686	372～411	—	882
冲击韧性 a_k $/(kJ/m^2)$	—	98～588	24.5～58.8	4.9～11.76		—
耐热性 /℃	200～250	600～700	800～1000	1200	1400～1500	700～800
热导率 K /[W/(m·℃)]	67.2	16.7～25	16.7～87.7	4.18～83.6		137.9～158
线胀系数 $\alpha/10^{-6}℃^{-1}$	11.72	9～12	3～7.5	6.3～9.0	3.5	0.9～1.9
比热容 c_p /[J/(kg·℃)]	504	462	168～302	865	—	504

① 高速钢　高速钢是加入了钨（W）、钼（Mo）、铬（Cr）、钒（V）等合金元素的高合金工具钢。高速钢主要用来制造刃形

复杂的刀具，如钻头、成形车刀、拉刀、齿轮刀具等。按化学成分高速钢分为：钨系、钨钼系和钼钨系三大类。按制造方法分为：熔炼高速钢和粉末冶金高速钢。按切削性能分为：普通高速钢和高性能高速钢（加工难加工材料）。

普通高速钢的工艺性好，切削性能满足工程材料的常规加工，常用的品种有：W18Cr4V 属钨系高速钢，综合力学性能和可磨削性好，应用较广；W6Mo5Cr4V2 属钨钼系高速钢，其碳化物分布均匀，韧性和高温塑性较好，用于制作大尺寸刀具，如热轧麻花钻；W14Cr4VMnRE 具有较大的塑性，可作热轧刀具。

高性能高速钢是通过调整普通高速钢的化学成分和添加其他合金元素，使其力学性能和切削性能显著提高，可用于高强度钢、高温合金、钛合金等难加工材料的加工，但不适合切削冷硬铸铁。常用的高性能高速钢品种：钴高速钢 W2Mo9Cr4VCo8，适合切削高温合金，价格较高；铝高速钢 W6Mo5Cr4V2Al，具有良好的综合力学性能；钒高速钢 W6Mo5Cr4V3，耐磨性好，刃磨困难。

粉末冶金高速钢与熔炼高速钢相比，有很多优点，如韧性和硬度较高，可磨性改善，材质均匀，质量稳定可靠，热处理变形小，使用寿命长。粉末冶金高速钢可切削各种难加工材料，适合制造成精密刀具和形状复杂的刀具。

② 硬质合金 硬质合金是由高硬度、难熔的金属碳化物（WC、TiC、TaC、NbC 和 TiN）粉末，用钴或镍等金属作黏结剂，经烧结而成的粉末冶金制品。硬质合金是当今最主要的刀具材料，可用作各种刀具，但其工艺性较差，制造复杂刀具困难。

硬质合金的性能主要取决于金属碳化物的种类、性能、数量、粒度和黏结剂的份量。碳化物的粒度越细，硬质合金的硬度和耐磨性越好。

硬质合金的选择应用范围如表 9.2 所示。

③ 其他刀具材料 陶瓷有很高的硬度和耐磨性，耐热性可达 1200℃以上，化学稳定性好，但其缺点是抗弯强度低、韧性差。品种主要有复合氧化铝陶瓷和复合氮化硅陶瓷两种。复合氮

化硅陶瓷是在 Si_3N_4 基体中添加 TiC 等化合物和金属 Co 进行热压而成，切削性能优于复合氧化铝陶瓷，并能切削冷硬铸铁和淬火钢。陶瓷的成本低、资源丰富，发展前景广泛。

◈ 表 9.2　各种硬质合金的应用范围

牌号			应用范围
YG3X	硬度、耐磨性、切削速度 ↑	抗弯强度、韧性、进给量 ↓	铸铁、有色金属及其合金的精加工、半精加工，不能承受冲击载荷
YG3			铸铁、有色金属及其合金的精加工、半精加工，不能承受冲击载荷
YG6X			普通铸铁、冷硬铸铁、高温合金的精加工、半精加工
YG6			铸铁、有色金属及其合金的半精加工和粗加工
YG8			铸铁、有色金属及其合金、非金属材料的粗加工，也可用于断续切削
YG6A			冷硬铸铁、有色金属及其合金的半精加工，也可用于高锰钢、淬硬钢的半精加工和精加工
YT30	硬度、耐磨性、切削速度 ↑	抗弯强度、韧性、进给量 ↓	碳素钢、合金钢的精加工
YT15			碳素钢、合金钢在连续切削时的粗加工、半精加工，也可用于断续切削时精加工
YT14			同 YT15
YT5			碳素钢、合金钢的粗加工，可用于断续切削
YW1	硬度、耐磨性、切削速度 ↑	抗弯强度、韧性、进给量 ↓	高温合金、高锰钢、不锈钢等难加工材料及普通钢料、铸铁、有色金属及其合金的半精加工和精加工
YW2			高温合金、不锈钢、高锰钢等难加工材料及普通钢料、铸铁、有色金属及其合金的粗加工和半精加工

注：Y—硬质合金；G—钴，其后数字表示钴含量；X—细晶粒合金；A—含 TaC 或 NbC 的钨钴类合金；T—TiC，其后数字表示 TiC 含量；W—通用合金。

金刚石分天然和人工合成两种。金刚石的硬度最高，可用来制作刀具和砂轮。金刚石刀具既能切削加工陶瓷、高硅铝合金、硬质合金等高硬度耐磨材料，又可切削其他有色金属及其合金，但不适合加工铁族材料（因为金刚石与铁的亲和力强）。金刚石砂轮主要用于磨削高硬度的脆性材料。金刚石的热稳定性较差，当切削温度高于 700~800℃ 时，碳原子转化为石墨结构而失去硬度。

立方氮化硼的硬度仅次于金刚石，可耐 1300~1500℃ 高温。立方氮化硼刀具可以切削钢、淬火钢、冷硬铸铁、高温合金，也可用作超硬磨削工具。金刚石与立方氮化硼的性能比较见表 9.3。

◇ **表 9.3 金刚石和立方氮化硼性能比较**

性能 材料	组成	密度 /(g/cm³)	硬度 (HV)	热稳定性 (在空气中)/℃	与铁元素的 化学惰性	备注
金刚石	C	3.52	10000	<700~800	小	聚晶金刚石 的硬度 8000HV
立方氮化硼	BN	3.48	8000	<1600	大	聚晶立方氮化 硼的硬度 4000~7000HV

9.1.6 切削层参数

（1）切削层

切削层是刀具切削部分（刀尖、切削刃和刀面）在一个单一动作（如一个行程的位移动作或一个进给量的动作）所切除的工件材料层，即过渡表面在这个单一动作中所切除的材料层。在切削加工过程中，单刃刀具相对于工件的一个动作是指一个进给量 f（车削、镗削的每转位移量）的动作；一个往复行程的位移动作（刨削）；多刃刀具的每齿进给量 f_z 的动作。

如车外圆时，假设刀具的 $\kappa_r = 0$，刀尖为实际交点，刀具的副切削刃不起切削作用，其切削层、切削层尺寸与切削用量的关系如图 9.12 所示，当工件转一转时，车刀从位置 1 移动到位置 2，即车刀进给一个进给量 f，这层材料便转变为切屑，这一层材料就是切削层。

（2）切削层尺寸

切削层尺寸也称切削层参数，是用来衡量切削中切削刃作用长度、切屑的截面形状尺寸、切削刃上负荷的大小等重要的几何

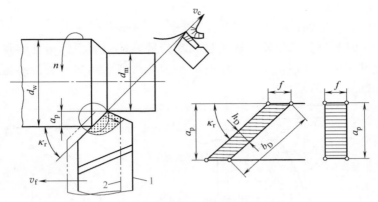

图 9.12 车外圆的切削层及其横截面

参量。因为切削过程是动态的，刀具切削部分的几何要素各种各样，为了准确统一地描述这些参量，GB/T 12004—2010 中的一些定义如下：

切削刃基点用符号 D 表示，是作用切削刃上的特定参考点，用于确定作用切削刃的截形和切削层尺寸等基本几何参数，该点将作用切削刃分成相等的两段，即作用切削刃的中点，见图 9.13。

切削层尺寸平面用符号 p_D 表示，是通过切削刃基点并垂直该点主运动方向的平面。

作用切削刃的截形是作用切削刃在切削层尺寸平面上投影所形成的曲线。

作用切削刃的截形长度是切削刃的实际长度 l_{sa} 在切削层尺寸平面 p_D 上投影的长度 l_{saD}。

① 切削层公称面积（切削面积）A_D 在给定瞬间，切削层在切削层尺寸平面里的实际横截面积。

② 切削层公称宽度（切削宽度）b_D 给定瞬间，作用主切削刃截形上两个极限点间的距离，在切削层尺寸平面中测量。

③ 切削层公称厚度（切削厚度）h_D 在同一瞬间切削层公称横截面积与其切削层公称宽度之比。

在图 9.12 中，切削层尺寸与进给量和切削深度的关系为：

$$A_D = h_D b_D = f a_p; \quad h_D = f \sin\kappa_r; \quad b_D = \frac{a_p}{\sin\kappa_r} \quad (9.10)$$

从切削的角度看，进给量和吃刀量等是切削中的运动参量，除其三要素外还定义了进给吃刀量等与切削层参数有关的参量，如图 9.13 所示。

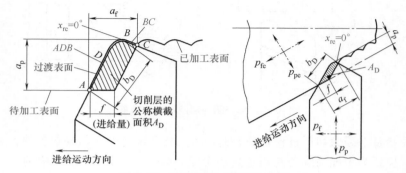

图 9.13　切削层尺寸和运动参量

图 9.13 中，A_D 为切削层公称面积（切削面积）；b_D 为切削层公称宽度（切削宽度）；ADB 为作用主切削刃截形；$ADBC$ 作用切削刃截形的长度为 l_{saD}；BC 为作用副切削刃截形；D 点为切削刃基点，a_f 为进给吃刀量；a_p 为背吃刀量（切削深度）；f 为进给量。

9.1.7　切削方式

切削方式是切削和切屑形成的形式，可用来衡量切削用量选择是否合适，了解刀具切削刃受力情况、切屑的形状等，还可以用来研究选择最简单的切削方式。

（1）正切屑和倒切屑

如图 9.14 所示，正切屑的特征是 $f \sin\kappa_r < a_p / \sin\kappa_r$，这种情况在生产中最常见。当大进给量时，出现 $f \sin\kappa_r > a_p / \sin\kappa_r$ 的切削情况，这种切削情况下形成切屑称为倒切屑。当 $f \sin\kappa_r = a_p / \sin\kappa_r$ 时的切削情况称为对等屑。注意，当加工中必须采用倒切屑时，起切削作用的主要是副切削刃，这时，副切削刃成为刀具角度设计、制造和刃磨的重点。

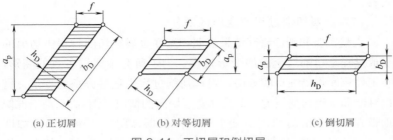

(a) 正切屑　　　　　　(b) 对等切屑　　　　　　(c) 倒切屑

图 9.14　正切屑和倒切屑

（2）直角切削和斜角切削

如图 9.15 所示，切削刃垂直于切削速度方向的切削方式称为直角切削，否则称为斜角切削或斜切削。

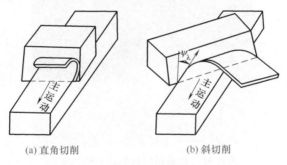

(a) 直角切削　　　　　　(b) 斜切削

图 9.15　直角切削与斜切削

（3）自由切削与非自由切削

只有直线形主切削刃参与切削工作，而副切削刃不参与工作的称为自由切削，否则为非自由切削。

9.2　金属切削过程

9.2.1　金属切削变形

金属切削变形是指刀具与工件相对运动相互作用从工件上切

除多余金属变成切屑以及切屑与刀具作用形成要求的切屑形状的过程。

（1）金属切削过程的变形区划分

大量实验和理论研究结果表明，塑性金属在切削过程中切屑的形成过程是切削层金属的变形过程。为了研究金属层各点的变形，在工件侧面作出细小的方格，观察切削过程中这些方格的变形，借以判断和认识切削层的变形及其变为切屑的情况，图 9.16 是工件侧面带有细小方格的切削层变形照片。根据该图片，可绘制出如图 9.17 所示的金属切削变形过程中的滑移线和流线示意图，其中流线表示被切削金属的某一点在切削过程中流动的轨迹。为了便于分析问题和应用，通常把切削变形大致划分为三个变形区。

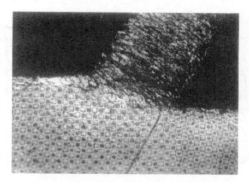

图 9.16　金属切削层侧面方格的变形

工件材料 Q235A，　v_c= 0.01m/min，　a_p= 0.15mm，　γ_o= 30°

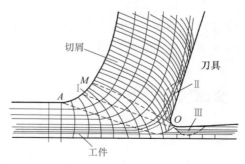

图 9.17　金属切削过程中的滑移线和流线示意图

在切削过程中，从 OA 线开始发生塑性变形，到 OM 线晶粒的剪切滑移基本完成。这一区域（Ⅰ）称第一变形区。

切屑沿前刀面流出时，受到前刀面的挤压与摩擦，在前刀面摩擦阻力的作用下，使靠近前刀面处的金属纤维化，其方向基本上与前刀面平行。这一区域（Ⅱ）称第二变形区。

已加工表面受到切削刃钝圆部分和后刀面的挤压和摩擦，产生变形与回弹，造成纤维化和加工硬化，这一区域（Ⅲ）称为第三变形区。

（2）第一变形区内金属的剪切滑移变形过程

切屑形成过程的描述如图 9.18 所示，图中的 OA、OM 线是等剪应力线。当切削层金属的某点 P 向切削刃逼近、到达 1 位置时，其剪应力达到材料的屈服强度 τ_s，点 1 在向前移动的同时，也沿 OA 滑移，其合成运动将使点 1 流动到点 2，$2'$—2 的距离就是它的滑移量。随着滑移的产生，剪应力将逐渐增大，也就是当点 P 向 1、2、3、4 点移动时，它的剪应力不断增大，当移动到点 4 的位置时，其流动方向与前刀面平行，不再产生滑移，所以 OM 叫终剪切线（或终滑移线），OA 叫始剪切线（或始滑移线）。

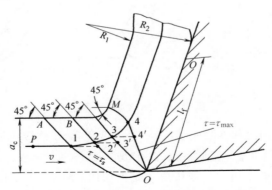

图 9.18　第一变形区金属切削层的剪切滑移

① 剪切滑移理论依据　从材料力学的观点看，第一变形区内的剪切滑移变形与材料压缩实验结果相似，认为剪切滑移方向

与作用力的方向大约成 45°，如图 9.19 所示。

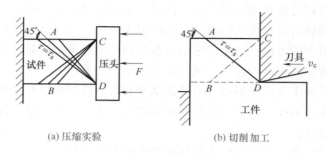

(a) 压缩实验　　　　　　　(b) 切削加工

图 9.19　压缩实验与切削的比较

　　从金属晶体结构的角度看，剪切滑移变形就是晶粒沿晶格中的晶面滑移，如图 9.20 所示。图中，假设工件材料的晶粒为圆形，如图 9.20 (a) 所示，当它受到剪切应力时，晶格内的晶面发生位移，而使晶粒呈椭圆形，如图 9.20 (b) 所示，这样圆形晶粒的直径 AB 变成椭圆形晶粒的长轴 $A'B'$，晶粒的伸长向纤维化方向发展，图 9.20 (c) 中的 $A''B''$ 就是金属纤维化方向。

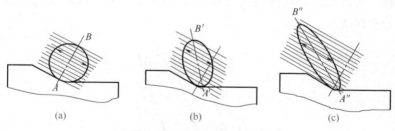

(a)　　　　　　　　(b)　　　　　　　　(c)

图 9.20　晶粒滑移示意图

　　② 剪切滑移变形的度量　为了度量剪切滑移变形的大小，引用了剪切角 ϕ、变形系数 Λ_h 和剪应变 ε 三个参数。

　　如图 9.21 所示，剪切角 ϕ 是剪切面 OM 与切削速度方向的夹角。实验结果表明，第一变形区从 OA 到 OM 的厚度随切削速度增大而变薄，在常用切削速度下，其厚度约为 $0.02 \sim 0.2$ mm，因此，可用一平面 OM 来表示第一变形区内剪切滑移的大小和方向，该平面 OM 称剪切面。注意，晶粒伸长方向（金属

机械工综合切削手册

纤维化方向）与剪切面 OM 的方向不重合，它们相差一个 ψ 角。

计算变形系数 Λ_h 的参数如图 9.22 所示。当切削宽度不变时，切削层经过剪切滑移变形形成切屑后，使切屑的厚度 h_{ch} 比工件上的切削层厚度 h_D 厚，切屑长度 l_{ch} 比工件上的切削层长度 l_c 短，这种现象称为切屑收缩。

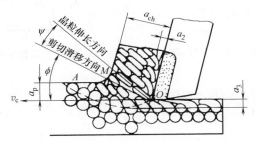

图 9.21　剪切滑移与晶粒伸长的方向

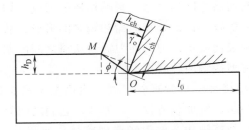

图 9.22　计算变形系数 Λ_h 的参数

变形系数 Λ_h 定义为切屑厚度 h_{ch} 与切削层厚度 h_D 之比，或切削层长度 l_c 与切屑长度 l_{ch} 之比，即

$$\Lambda_h = \frac{h_{ch}}{h_D} = \frac{l_c}{l_{ch}} \tag{9.11}$$

切削变形大，变形系数也大。由图 9.22 可推出刀具前角 γ_o、剪切角 ϕ 与变形系数 Λ_h 的关系为：

$$\Lambda_h = \frac{h_{ch}}{h_D} = \frac{OM\sin(90° - \phi + \gamma_o)}{OM\sin\phi} = \frac{\sin(90° - \phi + \gamma_o)}{\sin\phi} \tag{9.12}$$

由式（9.12）可以看出，当前角 γ_o 一定时，剪切角 ϕ 增大，切削变形系数 Λ_h 减小。

剪应变也称相对滑移。剪切变形的示意如图 9.23 所示。当平行四边形 $OHNM$ 发生剪切变形后，变为 $OGPM$，其剪应变 ε 与刀具前角、剪切角的关系为：

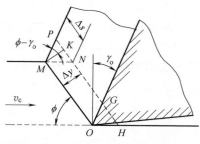

图 9.23 剪应变计算模型示意图

$$\varepsilon = \frac{\Delta s}{\Delta y} = \frac{NP}{MK} = \frac{NK + KP}{MK} = \cot\phi + \tan(\phi - \gamma_o) = \frac{\cos\gamma_o}{\sin\phi\cos(\phi - \gamma_o)}$$

$$(9.13)$$

（3）第二变形区内前刀面与切屑的摩擦状态

前刀面与切屑之间的摩擦，影响切屑的形成、切削力、切削温度和刀具的磨损，还影响积屑瘤和鳞刺的形成，从而影响工件的加工精度和表面质量。刀具前刀面与切屑之间的摩擦包括峰点型接触和紧密型接触两种摩擦形式。

① 峰点型接触　从微观看，固体表面是不平整的，如果把两者叠放在一起，所加载荷较小，那么，它们之间只有一些峰点发生接触，这种接触状态称为峰点型接触，如图 9.24 所示。实际接触面积 A_r 只是名义接触面积 A 的一小部分。

当载荷增大时，实际接触面积增大，由于载荷集中在接触的峰点上，当这些承受载荷峰点的应力达到了材料的屈服极限时，就发生塑性变形，而实际接触面积为：

$$A_r = F_n / \sigma_s \qquad (9.14)$$

式中　F_n——两接触面的载荷（法向力）；

σ_s——材料的压缩屈服极限。

在峰点型接触情况下，接触峰点发生了强烈的塑性变形，使峰点之间产生黏结（或冷焊），当两物体相对滑动时，需要不断地剪切峰点黏结的剪切力，这个剪切力就是峰点型接触表面滑动时的摩擦力 F，其大小为：

$$F = \tau_s A_r \tag{9.15}$$

式中 τ_s——材料的抗剪强度；

A_r——峰点型接触表面的实际接触面积。

峰点型接触表面的摩擦系数 μ 为：

$$\mu = F/F_n = \tau_s/\sigma_s \tag{9.16}$$

② 紧密型接触 实际接触面积 A_r 随法向力增大而增大，当其达到名义接触面积 A 时，即 $A_r = A$，两摩擦表面间的接触形式称为紧密型接触，如图 9.25 所示。

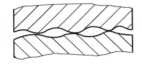

图 9.24 峰点型接触示意图

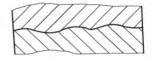

图 9.25 紧密型接触示意图

紧密型接触表面的摩擦力为：

$$F = \tau_s A \tag{9.17}$$

所以摩擦因数为：

$$\mu = \tau_s A / F_n \tag{9.18}$$

由式（9.18）可以看出，紧密型接触表面的摩擦因数是变化的，如果名义接触面积不变，摩擦因数随着法向力的增大而减小；如果法向力不变，摩擦因数随着名义接触面积的增大而增大。

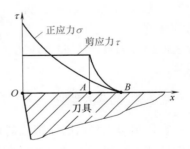

图 9.26 前刀面上的应力
分布和摩擦特性

③ 刀具前刀面与切屑的摩擦状态 在切削过程中，由于切屑与前刀面之间的压力很大，前刀面上的应力（正应力、剪应力）分布和摩擦特性如图 9.26 所示，由于法向应力（$\sigma = F_n/A$）分布不均，靠近刀尖处的很大，远离刀尖处的很小，因而在前刀面与切屑整个接触区域内，在 OA 一段（前区）上形成紧密型接触，在 AB 一段（后

区）上形成峰点型接触。

前区各点的摩擦因数 $\mu_1 = \tau_s / \sigma(x)$ (9.19)

前区的平均摩擦因数 $\mu_{1av} = \tau_s / \sigma_{1av}$ (9.20)

后区的摩擦因数 $\mu_2 = \tau_s / \sigma_s$ (9.21)

实验证明，对于一定的材料，在不加切削液的切削条件下，τ_s 为一常数。式（9.20）表明，平均摩擦因数 μ_{1av} 主要取决于前刀面上平均正应力 σ_{1av}。平均正应力随材料的硬度、切削层的厚度、切削速度及刀具前角变化而变化，因此平均摩擦因数是一个变量。

（4）第三变形区内后刀面与工件已加工表面的挤压摩擦

第三变形区内后刀面与工件已加工表面的挤压摩擦情况如图 9.27 所示。后刀面挤压工件的已加工表面，使金属层产生变形（图中 Δa_p）、熨平（图中 VB 段作用）、弹性恢复和塑性变形（图中 Δ），材料晶粒沿 v_c 方向纤维化，同时产生晶粒挤紧、破碎、扭曲等现象（见图 9.21），引

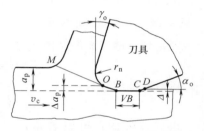

图 9.27　后刀面与工件的挤压摩擦

起表面层金属硬化和残余应力产生，从而影响工件已加工表面质量。

9.2.2　切屑的类型

在切削塑性材料时，形成的切屑往往连绵不断，容易刮伤工件的已加工表面，损伤刀具、夹具和机床，威胁操作者的人身安全。此外，深孔加工的排屑问题、自动线生产的缠绕问题等影响生产，因此，控制切屑的形状（卷屑、断屑）和排屑在生产中十分重要。

从不同角度、不同目的、不同依据出发，对切屑的分类结果就不同。由于工件的材料不同，切削过程中的变形程度也不同，所产生的切屑形态也就多种多样，按工件材料的力学特性和切屑

的形态，将切屑分为带状切屑、节状切屑、粒状切屑和崩碎切屑四种类型，如图 9.28 所示。

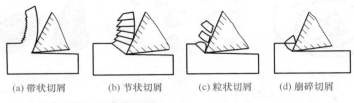

(a) 带状切屑　　(b) 节状切屑　　(c) 粒状切屑　　(d) 崩碎切屑

图 9.28　切屑的种类

带状切屑较长，底面（从刀具前刀面流过的面）光滑，背面是毛茸的。当刀具前角较大、切削速度较高、加工塑性金属材料时，通常形成这种切屑。出现带状切屑时，切屑内部的剪应力达到了材料的屈服极限，但未达到材料的强度极限，所以产生滑移而未发生断裂。出现带状切屑的切削过程平稳，切削力波动小，已加工表面的粗糙度小，但其连绵不断会影响切削加工的正常进行，处理切屑难，需要采取断屑措施。

节状切屑的底面光滑有裂纹，背面呈锯齿形。当切削速度较低、刀具前角较小、切削厚度较大、切削塑性材料时易出现这种切屑。节状切屑中材料的局部应力达到强度极限，因此会产生裂纹。出现节状切屑的切削过程不稳定，切削力会产生一定的波动，会降低已加工表面的质量。

粒状切屑在切削速度低、刀具前角小、切削厚度大、材料塑性较小时产生。出现粒状切屑的切削过程更不稳定，切削力波动较大，使已加工表面质量更差。

崩碎切屑在加工脆性材料时出现。出现崩碎切屑的切削过程最不稳定，切削力波动大，已加工表面质量差，容易破坏刀具，损伤机床。

通常按切屑的形状分为：带状、C 形、崩碎、宝塔状、发条状、长紧卷（圆柱）和螺旋状切屑，如图 9.29 所示。

国际标准化组织（ISO）对切屑分类更加详细，如图 9.30 所示。

(a) 带状屑

(b) C形屑

(c) 宝塔状卷屑

(d) 崩碎屑

(e) 长紧卷屑

(f) 发条状卷屑

(g) 螺卷屑

图 9.29　切屑的形状种类

1.带状 切屑	2.管状 切屑	3.发条状 切屑	4.垫圈形 螺旋切屑	5.圆锥形 螺旋切屑	6.弧形 切屑	7.粒状 切屑	8.针状 切屑
1-1长的	2-1长的	3-1平板形	4-1长的	5-1长的	6-1相连的		
1-2短的	2-2短的	3-2锥形	4-2短的	5-2短的	6-2碎断的		
1-3缠绕形	2-3缠绕形		4-3缠绕形	5-3缠绕形			

图 9.30　国际标准化组织对切屑形状的分类

9.2.3 切屑形状（成形）与控制

切屑形状（成形）及其流向控制主要与刀具的刀面结构（如卷屑槽）和刀具角度（如刃倾角）等参数有关。

（1）自然卷屑

当前刀面为平面切削塑性材料时，只要切削速度 v_c 不很高，切屑常常会自行卷曲，如图9.31所示，其原因是切削时形成积屑瘤，切屑沿积屑瘤顶面流出，离开积屑瘤后在 C 点处与前刀面相切。

由于积屑瘤前端有高度 h_b，后端与前刀面相切，使切屑在积屑瘤顶面流过时便发生了弯曲。切屑卷曲半径 r_{ch} 可从图9.31中 $\triangle AOB$ 求得：

$$r_{ch} = \frac{l_b^2}{2h_b} + \frac{h_b}{2} \quad (9.22)$$

卷曲半径 r_{ch} 受到积屑瘤高度 h_b 的影响，并随 h_b 的增大而减小。而积屑瘤高度 h_b 又受到切削速度

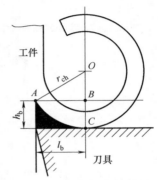

图9.31　自然卷屑的机理

v_c、切削厚度 h_D 等因素的影响，并在切削过程中不稳定，因此，自然卷屑在生产中应用较少。

（2）卷屑槽卷屑机理

在生产上常用卷屑槽或卷屑台进行强迫卷屑，卷屑槽的卷屑机理如图9.32所示。在倒棱的上方有一切削层停留区，该停留区相当于积屑瘤的一种特殊形式，图中 A 点是切屑进入卷屑槽切入点，即切屑与卷屑槽相切，它的切线方向与基面的夹角 γ_b 称为进入角，此时切屑的卷曲半径为 r_{ch}。γ_b 随着切削厚度和切削速度而变化，如果刀具前角 $\gamma_o = \gamma_b$，切屑便沿着槽底运动，切屑的卷曲半径 r_{ch} 便等于槽的半径 r_{Bn}。如果刀具前角 $\gamma_o > \gamma_b$，切屑便不与槽底接触，而是与槽的后缘接触，这时切屑卷曲的半径 r_{ch} 大于槽的半径 r_{Bn}。从图中 $\triangle AOE$ 可以看出，

$\angle AOE = \gamma_b$，故 r_{ch}、γ_b 及 l_{Bn} 之间有如下关系：

$$r_{ch} = \frac{l_{Bn}}{2\sin\gamma_b} \tag{9.23}$$

如果上式中 $\gamma_b \geqslant \gamma_o$，切屑进行强制卷曲，其卷曲半径 $r_{ch} = r_{Bn}$，通常 $\gamma_b < 40°$。

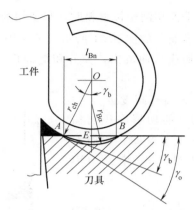

图 9.32　卷屑槽的卷屑机理

卷屑槽按截面形状不同可分为三种型式，如图 9.33 所示，其中全圆弧形槽适用于大前角重型刀具，这种槽形可使刀具在前角相同的情况下具有较高的强度。

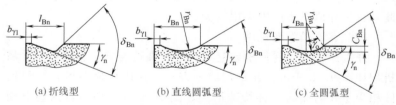

(a)折线型　　　　　　(b)直线圆弧型　　　　　　(c)全圆弧型

图 9.33　卷屑槽的结构类型

在槽形参数中，槽宽 l_{Bn} 和反屑角 δ_{Bn} 对断屑效果影响最大。l_{Bn} 越小、δ_{Bn} 越大，断屑效果越好，但 l_{Bn} 过小、δ_{Bn} 过大，会使切屑卷曲半径过小，切削时将产生堵屑现象，使切削力增大，引起刀具的损坏。

按卷屑槽方向的不同又可分为外斜式、平行式和内斜式三

种，如图 9.34 所示。卷屑槽
的方向主要影响切屑卷曲和
流出方向。外斜式卷屑槽在
靠近待加工表面处槽宽尺寸
小，切屑卷曲半径小，切削
时该处速度又最高，故易形
成 C 形屑，这种槽的断屑范
围宽，稳定可靠，槽斜角 τ

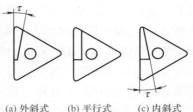

(a) 外斜式　(b) 平行式　(c) 内斜式

图 9.34　卷屑槽方向

一般可取为 $5°\sim15°$。平行式槽在切削深度较大范围内，能获得
较好的断屑效果。内斜式槽可使切屑背离工件流出，适用于切削
用量较小的精车和半精车。不同切削条件下，卷屑槽参数的确定
原则及推荐数据可参考有关资料或通过实验确定。

刃倾角对切屑流向的影响情况如图 9.35 所示。当 $\lambda_s>0°$ 时，
切屑流向待加工表面；当 $\lambda_s<0°$ 时，切屑流向已加工表面；当
$\lambda_s=0°$ 时，切屑沿主剖面方向流出。

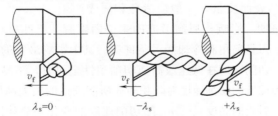

$\lambda_s=0$　　　$-\lambda_s$　　　$+\lambda_s$

图 9.35　刃倾角对排屑方向的影响

9.2.4　积屑瘤现象及影响

以中等偏低的切削速度切削塑性金属材料时，在前刀面的刃
口处黏结一小块很硬的金属楔块称为积屑瘤。积屑瘤的金相磨片
图片如图 9.36 所示。

以中等偏低的切削速度切削塑性金属材料时，由于前刀面与
切屑底层之间的挤压与摩擦作用，使靠近前刀面的切屑底层流动
速度减慢，产生一层很薄的滞流层，使切屑的上层金属与滞流层
之间产生相对滑移。在一定条件下，由于切削时所产生的温度和
压力作用，使得前刀面与切屑底部滞流层之间的摩擦力大于内摩

擦力（金属层底面与滞流层上面之间的摩擦力），此时滞流层的金属与切屑分离而黏结在前刀面上，随后形成的切屑底层沿被黏结的滞流层上面流动时，与新的滞流层又产生黏结，这样一层一层黏结，从而逐渐形成一个楔块就是积屑瘤。

图 9.36　积屑瘤的金相磨片图片

如图 9.37 所示，由于积屑瘤在切削过程中时大时小，时有时无，很不稳定，容易引起切削振动，影响工件加工表面的粗糙度。积屑瘤还改变了刀具实际切削的前角和后角，使工作前角增大（γ_b），降低了切削力，改变了切削深度，影响了工件的尺寸精度。积屑瘤包围着切削刃，对刀具起了保护，减少了刀具的磨损，在粗加工时，可允许有积屑瘤；精加工时，为了保证工件的加工精度和表面质量，一般应避免积屑瘤产生。

实践证明，影响积屑瘤形成的主要因素有：工件材料的性质、切削速度、刀具前角和冷却润滑条件等。其中影响最大的是金属材料的塑性。切削速度在低速或高速切削塑性金属时，不易形成积屑瘤；在中等偏低的切削速度时，积屑瘤所能到达的最大高度尺寸 h_b 也不同。积屑瘤的高度尺寸 h_b 随切削速度的变化趋势如图 9.38 所示，可根据需要选择合理的切削速度，在精加工时，为了保证加工精度和表面质量，一般采用高速或低速来避免积屑瘤产生，如拉削和精铰的切削速度低，精车采用的切削速度高。

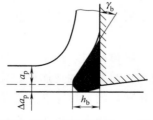

图 9.37　积屑瘤前角 γ_b 和切削深度 a_p 的变化

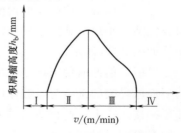

图 9.38　积屑瘤的高度随切削速度的变化

9.3　工件材料的切削加工性

工件材料的切削加工性是指工件材料被切削加工成合格零件的难易程度。

9.3.1　衡量工件材料切削加工性的指标

工件材料切削加工性的好坏，可以用下列的一个或几个指标衡量。主要指标包括：刀具耐用度 T、材料的相对切削加工性、切削力、切削温度、已加工表面质量、切屑控制和断屑难易程度。

（1）刀具耐用度 T 或一定寿命下的切削速度 v_T

一般用刀具耐用度 T 或刀具耐用度一定时切削该种材料所允许的切削速度 v_T 来衡量材料加工性的好坏。v_T 表示刀具耐用度为 T（min）时允许的切削速度，如 $T=60\text{min}$，材料允许的切削速度表示为 v_{60}，同样，$T=30\text{min}$ 或 $T=15\text{min}$ 时，可表示为 v_{30} 或 v_{15}。

（2）材料的相对切削加工性 K_r

在一定寿命的条件下，材料允许的切削速度越高，其切削加工性越好。为便于比较不同材料的切削加工性，通常以切削正火状态 45 钢的 v_{60} 作为基准，计作 $(v_{60})_j$，把切削其它材料的 v_{60} 与基准相比，其比值 K_r 称为该材料的相对切削加工性，即：$K_r=v_{60}/(v_{60})_j$。目前，把常用材料的相对加工性 K_r 分为八级，如表 9.4 所示。

◇ **表 9.4　材料切削加工性等级**

加工性等级	名称及种类		相对加工性 K_r	代表性材料
1	很容易切削的材料	一般有色金属	>3.0	5-5-5 铜铅合金,9-4 铝铜合金,铝镁合金

加工性等级	名称及种类		相对加工性 K_r	代表性材料
2	容易切削的材料	易切削钢	2.5～3.0	退火 15Cr, $\sigma_b = 0.38 \sim 0.45$GPa(38～45kgf/mm²); 自动机钢 $\sigma_b = 0.4 \sim 0.5$GPa(40～50kgf/mm²)
3		较易切削钢	1.6～2.5	正火 30 钢 $\sigma_b = 0.45 \sim 0.56$GPa(45～56kgf/mm²)
4	普通材料	一般钢及铸铁	1.0～1.6	正火 45 钢,灰铸铁
5		稍难切削的材料	0.65～1.0	2Cr13 调质 $\sigma_b = 0.85$GPa (85kgf/mm²) 85 钢 $\sigma_b = 0.9$GPa (90kgf/mm²)
6	难切削材料	较难切削的材料	0.5～0.65	45Cr 调质 $\sigma_b = 1.05$GPa (105kgf/mm²) 65Mn 调质 $\sigma_b = 0.95 \sim 1.0$GPa(95～100kgf/mm²)
7		难切削材料	0.15～0.5	50CrV 调质,1Cr18Ni9Ti, 某些钛合金
8		很难切削的材料	<0.15	某些钛合金,铸造镍基高温合金

（3）其他指标

工件材料在切削过程中，若产生的切削力大、切削温度高的材料较难加工，其切削加工性差；若容易获得较好的表面质量的材料，其切削加工性好；若切屑容易控制或断屑容易的材料，其切削加工性较好。

9.3.2　影响工件切削加工性的因素

影响切削加工性的主要因素包括工件材料的物理力学性能、化学成分和金相组织。

（1）金属材料的物理力学性能的影响

材料的硬度高，切削时刀屑接触长度小，切削力和切削热集中在刀刃附近，刀具易磨损，刀具耐用度低，所以切削加工性差。

材料的强度高，切削时切削力大，切削温度高，刀具易磨损，切削加工性差。

材料的塑性大，切削中塑性变形和摩擦大，故切削力大，切削温度高，刀具容易磨损，切削加工性差。

材料的热导率通过对切削温度的影响而影响材料的加工性，热导率大的材料，由切屑带走和工件传出的热量多，有利于降低切削温度，使刀具磨损率减小，故切削加工性好。

（2）金属材料化学成分的影响

材料的化学成分影响其切削加工性，如钢中碳成分影响钢的力学性能而影响其切削加工性，此外，钢中的其他合金元素 Cr、Ni、Mo、W、Mn 等虽能提高钢的强度和硬度，但却使钢的切削加工性降低，在钢中添加少量的 S、P、Pb 等，能改善钢的切削加工性。不同元素对结构钢切削加工性的影响如图 9.39 所示。

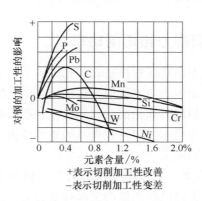

图 9.39　不同元素对结构钢切削加工性的影响

（3）金属材料热处理和金相组织的影响

金属材料采用不同的热处理，就有不同的金相组织和力学性能，其切削加工性也就不同。

低碳钢中含的铁素体组织多，其塑性和韧性高，切削时与刀具黏结容易产生积屑瘤，影响已加工表面质量，故切削加工性差。

中碳钢的金相组织是珠光体和铁素体，材料具有中等强度、硬度和中等塑性，切削时刀具不易磨损，也容易获得高的表面质量，故切削加工性好。

淬火钢中的金相组织主要是马氏体，材料的强度硬度都很高，马氏体在钢中呈针状分布，切削时刀具受到剧烈磨损，故切削加工性较差。

灰铸铁中，含有较多的片状石墨，硬度很低，切削时，石墨还能起到润滑的作用，使切削力减小。

冷硬铸铁中表层材料的金相组织多为渗碳体，具有很高的硬度，很难切削。

（4）难加工材料

难加工材料是指强度、硬度、塑性、韧性都很高，使切削加工困难的材料，主要包括高强度钢、不锈钢、冷硬铸铁、钛合金等。

9.4 切削力和切削功率

在切削过程中，机床提供运动和动力，工件上多余的材料在切削力和切削运动的作用下被切除形成废弃的切屑，同时形成要求的工件表面。切削力和切削功率不仅在切削中起重要作用，同时也是设计或选用机床、刀具和夹具的重要依据。

（1）切削力的定义

① 切削合力 F　对于单切削刃刀具，切削合力是刀具上一个切削部分切削工件时所产生的全部切削力的合力。

② 总切削力　对于多切削刃刀具，总切削力是刀具上所有参与切削的各切削部分所产生的切削力的合力。

③ 切削扭矩 M_c　对于旋转多刃刀具，切削扭矩是总切削力对主运动的回转轴线所产生的扭矩。

（2）切削合力的几何分力

① 车削合力的分力　切削合力 F 沿任何不同运动方向和与之相垂直的方向作正投影而分解出各方向上的分力。

车外圆时，主运动方向与进给运动方向垂直，切削合力的分力如图 9.40 所示。

为了便于应用，将切削合力 F 分解为三个互相垂直的分力 F_c、F_p 和 F_f。

主切削力 F_c——切削合力在主运动方向上的正投影，也称切向力。

进给力 F_f——切削合力在进给运动方向上的正投影，也称轴向力。

背向力 F_p——切削合力在垂直于工作平面上的分力，也称切深力。

切削合力与分力之间的关系为

$$F = \sqrt{F_c^2 + F_p^2 + F_f^2} \tag{9.24}$$

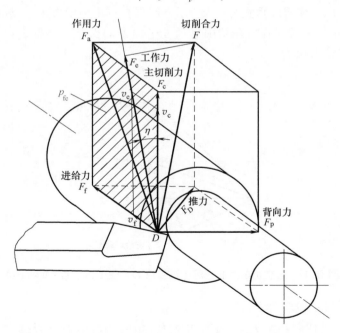

图 9.40　车削时的切削合力和分力

在图 9.40 中，F_e 是切削合力在合成运动方向上正投影，称工作力。工作力与切削力的夹角为 η。

F_a 是切削合力在工作平面内（与假定工作平面重合）的正投影，称作用力。作用力与切削力和进给力的关系为

$$F_a = \sqrt{F_c^2 + F_f^2} \qquad (9.25)$$

② 正交切削力分解　为了分析计算切削变形在剪切面和前刀面上的力，通过切削刃基点 D 的工作平面内，在正交平面内的切削力如图 9.41 所示。

图中，ϕ 为剪切角（主运动方向与剪切平面和工作平面的交线夹角），F_{sh} 是切削合力在剪切平面上的投影，称剪切平面切向力。F_{shN} 是切削合力在垂直剪切平面方向上的分力，称剪切平面垂直力。刀具前角与法前角相等，$\gamma_o = \gamma_n$（刃倾角 $\lambda_s = 0$）。F_a 是作用力。F_r 是切削合力在前刀面上的投影，称前面切向力，F_{rN} 称前面垂直力，与 F_r 方向垂直。主切削力 F_c；进给力 F_f；F_D 是切削合力在切削层尺寸平面上的投影，称推力，此时与进给力相等。

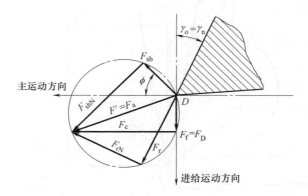

图 9.41　正交切削力的分解（过基点 D，在工作平面上的视图）

（3）切削功率

① 切削功率 P_c　切削功率 P_c 是同一瞬间切削刃基点上的主切削力与切削速度的乘积。

$$P_c = F_c v_c \times 10^{-3} \quad (\text{kW}) \qquad (9.26)$$

式中　F_c——主切削力，N；

v_c——切削速度，m/s。

② 进给功率 P_f　进给功率 P_f 是同一瞬间切削刃基点上的进给力与进给速度的乘积。

$$P_f = F_f v_f \times 10^{-3} \quad (\text{kW})$$

式中　F_f——进给力，N；

　　　v_f——进给速度，m/s。

③ 工作功率 P_e　工作功率 P_e 是同一瞬间切削刃基点上的工作力与合成速度的乘积。

$$P_e = F_e v_e \times 10^{-3} (\text{kW})$$

工作功率 P_e 可以用下式近似计算：

$$P_e = P_f + P_c (\text{kW}) \tag{9.27}$$

机床电动机的功率 P 为

$$P \geqslant P_c / \eta_m \tag{9.28}$$

式中　η_m——机床主运动传动链的传动效率，一般取 $\eta_m = 0.75 \sim 0.85$。

（4）切削层单位面积切削力

切削层单位面积切削力也称单位切削力，是主切削力与切削层公称面积之比，用 k_c 表示

$$k_c = F_c / A_D (\text{N/mm}^2) = F_c / A_D (\text{MPa}) \tag{9.29}$$

式中　A_D——切削层公称面积，$A_D = a_p f$，mm^2。

（5）计算切削力的经验公式

利用测力仪测出切削力，将实验数据进行分析处理，得出切削力的经验公式为：

$$F_c = C_{F_c} a_p^{x_{F_c}} f^{y_{F_c}} K_{F_c}$$

$$F_p = C_{F_p} a_p^{x_{F_p}} f^{y_{F_p}} K_{F_p} \tag{9.30}$$

$$F_f = C_{F_f} a_p^{x_{F_f}} f^{y_{F_f}} K_{F_f}$$

式中　C_{F_c}，C_{F_p}，C_{F_f}——与工件材料及切削条件有关的系数；

x_{F_c}，y_{F_c}，x_{F_p}，y_{F_p}，x_{F_f}，y_{F_f}——指数；

K_{F_c}，K_{F_p}，K_{F_f}——实际切削条件与所得经验公式的条件

不符合时，各种影响因素对切削力影响的修正系数之积。

车外圆时，单位切削力、经验公式中主切削力的系数、指数值如表 9.5 所示。

◇ 表 9.5 单位切削力、经验公式中主切削力的系数、指数值

工件材料	硬度(HBS)	经验公式中的系数、指数			单位切削力 k_c /(N/mm²) $f=0.3$mm/r
		C_{F_c}/N	x_{F_c}	y_{F_c}	
碳素结构钢 45,合金结构钢 40Cr,40MnB,18CrMnTi（正火）	187~227	1640	1	0.84	2000
工具钢 T10A,9CrSi, W18Cr4V(退火)	189~240	1720	1	0.84	2100
灰铸铁 HT20-40（退火）	170	930	1	0.84	1140
铅黄铜 HPb59-1（热轧）	78	650	1	0.84	750
锡青铜 ZQSn5-5-5（铸造）	74	580	1	0.85	700
铸铝合金 ZL10(铸造)	45	660	1	0.85	800
硬铝合金 LY12(淬火及时效)	107				

注：切削条件 切削钢用 YT15 刀片，切削铸铁、铜铝合金用 YG6 刀片；
$v_c \approx 1.67$m/s（100m/min）；$VB=0$；
$\gamma_o=15°$，$\kappa_r=75°$，$\lambda_s=0°$，$b_\gamma=0$，$r_e=0.2\sim0.25$mm。

目前切削力的测量方法和采用的测力仪器多种多样，最常用的方法是电阻式测力仪和压电式测力仪。

（6）影响切削力的因素

影响切削力的因素很多，主要有工件材料、切削用量、刀具几何参数及刀具磨损等。

① 工件材料的影响 被加工工件材料的强度、硬度越高，切削力越大。强度、硬度相近的材料，如其塑性较大，硬化程度较大，与刀具间的摩擦较大，切削力也较大。切削脆性材料时为崩碎切屑，塑性变形及前刀面的摩擦都很小，切削力也小。

② 切削用量的影响 切削深度和进给量增大，均使切削力

增大，但两者的影响程度不同，切削力大约与 a_p 和 $f^{0.84}$ 成正比。在计算切削力时，经验公式中的系数 K_{Fc}、K_{Fp}、K_{Ff} 是在 $f=0.3\mathrm{mm/r}$ 时得到的，对于其它进给量，使用该经验公式就需要进行修正。

在加工塑性材料时，切削力一般随切削速度的增大而稍微减小，这是因为切削速度 v_c 增大，使切削温度升高，摩擦因数 μ 下降，从而使变形系数减小等原因所致；由于在切削速度中等偏低时产生积屑瘤，使刀具工作前角增大，切削力减小。

在切削脆性材料时，由于塑性变形很小，切屑和前刀面的摩擦很小，所以切削速度对切削力的影响很小。

③ 刀具几何参数的影响　前角加大，被切金属的变形减小，切削力显著下降。一般加工塑性较大的金属时，前角对切削力的影响比加工塑性较小的金属更显著。

在锋利的切削刃上磨出适当宽度的负倒棱，可以提高刃区的强度，从而提高刀具使用寿命，但使被切金属的变形加大，使切削力有所增加。

主偏角对切削力在切深分力和进给分力的比例关系影响较大，主偏角增大，进给分力增大，切深分力减小。

刃倾角越大，刀具越锋利，切削力就越小。

刀具的刀尖圆弧半径增大，切削力也增大。

④ 刀具磨损的影响　刀具磨损越严重，摩擦力就越大，切削力也越大。

⑤ 切削液的影响　切削液的润滑作用，可减小在切削过程中的切削力。

⑥ 刀具材料的影响　刀具材料对切削力影响不明显，主要是刀具材料与工件材料的摩擦因数不同而影响切削力的大小。

9.5　切削热与切削温度

切削过程中产生切削热，切削热引起切削温度变化，影响刀具的磨损、工件的加工精度和表面质量，认识和掌握切削热的产生和传出规律，对解决生产中的问题有指导作用。

（1）切削热的产生和传出

如图 9.42 所示，切削热来源于切削层金属变形所做的功，切屑与前刀面、工件与后刀面之间的摩擦功，这些功转化成热能呈现出切削热。

切削热主要通过切屑、工件、刀具和周围介质传出。不同的切削方法，传出热的比例有所不同。例如车削时，切削热的传出比例：切屑 50%～86%、工件 40%～10%、刀具 9%～3%、周围介质 1%。

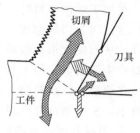

图 9.42　切削热的产生与传出

在忽略进给运动所消耗的功，假设主运动所消耗的功全部转化为热能，单位时间内产生的切削热可由下式计算：

$$Q = F_c v_c \tag{9.31}$$

式中　Q——每秒内产生的切削热，J/s；

F_c——主切削力，N；

v_c——切削速度，m/s。

（2）切削温度的测量方法

切削温度 θ 一般是指切屑与前刀面接触区域的平均温度。切削温度常用热电偶法测量。两种化学成分不同的导体的一端连接在一起，将连接在一起的一端加热时（热端），使它们的另一端（冷端）连接起来，便产生电动势，这种现象称热电偶。

① 自然热电偶法　如图 9.43 所示，自然热电偶法是利用工件和刀具材料不同而组成热电偶的两极。当工件与刀具接触区的温度升高后，就形成热电偶的热端，而工件的引出端和刀具的尾端保持室温，形成了热电偶的冷端。这样在刀具与工件的回路中便产生了热（温差）电动势。常用刀具和工件材料组成的热电偶的标定曲线如图 9.44 所示。

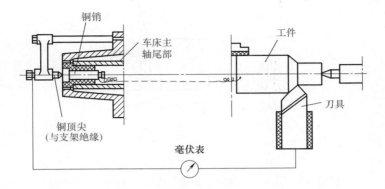

图 9.43 自然热电偶法测量温度示意图

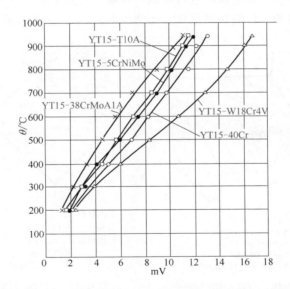

图 9.44 YT15 刀具同几种钢材的热电偶标定曲线

② 人工热电偶法 人工热电偶法是将两种预先经过标定的金属丝组成热电偶，热电偶的热端焊接在刀具或工件的预定测量温度点上，冷端通过导线串接电位计或伏特表，测量刀具和工件上某点温度的示意图如图 9.45 所示。

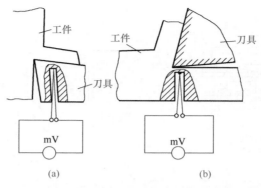

(a)   (b)

图 9.45　用人工热电偶法测量刀具和工件的温度示意图

应用人工热电偶法进行测温，并辅以传热学计算所得到的刀具、切屑和工件的切削温度分布情况如图 9.46、图 9.47 所示。

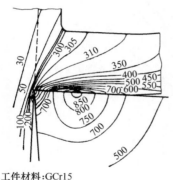

工件材料:GCr15
刀具：　　YT14车刀　　$\gamma_0=0°$
切削用量:$b_D=5.8$mm
　　　　　$h_D=0.35$mm
　　　　　$v_c=1.33$m/s (80m/min)

图 9.46　刀具、切屑和
工件的温度分布

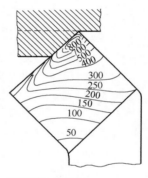

工件材料:GCr15
刀具：　　YT14车刀
切削用量:$a_p=4.1$mm
　　　　　$f=0.5$mm/r
　　　　　$v_c=1.33$m/s(80m/min)

图 9.47　刀具前刀面上
的切削温度分布

（3）影响切削温度的主要因素

切削温度取决于单位时间内切削热产生和传出的综合效果，影响因素主要有工件的材料、切削用量、刀具角度、润滑条件等。

① 工件材料对切削温度的影响　工件材料的硬度和强度越高，切削时所消耗的功就越多，产生的切削热也多，切削温度就越高。如工件不同热处理状态（硬度不同）对切削温度的影响情况如图 9.48 所示。工件材料的塑性越大，切削温度越高，脆性金属的抗拉强度和延伸率较小，切削过程中切削区的变形很小，切屑呈崩碎状，与前刀面的摩擦也较小，所以产生的切削热较少，切削温度也较低，如图 9.49 所示。

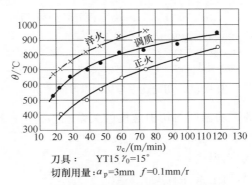

刀具：　　　YT15 $\gamma_0=15°$
切削用量：$a_p=3mm$　$f=0.1mm/r$

图 9.48　钢热处理状态对切削温度的影响

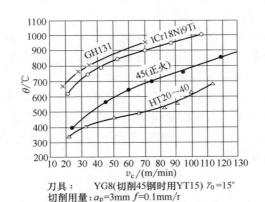

刀具：　　　YG8(切削45钢时用YT15) $\gamma_0=15°$
切削用量：$a_p=3mm$　$f=0.1mm/r$

图 9.49　不锈钢、高温合金和铸铁的切削温度

② 切削用量对切削温度的影响　切削速度 v_c 对切削温度的影响最大，这是因为增大切削速度，单位时间内的金属切除率、

消耗的功率和产生的热量增加，切削温度与切削速度的关系如图9.50 所示。

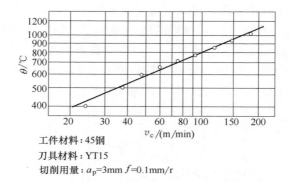

工件材料：45钢
刀具材料：YT15
切削用量：a_p=3mm f=0.1mm/r

图 9.50　切削速度与切削温度的关系

切削区的平均温度与切削速度的关系式为：

$$\theta = C_{\theta v} v_c^x \tag{9.32}$$

式中　θ——切削温度；

$C_{\theta v}$——与切削条件有关的系数；

x——指数，一般取 $x = 0.26 \sim 0.41$，进给量越大，则 x 值越小。

切削速度对切削热传出途径也有影响，当切削速度较高时，切削热主要由切屑传出，当切削速度较低时，切削热主要由工件和刀具传出，如图 9.51 所示。

进给量 f 对切削温度也有一定影响，如图 9.52 所示。

进给量增大，金属切除量增大，产生的切削热也增大，使切削温度增高。在图 9.52 的实验条件下，切削区的平均温度与进给量的关系式为：

$$\theta = C_{\theta f} f^{0.14} \tag{9.33}$$

进给量还影响切削变形区产生热量的比例。切削厚度 $(h_D = f \sin\kappa_r)$ 对各变形区产生切削热的比例影响如图 9.53 所示。

切削深度对切削温度的影响很小，如图 9.54 所示。因为切

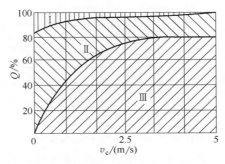

I—刀具；II—工件；III—切屑

工件材料：40Cr

刀具材料：硬质合金
切削用量：a_p=1.5mm　f=0.12mm/r 干切削

图 9.51　v_c 对切削热传出途径的影响

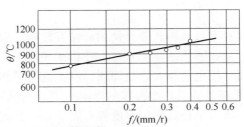

工件材料：45钢
刀具材料：YT15
切削用量：a_p=3mm　v_c=1.57m/s(94m/min)

图 9.52　进给量与切削温度的关系

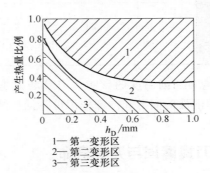

1—第一变形区
2—第二变形区
3—第三变形区

图 9.53　三个变形区产生热量的比例

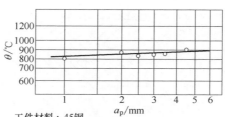

工件材料：45 钢
刀具材料：YT15
切削用量：$f=0.1\text{mm/r}$ $v_c=1.78\text{m/s}(107\text{m/min})$

图 9.54　切削深度与切削温度的关系

削深度增大后，切削区产生的热量虽然增多，但切削刃参加工作的长度也增长，改善了散热条件，切削温度升高不明显。

在图 9.54 的实验条件下，切削区的平均温度与切削深度的指数关系式为：

$$\theta = C_{\theta ap} a_p{}^{0.04} \tag{9.34}$$

切削温度对刀具磨损和刀具使用寿命有影响，为了有效地控制切削温度、延长刀具的使用寿命，在机床和加工条件允许的情况下，切削用量优先选择次序是切削深度、进给量和切削速度。

③ 刀具几何参数对切削温度的影响　刀具的前角、主偏角、负倒棱、刀尖圆弧半径对切削温度都有影响。刀具前角的变化对切削温度的影响如表 9.6 所示。

◇ 表 9.6　不同前角下切削温度的对比值

前角	$-10°$	$0°$	$10°$	$18°$	$25°$
切削温度对比值	1.08	1.03	1	0.85	0.8
附注	车削 45 钢；刀具：YT15，$a_o=6°\sim8°$，$\kappa_r=75°$，$\lambda_s=0°$，$r_e=$ 0.2mm；切削用量：$a_p=3$mm，$f=0.1$mm/r；$v_c=81\sim$ 135m/min				

④ 其它因素对切削温度的影响　刀具磨损越严重，切削温度就会越高。切削液的润滑和冷却作用可降低切削温度。

9.6　刀具磨损与刀具寿命

在切削过程中，刀具在切除工件材料的同时，本身也在被磨损。当刀具磨损达到一定程度时，刀具便失去切削能力，出现切削力增大，切削温度升高，产生切削振动等不良现象。刀具磨损的快慢用刀具的使用寿命（耐用度）来衡量，了解和掌握刀具的磨损原因和变化规律，并合理地确定刀具的磨钝标准，对提高生产率、降低生产成本，提高加工质量有重要意义。

9.6.1 刀具磨损的形态

在切削过程中，刀面的材料微粒会逐渐地被工件或切屑带走的现象称为刀具的正常磨损，简称刀具磨损。由于冲击、振动、热效应等原因，致使刀具崩刃、卷刃、破裂、表层剥落而损坏的非正常情况称为刀具破损。刀具正常磨损的一般状态如图 9.55 所示，常见的形式有前刀面磨损、后刀面磨损、前后刀面同时磨损三种情况。

(1) 前刀面磨损（月牙洼磨损）

当切削速度较高、切削厚度较大、切削较大塑性材料时，切屑在前刀面上磨出一个月牙洼，如图 9.55 所示。月牙洼处的切削温度较高，在磨损过程中，月牙洼逐渐加深、加宽，使切削刃棱边变窄，强度削弱，导致崩刃，这种磨损形式为前刀面磨损。月牙洼的磨损量用深度参数 KT 表示，其宽度和位置用 KB、KM 表示。

(2) 后刀面磨损

后刀面磨损是指在刀具后刀面上邻近切削刃处被磨出后角为零的小棱面，如图 9.56 所示。在切削脆性金属或以较低的切削速度、较小的切削厚度切削塑性材料时，由于切屑与前刀面的接触长度较短，压力较小，温度较低，摩擦也较小，所以磨损主要发生在后刀面上。在刀具后刀面的不同部位，其磨损程度不一样。

靠近刀尖部分（C 区），由于该部位的强度低、散热条件差，磨损较大，其最大磨损值用 VC 表示。

在刀刃与工件待加工表面接触处（N 区），由于毛坯的氧化层硬度高等原因，致使该部位的磨损也较大，其最大磨损值用

VN 表示。

在刀具切削刃的中部（B 区），其磨损比较均匀，平均磨损值用 VB 表示。一般情况下，刀具后刀面的磨损用 VB 来衡量。

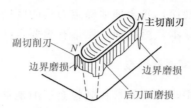

图 9.55　刀具磨损状态

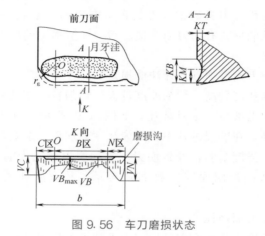

图 9.56　车刀磨损状态

（3）前后刀面同时磨损

当用较高的切削速度和较大的切削厚度切削塑性金属材料时将会发生前、后刀面同时磨损。

9.6.2　刀具磨损的原因

由于刀具的工作情况比较复杂，其磨损原因主要有机械磨损、热、化学磨损。在特定的切削条件下，一种或多种磨损原因起主要作用，主要表现为：磨料磨损、黏结磨损、扩散磨损和氧化磨损。

（1）磨料磨损

由于切屑或工件的摩擦面上有一些微小的硬质点，在刀具表面刻划出沟纹的现象称为磨料磨损。硬质点如碳化物、积屑瘤碎片等。磨料磨损在各种切削速度下都会发生，对于切削脆性材料和在低速条件下工作的刀具，如拉刀、丝锥、板牙等，磨料磨损是刀具磨损的主要原因。

（2）黏结磨损

黏结磨损（也称冷焊）是指切屑或工件的表面与刀具表面之间发生的黏结现象。在切削过程中，由于切屑或工件与刀具表面之间存在着巨大的压力和摩擦，因而它们之间会发生黏结现象。由于摩擦副表面的相对运动，使刀具表面上的材料微粒被切屑或工件带走而造成刀具磨损。刀具与工件材料之间的亲和力越强，越容易发生黏结磨损。

（3）扩散磨损

在高温作用下，刀具材料与工件材料的化学元素在固态下相互扩散造成的磨损称为扩散磨损。用硬质合金刀具切削钢料时的扩散情况如图 9.57 所示。在高温 $900\sim1000℃$ 下，刀具中的 Ti、W、Co 等元素向切屑或工件中扩散，工件中的 Fe 元素也向刀具中扩散，这样改变了刀具材料的化学成分和力学性能，从而加速了刀具的磨损。扩散磨损主要取决于刀具与工件材料化学成分和两接触面上的温度。

（4）氧化磨损

当切削温度在 $700\sim800℃$ 时，空气中的氧与刀具中的元素发生氧化作用，在刀具表面上形成一层硬度、强度较低的氧化层薄膜，如 TiO_2、WO_3、CoO，很容易被工件或切屑带走或摩擦掉引起刀具磨损，这种磨损方式称为氧化磨损。

总之，在不同的工件材料、刀具材料和切削条件下，磨损的原因和磨损强度是不同的。图 9.58 所示是硬质合金刀具加工钢材料时，在不同切削速度（切削温度）下，各类磨损所占的比重。

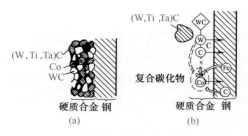

图 9.57 硬质合金与钢之间的扩散

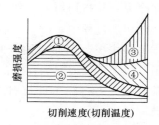

图 9.58 切削速度对刀具磨损强度的影响

①—磨料磨损；②—冷焊磨损；③—扩散磨损；④—氧化磨损

9.6.3 刀具磨损过程

刀具后刀面的磨损量随时间的变化规律如图 9.59 所示，整个磨损过程分为三个阶段：

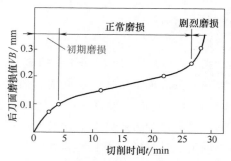

P10(TiC涂层)外圆车刀；60Si2Mn(40HRC)

$\gamma_0 = 4°$，$\kappa_\gamma = 45°$，$\lambda_s = -4°$，$r_s = 0.5mm$

$v_c = 115m/min$，$f = 0.2mm/r$，$a_p = 1mm$

图 9.59 硬质合金车刀的典型磨损曲线

初期磨损阶段：在刀具开始使用的短时间内，后刀面上即产生一个磨损量为 0.05～0.1mm 小棱带，称为初期磨损阶段。在此阶段，磨损速率较大，时间很短，总磨损量不大。磨损速率较大的原因是，新刃磨过的刀具后刀面上存在凹凸不平、氧化或脱碳层等缺陷，使刀面表层上的材料耐磨性较差。

正常磨损阶段：刀具经过初期磨损阶段，后刀面的粗糙度已减小，承压面积增大，刀具磨损进入正常磨损阶段。

剧烈磨损阶段：随着刀具切削过程的继续，磨损量 VB 不断增大，到一定数值后，切削力和切削温度急剧上升，刀具磨损率急剧增大，刀具迅速失去切削能力，该阶段称为剧烈磨损阶段。

9.6.4 刀具磨钝标准

刀具磨损量达到一定程度就要重磨或换刀，这个允许的限度称为磨钝标准。

制订磨钝标准，主要根据刀具磨损的状态和加工要求决定。

当后刀面磨损为主时，用后刀面磨损棱带的平均宽度 VB 为指标，作为刀具的磨钝标准，如生产实践中硬质合金车刀在不同加工条件下的磨钝标准推荐值如表 9.7 所示。在 ISO 标准中规定，当后刀面磨损均匀时，取 $VB=0.3mm$；当后刀面磨损不均匀时，取 $VB=0.6mm$。

◇ 表 9.7　硬质合金车刀的磨钝标准

加工条件	后刀面的磨钝标准 VB/mm
精车	0.1～0.3
合金钢粗车，粗车刚性较差的工件	0.4～0.5
碳素钢粗车	0.6～0.8
铸铁件粗车	0.8～1.2
钢及铸铁大件低速粗车	1.0～1.5

当刀具以月牙洼磨损为主要形式时，可用月牙洼深度 KT、宽度 KB 和位置 KM 的值作为磨钝标准。

对于一次性对刀的自动线或精加工刀具，则用径向磨损量 NB 作为磨钝标准，如图 9.60 所示。

9.6.5　刀具的使用寿命（耐用度）及影响因素

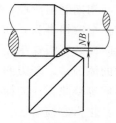

刀具的使用寿命是指一把新刀或新刃磨过的刀具从开始切削到磨损量达到磨钝标准为止的切削时间，也称刀具耐用度，用 T 表示，单位用 min（分钟），有时也用切削路程 l_m 表示，它与 T 的关系为：

图 9.60　车刀的径向磨损

$$l_m = v_c T \tag{9.35}$$

影响刀具耐用度的因素很多，主要影响因素有工件材料、刀具角度、切削用量以及切削液等。

（1）切削速度与刀具使用寿命的关系

切削速度与刀具使用寿命的关系是用实验方法求得的。实验前选定磨钝标准，在其它切削条件固定的情况下，只改变切削速度作磨损实验，得出在各种速度下刀具磨损曲线，如图 9.61 所示。然后根据选定的磨钝标准 VB 以及各种切削速度下所对应的刀具使用寿命 (T_1, v_{c1})、 (T_2, v_{c2})、 (T_3, v_{c3})、 (T_4, v_{c4})，在双对数坐标纸上画出 T-v_c 的关系，如图 9.62 所示。

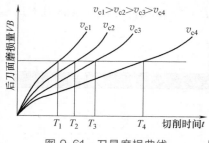

图 9.61　刀具磨损曲线　　　图 9.62　在对数坐标纸上的 T-v_c 曲线

实验结果表明，在常用切削速度范围内，上述各组数据对应的点在双对数坐标中基本上分布在一条直线上，它可以表示为：

$$\lg v_c = -m \lg T + \lg A \qquad 即 \quad v_c = A/T^m \tag{9.36}$$

式中　　m——指数，双对数坐标中的直线斜率，$m = \tan\phi$；

　　　　A——系数，当 $T = 1s$（秒）或 $1min$（分）时，双对数

坐标中的直线在纵坐标上的截距。

这个关系式是 20 世纪初由美国工程师泰勒（F. W. Taylor）建立的，称泰勒公式。指数 m 表示了切削速度对刀具使用寿命的影响程度，例如，设 $m=0.2$，当切削速度提高一倍时，刀具的使用寿命就要降低到原来的 $1/32$，m 值大，表示切削速度对刀具使用寿命的影响程度小。高速钢刀具的 $m=0.1\sim0.125$；硬质合金刀具的 $m=0.1\sim0.4$；陶瓷刀具的 $m=0.2\sim0.4$。

（2）进给量、切削深度与刀具使用寿命的关系

同样的方法，可以求得 $f\text{-}T$ 和 $a_p\text{-}T$ 的关系：

$$f=B/T^n \tag{9.37}$$
$$a_p=C/T^p \tag{9.38}$$

式中　B，C——系数；

　　　n，p——指数。

由式（9.37）、式（9.38）可得切削用量与刀具使用寿命的关系式：

$$T=\frac{C_T}{v_c^{\frac{1}{m}}f^{\frac{1}{n}}a_p^{\frac{1}{p}}}\text{或}\ v_c=\frac{C_v}{T^m f^{\frac{m}{n}}a_p^{\frac{m}{p}}} \tag{9.39}$$

式中　C_T，C_v——与工件材料、刀具材料和其他切削条件有关的系数。

对于不同的工件材料和刀具材料，在不同的切削条件下，式（9.39）中的系数和指数，可用来选择切削用量或对切削速度进行预报。

例如，硬质合金外圆车刀车削碳钢时的经验公式为 $T=C_T/(v_c^5 f^{2.25} a_p^{0.75})$，可见，切削速度对刀具的使用寿命影响最大，其次是进给量，切削深度影响最小。

在选择切削用量时，为了提高生产率，在机床功率足够的条件下，首先选择尽量大的切削深度，其次是进给量，最后在刀具寿命允许的条件下选择切削速度。

9.6.6　刀具使用寿命的合理选择

刀具磨损达到磨钝标准后就需要重新磨刀或换刀。在自动

线、多刀切削、大批量生产中，一般都要求定时换刀，究竟切削时间应当多长，即刀具的使用寿命取多大才合理，一般遵循两种原则：一种是根据单件工序工时最短的原则来确定刀具使用寿命，即最大生产率使用寿命（T_p）；另一种是根据单件工序成本最低的原则来确定刀具的使用寿命，即经济使用寿命（T_c）。

根据完成一个工序所需要的工时和每个工件的工序成本都是刀具使用寿命的函数，将它们的计算公式分别对刀具使用寿命求导，并取导数为0，即可得到刀具最大生产率使用寿命和刀具最经济使用寿命的计算式：

$$T_p = \frac{1-m}{m} t_{ct} \tag{9.40}$$

$$T_c = \frac{1-m}{m} \left(t_{ct} + \frac{C_t}{M} \right) \tag{9.41}$$

式中　m——系数；

　　　t_{ct}——刀具磨钝后，换一次刀所消耗的时间（包括卸刀、装刀、对刀等）；

　　　C_t——刀具成本；

　　　M——该工序单位时间内机床折旧费及所分担的全厂开支。

当需要完成紧急任务时，采用最大生产率原则，将刀具使用寿命定得小点。一般情况采用刀具的经济寿命原则，并结合生产经验资料确定。在生产中，常用刀具的耐用度如表9.8所示。

◈ 表9.8　刀具耐用度参考值

刀具类型	耐用度 T/s(min)
高速钢车刀	3600～5400(60～90)
高速钢钻头	4800～7200(80～120)
硬质合金焊接车刀	3600(60)
硬质合金可转位车刀	900～1800(15～30)
硬质合金端铣刀	7200～10800(120～180)
齿轮刀具	12000～18000(200～300)
自动机用高速钢车刀	10800～12000(180～200)

9.6.7 刀具的破损形式

刀具在切削过程中，经常发生刀具还未磨损到磨钝标准时就出现失效的现象，这种失效现象称刀具破损。对硬质合金、陶瓷、立方氮化硼、金刚石等脆性材料的刀具，刀具破损的形式有切削刃微崩、刀尖崩碎、刀片或刀具折断、刀片表层剥落、刀片的热裂等；对于工具钢和高速钢塑性材料的刀具，发生破损现象是卷刃和烧刃。

（1）崩刃

当工艺系统刚性较差、断续切削、毛坯余量不均匀或工件材料中有硬质点、气孔、砂眼等缺陷时，切削过程中，刀具因受冲击作用而振动，在这种情况下，切削刃往往会由于刚度不足产生一些锯齿形缺口，称为崩刃。

（2）碎裂

当加工条件较差，刀具承受冲击力大，或刀具本身的焊接质量不好，会造成切削部分呈块状破损，称为碎裂。

（3）剥落

由于在焊接、刃磨后，表层材料上存在着残余应力或潜在的裂纹，当刀具受到交变应力的周期性作用时，表层材料会呈片状脱落下来，称为剥落。

（4）热裂

常发生在断续切削的刀具上，由于切削过程中，切削部分发生反复的冷缩热胀，在交变的热应力和机械应力的作用下，发生疲劳破坏而开裂，称为热裂。

（5）卷刃

卷刃是刀具切削刃发生塑性变形，改变了刀具几何角度、影响了加工尺寸精度的一种失效形式。

（6）烧刃

烧刃是由于切削温度过高，刀具材料的力学性能改变，如颜色变化，使刀具很快磨损，失去切削能力的一种失效形式。

防止刀具破损的措施是合理选择刀具材料、刀具角度和切削用量。

9.7 切削液

切削液分为水溶液、乳化液、切削油和其他四类，合理选择和使用切削液是提高金属切削加工性能的有效途径之一。

9.7.1 切削液的作用

在切削过程中，切削液具有冷却作用、润滑作用、清洗作用和防锈作用等。

(1) 冷却作用

切削液能够降低切削温度，从而提高刀具使用寿命和加工质量。切削液冷却性能的好坏，取决于它的热导率、比热容、汽化热、汽化速度、流量、流速等。一般来说水溶液的冷却性能最好，油类的最差，水、油性能的比较如表 9.9 所示。

◇ 表 9.9 水、油性能比较表

切削液类别	热导率/[W/(m·℃)]	比热容/[J/(kg·℃)]	汽化热/(J/g)
水	0.628	4190	2260
油	0.126~0.210	1670~2090	167~314

(2) 润滑作用

在切削过程中，切屑、工件与刀具间的摩擦可分为干摩擦、流体润滑摩擦和边界润滑摩擦三类。当形成流体润滑摩擦时，润滑效果最好。切削液的润滑作用是在切屑、工件与刀具界面间形成油膜，使之成为流体润滑摩擦，得到较好的润滑效果。金属切削过程大部分情况属于边界润滑摩擦状态，如图 9.63 所示。

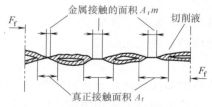

图 9.63 金属间的边界润滑摩擦

切削液的润滑性能与切削液的渗透性、形成油膜的能力等有关，加入添加剂可改善切削液的润滑性能。

（3）清洗作用

切削液可以清洗碎屑或粉屑，防止其擦伤工件和导轨表面等，清洗性能取决于切削液的流动性和压力。

（4）防锈作用

在切削液中加入添加剂，在工件、刀具和机床的表面形成保护膜，起到防锈作用。

9.7.2　切削液的类型及选用

切削液可根据工件材料、刀具材料和加工要求进行选用。硬质合金刀具一般不使用切削液，若用，须连续供液，以免因骤冷骤热导致刀片产生裂纹。切削铸铁一般也不使用切削液。切削铜、有色合金，一般不用含硫的切削液，以免腐蚀工件表面。切削液可参考表 9.10 进行选用。

◇ 表 9.10　切削液种类和选用

序号	名称	组成	主要用途
1	水溶液	以硝酸钠、碳酸钠等溶于水的溶液，用 100～200 倍的水稀释而成	磨削
2	乳化液	①少量矿物油，主要为表面活性剂的乳化油，用 40～80 倍的水稀释而成，冷却和清洗性能好	车削、钻孔
		②以矿物油为主，少量表面活性剂的乳化油，用 10～20 倍的水稀释而成，冷却和润滑性能好	车削、攻螺纹
		③在乳化液中加入极压添加剂	高速车削，钻削
3	切削油	①矿物油（L-AN15 或 L-AN32 全损耗系统用油）单独使用	滚齿、插齿
		②矿物油加植物油或动物油形成混合油，润滑性能好	精密螺纹车削
		③矿物油或混合油中加入极压添加剂形成极压油	高速滚齿、插齿、车螺纹等
4	其它	液态的 CO_2	主要用于冷却
		由二硫化钼、硬脂酸和石蜡制成蜡笔，涂于刀具表面	攻螺纹

9.7.3 切削液的添加剂

为了改善切削液的性能和作用所加入的化学物质称为添加剂。常见的添加剂的类型如表 9.11 所示。

◇ **表 9.11 切削液中的添加剂**

分类		添加剂
油性添加剂		动植物油,脂肪酸及其皂,脂肪醇,脂类、酮类、胺类等化合物
极压添加剂		硫、磷、氯、碘等有机化合物,如氯化石蜡、二烷基二硫代磷酸锌等
防锈添加剂	水溶性	亚硝酸钠、磷酸三钠、磷酸氢二钠、苯甲酸钠、苯甲酸胺、三乙醇胺等
	油溶性	石油磺酸钡、石油磺酸钠、环烷酸锌、二壬基茶磺酸钡等
防霉添加剂		苯酚、五氯酚、硫柳汞等化合物
抗泡沫添加剂		二甲基硅油
助溶添加剂		乙醇、正丁醇、苯二甲酸酯、乙二醇醚等
乳化剂(表面活性剂)	阴离子型	石油磺酸钠、油酸钠皂、松香酸钠皂、高碳酸钠皂、磺化蓖麻油、油酸三乙醇胺等
	非离子型	平平加(聚氧乙烯脂肪醇醚)、司本(山梨糖醇油酸酯)、吐温(聚氧乙烯山梨糖醇油酸酯)
乳化稳定剂		乙二醇、乙醇、正丁醇、二乙二醇单正丁基醚、二甘醇、高碳醇、苯乙醇胺、三乙醇胺

油性添加剂主要用于低压低温边界润滑状态,其作用是提高切削液的渗透和润滑作用,减小切削油与金属接触界面的张力,使切削油很快地渗透到切削区,在刀具的前刀面与切屑、后刀面与工件间形成物理吸附膜,减小其摩擦。

极压添加剂主要用于高温状态下工作的切削液,这些含硫、磷、氯、碘等有机化合物的极压添加剂,在高温下与金属表面起化学反应,生成化学吸附膜,保持润滑作用,减小工件与刀具接触面之间的摩擦。

乳化剂也称表面活性剂,其作用是使矿物油与水相互溶合、形成均匀稳定的溶液。在水与矿物油的液体(油水互不相溶)中加入乳化剂,搅拌混合,由于乳化剂分子的极性基团是亲水的、可溶于水，即极性基团在水的表面上定向排列、并吸附在它的表面上。非极性基团是亲油的、可溶于油，即非极性基团在油的表面上定向排列、并吸附在它的表面上。由于亲水的极性基团的极性端朝水，亲油

(a) 水包油　　　　　(b) 油包水

图 9.64　乳化剂的表面活性作用

的非极性基团的非极性端朝油，亲水的极性基团和亲油的非极性基团的分子吸引力把油与水连接起来，使矿物油与水相互溶合形成均匀稳定的溶液，如图 9.64 所示。

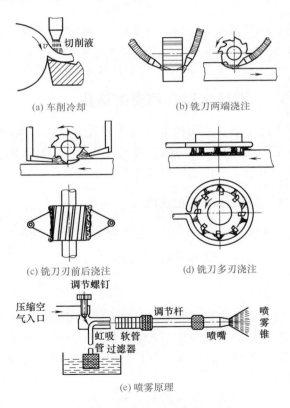

(a) 车削冷却　　　　　　　　(b) 铣刀两端浇注

(c) 铣刀刃前后浇注　　　　　　(d) 铣刀多刃浇注

(e) 喷雾原理

图 9.65　切削液常用的使用方法

9.7.4 切削液的使用方法

切削液常用的使用方法有浇注法、高压冷却法和喷雾冷却法等。

浇注法的设备简单，使用方便，目前应用最广泛，但浇注法的切削液流速较慢，压力小，切削液进入高温度区较难，冷却效果不够理想，如图 9.65（a）～（d）所示。

高压冷却法常用于深孔加工时，高压下的切削液可直接喷射到切削区，起到冷却润滑的作用，并使碎断的切屑随液流排出孔外。

喷雾冷却法的喷雾原理如图 9.65（e）所示，主要用于难加工材料的切削和超高速切削，也可用于一般的切削加工来提高刀具耐用度。

9.8 刀具合理几何参数选择

在保证加工质量的前提下，能使刀具寿命长、生产效率高、加工成本低的几何参数称刀具合理几何参数。刀具几何参数包括刀具角度、刃形、刃区剖面型式和刀面型式等。

9.8.1 合理刀具角度的选择

刀具角度主要包括主切削刃的前角 γ_o、后角 α_o、主偏角 κ_r、刃倾角 λ_s 和副切削刃的副前角 γ_o'、副后角 α_o'、副偏角 κ_r' 等。

（1）前角

增大前角能减小切削变形、切削力，降低切削温度、抑制积屑瘤和鳞刺的生成，改善加工表面质量，但如果前角太大，则降低刀刃强度和散热条件，加剧刀具磨损。根据下列情况选择合理的刀具前角。

工件材料的强度、硬度低时，可以取较大的甚至很大的前角；工件材料的强度、硬度高时，应取较小的前角；加工特别硬的工件（如淬硬钢）时，前角应很小甚至取负值。

加工塑性材料时，易加工硬化，应取较大的前角；加工脆性材料时，应取较小的前角。

粗加工，特别是断续切削，承受冲击性载荷，尤其对有硬皮的铸、锻件粗加工时，为保证刀具有足够的强度，应选择较小的前角。

对于成形刀具或前角影响刀刃形状的其它刀具，为防止刃形畸变，常取较小的前角，甚至取 $\gamma_o = 0°$。刀具材料的抗弯强度和韧性较好时，应选用较大的前角，如高速钢刀具比硬质合金刀具的前角约大 $5° \sim 10°$。工艺系统刚性差和机床功率不足时，应选取较大的前角。数控机床、自动机床和自动线用刀具，选用较小的前角。

（2）后角

如图 9.66 所示，在同样的磨钝标准 VB 下，后角小的刀具由新刃到磨钝，所磨去的金属体积较小，使后刀面的耐磨性差，降低刀具使用寿命。增大后角能减小后刀面与切削表面之间的摩擦，切削刃钝圆半径 r_n 值越小，切削刃越锋利。后角过大会削弱刀刃的强度和散热能力。

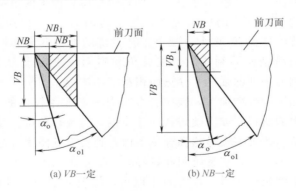

(a) VB 一定　　　　(b) NB 一定

图 9.66　后角与磨损体积的关系

粗加工时取较小的后角；精加工时取较大的后角。

工件材料硬度、强度较高时，取较小的后角；工件材质较软、塑性较大或易加工硬化时，取较大的后角；加工脆性材料，切削力集中在刃区附近，宜取较小的后角；但加工特别硬而脆的材料（如铸造碳化钨、淬硬钢等），在采用负前角的情况下，必须加大后角。

工艺系统刚性差，容易出现振动时，应适当减小后角；有尺寸精度要求的刀具，取较小的后角。

车刀、刨刀及端铣刀的副后角 α_o' 通常等于或略小于后角 α_o；切断刀、切槽刀、锯片铣刀的副后角，受刀头强度的限制，通常为 $\alpha_o' = 1° \sim 2°$，如图 9.67 所示。

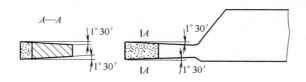

图 9.67　切断刀的副偏角和副后角

（3）主偏角

减小主偏角，可以减小已加工表面粗糙度。增大主偏角时，切削宽度减小，切削厚度增大，切削刃单位长度上的负荷随之增大；影响切削分力的比例关系，使主切削力 F_c、切深抗力 F_p 减小，进给抗力 F_f 增大；减小工艺系统的弹性变形和振动；有利于切屑沿轴向顺利排出。主偏角和副偏角决定了刀尖角 ε_r，直接影响刀尖处的强度、导热面积和容热体积。

粗加工和半精加工，硬质合金车刀一般选用较大的主偏角；加工很硬的材料，如冷硬铸铁和淬硬钢，为减轻单位长度切削刃上的负荷，改善刀头导热和容热条件，延长刀具使用寿命，宜取较小的主偏角。工艺系统刚性较好时，取较小的主偏角，刚性不足（如车细长轴）时，取大的主偏角，甚至 $\kappa_r \geqslant 90°$，以减小切深抗力 F_p 和减小振动。单件小批生产，希望一两把刀具加工出工件上所有的表面，一般选用 45° 或 90° 偏刀。

（4）副偏角

副切削刃主要影响已加工表面质量和切削过程的振动，副偏角的选择原则是：在不引起振动的情况下，刀具的副偏角可选取较小的数值，如车刀、端铣刀、刨刀，均可选取 $\kappa' = 5° \sim 10°$。精加工刀具的副偏角应取得更小一些，必要时，可磨出一段 $\kappa'_r = 0°$ 的修光刃，见图 1.69（c），修光刃长度 b'_ε 应略大于进给量，即 $b'_\varepsilon \approx (1.2 \sim 1.5) f$。加工高强度硬度材料或断续切削时，应取较小的副偏角（$\kappa'_r = 4° \sim 6°$），以提高刀尖强度。切断刀、锯片铣刀和槽铣刀等，为了保证刀头强度和重磨后刀头宽度变化较小，只能取很小的副偏角，即 $\kappa'_r = 1° \sim 2°$。

（5）刃倾角

刃倾角对切屑流出方向的影响见图 9.35，影响切削刃的锋利性，刃倾角越大越锋利，大刃倾角刀具可以切下很薄的切削层 $a_p = 0.01 \sim 0.005\text{mm}$，用于微量精车、精镗和精刨；影响刀尖强度，负的刃倾角使刀头强固；影响刀尖导热、切入切出的平稳性和切削刃的工作长度、切削分力的比例等。

对于钢和铸铁，粗车时取 $\lambda_s = 0° \sim -5°$；精车时取 $\lambda_s = 0° \sim +5°$；有冲击负荷时，取 $\lambda_s = -5° \sim -15°$；冲击特别大时，取 $\lambda_s = -30° \sim -45°$。强力切削刨刀，$\lambda_s = -10° \sim -20°$。工艺系统刚性不足时，不用负刃倾角。微量精车和精刨时，采用大刃倾角刀具，$\lambda_s = 45° \sim 75°$以上。金刚石和立方氮化硼车刀，取 $\lambda_s = 0° \sim -5°$。

9.8.2 刃形及参数选择

刃形是切削刃在基面内观察的主切削刃的形状、主副切削刃之间过渡刃（刀尖）的形状及其几何参数。

（1）主切削刃的形状及参数

常见的主切削刃形有直线刃、折线刃、圆弧刃、月牙弧刃、波形刃、阶梯形刃等形式，其主要作用是减少单位切削刃长度的切削负荷，断、排屑顺利，提高抗振性，改善散热条件等。

如图 9.68 所示的平直刃切断刀与双阶梯刃切断刀，切削力实验结果表明，阶梯刃切断刀的切削力约为平直刃切削力的一半，切削温度约降低 $20\% \sim 25\%$，刀具使用寿命延长了 $50\% \sim$

100％，这是因为阶梯刃的主切削刃分为三段，切屑也相应地分成三条，切屑与两壁之间的摩擦大大减小等原因所致。

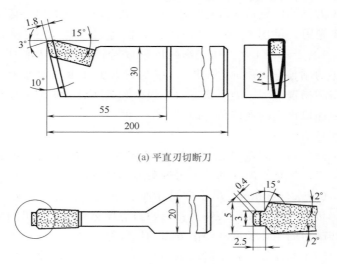

(a) 平直刃切断刀

(b) 双阶梯刃切断刀

图 9.68　平直刃切断刀与双阶梯刃切断刀

（2）主副切削刃之间过渡刃（刀尖）的形状及参数选择

主副切削刃之间过渡刃（刀尖）的形状有圆弧过渡刃、直线过渡刃和修光刃，为了强化刀尖和提高已加工表面质量，可通过选择过渡刃的合理形状和参数来实现，其形状参数如图 9.69 所示。

圆弧过渡刃的几何参数用圆弧半径 r_ε 来表示。刀尖的工作条件最差，它直接影响加工表面质量和刀具寿命。粗加工时侧重考虑强化刀尖以延长刀具使用寿命，精加工时侧重考虑已加工表面质量。刀具的磨损量、已加工表面质量与圆弧半径 r_ε 的关系如图 9.70 所示。图中，刀具的磨损量 $NB_{r\varepsilon}$ 表示刀具每切削 1000cm² 已加工表面时刀尖径向磨损值，单位为 $\mu m/10^3 cm^2$，已加工表面质量用粗糙度 Ra 表示，由图可以看出，该切削条件下，$r_\varepsilon = 0.5mm$ 是一理想值。

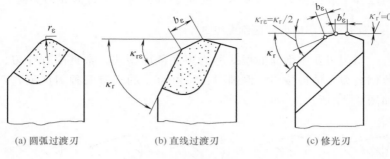

(a) 圆弧过渡刃   (b) 直线过渡刃   (c) 修光刃

图 9.69 过渡刃与修光刃

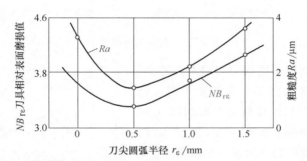

工件材料：18X2H4BA

刀具材料：T60K6（含TiC60%、WC34%、Co6%的硬质合金）

切削用量：$a_p = 0.1mm$ $f = 0.06mm/r$ $v_c = 2.66m/s(160m/min)$

图 9.70 刀具的磨损量、已加工表面质量与圆弧半径的关系

生产中，选择的刀尖圆弧半径 r_ε 为：高速钢车刀 $r_\varepsilon = 1 \sim$ 3mm；硬质合金和陶瓷车刀 $r_\varepsilon = 0.5 \sim 1.5$mm；金刚石车刀 $r_\varepsilon = 1.0$mm；立方氮化硼车刀 $r_\varepsilon = 0.4$mm。

直线过渡刃的参数包括刀尖偏角 $\kappa_{r\varepsilon}$ 和过渡刃（刀尖）长度 b_ε，生产中一般选择为：刀尖偏角 $\kappa_{r\varepsilon} \approx 0.5\kappa_r$，$\kappa_r$ 为刀具的主偏角；刀尖长度 $b_\varepsilon = 0.5 \sim 2$mm 或 $b_\varepsilon = (0.2 \sim 0.25) a_p$，$a_p$ 为切削深度。

修光刃的结构如图 9.69（c）所示，它是在过渡刃的基础上增加了一段偏角 $\kappa'_{r\varepsilon} = 0$ 的修光刃长度为 b'_ε 的直线，以进一步提高已加工表面质量。修光刃长度 b'_ε 的选择与直线过渡刃的类同。

9.8.3 切削刃刃区剖面型式

切削刃在主剖面的型式称为刃区剖面型式，常见的有锋刃、负倒棱刃、消振棱刃、倒圆刃、后角为 $0°$ 的刃带五种刃区型式，如图 9.71 所示。

锋刃   负倒棱刃   消振棱刃   倒圆刃   刃带

图 9.71　五种刃区型式

负倒棱可增加刀刃强度和寿命，改善散热条件等。在粗加工时，硬质合金刀具的负倒棱参数如图 9.72 所示，倒棱宽度 $b_{\gamma1} = (0.3 \sim 0.8)f$，$f$ 为切削时的进给量，倒棱角 $\gamma_{o1} = -5° \sim -25°$，$a_p$ 越大，γ_{o1} 越小。

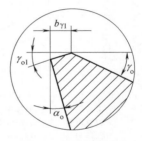

图 9.72　负倒棱

锋刃和倒圆刃的几何参数用切削刃钝圆半径 r_n 表示，一般取 $0.5 \sim 1.5\text{mm}$。

消振棱刃除增加刀刃强度和寿命，改善散热条件外，主要作用是减小切削振动，其参数选择与负倒棱刃的类同。

刃带主要作用是增加刀刃强度和寿命，改善散热条件，改善已加工表面质量，其倒棱宽度选择与负倒棱刃的类同。

9.8.4　刀面型式及参数

刀面型式是指前刀面上的卷屑槽、断屑槽等结构型式，主要用来控制切屑的形状、卷屑、断屑和切屑流向等。卷屑槽的结构参数见图 9.33、图 9.34。

9.9 切削用量选择

9.9.1 选择切削用量的原则

选择切削用量的原则是在保证加工质量和降低生产成本的前提下，尽可能地提高切削率，即 a_p、f 和 v_c 的乘积最大。当 a_p、f 和 v_c 的乘积最大时，切除量一定时需要的切削加工时间最少。

提高切削用量要受到工艺装备（机床功率、刀杆强度等）与技术要求（加工精度、表面质量）的限制。粗加工的主要任务是切除毛坯上的多余金属，只要机床功率、刀杆强度、工艺系统的刚性好，一般尽可能选择大的切削深度和较大的进给量；精加工的主要任务是保证工件的加工精度和表面质量，一般选择较高的切削速度和较小的进给量，以保证零件的加工精度和表面粗糙度要求。

从影响刀具寿命的程度上看，影响最小的是 a_p，其次是 f，最大是 v_c。确定切削用量应首先选择较大的 a_p，其次按工艺装备与零件加工的技术要求选择较大的 f，最后再根据刀具耐用度的允许确定 v_c，这样可在保证一定刀具耐用度的前提下，使 a_p、f 和 v_c 的乘积最大。

9.9.2 切削用量选择

生产中一般根据生产经验和切削手册选择切削用量。硬质合金刀具粗车外圆和端面时的切削深度和进给量如表 9.12 所示。切削深度和进给量受工艺装备的限制，可根据表 9.12 提供的数据，尽可能一次将毛坯上的余量切除。切削速度可根据刀具的耐用度和机床的功率选择。

半精车和精车的切削速度和进给量如表 9.13 所示。切削深度一般一次将工件上的余量切除。进给量可根据工件表面粗糙度要求按表 9.13 提供的数据选择。切削速度可根据刀具的耐用度，按确定的进给量和表 9.13 中的切削速度范围进行选择。

◇ 表 9.12　硬质合金车刀粗车外圆和端面时的进给量

工件材料	车刀刀杆尺寸 B×H/mm	工作直径/mm	切削深度 a_p/mm				
			≤3	>3~5	>5~8	>8~12	12 以上
			进给量 f/(mm/r)				
碳素结构钢和合金结构钢	20×30	20	0.3~0.4	—	—	—	—
		40	0.4~0.5	0.3~0.4	—	—	—
	25×25	60	0.6~0.7	0.5~0.7	0.4~0.6	—	—
		100	0.8~1.0	0.7~0.9	0.5~0.7	0.4~0.7	—
		600	1.2~1.4	1.0~1.2	0.8~1.0	0.6~0.9	0.4~0.6
	30×45	500	1.1~1.4	1.1~1.4	1.0~1.2	0.8~1.2	0.7~1.1
	40×60	2500	1.3~2.0	1.3~1.8	1.2~1.6	1.1~1.5	1.0~1.5
铸铁及铜合金	20×30 25×25	40	0.4~0.5	—	—	—	—
		60	0.6~0.9	0.5~0.8	0.4~0.7	—	—
		100	0.9~1.3	0.8~1.2	0.7~1.0	0.5~0.8	—
		600	1.2~1.8	1.2~1.6	1.0~1.3	0.9~1.1	0.7~0.9
	30×45	500	1.4~1.8	1.2~1.6	1.0~1.4	1.0~1.3	0.9~1.2
	40×60	2500	1.6~2.4	1.6~2.0	1.4~1.8	1.3~1.7	1.2~1.7

注：1. 加工断续表面及有冲击的加工时，表内的进给量应乘系数 $k=0.75\sim0.85$。

2. 加工耐热钢及其合金时，不采用大于 1.0mm/r 的进给量。

3. 加工淬硬钢时，表内进给量应乘系数 $k=0.8$（当材料硬度为 44～56HRC 时）或 $k=0.5$（当硬度为 57～62HRC 时）。

◇ 表 9.13　硬质合金外圆车刀半精车和精车时的进给量

工作材料	表面粗糙度	切削速度范围/(m/min)	刀尖圆弧半径 r_ε/mm		
			0.5	1.0	2.0
			进给量 f/(mm/r)		
铸铁、青铜、铝合金	$\sqrt{}\,Ra\,6.3$	不限	0.25~0.40	0.40~0.50	0.50~0.60
	$\sqrt{}\,Ra\,3.2$		0.12~0.25	0.25~0.40	0.40~0.60
	$\sqrt{}\,Ra\,1.6$		0.10~0.15	0.15~0.20	0.20~0.35
碳素结构钢合金结构钢	$\sqrt{}\,Ra\,6.3$	≤50	0.30~0.50	0.45~0.60	0.55~0.70
		>80	0.40~0.55	0.55~0.65	0.65~0.70
	$\sqrt{}\,Ra\,3.2$	≤50	0.20~0.25	0.25~0.30	0.30~0.40
		>80	0.25~0.30	0.30~0.35	0.35~0.40
	$\sqrt{}\,Ra\,1.6$	≤50	0.10~0.11	0.11~0.15	0.15~0.20
		>80	0.10~0.20	0.16~0.25	0.25~0.35

注：1. 加工耐热钢及其合金、钛合金，切削速度大于 50m/min 时，表中进给量 f 应乘系数 0.7～0.8。

2. 带修光刃的大进给量切削法，当进给量为 1.0～1.6mm/r 时，表面粗糙度可达 $\sqrt{}\,Ra\,6.3$ ～ $\sqrt{}\,Ra\,1.6$，宽刃精车刀的进给量还可更大些。

机械工综合切削手册

10.1 机械加工基本知识

10.1.1 机械加工工艺过程的组成

机械加工工艺过程由若干个工序组成，并按一定顺序排列。每一个工序又可依次细分为安装、工位、工步及走刀（工作行程）。

（1）工序

工序是指一个（或一组）工人在同一台机床（或同一个工作地）对一个（或同时对几个）工件所连续完成的那一部分工艺过程。

工作地、工人、工件与连续作业构成了工序的四个要素，若其中任一要素发生变更，则构成了另一道工序。

同一个零件，同样的加工内容，可以有不同的工序安排。例如图 10.1 所示的阶梯轴零件，其加工内容是：加工小端面；对小端面钻中心孔；加工大端面；对大端面钻中心孔；车大端面外圆；对大端倒角；车小端面外圆，对小端面倒角；铣键槽；去毛刺。

这些加工内容可以安排在 2 个工序中完成，也可以安排在 3 个工序中完成，还可以有其他安排。

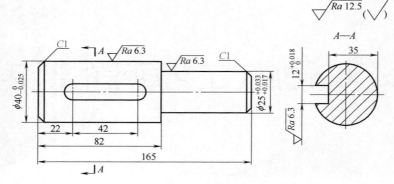

图 10.1　阶梯轴零件图

1）阶梯轴零件 2 个工序的安排方案：

毛坯的条件是棒料已完成下料。

工序 1：在车床上加工，工序内容包括：①车小端面；②在小端面上钻中心孔；③粗车小端外圆；④对小端倒角；⑤车大端面；⑥在大端面上钻中心孔；⑦粗车大端外圆；⑧对大端倒角；⑨精车大小外圆；⑩检验。

工序 2：在铣床上加工，工序内容包括：①铣键槽；②去毛刺；③检验。

2）阶梯轴零件 3 个工序的安排方案：

毛坯的条件是棒料已完成下料。

工序 1：在车床上加工，工序内容包括：①车小端面；②在小端面上钻中心孔；③粗车小端外圆；④对小端倒角；⑤车大端面；⑥在大端面上钻中心孔；⑦粗车大端外圆；⑧对大端倒角；⑨检验。

工序 2：在车床上加工，工序内容包括：①精车大小外圆；②检验。

工序 3：在铣床上加工，工序内容包括：①铣键槽；②手工去毛刺；③检验。

工序安排和工序数目的确定与零件复杂程度、技术要求、零件的加工数量和现有工艺条件等有关。

（2）安装

在一道工序中，工件经一次装夹后所完成的那部分工序称为安装。

例如阶梯轴零件 2 个工序的安排方案中，工序 1 需要有 3 次安装，见表 10.1。在 1 次装夹后完成：①车小端面，②在小端面上钻中心孔（尾座顶尖夹持工件后），③粗车小端外圆，④对小端倒角；再 2 次装夹，工件调头，卡盘顶尖装夹工件，完成⑤车大端面，⑥在大端面上钻中心孔（尾座顶尖夹持工件），⑦粗车大端外圆，⑧对大端倒角，⑨精车大端外圆等；再 3 次装夹，工件调头，卡盘顶尖装夹工件，完成⑨精车小端外圆等全部车削工序的内容。例中没有将移动尾座，将顶尖夹持工件的操作看成是一次安装。

◇ 表 10.1　阶梯轴零件 2 个工序的安排方案的安装和工步内容

工序号		工序内容	设备
1	安装（1）	①车小端面，②在小端面上钻中心孔，移动尾座顶尖夹持工件，③粗车小端外圆，④对小端倒角	车床
	安装（2）	⑤车大端面，⑥在大端面上钻中心孔，移动尾座顶尖夹持工件，⑦粗车大端外圆，⑧对大端倒角，⑨精车大端外圆	
	安装（3）	⑨精车小端外圆	
2	安装（1）	铣键槽，手工去毛刺	铣床

（3）工位

为了完成一定的工序部分，一次装夹工件后，工件与夹具或设备的可动部分一起相对刀具或设备的固定部分所占据的每一个位置，称为工位。

为减少装夹次数，常采用多工位夹具或多轴（或多工位）机床，使工件在一次安装中先后经过若干个不同位置顺次进行加工。例如，如图 10.2 所示，通过立式回转工作台使工件变换加工位置。在该例中，共有四个工位，依次为装卸工件、钻孔、扩孔和铰孔，实现了在一次安装中同时进行钻孔、扩孔和铰孔加工。

可以看出，如果一个工序只有一个安装，并且该安装中只有一个工位，则工序内容就是安装内容，同时也就是工位内容。

（4）工步

在加工表面不变、切削刀具不变的情况下所连续完成的那部分工序称工步。

按照工步的定义，带回转刀架的机床（转塔车床，加工中心）或带自动换刀装置的机床（如加工中心），当更换不同刀具时，即使加工表面不变，也属不同工步。

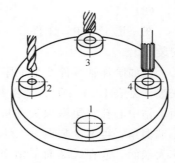

图 10.2　多工位加工
1—装卸工件；　2—钻孔；
3—扩孔；　4—铰孔

在一个工步内，若有几把刀具同时加工几个不同表面，称此工步为复合工步（见图 10.3）。可以看出，应用复合工步主要是为了提高生产效率。

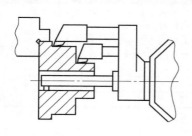
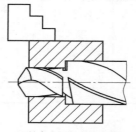

(a) 立轴转塔车床的一个复合工步

(b) 钻床上用复合钻头进行钻孔和扩孔复合工步

图 10.3　复合工步

（5）走刀

走刀也称工作行程，是刀具以加工进给速度相对工件所完成一次进给运动的工步部分。

同一加工表面加工余量较大，可以分作几次工作进给，走刀是构成工艺过程的最小单元。

如表 10.1 所列工序 1 中，若工件毛坯直径为 80mm 的棒料，则外圆表面（见图 10.1）的车削就需几次走刀才能完成。

10. 1. 2　工艺规程的概念和作用

（1）工艺规程的类型

工艺规程的类型分专用工艺规程和通用工艺规程。专用工艺规程是针对某一个产品或零部件所设计的工艺规程。通用工艺规程又分典型工艺规程、成组工艺规程和标准工艺规程。典型工艺规程是为一组结构特征和工艺特征相似的零部件所设计的通用工艺规程。成组工艺规程是按成组技术原理将零件分类成组，针对每一组零件所设计的通用工艺规程。标准工艺规程是已纳入标准的工艺规程。

工艺规程的相关术语：

①　工艺规程是规定产品或零部件制造工艺过程和操作方法等的工艺文件。

②　规定零件机械加工工艺过程和操作方法等的工艺文件称为机械加工工艺规程。

③　工艺文件是指导工人操作和用于生产、工艺管理等的各种技术文件。

（2）工艺规程的目的作用

加工一个同样要求的零件，可能有多种工艺方法和工艺过程来实现，但完成的质量和效果可能不一样。工艺规程是在总结实践经验的基础上，依据科学理论和必要的工艺试验后结合企业具体的生产条件而制订的。不同的零件，它的作用、重要程度（如工艺关键是指技术要求高、加工难度大的零部件、质量控制点、检验点）、复杂程度（如流线形表面、深孔、细长轴、难加工材料薄壁零件等）、特殊程度（大型复杂的、涉及安全的、危害性的、特殊检验的）、处于不同的阶段（设计、研制开发、小批试制、批量生产），尽管对其工艺规程的设计有所不同，但设计中都有考虑加工质量、生产率、时间、成本、柔性、安全、环保等因素，并在不同阶段进行工艺过程优化（分析）与审查，使制定的工艺规程更加合理并不断完善。工艺规程的目的作用主要有：使产品生产组织规范、有序（工艺纪律）；使产品制造质量稳定；

控制和预防各种问题发生；提高劳动生产率、降低生产成本、获得更好的经济效益和社会效益。此外，还有：

① 是指导工人操作和用于生产、工艺管理工作的主要技术文件。

② 是新产品投产前进行生产准备和技术准备（如设备、工艺装备等）的依据，新建、扩建车间或工厂的原始资料。

③ 是生产组织管理的依据，如产品成本、劳动生产率、材料定额、时间定额、定员定编等的设计计算和确定。

④ 起到交流和推广先进经验的作用。

⑤ 典型和标准的工艺规程能缩短工厂的生产准备时间。

工艺规程是从产品设计开发到产品研制、小批试制、批量生产不断修改完善而成的，要经过逐级审批后实施。工艺规程就是工厂生产中的工艺纪律，有关人员必须严格执行。

随着科学技术的进步和生产的发展，针对工艺过程中会出现的不相适应的问题，应对工艺规程定期整改，及时吸收新技术、新工艺、新方法和合理化建议，使工艺规程更加完善和合理。

10.1.3 工艺规程的文件形式和工艺附图

（1）工艺规程的文件形式

① 工艺过程卡片（见表10.2）：描述零部件加工过程中的工种（或工序）流转顺序，主要用于单件、小批生产的产品（用作大批量生产的工序流程，填写简单，相当于工艺路线，与工序卡片配合使用；用作批量生产的工序流程，填写较详细，与重点工序和关键工序的工序卡片配合使用）。

② 工艺卡片：描述一个工种（或工序）中工步的流转顺序，如铸造、锻压、热处理工种，用于各种批量生产的产品。

③ 工序卡片（见表10.3）：主要用于大批量生产的产品和单件、小批量生产中的关键工序。工序图是工艺设计结果的图形表达。用于工序卡片中称工序图或工序简图。附在工艺文件中称工艺附图。

机械工综合切削手册

350

◇ 表 10.2 机械加工工艺过程卡片 (JB/T 9165.2—1998)

机械加工工艺过程卡片

(厂名)		机械加工工艺过程卡片			产品型号			零件图号				
					产品名称			零件名称			共 页	第 页

| 材料牌号 | 30(1) | 毛坯种类 | 30(2) | 毛坯外形尺寸 | 30(3) | 每毛坯可制件数 | 25 | 每台件数 | (4) 10 | | 备注 | (5) 10 | | (6) 20 |

工序号	工序名称	工序内容	车间	工段	设备	工艺装备		工时	
								准终	单件
(7) 8	(8) 10	(9)	(10) 8	(11) 8	(12) 20	(13) 75		(14) 10	(15) 10

						设计(日期)	审核(日期)	标准化(日期)	会签(日期)
描图									
描校									
底图号									
装订号		标记 处数 更改文件号 签字 日期				标记 处数 更改文件号 签字 日期			

18×8(=144)

16
8
25
25

◇ 表 10.3 机械加工工序卡片（JB/T 9165.2—1998）

(厂名)	机械加工工序卡片	产品型号		零件图号			共 页 第 页
		产品名称		零件名称			

车间 25(1)	工序号 15(2)	工序名 25(3)	材料牌 30(4)
毛坯种类 (5)	毛坯外形尺寸 30(6)	每坯可制件数 20(7)	每台件数 20(8)
设备名称 (9)	设备型号 30(10)	设备编号 (11)	同时加工件数 (12)
夹具编号 (13)	夹具名称 (14)		切削液 (15)
工位器具编号 45(16)	工位器具名称 30(17)	工序工时	准终 (18) 单件 (19)

工步号	工步内容	工艺装备	主轴转速 /(r/min)	切削速度 /(m/min)	进给量 /(mm/r)	切削深度 /mm	进给次数	工步工时 机动	工步工时 辅助
(20)	(21)	(22)	(23)	(24)	(25)	(26)	(27)	(28)	(29)

				设计(日期)	审核(日期)	标准化(日期)	会签(日期)
描图							
描校							
底图号							
装订号	标记	处数	更改文件号	签字	日期	标记 处数 更改文件号 签字 日期	

④ 作业指导书：为确保生产某一过程的质量，对操作者应做的各项活动所作的详细规定。用于操作内容和要求基本相同的工序（或工位），如机械加工操作指导卡片。

⑤ 工艺守则：某一工种应共同遵守的通用操作要求（见表10.4）。

⑥ 检验卡片（见表10.5）：用于关键重要工序检查。

⑦ 调整卡片：用于自动、半自动、弧齿锥齿轮机床、自动生产线等加工。

⑧ 毛坯图：用于铸、锻件等毛坯的制造。

⑨ 工艺附图：当各种卡片的简图位置不够用时，可用工艺附图（见表10.6）。

◇ 表10.4 切削加工通用工艺守则 总则（JB/T 9168.1—1998）

项目	要求内容
加工前的准备	(1)操作者接到加工任务后,首先要检查加工所需的产品图样、工艺规程和有关技术资料是否齐全 (2)要看懂、看清工艺规程、产品图样及其技术要求,有疑问之处应找有关人员问清再进行加工 (3)按产品图样或(和)工艺规程复核工件毛坯或半成品是否符合要求,发现问题应及时向有关人员反映,待问题解决后才能进行加工 (4)按工艺规程要求准备好加工所需的全部工艺装备,发现问题及时处理。对新夹具、模具等,要先熟悉其使用要求和操作方法 (5)加工所用的工艺装备应放在规定的位置,不得乱放,更不能放在机床导轨上 (6)工艺装备不得随意拆卸和更改 (7)检查加工所用的机床设备,准备好所需的各种附件。加工前机床要按规定进行润滑和空运转
刀具与工件的装夹	1. 刀具的装夹 (1)在装夹各种刀具前,一定要把刀柄、刀杆、导套等擦拭干净 (2)刀具装夹后,应用对刀装置或试切等检查其正确性 2. 工件的装夹 (1)在机床工作台上安装夹具时,首先要擦净其定位基面,并要找正其与刀具的相对位置 (2)工件装夹前应将其定位面、夹紧面、垫铁和夹具的定位、夹紧面擦拭干净,并不得有毛刺 (3)按工艺规程中规定的定位基准装夹,若工艺规程中未规定装夹方式,操作者可自行选择定位基准和装夹方法,选择定位基准应按以下原则: ①尽可能使定位基准与设计基准重合 ②尽可能使各加工面采用同一定位基准

项目	要求内容
刀具与工件的装夹	③粗加工定位基准应尽量选择不加工或加工余量比较小的平整表面,而且只能使用一次 ④精加工工序定位基准应是已加工表面 ⑤选择的定位基准必须使工件定位夹紧方便,加工时稳定可靠 (4)对无专用夹具的工件,装夹时应按以下原则进行找正: ①对划线工件应按划线进行找正 ②对不划线工件,在本工序后尚需继续加工的表面,找正精度应保证下道工序有足够的加工余量 ③对在本工序加工到成品尺寸的表面,其找正精度应小于尺寸公差和位置公差的1/3 ④对在本工序加工到成品尺寸的未注尺寸公差和位置公差的表面,其找正精度应保证 JB/T 8828—1999 中对未注尺寸公差和位置公差的要求 (5)装夹组合件时应注意检查结合面的定位情况 (6)夹紧工件时,夹紧力的作用点应通过支承点或支承面。对刚性较差的(或加工时有悬空部分的)工件,应在适当的位置增加辅助支承,以增强其刚性 (7)夹持精加工面和软材质工件时,应垫以软垫,如紫铜皮等 (8)用压板压紧工件时,压板支承点应略高于被压工件表面,并且压紧螺栓应尽量靠近工件,以保证压紧力
加工	(1)为了保证加工质量和提高生产率,应根据工件材料、精度要求和机床、刀具、夹具等情况,合理选择切削用量。加工铸件时,为了避免表面夹砂、硬化层等损坏刀具,在许可的条件下,切削深度应大于夹砂或硬化层深度 (2)对有公差要求的尺寸在加工时,应尽量按其中间公差加工 (3)工艺规程中未规定表面粗糙度要求的粗加工工序,加工后的表面粗糙度 Ra 值应不大于 $25\mu m$ (4)铰孔前的表面粗糙度 Ra 值应不大于 $12.5\mu m$ (5)精磨前的表面粗糙度 Ra 值应不大于 $6.3\mu m$ (6)粗加工时的倒角、倒圆、槽深等都应按精加工余量加大或加深,以保证精加工后达到设计要求 (7)图样和工艺规程中未规定的倒角、倒圆尺寸和公差要求应按 JB/T 8828—1999 的规定 (8)凡下道工序需进行表面淬火、超声波探伤或滚压加工的工件表面,在本道工序加工的表面粗糙度 Ra 值不得大于 $6.3\mu m$ (9)在本道工序后无法去毛刺工序时,本道工序加工产生的毛刺应在本道工序去除 (10)在大件的加工过程中应经常检查工件是否松动,以防因松动而影响加工质量或发生意外事故 (11)当粗、精加工在同一台机床上进行时,粗加工一般应松开工件,待其冷却后重新装夹 (12)在切削过程中,若机床-刀具-工件系统发出不正常的声音或加工表面粗糙度突然变坏,应立即退刀停车检查

项目	要求内容
加工	(13)在批量生产中,必须进行首件检查,合格后方能继续加工 (14)在加工过程中,操作者必须对工件进行自检 (15)检查时应正确使用测量器具。使用量规、千分尺等必须轻轻用力推入或旋入,不得用力过猛;使用卡尺、千分尺、百分表、千分表等时事先应调好零位
加工后处理	(1)工件在各道工序加工后应做到无屑、无水、无脏物,并在规定的工位器具上摆放整齐,以免磕、碰、划伤等 (2)暂不进行下道工序加工的或精加工后的表面进行防锈处理 (3)用磁力夹具吸住进行加工的工件,加工后应进行退磁 (4)凡相关零件成组配加工的,加工后需做标记(或编号) (5)各道工序加工完的工件经专职检查员检查合格后方能转往下道工序
其他	(1)工艺装备用完后要擦拭干净(涂好防锈油),放到规定的位置或交还工具库 (2)产品图样、工艺规程和所使用的其他技术文件,要注意保持整洁,严禁涂改

(2) 工艺附图的绘制规则

① 根据零件加工或装配情况可画向视图、剖视图、局部视图。允许不按比例绘制。

② 加工面用粗实线表示,非加工面用细实线表示。

③ 应标明定位基面、加工部位、精度要求、表面粗糙度、测量基准等。

④ 定位和夹紧符号按 JB/T 5061 的规定选用（见表 10.7、表 10.8）。

10.1.4 机械加工工艺过程制定的要求、依据和程序

(1) 设计工艺规程的基本要求

① 工艺规程是直接指导现场生产操作的重要技术文件,应做到正确、完整、统一、清晰。

② 在充分利用企业现有生产条件的基础上,尽可能采用国内外先进工艺技术和经验。

③ 在保证产品质量的前提下,尽量提高生产率,降低成本、资源和能源消耗。

④ 设计工艺规程必须考虑安全和环境保护要求。

◇ 表 10.5　检验卡片（JB/T 9165.2—1998）

		检验卡片		产品型号		零件图号			
				产品名称		零件名称		共 页 第 页	
工序号	工序名称	车间	检验项目	技术要求	检验手段	检验方案	检验操作要求		
(1)	(2)	(3)	(4)	(5)	(6)	(7)	(8)		
简图：									
标记 处数 更改文件号 签字 日期				标记 处数 更改文件号 签字 日期					
描图				设计(日期)	审核(日期)	标准化(日期)	会签(日期)		
描校									
底图号									
装订号									

◇ 表10.6 工艺附图格式（JB/T 9165.2—1998）

| 工艺附图 | 产品型号 | | 零件图号 | | 共 页 |
| | 产品名称 | | 零件名称 | | 第 页 |

工序号

描图
描校
底图号
装订号

| 标记 | 处数 | 更改文件号 | 签字 | 日期 | 标记 | 处数 | 更改文件号 | 签字 | 日期 | 设计(日期) | 审核(日期) | 标准化(日期) | 会签(日期) |

定位支承类型	符号			
	独立定位		联合定位	
	标注在视图轮廓线上	标注在视图正面[①]	标注在视图轮廓线上	标注在视图正面[①]
固定式			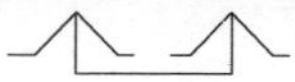	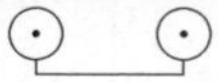
活动式			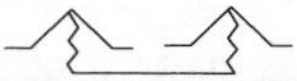	

辅助支承符号			
独立支承		联合支承	
标注在视图轮廓线上	标注在视图正面	标注在视图轮廓线上	标注在视图正面
		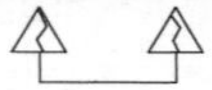	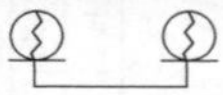

① 视图正面是指观察者面对的投影面。

◈ 表 10.8　夹紧符号（JB/T 5061—2006）

夹紧动力源类型	符号			
	独立夹紧		联合夹紧	
	标注在视图轮廓线上	标注在视图正面	标注在视图轮廓线上	标注在视图正面
手动夹紧			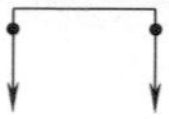	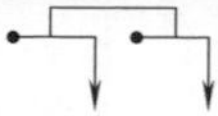
液压夹紧	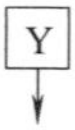 Y	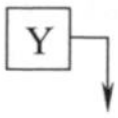 Y	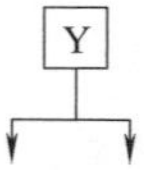 Y	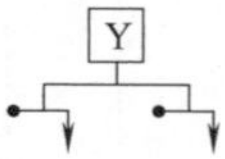 Y
气动夹紧	 Q	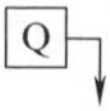 Q	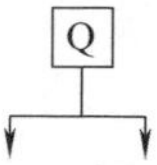 Q	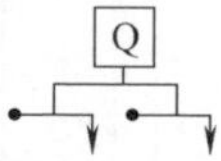 Q
电磁夹紧	 D	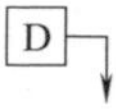 D	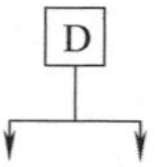 D	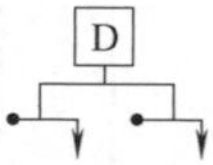 D

⑤ 结构特征和工艺特征相近的零件应尽量设计典型工艺规程。

⑥ 各专业工艺规程在设计过程中应协调一致，不得相互矛盾。

⑦ 工艺规程的幅面、格式与填写方法可按 JB/T 9165.2—

1998 的规定。

⑧ 工艺规程中所用的术语、符号、代号要符合相应标准的规定。

⑨ 工艺规程的编号应按 GB/T 24735—2009 的规定。

（2）设计工艺规程的主要依据

① 产品图样及有关技术条件。

② 产品工艺方案。

③ 毛坯材料与毛坯生产条件。

④ 产品验收质量标准。

⑤ 产品零部件工艺路线表或车间分工明细表。

⑥ 产品生产纲领或生产任务。

⑦ 现有的生产技术和企业的生产条件。

⑧ 有关法律、法规及标准的要求。

⑨ 有关设备和工艺装备资料。

⑩ 国内外同类产品的有关工艺资料。

（3）专用工艺规程的设计程序

① 熟悉设计工艺规程所需的资料（见设计依据）。

② 零件分析。

③ 根据零件毛坯形式确定其制造方法。

④ 设计工艺规程（机械加工工艺路线设计或工艺过程或工序流程）。

⑤ 设计工序：确定工序；确定工序中各工步的加工内容和顺序；选择或计算有关工艺参数；选择设备或工艺装备；编制和绘制必要的工艺说明和工序简图；编制工序质量控制、安全控制文件。

⑥ 提出外购工具明细表、专用工艺装备明细表、企业标准（通用）工具明细表、工位器具明细表和专用工艺装备设计任务书等。

⑦ 工时定额。

⑧ 重要工序工艺方案技术经济分析。

（4）工艺规程的审批程序

1）审核　工艺规程的审核一般可由产品主管工艺人员进行，

关键或者重要工艺规程可由工艺部门责任人审核。主要审核内容：

① 工序安排和工艺要求是否合理；

② 选用设备和工艺装备是否合理。

2）标准化审查　工艺规程标准化审查内容如下：

① 文件中所用的术语、符号、代号和计量单位是否符合相应标准，文字是否规范；

② 毛坯材料是否符合标准；

③ 所选用的标准工艺装备是否符合标准；

④ 工艺尺寸、工序公差和表面结构等是否符合标准；

⑤ 工艺规程中的有关要求是否符合安全、资源消耗和环保标准。

3）会签　工艺规程经审核和标准化审查后，应送交有关部门会签。主要会签内容：

① 根据本生产部门的生产能力，审查工艺规程中安排的加工或装配内容在本生产部门能否实现；

② 工艺规程中选用的设备和工艺装备是否合理。

4）批准　经会签后的成套工艺规程，一般由工艺部门责任人批准，成批生产产品和单件生产关键产品的工艺规程，应由总工艺师或总工程师批准。

10.2　机械加工工艺过程的制定

10.2.1　机械加工工艺过程的制定程序

制定零件的机械加工工艺规程的原始资料主要是产品图样、生产纲领、生产类型、现场加工设备及生产条件等。

（1）零件分析

① 了解零件的各项技术要求，提出必要的改进意见。

分析产品的装配图和零件的工作图，熟悉该产品的用途、性能及工作条件，明确被加工零件在产品中的位置和作用，进而了解零件上各项技术要求制定的依据，找出主要技术要求和加工关键，以便在拟定工艺规程时采取适当的工艺措施加以保证，对图样的完整性、技术要求的合理性以及材料选择是否恰当等提出意见。

② 审查零件结构的工艺性。

（2）确定生产类型

生产类型的划分见表 10.9，各生产类型的主要工艺特征见表 10.10。

◇ 表 10.9　生产类型的划分

生产类型	工作地每月担负的工序数	年产量/台
单件生产	不作规定	1～10
小批生产	＞20～40	＞10～150
中批生产	＞10～20	＞150～500
大批生产	＞1～10	＞500～5000
大量生产	1	＞5000

注：表中生产类型的年产量应根据各企业产品具体情况而定。

◇ 表 10.10　生产类型的工艺特征

比较项目	单件生产	成批生产	大量生产
加工对象	经常变换，很少重复	周期性变换，重复	固定不变
毛坯成形	①型材（锯床、热切割） ②木模手工砂型铸造 ③自由锻造 ④弧焊（手工或通用焊机） ⑤冷作（旋压等）	①型材下料（锯、剪） ②金属模砂型机器造型 ③模锻 ④冲压 ⑤弧焊（专机）、钎焊 ⑥压制（粉末合金）	①型材剪切 ②机器造型生产线 ③压力铸造 ④热模锻生产线 ⑤冲压生产线 ⑥压焊、弧焊生产线
机床设备	通用设备（普通机床、数控机床、加工中心）	①通用和专用、高效设备 ②柔性制造系统（多品种小批量）	①组合机床、刚性生产线 ②柔性生产线（多品种大量生产）
机床布置	按机群布置	按加工零件类别分工段排列	按工艺路线布置成流水线或自动线
工件尺寸获得方法	试切法，划线找正	定程调整法，部分试切、找正	调整法自动化加工
夹具	通用夹具，组合夹具	通用、专用或成组夹具	高效专用夹具

比较项目	单件生产	成批生产	大量生产
刀具	通用标准刀具	专用或标准刀具	专用刀具
量具	通用量具	部分专用量具或量仪	专用量具、量仪和自动检验装置
物流设备	叉车、行车、手推车	叉车、各种输送机	各种输送机、搬运机器人、自动化立体仓库
装配	①以修配法及调整法为主 ②固定装配或固定式流水装配	①以互换法为主,调整法、修配法为辅 ②流水装配或固定式流水装配	①互换法装配、高精度偶件配磨或选择装配 ②流水装配线、自动装配机或自动装配线
涂装	①喷漆室 ②搓涂、刷涂	①混流涂装生产线 ②喷漆室	涂装生产线(静电喷涂、电泳涂漆等)
热处理	周期式热处理炉,如: ①密封箱式多用炉 ②盐浴炉(中小件) ③井式炉(细长件)	①真空热处理炉 ②密封箱式多用炉 ③感应热处理炉	①连续式渗碳炉 ②网带炉、铸链炉、滚棒式炉、滚筒式炉 ③感应热处理炉
工艺文件	编制简单的工艺过程卡片	较详细的工艺规程及关键工序的操作卡	编制详细的工艺规程、工序卡片及调整卡片
产品成本	较高	中等	低
生产率	传统方法生产率低、采用数控机床效率高	中等	高
工人技术水平	高	中	操作工人要求低,调整工人要求高
产品实例	重型机器、重型机床、汽轮机、大型内燃机、大型锅炉、机修配件	机床、工程机械、水泵、风机阀门、机车车辆、起重机、中小锅炉、液压件	汽车、拖拉机、摩托车、自行车、内燃机、滚动轴承、电器开关等

（3）选择毛坯

选择毛坯的种类和制造方法时应全面考虑机械加工成本和毛坯制造成本,以达到降低零件生产总成本的目的。影响毛坯选择的因素是:生产规模的大小;工件结构形状和尺寸;零件的力学性能要求;本厂现有设备和技术水平。

（4）拟定工艺路线

主要包括选择定位基准、选择零件表面的加工方法、安排各工序的加工顺序和组合工序等。

（5）工序设计

包括选择机床和工艺装备、确定加工余量、计算工序尺寸及其公差、确定切削用量及计算工时定额等。

（6）编制工艺文件

按照标准格式和要求编制工艺文件。

10.2.2 切削加工零件结构工艺性分析

在制订零件的机械加工工艺规程之前，首先应对该零件结构工艺性进行分析。零件结构工艺性分析包括：了解零件的各项技术要求，审查零件结构工艺性、提出必要的改进意见。

零件的结构对其机械加工工艺过程的影响很大。使用性能完全相同而结构不同的两个零件，其加工难易程度和制造成本可能有很大差别。所谓良好的结构工艺性，首先是这种结构便于机械加工，即在同样的生产条件下能够采用简便和经济的方法加工出来，其次是零件结构工艺性应适合生产类型和具体生产条件的要求。对零件结构工艺性进行分析时，主要考虑以下几个方面：

（1）零件尺寸要合理

① 尺寸规格尽量标准化。在设计零件时，要尽量使结构要素的尺寸标准化，这样可以简化工艺装备，减少工艺准备工作。例如零件上的螺钉孔、定位孔、退刀槽等的尺寸应尽量符合标准，便于采用标准钻头、铰刀、丝锥和量具等。

② 尺寸标注要合理。可尽量使设计基准与工艺基准重合，并符合尺寸链最短原则，使零件在被加工过程中，能直接保证各尺寸精度要求，并保证装配时累积误差最小；零件的尺寸标注不应封闭；应避免从一个加工面确定几个非加工表面的位置［见图10.4（a）］；不要从轴线、锐边、假想平面或中心线等难以测量的基准标注尺寸［见图10.4（b）］。

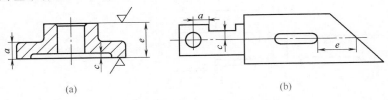

| (a) | (b) |

图10.4 尺寸标注不正确的示例

③ 尺寸公差、表面粗糙度、形位公差的要求应经济合理。即尺寸公差、表面粗糙度、形位公差应与经济加工精度相适应，一般情况下应避免其中一项指标过高，致使加工中为了满足该项指标要求造成加工成本过高，应结合表面加工方法进行分析各种表面达到的经济加工精度。

(2) 工件便于在机床或夹具上装夹

工件便于在机床或夹具上装夹的结构图例见表 10.11。

◇ 表 10.11　工件便于在机床或夹具上装夹的图例

图例		说明
改进前	改进后	
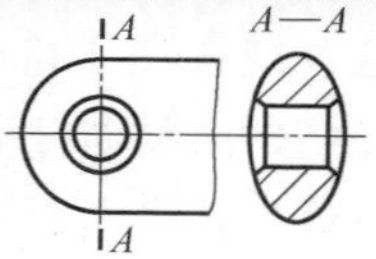	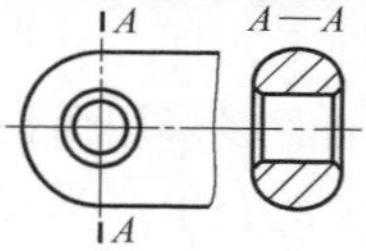	将圆弧面改成平面,便于装夹、装夹稳定和钻孔切入时钻头不跑偏
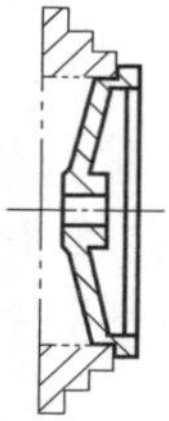	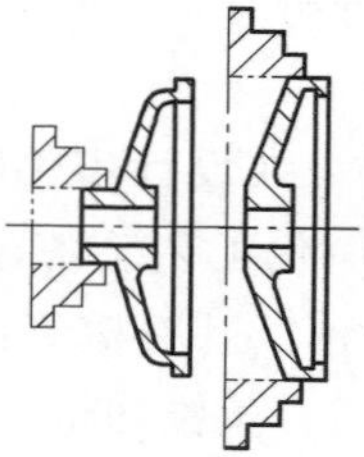	改进后的圆柱面,易于定位夹紧,以及加工过程中内、外表面加工的基准统一和互换
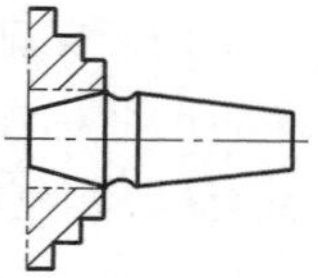	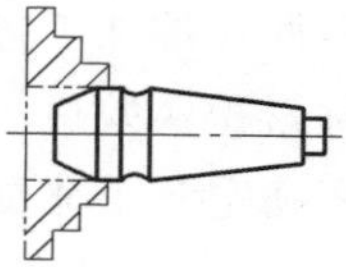	改进后的圆柱面,易于定位、夹紧和装夹稳定
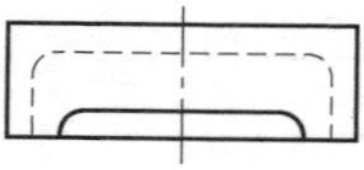	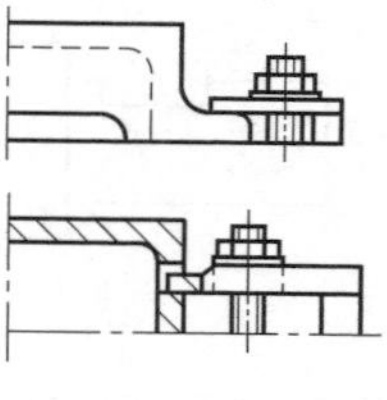	增加夹紧边缘或夹紧孔

图例		说明
改进前	改进后	
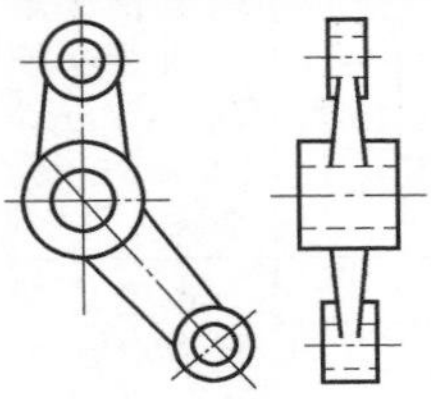	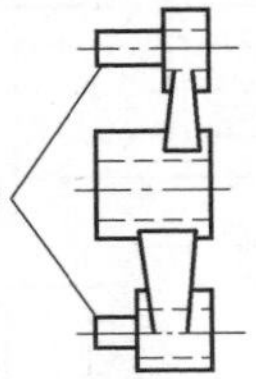 工艺凸台	改进后不仅使三端面处于同一平面上,而且还设计了两个工艺凸台,其直径分别小于被加工孔,孔钻通时,凸台脱落
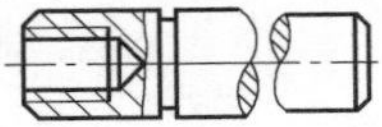	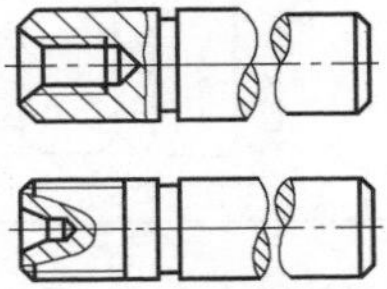	为便于用顶尖支承加工,改进后增加 60°内锥面或改为外螺纹

（3）减少装夹次数

减少装夹次数的图例见表 10.12。

◇ 表 10.12　减少装夹次数图例

图例		说明
改进前	改进后	
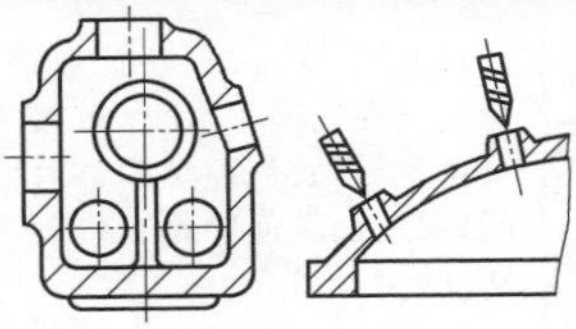	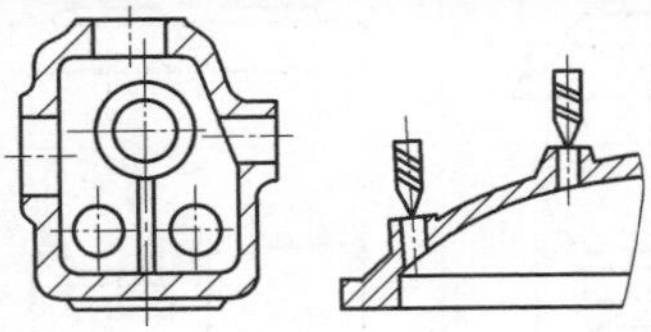	避免倾斜的加工面和孔,可减少装夹次数或其它调整操作,利于加工
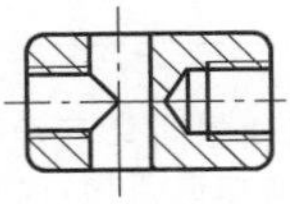	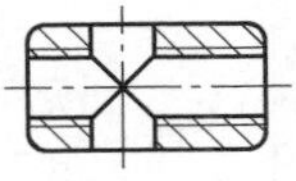	改为通孔可减少装夹次数,利于保证孔的同轴度要求
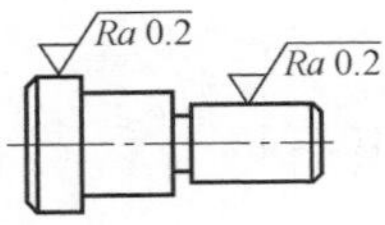 $\overline{Ra\,0.2}$　$\overline{Ra\,0.2}$	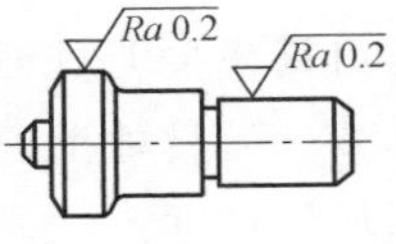 $\overline{Ra\,0.2}$　$\overline{Ra\,0.2}$	改进前需两次（调头）装夹进行磨削,改进后只需一次装夹即可磨削完成

图例		说明
改进前	改进后	

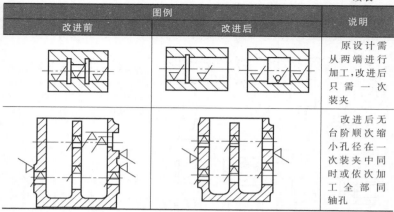

右侧说明栏文字：

原设计需从两端进行加工,改进后只需一次装夹

改进后无台阶顺次缩小孔径在一次装夹中同时或依次加工全部同轴孔

（4）减少刀具调整与走刀次数

减少刀具调整与走刀次数的图例见表 10.13。

◇ 表 10.13　减少刀具的调整与走刀次数图例

图例		说明
改进前	改进后	
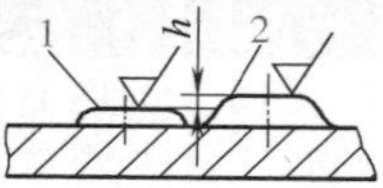	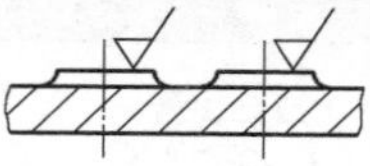	被加工表面(1、2面)尽量设计在同一平面上,可以一次走刀加工,缩短调整时间,保证加工面的相对位置精度
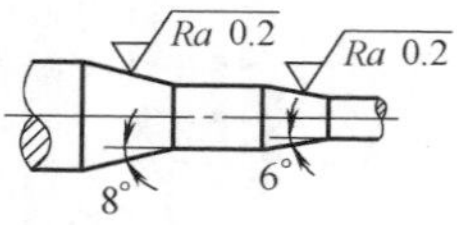	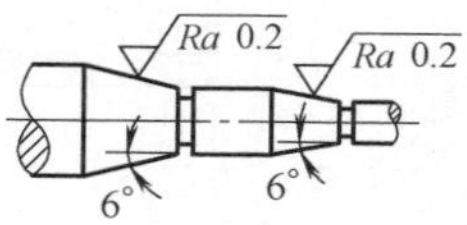	锥度相同只需作一次调整,增加退刀槽,以免砂轮磨削其它圆柱表面

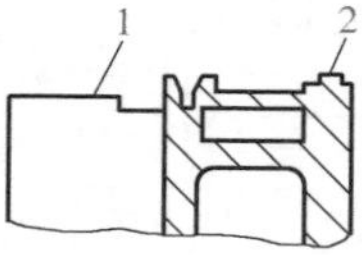

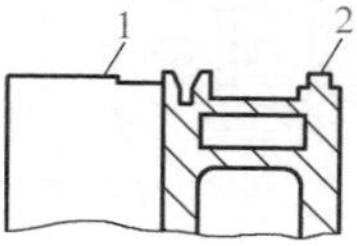

（5）采用标准刀具减少刀具种类

采用标准刀具减少刀具种类的图例见表 10.14。

（6）减少切削加工难度

减少切削加工难度的图例见表 10.15。

◈ 表 10.14 采用标准刀具减少刀具种类图例

图例		说明
改进前	改进后	
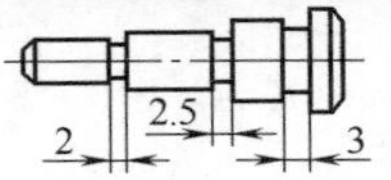	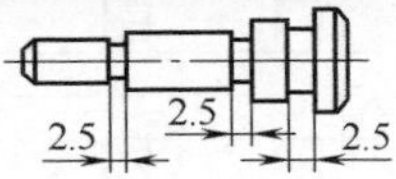	轴的退刀槽或键槽的形状与宽度尽量一致,用一种刀具就能加工各退刀槽或键槽
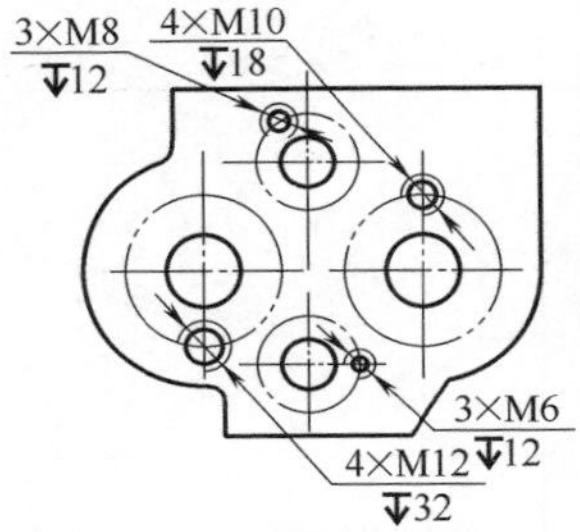	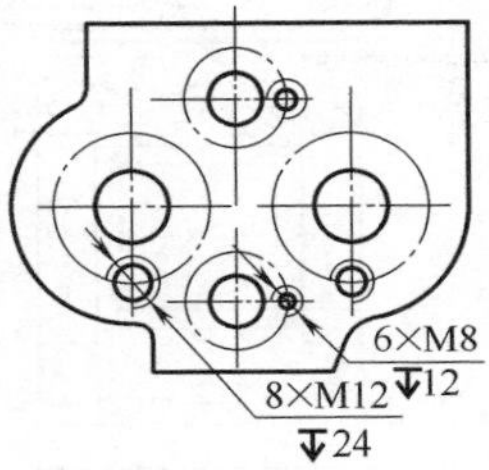	箱体上的螺孔应尽量一致或减少种类

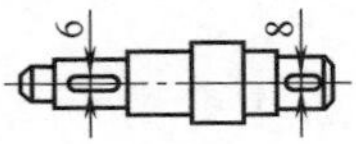

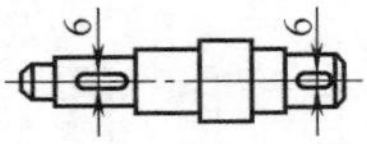

◈ 表 10.15 减少切削加工难度图例

图例		说明
改进前	改进后	
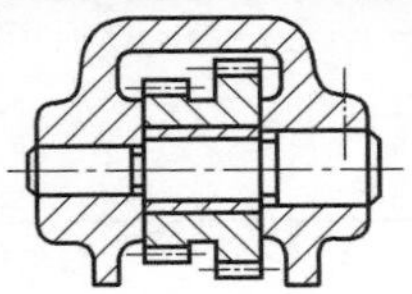	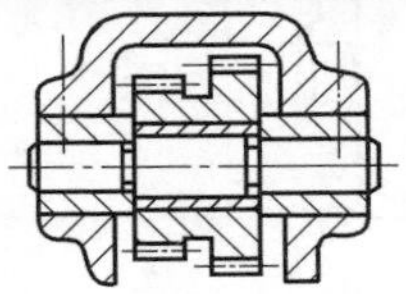	合理应用组合结构,用外表面加工取代箱体内端面加工,通过调整结构降低加工要求,便于保证装配后的性能要求
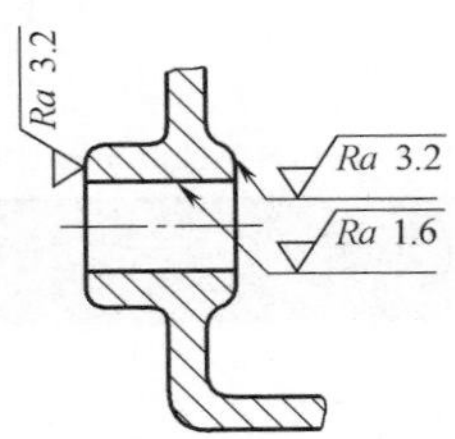	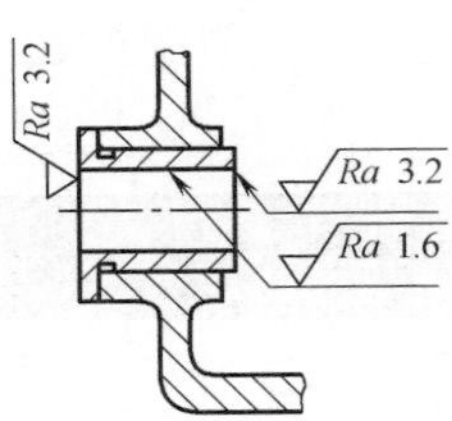	合理应用组合结构,用外表面加工取代箱体内端面加工.
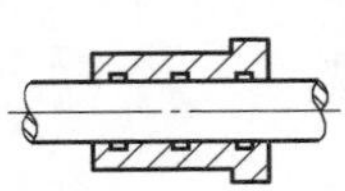	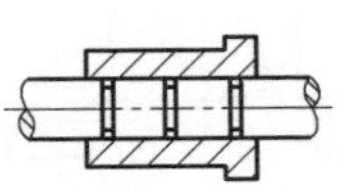	外表面沟槽加工比内沟槽加工方便,容易保证加工精度

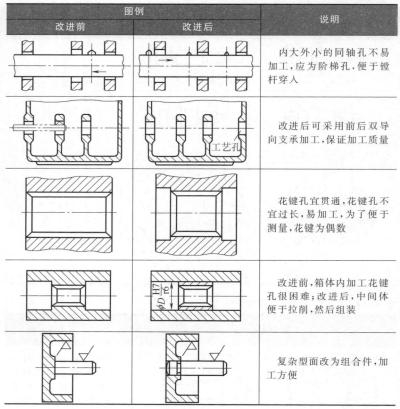

图例		说明
改进前	改进后	
		内大外小的同轴孔不易加工,应为阶梯孔,便于镗杆穿入
	工艺孔	改进后可采用前后双导向支承加工,保证加工质量
		花键孔宜贯通,花键孔不宜过长,易加工,为了便于测量,花键为偶数
	$\phi D \frac{H7}{r6}$	改进前,箱体内加工花键孔很困难;改进后,中间体便于拉削,然后组装
		复杂型面改为组合件,加工方便

（7）减少加工面积（切削量）

减少加工面积（切削量）的图例见表 10.16。

◇ 表 10.16　减少加工量图例

图例		说明
改进前	改进后	
		将整个支承面改成台阶支承面,减少了加工面积

机械工综合切削手册

续表

图例		说明
改进前	改进后	
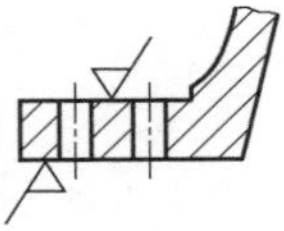	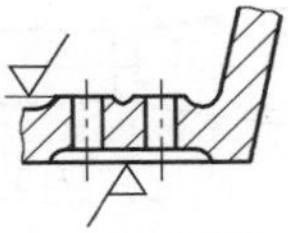	铸出凸台、台阶支承面，以减少切去金属的体积
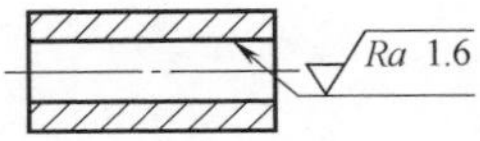 $Ra\ 1.6$	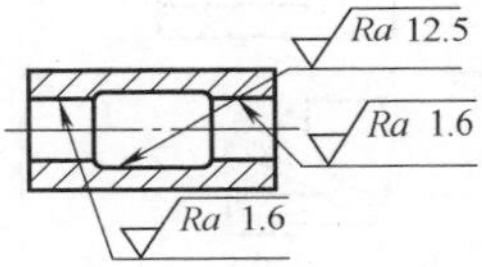 $Ra\ 12.5$ $Ra\ 1.6$ $Ra\ 1.6$	将中间部位多粗车一些（或毛坯中铸出），可以减少精加工的长度
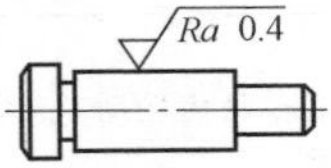 $Ra\ 0.4$	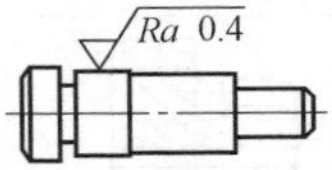 $Ra\ 0.4$	若轴上仅一部分直径有较高的精度要求，应将轴设计成阶梯状，以减少磨削加工量

（8）加工时便于加工、进刀、退刀和测量

加工时便于进刀、退刀和测量的图例见表 10.17。

◎ 表 10.17　加工时便于进刀、退刀和测量的图例

图例		说明
改进前	改进后	
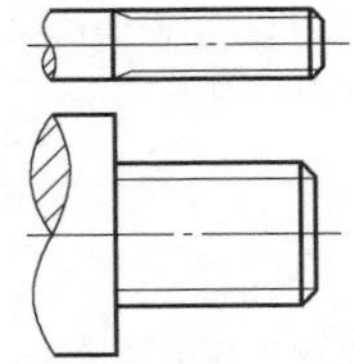 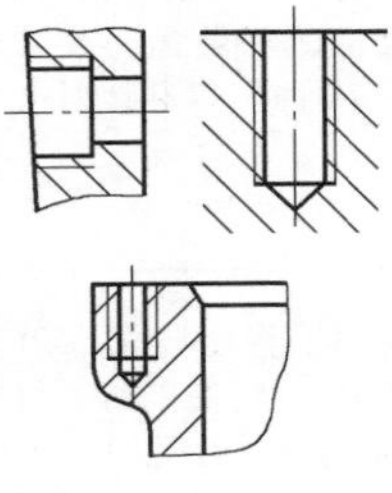	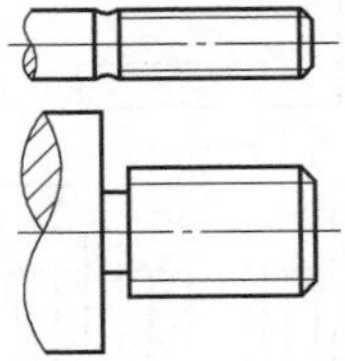 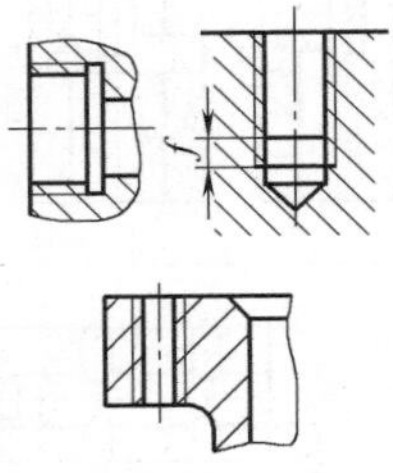	加工螺纹时，应留有退刀槽或开通，不通的螺孔应具有退刀槽或螺纹尾部段，最好改成开通

图例		说明
改进前	改进后	
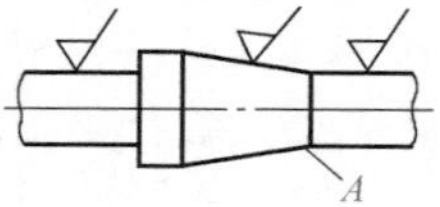	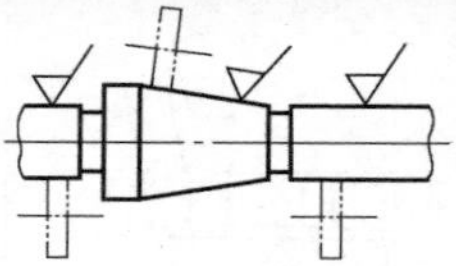	磨削时各表面间的过渡部位,应设计出越程槽,应保证砂轮自由退出和加工的空间
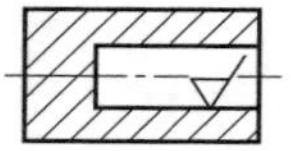	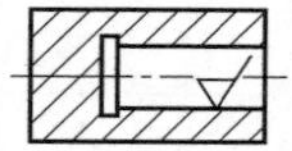	
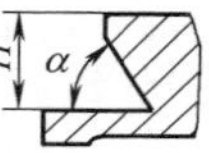	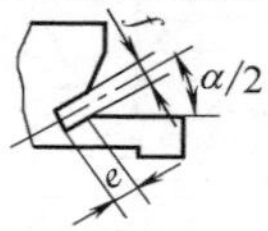	
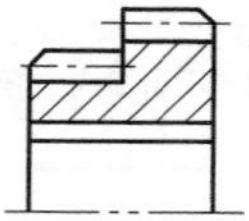	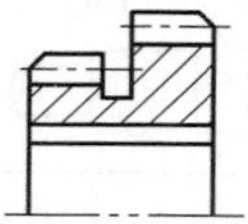	加工多联齿轮时,应留有空刀槽
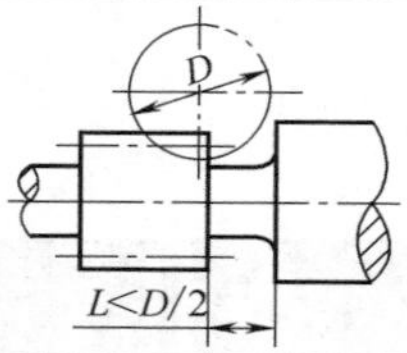	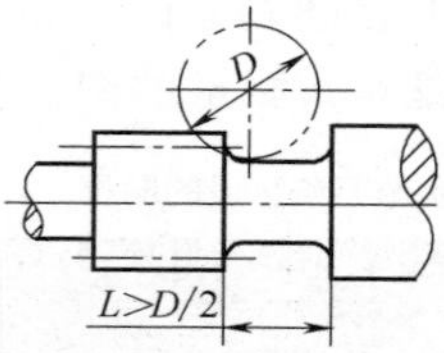	退刀槽长度 L 应大于铣刀的半径 $D/2$
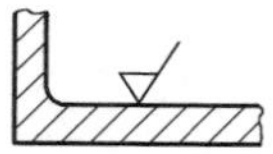	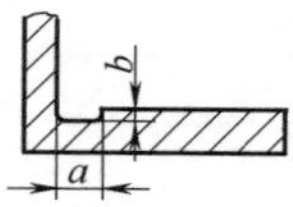	刨削时,在平面的前端必须留有让刀部位
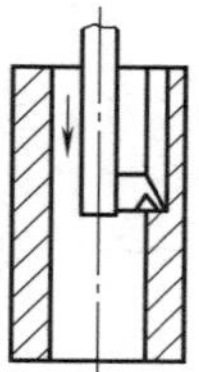	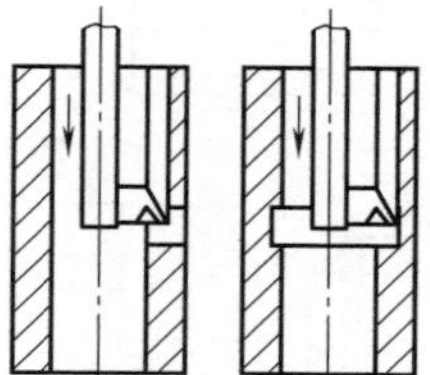	在套筒上插削键槽时,应在键槽前端设置一孔或车出空刀环槽,以利让刀
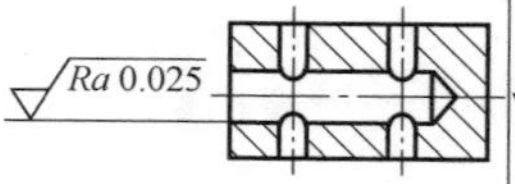	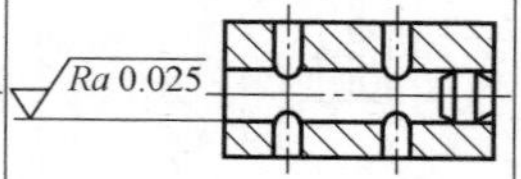	将加工精度要求高的孔设计成通孔,便于加工与测量,通过堵堵住孔口

机械工综合切削手册

(9) 保证零件在加工时的刚度

保证零件在加工时的刚度的图例见表 10.18。

◈ 表 10.18　保证零件在加工时的刚度的图例

图例		说明
改进前	改进后	
		改进后的结构可提高加工时的刚度

(10) 有利于改善刀具切削条件与提高寿命

有利于改善刀具切削条件与提高寿命的图例见表 10.19。

◈ 表 10.19　有利于改善刀具切削条件与寿命的图例

图例		说明
改进前	改进后	
		应使刀具顺利地接近待加工表面
		避免用端铣方法加工封闭槽,以改善切削条件
		钻孔表面应与孔轴线垂直,否则会引起两边切削力不等,致使钻孔轴线倾斜或打断钻头,设计时应尽量避免钻孔表面是斜面或圆弧面

第 10 章　机械加工工艺规程的制订

10.2.3 定位基准选择

为了使零件整个机械加工工艺过程顺利进行，拟订其机械加工工艺路线时，首先考虑选择一组或几组精基准来加工零件上各个表面，然后选择把精基准加工出来的粗基准。

（1）精基准的选择原则

基准重合原则、基准统一原则、互为基准原则、自为基准原则和保证工件定位准确、夹紧可靠、操作方便的原则。

（2）粗基准的选择原则

重要表面余量均匀原则、工件表面间相互位置要求原则、余量足够原则、定位可靠性原则和粗基准不重复使用原则。

（3）定位、夹紧的表示

在零件机械加工工艺过程文件的工艺附图、工序图上（或定位方案构思过程中在零件图上），工件的定位、夹紧一般用标准的符号表示。常用的定位和夹紧符号见表 10.7 和表 10.8。

例如，机床前后顶尖装夹工件，夹头夹紧工件，拨杆带动工件转动的定位夹紧情况可用图 10.5 表示。定位符号旁边的阿拉伯数字表示限制的自由度数目。

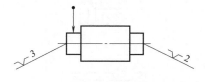

图 10.5　定位夹紧符号标注示例

10.2.4 表面加工方法

工件上的加工表面往往需要通过粗加工、半精加工、精加工等才能逐步达到质量要求，加工方法的选择一般应根据每个表面的精度要求，先选择能够保证该要求的最终加工方法，然后再选择前面一系列预备工序的加工方法和顺序。可提出几个方案进行比较，再结合其他条件选择其中一个比较合理的方案。

（1）选择表面加工方法时应考虑的因素

① 所选择的加工方法能否达到加工表面的技术要求。

② 零件材料的性质和热处理要求，例如，淬火钢的精加工要用磨削，因为一般淬火表面只能采用磨削。有色金属的精加工因材料过软容易堵塞砂轮而不宜采用磨削，需要用高速精细车和精细镗等高速切削的方法。

③ 零件的生产类型。选择加工方法必须考虑生产率和经济性。大批大量生产应选用生产率高和质量稳定的加工方法。例如，加工孔、内键槽、内花键等可以采用拉削的方法；单件小批生产则采用刨削、铣削平面和钻、扩、铰孔。

④ 本厂现有设备状况和技术条件。技术人员必须熟悉本车间（或者本厂）现有加工设备的种类、数量、加工范围和精度水平以及工人的技术水平，以充分利用现有资源，并不断对原有设备和工艺装备进行技术改造，挖掘企业潜力，创造经济效益。

（2）外圆加工方案的尺寸经济精度和表面粗糙度（见表10.20）

◇ 表10.20　外圆表面加工方案的经济精度和表面粗糙度

序号	加工方案	经济精度等级	表面粗糙度 $Ra/\mu m$	适用范围
1	粗车	IT11 级以下	50～12.5	适用于淬火钢以外的各种金属零件加工
2	粗车—半精车	IT8～10	6.3～3.2	
3	粗车—半精车—精车	IT7～8	1.6～0.8	
4	粗车—半精车—精车—滚压（或抛光）	IT7～8	0.2～0.025	
5	粗车—半精车—磨削	IT7～8	0.8～0.4	主要用于淬火钢，也用于未淬火钢，但不宜用于有色金属
6	粗车—半精车—粗磨—精磨	IT6～7	0.4～1	
7	粗车—半精车—粗磨—精磨—超精加工（或轮式超精磨）	IT5	0.1～0.012	
8	粗车—半精车—精车—金刚石车	IT5～6	0.4～0.025	主要用于要求较高的有色金属
9	粗车—半精车—粗磨—精磨—超精磨（镜面磨削）	IT5	0.08～0.008	主要用于淬火钢，也用于未淬火钢，但不宜用于有色金属
10	精车—半精车—粗磨—精磨—研磨	IT5	0.32～0.008	

（3）孔加工方案的尺寸经济精度和表面粗糙度（见表 10.21）

◇ 表 10.21 孔加工方案的经济精度和表面粗糙度

序号	加 工 方 案	经济精度等级	表面粗糙度 $Ra/\mu m$	适 用 范 围
1	钻	IT11～12	12.5	加工未淬火钢及铸铁的实心毛坯，也用于加工孔径＜15～20mm 的有色金属
2	钻—铰	IT8～9	3.2～1.6	
3	钻—粗铰—精铰	IT7～8	1.6～0.8	
4	钻—扩	IT10～11	12.5～6.3	同上，但孔径＞15～20mm
5	钻—扩—粗铰—精铰	IT7	1.6～0.8	
6	钻—扩—铰	IT6～9	3.2～0.32	
7	钻—扩—机铰—手铰	IT5	1.25～0.08	
8	钻—扩—拉	IT7～9	1.6～0.1	大批大量生产中小零件的通孔（精度由拉刀的精度而定）
9	粗镗（或扩孔）	IT11～12	12.5～6.3	除淬火钢外的各种材料，毛坯有铸出孔或锻出孔
10	粗镗（粗扩）—半精镗（精扩）	IT8～9	3.2～1.6	
11	粗镗（粗扩）—半精镗（精扩）—精镗（铰）	IT7～8	1.6～0.8	
12	粗镗（扩）—半粗镗（精扩）—精镗—浮动镗刀块精镗	IT6～7	0.8～0.4	
13	粗镗（扩）—半精镗—磨孔	IT7～8	0.8～0.2	主要用于加工淬火钢，也可用于未淬火钢，但不宜用于有色金属
14	粗镗（扩）—半精镗—粗磨—精磨	IT6～7	0.2～0.1	
15	粗镗—半精镗—精镗—金刚镗	IT5～7	0.4～0.05	主要用于精度要求高的有色金属加工
16	钻—（扩）—粗铰—精铰—珩磨	IT5～7	0.2～0.025	黑色金属
17	钻—（扩）—拉—珩磨			
18	粗镗—半精镗—精镗—珩磨			
19	以研磨代替上述方案中的珩磨	IT6 级以上	＜0.1	

（4）平面加工方案的尺寸经济精度和表面粗糙度（见表 10.22）

◈ 表 10.22　平面加工方案的经济精度和表面粗糙度

序号	加工方案	经济精度等级	表面粗糙度 $Ra/\mu m$	适用范围
1	粗车	IT10～11	12.5～6.3	未淬硬钢、铸铁有色金属端面加工
2	粗车—半精车	IT8～9	6.3～3.2	
3	粗车—半精车—精车	IT6～8	1.6～0.8	
4	粗车—半精车—磨削	IT7～9	0.8～0.2	钢、铸铁端面加工
5	粗刨（粗铣）	IT11～13	12.6～6.3	不淬硬的平面加工
6	粗刨（粗铣）—半精刨（半精铣）	IT8～11	12.5～3.2	
7	粗刨（粗铣）—精刨（精铣）	IT7～9	6.3～1.6	
8	粗刨（粗铣）—半精刨（半精铣）—精刨（精铣）	IT6～8	3.2～0.63	
9	粗铣—拉	IT6～9	0.8～0.2	大量生产未淬硬的小平面（精度视拉刀精度而定）
10	粗刨（粗铣）—半精刨（半精铣）—宽刃刀精刨	IT6～7	0.8～0.2	未淬硬的钢、铸铁及有色金属工件
11	粗刨（粗铣）—半精刨（半精铣）—精刨（精铣）—宽刃刀低速精刨	IT5	0.8～0.16	
12	粗刨（粗铣）—精刨（精铣）—刮研	IT5～6	0.8～0.1	
13	精刨（粗铣）—半精刨（半精铣）—精刨（精铣）—刮研	IT5～6	0.8～0.04	
14	粗刨（粗铣）—精刨（精铣）—磨削	IT6～7	0.8～0.2	淬硬或未淬硬的黑色金属工件
15	粗刨（粗铣）—半精刨（半精铣）—精刨（精铣）—磨削	IT5～6	0.4～0.2	
16	粗铣—精铣—磨削—研磨	IT5～6	0.16～0.008	

（5）圆锥孔加工方法的尺寸经济精度（见表10.23）

◇ 表 10.23　圆锥孔加工的经济精度

加工方法		公差等级		加工方法		公差等级	
		锥孔	深锥孔			锥孔	深锥孔
扩孔	粗扩	IT11		铰孔	机动	IT7	IT7～9
	精扩	IT9			手动	高于IT7	
镗孔	粗镗	IT9	IT9～11	磨孔		高于IT7	IT7
	精镗	IT7		研磨孔		IT6	IT6～7

（6）螺纹孔加工方法的经济精度和表面粗糙度（见表10.24）

◇ 表 10.24　米制螺纹加工的经济精度和表面粗糙度

加工方法		螺纹公差带（GB/T 197—1981）	表面粗糙度 $Ra/\mu m$	加工方法		螺纹公差带（GB/T 197—1981）	表面粗糙度 $Ra/\mu m$
车螺纹	外螺纹	4h～6h	6.3～0.8	梳形刀车螺纹	外螺纹	4h～6h	0.6～0.8
	内螺纹	5H～7H			内螺纹	5H～7H	
圆板牙套螺纹		6h～8h		梳形刀铣螺纹		6h～8h	
丝锥攻内螺纹		4H～7H	3.2～0.8	旋风铣螺纹		6h～8h	
带圆梳刀自动张开式板牙		4h～6h		搓丝板搓螺纹		6h	1.6～0.8
				滚丝模滚螺纹		4h～6h	1.6～0.2
带径向或切向梳刀自动张开式板牙		6h		砂轮磨螺纹		4h 以上	0.8～0.2
				研磨螺纹		4h	0.8～0.05

注：外螺纹公差带代号中的"h"换为"g"，不影响公差大小。

（7）齿轮加工方法的经济精度和表面粗糙度（见表10.25）

◇ 表 10.25　齿轮齿面加工的经济精度和表面粗糙度

加工方案	可达精度等级	表面粗糙度 $Ra/\mu m$
铣齿		
粗加工	10～9	12.5～3.2
用精致铣刀盘铣齿	9～8	6.3～3.2
精滚齿	8～7	6.3～3.2
插齿	8～7	6.3～1.6
拉齿	7～6	6.3～1.6
刨齿	7～6	6.3～1.6
剃齿	7～6	3.2～0.8
珩齿	7～6	1.6～0.4
磨齿	6～4	0.8～0.2

(8) 常用加工方法的形状与位置经济精度（见表10.26～表10.30）

◇ 表 10.26　平面度和直线度的经济精度

加工方法	公差等级	加工方法	公差等级
研磨、精密磨、精刮	1～2	粗磨、铣、刨、拉、车	7～8
研磨、精磨、刮	3～4	铣、刨、车、插	9～10
磨、刮、精车	5～6	各种粗加工	11～12

◇ 表 20.27　圆柱度的经济精度

加工方法	公差等级	加工方法	公差等级
研磨、超精磨	1～2	磨、珩、精车及精镗、精铰、拉	5～6
研磨、珩磨、精密磨、金刚镗、精密车、精密镗	3～4	精车、镗、铰、拉、精扩及钻孔	7～8
		车、镗、钻	9～10

◇ 表 10.28　平行度的经济精度

加工方法	公差等级	加工方法	公差等级
研磨、金刚石精密加工、精刮	1～2	磨、铣、刨、拉、镗、车	7～8
研磨、珩磨、刮、精密磨	3～4	铣、镗、车、按导套钻、铰	9～10
磨、坐标镗、精密铣、精密刨	5～6	各种粗加工	11～12

◇ 表 10.29　端面跳动和垂直度的经济精度

加工方法	公差等级	加工方法	公差等级
研磨、精密磨、金刚石精密加工	1～2	磨、铣、刨、刮、镗	7～8
研磨、精磨、精刮、精密车	3～4	车、半精铣、刨、镗	9～10
磨、刮、珩、精刨、精铣、精镗	5～6	各种粗加工	11～12

◇ 表 10.30　同轴度的经济精度

加工方法	公差等级
研磨、珩磨、金刚石精密加工	1～2
精磨、精密车、一次装夹下的内圆磨、珩磨	3～4
磨、精车、一次装夹下的内圆磨及镗	5～6
粗磨、车、镗、拉、铰	7～8
车、镗、钻	9～10
各种粗加工	11～12

(9) 常用机床的形状、位置加工经济精度（见表10.31～表10.33）

◇ 表 10.31　车床加工的经济精度

机床类型	最大加工直径 /mm	圆度 /mm	圆柱度 /(mm/mm 长度)	平面度(凹入) /(mm/mm 直径)
卧式车床	250 320 400	0.01	0.015/100	0.015/≤200 0.02/≤300 0.025/≤400
	500 630 800	0.015	0.025/300	0.03/≤500 0.04/≤600 0.05/≤700
	1000 1250	0.02	0.04/300	0.06/≤800
精密车床	250　400 320　500	0.005	0.01/150	0.01/200
高精度车床	250 320 400	0.001	0.002/100	0.002/100
转塔车床	≤12	0.007	0.010/300	0.02/300
	>12～32	0.01	0.02/300	0.03/300
	>32～80	0.01	0.02/300	0.04/300
	>80	0.02	0.025/300	0.05/300
立式车床	≤1000	0.01	0.02	0.04
仿形车床	≥50	0.008	（仿形尺寸误差） 0.02	0.04

车床上镗孔	两孔轴心线的距离误差或自孔轴心线到平面的 距离误差/mm
按划线	1.0～3.0
在角铁式夹具上	0.1～0.3

◇ 表 10.32　钻床加工的经济精度

加工精度 加工方法	垂直孔轴心 线的垂直度	垂直孔轴心 线的位置度	两平行孔轴心线的 距离误差或自孔轴心 线到平面的距离误差	钻孔与端 面的垂直度
按划线钻孔	0.5～1.0/100	0.5～2	0.5～1.0	0.3/100
用钻模钻孔	0.1/100	0.5	0.1～0.2	0.1/100

◇ 表 10.33　铣床加工的经济精度

机床类型	加工范围	平面度 /mm	平行度		垂直度 (加工面相互间) /(mm/mm)
			加工面对基面 /mm	两侧加工面之间 /mm	
升降台铣床	立式	0.02	0.03	—	0.02/100
	卧式	0.02	0.03		0.02/100

机床类型	加工范围		平面度 /mm	平行度		垂直度(加工面相互间) /(mm/mm)
				加工面对基面 /mm	两侧加工面之间 /mm	
工作台 不升降铣床	立式		0.02	0.03	—	0.02/100
	卧式		0.02	0.03	—	0.02/100
龙门铣床	加工 长度 /m	≤2	—	0.03	0.02	0.02/300
		>2～5		0.04	0.03	
		>5～10		0.05	0.05	
		>10		0.08	0.08	
摇臂铣床			0.02	0.03		0.02/100
铣床上镗孔			镗垂直孔轴心线的垂直度 /mm		镗垂直孔轴心线的位置度 /mm	
回转工作台			0.02～0.05/100		0.1～0.2	
回转分度头			0.05～0.1/100		0.3～0.5	

10.2.5 工序的加工顺序安排

(1) 加工阶段划分

在零件的所有表面加工工作中，一般包括粗加工、半精加工和精加工。在安排加工顺序时将各表面粗加工集中在一起首先加工，再依次集中各表面的半精加工和精加工工作，这样就使整个加工过程明显地形成先粗后精的若干加工阶段。这些加工阶段包括：

① 粗加工阶段。此阶段的主要任务是高效地切除各加工表面上的大部分余量，并加工出精基准。

② 半精加工阶段。使主要表面消除粗加工后留下的误差，使其达到一定的精度；为精加工做好准备，并完成一些精度要求不高的表面的加工（如钻孔、攻螺纹、铣键槽等）。

③ 精加工阶段。主要是保证零件的尺寸、形状、位置精度及表面粗糙度达到或基本达到图样上所规定的要求。精加工切除的余量很小。

④ 精整和光整加工阶段。对于加工质量要求很高的表面，在工艺过程中需要安排一些高精度的加工方法（如精密磨削、珩磨、研磨、金刚石切削等），以进一步提高表面的尺寸、形状精度，减小表面粗糙度，最后达到图样的精度要求。

零件的加工阶段的划分不是绝对的，在应用时要灵活掌握。对于大批大量生产要划分得细些，对于加工表面要求不高、加工余量较小的单件小批生产不一定严格划分。在自动化生产中，要求在工件一次安装下尽可能加工多个表面，加工阶段就难免交叉；有些刚性好的重型工件，由于装夹及运输很费时，也常在一次装夹下完成全部粗精加工；定位基准表面即使在粗加工阶段加工，也应达到较高精度。精度要求低的小孔，为避免过多的尺寸换算，通常放在半精加工或精加工阶段钻削。

　　零件加工阶段划分的原因是：①粗、精分开有利于保证加工质量，避免粗加工时较大的夹紧力和切削力所引起的变形对精加工的影响；②可以合理使用机床；③便于安排热处理；④粗、精分开便于及时发现毛坯的缺陷等。

　　（2）加工顺序的安排原则（表10.34）

◇ 表10.34　加工顺序的安排原则

工序类别	工序	安排原则
机械加工		①对于形状复杂、尺寸较大的毛坯或尺寸偏差较大的毛坯，首先安排划线工序，为精基准的加工提供找正基准 ②按"先基面后其他"的顺序，首先加工精基准面 ③在重要表面加工前应对精基准进行修正 ④按"先主后次、先粗后精"的顺序，对精度要求较高的各主要表面进行粗加工，半精加工和精加工 ⑤对于与主要表面有位置要求的次要表面应安排在主要表面加工之后加工 ⑥对于易出现废品的工序，精加工和光整加工可适当提前，一般情况主要表面的精加工和光整加工应放在最后阶段进行
热处理	退火与正火	属于毛坯预备性热处理，应安排在机械加工之前进行
	时效	为了消除残余应力，对于尺寸大、结构复杂的铸件，需在粗加工前、后各安排一次时效处理；对于一般铸件在铸造后或粗加工后安排一次时效处理；对于精度要求高的铸件，在半精加工前、后各安排一次时效处理；对于精度高、刚度低的零件，在粗车、粗磨、半精磨后需各安排一次时效处理
	淬火	淬火后工件硬度提高且易变形，应安排在精加工阶段的磨削加工前进行
	渗碳	渗碳易产生变形，应安排在精加工前进行，为控制渗碳层厚度，渗碳前应安排精加工工序
	渗氮	一般安排在工艺过程的后部、该表面的最终加工之前。渗氮处理前应调质

工序类别	工序	安排原则
辅助工序	中间检验	一般安排在粗加工全部结束之后,精加工之前;送往外车间加工的前后(特别是热处理前后);花费工时较多或重要工序的前后
	特种检验	X射线、超声波探伤等多用于工件材料内部质量的检验,一般安排在工艺过程的开始;荧光检验、磁力探伤主要用于表面质量的检验,通常安排在精加工阶段。荧光检验如用于检查毛坯的裂纹,则安排在加工前
	表面处理	电镀、涂层、发蓝、氧化、阳极化等表面处理工序一般安排在工艺过程的最后进行

（3）工序集中与工序分散的选用

工序集中与工序分散各有特点,究竟按何种原则确定工序数量,要根据生产类型、机床设备、零件结构和技术要求等进行综合分析后选用。

生产类型单件小批生产中,为简化生产流程,缩短在制品生产周期,减少工艺装备,应采用工序集中原则。大批大量生产中,若使用多刀多轴的自动机床加工中心可按工序集中组织生产;若使用由专用机床和专用工艺装备组成的生产线,则应按工序分散的原则组织生产,这有利于专用设备和专用工装的结构简化和按节拍组织流水生产。成批生产时,两种原则均可采用,具体采用何种为佳,则需视其他条件（如零件的技术要求、工厂的生产条件等）而定。

零件结构、大小和质量:对于尺寸和质量较大、形状又很复杂的零件,应采用工序集中的原则,以减少安装与运送次数。对于刚性差且精度高的精密工件,为减少夹紧和加工中的变形,则工序应适当分散。

零件的技术要求及现场的条件:零件上有技术要求高的表面,需采用高精度的设备来保证质量时,可采用工序分散的原则。对采用数控加工的零件,应考虑如何减少装夹次数,尽量在一次定位装夹下加工出全部待加工表面,应采用工序集中的原则。

由于生产需求的多变性,对生产过程的柔性要求越来越高,工序集中将越来越成为生产的主流方式。

10.3　毛坯及其加工余量

10.3.1　工件毛坯的种类及其加工方法选择

机械加工中工件毛坯常用的种类有铸件、锻件、焊接件、冲压件、型材等，而同一种毛坯可能有不同的制造方法。不同类型和制造方法的零件毛坯，其加工余量就不同，从而对零件的加工质量、金属消耗量、切削加工量、生产效率、加工成本等有直接的影响。

（1）毛坯类型的选择

毛坯的类型一般根据零件的设计要求、结构形状、使用要求和生产类型等进行选择。

对于形状复杂的零件毛坯，如箱体、机架、底座、床身、壳体等，一般采用铸件。

对于力学性能要求高、形状较为简单、有一定批量的重要零件毛坯，如曲轴、连杆等，一般选择锻件。

对于结构简单的零件毛坯，如轴类、套类、盘类、板类、长条类零件，一般采用型材。型材的种类主要包括圆、方、六方棒材、板材、管（圆管、方管等）材、角钢、工字钢等。热轧型材用作一般零件的毛坯，冷拔型材用作尺寸精度高的零件毛坯。

对于板料类、批量较大零件毛坯，可采用冷冲压件。

焊接件毛坯是通过型材与型材、型材与锻件、型材与铸件等焊接组合而成，可简化毛坯的制造过程。对于单件小批生产的机架、框架、床身等零件毛坯一般采用焊接件毛坯。焊接件毛坯在机械加工前需要经时效处理。

（2）毛坯制造方法的选择

零件毛坯制造方法的选择主要考虑零件的材料及其力学性能、零件的形状、尺寸、生产类型、零件制造的经济性、毛坯制造的生产条件和技术水平等因素以及可参考表 10.35 进行选择。

◎ 表10.35 毛坯的制造方法及其工艺特点

类型	制坯方法 种别	尺寸或重量 最大	尺寸或重量 最小	形状复杂程度	毛坯精度/mm	表面质量	材料	生产方式
利用型材	1. 棒料分割	随棒料规格	—	简单	0.5~0.6(视尺寸和割法)	粗	各种棒料	单件、中批、大量
铸造	2. 手工造型砂型铸造	通常~100t	壁厚3~5mm	极复杂	1~10(视尺寸)	极粗	铁碳合金、有色金属和合金	单件、小批
	3. 机械造型砂型铸造	~250kg	壁厚3~5mm	极复杂	1~2	粗	铁碳合金、有色金属和合金	大批、大量
	4. 刮板造型砂型铸造	通常~100t	壁厚3~5mm	多半为旋转体	4~15(视尺寸)	极粗	铁碳合金、有色金属和合金	单件、小批
	5. 组芯铸造	通常~2t	臂厚3~5mm	极复杂	1~10(视尺寸)	粗	铁碳合金、有色金属和合金	单件、中批、大量
	6. 离心铸造	通常~200kg	臂厚3~5mm	多半为旋转体	1~8(视尺寸)	光	铁碳合金、有色金属和合金	大批、大量
	7. 金属型铸造	通常~100kg	20~30g,对有色金属壁厚1.5mm	简单和中等(视铸件能否从铸型中取出)	0.1~0.5	光	铁碳合金、有色金属和合金	大批、大量
	8. 精密铸造	通常~5kg	壁厚0.8mm	极复杂	0.05~0.15	极光	特别适用于难切削的材料	单件、小批
	9. 压力铸造	10~16kg	壁厚:对锌为0.5mm,对其他合金为1.0mm	只受铸型能否制造的限制	0.05~0.2,在分型方向还要小一些	极光	锌、铝、镁、铜、锡、锡和铅的合金	大批、大量

类型	制造方法 种别	尺寸或重量 最大	最小	形状复杂程度	毛坯精度/mm	表面质量	材料	生产方式
锻压	10. 自由锻造	~200t	—	简单	1.5~25	极粗	碳钢、合金钢和合金	单件、小批
	11. 锤模锻	通常~100kg	壁厚2.5mm	受模具能否制造的限制	0.4~3.0;在垂直分模线方向还要小一些	粗	碳钢、合金钢和合金	中批、大量
	12. 平锻机模锻	通常~100kg	壁厚2.5mm	受模具能否制造的限制	0.4~3.0;在垂直分模线方向还要小一些	粗	碳钢、合金钢和合金	大批、大量
	13. 挤压	直径约~200mm	对铝合金壁厚1.5mm	简单	0.2~0.5	光	碳钢、合金钢和合金	大批、大量
	14. 辊锻	通常~50kg	对铝合金壁厚1.5mm	简单	0.4~2.5	粗	碳钢、合金钢和合金	大批、大量
	15. 曲柄压力机模锻	通常~100kg	臂厚1.5mm	受模具能否制造的限制	0.4~1.8	光	碳钢、合金钢和合金	大批、大量
	16. 冷热精压	通常~100kg	臂厚1.5mm	受模具能否制造的限制	0.05~0.10	极光	碳钢、合金钢和合金	大批、大量
冷压	17. 冷镦	直径25mm 厚度25mm	直径3.0mm	简单	0.1~0.25	光	钢和其他塑性材料	大批、大量
	18. 板料冲裁	厚度25mm	厚度0.1mm	复杂	0.05~0.5	光	各种板料	大批、大量
压制	19. 塑料压制	壁厚8mm	壁厚0.8mm	受压型能否制造的限制	0.05~0.25	极光	各纤维状和粉状填充剂的塑料	大批、大量
	20. 粉末金属和石墨的压制	模截面面积100cm²	壁厚2.0mm	简单,受模具形状及在凸模行程方向压力的限制	在凸模行程方向:0.1~0.25;在与此垂直方向:0.25	极光	各种金属和石墨	大批、大量

10.3.2 轧制件尺寸、偏差与加工余量

(1) 轧制件的尺寸与极限偏差

常用金属轧制件的尺寸与极限偏差见表10.36～表10.41。

◇ **表 10.36 热轧圆钢和方钢（GB/T 702—2008）**　　　　　mm

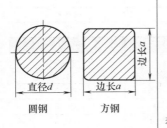

圆钢　　　方钢

圆钢直径 d 和方钢边长 a

5.5	6	6.5	7	8	9	10	11	12	13	14
15	16	17	18	19	20	21	22	23	24
25	26	27	28	29	30	31	32	33	34
35	36	38	40	42	45	48	50	53	55
56	58	60	63	65	68	70	75	80	85
90	95	100	105	110	115	120	125	130
135	140	145	150	155	160	165	170
180	190	200	210	220	230	240	250
260	270	280	290	300	310

用 40Cr 钢轧制成的公称直径为 50mm、允许偏差组别为 2 组圆钢的标记为：

圆钢 $\dfrac{50\text{-}2\text{-GB/T 702—2008}}{40\text{Cr-GB/T 699—1999}}$

(1)圆钢直径和方钢边长极限偏差

圆钢直径或方钢边长	组别		
	1 组	2 组	3 组
5.5～7	±0.20	±0.30	±0.40
>7～20	±0.25	±0.35	±0.40
>20～30	±0.30	±0.40	±0.50
>30～50	±0.40	±0.50	±0.60
>50～80	±0.60	±0.70	±0.80
>80～110	±0.90	±1.00	±1.10
>110～150	±1.20	±1.30	±1.40
>150～200	±1.60	±1.80	±2.00
>200～280	±2.00	±2.50	±3.00
>280～310	—	—	±5.00

(2)圆钢不圆度

圆钢公称直径 d	不圆度
≤50	≤公称直径公差的 50%
>50～80	≤公称直径公差的 65%
>80	≤公称直径公差的 70%

(3)方钢对角线长度

方钢公称边长 a	对角线长度
<50	≥公称边长的 1.33 倍
≥50	≥公称边长的 1.29 倍
工具钢全部尺寸	≥公称边长的 1.29 倍

(4)方钢不方度

同一截面内任何两边长之差	≤公称边长公差的50%
同一截面内两对角线长之差	≤公称边长公差的70%

(5)钢材通常长度

钢类	截面公称尺寸	钢棒长度/m
普通质量钢	≤25	4~12
	>25	3~12
优质及特殊质量钢	全部规格	2~12
	工具钢>75	1~8

(6)钢材短尺长度

钢类	截面公称尺寸		短尺长度/m
普通质量钢	全部尺寸		≥2.5
优质及特殊质量钢	全部尺寸(工具钢除外)		≥1.5
	非合金工具钢 和合金工具钢	≤75	≥1.0
		>75	≥0.5
	高速工具钢全部尺寸		≥0.5

(7)弯曲度

组别	每米弯曲度	总弯曲度
1	2.5	≤钢棒长度的0.25%
2	4	≤钢棒长度的0.40%

◇ **表 10.37   热轧六角钢和八角钢（GB/T 702—2008）**   mm

六角钢和八角钢的对边距离 s

8   9   10   11   12   13   14   15   16   17   18
19   20   21   22   23   24   25   26   27   28
30   32   34   36   38   40   42   45   48   50
53   56   58   60   63   65   68   70

六角钢   八角钢

(1)六角钢和八角钢的截面尺寸及极限偏差

对边距离 s	允许偏差		
	1组	2组	3组
≥8~17	±0.25	±0.35	±0.40
>17~20	±0.25	±0.35	±0.40
>21~30	±0.30	±0.40	±0.50
>30~50	±0.40	±0.50	±0.60
>50~70	±0.60	±0.70	±0.80

(2)六角钢和八角钢的外形偏差

在同一截面内任何两个对边距离之差	≤公差的70%

(3)六角钢和八角钢弯曲度

组别	每米弯曲度	总弯曲度
1	2.5	≤钢材长度的0.25%
2	4	≤钢材长度的0.40%
3	6	≤钢材长度的0.60%

(4)六角钢和八角钢的长度及极限偏差

通常长度	普通钢	3～8m
	优质钢	2～6m
定尺或倍尺长度及极限偏差	±60mm	
允许短尺长度	普通钢	≥2.5m
	优质钢	≥1.5m

◈ 表10.38 热轧扁钢和热轧工具钢扁钢（GB/T 702—2008）　　　mm

(1)截面形状及其尺寸  宽度b　厚度t	用45钢轧制成宽为22mm、厚度为10mm、允许偏差为2组的热轧扁钢的标记为： 扁钢 $\dfrac{22×10\text{-}2\text{-GB/T 702—2008}}{45\text{-GB/T 699—1999}}$ 厚度：3,4,5,6,7,8,9,10,11,12,14,16,18,20,22,25,28,30,32,36,40,45,50,56,60 宽度：10、12、14、16、18、20、22、25、28、30、32、35、40、…、95、100、110、120、130、140、150、160、180、200

(2)热轧扁钢的尺寸允许偏差

宽度			厚度		
公称尺寸	允许偏差		公称尺寸	允许偏差	
	1组	2组		1组	2组
10～50	+0.3 −0.9	+0.5 −1.0	3～16	+0.3 −0.5	+0.2 −0.4
>50～75	+0.4 −1.2	+0.6 −1.3			
>75～100	+0.7 −1.7	+0.9 −1.8	>16～60	+1.5% −3.0%	+1.0% −2.5%
>100～150	+0.8% −1.8%	+1.0% −2.0%			
>150～200	供需双方协商				

(3)热轧工具钢扁钢的尺寸允许偏差

宽度		厚度	
公称宽度	允许偏差	公称宽度	允许偏差
10	+0.70	≥4～6	+0.40
>10～18	+0.80	>6～10	+0.50

宽度		厚度	
公称宽度	允许偏差	公称宽度	允许偏差
>18~30	+1.2	>10~14	+0.60
>30~50	+1.6	>14~25	+0.80
>50~80	+2.3	>25~30	+1.23
>80~160	+2.8	>30~60	+1.4
>160~200	+3.0	>60~100	+1.6
>200~310	+3.2		

（4）热轧扁钢的弯曲度

精度级别	弯曲度 ≤	
	每米弯曲度	总弯曲度
1组	2.5	钢棒长度的0.25%
2组	4	钢棒长度的0.40%

（5）热轧工具钢扁钢及宽度>150mm的热轧扁钢，每米弯曲度不大于5mm，总弯曲度不大于钢棒长度的0.50%。热轧工具钢扁钢的侧面弯曲度每米不得超过5mm，总侧面弯曲度不大于总长度的50%

◇ 表10.39　冷拉圆钢、方钢和六角钢（GB/T 905—1994）　　　　mm

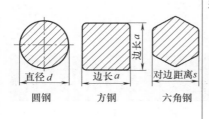

圆钢的直径、方钢的边长和六角钢的对边距离为（通常长度为2~6m）：
3.0　3.2　3.5　4.0　4.5　5.5
6.0　6.3　7.0　7.5　8.0　8.5　9.0
9.5　10.0　10.5　11.0　11.5　12.0
13.0　14.0　15.0　16.0　17.0　18.0
19.0　20.0　21.0　22.0　24.0　25.0
26.0　28.0　30.0　32.0　34.0　35.0
36.0　38.0　40.0　42.0　45.0　48.0
50.0　52.0　55.0　56.0　60.0　63.0
65.0　67.0　70.0　75.0　80.0

（1）钢材尺寸的允许偏差

尺寸	允许偏差级别					
	8 h8	9 h9	10 h10	11 h11	12 h12	13 h13
	允许偏差					
3	0 −0.014	0 −0.025	0 −0.040	0 −0.060	0 −0.15	0 −0.14
>3~6	0 −0.018	0 −0.030	0 −0.048	0 −0.075	0 −0.12	0 −0.18
>6~10	0 −0.022	0 −0.036	0 −0.058	0 −0.090	0 −0.15	0 −0.22
>10~18	0 −0.027	0 −0.043	0 −0.070	0 −0.110	0 −0.18	0 −0.27

尺寸	允许偏差级别					
	8 h8	9 h9	10 h10	11 h11	12 h12	13 h13
	允许偏差					
>18~30	0 −0.033	0 −0.052	0 −0.084	0 −0.130	0 −0.21	0 −0.33
>30~50	0 −0.039	0 −0.062	0 −0.100	0 −0.160	0 −0.25	0 −0.39
>50~80	0 −0.046	0 −0.074	0 −0.120	0 −0.190	0 −0.30	0 −0.46

（2）钢材尺寸的允许偏差级别适用范围

截面形状	圆钢	方钢	六角钢
适用级别	8、9、10、11、12	10、11、12、13	10、11、12、13

（3）钢材的弯曲度

级别	弯曲度/(mm/m) ≤			总弯曲度/mm ≤
	尺寸/mm			
	7~25	>25~50	>50~80	7~80
8~9(h8~h9)级	1	0.75	0.50	总长度与每米允许弯曲度的乘积
10~11(h10~h11)级	3	2	1	
12~13(h12~h13)级	4	3	2	
供自动切削用圆钢	2	2	1	

◇ 表10.40　银亮钢直径及极限偏差（GB/T 3207—2008）　　　　　　　mm

银亮钢是表面无轧制缺陷和脱碳层，并具有光亮表面的圆钢。可以细分为剥皮材、磨光材和抛光材

剥皮材是通过车削剥皮去除轧制缺陷和脱碳层后，再经矫直的圆钢

磨光材是拉拔或剥皮后，经磨光处理的圆钢

抛光材是经拉拔、车削剥皮或磨光后，再进行抛光处理的圆钢

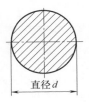

直径d

银亮钢的公称直径
1.0　1.1　1.2　1.4　1.5　1.6　1.8　2.0　2.2　2.5
2.8　3.0　3.2　3.5　4.0　4.5　5.0　5.5　6.0　6.3
7.0　7.5　8.0　8.5　9.0　9.5　10.0　10.5　11.0
11.5　12.0　13.0　14.0　15.0　16.0　17.0　18.0
19.0　20.0　21.0　22.0　24.0　25.0　26.0　28.0
30.0　32.0　33.0　34.0　35.0　36.0　38.0　40.0
42.0　46.0　49.0　50.0　53.0　55.0　56.0　58.0
60.0　63.0　65.0　68.0　70.0　75.0　80.0　85.0
90.0　95.0　100.0　105.0　110.0　115.0　120.0
125.0　130.0　135.0　140.0　145.0　150.0　155.0
160.0　165.0　170.0　175.0　180.0

（1）银亮钢的直径允许偏差

公称直径	允许偏差							
	6(h6)	7(h7)	8(h8)	9(h9)	10(h10)	11(h11)	12(h12)	13(h13)
1.0～3.0	0 -0.005	0 -0.010	0 -0.014	0 -0.025	0 -0.040	0 -0.050	0 -0.10	0 -0.14
>3.0～6.0	0 -0.008	0 -0.012	0 -0.018	0 -0.030	0 -0.048	0 -0.075	0 -0.12	0 -0.18
>6.0～10.0	0 -0.009	0 -0.015	0 -0.022	0 -0.035	0 -0.058	0 -0.090	0 -0.15	0 -0.22
>10.0～18.0	0 -0.011	0 -0.018	0 -0.027	0 -0.048	0 -0.070	0 -0.11	0 -0.18	0 -0.27
>18.0～30.0	0 -0.013	0 -0.021	0 -0.032	0 -0.052	0 -0.084	0 -0.134	0 -0.21	0 -0.33
>30.0～50.0	0 -0.016	0 -0.025	0 -0.039	0 -0.062	0 -0.100	0 -0.16	0 -0.25	0 -0.39
>50.0～80.0	0 -0.019	0 -0.030	0 -0.045	0 -0.074	0 -0.12	0 -0.19	0 -0.30	0 -0.45
>80.0～120.0	0 -0.022	0 -0.035	0 -0.054	0 -0.087	0 -0.14	0 -0.22	0 -0.36	0 -0.54
>120.0～180.0	0 -0.025	0 -0.040	0 -0.063	0 -0.100	0 -0.15	0 -0.25	0 -0.40	0 -0.63

（2）银亮钢的通常长度

圆钢直径/mm	通常长度/m
≤30.0	2～6
>30.0	2～7

◇ 表 10.41　铝型材的公称尺寸　　　　　　　　　　　　　　　　　　　　mm

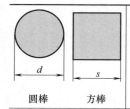

圆棒　　方棒

尺寸：

10　12　16　20　25　30　35　40　45　50　55　60

扁条

尺寸 $w \times s$：

10×3　10×6　10×8　15×3　15×5　15×8　20×5
20×8　20×10　20×15　25×5　25×8　25×10　25×15
25×20　30×10　30×15　30×20　40×10　40×15
40×20　40×25　40×30　40×35　50×10　50×15
50×20　50×25　50×30　50×35　50×40　60×10
60×15　60×20　60×25　60×30　60×35　60×40
80×10　80×15　80×20　80×25　80×30　80×35
80×40　100×20　100×30　100×40

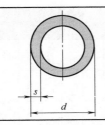

尺寸 $d \times s$：

10×1   10×1.5   10×2   12×1   12×1   12×2   16×1

16×2   16×3   20×1   20×3   20×5   25×2   25×3

25×5   30×2   30×4   30×6   35×3   35×5   35×10

40×3   40×5   40×10   50×3   50×5   50×10   60×5

60×10   60×16   70×5   70×10   70×16

（2）轧制件毛坯的加工余量

① 棒料的加工余量　型材棒料的外径已标准化，选择零件毛坯的外径与零件直径相近的规格即可。对于六角形和方形棒料，其外径是指对边距。棒料的外径余量、端面余量、中心孔切除余量、切断余量和夹紧余量的形式如图 10.6 所示。棒料外径和端面的加工余量如表 10.42 所示。夹紧余量、切断余量和中心孔切除余量如表 10.43 所示。

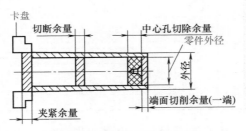

图 10.6　棒料毛坯加工余量

◇ 表 10.42　棒料外径和端面的加工余量　　　　　　　　　　　　　　mm

零件长度	≤200				>200~500				>500~1000				>1000			
零件的表面粗糙度 /μm	6.3~25	1.6~6.3	6.3~25	1.6~6.3	6.3~25	1.6~6.3	6.3~25	1.6~6.3	6.3~25	1.6~6.3	6.3~25	1.6~6.3	6.3~25	1.6~6.3	6.3~25	1.6~6.3
零件外径直径	外径加工余量		单端面加工余量		外径		单端面加工余量		外径		单端面加工余量		外径		单端面加工余量	
8~40	2~5	4~6	1	1	3~6	4~7	1.5	1.5	5~7	5~8	1.5	1.5	5~8	5~8	2	2
40~50	3~5	4~6	1.5	1.5	3~7	5~8	1.5	1.5	5~7	5~8	2	2.5	5~10	5~10	2.5	3

零件外径直径	外径加工余量		单端面加工余量		外径		单端面加工余量		外径		单端面加工余量		外径		单端面加工余量	
50～90	3～7	4～6	1.5	2.0	3～7	5～8	1.5	2	5～9	5～9	2	2.5	5～10	5～10	3	3.5
90～160	4～12	4～14	1.5	2	4～12	4～14	2	2.5	5～14	5～14	2.5	3	5～15	5～18	3	3.5
160～200	4～13	5～14	2	2	5～14	6～14	2	2.5	5～14	6～14	2.5	3	6～16	6～16	3	3.5
200～	5～16	5～16	2	2	5～18		2	2.5	5～20	5～20	2.5	3	6～20	6～20	3	3.5

◇ 表 10.43　夹紧余量、切断余量和中心孔切除余量　　　　　mm

加工方法	机械加工							
零件长度	—					—	≤40	>40
项目	切断余量		中心孔切除余量			夹紧余量		
区分	切开		零件表面粗糙度 Ra/μm		适用中心孔 d (G/BT 145—2001)	普通车床	六角车床	
零件外径		>1.6～6.3	>6.3～25	>1.6～6.3				
≤25			6.5	7.0	2			
26～40			10.0	10.5	3			
41～65	5.0	5.0	12.5	13.5	4	7.0	20.0	25.0
66～70			13.5	14.5	5			
71～100	70	7.0						
101～200			17.0	17.5	6			

　　② 板材毛坯的加工余量　板材的规格已标准化，其厚度是主参数。板料厚度一般选取与板类零件厚度尺寸相近的规格，并留有一定的加工余量。板料毛坯加工余量如图 10.7 所示。板料毛坯厚度和端面加工余量如表 10.44 所示。

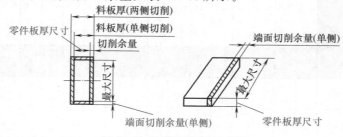

图 10.7　板料毛坯加工余量

◇ 表 10.44　板料毛坯厚度和端面加工余量　　　　　　　　　　　　　　　mm

零件长度	≤400			>400～1500			>1500		
零件的表面粗糙度/μm	6.3～25	6.3～25	1.6～6.3	6.3～25	6.3～25	1.6～6.3	6.3～25	6.3～25	1.6～6.3
零件板厚尺寸	板厚余量		端面单侧余量	板厚余量		端面单侧余量	板厚余量		端面单侧余量
	单侧	双侧		单侧	双侧		单侧	双侧	
8～36	1～4	4～7	2	3	1～4	4～7	3	4	1～4	4～7	4	5
36～60	2～8	4～8	2	3	3～7	5～9	4	5	3～7	5～9	5	6

③ 手工气割下料毛坯的加工余量　　见表 10.45。

◇ 表 10.45　手工气割下料毛坯的加工余量　　　　　　　　　　　　　　　mm

毛坯长度或直径		毛坯厚度				
		≤25	>25～50	>50～100	>100～200	>200～300
		每边留量				
长度	≤100	3	4	5	8	10
	>100～250	4	5	6	9	
	>250～630					11
	>630～1000	5	6	7	10	
	>1000～1600					12
	>1600～2500	6	7	8	11	
	>2500～4000					13
	>4000～5000	7	8	9	12	
直径	60～100	5	7	10	14	16
	>100～150	6	8	11	15	17
	>150～200	7	9	12	16	18
	>200～250	8	10	13	17	19
	>250～300	9	11	14	18	20

④ 各种型材锯削下料毛坯的加工余量　　见表 10.46。

◇ 表 10.46　各种型材锯削下料毛坯的加工余量　　　　　　　　　　　　　mm

 型材 1

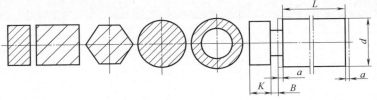

直径或对边距离 d	切口宽度 B	工件长度 L						夹头 K
		≤50	>50~200	>200~500	>500~1000	>1000~5000	>5000	
		端面工艺留量 2a						
≤30	弓锯	3	2	2	3	4	5	6	20
>30~80			2	3	4	5	6	8	
>80~120	圆盘锯	6	3	4	5	6	8	10	25
>120~180		7	4	5	6	8	10	12	30
>180~250			5	6	8	10	12	14	35
下料极限偏差		<±a/4						

型材 2

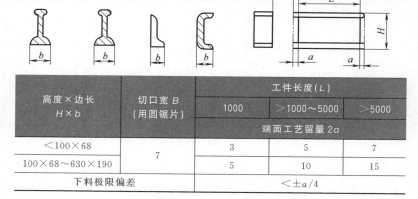

高度×边长 H×b	切口宽 B (用圆锯片)	工件长度（L）		
		1000	>1000~5000	>5000
		端面工艺留量 2a		
<100×68	7	3	5	7
100×68~630×190		5	10	15
下料极限偏差		<±a/4		

⑤ 剪切下料毛坯公差　见表 10.47。

◇ 表 10.47　剪切下料毛坯公差　　　　　　　　　mm

剪切宽度 \ 精度等级 \ 材料厚度	≤2		>2~4		>4~7		>7~12	
	A	B	A	B	A	B	A	B
≤120	±0.4	±0.8	±0.5	±1.0	±0.8	±1.5	±1.2	±2.0
>120~315	±0.6		±0.7		±1.0		±1.5	
>315~500	±0.8	±1.2	±1.0	±1.5	±1.2	±2.0	±1.8	±2.5
>500~1000	±1.0		±1.2		±1.5		±2.0	
>1000~2000	±1.2	±1.8	±1.5	±2.0	±1.7	±2.5	±2.2	±3.0
>2000~3150	±1.5		±1.7		±2.0		±2.5	

10.3.3 铸件

（1）铸造方法的工艺特点和应用（见表 10.48、表 10.49）

◇ **表 10.48　铸造方法的工艺特点和应用**

铸造方法	工艺特点	应用
砂型手工造型	设备简单,造型灵活,生产效率低,工人劳动强度高,铸件的精度低	大、中、小铸件成批或单件生产
砂型机械造型	铸件的精度低,生产效率高	大批量生产
压力铸造	用金属铸型,在高压、高速下充型,在压力下快速凝固。这是效率高、精度高的金属成形方法,但压铸机、压铸型制造费用高。铸件表面粗糙度 Ra 为 $3.2 \sim 0.8\mu m$,结晶细,强度高,毛坯金属利用率可达 95%	大批、大量生产以锌合金、铝合金、镁合金及铜合金为主的中、小型形状复杂,不进行热处理的零件;也用于钢铁铸件,如汽车喇叭、电器、仪表、照相机零件等。不宜用于高温下工作的零件
熔模铸造	用蜡模,在蜡模外制成整体的耐火质薄壳铸型,加热熔掉蜡模后,用重力浇注。压型制造费高,工序繁多,生产率较低。手工操作时,劳动条件差。铸件表面粗糙度 Ra 为 $12.5 \sim 1.6\mu m$,结晶较粗	各种生产批量,以碳钢、合金钢为主的各种合金和难以加工的高熔点合金复杂零件。零件重量和轮廓尺寸不能过大,一般铸件重量小于 $10kg$。用于刀具、刀杆、叶片、风动工具、自行车零件、机床零件等
金属型铸造	用金属铸型,在重力下浇注成形。对非铁合金铸件有细化组织的作用,灰铸铁件易出白口。生产率高,无粉尘,设备费用高。手工操作时,劳动条件差。铸件表面粗糙度 Ra 为 $12.5 \sim 6.3\mu m$。结晶细,加工余量小	成批大量生产,以非铁合金为主;也可用于铸钢、铸铁的厚壁、简单或中等复杂的中小铸件;或用于数吨大件,如铝活塞、水暖器材、水轮机叶片等
低压铸造	用金属型、石墨型、砂型,在气体压力下充型及结晶凝固,铸件致密,金属收缩率高。设备简单,生产率中等。铸件表面粗糙度 Ra 为 $12.5 \sim 3.2\mu m$,加工余量小,液态合金利用率可达 95%	单件、小批,或大量生产以铝、镁等非铁合金为主的中大型薄壁铸件,如发动机缸体、缸盖、壳体、箱体,船用螺旋桨,纺织机零件等。壁厚相差较悬殊的零件不宜选用
壳型铸造	铸件尺寸精度高,表面粗糙度数值小,便于实现自动化生产,节省车间生产面积	成批大量生产,适用铸造各种材料。多用于泵体、壳体、轮毂等零件

◇ 表 10.49　砂型的类型、特点和应用

方法		主要特点	应用
砂型类别	干型	水分少、强度高、透气性好、成本高、劳动条件差,可用机器造型,但不易实现机械化、自动化	结构复杂,质量要求高,适用于单件小批中、大型铸件
	湿型	不用烘干、成本低、粉尘少,可用机器造型,容易实现机械化自动化;采用膨润土活化砂及高压造型,可以得到强度高、透气性较好的铸型	多用于单件或大批、大量生产的中小型铸件
	自硬型	一般不需烘干,强度高、硬化快、劳动条件好、铸型精度较高。自硬型砂按使用黏结剂和硬化方法不同,各有特点	多用于单件、小批,或成批生产的中、大型铸件,对大型铸件效果较好

（2）铸件尺寸公差

GB/T 6414—2017 规定,铸件尺寸公差共分为 16 级,精度由高到低标记为 DCTG1～DCTG16。铸件公差见表 10.50。

在默认的条件下,铸件的尺寸公差应相对于公称尺寸对称设置,即一半为正,另一半为负。如尺寸为 20mm,DCTG10 级的铸件尺寸公差为 ±1.2。在图样上标注即 20±1.2 或 GB/T 6414-DCTG10。

铸件的尺寸公差也可以不对称,不对称公差应按 GB/T 1800.1 和 GB/T 1800.2 的规定在铸件公称尺寸后面单独标注。

铸件的几何公差等级分为 7 级,标记为 GCTG2～DCTG8,铸件的几何公差可按 GB/T 6414—2017 的规定选用。

◇ 表 10.50　铸件的尺寸公差（GB/ 6414—2017）　　　　　　　　　　mm

公称尺寸		铸件尺寸公差等级(DCTG)及相应的线性尺寸公差值														
大于	至	1	2	3	4	5	6	7	8	9	10	11	12	13	14	15	16
—	10	0.09	0.13	0.18	0.26	0.36	0.52	0.74	1.0	1.5	2.0	2.8	4.2	—	—	—	—
10	16	0.1	0.14	0.20	0.28	0.38	0.54	0.78	1.1	1.6	2.2	3.0	4.4	—	—	—	—
16	25	0.11	0.15	0.22	0.30	0.42	0.58	0.82	1.2	1.7	2.4	3.2	4.6	6	8	10	12
25	40	0.12	0.17	0.24	0.32	0.46	0.64	0.90	1.3	1.8	2.6	3.6	5.0	7	9	11	14
40	63	0.13	0.18	0.26	0.36	0.50	0.70	1.0	1.4	2.0	2.8	4.0	5.6	8	10	12	16
63	100	0.14	0.2	0.28	0.40	0.56	0.78	1.1	1.6	2.2	3.2	4.4	6	9	11	14	18
100	160	0.15	0.22	0.30	0.44	0.62	0.88	1.2	1.8	2.5	3.6	5.0	7	10	12	16	20
160	250	—	0.24	0.34	0.50	0.70	1.0	1.4	2.0	2.8	4.0	5.6	8	11	14	18	22

公称尺寸		铸件尺寸公差等级（DCTG）及相应的线性尺寸公差值															
大于	至	1	2	3	4	5	6	7	8	9	10	11	12	13	14	15	16
250	400	—	—	0.40	0.56	0.78	1.1	1.6	2.2	3.2	4.4	6.2	9	12	16	20	25
400	630	—	—	—	0.64	0.90	1.2	1.8	2.6	3.6	5	7	10	14	18	22	28
630	1000	—	—	—	1.0	1.4	2.0	2.8	4.0	6	8	11	16	20	25	32
1000	1600	—	—	—	—	1.6	2.2	3.2	4.6	7	9	13	18	23	29	37
1600	2500	—	—	—	—	—	2.6	3.8	5.4	8	10	15	21	26	33	42
2500	4000	—	—	—	—	—	—	4.4	6.2	9	12	17	24	30	38	49
4000	6300	—	—	—	—	—	—	—	7.0	10	14	20	28	35	44	56
6300	10000	—	—	—	—	—	—	—	—	11	16	23	32	40	50	64

注：除非另有规定，从 DCTG1～DCTG15 的壁厚公差应比其他尺寸的一般公差粗一级。

铸件尺寸公差等级根据生产类型、铸造方法、铸造公差等级和铸造材料等情况进行选择，大批量生产、小批生产和单件生产的铸件等级按表 10.51 选取，批量生产可酌情选择。

◇ 表 10.51　不同铸造方法、铸件材料的铸造尺寸公差等级（GB/T 6414—2017）

大批量生产的毛坯铸件的尺寸公差等级									
方法		铸件尺寸公差等级 DCTG								
		钢	灰铸铁	球墨铸铁	可锻铸铁	铜合金	锌合金	轻金属合金	镍基合金	钴基合金
砂型铸造手工造型		11～13	11～13	11～13	11～13	10～13	10～13	9～12	11～14	11～14
砂型铸造机器造型和壳型		8～12	8～12	8～12	8～12	8～10	8～10	7～9	8～12	8～12
金属型铸造（重力铸造或低压铸造）		—	8～10	8～10	8～10	8～10	7～9	7～9	—	—
压力铸造		—	—	—	—	6～8	4～6	4～7	—	—
熔模铸造	水玻璃	7～9	7～9	7～9	—	5～8	—	5～8	7～9	7～9
	硅溶胶	4～6	4～6	4～6	—	4～6	—	4～6	4～6	4～6

注：表中所列出的尺寸公差等级是在大批量生产下铸件通常能够达到的尺寸公差等级。

小批量生产或单件生产的毛坯铸件的尺寸公差等级									
方法	造型材料	铸件尺寸公差等级 DCTG							
		钢	灰铸铁	球墨铸铁	可锻铸铁	铜合金	轻金属合金	镍基合金	钴基合金
砂型铸造手工造型	黏土砂	13～15	13～15	13～15	13～15	13～15	11～13	13～15	13～15
	化学黏结剂砂	12～14	11～13	11～13	11～13	10～12	10～12	12～14	12～14

注：1. 表中所列出的尺寸公差等级是砂型铸造小批量或单件时，铸件通常能够达到的尺寸公差等级。

2. 本表也适用于经供需双方商定的本表未列出的其他铸造工艺和铸件材料。

(3) 机械加工余量 RMA

GB/T 6414—2017 规定，铸件的机械加工余量分为 10 个等级，由小到大分别称 A、B、C、D、E、F、G、H、J 和 K 级，标记为 RMAG A～RMAG K。铸件的加工余量见表 10.52。

对于各种合金及铸造方法，GB/T 6414—2017 建议的机械加工余量见表 10.52。

◇ 表 10.52 铸件的机械加工余量（GB/T 6414—2017）　　　　mm

铸件公称尺寸		铸件的机械加工余量等级 RMAG 及对应的机械加工余量 RMA									
大于	至	A	B	C	D	E	F	G	H	J	K
—	40	0.1	0.1	0.2	0.3	0.4	0.5	0.5	0.7	1	1.4
40	63	0.1	0.2	0.3	0.3	0.4	0.5	0.7	1	1.4	2
63	100	0.2	0.3	0.4	0.5	0.7	1	1.4	2	2.8	4
100	160	0.3	0.4	0.5	0.8	1.1	1.5	2.2	3	4	6
160	250	0.3	0.5	0.7	1	1.4	2	2.8	4	5.5	8
250	400	0.4	0.7	0.9	1.3	1.8	2.5	3.5	5	7	10
400	630	0.5	0.8	1.1	1.5	2.2	3	4	6	9	12
630	1000	0.6	0.9	1.2	1.8	2.5	3.5	5	7	10	14
1000	1600	0.7	1.0	1.4	2	2.8	4	5.5	8	11	16
1600	2500	0.8	1.1	1.6	2.2	3.2	4.5	6	9	13	18
2500	4000	0.9	1.3	1.8	2.5	3.5	5	7	10	14	20
4000	6300	1	1.4	2	2.8	4	5.5	8	11	16	22
6300	10000	1.1	1.5	2.2	3	4.5	6	9	12	17	24

注：等级 A 和等级 B 只适用于特殊情况，如带有工装定位面、夹紧面和基准面的铸件。

(4) 毛坯图

毛坯图是供制造毛坯用的，表明毛坯的材料、形状、尺寸和技术要求等的图样。

铸件公称尺寸是机械加工前的毛坯的设计尺寸，用作图样标注，如图 10.8（a）所示。铸件的极限尺寸包括铸件尺寸公差和必要的机械加工余量，它们与零件加工后尺寸的关系如图 10.8（b）所示。铸件尺寸公差是铸件尺寸的允许变动量。

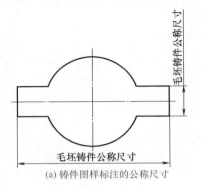

(a) 铸件图样标注的公称尺寸

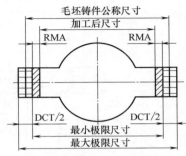

(b) 铸件极限尺寸加工余量与加工后尺寸的关系

图 10.8　铸件尺寸

机械加工余量是铸件上随后用机械加工方法去除铸造对金属表面的影响，并使之达到零件要求而留出的金属余量。所有加工表面的加工余量应按表 10.52 中最大的公称尺寸（零件中每个加工表面，选取其结构要素的最大的公称尺寸，见例题 1）所对应的余量。

铸件某一部位的最大尺寸应不超过加工尺寸与加工余量及铸造公差之和。铸件典型表面结构的铸件公称尺寸、公差、机械加工余量与机械加工后的尺寸关系说明如图 10.9 所示，重点用于公称尺寸选取。

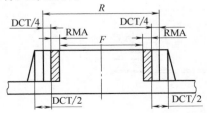

说明：
R——铸件公称尺寸；
F——机械加工后的尺寸；
RMA——机械加工余量；
DCT——铸件线性尺寸公差；
R=F+2RMA+DCT/2。

(a) 圆台阶外面需要机械加工

图 10.9

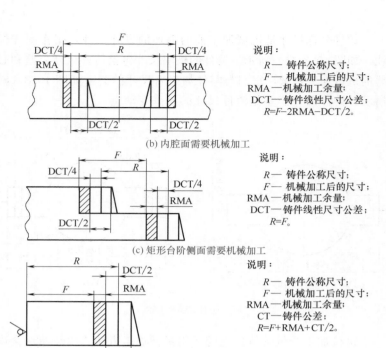

说明：

R—— 铸件公称尺寸；
F—— 机械加工后的尺寸；
RMA——机械加工余量；
DCT——铸件线性尺寸公差；
$R=F-2RMA-DCT/2$。

(b) 内腔面需要机械加工

说明：

R—— 铸件公称尺寸；
F—— 机械加工后的尺寸；
RMA——机械加工余量；
DCT——铸件线性尺寸公差；
$R=F$。

(c) 矩形台阶侧面需要机械加工

说明：

R—— 铸件公称尺寸；
F—— 机械加工后的尺寸；
RMA——机械加工余量；
CT——铸件公差；
$R=F+RMA+CT/2$。

(d) 矩形工件侧面需要机械加工

图 10.9　铸件公称尺寸选取

例 10.1　铸件的机械加工余量选用示例：如图 10.10 所示

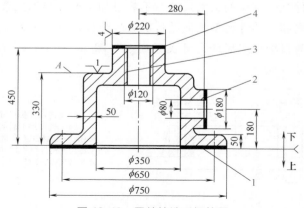

图 10.10　零件铸造毛坯简图

铸件，其材料为灰铸铁，成批量生产类型，采用砂型铸造手工造型，铸件的尺寸公差等级为 DCTG13，试确定铸件各加工表面的加工余量，并说明理由。

解：铸件采用砂型铸造手工造型，材料为灰铸铁，铸造尺寸精度等级查表 10.51，大批量生产为 DCTG11～13，单件小批生产为 DCTG13～15，成批生产可取 DCTG13，加工余量等级按表 10.53 应选取 RMA F～H，取 H 级，根据铸件情况，如工艺难易程度、铸造缺陷等可在 F～H 间浮动选取，详见表 10.54。

◎ 表 10.53　各种合金及铸造方法的铸件机械加工余量等级（GB/T6414—2017）

方法	机械加工余量等级								
	钢	灰铸铁	球墨铸铁	可锻铸铁	铜合金	锌合金	轻金属合金	镍基合金	钴基合金
砂型铸造手工铸造	G～J	F～H	F～H	F～H	F～H	F～H	F～H	G～K	G～K
砂型铸造机器造型和壳型	F～H	E～G	E～G	E～G	E～G	E～G	E～G	F～H	F～H
金属型（重力铸造和低压铸造）	—	D～F	D～F	D～F	D～F	D～F	D～F	—	—
压力铸造	—	—	—	—	B～D	B～D	B～D	—	—
熔模铸造	E	E	E	E	E	E	E	E	E

注：本表也适用于经供需双方商定的本表未列出的其他铸造工艺和铸件材料。

◎ 表 10.54　铸件加工表面的加工余量的确定和说明　　　　　　　　　mm

序号	公称尺寸	加工余量等级	加工余量	选择理由和选择过程说明
1	底面 330 按 750 查余量公差	H	余量 7	机械加工时，夹紧 φ220 外圆，并以外圆和表面 1 定位，保证尺寸 330。铸造时，考虑到下底面尺寸较大，易产生铸造缺陷，加工余量等级取 H 级，查表 10.53，加工余量为 7，查表 10.50，公差等级为 DCTG13，按公称尺寸 750 查，公差为 16，按图 10.9(d) 的示意，加工后尺寸 330 的铸件尺寸为 345±8
2	侧面 280	H	余量 5	侧面与底面的加工余量等级相同为 H 级，查表 10.53，加工余量为 5，公称尺寸为 280，公差等级为 GCTG13，查表 10.50，公差为 12，按图 10.9(c) 的示意，该尺寸及公差为 291±6

序号	公称尺寸	加工余量等级	加工余量	选择理由和选择过程说明
3	孔 $\phi120$	H	余量 6	孔的加工余量查表 10.52 为 3,查表 10.50,加工等级为 GCTG13,得尺寸公差为 10,按图 10.9(b)的示意,尺寸为 $\phi(120-2\times3-5)=\phi109$。该铸件的尺寸及公差为 $\phi109\pm6$
4	顶面 $\phi220$ 按 450 查余量公差	H	余量 6	顶面在浇注时容易出现缺陷,加工余量应大点。查表 10.53,加工余量为 6,查表 10.50,公差等级为 DCTG13,得尺寸公差为 14,按图 10.9(d)的示意,该尺寸及公差为 463 ± 7 顶面与底面的铸件尺寸应为 $463+15=478$,公差取它们的较大者 ±8 理论上应计算尺寸链获得
5	孔 $\phi80$	H	余量 2	孔的加工余量查表 10.52 为 2,查表 10.50 公差等级为 DCTG13,得尺寸公差 9,按图 10.9(b)的示意,铸件的尺寸为 $\phi(80-2\times2-4.5)=\phi71.5$。该铸件的尺寸及公差为 $\phi71.5\pm4.5$
6	外圆 $\phi220$ $\phi750$ 内孔 $\phi350$			公差等级为 DCTG13,查表 10.50 $\phi220$ 的公差为 11,铸件尺寸标注为 $\phi220\pm5.5$ $\phi220$ 的公差为 16,铸件尺寸标注为 $\phi750\pm8$ 内孔 $\phi350$ 的公差为 12,铸件尺寸标注为 $\phi350\pm6$
7	壁厚 50			公差等级为 DCTG14,比表面尺寸粗 1 级,查表 10.50,50 的公差为 10,铸件尺寸标注为 50 ± 5

（5）铸件毛坯图的绘制

毛坯图是毛坯制造的依据,毛坯图一般由毛坯制造的专业人员绘制。在进行机械加工工艺过程设计时,机械人员主要是分析粗加工的定位基准,分析铸件毛坯的分型面、浇口、冒口的位置、拔模斜度、圆角半径的大小等。对于单件小批生产,一般由机械加工人员确定毛坯的类型和毛坯的尺寸,这里介绍的毛坯图是指机械人员确定的毛坯尺寸简图。铸件毛坯图的画法包括:

① 铸件各表面轮廓的视图、剖视图等按机械制图的规定绘制。加工后的轮廓用粗实线（旧标准用双点画线）表示。

② 铸件的尺寸公差、几何公差、表面结构、基准等按制图

标准及 GB/T 6414—2017 的规定绘制（旧标准将加工后的尺寸放在毛坯尺寸下面的括号内）。

③ 在剖视图中，铸件的加工余量不表示（旧标准用十字交叉线或涂黑表示）。

④ 在毛坯图上要标注第一次机械加工的基准（粗基准，用于机械加工）。

⑤ 铸件表面的公称尺寸、公差、机械加工余量与机械加工后的尺寸关系，可参考图 10.9 局部表达。

⑥ 在毛坯图上可标注用于质量检验、验收、铸造工艺等要求。

将图 10.10 所示的铸件，画出其毛坯图，如图 10.11 所示。

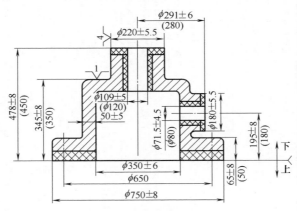

图 10.11　铸件毛坯图

10.3.4　锻件

（1）锻造方法的工艺特点和适用范围（见表 10.55）

（2）自由锻件机械加工余量与公差

锤上自由锻造分 F 和 E 两个精度等级。F 级用于一般精度；E 级用于较高精度，需要特殊模具和附加量具，适合大批大量生产。台阶轴类、盘类和冲孔类锻件的加工余量和公差如表 10.56 所示。

◎ 表10.55 锻造方法的工艺特点和适用范围

锻造方法	设备类型		工艺特点	应用
	名称	构造特点		
自由锻造	空气锤 蒸汽空气锤 水压机	行程不固定,上下锤头为平的。空气锤振动大,水压机无振动	原材料为锭料或轧材,人工掌握完成各道工序,形状复杂的零件需要多次加热,宜用于锻造形状简单,以及大的环形、盘形零件。适用于锭料开坯、模锻前制坯、新产品试制	单件小批
胎模锻	空气锤 蒸汽空气锤 水压机	行程不固定,上下锤头为平的。空气锤振动大,水压机无振动	在自由锻设备上采用活动胎模。与自由锻相比,锻件形状较复杂,尺寸较精确,生产率高,与模锻相比,适用范围广,胎模制造简单,但生产率较低,锻件表面质量及模具寿命具有较低	批量
锤上模锻	有砧座锤	行程不固定,工作速度 6~8m/s。振动大,有砧座,无顶杆,行程次数 60~100 次/min	可以多次打击成形,打击轻重可以控制。适宜多膛锻模,便于进行拔长、滚压。适用于各类锻件,多采用带飞边开式锻模	大批量
	无砧座锤	下锤头活动,无砧座,模锻时无振动	上下模对击,操作不方便,不适于拔长、滚压。适用于各类锻件,多采用带飞边开式锻模	
热模锻压力机上模锻	热模锻压力机	行程固定,工作速度 0.5~0.8m/s,行程次数 35~90 次/min。设备刚度好,导向导向准确,有顶杆	金属在每一模膛中一次成形,不适于拔长、滚压,但可用于挤压、镦粗。锻件精度较高,模锻斜度小,一般要求联合模锻及无氧化或严格精度加热。适用于短轴类锻件,配备制坯设备时,也能模锻长轴类锻件	大批量
平锻	平锻机	行程固定,工作速度 0.3m/s,具有互相垂直的两组分型面。无顶出装置。设备刚性好,导向准确	金属在每一模膛锻锻斜度较小,易于机械化,自动化。穿孔、余量及锻斜度较小,易于切边。需采用较高精度的棒料,加热要求严格。适合锻造各种合金锻件,带大头的长杆形锻件、环形、筒形锻件,多采用闭式锻模	大批量

锻造方法	设备类型		工艺特点	应用
	名称	构造特点		
螺旋压力机上模锻	摩擦螺旋压力机	行程不固定,工作速度1.5~2m/s,对偏载敏感。一般设备刚性差,打击能量可调;有顶杆	每分钟行程次数低,金属冷却快,不宜拔长、滚压,配备制坯设备时,也能模锻形状较为复杂的锻件;还可用于镦锻、精压、挤压,切边,冲压,弯曲,校正	批量
水压机上模锻	水压机	行程不固定,工作速度0.1~0.3m/s,无振动。有顶杆	模锻时一次成形,不宜多模膛模锻,适合大锻件、深孔锻件、复杂零件在其他设备上制坯。不太适合锻造小尺寸锻件	大批量
辊锻	辊锻机	模膛置于两轧辊上,辊锻时轧辊相对旋转	金属在模膛中变形均匀,适合拔长,前制坯或形状不复杂锻件的直接成形;冷辊锻用于终成形或精整工序	大批量
辗扩	扩孔机	轧辊相对旋转,工作轧辊上刻出环的截面	变形连续,压下量小,具有表面变形特征,壁厚均匀,精度较高。热辗扩主要用于生产端面的大、中型环形毛坯,辗扩直径范围40~5000mm,重量6t以上	大批量
热精压	普通模锻设备		与热模锻工艺相比,通常要增加精压工序,要有制造精密锻模和无氧化,少氧化加热及冷却的手段。加热温度低,变形量小。适用于叶片等精密模锻	大批量
冷精压	精压机	滑块与曲轴借助于杠杆机构,滑块行程小,压力大	不加热,其余特点同上。适用于压制锻件不加工的配合表面,零件表面及表面硬度均有提高	大批量
冷挤压	机械压力机	采用摩擦压力机需设顶出装置、在模具上设导向,限程装置;采用曲柄压力机需增强刚度,加强顶出装置	适用于挤压深孔、薄壁、异形端面小型零件,生产率高。操作简便,材料利用率达70%以上。冷挤压用材料应有较好的塑性,反变形,复合挤压,镦挤合一种方式。模具强度、硬度要求较高,锻件精度高。分正挤压,反挤压,复合挤压	大批量

锻造方法	设备类型		工艺特点	应用
	名称	构造特点		
热挤压	液压挤压机、机械挤压机	采用摩擦压力机需设出顶装置，在模具上设导向，限程装置；采用曲柄压力机需增强刚度、加强出顶装置	适用于各种等截面型材、不锈钢、轴承钢零件，以及非铁合金的坯料。变形力很大、凸凹模强度、硬度要求高、表面应光洁	大批量
镦锻	热镦机 70	行程固定，工作速度为 1.25～1.5m/s，行程次数为 50～80 次/min。设备刚度好、导向准确，四个成形工位都有顶杆	采用整根圆坯料整体加热、自动化切下料、下料。锻件采用四工位闭式模锻工艺成形、锻件质量高。广泛应用于高质量锻件的大批量生产	大批量
	热镦机 50	行程固定，工作速度为 2.4～4.0m/s，行程次数为 60～100 次/min。设备刚度好、导向准确，四个成形工位都有顶杆	采用整根圆坯料整体加热、自动化切下料、下料。锻件采用四工位闭式模锻、锻件质量高。广泛应用于高质量锻件的大批（无飞边锻造）工艺成形、锻件质量高。广泛应用于高质量锻造的大批量生产	大批量

◇ 表 10.56 锻件的加工余量和公差

mm

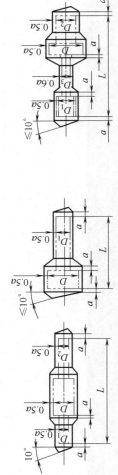

零件总长 L		零件直径 D							
大于	至	0	50	80	120	160	200	250	315
		50	80	120	160	200	250	315	400
大于	至	余量 a 与极限偏差							
		锻造精度等级 F							
0	315	7±2	8±3	9±3	10±4	—	—	—	—
315	630	8±3	9±3	10±4	11±4	12±5	13±5	—	—
630	1000	9±3	10±4	11±4	12±5	13±5	14±6	16±7	—
1000	1600	10±4	12±5	13±5	14±6	15±6	16±7	18±8	19±8
1600	2500	—	13±5	14±6	15±6	16±7	17±7	19±8	20±8
2500	4000	—	—	16±7	17±7	18±8	19±8	21±9	22±9
4000	6000	—	—	—	19±8	20±8	21±9	23±10	—
大于	至	锻造精度等级 E							
0	315	6±2	7±2	8±3	9±3	—	—	—	—
315	630	7±2	8±3	9±3	10±4	11±4	12±5	—	—
630	1000	8±3	9±3	10±4	11±4	12±5	13±5	15±6	—
1000	1600	9±3	11±4	12±5	13±5	14±6	15±6	17±7	18±8
1600	2500	—	12±5	13±5	14±6	15±6	16±7	18±8	19±8
2500	4000	—	—	15±6	16±7	17±7	18±8	20±8	21±9
4000	6000	—	—	—	18±8	19±8	20±8	22±9	—

续表

零件高度 H_0		零件直径 D 或边长 A														
大于	至	200	250	315	400	500	630	800	1000	1250	1550	1850	2200	2600	3000
大于	至	250	315	400	500	630	800	1000	1250	1550	1850	2200	2600	3000	3500
		余量 a 和极限偏差													
125	160	15±5	17±6	19±6	21±7	23±8	25±8	27±9	29±10	31±10	33±11	—	—	—	—
160	250	17±6	19±6	21±7	23±8	25±8	27±9	29±10	31±10	33±11	37±12	41±14	—	—	—
250	400	17±6	21±7	23±8	25±8	27±9	29±10	31±10	33±11	37±12	41±14	45±15	49±16	—	—
400	630	—	23±8	25±8	27±9	29±10	31±10	33±11	37±12	41±14	45±15	49±16	53±18	57±19	—
630	1000	—	—	—	29±10	31±10	33±11	37±12	41±14	45±15	49±16	53±18	57±19	61±20	65±22
1000	1250	—	—	—	—	—	37±12	41±14	45±15	49±16	53±18	57±19	61±20	65±22	69±23
1250	1550	—	—	—	—	—	—	45±15	49±16	53±18	57±19	61±20	65±22	69±23	73±24
1550	1700	—	—	—	—	—	—	—	53±18	57±19	61±20	65±22	69±23	73±24	77±26

注：1. 本表余量与公差适用于钢坯锻造锻件，采用钢锭锻造时，其余量与公差按直径来确定。

2. 各台阶轴上的余量按零件之总长度和最大直径来确定。

3. 当某部分长度与直径之比为 15～25 时，该直径的余量增加 20%，大于 25 时，余量增加 30%。

4. 当相邻直径之比大于 2.5 时，可按省料原则将其中一部分的余量增大 20%。

（3）钢质模锻件的机械加工余量确定（见表 10.57、表 10.58）

◇ 表 10.57　钢质模锻件内外表面机械加工余量（GB/T 12362—2003）

锻件质量 /kg		零件表面粗糙度 Ra/μm		形状复杂系数 $S_1 S_2 S_3 S_4$	单边余量/mm							
					厚度方向	水平方向						
大于	至	≥1.6	<1.6			0 315	315 400	400 630	630 800	800 1250	1250 1600	1600 2500
0	0.4				1.0～1.5	1.0～1.5	1.5～2.0	2.0～2.5	—	—	—	—
0.4	1.0				1.5～2.0	1.5～2.0	1.5～2.0	2.0～2.5	2.0～3.0	—	—	—
1.0	1.8				1.5～2.0	1.5～2.0	1.5～2.0	2.0～2.7	2.0～3.0	—	—	—
1.8	3.2				1.7～2.2	1.7～2.2	2.0～2.5	2.0～2.7	2.0～3.0	2.5～3.5	—	—
3.2	5.6				1.7～2.2	1.7～2.2	2.0～2.5	2.0～2.7	2.5～3.5	2.5～4.0	—	—
5.6	10				2.0～2.5	2.0～2.5	2.0～2.5	2.3～3.0	2.5～3.5	2.7～4.0	3.0～4.5	—
10	20				2.0～2.5	2.0～2.5	2.0～2.7	2.3～3.0	2.5～3.5	2.7～4.0	3.0～4.5	—
20	50				2.3～3.0	2.3～3.0	2.5～3.0	2.5～3.5	2.7～4.0	3.0～4.5	3.0～4.5	—
50	120				2.5～3.2	2.5～3.2	2.5～3.5	2.7～3.5	2.7～4.0	3.0～4.5	3.5～4.5	4.0～5.5
120	250				3.0～4.0	2.5～3.5	2.5～3.5	2.7～4.0	3.0～4.5	3.0～4.5	3.5～4.5	4.0～5.5
					3.5～4.5	2.7～3.5	2.7～3.5	3.0～4.0	3.0～4.5	3.0～5.0	4.0～5.0	4.5～6.0
					4.0～5.5	2.7～4.0	3.0～4.0	3.0～4.5	3.5～4.5	3.5～5.0	3.0～5.5	4.5～6.0

例：当锻件质量为 3kg，零件表面粗糙度参数 Ra=3.2，形状复杂系数为 S_3，长度为 480mm 时查出该锻件余量是：厚度方向为 1.7～2.2mm，水平方向为 2.0～2.7mm。

◇ 表 10.58　锻件内孔直径的单面机械加工余量（GB/T 12362—2003）　　mm

孔径		孔深				
大于	至	大于0 至63	63 100	100 140	140 200	200 280
—	25	2.0	—	—	—	—
25	40	2.0	2.6	—	—	—
40	63	2.0	2.6	3.0	—	—
63	100	2.5	3.0	3.0	4.0	—
100	160	2.6	3.0	3.4	4.0	4.6
160	250	3.0	3.0	3.4	4.0	4.6

（4）金属冷冲压件的机械加工余量（见表 10.59）

◇ 表 10.59   冲压件的机械加工余量   mm

零件的高度 或直径	零件的直径或高度							
	≤25	>25~ 50	>50~ 75	>75~ 100	>100~ 125	>125~ 150	>150~ 175	>175~ 200
	加工余量							
≤150	3.0	3.5	4.0	4.5	5.0	5.5	—	—
>150~250	3.5	4.0	4.5	5.0	5.5	6.0	6.5	7.0
>250~300	4.0	4.5	5.0	5.5	6.0	6.5	7.0	7.5
>300~350	4.5	5.0	5.5	6.0	6.5	7.0	7.5	8.0

注：冲模的倾斜角为 3°~7°。

（5）锻件毛坯图

锻件毛坯图如图 10.12 所示。

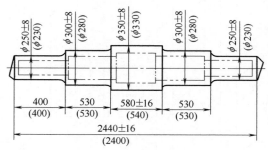

图 10.12   锻件毛坯简图

10.4   工序间的加工余量

10.4.1   加工总余量（毛坯余量）与工序余量

毛坯尺寸与零件设计尺寸之差称为加工总余量。加工总余量的大小取决于加工过程中各个工步切除金属层厚度的总和。每一工序所切除的金属层厚度称为工序余量。加工总余量和工序余量的关系为：

$$Z_0 = Z_1 + Z_2 + \cdots + Z_n = \sum_{i=1}^{n} Z_i$$

式中 Z_0——加工总余量，mm；

Z_i——i 工序的工序余量，mm；

n——机械加工工序数目。

应注意第一道加工工序的加工余量 Z_1。它与毛坯的制造精度有关，实际上它与生产类型和毛坯的制造方法有关。毛坯制造精度高（例如大批大量生产的模锻毛坯），则第一道加工工序的加工余量小，若毛坯制造精度低（例如单件小批生产的自由锻毛坯），则第一道加工工序的加工余量就大。毛坯的余量可查阅有关手册获得。

工序余量定义为相邻两工序基本尺寸之差。按零件表面的对称与不对称结构，工序余量有单边余量和双边余量之分。

零件表面不对称结构的加工余量，一般为单边余量，可表示为：

$$Z_i = l_{i-1} - l_i$$

式中 Z_i——本道工序的工序余量，mm；

l_i——本道工序的基本尺寸，mm；

l_{i-1}——上道工序的基本尺寸，mm。

由于零件机械加工过程中涉及的因素很多，按计算法确定工序间的机械加工余量目前还缺少充分的实践数据资料，因此查表法和经验加查表在生产中应用广泛。

按查表法确定工序间的加工余量应考虑的因素：

① 为缩短加工时间，降低制造成本，应采用最小的加工余量。

② 选择加工余量应保证得到图样上规定的精度和表面粗糙度。

③ 选择加工余量时，要考虑零件热处理时引起的变形。

④ 选择加工余量时，要考虑所采用的加工方法、设备以及加工过程中零件可能产生的变形。

⑤ 选择加工余量时，要考虑被加工零件尺寸大小，尺寸越大，加工余量越大，因为零件的尺寸增大后，由切削力、内应力等引起变形的可能性也增加。

⑥ 选择加工余量时，要考虑工序尺寸公差的选择，其工序公差不应超出经济加工精度的范围。

⑦ 选择加工余量时，要考虑上工序留下的表面缺陷层厚度。

⑧ 选择加工余量时，要考虑本工序的余量要大于上工序的尺寸公差和几何形状公差。

10.4.2 轴的加工余量

(1) 轴的折算长度确定

在轴的车削和磨削加工过程中，轴的加工部位、形状和装夹方式不同，用查表法确定轴的加工余量时，零件的长度需要进行折算，其折算方法如表 10.60 所示。

◇ 表 10.60 轴的折算长度

项目	双顶尖(简支式)	一夹一支	一夹(悬臂式)
光轴	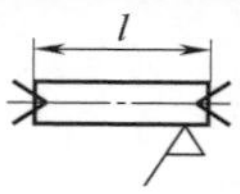 $L=l$	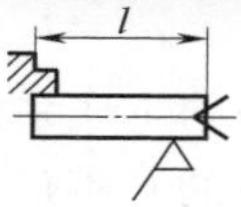 $L=l$	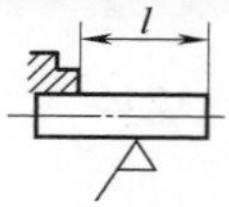 $L=2l$
台阶轴	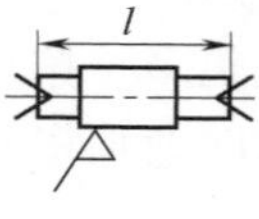 $L=l$	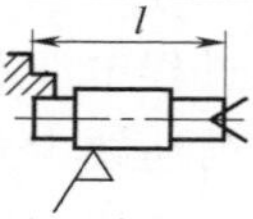 $L=l$	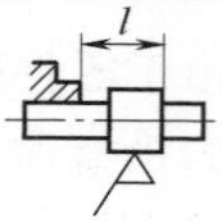 $L=2l$
	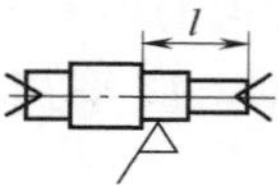 $L=2l$	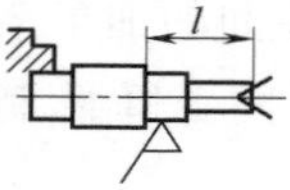 $L=2l$	

(2) 粗车外圆的加工余量 (见表 10.61)

◇ 表 10.61 粗车外圆余量　　　　　　　　　　　　　　mm

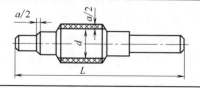

加工直径 d	≤50	>50~100	>100~300	>300~500	>500
零件长度 L	直径余量 a				
<1000	5	6	6	6	
>1000~1600		7	7	7	
>1600~2500		8	8	8	8

注：1. 端面留量为直径之半，即 $\frac{a}{2}$。

2. 适用于粗精加工、自然时效、人工时效。

3. 粗精加工分开及自然时效允许小于表中留量的 20%。

（3）粗车外圆后半精车外圆的加工余量（见表 10.62）

◈ 表 10.62　粗车外圆后半精车或精车外圆余量　　　　　　　　mm

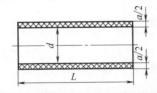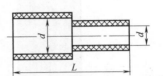

轴的直径 d	零件长度 L						粗车外圆的公差
	≤100	>100~250	>250~500	>500~800	>800~1200	>1200~2000	
	直径余量 a						
≤10	0.6	0.8	1.0	—	—	—	—
>10~18	0.7	0.9	1.0	1.1	—	—	0.18
>18~30	0.9	1.0	1.1	1.3	1.4	—	0.21
>30~50	1.0	1.0	1.1	1.3	1.5	1.7	0.25
>50~80	1.1	1.1	1.2	1.4	1.6	1.8	0.30
>80~120	1.1	1.2	1.2	1.4	1.6	1.9	0.35
>120~180	1.2	1.2	1.3	1.5	1.7	2.0	0.40
>180~260	1.3	1.3	1.4	1.6	1.8	2.0	0.46
>260~360	1.3	1.4	1.5	1.7	1.9	2.1	0.52
>360~500	1.4	1.5	1.6	1.7	1.9	2.2	0.63

注：1. 在单件或小批生产时，本表的数值应乘以系数 1.3，并化成一位小数（四舍五入）。

2. 粗车后若进行正火或调质热处理，本表数值应乘以系数 2 或 4。

（4）外圆磨削余量（见表 10.63）

◇ 表 10.63　外圆磨削余量

mm

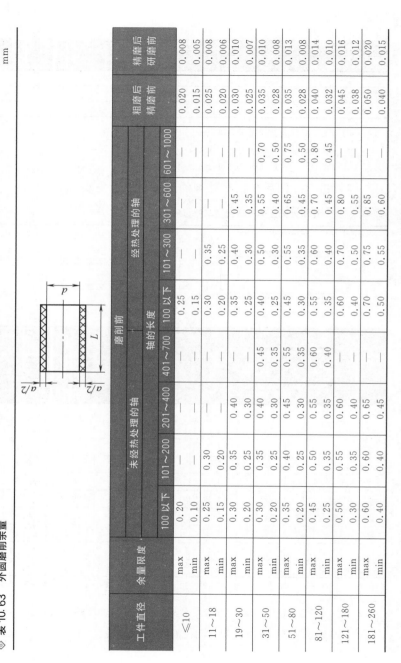

工件直径	余量限度	磨削前 轴的长度								粗磨后精磨前	精磨后研磨前
		未经热处理的轴				经热处理的轴					
		100以下	101~200	201~400	401~700	100以下	101~300	301~600	601~1000		
≤10	max	0.20	—	—	—	0.25	—	—	—	0.020	0.008
	min	0.10	—	—	—	0.15	—	—	—	0.015	0.005
11~18	max	0.25	0.30	—	—	0.30	0.35	—	—	0.025	0.008
	min	0.15	0.20	—	—	0.20	0.25	—	—	0.020	0.006
19~30	max	0.30	0.35	0.40	—	0.35	0.40	0.45	—	0.030	0.010
	min	0.20	0.25	0.30	—	0.25	0.30	0.35	—	0.025	0.007
31~50	max	0.30	0.35	0.40	0.45	0.40	0.50	0.55	0.70	0.035	0.010
	min	0.20	0.25	0.30	0.35	0.25	0.30	0.40	0.50	0.028	0.008
51~80	max	0.35	0.40	0.45	0.55	0.45	0.55	0.65	0.75	0.035	0.013
	min	0.20	0.25	0.30	0.35	0.30	0.35	0.45	0.50	0.028	0.008
81~120	max	0.45	0.50	0.55	0.60	0.55	0.60	0.70	0.80	0.045	0.014
	min	0.25	0.35	0.35	0.40	0.35	0.40	0.45	0.45	0.032	0.010
121~180	max	0.50	0.55	0.60	—	0.60	0.70	0.80	—	0.045	0.016
	min	0.30	0.35	0.40	—	0.40	0.50	0.55	—	0.038	0.012
181~260	max	0.60	0.60	0.65	—	0.70	0.75	0.85	—	0.050	0.020
	min	0.40	0.40	0.45	—	0.50	0.55	0.60	—	0.040	0.015

（5）外圆抛光的加工余量（见表10.64）

◈ 表 10.64 外圆抛光余量   mm

零件直径	≤100	101～200	201～700	>700
直径余量	0.1	0.3	0.4	0.5

注：抛光前的加工精度为IT7级。

（6）轴的端面加工余量（见表10.65～表10.67）

◈ 表 10.65 端面粗车削余量   mm

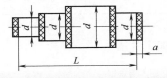

加工直径 d	零件长度 L			
	<1000	>1000～1600	>160～2500	>2500
≤50	2	3	3	3.5
>50～100		3.5	3.5	4
>100～300		4	4	4.5
>300～500		4.5	4.5	5
>500		5	5	5.5

◈ 表 10.66 粗车端面后，正火调质的端面半精加工余量   mm

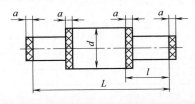

零件直径 d	零件全长 L					
	≤18	>18～50	>50～120	>120～260	>260～500	>500
	端面余量 a					
≤30	0.8	1.0	1.4	1.6	2.0	2.4
>30～50	1.0	1.2	1.4	1.6	2.0	2.4
>50～120	1.2	1.4	1.6	2.0	2.4	2.4
>120～260	1.4	1.6	2.0	2.0	2.4	2.8
>260	1.6	1.8	2.0	2.0	2.8	3.0

注：1. 在粗车不需要正火调质的零件，其端面余量按上表1/2～1/3选用。
    2. 对薄形工件，如齿轮、垫圈等，按上表余量加50%～100%。

◇ 表 10.67　精车端面和端面磨削余量　　　　　　　　　　　　　　mm

轴径	零件全长											
	≤18		>18~50		>50~120		>120~260		>260~500		>500	
	精车	磨削	精车	磨削	精车	磨削	精车	磨削	精车	磨削	精车	磨削
≤30	0.5	0.2	0.6	0.3	0.7	0.3	0.8	0.4	1.0	0.5	1.2	0.6
>30~50	0.5	0.3	0.6	0.3	0.7	0.4	0.8	0.4	1.0	0.5	1.2	0.6
>50~120	0.7	0.3	0.7	0.3	0.8	0.4	1.0	0.5	1.2	0.6	1.2	0.6
>120~160	0.8	0.4	0.8	0.4	1.0	0.5	1.0	0.5	1.2	0.6	1.4	0.7
>260~500	1.0	0.5	1.0	0.5	1.2	0.5	1.2	0.6	1.4	0.7	1.5	0.7
>500	1.2	0.6	1.2	0.6	1.4	0.6	1.4	0.7	1.5	0.8	1.7	0.8

10.4.3　槽的加工余量

◇ 表 10.68　精车（铣、刨）槽余量　　　　　　　　　　　　　　mm

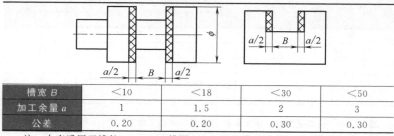

槽宽 B	<10	<18	<30	<50
加工余量 a	1	1.5	2	3
公差	0.20	0.20	0.30	0.30

注：本表适用于槽长<80mm，槽深<60mm 的槽。

◇ 表 10.69　精车（铣、刨）后，磨槽余量　　　　　　　　　　　mm

槽宽 B	<10	<18	<30	<50
加工余量 a	0.30	0.35	0.40	0.45
公差	0.10	0.10	0.15	0.15

注：1. 靠磨槽时适当减小加工余量，一般加工余量 0.10~0.20mm。
2. 本表适用于槽长<80mm，槽深<60mm 的槽。

10.4.4　孔的加工余量

◇ 表 10.70　基孔制 7、8、9 级（H7、H8、H9）孔的加工余量　　　mm

加工孔的直径	直径					
	钻		用车刀镗以后	扩孔钻	粗铰	精铰 H7 或 H8、H9
	第一次	第二次				
3	2.9	—	—	—	—	3
4	3.9	—	—	—	—	4

加工孔的直径	直径					
	钻		用车刀镗以后	扩孔钻	粗铰	精铰 H7 或 H8、H9
	第一次	第二次				
5	4.8	—	—	—	—	5
6	5.8	—	—	—	—	6
8	7.8	—	—	—	7.96	8
10	9.8	—	—	—	9.96	10
12	11.0	—	—	11.85	11.95	12
13	12.0	—	—	12.85	12.95	13
14	13.0	—	—	13.85	13.95	14
15	14.0	—	—	14.85	14.95	15
16	15.0	—	—	15.85	15.95	16
18	17.0	—	—	17.85	17.94	18
20	18.0	—	19.8	19.8	19.94	20
22	20.0	—	21.8	21.8	21.94	22
24	22.0	—	23.8	23.8	23.94	24
25	23.0	—	24.8	24.8	24.94	25
26	24.0	—	25.8	25.8	25.94	26
28	26.0	—	27.8	27.8	27.94	28
30	15.0	28	29.8	29.8	29.93	30
32	15.0	30.0	31.7	31.75	31.93	32
35	20.0	33.0	34.7	34.75	34.93	35
38	20.0	36.0	37.7	37.75	37.93	38
40	25.0	38.0	39.7	39.75	39.93	40
42	25.0	40.0	41.7	41.75	41.93	42
45	25.0	43.0	44.7	44.75	44.93	45
48	25.0	46.0	47.7	47.75	47.93	48
50	25.0	48.0	49.7	49.75	49.93	50
60	30	55.0	59.5	—	59.9	60

注：1. 在铸铁上加工直径小于 15mm 的孔时，不用扩孔钻和镗孔。

2. 在铸铁上加工直径为 30mm 与 32mm 的孔时，仅直径为 28mm 与 30mm 的钻头各钻一次。

3. 如仅用一次铰孔，则铰孔的加工余量为本表中粗铰与精铰的加工余量总和。

◈ 表 10.71 按照 7 级或 8 级、 9 级精度加工预先铸出或冲出的孔　　　　　mm

加工孔的直径	直径					
	粗镗		半精镗		精镗	
	第一次	第二次	镗以后的直径	按照 H11 公差	粗铰	精铰
30	—	28.0	29.8	+0.13	29.93	30
35	—	33.0	34.7	+0.16	34.93	35

加工孔的直径	直径					
	粗镗		半精镗		精镗	
	第一次	第二次	镗以后的直径	按照 H11 公差	粗铰	精铰
40	—	38.0	39.7	+0.16	39.93	40
45	—	43.0	44.7	+0.16	44.93	45
50	45	48.0	49.7	+0.16	49.93	50
55	51	53.0	54.5	+0.19	54.92	55
60	56	58.0	59.5	+0.19	59.92	60
65	61	63.0	64.5	+0.19	64.92	65
70	66	68.0	69.5	+0.19	69.90	70
75	71	73.0	74.5	+0.19	74.90	75
80	75	78.0	79.5	+0.19	79.9	80
85	80	83.0	84.3	+0.22	84.85	85
90	85	88.0	89.3	+0.22	89.75	90
95	90	93.0	94.3	+0.22	94.85	95
100	95	98.0	99.3	+0.22	99.85	100
110	105	108.0	109.3	+0.23	109.85	110
120	115	118.0	119.3	+0.23	119.85	120
150	145	148.0	149.3	+0.26	149.85	150
180	175	178.0	179.3	+0.30	179.85	180
200	194	197.0	199.3	+0.30	199.80	200
300	294	297.0	299.3	+0.34	299.80	300
500	490	497.0	499.8	+0.38	499.80	500

注：1. 如仅用一次铰孔时，则铰孔的加工余量为粗铰与精铰加工余量之和。

2. 如铸出的孔有最大加工余量时，则第一次粗镗可以分成两次或多次进行。

◇ 表 10.72 钻后扩或镗、粗铰和铰孔余量   mm

孔的直径	扩或镗	粗铰/粗镗	精铰/精镗	孔的直径	扩或镗	粗铰/粗镗	精铰/精镗
3～6	—	0.1	0.04	>50～80	1.5～2.0	0.4～0.5	0.10
>6～10	0.8～1.0	0.1～0.15	0.05	>80～120	1.5～2.0	0.5～0.7	0.15
>10～18	1.0～1.5	0.1～0.5	0.05	>120～180	1.5～2.0	0.5～0.7	0.2
>18～30	1.5～2.0	0.15～0.2	0.06	>180～260	2.0～3.0	0.5～0.7	0.2
>30～50	1.5～2.0	0.2～0.3	0.08	>260～360	2.0～3.0	0.5～0.7	0.2

◇ 表 10.73 半精加工磨削余量   mm

孔的直径	热处理状态	孔的长度				
		≤50	>50～100	>100～200	>200～300	>300～500
≤10	未淬硬	0.2	—	—	—	—
	淬硬	0.2	—	—	—	—

机械工综合切削手册

孔的直径	热处理状态	孔的长度				
		≤50	>50~100	>100~200	>200~300	>300~500
>10~18	未淬硬	0.2	0.3	—	—	—
	淬硬	0.3	0.4			
>18~30	未淬硬	0.3	0.3	0.4	—	—
	淬硬	0.3	0.4	0.4		
>30~50	未淬硬	0.3	0.3	0.4	0.4	—
	淬硬	0.4	0.4	0.4	0.5	
>50~80	未淬硬	0.4	0.4	0.4	0.4	—
	淬硬	0.4	0.5	0.5	0.5	
>80~120	未淬硬	0.5	0.5	0.5	0.5	0.6
	淬硬	0.5	0.5	0.6	0.6	0.7
>120~180	未淬硬	0.6	0.6	0.6	0.6	0.6
	淬硬	0.6	0.6	0.6	0.6	0.7
>180~260	未淬硬	0.6	0.6	0.7	0.7	0.7
	淬硬	0.7	0.7	0.7	0.7	0.8
>260~360	未淬硬	0.7	0.7	0.7	0.8	0.8
	淬硬	0.7	0.8	0.8	0.8	0.9
>360~500	未淬硬	0.8	0.8	0.8	0.8	0.8
	淬硬	0.8	0.8	0.8	0.9	0.9

◈ 表 10.74　金刚石刀具镗孔余量　　　　　　　　　　　　　　　　　mm

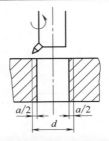

加工孔的直径 d	材料						细镗前孔直径公差
	轻合金		青铜及铸铁		钢体		
	加工性质						
	粗加工	精加工	粗加工	精加工	粗加工	精加工	
	直径余量 a						
≤30	0.2	0.1	0.2	0.1	0.2	0.1	0.033
>30~50	0.3	0.1	0.3	0.1	0.2	0.1	0.039

加工孔的直径 d	材料						细镗前孔直径公差
	轻合金		青铜及铸铁		钢体		
	加工性质						
	粗加工	精加工	粗加工	精加工	粗加工	精加工	
	直径余量 a						
>50～80	0.4	0.1	0.3	0.1	0.2	0.1	0.046
>80～120	0.4	0.1	0.3	0.1	0.3	0.1	0.054
>120～180	0.5	0.1	0.4	0.1	0.3	0.1	0.063
>180～260	0.5	0.1	0.4	0.1	0.3	0.1	0.072
>260～360	0.5	0.1	0.4	0.1	0.3	0.1	0.089
>360～500	0.5	0.1	0.5	0.2	0.4	0.1	0.097
>500～640	—	—	0.5	0.2	0.4	0.1	0.12
>640～800	—	—	0.5	0.2	0.4	0.1	0.125
>800～1000	—	—	0.6	0.2	0.5	0.2	0.14

注：1. 加工前孔直径公差数值为推荐值。

2. 当采用一次镗削时，加工余量应该是粗加工余量减去精加工余量。

◇ 表 10.75　拉圆孔余量　　　　　　　　　　　　　　　　　　　mm

拉削长度 L	被拉孔直径								
	拉前孔 (精度 H12, $\sqrt{Ra100}$ ～ $\sqrt{Ra25}$)				拉前孔 (精度 H11, $\sqrt{Ra12.5}$ ～ $\sqrt{Ra6.3}$)				
	10～18	>18～30	>30～50	>50～80	10～18	>18～30	>30～50	>50～80	>80～120
6～10	0.5	0.6	0.8	0.9	0.4	0.5	0.6	0.7	0.8
>10～18	0.6	0.7	0.9	1.0	0.4	0.5	0.6	0.7	0.8
>18～30	0.7	0.9	1.0	1.1	0.5	0.6	0.7	0.8	0.9
>30～50	0.8	1.1	1.2	1.2	0.5	0.6	0.7	0.8	0.9
>50～80	0.9	1.2	1.2	1.3	0.6	0.7	0.8	0.9	1.0
>80～120	1.0	1.3	1.3	1.3	0.6	0.7	0.8	0.9	1.0
>120～180	1.0	1.3	1.3	1.4	0.7	0.8	0.9	1.0	1.1
>180	1.1	1.4	1.4	1.4	0.7	0.8	0.9	1.0	1.1

◇ 表 10.76　磨锥孔余量　　　　　　　　　　　　　　　　　　　mm

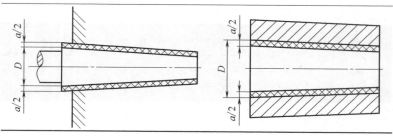

续表

锥体的大头尺寸 D	锥体的磨削余量 a	锥体的大头尺寸 D	锥体的磨削余量 a
1～3	0.15～0.25	>18～30	0.30～0.40
>3～6	0.20～0.30	>30～50	0.35～0.50
>6～10	0.25～0.35	>50～80	0.40～0.55
>10～18	0.25～0.35	>80～120	0.45～0.60

注：1. 此表适用于各种锥度的内、外锥体。

2. 此表适用于各类工具（夹具、刀具、量具）的锥体。

3. 选取加工余量时，应以工件尺寸 D 的上下限中间值为标准，并取工件公差的 1/2 与表中余量的上限数值相加后，作为加工余量的上限（如工件系自由尺寸公差时也同样）。

◇ **表 10.77 珩孔余量**   mm

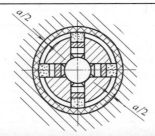

加工孔的直径	直径余量 a						珩磨前孔直径公差
	半精镗以后		精镗以后		磨以后		
	材料						
	铸铁	钢	铸铁	钢	铸铁	钢	
>20～50	0.09	0.06	0.09	0.07	0.08	0.05	+0.025
>50～80	0.10	0.07	0.10	0.08	0.09	0.05	+0.030
>80～120	0.12	0.08	0.12	0.09	0.10	0.06	+0.035
>120～260	0.14	0.10	0.14	0.11	0.12	0.07	+0.040

◇ **表 10.78 研孔余量**   mm

加工孔的直径	铸铁	钢
≤25	0.010～0.020	0.005～0.015
25～125	0.020～0.100	0.010～0.040
150～275	0.080～0.160	0.020～0.050
300～500	0.120～0.200	0.040～0.060

注：经过精磨的工件，手工研磨的直径余量为 0.005～0.010mm。

10.4.5 平面加工余量

◇ **表 10.79 平面粗加工余量** mm

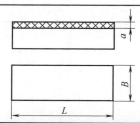

长度与宽度 $L \times B$	500×500	1000× 1000	2000× 1500	4000× 2000	4000× 2000 以上
每边留量 a	3	4	5	6	8
有人工时效每边留量 a	4	5	7	10	12

注：1. 适用于粗精加工分开，自然时效，人工时效。

2. 不适用于很容易变形的零件。

3. 上表面留量按工件长度 L 选取，但宽度 B 不超出规定的数值。如工件长度为 4000mm、宽为 1000mm，每边留量为 6mm；如工件宽为 3000mm 时，则每边留量为 8mm。

◇ **表 10.80 平面精加工余量** mm

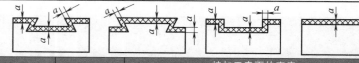

加工性质	被加工表面的长度	被加工表面的宽度					
		≤100·		>100～300		>300～1000	
		余量 a	公差(+)	余量 a	公差(+)	余量 a	公差(+)
粗加工后精刨或精铣	≤300	1.0	0.3	1.5	0.5	2.0	0.7
	>300～1000	1.5	0.5	2.0	0.7	2.5	1.0
	>1000～2000	2.0	0.7	2.5	1.2	3.0	1.2
	>2000～4000	2.5	1.0	3.0	1.5	3.5	1.6
	>4000～6000	—	—	—	—	4.0	2.0
未经校准的磨削	≤300	0.3	0.1	0.4	0.12	—	—
	>300～1000	0.4	0.12	0.5	0.15	0.6	0.15
	>1000～2000	0.5	0.15	0.6	0.15	0.7	0.15
装置在夹具中或用千分表校准的磨削	≤300	0.2	0.1	0.25	0.12	—	—
	>300～1000	0.25	0.12	0.3	0.15	0.4	0.15
	>1000～2000	0.3	0.15	0.4	0.15	0.4	0.15

加工性质	被加工表面的长度	被加工表面的宽度					
		≤100		>100~300		>300~1000	
		余量 a	公差（+）	余量 a	公差（+）	余量 a	公差（+）
刮	>100~300	0.1	0.06	0.15	0.06	0.2	0.1
	>300~1000	0.15	0.1	0.2	0.1	0.25	0.12
	>1000~2000	0.2	0.12	0.25	0.12	0.35	0.15
	>2000~4000	0.25	0.17	0.3	0.17	0.4	0.2
	>4000~6000	0.3	0.22	0.4	0.22	0.5	0.25

注：1. 如数个零件同时加工时，以总的刀具控制面积计算长度。

2. 当精刨、刨铣时，最后一次直刀前留余量≥0.5。

3. 磨削及刮削余量和公差用于有公差的表面的加工，其他尺寸按自由尺寸的公差进行加工，热处理后磨削表面余量可适当加大。

◈ **表 10.81 平面研磨余量** mm

平面长度	平面宽度		
	≤25	>25~75	>75~150
≤25	0.005~0.007	0.007~0.010	0.010~0.014
>25~75	0.007~0.010	0.010~0.014	0.014~0.020
>75~150	0.010~0.014	0.014~0.020	0.020~0.024
>150~260	0.014~0.018	0.020~0.024	0.024~0.030

注：经过精磨的工件，其手工研磨余量为每面 0.003~0.005mm；机械研磨余量为 0.005~0.010mm。

◈ **表 10.82 平面抛光余量** mm

抛光种类	抛光时去掉的金属层
修饰抛光	零件公差内的金属层
精确抛光	一面的余量为 0.005~0.015，根据所要抛光表面的准备情况和抛光后所要求的表面粗糙度而定。当公差等级为 IT9 或更粗的公差等级时，则不给出余量，而在零件的公差范围内抛光

10.4.6 螺纹加工余量

◈ **表 10.83 攻螺纹前钻孔用麻花钻直径** mm

公称直径		攻螺纹前钻孔用钻头直径									英制螺纹		管螺纹
		普通粗牙螺纹	普通细牙螺纹								Ⅰ	Ⅱ	
			螺距										
mm	in		0.2	0.25	0.35	0.5	0.75	1.0	1.25	1.5	2		
2.0		1.6		1.75									
2.5		2.05			2.15								
3.0		2.5			2.65								

公称直径		攻螺纹前钻孔用钻头直径												
mm	in	普通粗牙螺纹	普通细牙螺纹 螺距									英制螺纹		管螺纹
			0.2	0.25	0.35	0.5	0.75	1.0	1.25	1.5	2	Ⅰ	Ⅱ	
	1/8	—				—								8.8
3.5		2.9			3.15									—
4.0		3.3				3.5								—
4.5		3.75				4								—
	3/16	—				—						3.7	3.7	—
5.0		4.2				4.5								—
5.5		—				5								—
6.0		5					5.2							—
	1/4	—					—					5.1	5.1	11.7
7.0		6					6.2							—
	5/16	—					—					6.4	6.5	—
8.0		6.7					7.2	7						—
9.0		7.7					8.2	8						—
	3/8	—					—	—				7.8	7.9	15.2
10		8.5					9.2	9	8.7	—				—
	7/16	—						—	—			9.2	9.2	—
12		10.5						11	10.7	10.5				—
	1/2	—										10.4	10.5	18.9
14		11.9						13	12.7	12.5				—
	9/16	—										12	12.1	—
	5/8	—										13.3	13.5	20.8
16		13.9						15		14.5				—
18		15.4						17		16.5	15.9			—
	3/4	—										16.3	16.4	24.3
20		17.4						19		18.5	17.9			—
22		19.4						21		20.5	19.9			—
	7/8	—										19.1	19.3	28.1
24		20.9						23		22.5	21.9			—
	1	—								—	—	21.9	22	30.5

公称直径		攻螺纹前钻孔用钻头直径												
mm	in	普通粗牙螺纹	普通细牙螺纹 螺距									英制螺纹		管螺纹
			0.5	0.75	1.0	1.25	1.5	2	3	4		Ⅰ	Ⅱ	
26					—	—	24.5	—					
28					27	—	26.5	25.9	—				
	1 1/8											24.6	24.7	35.2
30		26.3			29	—	28.5	27.9	26.9	—				

注：攻螺纹前钻孔英制螺纹一栏中，Ⅰ栏所示的直径，适用于攻螺纹时螺纹的牙尖角不大的材料上钻孔；Ⅱ栏所示的直径，适用于攻螺纹时螺纹的牙尖角较大的材料上钻孔。

10.4.7 工序尺寸计算

（1）工序基准与设计基准重合

例 10.2　大批大量生产铸铁轴承座孔，其尺寸为 100mm，Ra 为 $1.25\mu m$，确定其加工方案并求解有关工序尺寸及公差。

解：加工过程中基准重合，同一表面需经过多工序加工。确定各工序的工序尺寸与公差步骤如下：

① 确定加工方案。

对于公称尺寸为 100mm，公差为 0.054mm，查标准公差值（查表 6.2），该公差等级为 IT8。根据孔的典型加工方案（表 10.21），满足该表面经济加工精度要求应采取的加工方案为：粗镗—半精镗—精镗。

② 确定加工余量。

生产中常用毛坯的制造方法来确定加工余量。对于大批生产，由表 10.35，选择零件毛坯采用砂型机器造型制造。查表 10.51 得 8～12，取该毛坯尺寸公差等级为 10 级，公差为 3.2mm。查表 10.53 得 E～G，取加工余量等级为 G 级。对于砂型机械铸造孔的加工余量等级需降低一级选用，即加工余量等级为 H 级。由表 10.52 查得，双侧加工余量数值的一半为 2mm，故毛坯孔的加工总余量为 $Z_总 = 4mm$。即毛坯孔为 $\phi 96 \pm 1.6mm$。

查表 10.70，粗镗 $\phi 98mm$、半精镗 $\phi 99.3mm$，精镗至 $\phi 100^{+0.054}_{0} mm$，从后向前推算，各工序余量为：

精镗余量 $Z_精 = 0.7mm$

半精镗余量 $Z_{半精} = 1.3mm$

粗镗余量 $Z_粗 = 2mm$

③ 计算各工序尺寸的基本尺寸。

精镗后工序基本尺寸为 $\phi 100mm$（设计尺寸）；其他各工序基本尺寸依次为：

半精镗 $100 - 0.7 = 99.3$（mm）

粗镗 $99.3 - 1.3 = 98$（mm）

毛坯 $98 - 2 = 96$（mm）

④ 确定各工序尺寸的公差及其偏差。工序尺寸的公差按加工经济精度确定：

精镗：IT8，公差值为 0.054mm（表 6.2）；

半精镗：IT9（表 10.21），公差值为 0.087mm（表 6.2）；

粗镗：IT11（表 10.21），公差值为 0.22mm（表 6.2）；

毛坯：CT10，3.2mm（表 10.50）。

⑤ 按"入体原则"确定工序尺寸的偏差。

精镗：$\phi 100^{+0.054}_{0}$mm；半精镗：$\phi 99.3^{+0.087}_{0}$mm；

粗镗：$\phi 98^{+0.22}_{0}$mm；毛坯孔：$\phi(95\pm1.6)$mm。

（2）工序基准与设计基准不重合时工序尺寸及公差的确定

工序基准与设计基准不重合时，需要进行工艺尺寸链计算。当零件在加工过程中多次转换工序基准、工序数目多、工序之间的关系较为复杂时，可采用工艺尺寸链的综合图解跟踪法来确定工序尺寸及公差。

10.5 工艺尺寸链

10.5.1 尺寸链的基本概念

（1）尺寸链的内涵和特征

在机器装配或零件加工过程中，由相互连接的尺寸形成封闭的尺寸组称为尺寸链。按照功能的不同，尺寸链可分为装配尺寸链和工艺尺寸链两大类。在机器设计和装配过程中，由有关零件设计尺寸形成的尺寸链称为装配尺寸链。在零件加工过程中，由同一零件有关工序尺寸所形成的尺寸链称为工艺尺寸链。按照各尺寸相互位置的不同，尺寸链可分为直线尺寸链、平面尺寸链和空间尺寸链。按照各尺寸所代表的几何量的不同，尺寸链可分为长度尺寸链和角度尺寸链。下面以应用最多的直线尺寸链说明工艺尺寸链的有关问题。

如图 10.13（a）所示台阶零件，零件图样上标注设计尺寸 A_1 和 A_0。工件 A、C 面已加工好，当用调整法最后加工表面 B

时，为了使工件定位可靠和夹具结构简单，常选 A 面为定位基准，按尺寸 A_2 对刀加工 B 面，间接保证尺寸 A_0。这样 A_1、A_2 和 A_0 三个尺寸就构成一个封闭的尺寸链。由于 A_0 是被间接保证的，所以其精度将取决于尺寸 A_1、A_2 的加工精度。

把尺寸链中的尺寸按一定顺序首尾相接构成的封闭图形称为尺寸链图，如图 10.13 (b)、(c) 所示。组成尺寸链的各个尺寸称为尺寸链的"环"，图 10.13 中的尺寸 A_1、A_2 和 A_0 都是尺寸链的环。这些环又可分为封闭环和组成环。

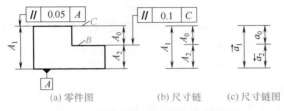

(a) 零件图　　　　(b) 尺寸链　　(c) 尺寸链图

图 10.13　零件加工过程中的尺寸链

图 10.13 中 A_0 就是封闭环。尺寸链的封闭环是由零件的加工工艺过程所决定。封闭环是最终被间接保证精度的那个环。

除封闭环以外的其他环，都称为组成环。

按其对封闭环的影响性质，组成环分为增环和减环。

当其余各组成环尺寸不变，该环尺寸增大使封闭环随之增大，该环尺寸减小使封闭环随之减小的组成环称为增环。通常在增环的符号上标以向右的箭头，如 $\overrightarrow{A_1}$。

当其余各组成环不变，该环尺寸增大使封闭环随之减小，该环尺寸减小使封闭环随之增大的组成环称为减环。通常在减环的符号上标以向左的箭头，如 $\overleftarrow{A_2}$。

由此可见，尺寸链具有封闭性和关联性的特征。

① 封闭性　尺寸链是一组有关尺寸首尾相接构成封闭形式的尺寸。其中应包含一个间接保证的尺寸和若干个对此有影响的直接获得的尺寸。

② 关联性　尺寸链中间接保证的尺寸的大小和变化（即精度）是受那些直接获得的尺寸的精度所支配的，彼此间具有特定

的函数关系，并且间接保证的尺寸的精度必然低于直接获得的尺寸精度。

组成环和封闭环之间的关系，实际上就是自变量和因变量之间的函数关系。确定尺寸链中封闭环（因变量）和组成环（自变量）的函数关系式称为尺寸链方程，其一般表达式为：

$$A_0 = f(A_1, A_2, \cdots, A_n)$$

（2）尺寸链的组成和尺寸链图的作法

① 根据零件的加工工艺过程，首先找出间接保证的尺寸，定作封闭环。

② 从封闭环起，按照零件上表面间的联系，依次画出有关直接获得的尺寸，作为组成环，直到尺寸的终端回到封闭环的起端，形成一个封闭图形。必须注意：要使组成环环数达到最少。

③ 增环、减环的判别。按照各尺寸首尾相接的原则，可顺着一个方向在各尺寸线终端画箭头。凡是箭头方向与封闭环箭头方向相同的尺寸为减环，箭头方向与封闭环箭头方向相反的尺寸为增环，然后用增环、减环的表示符号（箭头）标注在尺寸链图上，如图 10.13 （c）所示。

10.5.2　尺寸链的计算

（1）尺寸链的计算方法

尺寸链的计算方法有极值法和概率法两种。目前生产中一般采用极值法，概率法主要用于生产批量大的自动化及半自动化生产中，但是当尺寸链的环数较多时，即使生产批量不大也宜采用概率法。

① 极值法　从尺寸链中各环的极限尺寸出发，进行尺寸链计算的一种方法，称为极值法（或极大极小法）。例如，当尺寸链各增环均为最大极限尺寸，而各减环均为最小极限尺寸时，封闭环有最大极限尺寸。这种计算方法比较保守，但计算比较简单，因此应用较为广泛。极值法计算公式如下：

$$A_0 = \sum_{z=1}^{m} A_z - \sum_{j=m+1}^{n-1} A_j \qquad (10.1)$$

$$A_{0\max} = \sum_{z=1}^{m} A_{z\max} - \sum_{j=m+1}^{n-1} A_{j\min} \quad\quad (10.2)$$

$$A_{0\min} = \sum_{z=1}^{m} A_{z\min} - \sum_{j=m+1}^{n-1} A_{j\max}$$

$$ES_0 = \sum_{z=1}^{m} ES_z - \sum_{j=m+1}^{n-1} EI_j \quad\quad (10.3)$$

$$EI_0 = \sum_{z=1}^{m} EI_z - \sum_{j=m+1}^{n-1} ES_j$$

$$T_{0L} = \sum_{i=1}^{n-1} T_i \quad\quad (10.4)$$

式中 A_0，$A_{0\max}$，$A_{0\min}$——封闭环的基本尺寸、最大极限尺寸和最小极限尺寸；

A_z，$A_{z\max}$，$A_{z\min}$——增环的基本尺寸、最大极限尺寸和最小极限尺寸；

A_j，$A_{j\max}$，$A_{j\min}$——减环的基本尺寸、最大极限尺寸和最小极限尺寸；

ES_0，ES_z，ES_j——封闭环、增环和减环的上偏差；

EI_0，EI_z，EI_j——封闭环、增环和减环的下偏差；

m——增环数；

n——尺寸链总环数；

T_{0L}——封闭环的极值公差；

T_i——组成环的公差。

式（10.4）表明：封闭环的公差等于各组成环的公差之和。这也就进一步说明了尺寸链的封闭性特征。

可见，为了提高封闭环的精度（即减小封闭环的公差）可有两个途径：一是减小组成环的公差，即提高组成环的精度；二是减少组成环的环数，这一原则通常称为"尺寸链最短原则"。在封闭环的公差一定的情况下，减少组成环的环数，即可相应放大各组成环的公差而使其易于加工，同时环数减少也使结构简单，因而即可降低生产成本。

用极值法求解尺寸链时，可以利用上述基本公式计算，也可用竖式法来计算，如表 10.84 所示。纵向各列中，最后一行为该列以上各行之和；横向各行中，第Ⅳ列为第Ⅱ列与第Ⅲ列之差。应用这种竖式方法进行尺寸链计算时，必须注意：减环的基本尺寸前冠以负号；减环的上、下偏差位置对调，并改变符号。整个运算方法可归纳成一句口诀："增环上下偏差照抄；减环上下偏差对调且变号"。

◈ 表 10.84 尺寸链换算的竖式表

列号	Ⅰ	Ⅱ	Ⅲ	Ⅳ
名称	基本尺寸 A	上偏差 ES	下偏差 EI	公差 T
增环	$\displaystyle\sum_{z=1}^{m} A_z$	$\displaystyle\sum_{z=1}^{m} \mathrm{ES}_z$	$\displaystyle\sum_{z=1}^{m} \mathrm{EI}_z$	$\displaystyle\sum_{z=1}^{m} T_z$
减环	$-\displaystyle\sum_{j=m+1}^{n-1} A_j$	$-\displaystyle\sum_{j=m+1}^{n-1} \mathrm{EI}_j$	$-\displaystyle\sum_{j=m+1}^{n-1} \mathrm{ES}_j$	$\displaystyle\sum_{j=m+1}^{n-1} T_j$
封闭环	A_0	ES_0	EI_0	T_0

② 概率法　极值法计算尺寸链时，必须满足封闭环公差等于组成环公差之和这一要求。在大批量生产中，尺寸链中各增、减环同时出现相反的极限尺寸的概率很低，特别当环数多时，出现的概率更低。当封闭环公差较小、组成环环数较多时，采用极值算法会使组成环的公差过小，以致使加工成本上升甚至无法加工。根据概率统计原理和加工误差分布的实际情况，采用概率法求解尺寸链更为合理。根据概率论，若将各组成环视为随机变量，则封闭环（各随机变量之和）也为随机变量。由此可以引出采用概率法计算直线尺寸链基本公式：

$$A_{0\mathrm{M}} = \sum_{z=1}^{m} A_{z\mathrm{M}} - \sum_{j=m+1}^{n-1} A_{j\mathrm{M}} \tag{10.5}$$

$$\Delta_0 = \sum_{z=1}^{m} \Delta_z - \sum_{j=m+1}^{n-1} \Delta_j \tag{10.6}$$

$$T_{0\mathrm{Q}} = \sqrt{\sum_{i=1}^{n-1} T_i^2} \tag{10.7}$$

$$ES_0 = \Delta_0 + \frac{T_0}{2}$$

$$\tag{10.8}$$

$$EI_0 = \Delta_0 - \frac{T_0}{2}$$

式中　A_{0M}，A_{zM}，A_{jM}——封闭环、增环和减环的平均尺寸；

$\qquad\qquad T_{0Q}$——封闭环平方公差；

$\qquad \Delta_0$，Δ_z，Δ_j——封闭环、增环和减环的中间偏差。

在组成环接近正态分布的情况下，尺寸链封闭环的平均尺寸等于各组成环的平均尺寸的代数和，封闭环的公差等于各组成环公差的平方和的平方根。

（2）尺寸链计算的几种情况

① 正计算　已知各组成环的基本尺寸及公差，求封闭环的尺寸及公差，称为尺寸链的正计算，这种情况的计算主要用于审核图样，验证设计的正确性，其计算结果是唯一确定的。

② 反计算　已知封闭环的基本尺寸及公差，求各组成环的尺寸及公差，称为尺寸链的反计算。这种情况的计算一般用于产品设计工作中，由于要求的组成环数多，因此反计算不单纯是计算问题，而是需要按具体情况选择最佳方案的问题。实际上是如何将封闭环公差对各组成环进行分配以及确定各组成环公差带的分布位置，使各组成环公差累积后的总和值和分布位置与封闭环公差值和分布位置的要求相一致。解决这类问题可以有 3 种方法：

a. 按等公差值的原则分配封闭环的公差。

$$T_i = \frac{T_0}{n-1} \tag{10.9}$$

这种方法计算简单，但从工艺上讲没有考虑到各组成环（零件）加工的难易、尺寸的大小，显然不够合理，适用于各组成环尺寸相近，加工难易程度相近的场合。

b. 按等公差级的原则分配封闭环的公差，即各组成环的公差取相同的公差等级，公差值的大小取决于基本尺寸的大小。

这种方法考虑了尺寸大小对加工的影响，但没有考虑由于形状和结构引起的加工难易程度，并且计算也比较麻烦。

c. 按具体情况来分配封闭环的公差。第一步先按等公差值（或按等公差级）分配原则求出各组成环所能分配到的公差；第二步再按加工的难易程度和设计要求等具体情况调整各组成环的公差。

③ 中间计算　已知封闭环和部分组成环的基本尺寸及公差，求某一组成环的基本尺寸及公差，称为尺寸链的中间计算。这种计算主要用于确定工艺尺寸。

10.5.3　几种典型工艺尺寸链的分析与计算

（1）定位基准与设计基准不重合时的工艺尺寸链建立和计算

在零件加工过程中，有时为了方便定位或加工，定位基准选用的不是设计基准。在定位基准与设计基准不重合的情况下，需要通过尺寸换算，改注有关工序尺寸及公差，并按换算后的工序尺寸及公差进行加工，以保证零件原设计的要求。下面举例说明定位基准与设计基准不重合的工序尺寸及公差换算。

例 10.3　如图 10.14（a）所示零件的 A、B、C 面均已加工完毕，现用调整法加工 D 面，并选端面 A 为定位基准，且按工序尺寸 L_3 对刀进行加工。车削过 D 面后，为保证间接获得的尺寸 L_0 能符合图纸规定的要求，试确定工序尺寸 L_3 及其极限偏差。

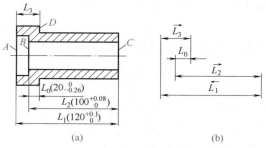

图 10.14　轴套零件车加工工序尺寸换算

解：① 画尺寸链图并判断封闭环。

根据加工情况判断，L_0 为封闭环。画出的尺寸链图如

图 10.14（b）所示。

② 判断增、减环，如图 10.14（b）所示。

③ 计算工序尺寸的基本尺寸

由式（10.1）得

$$20=(100+L_3)-120$$

故 $L_3=20+120-100=40（mm）$

④ 计算工序尺寸的极限偏差：

$$0=(0.08+\mathrm{ES}_3)-0$$

L_3 的上偏差为 $\mathrm{ES}_3=-0.08$

由式（10.3）得

$$-0.26=(0+\mathrm{EI}_3)-0.1$$

L_3 的下偏差为 $\mathrm{EI}_3=-0.16$

因此工序尺寸 L_3 及其上、下偏差为

$$L_3=40^{-0.08}_{-0.16}\mathrm{mm}$$

工序尺寸 L_3 还可标注为：$L_3=39.92^{\ 0}_{-0.08}\mathrm{mm}$，即为该问题的解。

（2）测量基准与设计基准不重合时测量尺寸的换算

例 10.4　如图 10.15（a）所示的套筒零件，设计图样上根据装配要求标注尺寸 $50^{\ 0}_{-0.17}\mathrm{mm}$ 和 $10^{\ 0}_{-0.36}\mathrm{mm}$，大孔深度尺寸未注。加工时，由于尺寸 $10^{\ 0}_{-0.36}\mathrm{mm}$ 测量比较困难，改用游标深度尺测量大孔深度，试确定大孔深度的测量尺寸。

(a) 套筒零件简图　　(b) 工艺尺寸链　　(c) 采用专用量具测量

图 10.15　测量尺寸的换算

解：① 计算大孔深度的测量尺寸及公差。

由尺寸 $50^{\ 0}_{-0.17}\mathrm{mm}$、$10^{\ 0}_{-0.36}\mathrm{mm}$ 和大孔深度尺寸 A_2 构成一

个直线尺寸链，如图 10.15（b）所示。由于尺寸 $50_{-0.17}^{0}$ mm 和大孔深度尺寸 A_2 是直接测量得到的，因而是尺寸链组成环。尺寸 $10_{-0.36}^{0}$ mm 是间接得到的，是封闭环。由竖式法（见下表）计算可得：$A_2 = 40_{0}^{+0.19}$ mm。

环的名称	基本尺寸	上偏差	下偏差
A_1（增环）	50	0	-0.17
A_2（减环）	-40	0	-0.19
A_0	10	0	-0.36

② 间接测量出现假废品的分析。

在实际生产中可能出现这样的情况：A_2 测量值虽然超出了 $A_2 = 40_{0}^{+0.19}$ mm 的范围，但尺寸 $10_{-0.36}^{0}$ mm 不一定超差。例如，如测量得到 $A_2 = 40.36$ mm，而尺寸 50mm 刚好为最大值，此时尺寸 10mm 处在公差带下限位置，并未超差。这就出现了所谓的"假废品"。只要测量尺寸 A_2 超差量小于或等于其他组成环公差之和时，就有可能出现假废品。为此，需对零件进行复查，从而加大了检验工作量。为了减小假废品出现的可能性，有时可采用专用量具进行检验，如图 10.15（c）所示。此时通过测量尺寸 x_1 来间接确定尺寸 $10_{-0.36}^{0}$ mm。若专用量具尺寸 $x_2 = 50_{-0.02}^{0}$ mm，则由尺寸链可求出 $x_1 = 60_{-0.36}^{-0.02}$ mm，可见采用适当的专用量具，可使测量尺寸获得较大的公差，并使出现假废品可能性大为减小。

（3）中间工序尺寸及偏差换算

有些零件的设计尺寸不仅受到表面最终加工工序尺寸的影响，还与中间工序尺寸有关，此时应以设计尺寸为封闭环，求中间工序尺寸和偏差。

例 10.5　如图 10.16（a）所示齿轮的加工工艺过程为：拉削孔至 $\phi 39.6_{0}^{+0.10}$ mm，拉键槽保证尺寸 A；热处理（略去

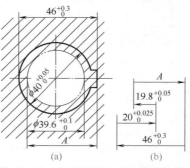

图 10.16　中间工序尺寸及偏差换算

热处理变形的影响）；磨孔至图样尺寸 $\phi 40^{+0.050}_{0}$ mm，保证键槽深度尺寸为 $46^{+0.3}_{0}$ mm，试计算拉键槽时的中间工序尺寸 A 及其偏差。

解：① 确定封闭环。设计尺寸 $46^{+0.3}_{0}$ mm 是在磨孔工序中间接得到，故为封闭环。

② 建立工艺尺寸链是本例题的关键。若将尺寸链定为由 A、$\phi 39.6^{+0.10}_{0}$ mm、磨削余量、$\phi 40^{+0.050}_{0}$ mm 和 $46^{+0.3}_{0}$ mm 组成，则未知数过多，无法求解。因此，必须找出关键点（两个工序共同的定位基准，孔的中心线），略去磨削后孔中心和拉削后孔中心同轴度的误差，可以认为磨削后的孔表面的中心线与拉削孔表面的中心线不变，这样先从孔的中心线出发，画拉孔半径 $19.8^{+0.05}_{0}$ mm，再画被拉孔的左母线至键槽深度尺寸 A，再以键槽深度右侧画链封闭尺寸 A_0，连接磨孔半径 $20^{+0.025}_{0}$ mm 尺寸，画出的工艺尺寸链如图 10.16（b）所示。注意拉孔和磨孔的半径尺寸及公差均取其直径尺寸及公差的一半。

③ 判别各组成环的性质（增环或减环）。通过所画的箭头方向，拉削半径 $19.8^{+0.05}_{0}$ mm 为减环，中间工序尺寸 A 和磨孔半径 $20^{+0.025}_{0}$ mm 为增环。

④ 计算中间工序尺寸及偏差。建立工艺尺寸链图后，就可计算中间工序尺寸 A 及其公差。由竖式法（见下表）求解该尺寸链得：$A = 45.8^{+0.275}_{+0.050}$ mm，可转化为 $A = 45.85^{+0.225}_{0}$ mm。

环的名称	基本尺寸	上偏差	下偏差
R_1（减环）	-19.8	0	-0.05
A（增环）	45.8	$+0.275$	$+0.05$
R_2（增环）	20	$+0.025$	0
A_0	46	$+0.3$	0

（4）余量校核

在工艺过程中，加工余量过大会影响生产率，浪费材料，并且对精加工工序还会影响加工质量。但是，加工余量也不能过小，过小则有可能造成零件表面局部加工不到，产生废品。因此，校核加工余量，并对加工余量进行必要的调整，这也是制定工艺规程时不可少的工作。

例 10.6　如图 10.17 所示的短轴零件，其加工过程为：①粗车小端外圆、台肩及端面；②粗、精车大端外圆及端面；③精车小端外圆、台肩及端面。试校核该工序 3 精车小端端面的余量是否合适？若余量不够应如何改进？

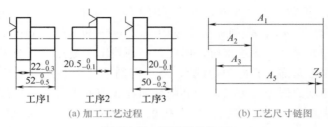

(a) 加工工艺过程　　　　　　　(b) 工艺尺寸链图

图 10.17　短轴零件加工

解：① 确定封闭环。工序 3 的余量 $A_0(Z_5)$ 是精车小端外圆端面时间接得到的，故为封闭环。

② 建立工艺尺寸链，并查找组成环和判别增、减环。建立工艺尺寸链图如图 10.17 所示。

其中：$A_1 = 52_{-0.5}^{0}$ mm、$A_3 = 20.5_{-0.1}^{0}$ mm 为增环，$A_2 = 22_{-0.3}^{0}$ mm、$A_5 = 50_{-0.2}^{0}$ mm 为减环。

③ 余量校核。

采用竖式法求余量 $A_0(Z_5)$ 及偏差：

A_1(增环)	52	0	-0.5
A_2(减环)	-22	0.3	0
A_3(增环)	20.5	0	-0.1
A_5(减环)	-50	0.2	0
$A_0(Z_5)$	0.5	0.5	-0.6

所以 $A_0(Z_5) = 0.5_{-0.6}^{+0.5}$ mm，即 $A_{0min} = -0.1$ mm；$A_{0max} = 1$ mm。

因为 $A_{0min} = -0.1$ mm，在精车小端外圆端面时，有些零件有可能因没有余量而车不出来，因而要将最小余量加大。查切削用量手册，精车端面最小余量为 0.7 mm，取 $A_{0min} = 0.7$ mm。为满足 $A_{0min} = 0.7$ mm 需修改工序尺寸 A_1、A_2 来满足新的封闭环要求。采用竖式法求解 A_1：

A_1(增环)	52.6	0	-0.3
A_2(减环)	-21.5	0.3	0
A_3(增环)	20.5	0	-0.1
A_5(减环)	-50	0.2	0
$A_0(Z_5)$	1.1	0.5	-0.4

故：变更中间工序 $A_1 = 52.6_{-0.3}^{0}$ mm，$A_2 = 21.5_{-0.3}^{0}$ mm 可确保最小的车削余量。

10.5.4 工艺尺寸跟踪图表法

在零件的机械加工工艺过程中，计算工序尺寸时运用工艺尺寸链计算式逐个对单个工艺尺寸链计算，这称为单链计算法。如前面所述，画一个工艺尺寸链简图就计算一次，这种单链计算法仅适用于工序较少的零件。当零件在同一方向上加工尺寸较多，并需多次转换工艺基准时，建立工艺尺寸链，进行余量校核都会遇到困难，并且易出错。图表法能准确地查找出全部工艺尺寸链，并且能把一个复杂的工艺过程用箭头直观地在表内表示出来，列出有关计算结果，清晰、明了、信息量大。下面结合一个具体的例子，介绍这种方法。

加工图 10.18 所示零件，其轴向有关表面的工艺安排如下：

① 轴向以 D 面定位粗车 A 面，又以 A 面为基准（测量基准）粗车 C 面，保证工序尺寸 L_1 和 L_2（见图 10.19）。

② 轴向以 A 面定位，粗车和精车 B 面，保证工序尺寸 L_3；粗车 D 面，保证工序尺寸 L_4。

③ 轴向以 B 面定位，精车 A 面，保证工序尺寸 L_5；精车 C 面，保证工序尺寸 L_6。

④ 用靠火花磨削法磨 B 面，控制磨削余量 Z_7。

从上述工艺安排可知，A、B、C

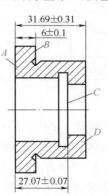

图 10.18 某轴套零件的轴向尺寸

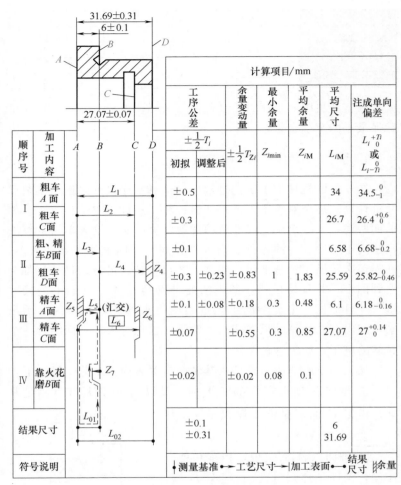

图 10.19　工序尺寸图表法

面各经过了两次加工，都经过了基准转换。要正确得出各个表面在每次加工中余量的变动范围，求其最大、最小余量，以及计算工序尺寸和公差都不是很容易的。图 10.19 给出了用图表法计算的结果。其作图和计算过程如下：

（1）绘制加工过程尺寸联系图

按适当比例将工件简图绘于图表左上方，标注出与计算有关的轴向设计尺寸。从与计算有关的各个端面向下（向表内）引竖线，每条竖线代表不同加工阶段中有余量差别的不同加工表面。在表的左边，按加工过程从上到下，严格地排出加工顺序；在表的右边列出需要计算的项目。

然后按加工顺序，在对应的加工阶段中画出规定的加工符号：箭头指向加工表面；箭尾用圆点画在工艺基准上（测量基准）；加工余量用带剖面线的符号示意，并画在加工区"入体"位置上；对于加工过程中间接保证的设计尺寸（称结果尺寸，即尺寸链的封闭环）注在其它工艺尺寸的下方，两端均用圆点标出（图表中的 L_{01} 和 L_{02}）；对于工艺基准和设计基准重合，不需要进行工艺尺寸换算的设计尺寸，用方框图框出（图表中的 L_6）。

把上述作图过程归纳为几条规定：①加工顺序不能颠倒，与计算有关的加工内容不能遗漏；②箭头要指向加工面，箭尾圆点落在测量基准上；③加工余量按"入体"位置示意，被余量隔开的上方竖线为加工前的待加工面。这些规定不能违反，否则计算将会出错。按上述作图过程绘制的图形称为尺寸联系图。

（2）工艺尺寸链查找

在尺寸联系图中，从结果尺寸的两端出发向上查找，遇到圆点不拐弯继续往上查找，遇到箭头拐弯，逆箭头方向水平找加工基准面，遇到加工基准面再向上拐，重复前面的查找方法，直至两条查找路线汇交为止。查找路线经过的尺寸是组成环，结果尺寸是封闭环。

这样，在图 10.19 中，沿结果尺寸 L_{01} 两端向上查找，可得到由 L_{01}、Z_7 和 L_5 组成的一个工艺尺寸链（图中用带箭头虚线示出）。在该尺寸链中，结果尺寸 L_{01} 是封闭环，Z_7 和 L_5 是组成环［图 10.20（a）］。沿结果尺寸 L_{02} 两端向上查找，可得到由 L_{02}、L_4 和 L_5 组成的另一个工艺尺寸链，L_{02} 是封闭环，L_4 和 L_5 是组成环［图 10.20（b）］。

除 Z_7（靠火花磨削余量）以外，沿 Z_4、Z_5、Z_6 两端分别往上查找，可得到如图 10.20（c）～（e）所示的三个以加工余量为封闭环的工艺尺寸链。

因为靠火花磨削是操作者根据磨削火花的大小，凭经验直接磨去一定厚度的金属，磨掉金属的多少与前道工序和本道工序的工序尺寸无关。所以靠火花磨削余量 Z_7 在由 L_{01}、Z_7 和 L_5 组成的工艺尺寸链中是组成环，不是封闭环。

（3）计算项目栏的填写

图 10.19 右边列出了一些计算项目的表格，该表格是为计算有关工艺尺寸而专门设计的，其填写过程如下：

① 初步选定工序公差 T_i，必要时作适当调整。确定工序最小余量 $Z_{i\min}$。

② 根据相关工序公差计算余量变动量 T_{zi}。

③ 根据最小余量和余量变动量，计算平均余量 Z_{iM}。

④ 根据平均余量计算平均工序尺寸。

⑤ 将平均工序尺寸和平均公差改注成基本尺寸和上、下偏差形式。

下面对填写时可能会遇到的几方面问题作一说明：

在确定工序公差的时候，若工序尺寸就是设计尺寸，则该工序公差取图纸标注的公差（例如图 10.19 中工序尺寸 L_6），对中间工序尺寸（图 10.19 中的 L_1、L_2、L_3、L_4、L_5、Z_7）的公差，可按加工经济精度或根据实际经验初步拟定，靠磨余量 Z_7 的公差，取决于操作者的技术水平，本例中取 $Z_7 = (0.1 \pm 0.02)$ mm。将初拟公差填入工序尺寸公差初拟项中。

将初拟工序尺寸公差代入结果尺寸链中 ［图 10.20（a）、(b)］，当全部组成环公差之和小于或等于图纸规定的结果尺寸的公差（封闭环的公差）时，则初拟公差可以确定下来，否则需对初拟公差进行修正。修正的原则之一是首先考虑缩小公共环的公差；原则之二是考虑实际加工可能性，优先缩小那些不会给加工带来很大困难的组成环的公差。修正的依据仍然是使全部组成环公差之和等于或小于图纸给定的结果尺寸的公差。

在图 10.20（a）、（b）所示尺寸链中，按初拟工序公差验算，结果尺寸 L_{01} 和 L_{02} 均超差。考虑到 L_5 是两个尺寸链的公共环，先缩小 L_5 的公差至 ± 0.08mm，并将压缩后的公差分别代入两个尺寸链中重新验算，L_{01} 不超差，L_{02} 仍超差。在 L_{02} 所在的尺寸链中，考虑到缩小 L_4 的公差不会给加工带来很大困难，故将 L_4 的公差缩小至 $\pm 0.23\text{mm}$，再将其代入 L_{02} 所在尺寸链中验算，不超差。于是，各工序尺寸公差便可以肯定下来，并填入"修正后"一栏中去。

最小加工余量 $Z_{i\min}$，通常是根据相关资料结合实际修正确定。

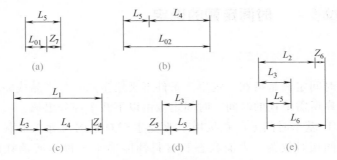

图 10.20　按图表法查找的工艺尺寸链

表内余量变动量一项，是由余量所在的尺寸链中，根据式 (10.4) 计算求得，例如，

$$T_{z4} = T_1 + T_3 + T_4 = \pm(0.5 + 0.1 + 0.23)\text{mm} = \pm 0.83\text{mm}$$

表内平均余量一项是按下式求出的：

$$Z_{iM} = Z_{i\min} + \frac{1}{2} T_{Zi}$$

例如，$Z_{5M} = Z_{5\min} + \frac{1}{2} T_{Z5} = 0.3 + 0.18 = 0.48$（mm）。

表内平均尺寸 L_{iM} 可以通过尺寸链计算得到。在各尺寸链中，先找出只有一个未知数的尺寸链，求出该未知数，然后逐个将所有未知尺寸求解出来，亦可利用工艺尺寸联系图，沿着拟求尺寸两端的竖线向下找后面工序与其有关的工序尺寸和平均加工余量，将这些工序尺寸分别和加工余量相加或相减求出拟求工序尺寸，例如在图 10.19 中，平均尺寸 $L_{3M} = L_{5M} + Z_{5M}$，$L_{5M} = L_{01M} + Z_{7M}$，$L_{2M} = L_{6M} + Z_{5M} - Z_{6M}$，等等。

表内最后一项要求将平均工序尺寸改注成基本尺寸和上、下偏差的形式。按入体原则，L_2 和 L_6 应注成单向正偏差形式，L_1、L_3、L_4 和 L_5 应注成单向负偏差形式。

从本例可知，图表法是求解复杂的工艺尺寸的有效工具，但其求解过程仍然十分烦琐。按图表法求解的思路，编制计算程序，用计算机求解可以保证计算准确，节省计算时间。

10.6 时间定额的确定

10.6.1 时间定额及其组成

时间定额是指在一定生产条件下规定生产一件产品或完成一道工序所需消耗的时间。时间定额由以下几个部分组成：

① 基本时间 t_j。直接用于改变生产对象的尺寸、形状、各表面间相对位置、表面状态和材料性能等工艺过程所消耗的时间。对切削加工、磨削加工而言，基本时间就是去除加工余量所消耗的时间。基本时间又称机动时间，可按基本时间表 10.85～表 10.91 的有关公式计算。

② 辅助时间 t_a。为实现基本工艺工作所作的各种辅助动作所消耗的时间。例如装卸工件、开停机床、改变切削用量、测量加工尺寸、引进或退回刀具等操作动作所消耗的时间，都是辅助时间。一般按基本时间的 15%～20% 估算。

基本时间与辅助时间之和称为作业时间。

③ 布置工作地时间 t_s。工人在工作班内为使加工正常进行，工人照管工作地所消耗的时间。如检查、润滑机床、更换、修磨刀具、校对量具、检具、清理切屑等。布置工作地时间又称为工作地点服务时间，一般按作业时间的百分比 α 估算。

④ 休息和生理需要时间 t_r。工人在工作班内为恢复体力（如工间休息）和满足生理上需要（如抽烟、喝水、上厕所等）所需消耗的时间。一般按作业时间的百分比 β 计算。

⑤ 准备与终结时间 t_e。工人为生产一批工件进行准备和结

束工作所消耗的时间。如加工一批工件前熟悉工件文件，领取毛坯材料，领取和安装刀具和夹具，调整机床及工艺装备等；在加工一批工件终了时，拆下和归还工艺装备，送交成品等。这部分时间应平均分摊到同一批中每件产品或零件的时间定额中去。假如每批中产品或零件的数量为 n，则分摊到每一个工件上的准备与终结时间为 t_z/n。一般在单件生产和大批大量生产的情况下都不考虑 t_z/n 这项时间，只有在中小批量生产时才考虑，一般按作业时间的 $3\%\sim5\%$ 计算。

单件时间定额 t_{dj}，可按下式计算：

$$t_{dj}=(t_j+t_a)\left(1+\frac{\alpha+\beta}{100}\right)+\frac{t_e}{n}$$

10.6.2 基本时间的计算

◇ 表 10.85 车外圆和镗孔基本时间的计算

加工示意图	计算公式	备注
车外圆和镗孔 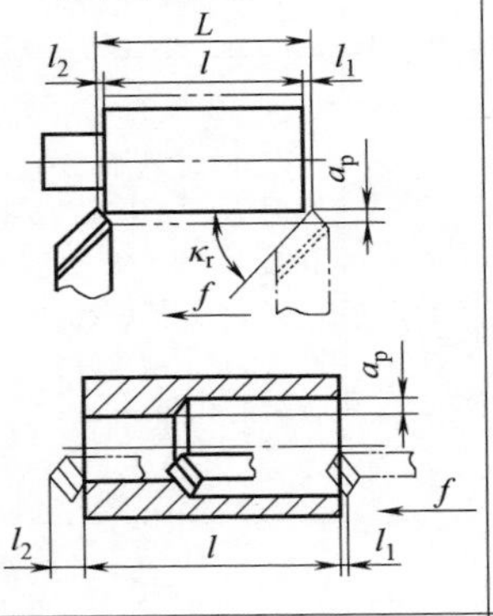	$t_j=\dfrac{L}{fn}i=\dfrac{L+l+l_1+l_2}{fn}i$ 式中 $l_1=\dfrac{a_p}{\tan\kappa_r}+(2\sim3)$ $l_2=3\sim5$ l_3——单件小批生产时的试切附加长度	①当加工到台阶时 $l_2=0$ ②主偏角 $\kappa_r=90°$ 时，$l_1=(2\sim3)$ ③i 为进给次数
车端面、切断或车圆环端面、车槽 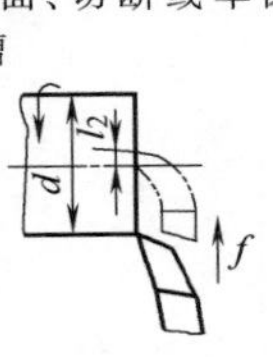	$t_j=\dfrac{L}{fn}i$ $L=\dfrac{d-d_1}{2}+l_1+l_2+l_3$ l_1、l_2、l_3 同上	①车槽时 $l_2=l_3=0$，切断时 $l_3=0$ ②d_1 为车圆环的内径或车槽后的底径，mm ③车实体端面和切断时 $d_1=0$

◇ 表 10.86　试切附加长度 l_3 mm

测量尺寸	测量工具	l_3
—	游标卡尺、直尺、卷尺、内卡钳、塞规、样板、深度尺	5
≤250	卡规、外卡钳、千分尺	3～5
>250		5～10
≤1000	内径百分尺	5

◇ 表 10.87　钻削基本时间的计算

加工示意图	计算公式	备注
钻孔和钻中心孔 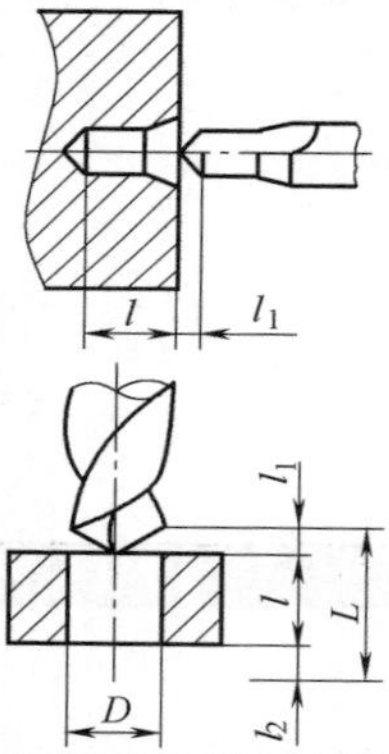 	$t_j = \dfrac{L}{fn} = \dfrac{l+l_1+l_2}{fn}$ 式中　$l_1 = \dfrac{D}{2}\cot\kappa_r + (1\sim2)$ 　　　$l_2 = 1\sim4$	① 钻中心孔和钻盲孔时 $l_2=0$ ② D 为孔径，mm
钻孔、扩孔和铰圆柱孔 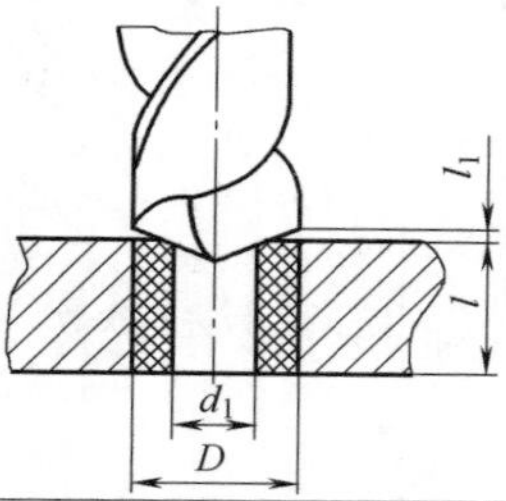 	$t_j = \dfrac{L}{fn} = \dfrac{l+l_1+l_2}{fn}$ $l_1 = \dfrac{D-d_1}{2}\cot\kappa_r + (1\sim2)$	① 扩盲孔和铰盲孔时 $l_2=0$ 扩钻、扩孔时 $l_2=2\sim4$ ② d_1 为扩、铰前的孔径，mm；D 为扩、铰后的孔径，mm
锪倒角、锪埋头孔、锪凸台 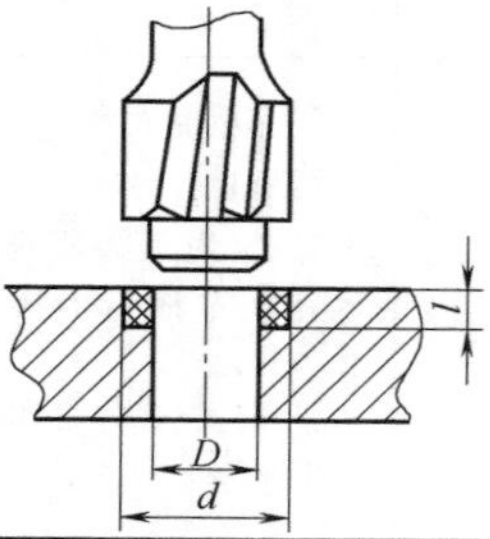 	$t_j = \dfrac{L}{fn} = \dfrac{l+l_1}{fn}$ 式中　$l_1 = 1\sim2$	

加工示意图	计算公式	备注
扩孔和铰圆锥孔 	$t_j = \dfrac{L}{fn} i = \dfrac{L_p + L_1}{fn} i$ 式中 $l_1 = 1 \sim 2$ $L_p = \dfrac{D-d}{2\tan\kappa_r}$ $\kappa_r = \dfrac{\alpha}{2}$	①L_p 为行程计算长度，mm ②κ_r 为主偏角，α 为圆锥角

◇ 表 10.88 铰孔的切入及切出行程   mm

切削深度 $a_p = \dfrac{D-d}{2}$	切入长度 l_1 主偏角 κ_r					切出长度 l_2
	3°	5°	12°	15°	45°	
0.05	0.95	0.57	0.24	0.19	0.05	13
0.10	1.9	1.1	0.47	0.37	0.10	15
0.125	2.4	1.4	0.59	0.48	0.125	18
0.15	2.9	1.7	0.71	0.56	0.15	22
0.20	3.8	2.4	0.95	0.75	0.20	28
0.25	4.8	2.9	1.20	0.92	0.25	39
0.30	5.7	3.4	1.40	1.10	0.30	45

注：1. 为了保证铰刀不受拘束地进给接近加工表面，表内的切入长度 l_1 应该增加；对于 $D \leqslant 16$mm 的铰刀为 0.5mm；对于 $D = 17 \sim 35$mm 的铰刀为 1mm；$D = 36 \sim 80$mm 的铰刀为 2mm。

2. 加工盲孔时 $l_2 = 0$。

◇ 表 10.89 铣削基本时间的计算

加工示意图	计算公式	备注
圆柱铣刀铣平面、三面刃铣刀铣槽 	$t_j = \dfrac{l + l_1 + l_2}{f_{Mz}} i$ 式中 $l_1 = \sqrt{a_e(d - a_e)} + (1 \sim 3)$ $l_2 = 2 \sim 5$	f_{Mz} 为工作台的水平进给量，mm/min

加工示意图	计算公式	备注
面铣刀铣平面（对称铣削） 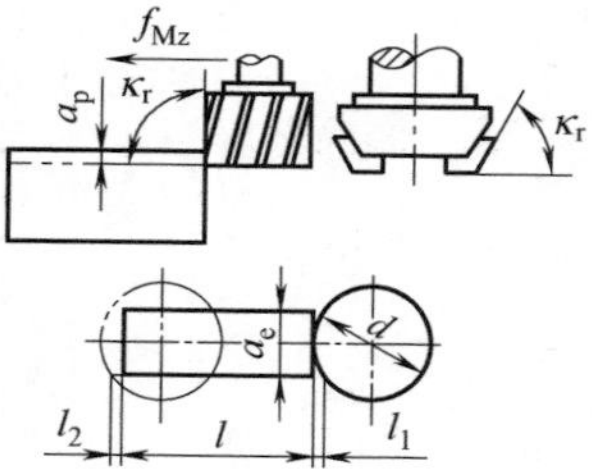 	$t_j = \dfrac{l+l_1+l_2}{f_{Mz}}$ 式中　当主偏角 $\kappa_r = 90°$ 时 $l_1 = 0.5(d - \sqrt{d^2 - a_e^2}) + (1\sim3)$ 当主偏角 $\kappa_r < 90°$ 时 $l_1 = 0.5(d - \sqrt{d^2 - a_e^2}) + \dfrac{a_p}{\tan\kappa_r} + (1\sim2)$ $l_2 = 1\sim3$	
面铣刀铣平面（不对称铣削） 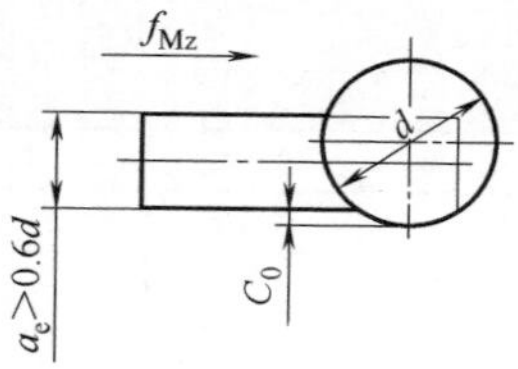 	$t_j = \dfrac{l+l_1+l_2}{f_{Mz}}$ 式中　$l_1 = 0.5d - \sqrt{C_0(d-C_0)} + (1\sim3)$ $C_0 = (0.03\sim0.05)d$ $l_2 = 3\sim5$	
铣键槽（两端开口） 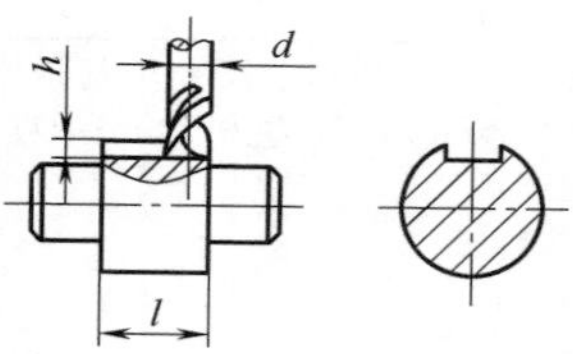 	$t_j = \dfrac{l+l_1+l_2}{f_{Mz}} i$ 式中　$l_1 = 0.5d + (1\sim2)$ $l_2 = 1\sim3$ $i = \dfrac{h}{a_p}$	① h 为键槽深度，mm ② l 为铣削轮廓的实际长度，mm ③通常 $i=1$，即一次铣削到规定深度
铣键槽（一端闭口） 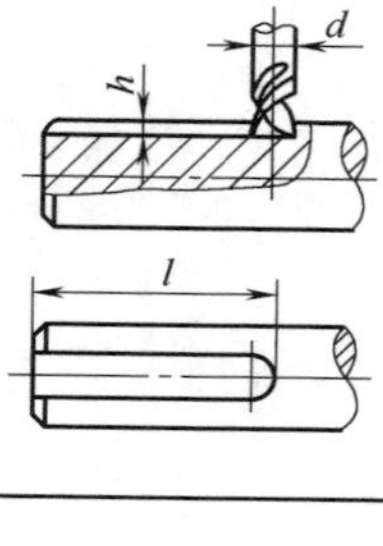 	$l=0$，其余计算同上	

加工示意图	计算公式	备注
铣键槽(两端闭口) 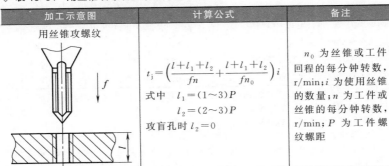	$t_{j}=\dfrac{l-d}{f_{Mc}}+\dfrac{h+l_{1}}{f_{Mc}}$ 式中 $l_{1}=1\sim2$	f_{Mc} 为工作台的垂直进给量，mm/min

◇ 表 10.90　铣平面时的切入和切出行程　　　　　　　　　　　　　　　mm

铣削宽度 a_e	铣刀直径 d						
	50	63	80	100	125	160	200
	切入和切出行程长度 l_1+l_2						
1.0	9	10	11	13	14	16	16
2.0	12	13	15	17	19	21	22
3.0	14	16	17	20	22	25	26
4.0	16	17	20	23	25	28	29
5.0	17	19	21	25	27	30	32
6.0	18	21	23	27	29	33	36
8.0	21	23	26	30	33	37	41
10.0	22	25	28	33	36	41	46
15.0	—	—	33	39	43	49	54
20.0	—	—	—	43	48	55	62
25.0	—	—	—	—	52	60	68
30.0	—	—	—	—	—	65	73

◇ 表 10.91　用丝锥攻螺纹基本时间的计算

加工示意图	计算公式	备注
用丝锥攻螺纹	$t_{j}=\left(\dfrac{l+l_{1}+l_{2}}{fn}+\dfrac{l+l_{1}+l_{2}}{fn_{0}}\right)i$ 式中 $l_{1}=(1\sim3)P$ 　　$l_{2}=(2\sim3)P$ 攻盲孔时 $l_{2}=0$	n_{0} 为丝锥或工件回程的每分钟转数，r/min；i 为使用丝锥的数量；n 为工件或丝锥的每分钟转数，r/min；P 为工件螺纹螺距

10.6.3 辅助时间的计算

辅助时间的确定主要与工序采用的机床、工装、工件的大小精度等情况有关。为了准确确定工时定额，依据实践中经验总结，将典型机床的操作时间、装卸工件时间、测量时间，典型机床布置工作地、休息和生理需要时间，典型机床准备终结时间列成表格供确定工时定额时参考。

◈ **表 10.92　普通车床上装夹工件时间**　　　　　　　　　　　　　　min

装夹方式	加力方法	工件重量/kg								
		0.5	1	2	3	5	8	15	25	100
三爪自定心卡盘	手动	0.07	0.08	0.09	0.10	0.11	0.13	0.18		
三爪自定心卡盘与顶尖	手动	0.09	0.10	0.11	0.12	0.14	0.18	0.26	0.37	
两个顶尖或三爪自定心卡盘与中心架	手动	0.05	0.06	0.06	0.07	0.08	0.10	0.15	0.22	1.10
专用夹具螺栓压板夹紧	手动				0.42	0.44	0.47	0.55	0.67	
两个顶尖、顶尖与卡盘或制动销	气动	0.03	0.03	0.04	0.04	0.04	0.05	0.06	0.07	
自动定心卡盘或可涨芯轴	气动	0.03	0.03	0.04	0.04	0.05	0.06	0.08		

注：1. 本表时间包括伸手取工件装到卡盘或顶尖间，开动气阀或转动顶尖手轮或用扳手夹紧工件，最后手离工件、扳手或手轮。

2. 长工件经主轴孔装入时加 0.01min。

3. 需要装芯轴的工件，装夹时间加 0.07min。

◈ **表 10.93　普通车床松开卸下工件时间**　　　　　　　　　　　　min

装夹方式	加力方法	工件重量/kg								
		0.5	1	2	3	5	8	15	25	100
三爪自定心卡盘	手动	0.06	0.06	0.07	0.07	0.08	0.10	0.14		
三爪自定心卡盘与顶尖	手动	0.07	0.07	0.08	0.09	0.11	0.13	0.20	0.28	
两个顶尖或三爪自定心卡盘与中心架	手动	0.03	0.03	0.04	0.04	0.04	0.05	0.12	0.19	0.76
专用夹具螺栓压板夹紧	手动				0.12	0.19	0.22	0.30	0.42	
两个顶尖、顶尖与卡盘或制动销	气动	0.02	0.02	0.03	0.03	0.03	0.03	0.05	0.06	
自动定心卡盘或可涨芯轴	气动	0.02	0.02	0.03	0.03	0.04	0.05	0.07		

注：1. 本表时间包括手伸向扳手或气阀，取扳手，松开夹具或开动气阀，从夹具上取下工件、放下，最后手离工件。

2. 长工件经主轴孔卸下时加 0.01min。

3. 需要装芯轴的工件，松卸时间加 0.05min。

4. 工件掉头或松开转动一定角度的时间，按一次装夹、一次松卸时间之和的60%计算。

◇ 表 10.94　普通车床操作机床时间　　　　　　　　　　　　　　　　　　min

操作名称		时间	
使主轴回转	用按钮	0.01	
	用杠杆	0.02	
		靠近工件	离开工件
纵向移动大拖板 /mm	50	0.03	0.02
	100	0.04	0.03
	200	0.06	0.05
	300	0.08	0.07
横向移动大拖板 /mm	20	0.03	0.02
	40	0.04	0.03
	60	0.05	0.04
	80	0.07	0.06
	100	0.09	0.08
对刀		0.02	
接通或停止走刀		0.01	
转动刀架90°		0.02	
使主轴完全停止回转	C616	0.01	
	其他机床	0.03	
移动尾座		0.06	
尾座装刀或卸刀		0.04	
主轴变速		0.04	
变换进给量		0.03	

◇ 表 10.95　普通车床上测量工件时间　　　　　　　　　　　　　　　　　min

(1)测量直径								
直径/mm		30	50	75	100	150	>150	
测量 方法	用卡规、塞规(精度 $0.01\sim0.1\mu m$)	0.06	0.07	0.08	0.09	0.10	0.11	
	用游标卡尺(精度 $0.01\sim0.1\mu m$)	0.08	0.09	0.10	0.11	0.15	0.18	
	用卡规、塞规(精度 $0.11\sim0.3\mu m$)	0.05	0.06	0.07	0.08	0.09	0.10	
	用游标卡尺(精度 $0.01\sim0.1\mu m$)	0.07	0.08	0.09	0.10	0.13	0.15	
(2)测量螺纹								
螺纹直径/mm		30		50		100		>100
时间		0.17		0.19		0.21		0.27
(3)测量长度								
长度/mm		30	50	70	100	150	>150	
测量方法	用游标卡尺	0.08	0.09	0.10	0.11	0.12	0.14	
	用样板	0.06	0.07	0.08	0.09	0.11		

注：1. 测量工件包括伸手取量具，测量，放下工件、量具。

2. 本表是测量一次的时间，单件定额的测量时间等于表中时间乘测量的百分比。

◇ 表10.96　万能卧式、立式铣床上装夹工件时间

min

定位方法	夹紧方法	工件质量/kg									
		0.5	1	2	3	5	8	15	25	50	75
平面凸台或V形块	带拉杆的压板手动	0.04	0.04	0.05	0.06	0.07	0.10	0.16			
	带拉杆的压板气动	0.03	0.03	0.04	0.05	0.06	0.08	0.10	0.15		
	带快换垫圈的压板手动	0.11	0.11	0.12	0.13	0.14	0.16	0.21	0.40	0.60	0.80
	带快换垫圈的压板气动	0.05	0.06	0.07	0.08	0.09	0.11	0.17			
销子	带拉杆的压板手动	0.06	0.07	0.08	0.09	0.10	0.12	0.18	0.30		
	带拉杆的压板气动	0.05	0.06	0.07	0.08	0.09	0.11	0.16	0.20	0.24	
	带快换垫圈的压板手动	0.12	0.12	0.13	0.14	0.15	0.17	0.22			
	带快换垫圈的压板气动	0.06	0.07	0.08	0.09	0.10	0.12	0.18	0.22		
平口钳	手动	0.05	0.06	0.07	0.09						
	气动	0.03	0.04	0.05							
三爪卡盘顶尖	气动	0.04	0.05	0.06	0.08	0.09	0.11				
	手动	0.06	0.06	0.07							
孔或回座	带拉杆的压板气动	0.06	0.07	0.08	0.09	0.10	0.12	0.18	0.22		
	不夹紧	0.03	0.03	0.04							
芯轴	带快换垫圈的压板手动	0.12	0.12	0.13							
	带快换垫圈的压板气动	0.05	0.06	0.07	0.08	0.09	0.10				

注：1. 本表时间包括伸手取工件装到夹具上，开动气阀或用扳手夹紧工件，最后手离开工件或扳手。

2. 需要定向的装夹，增加0.01min。

3. 多件装夹的时间折算系数：2~3件，0.7；4~6件，0.6；7~12件，0.5。

◈ 表10.97 万能卧式、立式铣床上松开卸下工件时间

min

定位方法	夹紧方法	工件质量/kg										
		0.5	1	2	3	5	8	15	25	50	75
平面凸台或V形块	带拉杆的压板手动	0.03	0.03	0.04	0.05	0.06	0.09	0.15			
	带拉杆的压板气动	0.02	0.02	0.03	0.04	0.05	0.07	0.09	0.12		
	带快换垫圈的压板手动	0.05	0.05	0.06	0.07	0.08	0.11	0.17	0.30	0.40	0.50
	带快换垫圈的压板气动	0.04	0.04	0.05	0.06	0.07	0.10	0.16			
销子	带拉杆的压板手动	0.05	0.06	0.07	0.08	0.09	0.11	0.17	0.28		
	带拉杆的压板气动	0.04	0.05	0.06	0.07	0.08	0.10	0.15	0.19	0.22	
	带快换垫圈的压板手动	0.06	0.06	0.07	0.08	0.11	0.17				
	带快换垫圈的压板气动	0.05	0.05	0.06	0.07	0.08	0.10	0.16	0.20		
平口钳	手动	0.04	0.05	0.06	0.08						
	气动	0.02	0.03	0.04							
三爪自定心卡盘自定尖顶尖	气动	0.03	0.04	0.05	0.07	0.08	0.10				
	手动		0.05	0.06							
孔或凹座	带快换的压板气动	0.05	0.06	0.07	0.08	0.09	0.11	0.17	0.21		
	不夹紧	0.02	0.02	0.03							
芯轴	带快换垫圈的压板手动	0.06	0.06	0.07							
	带快换垫圈的压板气动	0.04	0.05	0.06	0.07	0.08	0.09				

注：1. 本表时间包括手伸向气阀或取扳手、松开工件、取出、最后手离工件或扳手。

2. 多件松卸的时间折算系数：2～3件，0.7；4～6件，0.6；7～12件，0.5。

◈ 表 10.98　在万能卧式、立式铣床上操作时间　　　　　　　　　　min

操作名称		时间		
开动、停止主轴回转	用按钮	0.01		
接通工作台移动	用按钮	0.01		
改变工作台移动方向	用手柄	0.01		
打开或关闭切削液开关		0.02		
		靠近工件		离开工件
纵向快速移动工作台/mm	50	0.03		0.02
	100	0.05		0.04
	200	0.07		0.06
	300	0.10		0.09
	500	0.18		0.17
横向快速移动工作台/mm	25	0.04		0.03
	50	0.06		0.05
	100	0.09		0.08
升降工作台/mm	10	0.02		
	20	0.03		
	工件质量/kg	从平面上清除		从凹座内清除
用刷子清除夹具上切屑	≤5	0.03		0.04
	5~15	0.06		0.08
	15~25	0.10		0.12
	转动部分质量/kg	转45°	转90°	转180°
转动夹具	30	0.02	0.02	0.03
	50	0.02	0.03	0.04
	100	0.03	0.04	0.05
	工件质量/kg	气动夹紧		手动夹紧
转动工件	0.5	0.03		0.04
	3	0.04		0.06
	15	0.05		0.08
	25	0.06		0.10
	50	0.07		0.12

　　注：1. 多件加工的除屑时间折算系数：2~3件，0.7；4~6件，0.6；7~12件，0.5。

　　2. 转动夹具包括拔出定位销、转位、对定等。

　　3. 转动工件包括松开工件、翻转、重新装夹等。

◈ 表 10.99　在万能立式、卧式铣床上测量工件的时间　　　　　　min

测量长度/mm		30	50	75	100	150	300
测量方法和位置	游标卡尺测平面	0.10	0.12	0.14	0.16	0.18	0.20
	样板测槽面	0.07	0.08	0.09			
	样板测平面	0.04	0.05	0.06			

◇ 表10.100 立式和摇臂钻床上装夹工件时间

min

定位方法	夹紧方向	加力方式	工件重量/kg									
			0.5	1	2	3	5	8	15	25	35	50
平面或形块 V	压板	手动	0.04	0.05	0.05	0.06	0.07	0.08	0.10	0.18	0.24	0.28
	带手轮螺杆	手动	0.05	0.06	0.07	0.08	0.10	0.12	0.15			
	平口钳	手动	0.03	0.03	0.04	0.05	0.06	0.07	0.09			
	三爪自定心卡盘	手动	0.06	0.07	0.08	0.09	0.11	0.14	0.17			
	压板	气动	0.02	0.03	0.04	0.05	0.06	0.07	0.09			
	三爪自定心卡盘或可涨芯轴	气动	0.02	0.02	0.03	0.04	0.05	0.06	0.08			
	不夹紧	气动	0.01	0.02	0.02	0.03	0.04	0.05	0.07			
l<100mm 销子	压板	手动	0.05	0.05	0.06	0.06	0.08	0.09	0.11	0.20	0.26	0.30
	带手轮螺杆	手动	0.06	0.07	0.08	0.09	0.11	0.13	0.17			
	压板或可涨芯轴	气动	0.03	0.04	0.05	0.06	0.07	0.08	0.10			
	不夹紧	气动	0.02	0.02	0.06	0.03	0.04	0.05	0.08			
l>100mm 销子	压板	手动	0.06	0.06	0.06	0.07	0.08	0.10	0.12			
	不夹紧	手动	0.03	0.04	0.04	0.05	0.06	0.07	0.09			
孔凹座	带手轮螺杆	手动	0.05	0.06	0.07	0.08	0.10	0.12	0.15			
	不夹紧	手动	0.01	0.02	0.02	0.03	0.04	0.05	0.07			
	压板	手动	0.04	0.05	0.05	0.06	0.07	0.10	0.10	0.18		

注: 1. 本表时间包括伸手取工件装到夹具上,扳动手柄夹紧工件,最后离手柄。
2. 需要定向的装夹,时间加 0.01min。
3. 液压夹紧与气动夹紧时间相同。

◇ 表10.101　立式、摇臂钻床上松开卸下工件时间

min

定位方法	夹紧方法	加工方法	工件重量/kg									
			0.5	1	2	3	5	8	15	25	35	50
平面或V形块	压板	手动	0.03	0.04	0.04	0.05	0.06	0.07	0.09	0.16	0.22	0.25
	带手轮螺杆	手动	0.04	0.05	0.06	0.07	0.09	0.11	0.13			
	平口钳	手动	0.04	0.04	0.05	0.06	0.07	0.08	0.10			
	三爪自定心卡盘	手动	0.05	0.06	0.07	0.08	0.11	0.13	0.15			
平面或V形块	压板	气动	0.02	0.02	0.03	0.05	0.06	0.07	0.08			
	三爪自定心卡盘或可涨芯轴	气动	0.02	0.02	0.03	0.04	0.05	0.06	0.07			
	不夹紧		0.01	0.02	0.02	0.03	0.04	0.05	0.06			
l<100mm 销子	压板	手动	0.04	0.04	0.05	0.06	0.07	0.08	0.10	0.18	0.24	0.27
	带手轮螺杆	手动	0.05	0.06	0.07	0.08	0.10	0.12	0.15			
	压板或可涨芯轴	气动	0.02	0.03	0.04	0.05	0.06	0.07	0.09			
	不夹紧		0.02	0.02	0.03	0.03	0.04	0.06	0.07			
l>100mm 销子	压板	手动	0.05	0.05	0.06	0.07	0.08	0.09	0.11			
	不夹紧		0.03	0.04	0.04	0.05	0.06	0.07	0.08			
孔 凹座	带手轮螺杆	手动	0.04	0.05	0.06	0.07	0.09	0.11	0.13			
	不夹紧		0.01	0.02	0.02	0.03	0.04	0.05	0.06			
	压板	手动	0.03	0.04	0.04	0.05	0.06	0.07	0.09	0.16		

注：本表时间包括手伸向手柄、松开工件、取出、放下、最后手离工件。

◇ 表 10.102 立式、摇臂钻床操作机床时间   min

操作名称		时间		
使主轴回转或停止		0.02		
在摇臂上移动主轴箱	100	0.01		
	200	0.02		
	300	0.03		
刀具快速下降接近工件		$\phi12$	$\phi25$	$\phi50$
	100	0.01	0.02	0.03
	200	0.02	0.03	0.04
使刀具对准孔位		0.02		
刀具快速上升离开工件/mm	100	0.01	0.01	0.02
	200	0.01	0.02	0.03
	300	0.02	0.03	0.04
快换卡头换刀		0.03	0.04	0.06
更换钻套		0.04	0.05	0.07
移动工件(包括夹具转动部分)质量/kg	5	0.02		
	15	0.03		
	25	0.04		
	35	0.05		
	50	0.06		
移动夹具/mm	200	0.02		
	500	0.03		
回转摇臂 45°		0.04		
变换进给量		0.02		
清除切屑	从平面	0.03		
	从凹座	0.05		
退钻清屑(深度)/mm		$\phi12$	$\phi25$	$\phi50$
	20	0.04	0.03	
	40	0.05	0.04	0.03
	60	0.06	0.05	0.04

注：本表 $\phi12$mm、$\phi25$mm、$\phi50$mm 是指最大钻孔直径。

◇ 表 10.103 立式、摇臂钻床上测量工件时间   min

孔径/mm		25	35	50
测量方法	塞规测量孔径	0.04	0.05	0.06
	螺纹塞规测量螺纹	0.09	0.15	0.17

◇ 表 10.104 外圆磨床装夹和松卸工件时间   min

装夹方法		工件重量/kg								
		0.5	1	2	3	5	8	15	25	35
装在两顶尖间,手柄或踏板液压(弹簧)夹紧	装	0.05	0.05	0.06	0.06	0.07	0.08	0.11	0.15	0.19
	卸	0.03	0.03	0.04	0.04	0.04	0.04	0.05	0.08	0.10

装夹方法		工件重量/kg								
		0.5	1	2	3	5	8	15	25	35
装在芯轴上,用扳手固定,手柄或踏板液压(弹簧)夹紧	装	0.13	0.14	0.15	0.16	0.18	0.21	0.27		
	卸	0.06	0.07	0.08	0.09	0.12	0.15	0.23		
装在带锥度芯轴上,手柄或踏板液压(弹簧)夹紧	装	0.05	0.06	0.06	0.07	0.07				
	卸	0.04	0.05	0.05	0.06	0.06				
鸡心夹装在带中心孔的工件上,手柄或踏板液压(弹簧)夹紧	装	0.06	0.08	0.09	0.11	0.15				
	卸	0.04	0.05	0.06	0.07	0.09				
装在三爪自定心卡盘上手动夹紧	装	0.07	0.08	0.09						
	卸	0.06	0.07	0.08						

注:1. 装夹工件的内容包括伸手取工件,把工件装到夹具上、夹紧,最后手离工件。

2. 松开卸下工件的工作内容包括手伸向手柄或扳手,松开工件,取下后手离工件。

◇ 表 10.105　内圆磨床装夹和松卸工件时间　　　　　　　　　min

装夹方法		工件重量/kg						
		0.5	1	2	3	5	8	15
以外圆或齿形定位液压夹紧	装	0.06	0.06	0.07	0.07	0.08	0.08	
	卸	0.03	0.03	0.04	0.04	0.05	0.05	
装在三爪自定心卡盘上手动夹紧	装	0.10	0.10	0.12				
	卸	0.09	0.09	0.10				
齿轮套上隔圈装在卡盘上液压夹紧	装	0.08	0.08	0.09	0.09	0.10	0.10	0.11
	卸	0.05	0.05	0.06	0.06	0.07	0.07	0.08
以柱销或钢球置于齿上装入卡盘,手动夹紧	装	0.14	0.18	0.29	0.40			
	卸	0.09	0.10	0.11	0.12			

注:本表时间所包括的工作内容同外圆磨床。

◇ 表 10.106　磨床操作时间　　　　　　　　　min

操作名称		时间	
开动或停止工件、砂轮转动、工作台往复运动		0.02	
接通砂轮快速引进或退出		0.02	
纵向引进或退出砂轮/mm	200	0.04	
	300	0.05	
	400	0.06	
		引进	退出
横向引进或退出砂轮	M1631 M1632	0.04	0.03
	其他外圆磨	0.03	0.03
	往复平面磨	0.02	0.02

続表

操作名称	时间
手动对刀　磨外圆	0.03
磨外圆和端面	0.05
磨有长度公差要求的端面	0.08
磨内圆	0.04
磨内圆和端面	0.07
往复平面磨磨平面	0.06
拉上防护罩	0.02
取下靠表	0.01
清除工作台切屑	0.18

注：1. 放置靠表重合于工作进刀。

2. 手动退刀重合于砂轮退出。

3. 计算单件定额时，清除工作台切屑时间除以同时磨削件数。

◇ 表 10.107　磨床上测量工件时间　　　　　　　　　　　　　　min

(1)用卡规测量工件外圆			
直径/mm	30	50	75
测量精度/mm　0.01~0.05	0.05	0.06	0.07
0.06~0.15	0.04	0.05	0.06
0.16~0.30	0.03	0.04	0.05

(2)千分尺测量外圆			
直径/mm	30	50	75
测量精度/mm　0.01~0.15	0.07	0.08	0.09
0.06~0.15	0.06	0.07	0.08

(3)千分尺测量长度			
长度/mm	30	50	75
时间	0.06	0.07	0.08

(4)用卡规测量厚度		
厚度/mm	10	30
测量精度/mm　0.06~0.10	0.06	0.07
0.11~0.20	0.05	0.06

(5)用塞规测量孔						
孔径/mm	25	35	50	65	80	100
测量精度/mm　0.01~0.05	0.07	0.08	0.09	0.10	0.13	0.16
0.06~0.15	0.06	0.07	0.08	0.09		

(6)用内径千分尺测量孔(测量精度 0.01~0.05μm)				
孔径/mm	35	50	65	80	100
时间	0.09	0.10	0.11	0.12	0.13

◇ 表 10.108 立式和卧式拉床上装夹和松卸工件时间（1）　　　　　min

工件质量/kg		1	3	5	8	15	25
拉刀直径/mm ≤	工作内容	时间					
30	装夹	0.04	0.05	0.06	0.07		
	松卸	0.03	0.04	0.05	0.06		
50	装夹	0.05	0.06	0.08	0.11	0.13	
	松卸	0.04	0.05	0.07	0.09	0.11	
80	装夹	0.06	0.07	0.09	0.12	0.14	0.16
	松卸	0.05	0.06	0.08	0.10	0.12	0.13
100	装夹		0.08	0.10	0.13	0.15	0.17
	松卸		0.07	0.08	0.11	0.13	0.14

注：1. 本表适用于自动定心拉孔或花键孔。

2. 本表时间包括：伸手取工件，套在拉刀上，将拉刀插入卡盘，至手离拉刀（装夹）；伸手取工件，至手离工件（松卸）。

3. 用定位销或芯轴定位时，装、卸各加 0.01min。

4. 一次装卸两件时乘 0.8。

◇ 表 10.109 立式和卧式拉床上装夹和松卸工件时间（2）　　　　　min

(1) 卧式拉床拉削						
工件质量/kg		40	50	80	100	130
加工面	动作内容	时间				
孔	装夹	0.20	0.22	0.25		
	松卸	0.17	0.20	0.23		
平面	装夹	0.13	0.14	0.15	0.20	0.25
	松卸	0.11	0.12	0.13	0.16	0.20
(2) 立式拉床外拉						
工件质量/kg ≤		1	3	5	8	12
时间	装夹	0.03	0.04	0.05	0.06	0.06
	松卸	0.03	0.03	0.04	0.04	0.05

注：1. 本表适用于工件装在气（液）动夹具上拉削。

2. 本表时间包括：伸手取工件装到夹具上，开动阀门，夹紧工件，至手离阀门手把（装夹）；伸手开动阀门，松开工件，取下，至手离工件。

◇ 表 10.110 用塞规测量拉孔直径时间　　　　　min

孔径/mm	25	35	50	65	80	100
测量精度/mm	时间					
0.01～0.05	0.10	0.11	0.12	0.13	0.15	0.17
0.06～0.15	0.09	0.10	0.11	0.12	0.14	0.16
0.16～0.30	0.08	0.09	0.10	0.11	0.13	0.15

注：花键塞规测量花键孔可用本标准，按花键外径套表。

◇ **表 10.111 拉床上操作机床时间**   min

操作名称		时间
开动机床行程		0.01
拉刀快速水平进退/mm ≤	500	0.03
	750	0.04
	1000	0.05
	1500	0.06
	2000	0.07
拉刀快速升降/mm ≤	500	0.04
	1000	0.05
	1500	0.07
	2000	0.08
立式拉床工作台引进或退出/mm	150	0.02
	200	0.03
清除拉刀、夹具上切屑	卧式拉床	0.08
	立式拉床(外拉)	0.05
	立式拉床(内拉)	0.03

◇ **表 10.112 滚齿机上装夹和松卸工件时间**   min

工件质量/kg			0.5	1	2	3	5	8	15	20
装夹方法			时间							
工件带鸡心夹装到两顶尖间	液压装夹	夹紧	0.09	0.11	0.13	0.15	0.18	0.20	0.22	
		松卸	0.05	0.07	0.09	0.11	0.14	0.16	0.18	
装到芯轴上,顶尖支承	螺母快换垫圈,扳手夹紧	夹紧	0.18	0.20	0.22	0.24	0.26	0.28	0.30	0.32
		松卸	0.15	0.17	0.19	0.21	0.23	0.25	0.28	0.30
	液压顶尖压板夹紧	夹紧	0.14	0.17	0.19	0.21	0.23	0.25	0.27	
		松卸	0.11	0.14	0.16	0.18	0.20	0.22	0.24	
装在三爪自定心卡盘和顶尖间	手动夹紧	夹紧		0.21	0.23	0.25	0.27	0.29		
		松卸		0.19	0.21	0.23	0.25	0.27		

注:1. 装到芯轴上,顶尖支承,液压顶尖压板夹紧,如果压板是固定的压头,装卸时间各减少 0.01min。

2. 顶尖升降时间包括在装、卸时间内。

3. 带中心架的装、卸各增加 0.02min。

4. 本表适用于双轴滚齿机一个轴的装卸。

5. 多件加工时,工件之间的中间环每装一个 0.03min,每卸一个 0.02min。

6. 多件加工的装卸时间折算系数:2 件,0.7;3 件,0.6;4~5 件,0.5。

◇ 表 10.113　滚齿机上操作时间

min

操作名称		时间
使工件和铣刀回转或停止	用按钮	0.01
工件快速靠近或离开刀架/mm ≤	50	0.05
	100	0.08
刀架快速靠近或离开工件/mm ≤	50	0.08
	100	0.15
刀架快速垂直退回/mm ≤	50	0.05
	100	0.08
手动进、退刀		0.09
清理夹具上切屑	用刷子	0.04

注：计算单位时间，应将本表时间除以同时加工件数。

◇ 表 10.114　插齿机上装夹和松卸工件时间

min

工件质量/kg		0.5	1	3	8	15
装夹方法		时间				
装于芯轴，如垫圈或压板，用扳手拧紧螺母	装夹	0.14	0.16	0.20	0.24	0.28
	松卸	0.12	0.14	0.18	0.22	0.26
装于芯轴或销柱上，加快换垫圈，气(液)动压紧	装夹	0.09	0.11	0.13	0.16	0.19
	松卸	0.07	0.09	0.11	0.13	0.16
装于弹簧夹头或三爪卡盘上，气(液)动夹紧	装夹		0.13	0.15	0.19	0.23
	松卸		0.12	0.14	0.18	0.22

注：1. 装夹工件包括：伸手取工件，装到夹具上，扳动夹具开关或用扳手紧固工件，最后手离开关或扳手。

2. 松卸工件包括：手伸向扳手或开关，松开工件，取下垫圈、工件，最后手离开工件。

3. 多件同时加工系数：2 件，0.7；3 件，0.6；4~6 件，0.5；7~8 件，0.4。

4. 工件装在两个销子上时，装、卸时间加 0.01min。

◇ 表 10.115　插齿机上操作时间

min

操作名称		时间
使插刀上下运动和工件回转	用按钮	0.01
	用摇把	0.02
使刀架靠近工件	用摇把	0.07
使刀架离开工件	用摇把	0.05
刀具快速离开工件	用按钮	0.01
清除夹具切屑	用刷子	0.04

注：计算单件时间应除以同时加工件数。

◇ 表 10.116　镗床的操作时间

min

常量部分 项目	T68	T612	变量部分 项目	T68 首项	T68 末项	T612 首项	T612 末项
开车	0.03	0.05	进退工作台、镗杆或拖板	0.10	0.70	0.15	1.00
停车	0.03	0.05	主轴箱升降	0.15	0.70	0.20	1.00
装卸刀杆	0.20	0.30	试切（铰）	0.25	1.00	0.40	1.50
装卸刀具（对刀）	0.15	0.20	钢尺或卷尺测量	0.10	0.70	0.15	1.00
装卸钻头、铰刀、丝锥	0.20	0.20	卡钳测量	0.40	0.70	0.50	1.00
变换主轴转速	0.10	0.15	游标卡尺、深度卡尺测量	0.15	0.40	0.20	0.50
变换走刀量	0.05	0.10	百分表测量	0.30	0.40	0.40	0.50
变换走刀方向	0.05	0.10	塞规（卡板）测量	0.15	0.70	0.20	1.00
—	—	—	清理铁屑	0.20	0.20	0.30	0.50

◇ 表 10.117　镗床装卸工件时间

min

装卸方法	找正方法	T68 工件最大外形尺寸/mm 用手 200	400	600	用吊车 400	800	1200	1600	2000	T612 工件质量/kg 用吊车 400	600	800	1000	1500	2000	2500	3000	4000
工件放在工作台或平铁上用螺钉压板紧固	无需	5	6	7	10	12	14	16	18	20	28	30	32	40	48	54	62	70
	按划线	6	7	8	12	13	15	17	20	23	70	74	76	90	104	118	132	145
	用百分表	8	10	12	15	17	19	21	23	25	98	106	110	126	144	160	178	196
	用角尺	5	6	7	8	9	10	12	14	16	125	132	138	158	180	200	220	240

拨正方法　按划线：校正两个面、校正三个面、校正四个面；用百分表

续表

装卸方法	找正方法	T68									T612							
		用手			用吊车						工件质量/kg							找正方法
		工件最大外形尺寸/mm																
		200	400	600	400	800	1200	1600	2000	2500	400	600	800	1000	1500	2000	3000	4000	
工件装在镗模(夹具)上	无需	4	5	6	10	12	14	16	18	20	22	24	26	28	30	32	—	—	按划线
	按划线	5	6	7	11	13	15	17	19	23	30	32	34	36	38	40	—	—	用百分表校正一个面
	用百分表	10	11	12	16	18	20	24	27	30	16	18	20	22	24	26	—	—	靠定位面
	用角尺	8	10	12	16	18	21	24	—	—	—	—	—	—	—	—	—	—	
工件用螺钉压板紧固在角铁上	无需	6	7	8	—	—	12	14	16	18	32	42	48	56	70	84	—	—	按划线
	按划线	7	8	10	—	—	14	15	17	19	46	58	70	82	104	126	—	—	用百分表 校正一个面
	用百分表	8	10	12	—	—	15	17	19	21	56	74	86	102	130	156	—	—	用百分表 校正两个面
	用角尺	5	6	7	—	—	8	9	10	12	22	24	28	36	46	56	—	—	用角尺
工件在V形铁或定位块上	无需	3	4	5	8	10	12	14	16	18									
	按划线	4	5	6	10	12	14	16	20	25									
	用百分表	6	7	8	12	14	16	20	30	40									
	用角尺	4	5	6	10	12	14	16	20	25									

注：1. 无需是指零件毛坯面加工。

2. T612 的表列时间已包括布、休时间。

⊘ 表 10.118　布置工作地、休息和生理需要时间　　　　　　　　　　　　　　min

机床名称		布置工作地时间	休息和生理需要时间	共占作业时间百分比$(\alpha+\beta)$/%
普通车床		56	15	21.8
六角车床		51	15	15.9
立式钻床		42	15	15.7
摇臂钻床		47	15	17.4
外圆磨床		60	15	18.5
内圆磨床		50	15	15.7
矩台平面磨床		49	15	15.4
圆台平面磨床		67	15	17.6
无心磨床		58	15	17.9
卧式铣床		53	15	16.5
立式铣床		51	15	15.9
立式圆工作台铣床		65	15	20
单轴自动车床	一台	45	10	12.9
	两台	58	10	16.5
多轴自动车床	一台	78	10	22.4
	两台	95	10	28
半自动车床		70	15	21.5
卧式拉床		53	15	16.5
立式拉床		51	15	15.9
金刚镗床		60	15	18.5
滚齿机		44	15	14
插齿机		25	15	9.1

⊘ 表 10.119　机床准备与终结时间　　　　　　　　　　　　　　min

机床类型	准备与终结时间	机床类型	准备与终结时间
车床	40～80	镗床	80～180
铣床	60～120	磨床	40～80
钻床	40～80	无心磨床	120～180

　　注：工件的加工精度要求较低，机床的尺寸较小、工序内容较少、使用的工装少而简单时，取小值。

第10章　机械加工工艺规程的制订

第11章
机械制造安全操作规程

第12章
机床夹具设计原理

12.1　夹具概述

夹具是用以装夹工件（和引导刀具）的一种装置。装夹是将工件在机床上或夹具中定位、夹紧的过程。定位是确定工件在机床上或夹具中占有正确位置的过程。夹紧或卡夹是工件定位后将其固定，使其在加工过程中保持定位位置不变的操作。一般情况下，在机械加工过程中使用的夹具称机床夹具，在装配过程中使用的夹具称装配夹具，在测量过程中使用的夹具称测量夹具。机床夹具最有代表性，其它夹具的分析方法和设计原理与其基本相同。

12.1.1　夹具的组成

机床夹具一般由定位元件、夹紧装置、对刀或引导元件、连接元件、其它元件和夹具体等组成，如图 12.1 所示。

（1）定位元件

定位元件是限定工件自由度的元件。在装夹工件的定位操作时，通过定位元件的定位工作表面与工件上的定位表面（基准或基面）相接触或配合，从而保证工件在夹具中占据正确的位置。常用的定位元件有支承钉、支承板、定位销、定位芯轴、定位套、V 形块等。图 12.1（b）中的定位销 6 就是该夹具的定位元

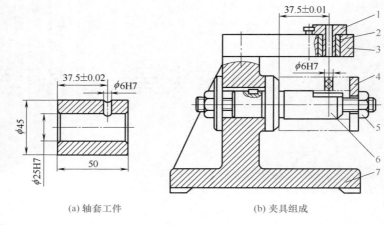

(a) 轴套工件   (b) 夹具组成

图 12.1 钻床夹具

1—快换钻套；2—导向套；3—钻模板；4—快换垫圈；
5—螺母；6—定位销；7—夹具体

件，其上的外圆柱表面和轴肩是定位工作表面。

（2）夹紧装置

用于夹紧工件，使工件在加工过程中保持工件的定位位置不变，如图 12.1（b）中由定位销 6 右端的螺纹、螺母 5 和快换垫圈 4 组成的夹紧装置。

（3）对刀和引导元件

对刀、引导元件是用来确定或引导刀具的元件。如铣床夹具中用对刀块来确定刀具与定位元件之间的正确位置；钻床夹具中用钻套、镗床夹具中用镗套来引导刀具正确移动，如图 12.1（b）中的快换钻套 1。

（4）连接元件

使夹具与机床相连接的元件，保证机床与夹具之间的相互位置关系。

（5）夹具体

夹具体是用于连接或固定夹具上各种元件和装置，使之成为一个整体的基础件。它与机床进行连接，通过连接元件使夹具相对机床具有确定的位置，如图 12.1（b）的夹具体 7。

（6）其它元件及装置

根据工件的加工要求，有的夹具还具有一些其它装置，如分度装置、夹具与机床的连接装置、对定装置等。

以上这些组成部分，并不是对每种机床夹具都必须缺一不可，但任何夹具都必须有定位元件和夹紧装置，它们是保证工件加工精度的关键，目的是使工件定位准确、夹紧牢固。

12.1.2　夹具的功能和作用

（1）夹具的功能

夹具的主要功能包括：定位功能、夹紧功能、对刀功能和引导功能。

定位功能：通过工件上的定位基准面与夹具上定位元件的定位表面的接触或配合，使工件在夹具中占有正确的位置，以保证工件的加工精度要求。

夹紧功能：工件定位后，经夹紧装置将工件夹紧固定，使工件在加工过程中能承受重力、切削力等而保持定位位置不变。

对刀功能：通过对刀装置使刀具相对于夹具（工件）占有正确的位置，如铣床夹具的对刀装置。

引导功能：导引刀具，使刀具相对于夹具（工件）沿着正确的位置和方向运动，如钻床夹具中钻模板上的钻套。

（2）夹具的作用

在机械加工中，机床夹具的作用主要有：

① 工件易于正确定位，保证加工精度；

② 缩短工件的安装时间，提高劳动生产率；

③ 降低加工成本，扩大机床的使用范围；

④ 操作方便、安全、可靠，对工人的技术等级要求低，可减轻工人的劳动强度等。

12.1.3　机床夹具的类型

机床夹具一般按夹具的适用对象、使用特点、适用机床的类型和夹紧动力源的类型进行分类。

按夹具的适用对象和使用特点分为：通用夹具、专用夹具、可调夹具、成组夹具、组合夹具和随行夹具。

通用夹具具有通用性，能够较好地适应加工工序和加工对象的变化，一般作为机床的附件其结构已定型，尺寸、规格系列化，如顶尖、芯轴、卡盘、吸盘、虎钳、夹头、分度头、回转工作台等，经常用于单件小批生产类型。

专用夹具是专为某一工件的某一工序而设计制造的夹具。其适合特定工件的特定工序，一般用于中批以上的生产类型中。

可调夹具是通过调整或更换夹具上的个别零、部件，能适用多种工件加工的夹具。它是针对通用夹具和专用夹具的缺陷而发展起来的一类夹具，通用范围较广。它与成组夹具的结构、特点相同，但它在设计之前的使用对象并不完全确定。

成组夹具是根据成组技术原理设计的用于成组加工的夹具。设计成组夹具的前提是成组工艺。根据组内典型代表零件来设计成组夹具，只需对个别定位元件和夹紧元件进行调整和更换，就可以加工组内的零件。

组合夹具是用标准夹具零、部件组装成易于连接和拆卸的夹具。组合夹具元件是一套结构和尺寸已标准化、系列化的耐磨的元件和组合件，可根据零件的加工工序的需要组装成各种功能的夹具，适合单件、中小批量生产类型。

随行夹具是在自动线上用于装夹工件，并随着工件输送带送至自动线各个工位的装置，多用于形状复杂、不规则、无良好输送基面、不便于装卸的工件的批量生产。

按夹具所属的机床类型分为：车床夹具、铣床夹具、钻床夹具、镗床夹具、磨床夹具等。

按夹具所采用的夹紧动力源分为：手动夹具、气动夹具、液压夹具、气液夹具、电动夹具、磁力夹具、真空夹具等。

12.2　工件在夹具中的定位

在夹具设计中，工件在夹具中的定位主要用来拟定工件的定位方案。其主要工作内容包括：根据工件的表面结构特征和工序要求，确定工件需要限定的自由度；确定工件上的定位表面及其与之相对应的定位元件；分析工件各表面定位组合限定的自由度，对欠定位情况进行定位方案修改，对不必要的过定位采取消除措施。机器中的零件与零件间的定位，与工件在夹具中的定位原理相同，这对结构设计也十分有益。

12.2.1　工件定位的概念

（1）工件的自由度与定位

自由度的概念来自力学，一个物体在空间直角坐标系 O-xyz 中可以沿 x、y、z 轴移动，也可以绕 x、y、z 轴转动，这6个可能的运动称作6个自由度。为了便于分析问题，通常沿工件表面上的一些特殊要素建立直角坐标系 O-xyz 来表示夹具，把工件可以沿直角坐标系 O-xyz 三个坐标轴 x、y、z 的移动自由度分别用代号 $\vec{x}$、$\vec{y}$、$\vec{z}$ 表示，把可以绕三个坐标轴 x、y、z 转动自由度分别用代号 $\widehat{x}$、$\widehat{y}$、$\widehat{z}$ 表示，如图 12.2 所示。工件的定位就是采取一定的措施来限制自由度，通常采用约束点和约束点群来描述，而且一个自由度只需要一个约束点来限制。

（2）定位副、定位表面、定位工作表面和定位基准

定位副是指工件上的定位表面和与之相接触或配合的定位元件上的定位工作表面所组成的一对表面。在定位副中，工件上用于定位的表面称定位表面（或定位基面），简称定位面。定位元件上用于定位的表

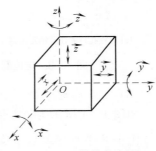

图 12.2　物体在空间坐标系的自由度

面称定位工作表面（有些资料中也称限位基面）。定位基准（或限位基准）是代表工件上定位表面（或定位元件上的定位工作表面）几何特征的几何要素（点、线、面），如工件的定位表面为外圆柱表面，外圆柱表面的轴心线称为定位基准。

工件与定位元件定位的相关概念如图 12.3 所示。图 12.3（a）所示为工件以圆孔在芯轴上的定位。工件上的圆孔表面称为定位基面，其轴心线称为定位基准；定位元件圆柱芯轴上与圆孔相接触或相配合的圆柱面称为定位工作表面或限位基面，圆柱芯轴的轴心线称为限位基准。工件上的圆孔表面和定位元件上的圆柱面组成定位副。工件以外圆柱面在 V 形块上的定位如图 12.3（b）所示。工件上的外圆柱面和 V 形块的两斜面称为定位副。工件上的外圆柱面称为定位表面，其轴心线称为定位基准；V形块的两斜面称为定位工作表面或限位基面，V 形块的理想基准是以该工件最大和最小外圆直径的平均值为标准芯轴的轴心线在 V 形块两斜面的对称面上所处位置。

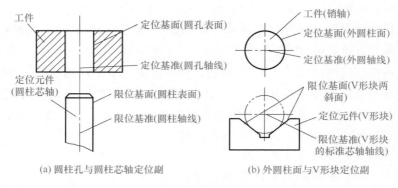

(a) 圆柱孔与圆柱芯轴定位副　　　　(b) 外圆柱面与V形块定位副

图 12.3　定位副、定位表面和定位工作表面

（3）定位原理

如图 12.4 所示为长方体工件定位。通过在工件底面上布置了 3 个不共线的约束点（支承点）1、2、3，限制了工件的 $\vec{z}$、$\widehat{x}$ 和 $\widehat{y}$ 3 个自由度，在工件的侧面沿 x 轴布置了 2 个约束点 4、5，限制了工件的 $\vec{y}$ 和 $\widehat{z}$ 2 个自由度，在工件的端面布置了 1 个

约束点 6，限制了工件的 $\vec{x}1$ 个自由度，这样，长方体工件的 6 个自由度都被限制，即完全定位。通过六个约束点的合理布置，来限制工件的 6 个自由度，实现完全定位，称六点定位原理。在生产实际中，定位元件的类型多种多样，如支承钉、支承板、圆柱销、芯轴、V 形块等，有的可以抽象为 1 个约束点，有的可以抽象为约束点群，因此，通过定位元件合理地组合和布置来限定工件上六个自由度的方法也多种多样。

初学者经常出现对工件上的定位表面与夹具上定位元件的定位工作表面相接触或配合的概念理解上的错误，例如，当工件上的定位表面与夹具上定位元件的定位工作表面相接触，限定了在 x 轴移动的自由度，他们认为由于定位元件只与工件的一侧表面相接触，只

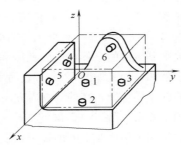

图 12.4　六点定位原理

限定了工件向相接触面一侧的方向移动，工件还可以向远离接触面一侧的方向移动等定位认识错误。这是将定位与夹紧概念混淆带来的错误。关于工件在外力作用下会不会移动，是靠夹紧工件来解决的。因此，在进行定位分析时应注意以下几点：

① 定位就是限制自由度。

② 定位应理解为定位元件上的定位工作表面与工件上的定位表面保持相互接触的状态。若两者脱离，就意味着定位失去作用，即定位被破坏。

③ 定位不考虑外力的作用。工件在外力（如重力、切削力、惯性力等）作用下将会运动，夹紧的作用就是使工件定位后相对于夹具不能运动，保持定位副接触并在外力作用下不被破坏。

④ 在空间坐标系中，一个自由度均有两个可能的运动方向（如移动的正方向和反方向，转动的正转和反转），定位后，这两个可能的运动方向均被限制。

⑤ 定位支承点是由支承件定位工作表面抽象而来的，对于

具体的定位元件能否抽象为支承点，要结合定位元件上的定位工作表面与工件上的定位表面大小、特点等具体情况而定。

(4) 工件在夹具中定位的几种常见情况

在夹具设计时，首先要根据工件的加工要求及其表面结构特征，确定工件在夹具中应限定的自由度。在确定工件在夹具中应限定的自由度时，经常出现以下几种情况：

① 完全定位。工件在夹具中 6 个自由度均被唯一限制的定位情况称为完全定位。完全定位应用最广。

② 不完全定位。根据工件的加工要求及其表面结构特征，没有必要限制工件的全部自由度就能满足加工要求的定位称为不完全定位。例如，加工如图 12.1 (a) 所示的工件，由于外圆柱表面具有轴对称的结构特征，在外圆圆周方向上的哪个位置钻 $\phi 6$ 孔均满足工件的加工要求，所以只需限定 5 个自由度即可满足工件的加工要求。在满足加工精度要求的前提下，夹具限制工件的自由度越少，其结构就越简单，越经济，因此，不完全定位在设计夹具中也经常采用。但是，由于工件自由度限制得过少，会使工件装夹时不稳定，一般夹具限制工件自由度的数目不应少于 3。

③ 过定位。过定位也称重复定位，是指定位元件重复限制了工件的同一个或几个自由度的定位。例如，定位中同时有两个或两个以上的定位元件限制了 x 移动自由度的现象，就是重复定位。是否允许过定位的存在，应根据具体情况而定。工件的形状精度和位置精度很低的毛坯表面作为定位基面时，往往会出现工件无法安装或引起工件很大的变形，一般不允许出现过定位；对于采用形位精度很高的工件表面作为定位面时，为了提高工件定位的稳定性和刚度，可允许采用过定位的，如平面定位需要 3 点支承，而生产实际中常用两个支承板（相当于 4 点支承）定位工件加工后平面，所以不能机械地一概肯定或否定过定位。

④ 欠定位。根据工件的加工要求，工件上应该限制的自由度没有被限制的定位，称为欠定位。欠定位无法保证加工精度要求，在夹具中是不允许的。

例如，在圆球上铣一平面，要求加工面到球心的距离为 H，由于球的结构对称特征，理论上只需限制工件的 $\vec{z}$ 自由度就能满足工件的加工要求，但生产中为使工件安装时稳定，常采用如图12.5 所示定位形式，限制工件的自由度是 $\vec{x}$、$\vec{y}$、$\vec{z}$。

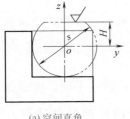 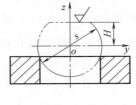 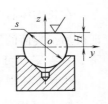

(a) 空间直角   (b) 圆柱孔   (c) 圆锥孔

图 12.5 球上铣平面的定位

如图 12.6 所示，在外圆柱上铣一平面。加工要求保证被加工平面到外圆柱下母线的距离为 H 及与轴心线平行，理论上需要限制的自由度为 $\vec{z}$ 和 $\widehat{y}$，常采用如

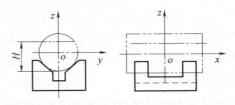

图 12.6 圆柱上铣平面的定位

图 12.6 所示的定位形式，限制了工件的自由度是 $\vec{y}$、$\vec{z}$、$\widehat{y}$、$\widehat{z}$。

加工如图 12.7 所示的零件，试分析满足其加工要求，它们至少需要哪些自由度？应采用哪种定位情况？

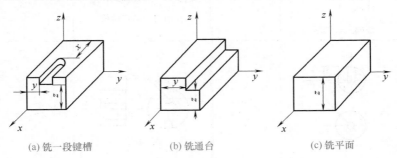

(a) 铣一段键槽   (b) 铣通台   (c) 铣平面

图 12.7 满足加工要求需要限定的自由度

分析：

在长方体上铣削如图 12.7（a）所示的一段键槽，要求保证被加工表面的尺寸及其形位精度，需要限定的自由度是 $\vec{x}$、$\vec{y}$、$\vec{z}$、$\widehat{x}$、$\widehat{y}$、$\widehat{z}$，应采用完全定位。

在长方体右上方铣削如图 12.7（b）所示的一通台，要求保证被加工表面的尺寸及其形位精度，需要限定的自由度为 $\vec{y}$、$\vec{z}$、$\widehat{x}$、$\widehat{y}$、$\widehat{z}$，可采用不完全定位。

在长方体顶面上铣削如图 12.7（c）所示的一平面，要求保证被加工表面的尺寸及其形位精度，需要限定的自由度为 $\vec{z}$、$\widehat{x}$、$\widehat{y}$，可采用不完全定位。

（5）典型工件满足加工要求需要限制的自由度

在工艺设计和夹具设计中，首先要对工件的形状结构和加工要求进行分析，分析满足工件加工要求需要限制的自由度，为了满足初学者的需求，表 12.1 列出典型工件的加工要求及其需要限制的自由度。

◇ 表 12.1　典型工件的加工要求及其需要限制的自由度

加工要求简图	至少需要限制的自由度	加工要求简图	至少需要限制的自由度
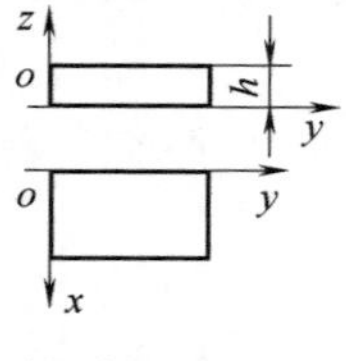 铣（磨）板的顶面	$\vec{z}$、$\widehat{x}$、$\widehat{y}$	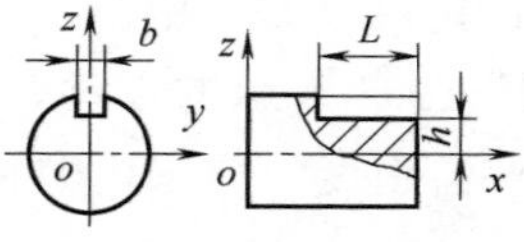 在轴的一端铣键槽	$\vec{x}$、$\vec{y}$、$\vec{z}$ $\widehat{y}$、$\widehat{z}$
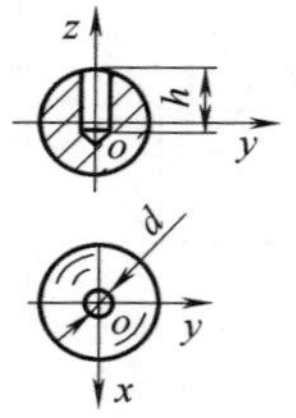 在球体上钻盲孔（深 h）	$\vec{x}$、$\vec{y}$、$\vec{z}$	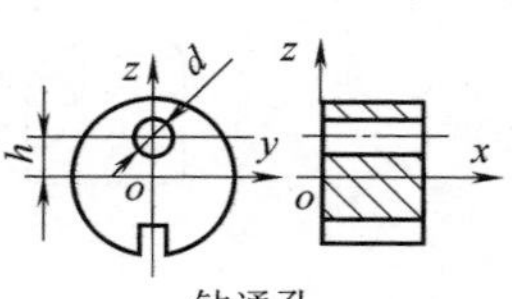 钻通孔	$\vec{y}$、$\vec{z}$、 $\widehat{x}$、$\widehat{y}$、$\widehat{z}$

加工要求简图	至少需要限制的自由度	加工要求简图	至少需要限制的自由度
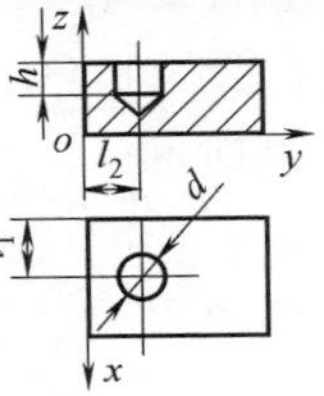 在板上钻盲孔	$\vec{x}$、$\vec{y}$、$\vec{z}$ $\widehat{x}$、$\widehat{y}$、$\widehat{z}$	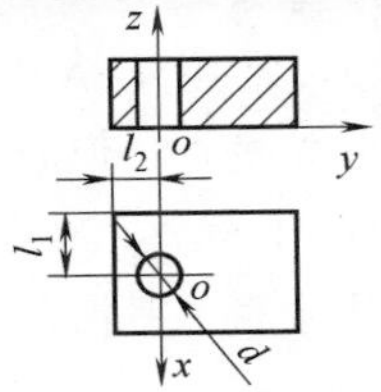 在板上钻通孔	$\vec{x}$、$\vec{y}$ $\widehat{x}$、$\widehat{y}$、$\widehat{z}$
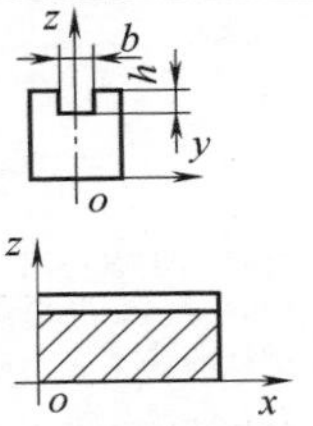 轴上铣通槽	$\vec{y}$、$\vec{z}$、$\widehat{y}$、$\widehat{z}$	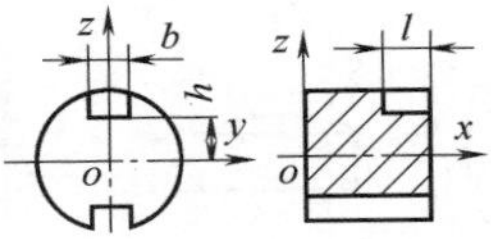 铣对称的键槽	$\vec{x}$、$\vec{y}$、$\vec{z}$ $\widehat{x}$、$\widehat{y}$、$\widehat{z}$

12.2.2 定位方式和定位元件

在机械加工过程中，加工完一个工件就要更换，而夹具上的定位元件是不经常更换的，为了保证每个工件的加工精度的要求，定位元件的定位工作表面应满足以下要求：

① 较高的精度，尺寸精度不低于 IT6～IT8，表面粗糙度 $Ra0.2～0.8\mu m$；

② 足够的刚度，避免受力后引起变形；

③ 较好的耐磨性，以便长期保持精度，一般采用淬火处理，硬度为 55～62HRC。

（1）工件以平面定位

在机械加工中，工件以平面定位的应用很多，如箱体、机座、支架、板类和盘类工件等。在夹具中常用定位元件有支承钉、支承板、可调支承、自位支承和辅助支承。

① 固定支承　固定支承有支承钉和支承板两种形式。

支承钉的类型分为：平头支承钉（A 型）、球头支承钉（B

型）和网纹顶面支承钉（C 型），其结构类型和结构参数如图 12.8 所示。球头支承钉（B 型）容易与工件的定位基面接触，位置稳定，但容易磨损，多用于粗基面定位。平头支承钉（A 型）耐磨性较好，常用于精基面定位。网纹顶面支承钉（C 型）可增大与工件的摩擦力，但容易存屑，一般用于侧面定位。在夹具设计时可按 JB/T 8029.2—1999 标准选用支承钉。在进行限制工件自由度分析时，一般情况下认为一个支承钉相当于一个约束点，限制一个自由度。

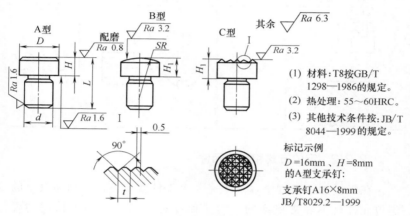

图 12.8　支承钉的结构类型与参数

　　支承钉一般固定在夹具体上，在结构设计时，可采用如图 12.9 所示装配形式。不可拆换式结构如图 12.9（a）～（c）所示，其配合性质为 $\phi H7/r6$。可拆换式结构如图 12.9（d）所示，为了避免夹具体因更换定位元件被磨损而影响加工精度，一般采用加衬套的结构。衬套与夹具体的配合性质一般选择 $\phi H7/r6$，支承钉与衬套孔的配合性质选择 $\phi E7/r6$。为了保证几个支承钉的等高，使其在同一个平面内，一般采取的措施是支承钉装配后，连同夹具体一起对定位工作表面进行磨削，使其在平面度公差要求的范围内。

　　支承板的结构类型和结构参数如图 12.10 所示，它分 A 型和 B 型两种类型，主要用于较大工件的精基面定位。其中 A 型

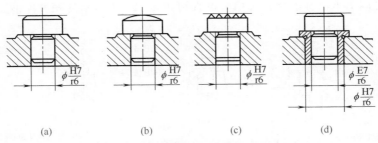

(a) (b) (c) (d)

图12.9 支承钉与夹具体的装配形式

的结构简单，但埋头螺钉孔处容易存积切屑，清理比较困难，适
合侧面定位，B型应用较多，适合底面定位。

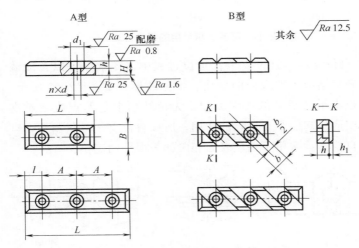

(1) 材料：T8按GB/T 1298—1986的规定。

(2) 热处理：55～60HRC。

(3) 其他技术条件按JB/T 8044—1999的规定。

标记示例：

H=16mm、L=100mm的A型支承板：

支承板 A16×100 JB/T 8029.1—1999

图12.10 支承板的结构类型与参数

　　② 可调支承　可调支承的支承点位置可调，常见的形式如
图12.11所示。可调支承用于工件定位表面不规整或不同批次毛
坯尺寸有变化或同一批工件中加工余量不同时的位置调整。可调
支承也可用作组合夹具的调整元件或辅助支承来提高局部刚性。

可调支承已标准化，选用时可查阅如图 12.11 所示的相关标准。

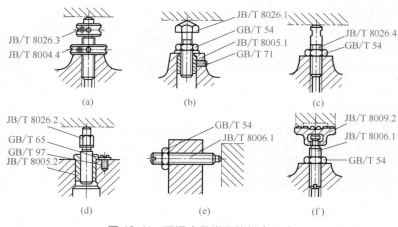

图 12.11 可调支承常用的组合形式

③ 自位支承　自位支承在定位过程中，支承点可以自动调整其位置以适应工件表面的变化。常见的形式如图 12.12 所示。由于自位支承是活动的或浮动的，无论结构上是两点或三点支承，其实质只起一个支承点的作用，所以自位支承只限制一个自由度。自位支承常用于毛坯表面和阶梯表面平面定位。

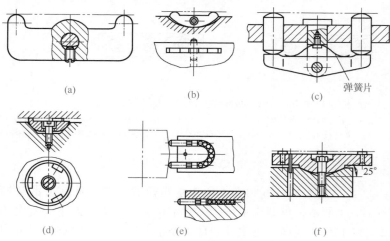

图 12.12 自位支承的常用形式

④ 辅助支承 辅助支承是在工件完成定位后才参与支承的元件，它不起定位作用，只起支承作用，在加工过程中增加被加工工件的刚度，其形式如图 12.13 所示。图 12.13（a）的结构简单，通过旋转网纹螺母调整螺钉的位置，由于螺钉只移动，与工件表面无相对转动，避免了工件表面划伤。图 12.13（b）的支承销 1 受下端弹簧 2 的推力作用与工件接触，当工件定位夹紧后，回转手柄 5，通过锁紧螺钉 4 和斜面顶销 3，将支承销 1 锁紧。图 12.13（c）顶柱通过齿轮齿条来操纵，有时用同一动力源操纵几个这样的顶柱。如图 12.13（d）所示，通过推杆 7 将支承滑柱 6 推上与工件接触，然后回转手柄 9，通过钢球 10 和半圆键 8，将支承滑柱 6 锁紧。

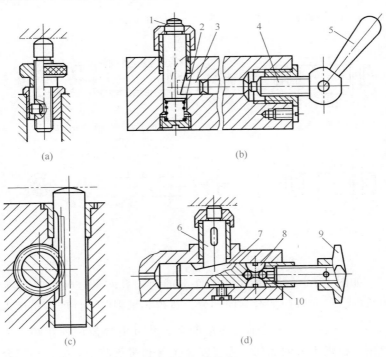

图 12.13 辅助支承

1—支承销；2—弹簧；3—斜面顶销；4—锁紧螺钉；5—手柄；
6—支承滑柱；7—推杆；8—半圆键；9—手柄；10—钢球

（2）工件以圆柱孔定位

工件以圆柱孔定位主要用来定心，常用的定位元件有芯轴、圆柱定位销、圆锥销等。

① 芯轴　芯轴主要用于车削、磨削、齿轮加工等机床上加工套筒和盘类工件，结构类型较多，常用的结构类型如图 12.14 所示。

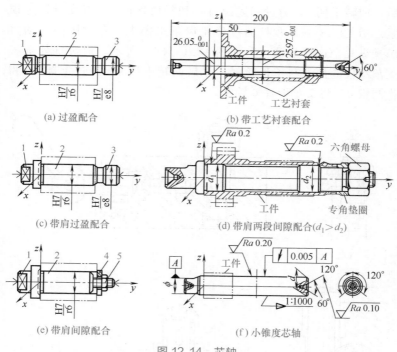

图 12.14　芯轴

如图 12.14（a）所示，工件上的圆柱孔与圆柱刚性芯轴为过盈配合，芯轴前端有导向部分。过盈芯轴限制工件的自由度为 $\vec{x}$、$\vec{z}$、$\widehat{x}$、$\widehat{z}$。该芯轴定心精度高，并可由过盈传递扭矩，一般用于扭矩不大的磨削。为了安装工件和避免芯轴磨损影响配合精度，采用图 12.14（b）所示的带工艺衬套结构。图 12.14（c）所示的结构为带轴肩过盈配合结构，限制工件的自由度为 $\vec{x}$、

$\vec{y}$、$\vec{z}$、$\widehat{x}$、$\widehat{z}$。图 12.14（d）为带轴肩两短间隙配合芯轴，图 12.14（e）为带轴肩的间隙配合芯轴，靠端部螺母夹紧产生的夹紧摩擦力传递切削力矩，限制工件的自由度为 $\vec{x}$、$\vec{y}$、$\vec{z}$、$\widehat{x}$、$\widehat{z}$，它们的定心精度不如过盈配合的高，但装卸工件方便。图 12.14（f）为小锥度芯轴，通常锥度为（1：5000）～（1：1000），当工件既要求定心精度高又要求装卸方便的情况下常用小锥度芯轴定位，其限制工件的自由度为 $\vec{x}$、$\vec{z}$、$\widehat{x}$、$\widehat{z}$。

芯轴限制自由度的定位分析如图 12.15 所示。图 12.15（a）中，当芯轴的长径比 $L/d \geqslant 0.8 \sim 1$ 时称长芯轴，限制的自由度为 $\vec{x}$、$\vec{z}$、$\widehat{x}$、$\widehat{z}$，轴肩限制自由度 $\vec{y}$。如图 12.15（b）所示，当芯轴的长径比 $L/d \leqslant 0.4$ 时称短芯轴，限制的自由度数为 2，L_{e1} 处限制的自由度为 $\vec{x}$、$\vec{z}$，L_{e2} 处限制的自由度为 $\widehat{x}$、$\widehat{z}$，当两个短芯轴组合使用时，其作用与长芯轴相同，轴肩限制自由度 $\vec{y}$。

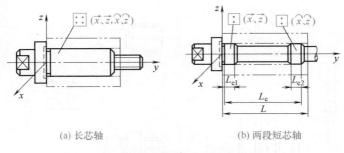

(a) 长芯轴　　　　　　　(b) 两段短芯轴

图 12.15　芯轴限制自由度的定位分析示例

② 定位销　定位销一般与其它定位元件组合使用，按其与夹具体采用装配形式分固定式定位销（JB/T8014.2—1999）和可换式定位销（JB/T8014.3—1999），按定位销的结构分圆柱销和削边销（也称菱形销），其类型、结构参数如图 12.16 所示。固定式定位销和可换式定位销与夹具体的装配结构如图 12.17 所示。

其余 $\sqrt{Ra\,12.5}$

(1) 材料：$D \leqslant 18$mm，T8按GB/T 1298—1986的规定。$D > 18$mm，20钢按GB/T 699—1999的规定。

(2) 热处理：T8为55～60HRC；20钢渗碳深度0.8～1.2mm，55～60HRC

(3) 其他技术条件按JB/T 8044—1999的规定。

标记示例：

$D = 11.5$mm，公差带为f7，$H = 14$mm的A型固定式定位销：
定位销A11.5f7×14 JB/T 8014.2—1999

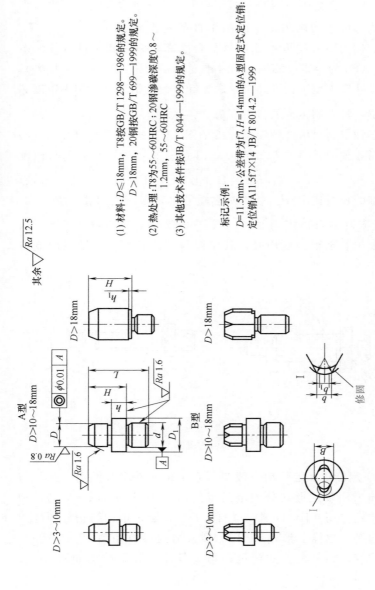

(a) 固定式定位销

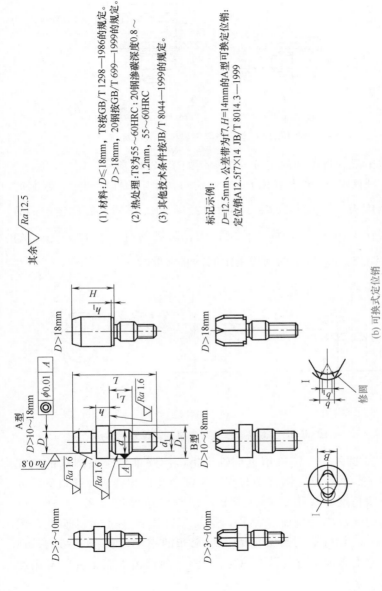

其余 $\sqrt{Ra\,12.5}$

(1) 材料：$D \leq 18$mm，T8按GB/T 1298—1986的规定。$D > 18$mm，20钢按GB/T 699—1999的规定。

(2) 热处理：T8为55~60HRC；20钢渗碳深度0.8~1.2mm，55~60HRC

(3) 其他技术条件按JB/T 8044—1999的规定。

标记示例：

D=12.5mm、公差带为f7的A型可换定位销：定位销A12.5f7×14 JB/T 8014.3—1999

(b) 可换式定位销

图12.16 定位销的类型与结构参数

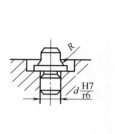 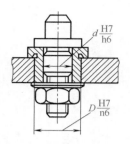

(a) 固定式定位销 　　　　(b) 可换式定位销

图 12.17　定位销与夹具体的装配结构

定位销限制自由度的定位分析示例如图 12.18 所示。图 12.18（a）中，圆柱定位销的长径比 $L/d \geqslant 0.8 \sim 1$，称长圆柱定位销，限制的自由度为 $\vec{x}$、$\vec{y}$、$\hat{x}$、$\hat{z}$。如图 12.18（b）所示，圆柱定位销的长径比 $L/d \leqslant 0.4$，称圆柱定位销，限制的自由度为 $\vec{x}$、$\vec{y}$。如图 12.18（c）所示的削边销限制的自由度为 $\vec{x}$。

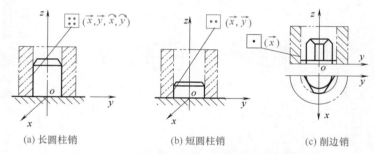

(a) 长圆柱销　　　　　(b) 短圆柱销　　　　　(c) 削边销

图 12.18　定位销限制自由度的定位分析示例

③ 圆锥销　圆锥销也称锥头销，用圆锥销定位圆孔的情况如图 12.19 所示，圆锥销与圆孔端部的孔口相接触，孔口的尺寸和形状精度直接影响接触情况而影响定位精度。图 12.19（a）所示的圆锥销为圆锥面结构，适合工件上已加工过的圆孔，图 12.20（b）所示的圆锥销为 120°均布的三小段圆锥面结构，适合工件上未加工过的圆孔（毛坯孔）。圆锥销限制工件的自由度为 $\vec{x}$、$\vec{y}$、$\vec{z}$。

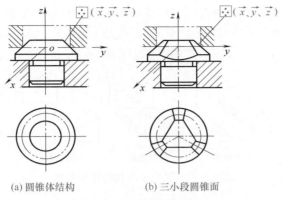

(a) 圆锥体结构　　　　(b) 三小段圆锥面

图 12.19　圆锥销定位

④ 中心孔圆柱塞　中心孔圆柱塞也称圆柱堵头，主要用于两端空心轴类零件的外圆磨削，其圆柱表面与工件上的孔采用过盈配合，用在工件不同的加工工序中定位，如粗磨、半精磨、精磨，在不同工序之间不拆卸，但需要修磨中心孔，按其结构类型分带肩和不带肩两种形式，拆卸时可通过螺纹或推杆将其卸下，如图 12.20 所示。

（3）工件以外圆柱面定位

工件以外圆定位时，常用的定位元件有 V 形块、圆（孔）定位套、半圆（孔）定位套、内锥套等。

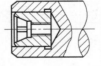

(a) 中心孔柱塞　　(b) 带肩中心孔柱塞

图 12.20　中心孔圆柱塞

① V 形块　用 V 形块定位工件上的外圆表面最常用。V 形块的外形结构如图 12.21 所示。图 12.21（a）所示的 V 形块用于工件较短的精基面外圆定位。图 12.21（b）所示的 V 形块为间断式（两段短 V 形块）结构，并且 V 形块的斜面被倒角，与工件的接触面积较小，一般用于工件较长的粗基面外圆定位。图 12.21（c）所示的 V 形块由两个短 V 形块组成，一块固定在夹具体上，另一块可在夹具体上根据工件的长短进行移动调整（调后紧固）。在生产中，对于较大直径的工件，V 形块采用铸铁底

座，通过镶装淬火钢板或再焊接硬质合金，以提高定位工作表面（V形块的斜面）的耐磨性。V形块的标准（JB/T8018.1～8018.4—1999）结构参数如图12.22所示。

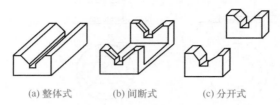

(a) 整体式　(b) 间断式　(c) 分开式

图 12.21　常用 V 形块的结构形式

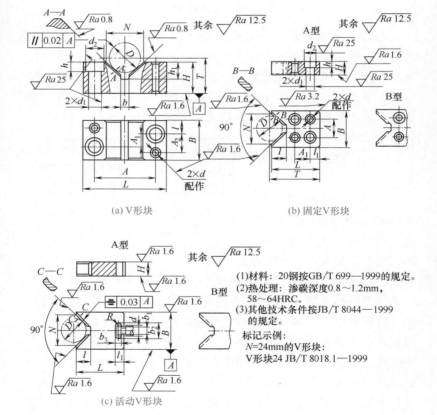

(a) V形块

(b) 固定V形块

(c) 活动V形块

(1)材料：20钢按GB/T 699—1999的规定。

(2)热处理：渗碳深度0.8～1.2mm，58～64HRC。

(3)其他技术条件按JB/T 8044—1999的规定。

标记示例：

N=24mm的V形块：

V形块24 JB/T 8018.1—1999

图 12.22　V 形块的类型与结构参数

V 形块限制工件自由度的情况如图 12.23 所示。长 V 形块或两个短 V 形块组合可限制工件自由度为 $\vec{y}$、$\vec{z}$、$\widehat{y}$、$\widehat{z}$，单独一个短 V 形块可限制工件自由度为 $\vec{y}$、$\vec{z}$。

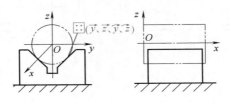

(a) 长V形块

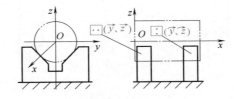

(b) 短V形块组合

图 12.23　V 形块限制工件自由度的情况

② 圆（孔）定位套　常用的圆定位套类型如图 12.24 所示。图 12.24（a）所示定位限制工件的自由度为 $\vec{z}$、$\vec{x}$、$\widehat{y}$、$\widehat{x}$、$\widehat{y}$。图 12.24（b）所示定位限制工件的自由度为 $\vec{x}$、$\vec{z}$、$\widehat{x}$、$\widehat{z}$、$\widehat{y}$。图 12.24（c）所示定位限制工件的自由度为 $\vec{x}$、$\vec{z}$、$\widehat{y}$。图 12.24（d）所示定位限制工件的自由度为 $\vec{x}$、$\vec{z}$。

③ 外圆的其它定位元件　外圆的其它定位元件如图 12.25 所示。半圆（孔）定位套如图 12.25（a）所示，当工件尺寸较大，用圆柱孔定位安装不便时，可将圆柱孔定位套作成两半，下半孔用作定位，上半孔用于压紧工件，其轴向尺寸短的半圆孔定位套限制 2 个自由度；轴向尺寸长的半圆孔定位限制 4 个自由度。图 12.25（b）所示的支承钉定位外圆，限制工件的 2 个自由度。图 12.25（c）所示的支承板定位外圆，限制工件的 2 个

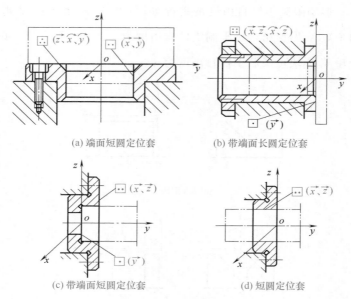

(a) 端面短圆定位套　　　　(b) 带端面长圆定位套

(c) 带端面短圆定位套　　　　(d) 短圆定位套

图 12.24　圆定位套

自由度。图 12.25（d）所示的内锥套定位外圆，限制工件的 3 个移动自由度。

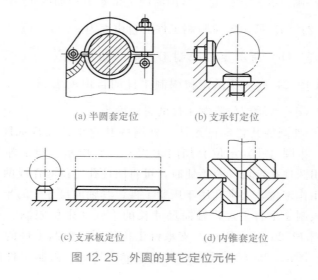

(a) 半圆套定位　　　　(b) 支承钉定位

(c) 支承板定位　　　　(d) 内锥套定位

图 12.25　外圆的其它定位元件

（4）工件锥孔定位

在生产实际中，轴类零件以中心孔定位，定位元件常用顶尖，套类零件以圆锥孔定位，定位元件常用锥度芯轴和锥堵，如图 12.26 所示。图 12.26（a）中，一个锥度芯轴与工件上的圆锥孔定位，可限制工件的自由度为 $\vec{x}$、$\vec{y}$、$\vec{z}$、$\widehat{x}$、$\widehat{z}$。一个顶尖与工件上的圆锥孔定位，可限制工件上的自由度为 $\vec{x}$、$\vec{y}$、$\vec{z}$，如图 12.26（b）所示。一个锥堵与工件上的圆锥孔定位，可限制工件上的自由度为 $\vec{x}$、$\vec{y}$、$\vec{z}$，与顶尖的作用相同，如图 12.26（c）所示。

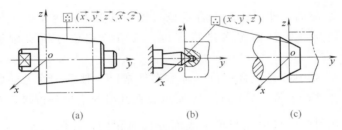

（a）   （b）   （c）

图 12.26　锥孔定位

（5）组合定位

在实际生产中，为满足工序加工要求，一般采用工件上几个表面的组合进行定位，如平面、双顶尖孔（轴类零件）、一端面一孔（套类零件）、一端面一外圆（轴、盘类零件等）、一面两孔（箱体类、板、盘）等组合；夹具上与之相对应的定位元件组合定位为：平面（或支承板或支承钉）组合、双顶尖组合、端面定位销组合、带肩定位芯轴、一面两销（圆柱销、菱形销）等。

在组合定位分析时，首先建立坐标系，分析工件上每个表面限制的自由度，每个表面限制的自由度数目与单个表面分析时的相同，由于组合定位分析时与单个表面定位分析时的坐标系的原点不同，因此，在单个表面定位分析中可能限制工件移动自由度转化为限制工件的转动自由度，下面结合实例进行组合定位分析、限制自由度的转换和过定位消除方法。

① 端面与孔组合定位　套类零件常以工件上的端面与孔组合进行定位，其组合定位分析如图 12.27 所示。

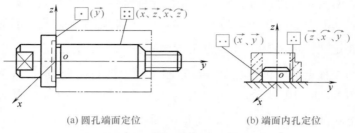

(a) 圆孔端面定位　　　　　　　　(b) 端面内孔定位

图 12.27　端面与孔组合定位

② 端面与外圆柱面组合定位　轴、盘类零件等常以工件上的端面与外圆柱面组合进行定位，其组合定位分析实例见图 12.24（a）～（c）。

③ 双中心孔组合定位　轴类零件常以工件两端面上的中心孔组合进行定位，如图 12.28 所示。在其组合定位分析时，左端中心孔限制的自由度与单个表面分析时相同，即限制 $\vec{x}$、$\vec{y}$、$\vec{z}$ 自由度，右端中心孔由于相对坐标系原点 O 有一定的距离，致使定位表面限制工件的移动自由度转化为限制工件转动自由度的形式，即单个表面时限制自由度 $\vec{x}$ 转化为组合定位时限制自由度 $\overset{\frown}{z}$，$\vec{z}$ 转化为 $\overset{\frown}{x}$。由于左、右顶尖都限制工件的自由度 $\vec{y}$，故为重复定位或过定位。过定位可能造成工件安装不上或工件变形等问题。为此，通过定位元件（右顶尖）可移动（即变为移动副）的形式，消除对自由度 $\vec{y}$ 的约束，即设置运动副的形式消除过定位。

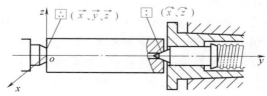

图 12.28　双中心孔组合定位

④ 双圆柱孔或双圆锥孔组合定位　套类零件常以工件上两端圆柱孔或圆锥孔组合进行定位，两端的圆柱孔可用带中心孔的圆柱塞、圆锥堵头组合定位，两端的圆锥孔用圆锥堵头组合定位。其组合定位分析与双中心孔组合定位分析方法相同，限制自由度的情况如图 12.29 所示。

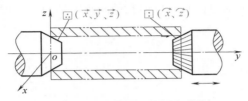

图 12.29　双圆锥堵头组合定位

⑤ 一面两孔组合定位　对于较大的箱体类、板类和盘类零件常以工件上一面两孔组合定位，其定位分析如图 12.30 所示。其中，平面限制的自由度为 $\vec{z}$、$\widehat{x}$、$\widehat{y}$，左端的圆孔（短圆柱销）限制的自由度为 $\vec{x}$、$\vec{y}$，右端圆孔限制 $\widehat{z}$。需要说明的是，右端圆孔若用短圆柱销定位，单个表面定位时限制 $\vec{x}$、$\vec{y}$ 自由度，在其组合定位中限制 $\vec{x}$ 自由度转化为限制 $\widehat{z}$ 自由度，限制自由度 $\vec{y}$ 的不变。左、右的圆孔（短圆柱销）均限制自

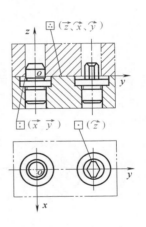

图 12.30　一面两孔
组合定位分析

由度 $\vec{y}$，即重复定位，可能造成工件安装不进的现象，需要消除，故采用菱形销（也称削边销）的结构，将重复定位消除。

　　为了避免一面两销的组合定位由于过（重复）定位引起工件安装时的干涉，一般采用孔与销的间隙、两销中的一个采用削边销（菱形销）的措施。为了保证工件的安装和加工精度的要求，在进行夹具设计时，需要对孔销间隙与削边销宽 b 的参数进行设

计计算。

如图 12.31 (a) 所示，考虑极端情况，两孔心距最大 $[L + T(L_K)/2]$，两销心距最小 $[L - T(L_J)/2]$；两孔心距最小 $[L - T(L_K)/2]$，两销心距最大 $[L + T(L_J)/2]$。假设孔 1 与销 1 的最小间隙为 $\varepsilon_{1\min}$，孔 2 与销 2 的最小间隙为 $\varepsilon_{2\min}$。一面两销（一个为削边销）定位的孔销间隙与削边销宽度 b 的关系推导如下。

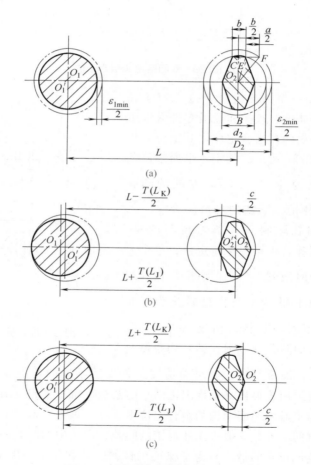

图 12.31　削边定位销的结构参数

图中 a——削边定位销能补偿中心距误差的数值，mm；

　　　b——削边定位销削边后的宽度，mm；

　　　B——削边定位销在两定位销连心线方向上的最大宽度，mm；

　　　L——中心距，mm；

　　　L_K——工件上两孔的中心距，$L_K = L \pm T(L_K)/2$，mm；

　　　L_J——夹具上两销的中心距，$L_J = L \pm T(L_J)/2$，mm；

$T(L_K)$——工件上两孔中心距的公差，mm；

$T(L_J)$——夹具上两销中心距的公差，mm。

由图 12.31（a）可得：

$$(O_2 C)^2 = \left(\frac{d_2}{2}\right)^2 - \left(\frac{b}{2}\right)^2 = \left(\frac{D_2}{2}\right)^2 - \left(\frac{b}{2} + \frac{a}{2}\right)^2$$

即：$\left(\dfrac{D_2}{2} - \dfrac{\varepsilon_{2min}}{2}\right)^2 - \left(\dfrac{b}{2}\right)^2 = \left(\dfrac{D_2}{2}\right)^2 - \left(\dfrac{b}{2} + \dfrac{a}{2}\right)^2$

展开上式并略去 a^2、ε_{2min}^2 等项，最后得到：

$$a = \frac{D_2}{b}\varepsilon_{2min} \text{ 或 } \varepsilon_{2min} = \frac{b}{D_2}a \tag{12.1}$$

削边定位销能全部补偿中心距误差的条件为

$$a \geqslant c \tag{12.2}$$

当 $L_K = L \pm [T(L_K)/2]$；$L_J = L \pm [T(L_J)/2]$时，

$$c = T(L_K) + T(L_J) - \varepsilon_{1min} \tag{12.3}$$

把式（12.3）代入式（12.1）得：

$$\varepsilon_{2min} = \frac{b}{D_2}c \text{ 或 } \varepsilon_{2min} = \frac{b}{D_2}[T(L_K) + T(L_J) - \varepsilon_{1min}]$$

这时，补偿中心距误差的两个极限情况如图 12.31（b）、（c）所示。

在进行组合定位分析时，一要注意自由度形式的转化，二要注意过定位的消除。消除过定位主要采用运动副（如移动副、转动副和球副等）的方法和结构的方法将其消除。

12.2.3 典型定位方式及其表示方法

（1）机械加工定位、夹紧符号

在阅读工艺文件、进行工艺设计、工件定位分析和拟定夹具设计的定位方案等工作中，经常用一些简单的符号来表示工件的定位和夹紧情况、表达设计思想。为了便于交流和更准确地表达工件的定位和夹紧情况，我国制定了更加完善的机械加工定位和夹紧符号的标准（JB/T 5061—1999），主要包括定位、夹紧符号、常用的装置（机床附件）符号及其综合标注示例，为工艺设计提供了规范化的依据。在表 12.2 中示意图上的定位符号附近标注的阿拉伯数字表示限制自由度的数目，限制 1 个自由度的可以省略标注。

◈ 表 12.2　典型工件常见的定位、夹紧符号标注示例

序号	说明	定位、夹紧符号标注示意图
1	机床前后顶尖装夹工件，夹头夹紧工件，拨杆带动工件转动	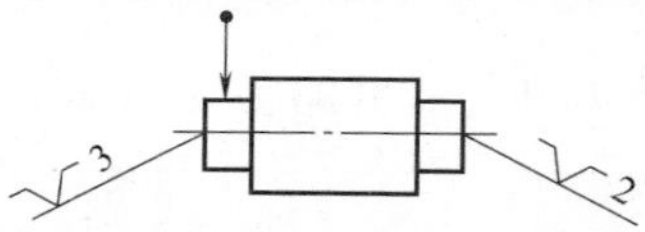
2	床头内拨顶尖、床尾回转顶尖定位夹紧（轴类零件）	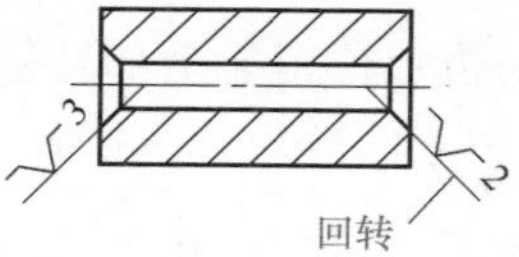
3	床头弹簧夹头定位夹紧，夹头内带有轴向定位，床尾内顶尖定位（轴类零件）	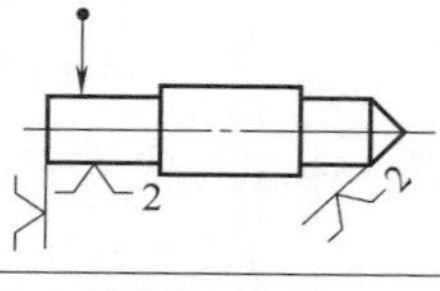
4	弹性芯轴定位夹紧（套类零件）	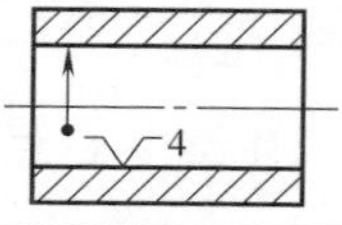
5	锥度芯轴定位夹紧（套类零件）	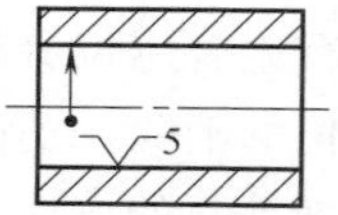

序号	说明	定位、夹紧符号标注示意图
6	端面圆柱短芯轴定位夹紧（套类零件）	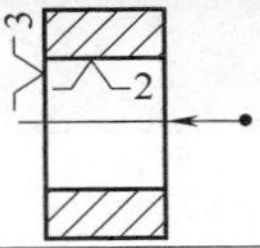
7	四爪单动卡盘定位夹紧、带端面定位（盘类零件）	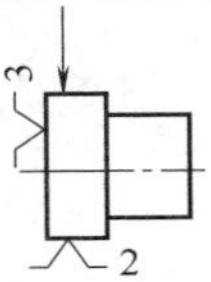
8	床头三爪自定心卡盘定位夹紧、中心架支承定位（长轴类零件）	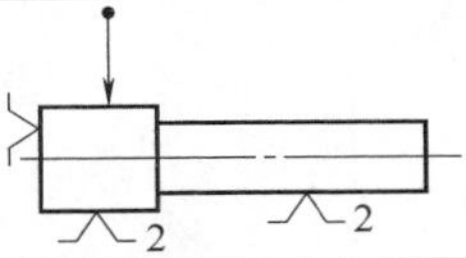

（2）定位方式、定位符号及其表达形式

典型工件常见的定位方式、定位符号及其定位表达形式（在工序图或工艺文件中常用）如表 12.3 所示。

◈ 表 12.3 常见的典型定位方式及定位符号

工件定位基面	定位元件	定位副接触情况	工序简图上定位符号及其限定的自由度
平面	小平面、一个支承钉	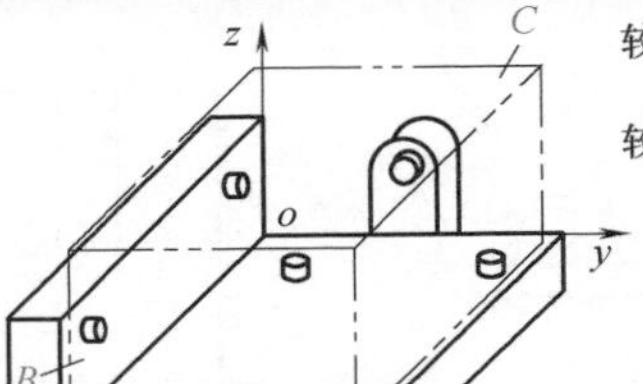 较小	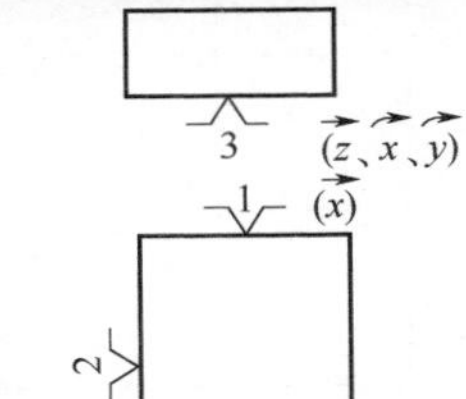 3 $(\vec{z}、\vec{x}、\vec{y})$ 1 $(\vec{x})$ 2 $(\vec{y}、\vec{z})$
	支承板、支承钉	较长	
	大平面、支承板组合、三个支承钉组合	较大	
圆孔	短芯轴	较短 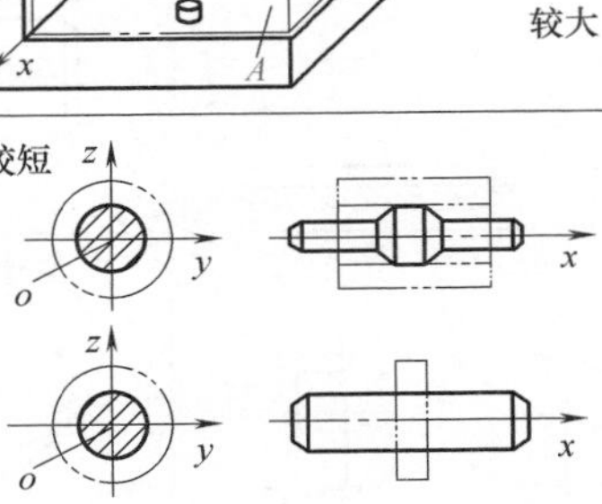	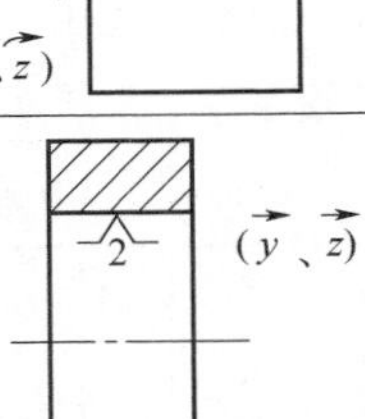 2 $(\vec{y}、\vec{z})$

工件定位基面	定位元件	定位副接触情况	工序简图上定位符号及其限定的自由度
圆孔	长芯轴	较长	$(\vec{y}、\vec{z}、\overset{\curvearrowright}{y}、\overset{\curvearrowright}{z})$
	短圆销	较短	$(\vec{x}、\vec{y})$
	长圆销	较长	$(\vec{x}、\vec{y}、\overset{\curvearrowright}{x}、\overset{\curvearrowright}{y})$
	削边销	较短	$(\vec{x})$
	短锥销	很短	$(\vec{x}、\vec{y}、\vec{z})$
外圆柱面	支承板	较长	$(\vec{z}、\vec{y})$
	短V形块	较短	$(\vec{y}、\vec{z})$

工件定位基面	定位元件	定位副接触情况	工序简图上定位符号及其限定的自由度
外圆柱面	长 V 形块	较长 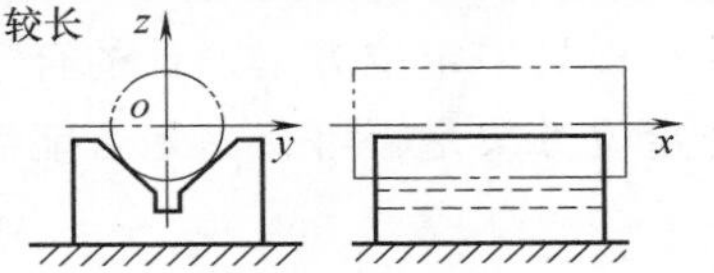	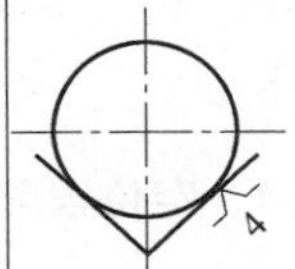 $(\vec{y}、\vec{z}、\widehat{y}、\widehat{z})$
	二个短 V 形块	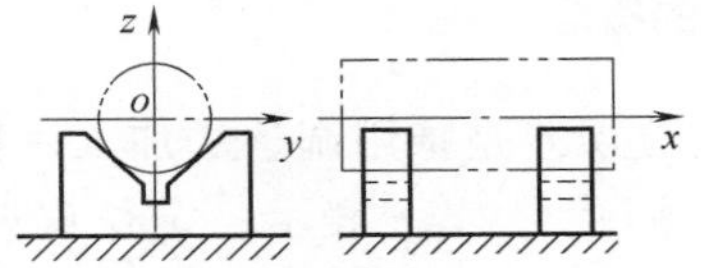	
	短定位套	较短 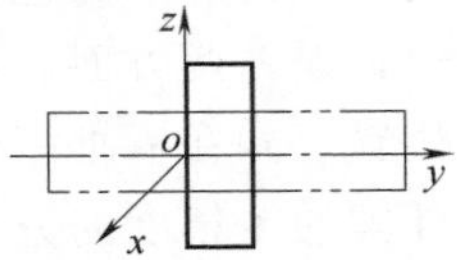	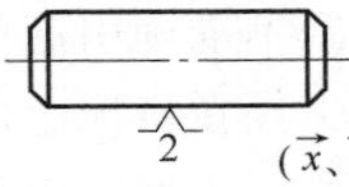 $(\vec{x}、\vec{z})$
	长定位套	较长 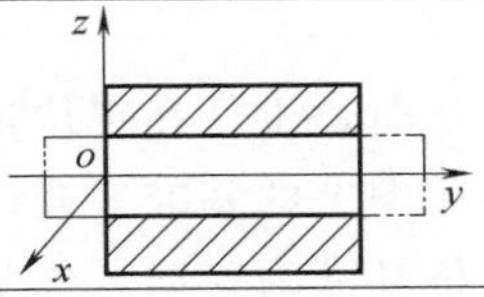	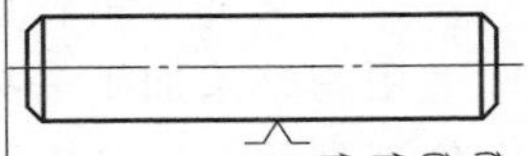 $(\vec{x}、\vec{z}、\widehat{x}、\widehat{z})$
	短锥套	很短 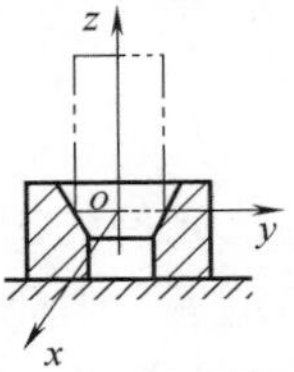	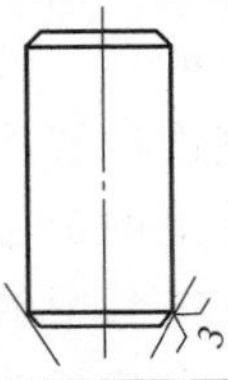 $(\vec{x}、\vec{y}、\vec{z})$
圆锥孔	固定顶针（前）浮动顶针（后）	较短 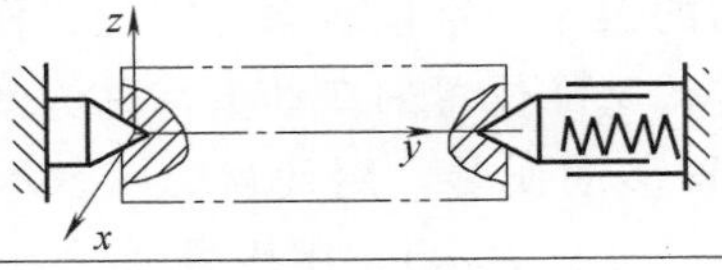	$(\vec{x}、\vec{y}、\vec{z})$  $(\widehat{x}、\widehat{z})$
	锥芯轴	较长 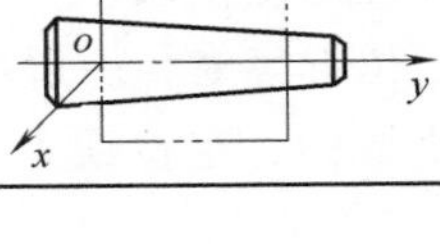	$(\vec{x}、\vec{y}、\vec{z}、\widehat{x}、\widehat{z})$ 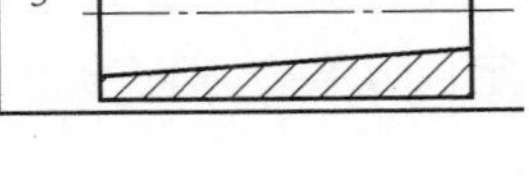

12.3　定位误差分析计算

定位误差分析计算是夹具设计必须进行的一项重要工作，其目的是分析和评价工件在夹具中定位方案设计的合理性，如不同方案的对比分析，验证定位方案是否可行、是否能满足工件加工精度的要求。

12.3.1　定位误差的概念

在机械加工中，定位误差是指用调整法加工一批工件时由定位不准确产生的误差，用代号 Δ_{dw} 表示。定位误差的实质就是定位基准的变化量。引起定位误差的原因包括基准不重合误差和定位副不准确引起的基准位置误差两方面。调整法是先调整好刀具和工件在机床上的相对位置，并在一批零件的加工过程中保持这个位置不变，以保证工件被加工精度的方法。

（1）基准不重合误差

用调整法加工一批工件时，工件在定位过程中，由于工件的定位基准与工序基准（工序图上的基准）或设计基准（零件图上的基准）不重合而引起定位基准的变动量称基准不重合误差，用代号 Δ_{jb} 表示。

（2）基准位置误差

当工件上的定位表面与定位元件的工作表面相接触或相配合时，工件在夹具中的位置就确定了。但是，在一批工件中，工件间在尺寸、形状和位置上存在公差允许范围内的误差，定位元件也存在制造精度范围内的误差，定位表面与定位工作表面存在配合间隙，从而引起的定位基准位置的变动量，称为基准位置误差（有些资料中称基准位置移动误差，用代号 Δ_{jy} 表示，也或称定位副不准确误差，用代号 Δ_{db} 表示），用代号 Δ_{jw} 表示。

（3）评价定位方案合理性的定位误差

在分析和评价工件的定位方案时，一般用定位误差作为评价定位方案合理性的一个重要指标，定位误差 Δ_{dw} 的绝对值越小，定位方案越合理。

在分析计算定位误差时，定位误差是基准不重合误差和基准位置移动误差两部分误差的代数和。一般情况下，定位误差应满足：

$$\Delta_{dw} \leqslant (1/3 \sim 1/5)\delta \qquad (12.4)$$

式中　δ——本工序工件要求的公差。

在验证定位方案是否能满足工件加工精度的要求时，式（12.4）中系数的取值原则是，当 δ 较小时，取系数的较大值，反之取较小值。

12.3.2　定位误差的分析计算

（1）定位误差分析时应注意的问题

在分析计算定位误差时应注意以下问题：

① 定位误差是指工件某加工工序中某加工精度参数的定位误差。它是该加工精度参数加工误差的一个组成部分。

② 某工序的定位方案可以对该工序的几个加工精度参数产生不同的定位误差，因此，应对这几个加工精度参数分别进行定位误差计算。

③ 分析计算定位误差的前提是采用夹具装夹、用调整法加工一批工件来保证加工要求。

④ 分析计算得出的定位误差是指加工一批工件时可能产生的最大定位误差范围。它是一个界限值，而不是指某一个工件的定位误差的具体数值。

（2）定位单个表面的定位误差分析计算

1）工件以平面定位时的定位误差分析计算　工件以平面定位时，一般只计算基准不重合引起的定位误差 Δ_{jb}，即 $\Delta_{dw} = \Delta_{jb}$，$\Delta_{jw} = 0$。

事实上，定位表面和定位工作面存在误差。在精基准平面定位时，定位表面经过加工，其形状误差值较小，可忽略不计。在毛坯平面定位时，工件定位平面的形状误差会引起基准的位置变化 Δ_E，如图 12.32 所示，粗基准平面定位的加工精度要求低，一般可忽略不计。所以，工件以平面定位时一般只计算基准不重合引起的定位误差 Δ_{jb}。如加工图 12.32 中的 A 面和 B 面，要求保证尺寸 a 和 b。尺寸 a 的设计基准是 D 面，定位基准是 C 面，调整对刀的尺寸是 d，基准不重合引起的定位误差是 D 面的变动量（见图中的 Δ_{dw}）。尺寸 b 的设计基准是 E 面，定位基准也是 E 面（调整对刀尺寸是 b），基准重合，其定位误差为 0。

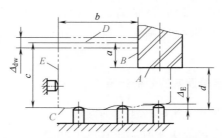

图 12.32　毛坯平面定位时的基准位置误差

2）工件以圆柱孔定位的定位误差分析计算　如图 12.33 所示，孔与定位芯轴为过盈配合。工件的定位基准孔心线与定位芯轴的轴心没有相对位置变化，其基准位置误差 $\Delta_{jw}=0$。

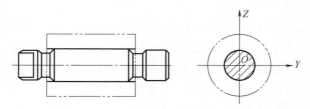

图 12.33　定位孔与定位芯轴为过盈配合时的定位误差

如图 12.34 所示，定位圆柱孔与定位销为间隙配合，由于存在配合间隙，工件的定位基准（圆柱孔心线 O'）相对定位元件芯轴的基准（轴心线 O）会发生基准位置变化，图 12.34（a）是 Z 方向上的最大基准位置变化量；图 12.34（b）是 Y 方向上的最大基准位置变化量。

如果定位面与定位工作面的接触点位置是随机变化的，定位基准（孔心线）O' 相对定位工作面基准（轴心线）O 位置可能

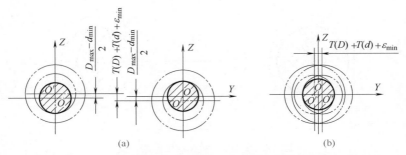

图 12.34　定位孔与定位销（或芯轴）间隙配合基准位置移动误差

的最大变化量（基准位置误差）为：

$$\Delta_{\mathrm{jw}} = D_{\max} - d_{\min} = T(D) + T(d) + \varepsilon_{\min} \qquad (12.5)$$

式中　$T(D)$——定位圆柱孔的直径公差；

　　　$T(d)$——定位工作面芯轴的外圆直径公差；

　　　$\varepsilon_{\min}$——最小配合间隙。

在特定的情况下，若定位孔与定位工作面外圆的接触点始终处于一点，定位基准为孔心线 O' 相对定位工作面上的接触点可能的（极限情况）基准位置误差 Δ_{jw} 为：

$$\Delta_{\mathrm{jw}} = \frac{D_{\max} - D_{\min}}{2} = \frac{T(D)}{2} \qquad (12.6)$$

如图 12.35 所示，对于一面二孔定位，若两孔的直径分别为 D_1 和 D_2，两销的直径分别为 d_1 和 d_2，孔心距和轴心距均为 L。当两孔直径均为最大、两销直径均为最小时，孔心 O_1 相对轴心 O_1 最大可能的位置变动为 O_1' 和 O_1''，孔心 O_2 相对轴心 O_2 最大可能的位置变动为 O_2' 和 O_2''。工件安装时，两孔心连线 $\overline{O_1'O_2''}$ 或 $\overline{O_1''O_2'}$ 相对轴心连线 $\overline{O_1O_2}$ 可能出现的最大偏转角为：

$$\alpha = \pm\arctan\frac{D_{1\max} - d_{1\min} + D_{2\min} - d_{2\min}}{2L} \qquad (12.7)$$

3）工件以外圆定位时的定位误差分析计算　工件以外圆与定位套定位时的定位误差分析计算，与工件以内圆柱孔在定位芯轴上的分析计算方法相同，这里不再讨论。

如图 12.36 所示，工件上的定位表面是外圆，定位元件是 V

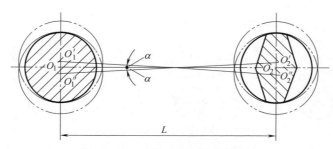

图 12.35　一面两孔定位误差计算

形块。V 形块只能在其对称面上定心。若忽略 V 形块的制造误差，工件的定位基准为外圆的轴心 O_1'，由于一批工件的外圆尺寸的变化，使工件的定位基准在竖直方向上产生的基准位置变化为 $O_1'O_1''$，O_1' 是工件外圆直径最大时所处的位置，O_1'' 是工件外圆直径最小时所处的位置。一般情况下，对刀基准为标准芯轴所处的位置 O，标准芯轴的直径 d 为工件外圆最大直径 $d_{\max}$ 和最小直径 $d_{\min}$ 的平均值。外圆在 V 形块上定位，可能的基准位置误差 Δ_{jw} 为：

$$\Delta_{\mathrm{jw}}=O_1'O_1''=\frac{O_1'C}{\sin\dfrac{\alpha}{2}}=\frac{\dfrac{d_{\max}}{2}-\dfrac{d_{\min}}{2}}{\sin\dfrac{\alpha}{2}}=\frac{T(d)}{2\sin\dfrac{\alpha}{2}} \tag{12.8}$$

例如，加工一批如图 12.37（a）所示工件上的键槽，由于设计基准不同，其定位误差就不同。若外圆已加工合格，今用 V 形块定位铣削槽宽为 b 的键槽，分析计算要求保证尺寸 L_1、L_2 和 L_3 三种情况的定位误差。

分析：图 12.37（a）所给的三种尺寸是零件图中常见的标注形式。加工键槽的重点是保证键槽两侧面对称外圆的轴心 O，一般采用 V 形块定位。工件上的定位基准均为外

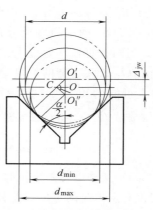

图 12.36　外圆在 V 形块上定位的基准位置误差

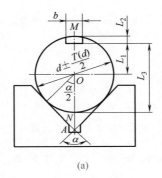

(a)

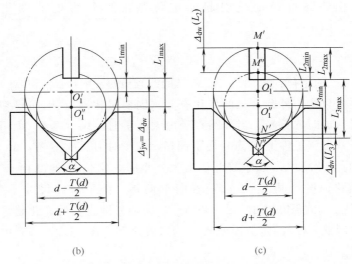

(b)   (c)

图 12.37 V 形块定位外圆铣槽时的三种不同尺寸
要求及其定位误差计算

圆的轴心 O，由工件外圆直径变化引起的基准位置误差均为：
$\Delta_{jw} = \dfrac{T(d)}{2\sin\dfrac{\alpha}{2}}$。下面只需分析三种情况的基准不重合误差。

① 尺寸 L_1 的定位误差。

L_1 尺寸的设计基准是外圆轴心 O，定位基准也是外圆轴心 O，基准重合，$\Delta_{jb} = 0$。

L_1 的定位误差 Δ_{dw} 为：$\Delta_{\mathrm{dw}}(L_1)=\Delta_{\mathrm{jb}}+\Delta_{\mathrm{jw}}=\dfrac{T(d)}{2\sin\dfrac{\alpha}{2}}$，见

图 12.37（b）。

② L_2 尺寸的定位误差的分析。

L_2 尺寸的设计基准是外圆的上母线 M，定位基准是外圆轴心 O，基准不重合，关联尺寸为 OM，即 $d/2$。由外圆直径变化引起设计基准相对定位基准可能的变化量 $\Delta_{\mathrm{jb}}=\dfrac{T(d)}{2}$。

由外圆直径变化引起的定位基准位置可能的变化量 $\Delta_{\mathrm{jw}}=\dfrac{T(d)}{2\sin\dfrac{\alpha}{2}}$。

L_2 的定位误差 Δ_{dw} 为 Δ_{jb} 与 Δ_{jw} 合成。由于 Δ_{jb} 和 Δ_{jw} 的误差变化均与外圆直径的变化有关（因变量相同），因而要判别二者合成时的符号。当外圆直径由大变小时，设计基准 M 相对定位基准（工件上 O 点）向下偏移，由于对刀尺寸不变，Δ_{jb} 使 L_2 的尺寸减小；当外圆直径由大变小时，定位基准 O 由 O' 向 O'' 偏移，设计基准 M 也随着向下偏移，由于对刀尺寸不变，Δ_{jw} 使 L_2 的尺寸减小。Δ_{jb} 和 Δ_{jw} 二者随外圆直径的变化趋势相同，因此，L_2 的定位误差 Δ_{dw} 为二者之和［图 12.37（c）中的 $L_{2\max}-L_{2\min}$］，即：

$$\Delta_{\mathrm{dw}}(L_2)=\Delta_{\mathrm{jb}}+\Delta_{\mathrm{jw}}=\frac{T(d)}{2}+\frac{T(d)}{2\sin\dfrac{\alpha}{2}}=\frac{T(d)}{2}\left(1+\frac{1}{\sin\dfrac{\alpha}{2}}\right)$$

③ L_3 尺寸的定位误差的分析。

L_3 尺寸的设计基准是外圆的下母线 N，定位基准是外圆轴心 O，基准不重合，关联尺寸为 ON，即 $d/2$。由外圆直径变化引起设计基准相对定位基准可能的变化量 $\Delta_{\mathrm{jb}}=\dfrac{T(d)}{2}$。

由外圆直径变化引起的定位基准位置可能的变化量

$$\Delta_{jw} = \frac{T(d)}{2\sin\dfrac{\alpha}{2}}\text{。}$$

L_3 定位误差的 Δ_{jb} 和 Δ_{jw} 合成时的符号判别。当外圆直径由大变小时，设计基准 N 相对定位基准（工件上 O 点）向上偏移，由于对刀尺寸不变，Δ_{jb} 使 L_3 的尺寸减小；当外圆直径由大变小时，定位基准 O 由 O' 向 O'' 偏移，设计基准 N 也随着向下偏移，由于对刀尺寸不变，Δ_{jw} 使 L_3 的尺寸增大。Δ_{jb} 和 Δ_{jw} 二者随外圆直径的变化趋势相反。L_3 定位误差 [图 12.37（c）中的 $L_{3max} - L_{3min}$] Δ_{dw} 为：

$$\Delta_{dw}(L_3) = \Delta_{jb} - \Delta_{jw} = \frac{T(d)}{2} - \frac{T(d)}{2\sin\dfrac{\alpha}{2}} = \frac{T(d)}{2}\left(1 - \frac{1}{\sin\dfrac{\alpha}{2}}\right)$$

定位误差的实质就是定位基准的变化量。用微分方法计算定位误差，关键是选定一个合适点作为参考点，建立定位基准的方程式。选图 12.37（a）中的 A 点作为参考点，求保证 L_1 的定位误差，若不考虑 V 形块的锥角影响，基准 O 相对 A 点的变化量关系式为：

$$OA = \frac{\dfrac{d}{2}}{\sin\dfrac{\alpha}{2}}, \quad d(OA) = \Delta_{dw} = \frac{d\left(\dfrac{d}{2}\right)}{\sin\dfrac{\alpha}{2}} = \frac{T(d)}{2\sin\dfrac{\alpha}{2}}, \text{式中，} T(d)$$

为外圆直径的公差。

保证 L_2 的定位误差计算，基准 M 相对 A 点的变化量关系式为：

$$MA = MO + OA = \frac{d}{2} + \frac{\dfrac{d}{2}}{\sin\dfrac{\alpha}{2}};$$

$$d(MA) = \Delta_{dw} = d\left(\frac{d}{2}\right) + \frac{d\left(\dfrac{d}{2}\right)}{\sin\dfrac{\alpha}{2}} = \frac{T(d)}{2}\left(1 + \frac{1}{\sin\dfrac{\alpha}{2}}\right)$$

保证 L_3 的定位误差计算，基准 N 相对 A 点的变化量关系式为：

$$NA = OA - ON = \frac{\dfrac{d}{2}}{\sin\dfrac{\alpha}{2}} - \frac{d}{2};$$

$$d(NA) = \Delta_{dw} = \frac{d\left(\dfrac{d}{2}\right)}{\sin\dfrac{\alpha}{2}} - d\left(\frac{d}{2}\right) = \frac{T(d)}{2}\left(\frac{1}{\sin\dfrac{\alpha}{2}} - 1\right)$$

4）工件以内锥孔在圆柱芯轴上定位时的定位误差分析计算　无论是长圆锥孔还是顶尖孔，定位面与定位工作面的接触是圆锥面相互接触，它们之间可认为无间隙配合，定心的基准位置误差为 0。如果一批工件存在圆锥面直径的制造误差，这时圆锥孔定位就会引起工件端面（基准）的轴向位置误差，如图 12.38 所示，定位副不准确引起的轴向基准位置误差 Δ_{jw} 为：

$$\Delta_{jw} = \frac{T(D_1)}{2}\cot\frac{\alpha}{2} \tag{12.9}$$

式中　$T(D_1)$——圆锥孔大头直径尺寸公差；

　　　　α——圆锥角。

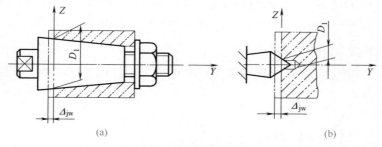

图 12.38　圆锥孔定位时的定位误差计算

例如，有一批如图 12.39 所示的工件，外圆直径 $d_1 = \phi 50h6$（$^{\ 0}_{-0.016}$），内孔直径 $D_1 = \phi 37H7$（$^{+0.021}_{\ \ 0}$）和两端面均已加工合格，并保证外圆对内孔的同轴度误差在 $T(e) = \phi 0.015$ 范围内。

今按图示的定位方案，用 $d = \phi 30\text{g}6\left(^{-0.007}_{-0.020}\right)$ 芯轴定位，在立式铣床上用顶尖顶住芯轴铣 $12\text{H}9\left(^{0}_{-0.043}\right)$ 槽子。除槽宽要求外，还应保证下列要求：

① 槽的轴向位置尺寸 $l_1 = 25\text{h}12\left(^{0}_{-0.21}\right)$；

② 槽底位置尺寸 $H_1 = 42\text{h}12\left(^{0}_{-0.25}\right)$；

③ 槽两侧面对 $\phi 50$ 外圆轴线的对称度允差 $T(e) = 0.25$。

试分析计算定位误差。

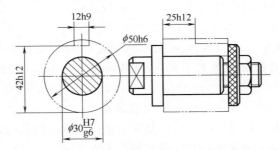

图 12.39 用芯轴定位内孔铣槽工序的定位误差分析计算

解： 除槽宽由铣刀相应尺寸保证外，现逐项分析题中要求的三个加工精度参数的定位误差。

① $l_1 = 25\text{h}12\left(^{0}_{-0.21}\right)$ 尺寸的定位误差。

设计基准是工件左端面，定位基准也是工件左端面（紧靠定位芯轴的工作端面），基准重合，$\Delta_{jb} = 0$，又是平面定位，$\Delta_{jw} = 0$。因此 $\Delta_{dw}(L_1) = 0$。$\Delta_{dw} = \Delta_{jb} + \Delta_{jw} = 0$。

② $H_1 = 42\text{h}12\left(^{0}_{-0.25}\right)$ 尺寸的定位误差。

该尺寸的设计基准是外圆的下母线，定位基准是内孔的轴线，定位基准和设计基准不重合，存在 Δ_{jb}。由于是内孔与芯轴间隙配合定位，存在 Δ_{jw}。

设计基准（外圆的下母线）到定位基准内孔轴线间的联系参数是工件外圆半径 $d_1/2$ 和外圆对内孔的同轴度 $T(e)$。因此，基准不重合误差 Δ_{jb} 包括两项：

$$\Delta_{jb1} = \frac{T(d_1)}{2} = \frac{0.016}{2} = 0.008 \;(\text{mm})$$

$$\Delta_{jb2}=T(e)=0.015\ (\text{mm})$$

由于 Δ_{jb1} 与外圆半径的尺寸误差参数有关，Δ_{jb2} 与同轴度误差参数有关，它们两者之间是随机的，故

$$\Delta_{jb}=\Delta_{jb1}+\Delta_{jb2}=0.008+0.015=0.023\ (\text{mm})$$

工件内孔轴线是定位基准，定位芯轴轴线是调刀基准，内孔与芯轴作间隙配合，由于工件装夹在芯轴上后再装夹在机床上，因而一批工件的定位基准（内孔轴线）相对夹具的调刀基准（定位芯轴轴线）的位移按式（12.5）进行计算：

$$\Delta_{jw}=D_{1max}-d_{1min}=0.021-(-0.020)=0.041\ (\text{mm})$$

$$\Delta_{dw}=\Delta_{jb}+\Delta_{jw}=0.023+0.041=0.064\ (\text{mm})$$

定位误差占加工允差的 $0.064/0.25=0.256$，能保证加工要求。

③ 对称度 $T(c)=0.25$ 的定位误差。

外圆轴线是对称度的设计基准。定位基准是内孔轴线，二者不重合，以同轴度 $T(e)$ 联系起来。因而，

$$\Delta_{jb}=T(e)=0.015\ (\text{mm})$$

调刀基准是定位芯轴轴线，定位基准是内孔轴线，二者作间隙配合产生 Δ_{jw}，根据式（12.5）得：

$$\Delta_{jw}=T(D)+T(d)+\varepsilon_{min}=0.041\ (\text{mm})$$

由于 Δ_{jb} 和 Δ_{jw} 不含公共变量，它们均可能在水平方向产生对称度误差，故：

$$\Delta_{dw}=\Delta_{jb}+\Delta_{jw}=0.015+0.041=0.056\ (\text{mm})$$

定位误差占加工允差的 $0.056/0.25=0.224$，能保证加工要求。

12.4 夹紧装置

12.4.1 夹紧装置概述

（1）夹紧装置的组成

能完成夹紧功能的装置称夹紧装置。对于机动夹紧，夹紧装

置由夹紧力源装置和夹紧机构两个基本部分组成。产生原始作用力的装置称夹紧力源装置。常用的夹紧力源形式有：气动、液压、气液、电力、电磁等。对于手动夹紧，夹紧力源就是人力，它由操作手柄或操作工具取代了夹紧力源装置，这类夹紧装置习惯上称作夹紧机构。

夹紧机构由夹紧元件和中间递力机构两部分组成。夹紧元件是直接与工件被夹压面相接触的执行夹紧任务的元件，如压板、压块。中间递力机构是接受人力或夹紧力源装置的原始作用力并把它转换为夹紧力传递给夹紧元件、实现夹紧工件的机构。中间递力机构的主要作用为：

① 改变作用力的方向；

② 改变作用力的大小，如斜楔、杠杆的增力作用；

③ 自锁作用，即当主动力去除后，仍能保持工件的夹紧状态不变。

（2）夹紧装置设计的基本要求

夹紧是工件装夹过程的重要组成部分。工件定位以后或工件定位的同时，必须采用一定的装置或机构把工件紧固（固定），使工件保持在正确定位的位置上，不会因受加工过程中的切削力、重力或惯性力等的作用而发生位置变化或引起振动等破坏定位的情况，以保证加工要求和生产安全。夹紧应满足以下基本要求（夹紧装置设计要解决的主要问题）：

① 准确地施加夹紧力。这是夹紧装置的首要任务，就是确定夹紧力的大小、方向和作用点要准确合理。

② 保证一定的夹紧行程。夹紧装置在实现夹紧操作的过程中，夹紧元件在工件夹压面法线上的最大位移就是夹紧装置的夹紧行程。夹紧行程要留有一定的储备量，以考虑装置磨损、工件夹压面位置变化、夹紧机构的间隙和制造误差补偿、方便装卸工件的空行程等因素。

③ 保证夹紧装置工作可靠，如自锁，夹紧力不够或消失时机床停止工作，工件没有处于正确位置或未夹紧时机床不能开动等。

④ 夹紧、松夹操作迅速以提高生产率。

⑤ 采用机动夹紧装置、增力机构，使夹紧操作方便和省力。

⑥ 夹紧装置结构简单，工艺性好，制造、装配和维修方便。

12.4.2　确定夹紧力

确定夹紧力就是确定夹紧力的大小、方向和作用点三要素。

（1）确定夹紧力的作用方向

确定或选择夹紧力的作用方向一般遵循以下原则：

① 夹紧力的作用方向有利于工件的准确定位，不能被破坏定位。通常夹紧力的作用方向应垂直指向主定位面。例如，镗削如图 12.40 所示支座上的孔，若加工要求孔心线垂直端面 A，则选 A 面为主要定位表面，夹紧力的方向为图中的 J_1；若加工要求孔心线平行底面 B，则选 B 面为主要定位表面，夹紧力的方向为图中的 J_2。

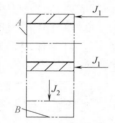

图 12.40　夹紧力方向与夹紧力大小的关系

② 夹紧力的作用方向应与工件刚度较大的方向一致，以减小工件夹紧变形。例如，加工壁厚较薄的套类工件的内、外圆表面。若夹紧力的作用方向沿径向施加，将使工件变形而影响加工精度；若沿轴向施加夹紧力，由于工件轴向刚度较径向高，夹紧力的变形较小。

③ 夹紧力的作用方向应使所需的夹紧力尽可能小。在保证夹紧可靠的情况下，减小夹紧力可以减轻工人的劳动强度，减少工件的夹紧变形。为此，应使夹紧力 J 的方向最好与切削力 F、工件的重力 G 的方向重合，使所需的夹紧力最小。如图 12.41 所示的六种夹紧方案中，图 12.41（a）方案所需夹紧力最小，图 12.41（f）方案所需夹紧力最大。

（2）选择夹紧力的作用点

选择夹紧力的作用点主要考虑以下几点：

① 夹紧力应正对支承元件或几个支承元件所形成的支承面内。如图 12.42（a）所示的夹紧力作用点位于定位支承元件之

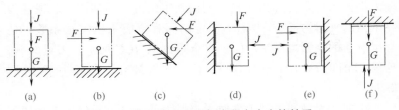

图 12.41 夹紧力方向与夹紧力大小的关系

外，产生了翻转力矩，破坏了工作的定位，是不合理的。图 12.42（b）所示的方案是合理的。

② 夹紧力作用点应位于工件刚性较好的部位。如图 12.42（c）所示的方案，夹紧力的作用点位于工件刚性不好的部位，夹紧力引起工件的变形大，该方案是不合理的。如图 12.42（d）所示的方案，夹紧力的作用点位于工件刚性较高的部位，工件的夹紧变形小。该方案是合理的。

③ 夹紧力应尽量靠近加工表面。夹紧力靠近加工表面，可以增加夹紧的可靠性，减小工件的变形和振动，避免工件的悬空现象。必要时可增加辅助支承。

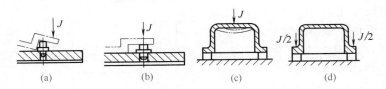

图 12.42 夹紧力作用点位置的合理选择

（3）夹紧力大小估算

夹紧力过大，会增大夹紧系统的变形，增大夹紧源的尺寸和动力。夹紧力过小，会使夹紧不可靠，不能保证加工要求。在机械加工过程中，夹紧要克服切削力、工件的重力、惯性力等作用力的影响。由于切削力本身受切削用量、工件材料、刀具及工况多种因素影响，夹紧力大小计算很复杂，一般只作粗略估算。

在加工中小工件时，可忽略工件重力的影响，可根据工件的受力平衡条件，计算出在最不利的加工情况下与切削力、惯性力相平衡的夹紧力 J_0，考虑不确定的因素，应乘以安全系数，估算出所需的夹紧力 $J=KJ_0$。安全系数 K 在精加工、刀具锋利、连续切削时取 $1.5\sim2$，粗加工、刀具钝化、断续切削时取 $2.5\sim3.5$。

在加工大型和重型工件时，夹紧力的估算，不仅要考虑切削力，还要考虑工件的重力，对于高速回转运动的偏心工件，必须考虑惯性力（离心力）的影响。

在实际设计中，确定夹紧力的大小或计算夹紧力，一般要结合加工的具体情况进行分析计算，大都是通过夹紧力形成的摩擦力来克服外力的作用。

例如，如图 12.43 所示，用 V 形块定位、钳口夹紧，在圆柱工件端面钻孔的夹具方案。试分析计算所需夹紧力。

解： 钻孔时作用于工件的有钻削轴向力 F 和钻削扭矩 M_c，平衡切削力的作用力有：夹紧力 J_0，V 形块支承斜面的反作用力 N_1，工件外圆与 V 形块支承斜面间的摩擦阻力 N_1f_1，钳口与工件外圆面处的摩擦阻力 J_0f_2，钻削时，支承块的反作用力 N_3 和摩擦阻力 N_3f_3 的作用。若忽略 N_3f_3 的作用，认为平衡钻削扭矩 M_c 只有 N_1f_1 和 J_0f_2 的作用。

由图 12.43 可得：$J_0 = 2N_1\sin\dfrac{\alpha}{2}$

$$N_1 = \frac{J_0}{2\sin\dfrac{\alpha}{2}}$$

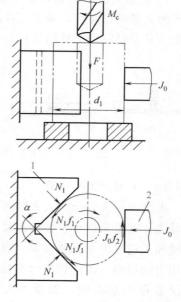

图 12.43　钻孔时夹紧力的计算示例

1—V 形块；2—夹紧钳口

建立力矩平衡式得，$M_c = d_1 (2N_1f_1 + J_0f_2) = $

$$d_1J_0\left(\dfrac{f_1}{\sin\dfrac{\alpha}{2}} + f_2\right)$$

$$J = kJ_0 = \dfrac{kM_c\sin\dfrac{\alpha}{2}}{d_1\left(f_1 + f_2\sin\dfrac{\alpha}{2}\right)} \times 10^3$$

式中　J_0——原始夹紧力，N；

　　　M_c——钻削扭矩，N·m；

　　　α——V形块夹角，(°)；

　　　d_1——工件外圆直径，mm；

　　　f_1——工件与V形块的摩擦因数；

　　　f_2——工件与压块的摩擦因数。

　　　k——安全系数，取 1.5~2。

12.4.3　常用夹紧机构

（1）斜楔夹紧机构

图 12.44 是斜楔夹紧的铣槽夹具。工件 2 为一长方体，以底面、侧面和端面定位。夹具上以定位工作平面、侧面定位支承板 1 和端面挡销 3 定位工件。斜楔夹紧的操作过程是：向右转动手柄 6，手柄 6 绕铰接副 7 转动，手柄 6 的另一端与斜楔 4 铰接，使斜楔沿着斜导板 5 向左移动，在导板 5 斜面的作用下，斜楔将工件夹紧；以相反的方向转动手柄 6，斜楔便向右退出，实现松夹操作。

① 夹紧力的计算　斜楔机构夹紧时，斜楔的受力情况如图 12.45 所示。图中，Q 是施加在斜楔上的作用力，J 是斜楔受到工件的夹紧反力，F_1 是斜楔直面（即夹紧工作面）与工件被夹压面间的摩擦阻力（等于 $J\tan\varphi_1$），J 与 F_1 的合力为 P，N 是斜导板对斜楔斜面的反作用力，其方向和斜面垂直，F_2 是斜导板和斜楔间的摩擦阻力（等于 $N\tan\varphi_2$），N 与 F_2 的合力为 R，斜楔夹紧时，此 Q、P、R 三力应处于静力平衡，见图 12.45（b）。

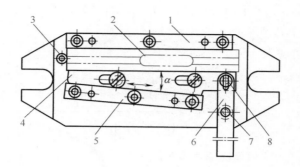

图 12.44 斜楔夹紧铣槽夹具

1—侧面定位支承板；2—工件；3—挡销；4—斜楔；5—斜导板；

6—手柄；7，8—铰接副

在 Q 方向列出力平衡方程式得：

$$Q = J\tan(\alpha + \varphi_2) + J\tan\varphi_1$$

$$J = \frac{Q}{\tan(\alpha + \varphi_2) + \tan\varphi_1} \tag{12.10}$$

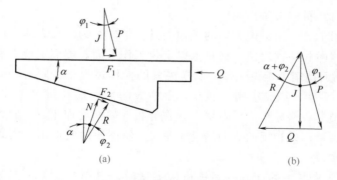

图 12.45 斜楔的受力分析

式中　J——斜楔产生的夹紧力，N；

　　　　Q——施加于斜楔上的作用力，N；

　　　　α——斜楔斜角；

　　　　φ_1——斜楔与工件间的摩擦角；

　　　　φ_2——斜楔与斜导板间的摩擦角。

一般取 $\varphi_1 = \varphi_2 = 6°$；$\alpha = 6° \sim 10°$ 代入式 (12.10) 得：

$$J = (2.6 \sim 3.2)Q$$

可见斜楔夹紧机构产生的夹紧力可以将原始作用力增大，它是增力机构，并随着斜角 α 的减小增力比相应增大，但 α 角受夹紧行程的影响不能太小，因而其增力相应受到限制。此外 α 角过小还会造成斜楔退不出的问题。

② 斜楔自锁条件的计算　斜楔夹紧后应能自锁。作用力消失后斜楔保持自锁的情况如图 12.46 所示。当作用力消失后，由于 N 力的水平分力的影响，斜楔有按虚线箭头方向退出趋势，此时系统的摩擦阻力若能克服使斜楔退出的作用力，即能保持自锁状态。摩擦阻力 F_1 和 F_2 的作用方向应和斜楔移动方向相反。N 和 F_2 的合力为 R。根据图 12.46 列出自锁条件的力平衡方程式：

$$F_1 \geqslant R \sin(\alpha - \varphi_2)$$

将 $J = R\cos(\alpha - \varphi_2)$，$F_1 = J\tan\varphi_1$ 代入得到保证斜楔夹紧自锁的条件为：

$$\tan\varphi_1 \geqslant \tan(\alpha - \varphi_2)$$
$$\varphi_1 + \varphi_2 \geqslant \alpha \tag{12.11}$$

一般 $\varphi_1 = \varphi_2 = 6°$，则 $\alpha \leqslant 12°$。考虑到斜角和斜面平直性制造误差等因素，具有自锁性能的斜楔夹紧机构的斜楔斜角一般取 $6° \sim 10°$。

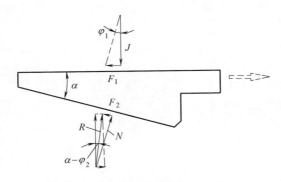

图 12.46　斜楔自锁条件的分析

③ 夹紧行程的计算　由于斜楔的夹紧作用是依靠斜楔的轴向移动来实现，夹紧行程 S 和相应斜楔轴向移动距离 L 有如下关系：

$$S = L\tan\alpha \tag{12.12}$$

由式（12.12）可知，要增大斜楔的夹紧行程就应相应增加 L 或 α。增大移动距离 L 受到结构尺寸的限制；增大斜角 α 要受自锁条件的限制。因此，斜楔的夹紧行程较小。

为适应较大的装卸工件空行程的需要，可采用如图 12.47 所示的双斜角结构。斜角 α_1 段是对应装卸工件的空行程，不需要有自锁作用，可取较大数值，如 $\alpha_1 = 30° \sim 35°$。斜角 α 是夹紧工作区域，要求有自锁作用，在 $6° \sim 10°$ 范围内选取。

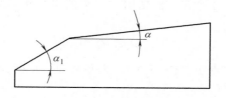

图 12.47　双斜角结构的斜楔

④ 斜楔夹紧机构的应用　斜楔夹紧机构增力比不大，夹紧行程受到限制，操作又较不便，较少地用作夹紧件，一般在夹紧装置中用作中间递力机构，如图 12.48 所示。在气动夹紧装置中斜楔的应用较广，常在夹头、弹性夹头等定心夹紧机构中使用。

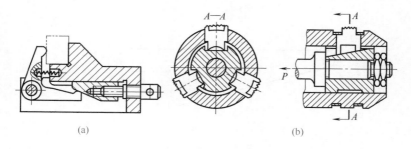

(a)　(b)

图 12.48　斜楔机构用作中间递力机构

（2）螺旋夹紧机构

① 螺旋夹紧机构的类型　螺旋夹紧机构的类型多，在生产中应用广泛。螺旋夹紧机构通过螺钉或螺母可直接夹紧工件，也可通过垫圈或压板压紧工件。如图 12.49 所示，图 12.49（a）用螺钉直接夹压工件，易损伤工件表面，一般用来夹紧毛面。图 12.49（b）的螺钉头上加上活动压块，避免损伤工件表面，用来压紧工件的精表面。图 12.49（c）为螺母压紧，球面垫圈使工件受力均匀。为了装卸工件时不拧下螺母，可用图 12.49（d）所示的开口垫圈。

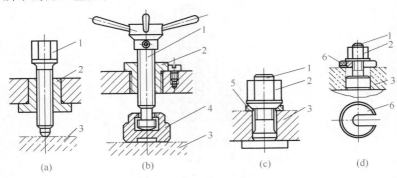

图 12.49　螺旋夹紧

1—螺钉（或螺栓）；2—螺母；3—工件；4—压块；5—球面垫圈；6—开口垫圈

螺旋与压板结合的螺旋夹紧机构应用广泛，如图 12.50 所示。图 12.50（a）、（b）为移动压板式螺旋夹紧机构，图 12.50（c）为铰链压板式螺旋夹紧机构。可根据需要的增力倍数确定不同的杠杆比。

图 12.51 为螺旋钩头压板夹紧机构。

② 螺旋夹紧机构的夹紧力　螺旋夹紧机构的实质是一个空间斜楔，由于螺栓的螺旋升角较小，其增力系数大，一般满足自锁条件，其夹紧力的理论计算可以按斜楔的分析方法进行。生产中一般根据工件夹紧需要的夹紧力直接选择螺栓的公称直径，不进行螺栓的夹紧力计算。如果需要，可按螺栓的强度估算夹紧力。

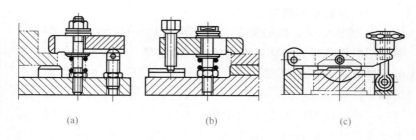

(a)　　　　　　　　(b)　　　　　　　　(c)

图 12.50　螺旋压板夹紧机构

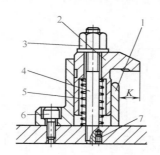

图 12.51　螺旋钩头压板夹紧机构

1—压板座；2—钩头压板；3—螺母；4—螺栓；

5—弹簧；6—内六方螺钉；7—螺钉

（3）偏心夹紧机构

图 12.52 所示为三种简单的偏心夹紧机构。其中图 12.52（a）直接利用偏心轮夹紧工件，图 12.52（b）和（c）为偏心压板夹紧机构。

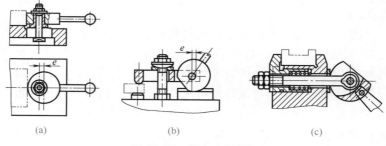

(a)　　　　　　　　(b)　　　　　　　　(c)

图 12.52　偏心夹紧机构

偏心夹紧机构靠偏心轮回转时回转半径变大而产生夹紧作用，其原理和斜楔工作时产生的楔紧作用是一样的。实际上，可将偏心轮视为一楔角变化的斜楔，将图 12.53（a）所示的圆偏心轮展开，可得到图 12.53（b）所示的图形，作用点处的楔角可用下面的公式求出：

$$\alpha \approx \arctan \frac{e\sin\gamma}{R - e\cos\gamma} \tag{12.13}$$

式中 α——偏心轮作用点处的楔角，（°）；

      e——偏心轮的偏心量，mm；

      R——偏心轮的半径，mm；

      γ——偏心轮作用点〔图 12.53（a）中的 X 点〕与起始点〔图 12.53（a）中的 O 点〕之间的圆弧所对应的圆心角，（°）。

当 $\gamma = 90°$ 时，α 接近最大值：

$$\alpha_{\max} = \arctan \frac{e}{R} \tag{12.14}$$

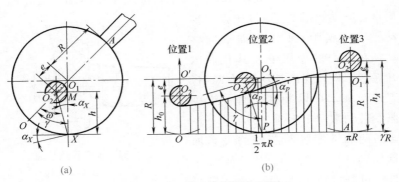

图 12.53 偏心夹紧工作原理

根据斜楔自锁条件：$\alpha \leqslant \phi_1 + \phi_2$，此处 ϕ_1 和 ϕ_2 分别为偏心轮缘作用点处与转轴处的摩擦角。忽略转轴处的摩擦，并考虑最不利的情况，可得到偏心夹紧的自锁条件：

$$\frac{e}{R} \leqslant \tan\phi_1 = \mu_1 \tag{12.15}$$

式中 μ_1——偏心轮缘作用点处的摩擦因数，钢与钢之间的摩擦因数一般取 0.1～0.15。

偏心夹紧的夹紧力可用下式估算：

$$J = \frac{F_s L}{\rho[\tan(\alpha + \phi_2) + \tan\phi_1]} \tag{12.16}$$

式中 J——夹紧力，N；

F_s——作用在手柄上的原始力，N；

L——作用力臂，mm；

ρ——偏心转动中心到作用点之间的距离，mm；

α——偏心轮作用点处的楔角，(°)；

ϕ_1——偏心轮缘作用点处摩擦角，(°)；

ϕ_2——转轴处摩擦角，(°)。

偏心夹紧机构的结构简单、动作迅速、操作方便，但自锁性能较差，增力比较小，一般用于切削平稳且切削力不大的场合。

(4) 其它夹紧机构

① 可胀式芯轴 如图 12.54 所示，锥度胀胎芯轴的工作原理是：拧动螺母 2，通过压板 3 推动胀套（胀胎）1 沿锥面轴向移动，在锥面的作用下使其径向胀开夹紧工件；反向拧动螺母 2，将工件松夹，可以装卸工件。锥度胀胎芯轴常用于车削、磨削。

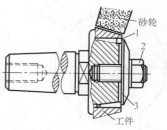

图 12.54 锥度胀胎芯轴
1—胀套；2—螺母；3—压板

两端锥度胀胎芯轴的夹紧原理如图 12.55 所示。对于较长工件，可胀衬套 2 也较长，为了使可胀衬套 2 两端胀力均匀，两端均为锥面接触。图中，圆柱销 1 用来防止可胀衬套 2 的转动。

如图 12.56 所示为液压胀胎芯轴。在其内腔灌满凡士林油，当旋紧螺杆 3 时，油料受压力而将胀套 2 外胀，胀套 2 中间有一条筋 a 是用来增加中间部位的刚度，以使胀套从筋 a 两侧的薄壁部位均匀向外胀，从而夹紧工件。夹具体 1 与胀套 2 的配合采用

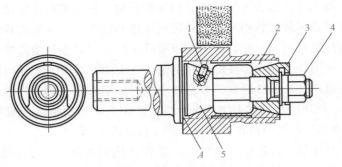

图 12.55　两端锥度胀胎芯轴

1—销；2—可胀衬套；3—带圆锥的压圈；4—螺母；5—芯轴

H7/k6，用温差法装配，胀套 2 留有精磨余量 0.15～0.2mm，待其与本体装配后再磨到需要尺寸。

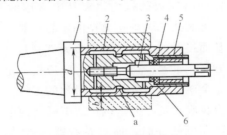

图 12.56　液压胀胎芯轴

1—本体；2—胀套；3—调压螺杆；4—橡胶垫圈；5—螺塞；6—橡胶密封圈

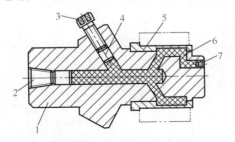

图 12.57　液性塑料夹紧芯轴

1—夹具体；2—塞子；3—加压螺钉；
4—柱塞；5—薄壁套筒；6—液性
塑料；7—螺塞

图 12.57 是磨床用液性塑料夹紧芯轴。液性塑料在常温下是一种半透明的胶状物质，有一定的弹性和流动性。这类夹具的工作原理是利用液性塑料的不可压缩性将压力均匀地传给薄壁弹性件，利用其变形将工件定心并夹紧。在图 12.57 中，工件以内孔和端面定位，工件套在薄壁套筒 5 上，然后拧动螺钉 3，推动柱塞 4，施压于液性塑料 6，液性塑料将压力均匀地传给薄臂套筒 5，使其产生均匀的径向变形，将工件定心夹紧。

液性塑料夹具定心精度高，能保证同轴度在 0.0lmm 之内，且结构简单，操作方便，生产率高；但由于薄壁套变形量有限，使夹持范围不可能很大，对工件的定位基准精度要求较高，故只能用于精车、磨削及齿轮精加工工序。

② 螺旋定心夹紧机构　定心夹紧机构是定心定位和夹紧结合在一起，动作同时完成的机构。夹具中常用的三爪自定心卡盘、弹性卡头、可胀式芯轴均是典型的定心夹紧机构。定心夹紧机构中与定位基面接触的元件既是定位元件又是夹紧元件。定位精度高，夹紧方便、迅速，在夹具中广泛应用。定心夹紧只适合于几何形状是完全对称或至少是左右对称的工件。

图 12.58 为螺旋式定心夹紧机构。螺杆 3 两端分别有旋向相反的螺纹，当转动螺杆 3 时，通过左右螺纹带动两个 V 形架 1 和 2 同时移向中心而起定心夹紧作用。螺杆 3 的轴向位置由叉座

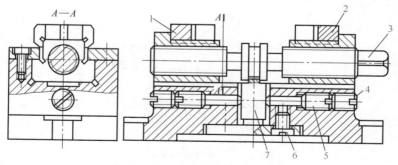

图 12.58　螺旋式定心夹紧机构

1,2—移动 V 形架；3—左、右螺纹的螺杆；4—紧定螺钉；

5—调节螺钉；6—固定螺钉；7—叉座

7 来决定，左右两调节螺钉 5 通过调节叉座的轴向位置来保证 V 形架 1 和 2 的对中位置正好处在所要求的对称轴线上。调整好后，用固定螺钉 6 固定。紧定螺钉 4 防止螺钉 5 松动。

③ 多件联动夹紧机构 图 12.59（a）是工件与工件相互接触，通过一个操作，连续地或串联地把工件夹紧；图 12.59（b）是一个操作，通过不同的夹紧元件把工件夹紧。多件联动夹紧机构要求每个工件获得均匀一致的夹紧力，设计时注意采用对称、浮动的结构，对构件还要提出制造精度要求。

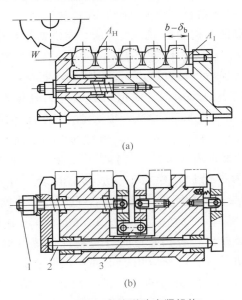

(a)

(b)

图 12.59 多件联动夹紧机构
1—联动螺栓；2—联动顶杆；3—联动铰接杆

12.5 夹具的其他装置

不同类型的机床，其加工表面类型不同，其夹具上采用的装置也不同，如钻床和镗床夹具上有引导装置，铣床和刨床夹具上有对刀装置，车床和磨床有连接装置和平衡装置，为了加工对称的多个表面，需要分度装置等。

12.5.1 引导装置

在钻床和镗床上进行孔加工时，一般要采用引导装置引导刀具，如钻床夹具钻模板上的钻套，镗床夹具上的镗套。

（1）钻套与钻模板

① 钻套　钻套装在钻模板上，用来确定刀具的位置和方向，提高刀具的刚度，保证被加工孔的位置精度。钻套分标准钻套（固定钻套、可换钻套、快换钻套）和特殊钻套。

标准钻套的结构如图 12.60 所示，固定钻套的标准结构（见图 12.60（a）、（b），JB/T 8045.1—1999），其结构简单，位置精度高，但磨损后不易更换，一般用于中小批生产，或孔距要求较高和孔距较小的孔加工。固定钻套的外圆直接装配在钻模板上，一般采用 H7/n6 配合。可换钻套的标准结构（JB/T 8045.2—1999）见图 12.60（c），螺钉的作用是防止钻套转动和被顶出。钻套磨损后，可松开螺钉进行更换，这种钻套多用于大量生产中。为了保护钻模板，一般都有衬套（JB/T 8045.4—1999），衬套与钻模板间采用过盈配合 H7/n6。快换钻套的标准结构（JB/T 8045.3—1999）见图 12.60（d），更换钻套时松开螺钉而不必拧出，将钻套逆时针转动，使螺钉对准钻套的缺口即可更换钻套。它广泛应用于工件一次装夹，多次更换刀具的场合（如工件一次装夹的钻、扩、铰孔）。钻套与衬套的配合可选用 E7/n6。

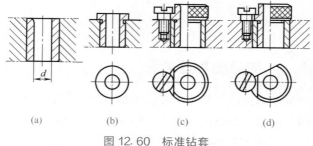

（a）　　　　（b）　　　　（c）　　　　（d）

图 12.60　标准钻套

如图 12.61 所示，特殊钻套是形状和尺寸与标准钻套不同。图 12.61（a）用于斜面上钻孔，钻套的尾端是斜的。图 12.61（c）用于凹形表面上钻孔，钻套伸长，为了减小刀具导向部分长度，钻套孔为阶梯的，下部为引导孔。两孔距离较近时，用图 12.61（b）或（d）的结构。

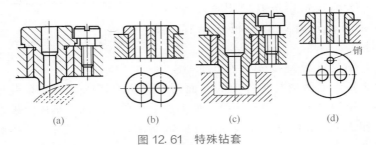

图 12.61 特殊钻套

无论是选用标准结构的钻套，还是自行设计的特殊钻套，钻套导引孔的尺寸和公差应根据所引导的刀具来决定。钻套导引孔直径的基本尺寸应等于所引导刀具的最大极限尺寸，孔径公差根据被加工孔的精度确定。一般钻孔与扩孔时选用 F7，粗铰时选用 G7，精铰时选用 G6。如果钻套导引的不是刀具的切削部分而是刀具的导向部分，其配合可按 H7/f6、H7/g6、H6/g5。

钻套高度 H 是指钻套与钻头接触部分的长度，它主要起导向作用，如图 12.62 所示。钻一般螺钉孔、销钉孔，工件孔距精度要求在 ±0.25mm 或自由公差时，取 $H = (1.5 \sim 2)D$。加工 IT7 级精度、孔径在 $\phi12$mm 以上时，取 $H = (2.5 \sim 3.5)D$。加工 IT8 级精度的孔时，取 $H = (1.25 \sim 1.5)(C + L)$，其中 L 为钻孔的深度，D 为孔径，C 为钻套下端与被加工表面间的距离。

钻套下端与被加工表面间应留有空隙 C，以便排除切屑，见图 12.62。C 太小排屑困难，C 太大钻头易偏斜。一般加工铸铁时，取 $C = (0.3 \sim 0.7)D$；加工钢时，取 $C = (0.7 \sim 1.5)D$。当孔的位置精度要求较高时，可取 $C = 0$。对于带状切屑取大值；断屑较好者取小值。

② 钻模板 钻模板分为固定式钻模板和分离式钻模板。

固定式钻模板直接固定在夹具体上，结构简单，加工精度较高，多用于立式钻床和多轴钻床上，见图12.1。

分离式钻模按其应用特点分为钻模盖板、分离式钻模板和悬挂式钻模板。

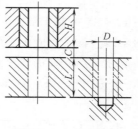

图 12.62　钻套高度
H 和 C

钻模盖板直接安装在工件上，一般采用一面两销与工件上的一面两孔定位。其特点是没有夹具体，结构简单，多用于大型工件上加工小孔。如加工车床溜板箱操作面上多孔的钻模盖板如图12.63所示，通过圆柱销1、菱形销3和支承钉4定位，一件加工完后，通过提手安放在下一个工件上，一般在摇臂钻床应用较广。

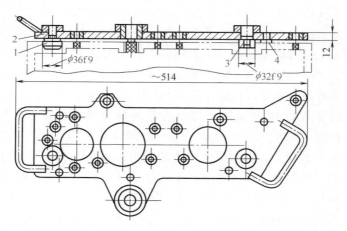

图 12.63　盖板式钻模
1—圆柱销；2—钻模板；3—菱形销；4—支承钉

分离式钻模板与夹具体是分离的，每装一次工件，钻模板也要装卸一次，一般用于加工中小型工件，定位夹紧的形式多样，主要考虑装卸方便，常见的形式如图12.64所示。

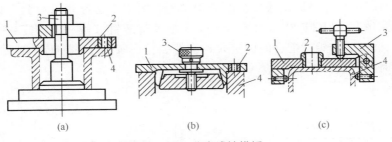

图 12.64　分离式钻模板
1—钻模板；2—钻套；3—夹紧机构；4—工件

悬挂式钻模板一般悬挂在机床主轴箱上，并与主轴一起靠近或远离工件，它与夹具体的相对位置靠滑柱导向，这种形式多用于组合机床多轴箱，如图 12.65所示。

（2）镗套、镗模支架和镗杆

对于箱体、机座等壳体类零件，往往需要进行精密孔系加工。不仅要求孔的尺寸和形状精度高，而且要求各孔与孔、孔与面之间的相互位置精度也较高，生产中

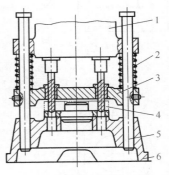

图 12.65　悬挂式钻模板
1—横梁；2—弹簧；3—钻模板；
4—工件；5—滑柱；6—夹具体

主要采用镗床夹具加工这些孔。在镗床夹具中，引导刀具的是镗套和镗杆。镗套的结构和精度直接影响到加工孔的尺寸、形位精度和表面粗糙度。镗套经常采用单支承和双支承形式。

① 镗套　镗套的结构分固定式和回转式两种结构类型。

固定式镗套分 A 型和 B 型（JB/T 8046.1—1999），如图 12.66 所示。固定式镗套固定在镗模支架上，结构简单、紧凑，但与镗杆之间既有相对转动，又有相对移动，因摩擦发热易产生咬死现象，镗套与镗杆的磨损影响导向精度，因此一般用于低速、小尺寸孔径镗削。A 型镗套孔内没有油槽，B 型镗套有油槽，通过油杯注入润滑油，改善镗套与镗杆之间的摩擦。图

12.66（d）是固定式镗套的装配结构，图中 1 是镗套用衬套，2 是镗套（JB/T 8046.2—1999），3 是镗套螺钉（JB/T 8046.3—1999）。与镗杆配合的固定式镗套孔公差一般为 H6、H7，必要时可由设计者确定。

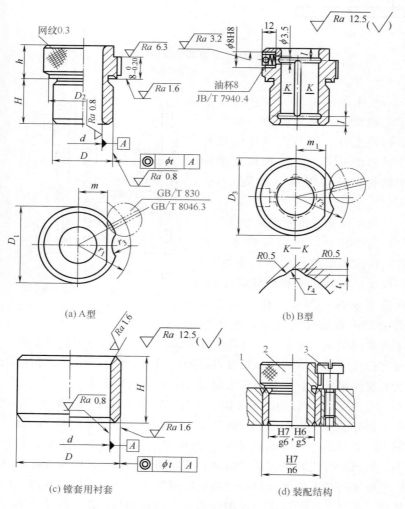

(a) A型

(b) B型

(c) 镗套用衬套

(d) 装配结构

图 12.66　固定式镗套

② 镗模支架的布置　根据镗模
支架的数目及其与被加工工件之间位
置的关系，常用的支承布置形式有：
单支承前导引布置、单支承后导引布
置、双面单导引的布置和单面双支承
导引的布置。

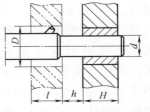

图 12.67　单支承前导引

单支承前导引布置形式如图 12.67
所示。镗模支架在加工孔的前方，镗杆的前部有导柱，镗杆的后
部与镗床主轴刚性连接。这种布置形式便于在加工中进行观察和
测量，间距 h 较小，但刀具退出和引进的行程较长，一般用于
加工孔直径 $D>60\,\mathrm{mm}$，孔的长径比 $l/D<1$ 的通孔。为了便于
排屑，一般 $h=(0.5\sim1)D$。

单支承后导引的布置形式如图 12.68 所示，主要用于加工孔
径 $D<60\,\mathrm{mm}$ 的情况。镗模支架位于被加工孔的后方，介于机床
主轴与工件之间。镗杆与机床主轴刚性连接。

图 12.69 为双面单导引布置形式，主要用于孔的长径比 $l/
D>1.5$ 的孔或同一轴线上的一组通孔。工件前后各布置一个镗
模支架，分别引导前、后刀具。当镗模支架间距较大（即 $S>
10d$）时，应在镗模中间增设中间导引镗套，以提高系统的
刚性。

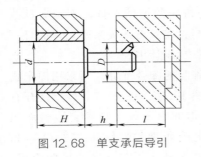

图 12.68　单支承后导引

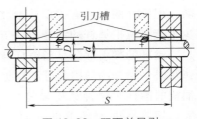

图 12.69　双面单导引

图 12.70 是单面双支承导引布置形式。这种布置，工件装
卸、更换镗杆或刀具方便，便于操作者观察和测量。在大批量生
产中应用较多，但由于加工时镗杆单边悬伸，为保证镗杆的一定

刚性，一般适用于 $L_1 < 5d$ 的情况。采用双支承导引时，镗杆的位置由镗套确定，镗杆与机床主轴只能采用浮动连接，避免了因机床主轴与镗杆不同轴或机床主轴的回转误差影响加工精度。

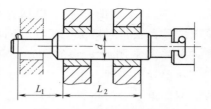

图 12.70　单面双支承导引

在高速镗孔或镗杆直径较大，表面回转线速度超过 20m/min 时，一般采用回转式镗套。回转式镗套的镗杆与镗套之间只有相对移动而无相对转动，改善了摩擦状态，因此，回转式镗套中必须有轴承，如图 12.71 所示。若用滑动轴承，则称滑动轴承回转式镗套，简称滑动镗套［见图 12.71（a）］，它适用于孔心距较小、孔径较大、工作速度不高的孔系加工。若用滚动轴承，则称滚动轴承回转镗套，简称滚动镗套。

滚动轴承装在镗套的外表面，称为外滚式镗套［见图 12.71（b）］。滚动轴承装在镗套的内表面，称为内滚式镗套［见图 12.71（c）］。内滚式镗套滚动轴承的外圈装在镗套的内表面上，内圈装在镗杆上并与镗杆一起作回转运动。轴承外圈与镗套一起相对固定支承套作轴向移动。内滚式镗套的结构尺寸较大，有利于刀具通过固定支承套，在单支承后导引布置形式中常用。

③ 镗杆　镗杆是连接刀具与机床的辅助工具，不属夹具范畴。但镗杆的一些有关设计参数与镗模的设计关系密切，而且不少生产单位把镗杆的设计归口于夹具设计中。

镗杆的导引部分是指镗杆与镗套的配合部分。当采用固定式镗套时，镗杆的导引部分结构见图 12.72。图 12.72（a）是开有油槽的圆柱，这种结构最简单，但润滑不好，与镗套接触面积大，切屑易进入导引部分而发生咬死现象。图 12.72（b）和（c）的导引部分开有直槽和螺旋槽，减小了与镗套的接触面积，沟槽又可容屑，工作情况比图 12.72（a）好，一般用于切削速度不超过 20m/min 的场合。图 12.72（d）为镶装滑块的结构。由于与镗套接触面积小，且青铜镶块可减小摩擦，故可容许较高

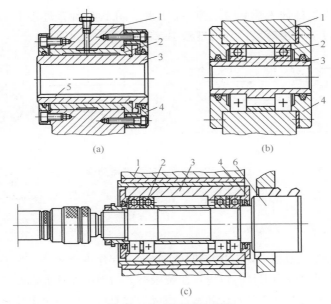

图 12.71 滚式滚动镗套

1—镗模支架；2—轴承；3—镗套；4—轴承端盖；5—键槽；6—镗杆

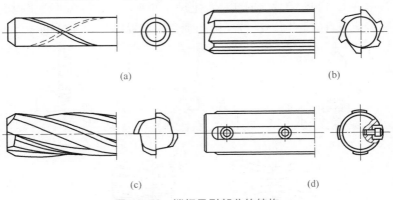

图 12.72 镗杆导引部分的结构

的切削速度。

当采用内滚式回转镗套时，镗杆与镗套结合部的结构有：镗套上开键槽镗杆上装键、镗套上装键镗杆上开键槽两种形式。镗杆上装键的结构如图 12.73 所示。图中，镗杆上的键都是弹性键，当镗杆伸入镗套时，弹簧被压缩。在镗杆旋转过程中，弹性键便自动弹出落入镗套的键槽中，带动镗套一起回转。

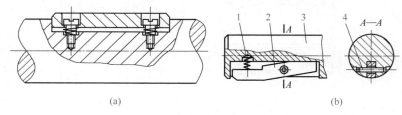

图 12.73 镗杆上的弹性传动键
1—弹簧；2—弹性键；3—镗杆；4—支承销

12.5.2 对刀装置

在铣削过程中，夹具与机床工作台一起作进给运动，为了保证夹具上的工件与刀具的位置，在铣床夹具和刨床夹具上常设有对刀装置。对刀装置由对刀块和塞尺组成。对刀块一般用销定位，用螺钉紧固在夹具体上。对刀时，为防止刀具刃口与对刀块直接接触，一般在刀具和对刀块之间塞一规定尺寸的塞尺，凭接触的松紧程度来确定刀具的最终位置。常用的几种对刀装置如图 12.74 所示。

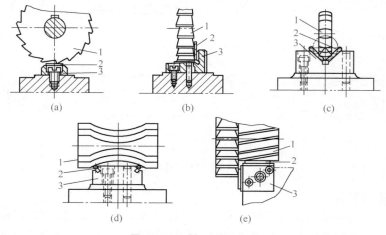

图 12.74 铣刀对刀装置
1—铣刀；2—塞尺；3—对刀块

图 12.74 (a) 为圆形对刀块 (JB/T 8031.1—1999),用于对准铣刀的高度。图 12.74 (b) 为直角对刀块 (JB/T 8031.3—1999),用于同时对准铣刀的高度和水平方向的尺寸。图 12.74 (c)、(d) 为各种成形刀具的对刀装置。图 12.74 (e) 为方形对刀块 (JB/T 8031.2—1999),用于组合铣刀的垂直方向和水平方向的对刀。对刀块还可以根据加工要求和夹具结构需要自行设计。标准对刀平塞尺 (JB/T 8032.1—1999) 有 1mm、2mm、3mm、4mm 和 5mm 五种规格,对刀圆柱塞尺 (JB/T 8032.2—1999) 有 3mm 和 5mm 两种规格。

12.5.3 夹具的连接装置

(1) 夹具在机床工作台上的安装

对于铣床夹具和刨床夹具等,夹具一般安装在机床的工作台上。夹具通过两个定位键与机床工作台的 T 形槽进行定位,用若干个螺栓紧固,定位键的结构和装配如图 12.75 所示。定位键有 A 型和 B 型两种标准类型 (JB/T 8016—1999),其上部与夹具体底面上的键槽配合,并用螺钉紧固在夹具体上。一般随夹具一起搬运而不拆下,其下部与机床工作台上的 T 形槽相配合。由于定位键在键槽中有间隙存在,因此在安装时,将定位键靠在

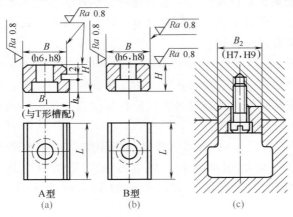

图 12.75 定位

T形槽的一侧上，可提高定位精度。夹具在机床工作台上安装时，也可以不用定位键而用找正的方法安装，这时夹具上应有比较精密的找正基面，其安装精度高，但夹具每次安装均需找正，如镗床夹具在机床上的连接。

夹具体紧固在机床工作台上的常见结构如图 12.76 所示，在夹具体上有 2～4 个开口耳座，一般用 T 形螺栓紧固，键槽用作定位键在夹具体上定位，螺纹孔通过螺钉用来紧固定位键。

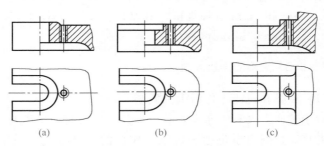

图 12.76　夹具体上的定位键槽和开口耳座

（2）夹具与机床回转主轴的连接

对于车床，内、外圆磨床，夹具一般安装在机床主轴上，如图 12.77 所示。

对于轴类零件加工，一般通过前、后顶尖装夹工件，工件由卡头夹紧并通过主轴、拨杆带动其旋转。前顶尖与机床主轴前端的莫氏锥孔定位连接。

如图 12.77（a）所示，带莫氏锥柄的夹具通过与机床主轴前端的莫氏锥孔进行定位连接。为了传递较大的扭矩，可用拉杆与机床主轴尾部拉紧，这种方式定位精度高，定位迅速方便，但刚度低，适于轻切削。

如图 12.77（b）所示，夹具与机床螺纹式主轴端部直接连接，用圆柱面和端面定位，螺纹连接，并用两个压块压紧。C620-1 采用这种连接方式，主轴的定位圆柱面尺寸和公差为 $\phi 92k6$。

如图 12.77（c）所示，夹具与主轴通过短锥和端面定位，用螺钉紧固，这种连接方式定位精度高，接触刚度好，多用于与通用夹具连接。主轴头部已标准化（GB/T 5900—1997）。

如图 12.77（d）所示，夹具通过过渡盘与车床主轴端部连接，过渡盘与主轴端部是用短锥和端面定位，夹具体通过止口与过渡盘定位并用螺钉紧固。夹具体与止口的配合一般采用 H7/k6。

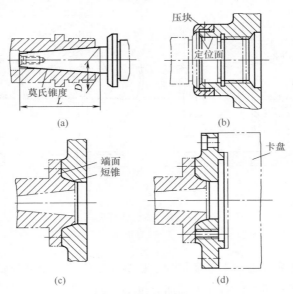

图 12.77　夹具在主轴上的安装

12.5.4　夹具的分度装置

（1）分度装置

对于零件上对称分布的多个加工表面加工，为了减少装夹工件的时间，经常采用分度装置进行多工位加工。如图 12.78 所示为在工件上铣对称槽的分度夹具实例。工件装在分度盘 3 上，用内孔和端面进行定位，并用螺母 1 通过开口垫圈 2 将工件夹紧。铣完第一个槽后，不需要卸下工件，而是松开螺母 5，拔出对定销 7，将定位元件（即分度盘）连同夹紧的工件转一定的分度角度，再将对定销插入分度盘 3 的另一个对定孔中，拧紧螺母 5 将分度盘锁紧，再走刀一次就可铣出第二个槽。铣完全部槽时，松开螺母 1，取下工件，即完成全部加工。从以上分析可以看出，分度装置中的关键部分是分度板（盘）和分度定位器，它们合在一起称为分度装置。

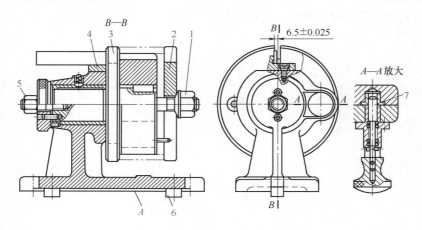

图 12.78　轴瓦铣开夹具

1—螺母；2—开口垫圈；3—分度盘；4—对刀装置；5—螺母；6—定位键；7—对定销

　　分度装置也称作分度机构。根据对定销相对分度板轴线的对定运动的方向不同，分为轴向分度和径向分度。

　　① 轴向分度　对定销相对分度板回转轴线作平行对定运动的称为轴向分度。

　　如图 12.79（a）～（c）所示，轴向分度装置的分度板上分度孔轴线水平布置，径向尺寸较小，切屑等污物不易垂直落入。图 12.79（a）是圆柱对定销和圆柱分度孔对定的分度形式。由于结构简单，制造较为容易，但由于存在配合间隙，分度精度较低。图 12.79（b）是圆锥对定销和圆锥分度孔对定的分度形式。采用分度板圆柱孔镶配圆锥孔套的结构，便于磨损后更换，也便于分度板上分度孔的精确加工。由于圆锥面配合没有间隙，因而分度精度较高，但制造较为困难，而且一旦有切屑或污物落入圆锥配合面间，便会影响分度精度。图 12.79（c）所示的钢球与锥孔对定形式，结构简单，使用方便，但定位可靠性差，多用于切削力很小而分度精度要求不高的场合，或作某些精密分度装置的预定位。

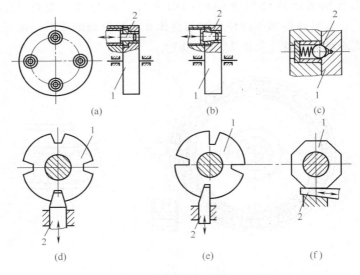

图 12.79　分度装置的结构形式

1—分度板；2—对定销

②　径向分度　对定销沿分度板径向进行对定的称为径向分度。在分度板外径相等、分度圆周误差相同的条件下，采用径向分度由于作用半径较大，因而转角误差比轴向分度相对小一些，但径向分度装置的径向尺寸较大，切屑等污物易垂直落入分度槽内，对防护要求较高。图 12.79（d）是双斜面楔形对定销与锥形分度槽对定形式。由于没有配合间隙，分度精度较高，而且分度板可以正反转双向分度。图 12.79（e）是单斜面楔形对定销与单斜面分度槽对定形式。它利用直面对定，斜面只起消除配合间隙作用，因而分度精度高。图 12.79（f）是利用斜楔对定多面体分度板的对定形式，它的结构简单，但分度精度不高，受分度板结构尺寸的限制，分度数不多。

③　滚柱分度装置　图 12.80 所示的滚柱分度装置则采用标

准滚柱装配组合的结构。它由一组经过精密研磨过的直径尺寸误差很小的滚柱 4 排列在经配磨加工的盘体 3 外圆圆周上，用环套 5（采用热套法装配）将滚柱紧箍住，形成一个精密分度盘，可利用其相邻滚柱外圆面间的凹面进行径向分度［见图 12.80 (a)］，也可利用相邻滚柱外圆与盘体 3 外圆形成的弧形三角形空间实现轴向分度［见图 12.80 (b)］。

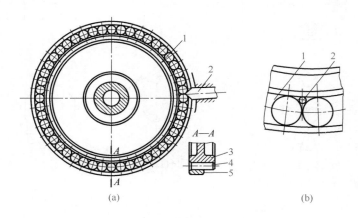

图 12.80　滚柱分度装置

1—分度盘；2—对定销；3—盘体；4—滚柱；5—环套

（2）分度装置的对定装置

① 手拉式对定器　图 12.81 是手拉式对定器。向外拉出手柄 6，克服弹簧作用力拔出对定销 1。当销 5 脱离导套 2 的狭槽后，把手柄转过 90°可使销 5 搁在导套 2 的端面上。转动分度板进行分度，至下一分度孔到位的时候，转回手柄，于是对定销在弹簧力作用下重新插入分度孔，完成对定动作。手拉式对定器的径向尺寸较小，轴向尺寸较大。

② 枪栓式对定器　图 12.82 是枪栓式对定器。转动操纵手柄 7 带动对定销 1 回转，对定销外圆面上的曲线槽随之沿限位螺钉 8 运动而使对定销退出分度孔。当分度板转到下一分度孔位置时，转回手柄 7，对定销外圆面上的曲线槽在弹簧 6 的作用下沿限位螺钉 8 反向运动，重新插入分度孔中，完成分度动作。枪栓

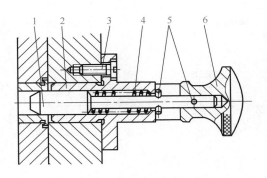

图 12.81　手拉式对定器

1—对定销 ；2—导套；3—螺钉；4—弹簧；5—销；6—操纵手柄

式对定器的径向尺寸较大，但轴向尺寸却相对较小。

③ 齿条式对定器　图 12.83 是齿条式对定器。当转动手柄 7 时，齿轮轴 2 回转，使齿条对定销退出，便可转动分度板。当下一分度孔到位时，齿条对定销在弹簧 4 的作用下重新插入分度孔，实现对定。限位螺钉 6 限定齿轮轴的轴向位置。

④ 杠杆式对定器　图 12.84 是杠杆式对定器。如图 12.84（a）所示，当手柄 3 向

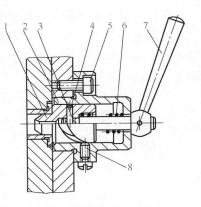

图 12.82　枪栓式对定器

1—对定销；2—壳体；3—转轴；
4—销；5—螺钉；6—弹簧；7—操
纵手柄；8—限位螺钉

下使对定销 2 绕铰链轴回转脱开分度板的分度槽，便可进行分度。当下一分度槽到位时，弹簧 4 通过顶销 5 使对定销插入分度槽实现对定。这种对定器结构简单，操作迅速。对定销的对定斜面做成上大下小的锥形，可消除其与分度槽的配合间隙，但对定面工作区域很短，影响对定可靠性与精度。图 12.84（b）是另

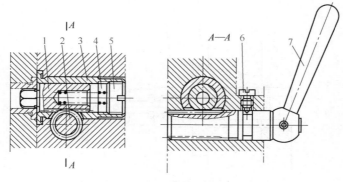

图 12.83　齿条式对定器

1—齿条对定销；2—齿轮轴；3—衬套；4—弹簧；5—螺塞；

6—限位螺钉；7—操纵手柄

一种杠杆式对定器，向下按动手柄 3 即可拔出对定销 2，便可转动分度板进行分度。当下一分度槽到位时，在弹簧 4 的作用下，对定销又插入分度槽实现对定。限位销 6 防止对定销 2 旋转，保证与分度槽的正确配合。

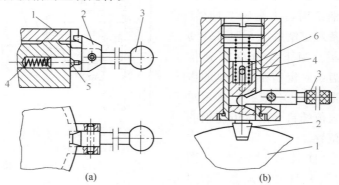

(a)　　　　　　　　　　　　　(b)

图 12.84　杠杆式对定器

1—分度板；2—对定销；3—操纵手柄；4—弹簧；5—顶销；6—限位销

（3）分度装置的锁紧机构

在加工中有切削力等外力作用于分度盘上，若依靠分度板和对定销来承受外力，则由于受力变形也影响分度精度，只有在外力较小或加工精度要求较低的情况下才允许这样做，大部分分度装置都设有锁紧机构以承受外力的作用。常用的锁紧机构的结构见图 12.85。

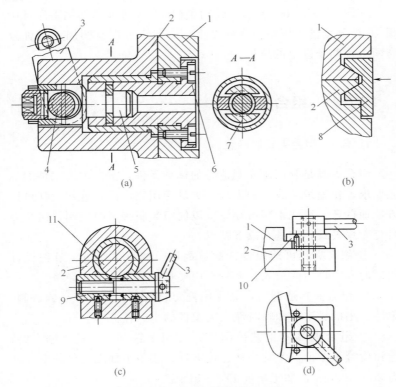

图 12.85　分度装置的锁紧机构

1—分度盘；2—底座；3—操纵手柄；4—偏心轴；5—拉杆；6—轴套；
7—半圆块；8—卡箍圈；9—切向夹紧套；10—压板；11—转轴

　　图 12.85（a）是偏心锁紧机构。转动手柄 3 带动偏心轴 4 回转，偏心轴顶住拉杆 5 向左，通过两半圆块 7 把轴套 6 向左拉，轴套 6 与分度盘 1 是紧固的，即将分度盘锁紧在底座上。

　　图 12.85（b）是利用包在分度盘和底座外圆斜面上的卡箍圈 8 实现锁紧。当卡箍圈按图示箭头方向收缩时，在内斜面作用下把分度盘和底座压紧。

　　如图 12.85（c）所示，转动手柄 3，两个切向夹紧套 9 在螺纹的作用下作对心移动，把转轴 11 锁紧在底座 2 上不能转动。轴 11 与分度盘固连，即把分度盘与底座 2 锁紧。

如图 12.85（d）所示，转动手柄 3，在螺纹的作用下通过压板 10 把分度盘 1 压紧在底座 2 上。一般在分度盘圆周上对称分布两个或两个以上的压板。

12.6 组合夹具

12.6.1 组合夹具的特点

组合夹具是利用预先制造好的标准元件，按被加工工件的工艺要求，快速组装成一种夹具。夹具使用完毕后，这些元件可以方便地拆开，清洗干净后存放，以便组装新夹具时使用。组合夹具与专用夹具相比具有以下特点：

① 组合夹具可缩短设计制造周期、减小工作量、节约设计制造的人力物力的投入，减少专用夹具的数量，更加经济。

② 组合夹具适合于产品变化较大的生产，如新产品的试制、单件、小批量生产和临时性、突发性的生产任务等。

③ 组合夹具的工艺范围广，可用于钻、车、铣、刨、磨、镗和检验等工种，尤其是钻、镗夹具。适用于加工工件外形尺寸为 20～600mm，加工精度 IT7～IT8 级。

④ 组合夹具元件系统通常有专门的生产厂家和销售部门，还有专门的组装部门，便于购买，应用方便。如英国的"华尔通（Wharon）"系统，由 560 种元件组成；俄罗斯的"乌斯贝（УСп）"系统，它由 495 种类型 2504 种规格元件组成；德国的"蔡司（Zeiss）"系统；我国采用乌斯贝系统。

⑤ 组合夹具的体积较大、需要一定数量的元件储备，一次性投资大、需要专门的库存和管理。

12.6.2 组合夹具的元件及其作用

按组合夹具组装连接基面的形状，分为 T 形槽系和孔系两大系列。T 形槽系组合夹具的元件之间是靠 T 形槽和键定位。孔系组合夹具则通过孔和销来实现元件间的定位。组合夹具的元件已按标准进行了编号，JB/T 2814—1999 标准规定，按照其功能和用途分为八类：基础件、支承件、定位件、导向件、压紧件、紧固件、合件和辅助件。

（1）T 形槽系组合夹具

由 T 形槽系元件组装成的钻孔组合夹具如图 12.86 所示，图中表示了该系的一种组合夹具组装外形及其各元件外形和功能分解。

① 基础件　基础件是组合夹具的夹具体，包括方形基础板、圆形基础板、长方形基础板和角尺形基础板四种结构。基础件上有 T 形槽，通过键与槽定位，靠螺栓连接可组装成其他元件。

② 支承件　支承件主要用作不同高度或角度的支承。支承件的类型包括各种规格的方形支承、长方形支承、伸长板、角铁、角度支承和角度垫板等。

③ 定位件　组装夹具的定位元件主要有定位销、定位盘、定位支承、V 形支承、定位键、定位支座、镗孔支承及各种顶尖。用于组装连接的定位键有平键、T 形键、偏心键、过渡键四种。

④ 导向件　导向件是用来确定孔加工刀具与工件的相对位置，包括各种尺寸规格的钻套、钻模板、导向支承、镗孔支承等。

⑤ 压紧件　压紧件专指各种形式和规格的压板，用以夹紧工件。组合夹具的各种压板主要表面都经磨光，因此，也可用作定位挡板、连接板等。

⑥ 紧固件　紧固元件包括各种规格和形式的螺栓、螺钉、螺母、垫圈等。其作用是用来连接组合夹具元件和紧固工件。

⑦ 合件　合件是指由几个元件组成的单独部件，在使用中以独立部件的形式存在，不能拆散。

⑧ 辅助件　辅助件是在组合夹具元件中，难以列入上述几类元件的必有元件。它包括连接板、回转板、浮动块、各种支承

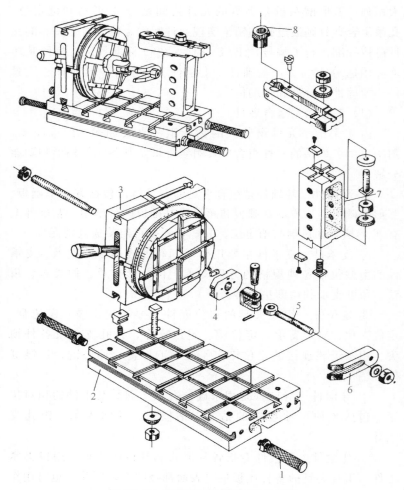

图 12.86　槽系组合钻模元件分解图

1—其它件；2—基础件；3—合件；4—定位件；5—紧固件；

6—压紧件；7—支承件；8—导向件

钉、支承帽与支承环、二爪支承、三爪支承、摇板、滚花手柄、弹簧、平衡块等。

（2）孔系组合夹具

孔系组合夹具与槽系组合夹具相比，元件的强度和定位精度

高，特别适合中小型零件在数控机床上加工。由孔系元件组装成
的组合夹具如图 12.87 所示，图中表示了各元件外形和功能。

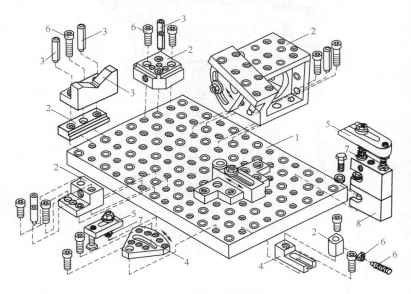

图 12.87　孔系组合夹具元件分解图

1—基础件；2—支承件；3—定位件；4—导向件；5—压紧件；

6—紧固件；7—辅助件；8—合件

图 12.88 所示是在加工中心机床上使用的孔系组合夹具
实例。

12.6.3　组合夹具的组装

（1）组合夹具的组装过程

组装过程是把组合夹具的元件按照一定原则、装配成具有一
定功能的组合夹具的过程。组装过程包括：组装前的准备、确定
组装方案、试装、连接和检验阶段。

① 组装前的准备　在组装前应掌握的资料包括工件的形状、
尺寸、加工部位和加工要求、加工批量等，最好能得到加工前一
道工序的工件实物，还应掌握夹具使用的机床、刀具、辅具的

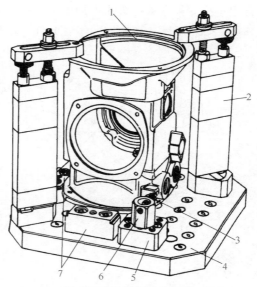

图 12.88　孔系组合夹具

1—工件；2—组合压板；3—调节螺栓；4—方形基础板；5—方形定位连接板；
6—切边圆柱支承；7—台阶支承

情况。

②　确定组装方案　在熟悉和掌握有关技术资料的过程中，可以确定工件的定位、夹紧机构，选择元件以及保证精度和刚度的措施，设计出夹具的基本结构。必要时，应计算和分析受力、结构尺寸和精度。

③　试装　试装就是按设想的夹具结构先摆一下（不紧固），审查组装方案的合理性，试装过程中需要修改和完善组装方案。试装中应着重考虑的问题是：工件定位夹紧是否合理，是否能保证工件加工精度，工件的装卸、加工是否方便，夹具是否便于清除切屑；能否保证安全；夹具是否能保证在机床上顺利安装；与刀具、辅具是否发生干涉等。

④　连接　经过试装验证合适的夹具方案，即可进行组装连接工作。首先清除元件表面的污物，装所需的定位键，然后按一

定的顺序将相关元件用螺栓连接起来，并对相关元件进行调整和测量。调整和测量时，注意选择合理的测量基面，正确地测量元件间的尺寸。定位误差一般为工件尺寸公差的 $1/3 \sim 1/5$。在实际调整中，调整精度一般在 $\pm 0.01 \sim \pm 0.05\text{mm}$ 范围内。在调整精度要求较高时，可通过选择元件、调整元件的装配方式等措施减小装配误差。

⑤ 检验　夹具元件紧固后，按工件的加工精度和其他要求，对夹具进行一次仔细全面的检查，必要时应在机床上进行试切。检验中应注意配套的附件（如钻套、活动垫块）和专用件图样是否带齐。

（2）组合夹具组装守则

在组合夹具组装中应遵守组装手则（JB/T 3636—1999），以保证组装工作的正确进行。

组装前必须熟悉加工零件图样、工艺规程，使用机床、刀具以及加工方法，按照确定的组装方案，选用元件（试装）、装配和调整尺寸，并按夹具结构和精度检验的程序进行组装，组装时要满足下列要求：

① 工件定位符合定位原则。

② 工件夹紧合理、可靠。

③ 组装出的夹具应结构紧凑，刚度好，便于操作，保证安全使用。对车床夹具应做好平衡和安全防护。

④ 夹具能在机床上顺利安装。

⑤ 装好夹具后，需要的钻套、钻套螺钉、定位轴、活动垫块、车床夹具的连接盘等应带齐，装完的夹具须经检验合格后方可交付使用。与加工精度有关的夹具精度，一般按工件图纸公差要求的 $1/2 \sim 1/5$ 进行调整和检验。

此外，组装中应注意按元件的使用特性选用元件，不能损害元件的精度；用作支承定位的元件，不要出现悬空现象，如图12.89所示；压板压紧工件，如图 12.90 所示力臂关系应为增力，压紧力方向要垂直于主定位表面，压紧点尽量靠近加工部位，应装弹簧和平垫圈、压板与紧固螺母间应放球面垫圈等。

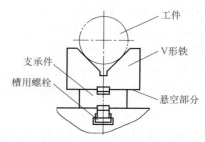

图 12.89 支承的悬空现象

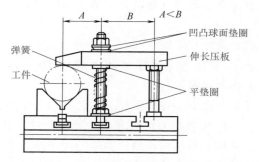

图 12.90 压板压紧的增力、均力和回位

12.7 夹具的设计方法

12.7.1 夹具的设计步骤、方法和应考虑的主要问题

（1）夹具的生产过程和基本要求

夹具的生产过程可用如图 12.91 所示框图表示。

夹具生产的第一步是由工艺人员在编制工艺规程时提出相应工序的夹具设计任务书。该任务书应包括设计理由、使用车间、使用设备、工序图等。工序图上必须标明本道工序的加工要求、定位面和夹压点。夹具设计人员完成相应的准备工作后，就可进行夹具结构设计。完成夹具结构设计之后，由夹具使用部门、制造部门就夹具的使用性能、结构合理性、结构工艺性及经济性等方面进行审核后交付制造。制成的夹具要由设计人员、工艺人员、使用部门、制造部门等各方人员进行验证。若该夹具确能满足该工序的加工要求；能提高生产率，且操作安全、方便，维修简单，就可交付生产使用。

总之，对夹具设计的基本要求是：能稳定可靠地保证工件的加工要求、能提高劳动生产率、操作简便、具有良好的工艺性。

（2）夹具设计的步骤

夹具设计的步骤主要有下列六个方面：

1）明确设计任务，收集、研究设计的原始资料　在这个阶段应做的工作有：

① 明确设计任务书要求，收集并熟悉被加工零件的零件图、毛坯图和其加工工艺过程；了解所用机床、刀具、辅具、量具的有关情况及加工余量、切削用量等参数。

② 了解零件的生产类型。若为大批量生产，则要力求夹具结构完善，生产率高。若批量不大或是应付急用，夹具结构则应简单，以便迅速制造后交付使用。

③ 收集有关机床方面的资料，主要是机床上安装夹具的有关连接部分尺寸。如铣床类夹具，应收集机床工作台 T 形槽槽宽及槽距。对车床类夹具，收集机床主轴端部结构及尺寸。此外，还应了解机床主要技术参数和规格。

④ 收集刀具方面的资料。了解刀具的主要结构尺寸、制造精度、主要技术条件等。例如，若需设计钻床夹具的钻套，只有知道孔加工刀具的尺寸、精度，才能正确设计钻套导引孔尺寸及其极限偏差。

⑤ 收集辅助工具方面的资料。例如，镗床类夹具则应收集镗杆等辅具资料。

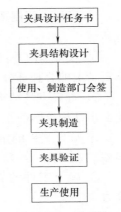

图 12.91　夹具的
生产过程

549

⑥ 了解本厂制造夹具的经验与能力，有无压缩空气站及其气压等。

⑦ 收集国内外同类型夹具资料，吸收其中先进而又能结合本厂情况的合理部分。

2）确定夹具结构方案、绘制结构草图　确定夹具结构方案，绘制出结构草图的主要工作内容如下：

① 确定工件的定位方案，选择或设计定位元件，计算定位误差。

② 确定工件的夹紧方式，选择或设计夹紧机构，计算夹紧力。

③ 确定其它装置，如确定分度装置、工件顶出装置等的结构型式；确定钻床类夹具的刀具导引方式及导引元件；确定铣床夹具的对刀装置、高速回转主轴的平衡装置等。

④ 确定夹具体的结构型式。确定夹具体的结构型式时，应同时考虑连接元件的设计。

在确定夹具各组成部分的结构时，一般都会产生几种不同的方案，进行分析比较，从中选择较为合理的方案，画出夹具结构草图。

3）绘制夹具总装配图　绘制夹具总装配图时，应注意下列问题：

① 绘制夹具总装配图时，除特殊情况外，均应按 1：1 的比例绘制，以保证良好的直观性。对于夹具尺寸较大时，也可用 1：2、1：5 的标准比例。对于夹具尺寸很小时，可用 2：1 的比例。在能够清楚表达夹具的工作原理和结构的情况下，视图尽可能少，可用局部视图表示各元件的连接关系，必要时将刀具的最终位置和与机床的连接部分用双点画线画出。夹具总装配图一般画出夹紧时的状态，以便看出能否夹紧，松开时的位置可以用双点画线全部或局部画出。

② 主视图应尽量符合操作者的正面位置。

③ 在夹具总装配图上，用双点画线或红线画出工件轮廓线，并将其视为假想"透明体"，使其不影响其它元件或装置的绘制。

④ 夹具总装配图绘制的顺序一般为：工件—定位元件—引导元件（钻床类夹具）—夹紧装置—其他装置—夹具体。

4）在夹具总装配图上标注尺寸和提出技术要求　夹具总装配图绘制完成后，需在图上标注各类尺寸和技术要求，标注内容和标注方法下面将专门阐述。

5）编写零件明细表　在夹具总装配图的明细表中应填写以下几方面的内容：序号、名称、代号（指标准件号或通用件号）、数量、材料、热处理、重量。

6）绘制夹具的非标准件零件图　根据绘制夹具总装配图拆绘非标零件图。

（3）夹具设计应考虑的主要问题

1）夹具设计的经济性分析　在零件加工过程中，对于某一工序而言，是否要使用夹具，应使用什么类型的夹具（通用夹具、专用夹具、组合夹具等），以及在确定使用专用夹具的情况下应设计什么档次的夹具，这些问题在夹具设计前必须加以认真的考虑，还应作经济性分析，以确保所设计的夹具在经济上合理。

2）采用模块化设计思想　采用成组技术、组合夹具设计的思想，积累结构，有利于夹具设计的标准化和通用化，可减小设计工作量，加快设计进度。

3）夹具的精度分析　夹具的主要功能是用来保证零件加工的位置精度。使用夹具加工时，影响被加工零件位置精度的误差因素主要包括：

① 定位误差。主要通过定位方案的定位误差对比分析来确定。

② 夹具制造与装夹误差。主要包括夹具制造误差、夹紧误差（夹紧时夹具或工件变形）、导向误差、对刀误差，以及夹具装夹误差（夹具安装面与机床安装面的偏差，装夹时的找正误差等）。

4）夹具结构工艺性分析　在分析夹具结构工艺性时，应重点考虑以下问题：

① 夹具零件的结构工艺性。首先要尽量选用标准件和通用件，以降低设计和制造费用；其次要考虑加工的工艺性及经济性。

② 夹具最终精度保证方法。专用夹具制造精度要求较高，又属于单件生产，因此大都采用调整、修配、装配后加工以及在使用机床上就地加工等工艺方法来达到最终精度要求。在设计夹具时，必须适应这一工艺特点，以利于夹具的制造、装配、检验和维修。

③ 夹具的测量与检验。在确定夹具结构尺寸及公差时，应同时考虑夹具上有关尺寸及形位公差的检验方法。夹具上有关位置尺寸及其误差的测量方法通常有三种，即直接测量方法、间接测量方法和辅助测量方法。

5）在夹具总装配图上标注尺寸及技术要求　在夹具总装配图上标注尺寸及技术要求的目的是为了便于拆零件图，便于夹具装配和检验。为此应有选择地标注尺寸及技术要求。具体讲，在夹具总装配图上应标注的尺寸包括以下几方面：

① 夹具外形轮廓尺寸。

② 工件与夹具定位元件的联系尺寸，定位元件与定位元件之间的联系尺寸。

③ 夹具与刀具的联系尺寸，如夹具定位元件与导向元件，夹具定位元件与对刀元件之间的联系尺寸。

④ 夹具与机床连接部分的联系尺寸，如安装基准面的配合尺寸、位置尺寸及公差。

⑤ 夹具内部零件之间的配合尺寸。

⑥ 其它尺寸。

夹具上有关尺寸公差和形位公差通常取工件上相应公差的 $1/5 \sim 1/2$，当生产批量较大时，考虑夹具的磨损，应取较小值；当工件本身精度较高时，可取较大值。当工件上相应的公差为自由公差时，夹具上有关尺寸公差常取 $\pm 0.1mm$ 或 $\pm 0.05mm$，角度公差（包括位置公差）常取 $\pm 10'$ 或 $\pm 5'$。确定夹具公差带时，还应注意保证夹具的平均尺寸与工件上相应的平均尺寸一致，即保证夹具上有关尺寸的公差带刚好落在工件上相应尺寸公差带的中间。

夹具总图上标注的技术要求通常有以下几方面：

① 定位元件之间的相互位置精度要求；

② 定位元件与夹具安装面之间的相互位置精度要求；

③ 定位元件与引导元件之间的相互位置精度要求；

④ 引导元件与引导元件之间的相互位置精度要求；

⑤ 定位元件或引导元件对夹具找正基准面的位置精度要求；

⑥ 与保证夹具装配精度有关的或与检验方法有关的特殊的技术要求。

如果能采用制图标准标注的技术要求，应直接标注在图上，不便于标注的，可以文字的形式表达。常见的几种技术要求情况如表 12.4 所示。

◇ 表 12.4 夹具技术要求举例

夹具简图	技术要求	夹具简图	技术要求
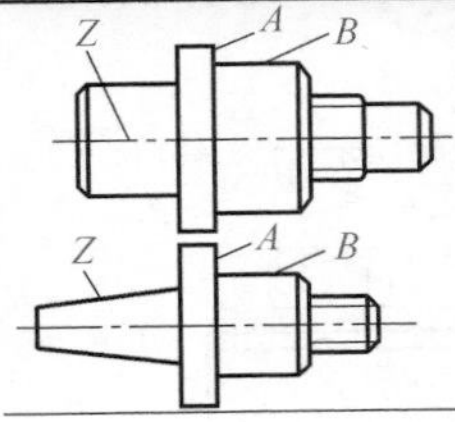	① A 面对 Z（锥面或顶尖孔连线）的垂直度公差 ② B 面对 Z（锥面或顶尖孔连线）的同轴度公差	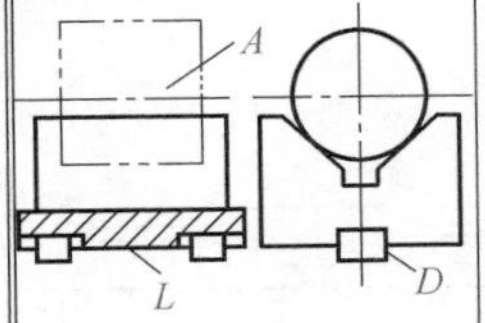	① 检验棒 A 对 L 面的平行度公差 ② 检验棒 A 对 D 面的平行度公差
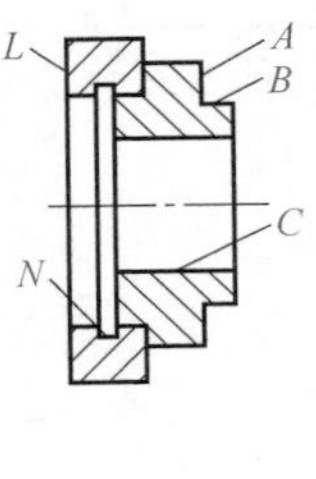	① A 面对 L 面的平行度公差 ② B 面对止口面 N 的同轴度公差 ③ B 面对 C 面的同轴度公差 ④ B 面对 A 面的垂直度公差	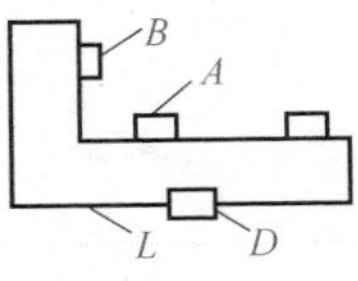	① A 面对 L 面的平行度公差 ② B 面对 D 面的平行度公差
		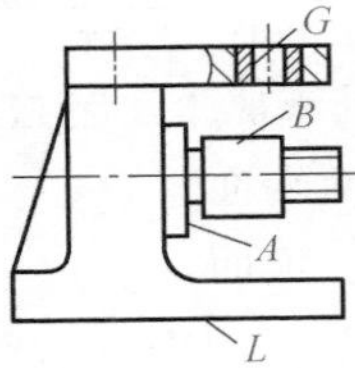	① B 面对 L 面的平行度公差 ② B 面对 A 面的垂直度公差 ③ G 面对 L 面的垂直度公差 ④ G 轴线对 B 轴线的最大偏移量

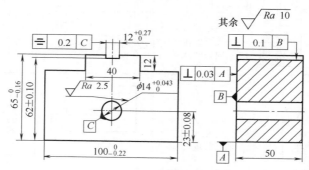

续表

夹具简图	技术要求	夹具简图	技术要求
	①B 面对 L 面的垂直度公差 ②A 面对 N 的同轴度公差 ③L 面对 N 面的垂直度公差		①A 面对 L 面的平行度公差 ②G 面对 A 面的平行度公差 ③G 面对 D 面的平行度公差 ④B 面对 D 面的垂直度公差

12.7.2　夹具设计实例

（1）设计任务

专用工艺装备设计任务书的格式如表 12.5 所示。

设计如图 12.92 所示工件铣槽工序的专用夹具，适合中批量生产要求。

图 12.92　块状零件图

该工件的机械加工工艺过程为：

① 铣前后两端面　　　　X6032 卧式铣床

② 铣底面、顶面　　　　X6032 卧式铣床

③ 铣两侧面　　　　　　X6032 卧式铣床

④ 铣两台肩面　　　　　X6032 卧式铣床

机械工综合切削手册

554

◇ 表 12.5　专用工艺装备设计任务书格式（JB/T 9165.2—1998）

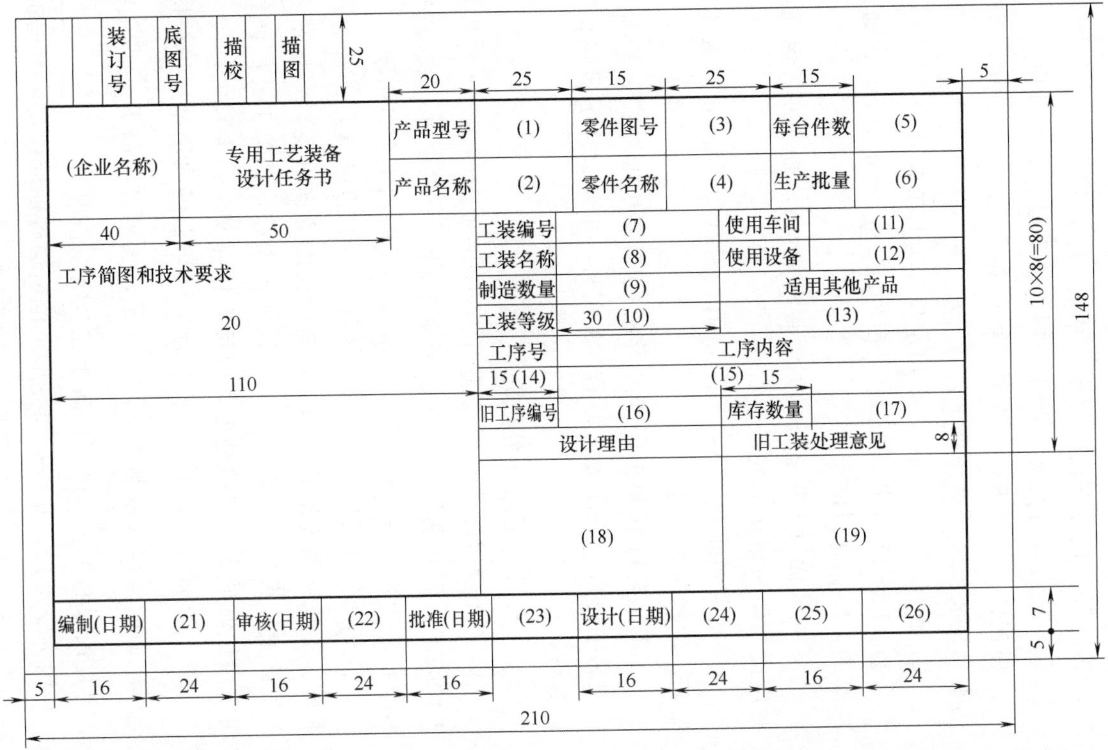

（企业名称）	专用工艺装备设计任务书					
产品型号	(1)	零件图号	(7)	使用车间	(11)	
产品名称	(2)	零件名称	(8)	使用设备	(12)	
工装编号	(3)	制造数量	(9)	每台件数	(5)	适用其他产品
工装名称	(4)	工装等级	(10)	生产批量	(6)	(13)
工序号	(14)	工序内容	(15)	库存数量	(17)	
旧工序编号	(16)	设计理由	(18)	旧工装处理意见		
工序简图和技术要求	(19)					
编制(日期)	审核(日期)	批准日期	设计(日期)			
(21)	(22)	(23)	(24)	(25)	(26)	

装订号　底图号　描校　描图

（尺寸标注：148、10×8(=80)、5、7、5；210、16、24、16、24、16、16、8；25、50、20、110、40；20、25、15、25、15、15、30、15）

⑤ 钻铰 $\phi 14^{+0.043}_{0}$ mm 孔　Z5135 立式钻床

⑥ 铣槽　　　　　　　　　X6032 卧式铣床

该工件铣槽工序的工序卡片如表 12.6 所示。

（2）明确设计任务、收集资料、作好设计准备工作

根据任务书要求，首先对零件图和工序图进行分析，本工序的夹具主要保证的精度如下：

① 槽宽 $12^{+0.027}_{0}$ mm，采用定尺寸刀具法保证。

② 槽底面至工件底面的位置尺寸 62mm±0.10mm，通过夹具保证，注意对刀尺寸。

③ 槽底面对工件背面的垂直度 0.1mm，通过夹具保证，并对定位元件的相互位置提出要求。

④ 槽两侧面对 $\phi 14^{+0.043}_{0}$ mm 孔的对称度 0.2mm，通过夹具保证，注意对刀尺寸。

了解工艺过程和工序卡涉及的机床和刀具，收集 X6132 卧式铣床工作台、三面刃铣刀的有关资料。准备设计手册和收集其它资料。

（3）夹具的定位方案分析

1）定位表面分析　由铣槽工序卡中的工序简图知，本工序工件的定位面分别是：背面 B 要求限制 3 个自由度，底面 A 要求限制 2 个自由度，$\phi 14^{+0.043}_{0}$ mm 孔要求限制 1 个自由度。

2）定位元件设计或选择　夹具上相应的定位元件选为：支承板、支承钉和菱形定位销（注意削边的方向，菱形定位销要补偿工件上和夹具上"23±0.08"尺寸的误差，消除工件底面和孔组合定位时的重复定位现象，保证工件能安装在夹具中）。

建立坐标系，如图 12.93 所示，对限制的自由度进行分析。

B 面的支承板限制了 $\vec{x}$、$\vec{y}$、$\vec{z}$，支承钉限制了 $\vec{z}$、$\vec{x}$，菱形定位销限制了 $\vec{y}$，该定位属于完全定位情况。

因为支承板、支承钉和菱形定位销均有标准件，可根据工件定位面的大小选择它们的型号。支承板 A8×40 JB/T 8029.1—1999，支承钉 A16×8 JB/T 8029.2—1999，定位销 B14f7×14

◇ 表 12.6 铣槽工序的机械加工工序卡片

(工厂名)	机械加工工序卡片	产品名称及型号		零件图号		第 6 页 共 6 页
	零件名称 板块		零件图号	工序名称 铣槽	工序号 6	
	车间	工段	材料名称 钢	材料牌号 45		力学性能
	同时加工件数 1	每料件数	技术等级	单件时间/min 1.69	准备—终结时间/min	
	设备名称 卧式铣床	设备型号 X6132	夹具名称 铣夹具	夹具编号	冷却液	

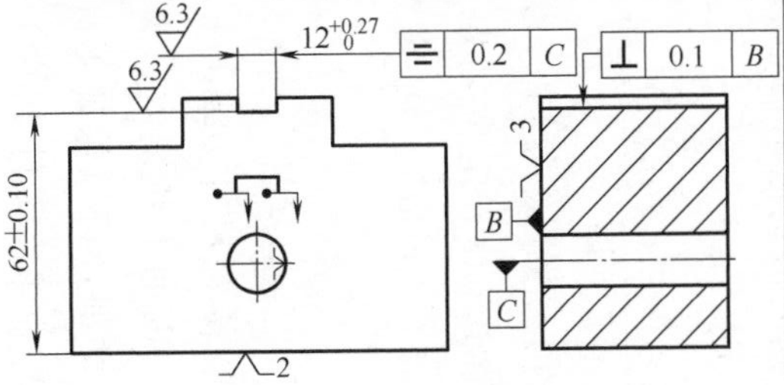

工步号	工步内容	计算数据/mm			走刀次数	切削用量				工时定额/min			刀具量具及辅助工具			
		直径或长度	走刀长度	单边余量		切削深度/mm	进给量/(mm/r)或(mm/min)	每分钟转数/(r/min)或(2L/min)	切削速度/(m/min)	基本时间	辅助时间	工作地点服务时间	工具号	名称	规格	编号	数量
1	铣 $12^{+0.27}_{0}$ 槽	50	86	3	1	3	1.8mm/r	80r/min	25.12	0.91	0.35	0.43		直齿三面刃铣刀	铣刀直径100		1

编制	抄写	校对	审核	批准
		更改内容		

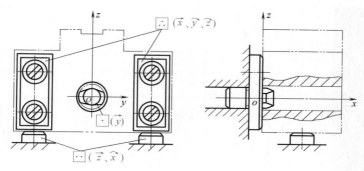

图 12.93 定位方案分析

JB/T 8014.2—1999，其修圆宽度 $b=4\text{mm}$，$b_1=3\text{mm}$，定位外圆直径公差需要设计。

要保证所有孔与底面加工合格的全部工件能装进夹具中，定位孔与菱形销的最小间隙 $\varepsilon_{\min}$ 为：

$$\varepsilon_{\min}=\frac{b_1}{D}\big[T(L_K)+T(L_J)\big]$$

式中　　D——定位孔直径，mm；

$\quad T(L_K)$——工件的底面到孔中心的距离公差，mm；

$\quad T(L_J)$——夹具上定位支承钉到菱形定位销轴心的公差，取 $T(L_J)=0.04\text{mm}$，则

$$\varepsilon_{\min}=\frac{b_1}{D}\big[T(L_K)+T(L_J)\big]=\frac{3\times(0.16+0.04)}{14}\approx0.043\text{（mm）}$$

若选择定位销定位直径 d 的公差等级为 IT6，尺寸为 14 的公差带为 0.011，满足最小间隙 0.043，定位销定位直径 $d=D-\varepsilon_{\min}=14-0.043=13.957$（mm），考虑公差，$d=\phi13.957^{\ 0}_{-0.011}=\phi14^{-0.043}_{-0.054}\text{mm}$。

3）定位误差计算

① 保证槽底面至工件底面的位置尺寸 $62\text{mm}\pm0.10\text{mm}$ 的精度要求。忽略工件上 A 面和 B 面的形状误差，夹具上的支承板和支承钉与夹具体装配后进行磨削，可以保证等高，认为定位副不准确引起的基准位置误差 $\Delta_{\text{jw}}=0$。工件上的工序基准与定

位基准均为 A 面和 B 面，对于 A 面基准重合，$\Delta_{jb1}=0$，对于 B 面基准不重合，$\Delta_{jb2}=0.3\text{mm}$，所以 $\Delta_{dw}=0.3\text{mm}$。

② 保证槽底面对工件 B 面的垂直度 0.1mm 的精度要求。该精度由 $\overset{\curvearrowright}{y}$、$\overset{\curvearrowright}{z}$ 自由度决定。绕 z 轴转动的定位误差：由于定位基准和设计基准均为 B 面，$\Delta_{jb}=0$，平面 B 定位，$\Delta_{jw}=0$，绕 z 轴转动的定位误差为 0。绕 y 轴转动的定位误差：由于定位基准和设计基准为 B 面，$\Delta_{jb}=0$，平面 B 定位，$\Delta_{jw}=0$，绕 y 轴转动的定位误差为 0。

③ 保证槽两侧面对 $\phi 14^{+0.043}_{0}\text{mm}$ 孔的对称度 0.2mm 的精度要求。该精度由 $\vec{y}$、$\overset{\curvearrowright}{x}$ 自由度决定。沿 y 轴移动的定位，定位基准和设计基准均为 $\phi 14^{+0.043}_{0}\text{mm}$ 孔的轴心线，$\Delta_{jb}=0$。

定位副不准确引起的基准位置误差 $\Delta_{jw}=T(D)+T(d)+\varepsilon_{min}=0.043+0.011+0.043=0.097$（mm）。

绕 z 轴转动的定位误差：由于定位基准和设计基准均为平面 A 面，$\Delta_{jb}=0$，$\Delta_{jw}=0$。

Δ_{dw} 与对称度要求（0.2mm）相比，约为 1/2，可以采用。若有加工问题，可采取其它措施，如提高上工序孔的加工精度、提高定位销精度、消除销与孔的最小间隙等。

（4）夹具的夹紧方式和夹紧机构

夹紧力应作用在主定位面定位元件上，故压在支承板上，作用点靠近切削力。夹紧力的大小需要结合受力分析进行确定。工件的受力分析计算如图 12.94 所示，铣削力 F_c 将破坏加工的稳定性，使工件翻转，因此需要夹紧力进行平衡，铣削力 F_c 的竖直分力将使工件定位破坏，也需要夹紧力进行平衡。

① 铣削力 F_c 计算 在图 12.94 中的铣削刃上各点的切削力是随铣削角 ψ 变化的，取接触点 B 作为计算位置（接近最危险的极限位置，ψ 约为 $15°$）。根据切削力计算公式：

$$F_c = k_c h_D b_D = 2000 \times 0.18 \times \sqrt{\frac{3}{100}} \times 12 = 748 \text{（N）}$$

式中 k_c——单位切削力，N/mm^2；

第 12 章　机床夹具设计原理

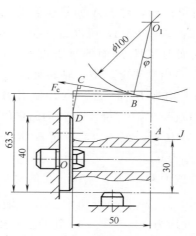

图 12.94　工件的受力分析

h_D——切削厚度，mm，平均值 $h_D = f_Z\sqrt{\dfrac{a_p}{D}}$，$a_p$ 为吃刀深

度，mm，D 为铣刀的直径，mm，f_Z 为每齿进给量；

b_D——切削宽度，即为铣槽的宽度，mm。

② 夹紧力计算　切削力使工件翻转需要平衡的夹紧力 J 计算。由图 12.94 得力平衡方程为：

$J \times (40 - 30) = F_c \times (63.5 - 40) \times \cos\psi$，即 $J = \dfrac{748 \times 23.5 \times \cos 15°}{10} = 1698$（N）

讨论：考虑安全系数为 1.5～2，夹紧力 J 可取 3000N。若将夹紧力 J 的作用点向下移动，则需要的夹紧力 J 将减小。

铣削力 F_c 的竖直分力将使工件向上移动可能破坏定位，需要进行平衡夹紧力验算。

$(J + F_c \cos\psi)f \geqslant F_c \sin\psi$，式中的 f 为定位支承板与工件间的摩擦因数，取 0.15。

$(J + F_c \cos\psi)f = (1698 + 748 \times \cos 15°) \times 0.15 = 363$（N）；$F_c \sin\psi = 748 \times \sin 15° = 194$（N），满足要求，即铣削力 F_c 的竖直分力不会使工件向上移动。

考虑到该夹具适合中批量生产，所以夹紧机构采用手动夹紧机构。夹紧机构的初步方案拟定采用：双压板、螺母开口垫圈和均力单压板三种夹紧方案。双压板夹紧方案的结构简单，操作不方便。螺母开口垫圈夹紧方案的结构简单，但操作不方便，螺栓直径受定位孔的尺寸限制，同时需要将定位削边销与螺栓作成一体。均力单压板夹紧方案综合效果较好，具体结构见图 12.98。

（5）夹具总图的草图绘制

夹具总图的草图绘制过程如下：

① 根据工件的结构和夹具的结构情况，用双点画线绘制出工件的轮廓视图，主视图应为操作者正对着的位置，本工件的轮廓视图如图 12.95 所示。

② 安排定位元件，如图 12.96 所示。

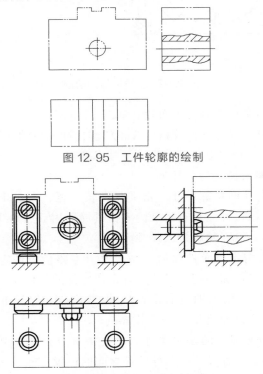

图 12.95　工件轮廓的绘制

图 12.96　定位元件的布置

③ 夹紧机构的布置，如图 12.97 所示。

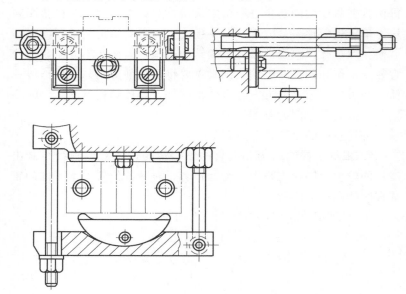

图 12.97　夹紧装置的绘制

④ 对刀和连接装置等布置，如图 12.98 所示。

⑤ 夹具主要零部件校核计算，如螺栓和压板的强度验算。

（6）标注总图上各部分尺寸及技术要求

1）夹具总图上应标注的尺寸

① 夹具外形轮廓尺寸。指夹具在长、宽、高三个方向上的外形最大极限尺寸。对有运动的零件可局部用双点画线画出运动的极限位置，算在轮廓最大尺寸内。

② 工件与定位元件间的联系尺寸。主要指工件定位面与定位元件定位工作面的配合尺寸和各定位元件间的位置尺寸。如图 12.98 中菱形定位销轴线的位置尺寸 $23\text{mm} \pm 0.02\text{mm}$，菱形定位销圆柱部分直径尺寸 $\phi 14_{-0.054}^{-0.043}\text{mm}$。

③ 夹具与刀具的联系尺寸。主要指对刀元件、引导元件与定位元件间的位置尺寸，引导元件之间的位置尺寸及引导元件与刀具导向部分的配合尺寸。对钻模而言，指钻套中心与定位元件

间的距离，钻套之间的距离，钻套导引孔与刀具的配合尺寸。对铣床夹具而言，对刀尺寸是指对刀块表面到定位元件基准的距离，如图 12.98 中的对刀尺寸 9.043mm±0.02mm 和 59mm±0.02mm。对刀尺寸的基本尺寸一般取其定位尺寸的基本尺寸加塞尺的厚度，其公差大小与加工精度要求、定位误差和加工过程中工艺系统误差有关，一般不大于加工要求公差的 1/3～1/5。9.043mm±0.02mm 的基本尺寸应为 6mm＋3mm＝9mm，考虑消除孔与销定位的最小间隙（装夹工件时一侧接触），所以取基本尺寸为 9.043mm，其制造公差考虑：对称度的定位误差 0.097mm－0.043mm＝0.054mm，加工过程工艺系统误差 0.07mm，取±0.02mm，其它夹具误差留 0.036mm。

夹具的定位误差、制造误差（定位元件与引导或对刀元件的位置误差、引导元件本身制造误差、引导元件之间的误差、定位面与夹具安装面的位置误差等）、装夹误差（夹紧时夹具和工件的变形）和工件加工过程中工艺系统误差（如几何误差、受力变形、受热变形、磨损等）之和应小于工件加工要求的公差。一般加工过程中工艺系统误差为工件加工要求公差的三分之一。

④ 夹具与机床连接部分的联系尺寸。主要指夹具与机床主轴端的连接尺寸或夹具定位键、U 形槽与机床工作台 T 形槽的连接尺寸。如图 12.98 中 14H7/h6。

⑤ 夹具内部的配合尺寸。凡属夹具内部有配合要求的表面，都必须按配合性质和配合精度标注尺寸，以保证装配后能满足规定的要求。如图 12.98 中 $\phi12H7/n6$、$\phi10F8/h7$、$\phi10M8/h7$、$\phi10H7/n6$、$\phi6F8/h7$、$\phi6M8/h7$、$\phi5H7/n6$ 等。

上述要标注的尺寸若与工件加工要求直接相关时，则该尺寸公差直接按工件相应尺寸公差的 1/2～1/5 来选取。如图 12.98 中，夹具上定位元件 P 面至对刀元件 S 面之间的位置尺寸是根据工件上相应尺寸 62mm±0.10mm，减去 3mm 的塞尺厚度，取相应工件尺寸公差的 1/5 得到 59mm±0.02mm。

2）夹具总装配图上的技术要求　夹具总装配图上标注的技

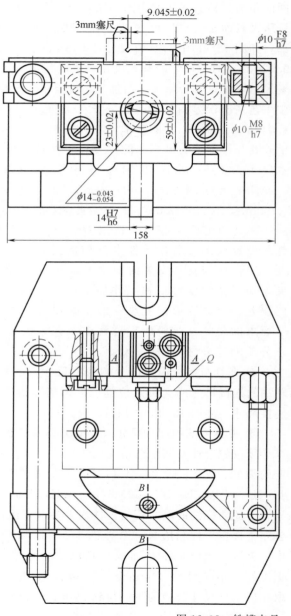

图 12.98 铣槽夹具

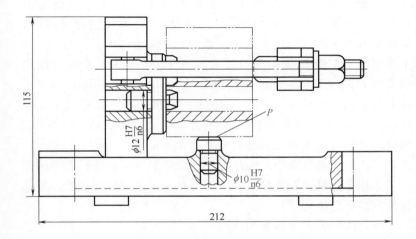

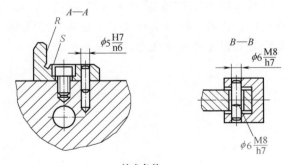

技术条件

(1)定位表面Q对夹具体底面的垂直度允差100∶0.02。

(2)定位表面Q对定位键侧面的垂直度允差100∶0.02。

(3)两定位支承钉的等高允差不大于0.02。

总图绘制过程

术要求是指夹具装配后应满足的各有关表面的相互位置精度要求。主要包括四个方面：首先是定位元件之间的相互位置要求；其次是定位元件与连接元件或夹具体底面的相互位置要求；第三是导引元件与连接元件或夹具体底面的相互位置要求；第四是导引元件与定位元件间的相互位置要求。

一般情况下，这些相互位置精度要求按工件相应公差的 $1/2 \sim 1/5$ 来确定；若该项要求与工件加工要求无直接关系时，可参阅有关手册及资料来确定。图 12.98 铣槽夹具中，由于工件上有槽底至工件 B 面的垂直度要求 0.10mm，夹具上应标注定位表面 Q 对夹具体底面的垂直度允差 100mm：0.0mm；由于工件上槽子两侧面对 ϕ14mm 孔轴线有对称度的要求，夹具上应标注定位表面 Q 对定位键侧面的垂直度允差 100mm：0.02mm；同时还要制订两支承钉的等高允差 0.02mm。

（7）加深夹具总图、标注零件号、绘制填写标题栏和明细表

非标零件号需要进行编号。标准件要给出型号和标准，最好按规定的标记填写。

（8）拆绘夹具非标准零件图

非标准零件需要设计。非标准零件按夹具总图的要求进行设计，同时考虑夹具的生产条件。

可利用计算机来辅助人完成部分夹具设计工作，如设计计算、查阅手册或其它资料、图形绘制等工作是非常必要的。有关计算机辅助设计的知识详见有关课程，这里不再赘述。

第13章

车削加工

 13.1 车床

13.1.1 车床概述

车床是主要用车刀在工件上加工旋转表面的机床，工件旋转为主运动，车刀的移动为进给运动。车床是切削加工中使用最广泛的一种加工设备。车床的种类很多，如：仪表车床；落地及卧式车床；立式车床；单轴或多轴半自动、自动车床；回轮车床；转塔车床；轮、轴、辊、锭及铲齿车床；曲轴、凸轮轴车床；仿形车床；数控车床；车削加工中心等。其中，落地车床、立式车床用来加工尺寸大的、重的零件上的回转表面；仪表车床用于电子、仪器、仪表的小型零件上的回转表面；曲轴、凸轮轴车床专门用于汽车、拖拉机等车辆工程；轮、轴、辊、锭车床用于重型机械、冶金机械、铁路机车等行业；数控车床、车削加工中心用于军工、航空航天领域。320～630mm 卧式车床和数控车床广泛用于机械制造行业。

（1）卧式车床

① 卧式车床的工艺范围　卧式车床主要用于车削零件上各种回转表面，如用车刀车内外圆柱面、圆锥面、螺纹表面，成形表面，端面，沟槽等，还可以用钻头、铰刀、丝锥、滚花等工具

进行加工，如图 13.1 所示。

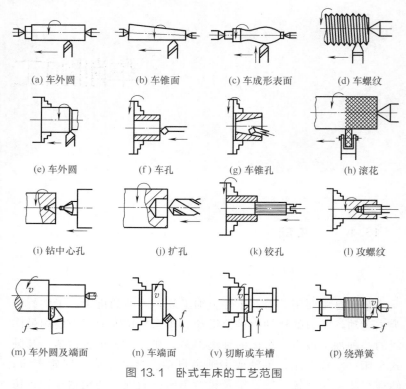

| (a) 车外圆 | (b) 车锥面 | (c) 车成形表面 | (d) 车螺纹 |

(e) 车外圆　　(f) 车孔　　(g) 车锥孔　　(h) 滚花

(i) 钻中心孔　　(j) 扩孔　　(k) 铰孔　　(l) 攻螺纹

(m) 车外圆及端面　　(n) 车端面　　(v) 切断或车槽　　(p) 绕弹簧

图 13.1　卧式车床的工艺范围

　　② 卧式车床的结构组成　CA6140 型卧式车床由主轴箱、进给箱、溜板箱、刀架、尾座、床身、床腿等零、部件组成，如图 13.2 所示。

　　主轴箱 1 固定在床身 4 的左上部，箱内装有主轴、传动和变速机构等。主轴前端可安装卡盘、花盘等夹具，用以装夹工件，主轴箱的功能是支承主轴并将动力经变速机构和传动机构传给主轴，使主轴带动工件按一定的转速旋转，实现主运动。

　　刀架 2 安装在床身 4 上的刀架导轨上，刀架部件由多层滑板和方刀架组成，可带着夹持在其上的车刀移动，实现纵向、横向和斜向进给运动。

　　尾座 3 安装在床身 4 的尾座导轨上，可沿此导轨调整纵向位

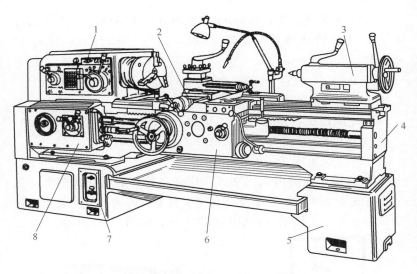

图 13.2　CA6140 型卧式车床外形图

1—主轴箱；2—刀架；3—尾座；4—床身；5—右床腿；6—滑板箱；

7—左床腿；8—进给箱

置，它的功能是用后顶尖支承工件，也可安装钻头、铰刀及中心钻等孔加工工具进行孔加工。

床身 4 固定在左床腿 7 和右床腿 5 上，用来支承各种部件，并使部件在工作时保持准确的相对位置或运动轨迹。

溜板箱 6 与刀架 2 的纵向溜板连接。车削时，通过光杠传动实现刀架的机动进给，车螺纹时，通过开合螺母使丝杠传动带动刀架纵向移动。在溜板箱内的互锁机构和操纵机构，可以实现光杠传动与丝杠传动的互锁、刀架纵向与横向移动的互锁。溜板箱的右下侧装有快速电机，用作刀架纵或横向快速移动，并通过超越离合器实现不断开工作进给就能进行快速进给。

进给箱 8 固定在床身 4 的左端前侧，箱内装有进给运动传动和变速机构，用来实现不同进给量和螺纹导程的加工要求。

③ 卧式车床的主要技术性能参数（以 CA6140 型卧式车床为例）

a. 床身上的最大回转直径：400mm；

b. 刀架上的最大回转直径：210mm；

c. 最大工件长度：750mm、1000mm、1500mm、2000mm；

d. 主轴转速级数：正转 24 级，10～1400r/min，反转 12 级，14～1580r/min；

e. 进给量：纵向 64 种 0.028～6.33mm/r，横向 64 种 0.014～3.16mm/r；

f. 车削螺纹：公制 44 种，英制 20 种等；

g. 主电机：7.5 kW，1450r/min。

（2）立式车床

① 立式车床的组成　立式车床分单柱式和双柱式两类，主要用于车削大而重的箱体类、盘类工件上回转表面，主要由回转工作台、立柱、横梁、刀架等部件组成，如图 13.3 所示。

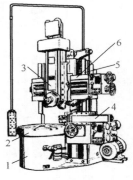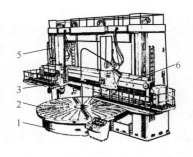

(a) 单柱式　　　　　　　　　　　(b) 双柱式

图 13.3　立式车床

1—底座；2—工作台；3—垂直刀架；4—侧刀架；5—立柱；6—横梁

② 立式车床的工艺范围　见表 13.1。

◇ 表 13.1　立式车床工艺范围

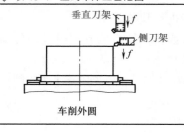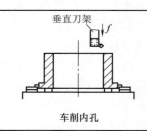

车削外圆	车削内孔

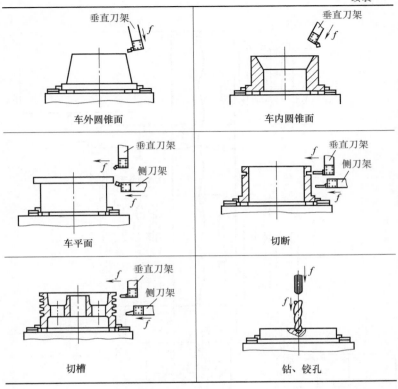

车外圆锥面

车内圆锥面

车平面

切断

切槽

钻、铰孔

13.1.2 CA6140 型卧式车床的传动系统

在分析机床运动的传动系统时，首先根据机床所加工工件表面的类型、表面成形运动，确定各运动传动联系的端件；然后以传动链的形式将每个成形运动逐一进行分析；最后根据表面成形运动需要调整的参数，确定机床运动传动链的运动参数调整关系。同时也分析实现机床运动所采用的传动机构和调整机构。必要时，亦可对机床其他运动传动链进行分析。CA6140 型卧式车床的传动系统图如图 13.4 所示。图中表示了机床的全部运动及其传动关系。根据该机床车外圆、车端面、车螺纹的成形运动及其他运动，该机床运动传动系统的主要端件是：主电机、主轴、刀架。

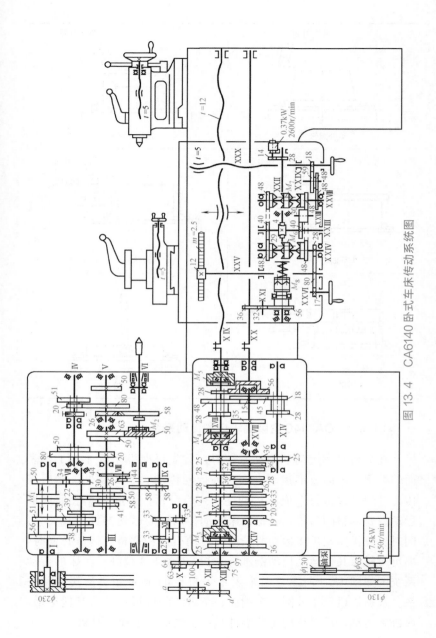

图 13.4 CA6140 卧式车床传动系统图

（1）主运动传动链

在分析传动链时，首先确定该传动链的两末端件（动力源—执行件，或执行件—执行件）及其计算位移，然后沿末端件的一端向另一端逐一地对其组成的传动件进行分析。采用的分析步骤一般为：

① 确定传动链的两末端件：电机—主轴。

② 确定两末端件的计算位移：$n_电$（r/min）—$n_主$（r/min）。

③ 写出该传动链的传动路线表达式。

④ 列出两末端件的运动平衡方程式，计算两末端件的运动关系位移量。

由于传动链的性质不同，分析的内容和达到的目的也不同。外联系传动链的分析目的主要是为了调整计算，确定运动的速度参数，如主运动的分析结果要给出主轴上的各级转速，进给运动的各级进给量，供机床调整和使用。内联系传动链的分析目的主要是确定两末端件的运动关系，供机床调整计算和使用，如，必要时填写机床操作计算卡片。

传动链分析表达的方式有叙述形式和传动路线表达式两种形式。叙述形式的表述细致、有说明，便于理解。传动路线表达式的表达简洁、准确。

CA6140 型卧式车床主运动传动链是主电机到主轴的传动链，它是动力源的运动和动力传给机床主轴，实现主轴带动工件完成主运动，并使主轴实现启动、停止、变速和变向等功能。该传动链属于一条外联系传动链。

1）主运动传动链的表述　　主运动传动链是由主电动机到机床主轴的一条外联系传动链，其两末端件是主电动机和主轴。主运动传动链的分析过程叙述为：

运动由电动机（7.5kW，1450r/min）经带轮传动副 $\phi130\text{mm}/\phi230\text{mm}$ 传至主轴箱中的轴 I。在轴 I 上装有双向片式摩擦离合器 M_1，能使主轴实现正转、反转或停止的功能。当压紧离合器 M_1 左边部分的摩擦片时，轴 I 的运动经 M_1、齿轮

副 $\dfrac{56}{38}$ 或 $\dfrac{51}{43}$ 传给轴 Ⅱ，齿轮 38 或齿轮 43 与轴 Ⅱ 通过花键连接，使轴 Ⅱ 获得两种转速。当压紧离合器 M_1 右边部分的摩擦片时，轴 Ⅰ 的运动经 M_1、齿轮 50（齿数）、轴 Ⅶ 上的空套齿轮 34 传给轴 Ⅱ 上的固定齿轮 30。与压紧离合器 M_1 左边部分的摩擦片相比较，由于轴 Ⅰ 至轴 Ⅱ 间多一个中间齿轮 34，故轴 Ⅱ 的转向与经 M_1 左部传动时相反，反转转速只有一种。当离合器处于中间位置时，左、右摩擦片都没有被压紧，轴 Ⅰ 的运动不能传至轴 Ⅱ，所以机床主轴是不转的。

轴 Ⅱ 的运动可通过轴 Ⅱ 和轴 Ⅲ 间三对齿轮中的任一对传至轴 Ⅲ，故轴 Ⅲ 正转有 $2 \times 3 = 6$ 种转速。

运动由轴 Ⅲ 传往主轴有两条路线：

高速传动路线：轴 Ⅲ→主轴 Ⅵ。此时，主轴上的齿轮 50 滑移到左边与轴 Ⅲ 上的齿轮 63 啮合，运动由这一对齿轮直接传至主轴，可使主轴得到 6 级高转速。

低速传动路线：轴 Ⅲ→轴 Ⅳ→轴 Ⅴ→轴 Ⅵ。此时，主轴上的齿轮 50 移到右边与主轴上的齿式离合器 M_2 啮合。轴 Ⅲ 的运动经齿轮副 $\dfrac{20}{80}$ 或 $\dfrac{50}{50}$ 传给轴 Ⅳ，又经齿轮副 $\dfrac{20}{80}$ 或 $\dfrac{51}{50}$ 传给轴 Ⅴ、再经固定齿轮副 $\dfrac{26}{58}$ 及齿式离合器 M_2 传给主轴，可使主轴得到 24 级理论上的低转速。

2）主运动传动链的传动路线表达式 CA6140 型卧式车床主运动传动链的组成结构和传动特点分析，用传动路线表达式的形式可以表达为：

$$
主电动机 - \dfrac{\phi 130mm}{\phi 230mm} - \mathrm{I}
\begin{cases}
M_1(左) \\ (正转)
\begin{cases}
\dfrac{56}{38} \\[2mm]
\dfrac{51}{43}
\end{cases} \\[6mm]
M_1(右) \\ (反转) - \dfrac{50}{34} - \mathrm{Ⅶ} - \dfrac{34}{30}
\end{cases}
\mathrm{Ⅱ}
\begin{cases}
\dfrac{39}{41} \\[2mm]
\dfrac{30}{50} \\[2mm]
\dfrac{22}{58}
\end{cases}
$$

$$
\binom{7.5kW}{1450r/min}
$$

$$\text{III} - \left\{ \begin{array}{c} \left[\dfrac{20}{80} \right] \\ \dfrac{50}{50} \end{array} \right\} \text{IV} - \left\{ \begin{array}{c} \dfrac{20}{80} \\ \dfrac{51}{50} \end{array} \right\} \overset{\displaystyle \frac{63}{50}}{} \text{V} - \dfrac{26}{58} - M_2 (\text{右移}) \right\} \text{VI(主轴)}$$

该传动路线表达式说明的内容与叙述的形式一致，表达形式更简洁。

3) 主轴的转速级数和转速计算 对于滑移齿轮分级变速系统，在计算主轴的转速级数时，首先根据表达式和传动系统图，确定从前一根轴到后一根轴之间的传动路线的数目，然后根据两轴间传动路线数目的连乘积得到两轴间的理论转速级数。例如，在计算 CA6140 型卧式车床主轴正转时，从轴 I 到轴 II 可通过双联滑移齿轮（38 和 43）两条传动路线得到两种转速，从轴 II 到轴 III 可通过三联滑移齿轮（41、58 和 50）三条传动路线得到三种转速，从轴 III 到主轴 VI 有 5 条传动路线（直接由轴 III 通过 63/50 到主轴 VI，轴 III 到轴 IV 通过 20/80 或 50/50 有两种传动路线、从轴 IV 到轴 V 通过 20/80 或 50/50 有两种传动路线、然后从轴 V 到轴 VI 26/58 有一种传动路线）。由此分析，从轴 I 到主轴 VI 的理论转速级数 Z 为：$Z = 2 \times 3 \times (1 + 2 \times 2 \times 1) = 30$（级）。

对有些机床，主轴上的转速有重复，因此，需要进一步分析或逐级进行计算才能确定实际的转速级数。从轴 III 到轴 IV 的四条传动路线的传动比分别为：

$$u_1 = \frac{20}{80} \times \frac{20}{80} = \frac{1}{16} \qquad u_2 = \frac{50}{50} \times \frac{20}{80} = \frac{1}{4}$$

$$u_3 = \frac{20}{80} \times \frac{51}{50} \approx \frac{1}{4} \qquad u_4 = \frac{50}{50} \times \frac{51}{50} \approx 1$$

其中：u_2 与 u_3 基本相同，实际上从轴 III 到轴 IV 只有三种不同的传动比。因此，从轴 I 到主轴 VI 的实际转速级数 $Z = 2 \times 3 \times [1 + (2 \times 2 - 1)] = 24$（级）。

同理，主轴反转的级数 $Z = 1 \times 3 \times [1 + (2 \times 2 - 1)] = 12$（级）。

主轴各级转速的计算，通过列出从主电机到主轴各级转速的运动平衡方程式（简称运动平衡式）进行计算得到。例如，主轴最低转速的运动平衡方程式为：

$$n_主 = 1450 \times \frac{130}{230} \times \frac{51}{43} \times \frac{22}{58} \times \frac{20}{80} \times \frac{20}{80} \times \frac{26}{58} = 10 \ (\text{r/min})$$

同理，可计算出主轴正转的 24 级转速值为 $10 \sim 1400\text{r/min}$，主轴反转的 12 级转速值为 $14 \sim 1580\text{r/min}$。

主轴反转通常不用于切削，主要用于车削螺纹时的退刀。这样，可在退刀时不断开主轴与刀架之间的传动链，以免"乱扣"。为了节省退刀时间，主轴反转的速度比正转的高，并且转速级数比正转时的少。为了使通用机床主轴上各级转速的最大相对转速损失相等，主轴转速是按等比数列排列的。

4）主轴的转速图　在机床设计和机床使用说明书中，经常用转速图来表达主运动传动链的传动关系。CA6140 型卧式车床主运动传动链的转速图如图 13.5 所示。图中，通过横线、竖线、斜线、圆圈、数字和符号把主运动的传动顺序、传动关系、各级转速和转速级数表示出来。

① 竖线代表传动轴。图中，七条间距相等的竖线，分别用轴号"电、Ⅰ、Ⅱ、Ⅲ、Ⅳ、Ⅴ、Ⅵ"代表主运动传动系统的轴，是按照运动从电机到主轴的传动顺序，在图中从左到右顺序排列。

② 横线代表转速值。图中横线（纵向坐标）表示不同的转速大小，由于主轴转速一般是按等比级数排列的，所以纵向坐标采用对数坐标，等间距表示相同公比 φ。

③ 竖线上的圆圈代表传动轴的转速。转速图中，每条竖线上的小圆圈（双圆圈表示重复）表示各传动轴和主轴具有的实际转速。主轴上的转速按照标准转速（实际转速圆整为标准转速）标注在主轴的右侧，图中"10、12.5、…、1400"表示主轴得到的 24 级标准转速。Ⅲ轴到Ⅵ轴的高 6 级转速跨越了Ⅳ轴和Ⅴ轴。

④ 竖线间的连线代表传动副。连线的倾斜程度代表传动副传动比，传动比用数字符号表示，如电机轴到Ⅰ轴皮带传动采用

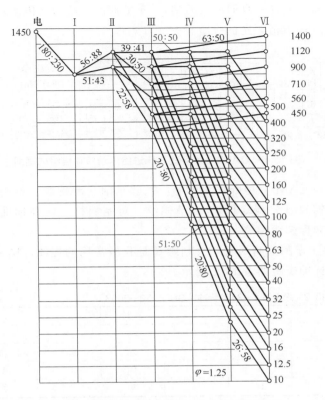

图 13.5　CA6140 型卧式车床主运动的转速图

180∶230 表示，Ⅰ 轴到 Ⅱ 轴的传动比分别为 56∶38 和 51∶43，⋯。

转速图可以清楚地了解传动链的传动关系和主轴上的转速分布情况，表达简洁、清楚，掌握它对进行传动设计和传动分析有很大的帮助。

（2）进给运动传动链

为便于分析，先给出 CA6140 型卧式车床进给运动传动链的组成框图，如图 13.6 所示。由图可知，进给运动传动链有三条传动路线。车削螺纹的进给运动传动路线为：主轴—进给箱—丝杠—纵向溜板（刀架）；车外圆的进给运动传动路线为：主轴—

进给箱—光杠—纵溜板（刀架）；车端面的进给运动传动路线为：
主轴—进给箱—光杠—横溜板（刀架）。

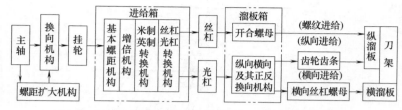

图 13.6　CA6140 型卧式车床进给运动传动链组成框图

在 CA6140 型卧式车床上，能够车削公制螺纹、英制螺纹、模数螺纹（公制蜗杆）、径节螺纹（英制蜗杆）四种标准螺纹，以及非标螺距螺纹。

① 车削公制螺纹　公制螺纹是我国常用的螺纹，国家标准规定标准螺距如表 13.2 所示。

◇ 表 13.2　螺距为 1~24 的标准（GB/T 193—2003）　　　　　　mm

	1		1.25		1.5
1.75	2	2.25	2.5		3
3.5	4	4.5	5	5.5	6
7	8	9	10	11	12
14	16	18	20	22	24

由表 13.2 可以看出，标准螺距是按分段等差数列的规律排列，即标准螺距按分段等差级数关系（表 13.2 中列之间的关系），段之间成倍数关系（表 13.2 中行与行之间的关系）。为了能加工这些螺距的螺纹，车床进给箱中的传动比也应按该规律进行排列。在 CA6140 型卧式车床上，通过进给箱中基本组传动比的等差级数排列，实现车标准螺纹的等差级数排列的螺距，通过进给箱中增倍组传动比的倍数排列，实现车标准螺纹的螺距倍数关系。车削公制螺纹的传动路线为：

车削公制螺纹时，进给箱中的齿式离合器 M_3 和 M_4 脱开，M_5 接合。此时，运动由主轴Ⅵ经齿轮副 $\frac{58}{58}$、换向机构 $\frac{33}{33}$（车左

螺纹时经 $\dfrac{33}{25}\times\dfrac{25}{33}$）、挂轮 $\dfrac{63}{100}\times\dfrac{100}{75}$ 传入进给箱轴 XⅢ，由齿轮副

$\dfrac{25}{36}$ 传到轴 XⅣ，由轴 XⅣ 经双轴滑移变速机构中的八对齿轮副

（这八对齿轮副称为基本组，用 u_{j} 来表示）之一传至轴 XⅤ，然

后经齿轮副 $\dfrac{25}{36}\times\dfrac{36}{25}$ 传至轴 XⅥ，轴 XⅥ 的运动再经轴 XⅥ 与 XⅧ 间

的齿轮副（可变四种传动比，称为增倍组，用 u_{b} 来表示）传至

轴 XⅧ，最后经由 M_5 传至丝杠 XⅨ，当溜板箱中的开合螺母与丝

杠相啮合时，就可带动刀架车削公制螺纹。

车削公制螺纹的传动路线表达式为：

$$主轴\ \ VⅠ-\dfrac{58}{58}-Ⅸ-\begin{bmatrix}\dfrac{33}{33}（右螺纹）\\[2mm]\dfrac{33}{25}-Ⅸ-\dfrac{25}{33}（左螺纹）\end{bmatrix}-Ⅹ-\dfrac{63}{100}\times$$

$$\dfrac{100}{75}-XⅢ-\dfrac{25}{36}-XⅣ-u_{\mathrm{j}}（基本组）$$

$$-XⅤ-\dfrac{25}{36}\times\dfrac{36}{25}-XⅥ-u_{\mathrm{b}}（增倍组）-XⅧ-M_5\ 啮合—丝$$

杠 XⅨ—刀架

其中轴 XⅣ 与 XⅤ 间的基本组可变换 8 种不同的传动比：

$$u_{\mathrm{j1}}=\dfrac{26}{28}=\dfrac{6.5}{7},u_{\mathrm{j2}}=\dfrac{28}{28}=\dfrac{7}{7},u_{\mathrm{j3}}=\dfrac{32}{28}=\dfrac{8}{7},u_{\mathrm{j4}}=\dfrac{36}{28}=\dfrac{9}{7}$$

$$u_{\mathrm{j5}}=\dfrac{19}{14}=\dfrac{9.5}{7},u_{\mathrm{j6}}=\dfrac{20}{14}=\dfrac{10}{7},u_{\mathrm{j7}}=\dfrac{33}{21}=\dfrac{11}{7},u_{\mathrm{j8}}=\dfrac{36}{21}=\dfrac{12}{7}$$

基本组是螺距变换机构，组内传动副的传动比 7/7、8/7、

9/7、10/7、11/7、12/7 为等差级数，因此，改变 u_{j} 值，就能

车削出按等差级数排列的螺纹导程。

轴 XⅤ 与轴 XⅧ 间的增倍组可有四种不同的传动

$$u_{\mathrm{b1}}=\dfrac{18}{45}\times\dfrac{15}{48}=\dfrac{1}{8},\ \ u_{\mathrm{b2}}=\dfrac{28}{35}\times\dfrac{15}{48}=\dfrac{1}{4}$$

$$u_{\mathrm{b3}}=\dfrac{18}{45}\times\dfrac{35}{28}=\dfrac{1}{2},\ \ u_{\mathrm{b4}}=\dfrac{28}{35}\times\dfrac{35}{28}=1$$

以上四种传动比成倍数关系排列，改变 u_b 值就可将基本组的传动比成倍地增大（或缩小），满足车削螺纹的螺距倍数关系。

车削公制螺纹时，两末端件及其计算位移为：

主轴转 1（r）—刀架移动一个被加工螺纹的导程 S（mm），公制螺纹的螺距与导程的关系为：

$$S = KT$$

式中　S——被加工螺纹的导程，mm；

　　　T——被加工螺纹的螺距，mm；

　　　K——被加工螺纹的头数（线数）。

主轴转 1 转，刀架移动的距离应与被加工螺纹的导程 S 相同，其运动平衡关系式为

$$S = KT = 1_{(\text{主轴})} \times \frac{58}{58} \times \frac{33}{33} \times \frac{63}{100} \times \frac{100}{75} \times \frac{25}{36} \times u_j \times \frac{25}{36} \times \frac{36}{25} \times u_b \times 12 \text{mm}$$

化简后得：$S = 7 u_j u_b$

该式是车削公制螺纹的运动计算换置公式，根据 S 值，从 u_j 和 u_b 中取值来调整机床，这就是机床的调整计算。生产中，在 CA6140 型机床车削公制螺纹，可通过查表 13.3，找出 S 与 u_j 和 u_b 所对应的关系，进行机床调整。

◇ 表 13.3　CA6140 型卧式车床的公制螺纹表

增倍组传动比 螺纹的导程 S/mm 基本组传动比	$u_{b1} = \frac{18}{45} \times$ $\frac{15}{48} = \frac{1}{8}$	$u_{b2} = \frac{28}{35} \times$ $\frac{15}{48} = \frac{1}{4}$	$u_{b3} = \frac{18}{45} \times$ $\frac{35}{28} = \frac{1}{2}$	$u_{b4} = \frac{28}{35} \times$ $\frac{35}{28} = 1$
$u_{j1} = \frac{26}{28} = \frac{6.5}{7}$				
$u_{j2} = \frac{28}{28} = \frac{7}{7}$		1.75	3.5	7
$u_{j3} = \frac{32}{28} = \frac{8}{7}$	1	2	4	8
$u_{j4} = \frac{36}{28} = \frac{9}{7}$		2.25	4.5	9
$u_{j5} = \frac{19}{14} = \frac{9.5}{7}$				

增倍组 传动比 螺纹的导程 S/mm 基本组传动比	$u_{b1}=\dfrac{18}{45}\times$ $\dfrac{15}{48}=\dfrac{1}{8}$	$u_{b2}=\dfrac{28}{35}\times$ $\dfrac{15}{48}=\dfrac{1}{4}$	$u_{b3}=\dfrac{18}{45}\times$ $\dfrac{35}{28}=\dfrac{1}{2}$	$u_{b4}=\dfrac{28}{35}\times$ $\dfrac{35}{28}=1$
$u_{j6}=\dfrac{20}{14}=\dfrac{10}{7}$	1.25	2.5	5	10
$u_{j7}=\dfrac{33}{21}=\dfrac{11}{7}$			5.5	11
$u_{j8}=\dfrac{36}{21}=\dfrac{12}{7}$	1.5	3	6	12

从表 13.3 中可见，能加工的公制螺纹的最大导程为 12mm。当需要车削更大导程的螺纹，如镗杆上的油槽，可将轴 IX 上的滑移齿轮 $Z58$ 向右移，与轴 VIII 上的齿轮 $Z26$ 啮合，即车螺纹采用扩大螺距的传动路线。在 CA6140 型卧式车床上，车螺纹正常螺距和扩大螺距的传动路线为：

$$主轴\,\text{VI}-\left[\begin{array}{c}\dfrac{58}{58}\ 正常螺距\\[2mm]\dfrac{58}{26}-\text{V}-\dfrac{80}{20}-\text{IV}-\begin{bmatrix}50/50\\80/20\end{bmatrix}-\text{III}-\dfrac{44}{44}-\text{VIII}-\dfrac{26}{58}\end{array}\right]-\text{IX}\cdots$$

采用扩大螺距传动路线，自轴 IX 后的传动路线与正常螺距时相同，从主轴 VI 至轴 IX 的传动比为：

正常螺距时　$u=\dfrac{58}{58}=1$

扩大螺距时　$u_{扩1}=\dfrac{58}{26}\times\dfrac{80}{20}\times\dfrac{50}{50}\times\dfrac{44}{44}\times\dfrac{26}{58}=4$

$$u_{扩2}=\dfrac{58}{26}\times\dfrac{80}{20}\times\dfrac{80}{20}\times\dfrac{44}{44}\times\dfrac{26}{58}=16$$

可见，扩大螺距传动路线实际上也是一个增倍组，可将螺距扩大 4 倍或 16 倍。但需注意，扩大螺距的传动路线与主运动的实际传动路线有关，只有主轴处于低速状态才能采用扩大螺距，并且当主轴转速确定后扩大螺距的倍数也就确定了，即当主轴转速为 10～32 最低 6 级转速时，扩大螺距只能采用 16 倍，当主轴转速为 40~125 的 6 级转速时，扩大螺距只能采用 4 倍。

　　② 车削模数螺纹　模数螺纹主要是公制蜗杆。模数螺纹（公制蜗杆）的螺距 $T_m = \pi m$（mm），导程 $S_m = K_m T_m = K \pi m$（mm）。式中，m 为模数，国家标准已规定了 m 的标准值，也是按分段等差数列排列的。与加工公制螺纹相比较，模数螺纹导程 $S_m = K \pi m$ 中含有特殊因子"π"。由于模数螺纹导程特殊因子"π"，在传动链调整计算时很不方便，在 CA6140 型车床上，将挂轮换为 $\dfrac{64}{100} \times \dfrac{100}{97}$ 凑出 π 的近似值。车削模数螺纹的传动路线分析与车削公制螺纹时相同，其运动平衡式为：

$$S_m = K \pi m = 1_{(主轴)} \times \frac{58}{58} \times \frac{33}{33} \times \frac{64}{100} \times \frac{100}{97} \times \frac{25}{36} \times u_j \times \frac{25}{36} \times$$

$$\frac{36}{25} \times u_b \times 12\text{mm}$$

式中 $\dfrac{64}{100} \times \dfrac{100}{97} \times \dfrac{25}{36} \approx \dfrac{7\pi}{48}$，经化简后得：

$$S_m = K \pi m = \frac{7\pi}{4} u_j u_b$$

　　车削模数螺纹的调整计算，也是根据导程 S_m 值，从 u_j 和 u_b 中取值来调整机床，当导程 $S_m > 12$mm 时，可采用扩大螺距的传动路线。

　　③ 车削英制螺纹　英制螺纹在采用英寸制的国家中应用较广泛。我国的管螺纹目前也采用英制螺纹。

　　英制螺纹用每英寸长度上的螺纹扣（牙）数 a（扣/in）表示。参数 a 的标准值也是按分段等差级数排列的。英制螺纹的螺距 T_a 与参数 a 的关系为：

$$T_a = \frac{1}{a}\text{in} = \frac{25.4}{a}\text{mm}$$

　　由于英制螺纹的参数 a 是按分段等差级数排列的，所以英制螺纹的螺距是分段的调和级数排列（分母是分段的等差数列）。此外，英制螺纹的螺距转换为公制时，计算式中包含一个特殊因子"25.4"。

在 CA6140 型车床上，为了解决既要车削公制螺纹又要车削英制螺纹的问题，在进给箱中采用了移换机构，解决英制螺纹的螺距为调和级数，即将基本组中的主动轴与被动轴对调（轴 XV 变为主动轴，轴 XIV 变为被动轴），为了在调整计算时消除特殊因子"25.4"，传动链中的移换机构通过齿轮副的齿数为 25 和 36 的巧妙组合实现。移换机构由 XIII 轴、XIV 轴间的齿轮副 25/36、齿式离合器 M_3、XIV 轴、XV 轴、XV 轴上右端齿轮 Z_{36} 及其紧靠的空套 Z_{36}、XVI 上的滑移齿轮 Z_{25} 组成。移换机构的功能是改变基本组的主动轴与被动轴的传动关系，实现车削公、英制螺纹传动路线的转换，同时凑出特殊因子"25.4"。

车削英制螺纹的传动路线为：进给箱中的齿式离合器 M_3 啮合（XIII 轴上的滑移齿轮 Z_{25} 处于右边的位置）、使运动通过 XIII 轴、基本组、XIV 轴，XIV 轴上右端固定齿轮 Z_{36}（靠近空套齿轮 Z_{36}）与 XVI 轴左端的滑移齿轮 Z_{25}（移至左面位置）啮合，运动传到 XIV 轴，再经轴增倍组（M_4 必须处于脱开位置）、M_5 传至丝杠。车削英制螺纹的运动平衡式为：

$$S_a = KT_a = 1_{(主轴)} \times \frac{58}{58} \times \frac{33}{33} \times \frac{63}{100} \times \frac{100}{75} \times \frac{1}{u_j} \times \frac{36}{25} \times u_b \times 12\text{mm}$$

其中
$$\frac{63}{100} \times \frac{100}{75} \times \frac{36}{25} \approx \frac{25.4}{21}$$

$$S_a = \frac{4}{7} \times 25.4 \times \frac{u_b}{u_j}\text{mm}$$

$$S_a = KT_a = \frac{25.4K}{a} = \frac{4}{7} \times 25.4\, \frac{u_b}{u_j}\text{mm}$$

可通过车削英制螺纹运动平衡的换置公式，选取不同的 u_j 和 u_b 值，车削出多种标准螺距的英制螺纹。

④ 车削径节螺纹 径节螺纹主要是英制蜗杆。它用径节 DP 来表示，DP 的标准值也是按分段等差数列规律排列的。DP 是蜗轮或齿轮折算到 1 英寸分度圆直径上的齿数，即 $DP = Z/D$（Z 为齿轮齿数，D 为分度圆直径）。英制蜗杆的轴向齿距（相当于径节螺纹的螺距）为：

$$T_{DP} = \frac{\pi}{DP} \text{ (in)} = \frac{25.4\pi}{DP} \text{ (mm)}$$

在 CA6140 型车床上车削径节螺纹与车削英制螺纹的传动路线相同，但采用的挂轮为 $\frac{64}{100} \times \frac{100}{97}$，其运动平衡式为：

$$T_{DP} = 1 \text{转}_{(主轴)} \times \frac{58}{58} \times \frac{33}{33} \times \frac{64}{100} \times \frac{100}{97} \times \frac{1}{u_j} \times \frac{36}{25} \times u_b \times 12$$

$$\approx \frac{25.4\pi}{84} \times \frac{1}{u_j} \times u_b \times 12 = \frac{25.4\pi}{7} \times \frac{u_b}{u_j}$$

式中 $\qquad \frac{64}{100} \times \frac{100}{97} \times \frac{36}{25} \approx \frac{25.4\pi}{84}$

通过选取不同的 u_j 和 u_b 值，可车削出不同螺距的径节螺纹。

⑤ 车削非标准螺纹 车削非标准螺纹时，不使用进给箱的变速机构。此时，将 M_3、M_4 及 M_5 全部啮合，运动经轴ⅩⅢ、ⅩⅤ、ⅩⅧ直接传动丝杠ⅩⅨ。被加工螺纹的导程依靠挂轮的传动比 $u_{挂}$ 来实现。运动平衡式为：

$$S_{非标} = 1_{(主轴)} \times \frac{58}{58} \times \frac{33}{33} \times u_{挂} \times 12 \text{mm}$$

换置公式： $\qquad u_{挂} = \frac{a}{b} \times \frac{c}{d} = \frac{S_{非标}}{12}$

若 $u_{挂}$ 的选配精度高，则可加工精度较高的螺纹。

⑥ 纵向机动进给运动传动链 在车削内、外圆柱面时，可使用纵向机动进给。为了避免丝杠磨损而影响螺纹的加工精度，机动进给运动是由光杠经溜板箱传动的。机动进给时，由主轴Ⅵ至轴ⅩⅧ的传动路线与车削公制或英制螺纹时的传动路线相同，其后 M_5 脱开，轴ⅩⅧ的运动经齿轮副 $\frac{28}{56}$ 传至光杠ⅩⅩ，光杠ⅩⅩ的运动经溜板箱中齿轮副 $\frac{36}{32} \times \frac{32}{56}$（超越离合器）及安全离合器 M_8、轴ⅩⅫ、蜗杆蜗轮副 $\frac{4}{29}$ 传至轴ⅩⅩⅢ。运动由轴ⅩⅩⅢ经齿

轮副 $\dfrac{40}{48}$ 或 $\dfrac{40}{30} \times \dfrac{30}{48}$、双向离合器 M_6、轴 XXIV、齿轮副 $\dfrac{28}{80}$、轴 XX

V 传至小齿轮 Z_{12}，小齿轮 Z_{12} 与固定在床身上的齿条相啮合，小齿轮转动时，就使刀架作机动纵向进给。其传动路线表达式为：

$$主轴 VI - \begin{bmatrix} 公制螺纹传动路线 \\ 英制螺纹传动路线 \end{bmatrix} - XVIII - \dfrac{28}{56} - XX （光杠） -$$

$$\dfrac{36}{32} \times \dfrac{32}{56} - XXII - \dfrac{4}{29} - XXIII - \begin{bmatrix} M_6 \uparrow \dfrac{40}{48} \\ M_6 \downarrow \dfrac{40}{30} \times \dfrac{30}{48} \end{bmatrix} - XXIV - \dfrac{28}{80} - XX$$

V$-Z_{12}$/齿条—纵向机动进给

在 CA6140 型卧式车床上可获得的 64 种纵向机动进给量，分别由 4 种传动路线实现。车削时进给量常用主轴转 1 转，刀具纵向移动的距离 f 表示，单位为 mm/r。

通过公制螺纹正常螺距的传动路线时，纵向机动进给量的运动平衡式为：

$$f_{纵} = 1_{(主轴)} \times \dfrac{58}{58} \times \dfrac{33}{33} \times \dfrac{63}{100} \times \dfrac{100}{75} \times \dfrac{25}{36} \times u_j \times \dfrac{25}{36} \times \dfrac{36}{25} \times u_b \times$$

$$\dfrac{28}{56} \times \dfrac{36}{32} \times \dfrac{32}{56} \times \dfrac{4}{29} \times \dfrac{40}{30} \times \dfrac{30}{48} \times \dfrac{28}{80} \times \pi \times 2.5 \times 12 \text{mm/r}$$

将 u_j、u_b 代入上式可得到 32 种正常的机动纵向进给量，如表 13.4 所示。这 32 种纵向进给量应用最广泛，在操作机床时，可根据加工需要的进给量，从表中选择与之接近的较小一种，然后调整机床即可。

运动经公制螺纹扩大螺距的传动路线，主轴处于 6 级高速（450~1400r/min，其中 500r/min 除外）状态，且 $u_b = \dfrac{18}{45} \times \dfrac{15}{48} = \dfrac{1}{8}$ 时，可得从 0.028~0.054mm/r 的 8 种细纵向机动进给量。

通过英制螺纹正常螺距的传动路线时，选择 $u_b = 1$，可得到从 0.86~1.59mm/r 的 8 种较大的纵向机动进给量。

◇ 13.4 32种正常的机动纵向进给量

基本组传动比	倍增组传动比			
	$u_{b1} = \dfrac{18}{45} \times \dfrac{15}{48}$ $= \dfrac{1}{8}$	$u_{b2} = \dfrac{28}{35} \times \dfrac{15}{48}$ $= \dfrac{1}{4}$	$u_{b3} = \dfrac{18}{45} \times \dfrac{35}{28}$ $= \dfrac{1}{2}$	$u_{b4} = \dfrac{28}{35} \times \dfrac{35}{28}$ $= 1$
$u_{j1} = \dfrac{26}{28} = \dfrac{6.5}{7}$	0.08	0.16	0.33	0.66
$u_{j2} = \dfrac{28}{28} = \dfrac{7}{7}$	0.09	0.18	0.36	0.71
$u_{j3} = \dfrac{32}{28} = \dfrac{8}{7}$	0.10	0.20	0.41	0.81
$u_{j4} = \dfrac{36}{28} = \dfrac{9}{7}$	0.11	0.23	0.46	0.91
$u_{j5} = \dfrac{19}{14} = \dfrac{9.5}{7}$	0.12	0.24	0.48	0.96
$u_{j6} = \dfrac{20}{14} = \dfrac{10}{7}$	0.13	0.26	0.51	1.02
$u_{j7} = \dfrac{33}{21} = \dfrac{11}{7}$	0.14	0.28	0.56	1.12
$u_{j8} = \dfrac{36}{21} = \dfrac{12}{7}$	0.15	0.30	0.61	1.22

通过英制螺纹扩大螺距的传动路线时，且主轴处于12级低速（10～125r/min），$u_b = 1/4$ 和 1/8 与 $u_{扩} = 4$ 或 $u_{扩} = 16$ 进行组合，可得从1.71～6.33mm/r的16种更大的纵向机动进给量。

⑦ 横向机动进给传动链　在轴 XXⅢ 之前的运动与纵向机动进给运动的相同。当运动由轴 XXⅢ 经齿轮副 $\dfrac{40}{48}$ 或 $\dfrac{40}{30} \times \dfrac{30}{48}$、双向离合器 M_7、轴 XXⅧ 及齿轮副 $\dfrac{48}{48} \times \dfrac{59}{18}$ 传至横向进给丝杠 XXX 后，就使横刀架作横向机动进给。其传动路线表达式为：

$$-\begin{bmatrix} M_7 \uparrow \dfrac{40}{48} \\[2mm] M_7 \downarrow \dfrac{40}{30} \times \dfrac{30}{48} \end{bmatrix} - XXⅧ - \dfrac{48}{48} - XXⅨ - \dfrac{59}{18} - 横向丝杠\ XXX$$

（$t = 5$mm）——横向机动进给

横向进给量及级数的分析与纵向的相同。当传动路线相同时，横向进给量大约为纵向进给量的一半。

⑧ 刀架的快速进给传动链　当需要刀架机动地快速接近或离开工件时，可按下快移按钮，使快速电动机（370W，2600r/min）启动。快速电动机的运动经齿轮副 $\frac{14}{28}$ 使轴 XXⅡ 高速转动，再经蜗轮副 $\frac{4}{29}$ 传动给溜板箱内的传动机构，使刀架实现纵向或横向的快速移动。

为了缩短辅助时间和操作简便，在刀架快速移动过程中，光杠仍可继续转动，不必脱开进给传动链。为了避免光杠和快速电动机同时转动轴 XXⅡ 而发生运动干涉，在齿轮 Z_{56} 与轴 XXⅡ 之间装有超越离合器，当快速运动加到轴 XXⅡ 时，超越离合器将光杠传来的运动脱开，避免了轴 XXⅡ 上有两种运动速度传动。

单向超越离合器的结构如图 13.7 所示，其工作原理是：当刀架机动进给时，由光杠传来的运动传至齿轮 Z_{56}（图中的5），此时齿轮 Z_{56} 按逆时针方向旋转，三个短圆柱滚子 6 分别在弹簧 8 的弹力及滚子 6 与外环 5 间的摩擦力的作用下，楔紧在外环 5 和星体 4 之间，外环 5 通过滚子 6 带星体 4 一起转动，于是运动便由星体 4 通过键连接传到安全离合器 M_8 左半部分 3，在弹簧 1 的作用下传至安全离合器 M_8 右半部分 2，通过花键连接，将运动传至轴 XXⅡ，经溜板箱内的传动链实现机动进给。

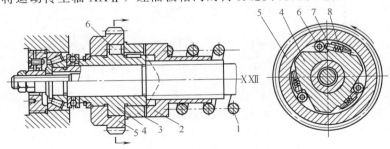

图 13.7　超越离合器

当快速电动机启动时，运动经齿轮副 $\frac{18}{24}$ 传至轴 XXⅡ，轴 XXⅡ 及星体 4 获得一个与齿轮 Z_{56} 转向相同而转速较高的旋转运动。这时，由于滚子 6 与 5 及 4 之间的摩擦力，就使滚子 6 压缩弹簧 8 而向楔形槽较宽的方向滚动，从而脱开外环 5 与星体 4（及轴 XXII）间的传动联系。这时光杠 XX 及齿轮 Z_{56} 虽均在旋转，但却不能将运动传到 XXII 上。因此，刀架快速移动时不必停止光杠的运动。快速移动的方向仍由溜板箱中的双向离合器 M_8 和 M_7 控制。由于该超越离合器是单向的，所以该机床的光杠转动方向和快速电机的转动方向只能有一个方向。

13.2　车刀

13.2.1　车刀的分类

车刀的种类很多，按车削表面的类型分为外圆车刀、端面车刀、切断刀及螺纹车刀、成形车刀、切槽和切断车刀等。

在车床上车刀的应用最广泛，主要用来车削外圆、内孔、端面、螺纹、切槽和切断等，常用车刀的种类及其车削表面与机床的运动如图 13.8 所示。

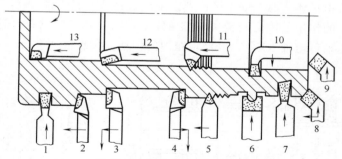

图 13.8　车刀的类型及应用

1—切槽刀；2—75°外圆车刀；3—右偏刀；4—左偏刀；5—外螺纹车刀；

6—成形车刀；7—切断刀；8—45°车刀（车外圆或倒角）；

9—45°车刀（车端面）；10—内沟槽车刀；11—内螺纹

车刀；12—通孔车刀；13—盲孔车刀

按刀具切削部分材料不同分为：高速钢车刀、硬质合金车刀、陶瓷车刀、金刚石车刀等。

按刀具切削部分与刀体的结构可分为：整体式、焊接式、机夹可转位式车刀，其结构形状如图 13.9 所示。整体式车刀一般为高速钢，经淬火磨制而成，目前应用较少。焊接式车刀的刀片材料一般为硬质合金，可以重复刃磨。机械式可转位车刀由刀体、夹紧机构和刀片组成，刀片的材料一般为硬质合金，已标准化，刀具的一个切削刃损坏后不再刃磨，通过转位更换一个刀刃即可，该结构刀具目前应用最广泛。

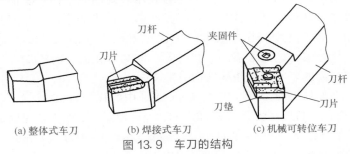

(a) 整体式车刀　　　(b) 焊接式车刀　　　(c) 机械可转位车刀

图 13.9　车刀的结构

成形车刀是一种加工回转体成形表面的专用刀具，它的刃形是根据工件的轮廓设计的。按成形车刀的结构一般分为平体式、棱体和圆体三类，如图 13.10 所示。

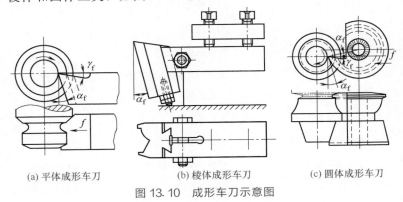

(a) 平体成形车刀　　　(b) 棱体成形车刀　　　(c) 圆体成形车刀

图 13.10　成形车刀示意图

平体式成形车刀结构简单，使用方便，但重磨次数少，使用寿命短，一般用于加工宽度不大的简单成形表面。

棱体成形车刀的刀体呈棱柱体，强度高，重磨次数多，主要用来加工外成形表面。

圆体成形车刀的刀体为回转体，切削刃为刀体回转体的回转母线。重磨次数多，可用来加工外成形表面，也可用来加工内成形表面。

13.2.2 切削刀具用可转位刀片的型号规格

（1）切削刀具用可转位刀片的型号的表示方法

切削刀具用可转位刀片的型号表示规则用九个代号表征刀片的尺寸及其他特性，代号①~⑦是必需的，代号⑧和⑨在需要时添加。对于镶片刀片，用十二个代号表征刀片的尺寸及其他特性，代号①~⑦是必需的，代号⑧、⑨和⑩在需要时添加，⑪和⑫是必需的，⑨以后用短线隔开。

例如：刀片型号 TPGN150608EN 中的代号含义。

T：三角形；P：11°法后角；G：允许偏差 G 级；N：无固定孔无断屑槽；15：切削刃长度 15.875mm；06：刀片厚度 6.13mm；08：刀尖圆弧半径 0.8mm；E：倒圆刀刃；N：双向切削。

可转位刀片型号表示规则中各代号的位置、意义如图 13.11 所示。代号及其含义如表 13.5 所示。

①	字母代号表示	刀片形状	
②	字母代号表示	刀片法后角	
③	字母代号表示	允许偏差等级	表征可转位刀片的必需代号
④	字母代号表示	夹固形式及有无断屑槽	
⑤	数字代号表示	刀片长度	
⑥	数字代号表示	刀片厚度	
⑦	字母或数字代号表示	刀尖角形状	
⑧	字母代号表示	切削刃截面形状	可转位刀片和镶片式刀片的可选代号
⑨	字母代号表示	切削方向	
⑩	数字代号表示	切削刃长度	镶片式刀片的可选代号
⑪	字母代号表示	镶嵌或整体切削刃类型及镶嵌角数量	
⑫	字母或数字代号表示	镶刃长度	

图 13.11 可转位刀片型号代号的位置和意义

◎ 表13.5 切削刀具用可转位刀片型号的表示方法（GB/T 2076—2007）

号位	代号示例	表示特征	代号规定

① T 刀片形状

T	W	F	S	P	O	L	R	V	D	E	C	M	K	B	A
△	△	△	□	⬠	⬡	□	○	35°	55°	75°	80°	86°	55°	82°	85°

② P 刀片法后角

代号	法后角
A	3°
B	5°
C	7°
D	15°
E	20°
F	25°
G	30°
N	0°
P	11°
O	其他需专门说明的法后角

③ G 允许偏差等级

偏差等级代号	允许偏差/mm			偏差等级代号	允许偏差/mm		
	刀片内切圆直径 d	刀尖位置尺寸 m	刀片的厚度 s		刀片内切圆直径 d	刀尖位置尺寸 m	刀片的厚度 s
A	±0.025	±0.005	±0.025	J	±0.05~±0.15	±0.005	±0.025
F	±0.013	±0.005	±0.025	K	±0.05~±0.15	±0.013	±0.025
C	±0.025	±0.013	±0.025	L	±0.05~±0.15	±0.025	±0.025
H	±0.013	±0.013	±0.025	M	±0.05~±0.15	±0.08~±0.2	±0.13
E	±0.025	±0.025	±0.025	N	±0.05~±0.15	±0.08~±0.2	±0.025
G	±0.025	±0.025	±0.13	U	±0.08~±0.25	±0.13~±0.38	±0.13

号位	代号示例	表示特征	代号规定			
④	N	夹固形式及有无断屑槽	代号	固定方式	断屑槽	示意图
			R	无固定孔	单面有断屑槽	
			M	有圆形固定孔	单面有断屑槽	
			T	单面有40°~60°固定沉孔	单面有断屑槽	
			H	单面有70°~90°固定沉孔	单面有断屑槽	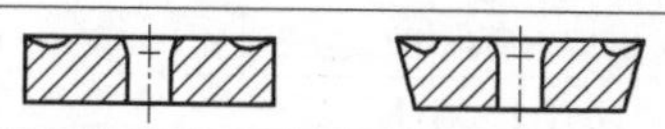
⑤	16	刀片长度	刀片形状类别		数字代号	
			等边形刀片		在采用公制单位时,用舍去小数部分的刀片切削刃长度值表示。如果舍去小数部分后,只剩下一位数字,则必须在数字前加"0"。如:切削刃长度15.5mm,表示代号为:15；切削刃长度9.525mm,表示刃长度为:09	
			不等边形刀片		通常用主切削刃或较长的边的尺寸值作为表示代号。刀片其他尺寸可以用符号×在④表示,并需附示意图或加以说明。在采用公制单位时,用舍去小数部分后的长度值表示。如:主要长度尺寸19.5mm表示代号为:19	
			圆形刀片		在采用公制单位时,用舍去小数部分后的数值表示。如:刀片尺寸15.875mm表示代号为:15	

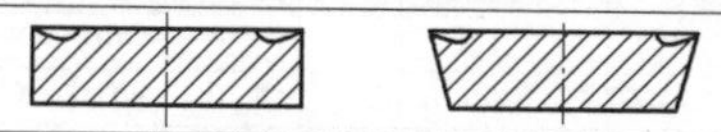

号位	代号示例	表示特征	代号规定
⑥	03	刀片厚度	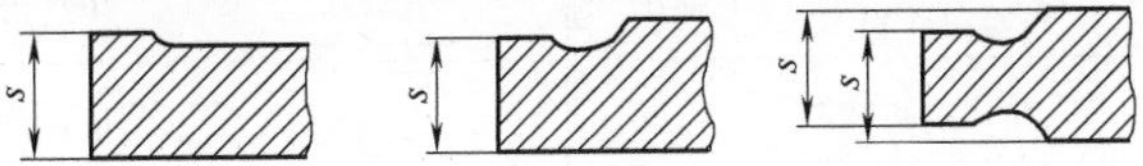 数字代号表示规则 在采用公制单位时,用舍去小数部分的刀片厚度值表示。若舍去小数部分后,只剩下一位数字,则必须在数字前加"0" 如:刀片厚度3.18mm表示代号为:03 当刀片厚度整数值相同,而小数部分不同,则将整数部分大的刀片代号用"T"代替0,以示区别 如:刀片厚度3.97mm,表示代号为:T3
⑦	08	刀尖角形式	数字或字母代号 ① 若刀尖角为圆角,则其代号表示为: 在采用公制单位时,用按0.1mm为单位测量得到的圆弧半径值表示。如果数值小于10,则在数字前加"0" 如:刀尖圆弧半径:0.8mm,表示代号为:08 如果刀尖不是圆角时,则表示代号为:00

(a)　　　(b)　　　(c)

续表

号位	代号示例	表示特征	代号规定
⑦	08	刀尖角形式	数字或字母代号 ② 若刀片具有修光刃（见示意图），则用 κ_r 和 α_z 表示： 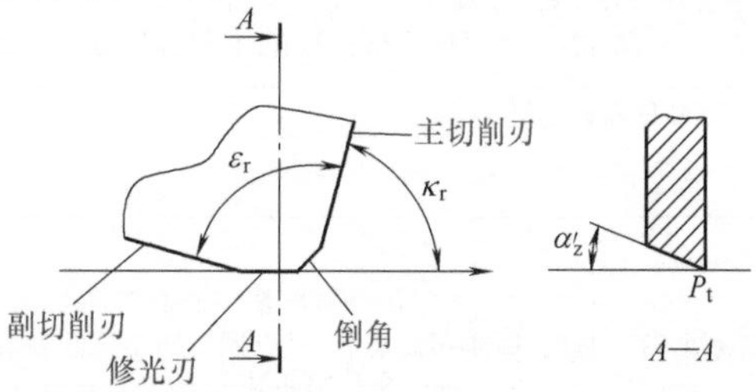 （示意图：主切削刃、副切削刃、修光刃、倒角、κ_r、ε_r、A—A、α_z、P_t） 表示主偏角 κ_r 的大小　　　表示修光刃法后角 α_z 大小 A—45°　　　　　　　　　　A—3° D—60°　　　　　　　　　　B—5° E—75°　　　　　　　　　　C—7° F—85°　　　　　　　　　　D—15° P—90°　　　　　　　　　　E—20° Z—其他角度　　　　　　　　F—25° 　　　　　　　　　　　　　G—30° 　　　　　　　　　　　　　N—0° 　　　　　　　　　　　　　P—11° 　　　　　　　　　　　　　Z—其他角度
⑧	E	切削刃截面形状	代号　刀片切削刃截面形状　　代号　刀片切削刃截面形状 F　　尖锐刀刃 　　　　　　　S　　既倒棱又倒圆刀刃  E　　倒圆刀刃 　　　　　　　Q　　双倒棱刀刃 T　　倒棱刀刃 　　　　　　　P　　既双倒棱又倒圆刀刃  ③圆形刀片采用公制单位时，用"M0"表示
⑨	N	切削方向	右切 R 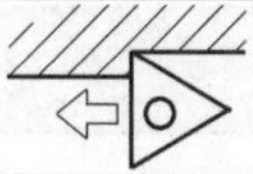　　　左切 L 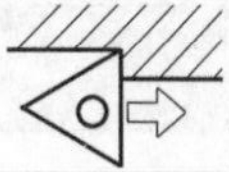　　　双切 N 

（2）机夹可转位车刀刀片夹紧方式（见表 13.6）

◇ 表 13.6　机夹可转位车刀刀片夹紧方式

名称	简图	特点及应用
偏心销式	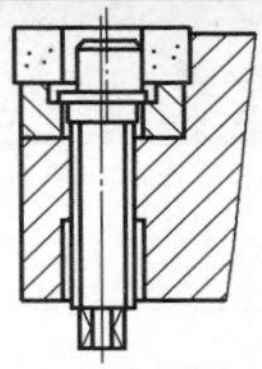	刀片以偏心销定位,利用偏心的自锁力夹紧刀片。结构简单紧凑,刀头部位尺寸小,易于制造,但是在断续切削及振动情况下易松动。主要用于中、小型刀具和连续切削的刀具
杠杆式	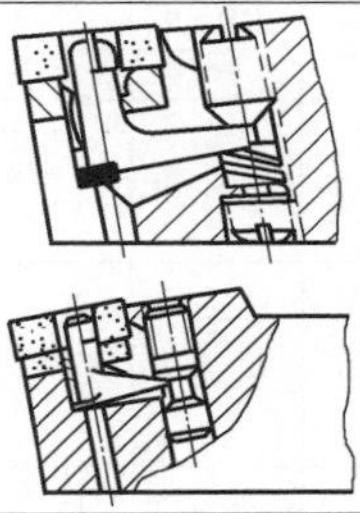	当压紧螺钉向下移动时杠杆摆动,杠杆一端的圆柱形头部将刀片压紧。刀片装卸方便、迅速,定位夹紧稳定可靠,定位精度高。但结构较复杂,制造困难,适用于专业化生产的车刀
压板式	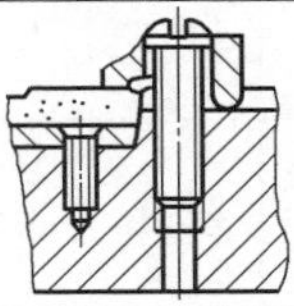	用压板压紧刀片(无孔),结构简单,夹紧稳定可靠。适用于粗加工、间断切削及切削力变化较大的情况下,压板对排屑有阻碍
楔钩式	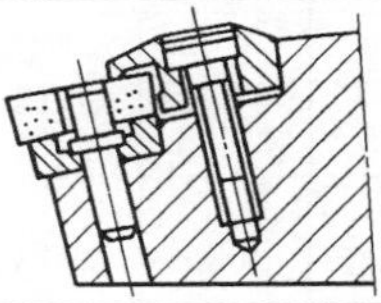	刀片除受楔钩向外推的力压向中心定位销外,还受到楔钩下压的力,即上压侧挤。夹紧力大,适用于切削力大及有冲击的情况。楔钩制造精度要求高。楔钩对排屑有阻碍
拉垫式	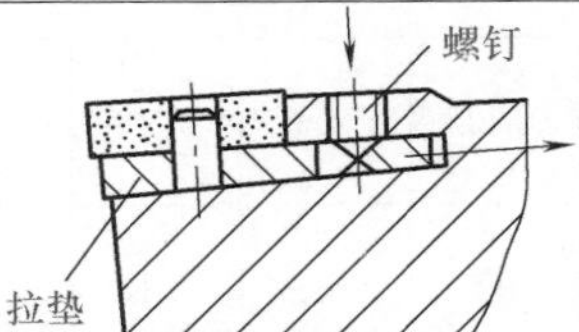	利用螺钉推(拉)动和刀垫结为一体的"拉垫",拉垫上的圆柱销插入刀片孔,带动刀片靠向刀片槽定位面将刀片夹紧 结构简单,制造方便,夹紧可靠。车刀头刚性较差,不宜用于大的切削用量
压孔式	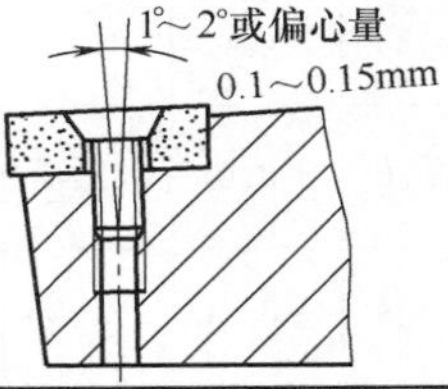	用于沉孔刀片。利用压紧螺孔中心线和刀片孔中心线有一个倾斜角度,或压紧螺孔中心和刀片孔中心,相对于刀片槽定位面有一个偏心量,在旋紧螺钉过程中,使螺钉压紧刀片 结构简单,零件少,刀头部分尺寸小,特别适用于内孔车刀

（3）常用切削刀具用可转位刀片的结构参数（见表 13.7）

◇ 表 13.7　常用切削刀具用可转位刀片的形式及基本参数　　　　　　　mm

刀片简图	参数					
	L	d 尺寸	d 公差	s ±0.13	d_1 ±0.08	r_e
	16.5	9.525	±0.05	4.76	3.81	0.8
						1.2
	22.0	12.70	±0.08	4.76	5.16	1.2
						1.6
	11	9.525	±0.05	4.76	3.81	0.2
						0.4
	15	12.70	±0.08	4.76	5.16	0.2
						0.4
	8.45	12.70	±0.08	4.76	5.16	0.4
						0.8
	11.63	15.875	±0.10	6.35	6.35	0.8
						1.2
	11.0	6.35	±0.05	3.18	—	0.2
						0.4
	16.5	9.525	±0.05	3.18	—	0.2
						0.4
	9.525	9.525	±0.05	3.18	—	0.2
						0.4
	12.70	12.70	±0.08	3.18	—	0.4
						0.8
	9.525	9.525	±0.05	3.18	3.81	0.4
						0.8
	12.70	12.70	±0.08	5.16	5.16	0.4
						0.8
	19.05	19.05	±0.10	7.93	7.93	1.2
						1.6

刀片简图	参数					
	L	d		s	d_1	r_e
		尺寸	公差	±0.13	±0.08	
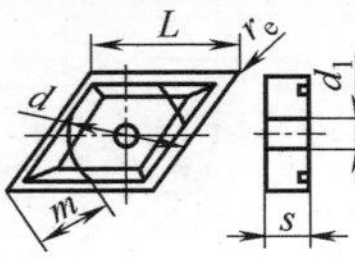	15.5	12.70	±0.08	4.76	5.16	0.8
						1.2
	15.5	12.70	±0.08	6.35	5.16	0.8
						1.2
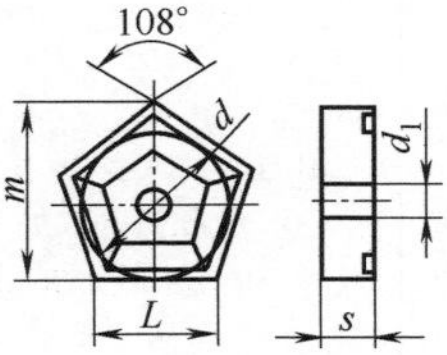	11.56	15.875	+0.10	6.35	6.35	1.2
						2.0
	13.87	19.05	+0.10	7.93	7.93	1.6
						2.4
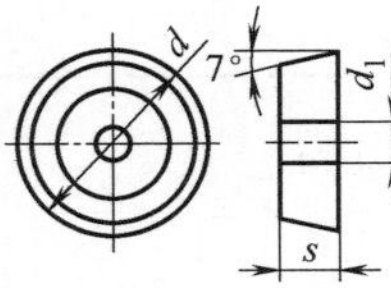	—	9.525	±0.05	3.18	3.18	0.8
		12.70	±0.08	4.76	5.16	
		15.875	±0.10	6.35	6.35	
		19.05	±0.10	6.35	7.93	
		25.40	±0.13	7.93	9.12	

13.2.3 车刀几何参数选择

（1）车刀前刀面几何参数选择（见表13.8）

◇ **表13.8 车刀前刀面几何参数及应用**

名称		Ⅰ型 （平面型）	Ⅱ型（平面 带倒棱型）	Ⅲ型（卷屑槽 带倒棱型）
高速钢车刀	简图	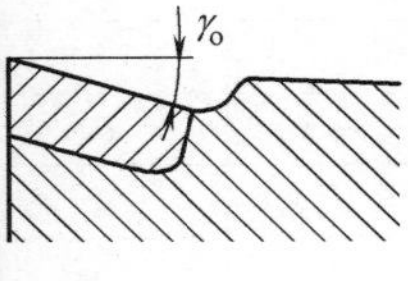	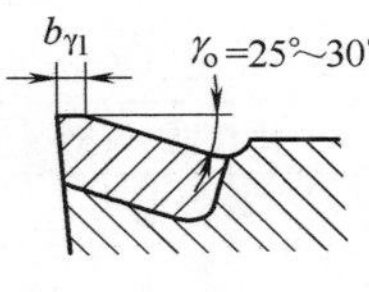	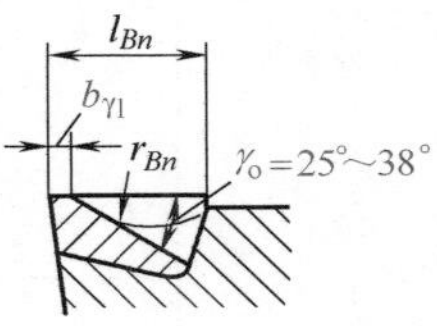
	应用	加工铸铁；在 $f \leqslant$ 0.2mm/r时加工钢料	在 $f > 0.2$mm/r时加工钢料	加工钢料时保证卷屑

名称		Ⅰ型 （平面型）	Ⅱ型（平面 带倒棱型）	Ⅲ型（卷屑槽 带倒棱型）
硬质合金车刀	简图			
	应用	当前角为负值时，在系统刚性很好时加工 $\sigma_b > 0.784\text{GPa}$ 的钢料 当前角为正值时，加工脆性材料，在切削深度及进给量很小时精加工 $\sigma_b \leqslant 0.784\text{GPa}$ 的钢料	加工灰铸铁和可锻铸铁，加工 $\sigma_b \leqslant 0.784\text{GPa}$ 的钢料，在系统刚性较差时，加工 $\sigma_b > 0.784\text{GPa}$ 的钢料	在 $a_p = 1 \sim 5\text{mm}$，$f \leqslant 0.3\text{mm/r}$ 时，加工 $\sigma_b \leqslant 0.784\text{GPa}$ 的钢料，保证卷屑

（2）车刀角度的选用（见表 13.9～表 13.16）

◇ 表 13.9　车刀的前角和后角　　　　　　　　　　　　　　　　（°）

项目	工件材料		前角 γ_o /(°)	后角 α_o /(°)
高速钢车刀	钢、铸钢	$\sigma_b = 0.392 \sim 0.490\text{GPa}$	25～30	8～12
		$\sigma_b = 0.686 \sim 0.981\text{GPa}$	5～10	5～8
	镍铬钢和铬钢 $\sigma_b = 0.686 \sim 0.784\text{GPa}$		5～15	5～7
	灰铸铁	160～180HBS	12	6～8
		220～260HBS	6	6～8
	可锻铸铁	140～160HBS	15	6～8
		170～190HBS	12	6～8
	铜、铝、巴氏合金		25～30	8～12
	中硬青铜、黄铜		10	8
	硬青铜		5	6
	钨		20	15
	铌		20～25	12～15
	钼合金		30	10～12
	镁合金		25～35	10～15

项目	工件材料		前角 γ_o /(°)	后角 α_o /(°)
硬质合金车刀	结构钢、合金钢及铸钢	$\sigma_b \leqslant 0.784$GPa	$10\sim15$	$6\sim8$
		$\sigma_b = 0.784\sim0.981$GPa	$5\sim10$	$6\sim8$
	高强度钢及表面有夹杂的铸钢 $\sigma_b > 0.981$GPa		$-5\sim-10$	$6\sim8$
	不锈钢		$15\sim30$	$8\sim10$
	耐热钢 $\sigma_b = 0.686\sim0.981$GPa		$10\sim12$	$8\sim10$
	锻造高温合金		$5\sim10$	$10\sim15$
	铸造高温合金		$0\sim5$	$10\sim15$
	钛合金		$5\sim15$	$10\sim15$
	淬火钢 40HRC 以上		$-5\sim-10$	$8\sim10$
	高锰钢		$-5\sim5$	$8\sim12$
	铬锰钢		$-2\sim-5$	$8\sim10$
	灰铸铁、青铜、脆性黄铜		$5\sim15$	$6\sim8$
	韧性黄铜		$15\sim25$	$8\sim12$
	纯铜		$25\sim35$	$8\sim12$
	铝合金		$20\sim30$	$8\sim12$
	铸铁		$25\sim35$	$8\sim10$
	纯钨铸锭		$5\sim15$	$8\sim12$
	纯钼铸锭及烧结钼棒		$15\sim35$	6

注：材料硬度高时，前角取表中小值，硬度低时取大值；精加工时，后角取表中较大值，粗加工时取小值。

◎ 表 13.10 车刀主偏角 κ_r (°)

加工状况或工件材质	工艺系统刚度好	工艺系统刚度差
粗车	$45\sim15$	$75\sim90$
精车	45	$60\sim75$
高强度钢	45	$45\sim60$
高锰钢	45	60
冷硬铸铁、淬火钢	45	
细长轴、薄壁件	$90\sim95$	
中间切入	$45\sim72.5$	
仿形	$93\sim107.5$	
车阶梯表面、车端面、车槽、切断	$90\sim93$	

◎ 表 13.11 车刀副偏角 κ_r' (°)

加工状况	副偏角 κ_r'	加工状况	副偏角 κ_r'
宽刃车刀及具有修光刃的车刀	0	粗车、刨削	$10\sim15$
车槽、切断	$1\sim3$	粗镗	$15\sim20$
精车	$5\sim10$	有中间切入的切削	$30\sim45$

◎ 表 13. 12　车刀刃倾角 λ_s (°)

加工状况	刃倾角 λ_s	加工状况	刃倾角 λ_s
精车、精镗	0～5	对铸铁的粗车外圆及粗车孔	−10
用 $\kappa_r = 90°$ 的车刀车削、车孔、车槽及切断	0	带有冲击的不连续车削、刨削	−15～−10
对钢料的粗车外圆及粗车孔	−5～0	带冲击加工淬火钢	−45～−30

◎ 表 13. 13　车刀刀尖圆弧半径 mm

车刀种类及材料		加工性质	刀杆尺寸($B \times H$)				
			12×20	16×25 20×20	20×30 25×25	25×40 30×30	30×45 40×40 以上
			刀尖圆弧半径 r_ε				
外圆车刀、内孔车刀、端面车刀	高速钢	粗加工	1～1.5	1～1.5	1.5～2.0	1.5～2.0	—
		精加工	1.5～2.0	1.5～2.0	2.0～3.0	2.0～3.0	—
	硬质合金	粗、精加工	0.3～0.5	0.4～0.8	0.5～1.0	0.5～1.5	1.0～2.0
切断及车槽刀			0.2～0.5				

◎ 表 13. 14　车刀过渡刃尺寸

车刀种类	过渡刃长度 b_ε/mm	过渡刃偏角 κ_r''/(°)
车槽刀	≈0.25B	75
切断刀	0.5～1.0	45
硬质合金外圆车刀	≤2.0	$= 1/2\kappa_r$

注：B 为切断刀的宽度。

◎ 表 13. 15　车刀倒棱前角及倒棱宽度

刀具材料	工件材料	倒棱前角 γ_{o1}/(°)	倒棱宽度 $b_{\gamma 1}$/mm
高速钢	结构钢	0～5	$(0.8\sim1)f$
硬质合金	低碳钢、不锈钢	−10～−5	≤0.5f
	中碳钢、合金钢	−15～−10	$(0.3\sim0.8)f$
	灰铸铁	−10～−5	≤0.5f

◎ 表 13. 16　车刀卷屑槽尺寸 mm

刀具材料	卷屑槽尺寸	刀杆尺寸($B \times H$)				
		12×20	16×25 20×20	20×30 25×25	25×40 30×30	
高速钢	圆弧半径 R_n	21～25	26～30	31～40	41～50	
	卷屑槽宽 W_n	5.5～7.0	7.5～8.5	9～10	11～13	
硬质合金	进给量 f/(mm/r)	0.3	0.5	0.7	0.9	1.2
	倒棱宽 $b_{\gamma 1}$	0.2	0.3	0.45	0.55	0.6
	圆弧半径 R_n	2.5	4	5	6.5	9.5
	卷屑槽宽 W_n	2.5	3.5	5	7	8.5
	卷屑槽深 d_a	0.3	0.4	0.7	0.95	1.0

13.2.4 车刀的手工刃磨

根据车削工件的要求，按需要的刀具角度及其几何参数进行手工刃磨。

（1）砂轮的选择

刃磨车刀常用的砂轮有两种：一种是白刚玉（WA）砂轮，其砂粒韧性较好，比较锋利，硬度稍低，适用于刃磨高速钢车刀（一般选用 F46～F60 粒度）；另一种是绿碳化硅（Gc）砂轮，其砂粒硬度高，切削性能好，适用于刃磨硬质合金车刀（一般选用 F46～F60 粒度）。

（2）刃磨的步骤

① 先把车刀前刀面、主后刀面和副后刀面等处的焊渣磨去，并磨平车刀的底平面。

② 粗磨刀杆部分的主后刀面和副后刀面，其后角应比刀片的后角大 2°～3°，以便刃磨刀片的后角。

③ 粗磨刀片上的主后刀面、副后刀面和前刀面，粗磨出来的主后角、副后角应比所要求的后角大 2°左右，如图 13.12 所示。

④ 精磨前刀面及断屑槽。断屑槽一般有两种形状，即直线形和圆弧形。刃磨圆弧形断屑槽，必须把砂轮的外圆与平面的交接处修磨成相应的圆弧。刃磨直线形断屑槽，砂轮的外圆与平面的交接处应修整得尖锐。刃磨时，刀尖应向上或向下磨削（见图 13.13），应注意断屑槽形状、位置及前角大小。

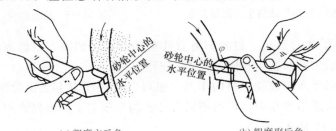

(a) 粗磨主后角　　　　　　　　　(b) 粗磨副后角

图 13.12　粗磨主后角、副后角

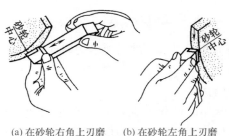

(a) 在砂轮右角上刃磨　　(b) 在砂轮左角上刃磨

图 13.13　磨断屑槽

⑤ 精磨主后刀面和副后刀面。刃磨时，将车刀底平面靠在调整好角度的台板上，使切削刃轻靠住砂轮端面进行刃磨，刃磨后的刃口应平直。精磨时，应注意主、副后角的角度，如图 13.14 所示。

⑥ 磨负倒棱。刃磨时，用力要轻，车刀要沿主切削刃的后端向刀尖方向摆动。磨削时可以用直磨法和横磨法，如图 13.15所示。

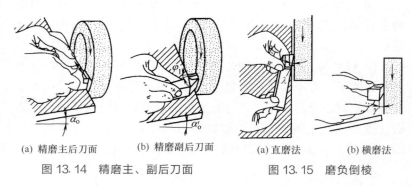

(a) 精磨主后刀面　　(b) 精磨副后刀面

图 13.14　精磨主、副后刀面

(a) 直磨法　　(b) 横磨法

图 13.15　磨负倒棱

⑦ 磨过渡刃。过渡刃有直线形和圆弧形两种，刃磨方法和精磨后刀面时基本相同（图 13.16）。

对于车削较硬材料的车刀，也可以在过渡刃上磨出负倒棱。对于大进给量车刀，可用相同方法在副切削刃上磨出修光刃，如图 13.17 所示。

刃磨后的切削刃一般不够平滑光洁，刃口呈锯齿形，切削时会影响工件的表面粗糙度，所以手工刃磨后的车刀，应用磨石进行研磨，以消除刃磨后的残留痕迹。

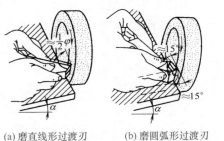

(a) 磨直线形过渡刃　　(b) 磨圆弧形过渡刃

图 13. 16　磨过渡刃

图 13. 17　磨修光刃

13. 2. 5　车刀的安装

（1）车刀在方刀架上的安装

车刀安装在方刀架上，刀尖一般应与车床中心等高。对刀时，移动刀架，将刀尖对准尾座顶尖。车刀刀尖高于或低于车床中心都会引起车刀切削角度的变化，加工直径变化，如图 13.18 所示。

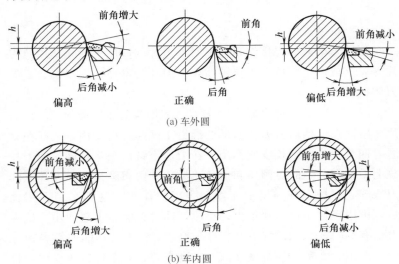

图 13. 18　刀尖的高低对车刀切削角度的影响

车刀的安装步骤是：刀头前刀面朝上，垫刀片要放得平整，刀体与工件轴线垂直；车刀在方刀架上伸出的长短要合适，刀头伸出长度<2倍刀体高度；车刀刀体与方刀架通过螺钉锁紧。正确的车刀安装如图 13.19 所示。错误的车刀安装如图 13.20 所示。

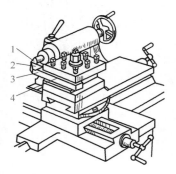 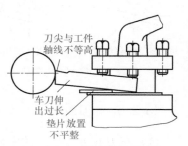

图 13.19　车刀的安装

1—刀尖对准顶尖；2—刀头前刀面朝上；

3—刀头伸出长度<2倍刀体高度；

4—刀体与工件轴线垂直

图 13.20　错误的车刀安装

（2）机械夹固车刀刀片安装

硬质合金刀片焊接在刀体上时，刀片的硬度下降，使用时刀片易脱落或产生裂纹，影响硬质合金刀片的寿命，还浪费大量的刀体材料。

图 13.21 是一种机械夹固车刀，利用螺钉 1 压楔块 2，将刀片 3 紧固在刀槽内。刀片后部的螺钉 4 既起支持作用，又起在重磨时调节刀片伸出长度的作用。在刀体上铣出一定角度，使刀片放上后就有一定的刃倾角和前角。后角则由刃磨得到。刀片下的刀垫 5 起保护刀杆与增加支承面强度的作用。这种车刀在用钝后，可用螺钉 4 将刀片顶出一小段，经过刃磨后重新使用。机夹刀也有 90°偏刀、45°弯头刀、镗孔刀、螺纹刀、切断刀等多种。

图 13.22 是一种机械夹固不重磨车刀，利用螺钉压楔块，将刀片内孔压紧在圆柱销上。

刀片可以是正三边形、凸三边形、四边形、五边形等，如图13.23 所示。刀片的每一个边就是一个切削刃。刀刃磨损后，换一个新边即可照常进行切削，不需重磨。

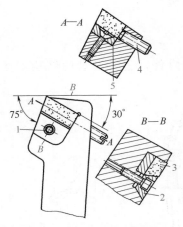

图 13.21 侧压楔块式机夹车刀

1,4—螺钉；2—楔块；3—刀片；
5—刀垫

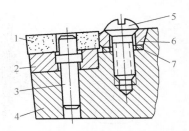

图 13.22 螺钉-楔块夹紧式不重磨车刀

1—刀片；2—垫片；3—圆柱销；4—刀杆；
5—夹紧螺钉；6—楔块；7—弹簧垫片

三边形

凸三边形

四边形

五边形

图 13.23 不重磨刀片形状

13.3 工件装夹与车床附件

车床主要用于加工工件的回转表面。装夹工件时，应使被加工工件的表面中心线与车床主轴的中心线重合，以保证工件定位位置准确，还要把工件夹紧以承受切削力，保证车削安全。

　　车床上常用的装夹工件的附件有：三爪卡盘、四爪卡盘、顶尖、中心架、跟刀架、芯轴、花盘等。

13.3.1　用三爪卡盘装夹工件

　　三爪卡盘是车床上最常用的附件，三爪卡盘的结构如图13.24所示。

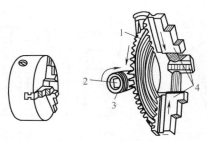

(a) 三爪自定心卡盘外形　　　(b) 三爪自定心卡盘结构　　(c) 反三爪自定心卡盘

图 13.24　三爪卡盘

1—大锥齿轮；2—方孔；3—小锥齿轮；4—卡爪

　　当转动小锥齿轮时，大锥齿轮随之转动，它背面的平面螺纹就使三个卡爪同时向中心靠近或退出，以夹紧不同直径的工件。由于三个卡爪是同时移动的，用于夹持圆形截面工件可自行对中，其对中的准确度约为0.05～0.15mm。三爪卡盘还附带三个"反爪"，换到卡盘体上即可用来安装直径较大的工件。

13.3.2　用四爪单动卡盘装夹工件

　　四爪单动卡盘的外形如图13.25所示。它的四个卡爪通过四个调整螺钉独立移动，既可以装卡截面是圆形的工件，也可以装卡截面是方形、长方形、椭圆或其它不规则形状的工件，如图13.26所示。在圆盘上车偏心孔也常用四爪卡盘装卡。此外，四爪卡盘较三爪卡盘的卡紧力大，所以也用来装卡较重的圆形截面工件。如果把四个卡爪各自调头安装到卡盘体上，起到"反爪"

作用，即可安装较大的工件［图 13.27（a）］。

图 13.25　四爪卡盘

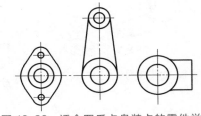

图 13.26　适合四爪卡盘装卡的零件举例

由于四爪卡盘的四个卡爪是独立移动的，安装工件必须进行仔细找正。一般用划针盘按工件外圆表面或内孔表面找正，也常按预先在工件上划的线找正，如图 13.27（a）所示。如零件的安装精度要求很高，三爪卡盘不能满足安装精度要求，也往往在四爪卡盘上安装。此时，须用百分表找正，如图 13.27（b）所示，安装精度可达 0.01mm。

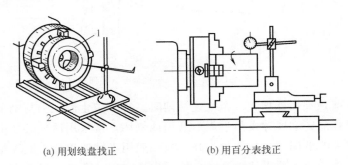

(a) 用划线盘找正　　　　　　　(b) 用百分表找正

图 13.27　用四爪卡盘安装工件时的找正
1—孔的加工界线；2—木板

13.3.3　用顶尖装夹工件

在车床上加工轴类工件时，一般采用顶尖装夹工件，如图 13.28 所示。把被加工件放在前后两个顶尖上，前顶尖装在主轴的锥孔内，与主轴一起旋转，后顶尖装在尾架套筒内，前后顶

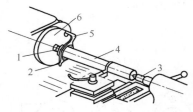

图 13.28　用顶尖安装工件

1—前顶尖；2—夹紧螺钉；3—后顶尖；
4—工件；5—鸡心夹头；6—拨盘

尖就确定了轴的位置。将卡箍卡紧在轴端上，卡箍的尾部伸入到拨盘的槽中，拨盘安装在主轴上（与安装三爪卡盘方式相同）并随主轴一起转动，通过拨盘带动卡箍使被加工轴转动。用顶尖装夹轴类工件，由于两端都是锥面定位，其定位精度高，即使多次装卸与调头，零件的轴线始终是两端锥孔中心的连线，保证了轴的中心线位置不变。

常用的顶尖有普通顶尖（也叫死顶尖）和活顶尖两种，其形状如图 13.29 所示。

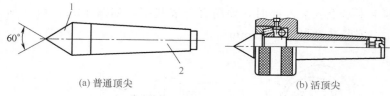

(a) 普通顶尖　　　　　　　　　　(b) 活顶尖

图 13.29　顶尖

1—夹持工件部分；2—安装部分（尾部）

前顶尖用死顶尖。在高速切削时，为了防止后顶尖与轴上的中心孔的转动摩擦发热过大而磨损或烧坏，常采用活顶尖。由于活顶尖的准确度不如死顶尖高，故一般用于轴的粗加工或半精加工。轴的精度要求比较高时，后顶尖也应用死顶尖，但要合理选择切削速度。用顶尖装夹轴类工件的步骤：

（1）在轴的两端打中心孔

中心孔的形状如图 13.30 所示，有普通的和双锥面的两种。

中心孔的锥面（60°）是和顶尖（也是 60°）相配合的。前面的小圆孔是为了保证顶尖与锥面能紧密地接触，此外还可以存留少量的润滑油。双锥面的 120°锥面又叫保护锥面，是防止 60°的锥面被碰坏而不能与顶尖紧密地接触。另外，也便于在顶尖上加

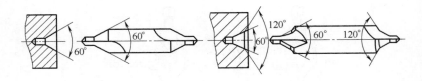

(a) 加工普通中心孔　　　　　　　　(b) 加工双锥面中心孔

图 13. 30　中心孔和中心钻

工轴的端面。

中心孔多用中心钻在车床上或钻床上钻出，在加工之前一般先把轴的端面车平。

（2）安装、校正顶尖

顶尖尾部锥面与主轴（或尾架套筒）锥孔的配合要装紧，安装顶尖时，必须先擦净锥孔和顶尖，然后用力推紧，否则装不牢或装不正。

校正顶尖时，把尾架移向床头箱，检查前后两个顶尖的轴线是否重合。如果发现不重合，必须将尾架体作横向调节达到要求，否则出现锥面，如图 13.31 所示。

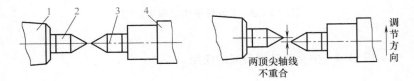

(a) 两顶尖轴线必须重合　　　　(b) 横向调节尾架体使顶尖轴线重合

图 13. 31　校正顶尖

1—主轴；2—前顶尖；3—后顶尖；4—尾架

（3）工件装夹卡箍

首先在被加工轴的一端安装卡箍，稍微拧紧卡箍的螺钉。在另一端的中心孔里涂上黄油。如用活顶尖就不必涂黄油了。对于不再加工的精表面，装卡箍时，应垫上一个开缝套筒以免夹伤工件表面，如图 13.32 所示。

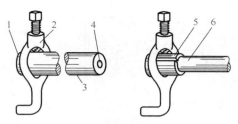

图 13.32　装卡箍

1—工件伸出量要适当；2—卡箍；3—粗表面；4—加黄油；
5—开缝套筒；6—不再加工的精表面

（4）轴类工件在顶尖上装夹的步骤（见图 13.33）

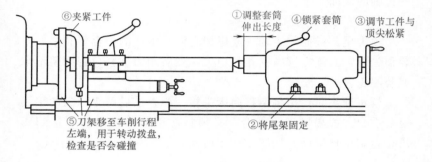

⑥夹紧工件　①调整套筒伸出长度　④锁紧套筒　③调节工件与顶尖松紧

⑤刀架移至车削行程左端，用于转动拨盘，检查是否会碰撞　②将尾架固定

图 13.33　工件在顶尖上装夹步骤

13.3.4　中心架与跟刀架的使用

加工细长轴时，为了防止被加工轴受切削力的作用产生弯曲变形，需要加用中心架和跟刀架。

（1）中心架

中心架固定在床身上，中心架上的三个爪用于支承零件预先加工的外圆表面。图 13.34（a）是利用中心架车外圆，零件的右端加工完毕，调头再加工另一端。一般用于加工细长的阶梯轴。

加工长轴的端面和轴端的内孔时，往往用卡盘夹持轴的左端，用中心架支承轴的右端来进行加工，如图 13.34（b）所示。

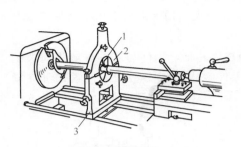
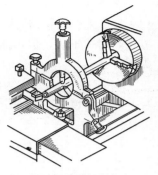

(a) 用中心架车外圆   (b) 用中心架车端面

图 13.34　中心架的应用

1—可调节支承爪；2—预先车出的外圆面；3—中心架

（2）跟刀架

跟刀架固定在刀架滑板上的左侧，随刀架一起移动，只有两个支承爪。使用跟刀架需先在工件上靠后顶尖的一端车出一小段外圆，根据它来调节跟刀架的支承，然后再车出零件的全长。跟刀架多用于加工细长的光轴。跟刀架的应用见图 13.35。

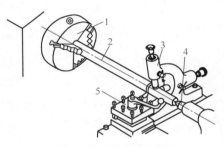

图 13.35　跟刀架的应用

1—三爪卡盘；2—工件；3—跟刀架；4—尾顶尖；5—刀架

应用跟刀架或中心架时，工件被支承部分应是加工过的外圆表面，需要加机油润滑。工件的转速不能很高，以免工件与支承爪之间摩擦过热而烧坏或磨损工件表面。

13.3.5　用芯轴装夹工件

芯轴种类很多，常用的有锥度芯轴和圆柱体芯轴。主要用于加工套类工件。

在图 13.36 中，1 为锥度芯轴，锥度一般为（1∶1000）～（1∶5000）；工件 2 压入后靠摩擦力与芯轴固紧。这种芯轴装卸方便，对中准确，但不能承受较大的切削力。多用于精加工盘套类零件。

在图 13.37 中，1 为圆柱体芯轴，工件与芯轴一般为间隙配合，定位精度较前者低，工件装入后加上垫圈，拧紧螺母夹紧工件。

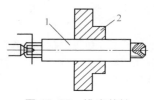

图 13.36　锥度芯轴

1—芯轴；2—工件

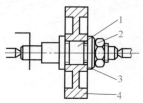

图 13.37　圆柱体芯轴

1—芯轴；2—螺母；3—垫圈；4—工件

13.3.6　用花盘、直角铁及压板、螺栓安装工件

在车床上加工大而扁且形状不规则的零件，或要求零件的一个面与安装面平行，或要求孔、外圆的轴线与安装面垂直时，可以把工件直接压在花盘上加工。花盘是安装在车床主轴上的一个大圆盘，端面上的许多长槽用以穿压紧螺栓，如图 13.38 所示。

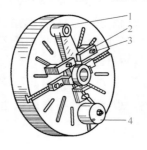

(a) 用压板安装工件

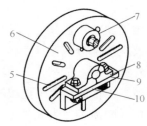

(b) 用直角铁装夹工件

图 13.38　在花盘上安装零件

1,8—工件；2—压板；3—螺钉；4,7—平衡铁；5—螺栓孔槽；

6—花盘；9—安装基面；10—直角铁

花盘的端面必须平整、与主轴中心线垂直。在花盘上装夹工件需要经过仔细找正和平衡。

13.4 车螺纹

车螺纹是加工螺纹最常用的方法。在车床上车削螺纹的工艺范围十分广泛，不仅可车削外螺纹，也可车削内螺纹。既可车削三角形螺纹，又可车削梯形、方牙、锯齿形、平面等螺纹，还可车削公制螺纹、英制螺纹、模数制螺纹和径节制螺纹。车削的螺纹精度可达 GB 197—2018 规定的 4～6 级精度，螺纹表面粗糙度 Ra 可达 $0.8～3.2\mu m$。

13.4.1　螺纹车刀

螺纹车刀的结构简单，制造容易，通用性强。

（1）刀具材料的选用（表 13.17）

◇ 表 13.17　刀具材料的选用

高速钢	适用范围	硬质合金	适用范围
W18Cr4V	低速、粗精车不长的螺钉、丝杠	YT15	高速粗、精车螺栓及较短的丝杠
W6Mo5Cr4V2Al	低速，粗精车难加工材料或加工长丝杠	YG8	高速粗车较长丝杠
W2Mo9Cr4VC08		YW2	高速粗精车较难加工材料的螺栓或丝杠

（2）三角形螺纹车刀几何形状的要求

① 当车刀的径向前角 $\gamma=0°$ 时，车刀的刀尖角 ε 应等于牙型角 α，如 $\gamma\neq0°$，应进行修正（图 13.39）。

$$\tan\frac{\varepsilon'}{2}=\tan\frac{\alpha}{2}\cos\gamma$$

式中　ε'——有径向角的刀尖角；

α——牙型角；

γ——螺纹车刀的径向前角。

② 车刀进刀后角因螺旋角的影响应磨得大一些。

③ 车刀的左右切削刀刃必须是直线。

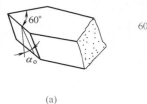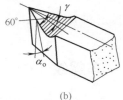

(a)   (b)

图 13.39　螺纹车刀前角与车刀

④ 刀尖角对于刀具轴线必须对称。

（3）螺纹车刀刀尖宽度的尺寸

① 车梯形螺纹的车刀刀尖宽度尺寸见表 13.18。

◇ 表 13.18　车梯形螺纹的车刀刀尖宽度尺寸（牙型角＝30°）　　　　mm

计算公式：刀尖宽度＝0.366×螺距－0.536×间隙					
螺距	刀尖宽度	螺距	刀尖宽度	螺距	刀尖宽度
2	0.598	8	2.660	24	8.248
3	0.964	10	3.292	32	11.176
4	1.330	12	4.124	40	14.104
5	1.562	16	5.320	48	17.032
6	1.928	20	6.784		

注：间隙值可查梯形螺纹基本尺寸表。

② 车模数蜗杆的车刀刀尖宽度尺寸见表 13.19。

◇ 表 13.19　车模数蜗杆的车刀刀尖宽度尺寸（牙型角＝40°）　　　　mm

计算公式：刀尖宽度＝0.843×模数－0.728×间隙（若取间隙＝0.2×模数，则刀尖宽度＝0.697×模数）					
模数	刀尖宽度	模数	刀尖宽度	模数	刀尖宽度
1	0.697	(4.5)	3.137	12	8.364
1.5	1.046	5	3.485	14	9.758
2	1.394	6	4.182	16	11.152
2.5	1.743	(7)	4.879	18	12.546
3	2.091	8	5.576	20	13.940
(3.5)	2.440	(9)	6.273	25	17.425
4	2.788	10	6.970	(30)	20.910

注：括号内的尺寸尽量不采用。

③ 车径节蜗杆的车刀刀尖宽度尺寸见表 13.20。

⊗ 表 13.20 　车径节蜗杆的车刀刀尖宽度尺寸（牙型角＝29°）　　　mm

径节(P)	刀尖宽度	径节(P)	刀尖宽度	径节(P)	刀尖宽度
计算公式:刀尖宽=25.4×0.9723/径节(P)=24.6964/P					
1	24.696	8	3.087	18	1.372
2	12.348	9	2.744	20	1.235
3	8.232	10	2.470	22	1.123
4	6.174	11	2.245	24	1.029
5	4.939	12	2.058	26	0.950
6	4.116	14	1.764	28	0.882
7	3.528	16	1.544	30	0.823

注：刀尖宽度＝螺纹槽底宽度，通常采用这个尺寸做磨刀样板（精车）。

（4）常用螺纹车刀的特点与应用（表 13.21）

⊗ 表 13.21 　常用螺纹车刀的特点与应用

名称	示图	特点与应用
车削铸铁螺纹用车刀	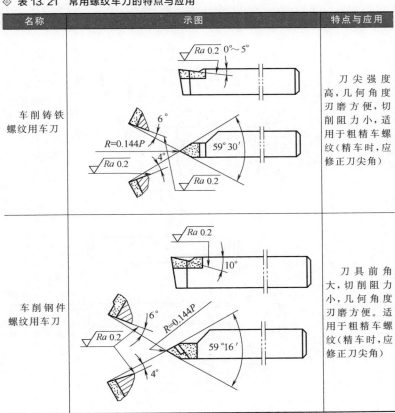	刀尖强度高，几何角度刃磨方便，切削阻力小，适用于粗精车螺纹(精车时，应修正刀尖角)
车削钢件螺纹用车刀		刀具前角大，切削阻力小，几何角度刃磨方便。适用于粗精车螺纹(精车时，应修正刀尖角)

名称	示图	特点与应用
高速钢螺纹车刀 I	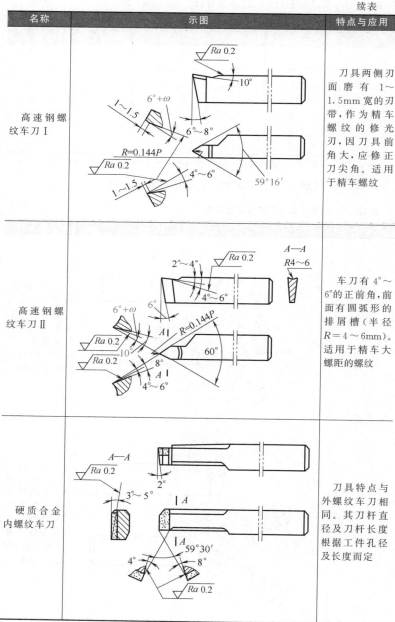	刀具两侧刃面磨有 1~1.5mm 宽的刃带,作为精车螺纹的修光刃,因刀具前角大,应修正刀尖角。适用于精车螺纹
高速钢螺纹车刀 II		车刀有 4°~6° 的正前角,前面有圆弧形的排屑槽(半径 $R=4\sim6$mm)。适用于精车大螺距的螺纹
硬质合金内螺纹车刀		刀具特点与外螺纹车刀相同。其刀杆直径及刀杆长度根据工件孔径及长度而定

続表

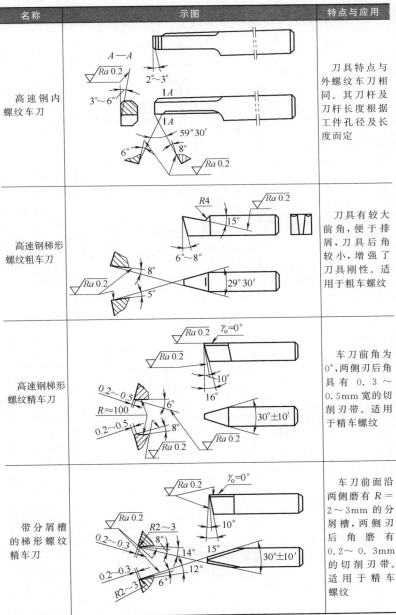

名称	示图	特点与应用
高速钢内螺纹车刀		刀具特点与外螺纹车刀相同。其刀杆及刀杆长度根据工件孔径及长度而定
高速钢梯形螺纹粗车刀		刀具有较大前角，便于排屑，刀具后角较小，增强了刀具刚性。适用于粗车螺纹
高速钢梯形螺纹精车刀		车刀前角为0°，两侧刃后角具有0.3~0.5mm宽的切削刃带。适用于精车螺纹
带分屑槽的梯形螺纹精车刀		车刀前面沿两侧磨有R=2~3mm的分屑槽，两侧刃后角磨有0.2~0.3mm的切削刃带。适用于精车螺纹

名称	示图	特点与应用
硬质合金梯形螺纹车刀		车刀前角等于 0°,两侧刃后角磨有 0.4～0.5mm 的切削刃带,适用于精车螺纹
高速钢梯形内螺纹车刀		刀具特点与外螺纹车刀相同。刀杆的直径与长度根据工件的孔径与长度而定
高速钢蜗杆螺纹粗车刀		车刀有较大的前角,切削阻力小,切屑变形小。两侧刃后角磨有 1～1.5mm 的切削刃带,增强了刀具强度,适用于粗车螺纹
高速钢蜗杆螺纹精车刀		车刀前面为圆弧形(半径 $R=40～60mm$)。有较大的侧刃前角,便于排屑,两侧刃后角磨有 0.5～1mm 切削刃带,可提高刀具强度。前角大于 0°时,应修正刀尖角

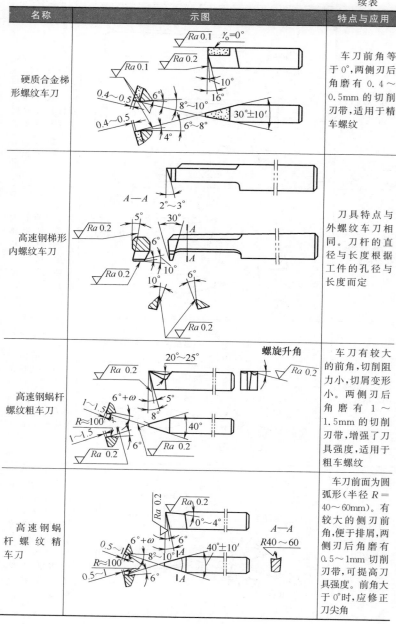

名称	示图	特点与应用
带分屑槽蜗杆精车刀	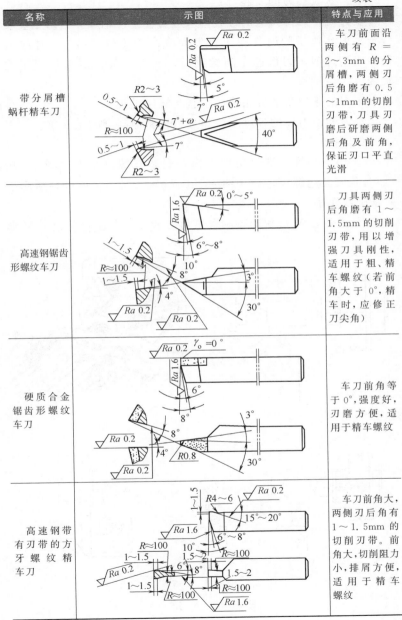	车刀前面沿两侧有 $R=2\sim3\mathrm{mm}$ 的分屑槽，两侧刃后角磨有 $0.5\sim1\mathrm{mm}$ 的切削刃带，刀具刃磨后研磨两侧后角及前角，保证刃口平直光滑
高速钢锯齿形螺纹车刀		刀具两侧刃后角磨有 $1\sim1.5\mathrm{mm}$ 的切削刃带，用以增强刀具刚性，适用于粗、精车螺纹（若前角大于 $0°$，精车时，应修正刀尖角）
硬质合金锯齿形螺纹车刀		车刀前角等于 $0°$，强度好，刃磨方便，适用于精车螺纹
高速钢带有刃带的方牙螺纹精车刀		车刀前角大，两侧刃后角有 $1\sim1.5\mathrm{mm}$ 的切削刃带。前角大，切削阻力小，排屑方便，适用于精车螺纹

（5）螺纹车刀的安装

装刀时，车刀刀尖的位置一般应对准工件轴线。为防止硬质合金车刀高速切削时扎刀，刀尖允许高于工件轴线 1% 螺纹大径；用高速钢车刀低速车削螺纹时，允许刀尖位置略低于工件轴线。

车刀的牙型角的分角线应垂直于螺纹轴线。

车刀伸出刀座的长度不应超过刀杆截面高度的 1.5 倍。

1）对刀方法

① 用中心规（螺纹角度卡板）安装外螺纹车刀［图 13.40（a）］及安装内螺纹车刀［图 13.40（b）］。对刀精度低，适用于一般螺纹车削。

② 用带有 V 形块的特制螺纹角度卡板，卡板后面做一 V 形

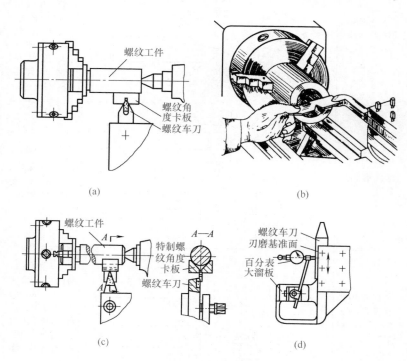

(a)

(b)

(c)

(d)

图 13.40　对刀方法

角尺面，装刀时，放在螺纹外圆上，作为基准，以保证螺纹车刀的刀尖角对分线与螺纹工件的轴线垂直［图 13.40（c）］。这种方法对刀精度较高，适用于车削精度较高的螺纹工件。

③ 在使用工具磨床刃磨车刀的刀尖角时，选用刀杆上一个侧面作为刃磨基准面，在装刀时，用百分表校正这个基准面的平面度，这样可以保证装刀的偏差［图 13.40（d）］。这种方法对刀精度最高，适用于车削精密螺纹。

2）法向安装车刀方法　法向安装螺纹车刀，使两侧刃的工作前、后角相等，切削条件一致，切削顺利，但会使牙型产生误差（图 13.41），主要适用于粗车螺纹升角 ψ 大于 3°的螺纹以及车削法向直廓蜗杆。

3）轴向安装车刀方法　轴向安装螺纹车刀，车刀两侧刃的工作前、后角不等，一侧刃的工作前角变小，后角增大，而另一侧刃正相反（图 13.42）。轴向安装车刀主要适用于各种螺纹的精车以及车削轴向直廓蜗杆。

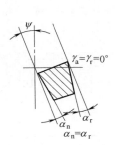

图 13.41　法向安装车刀方法

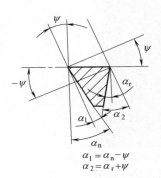

图 13.42　轴向安装车刀方法

13.4.2　螺纹车削方法

（1）螺纹车削的进给方式

三角形螺纹车削方法见表 13.22，梯形螺纹车削方法见表 13.23，方牙螺纹车削方法见表 13.24。

◇ 表 13.22　三角形螺纹车削方法

螺距/mm	$P \leqslant 3$	$P > 3$
车削方法	用一把硬质合金车刀,径向进给车螺纹	首先用粗车刀斜向进给粗车,然后用精车刀径向进给精车。若为精密螺纹,精车时,应用轴向进刀分别精车牙型两侧

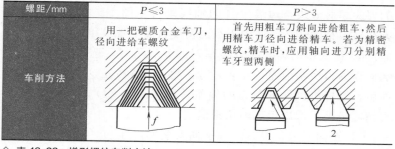

◇ 表 13.23　梯形螺纹车削方法

螺距/mm	$P \leqslant 3$	$P > 3$
车削方法	用一把车刀,径向进给粗、精车螺纹	首先用比牙型角小 2° 的粗车刀径向进刀车至底径,而后用精车刀径向进刀精车
	首先用切槽车刀径向进刀车至底径,再用刃形小于牙型角 2° 的粗车刀径向进刀粗车,最后用开有卷屑槽的精车刀径向进刀精车	先用切刀径向进刀粗车至底径,再用左、右偏刀轴向进刀粗车两侧,最后用精车刀径向进刀精车

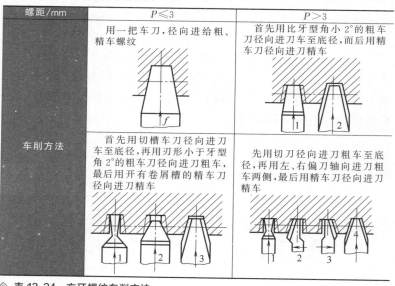

◇ 表 13.24　方牙螺纹车削方法

螺距/mm	$P \leqslant 4$	$P \leqslant 12$	$P > 12$
车削方法	用一把车刀,径向进刀车成,精密螺纹用两把刀,径向进刀,粗、精车	分别用粗、精车刀径向进刀粗、精车	先用切刀径向进刀车至底径,后用左、右精车偏刀分别精车牙型两侧(轴向进刀)

（2）螺纹车床的交换齿轮调整

在普通螺纹车床上车标准螺距的螺纹时，不需要进行交换齿轮的计算、调整，只有车削非标准螺距或精密螺纹时，才进行交换齿轮的计算、调整。由于各种螺纹车床的传动链各异，交换齿轮的计算公式也不同，一般的计算公式为：

$$\frac{z_1 z_2}{z_3 z_4} = \frac{P_W}{k P_S}$$

式中　z_1，z_2——主动齿轮的齿数；

　　　z_3，z_4——被动齿轮的齿数；

　　　P_W，P_S——工件螺纹、机床丝杠的螺距，mm；

　　　k——由螺纹车床传动链决定的常数。

普通车床直连丝杠时的交换齿轮公式见表 13.25。

◇ 表 13.25　普通车床直连丝杠的交换齿轮公式

车床型号	C615、C616、C616A	C618	C620-1、C620-3、CM6140
交换齿轮公式	$\dfrac{z_1 z_3}{z_2 z_4} = \dfrac{P_W}{3}$	$\dfrac{z_1 z_3}{z_2 z_4} = \dfrac{P_W}{6}$	$\dfrac{z_1 z_3}{z_2 z_4} = \dfrac{P_W}{12}$

车削加大螺距的螺纹时，应根据机床传动系统图推导出有关公式。对于模数、径节、英制螺纹，应按表 13.26 的公式换成毫米，方可计算交换齿轮。

◇ 表 13.26　单位换算表

螺纹	模数螺纹	径节螺纹	英制螺纹
螺距/mm	$m\pi$	$25.4\pi/P'$	$25.4/n$

注：m 为模数，mm；n 为每英寸牙数；P' 为径节数。

13.4.3　螺纹加工的切削用量选择

高速钢刀具车削螺纹的切削用量见表 13.27，硬质合金 YT 类（P 类）刀具车削螺纹的切削用量见表 13.28，硬质合金 YG 类（K 类）刀具车削螺纹的切削用量见表 13.29，不同材料螺纹的切削用量的选择见表 13.30。

第 13 章　车削加工

623

◇ 表 13.27　高速钢刀具车削螺纹的切削用量

螺距 P /mm	外螺纹				内螺纹			
	粗加工		精加工		粗加工		精加工	
	行程次数	v_c /(m/s)	行程次数	v_c /(m/s)	行程次数	v_c /(m/s)	行程次数	v_c /(m/s)
三角形螺纹								
1.5	4	0.48	2	0.85	5	0.38	3	0.68
2.0	6	0.48	3	0.85	7	0.38	4	0.68
2.5	6	0.48	3	0.85	7	0.38	4	0.68
3.0	6	0.41	3	0.75	7	0.33	4	0.60
4.0	7	0.36	4	0.64	9	0.32	4	0.53
5.0	8	0.32	4	0.56	10	0.25	5	0.44
6.0	9	0.29	4	0.51	12	0.25	5	0.40
梯形螺纹								
4.0	10	0.45	7	0.85	12	0.36	8	0.68
6.0	12	0.36	9	0.85	14	0.30	10	0.68
8.0	14	0.32	9	0.85	17	0.25	10	0.68
10.0	18	0.32	10	0.85	21	0.25	12	0.68
12.0	21	0.30	10	0.85	25	0.24	12	0.68
16.0	28	0.28	10	0.69	33	0.23	12	0.55
20.0	30	0.26	10	0.69	42	0.21	12	0.55

使用条件变换时,切削速度修正系数

工件材料	σ_b/MPa	539～735	784～882	931～1030	1039～1226
	HBS	180～215	228～267	268～305	305～360
钢的类别		修正系数 R_{MV}			
碳钢(C≤0.6%)及镍钢		1.0	0.77	0.59	0.46
镍铬钢		0.90	0.72	0.57	0.46
碳钢(C>0.6%)、铬钢及镍铬钨钢		0.80	0.62	0.47	0.37
铬锰钢、铬硅钢及铬硅锰钢		0.70	0.56	0.44	0.36

注：1. 表中切削速度是按耐用度为 60min 计算的。

2. 车制 4H～6H 或 4h～6h 的内、外螺纹时,除粗、精车进给次数外,尚需增加 2～4 次行程,以进行光车,其切削速度 $v_c=0.06～0.1m/s$。

3. 车制双头、多头三角形螺纹时,每头螺纹行程次数要比单头行程次数增加 1～2 次。

◇ 表 13.28　YT 类（P 类）硬质合金刀具车削螺纹的切削用量

刀具材料	螺纹形式	螺距P或模数 m/mm	碳钢、铬钢、镍铬钢及铬硅锰钢 σ_b=637			碳钢、铬钢、镍铬钢及铬硅锰钢 σ_b=735			碳钢铬钢镍铬钢 σ_b=833			铬硅锰钢 σ_b=1128		铬硅锰钢 σ_b=1422	
			行程次数(粗)	v_c/(m/s)	P_m/kW	行程次数(粗)	v_c/(m/s)	P_m/kW	行程次数(粗)	v_c/(m/s)	P_m/kW	行程次数(粗)	v_c/(m/s)	行程次数(粗)	v_c/(m/s)
YT15	三角形外螺纹	P=1.5	2	1.47	3.4	3	1.38	2.1	3	1.25	2	4	0.98	5	0.82
		P=2	3	1.35	4.2	4	1.36	2.9	4	1.22	2.8	6	0.95	6	0.78
	三角形外螺纹及梯形外螺纹	P=3	3	1.30	6.2	5	1.26	4.4	5	1.13	4.3	6	0.90	8	0.75
		P=4	4	1.28	7.9	6	1.21	5.3	6	1.10	5.1	7	0.83	10	0.72
		P=5	6	1.31	10	8	1.21	6.6	8	1.10	6.4	9	0.82	12	0.70
		P=6	7	1.28	11.3	9	1.18	9.0	9	1.00	8.4	11	0.82	15	0.70
	梯形外螺纹	P=8	9	1.29	15	11	1.13	13.2	11	1.17	12.9	—	—	—	—
		P=10	11	1.23	20	13	1.10	15	13	0.98	14.1	—	—	—	—
		P=12	13	1.20	21.4	15	1.08	18	15	0.96	17.3	—	—	—	—
		P=16	16	1.17	28.2	19	1.03	23	19	0.93	23.1	—	—	—	—
	模数外螺纹	m=2	7	1.28	11.3	9	1.18	9.6	9	1.05	9	—	—	—	—
		m=3	10	1.23	16.9	12	1.12	14.4	12	1.00	14.1	—	—	—	—
		m=4	14	1.23	21.4	16	1.10	19.2	16	0.98	18.6	—	—	—	—
		m=5	16	1.21	28.2	19	1.07	23.4	19	0.95	23.1	—	—	—	—
YT15	三角形内螺纹	P=1.5	3	1.61	3.4	4	1.50	1.9	4	1.33	1.7	6	1.06	7	0.88
		P=2	3	1.47	4.4	5	1.43	2.6	5	1.28	2.4	7	1.02	8	0.83
		P=3	4	1.40	6.4	6	1.33	4	6	1.18	4	8	0.93	10	0.78
		P=4	5	1.37	8.2	7	1.27	5.8	7	1.13	5.7	9	0.88	12	0.75
		P=5	5	1.37	10	9	1.25	6.6	9	1.12	6.4	11	0.87	14	0.72
		P=6	8	1.33	12.4	10	1.23	8.4	10	1.10	8.4	13	0.85	17	0.72

刀具耐用度 T/min	20	30	60	90	120
修正系数 $K_{Tv}=K_{T_{pm}}$	1.08	1.0	0.87	0.8	0.76

注：1. 粗、精加工用同一把螺纹车刀时，切削速度应降低 20%~30%。
2. 刀具耐用度改变时，切削速度及功率修正系数如下。

◎ 表13.29 YG类（K类）硬质合金刀具车螺纹的切削用量

螺纹形式	螺距 P /mm	粗行程 次数	精行程 次数	灰铸铁 硬度（HBS）							
				170		190		210		230	
				v_c /(m/s)	P_m /kW	v_c /(m/s)	P_m /kW	v_c /(m/s)	P_m /kW	v_c /(m/s)	P_m /kW
三角形外螺纹	2	2	2	0.93	1.0	0.83	0.9	0.75	0.9	0.65	0.8
	3	3	2	1.06	1.9	0.93	1.8	0.83	1.7	0.73	1.6
	4	4	2	1.13	3.0	1.00	2.8	0.90	2.6	0.78	2.5
	5	4	2	1.13	4.5	1.00	4.2	0.91	3.9	0.78	3.7
	6	5	2	1.21	5.9	1.06	5.6	0.96	5.3	0.85	4.9
三角形内螺纹	2	3	2	0.85	0.7	0.75	0.7	0.66	0.7	0.58	0.6
	3	4	2	0.90	1.4	0.80	1.3	0.71	1.2	0.63	1.2
	4	5	2	0.98	2.3	0.86	2.2	0.76	2.0	0.68	1.9
	5	5	2	0.98	3.5	0.86	3.2	0.76	3.0	0.68	2.8
	6	6	2	1.03	4.5	0.91	4.2	0.81	4.0	0.71	3.7

注：1. 表中的精行程次数，适于加工7H级精度螺纹。
2. 使用条件变换时，切削速度及功率修正系数如下。

与刀具的耐用度有关	刀具耐用度 T/min	20	30	60	90	120
	修正系数 $K_{Tv}=K_{Tpm}$	1.14	1.0	0.8	0.69	0.63
与刀具的材料有关	刀具牌号	YG8	YG6	YG4	YG3	YG2
	修正系数 $K_{Tv}=K_{Tpm}$	0.83	1.0	1.1	1.14	1.3

◎ 表13.30 不同材料螺纹的切削用量

加工材料	硬度(HBS)	螺纹直径/mm	每一走刀的横向进给/mm		切削速度/(m/min)		备注
			第一次走刀	最后一次走刀	高速钢车刀	硬质合金车刀	
易切碳钢、碳钢、合金钢铸件,合金钢、碳钢铸件,高温度硬度、马氏体时效钢、工具钢、工具钢铸件	100~225	≤25	0.50	0.013	12~15	18~60	高速钢车刀使用 W12Cr4V5Co5 及 W2Mo9Cr4VCo8 等含钴高速钢
		>25	0.50	0.013	12~15	60~90	
	225~375	≤25	0.40	0.025	9~12	15~46	
		>25	0.40	0.025	12~15	30~60	
	375~535 HBW	≤25	0.25	0.05	1.5~4.5	12~30	
		>25	0.25	0.05	4.5~7.5	24~30	
易切不锈钢、不锈钢、不锈钢铸件	135~440	≤25	0.40	0.025	2~6	20~30	高速钢车刀使用 W12Cr4V5Co05 及 W2Mo9Cr4VCo8 等含钴高速钢
		>25	0.40	0.025	3~8	24~37	
灰铸铁	100~320	≤25	0.40	0.013	8~15	26~43	
		>25	0.40	0.013	10~18	49~73	
可锻铸铁	100~400	≤25	0.40	0.013	8~15	26~43	
		>25	0.40	0.013	10~18	49~73	
铝合金及其铸件镁合金及其铸件	30~150	≤25	0.50	0.025	25~45	30~60	使用 W12Cr4V5Co5 及 W2Mo9Cr4VCo8 等含钴高速钢
		>25	0.50	0.025	45~60	60~90	
钛合金及其铸件	110~440	≤25	0.50	0.013	1.8~3	12~20	
		>25	0.50	0.013	2~3.5	17~26	
铜合金及其铸件	40~200	≤25	0.25	0.025	9~30	30~60	
		>25	0.25	0.025	15~45	60~90	
镍合金及其铸件	80~360	≤25	0.40	0.025	6~8	12~30	使用 W12Cr4V5Co5 及 W2Mo9Cr4VCo8 等含钴高速钢
		>25	0.40	0.025	7~9	14~52	
高温合金及其铸件	140~230	≤25	0.25	0.025	1~4	20~26	
		>25	0.25	0.025	1~6	24~29	
	230~400	≤25	0.25	0.025	0.5~2	14~21	
		>25	0.25	0.025	1~3.5	15~23	

13.4.4 车螺纹时的质量问题、产生原因与解决方法

◇ **表 13.31 车螺纹时的质量问题、产生原因与解决方法**

问题	产生原因与解决措施
牙型角超差	①刀具刃形角磨得不准。应根据所车螺纹的牙型角 α 磨出 ②车刀安装不合要求。刀刃应位于轴平面或法平面、切平面内。事先应明确所车螺旋面的类别和几何特征 ③车刀磨损影响。应采用耐磨的刀具材料,合理选择切削用量和切削液,并及时磨刀
螺距超差	①交换齿轮挂错或机床有关手柄位置放错。应逐项检查,及时改正 ②若是精密螺纹,应想到机床的精度等级是否适应,可能的话采用"直连丝杠",缩短传动链,并调换精密丝杠
螺距周期性 误差超差	①机床主轴或丝杠轴向窜动。应及时调节,予以消除 ②交换齿轮啮合间隙不当。应限制在 0.1～0.15mm,齿轮磨损过量应调换 ③主轴、丝杠径向跳动太大或交换齿轮轴颈磨损过量。应检修机床 ④工件中心孔加工质量差,与顶尖接触不良。精加工前应增加一道工序,研磨中心孔 ⑤工件弯曲变形。分析弯曲原因,除注意工件校直、除应力处理外,还应随时调节顶尖顶力,用切削液降低工件温度
螺距积累 误差超差	①车床导轨与工件轴线的相对平行度或导轨的直线度超差。检修车床导轨对主轴的平行度和直线度,调节尾座,使工件轴线与导轨平行 ②工件轴线与车床丝杠轴线不平行。先检查丝杠与导轨的平行度,若超差,应调整。如系尾座偏位,应调整 ③丝杠及螺母磨损或螺母开放、闭合时活动不正常。应更换丝杠、螺母,并调节镶条的松紧 ④刀具磨损严重 ⑤顶尖压力太大,使工件弯曲。车削过程应经常调节压力 ⑥工件温度太高。注意切削液的流量与压力,降低转速 ⑦环境温度变化太大。条件允许,最好改在恒温环境中加工
蜗杆齿槽径向 跳动超差	①中心孔质量低。按标准认真加工,工件粗加工后要安排一道研磨中心孔的工序,以保证圆度和接触精度且两端中心孔要同轴 ②车床主轴圆柱度超差或轴承间隙大,使主轴旋转精度降低。检修车床 ③工件外圆柱圆度、圆柱度超差,工件与刀架接触不稳定,处于滑合状态,加工时工件径向圆跳动超差,应提高外圆的加工精度 ④刀具磨损严重
螺旋面表面 粗糙度值超差	①刃磨质量不高。精车时,刀刃不够锋利,切削作用差,有刮挤现象。重新精磨 ②切削用量选择不当,切削液的润滑性、抗黏结性不佳,刀面有积屑瘤。精车时,切削速度要低,并采用润滑性好的活性切削液 ③机床振动大。调整车床各有关部分的间隙,采用弹性刀排 ④工件材料的切削加工性差。增加调质工序 ⑤排屑情况不佳,切屑擦伤工件表面。改进进刀方式,磨好卷屑槽

13.5 其他典型表面车削

13.5.1 车削圆锥面

（1）圆锥体各部分尺寸的计算公式（见表 13.32）

◇ 表 13.32 圆锥体各部分尺寸的计算公式

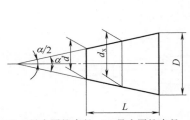

D—最大圆锥直径；d—最小圆锥直径；
d_x—给定截面圆锥直径；L—圆锥长度；
α—圆锥角；α/2—圆锥半角

名称	计算公式
斜度 S	$S=\tan\dfrac{\alpha}{2}$ $S=\dfrac{D-d}{2L}$ $S=\dfrac{C}{2}$
锥度 C	$C=2S$ $C=2\tan\dfrac{\alpha}{2}$ $C=\dfrac{D-d}{L}$
大头直径 D	$D=d+2L\tan\dfrac{\alpha}{2}$ $D=d+CL$ $D=d+2LS$
小头直径 d	$d=D-2L\tan\dfrac{\alpha}{2}$ $d=D-CL$ $d=D-2LS$

（2）车削圆锥面方法

1）转动小刀架车锥体方法 圆锥长度较短、斜角 α/2 较大时采用，如图 13.43 所示。车削前，把小滑板按零件要求，转动一个圆锥半角 α/2。小滑板角度调好后锁紧，通过小滑板上的手轮手动进给来车削圆锥面。进给量根据加工精度和表面质量要求确定，粗加工、表面粗糙度要求低时，进给量大些，精加工、表面粗糙度要求高时，进给量小点。

2）用偏移尾座车削锥体方法 圆锥精度要求不高，锥体较长而锥度又较小时采用，如图 13.44 所示。车削用量同外圆车削。

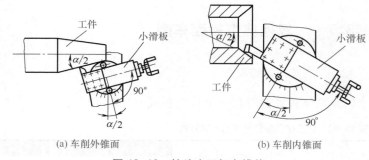

| (a) 车削外锥面 | (b) 车削内锥面 |

图 13.43 转动小刀架车锥体

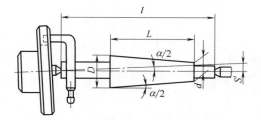

图 13.44 用偏移尾座车削锥体

当工件全长 l 不等于锥形部分长度 L 时：偏移量（或斜度）

$$S' = \frac{l}{2} \times \frac{D-d}{L}$$

$$S' = \frac{l}{2}C \ \text{或} \ S' = lS$$

当工件全长 l 等于锥形部分长度 L 时：

$$S' = \frac{D-d}{L}$$

3）用靠模板车锥体方法　用靠模板车锥体，靠模板安装在床身上，刀架的横向进给丝杠不起作用，而是通过靠模控制刀架的横向进给运动，车前的机床调整量大，当圆锥精度高、角度小、尺寸相同和数量较多时采用，如图 13.45 所示。

$$B = H \times \frac{D-d}{2L} = H \tan \frac{\alpha}{2}$$

$$B = \frac{H}{2} \times C(锥度)$$

式中　H——靠模板转动中心到刻线处的距离，称为支距；

　　　$\alpha/2$——靠模板旋转角度，它等于圆锥体的斜角，计算公式与小刀架转动角度相同；

　　　B——靠模板的偏移量。

4）用宽刀刃车锥体方法　当锥体较短、锥度较大时，可采用宽刀刃法车锥体。可通过刀具刃磨或刀具安装调整，使刀刃与主轴轴线的夹角等于工件圆锥半角 $\alpha/2$ 的车刀，直接车出圆锥面，如图 13.46 所示。

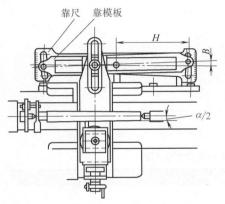

图 13.45　用靠模板车锥体

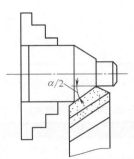

图 13.46　用宽刀刃车锥体

（3）车标准锥度和常用锥度时小刀架和靠模板转动角度（见表 13.33）

◇ 表 13.33　车标准锥度和常用锥度时小刀架和靠模板转动角度

锥体名称	锥度	小刀架和靠模板 转动角度（锥体斜角）
0	1∶19.212	1°29′27″
1	1∶20.047	1°25′43″
2	1∶20.020	1°25′50″
莫氏　3	1∶19.922	1°26′16″
4	1∶19.254	1°29′15″
5	1∶19.002	1°30′26″
6	1∶19.180	1°29′36″

锥体名称	锥度	小刀架和靠模板 转动角度(锥体斜角)
30°	1∶1.866	15°
45°	1∶1.207	20°30′
60°	1∶0.866	30°
75°	1∶0.652	37°30′
90°	1∶0.5	45°
120°	1∶0.289	60°
常用锥度	1∶200	0°08′36″
	1∶100	0°17′11″
	1∶50	0°34′23″
	1∶30	0°57′17″
	1∶20	1°25′56″
	1∶15	1°54′33″
	1∶12	2°23′09″
	1∶10	2°51′45″
	1∶8	3°34′35″
	1∶7	4°05′08″
	1∶5	5°42′38″
	1∶3	9°27′44″
	7∶24	8°17′46″

(4) 车削圆锥面时产生废品的原因及预防方法（见表 13.34）

◇ 表 13.34　车削圆锥面时产生废品的原因及预防方法

废品种类	产生原因	预防方法
锥度(角度) 不正确	用转动小滑板车削时 ①小滑板转动角度计算错误 ②小滑板移动时松紧不匀	①仔细计算小滑板应转的角度和方向，并反复试车校正 ②调整导轨镶条，使小滑板移动均匀
	用偏移尾座法车削时 ①尾座偏移位置不正确 ②工件长度不一致	①重新计算和调整尾座偏移量 ②如工件数量较多，各件的长度必须一致
	用靠模法车削时 ①靠模角度调整不正确 ②滑块与靠模板配合不良	①重新调整靠模板角度 ②调整滑块和靠模板之间的间隙

续表

废品种类	产生原因	预防方法
锥度(角度)不正确	用宽刃刀车削时 ①装刀不正确 ②刀刃不直	①调整刀刃的角度和对准中心 ②修磨刀刃的平直度
	铰锥孔时 ①铰刀锥度不正确 ②铰刀的安装轴线与工件旋转轴线不同轴	①修磨铰刀 ②用百分表和试棒调整尾座中心
尺寸误差	没有经常测量大小端直径	经常测量大小端直径,并按计算尺寸控制吃刀量
双曲线误差	车刀移动轨迹与工件中心线不等高平行	调整机床,试切,控制车刀移动轨迹与工件中心线等高平行

13.5.2 车削偏心工件

在机械传动中,将回转运动变为往复直线运动,一般采用偏心轴或曲轴(曲轴是形状比较复杂的偏心轴)来完成。在间隙调整、夹紧机构中,也经常采用偏心轴结构。

轴上的外圆与外圆之间的轴线平行而不相重合称偏心轴。偏心套(轮)的外圆与内孔的轴线平行而不相重合,这两条轴线之间的距离称为"偏心距"。

车削偏心的方法,应按工件的不同数量、形状和精度要求相应地采取不同的装夹方法,但最终应保证所要加工的偏心部分轴线与车床主轴旋转轴线重合。

(1)车削偏心工件的装夹方法

1)用顶尖装夹　这种方法适用于加工较长的偏心轴,在加工前应在工件两端划出中心点的中心孔和偏心点的中心孔,并加工出中心孔,然后用前后顶尖顶住,便可以加工了 [图 13.47(a)]。

若偏心轴的偏心距较小,在钻偏心中心孔时可能跟主轴中心孔相互干涉。这时可按图 13.47(b)增加工艺搭子,即把工件的长度放长两个中心孔的深度。加工时,可先把毛坯车成光轴,然后车去两端中心孔至工件长度,再划线,钻偏心中心孔,车偏心轴。

图 13.47（c）是采用套筒装夹工件后，再用顶尖夹持套筒的装夹方法。

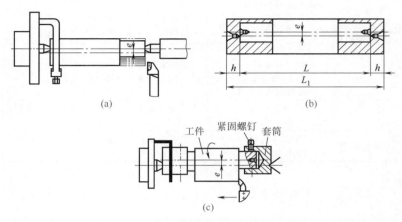

(a)

(b)

(c)

图 13.47 用顶尖装夹工件车偏心轴

2）用四爪单动卡盘装夹 这种方法适用于加工偏心距较小、精度要求不高、轴向尺寸较短、数量较少的偏心工件，如图 13.48 所示。

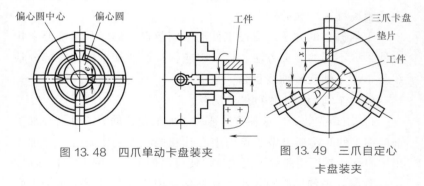

图 13.48 四爪单动卡盘装夹

图 13.49 三爪自定心卡盘装夹

3）用三爪自定心卡盘装夹 在三爪自定心卡盘上，通过加垫片实现工件偏心的装夹，如图 13.49 所示。这种方法适用于加工数量较大、长度较短、偏心距较小、精度要求不高的偏心工件。这种方法的重点是垫片厚度，其计算如下：

$$x = 1.5e \pm K$$

式中　K——修正系数，$K = 1.5\Delta e$；

　　　Δe——实测偏心距误差；

　　　$+$——用于实测偏心距 $e' < e$；

　　　$-$——用于实测偏心距 $e' < e$。

4）花盘装夹　这种方法适用于加工工件长度较短、直径大、精度要求不高的偏心孔工件，如图 13.50 所示。

5）双卡盘装夹　这种方法适用于加工长度较短、偏心距较小、数量较大的偏心工件，如图 13.51 所示。

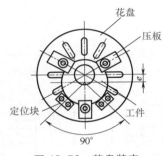

图 13.50　花盘装夹

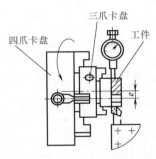

图 13.51　双卡盘装夹

6）偏心卡盘装夹　这种方法适用于加工短轴、盘、套类较精密的偏心工件，如图 13.52 所示。其优点是装夹方便，偏心距可以调整，能保证加工质量，并能获得较高的精度，通用性强。

（2）车削曲轴的装夹方法

曲轴实际就是多拐偏心轴，其加工原理跟加工偏心轴基本相同，常采用的装夹方法如下。

① 单拐曲轴　主轴一端用卡盘夹轴颈，尾座一端用顶尖顶夹法兰盘，加工轴颈，并配有配重，如图 13.53 所示。

② 双拐曲轴　主轴一端花盘上安装卡盘，调整偏心距，夹其轴颈。尾座一端专用法兰盘上配有偏心的中心孔，用顶尖顶夹，加工拐颈，如图 13.54 所示。

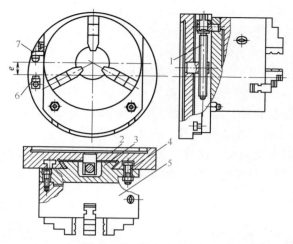

图 13.52　偏心卡盘装夹

1—丝杠；2—花盘；3—偏心体；4—螺钉；5—三爪自定心卡盘；6,7—测量头

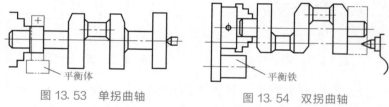

图 13.53　单拐曲轴　　　　　　　图 13.54　双拐曲轴

③ 三拐曲轴　主轴一端按偏心距配作专用夹具装夹轴颈，尾座一端专用法兰盘上配有偏心的中心孔，用顶尖顶夹，加工拐颈，如图 13.55 所示。

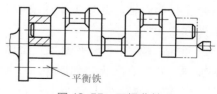

图 13.55　三拐曲轴

④ 多拐曲轴　主轴一端花盘上安装卡盘，调整偏心距，夹其轴颈。尾座一端专用法兰盘上配有偏心的中心孔，用顶尖顶

夹，加工拐颈，如图 13.56 所示。

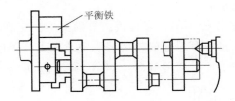

图 13.56　多拐曲轴

对于大型多拐曲轴，一般用锻件（锻钢）或铸件（铸钢或球墨铸铁）。加工这类曲轴时一般在带有偏心卡盘的专用曲拐车床上加工或用大型普通机床时应设计制造专用工装，其中包括对机床尾座的改装，以提高装夹刚性。

13.5.3　车削成形面

（1）成形面车削方法

① 成形刀（样板刀）车削　工件的精度主要靠刀具保证。适于加工具有大圆角、圆弧槽以及变化范围小但又比较复杂的成形面，如图 13.57 所示。

② 液压仿形车削　加工时，运动平稳，惯性小，能达到较高的加工精度，适于车削多台阶的长轴类工件，如图 13.58 所示。

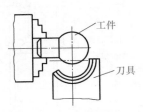

图 13.57　成形刀（样板刀）车削

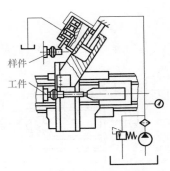

图 13.58　液压仿形车削

③ 纵向靠模板车削　适于加工切削力不大的短轴成形面，如图 13.59 所示。

④ 横向靠模板车削　靠模板由靠模支架固定在车床尾座上。拆除小刀架，将装有刀杆的板架装于中滑板上，车削时，中滑板横向进给，适于加工成形端面，如图 13.60 所示。

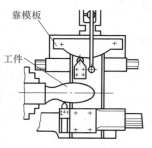

图 13.59　纵向靠模板车削

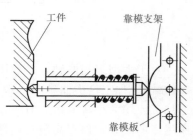

图 13.60　横向靠模板车削

⑤ 同轴摆动车削　靠模与工件形状相反。车削时，大滑板纵向进给，车刀绕销轴摆动。制造和安装工具时应使车刀刀尖至销轴的距离与支撑轴至销轴的距离一致，并使车刀伸出长度与滚轮伸出长度一致，适于加工成形短轴，如图 13.61 所示。

⑥ 同轴推动车削　制造工具时，滚柱宜适当加长，以防纵向进给时滚柱和靠模脱开，适于加工凸轮等盘类成形工件，如图 13.62 所示。

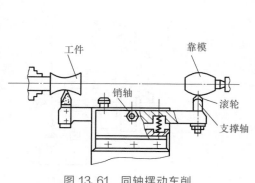

图 13.61　同轴摆动车削

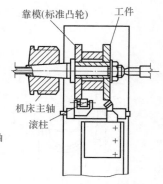

图 13.62　同轴推动车削

（2）常用成形刀（样板刀）类型及应用

① 普通成形刀　这种成形刀的切削刃廓形根据工件的成形表面刃磨，刀体结构和装夹与普通车刀相同。这种刀具制作方便，可用手工刃磨，但精度较低。若精度要求较高时，可在工具磨床上刃磨。这种成形车刀常用于加工简单的成形面，如图 13.63 所示。

② 棱形成形刀　这种成形刀由刀头和刀杆两部分组成。刀头的切削刃按工件的形状在工具磨床上用成形砂轮磨削成形。后部有燕尾块，用来安装在弹性刀杆的燕尾槽中，用螺钉紧固。刀杆上的燕尾槽做成倾斜，这样成形刀就产生了后角，刀刃磨损后，只需刃磨刀头的前刀面。切削刃磨低后，可把刀头向上移动，直至刀头无法夹住为止。这种成形刀精度高，刀具寿命长，但制作比较复杂，如图 13.64 所示。

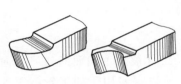
图 13.63　普通成形刀

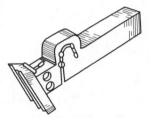
图 13.64　棱形成形刀

③ 圆形成形刀　这种成形刀做成圆轮形，在圆轮上开有缺口，使它形成前面 1 和主切削刃 2，使用时，将它装夹在弹性刀杆上，为了防止圆轮转动，在侧面做出端面齿 3，使之与刀杆侧面上的端面齿相啮合，如图 13.65 所示。圆形成形刀的主切削刃必须比圆轮中心低一些，否则后角为零度。主切削刃低于圆轮中心的距离 H 可用下式计算：

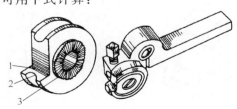
图 13.65　圆形成形刀

$$H = \frac{D}{2}\sin\alpha$$

式中 H——刃口低于中心的距离，mm；

D——圆形成形刀直径，mm；

α——成形刀的后角，一般为 $6°\sim10°$。

（3）成形刀的进给方式

① 径向进给   车削时，刀具沿工件径向进给，是最常使用的一种进给方式，如图 13.66 所示。

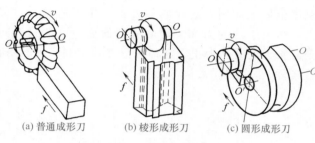

(a) 普通成形刀   (b) 棱形成形刀   (c) 圆形成形刀

图 13.66   径向进给

② 切向进给   车削时，刀具从工件被加工表面的切线方向进给。由于这种方式切削力较小，所以主要用于加工轮廓深度小、刚度差和精度较高的零件，如图 13.67 所示。

③ 斜向进给   车削时，刀具进给方向与工件轴线倾斜成一个角度 θ，用它切削端面时，在端面处能获得较合理的后角，如图 13.68 所示。

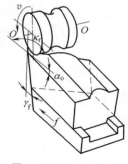

图 13.67   切向进给

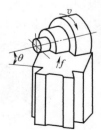

图 13.68   斜向进给

13.5.4 车削球面

车削球面的原理是一个旋转的刀具沿着一个旋转的物体运动，两轴线相交，但又不重合，那么刀尖在物体上形成的轨迹则为一球面。

在实际生产中，车削球面大都采用专用辅助工具进行加工。

（1）用蜗杆副传动装置车削

① 外球面车削　该装置安装在车床小刀架上，蜗轮与刀架作为一体，用螺栓安装在刀杆上，蜗轮与刀杆配合处的间隙不大于 0.01mm，同时蜗轮与安装在刀杆上的蜗杆啮合。转动蜗杆轴上的手柄，车出球面。适于车削 $\phi30\sim80$mm 的外球面，形状精度可达 0.02mm，表面粗糙度小于 $Ra1.6\mu$m，如图 13.69 所示。

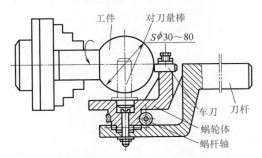

图 13.69　用蜗杆副传动装置车削外球面

② 内球面车削　转动蜗杆轴上的手柄，车出球面。适于车削 $\phi30\sim80$mm 的内球面，形状精度可达 0.02mm，表面粗糙度小于 $Ra1.6\mu$m，如图 13.70 所示。

（2）用杠杆摆动装置车削

该装置由一销轴安装在刀杆一端，圆盘与销轴光滑表面的配合间隙不大于 0.01mm，刀具装夹在圆盘方孔内，摆杆和弯下部分嵌入圆盘内，扳动摆杆便可使刀具沿规定直径的曲线作圆周运动。适于车削内球面；精度可达 0.03mm，表面粗糙度小于 $Ra1.6\mu$m，如图 13.71 所示。

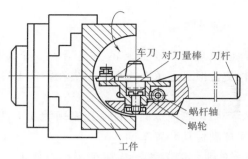

车刀　对刀量棒　刀杆

蜗杆轴

蜗轮

工件

图 13.70　用蜗杆副传动装置车削内球面

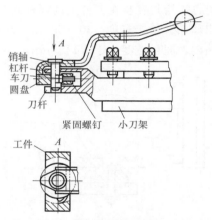

销轴
杠杆
车刀
圆盘
刀杆

紧固螺钉　小刀架

工件

图 13.71　用杠杆摆动装置车削

（3）旋风车削

① 加工带柄圆球（见图 13.72）　刀架的转动角度 α：

$$\tan\alpha=\frac{BC}{AC}=\frac{\dfrac{d}{2}}{L_1}=\frac{d}{2L_1}$$

$$L_1=\frac{D+\sqrt{D^2-d^2}}{2}$$

对刀直径 D_e：

$$D_e=\sqrt{\left(\frac{d}{2}\right)^2+L_1^2}\quad 或\quad \frac{D_e}{2}=OA\cos\alpha=R\cos\alpha$$

所以 $D_e = 2R\cos\alpha = D\cos\alpha$

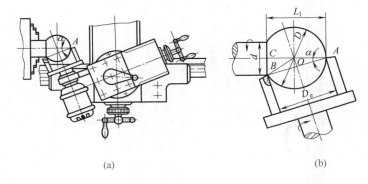

(a)　　　　　　　　　　　　(b)

图 13.72　旋风车削加工带柄圆球

② 加工整圆球（见图 13.73）　旋风车削整球面，刀尖距 l 应在 $L>l>R$ 范围内调节。$l>L$，会切坏支承套，$l<R$，余量切不掉，故 $l\approx L$ 为宜：$L=\sqrt{D^2-d^2}$　$D=2R$

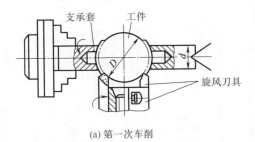

(a) 第一次车削

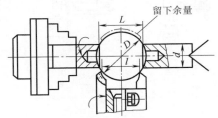

(b) 第二次车削(工件转90°)

图 13.73　旋风车削加工整圆球

13.5.5 滚压加工常用工具及应用

◇ 表13.35 滚压加工常用工具及应用

形式		结构示意图	特点	注意事项
硬质合金滚轮式内、外圆滚压工具	滚压小尺寸外圆	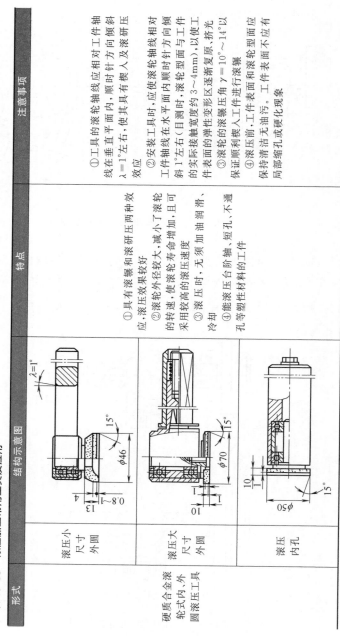	①具有滚碾和滚研压两种效应，滚压效果较好 ②滚轮外径较大，减小了滚轮的转速，使滚轮寿命增加，且可采用较高的滚压速度 ③滚压时，无须加油润滑、冷却 ④能滚压台阶轴、短孔、不通孔等塑性材料的工件	①工具的滚轮轴线应相对工件轴线在垂直平面内，顺时针方向倾斜$\lambda=1°$左右，使其具有楔入及滚研压效应 ②安装工具时，应使滚轮轴线相对工件轴线在水平面内顺时针方向倾斜1°左右（目测时），滚轮型面与工件的实际接触宽度约3~4mm），以使工件表面的弹性变形区逐渐复原，挤光 ③滚轮的滚压人工件进行滚辗，保证顺利楔入工件和滚轮型面$\gamma=10°\sim14°$以上 ④滚压前，工件表面和滚轮型面应保持清洁无油污。工件表面不应有局部缩孔或局部硬化现象
	滚压大尺寸外圆			
	滚压内孔			

形式		结构示意图	特点	注意事项
滚柱式内、外圆滚压工具	滚压外圆	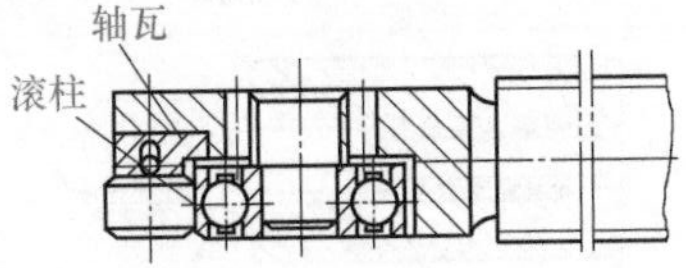 （轴瓦、滚柱）	①具有较大的滚研压效应 ②滚柱与工件的接触面小，滚压时，无须施加很大的压力 ③不宜滚压经调质处理的硬度高的工件，对不通孔和有台阶的内孔，不能滚压到底	①安装工具时，滚柱对准工件中心，并使滚柱轴线相对工件轴线在垂直平面上顺时针方向倾斜一个入角度 外圆滚压 λ=15°～30° 内孔滚压 λ=5°～25° 中小孔滚压 λ=10° ②滚柱与弹夹的配合间隙不宜过大，一般在0.1mm左右，否则工件表面会产生振动痕迹
	滚压大孔	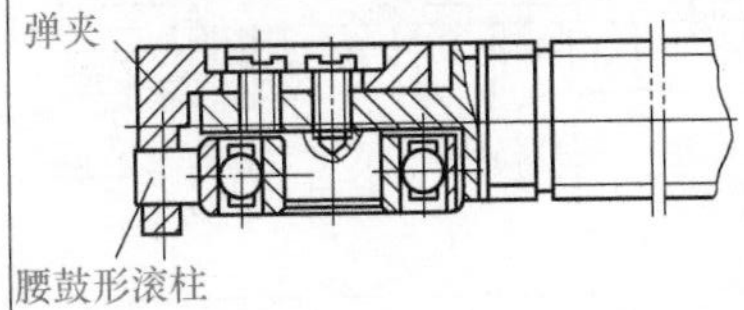 （弹夹、腰鼓形滚柱）		
	滚压小孔	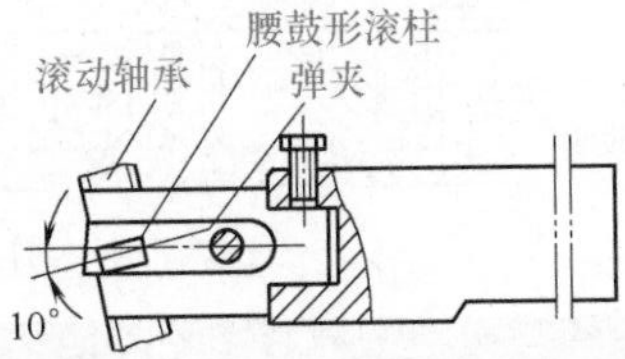 （腰鼓形滚柱、弹夹、滚动轴承、10°）		

形式*		结构示意图	特点	注意事项
硬质合金YZ型深孔滚压工具	滚压深孔	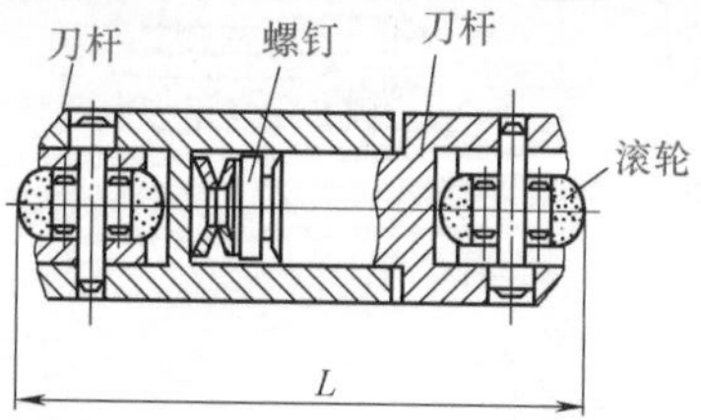	①为加工不同尺寸范围的孔径,滚压工具可调节或改变成组成孔,滚压工具的规格($L=80\sim95$mm,$95\sim110$mm,$110\sim230$mm) ②采用弹性方式滚压,压力均匀,调整方便 ③在滚轮进给方向两面有滚压导向部分,能保持滚压后的表面粗糙度	①成组蝶形弹簧应采取面对面"《》"或背对背"》《"的装法 ②滚轮材料为YG6X,其他表面可在工具磨床上用碗形砂轮磨出,然后用海绵蘸油研磨膏研磨
圆锥滚柱深孔滚压工具	滚压深孔	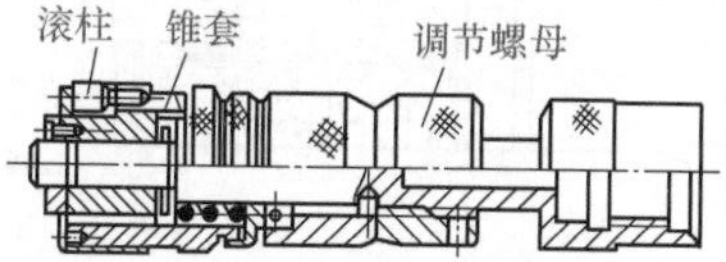	①采用圆锥形滚柱型面,滚压时,滚柱与工件具有$30'\sim1°$的斜角,使工件的弹性变形区逐渐复原以降低孔壁的表面粗糙度值 ②与钢珠型面相比,它与工件的接触面增大,从而可加大进给量	①滚压时应采用切削液,它可由50%硫化切削油+50%柴油或全损耗系统用油,煤油配制而成 ②调节螺母由调节螺母旋转一圈,滚压头半径方向的增减量 为:$x=2×1.5$mm$×\tan30'=0.0262$mm 式中 调节螺母的螺距$=1.5$mm 芯轴锥套圆锥体斜角$=30'$
滚珠式滚压工具	滚压外圆	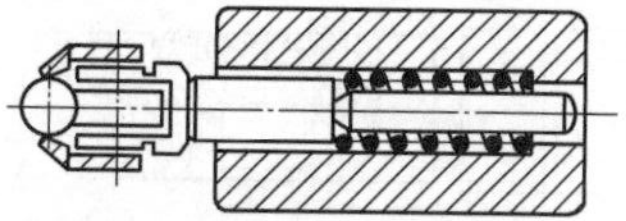	①采用滚动轴承的滚珠,具有高精度,高硬度,低表面粗糙度等优点 ②滚柱与滚压工具的轴向摩擦力小,因而滚压内载荷小,其直 ③滚压内孔可以调节径大小	①为使滚珠和工件之间的摩擦力大于滚珠和支承之间的摩擦力,滚珠应支承在一个或两个滚动轴承的外环上 ②弹性滚压工具用于滚压不大高的场合
	滚压内孔			

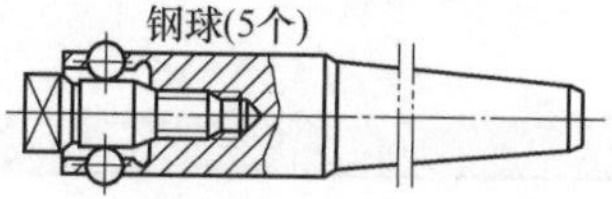

13.5.6 冷绕弹簧

（1）卧式车床可绕制弹簧的种类（见图 13.74）

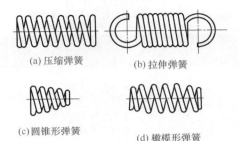

(a) 压缩弹簧　　　　(b) 拉伸弹簧

(c)圆锥形弹簧　　　　(d) 橄榄形弹簧

图 13.74　弹簧的种类

（2）绕制圆柱形螺旋弹簧用芯轴直径的计算

冷绕弹簧用芯轴直径的经验公式

$$D_0 = \left[\left(1-0.0167 \times \frac{d+D_1}{d_1}\right) \pm 0.02\right] \times D_1$$

式中　D_0——芯轴直径，mm；

　　　D_1——弹簧内径，mm；

　　　d——钢丝直径，mm。

如果用中级弹簧钢丝，钢丝直径 $d<1$mm 时，芯轴系数取 -0.02mm；$d>2.5$mm 时，取 $+0.02$mm。

当用高级弹簧钢丝、钢丝直径 $d<2$mm 时，芯轴系数取 -0.02mm，$d>3.5$mm 时，取 $+0.02$mm。钢丝直径在上述范围外，此项系数可不考虑。

冷绕弹簧用芯轴直径的近似公式

$$D_0 = (0.75 \sim 0.8)D_1$$

如果弹簧以内径与其他零件相配，近似公式中的系数应选用较大值；如果弹簧以外径与其他零件相配，近似公式中的系数应选用较小值。弹簧芯轴直径见表 13.36。

◈ 表 13.36　弹簧芯轴直径　　　　　　　　　　　　　　　　　　　　　　mm

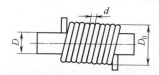

d	0.3	0.5	0.8	1.0	2.0	2.5	3.0	4.0	5.0	6.0	芯轴公差
D	芯轴直径 D_0										
3	2.1										
4	3.1	2.5									
5	4.0	3.5	2.7	2.0							
6	5.0	4.5	3.6	2.9							
8		6.4	5.5	4.8							±0.1
10		8.4	7.4	6.7							
12			9.3	8.5	6.1	4.8					
14			11.1	10.4	8.0	6.6	5.2				
18				14.3	11.9	10.4	9.0				
20				16.2	13.8	12.2	10.8				±0.2
22					16.6	14.1	12.7	10.5			
32					25.5	24.0	22.5	20.2	17.2	16.1	
40						30.3	28.1	26.1	24.0		±0.2
50							37.9	35.8	33.5		
60							47.2	45.0	42.5		

注：1. 在车床上热盘弹簧，芯轴直径应等于弹簧内径。

2. 冷绕弹簧用的芯轴直径按小于弹簧内径选定，其差值按经验决定。2 级和 3 级精度钢弹簧，可按本表的数据选用。

3. 表中 D 为弹簧外径，d 为钢丝直径。

　　计算和查得的芯轴直径是近似的。正式绕制弹簧前，最好先进行试验，即先绕 2～3 圈，让其扩大，然后测量内径是否符合要求，再根据测量结果修正芯轴直径。如果芯轴直径偏差不大，也可以利用调整对钢丝牵引力的方法，使弹簧的直径稍微增大或减小。

铣削是在铣床上以铣刀旋转作主运动，工件或铣刀作进给运动的切削加工方法。铣削加工的特点是：采用多刃铣刀进行切削，切削效率较高；铣刀旋转作主运动，适合进行成形法加工；与分度头等附件配合时，能获得直线运动、回转运动和回转与直线组合的进给运动，适合加工各种形状较复杂的零件。

 14.1　铣床及其铣削工艺范围

14.1.1　铣床

铣床的工艺范围很广，可加工平面、斜面、沟槽、台阶、凸轮、齿轮等分齿零件、刀具等螺旋形表面等。铣床的主运动是铣刀的旋转运动。铣床的切削速度较高，多刃连续切削，切削效率较高，应用广泛，在很大程度上代替了刨床。铣床的类型主要为卧式铣床、立式铣床、工作台不升降铣床、龙门铣床、工具铣床等。

（1）卧式铣床

卧式升降台铣床的主轴是水平布置的，其外形如图 14.1（a）所示。它由床身 1、悬梁 2 及悬梁支架 6、铣刀轴（刀杆）3、升降台 7、滑座 5、工作台 4 以及底座 8 等零部件组成。在铣削加工时，将工件安装在工作台 4 上，将铣刀装在铣刀轴 3 上。

铣刀的旋转作主运动，工件（工作台）移动作进给运动。升降台7安装在床身的导轨上，可做竖直方向运动；升降台7上面的水平导轨上装有滑座5，滑座5带着工作台4和工件可做横向移动；工作台4装在滑座5的导轨上，可作纵向移动。这样，固定在工作台上的工件，通过工作台、滑座和升降台，可以在相互垂直的三个方向实现任一方向的调整或进给。卧式升降台铣床主要用于铣削平面和成形表面。

（2）立式铣床

图 14.1（b）为立式升降台铣床的外形图，立式铣床的主轴是竖直安装的，立铣头可以在竖直面内转动一个角度，主轴可以竖直运动，其它运动与卧式升降台铣床类同。

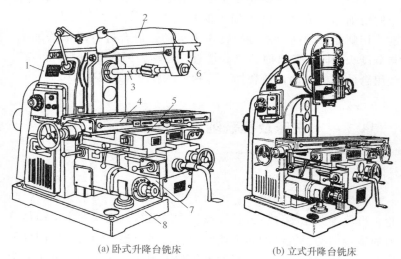

(a) 卧式升降台铣床　　　　(b) 立式升降台铣床

图 14.1　铣床外形图

1—床身；2—悬梁；3—铣刀轴；4—工作台；5—滑座；

6—悬梁支架；7—升降台；8—底座

（3）龙门铣床

龙门铣床是一种大型高效通用铣床，主要用于加工各类大型工件上的平面、沟槽等，其外形如图 14.2 所示。在龙门铣床的横梁和立柱上均可安装铣削头，每个铣削头都是一个独立的主运

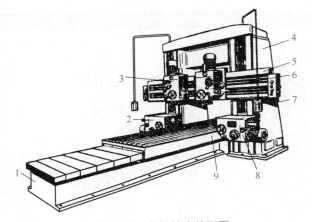

图 14.2　龙门铣床外形图

1—床身；2—卧铣头；3—立铣头；4—立柱；5—横梁；6—立铣头；

7—悬挂式按钮钻；8—卧铣头；9—工作台

动部件，可进行多表面加工。

14.1.2　铣削工艺范围

◇ 表 14.1　铣削加工范围

名称	加工简图		说明
铣平面	(a)	(b)	①套式面铣刀铣平面，见图(a) ②圆柱形铣刀铣平面，见图(b)
铣侧面	(a)	(b)	①立铣刀铣侧面，见图(a) ②组合铣刀铣双侧面，见图(b)

名称	加工简图	说明
铣沟槽	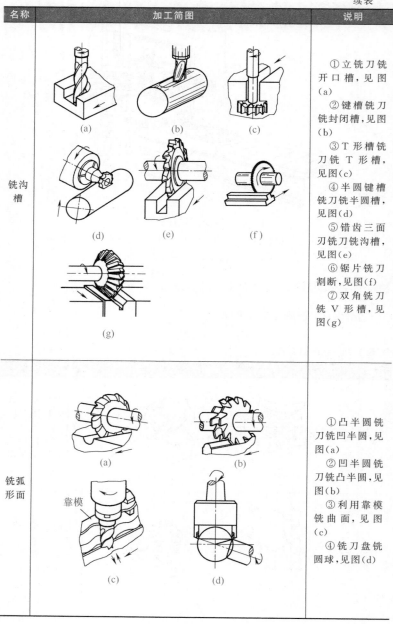	①立铣刀铣开口槽，见图（a） ②键槽铣刀铣封闭槽，见图（b） ③T形槽铣刀铣T形槽，见图（c） ④半圆键槽铣刀铣半圆槽，见图（d） ⑤错齿三面刃铣刀铣沟槽，见图（e） ⑥锯片铣刀割断，见图（f） ⑦双角铣刀铣V形槽，见图（g）
铣弧形面		①凸半圆铣刀铣凹半圆，见图（a） ②凹半圆铣刀铣凸半圆，见图（b） ③利用靠模铣曲面，见图（c） ④铣刀盘铣圆球，见图（d）

机械工综合切削手册

名称	加工简图	说明
铣螺旋槽	右切铣刀	用角度铣刀铣螺旋槽
铣齿轮	(a)　　　　(b)	①指形模数铣刀铣齿条,见图(a) ②盘形模数铣刀铣直齿圆柱齿轮,见图(b)
铣离合器		用三面刃铣刀铣牙嵌式离合器
镗孔		镗单孔

14.2　铣刀

14.2.1　铣刀的种类及用途

◇ 表14.2　铣刀的种类及用途

分类	铣刀名称	用途
加工平面用铣刀	圆柱形铣刀,包括粗齿圆柱形铣刀、细齿圆柱形铣刀	粗、半精加工各种平面
	端铣刀(或面铣刀),包括镶齿套式端铣刀、硬质合金端铣刀、硬质合金可转位端铣刀	粗、半精、精加工各种平面

分类	铣刀名称	用途
加工沟槽、台阶表面用铣刀	立铣刀,包括粗齿立铣刀、中齿立铣刀、细齿立铣刀、套式立铣刀、模具立铣刀	加工沟槽表面;粗、半精加工平面、台阶表面;加工模具的各种表面
	三面刃铣刀、两面刃铣刀,包括直齿三面刃铣刀、错齿三面刃铣刀、镶齿三面刃铣刀	粗、半精、精加工沟槽表面
	锯片铣刀,包括粗齿、中齿、细齿锯片铣刀	加工窄槽表面;切断
	螺钉槽铣刀	加工窄槽,螺钉槽表面
	镶片圆锯	切断
	键槽铣刀,包括平键槽铣刀、半圆键槽铣刀	加工平键键槽、半圆键键槽表面
	T 形槽铣刀	加工 T 形槽表面
	燕尾槽铣刀	加工燕尾槽表面
	角度铣刀,包括单角铣刀、对称双角铣刀、不对称双角铣刀	加工各种角度沟槽表面(角度为 $18°\sim90°$)
加工成形表面用铣刀	成形铣刀,包括铲齿成形铣刀、尖齿成形铣刀、凸半圆铣刀、凹半圆铣刀、圆角铣刀	加工凸、凹半圆曲面、圆角;加工各种成形表面

14.2.2 铣刀角度及其选择

(1) 常用铣刀角度 (见图 14.3)

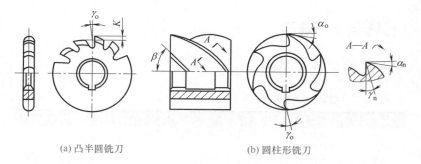

(a) 凸半圆铣刀　　　　　　(b) 圆柱形铣刀

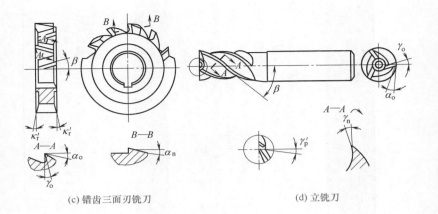

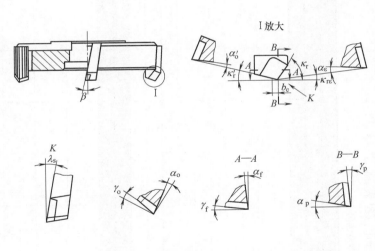

(c) 错齿三面刃铣刀   (d) 立铣刀

I 放大

(e) 端面铣刀

图 14.3   常用铣刀角度

γ_o—前角；γ_p—切深前角；γ_f—进给前角；γ_n—法向前角；γ'_p—副切深前角；

α_o—后角；α'_o—副后角；α_p—切深后角；α_f—进给后角；α_n—法向后角；

α_ε—过渡刃后角；κ_r—主偏角；κ'_r—副偏角；$\kappa_{r\varepsilon}$—过渡刃偏角；

λ_s—刃倾角；β—刀体上刀齿槽斜角；b_ε—过渡刃宽度；K—铲背量

（2）铣刀角度及选用（见表14.3、表14.4）

◎ 表14.3 高速钢铣刀角度及选用

（1）前角 γ_o /(°)

加工材料		端铣刀、圆柱形铣刀、盘铣刀、立铣刀	切槽铣刀、切断铣刀		成形刀、角度铣刀		备注
			≤3mm	>3mm	粗铣	精铣	
碳钢及合金钢 σ_b /MPa	≤600	20	5	10	15	10	①用圆柱形铣刀铣削 $\sigma_b<600$MPa 钢料，当刀齿螺旋角 $\beta>30°$时，取 $\gamma_o=15°$ ②当 $\gamma_o>0°$的成形铣刀铣削精密轮廓时，铣刀外形需要修正 ③用端铣刀铣削耐热钢时，前角取表中较大值；用圆柱形铣刀铣削时，则取较小值
	600~1000	15	5	10	10	5	
	>1000	10	—	10~15	5	—	
铸铁 HBS	≤150	10~15	5	10	15	5	
	150~220	10	5	10	10	5	
	>220	5	—	10	—	—	
铜合金		10	5	10	10	5	
铝合金		25	25	25	—	—	
塑料		6~10	8	10	—	—	

（2）后角、偏角/(°)及过渡刃长度

铣刀类型		σ_o	σ_o'	κ_r	κ_r'	$\kappa_{r\varepsilon}$	b_ε/mm	备注
端铣刀	细齿	16	8	90	1~2	45	1~2	①端铣刀 κ_r 主要按工艺系统刚性选取。系统刚性较好、铣削余量较小时，取 $\kappa_r=30°\sim45°$；中等刚性而余量较大时，取 $\kappa_r=60°\sim75°$；铣削相互垂直重面的端铣刀，取 $\kappa_r=90°$
	粗齿	12	8	30~90	—	15~45	—	
圆柱形铣刀	整体细齿	16	—	—	—	—	—	
	粗齿及镶齿	12	—	—	—	—	—	
两面刃及三面刃铣刀	整体	20	6	—	1~2	45	1~2	
	镶齿	16	—	—	—	—	—	
切槽铣刀		20	—	—	1~2	—	—	

续表

(2)后角、偏角/(°)及过渡刃长度

铣刀类型		σ_0	σ_0'	κ_r	κ_r'	κ_{re}	b_e/mm	备注
切断铣刀($L>3$mm)		20	—	—	0.25~1	45	0.5	②用端铣刀铣削耐热钢时,取 $\kappa_r=$ 30°~60° ③刃磨铣刀时,在后刀面上可沿刀刃留一刃带,其宽度不得超过 0.1mm,但槽铣刀和切断铣刀(圆锯)不留刃带
立铣刀		14	18	—	3	45	0.5~1.0	
成形铣刀及角度铣刀	夹齿	16	8	—	—	—	—	
	铲齿	12	—	—	—	—	—	
键槽铣刀	$d_0\leqslant16$mm	20	—	—	1.5~2	—	—	
	$d>16$mm	16	8	—	—	—	—	

(3)螺旋角/(°)

铣刀类型		β
端铣刀	整体	25~40
	镶齿	10
圆柱形铣刀	细齿	30~45
	粗齿	40
	镶齿	20~25
立铣刀		30~45
键槽铣刀		15~25

铣刀类型			β
盘铣刀	两面刃		15
	三面刃		8~15
	错齿三面刃		10~15
	镶齿三面刃	$L>15$mm	12~15
		$L<15$mm	8~10
	组合齿三面刃		15

◇ 表14.4　硬质合金铣刀角度及选用

铣刀类型	加工材料		γ_o	α_o		α_o'	α_∞	β (λ_β)	κ_r	κ_r'	$\kappa_{r\varepsilon}$	b_ε /mm	备注
				$\alpha_f <$ 0.25 mm/z	$\alpha_f <$ 0.25 mm/z								
端铣刀	钢 σ_b /MPa	<650	+5	12~16	6~8	8~10	$=\alpha_o$	$\lambda_s =$ −12~−15	20~75	5	$\kappa_r/2$	1~1.5	①半精铣和精铣钢（$\sigma_b=600\sim800$MPa）时，$\gamma_o=-5$、$\alpha_o=5°\sim10°$　②在上等工艺系统刚性下，铣削余量小于3mm时，取$\kappa_r=20°\sim30°$；在中等刚性下，余量为3~6mm时，取$\kappa_r=45°\sim75°$　③端面铣刀对称铣削，初始铣削深度$\alpha_\varepsilon=0.05$mm时，$\lambda_s=-15°$；非对称铣削（$\alpha_\varepsilon<0.45$mm）时，取$\lambda_s=-5°$。当以$\kappa_r=45°$的端面铣刀铣削铸铁时，取$\kappa_r=60°\sim75°$时，$\lambda_s=-20°$，取$\lambda_s=-10°$
		650~950	−5										
		1000~1200	−10										
	耐热钢		+8	10	10	8~10	10	$\lambda_s = 0$	20~75	10	$\lambda_s = $ 1mm	—	
	灰铸铁 HB	200~ 250	+5	12~15	6~8	8~10	$=\alpha_o$	$\lambda_s =$ −12~−15	20~75	5	$\kappa_r'/2$	1~1.5	
		200~ 250	0										
	可锻铸铁		+7	6~8	6~8	8~10	6~8	$\lambda_s =$ −12~−15	60	2	$\kappa_r/2$	1~1.5	
圆柱形铣刀	碳钢和合金钢 $a_b<750$MPa 铸铁<200HB 青铜<140HB		+5	17				24~30				—	后刀面上可允许沿刀刃有刃带宽度不大于0.1mm的刃带
	碳钢和合金钢 $a_b=750\sim1100$MPa		0	17				24~30				—	

铣刀类型	加工材料	γ_o	α_o ($a_f \leqslant 0.25$ mm/z)	α_o ($a_f < 0.25$ mm/z)	α_o'	α_∞	$\beta(\lambda_\beta)$	κ_r	κ_r'	$\kappa_{r\varepsilon}$	b_ε/mm	备注
圆柱形铣刀	铸铁>200HB	0	17		—	—	24~30	—	—	—	—	后刀面上可允许沿刀刃有宽度不大于0.1mm的刃带
	青铜>140HB	−5	15		—	—	20	—	—	—	—	
	碳钢和合金钢 $a_b>1100$MPa	−5	15		—	—		—	—	—	—	
	耐热钢、钛合金	6~15			—	—		—	—	—	—	
圆盘铣刀	钢 σ_b/MPa ≤800	−5	20	20~25	4	20	8~15	—	2~5	45	1	
	钢 σ_b/MPa >800	−10	10~15		4	20~25	8~15	—	2~5	45	1	
	灰铸铁	+5	15		—	10~15		—	—	—	—	
	耐热钢、钛合金	10~15	15		—	15		—	—	—	—	
立铣刀	碳钢和合金钢 $a_b<750$MPa	+5	17		6	17	22~40	—	3~4	45	0.8~1.3	①当工艺系统刚性差及铣削截面大时($a_p \geqslant d_0$,$a_e \geqslant 0.5d_0$),以及$v<100$m/min时,$\gamma_o=5°\sim8°$ ②立铣刀端齿前角取$3°\sim-3°$,铣削软钢时用大值,铣削硬钢时用小值
	铸铁<200HB											
	青铜<140HB											
	碳钢和合金钢 $a_b=750\sim1100$MPa	0	17		6	17	22~40	—	3~4	45	0.8~1.3	
	铸铁>200HB											
	青铜>140HB											
	碳钢和合金钢 $a_b>1100$MPa	−6	15		6	17	22~40	—	3~4	45	0.8~1.3	
	耐热钢、钛合金	10~15	15		—	17		—	—	—	—	

14.2.3 铣刀的安装方式

(1) 卧式铣刀的安装

卧式铣刀如三面刃铣刀、槽铣刀等，一般通过刀杆安装在机床上。刀杆上有圆锥的一端与机床主轴锥孔配合，并通过拉杆固定安装在机床主轴上，另一端安装在机床的悬梁支架上。刀具安装有两项精度要求：径向圆跳动和端面圆跳动。对于铣削各种直槽、成形面以及相互垂直两平面，以保证铣刀端面圆跳动为主；铣水平面应以径向圆跳动为主，见表 14.5。

◇ **表 14.5 卧式铣刀的安装**

图示	安装要点
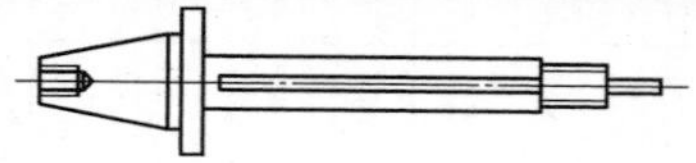	刀杆的圆柱部分与锥体的同轴度，一般小于 0.01mm，如刀杆弯曲过大，应校直后再用
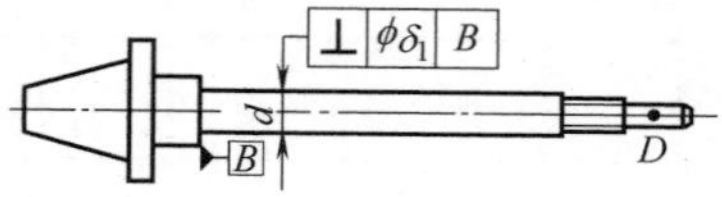	B 端面与垫刀套接触，是铣刀的轴向定位面，它与轴心线的垂直度要求一般在 0.005mm 以内
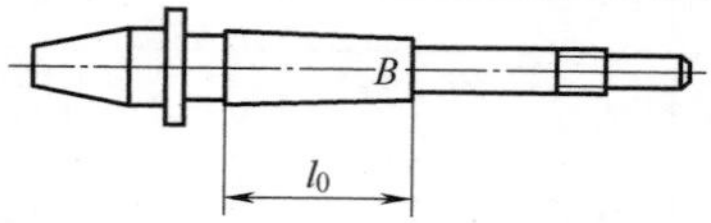	这种专用刀杆可省去垫刀套，刀杆抗弯能力提高
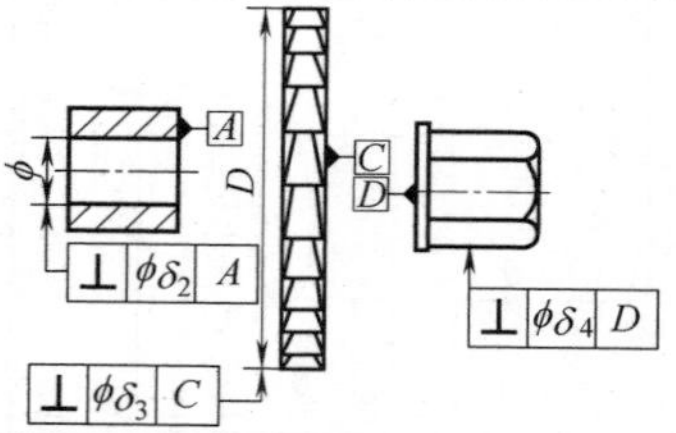	垫刀套和卧式铣刀两个端面与其轴心线的垂直度一般小于 0.005mm。紧刀螺母端面与周线方向的垂直度要求在 0.04mm 以内

(2) 立式铣刀的安装

立式铣刀和键槽铣刀等一般通过拉杆安装在机床的主轴孔内。其安装精度主要是径向圆跳动；端面齿铣刀安装时主要测量其端面圆跳动，有时也要考虑其径向圆跳动。对于不同刀柄的铣刀安装要求如表 14.6 所示。

◈ 表 14.6　棒式立铣刀的安装

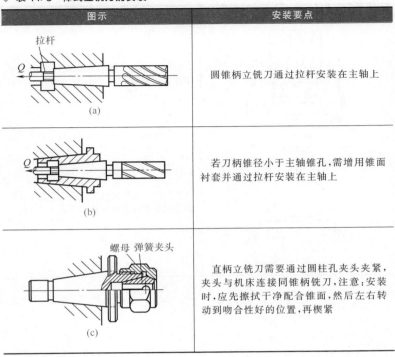

图示	安装要点
(a) 拉杆 Q	圆锥柄立铣刀通过拉杆安装在主轴上
(b) Q	若刀柄锥径小于主轴锥孔,需增用锥面衬套并通过拉杆安装在主轴上
(c) 螺母 弹簧夹头	直柄立铣刀需要通过圆柱孔夹头夹紧,夹头与机床连接同锥柄铣刀,注意:安装时,应先擦拭干净配合锥面,然后左右转动到吻合性好的位置,再楔紧

（3）端面铣刀的安装

端面铣刀安装在刀杆上，刀杆通过拉杆连接到机床主轴上，其安装要求见表 14.7。

◈ 表 14.7　端面铣刀的安装

图示	安装要点
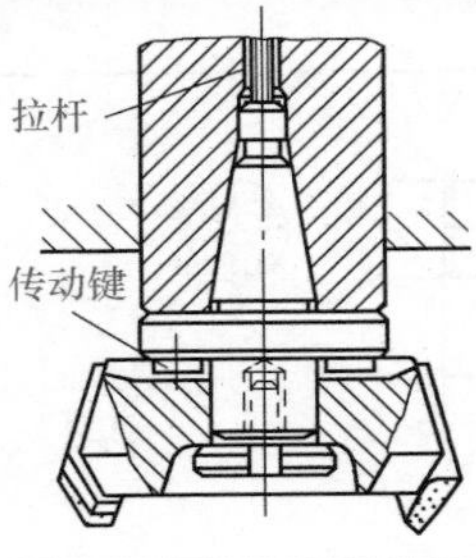 拉杆 传动键	左图是端铣刀装在芯轴端部,用键传递铣削力,用大头螺钉把铣刀固定在芯轴端面锥柄上端,用拉杆拉紧。这种安装方式,各个接触面间有足够的形状精度和位置精度,铣刀转动平稳、可靠

图示	安装要点
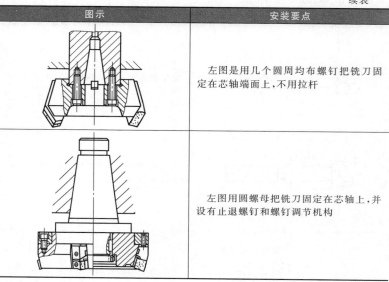	左图是用几个圆周均布螺钉把铣刀固定在芯轴端面上,不用拉杆
	左图用圆螺母把铣刀固定在芯轴上,并设有止退螺钉和螺钉调节机构

14.2.4 常用铣刀的规格

（1）立铣刀（表 14.8~表 14.12）

立铣刀加工时，以周刃切削为主。不同柄部形式的立铣刀，用相应的夹头装夹在立式铣床或镗铣加工中心上进行铣削加工。

粗加工立铣刀的刀齿上开有分屑槽，使宽的切屑变窄，便于沿分屑槽排出。因此，粗加工立铣刀可以较大的吃刀量和每齿进给量进行切削，而不会使切屑堵塞，刀具寿命也比普通立铣刀长。

◇ 表 14.8　粗加工立铣刀的形式和尺寸　　　　　　　　　mm

1. 削平型直柄粗加工立铣刀（GB/T 14328.2—1993）

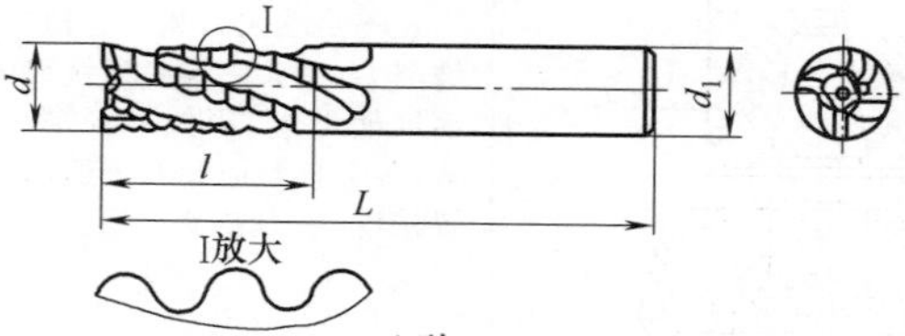

A型

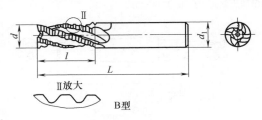

Ⅱ放大
B型

标记示例
外径 $d=10$ 的 A 型标准系列的直柄粗加工立铣刀标记为：
粗加工立铣刀　A　10　GB/T 14328.1
外径 $d=10$ 的 B 型长系列的直柄粗加工立铣刀标记为：
粗加工立铣刀　B　10 长　GB/T 14328.1

d	d_1	L		l		齿数 z
		标准型	长型	标准型	长型	
8	10	69	88	19	38	4
9						
10		72	95	22	45	
11		79	102			
12	12	83	110	26	53	
14						
16	16	92	123	32	63	
18						46
20	20	104	141	38	75	
22						
25	25	121	166	45	90	
28						
32	32	133	186	53	106	4
36						
40	40	155	217	63	125	
45						
50	50	177	252	75	150	6
56						
63	63	202	292	90	180	8
—	—	—	—	—	—	

2. 莫氏锥柄粗加工立铣刀（GB/T 14328.3—1993）

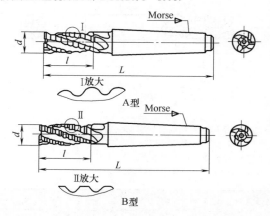

标记示例

外径 $d=10$ 的 A 型标准系列的削平型直柄粗加工立铣刀标记为：

粗加工立铣刀　A　10　GB/T 14328.2

外径 $d=10$ 的 B 型长系列的削平直柄粗加工立铣刀标记为：

粗加工立铣刀　B　10 长　GB/T 14328.2

d	标准型		长型		莫锥号	齿数 z
	L	l	L	l		
10	92	22	115	45	1	4
11	92	22	115	45		
12	96	26	123	53		
14	111	26	138	53		
16	117	32	148	63	2	
18	117	32	148	63		
20	123	38	160	75		
22	140	38	177	75		
25	147	45	192	90	3	
28	147	45	192	90		
32	155	53	208	106	4	6
	178		231			
36	155	53	208	106		
	178		231			
40	188		250	125		
	211		283			
45	188	63	150	125	5	
	211		283		4	

d	标准型		长型		莫锥号	齿数 z
	L	l	L	l		
50	200	75	275	150	5	6
	233		308		4	
56	200		275		5	
	233		308		4	
63	248	90	338	180	—5	8
71						
80	320	106	426	212	6	

◇ 表 14.9 莫式锥柄立铣刀（GB/T 6117. 2—2010）　　　　mm

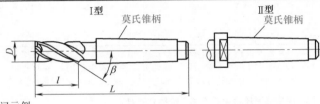

标记示例：

$D=12$mm，总长 $L=96$mm 的标准系列中齿莫氏锥柄立铣刀：

中齿莫氏锥柄立铣刀　12×96　GB/T 6117. 2—2010

D	L				l		莫氏号	齿数		
	标准		长型		标准	长型		粗	中	细
	Ⅰ	Ⅱ	Ⅰ	Ⅱ						
6	83		94		13	24	1	3	4	—
7	86		100		16	30				
8	89	—	108	—	19	38				5
9										
10	92		115		22	45				
11										
12	96		123		26	53				
14	111		138							
16	117		148		32	63	2			6
18										
20	123		160		38	75				
22	140		177							
25	147		192		45	90	3			
28										
32	155		208		53	106		4	6	8

D	L				l		莫氏号	齿数		
	标准		长型		标准	长型		粗	中	细
	Ⅰ	Ⅱ	Ⅰ	Ⅱ						
32	178	201	231	254	53	106	4	4	6	8
36	155	—	208	—			3			
	178	201	231	254			4			
40	188	211	250	273	63	125	4			
	221	249	283	311			5			
45	188	211	250	273			4			
	221	249	283	311			5			
50	200	223	275	298	75	50	4			
	233	261	308	336			5	6	8	10
56	200	223	275	298		180	4			
	233	261	308	336			5			
63	248	276	338	366	90					

注：硬质合金斜齿锥柄立铣刀 $D=14\sim50$mm，分 A、B 型，A 型用于加工钢，B 型加工铸铁，L 与表中标准 Ⅰ 型相近，锥柄莫氏号与表中相同，当 $D=14\sim18$mm 时齿数为 3；当 $D=20\sim32$mm 时齿数为 4；当 $D=36\sim50$mm 时齿数为 5。

◇ 表 14.10　焊接式硬质合金斜齿莫氏锥柄立铣刀　　　　　mm

用于加工钢　　　用于加工铸铁

D	L	l	莫氏号	齿数	刀片型号
14	105	15	2	3	E315
16					
18	110				
20	130	20	3		E320
22					
25				4	
28					E320A
32	160	25	4		E325
36					
40					
45	170			6	E330
	195	30	5		
50	170		4		
	195		5		

机械工综合切削手册

◇ 表14.11　7:24锥柄立铣刀（GB/T 6117.3—2010）　　　　　mm

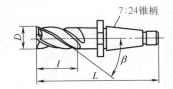

标记示例：
$D=40$mm,总长 $L=198$mm 的标准系列中齿7:24锥柄立铣刀：
中齿7:24锥柄立铣刀　40×198
GB/T 6117.3—2010

D	L		l		7:24锥柄号	齿数		
	标准	长型	标准	长型		粗	中	细
25	150	195	45	90	30	3	4	6
28								
32	158	211	53	106		4	6	8
	188	241			40			
	208	261			45			
36	158	211			30			
	188	241			40			
	208	261			45			
40	198	260	63	125	40			
	218	280			45			
	240	302			50			
45	198	260			40			
	218	280			45			
	240	302			50			
50	210	285	75	150	40			
	230	305			45			
	252	327			50			
56	210	285			40	6	8	10
	230	305			45			
	252	327			50			
63	245	335	90	180	45			
	267	357			50			
71	245	335			45			
	267	357			50			
80	283	389	106	212		8	10	12

◈ 表 14.12 套式立铣刀的形式和尺寸 (GB/T 1114—2016) mm

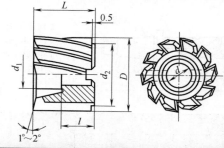

标记示例
外径 $D=63$ 的套式
立铣刀标记为：
铣刀 63 GB 1114—2016

D	L	l	d	d_{1min}	d_{2max}	齿数 z
40	32	18	16	23	33	6～8
50	36	20	22	30	41	
63	40	22	27	38	49	8～10
80	45					
100	50	25	32	45	59	10～12
125	56	28	40	56	71	12～14
160	63	31	50	67	91	14～16

（2）面铣刀和三面刃铣刀（表 14.13～表 14.15）

◈ 表 14.13 可转位面铣刀

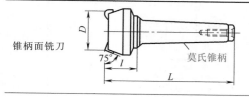

锥柄面铣刀

D	L	莫氏号	l	齿数
63	157	4	48	4
80				6

套式面铣刀
A 类铣刀，用一个内六角螺钉将铣刀固定在端键传动刀杆上

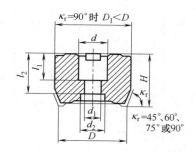

D	d	d_1	d_2	H	l_1	l_2 最大	齿数		
							粗	中	细
50	22	11	18	40	20	33	—	3	—
63				(50)			—	4	—
80	27	13.5	20	50	22	37	—	5	—
100	32	17.5	27	(63)	25	33	5	6	8

B 类铣刀,用一个槽形螺钉将铣刀固定在端键传动刀杆上

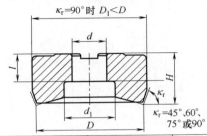

$\kappa_r=90°$时 $D_1<D$

$\kappa_r=45°$、60°、75°或90°

D	d	d_1	H	l		齿数		
				最小	最大	粗	中	细
80	(22)	31	50	22	30	—	5	—
	27	38	(63)					
100	(27)			25	32	5	6	8
	32	45						
125	(32)		63	28	35	6	8	10
160	40	56	(70)			8	10	14

C 类铣刀,安装在 7:24 锥柄定心刀杆上,用四个内六角螺钉将铣刀固定在铣床主轴上直径为 160~250mm 铣刀

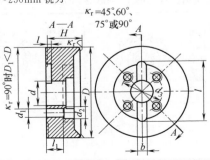

$\kappa_r=45°$、60°、75°或90°

$\kappa_r=90°$时$D_1<D$

$A—A$

D	d	b	d_1	d_2	d_3	t	l	l_1	H	齿数		
										粗	中	细
160	40	16.4	14	20	66.7	105	9	28	63 (70)	8	10	14
200	60	25.7	18	26	101.9	155	14	32		10	12	18
250										12	16	22

直径为 315~500mm 铣刀

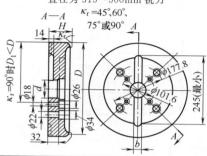

D	d	b	H	齿数		
				粗	中	细
315	60	25.7	(70) 80	16	20	28
400				20	26	36
500				25	34	44

注:1. 带括号的尺寸尽量不采用。

2. 端面键槽按 GB 6132—2006

端键传动刀杆按 JB/T 3411.117—1999

7:24 锥柄定心刀杆按 GB 3837—2001

◇ 表 14.14　直齿三面刃铣刀（JB/T 7956.3—1999）　　　　mm

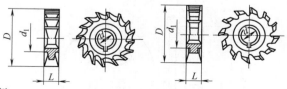

标记示例:

$D=100$mm, $L=18$mm 的直齿三面刃铣刀:

直齿三面刃铣刀　100×18　GB/T 7956.3—1999

D	L	d	齿数 I	齿数 II	D	L	d	齿数 I	齿数 II	D	L	d	齿数 I	齿数 II
50	4	16	14	12	80	18	27	18	16	125	28	32	22	20
	5					20				160	10	40	26	24
	6				100	6	32	20	18		12			
	7					7					14			
	8					8					16			
	10					10					18			
63	4	22	16	14		12					20			
	5					14					22			
	6					16					25			
	7					18					28			
	8					20					32			
	10					22				200	12	40	30	28
	12					25					14			
	14				125	8	32	22	20		16			
	16					10					18			
80	5	27	18	16		12					20			
	6					14					22			
	7					16					25			
	8					18					28			
	10					20					32			
	12					22					36			
	14					25					40			
	16													

◈ 表 14.15 镶齿三面刃铣刀（JB/T 7953—2010） mm

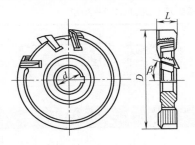

标记示例：
$D=100\text{mm}$，$L=18\text{mm}$ 的镶齿三面刃铣刀：
镶齿三面刃铣刀 100×18 JB/T 7953—2010

D	L	d	齿数	D	L	d	齿数	D	L	d	齿数	D	L	d	齿数
80	12	22	10	100	22	27	10	160	20	40	18	250	20		24
	14				25				25		16		25		
	16			125	12	32	14		28				28		22
	18				14			200	14	50	22		32		
	20				16				18			315	20	50	26
100	12	27	12		18				22		20		25		
	14				20		12		28				32		
	16				22				32		18		36		24
	18				25			250	16		24		40		
	20		10	160	14	40	18								
					16										

（3）键槽铣刀（表 14.16～表 14.18）

◇ 表 14.16　直柄键槽铣刀（GB/T 1112—2012）　　　　　　mm

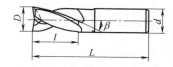

D	L	l	d	D	L	l	d	D	L	l	d	D	L	l	d
2	30	4	3	5	40	8	5	10	60	18	10	16	75	28	16
3	32	5		6	45	10	6	12	65	22	12	18	80	32	18 16
4	36	7	4	8	50	14	8	14	70	24	14 12	20	85	36	20

◇ 表 14.17　锥柄键槽铣刀（GB/T 1112—2012）　　　　　　mm

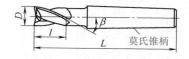

莫氏锥柄

D	L	l	莫氏号	D	L	l	莫氏号	D	L	l	莫氏号	D	L	l	莫氏号
14	110	24	2	20	125	36	2	28	150	45	3	40	190	60	4
16	115	28		22				32	155	50		45	195	65	
18	120	32		25	145	40	3	36	185	55	4	50			

◎ 表 14.18　半圆键槽铣刀（GB/T 1127—2007）

mm

键的公称尺寸 （宽×直径）	D	b	L	d	铣刀型式	齿数
1×4	4.25	1	48	6	I	6
1.5×7	7.40	1.5				
2×7		2	50			
2×10	10.60	2				
2.5×10	13.80	2.5				
3×13		3	60	10	II	8
3×16	16.9	3				
4×16		4				

（4）T 形槽铣刀（表 14.19～表 14.21）

◎ 表 14.19　直柄 T 形槽铣刀（GB/T 6124.1—2007）和硬质合金直柄 T 形槽铣刀（GB/T 10948—2006）

mm

键的公称尺寸 （宽×直径）	D	b	L	d	铣刀型式	齿数
5×16		5		10	II	8
4×19	20、10	4	60			
5×19		5				
5×22	23、20	5		12		
6×22		6				
6×25	26、50	6				
8×28	29.70	8			III	10
10×32	33.90	10	65			

硬质合金直柄 T 形铣刀的 T 形槽基本尺寸为 10～36mm，没有（　）内第二系列尺寸，其余尺寸相同。

续表

T形槽基本尺寸	D	l	L	d	d_1	T形槽基本尺寸	D	l	L	d	d_1	T形槽基本尺寸	D	l	L	d	d_1
5	11	3.5	53.5		4	14	25	11	82		12	(24)	45	20	112	25	21
6	12.5	6	57	10	5	(16)	29	12.5	85	16	13	28	50	22	124		25
8	16	8	62		7	18	32	14	90		15	(32)	57	24	131	32	28
10	18		70	12	8	(20)	36	15.5	101	25	17	36	60	28	139		30
12	21	9	74		10	22	40	18	108		19						

◇ 表 14.20 削平型直柄T形槽铣刀

mm

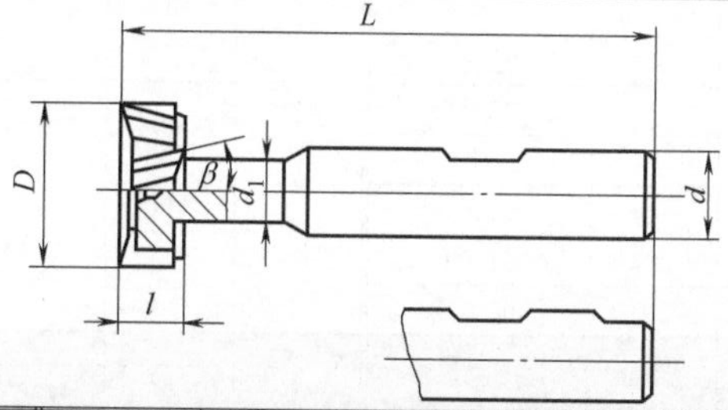

T形槽基本尺寸	D	l	L	d	d_1	T形槽基本尺寸	D	l	L	d	d_1	T形槽基本尺寸	D	l	L	d	d_1
5	11	3.5	53.5		4	14	25	11	82		12	(24)	45	20	112	25	21
6	12.5	6	57	10	5	(16)	29	12.5	85	16	13	28	50	22	124		25
8	16	8	62		7	18	32	14	90		15	(32)	57	24	131	32	28
10	18		70	12	8	(20)	36	15.5	101	25	17	36	60	28	139		30
12	21	9	74		10	22	40	18	108		19						

◇ 表 14.21 莫式锥柄 T 形槽槽铣刀（GB/T 6124.2—2007）

mm

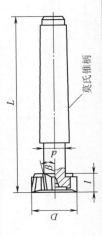

T形槽基本尺寸	D	l	L	d	莫氏号
10	18	8	82	8	1
12	20	9	98	10	2
14	25	11	103	12	2
(16)	29	12.5	105	13	2
18	32	14	111	15	2

T形槽基本尺寸	D	l	L	d	莫氏号
(20)	36	15.5	130	17	3
22	40	18	138	19	3
(24)	45	20	140	21	3
28	50	22	173	25	4
32	57	24	180	28	4

T形槽基本尺寸	D	l	L	d	莫氏号
36	60	28	188	30	4
42	72	35	229	36	5
48	85	40	240	42	5
54	95	44	251	44	5

硬质合金锥柄 T 形槽铣刀的 T 形槽基本尺寸为 12～54mm，其中 32 和（ ）内尺寸没有，L 尾数为 5 或 0，其余尺寸相同

（5）燕尾槽铣刀（表 14.22）

◇ 表 14.22 直柄燕尾槽铣刀和直柄反燕尾槽铣刀（GB/T 6338—2004）

mm

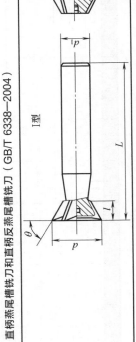

续表

d	θ	l	L	d_1	型式	齿数
16	45°	4	60	12	I II	6~8
20		5	63			8~10
25		6.3	67	16		10~12
32		3	71			12~14
16	50°	5	60	12	I	6~8
20		6.3	63			8~10
25	50°	8	67	12	I	10~12
32		10	71	16		12~14
16	55°	6.3	60			6~8
20		8	63	12		8~10
25		10	67			10~12
32	55°	12.5	71	16	I	12~14
16	60°	6.3	60		I 和 II	6~8
20		8	63	12		8~10
25		10	67			10~12
32		12.5	71	16		12~14

mm

（6）成形铣刀（表 14.23~表 14.28）

◇ 表 14.23　凸半圆铣刀（GB/T 1124.2—2007）

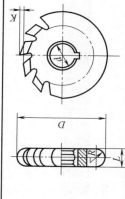

R	D	d	L	齿数
1	50	16	2	14
1.25			2.5	
1.6			3.2	
2			4	
2.5	63	22	5	14
3			6	
4			8	
5			10	
6	80	27	12	12
8			16	
10	100	32	20	
12			24	
16	125	32	32	10
20			40	

◇ 表14.24 凹半圆铣刀（GB/T 1124.1—2007） mm

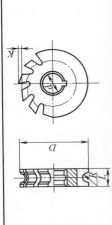

R	D	d	L	齿数
1	50	16	6	14
1.25	50	16	6	14
1.6	50	16	8	14
2	50	16	9	14
2.5	63	22	10	12
3	63	22	12	12
4	63	22	16	12
5	63	22	20	12
6	80	27	24	10
8	80	27	32	10
10	100	32	36	10
12	100	32	40	10
16	125	32	50	10
20	125	32	60	10

◇ 表14.25 圆角铣刀（GB/T 6122—2017） mm

R	D	d	L	齿数
1	50	16	4	14
1.25	50	16	4	14
1.6	50	16	5	12
2	50	16	5	12
2.5	63	22	5	12
3	63	22	6	12
4	63	22	8	12
5	63	22	10	12
6	80	27	12	10
8	80	27	16	10
10	100	32	18	10
12	100	32	20	10
16	125	32	24	10
20	125	32	28	10

mm

◇ 表14.26　单角铣刀（GB/T 6128.1—2007）

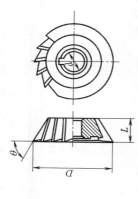

D	θ	L	d	齿数
40	45°、50°、55°、60°	8	13	18
	65°、70°、75°	10		
	80°、85°、90°		16	
50	45°、50°、55° 60°、65°、70°	13	16	20
	75°、80° 85°、90°			
63	18°	6	22	
	22°	7		

D	θ	L	d	齿数
63	25°	8	22	
	30°、40°	9		20
	45°、50°、55° 60°、65°、70°	16		
	75°、80° 85°、90°	20		
80	18°	10		22
	22°	12		
	25°	13		

D	θ	L	d	齿数
80	30°、40°	15	22	22
	45°、50°、55° 60°、65°、70°	22	27	
	75°、80° 85°、90°	24		
100	18°	12	32	24
	22°	14		
	25°	16		
	30°、40°	18		

◇ 表14.27　不对称双角铣刀（GB/T 6128.2—2007）

mm

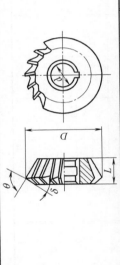

D	θ	δ	L	d	齿数
40	55°	15°	6	13	18
	60°				
	65°				
	70°				
	75°		8		
	80°				
	85°		10		
	90°	20°			
	100°	25°	13		
50	55°	15°	8	16	20
	60°				
	65°		10		
	70°				
	75°				
	80°	15°	13		
	85°	20°			
	90°	25°	16		
	100°				
63	55°	15°	10	22	20
	60°				
	65°				
	70°		13		
	75°				
	80°		16		
	85°				
	90°				
	100°				
80	50°	15°	13	27	22
	55°		13		
	60°		16		
	65°		20		
	70°				
	75°				
	80°	20°	24		
	85°				
	90°				
100	50°	15°	20	32	24
	55°				
	60°		24		
	65°				
	70°				
	75°		30		
	80°				

mm

◇ 表 14.28 对称双角铣刀（GB/T 6128.3—2007）

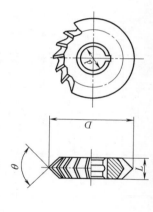

D	θ	L	d	齿数
50	45°	8	16	20
	60°	10		
	90°	14		
63	18°	5	22	
	22°	6		
	25°	7		
	30°、40°	8		
	45°、50°	10		

D	θ	L	d	齿数
63	60°	14	22	20
80	90°	20	27	22
	18°	8		
	22°	10		
	25°	11		
	30°	12		
	40°、45°	12		
	60°	18		

D	θ	L	d	齿数
80	90°	22	27	22
100	18°	10	32	24
	22°	12		
	25°	13		
	30°、40°	14		
	45°	18		
	60°	25		
	90°	32		

14.3 平面铣削的工件装夹方式

14.3.1 平面铣削方式及其特点

按刀具切削刃与刀具结构形状看，铣削方式分为圆周铣和端面铣，按刀具旋转运动方向与进给方向看，圆周铣又分为顺圆周铣和逆圆周铣，其特点见表 14.29。

◇ 表 14.29 铣削方式及其特点

（1）圆周铣削
特 点

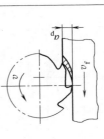

①工件的进给方向与铣刀的旋转方向相反，见图（a）
②铣削的垂直分力向上，工件需要较大的夹紧力
③铣削厚度从零开始逐渐增大[图（b）]，当刀齿刚接触工件时，其铣削厚度为 0，后刀面与工件产生挤压和摩擦，会加速刀齿的磨损，降低铣刀耐用度和工件加工质量

（a）　　　　　　　　　（b）

(1) 圆周铣削

图	特 点
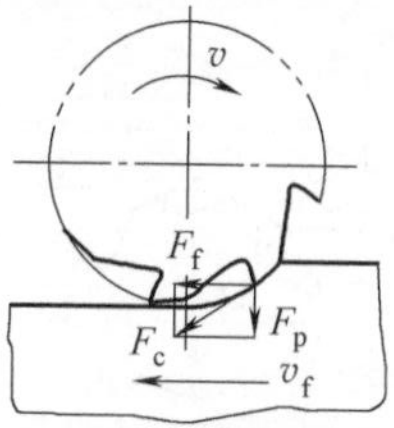 (a) 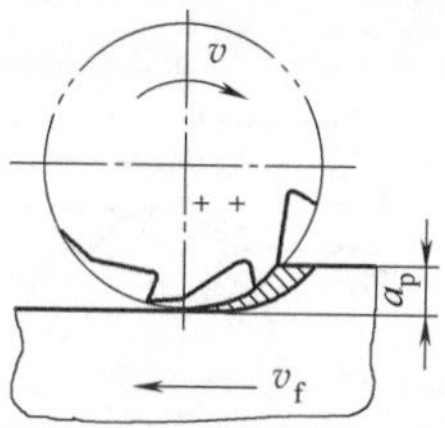 (b)	①工件的进给方向与铣刀的旋转方向相同，见图(a) ②铣削的垂直分力向下，将工件压向工作台，铣削较平稳 ③刀齿以最大铣削厚度切入工件，而后逐渐减小至0[图(b)]，后刀面与工件无挤压、摩擦现象，表面粗糙度较低 ④刀齿切入工件会加速刀齿的磨损，降低铣刀耐用度，不适于切带硬皮的工件 ⑤铣削力的水平分力为与工件进给方向相同，因此，当工作台的进给丝杠与螺母有间隙时，不宜采用顺铣

(2) 端面铣削

图	特 点
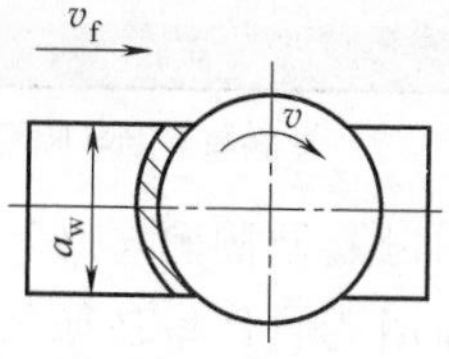	铣刀位于工件宽度的对称线上，切入和切出处铣削厚度最小且不为0。对铣削有冷硬层的淬硬钢有利。其切入边为逆铣，切出边为顺铣
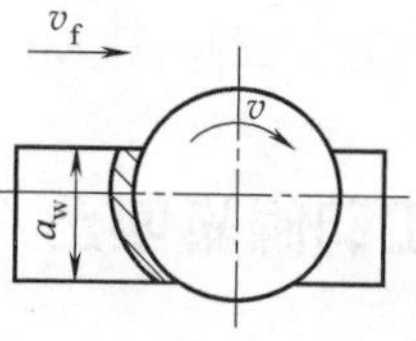	铣刀以最小铣削厚度(不为0)切入工件，以最大厚度切出工件。因切入厚度较小，减小了冲击。对提高铣刀耐用度有利，适合铣削碳钢和一般合金钢

续表

	特　点
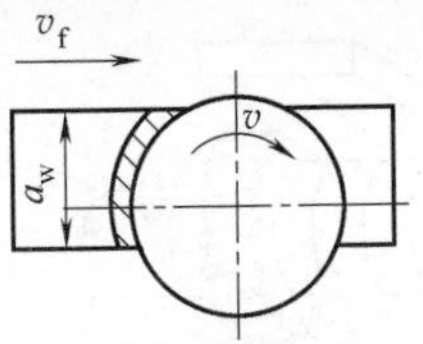 (2)端面铣削 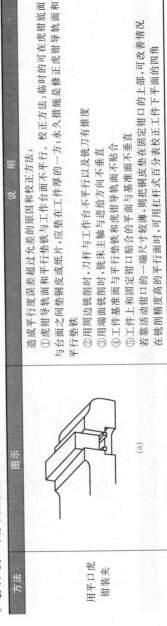	铣刀以较大铣削厚度切入工件,以较小厚度切出工件。虽然切削时具有一定的冲击性,但可以避免切入冷硬层,适合于加工冷硬性硬性材料与不锈钢、耐热合金等

14.3.2　平面铣削的工件装夹方式

(1) 平行平面的铣削（表14.30）

◎ 表14.30　平行平面的铣削

方　法	图　示	说　明
用平口虎钳装夹	(a)	造成平行度误差超过允许差的原因和校正方法: ①虎钳导轨面和平行垫铁与工作台面不平行,校正方法:临时的可在虎钳底面与台面之间垫铜皮或纸片,应垫在工作厚度的一方;永久措施是修正虎钳导轨面和平行垫铁 ②用周边铣削时,刀杆与工作台不平行以及铣刀有锥度 ③用端面铣削时,铣床主轴与进给方向不垂直 ④工件基准面与平行垫铁和虎钳导轨面不贴合 ⑤工件上和固定钳口贴合的平面与基准面不垂直 若靠活动钳口的一端尺寸较薄,则把铜皮垫垫在固定钳口的上部,可改善情况 在铣削精度高的平行平面时,可用百分表校正工件下平面的四角

续表

方法	图示	说明
用压板装夹	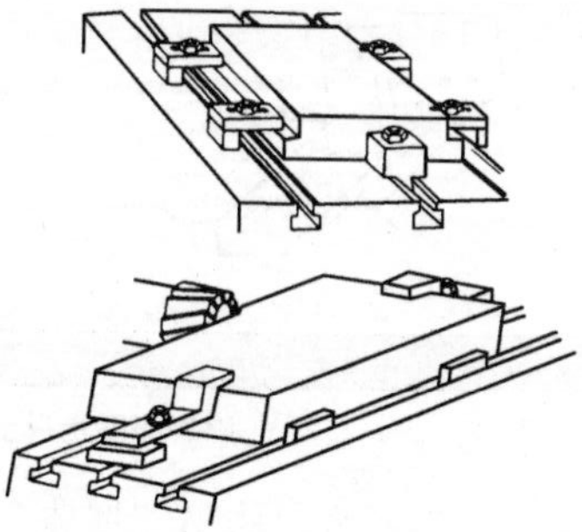 (b)	①图(b)是基准面与工作台面直接贴合,造成不平行的原因与用平口虎钳装夹基本相同,其不同处为:不受夹具夹持以及基准以外其他平面精度的影响,故精度易保证 ②图(b)是在卧式铣床上用端面铣削法加工,造成平行度误差的主要原因是:工件与工作台面贴合的平面和基准面不垂直;工件"零位"不准,并用非对称铣削校正方法是在工件与工作台合之间垫铜皮或纸片
用组合铣削法	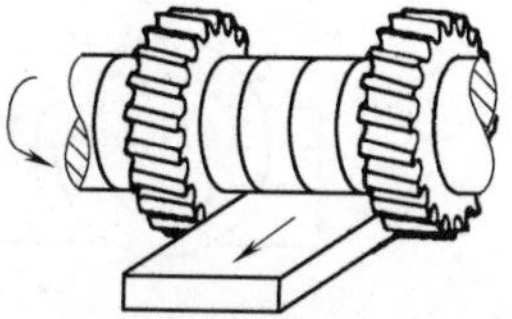 (c)	造成平行度超过允差的主要原因: ①进给方向与铣床主轴轴线不垂直,铣出两个上部凹得多,下部凹得少的弧形凹面,上下不平行 ②在铣削余量较多时,铣刀产生"让刀"现象。减少铣削余量和采用错齿三面刃铣刀则可改善这种情况 ③工件装夹不稳,有摇摆现象

(2) 垂直面的铣削（表 14.31）

◇ 表 14.31 垂直面的铣削

方法	图示	说明
用平口虎钳装夹	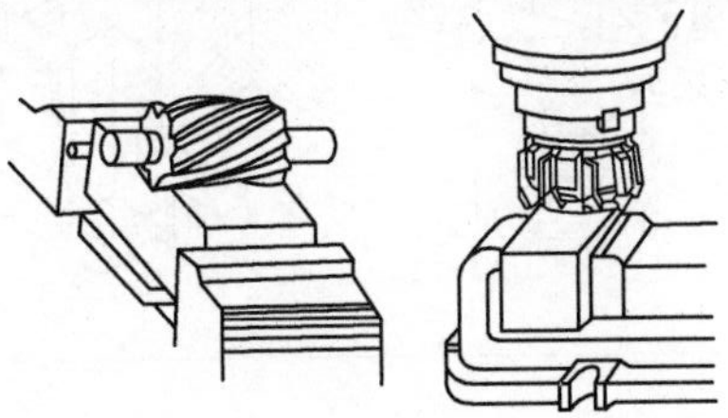 （a）	用平口虎钳装夹简便和牢固，铣削时，造成垂直度误差超过允差的原因和校正方法有： ①固定钳口与工作台面不垂直。校正的临时措施是垫铜片、纸片，当工件的临时夹角小于 90°时，垫在固定钳口的上方；永久大措施是修整钳口 ②工件基准面与固定钳口处贴合。处理措施是擦干净贴合部分表面；在活动钳口处放铜棒或厚纸条 ③夹紧时夹紧力太大，使固定钳口外倾 ④工件基准面平面度差 ⑤用图示方式铣削时，立铣头与工作台不垂直，用纵向进给并作非对称铣削或用横向进给，处理措施是校正立铣头
用压板装夹	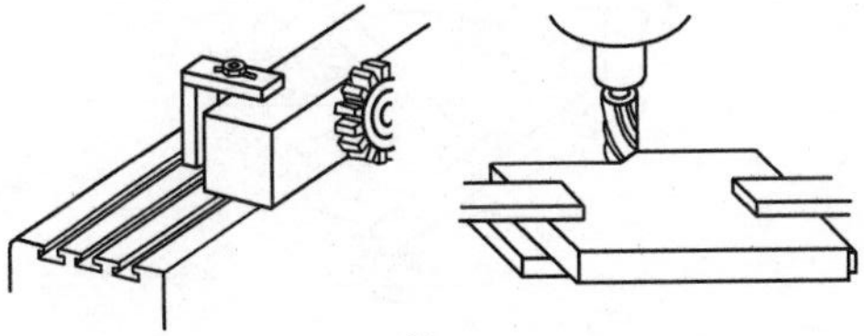 （b）	①图（b）是用压板把工件直接压牢在工作台上，造成不垂直的原因是基准面与工作台之间有杂物和毛刺以及进给方向与铣床主轴不垂直 ②图（b）的装夹方法适用于工件宽大而不厚的情况，造成不垂直的原因是铣刀有锥度或基准面与工作台不平行；在用横向进给时，立铣头"零位"不准

方法	图示	说明
用角铁装夹	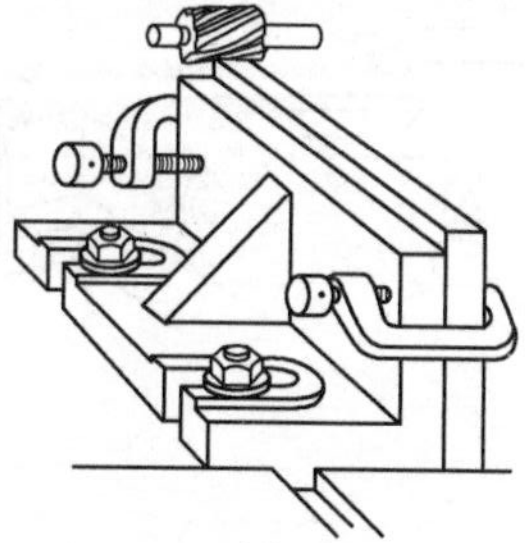 (c)	图(c)的装夹方法与用平口虎钳装夹基本相同。其不同处有： ①适宜于装夹较宽大的工件 ②夹紧力较大时，角铁垂直面不会外倾 ③刚度比较差 ④用如图所示的进给方向，当铣刀有锥度时，对垂直度有影响，用虎钳装夹时也一样
用平口虎钳装夹铣削端部垂直面	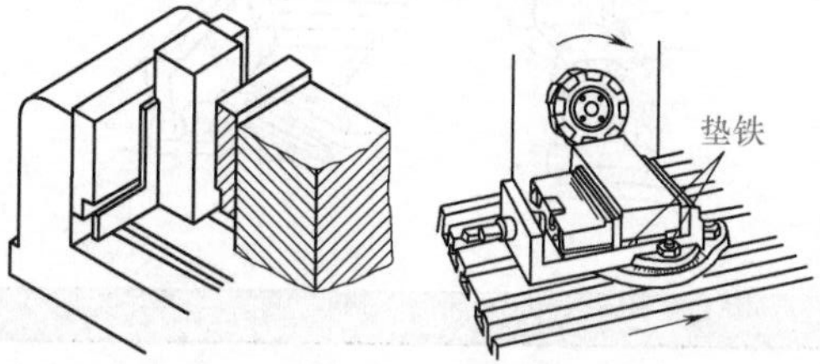 垫铁 (d)	①图(d)适宜于加工小型工件的单件生产。造成不垂直的原因，除与用平口钳装夹具有相同的情况外，还与角尺的精准度和操作准确度有关，而且每件都要用角尺校正工件 ②图(d)在安装虎钳时，必须把定钳口校正到与工作台平行，造成方向不垂直的原因是：虎钳的导轨面和平行垫面与固定钳口平行，底面与平行垫铁或垫铁代替角铁固定钳口贴合。当工件较大时，用一块平行垫铁或角铁代替固定钳口，把工件直接压牢在工作台上面

（3）斜面的铣削

1）将工件旋转所需的角度

① 用平口虎钳、可倾斜虎钳和可倾斜工作台转动一定的角度来装夹工件，如图 14.4 所示。用这种装夹方式铣削斜面，适用于单件或小批生产。调整时，夹具需转过的角度 α 与斜面的夹角 θ 之间的关系为：

在夹具转过角度之前，若基准面与加工平面平行，则

$$\alpha = \theta$$

在 $\theta > 90°$ 时，$\alpha = 180° - \theta$

在夹具转过角度之前，若基准面与加工平面垂直，则

$$\alpha = 90° - \theta$$

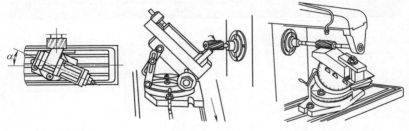

(a) 平口虎钳装夹　　(b) 可倾斜虎钳装夹　　(c) 可倾斜工作台装夹

图 14.4　用平口虎钳、可倾斜虎钳和可倾斜工作台装夹

当 $\theta > 90°$ 时，$\alpha = \theta - 90°$

② 用倾斜垫铁和专用夹具装夹（图 14.5）。当工件数量较多

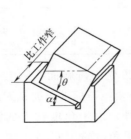

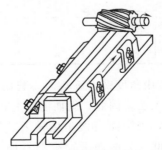

(a) 用倾斜垫铁装夹　　　　　　(b) 用专用夹具装夹

图 14.5　用倾斜垫铁和专用夹具装夹铣斜面

时，可用倾斜垫铁与平口虎钳联合装夹工件；当批量很大时，可用专用夹具装夹铣削斜面。

③ 把铣刀转成所需角度的方法。

铣刀需转过的角度 α 与斜面的角度 θ 之间的关系，与转动工件时的原则相同，见表 14.32。

◇ **表 14.32 把铣刀转成所需角度 α 的计算方法**

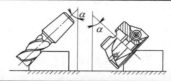

工件角度标注方式	立铣头转动的角度	
	用立铣刀周铣	端铣
![θ]	$\alpha = 90° - \theta$	$\alpha = \theta$
![θ]	$\alpha = \theta$	$\alpha = 90° - \theta$
![θ]	$\alpha = \theta$	$\alpha = 90° - \theta$
![θ]	$\alpha = \theta - 90°$	$\alpha = 180° - \theta$
![θ]	$\alpha = 180° - \theta$	$\alpha = \theta - 90°$

2）用角度铣刀铣斜面　利用角度铣刀铣斜面实际上是一种成形加工法，因此，斜面的角度 θ 必须能与标准角度铣刀的角度相吻合，否则需定做角度铣刀。另外，由于角度铣刀的宽度不大，因此，只能加工较窄的斜面。用角度铣刀最适于加工对称的、宽度不大的斜面，见图 14.6。

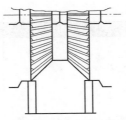

图 14.6　用两把角度铣刀组合铣斜面

 14. 4　铣削用量及其选择

14. 4. 1　铣削用量各要素的定义及计算

◇ 表 14. 33　铣削用量要素的定义及计算公式

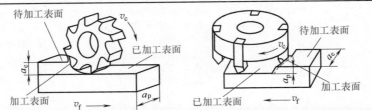

名称	定义	计算公式	举例
铣削深度 a_p /mm	沿铣刀轴线方向测量的刀具切入工件的深度		
铣削宽度 a_e /mm	沿垂直于铣刀轴线方向测量的工件被切削部分的尺寸		
每齿进给量 f_z/(mm/z)	铣刀每转过一个齿,工件相对铣刀移动的距离	$f_z = \dfrac{f}{z} = \dfrac{v_f}{zn}$ 式中, v_f 为铣刀每分钟进给量, mm/min; z 为铣刀齿数; n 为铣刀转速,r/min	例:已知铣刀每分钟进给量 $v_f = 375$mm/min,铣刀每分钟转数 $n = 150$r/min,铣刀齿数 $z = 14$,求铣刀每齿进给量 f_z 解: $f_z = \dfrac{v_f}{zn} = \dfrac{375}{14 \times 150}$ ≈ 0.18(mm/z)

名称	定义	计算公式	举例
每转进给量 f/(mm/r)	铣刀每转过一转,工件相对铣刀移动的距离	$f = f_z z$	例:已知 $f_z = 0.05\text{mm}/z$,$z = 16$,$n = 300\text{r/min}$,求 f 及 v_f 解:$f = f_z z = 0.05 \times 16 = 0.80\text{(mm/r)}$
每分钟进给量 v_f/(mm/min)	铣刀旋转一分钟,工件相对铣刀移动的距离	$v_f = fn = f_z zn$	$v_f = f_z zn = 0.05 \times 16 \times 300 = 240\text{(mm/min)}$
铣削速度 v_c /(m/min)	主运动的线速度,也就是铣刀刃部最大直径处在一分钟内所经过的距离	$v_c = \dfrac{\pi d_0 n}{1000}$ 式中,d_0 为铣刀外径,min;n 为铣刀转速,r/min 在实际工作中,一般先确定铣削速度 v_c 的大小,然后按上式算出转速 n,来调整铣床的主轴转速	例:已知铣刀外径 $d_0 = 63\text{mm}$,铣刀转速 $n = 190\text{r/min}$,求铣削速度 v_c 解:$v_c = \dfrac{\pi d_0 n}{1000}$ $= \dfrac{3.14 \times 63 \times 190}{1000}$ $= 37.6\text{(m/min)}$ 例:铣刀外径 $d_0 = 80\text{mm}$,铣削速度 $v_c = 30\text{m/min}$,试求在 X6132 (X62W)铣床上铣刀转速 n 解:$n = \dfrac{1000 v_c}{\pi d_0}$ $= \dfrac{1000 \times 30}{3.14 \times 80}$ $\approx 119\text{(r/min)}$ 根据铣床主轴转速表,取铣刀转速 $n = 118\text{r/min}$

14.4.2　铣削用量的选择

（1）铣削深度 a_p 的选择

根据不同的加工要求，a_p 的选择有三种情况。

① 当工件表面粗糙度 Ra 为 12.5μm，一般可通过一次粗铣达到尺寸要求，但是，当工艺系统刚性很差，或者机床动力不足，或余量很大时，可考虑分两次铣削。此时，第一刀的铣削深度应尽可能大些，以使刀尖避开工件表面的锻、铸硬皮。通常，铣削无硬皮的钢料时，$a_p = 3 \sim 5\text{mm}$；铣削铸钢或铸铁时，$a_p = 5 \sim 7\text{mm}$。

② 当工件表面粗糙度 Ra 为 $6.3 \sim 3.2 \mu m$ 时，可分粗铣及半精铣两步。粗铣后留 $0.5 \sim 1.0 mm$ 余量，由半精铣切除。

③ 当工件表面粗糙度 Ra 为 $1.6 \sim 0.8 \mu m$ 时，可分粗铣、半精铣及精铣。半精铣 $a_p = 1.5 \sim 2.0 mm$；精铣 $a_p = 0.5 mm$ 左右。

（2）每齿进给 f_z 的选择

a_p 选定后，应尽可能选取较大的。粗铣时，限制 f_z 的是铣削力及铣刀容屑空间的大小，当工艺系统的刚性越好、铣刀齿数越少时，f_z 可取得越大；半精铣及精铣时，限制 f_z 的是工件表面粗糙度，粗糙度要求越小，f_z 应越小。有关各种常用铣刀的每齿进给量可分别参照表 14.34～表 14.37。

◇ 表 14.34　硬质合金端铣刀、盘铣刀加工平面和台阶时的进给量　　　　mm

机床功率/kW	钢		铸铁及铜合金	
	不同牌号硬质合金的每齿进给量			
	YT15	YT5	YG6	YG8
＜5	$0.06 \sim 0.15$	$0.07 \sim 0.15$	$0.10 \sim 0.20$	$0.12 \sim 0.24$
5～10	$0.09 \sim 0.18$	$0.12 \sim 0.18$	$0.14 \sim 0.24$	$0.20 \sim 0.29$
＞10	$0.12 \sim 0.18$	$0.16 \sim 0.24$	$0.18 \sim 0.28$	$0.25 \sim 0.38$

注：1. 用盘铣刀铣沟槽时，表中所列进给量应减小 50%。

2. 用端铣刀铣平面时，采用对称铣削时取最小值；不对称铣削时取最大值。主偏角 $\kappa_r \geqslant 75°$时，取最小值；主偏角 $\kappa_r < 75°$时，取最大值。

3. 加工材料的强度或硬度大时，进给量取最小值，反之取最大值。

◇ 表 14.35　硬质合金立铣刀加工平面和台阶时的进给量　　　　mm

立铣刀类型	铣刀直径	铣削深度			
		1～3	5	8	12
		每齿进给量			
带整体硬质合金刀头的立铣刀	10～12	$0.03 \sim 0.02$	—	—	—
	14～16	$0.06 \sim 0.04$	$0.04 \sim 0.03$	—	—
	18～22	$0.08 \sim 0.05$	$0.06 \sim 0.04$	$0.04 \sim 0.03$	—
镶螺旋形硬质合金刀片的立铣刀	20～25	$0.12 \sim 0.07$	$0.10 \sim 0.05$	$0.10 \sim 0.05$	$0.08 \sim 0.05$
	30～40	$0.18 \sim 0.10$	$0.12 \sim 0.08$	$0.10 \sim 0.06$	$0.10 \sim 0.05$
	50～60	$0.20 \sim 0.10$	$0.16 \sim 0.10$	$0.12 \sim 0.08$	$0.12 \sim 0.06$

注：1. 在功率较大的机床上，在装夹系统刚性较好的情况下，进给量取大值；在功率中等的机床上，进给量取小值。

2. 用立铣刀铣沟槽时，表列进给量应适当减小。

◇ 表 14.36　高速钢面铣刀、圆柱铣刀和盘铣刀的进给量　　　　　　　　mm/z

机床功率/kW	装夹系统刚性	粗齿和镶齿铣刀				细齿铣刀			
		面铣刀及盘铣刀		圆柱铣刀		面铣刀及盘铣刀		圆柱铣刀	
		钢	铸铁及铜合金	钢	铸铁及铜合金	钢	铸铁及铜合金	钢	铸铁及铜合金
>10	较好	0.20~0.30	0.40~0.60	0.30~0.50	0.45~0.70				
	一般	0.15~0.25	0.30~0.50	0.25~0.40	0.40~0.60				
	较差	0.10~0.15	0.20~0.30	0.15~0.30	0.25~0.40				
5~10	较好	0.12~0.20	0.30~0.50	0.20~0.30	0.25~0.40	0.08~0.12	0.20~0.35	0.10~0.15	0.12~0.20
	一般	0.08~0.15	0.20~0.40	0.12~0.20	0.20~0.30	0.06~0.10	0.15~0.30	0.06~0.10	0.10~0.15
	较差	0.06~0.10	0.15~0.25	0.10~0.15	0.12~0.20	0.04~0.08	0.10~0.20	0.05~0.08	0.08~0.12
<5	一般	0.04~0.06	0.15~0.30	0.10~0.15	0.12~0.20	0.04~0.06	0.12~0.20	0.05~0.08	0.06~0.12
	较差	0.03~0.05	0.10~0.20	0.06~0.10	0.10~0.15	0.03~0.05	0.08~0.15	0.03~0.06	0.05~0.10

注：1. 铣削深度和铣削宽度较小时，进给量取大值，反之取小值。

2. 铣削耐热钢时，进给量与铣钢相同，但不大于 0.3mm/z。

3. 表中所列进给量适用于粗铣。

◇ 表 14.37　高速钢立铣刀、角铣刀、半圆铣刀、切口铣刀和锯片铣刀的进给量

铣刀直径 d_0/mm	铣刀类型	铣削深度 a_p/mm									
		3	5	6	8	10	12	15	20	25	30~50
		每齿进给量 f_z/(mm/z)									
16	立铣刀	0.08~0.05	0.06~0.05	—	—	—	—	—	—	—	—
20		0.10~0.05	0.07~0.04	—	—	—	—	—	—	—	—
25		0.12~0.07	0.09~0.05	0.08~0.04	—	—	—	—	—	—	—
36		0.16~0.10	0.12~0.07	0.10~0.05							

铣刀直径 d_0/mm	铣刀类型	铣削深度 a_p/mm									
		3	5	6	8	10	12	15	20	25	30~50
		每齿进给量 f_z/(mm/z)									
35	角铣刀	0.08~0.06	0.07~0.05	0.06~0.04	—	—	—	—	—	—	—
40	立铣刀	0.20~0.12	0.14~0.08	0.12~0.07	0.08~0.05	—	—	—	—	—	—
	切口铣刀	0.01~0.05	0.007~0.005	0.01~0.005	—	—	—	—	—	—	—
45	半圆铣刀和角铣刀	0.09~0.05	0.07~0.05	0.06~0.03	0.06~0.03	—	—	—	—	—	—
50	立铣刀	0.20~0.12	0.15~0.10	0.13~0.08	0.10~0.07	—	—	—	—	—	—
	切口铣刀	0.01~0.006	0.01~0.005	0.012~0.008	0.012~0.008	—	—	—	—	—	—
60	半圆铣刀和角铣刀	0.10~0.06	0.08~0.05	0.07~0.04	0.06~0.04	0.05~0.03	—	—	—	—	—
63	切口铣刀	0.013~0.008	0.01~0.005	0.015~0.01	0.015~0.01	0.015~0.01	—	—	—	—	—
	锯片铣刀	—	—	0.025~0.015	0.022~0.012	0.02~0.01	—	—	—	—	—
75	半圆铣刀和角铣刀	0.12~0.08	0.10~0.06	0.09~0.05	0.07~0.05	0.06~0.04	0.06~0.03	—	—	—	—
80	切口铣刀	—	0.015~0.005	0.025~0.01	0.022~0.01	0.02~0.01	0.017~0.008	0.015~0.007	—	—	—
	锯片铣刀	—	—	0.03~0.015	0.027~0.012	0.025~0.01	0.022~0.01	0.02~0.01	—	—	—
90	半圆铣刀和角铣刀	0.12~0.07	0.12~0.05	0.11~0.05	0.10~0.05	0.09~0.04	0.08~0.04	0.07~0.03	0.05~0.03	—	—

铣刀直径 d_0 /mm	铣刀类型	铣削深度 a_p /mm									
		3	5	6	8	10	12	15	20	25	30~50
		每齿进给量 f_z /(mm/z)									
100	锯片铣刀	—	—	0.03~0.023	0.03~0.02	0.03~0.02	0.025~0.02	0.025~0.02	0.025~0.015	0.02~0.01	—
125~200		—	—	—	—	—	—	0.03~0.02	0.025~0.015	0.02~0.01	0.015~0.01

注：1. 表中所列进给量适合于加工钢料；加工铸铁、铜及铝合金时，进给量可按表列数值增加 30%～40%。

2. 铣削宽度小于 5mm 时，切口铣刀和锯片铣刀采用细齿；铣削宽度大于 5mm 时，采用粗齿。

3. 表中半圆铣刀的进给量适用于凸半圆铣刀；对于凹半圆铣刀，进给量应减少 $1/3$。

（3）铣削速度 v_c 的选择

铣削深度 a_p 及每齿进给量 f_z 选定后，在保证铣刀的耐用度、机床的动力和刚性允许的条件下，尽可能取较大的切削速度 v_c。选择 v_c 时，首先考虑刀具材料、工件材料和性质。刀具材料的耐热性越好，v_c 可取得越高；而工件材料的强度、硬度越高，v_c 则应适当减小。在加工不锈钢等难加工材料时，刀具材料的强度及硬度要比加工一般钢材还要低些，考虑加工冷硬、粘刀，导热性差，铣刀易磨损等因素，v_c 值应比铣一般钢材时低些。各种常用材料的铣削速度推荐范围可参照表 14.38。

◇ 表 14.38 各种常用材料的铣削速度推荐范围

加工材料	硬度(HBS)	铣削速度 v_c /(m/min)	
		硬质合金刀具	高速钢刀具
低、中碳钢	<220	80~150	21~40
	225~290	60~115	15~36
	300~425	40~75	9~20
高碳钢	<220	50~130	18~36
	225~325	53~105	14~24
	325~375	36~48	9~12
	375~425	35~45	6~10

加工材料	硬度(HBS)	铣削速度 v_c/(m/min)	
		硬质合金刀具	高速钢刀具
合金钢	<220	55~120	15~35
	225~325	40~80	10~24
	325~425	30~60	5~9
工具钢	200~250	45~83	12~23
灰铸铁	100~140	110~115	24~36
	150~225	60~110	15~21
	230~290	45~90	9~18
	300~320	21~30	5~10
可锻铸铁	110~160	100~200	42~50
	160~200	83~120	24~36
	200~240	72~110	15~24
	240~280	40~60	9~21
铝镁合金	95~100	360~600	180~300

注：1. 粗铣时，切削负荷大，v_c 应取小值；精铣时，为了减小表面粗糙度，v_c 应取大值。

2. 采用机夹式或可转位硬质合金铣刀，v_c 可取较大值。

3. 经实际铣削后，如发现铣刀耐用度太低，则应适当减小 v_c。

4. 铣刀结构及几何角度改进后，v_c 可以超过表列值。

 14.5 分度头及其应用

14.5.1 分度头简介

分度头是铣床的主要附件之一，其中的万能分度头使用最为普遍。万能分度头除能将工件作任意的圆周分度外，还可作直线移距分度；把工件轴线装置成水平、垂直或倾斜的位置；通过交换齿轮，可使分度头主轴随工作台的进给运动作连续旋转，以加工螺旋面。常用的分度头的规格和精度见表14.39。

◇ 表14.39　常用的分度头的规格和精度

型号	F1180	F11100	F11125	F11160
中心高/mm	80	100	125	160
主轴锥孔号	3	3	4	4
主轴倾斜角(与水平方向)	−6°~90°	−6°~90°	−6°~90°	−6°~90°

続表

蜗轮副速比	1∶40	1∶40	1∶40	1∶40
定位键宽度/mm	12	14	18	18
主轴法兰盘定位短锥直径/mm	36.512	41.275	53.975	53.975
手柄 1 转的分度误差	±45″	±45″	±45″	±45″
主轴任意 1/4 转的分度误差	±1′	±1′	±1′	±1′

14.5.2 分度头的分度计算

（1）万能分度头的结构及有关参数

F11125 型万能分度头的外部结构和传动系统如图 14.7 所

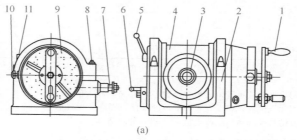

(a)

1—分度手柄；2—底座；3—主轴；4—回转体；5—主轴锁紧手柄；
6—蜗杆脱落手柄；7—交换齿轮轴；8—回转体紧固螺母；
9—分度板；10—分度板紧固螺钉；11— 刻度环

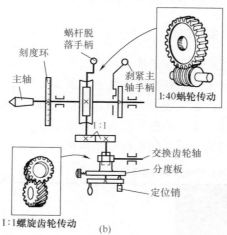

(b)

图 14.7　F11125 型万能分度头

示，其中，分度叉角度的开合大小，可按分度手柄所需转过的孔距数予以调整并固定，分度叉之间包含的孔数比计算所得的孔距数多1孔。主轴锁紧手柄在分度结束后予以锁紧主轴，在分度、铣螺旋槽或作主轴挂轮法的直线移距分度时，必须松开。蜗杆脱落手柄可使蜗杆与蜗轮脱开或啮合，并作调节蜗杆与蜗轮啮合间隙用。分度计算的有关参数见表14.40。

◈ 表14.40 分度计算的有关参数

所带分度板数	分度头定数	分度板上各孔圈的孔数			交换齿轮齿数
1	40	正面	24、25、28、30、34、37、38、39、41、42、43		25、30
		反面	46、47、49、51、53、54、57、58、59、62、66		35、40
2	40	第一块	正面	24、25、28、30、34、37	45、50
			反面	38、39、41、42、43	55、60
		第二块	正面	46、47、49、51、53、54	70、80
			反面	57、58、59、62、66	90、100

（2）简单分度法（表14.41）

简单分度法是将分度头定数与工件等分数的比值化简成一个简单分数（或带分数），用分度板上的孔距数对某一个孔圈孔数的比值表示，其整数部分为分度手柄的转数，即

$$n = \frac{40}{z}$$

式中　n——分度手柄转数；

　　　40——分度头定数（即蜗杆蜗轮传动比）；

　　　z——工件等分数。

◈ 表14.41 简单分度法

工件等分数	分度盘孔数	手柄回转数	转过的孔距数	工件等分数	分度盘孔数	手柄回转数	转过的孔距数
2	任意	20	—	9	54	4	24
3	24	13	8	10	任意	4	—
4	任意	10	—	11	66	3	42
5	任意	8	—	12	24	3	8
6	24	6	16	13	39	3	3
7	28	5	20	14	28	2	24
8	任意	5	—	15	24	2	16

工件等分数	分度盘孔数	手柄回转数	转过的孔距数	工件等分数	分度盘孔数	手柄回转数	转过的孔距数
16	24	2	12	53	53	—	40
17	34	2	12	54	54	—	40
18	54	2	12	55	66	—	48
19	38	2	4	56	28	—	20
20	任意	2	—	57	57	—	40
21	42	1	38	58	58	—	40
22	66	1	54	59	59	—	40
23	46	1	34	60	42	—	28
24	24	1	16	62	62	—	40
25	25	1	15	64	24	—	15
26	39	1	21	65	39	—	24
27	54	1	26	66	66	—	40
28	42	1	18	68	34	—	20
29	58	1	22	70	28	—	16
30	24	1	8	72	54	—	30
31	62	1	18	74	37	—	20
32	28	1	7	75	30	—	16
33	66	1	14	76	38	—	20
34	34	1	6	78	39	—	20
35	28	1	4	80	34	—	17
36	54	1	6	82	41	—	20
37	37	1	3	84	42	—	20
38	38	1	2	85	34	—	16
39	39	1	1	86	43	—	20
40	任意	1	—	88	66	—	30
41	41	—	40	90	54	—	24
42	42	—	40	92	46	—	20
43	43	—	40	94	47	—	20
44	66	—	60	95	38	—	16
45	54	—	48	96	24	—	10
46	46	—	40	98	49	—	20
47	47	—	40	100	25	—	10
48	24	—	20	102	51	—	20
49	49	—	40	104	39	—	15
50	25	—	20	105	42	—	16
51	51	—	40	106	53	—	20
52	39	—	30	108	54	—	20

工件 等分数	分度盘 孔数	手柄 回转数	转过的 孔距数	工件 等分数	分度盘 孔数	手柄 回转数	转过的 孔距数
110	66	—	24	156	39	—	10
112	28	—	10	160	28	—	7
114	57	—	20	164	41	—	10
115	46	—	16	165	66	—	16
116	58	—	20	168	42	—	10
118	59	—	20	170	34	—	8
120	66	—	22	172	43	—	10
124	62	—	20	176	66	—	15
125	25	—	8	180	54	—	12
130	39	—	12	184	46	—	10
132	66	—	20	185	37	—	8
135	54	—	16	188	47	—	10
136	34	—	10	190	38	—	8
140	28	—	8	192	24	—	5
144	54	—	15	195	39	—	8
145	58	—	16	196	49	—	10
148	37	—	10	200	30	—	6
150	30	—	8	204	51	—	10
152	38	—	10	205	41	—	8
155	62	—	16	210	42	—	8

例 在 F11125 型分度头上，用一把铣刀加工正六边形工件，用分度头分度，求每铣一面后分度手柄应摇的转数。

解：$n = \dfrac{40}{z} = \dfrac{40}{6} = 6\,\dfrac{4}{6} = 6\,\dfrac{44}{66}$

分度手柄在 66 的孔圈上，每次摇 6 圈又 44 个孔距，分度叉之间包含 45 个孔。

例 在 F11125 型分度头上，铣削一个齿数 $z = 85$ 的齿轮，求分度手柄每次应摇的转数。

解：$n = \dfrac{40}{z} = \dfrac{40}{85} = \dfrac{8}{17} = \dfrac{24}{51}$ 或 $\dfrac{16}{34}$

分度手柄在 51 的孔圈上，每次摇 24 个孔距，分度叉之间包含 25 个孔。

选择孔圈时，在两个或两个以上的孔圈都适用时，以选择孔数多的孔圈为好，这样可以减少孔距误差引起的角度误差，以提高分度精度。

（3）角度分度法

角度分度法是单式分度法的另一种形式。简单分度法是以工件的等分数为依据，而角度分度法是以工件所需分度的角度为依据。

工件角度以"度"为单位时：$n = \dfrac{\theta°}{9°}$

工件角度以"分"为单位时：$n = \dfrac{\theta'}{540'}$

工件角度以"秒"为单位时：$n = \dfrac{\theta''}{32400''}$

例　在工件外圆上铣两条夹角为 102°的槽，用 F11125 型分度头加工，计算分度手柄转数。

解：$n = \dfrac{\theta°}{9°} = \dfrac{102°}{9°} = 11\dfrac{3}{9} = 11\dfrac{18}{54}$

即铣好一条槽后，分度手柄在 54 孔圈上旋转 11 转加 18 个孔距，再铣第二条槽。

例　在工件外圆上铣削两条夹角为 24°20′的槽，求分度手柄转数。

解：$\theta' = 60' \times 24 + 20'$

$n = \dfrac{\theta}{540} = \dfrac{1460}{540} = 2\dfrac{38}{54}$

即铣好第一条槽后，分度手柄在 54 孔圈上旋转 2 圈又 38 个孔距，再铣第二条槽。

当工件被加工面的角度带有"分"或"秒"时，需要反复计算多次，才能求出分度板的孔圈数。

（4）差动分度法及其计算

差动分度法是将分度头主轴与侧轴用交换齿轮连接起来，旋转分度手柄进行单式分度的同时，分度板也随之正向或反向缓慢旋转，以补偿其分度差值，而达到精确分度的目的。

差动分度法的计算公式

$$n = \frac{40}{z_0}$$

$$i = \frac{z_1 z_3}{z_2 z_4} = \frac{40(z_0 - z)}{z_0}$$

式中　n——分度手柄转数；

　　　40——分度头定数；

　　　i——差动交换齿轮比；

　　　z_0——工件的假想等分数；

　　　z——工件等分数；

z_1，z_3——交换齿轮主动轮齿数；

z_2，z_4——交换齿轮被动轮齿数。

工件的假想等分数 z_0；能够采用单式分度法分度；比较接近工件的等分数 z，$z_0 > z$ 或 $z_0 < z$ 都可以。

当 $z_0 > z$ 时，分度板与分度手柄旋转方向相同，当 $z_0 < z$ 时，两者旋转方向相反，也可以采用在交换齿轮之间增加中间轮的方法，以控制分度手柄的旋转方向。

例　铣削 $z = 11$ 的齿轮，用差动分度法计算挂轮比 i 和分度手柄转数 n。

解：按简化的挂轮比公式计算，并取 z_0，则

$$i = \frac{40}{z_0} = \frac{40}{111 - 1} = \frac{40}{110} = \frac{40 \times 30}{55 \times 60}$$

$$n = \frac{40}{z_0} = \frac{40}{110} = \frac{4}{11} = \frac{24}{66}$$

即挂轮比 $i = 40/110$，主动轮 $z_1 = 40$，$z_3 = 30$；从动轮 $z_2 = 55$，$z_4 = 60$。分度手柄在 66 孔圈上转过 24 个孔距。因为 $z_0 < z$，所以，分度手柄与分度板旋转方向相反，用 FW 125 型或 FW 135 型分度头铣削时，要增加一个中间轮。

在实际工作中，为了方便起见，可查差动分度表（表 14.42）。

◇ 表 14.42 差动分度表（分度定数为 40）

工件等分数 z	假定等分数 z'	孔盘（分度盘）孔数	转过的孔距数	交换齿轮			
				z_1	z_2	z_3	z_4
61	60	30	20	40			60
63	60	30	20	60			30
67	64	24	15	90	40	50	60
69	66	66	40	100			55
71	70	49	28	40			70
73	70	49	28	60			35
77	75	30	16	80	60	40	50
79	75	30	16	80	50	40	30
81	80	30	15	25			50
83	80	30	15	60			40
87	84	42	20	50			35
89	88	66	30	25			55
91	90	54	24	40			90
93	90	54	24	40			30
97	96	24	10	25			60
99	96	24	10	50			40
101	100	30	12	40			100
103	100	30	12	60			50
107	100	30	12	70			25
109	105	42	16	80	30	40	70
111	105	42	16	80			35
113	110	66	24	60			35
117	110	66	24	70	55	50	25
119	110	66	24	90	55	60	30
121	120	54	18	30			90
122	120	54	18	40			60
123	120	54	18	25			25
126	120	54	18	50			25
127	120	54	18	70			30
128	120	54	18	80			30
129	120	54	18	90			30
131	125	25	8	80	25	30	50
133	125	25	8	80	25	40	50
134	132	66	20	50	55	40	60
137	132	66	20	100	30	25	55
138	135	54	16	80			90
139	135	54	16	80	30	40	90

工件等分数 z	假定等分数 z'	孔盘(分度盘)孔数	转过的孔距数	交换齿轮			
				z_1	z_2	z_3	z_4
141	140	42	12	40	50	25	70
142	140	42	12	40			70
143	140	42	12	30			35
146	140	42	12	60			35
147	140	42	12	50			25
149	140	42	12	90	25	50	70
151	150	30	8	40	50	30	90
153	150	30	8	40			50
154	150	30	8	40	60	80	50
157	150	30	8	70	30	40	50
158	150	30	8	80	30	40	50
159	150	30	8	90	30	40	50
161	160	28	7	25			100
162	160	28	7	25			50
163	160	28	7	30			40
166	160	28	7	60			40
167	160	28	7	70			40
169	160	28	7	90			40
171	168	42	10	50			70
173	168	42	10	100	35	25	60
174	168	42	10	50			35
175	168	42	10	50			30
177	176	66	15	40	55	25	80
178	176	66	15	40	55	50	80
179	176	66	15	60	55	50	80
181	180	54	12	40	90	25	50
182	180	54	12	40			90
183	180	54	12	40			60
186	180	54	12	40			30
187	180	54	12	40	60	70	30
189	180	54	12	50			25
191	180	54	12	80	60	55	30
193	192	24	5	30	90	50	80
194	192	24	5	25			60
197	192	24	5	100	30	25	80
198	192	24	5	50			40
199	192	24	5	70	30	50	80

注：表中所列数据均应使手柄与孔盘旋向相反。

(5) 近似分度法及其计算

当工件分度精度要求不高，又不能采用单式或差动分度法分度时，可以采用近似分度法，即用近似值代替精确值的分度方法。

根据单式分度法

$$n = \frac{40}{z}$$

选用分度板上某一孔圈的孔数为 F，并设每分度一次，分度手柄所转过孔距数为 G。则

$$G = \frac{40F}{z} \neq 某一整数$$

设 $G_1 = KG$（K 为整数），使 G_1 近似等于某一整数，就可以采用单式分度法分度。这时的铣削过程不是顺序铣削，而是跳越铣削，即每铣削一个面后，跳越过 K 面，再铣另一个面，直到全部铣削完毕为止。

此时，上式变为 $G_1 = \dfrac{40FK}{z} \approx 某一整数$

因此，得出近似分度计算公式为

$$n = \frac{G_1}{F}$$

式中　n——分度手柄转数；

　　G_1——分度手柄转过的孔距数；

　　F——所选用分度板某孔圈的孔数；

　　K——跳越过的面（或槽）数。

例　铣削 $z=67$ 的齿轮，计算分度手柄的转数。

解：选用分度板上孔数 $F=66$ 的孔圈，并取 $K=5$，则由公式得

$$G_1 = \frac{40 \times 66 \times 5}{67} = 197.01492 \approx 197$$

$$n = \frac{197}{66} = 2\frac{65}{66}$$

即每次分度时，分度手柄旋转 2 转又 65 个孔距。跳越过 5

个齿再铣另一个齿。由于采用近似分度，相邻两齿的最大角度误差为 8'11″。

近似分度数据见表 14.43。

◎ 表 14.43　近似分度表（分度头定数 40）

等分数 z	孔圈的孔数 F	分度手柄转数 n	跳跃数 K	相邻最大角度误差	等分数 z	孔圈的孔数 F	分度手柄转数 n	跳跃数 K	相邻最大角度误差
61	53	2+33/53	4	10'11.3″	121	62	41/62	2	8'42.6″
63	62	6+61/62	11	8°42.6″	122	66	8+13/66	25	16'21.8″
67	66	2+65/66	5	8'10.9″	123	59	5+12/59	16	9'9.2″
69	59	2+53/59	5	9'9.2″	126	58	5+23/58	17	18'37.2″
71	53	2+50/53	7	10'11.3″	127	59	3+46/59	12	9'9.2″
73	66	3+19/66	6	8'10.9″	129	59	5+16/59	17	9'9.2″
77	53	7+42/53	15	10'11.3″	131	51	2+7/51	7	10'35.3″
79	59	4+3/59	8	9'9.2″	133	66	6+1/66	20	8'10.9″
81	58	6+53/58	14	9'18.6″	134	51	2+35/51	9	21'10.6″
83	51	9+8/51	19	10'35.3″	137	57	4+5/57	14	9'28.4″
87	62	57/62	2	8'42.6″	138	53	3+10/53	11	20'22.6″
89	66	1+23/66	3	8'10.9″	139	62	5+29/62	19	8'42.6″
91	62	1+47/62	4	8'42.6″	141	58	3+7/58	11	9'18.6″
93	59	3+26/59	8	9'9.2″	142	59	5+54/59	21	18'18.3″
97	53	2+47/53	7	10'11.3″	143	54	5+17/54	19	10'
99	62	8+5/62	20	8'42.6″	146	58	2+27/58	9	18'37.2″
101	62	3+35/62	9	8'42.6″	147	58	6+15/58	23	9'18.6″
103	62	5+3/62	13	8'42.6″	149	58	1+51/58	7	9'18.6″
107	59	6+43/59	18	9'9.2″	151	58	2+53/58	11	9'18.6″
109	62	1+29/62	4	8'42.6″	153	53	1+44/53	7	10'11.3″
111	53	3+32/53	10	10'11.3″	154	58	8+3/58	38	18'37.2″
113	66	3+59/66	11	8'10.9″	157	58	2+17/58	9	9'18.6″
117	49	1+18/49	4	11'1.2″	158	62	5+51/62	23	17'25.2″
119	59	2+1/59	6	9'9.2″	159	58	5+31/58	22	9'18.6″

（6）直线移距分度法

直线移距分度法是将分度头主轴或侧轴用交换齿轮与纵向工作台进给丝杠连接起来，移距时，只要旋转分度手柄，经过交换齿轮传动，使工作台作精确的移动。此法比用手柄旋转工作台进给丝杠并以刻度盘的读数控制移距的方法精度高，而且不容易出错。

① 主轴挂轮法　在分度头主轴后端的挂轮轴与工作台进给丝杠之间安装交换齿轮（图 14.8），旋转分度手柄时，通过传动链使纵向工作台产生移动而实现分度。因为经过蜗杆蜗轮 1：40 减速，在分度手柄很大转角的情况下，工作台只移动了很小的距离，所以，移距精度较高。

主轴挂轮法的计算公式

$$i = \frac{z_1 z_3}{z_2 z_4} = \frac{40s}{nP}$$

式中　i——挂轮比；

z_1，z_3——主动齿轮齿数；

z_2，z_4——被动齿轮齿数；

　　s——工件每等分（格）的距离，mm；

　　40——分度头定数；

　　P——纵向工作台进给丝杠螺距，mm；

　　n——每次分度时分度手柄转数。

注意：为了使交换齿轮传动平稳，挂轮比 i 尽量小于 2.5，一般情况下，取 n 在 1～10 之间。

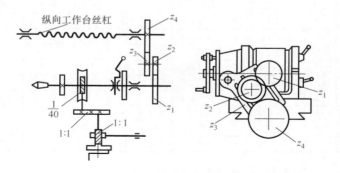

图 14.8　主轴交换齿轮法

例　在 X62W 型铣床上，用 F11125 型分度头，以主轴挂轮法进行长度刻线，每格距离 $s = 0.72$mm，纵向工作台进给丝杠螺距 $P = 6$mm，确定分度手柄的转数和交换齿轮的齿数。

解：取 $n=3$，得：

$$i = \frac{z_1 z_3}{z_2 z_4} = \frac{40s}{nP} = \frac{40 \times 0.72}{3 \times 6} = \frac{80}{50}$$

即 $z_1 = 80$，$z_2 = 50$，每次分度时分度手柄旋转 3 转。

② 侧轴挂轮法（图 14.9） 将交换齿轮安装在分度头侧轴与纵向工作台进给丝杠之间，由于传动链不经过蜗杆蜗轮 1：40 的减速传动，因此，与主轴挂轮法相比，分度手柄的转数相应地减少 40 倍，此法适用于移距较大的工件。在操作时，必须使孔盘带动侧轴旋转，再通过交换齿轮带动丝杠，并使工作台移动。转动的方法有两种：一是把分度头主轴锁紧，使分度手柄固定，以手柄上的定位锁作孔盘转过孔距的依据，但转动孔盘极不方便；二是把紧固孔盘的螺钉改装成定位销，并在孔盘外圆上钻等分的定位孔，操作时转动手柄，带动孔盘一起转到预定转数。

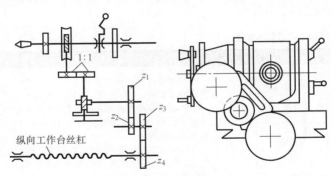

图 14.9 侧轴挂轮法

侧轴挂轮法的计算公式

$$i = \frac{z_1 z_3}{z_2 z_4} = \frac{s}{nP}$$

一般取 n 在 $1 \sim 10$ 以内的整数，且 $i \leqslant 2.5$。

例 在 X62W 型铣床上，用 FW 250 型分度头进行长度刻线，每格距离 $s = 8.75\text{mm}$，纵向工作台进给丝杠螺距 $P = 6\text{mm}$，求分度手柄的转数和交换齿轮齿数。

解：取 $n=1$，得

$$i = \frac{z_1 z_3}{z_2 z_4} = \frac{s}{nP} = \frac{8.75}{1 \times 6} = \frac{70 \times 50}{60 \times 40}$$

即主动齿轮 $z_1 = 70$，$z_3 = 50$，从动齿轮 $z_2 = 60$，$z_4 = 40$，每次分度时分度手柄旋转 1 转。

用直线移距分度法移距时，移距精度除计算时可能因取近似值而产生误差外，还受机床丝杠精度和分度头精度的影响。

14.6　典型零件表面铣削

14.6.1　直角沟槽和键槽的铣削

（1）试切法

通过试切、测量、调整的反复进行，直到被加工尺寸达到要求的加工方法（表 14.44）。

◇ 表 14.44　用试切法加工

简图	说明
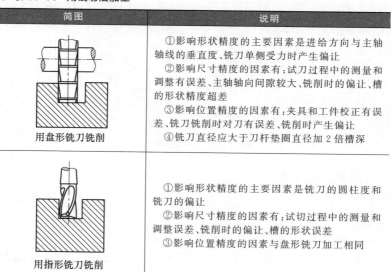 用盘形铣刀铣削	①影响形状精度的主要因素是进给方向与主轴轴线的垂直度、铣刀单侧受力时产生偏让 ②影响尺寸精度的因素有：试刀过程中的测量和调整有误差、主轴轴向间隙较大、铣削时的偏让、槽的形状精度超差 ③影响位置精度的因素有：夹具和工件校正有误差、铣刀铣削时对刀有误差、铣削时产生偏让 ④铣刀直径应大于刀杆垫圈直径加 2 倍槽深
用指形铣刀铣削	①影响形状精度的主要因素是铣刀的圆柱度和铣刀的偏让 ②影响尺寸精度的因素有：试切过程中的测量和调整误差、铣削时的偏让、槽的形状误差 ③影响位置精度的因素与盘形铣刀加工相同

（2）定尺寸刀具法

用刀具的相应尺寸来保证工件被加工部位尺寸的方法

(表 14.45)。

◇ 表 14.45 用定尺寸刀具法加工

简图	说明
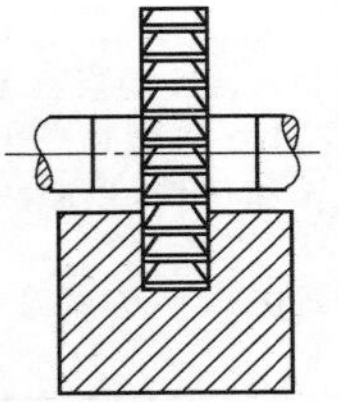 用三面刃铣刀铣削	①用定尺寸刀具法加工时,一般都采用精密级的三面刃铣刀,在使用前,对刃磨过的铣刀必须进行检测 ②三面刃铣刀等盘形铣刀,影响尺寸精度的主要因素是铣刀宽度的精度和铣刀两侧面与刀杆的垂直度以及进给方向与主轴的垂直度 ③当铣刀宽度略小于槽宽时,可把铣刀两侧垫得与刀杆倾斜,以获得所需尺寸
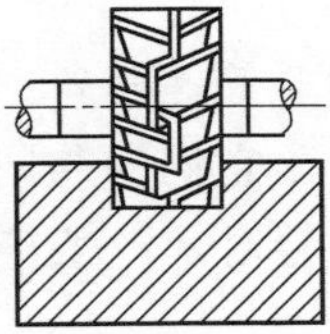 用合成铣刀铣削	①适用于成批加工较宽的直通沟槽 ②铣刀在刃磨后,中间可增加铜皮或垫圈的厚度,来调节铣刀的宽度
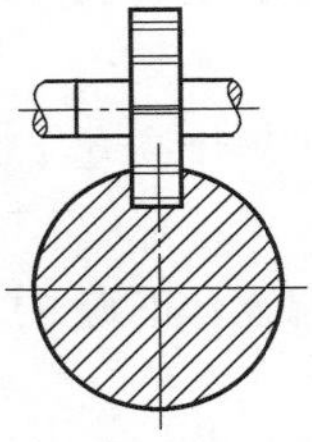 用盘形槽铣刀铣削	①适用于加工较窄的直角通槽和通的键槽 ②铣刀在用钝后应刃磨前刀面,即使是夹齿槽铣刀,也尽量刃磨前刀面,以减小铣刀宽度
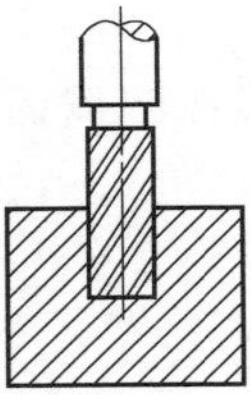 用立铣刀铣削	①立铣刀只能加工精度低的直角槽,因其切削部分直径的极限偏差为 js4 ②在加工两端封闭的槽时,必须预先钻落刀孔 ③指形铣刀等铣刀,影响尺寸精度的因素主要是铣刀直径的精度和铣刀轴线与铣床主轴的同轴度 ④当铣刀直径略小于槽宽时,可在刀柄处垫窄长的纸片或铜皮,用增加铣刀与主轴的同轴度误差来增大宽度

简图	说明
 用键槽铣刀铣削	①封闭式键槽一般都用键槽铣刀加上，不需预先钻落刀孔 ②键槽铣刀的极限尺寸有 e8 和 d18 两种，使用时要注意区别 ③铣削时影响位置精度（如与轴线的对称度）的主要因素是：对刀的准确度以及铣削时产生"偏让"。因此，必要时可分粗铣和精铣，以减少"偏让"量 ④铣刀用钝后，不应刃磨圆柱面刀刃，而应把铣刀磨短，以保持其尺寸精度

14.6.2 凸轮的铣削

凸轮的种类很多，一般可分为等速凸轮和非等速凸轮。等速凸轮最常见的有等速圆柱凸轮和等速圆盘凸轮。它们的共同特点是其工作是由等速螺旋线组成的。铣削等速凸轮时，一般应达到如下工艺要求：

① 凸轮工作型面应具有较小的表面粗糙度值；

② 凸轮工作型面应符合预定的形状，以满足动件接触方式的要求；

③ 凸轮工作型面应符合所规定的导程（或升高量、升高率）、旋向、基圆、槽深等要求；

④ 凸轮工作型面一般应与某一基准部位处于正确的相对位置。

等速凸轮就是当凸轮周边上一点转过相同的角度时，便在半径方向上移动相等的距离。等速凸轮的曲线是阿基米德螺旋线。

等速圆盘凸轮机构（图 14.10）的工作曲线在圆周面上；等速圆柱凸轮机构的工作曲线在圆柱面上（图 14.11），它们的工作原理相同。

（1）等速螺旋线的要素及铣削时的计算

1）凸轮传动的三要素

① 升高量 H：凸轮工作曲线最高点半径与最低点半径之差。

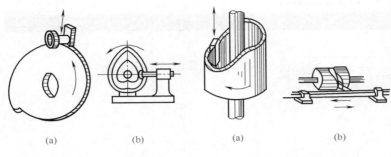

|(a)|(b)|(a)|(b)|

图 14.10　圆盘凸轮　　　　图 14.11　圆柱凸轮

② 升高率 h：凸轮工作曲线旋转一个单位角度或转过等分圆周的一等分时，被动件上升或下降的距离。

凸轮圆周按 360°等分时，升高率 h 应为

$$h = \frac{H}{\theta}$$

式中　h——升高率，mm/(°)；

　　　H——升高量，mm；

　　　θ——动作角，(°)。

凸轮圆周按 100 等分时，升高率 h 应为

$$h = \frac{H}{N}$$

式中　N——工作曲线在圆周上所占的格数。

③ 导程 P_z：工作曲线按一定的升高率，旋转一周时的升高量。

凸轮圆周按 360°等分时，导程 P_z 应为

$$P_z = h \times 360° = \frac{360°H}{\theta}$$

凸轮圆周按 100 等分时，导程 P_z 应为：

$$P_z = h \times 100 = \frac{100H}{N}$$

2）圆柱螺旋线　见表 14.46。

3）圆盘螺旋线　见表 14.47。

◇ 表 14.46　圆柱螺旋线

示图	计算
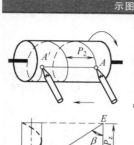 (a) 右螺旋线　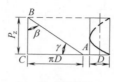 (b) 左螺旋线	计算公式 $$\tan\beta=\frac{\pi D}{P_z}; P_z=\pi D\cot\beta$$ 式中，β 为螺旋角，(°)；D 为直径，mm；P_z 为导程，mm 　例　已知圆柱直径为 80mm，螺旋角为 30°。求导程 P_z 　解：$P_z=\pi D\cot\beta=3.1416\times$ 　　　　$80\times\cot30°$ 　　　　$=435.31(\mathrm{mm})$

◇ 表 14.47　圆盘螺旋线

示图	计算
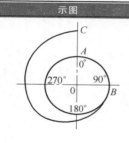 (a)	①圆周以度数表示，见图(a)，螺旋线自 B 至 C，其计算公式为 $$h=\frac{H}{\theta}\left(图中为\ h=\frac{AC}{360°-90°}\right)$$ $$P_z=h\times360°=\frac{360°H}{\theta}$$ 式中，h 为升高率，mm/(°)；H 为升高量，mm；θ 为动作角，(°)；P_z 为导程，mm 　例　已知凸轮上动作曲线的动作角为 270°，升高量 H 为 20mm。求升高率 h 和导程 P_z
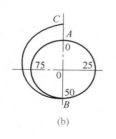 (b)	解：$h=\dfrac{H}{\theta}=\dfrac{20}{270°}\approx0.074(\mathrm{mm/°})$ 　　$P_z=h\times360°=0.074\times360°=26.66(\mathrm{mm})$ 　②圆周以 100 等分表示，见图(b)，螺旋线自 B 至 C，其计算公式为 $$h=\frac{H}{N}$$ $$P_z=h\times100=\frac{100H}{\theta}$$ 式中，h 为升高率，mm/格；H 为升高量，mm；N 为动作曲线包含的格数 　例　已知凸轮上动作曲线的升高量为 15mm，包含 50 格，求升高率 h 和导程 P_z 　解：$h=\dfrac{H}{N}=\dfrac{15}{50}=0.3(\mathrm{mm/格})$ 　　$P_z=h\times100=0.3\times100=30(\mathrm{mm})$

4）螺旋面和螺旋槽的铣削　在铣床上铣削螺旋面和螺旋槽时，若用指形铣刀铣削，则工作台或立铣头不需偏转角度；若用盘形铣刀铣削，则必须把工作台或立铣头偏转一个角度 β，工作台偏转角度的情况如图 14.12 所示。加工左螺旋时，工作台应顺时针转；加工右螺旋时，工作台逆时针旋转。

螺旋面和螺旋槽的加工和计算见表 14.48。

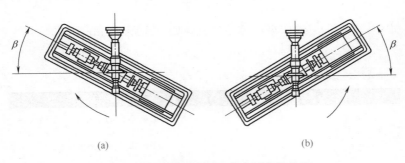

(a)　　　　　　　　　　　　　(b)

图 14.12　铣螺旋槽时工作台的偏转角度

◇ 表 14.48　螺旋面和螺旋槽的加工和计算

示图	说明
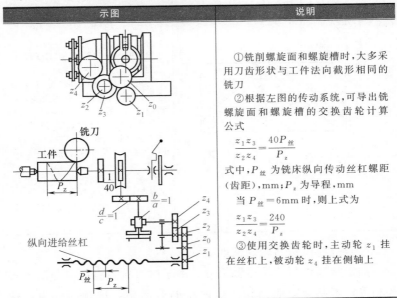	①铣削螺旋面和螺旋槽时，大多采用刀齿形状与工件法向截形相同的铣刀 ②根据左图的传动系统，可导出铣螺旋面和螺旋槽的交换齿轮计算公式 $$\frac{z_1 z_3}{z_2 z_4} = \frac{40 P_{丝}}{P_z}$$ 式中，$P_{丝}$ 为铣床纵向传动丝杠螺距（齿距），mm；P_z 为导程，mm 当 $P_{丝}=6\text{mm}$ 时，则上式为 $$\frac{z_1 z_3}{z_2 z_4} = \frac{240}{P_z}$$ ③使用交换齿轮时，主动轮 z_1 挂在丝杠上，被动轮 z_4 挂在侧轴上

（2）等速圆柱凸轮的铣削（表 14.49）

加工从动杆为滚子的圆柱凸轮时，立铣刀的直径应与滚子直径相等或略大，否则，会由于在使用时产生干涉而影响使用性能。加工时，分度头挂轮轴与工作台丝杠之间用挂轮连接起来。挂轮比计算公式为

$$i = \frac{40P_{\text{丝}}}{P_z}$$

式中　$P_{\text{丝}}$——铣床纵向传动丝杠螺距（齿距），mm；

　　　P_z——导程，mm。

◈ 表 14.49　等速圆柱凸轮的铣削

示图	说明及计算
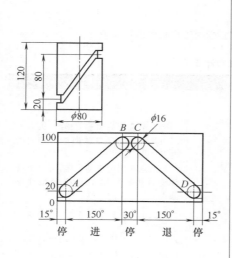	①此凸轮的工作曲线是 AB 段和 CD 段 ②计算工作曲线的导程 $P_z(AB) = P_z(CD) = \dfrac{80}{150°} \times 360° = 192(\text{mm})$ ③计算交换齿轮（挂轮齿数） $\dfrac{z_1 z_3}{z_2 z_4} = \dfrac{40P_{\text{丝}}}{P_z} = \dfrac{40 \times 6}{192} = \dfrac{50}{40}$ $z_1 = 50, z_4 = 50, z_2 = z_3$ 挂轮时 AB 段为右旋，CD 段为左旋 ④采用 $\phi 16\text{mm}$ 的立铣刀或键槽铣刀加工，若用立铣刀铣削，则需先钻落刀孔 ⑤在加工 BC 段和 DA 段时，分度手柄插销从孔盘孔中拉出，摇 3 圈，再在 54 孔一圈上摇过 18 个孔距 ⑥为了便于控制 A、B、C 和 D 的位置，最好预先划线 ⑦对刀时，使铣刀轴线通过工件轴线

（3）等速圆盘凸轮的铣削

加工从动杆与凸轮接触部分为滚子时，铣刀直径应与滚子直径相等，否则会影响凸轮工作曲线的升高率；接触部分为尖端

时，则应选用直径小的铣刀；接触部分为平面时，则应选用直径大的铣刀。

圆盘凸轮的铣削和计算见表 14.50。

（4）非等速凸轮的铣削

非等速凸轮不能用铣削圆盘螺旋面的方法加工。在成批生产时，可用仿形法，如用铣削特形轮廓面方法加工；在单件生产时，可用坐标法进行加工。用坐标法进行加工时，先要找出轮廓面的曲线规律，然后根据曲线规律列出坐标。若曲线不易找出规律，则可把曲线放大并精确绘制，从图上分段量得。现以铣削如图 14.13 所示的等加速等减速凸轮为例加以介绍，其工作步骤如下。

① 计算坐标　已知凸轮有两条相同的工作曲线，升角 $\theta=100°$，等加速等减速上升为 30mm。

◇ 表 14.50　圆盘凸轮的铣削和计算

示图	说明及计算
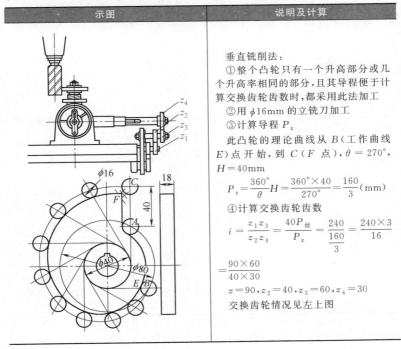	垂直铣削法： ①整个凸轮只有一个升高部分或几个升高率相同的部分，且其导程便于计算交换齿轮齿数时，都采用此法加工 ②用 $\phi16mm$ 的立铣刀加工 ③计算导程 P_z 此凸轮的理论曲线从 B（工作曲线 E 点开始，到 C（F 点），$\theta=270°$，$H=40mm$ $$P_z=\frac{360°}{\theta}H=\frac{360°\times40}{270°}=\frac{160}{3}(mm)$$ ④计算交换齿轮齿数 $$i=\frac{z_1z_3}{z_2z_4}=\frac{40P_{丝}}{P_z}=\frac{240}{\frac{160}{3}}=\frac{240\times3}{16}$$ $$=\frac{90\times60}{40\times30}$$ $z=90,z_2=40,z_3=60,z_4=30$ 交换齿轮情况见左上图

示图	说明及计算

倾斜铣削法：

（1）凸轮曲线的导程 P_z，数值为一个大质数或不易计算交换齿轮齿数的数值时，用倾斜铣削法能获得较准确的曲线轮廓

（2）确定凸轮曲线的假想导程 P_z'，P_z' 必须大于 P

（3）若凸轮有几段导程不相等的曲线时，则 P_z' 应大于最大的导程；但当其中最大的导程便于计算交换齿轮齿数时，则以最大导程代替 P_z'

（4）按选定的 P_z'，计算分度头仰角 α（°）及与其相应的立铣头偏转角 β（°）

$$\alpha = \arcsin \frac{P_z}{P_z'} \quad \beta = 90° - \alpha \quad i = \frac{z_1 z_3}{z_2 z_4}$$
$$= \frac{40 P_{\text{丝}}}{P_z}$$

（5）铣刀长度：$M = a + H \cot\alpha + 10$（mm）

（6）以左图所示凸轮为例，计算如下：

①采用 $\phi 12$mm 的立铣刀加工

②$P_{z(AB)} = \dfrac{360° \times 20}{90°} = 80$（mm）

$P_{z(CD)} = \dfrac{360° \times 50}{90°} = \dfrac{900}{13} = 69.23$（mm）

③以 $P_{z(AB)}$ 代替 P_z'　$i = \dfrac{z_1 z_3}{z_2 z_4} =$

$\dfrac{40 P_{\text{丝}}}{P_{z(AB)}} = \dfrac{240}{80} = \dfrac{90}{30}$

$z_1 = 90, z_2 = z_3, z_4 = 30$

④铣削凸轮 AB 段曲线时，用垂直铣削法

⑤铣削凸轮 CD 段曲线对 $\alpha = \arcsin$

$\dfrac{P_{z(CD)}}{P_{z(AB)}} = \dfrac{69.23}{80} = \arcsin 0.86537$

$\alpha = 59°56'$

$\beta = 90° - \alpha = 90° - 59°56' = 30°04'$

即交换齿轮与铣削 AB 段时相同，分度头仰角为 $56°56'$，立铣头偏转角为 $30°04'$

⑥若凸轮几段曲线的导程、数值都容易计算，计算交换齿轮的齿数时，则用倾斜铣削法可只计算一次交换齿轮齿数和挂一次轮，但需几次调整分度头仰角和立铣头偏转角；而用垂直铣削法，则分度头和立铣头均不需调整，只是需配挂几次齿轮

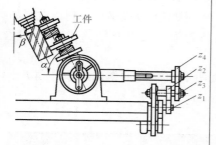

工件

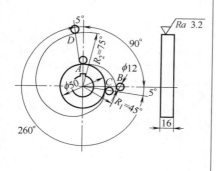

$Ra\ 3.2$

注：对尺寸大的圆盘凸轮，可在回转工作台上用垂直法进行加工，回转工作台蜗轮的齿数为回转工作台的定数 K，以 K 代替公式中的 40 即可。

此凸轮在转角 ε 从 $0° \sim \theta/2$（现为 $0° \sim 50°$）时，等加速上升。等加速的位移方程为

$$S = K\varepsilon^2$$

式中　S——位移量，mm；

　　　K——方程系数；

　　　ε——工件转过的角度，(°)。

当工件转过 $50°$（$\varepsilon = 50°$）时，工件径向移动 15mm（$S = 15\text{mm}$），则 K 为

$$K = \frac{15}{(50°)^2} = 0.006$$

$$S = 0.006\varepsilon^2$$

凸轮转角从 $50° \sim 100°$ 时，等减速上升 15mm。其方程为：

$$S = H - K(\theta - \varepsilon)^2$$

式中　H——升高量，mm。

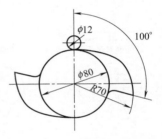

根据本例，上式为

$S = 30 - 0.006 \times (100° - \varepsilon)^2$

当 $\varepsilon = 5°$ 时，$S = 0.15\text{mm}$

$\varepsilon = 10°$ 时，$S = 0.6\text{mm}$

$\varepsilon = 100°$ 时，$S = 30\text{mm}$

把数值列入表 14.51 中。

图 14.13　等加速等减速凸轮

◇ 表 14.51　ε 与 S 的对应值

ε/(°)	5	10	15	20	25	30	35	40	45	50
S/mm	0.15	0.6	1.35	2.4	3.75	5.4	7.35	9.6	12.15	15
每转过 5°的移动量/mm	0.15	0.45	0.75	1.05	1.35	1.65	1.95	2.25	2.55	2.85
ε/(°)	55	60	65	70	75	80	85	90	95	100
S/mm	17.85	20.4	22.65	24.6	26.25	27.6	28.65	29.4	29.85	30
每转过 5°的移动量/mm	2.85	2.55	2.25	1.95	1.65	1.35	1.05	0.75	0.45	0.15

② 铣削方法　把工件装夹在分度头上，分度头主轴调整到垂直位置。由上可知，在 $0° \sim 5°$ 的范围内，手柄在 54 孔的一圈上，摇过 30 个孔距，工作台移动 0.15mm。即手柄每摇过 10 个

孔距，工作台相应移动 0.05mm。在 5°～10°范围内，手柄每摇过 10 个孔距，工作台移动 0.15mm，以此类推，就能加工出近似的等加速等减速凸轮的轮廓。

另外，像等螺旋角锥度铰刀等一类锥形工件，由于螺旋槽在锥体上，若要求从大端至小端的螺旋角相等，则各处的导程就不等。对这类工件，也可把工件转角和工作台移距的对应值列出，再用坐标法进行铣削。

14.6.3　牙嵌式离合器的铣削

牙嵌式离合器按其齿形可分为矩形齿、梯形齿、尖齿、锯齿形齿和螺旋形齿等几种（图 14.14）。这些离合器的齿槽一般都在铣床上铣削。

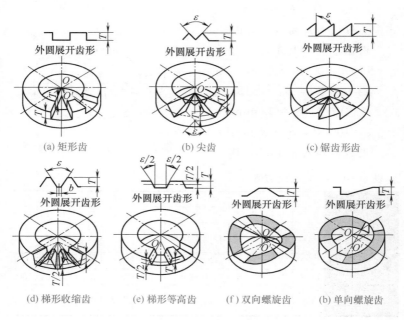

图 14.14　牙嵌式离合器的齿形

因为牙嵌式离合器是依靠端面上的齿牙相互嵌入或脱开来达到传递或切断动力的，所以一般有下列几点工艺要求。

① 齿形：为了保证离合器的齿在径向贴合，其齿形都应通过本身轴线或向轴线上一点收缩，从轴向看，其端面齿和齿槽呈辐射状；为了保证离合器齿侧贴合良好，必须使相接合的一对离合器齿形角一致；保证一定的齿槽深度。

② 同轴度：正确的齿形只是两个离合器有可能完全贴合。在装上传动轴时，为了确保贴合面积，还必须使齿形的轴心线与离合器装配基准孔（一般是孔）的轴心线重合。

③ 等分度：为了使一对离合器上所有的齿紧密贴合，除了上述两条外，还应保证齿的等分精度。

④ 表面粗糙度：牙嵌式离合器的齿侧是工作面，为了满足使用要求，其表面粗糙度 Ra 一般应达到 $3.2\mu m$，槽底面上不应留有明显的接刀痕。

（1）矩形齿离合器的铣削

矩形齿离合器有矩形奇数齿和矩形偶数齿两种，矩形奇数齿离合器的工艺性较好，应用较普遍。

1）矩形奇数齿离合器的铣削

① 矩形奇数齿离合器一般用三面刃铣刀加工，当齿槽宽度较大或没有合适的三面刃铣刀时，也可用立铣刀加工，三面刃铣刀的宽度 B（或立铣刀直径 d_0）可按下式计算：

$$B（或\ d_0）\leqslant a = \frac{d_1}{2}\sin\alpha \quad (\text{mm})$$

或 $B（或\ d_0）\leqslant a = \dfrac{d_1}{2}\sin\dfrac{180°}{z} \quad (\text{mm})$

式中　a——齿槽间最小距离，mm；

　　　d_1——离合器齿部的内径，mm；

　　　α——离合器齿槽角，(°)；

　　　z——离合器齿数。

在实际工作中，可参照表 14.52 来选取铣刀宽度。

② 矩形奇数齿离合器的铣削情况如图 14.15 所示。铣削时，应是铣刀侧刃

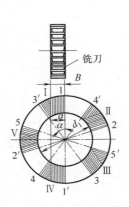

图 14.15　矩形奇数齿离合器的铣削

◇ 表 14.52 铣削矩形齿离合器的铣刀尺寸 　　　　　　　　　mm

(a) 铣削矩形齿内离合器的铣刀宽度 B

工件齿数 z	工件齿部内径 d_1													
	10	12	16	20	24	25	28	30	32	35	36	40	45	50
3	4	5	6	8	10	10	12	12	12	14	14	16	16	20
4		3	4	5	6	8	8	10	10	12	12	14	14	16
5		3	4	5	6	6	8	8	8	10	10	10	12	14
6		3	4	5	6	6	6	6	8	8	8	10	10	12
7			3	4	4	5	6	6	6	6	6	8	8	10
8				3	4	4	5	5	6	6	6	6	8	8
9				3	4	4	4	5	5	6	6	6	6	8
10					3	3	4	4	5	5	5	6	6	6
11					3	3	4	4	4	4	5	5	6	6
12					3	3	3	3	4	4	4	5	5	6
13						3	3	3	3	4	4	4	5	6
14							3	3	3	3	4	4	5	5
15								3	3	3	3	4	4	5

当内径大于 50mm 时，可根据表中数值按比例算出。例如内径为 60mm，则查 30mm 的一列后乘 2 即可；内径为 80mm，则查 40mm 列的数值乘 2 即可。

(b) 铣削偶数齿时三面刃铣刀的最大直径

齿部内径 d_1	齿深 t	齿数 z						
		4	6	8	10	12	14	16
16	≤3	63	80					
	≤3.5	63*	63					
20	≤4	63	80	80				
	≤5	63*	63	63				
	≤6	63*	63*	63				
24	≤4	80	100	100	100	100		
	≤6	63*	63	63	80	80		
	≤10	63*	63	63	63	63		
30	≤6	80	125	125	125	125	125	
	≤8	63	100	100	100	100	100	
	≤12	63*	63	80	80	80	80	
35	≤6	100	125	125	125	125	125	125
	≤8	80	100	125	125	125	125	125
	≤14	80*	80	80	80	80	80	80
40	≤6	100	125	125	125	125	125	125
	≤12	80	100	125	125	125	125	125
	≤18	80*	80	80	80	100	100	100

注：带 * 号表示应采用宽度较小规格的铣刀来加工。

的平面或立铣刀的圆柱面刀刃通过工件的轴线。铣削进给时穿过轴线，并铣削对面齿的另一侧面。

③ 为了获得啮合间隙，需利用分度头把工件转过一个 $\Delta\alpha$ 角后再铣一次，$\Delta\alpha$ 的大小由所需间隙决定。另一种获得啮合间隙的方法是使铣刀侧刃或圆柱面刀刃超过工件轴线一小段距离 ΔS，但铣出的离合器齿面不通过轴线，故啮合时贴合较差。

2) 矩形偶数齿离合器的铣削

① 用盘形铣刀铣削矩形偶数齿离合器的情况，如图 14.16 所示。铣削时，铣刀侧刃的平面也应通过工件轴线，但进给时不能穿通，以免切伤对面的齿，并需保证铣出齿槽底面，故盘形铣刀的直径 d_0 需满足下式：

$$d_0 \leqslant \frac{t^2 + d_1^2 - 4B^2}{t} \quad (\text{mm})$$

式中　t——离合器齿深，mm；

　　　d_1——离合器齿内部直径，mm；

　　　B——铣刀宽度，mm。

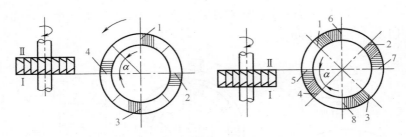

图 14.16　矩形偶数齿离合器的铣削

在选择铣刀直径时，最好比计算的数值小，可参照表 14.52 来选取。铣刀宽度的计算和选择与奇数齿相同。

由于用盘形铣刀铣削偶数齿离合器，铣刀直径有时要受到一定的限制，故多采用立铣刀。

② 在铣削偶数齿离合器时，一次进给只能加工齿的一个侧面，当所有齿的同一侧面全部铣削完成后，需把工件转过一个齿

槽角 α。当齿槽角为 $180°/z$ 时，则需转过 $\dfrac{180°}{z+(1°\sim2°)}$，以获得啮合间隙。同时，把工件移动一个距离 S，S 的数值等于盘铣刀的宽度或立铣刀的直径，然后铣削齿的另一侧。

（2）梯形等高齿离合器的铣削

梯形等高齿离合器的铣削如图 14.17（a）所示，其铣削方法与铣削矩形齿离合器类似，其不同处有以下两点。

① 用刀刃锥面夹角与齿形角 ε 相同的梯形铣刀加工，铣刀顶刃宽度 B（mm）可按下式计算：

$$B \leqslant \frac{d_1}{2}\sin\alpha - \frac{t}{2}\tan\frac{\varepsilon}{2}$$

或

$$B \leqslant \frac{d_1}{2}\sin\frac{180°}{2} - \frac{t}{2}\tan\frac{\varepsilon}{2}$$

式中　d_1——离合器齿内部直径；

　　　α——齿槽角；

　　　t——齿深；

　　　ε——齿形角。

② 应使铣刀侧刃上距顶刃 $t/2$ 处的一点通过工件中心，如图 14.17（b）所示。

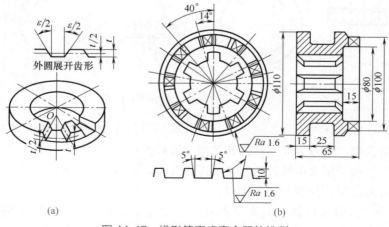

（a）　　　　　　　　　　　　　　　　（b）

图 14.17　梯形等高齿离合器的铣削

在单件生产或没有合适的梯形铣刀时，可用三面刃铣刀或立铣刀加工。铣削时，只要把工件或立铣头偏转一个角度 $\varepsilon/2$ 即可，如图 14.18 所示。

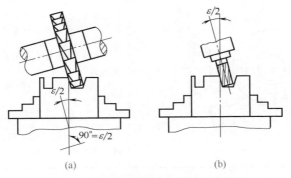

图 14.18　用通用铣刀铣削梯形齿侧面

（3）尖齿和梯形收缩齿离合器的铣削与计算（表 14.53）

◇ 表 14.53　尖齿和梯形收缩齿离合器的铣削与计算

示图	铣削与计算
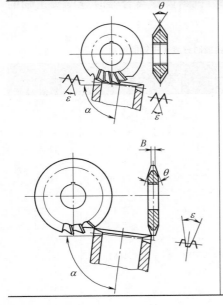	①铣削尖齿离合器时，用廓形角 θ 等于齿形角 ε 的双角铣刀 ②铣削梯形收缩齿离合器时，用廓形角 θ 等于齿形角 ε 的梯形铣刀加工，梯形铣刀的顶刃宽度 B（mm）按下式计算： $$B = D\sin\frac{90°}{z} - t\tan\frac{\theta}{2}$$ 式中，D 为离合器齿部外径，mm，z 为离合器齿数；t 为外径处齿深，mm；θ 为双角铣刀廓形角，(°) ③铣刀对称线需通过工件中心 ④铣削时分度头仰角 α 按下式计算 $$\cos\alpha = \tan\frac{90°}{z} - \cot\frac{\theta}{2}$$ 式中，z 为离合器齿数；θ 为梯形铣刀廓形角，(°)

（4）锯齿形离合器的铣削（表 14.54）

◇ **表 14.54　锯齿形离合器的铣削与计算**

示图	铣削与计算
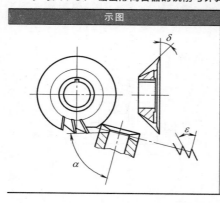	①齿形为锯齿形,其直角边通过工作轴线,故铣削时应使单角铣刀端面刃的平面通过工件中心 ②用廓形角 δ 等于齿形角 ε 的单角铣削 ③铣削时,分度头仰角 α 按下式计算: $$\cos\alpha = \tan\frac{180^\circ}{z} \cdot \cot\delta$$ 式中,z 为离合器齿数;δ 为单角铣刀廓形角,(°)

　　加工尖齿、锯齿形和梯形收缩齿等离合器，由于在铣削时分度头和工件轴线与进给方向倾斜一个 α 角，故铣得的齿形角不等于铣刀的廓形角。但用同一把铣刀加工的一对离合器，它们的角度是相等的，故能很好地啮合。铣削尖齿和梯形收缩齿离合器时分度头主轴的仰角见表 14.55。铣锯齿形离合器时分度头主轴的仰角 α 见表 14.56。

◇ **表 14.55　铣尖齿和梯形收缩齿离合器时分度头主轴的仰角 α**

齿数 z	双角度铣刀角度 θ			
	40°	45°	60°	90°
5	26°47′	38°20′	55°45′	71°02′
6	42°36′	49°42′	62°21′	74°27′
7	51°10′	56°34′	66°43′	76°48′
8	56°52′	61°18′	69°51′	78°32′
9	61°01′	64°48′	72°13′	79°51′
10	64°12′	67°31′	74°05′	80°53′
11	66°44′	69°41′	75°35′	81°44′
12	68°48′	71°28′	76°49′	82°26′
13	70°31′	72°57′	77°52′	83°02′
14	71°58′	74°13′	78°45′	83°32′
15	73°13′	75°18′	79°31′	83°58′
16	74°18′	76°15′	80°11′	84°21′
17	75°15′	77°04′	80°46′	84°41′

齿数 z	双角度铣刀角度 θ			
	40°	45°	60°	90°
18	76°05′	77°48′	81°17′	84°59′
19	76°50′	78°28′	81°45′	85°15′
20	77°31′	79°03′	82°10′	85°29′
21	78°07′	79°35′	82°33′	85°42′
22	78°40′	80°03′	82°53′	85°54′
23	79°10′	80°30′	83°12′	86°05′
24	79°38′	80°54′	83°29′	86°15′
25	80°03′	81°16′	83°45′	86°24′
26	80°26′	81°16′	83°59′	86°32′
27	80°48′	81°55′	84°13′	86°40′
28	81°07′	82°12′	84°25′	86°47′
29	81°26′	82°29′	84°37′	86°54′
30	81°43′	82°44′	84°48′	86°60′
31	81°59′	82°58′	84°58′	87°06′
32	82°15′	83°11′	85°07′	87°11′
33	82°29′	83°24′	85°16′	87°16′
34	82°42′	83°35′	85°24′	87°21′
35	82°55′	83°47′	85°32′	87°26′
36	83°07′	83°57′	85°40′	87°30′
37	83°18′	84°07′	85°47′	87°34′
38	83°29′	84°16′	85°54′	87°38′
39	83°39′	84°25′	85°60′	87°41′
40	83°48′	84°33′	86°06′	87°45′
41	83°57′	84°41′	86°12′	87°48′
42	84°06′	84°49′	86°17′	87°51′
43	84°14′	84°56′	86°22′	87°54′
44	84°22′	85°03′	86°27′	87°57′
45	84°30′	85°10′	86°32′	87°60′
46	84°37′	85°16′	86°36′	88°03′
47	84°44′	85°22′	84°41′	88°05′
48	84°50′	85°28′	86°45′	88°07′
49	84°57′	85°34′	86°49′	88°10′
50	85°03′	85°39′	86°53′	88°12′
51	85°09′	85°44′	86°56′	88°14′
52	85°14′	85°49′	87°00′	88°16′
53	85°20′	85°54′	87°03′	88°18′
54	85°25′	85°58′	87°07′	88°20′

齿数 z	双角度铣刀角度 θ			
	40°	45°	60°	90°
55	85°30′	86°03′	87°10′	88°22′
56	85°35′	86°07′	87°13′	88°24′
57	85°39′	86°11′	87°16′	88°25′
58	85°44′	86°15′	87°19′	88°27′
59	85°48′	86°19′	87°21′	88°28′
60	85°52′	86°23′	87°24′	88°30′
61	85°57′	86°26′	87°27′	88°31′
62	86°00′	86°30′	87°29′	88°33′
63	86°04′	86°33′	87°31′	88°34′
64	86°08′	86°36′	87°34′	88°36′
65	86°12′	86°39′	87°36′	88°37′
66	86°15′	86°42′	87°38′	88°38′
67	86°18′	86°45′	87°40′	88°39′
68	86°22′	86°48′	87°42′	88°41′
69	86°25′	86°51′	87°44′	88°42′
70	86°28′	86°54′	87°46′	88°43′
75	86°42′	87°06′	87°55′	88°48′
80	86°54′	87°17′	88°03′	88°52′
85	87°05′	87°27′	88°10′	88°56′
90	87°15′	87°35′	88°16′	89°00′
95	87°24′	87°43′	88°22′	89°03′
100	87°32′	87°50′	88°26′	89°06′
105	87°39′	87°56′	88°31′	89°09′
110	87°45′	88°01′	88°35′	89°11′
115	87°51′	88°07′	88°39′	89°13′
120	87°56′	88°11′	88°42′	89°15′
125	88°01′	88°16′	88°45′	89°17′
130	88°06′	88°20′	88°48′	89°18′
135	88°10′	88°23′	88°51′	89°20′
140	88°14′	88°27′	88°53′	89°21′
145	88°18′	88°30′	88°55′	89°23′
150	88°21′	88°33′	88°58′	89°24′
155	88°24′	88°36′	88°60′	89°25′
160	88°27′	88°39′	89°02′	89°26′
165	88°30′	88°41′	89°03′	89°27′
170	88°33′	88°43′	89°05′	89°28′
175	88°35′	88°46′	89°07′	89°29′

齿数 z	双角度铣刀角度 θ			
	40°	45°	60°	90°
180	88°38′	88°48′	89°08′	89°30′
185	88°40′	88°50′	89°09′	89°31′
190	88°42′	88°51′	89°11′	89°32′
195	88°44′	88°53′	89°12′	89°32′
200	88°46′	88°55′	89°13′	89°33′

◇ 表 14.56　铣锯齿形离合器时分度头主轴的仰角 α

齿数 z	单角度铣刀角度 θ						
	45°	50°	60°	70°	75°	80°	85°
5	43°24′	52°26′	65°12′	74°40′	78°46′	82°38′	86°21′
6	54°44′	61°01′	70°32′	77°52′	81°06′	84°09′	87°06′
7	61°13′	66°10′	73°51′	79°54′	82°35′	85°08′	87°35′
8	65°32′	69°40′	76°10′	81°20′	83°38′	85°49′	87°55′
9	68°39′	72°13′	77°52′	82°23′	84°24′	86°19′	88°11′
10	71°02′	74°11′	79°11′	83°12′	85°00′	86°43′	88°22′
11	72°55′	75°44′	80°14′	83°52′	85°29′	87°02′	88°32′
12	74°27′	77°00′	81°06′	84°24′	85°53′	87°18′	88°39′
13	75°44′	78°04′	81°49′	84°51′	86°13′	87°31′	88°46′
14	76°48′	78°58′	82°26′	85°14′	86°30′	87°42′	88°51′
15	77°44′	79°44′	82°57′	85°34′	86°44′	87°51′	88°56′
16	78°32′	80°24′	83°24′	85°51′	86°57′	87°59′	89°00′
17	79°14′	80°59′	83°48′	86°06′	87°08′	88°07′	89°04′
18	79°51′	81°29′	84°09′	86°19′	87°18′	88°13′	89°07′
19	80°24′	81°57′	84°28′	86°31′	87°26′	88°19′	89°10′
20	80°53′	82°22′	84°45′	86°42′	87°34′	88°24′	89°12′
21	81°20′	82°44′	85°00′	86°51′	87°41′	88°29′	89°15′
22	81°44′	83°04′	85°14′	87°00′	87°48′	88°33′	89°17′
23	82°06′	83°23′	85°27′	87°08′	87°53′	88°37′	89°19′
24	82°26′	83°39′	85°38′	87°15′	87°59′	88°40′	89°20′
25	82°45′	83°55′	85°49′	87°22′	88°04′	88°43′	89°22′
26	83°02′	84°09′	85°59′	87°28′	88°08′	88°46′	89°23′
27	83°17′	84°22′	86°08′	87°34′	88°12′	88°49′	89°25′
28	83°32′	84°35′	86°16′	87°39′	88°16′	88°52′	89°26′
29	83°45′	84°46′	86°24′	87°44′	88°20′	88°54′	89°27′
30	83°58′	84°56′	86°31′	87°48′	88°23′	88°56′	89°28′
31	84°10′	85°06′	86°38′	87°53′	88°26′	88°58′	89°29′
32	84°21′	85°16′	86°44′	87°57′	88°29′	89°00′	89°30′

齿数 z	单角度铣刀角度 θ						
	45°	50°	60°	70°	75°	80°	85°
33	84°31′	85°24′	86°50′	88°01′	88°32′	89°02′	89°31′
34	84°41′	85°32′	86°56′	88°04′	88°35′	89°04′	89°32′
35	84°50′	85°40′	87°01′	88°07′	88°37′	89°05′	89°33′
36	84°59′	85°47′	87°06′	88°11′	88°39′	89°07′	89°34′
37	85°07′	85°54′	87°11′	88°13′	88°42′	89°08′	89°34′
38	85°15′	86°01′	87°15′	88°16′	88°44′	89°10′	89°35′
39	85°22′	86°07′	87°20′	88°19′	88°46′	89°11′	89°36′
40	85°29′	86°13′	87°24′	88°22′	88°48′	89°12′	86°36′
41	85°36′	86°18′	87°28′	88°24′	88°49′	89°13′	89°37′
42	85°42′	86°24′	87°31′	88°26′	88°51′	89°15′	89°37′
43	85°48′	86°29′	87°35′	88°28′	88°53′	89°16′	89°38′
44	85°54′	86°34′	87°38′	88°31′	88°54′	89°17′	89°38′
45	85°59′	86°38′	87°41′	88°32′	88°56′	89°18′	89°39′
46	86°05′	86°43′	87°44′	88°34′	88°57′	89°19′	89°39′
47	86°10′	86°47′	87°47′	88°36′	88°58′	89°19′	89°40′
48	86°15′	86°51′	87°50′	88°38′	88°60′	89°20′	89°40′
49	86°19′	86°55′	87°53′	88°40′	89°01′	89°21′	89°41′
50	86°24′	86°58′	87°55′	88°41′	89°02′	89°22′	89°41′
51	86°28′	87°02′	87°58′	88°43′	89°03′	89°23′	89°41′
52	86°32′	87°05′	87°60′	88°44′	89°04′	89°23′	89°42′
53	86°36′	87°09′	88°02′	88°46′	89°05′	89°24′	89°42′
54	86°40′	87°12′	88°04′	88°47′	89°06′	89°25′	89°42′
55	86°43′	87°15′	88°06′	88°48′	89°07′	89°25′	89°43′
56	86°47′	87°18′	88°09′	88°50′	89°08′	89°26′	89°43′
57	86°50′	87°21′	88°10′	88°51′	89°09′	89°27′	89°43′
58	86°54′	87°24′	88°12′	88°52′	89°10′	89°27′	89°44′
59	86°57′	87°26′	88°14′	88°53′	89°11′	89°28′	89°44′
60	86°60′	87°29′	88°16′	88°54′	89°12′	89°28′	89°44′
61	87°03′	87°31′	88°18′	88°56′	89°13′	89°29′	89°45′
62	87°06′	87°34′	88°19′	88°57′	89°13′	89°29′	89°45′
63	87°08′	87°36′	88°21′	88°58′	89°14′	89°30′	89°45′
64	87°11′	87°38′	88°22′	88°59′	89°15′	89°30′	89°45′
65	87°14′	87°40′	88°24′	88°59′	89°15′	89°31′	89°45′
66	87°16′	87°43′	88°25′	89°00′	89°16′	89°31′	89°46′
67	87°19′	87°45′	88°27′	89°01′	89°17′	89°32′	89°46′
68	87°21′	87°47′	88°28′	89°02′	89°17′	89°32′	89°46′
69	87°23′	87°49′	88°30′	89°03′	89°18′	89°32′	89°46′

齿数 z	单角度铣刀角度 θ						
	45°	50°	60°	70°	75°	80°	85°
70	87°26′	87°50′	88°31′	89°04′	89°19′	89°33′	89°46′
75	87°36′	87°59′	88°37′	89°08′	89°21′	89°35′	89°47′
80	87°45′	88°07′	88°42′	89°11′	89°24′	89°36′	89°48′
85	87°53′	88°13′	88°47′	89°14′	89°26′	89°38′	89°49′
90	89°60′	88°19′	88°51′	89°16′	89°28′	89°39′	89°50′
95	88°06′	88°25′	88°54′	89°19′	89°30′	89°40′	89°50′
100	88°12′	88°29′	88°58′	89°21′	89°31′	89°41′	89°51′
105	88°17′	88°34′	89°01′	89°23′	89°32′	89°42′	89°51′
110	88°22′	88°38′	89°03′	89°24′	89°34′	89°43′	89°51′
115	88°26′	88°41′	89°06′	89°26′	89°35′	89°43′	89°52′
120	88°30′	88°44′	89°08′	89°27′	89°36′	89°44′	89°52′
125	88°34′	88°47′	89°10′	89°29′	89°37′	89°45′	89°52′
130	88°37′	88°50′	89°12′	89°30′	89°38′	89°45′	89°53′
135	88°40′	88°53′	89°14′	89°31′	89°39′	89°46′	89°53′
140	88°43′	88°55′	89°15′	89°32′	89°39′	89°46′	89°53′
145	88°46′	88°57′	89°17′	89°33′	89°40′	89°47′	89°53′
150	88°48′	88°60′	89°18′	89°34′	89°41′	89°47′	89°54′

（5）螺旋齿离合器的铣削（表 14.57）

◇ 表 14.57　螺旋齿离合器的铣削与计算

示图	铣削与计算
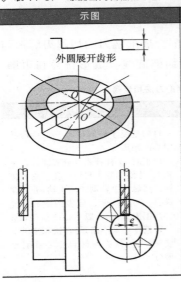 外圆展开齿形	①槽底和螺旋面分两次铣削 ②铣槽底的方法和步骤与加工矩形齿离合器相同,只是计算和调整时应以底槽角 α_1 来代替齿槽角 ③用立铣刀在立式铣床上加工螺旋面时,需先把要被铣去的槽侧面处于垂直位置,在卧式铣床上加工时,处于水平位置 ④为了获得较精确的径向直廓螺旋面,需使立铣刀的轴线偏离工件中心(螺旋面侧面)一个距离 e (mm); $$e=\frac{d_0}{2}\sin\frac{1}{2}\left(\mathrm{arcot}\,\frac{P_z}{\pi D}+\mathrm{arcot}\,\frac{P_z}{\pi d_1}\right)$$ 式中,d_0 为立铣刀直径,mm;P_z 为螺旋面导程,mm;D 为离合器齿部直径,mm;d_1 为离合器齿部内径,mm ⑤铣削螺旋面时,按导程 P_z 计算交换齿轮齿数

14.6.4　成形面的铣削

在普通铣床上加工的成形面一般是由直母线形成的，在图样上以线轮廓度标注，本节介绍这一类成形面的铣削方法。成形面除了有尺寸、位置精度和表面粗糙度要求外，形状精度（即线轮廓度）是其主要技术要求之一。成形面的形状精度一般用样板检查，必要时也用投影仪或仿形测量装置等来检测。

（1）在回转工作台上铣削成形轮廓面

成形轮廓面是指呈盘状或板状，周围由曲线或圆弧和直线组成的零件表面。这类工件一般在立式铣床上用立铣刀铣削，现在多用数控铣床进行加工。

精度要求不高，其轮廓为不规则曲线时，可按划线进行铣削，若精度要求较高时，则应留 0.2mm 左右的余量，由钳工修整。铣削成形轮廓面时，立铣刀半径应小于或等于最小凹圆弧半径。

由圆弧或圆弧和直线组成的成形轮廓面，在数量不多的情况下，大多采用回转工作台来加工，在回转工作台上加工成形轮廓面的方法和步骤见表 14.58。

（2）成形表面的铣削

成形表面大多采用成形铣刀铣削。成形铣刀的切削刃廓形与工件表面相吻合，齿背一般铲成平面螺旋线。成形铣刀在刃磨

◇ **表 14.58　在回转工作台上加工成形轮廓面的方法和步骤**

项目和图示	方法说明
校正回转工作台与铣床主轴的同轴度 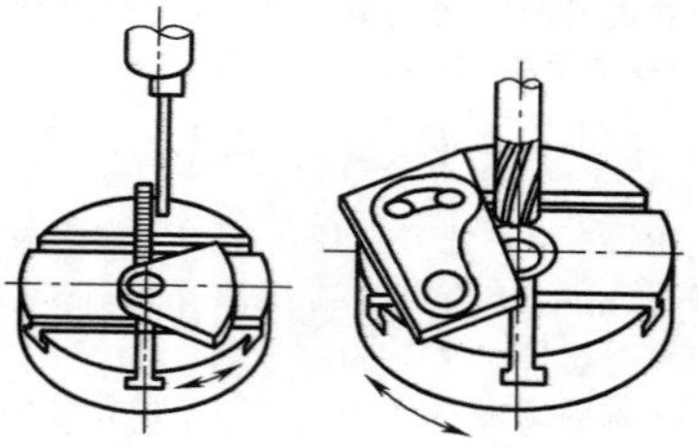 	目的是便于控制铣刀至工件圆弧中心的距离 校正时，将杠杆式百分表固定在主轴上，并使其测头与转台孔壁表面接触。然后用手转动铣床主轴，并调整纵、横工作台，使百分表的读数在允许范围内即可，一般不超过 0.02mm 若精度要求不高，可在铣床主轴上装一顶尖，顶尖与转台中心孔对准即可

项目和图示	方法说明
校正工件圆弧面中心与回转工作台同轴 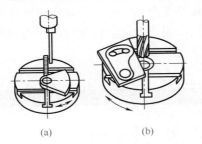 (a)　　　　　(b)	目的是使铣出的圆弧面位置正确及半径正确 对圆弧中心为内孔的校正：把百分表固定在铣床主轴或横梁上，使其测头与工件孔壁接触。然后转动回转工作台，改变工件在转台上的位置，使百分表读数的摆动量在允许范围内即可 在工件数量较多时，可做一根专用芯轴，芯轴的上部与工件孔配合，下部与转台孔配合 对圆弧中心没有孔的校正：先把工件的圆弧线划出，再用黄油把大头针粘在铣刀上，也可把划针盘放在铣床工作台面上，使针尖的圆弧线靠近[如图(b)]。然后转动回转工作台，并改变工件在转台上的位置，使针尖与圆弧线之间的距离不变为止
调整铣刀与圆弧中心的位置 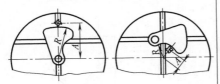	目的是铣出准确的圆弧半径 调整时，使铣刀中心至转台中心的距离为 A： 铣削凸圆弧时： $A=$圆弧半径＋铣刀半径 铣削凹圆弧时： $A=$圆弧半径－铣刀半径 操作时，在铣刀与转台同轴的条件下，只要把工作台纵向或横向移动 A 凡是加工圆弧和直线组成的轮廓面，其铣削次序为：先加工凹弧面，其中半径小的最先加工，其次加工直线部分 然后加工凸圆弧，其中半径小的最后加工。为了获得圆滑的连接面，应掌握好切点的位置。由圆弧过渡到圆弧时，切点必在两圆弧的连心线上。由直线与圆弧连接时，切点在通过圆弧中心并与直线垂直的直线上即可
铣削次序和掌握切点 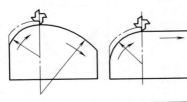	凡是加工圆弧和直线组成的轮廓面，其铣削次序为： 先加工凹弧面，其中半径小的最先加工。其次加工直线部分。然后加工凸圆弧，其中半径小的最后加工。为了获得圆滑的连接面，应掌握好切点的位置。由圆弧过渡到圆弧时，切点必在两圆弧的连心线上。由直线与圆弧连接时，切点必在通过圆弧中心并与直线垂直的直线上

时，只要前角不变，则齿形也不变，为了刃磨方便，一般前角 $\gamma = 0°$。成形铣刀在铣削时，铣削速度为三面刃铣刀的 0.75 倍，以延长铣刀的寿命。

用成形铣刀铣削成形面的方法与铣削沟槽基本相同，尤其在校正夹具和调整铣削层深度方面是完全相同的，只是在调整铣刀与工件的横向位置方面有所不同。用成形铣刀铣削成形面的调整方法见表 14.59。

◇ **表 14.59　铣成形面的调整方法**

现象	原因及调整方法	图示
左边有缝隙（左边缝隙大）	先使铣刀与工件在横向基本处于正确位置[图(a)]，若有已加工件，则可用已加工件校正。纵向退出，工作台上升约为总余量的 2/3，试铣一刀。试铣后用样板进行检查，若出现工件成形面与样板之间在左边有缝隙[如图(b)]，则表示铣刀太靠近工件的左面，需把工作台连同工件向左移动一些，移动后上升 0.5～1mm，再铣一刀	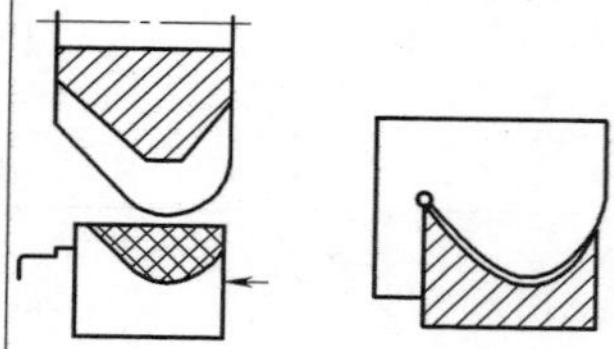
右边有缝隙	若用样板检验时，出现工件右边缝隙大（如右图），则表示铣刀太靠近工件右面，需把工作台连同工件向右移动一些 每次试铣并用样板检查后，不论左边还是右边的缝隙大，先把工作台向缝隙大的一边移动，移动后再铣深 0.5～1mm，如此反复地进行试铣，一直到两边的缝隙均匀或无缝隙为止 注意：在加工凸的成形面时，工作台和工件的移动方向与缝隙的方向相反	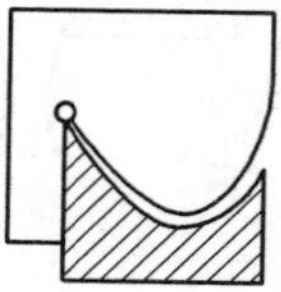
中间缝隙大，两边无缝隙	用样板检查时，出现中间缝隙大、两边无缝隙或有均匀而极小的缝隙（如右图）。这是由于铣刀在刃磨时把前角磨得比原来的大。如原来前角为 0°，现在磨成正前角了，因此，需把铣刀重新磨准 在加工凸的成形表面时，则是把前角磨得比原来的小，可能磨成负前角了	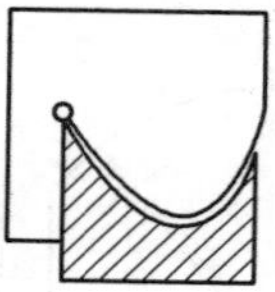

现象	原因及调整方法	图示
中间无缝隙，两边缝隙大	若出现中间无缝隙或有极小的缝隙，而两边的缝隙大（如右图）。这是由于铣刀在刃磨时把前角磨得比原来小，可能磨成负前角了，需把铣刀重新磨准 在加工凸的成形表面时，则是把前角磨得比原来大的缘故	

14.6.5 弧形面的铣削

（1）球面的铣削

1）球面的铣削原理和规则　铣削加工球面的方法是展成法，因此，能获得精度较高的球面。根据平面与球面相截的截形是一个圆这一原理，铣削时，铣刀刀盘、刀尖旋转运动的轨迹是一个圆，工件在分度头或回转工作台带动下绕自身轴线旋转，在这两个旋转运动的配合下，即能铣出球面。球面铣削有以下基本规则。

① 铣刀的回转轴线必须通过球心，否则，会影响球面的形状精度。

② 影响球面直径尺寸的因素有刀尖的回转直径 d_0 和刀尖轨迹圆至球心距离 e，因此，当刀尖回转直径确定后，改变铣刀至球心的距离也能控制球径的尺寸精度。

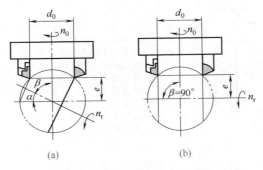

(a)　　　　　　　　(b)

图 14.19　轴交角与球面加工位置的关系

③ 调整铣刀轴线与球面工件轴线的交角 β，可改变球面的加工位置，如图 14.19 所示。图 14.19（b）为铣刀与工件的轴线交角 $\beta=90°$ 时的情况，此时铣出的是对称球面。若两轴线为同轴（$\beta=0°$），则只能切出一个环形槽，不能铣出球面。

2）带柄球面的铣削和计算 见表 14.60。

◇ 表 14.60 带柄球面的铣削和计算

示图	说明与计算
单柄球面的铣削 	铣削时,立铣头或分度头主轴偏斜或倾斜角 α 为: $$\sin2\alpha=\frac{D}{2R} \quad \alpha=\frac{1}{2}\arcsin\frac{D}{2R}$$ 式中,D 为柄部直径,mm;R 为球面半径,mm 刀尖回转直径 d_0 为: $$d_0=2R\cos\alpha$$ 例 已知球面半径 $R=35$mm,柄部直径 $D=28$mm,求 α 和 d_0 解:$\sin2\alpha=\dfrac{D}{2R}=\dfrac{28}{70}=0.4 \quad \alpha=11°48'$
双柄球面的铣削 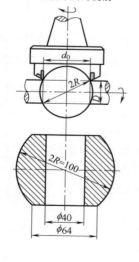	$d_0=2R\cos\alpha=70\cos11°48'=68.52(\text{mm})$ 铣刀盘刀尖回转直径 $d_0=68.52$mm,分度头仰角 $\alpha=11°48'$,这两个数值在调整时均要求比较准确,否则,会影响柄部直径 两端直径相等的双柄球面,即为对称的球带（对称球面）,铣削时,铣刀轴线与工件轴线的交角 $\beta=90°$（即相互垂直） 铣刀刀尖的回转直径 d_0 为 $$d_0=\sqrt{4R^2-D^2}$$ 例 已知球面半径 $R=25$mm,柄部直径 $D=25$mm,求 d_0 解:$d_0=\sqrt{4R^2-D^2}=\sqrt{4\times25^2-25^2}=43.40(\text{mm})$ 若加工左下图所示的球面,两端不是柄而是平面。在铣削时,刀尖不受柄部的限制,故可先用上式计算出刀尖回转直径的最小值,而刀尖的实际回转直径可大些,一般大 3～5mm,但太大则会铣到芯轴 根据图上尺寸已知:$2R=100$mm,$D=64$mm,则刀尖回转直径 d_0 为 $$d_0=\sqrt{4R^2-D^2}=\sqrt{100^2-64^2}=76.84(\text{mm})$$ 刀尖实际回转直径 d_0 取 80mm 左右

3）内球面的铣削　内球面可用立铣刀或镗刀加工。立铣刀是用于加工半径较小的内球面，而镗刀适用于加工半径较大的内球面。

① 图 14.20 为立铣刀加工内球面的情形，铣削时，应先确定铣刀直径 d_0，其值可在一定范围内选择，即

$$d_{0min} = \sqrt{2RH}$$

$$d_{0max} = 2\sqrt{R^2 - \frac{RH}{2}}$$

式中　R——球面半径；

H——球面深度。

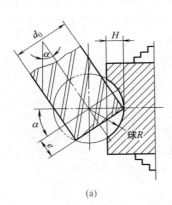 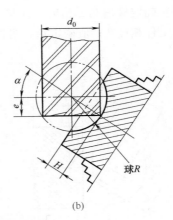

(a) (b)

图 14.20　立铣刀加工内球面

具体确定 d_0 值时，应采用较大规格的标准立铣刀，这样，可使主轴或工件的倾斜角较小些。

铣刀直径 d_0 确定后，主轴或工件的倾斜角 α 可按下式计算：

$$\cos\alpha = \frac{d_0}{2R}$$

例　工件内球面半径 $R = 10mm$，深度 $H = 6mm$，试确定立铣刀直径 d_0 及倾斜角 α。

解：　$d_{0min} = \sqrt{2RH} = \sqrt{2 \times 10 \times 6} \approx 11$（mm）

$$d_{0\max}=2\sqrt{R^2-\frac{RH}{2}}=2\times\sqrt{10^2-\frac{10\times6}{2}}\approx16.7\text{（mm）}$$

取 $d_0=16\text{mm}$

$$\cos\alpha=\frac{d_0}{2R}=\frac{16}{2\times10}=0.8$$

$$\alpha=36°52'$$

② 图 14.21 为镗刀加工内球面时的情形，铣削时，应先确定倾斜角 α，其最小值可取 0°；最大值可按下式计算：

$$\sin\alpha_{\min}=\sqrt{1-\frac{H}{2R}}$$

确定倾斜角 α 值时，应尽可能取最小值，但要注意防止镗杆与工件相碰。α 值确定后，可按下式计算镗刀刀尖半径 r_0：

$$r_0=R\cos\alpha$$

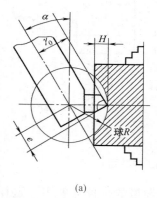
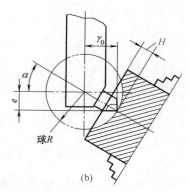

(a)　　　　　　　　　　　　(b)

图 14.21　镗刀加工内球面

例　加工 $R=40\text{mm}$、$H=30\text{mm}$ 的内球面，试确定倾斜角 α 及刀尖半径 r_0。

解：　$$\sin\alpha_{\min}=\sqrt{1-\frac{H}{2R}}=\sqrt{1-\frac{30}{2\times40}}=0.7096$$

$$\alpha_{\max}=52°14'$$

取　　　　　　　　　　$$\alpha=20°$$

$$r_0=40\cos20°=37.59\text{（mm）}$$

（2）铣大半径球面

大半径球面可用硬质合金铣刀或铣刀盘来铣削，工件一般可安装在回转工作台上，使工件轴线与铣床工作台面垂直，铣刀轴线倾斜 α 角，如图 14.22 所示。

加工时，刀盘刀尖的直径应保证将所需要的球面加工出来，其最小值可按以下公式计算：

$$\sin\theta_1 = \frac{d}{2R}$$

$$\sin\theta_2 = \frac{D}{2R}$$

$$d_{0\min} = 2R\sin\frac{\theta_2-\theta_1}{2}$$

式中　D，d——工件球面两端截形圆直径，mm；

　　　R——球面半径，mm。

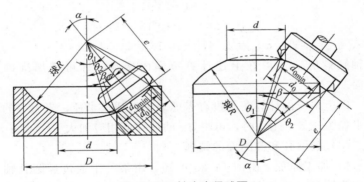

图 14.22　铣大半径球面

在具体确定刀盘刀尖直径时，可使 d_0 略大于 $d_{0\min}$。

刀盘直径 d_0 确定后，主轴倾斜角 α 可在一定范围内选择，其最大值及最小值可按下列公式计算：

$$\sin\beta = \frac{d_0}{2R}$$

$$\alpha_{\max} = \theta_1 + \beta$$

$$\alpha_{\min} = \theta_2 - \beta$$

例 已知工件球面半径 $R = 310\text{mm}$，两端截形圆分别为 $D = 405\text{mm}$ 及 $d = 220\text{mm}$。试确定刀盘刀尖直径 d_0 及倾斜角 α。

解：
$$\sin\theta_1 = \frac{d}{2R} = \frac{220}{2 \times 310} = 0.3548$$
$$\theta_1 = 20°47'$$
$$\sin\theta_2 = \frac{D}{2R} = \frac{405}{2 \times 310} = 0.6532$$
$$\theta_2 = 40°47'$$
$$d_{0\min} = 2R\sin\frac{\theta_2 - \theta_1}{2} = 2 \times 310 \times \sin\frac{40°47' - 20°47'}{2}$$
$$= 107.66 \text{（mm）}$$

取
$$d_0 = 110\text{mm}$$
$$\sin\beta = \frac{110}{2 \times 310} = 0.1774$$
$$\beta = 10°13'$$
$$\alpha_{\max} = 20°47' + 10°13' = 31°$$
$$\alpha_{\min} = 40°47' - 10°13' = 30°34'$$

主轴倾斜角 α 值可在上述计算范围内选择，即可铣出准确的球面。

以上所有的计算，都没有考虑刀尖的圆弧半径，当刀尖的圆弧半径为 $0.5 \sim 1\text{mn}$ 时，可将 d_0 的计算值相应加大 $1 \sim 2\text{mm}$。

（3）椭圆孔和椭圆面的铣削

1）加工原理 由图 14.23 可知，用某一个通过椭圆长轴并且和椭圆面的端面呈一定交角的平面 A—A 与其相截，其截形为一个圆，此斜截面的倾角 α 可按下式计算：

$$\cos\alpha = \frac{d}{D}$$

式中 D——椭圆的长轴直径，mm；

d——椭圆的短轴直径，mm。

而截形圆的直径就等于椭圆的长轴直径 D，由此可见，如在立式铣床上加工椭圆面，若使刀具的刀尖运动轨迹和 A—A 截面中的截形圆重合，使工件沿其本身做轴线方向的进给，就可将椭圆面加工出来。为此,必须将立铣头转动一个角度,使铣刀轴线和工件轴线倾斜一个 α 角。

2)加工实例

例 要加工一椭圆孔,其长轴直径 $D=100\text{mm}$,短轴直径 $d=96\text{mm}$,孔长 $H=20\text{mm}$。

解:这种工件用立式铣床加工是比较方便的,图 14.24 是加工实例。其加工要点如下。

① 工件安装后,椭圆孔的轴线应垂直于工作台面,而椭圆的短轴方向需和纵向工作台进给方向平行。

② 主轴轴线应和椭圆轴线校准在同一平面内,可用对中心方法,通过调整横向工作台的位置来达到。

③ 精镗时,镗刀刀尖回转直径应等于椭圆长轴直径 $D=100\text{mm}$。主轴的倾角 α:

$$\cos\alpha = \frac{d}{D} = \frac{96}{100} = 0.96$$

$$\alpha = 16°16'$$

加工时,工件的轴向进给可利用升降工作台来进行。

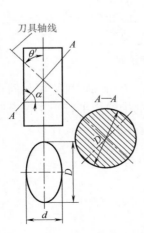

图 14.23 椭圆孔加工原理

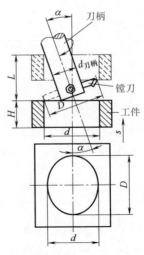

图 14.24 加工实例

3）镗椭圆孔时刀杆直径的确定　由图可知，椭圆孔的长度不能过长，否则，倾斜的刀柄会与孔壁相碰，为保证刀柄与孔壁不相碰，刀柄直径应满足：

$$d_{刀柄} \leqslant D\cos 2\alpha - 2H\sin\alpha$$

式中　D——椭圆长轴的直径，mm；

$\quad\quad\alpha$——主轴倾角，mm；

$\quad\quad H$——椭圆孔长度，mm。

例　已知一椭圆孔的长轴直径 $D = 100$mm，孔长 $H = 20$mm，加工时，主轴倾角 $\alpha = 16°16'$，试求刀柄直径 $d_{刀柄}$。

解：$d_{刀柄} \leqslant D\cos 2\alpha - 2H\sin\alpha = 100 \times \cos 32°32' - 2 \times 20 \times \sin 16°16' = 73.1$（mm）

取刀柄直径应小于或等于 73.1mm。

4）铣内椭圆面　对于长度较长的内椭圆面（图 14.25），如其长轴直径和铣刀的外径相同时，可以用立铣刀、面铣刀或盘铣刀加工，以提高工效。

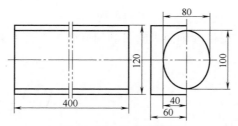

图 14.25　铣内椭圆面

图 14.26 所示工件，长轴直径 $D = 100$mm，可采用相同直径的三面刃铣刀。加工时，工件椭圆面的轴线应平行于工作台面及纵向工作台进给方向，立铣头主轴倾斜角 β 按下式计算：

$$\beta = 90° - \alpha$$

$$\cos\alpha = \frac{d}{D}$$

式中　d——椭圆短轴直径，mm；

$\quad\quad D$——椭圆长轴直径，mm。

例　在立式铣床上加工如图 14.26 所示的内椭圆面，其长轴

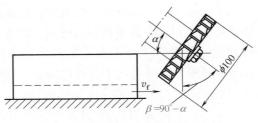

图 14.26　铣内椭圆面

直径 $D=100\mathrm{mm}$，短轴直径 $d=80\mathrm{mm}$，求主轴倾斜角 β。

解：
$$\cos\alpha=\frac{d}{D}=\frac{80}{100}=0.8$$

$$\alpha=36°52'$$

$$\beta=90°-\alpha=90°-36°52'=53°08'$$

（4）大半径圆弧面的铣削

大半径圆弧面通常用成形铣刀加工，也可以在立铣或万能铣上，用小于工件圆弧半径的盘铣刀或面铣刀加工。加工时，立铣小轴轴线倾斜 α 角或万能铣纵向工作台扳转一个 α 角，当工件安装在图 14.27 左边位置，纵向工作台沿 v_{f2} 方向进给时，铣出凹圆弧面；而工件安装在右边位置并沿 v_{f1} 方向进给时，铣出凸圆

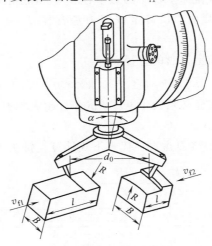

图 14.27　铣削大圆弧面

弧面。如图 14.27 所示为在立式铣床上铣削大圆弧面的情形。

这种方法实质上是用椭圆面来代替圆弧面。因为在椭圆短轴端附近的椭圆曲线，其曲率半径很大，非常接近一段大半径圆弧，所以，在工件要求不高的情况下，可以用这一部分的椭圆表面来近似代替大圆弧表面。

用这种方法铣削，其圆弧半径 R 的大小与铣刀刀尖回转直径 d_0 及倾角 α 有关。因此，加工时应先确定 d_0，然后按圆弧面半径 R 及铣刀刀尖回转直径 d_0 来计算倾角 α，铣刀盘刀尖回转直径 d_0 与倾角 α 的计算公式如下：

$$d_0 \geqslant 2\sqrt{h(2R-h)}$$

$$\sin\alpha = \frac{d_0 + \sqrt{d_0^2 - 4h(2R-h)}}{2(2R-h)}$$

式中　R——工件的圆弧半径，mm；

　　　h——圆弧弦高，mm；

　　　d_0——铣刀盘刀尖的回转直径，mm；

　　　α——立铣铣削时为立铣头主轴倾角，万能铣铣削时为纵向工作台转角。

例　在立式铣床上加工圆弧半径 $R=500\text{mm}$、圆弧弦高 $h=2.5\text{mm}$ 的大圆弧面，试确定铣刀刀盘直径 d_0 及立铣头主轴倾角 α。

解：① 先确定刀盘的直径 d_0

$$d_0 \geqslant 2\sqrt{h(2R-h)} = 2 \times \sqrt{2.5 \times (2 \times 500 - 2.5)} = 99.88(\text{mm})$$

即铣刀盘直径必须大于 99.88mm 且越大越好。先选用的铣刀盘 $d_0=160\text{mm}$。

② 将确定的铣刀盘直径代入下式计算立铣头主轴倾角 α

$$\sin\alpha = \frac{d_0 + \sqrt{d_0^2 - 4h(2R-h)}}{2(2R-h)}$$

$$= \frac{160 + \sqrt{160^2 - 4 \times 2.5 \times (2 \times 500 - 2.5)}}{2 \times (2 \times 500 - 2.5)} = 0.14285$$

$$\alpha = 8°12'46''$$

14.6.6 刀具齿槽的铣削

(1) 圆柱面直齿槽的铣削

圆柱面上的直齿槽，齿槽角不太大时，一般用单角铣刀铣削；大的齿槽角则用不对称双角铣刀铣削。铣直齿槽的计算和调整见表14.61。

◎ **表 14.61 圆柱面直齿槽铣削的计算和调整**

示图	计算和说明
前角 $\gamma = 0°$ 的齿槽 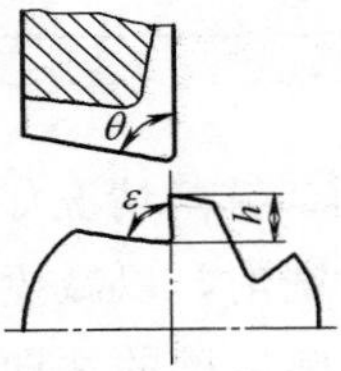 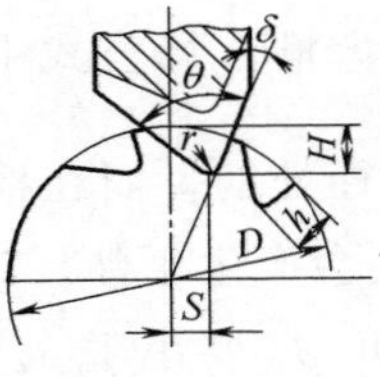 	①铣刀的廓形角 θ 尽量与齿槽角 ε 相等 ②用单角铣刀铣削时(左上图)，应使单角铣刀的端面通过工件(刀坯)中心，深度等于齿槽深度 h ③用双角铣刀铣削时(左下图)，应使小角度一边的锥面刀刃通过工件中心，此时，必须使刀尖偏离工件中心一个距离 S(mm) $$S = \left(\frac{D}{2} - h\right)\sin\delta - \gamma\sqrt{2}\sin(45° - \delta)$$ 式中，D 为工件(刀坯)直径，mm；h 为齿槽深度，mm；δ 为双角铣刀小角度，(°)；γ 为双角铣刀刀尖圆弧半径，mm 自工件最高点起的升高量 H(mm)为 $$H = \frac{D}{2}(1 - \cos\delta) + h\cos\delta - \gamma[\sqrt{2}\cos(45° - \delta) - 1]$$ 若刀尖圆弧半径 γ 忽略不计，则 S 和 H 的计算式可化简为 $$S = \left(\frac{D}{2} - h\right)\sin\delta$$ $$H = \frac{D}{2}(1 - \cos\delta) + h\cos\delta$$
前角 $\gamma > 0°$ 的齿槽 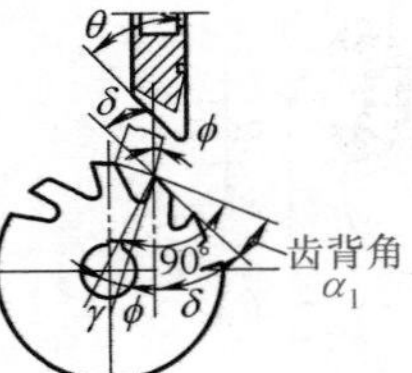 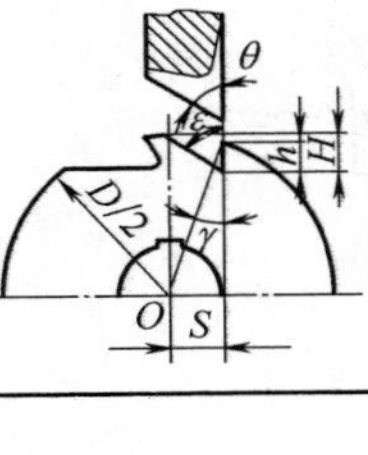 	①用单角铣刀铣削时(左上图)，应使刀尖偏离工件中心的距离 S 和升高量 H，可按下式计算： $$S = \frac{D}{2}\sin\gamma$$ $$H = \frac{D}{2}(1 - \cos\delta) + h$$ ②用双角铣刀铣削时(左下图)，S 和 H 的计算公式为： $$S = \frac{D}{2}\sin(\delta + \gamma) - h\sin\delta - \gamma\sqrt{2}\sin(45° - \delta)$$ $$H = \frac{D}{2}[1 - \cos(\delta - \gamma)] + h\cos\delta - \gamma[\sqrt{2}\cos(45° - \delta) - 1]$$ 式中，D 为工件直径，mm；γ 为工件前角，(°)；h 为槽深度，mm；θ 为双角铣刀小角度，(°)；r 为铣刀刀尖圆弧半径，mm 若 r 忽略不计，则上式为： $$S = \frac{D}{2}\sin(\delta - \gamma) - h\sin\delta \quad H = \frac{D}{2}[1 - \cos(\delta - \gamma)] + h\cos\delta$$

示图	计算和说明
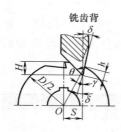 铣齿背	铣削齿背(即第二重后刀面)时,若仍用原来的角度铣刀铣削,则需使工件转过一个角度 ψ,并把工作台横向移动一个合适的距离,如左图所示的位置。ψ 可按下式计算: $\psi = 90° - \theta - \alpha_1 - \gamma$ 式中,θ 为角度铣刀廓形角,(°);α 为齿背后角,(°);γ 为工件前角,(°)
	若加工 $\gamma = 0°$ 的齿槽,则以 $\gamma = 0°$ 代入
	用双角铣刀和单角铣刀铣削,均按上式计算;当上式计算所得 ψ 为正值时,工件应顺时针转;ψ 为负值时,工件应逆时针转

（2）圆柱面螺旋齿槽的铣削

铣削螺旋齿槽的方法与铣削普通螺旋槽相同。铣削情况如图14.28所示。螺旋齿槽一般采用不对称双角铣刀铣削,以减少干涉。在计算偏移距离 S 和升高量 H 时,由于螺旋齿槽的法向截面是一个椭圆,因此,应以 $\dfrac{D}{\cos^2 \beta}$ 来代替铣直齿槽计算公式中的 D,β 为螺旋角。另外,由于螺旋角 β 是指外径处的,而在槽底处的螺旋角要比 β 小,所以,铣削时,在槽底会产生干涉。当 $\beta > 20°$ 时,为了减少干涉,工作台的实际偏转角 β_1 要小于 β。β_1 可按下式计算:

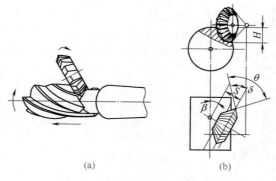

(a)   (b)

图 14.28　铣削螺旋齿槽

$$tan\beta_1 = tan\beta cos(\delta - \gamma)$$

式中　β——螺旋角，(°)；

　　　δ——双角铣刀小角度，(°)；

　　　γ——工件前角，(°)。

若没有合适的不对称双角铣刀而采用单角铣刀铣削时，则应把工作台的实际偏转角比螺旋角 β 大 $1°\sim4°$，使单角铣刀端面在垂直于齿槽的平面上的投影是一个椭圆，以此来代替小角度 δ。

（3）端面齿槽的铣削

直齿三面刃铣刀铣削端面齿槽的情况如图 14.29 所示，应选择廓形角与槽形角相等的单角铣刀。

为了保证端面齿的刃口棱边宽度一致，必须将分度头和工件端面倾斜一个角度，分度头仰角 α 可按下式计算：

$$cos\alpha = tan\frac{360°}{z}cot\theta$$

式中　z——工件齿数；

　　　θ——铣刀角度，(°)。

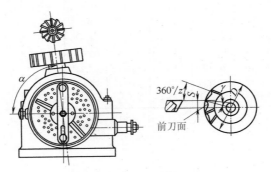

图 14.29　铣削端面齿槽

铣端面齿槽时的分度头仰角可从表 14.62 中查得。

由于圆周上的刀齿有前角 $\gamma=0°$ 和 $\gamma>0°$ 两种情况，故铣刀与工件在横向上的位置也不同。当 $\gamma=0°$ 时，单角铣刀的端面应通过工件中心；当 $\gamma>0°$ 时，单角铣刀的端面应偏移中心一个距

离 S，S 的计算公式为

$$S = \frac{D}{2}\sin\gamma$$

式中　D——工件直径，mm；

　　　γ——圆周齿的前角，(°)。

◇ 表 14.62　铣端面齿槽时的分度头仰角

工件齿数	工作铣刀廓形角 θ							
	85°	80°	75°	70°	65°	60°	55°	50°
5	74°23′	57°08′	34°24′	—	—	—	—	—
6	81°17′	72°13′	62°02′	50°55′	36°08′	—	—	—
8	84°59′	79°51′	74°27′	68°39′	62°12′	54°44′	45°33′	32°57′
10	86°21′	82°38′	78°59′	74°40′	70°12′	65°12′	59°25′	52°26′
12	87°06′	84°09′	81°06′	77°52′	74°23′	70°32′	66°09′	61°01′
14	87°35′	85°08′	82°35′	79°54′	77°01′	73°51′	70°18′	66°10′
16	87°55′	85°49′	83°38′	81°20′	78°52′	76°10′	73°08′	69°40′
18	87°10′	86°19′	84°24′	82°27′	80°14′	77°52′	75°14′	72°13′
20	88°32′	86°43′	85°00′	83°12′	81°17′	79°11′	76°51′	74°11′
22	88°39′	87°02′	85°30′	83°52′	82°08′	80°14′	78°08′	75°44′
24	88°46′	87°18′	85°53′	84°24′	82°49′	81°06′	79°11′	77°01′
26	88°51′	87°30′	86°13′	84°51′	83°24′	81°49′	80°04′	78°04′
28	88°56′	87°42′	86°30′	85°14′	83°53′	82°26′	80°48′	78°58′
30	89°00′	87°51′	86°44′	85°34′	84°19′	82°57′	81°26′	79°44′
32	89°04′	87°59′	86°56′	85°51′	84°37′	83°24′	82°00′	80°24′
34	89°07′	88°07′	87°08′	86°06′	85°00′	83°48′	82°29′	80°59′
36	89°10′	88°13′	87°18′	86°19′	85°24′	84°10′	82°54′	81°29′
38	89°12′	88°19′	87°26′	86°31′	85°32′	84°28′	83°17′	81°57′
40	87°06′	88°24′	87°34′	86°42′	85°46′	84°45′	83°38′	82°22′

第15章

磨削加工

15.1 普通磨料磨具

磨具是由许多细小的磨粒用结合剂固结成一定尺寸形状的磨削工具，如砂轮、磨头、油石、砂瓦等。磨具是由磨粒、结合剂和空隙（气孔）三要素组成，其结构如图 15.1 所示。磨具的磨粒是切削刃，对工件起切削作用。磨粒的材料称磨料。磨具结合剂的作用是将磨粒固结成为一定的尺寸和形状。磨具的空隙（气孔）的作用是容纳切屑和切削液以及散热等作用。为了改善磨具

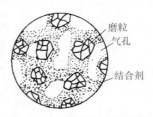

图 15.1 磨具结构示意图

的性能，往往在空隙内浸渍一些填充剂，如硫、二硫化钼、蜡、树脂等起润滑作用，人们把这些填充物看作是固结磨具的第四要素。磨具的制造工艺一般是：混料、加工成形、干燥、烧结、整形、平衡、硬度检测、回旋试验等。

15.1.1 普通磨料的品种、代号、特点和应用

普通磨料包括刚玉系和碳化物系，其品种、代号、特点及应用范围如表 15.1 所示。磨具的工作特性是指磨具的磨料、粒度、结合剂、硬度、组织、强度、形状和尺寸等，其特点和应用下面论述。

◇ 表 15.1　普通磨料的品种、代号及应用（GB/T 2476—2016）

类别	名称	代号	特性	适用范围
刚玉系	棕刚玉	A	棕褐色。硬度高，韧性大，价格便宜	磨削和研磨碳钢、合金钢、可锻铸铁、硬青铜
	白刚玉	WA	白色。硬度比棕刚玉高，韧性比棕刚玉低	磨削、研磨、珩磨和超精加工淬火钢、高速钢、高碳钢及磨削薄壁工件
	单晶刚玉	SA	浅黄或白色。硬度和韧性比白刚玉高	磨削、研磨和珩磨不锈钢和高钒高速钢等高强度韧性大的材料
	微晶刚玉	MA	颜色与棕刚玉相似。强度高，韧性和自励性能良好	磨削或研磨不锈钢、轴承钢、球墨铸铁，并适于高速磨削
	铬刚玉	PA	玫瑰红或紫红色。韧性比白刚玉高，磨削表面粗糙度小	磨削、研磨或珩磨淬火钢、高速钢、轴承钢和磨削薄壁工件
	锆刚玉	ZA	黑色。强度高，耐磨性好	磨削或研磨耐热合金、耐热钢、钛合金和奥氏体不锈钢
	黑刚玉	BA	黑色。颗粒状，抗压强度高。韧性大	重负荷磨削钢锭
碳化物系	黑碳化硅	C	黑色有光泽。硬度比白刚玉高，性脆而锋利，导热性和导电性良好	磨削、研磨、珩磨铸铁、黄铜、陶瓷、玻璃、皮革、塑料等
	绿碳化硅	GC	绿色。硬度和脆性比黑碳化硅高，具有良好的导热和导电性能	磨削、研磨、珩磨硬质合金、宝石、玉石及半导体材料等
	立方碳化硅	SC	淡绿色。立方晶体，强度比黑碳化硅高，磨削力较强	磨削或超精加工不锈钢、轴承钢等硬而黏的材料
	碳化硼	BC	灰黑色。硬度比黑绿碳化硅高，耐磨性好	研磨或抛光硬质合金刀片、模具、宝石及玉石等

15.1.2　普通磨料粒度

粒度是指磨料颗粒的大小。粒度有两种测定方法，筛分法和光电沉降仪法（或沉降管粒度仪法）。筛分法是以网筛孔的尺寸来表示、测定磨料粒度。微粉是以沉降时间来测定的。粒度号越大，磨粒的颗粒越小。磨料的粒度标记及尺寸如表 15.2 所示，微粉粒度标记及尺寸如表 15.3 所示。

◇ 表 15.2　磨料的粒度（GB/T 2481.1—1998）

粒度标记	最粗粒 基本尺寸(mm)	最粗粒 基本尺寸(μm)	最粗粒 允许偏差	粗粒 基本尺寸(mm)	粗粒 基本尺寸(μm)	粗粒 允许偏差	基本粒 基本尺寸(mm)	基本粒 基本尺寸(μm)	基本粒 允许偏差	混合粒 基本尺寸(mm)	混合粒 基本尺寸(μm)	混合粒 允许偏差	细粒 基本尺寸(mm)	细粒 基本尺寸(μm)	细粒 允许偏差
F4	8.00	—	0	5.60	—	+4	4.75	—	−4	4.00	—	−4	3.35	—	—
F5	6.70	—	0	4.75	—	+4	4.00	—	−4	3.35	—	−4	2.80	—	—
F6	5.60	—	0	4.00	—	+4	3.35	—	−4	2.80	—	−4	2.36	—	—
F7	4.75	—	0	3.35	—	+4	2.80	—	−4	2.36	—	−4	2.00	—	—
F8	4.00	—	0	2.80	—	+4	2.36	—	−4	2.00	—	−4	1.70	—	—
F10	3.35	—	0	2.36	—	+4	2.00	—	−4	1.70	—	−4	1.40	—	—
F12	2.80	—	0	2.00	—	+4	1.70	—	−4	1.40	—	−4	1.18	—	—
F14	2.36	—	0	1.70	—	+4	1.40	—	−4	1.18	—	−4	1.00	—	—
F16	2.00	—	0	1.40	—	+4	1.18	—	−4	1.00	—	−4	—	850	−4
F20	1.70	—	0	1.18	—	+4	1.00	—	−4	—	850	−4	—	710	−4
F22	1.40	—	0	1.00	—	+4	—	850	−4	—	710	−4	—	600	−4
F24	1.18	—	0	—	850	+4	—	710	−4	—	600	−4	—	500	−4
F30	1.00	—	0	—	710	+4	—	600	−4	—	500	−4	—	425	−4
F36	—	850	0	—	600	+4	—	500	−4	—	425	−4	—	355	−4
F40	—	710	0	—	500	+4	—	425	−4	—	355	−4	—	300	−4
F46	—	600	0	—	425	+4	—	355	−4	—	300	−4	—	250	−4
F54	—	500	0	—	355	+4	—	300	−4	—	250	−4	—	212	−4
F60	—	425	0	—	300	+4	—	250	−4	—	212	−4	—	180	−4
F70	—	355	0	—	250	+3	—	212	−3	—	180	−3	—	150	−3
F80	—	300	0	—	212	+3	—	180	−3	—	150	−3	—	125	−3
F90	—	250	0	—	180	+3	—	150	−3	—	125	−3	—	106	−3
F100	—	212	0	—	150	+3	—	125	−3	—	106	−3	—	90	−3
F120	—	180	0	—	125	+3	—	106	−3	—	90	−3	—	75	−3
F150	—	150	0	—	106	+3	—	90	−3	—	75	−3	—	63	−3
F180	—	125	0	—	90	+3	—	75	−3	—	63	−3	—	53	−3
F220	—	106	0	—	75	+3	—	63	−3	—	53	−3	—	45	−3

◇ 表 15.3　微粉的粒度（GB/T 2481.2—2009）

粒度标记	基本尺寸/μm	允许偏差 ·
F230	82～34	+3.5～-1.5
F240	70～28	
F280	59～22	+25～-0.8
F320	49～16.5	
F360	40～12	
F400	32～8	
F500	25～5	+2.0～-0.5
F600	19～3	
F800	14～2	
F1000	10～1	+1.5～-0.4
F1200	7～1	

15.1.3　普通磨具结合剂代号性能及应用

结合剂的作用是将磨粒固结成为一定的尺寸和形状的磨具。结合剂直接影响磨料黏结的牢固程度，这主要与结合剂本身的耐热、耐腐蚀性能等有关。结合剂的种类及其性能，还影响磨具的硬度和强度。结合剂的名称、代号、性能及应用范围如表 15.4所示。

◇ 表 15.4　结合剂的名称、代号、性能及应用范围（GB/T 2484—2018）

名称及代号	性能	应用范围
陶瓷 结合剂 V	化学性能稳定、耐热、抗酸碱、气孔率大，磨耗小、强度高、能较好地保持外形，应用广泛 含硼的陶瓷结合剂，强度高，结合剂的用量少，可相应增大磨具的气孔率	适于内圆、外圆、无心、平面、成形及螺纹磨削、刃磨、珩磨及超精磨等。适于加工各种钢材、铸铁、有色金属及玻璃、陶瓷等磨削 适于大气孔率砂轮
树脂 结合剂 B	结合强度高，具有一定弹性，高温下容易烧毁，自锐性好、抛光性较好、不耐酸碱 可加入石墨或铜粉制成导电砂轮	适于珩磨、切割和自由磨削，如薄片砂轮、高速、重负荷、低粗糙度磨削，打磨铸、锻件毛刺等砂轮及导电砂轮
增强树脂 结合剂 BF	树脂结合剂加入纤维增加砂轮强度	适于高速砂轮（$v_s=60～90\text{m/s}$），薄片砂轮，打磨焊缝或切断

续表

名称及代号	性能	应用范围
橡胶结合剂 R	强度高,比树脂结合剂更富弹性,气孔率较小,磨具钝化后易脱落。缺点是耐热性差(150℃),不耐酸碱、磨时有臭味	适于精磨、镜面磨削砂轮,超薄型片状砂轮,轴承、叶片、钻头沟槽等用抛光砂轮,无心磨导轮等
菱苦土结合剂 Mg(L)	结合强度较陶瓷结合剂差,但有良好的自锐性能,工作时发热量小,因此在某些工序上磨削效果反而优于其他结合剂。缺点是易水解,不宜湿磨	适于磨削热传导性差的材料及磨具与工件接触面大的磨削；适于石材、切纸刀具、农用刀具、粮食加工、地板胶体材料加工等,砂轮速度一般小于 20m/s

15.1.4　磨具的硬度代号及应用

磨具的硬度是指结合剂黏结磨粒的牢固程度。磨具的硬度愈高,磨粒愈不易脱落。注意不要把磨具的硬度与磨料的硬度(指显微硬度)混同起来。磨具的硬度代号如表 15.5 所示。

◇ 表 15.5　磨具的硬度代号及应用（GB/T 2484—2018）

硬度	软——硬																		
代号	A	B	C	D	E	F	G	H	J	K	L	M	N	P	Q	R	S	T	Y
	超软				很软			软			中级			硬				很硬	超硬
应用范围	外圆磨削																		
	无心磨和螺纹磨																		
	平面磨削																		
	工具磨削																		
	超精(低粗糙度)磨削																		
	珩磨																		
	缓进给磨削												去毛刺磨削						
														重负荷磨削					

15.1.5　磨具组织号及其应用

磨具的组织是指磨具中磨粒、结合剂和空隙(气孔)三者之间体积的比例关系,用磨粒率表示,指磨粒所占磨具体积的百分

751

比。磨粒所占的体积百分比越大，空隙就越小，磨具的组织越紧密；反之，空隙越大，磨具的组织越疏松。磨具组织号与磨粒率的关系如表 15.6 所示。组织号越大，磨粒率越小，组织越疏松，磨削时不易被磨屑堵塞，切削液和空气能带入切削区以降低磨削温度，但磨具的磨耗快，使用寿命短，不易保持磨具形状尺寸，降低了磨削精度。反之，组织越紧密，磨具的寿命越长，磨削精度容易保证。

◇ **表 15.6 磨具的组织号及其应用（GB/T 2484—2018）**

组织号	0、1、2、3、4、5、6、7、8、9、10、11、12、13、14													
磨粒率	大 ——→ 小													
	GB/T 2484—2018													
组织号	0	1	2	3	4	5	6	7	8	9	10	11	12	13	14
磨粒率/%	62	60	58	56	54	52	50	48	46	44	42	40	38	36	34
应用范围	重负荷磨削，成形、精密磨削，间断磨削及自由磨削，或加工硬脆材料等				无心磨、内圆磨、外圆磨和工具磨，淬火钢工件磨削及刀具刃磨等				粗磨和磨削韧性大、硬度不高的工件，机床导轨和硬质合金刀具磨削，适合磨削薄壁、细长工件或砂轮与工件接触面大以及平面磨削等					磨削热敏性较大的钨银合金、磁钢、有色金属以及塑料、橡胶等非金属材料	

15.1.6 磨具的强度

磨具的强度是指磨具高速旋转时，抵抗由离心力引起磨具破碎的能力。砂轮在高速旋转时，产生的离心力与砂轮的圆周速度平方成正比，当圆周速度大到一定程度时，离心力超过砂轮粘贴剂的结合能力时，砂轮就会破碎。为了保证磨削工件时砂轮不破碎，一般进行回旋试验。GB 2494—2014 规定了不同类型、不同结合剂的砂轮的最高工作速度，如表 15.7 所示。如最高工作速度为 50m/s，表示回旋试验速度是以最高工作速度乘以安全系数（1.6）即 $50 \times 1.6 = 80$ （m/s），进行回旋试验 30s 的速度。

15.1.7 磨具的形状尺寸

磨具的选择，应根据磨床的类型和工件的形状而定。GB/T

2484—2018规定了砂轮、磨头、砂瓦的形状尺寸代号，常用的如表15.8所示。

◇ **表 15.7 砂轮最高工作速度（GB 2494—2014）**

序号	磨具类别	形状代号	最高工作速度/(m/s)				
			陶瓷结合剂	树脂结合剂	橡胶结合剂	菱苦土结合剂	增强树脂结合剂
1	平形砂轮	1	35	40	35	—	—
2	丝锥板牙抛光砂轮	1	—	—	20	—	—
3	石墨抛光砂轮	1	—	30	—	—	—
4	镜面磨砂轮	1	—	25	—	—	—
5	柔性抛光砂轮	1	—	—	23	—	—
6	磨螺纹砂轮	1	50	50	—	—	—
7	重负荷磨砂轮	1	—	50～80	—	—	—
8	筒形砂轮	2	25	30	—	—	—
9	单斜边砂轮	3	35	40	—	—	—
10	双斜边砂轮	4	35	40	—	—	—
11	单面凹砂轮	5	35	40	35	—	—
12	杯形砂轮	6	30	35	—	—	—
13	双面凹一号砂轮	7	35	40	35	—	—
14	双面凹二号砂轮	8	30	35	—	—	—
15	碗形砂轮	11	30	35	—	—	—
16	碟形砂轮	12a 12b	30	35	—	—	—
17	单面凹带锥砂轮	23	35	40	—	—	—
18	双面凹带锥砂轮	26	35	40	—	—	—
19	铗形砂轮	27	—	—	—	—	60～80
20	砂瓦	31	30	30	—	—	—
21	螺栓紧固平形砂轮	36	—	35	—	—	—
22	单面凸砂轮	38	35	—	—	—	—
23	薄片砂轮	41	35	50	50	—	60～80
24	磨转子槽砂轮	41	35	35	—	—	—
25	碾米砂轮	JM1-7	20	20	—	—	—
26	菱苦土砂轮	1、2、2a、2b、2c、2d、6、6a	—	—	—	20～30	—
27	蜗杆砂轮	PMC	35～40	—	—	—	—
28	高速砂轮	—	50～60	50～60	—	—	—
29	磨头	52 53	25	25	—	—	—
30	棕刚玉粒度为 F30 及更粗，且硬度等级为 M 及更硬的砂轮	—	35、40、50	35、40、50	—	—	—
31	深切缓进给磨砂轮	1、5、11、12b	35	—	—	—	—

◇ 表 15.8 磨具的名称代号和尺寸标记（GB/T 2484—2018）

砂轮代号	名称	断面图	形状尺寸标记	基本用途
1	平形砂轮	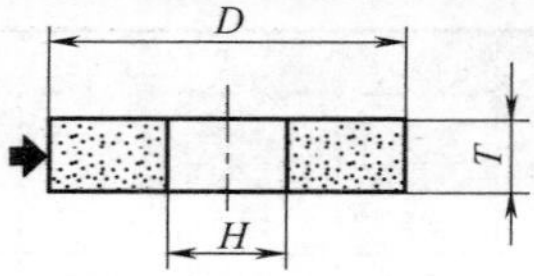	1-$D \times T \times H$	外圆、内圆、平面、无心磨及刃磨等
2	筒形砂轮	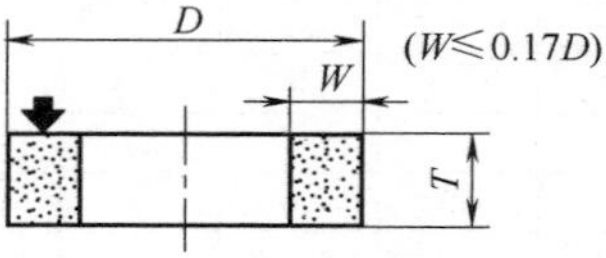 ($W \leqslant 0.17D$)	2-$D \times T$-H	用于立式平面磨床
3	单斜边砂轮	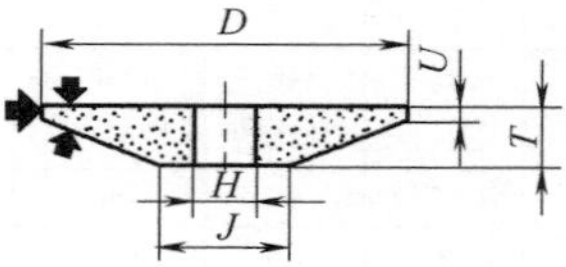	3-$D/J \times T$ /$U \times H$	刃磨铣刀、铰刀及插齿刀等
4	双斜边砂轮	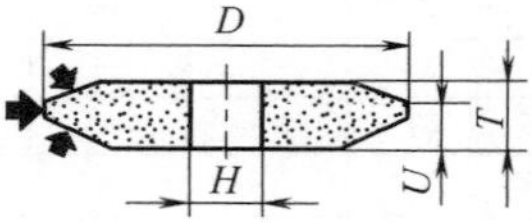	4-$D \times T$ /$U \times H$	单线螺纹和齿轮磨削等
5	单面凹砂轮	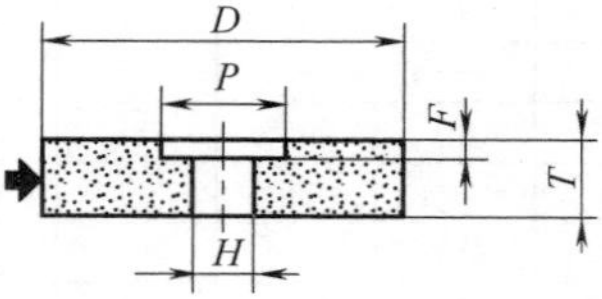	5-$D \times T \times$ H-P,F	磨削内圆和平面,外径较大者可用于磨外圆
6	杯形砂轮	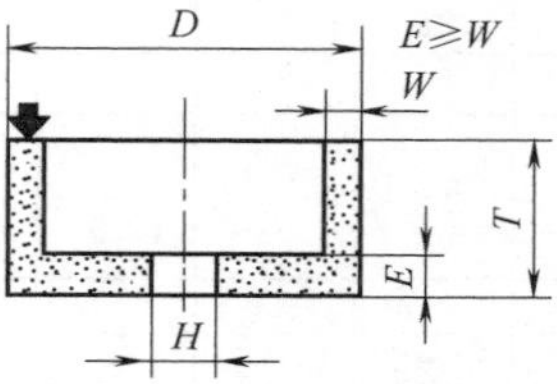	6-$D \times H \times$ H-W,E	用其端面磨削平面或刀具刃磨,也可用圆柱面磨削内圆
7	双面凹一号砂轮	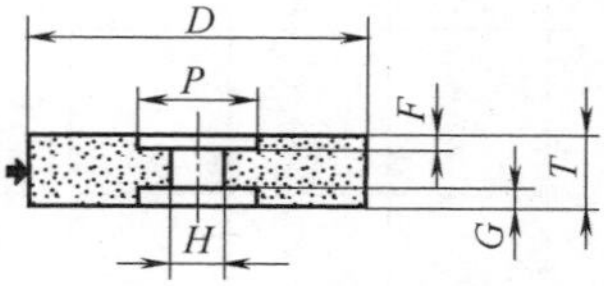	7-$D \times T \times$ H-P,F,G	

砂轮代号	名称	断面图	形状尺寸标记	基本用途
8	双面凹二号砂轮		8-$D \times T \times$ H-W,J,F,G	外圆、平面、无心磨削及刃磨
11	碗形砂轮	$E \geqslant W$	11-$D/J \times$ $T \times H$- W,E,K	刃磨各种刀具及机床导轨
12a	碟形一号砂轮		12a-$D/J \times$ $T/U \times H$- W,E,K	刃磨各种刀具,大型碟形砂轮可磨削齿轮齿面
12b	碟形二号砂轮		12b-$D/J \times T/$ $U \times H$-E,K	主要用于磨锯条齿
23	单面凹带锥砂轮		23-$D/J \times T/$ $N \times H$-P,F	磨削外圆兼靠端面
26	双面凹带锥砂轮		26-$D/J \times T/$ $N/O \times H$- P,F,G	磨削外圆兼靠端面

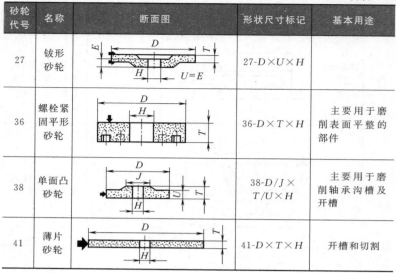

砂轮代号	名称	断面图	形状尺寸标记	基本用途
27	钹形砂轮		27-D×U×H	
36	螺栓紧固平形砂轮		36-D×T×H	主要用于磨削表面平整的部件
38	单面凸砂轮		38-D/J×T/U×H	主要用于磨削轴承沟槽及开槽
41	薄片砂轮		41-D×T×H	开槽和切割

15.1.8　普通磨料磨具的标记

磨具的各种特性可以用标记表示。根据 GB/T 2484—2018 规定，在磨具标记中，各种特性代号的表达顺序为：名称形状代号-尺寸-磨料、粒度、硬度、组织、结合剂-最高工作速度。

标记示例：

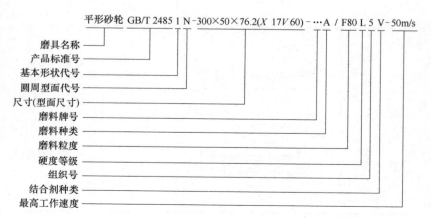

15.2 　超硬磨料磨具

超硬磨料是指金刚石和立方氮化硼等硬度显著高的磨料。

金刚石磨粒棱角锋利、耐用、磨削能力强、磨削力小，有利于提高工件精度和降低表面粗糙度。金刚石砂轮磨削温度低，可避免工件表面烧伤、裂纹和组织变化等。金刚石砂轮的耐热性较低（700～800℃），切削温度高时会丧失切削能力。金刚石与铁元素亲和能力很强，造成化学磨损，一般不宜磨削钢铁材料。

立方氮化硼磨具的热稳定性好，耐热温度高达1200℃以上，不易与铁族元素产生化学反应，故适于加工硬而韧性高的钢件（如超硬高速钢）及高温时硬度高、热传导率低的材料，耐磨性好，如磨削合金工具钢，有利于实现加工自动化。在加工硬质合金等材料时，金刚石砂轮优于立方氮化硼砂轮；但加工高速钢、耐热钢、模具钢等合金钢时，其金属切除率是金刚石砂轮的10倍，是白刚玉砂轮的60～100倍。立方氮化硼适于磨钢铁类材料，磨削时不宜用水剂冷却液，多用干磨或用轻质矿物油（煤油、柴油）冷却。

15.2.1　超硬磨料的品种、代号及应用

◇ 表15.9　超硬磨料的品种、代号及应用

品种		适用范围		
系列	代号	粒度		推荐用途
		窄范围	宽范围	
人造金刚石	RVD	60/70～325/400		树脂、陶瓷结合剂制品等
	MBD	35/40～325/400	30/40～60/80	金属结合剂磨具，锯切、钻探工具及电镀制品等
	SCD	60/70～325/400		树脂结合剂磨具，加工钢与硬质合金组合件等
	SMD	16/18～60/70	16/20～60/80	锯切、钻探和修整工具等
	DMD	16/18～60/70	16/20～40/50	修整工具等
	M-SD	36/54～0/0.5		硬、脆材料的精磨、研磨和抛光等

品种		适用范围		
系列	代号	粒度		推荐用途
		窄范围	宽范围	
立方氮化硼	CBN	20/25～325/400	20/30～60/80	树脂、陶瓷、金属结合剂制品
	M-CBN	36/35～0/0.5		硬、韧金属材料的研磨和抛光

15.2.2 超硬磨料的粒度

◇ 表 15.10 超硬磨料粒度及尺寸范围（GB/T 6406—2016）

范围	粒度标记	通过网孔基本尺寸/μm	不通过网孔基本尺寸/μm	范围	粒度标记	通过网孔基本尺寸/μm	不通过网孔基本尺寸/μm
窄范围	16/18	1180	1000	窄范围	120/140	125	106
	18/20	1000	850		140/170	106	90
	20/25	850	710		170/200	90	75
	25/30	710	600		200/230	75	63
	30/35	600	500		230/270	63	53
	35/40	500	425		270/325	53	45
	40/45	425	355		325/400	45	38
	45/50	355	300	宽范围	16/20	1180	850
	50/60	300	250		20/30	850	600
	60/70	250	212		30/40	600	425
	70/80	212	180		40/50	425	250
	80/100	180	150		60/80	250	180
	100/120	150	125				

◇ 表 15.11 超硬磨料微粉的粒度及其尺寸（JB/T 7990—2012）

粒度标记	公称尺寸范围/μm	粗粒最大尺寸 D_{max}/μm	细粒最小尺寸 D_{min}/μm	粒度组成
M0/0.5	0～0.5	0.7	—	
M0/1	0～1	1.4	—	
M0.5/1	0.5～1	1.4	0	①不得有大于粗粒最大尺寸以上的颗粒
M0.5/1.5	0.5～1.5	1.9	0	
M0/2	0～2	2.5	—	②粗粒含量不得超过3%
M1/2	1～2	2.5	0.5	
M1.5/3	1.5～3	3.8	1	
M2/4	2～4	5.0	1	

粒度标记	公称尺寸范围/μm	粗粒最大尺寸 D_{max}/μm	细粒最小尺寸 D_{min}/μm	粒度组成
M2.5/5	2.5～5	6.3	1.5	
M3/6	3～6	7.5	2	
M4/8	4～8	10.0	2.5	③细粒含量：
M5/10	5～10	11.0	3	M3/6 以细的各粒度不
M6/12	6～12	13.2	3.5	得超过 8%
M8/12	8～12	13.2	4	M4/8～M10/20 不得超
M8/16	8～16	17.6	4	过 18%
M10/20	10～20	22.0	6	M12/22～M36/54 不得
M12/22	12～22	24.2	7	超过 28%
M20/30	20～30	33.0	10	④各粒度最细粒含量均
M22/36	22～36	39.6	12	不得超过 2%
M36/54	36～54	56.7	15	

15.2.3 超硬磨具的结合剂

结合剂的主要作用是黏结超硬磨料并使磨具有正确的几何形状。超硬磨料磨具结合剂的类型代号、性能与应用范围如表 15.12 所示。

◇ **表 15.12　超硬磨料结合剂及其代号、性能和应用范围**

结合剂及其代号	性能	应用范围
树脂结合剂 B	磨具自锐性好，故不易堵塞，有弹性，抛光性能好，但结合强度差，不宜结合较粗粒，耐磨耐热性差，故不适于较重负荷磨削，可采用镀敷金属衣磨料，以改善结合性能	金刚石磨具主要用于硬质合金工件及刀具以及非金属材料的半精磨和精磨；立方氮化硼磨具主要用于高钒高速钢刀具的刃磨以及工具钢、不锈钢、耐热合金钢工件的半精磨与精磨
陶瓷结合剂 V	耐磨性较树脂结合剂高，工作时不易发热和堵塞，热膨胀量小，且磨具易修整	常用于精密螺纹、齿轮的精磨及接触面较大的成形磨，并适于加工超硬材料烧结体的工件
金属结合剂 M(青铜)	结合强度较高，形状保持性好，使用寿命较长，且可承受较大负荷，但磨具自锐性能差，易堵塞发热，故不宜结合细粒度磨料，磨具修整也较困难	金刚石磨具主要用于对玻璃、陶瓷、石料、半导体等非金属硬脆材料的粗、精磨及切割、成形磨以及对各种材料的珩磨；立方氮化硼磨具用于合金钢等材料的珩磨，效果显著

结合剂及其代号	性能	应用范围
电镀金属结合剂	结合强度高,表层磨粒密度较高,且均裸露于表面,故切削刃口锐利,加工效率高,但由于镀层较薄,因此使用寿命较短	多用于成形磨削、制造小磨头、套料刀、切割锯片及修整滚轮等;电镀金属立方氮化硼磨具用于加工各种钢类工件的小孔,精度好,效率高,对小径盲孔的加工效果尤显优越

15.2.4 超硬磨具的浓度和硬度

（1）超硬磨具的浓度

超硬磨具的浓度是指磨具工作层内每立方厘米体积内超硬磨料的含量,浓度越高,说明超硬磨料的含量越高。浓度代号与超硬磨料含量如表15.13所示。

◇ 表15.13 浓度代号（GB/T 6409.1—1994）

代号	磨料含量/(g/cm^3)	浓度
25	0.22	25%
50	0.44	50%
75	0.66	75%
100	0.88(4.4 克拉/cm^3)	100%
150	1.32	150%

浓度的选择直接影响磨削效率和加工成本,浓度过高时,会造成砂轮磨粒过早脱落磨损和成本增加,浓度主要与结合剂有关,常用结合剂、超硬磨料浓度及适用范围如表15.14所示。

◇ 表15.14 常用结合剂、超硬磨料浓度及适用范围

结合剂	金刚石砂轮浓度/%	CBN砂轮浓度/%	适用范围
树脂B	50～75	75～100	半精磨、精磨、工作面较宽、抛光、研磨
陶瓷V	75～100	75～125	半精磨、精磨
青铜M	100～150	100～150	粗磨、半精磨、小面积磨削、磨槽
电镀金属M	100～150	150～200	成形磨、小孔磨削、切割

（2）超硬磨具的硬度

超硬磨具的硬度取决于结合剂的性质、成分、数量以及磨具

的制造工艺，直接影响磨削效率和磨具磨损，目前尚未统一标准，由生产厂家自行控制。超硬磨料磨具的磨削性能比普通的好，加工表面质量也高，目前，陶瓷结合剂、金属结合剂与电镀砂轮，一般不标注硬度，树脂结合剂超硬砂轮一般标注 J（软）、N（中）、R（中硬）、S（硬）四个硬度级。

15.2.5 超硬磨具结构、形状和尺寸

超硬磨具的结构由磨料层、过渡层和基体三部分组成，如图15.2所示。磨料层由超硬磨料和结合剂组成。过渡层不含磨料，由结合剂和其他材料组成，其作用是将超硬磨料层牢固地黏合在基体上，保证磨料层能全部被利用。基体支撑超硬磨料层工作和便于装卡，金属结合剂一般采用铜或铜合金作基体材料；树脂结合剂采用铝、铝合金或电木作基体材料；陶瓷结合剂则采用陶瓷作基体材料。

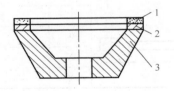

图 15.2 超硬磨具结构

1—磨料层；2—过渡层；3—基体

（1）超硬砂轮、油石及磨头的尺寸代号和术语（见表 15.15）

（2）超硬磨具的形状代号

超硬磨具的形状代号用数字和字母来表示，包括：基体形状结构变型代号（见表 15.16）、磨料层断面形状代号（见表 15.17）、磨料层在基体上的位置代号（见表 15.18）。

（3）超硬砂轮、油石及磨头的形状代号

超硬砂轮、油石及磨头的形状代号是由超硬磨具基体基本形状代号、超硬磨料层断面形状代号和超硬磨料层在基体上的位置代号组合而成，见表 15.19。

◎ 表 15.15　超硬砂轮、油石及磨头的尺寸代号和术语（GB/T 6409.1—1994）

尺寸	代号	名称
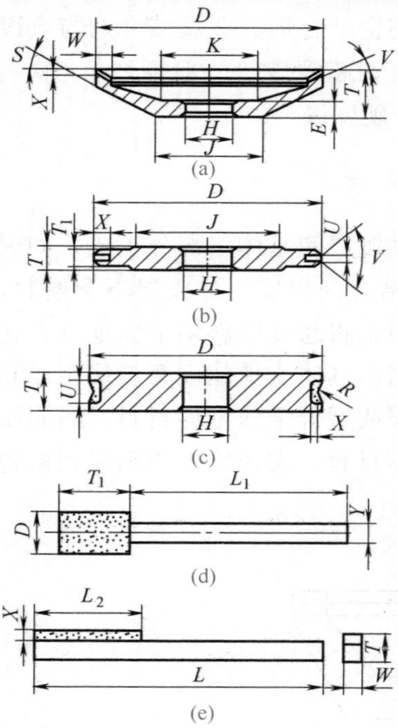 (a) (b) (c) (d) (e)	D	直径
	E	孔处厚度
	H	孔径
	J	台径
	K	凹面直径
	L	柄长
	L_1	轴长
	L_2	磨料层长度
	R	半径
	S	基体角度
	T	总厚度
	T_1	基体厚度
	U	磨料层厚度（当小于 T 或 T_1 时）
	V	面角（磨料层）
	W	磨料层宽度
	X	磨料层深度
	Y	芯轴直径

◎ 表 15.16　超硬磨具基体形状结构变型代号（GB/T 6409.1—1994）

代号	变型	形状	定义
B	埋头孔	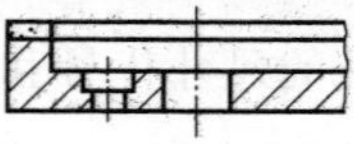	基体内钻有埋头孔
C	锥形埋头孔	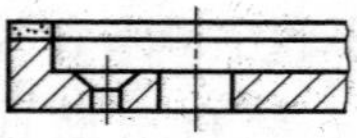	基体内钻有锥形埋头孔
H	直孔	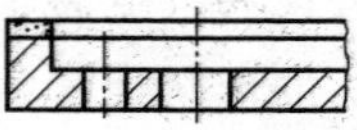	基体内钻有直孔
M	直孔和螺纹孔	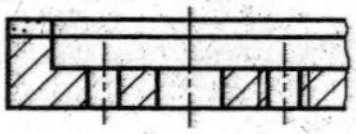	基体内有混合孔（既有直孔又有螺纹孔）

代号	变型	形状	定义
P	单面减薄		砂轮基体的一端面减薄,其厚度小于砂轮的厚度
Q	磨料层嵌入		磨料层三个面部分或整个地嵌入基体
R	双面减薄		砂轮基体的两端面减薄,其厚度小于砂轮的厚度
S	扇形金刚石锯齿		金刚石锯齿装于整体的基体上(锯齿间隙与定义无关)
SS	扇形金刚石锯齿		金刚石锯齿装于带槽的基体上
T	螺纹孔		基体带螺纹孔
V	磨料层倒镶式		镶在基体上磨料层的内角或弧的凹面朝外 例外:磨料层形状 AH 镶在其弧凹面朝外的基体上
W	在芯轴上		在基体周边有磨料层的带柄磨头
Y	倒镶式嵌入		见 Q 和 V 定义

第15章 磨削加工

◇ 表 15.17　磨料层断面形状代号（GB/T 6409.1—1994）

代号	形状	代号	形状	代号	形状	代号	形状	代号	形状
A		D		F		K		QQ	
AH		DD		FF		L		R	
B		E		G		LL		S	
BT		EE		GN		M		U	
C		ER		H		P		V	
CH		ET		J		Q		Y	

◇ 表 15.18　磨料层在基体上的位置代号（GB/T 6409.1—1994）

代号	位置	形状	定义
1	周边		磨料层位于基体的周边，并延伸于整个砂轮厚度（轴向），其厚度可大于、等于或小于磨料层的宽度（径向），基体的一个或多个凸台不计入砂轮厚度（对此定义而言）
2	端面		磨料层位于基体的端面，其宽度从周边伸向中心。它可覆盖或不覆盖整个端面，磨料层的宽度大于其厚度
3	双端面		磨料层位于基体的两端面，并从周边伸向中心。它可以覆盖或不覆盖整个端面。磨料层的宽度应大于其厚度
4	内斜面或弧面		此代号应用于 2、6、11、12 和 15 型的砂轮基体，磨料层位于端面壁上，此壁以一个角度或弧度从周边较高点向中心较低点延伸

代号	位置	形状	定义
5	外斜面或弧面	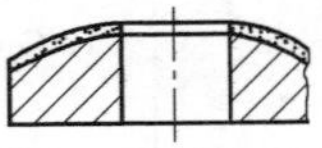	此代号应用于 2、6、11、12 和 15 型的砂轮基体。磨料层位于基体端面壁上。此壁以一个角度或弧度从周边较低点向中心较高点延伸
6	周边一部分	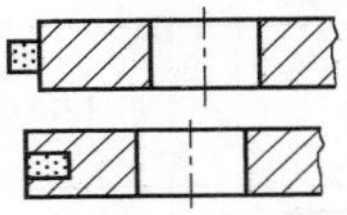	磨料层位于基体周边,但不占有基体整个厚度,也不覆盖任一端面
7	端面一部分	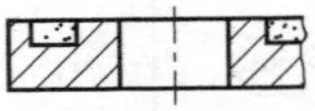	磨料层位于基体的一个端面上、而不延伸到基体的周边。但它可以或不延伸至中心
8	整体	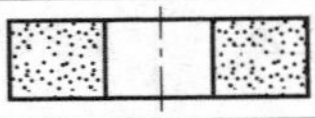	砂轮全部由磨料和结合剂组成,无基体
9	边角	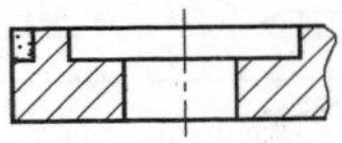	磨料层只占基体周边上的一个角,而不延伸向另一角
10	内孔	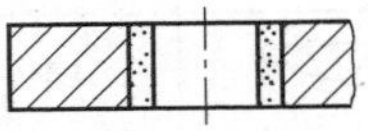	磨料层位于基体的整个内孔

◇ 表 15.19　超硬砂轮、油石及磨头的形状代号（GB/T 6409.1—1994）

系列	名称	形状	代号	主要用途
平形系	平形砂轮	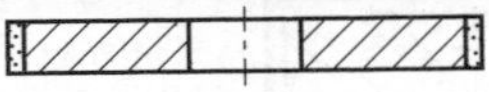	1A1	外圆、内圆、平面、无心磨、刃磨、螺纹磨、电解磨等
	平形倒角砂轮	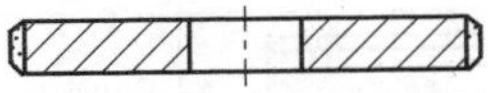	1L1	
	平形加强砂轮	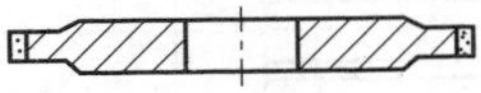	14A1	
	弧形砂轮	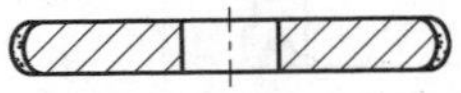	1FF1	
		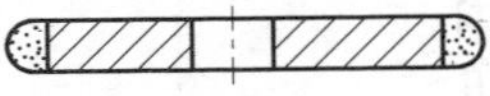	1F1	
	平形燕尾砂轮	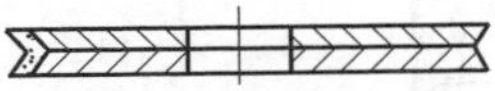	1EE1V	
	双内斜边砂轮	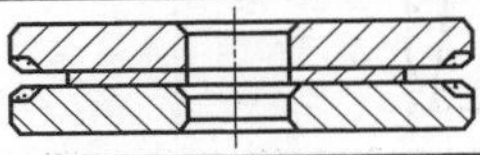	1V9	

系列	名称	形状	代号	主要用途
平行系	切割砂轮	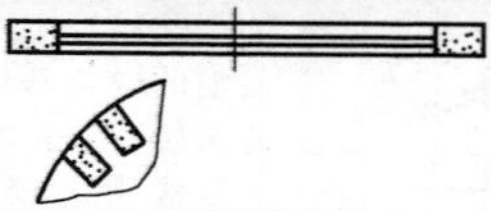	1AQ6	切割非金属材料
	薄片砂轮	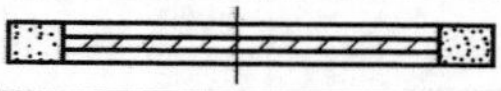	1A1R	
	平形小砂轮	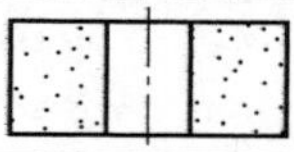	1A8	磨内孔、模具整形
	双斜边砂轮	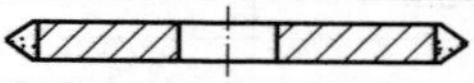	1E6Q	外圆、内圆、平面、无心磨、刃磨、螺纹磨、电解磨、磨槽、磨齿等
		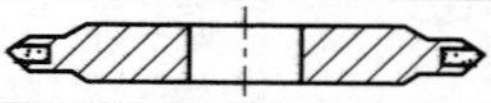	14E6Q	
		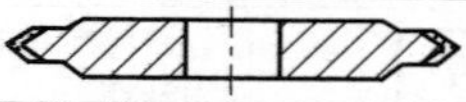	14EE1	
		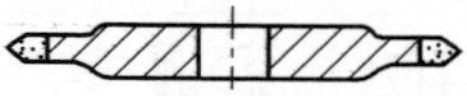	14E1	
		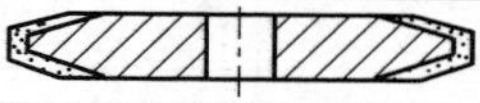	1DD1	
	单斜边砂轮	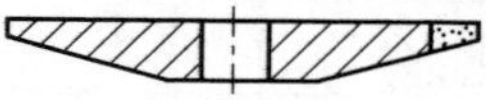	4B1	
	单面凹砂轮	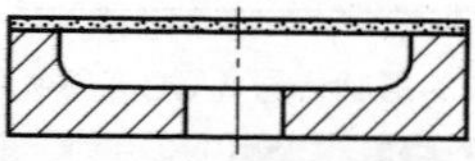	6A2	
	双面凹砂轮	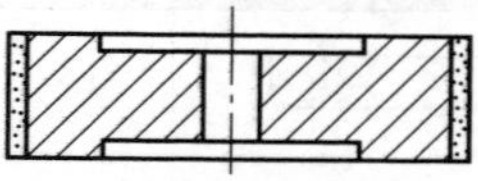	9A1	
		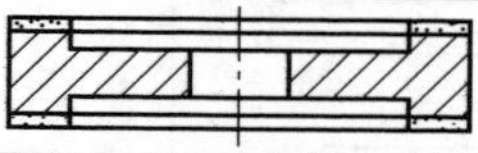	9A3	
筒形系	筒形砂轮	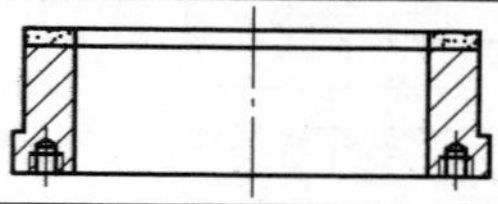	6A2T	磨光学玻璃平面、球面、弧面等
	筒形1号砂轮	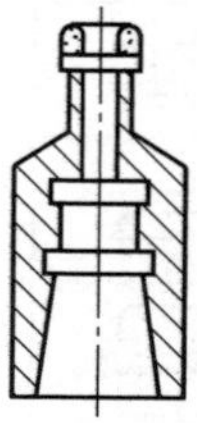	2F2/1	

机械工综合切削手册

系列	名称	形状	代号	主要用途
筒形系	筒形2号砂轮	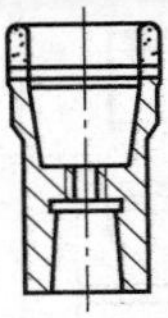	2F2/2	磨光学玻璃平面、球面、弧面等
	筒形3号砂轮	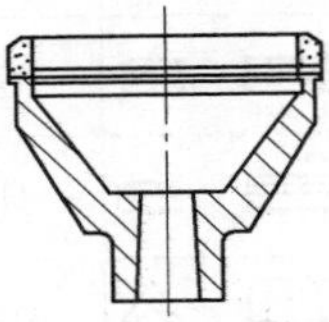	2F2/3	
杯形系	杯形砂轮	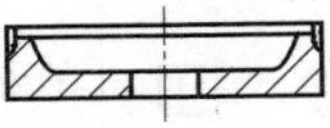	6A9	刃磨
	碗形砂轮		11A2	刃磨、电解磨
		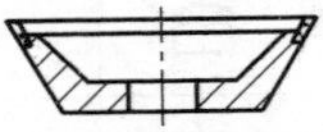	11V9	磨齿形面
碟形系	碟形砂轮		12A2/20°	磨铣刀、拉刀、铰刀、齿轮、锯齿、端面、平面、电解磨等
		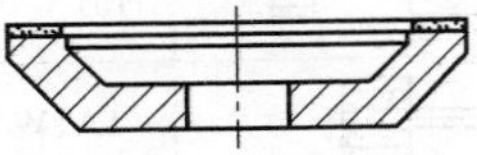	12A2/45°	
		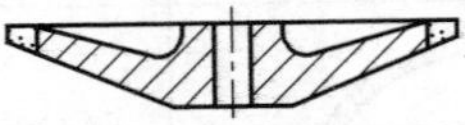	1ZD1	
		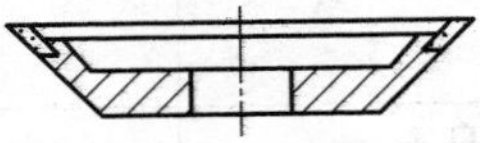	12V9	
		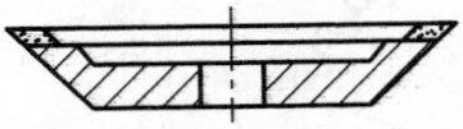	12V2	
专用加工系	磨边砂轮	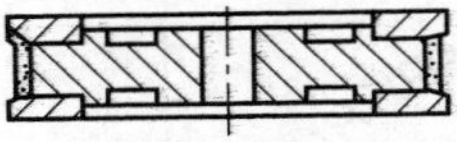	1DD6Y	光学镜片、玻璃磨边
		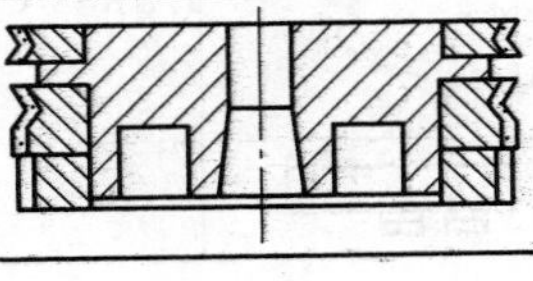	2EEA1V	

系列	名称	形状	代号	主要用途
专用加工系	磨盘		1A2	光学镜片、玻璃磨边
			10X6A2T	
油石类	带柄平形油石		HA	修磨硬质合金、钢制模具
	带柄弧形油石		HH	
	带柄三角油石		HEE	
	平形带弧油石		HMA/1	精密珩磨淬火钢、不锈钢、渗氮钢等内孔
	平形油石		HMA/2	
	弧形油石		HMH	
	平形带槽油石		2HMA	
	基体带斜油石		HMA/S°	
磨头类	磨头		1A1W	雕刻、内孔和复杂面磨削
锯类	基体无槽圆锯片		1A1RS	切割
	基体宽槽圆锯片		1A1RSS/C$_1$	
	基体窄槽圆锯片		1A1RSS/C$_2$	
	框架锯条		BA2	

15.2.6 超硬磨具的标记

砂轮标记

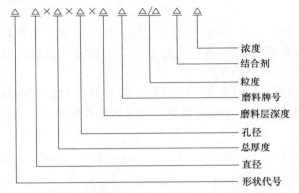

示例：形状代号 1A1、$D=50\text{mm}$、$T=4\text{mm}$、$H=10\text{mm}$、$X=3\text{mm}$、磨料牌号 RVD、粒度 100/120、结合剂 B、浓度 75 的砂轮标记为：

$$1A1\quad 50\times4\times10\times3\quad RVD\quad 100/120\quad B\quad 75$$

油石标记

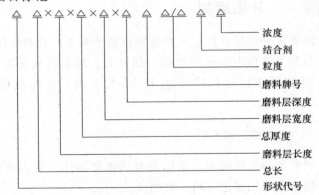

示例：形状代号 HA、$L=150\text{mm}$、$L_2=40\text{mm}$、$T=10\text{mm}$、$W=10\text{mm}$、$X=2\text{mm}$、磨料牌号 RVD、粒度 120/140、结合剂 B、浓度 75 的油石标记为：

$$HA\quad 150\times40\times10\times10\times2\quad RVD\quad 120/140\quad B\quad 75$$

第 15 章 磨削加工

例 指出"单面凹砂轮-6A2C"超硬磨料磨具形状标记的含义。

分析解释：单面凹砂轮-6A2C 中各标记的含义如图 15.3 所示。

① 代号 6A2 由表 15.19 可知，该砂轮为单面凹砂轮，超硬磨料层断面形状为 A（见表 15.17），超硬磨料层在基体的端面（见表 15.18 中的 2）。

② 代号 C 由表 15.16 可知，该超硬磨料砂轮的基体结构上有锥形埋头孔，并通过锥形埋头螺钉将砂轮与机床主轴连接。

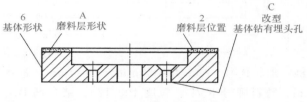

图 15.3 超硬磨料磨具代号含义图

 15.3　外圆磨削

外圆磨削应用最广泛，一般在外圆磨床和无心外圆磨床上磨削轴、套筒等零件上的外圆柱面、圆锥面、轴上台阶和端面等，磨削外圆表面的尺寸精度可达 IT7～IT6 级，表面粗糙度达 $Ra0.8～0.2\mu m$。

15.3.1 外圆磨削方法

外圆磨削的方法很多，常用的有纵向磨削法、切入磨削法、分段磨削法和深切缓进（给）磨削法。

（1）纵向磨削法

纵向磨削法是砂轮旋转，工件反向转动（作圆周进给运动），工作台（工件）或砂轮作纵向直线往复进给运动，如图 15.4 所示。为了使工件的砂轮作周期性横向进给运动，当每一纵向行程或往复行程终了时，砂轮按规定的磨削深度作一次横向进给，每次的进给量很小，磨削余量需要在多次往复行程中磨除。纵向磨削法的特点为：

① 砂轮整个宽度上磨粒的工作状况不同，处于纵向进给运动方向前面部分的磨粒，因为与未切削过的工件表面接触，所以起主要切削作用，而后面部分的磨粒与已切削过的工件表面接触，主要起减小工件表面粗糙度值的修光作用，未发挥所有磨粒的切削作用，因此，纵向磨削法的磨削效率低。为了获得较高的加工精度和较小的表面粗糙度值，可适当增加"光磨"次数来获得。

② 纵向磨削的背吃刀量较小，工件的磨削余量需经多次进给切除，机动时间长，生产效率低。

③ 纵向磨削的磨削力和磨削热小，适于加工圆柱面较长、精密、刚度较差的薄壁的轴或套类工件。

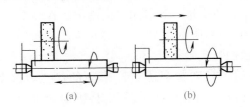

图 15.4　纵磨法磨削外圆

（2）切入磨削法

切入磨削法是砂轮旋转，工件反向转动（作圆周进给运动），工作台（工件）或砂轮无纵向进给运动，而砂轮以很慢速度连续地向工件横向（径向）切入运动，直到磨去全部的余量为止，如图 15.5 所示。这种磨削方法又称横向磨削法，一般情况下，砂轮宽度大于工件长度，粗磨时可用较高的切入速度，但砂轮压力不宜过大，精磨时切入速度要低，切入磨削无纵向进给运动。与纵向磨削法相比，其特点是：

① 砂轮工作面上磨粒负荷基本一致，充分发挥所有磨粒的切削作用，由于采用连续的横向进给，缩短了机动时间，故生产

率较高。

② 由于无纵向进给运动，砂轮表面的形态（修整痕迹）会复映到工件表面上。为了消除这一缺陷，可在切入法终了时，作微量的纵向移动。

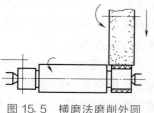

图 15.5　横磨法磨削外圆

③ 砂轮整个表面连续横向切入，排屑困难，砂轮易堵塞和磨钝，产生的磨削热多，散热差，工件易烧伤和发热变形，因此切削液要充分。

④ 磨削时径向力大，工件易弯曲变形，适合磨削长度较短的外圆表面、两边都有台阶的轴颈及成形表面。

（3）分段磨削法

分段磨削法又称混合磨削法，也就是先用切入磨削法将工件进行分段粗磨，相邻两段有 5~15mm 的重叠，磨后使工件留有 0.01~0.03mm 的余量，然后用纵向磨削法在整个长度上磨至尺寸要求，如图 15.6 所示。

这种方法的特点是：

① 既利用了切入磨削法生产率高的优点，又利用了纵向磨削法加工精度高的优点，适用于磨削余量大、刚性好的工件。

② 考虑到磨削效率，分段磨削应选用较宽的砂轮，以减少分段数目。当加工长度为砂轮宽度的 2~3 倍且有台阶的工件时，用此法最为适合。分段磨削法不宜加工长度过长的工件，通常分段数大都为 2~3 段。

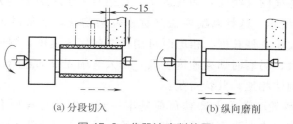

(a) 分段切入　　　　　　　　(b) 纵向磨削

图 15.6　分段法磨削外圆

机械工综合切削手册

（4）深切缓进磨削法

深切缓进磨削法是采用较大的背吃刀量以缓慢的进给速度（$f_纵 = 0.08B \sim 0.15B$ mm/r，B 为砂轮宽度）在一次纵向走刀中磨去工件全部余量（$0.20 \sim 0.60$mm）的磨削方法，其生产率高，是一种高效磨削方法。采用这种磨削方法，需要把砂轮修整成前锥或阶梯形，如图 15.7 所示。

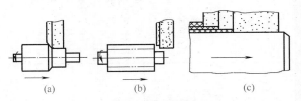

图 15.7　深切缓进磨削法

（5）外圆磨削方法的特征与选择

不同的外圆磨削方法各有特点，分别适合不同的情况，一般可根据工件形状、尺寸、磨削余量、生产类型和加工要求选择合适的机床和磨削方法。外圆磨削方法磨削的工件表面、砂轮工作表面、磨削运动和特点如表 15.20 所示。

15.3.2　外圆磨削的工件装夹

工件装夹是否正确、稳定可靠，直接影响工件的加工精度和表面质量，装夹是否快捷、方便，将影响生产效率。外圆磨削时，工件的装夹主要与工件的形状、尺寸、精度和生产率等因素有关，常用的工件装夹方法有：用前后顶尖装夹、用三爪定心卡盘或用四爪单动卡盘装夹，用卡盘和后顶尖装夹。

（1）用前后顶尖装夹工件

由于外圆磨削工件的类型主要是轴类工件，用前、后顶尖装夹工件是外圆磨削最常用的装夹方法。用前、后顶尖装夹工件具有装夹方便、加工精度高的特点。由于轴类工件上一般有多个外圆表面，其设计基准为轴心线，为了保证这些外圆表面的同轴度要求，根据基准重合和基准统一原则，工件上的定位表面一般用两端面的中心孔作定位表面。装夹时，把工件支承在磨床头架和

◇ 表15.20 外圆磨削的特征

磨削方法	磨削表面特征	砂轮工作表面	图示	砂轮运动	工件运动	特点
纵向磨削法	光滑外圆面	1	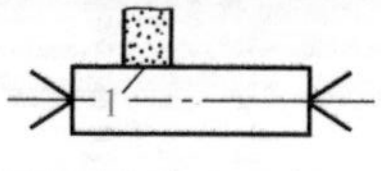	①旋转 ②横进给	①旋转 ②纵向往复	①磨削时,砂轮左(或右)端面边角担负切除工件大部分余量,其他部分只担负减小工件表面粗糙度值的作用。磨削深度小,工件余量需多次进给切除,故机动时间长,生产效率低 ②由于大部分磨粒担负磨光作用,且磨削深度小、切削力小,所以磨削温度低,工件精度易提高,表面粗糙度值低 ③由于切削力小,特别适宜加工细长工件 ④为保证工件精度,尤其磨削台肩轴时,应分粗、精磨
	带端面及退刀槽的外圆面	1 2	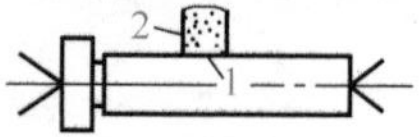	①旋转 ②横进给	①旋转 ②纵向往复在端面处停靠	
	带端面及圆角的外圆面	1 2 3	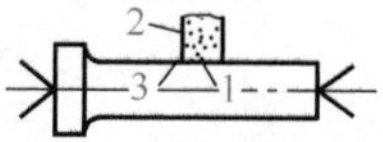	①旋转 ②横进给	①旋转 ②纵向往复在端面处停靠	
	长外圆锥面	1	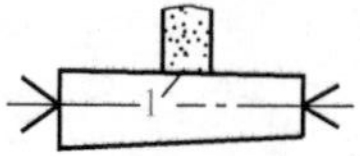 工作台转一角度	①旋转 ②横进给	①旋转 ②纵向往复	
	短圆锥面	1	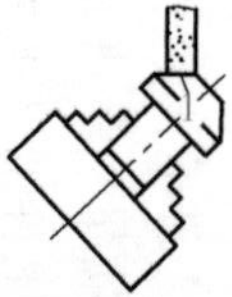 头架转一角度	①旋转 ②横进给	①旋转 ②纵向往复	

磨削方法	磨削表面特征	砂轮工作表面	图示	砂轮运动	工件运动	特点
纵向磨削法	短圆锥面	1	 砂轮架转一角度	①旋转 ②纵向往复	①旋转 ②横进给	①磨削时,砂轮工作面粒负荷基本一致,且在一次磨削循环中,可充分精、光磨,效率比较高 ②由于无纵向进给,磨粒在工件上留下重复磨痕,粗糙度值较大,一般为 $Ra0.32\sim0.16\mu m$ ③砂轮整个表面连续横向切入,同时,磨屑困难,砂轮易堵塞和磨钝,工件易烧伤和发热变形,因此磨削液要充分 ④磨削时径向力大,工件容易弯曲变形,不宜磨细长表面,适宜磨较短的外圆表面,两边都有台阶的轴颈及成形表面
	光滑短外圆面	1		①旋转 ②横进给	旋转	
切入磨削法	带端面的短外圆面	1 2	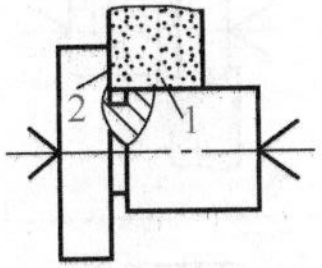	①旋转 ②横进给	①旋转 ②纵向往复 在端面处停靠	
	带端面的短外圆面	1 2	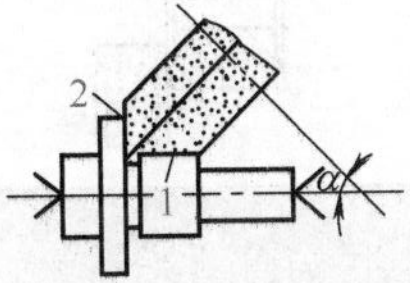 修整砂轮成形	①旋转 ②横进给	旋转	

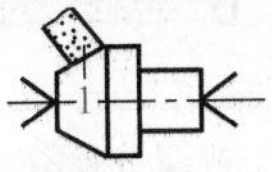

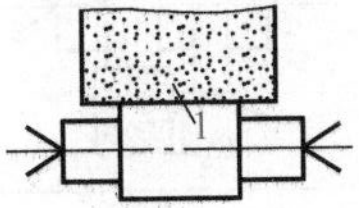

磨削方法	磨削表面特征	砂轮工作表面	图示	砂轮运动	工件运动	特点
切入磨削法	端面	1	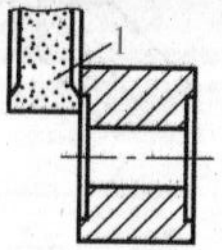	①旋转 ②横进给	旋转	①磨削时，砂轮工作面磨粒负荷基本一致，且在一次磨削循环中，可分粗、精、光磨，效率比较高 ②由于无纵向进给，磨粒在工件上留下重复磨痕，粗糙度值较大，一般为 $Ra0.32\sim0.16\mu m$ ③砂轮整个表面连续横向切入，排屑困难，砂轮易堵塞和磨钝；同时，磨削热大、散热差，工件易烧伤和发热变形，因此磨削液要充分 ④磨削时径向力大，工件容易弯曲变形，不宜磨细长件，适宜磨短的外圆表面，两边都有台阶的轴颈及成形表面
	短圆锥面	1	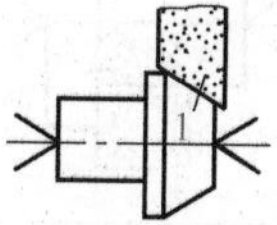	①旋转 ②横进给	旋转	
	同轴同断光滑阶梯轴	1 1	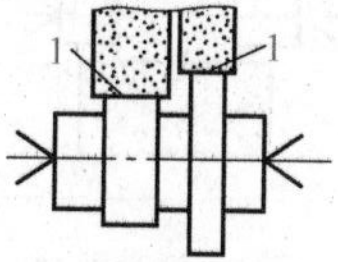 多砂轮磨削	①旋转 ②横进给	旋转	
	同断等径外圆面	1	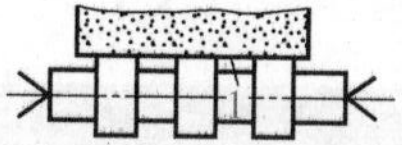 宽砂轮磨削	①旋转 ②横进给	旋转	

磨削方法	磨削表面特征	砂轮工作表面	图示	砂轮运动	工件运动	特点
分段磨削法	带端面的短外圆面	1 2	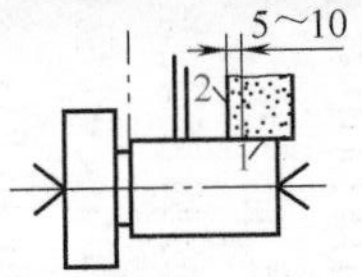	①旋转 ②分段横进给	①旋转 ②纵向间歇运动 ③小距离往复	①是切入磨削法与纵向磨削法的混合应用。先用切入磨削法将纵向磨削法分段粗磨，相邻两段有 5~10mm 的重叠，工件留有 0.01~0.03mm 余量，最后用纵向磨削法精磨至尺寸 ②适用于磨削余量大、刚性好的工件 ③加工表面长度为砂轮宽的 2~3 倍时最适宜
	曲轴拐轴径	1 2	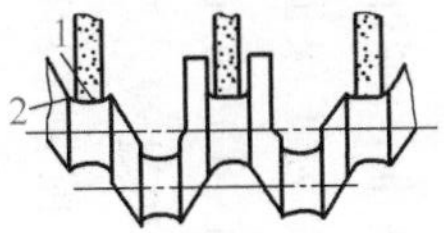	①旋转 ②分段横进给	①旋转 ②纵向间歇运动 ③小距离往复	
深切缓进磨削法	过渡圆锥与圆面	1 2	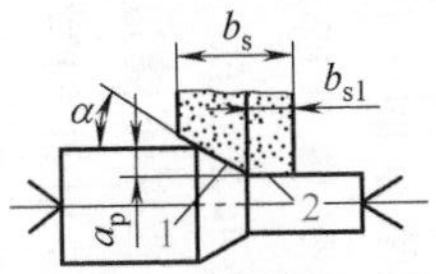 砂轮修整成形	①旋转 ②横进给	①旋转 ②纵向进给	①以较小的纵向进给量在一次纵磨中磨去工件全部余量。粗、精磨一次完成，生产率高 ②砂轮修整成阶梯状，阶梯数及台阶深度按工件长度和磨削余量确定，一般一个台阶深度在 0.3mm 左右 ③适用于大批大量生产 ④要求磨床功率大和刚性好
	光滑外圆面	1 2 3	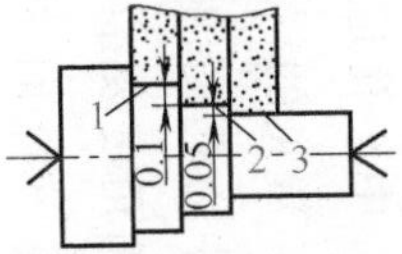 砂轮修整成阶梯形	①旋转 ②横进给	①旋转 ②纵向进给	

尾座的顶尖上，并由头架上的拨盘带动夹紧在工件上的夹头使工件旋转，如图 15.8 所示。

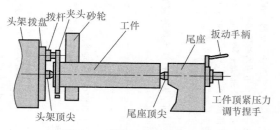

图 15.8　前后两顶尖装夹工件

由于磨床上的前后顶尖不随工件转动，称为"死顶尖"，目的是消除头架的回转误差对工件加工精度的影响，而是通过工件上的中心孔在前后顶尖作转动副，以保证磨削外圆与轴心线的同轴度。

中心孔的标准结构尺寸见表 8.72、表 8.73。顶尖的结构见图 13.28，可根据磨床头架和尾座的莫氏锥孔和工件上的中心孔尺寸选择顶尖。卡头的结构见图 13.31，可根据工件的尺寸选择夹头的形式。

中心孔是外圆磨削的定位基准，在外圆磨削中有着重要作用，常见的误差如图 15.9 所示。为了保证磨削质量，外圆磨削对中心孔提出的要求是：$60°$ 中心孔内锥面的圆度误差尽量小，锥面角度要准确，孔深不能过深和过浅，工件中心孔应在同一轴线上，径向圆跳动和轴向跳动控制在 $1\mu m$ 以内，粗糙度为 $Ra0.1\sim0.2\mu m$，不得有碰伤、划痕和毛刺等缺陷，要求中心孔与顶尖的接触面积大于 80%。若不符合要求，须进行清理或修研，淬火后的工件要修研中心孔，符合要求后，在中心孔内涂抹适量的润滑脂后再进行工件装夹。

为了保证加工精度，避免中心孔和顶尖的接触质量对工件的加工精度有直接的影响，在磨削过程中经常需要对中心孔进行修研。常用的中心孔修研方法有以下几种：

① 用油石或橡胶砂轮等进行修研。先将圆柱形油石或橡胶

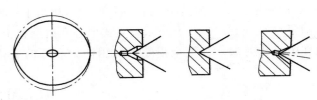

(a) 中心孔为椭圆形　(b) 中心孔过深　(c) 中心孔太浅　(d) 中心孔偏斜

(e) 两中心孔不同轴　　(f) 锥角有误差　　(g) 锥角有误差

图 15.9　中心孔的误差

砂轮装夹在车床卡盘上，用装在刀架上的金刚石笔将其前端修成 60°顶角，然后将工件顶在油石和车床尾座顶尖之间，开动车床进行研磨，如图 15.10 所示。修研时，在油石上加入少量润滑油（轻机油），用手把持工件，移动车床尾座顶尖，并给予一定压力，这种方法修研的中心孔质量较高，一般生产中常用此法。

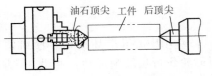

图 15.10　油石顶尖修研中心孔

② 用铸铁顶尖修研。此法与上一种方法基本相同，用铸铁顶尖代替油石或橡胶砂轮顶尖。将铸铁顶尖装在磨床的头架主轴孔内，与尾座顶尖均磨成 60°顶角，然后加入研磨剂进行修研，则修磨后中心孔的接触面与磨床顶尖的接触会更好，此法在生产中应用较少。

③ 用成形圆锥砂轮修磨中心孔。这种方法主要适用于长度尺寸较短和淬火变形较大的中心孔。修磨时，将工件装夹在内圆磨床卡盘上，校正工件外圆后，用圆锥砂轮修磨中心孔，此法在生产中应用也较少。

④ 用硬质合金顶尖刮研中心孔。刮研用的硬质合金顶尖上

有 4 条 60°的圆锥棱带，如图 15.11（a）所示，相当于一把四刃
刮刀，刮研在如图 15.11（b）所示的立式中心孔研磨机上进行。
刮研前在中心孔内加入少量全损耗系统用油调和好的氧化铬研
磨剂。

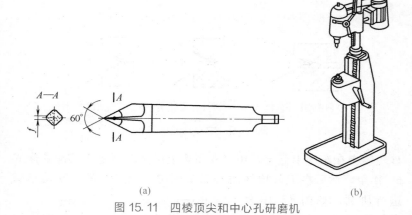

(a)   (b)

图 15.11　四棱顶尖和中心孔研磨机

⑤ 用中心孔磨床修研。修研使用专门的中心孔磨床。修磨
时砂轮作行星磨削运动，并沿 30°方向作进给运动。中心孔磨床
及其运动方式如图 15.12 所示。适宜修磨淬硬的精密工件的中心
孔，能达到圆度公差为 0.0008mm，轴类专业生产厂家常用此法。

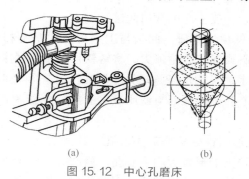

(a)   (b)

图 15.12　中心孔磨床

（2）用三爪定心卡盘或用四爪单动卡盘装夹

三爪定心卡盘用来装夹没有中心孔的圆柱形工件，四爪单动

卡盘用来装夹外形不规则的工件。

　　三爪自定心卡盘的结构和工作原理如图 15.13 所示。用扳手通过方孔 1 转动小锥齿轮 2 时，就带动大锥齿轮 3 转动，大锥齿轮 3 的背面有平面螺纹 4，它与三个卡爪后面的平面螺纹相啮合，当大锥齿轮 3 转动时，就带动三个卡爪 5 同时作向心或离心的径向运动。

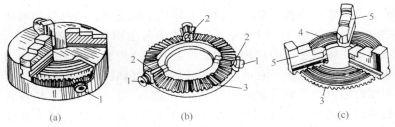

(a)　　　　　　　　(b)　　　　　　　　(c)

图 15.13　三爪自定心卡盘

1—方孔；2—小锥齿轮；3—大锥齿轮；4—平面螺纹；5—卡爪

　　三爪自定心卡盘具有较高的自动定心精度，装夹迅速方便，不用花费较长时间去校正工件。但它的夹紧力较小，而且不便装夹形状不规则的工件。因此，只适用于中、小型工件的加工。

　　四爪单动卡盘俗称四爪卡盘，卡盘上有四个卡爪，每个卡爪都单独由一个螺杆来移动。每个卡爪 1 的背面有螺纹与螺杆 2 啮合，因而，任一卡爪可单独移动，如图 15.14 所示。

　　三爪自定心卡盘和四爪单动卡盘都有正爪夹紧、反爪夹紧和反撑夹紧三种装夹方法，四爪单动卡盘还可装夹外形不规则的工件，以及定心精度要求高的工件（四爪单动卡盘装夹工件时，须按加工要求采用划线或百分表找正工件位置），如图 15.15 所示。

　　根据磨床主轴结构不同，三爪自定心卡盘或四爪单动卡盘一般通过带有锥柄的

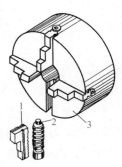

图 15.14　四爪
单动卡盘

1—卡爪；2—螺杆；
3—卡盘体

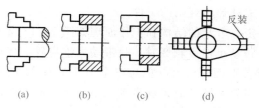

图 15. 15　卡盘夹持工件的方法

法兰盘和带有内锥孔的法兰盘与磨床的主轴连接。带有锥柄的法兰盘的结构如图 15. 16 所示，它的锥柄与主轴前端内锥孔配合，用通过主轴贯穿孔的拉杆拉紧法兰盘。带有内锥孔的法兰盘的结构如图 15. 17 所示，它的内锥孔与主轴的外圆锥面配合，法兰盘用螺钉紧固在主轴前端的法兰上。安装时，需要用百分表检查它的端面跳动量，并校正跳动量不大于 0.015mm，然后把卡盘安

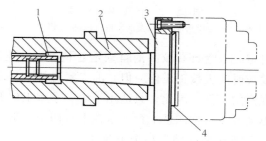

图 15. 16　带锥柄的法兰盘

1—拉杆；2—主轴；3—法兰盘；4—定心圆柱面

装在法兰盘上。

（3）用卡盘和后顶尖装夹

用卡盘和后顶尖装夹是一端用卡盘，另一端用后顶尖装夹工件的方法，也称"一夹一顶"装夹，如图 15. 18 所示。这种方法装夹牢固、安全、刚性好，但应保证磨床主轴的旋转轴线与后顶尖在同一直线上。

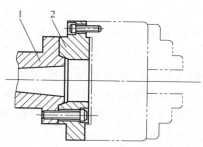

图 15. 17　带锥孔的法兰盘

1—主轴；2—法兰盘

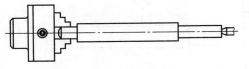

图 15.18　一夹一顶安装工件

（4）用芯轴和堵头装夹

磨削套类零件时，多数要求要保证内外圆同轴度。这时一般都是先将工件内孔磨好，然后再以工件内表面为定位基准磨外圆。这时就需要使用芯轴装夹工件。

芯轴两端有中心孔，将芯轴装夹在机床前后顶尖中间，夹头则夹在芯轴外圆上进行外圆磨削，一般用于较长的套类工件或多件磨削，如图 15.19 所示。

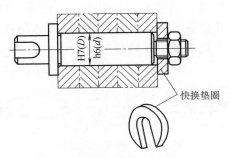

快换垫圈

图 15.19　用台阶式芯轴装夹工件

对于较短的套类工件，芯轴一端做成与磨床头架主轴莫氏锥度相配合的锥柄，装夹在磨床头架主轴锥孔中。

对于定位精度要求高的工件，用小锥度芯轴装夹工件，芯轴锥度为（1：1000）～（1：5000），如图 15.20 所示。这种芯轴制造简单，定位精度高，靠工件装在芯轴上所产生的弹性变形来定位并胀紧工件。缺点是承受切削力小，装夹不太方便。

用胀力芯轴装夹工件如图 15.21 所示。胀力芯轴依靠材料弹性变形所产生的胀力来固定工件，由于装夹方便，定位精度高，目前使用较广泛。零星工件加工用胀力芯轴可采用铸铁做成。

用堵头装夹工件。由于磨削长的空心工件，不便使用芯轴装

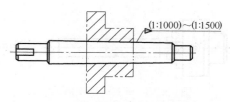

图 15.20　用小锥度芯轴装夹工件图

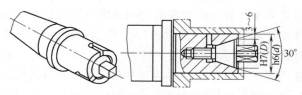

图 15.21　用胀力芯轴装夹工件

夹，可在工件两端装上堵头，如图 15.22 所示，堵头上有中心，左端的堵头 1 压紧在工件孔中，右端堵头 2 以圆锥面紧贴在工件锥孔中，堵头上的螺纹供拆卸时用。

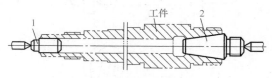

图 15.22　圆柱、圆锥堵头

如图 15.23 所示的法兰盘式堵头，适用于两端孔径较大的工件。

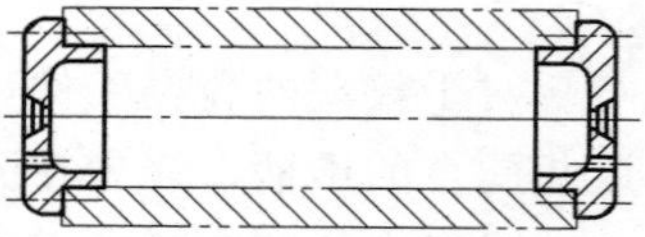

15.3.3　外圆磨削砂轮

（1）外圆磨削砂轮特性的选择

合理选择砂轮的特性，对外圆

图 15.23　法兰盘式堵头

磨削质量有较大的影响。选择砂轮特性时考虑的影响因素较多，一般可参考表 15.21 进行选择，此外，还需注意：

①　磨削导热性能差的金属材料及树脂、橡胶等有机材料，磨削薄壁件及采用深切缓进给磨削等应选择硬度低一些的砂轮，镜面磨削应选择超软磨具。

◇ 表 15.21 外圆磨削砂轮的选择

加工材料	磨削要求	磨料	磨料代号	粒度	硬度	结合剂
未淬火的碳钢、合金钢	粗磨	棕刚玉	A(GZ)	F36~F46	M~N	V
	精磨			F46~F60	M~Q	
淬火的碳钢、合金钢	粗磨	白刚玉	WA(GB)	F46~F60	K~M	
	精磨	铬刚玉	PA(GG)	F60~F100	L~N	
铸铁	粗磨	黑碳化硅	C(TH)	F24~F36	K~L	
	精磨			F60	K	
不锈钢	粗磨	单晶刚玉	SA(GD)	F36~F46	M	
	精磨			F60	L	
硬质合金	粗磨	绿碳化硅	GC(TL)	F46	K	V
	精磨	人造金刚石	RVD(JR$_{1,2}$)	F100		B
高速钢	粗磨	白刚玉	WA(GB)	F36~F40	K~L	V
	精磨	铬刚玉	PA(GG)	F60		
软青铜	粗磨	黑碳化硅	C(TH)	F24~F36	K	
	精磨			F46~F60	K~M	
紫铜	粗磨	黑碳化硅	C(TH)	F36~F60	K~L	B
	精磨	铬刚玉	PA(GG)	F60	K	V

② 工件材料相同，磨削外圆比磨削平面、内孔，或成形磨削等，应选择硬度高一些的砂轮。

③ 高速、高精密、间断表面磨削、钢坯荒磨、工件去毛刺等，应选择较硬磨具。

④ 工作时自动进给比手动进给，湿磨比干磨，树脂结合剂比陶瓷结合剂砂轮，选择硬度均应高些。

（2）外圆磨削的砂轮安装

外圆磨床与砂轮的装配结构如图 15.24 所示。砂轮的装配结构如图 15.25 所示。

在砂轮安装之前，首先要仔细检查砂轮是否有裂纹，方法是将砂轮吊起，用木锤轻敲听其声音。无裂纹的砂轮发出的声音清脆，有裂纹的砂轮则

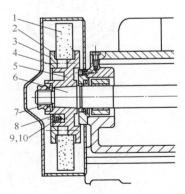

图 15.24 砂轮装配图

1—砂轮；2—衬垫；3—端盖；4—螺钉；5—法兰底座；6—主轴；7—左旋螺母；8—平衡块；9—螺钉；10—钢球

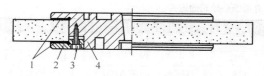

图 15.25　平形砂轮的安装

1—衬垫；2—端盖；3—内六角螺钉；4—法兰盘底座

声音嘶哑。发现表面有裂纹或敲时声音嘶哑的砂轮应停止使用。砂轮安装的步骤如下：

① 清理擦净法兰盘，在法兰盘底座上放一片衬垫，并将法兰盘垂直放置，如图 15.26（a）所示。

② 按图 15.26（b）所示装入砂轮。在装入前检查砂轮内孔与法兰盘底座定心轴颈之间的配合间隙是否适当，间隙应为 0.1～0.2mm，如间隙过小，不可用力压入。

③ 当砂轮内孔与法兰盘底座定心轴颈之间的间隙较大时，可在法兰盘底座定心轴颈处粘一层胶带，如图 15.26（c）所示，以减小配合间隙，防止砂轮偏心。

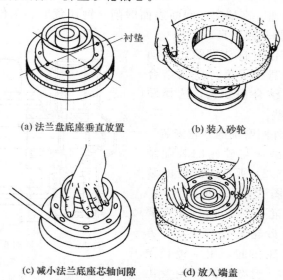

图 15.26　砂轮装配过程

④ 放入衬垫和端盖，如图 15.26 （d) 所示。

⑤ 对准法兰盘螺孔位置，放入螺钉。用内六角扳手拧紧图 15.25 中的内六角螺钉 3。紧固时，用力要均匀，以使砂轮受力均匀，一般可按对角顺序逐步拧紧。

（3）外圆磨削的砂轮平衡

砂轮安装后，应作初步平衡，再将砂轮装于磨床主轴端部。若砂轮存在不平衡质量，砂轮在高速旋转时就会产生离心力，引起砂轮振动，在工件表面产生多角形的波纹度误差。同时，离心力又会成为砂轮主轴的附加压力，会损坏主轴和轴承。当离心力大于砂轮强度时，还会使砂轮破裂。因此，砂轮的平衡是一项十分重要的工作。

由于砂轮的制造误差和在法兰盘上的安装产生了一定的不平衡量，因此需要通过作静平衡来消除。

砂轮静平衡手工操作常用的工具有平衡芯轴、平衡架、水平仪和平衡块等工具。

平衡芯轴由芯轴 1、垫圈 2 和螺母 3 组成，如图 15.27 所示。芯轴两端是等直径圆柱面，作为平衡时滚动的轴心，其同轴度误差极小，芯轴的外锥面与砂轮法兰锥孔相配合，要求有 80％以上的接触面。

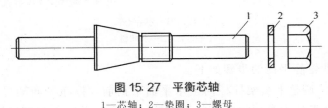

图 15.27　平衡芯轴

1—芯轴；2—垫圈；3—螺母

平衡架有圆棒导柱式和圆盘式两种。常用的为圆棒导柱式平衡架，如图 15.28 所示。圆棒导柱式平衡架主要由支架和导柱组成，导柱为平衡芯轴滚动的导轨面，其素线的直线度、两导柱的平行度都有很高的要求。

常用的水平仪有框式水平仪和条式水平仪两种，如图 15.29 所示。水平仪由框架和水准器组成。水准器的外表为硬玻璃，内

部盛有液体，并留有一个气泡。当测量
面处于水平时，水准器内的气泡就处于
玻璃管的中央（零位）；当测量面倾斜一
个角度时，气泡就偏于高的一侧。常用
水平仪的分度值为 0.02/1000，相当于倾
斜 4" 的角度。水平仪用于调整平衡架导
柱的水平位置。

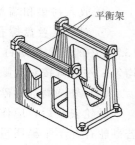

图 15.28　圆棒导
柱式平衡架

　　根据砂轮的不同大小，有不同的平
衡块。一般情况下，平衡块安装在砂轮
法兰盘底座的环形槽内，按平衡需要，
放置若干数量的平衡块，不断调整平衡块在环形槽内圆周上的位
置，即可达到平衡的目的。砂轮平衡后，通过平衡块上的螺钉将
其紧固在砂轮法兰盘底座的环形槽内。

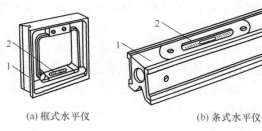

(a) 框式水平仪　　　　　　　　　　(b) 条式水平仪

图 15.29　水平仪
1—框架；2—水准器

砂轮静平衡的步骤如下：

　　① 调整平衡架导柱面至水平面平衡前，擦净平衡架导轨表
面，在导轨上放两块等高的平行铁，并将水平仪放在平行铁上，
调整平衡架右端两螺钉，使水准器气泡处于中间位置，如图
15.30（a）所示。横向水平位置调好后，将水平仪转 90°安放，
调整左端螺钉，使平衡架导轨表面纵向处于水平位置，如图
15.30（b）所示。

　　② 反复调整平衡架，使水平仪在纵向和横向的气泡偏移读
数均在一格刻度之内。

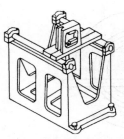 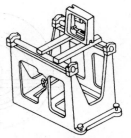

(a) 调整平衡架横向水平位置　　(b) 调整平衡架纵向水平位置

图 15.30　调整平衡架导柱水平面

③ 安装平衡芯轴。擦净平衡芯轴和法兰盘内锥孔，将平衡芯轴装入法兰盘内锥孔中。安装时可加适量润滑油，将法兰盘缓缓推入芯轴外锥，然后固定，如图 15.31 所示。

④ 调整平衡芯轴。将平衡芯轴放在平衡架导轨上，并使平衡芯轴的轴线与导轨的轴线垂直。

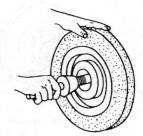

图 15.31　安装平衡芯轴

⑤ 找不平衡位置。用手轻轻推动砂轮，让砂轮法兰盘连同平衡芯轴在导轨上缓慢滚动，如果砂轮不平衡，则砂轮就会来回摆动，直至停摆为止。此时，砂轮不平衡量必在其下方。可在砂轮的另一侧作出记号（A），如图 15.32（a）所示。

⑥ 装平衡块。在记号（A）的相应位置装上第一块平衡块，并在其两侧装上另两块平衡块，如图 15.32（b）、（c）所示。

⑦ 调整平衡块，检查砂轮是否平衡，如果仍不平衡，可同时移动两侧的平衡块，直至平衡为止。

⑧ 用手轻轻拨动砂轮，使砂轮缓慢滚动，如果在任何位置都能使砂轮静止，则说明砂轮静平衡已做好。

⑨ 作好平衡后须将平衡块上紧固螺钉拧紧。

（4）砂轮与主轴的安装

砂轮安装在主轴上的安装步骤：

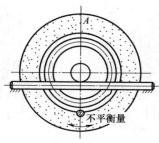

(a) 找不平衡位置

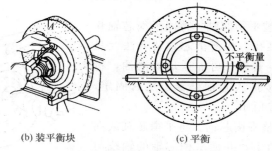

(b) 装平衡块   (c) 平衡

图 15.32　砂轮平衡的方法

① 打开砂轮罩壳盖，如图 15.33（a）所示。

② 清理罩壳内壁。

③ 擦净砂轮主轴外锥面及法兰盘内锥孔表面。

④ 将砂轮套在主轴锥体上，并使法兰盘内锥孔与砂轮主轴外锥面配合，如图 15.33（b）所示。

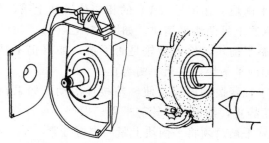

(a) 磨床砂轮主轴头部   (b) 砂轮装入主轴

图 15.33　砂轮与主轴装配

⑤ 放上垫圈，拧上左旋螺母，并用套筒扳手按逆时针方向拧紧螺母。

⑥ 合上砂轮罩壳盖。

砂轮安装在主轴上的注意事项：

① 安装时要使法兰盘内锥孔与砂轮主轴外锥面接触良好。

② 注意主轴端螺纹的旋向（该螺纹为左旋），以防止损伤主轴轴承。

③ 安装前要检查砂轮法兰的平衡块是否齐全、紧固。

④ 安装时要防止损伤砂轮，不能用铁锤敲击法兰盘和砂轮主轴。

（5）从主轴上拆卸砂轮

从主轴上拆卸砂轮时，用套筒扳手拆卸螺母，然后用卸砂轮拔头，将砂轮从主轴上拆下，如图 15.34 所示。拆卸砂轮应注意：

① 由于砂轮主轴与法兰盘是锥面配合，具有一定的自锁性，拆卸时应采用如图 15.34（b）、（c）所示的专用工具，以方便地将砂轮拉出。

② 一般须两人同时操作，为防止砂轮掉落，可先在机床上放好木块支撑。

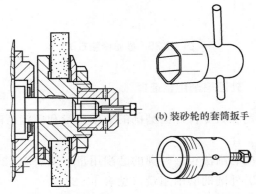

(a) 从主轴上拆卸砂轮　　(c) 拆卸砂轮的拔头

(b) 装砂轮的套筒扳手

图 15.34　砂轮与主轴的专用装卸工具

（6）外圆磨削的砂轮修整

普通磨料砂轮的修整方法主要有：车削法、滚轧法和磨削法三种。

车削修整法是将修整工具视为车刀，被修砂轮视为工件，对砂轮表面进行修整。使用的修整工具为单粒金刚石笔。如图15.35（a）所示。

滚压修整法是将滚轮以一定的压力与砂轮接触，砂轮以其接触面间的摩擦力带动滚轮旋转而进行修整。滚压修整法可分为切入滚压修整法和纵向滚压修整法。所谓切入滚压修整是指修整工具轴线与砂轮轴线相平行。纵向滚压修整是指两轴线除相平行外，也可以将修整工具相对砂轮轴线倾斜一个角度，如图15.35（b）所示。

磨削法修整是采用磨料圆盘或金刚石滚轮仿效磨削过程来修整砂轮的。这种修整方法亦可分为切入磨削修整法和纵向磨削修整法，如图15.35（c）所示。

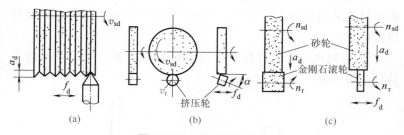

图 15.35　砂轮修整方法

15.3.4　外圆磨削用量选择

合理确定轴类零件外圆磨削的磨削用量和确定磨削余量是基本而重要的工作。

（1）纵向磨削法粗磨外圆的磨削用量（见表 15.22）

（2）精磨外圆的磨削用量（见表 15.23）

（3）砂轮修整的磨削参数

在生产中修整砂轮的目的，一是消除砂轮外形误差；二是修

◇ 表 15.22　粗磨外圆磨削用量

磨削用量要素	工件直径 d_w/mm				
	≤30	30~80	80~120	120~200	200~300
砂轮的速度 v_s/ (m/s)	$v_s = \pi d_s n_s/1000 \times 60 \text{(m/s)}$, d_s——砂轮直径，mm；n_s——砂轮转速，r/min 一般情况下，外圆磨削的砂轮速度 $v_s = 30{\sim}50\text{m/s}$				
工件速度 v_w/(m/ min)	10~22	12~26	14~28	16~30	18~35
工件转 1 转，砂轮 的轴向进给量 f_a/ (mm/r)	$f_a = (0.4{\sim}0.8)B$，B 为砂轮的宽度，mm。铸铁件取大 值，钢件取小值				
工作台单行程，砂 轮的背吃刀量 a_p/ (mm/st)	0.007~ 0.022	0.007~ 0.024	0.007~ 0.022	0.008~ 0.026	0.009~ 0.028
	工件速度 v_w 和轴向进给量 f_a 较大时，背吃刀量 a_p 取小 值，反之取大值				

◇ 表 15.23　精磨外圆磨削用量

磨削用量要素	工件直径 d_w/mm				
	≤30	30~80	80~120	120~200	200~300
砂轮的速度 v_s/ (m/s)	$v_s = \pi d_s n_s/1000 \times 60 \text{(m/s)}$，$d_s$——砂轮直径，mm；$n_s$——砂轮转速，r/min				
工件速度 v_w/(m/ min)	15~35	20~50	30~60	35~70	40~80
工件转 1 转，砂轮 的轴向进给量 f_a/ (mm/r)	$Ra = 0.8\mu\text{m}$ 时，$f_a = (0.4{\sim}0.6)B$ $Ra = 0.4\mu\text{m}$ 时，$f_a = (0.2{\sim}0.4)B$　B 为砂轮的宽 度，mm				
工作台单行程，砂 轮的背吃刀量 a_p/ (mm/st)	0.001~ 0.010	0.001~ 0.014	0.001~ 0.015	0.001~ 0.016	0.002~ 0.018
	工件速度 v_w 和轴向进给量 f_a 较大时，背吃刀量 a_p 取小 值，反之取大值				

整已磨钝的砂轮表层，恢复砂轮的切削性能。在粗磨和精磨外圆时，一般采用单颗粒金刚石笔车削方法对砂轮进行修整。金刚石笔的安装和修整参数如图 15.36 所示。金刚石颗粒的大小依据砂轮直径选择，砂轮直径 $D_0 < 100\text{mm}$，选 0.25 克拉的金刚石，$D_0 > 300{\sim}400\text{mm}$，选 0.5~1 克拉的金刚石，要求金刚石笔尖角 φ 一般研成 70°~80°。M1432A 磨床的砂轮直径为 400mm，选 0.5 克拉的金刚石。砂轮的修整参数可参考表 15.24 选择。

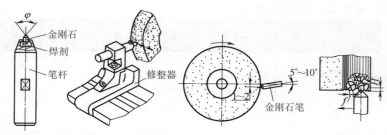

(a) 单颗粒金刚石笔 (b) 金刚石笔的安装　(c) 安装角度　(d) 修整参数

图 15.36　金刚石笔的安装和修整参数

◇ 表 15.24　单颗粒金刚石修整用量

修整参数	磨削工序				
	粗磨	半精(精)磨	精密磨	超精磨	镜面磨
砂轮速度 v/(m/s)	与磨削速度相同				
修整导程 f/(mm/r)	0.05~0.10	0.03~0.08	0.02~0.04	0.01~0.02	0.005~0.01
修整层厚度 H/mm	0.1~0.15	0.06~0.10	0.04~0.06	0.01~0.02	0.01~0.02
修整深度 a_p/(mm/st)	0.01~0.02	0.007~0.01	0.005~0.007	0.002~0.003	0.002~0.003
修光次数	0	1	1~2	1~2	1~2

（4）磨削余量

磨削余量留的过大，需要的磨削时间长，增加磨削成本，磨削余量留得过小，保证不了磨削表面质量，合理选择磨削余量，对保证加工质量和降低磨削成本有很大的影响。磨削余量可参考表 15.25 进行选择，对于单件磨削，表中数据可以适当增大一点。

15.3.5　外圆磨削的检测控制

（1）磨前的检查准备

① 检查工件中心孔。用涂色法检查工件中心孔，要求中心孔与顶尖的接触面积大于 80%。若不符要求，须进行清理或修研，符合要求后，应在中心孔内涂抹适量的润滑脂。

② 找正头架、尾座的中心，不允许偏移。移动尾座使尾座顶尖和头架顶尖对准，如图 15.37 所示。生产中采用试磨后，检

◇ 表 15.25　磨削余量（直径）　　　　　　　　　　　　　　　　　　mm

工件直径	余量限度	磨削前								粗磨后精磨前	精磨后研磨前
		未经热处理的轴				经热处理的轴					
		轴的长度									
		100以下	101~200	201~400	401~700	100以下	101~300	301~600	601~1000		
≤10	max	0.20	—	—	—	0.25	—	—	—	0.020	0.008
	min	0.10	—	—	—	0.15	—	—	—	0.015	0.005
11~18	max	0.25	0.30	—	—	0.30	0.35	—	—	0.025	0.008
	min	0.15	0.20	—	—	0.20	0.25	—	—	0.020	0.006
19~30	max	0.30	0.35	0.40	—	0.35	0.40	0.45	—	0.030	0.010
	min	0.20	0.25	0.30	—	0.25	0.30	0.35	—	0.025	0.007
31~50	max	0.30	0.35	0.40	0.45	0.40	0.50	0.55	0.70	0.035	0.010
	min	0.20	0.25	0.30	0.35	0.25	0.30	0.40	0.50	0.028	0.008
51~80	max	0.35	0.40	0.45	0.55	0.45	0.55	0.65	0.75	0.035	0.013
	min	0.20	0.25	0.35	0.35	0.30	0.40	0.45	0.50	0.028	0.008
81~120	max	0.45	0.50	0.55	0.60	0.55	0.60	0.70	0.80	0.040	0.014
	min	0.25	0.30	0.35	0.40	0.35	0.40	0.45	0.45	0.032	0.010
121~180	max	0.50	0.55	0.60	—	0.60	0.70	0.80	—	0.045	0.016
	min	0.30	0.35	0.40	—	0.40	0.50	0.55	—	0.038	0.012
181~260	max	0.60	0.60	0.65	—	0.70	0.75	0.85	—	0.050	0.020
	min	0.40	0.40	0.45	—	0.50	0.55	0.60	—	0.040	0.015

测轴的两端尺寸，然后对机床进行调整。如果顶尖偏移，工件的旋转轴线也将歪斜，纵向磨削的圆柱表面将产生锥度，切入磨削的接刀部分也会产生明显接刀痕迹。

③ 修整砂轮，检查是否满足加工要求。

④ 检查工件磨削余量。

⑤ 调整工作台行程挡铁位置，控制工件装夹的接刀长度和砂轮越出工件长度。如图 15.38 所示，砂轮接刀长度应尽可能小，一般为 $B_1+10\sim15$mm，B_1 为夹头的宽度，B_1 与装夹工件的直径大小有关，$B_1=10\sim20$mm。

⑥ 试磨中的检测。试磨时，用尽量小的背吃刀量，磨出外圆表面，用千分尺检测工件两端直径差不大于 0.003mm。若超出要求，则调整找正工作台至理想位置。

（2）测量外径

在单件、小批生产中，外圆直径的测量一般用千分尺检

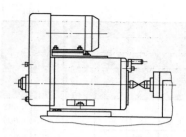

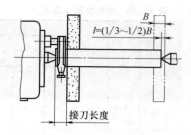

图 15.37 校对头架、尾座中心

图 15.38 接刀长度的控制

验,在加工中用千分尺测量工件外径的方法如图 15.39 所示。测量时,砂轮架应快速退出,从不同长度位置和直径方向进行测量。

在大批量生产中,常用极限卡规测量外圆直径尺寸。

(3)测量工件的径向圆跳动

在加工中测量工件的径向圆跳动如图 15.40 所示。测量时,先在工作台上安放一个测量桥板,然后将百分表(或千分表)架放在测量桥板上,使百分表(或千分表)量杆与被测工件轴线垂直,并使测头位于工件圆周最高点上。外圆柱表面绕轴线轴向回旋时,在任一测量平面内的径向跳动量(最大值与最小值之差)为径向跳动(或替代圆度)。外圆柱表面绕轴线连续回旋,同时千分表平行于工件轴线方向移动,在整个圆柱面上的跳动量为全跳动(或替代圆柱度)。

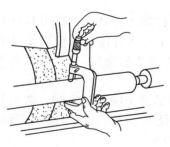

图 15.39　测量工件的外径图

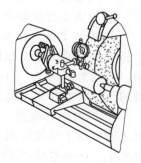

图 15.40　测量工件的径向圆跳动

（4）检验工件的表面粗糙度

工件的表面粗糙度通常用目测法，即用表面粗糙度样块与被测表面进行比较法来判断，如图 15.41 所示。检验时把样块靠近工件表面，用肉眼观察比较。重点练习用肉眼判断 $Ra0.8\mu m$（▽7）、$Ra0.4\mu m$（▽8）、$Ra0.2\mu m$（▽9）三个表面粗糙度等级。

图 15.41　粗糙度样块测量图

（5）工件外圆的圆柱度和圆度测量

用 V 形架检查圆度和圆柱度误差参考图 15.42 所示示意图进行，将被测零件放在平板上的 V 形架内，利用带指示器的测量架进行测量。V 形架的长度应大于被测零件的长度。

在被测零件无轴向移动回转一周过程中，测量一个垂直轴线横截面上的最大与最小读数之差，可近似地看作该截面的圆度误差。按上述方法，连续测量若干个横截面，然后取各截面内测得的所有读数中最大与最小读数的差值，作为该零件的圆柱度误差。为了测量准确，通常应使用夹角 $\alpha=90°$ 和 $\alpha=120°$ 的两个 V 形架，分别测量，取测量结果的平均值。

在生产中，一般采用两顶尖装夹工件，用千分表测圆度和圆柱度，精密零件用圆度仪进行测量。

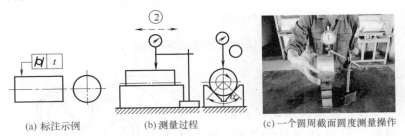

(a) 标注示例　　　　(b) 测量过程　　　　(c) 一个圆周截面圆度测量操作

图 15.42　测量圆度和圆柱度的示意图

（6）用光隙法测量端面的平面度

如图 15.43 所示，把样板平尺紧贴工件端面，测量其间的光隙，如果样板平尺与工件端面间不透光，就表示端面平整。轴肩端面的平面度误差有内凸、内凹两种，一般允许内凹，以保证端面及与之配合的表面有良好的接触。

(a) 样板平尺的外形

凸平面

凹平面

(b) 端面平面度测量

图 15.43　端面平面度误差测量

（7）工件端面的磨削花纹

工件端面的磨削花纹也反映了端面是否磨平。由于尾座顶尖偏低，磨削区在工件端面上方，磨出端面为内凹，端面花纹为单向曲线，如图 15.44（a）所示。端面为双花纹，则表示端面平整，如图 15.44（b）所示。

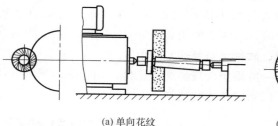

(a) 单向花纹

(b) 双向花纹

图 15.44　端面的磨削花纹

（8）用百分表测量端面圆跳动

台阶端面圆跳动误差的测量一般用百分表来进行。将百分表量杆垂直于端面放置，转动工件，百分表的读数差，即为端面圆跳动误差，

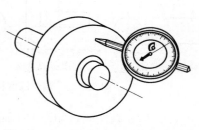

图 15.45　测量台阶端面圆跳动误差

如图 15.45 所示。

15.3.6 磨削外圆常见质量问题及改进措施

（1）磨削外圆出现形位精度问题及改进措施

磨削外圆最容易出现质量问题的是细长轴磨削。在磨削细长轴时，由于让刀、工件的弯曲变形和热变形，磨削表面出现腰鼓形、锥形、椭圆形、细腰形等几何形状误差。针对这些问题，可采取如下措施：

① 调整好机床各部分的间隙，不能过松，两顶尖要确保同轴度，保持顶尖间良好的润滑，不能过紧，最好采用弹性尾顶尖。

② 磨削深度要小，工件转速低一些。

③ 砂轮保持锋利，经常修整砂轮以减少径向分力。

④ 冷却液浇注要充分、均匀。

⑤ 工件较长时，要用托架支承。

（2）磨削外圆保证尺寸精度和表面质量采取的措施

为了使工件达到良好的尺寸精度及表面粗糙度，可采取以下措施：

① 合理选择砂轮的线速度，并使工件的圆周速度与砂轮的线速度合理匹配。例如，砂轮速度为 $30\sim35m/s$，工件速度为 $15\sim50m/min$。

② 精磨时进给量要小，一般在 $0.005\sim0.02mm/r$ 之间。

③ 合理选择砂轮。

（3）磨削外圆常见质量问题的原因及改进措施（见表 15.26）

◈ 表 15.26　磨削外圆常见质量问题的原因及改进措施

质量问题	影响因素	改进措施
工件表面产生直波纹	①砂轮法兰与主轴锥度配合不良 ②顶尖与头尾架套筒的莫氏锥度配合不良 ③头架主轴轴承磨损，间隙过大，精度超差，径向跳动及轴向窜动 ④电机无隔振装置或失灵 ⑤横向进给导轨或滚柱磨损	①勿使锥面磕碰弄脏 ②调整并修复 ③调整、修复或更换轴承 ④增添或修复隔振装置 ⑤修刮导轨或更换滚柱

质量问题	影响因素	改进措施
工件表面产生直波纹	⑥皮带卸荷装置失灵 ⑦尾架套筒与壳体配合间隙过大 ⑧砂轮主轴轴承磨损,间隙过大,精度超差,径向跳动及轴向窜动 ⑨砂轮平衡不良 ⑩砂轮硬度过高或不均匀 ⑪砂轮已用钝或磨损不均匀 ⑫工件直径过大或重量过重 ⑬工件中心孔不良 ⑭工件转速过高 ⑮刚修整的砂轮不锋利 ⑯V带长度不一致 ⑰电动机平衡不良	⑥修复 ⑦更换套筒 ⑧调整、修复或更换轴承(轴瓦) ⑨按要求进行平衡 ⑩根据工件特点及磨削要求正确选用砂轮 ⑪应掌握工件的特点及精度变化规律及时修整砂轮 ⑫增加辅助支承,适当降低转速 ⑬修研工件中心孔 ⑭适当降低工件转速 ⑮金刚石已磨损应及时更换,砂轮修整用量过细应选用正确的修整用量 ⑯调整或更换V带 ⑰做好电机平衡
工件表面产生螺旋形波纹	①磨削力过大,进给太大(纵向、横向) ②砂轮修整过细 ③修整砂轮时机床热变形不稳定 ④砂轮修整不及时,磨损不均匀 ⑤修整砂轮时磨削液不足 ⑥磨削时磨削液供给不足(压力小、流量小、喷射位置不当) ⑦工作台导轨润滑油过多,供油压力过大,产生漂移 ⑧工作台有爬行现象 ⑨砂轮主轴轴向窜动,间隙过大 ⑩砂轮主轴翘头或低头过度使砂轮母线不直 ⑪砂轮主轴轴线与头尾架轴线不同轴 ⑫修整砂轮时金刚石不运动,中心线与砂轮轴线不平行 ⑬砂轮架偏,使砂轮与工件接触不好 ⑭机床热变形不稳定	①正确选用磨削用量,砂轮不锋利时,应及时修整和适当减小磨削用量 ②选用正确的修整方法及用量 ③注意季节,掌握开机后热变形规律 ④掌握工件的特点及精度变化规律,及时修整砂轮 ⑤加大磨削液供给 ⑥调整压力、流量及喷射位置 ⑦调整润滑油的供给压力及流量 ⑧修复机床或打开放气阀,排除液压系统中的空气 ⑨调整、修复或更换轴承(轴瓦) ⑩修刮砂轮架或调整轴瓦 ⑪调整或修复使之恢复精度 ⑫调整或修刮运动导轨的精度 ⑬修刮或更换滚柱(注意选配) ⑭注意季节,掌握开机后热变形规律,待稳定后再进行工作

机械工综合切削手册

质量问题	影响因素	改进措施
工件表面拉毛划伤	①精磨余量太少(留有上道工序的磨纹) ②磨削液供应不足(压力小、流量小、喷射位置不当) ③磨削液不清洁 ④砂轮磨粒脱落 ⑤磨料选择不当,或砂轮粒度选用不当 ⑥修整砂轮后表面留有或嵌入空穴的磨粒	①严格控制精磨余量 ②调整压力、流量及喷射位置 ③更换磨削液 ④选用优质砂轮,并将砂轮两端倒角 ⑤应根据工件特点及磨削要求正确选用砂轮 ⑥修整后用细铜丝刷一遍
工件表面烧伤	①磨削用量过大 ②工件转速太低 ③砂轮硬度太硬或粒度过细,磨料及结合剂选用不当 ④砂轮修整过细 ⑤砂轮用钝未及时修整 ⑥磨削液压力及流量不足,喷射位置不当 ⑦磨削液选用不当 ⑧磨削液变质	①正确选用磨削用量 ②合理调整工件转速 ③根据工件材料及硬度等特点选用合适的砂轮 ④根据磨削要求选用正确的修整方法及用量 ⑤应掌握工件的特点及精度变化规律及时修整砂轮 ⑥调整压力、流量及喷射位置 ⑦合理选用磨削液 ⑧及时更换
工件呈锥形	①磨削用量过大 ②工件中心孔不良 ③工件旋转轴线与工件轴向运动方向不平行 ④工作台导轨润滑油过多 ⑤机床热变形不稳定(液压系统及砂轮主轴头) ⑥砂轮磨损不均匀或不锋利 ⑦砂轮修整不良	①正确选用磨削用量,在砂轮锋利情况下,减小磨削用量,增加光磨次数 ②修研中心孔 ③在检查工件中心孔确认良好后,调整机床 ④调整润滑油的供给压力及流量 ⑤注意季节,掌握规律,开机后待热变形稳定后再工作 ⑥掌握工件的特点及精度变化规律及时修整砂轮 ⑦选用正确的修整方法及用量
工件呈鼓形或鞍形	①机床导轨水平面内直线度差 ②磨削用量过大,使工件弹性变形产生鼓形,顶尖顶得太紧,磨削用量又过大,工件受磨削热伸胀变形产生鞍形 ③中心架调整不当,支承压力过大 ④工件细长刚性差 ⑤砂轮不锋利	①修刮、恢复其精度 ②应减小磨削用量,增加光磨次数,注意工件的热伸张,调整顶尖压力 ③调整支承点,支承力不宜过大 ④用中心架支承,减小磨削用量,增加光磨次数,顶尖不宜顶太紧 ⑤根据工件的特点及时修整砂轮

质量问题	影响因素	改进措施
工件圆度超差	①尾架套筒与壳体配合间隙过大 ②消除横向进给机构螺母间隙的压力太小 ③砂轮主轴与轴承间隙过大 ④头架轴承松动(用卡盘装夹工件时) ⑤主轴径向跳动过大(用卡盘装夹工件时) ⑥砂轮不锋利或磨损不均匀 ⑦中心孔不良或因润滑不良中心孔和顶尖磨损 ⑧工件顶得过紧或过松 ⑨工件刚性差,产生弹性变形 ⑩顶尖与套筒锥孔接触不良 ⑪夹紧工件的方法不当	①更换套筒 ②调整消除间隙的压力或修复 ③调整、修复或更换轴承(轴瓦) ④调整、修复或更换轴承 ⑤更换主轴 ⑥根据工件特点及精度变化规律及时修整砂轮 ⑦修研中心孔,注意文明生产 ⑧适当调整紧力 ⑨合理调整磨削用量,适当增加光磨次数 ⑩勿使锥面磕碰弄脏 ⑪掌握正确的夹紧方法,增大夹紧点的面积,使其压强减小
阶梯轴各轴颈同轴度超差	①顶尖与套筒锥孔接触不良 ②磨削工步安排不当 ③中心孔不良	①勿使锥面磕碰弄脏 ②粗精磨应分开,在一次装夹中完成精磨 ③修研中心孔

15.4 内圆磨削

内圆磨削主要磨削零件上的通孔、盲孔、台阶孔和端面等,内圆磨削表面可达到的尺寸精度为 IT7~IT6 级,表面粗糙度为 $Ra0.8\sim0.2\mu m$。

15.4.1 内圆磨削方法

(1) 内圆磨削方式

按内圆磨削工件和砂轮的运动及采用的机床,内圆磨削方式分为:中心内圆磨削、行星内圆磨削和无心内圆磨削三种方式。

① 中心内圆磨削是工件和砂轮均作回转运动，一般在普通内圆磨床或万能外圆磨床上磨削内孔，适用于套筒、齿轮、法兰盘等零件内孔的磨削，生产中应用普遍，如图 15.46（a）所示。

② 行星内圆磨削是工件固定不动，砂轮既绕自己的轴线作高速旋转，又绕所磨孔的中心线作低速度旋转，以实现圆周进给，如图 15.46（b）所示。这种磨削方式主要用来加工大型工件和不便于回转工件。

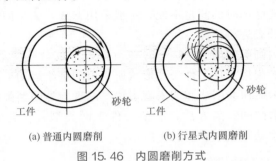

(a) 普通内圆磨削　　　　　(b) 行星式内圆磨削

图 15.46　内圆磨削方式

③ 无心内圆磨削是在无心磨床上进行，与中心内圆磨削不同的是工件的回转运动由支承轮、压轮和导轮实现，砂轮仍穿入工件孔内作回转运动。这种磨削方式适宜磨削薄壁环形零件的内圆和大量生产的滚动轴承套圈内圆等。

此外，这三种磨削方式的砂轮或工件还可能作纵向进给运动、横向进给运动等，来满足不同类型工件的要求。

（2）内圆磨削的特点

与外圆磨削相比，内圆磨削有以下特点：

① 内圆磨削受到工件内孔直径的限制，所用砂轮的直径较小，砂轮转速高，一般内圆磨具的转速在 10000～20000r/min，磨削速度一般在 20～30m/s 之间。

② 内圆磨削时，砂轮外圆与工件内孔成内切圆接触，其接触弧长比外圆磨削大，因此，磨削中产生的磨削力和磨削热较大，磨粒容易磨钝，工件也容易发热或烧伤、变形。

③ 内圆磨削时，冷却条件较差，切削液不易进入磨削区域，

磨屑也不易排出，当磨屑在工件内孔中积聚时，容易造成砂轮堵塞，影响工件的表面质量。特别在磨削铸铁等脆性材料时，磨屑和切削液混合成糊状，更容易使砂轮堵塞，影响砂轮的磨削性能。

④ 磨内孔砂轮需要接刀杆，磨削时，其受力条件属悬臂梁结构，刚性较差，容易产生弯曲变形和振动，对加工精度和表面粗糙度都有很大的影响，同时也限制了磨削用量的提高。

⑤ 内圆磨削内孔的测量空间较小，工件的检测困难，尤其深孔和小孔磨削时的测量不便，一般采用塞规、三爪内径千分尺和内径百分表进行检测。

（3）内圆磨削的方法

内圆磨削按获得工件尺寸形状所采用的进给运动形式，其磨削方法分为纵向磨削法和切入磨削法，原理与外圆磨削相似。

内圆磨削的磨削方法、磨削工件表面类型、砂轮的工作表面、磨削运动特征如表 15.27 所示。

◇ 表 15.27　内圆磨削的特征

磨削方法	磨削表面特征	砂轮工作表面	图示	砂轮运动	工件运动
纵向进给磨削法	通孔	1	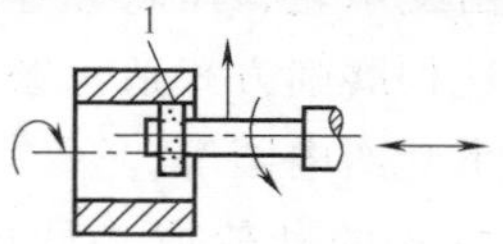	①旋转 ②纵向往复 ③横向进给	旋转
	锥孔	1	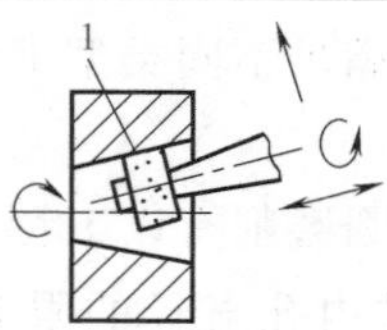 磨头扳转角度	①旋转 ②纵向往复 ③横向进给	旋转
	锥孔	1	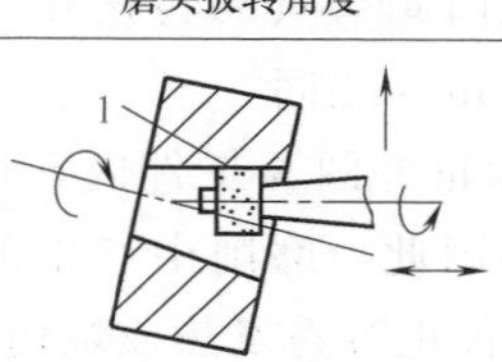 工件扳转角度	①旋转 ②纵向往复 ③横向进给	旋转

磨削方法	磨削表面特征	砂轮工作表面	图示	砂轮运动	工件运动
纵向进给磨削法	盲孔	1 2	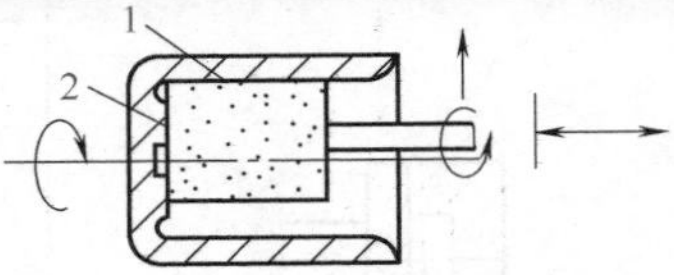	①旋转 ②纵向往复 ③靠端面	旋转
	台阶孔	1 2	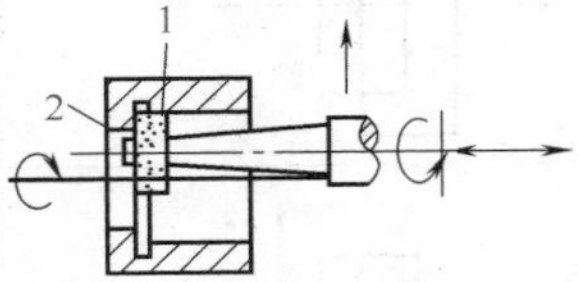	①旋转 ②纵向往复 ③靠端面	旋转
	小直径深孔	1	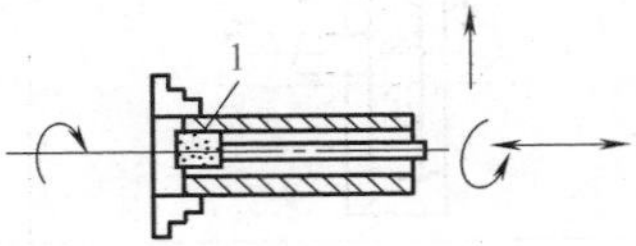	①旋转 ②纵向往复 ③横向进给	旋转
	间断表面通孔	1	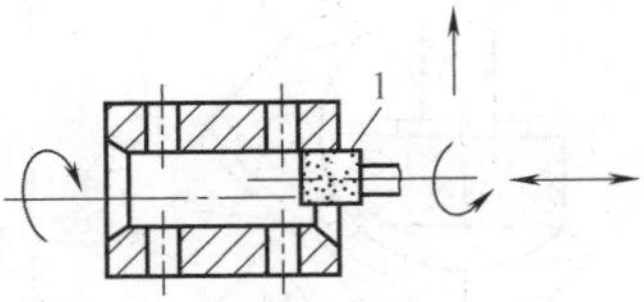	①旋转 ②纵向往复 ③横向进给	旋转
行星磨削法	通孔	1	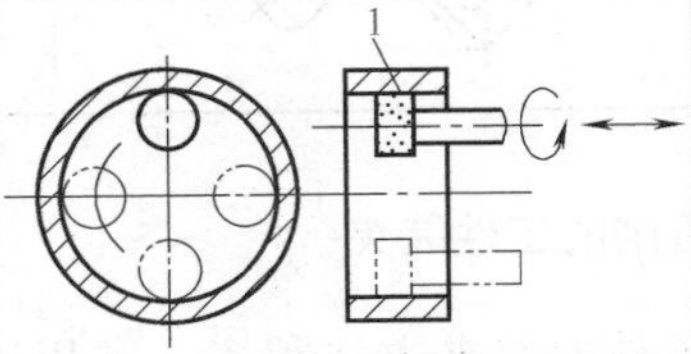	①绕自身轴线旋转 ②砂轮轴线绕孔中心线旋转 ③纵向往复	固定
	台阶孔	1 2	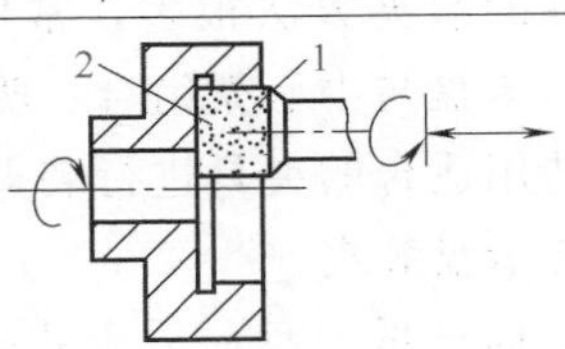	①绕自身轴线旋转 ②砂轮轴线绕孔中心线旋转 ③端面停靠	固定
切入磨削法	窄通孔	1	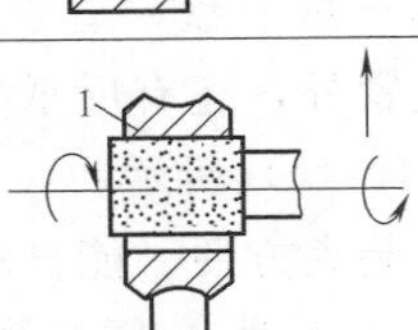	①旋转 ②横向进给	旋转

磨削方法	磨削表面特征	砂轮工作表面	图示	砂轮运动	工件运动
切入磨削法	端面	2	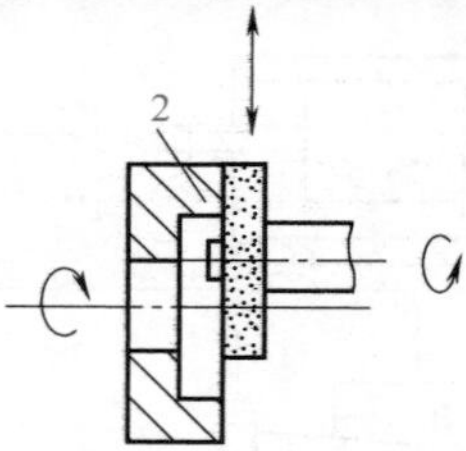	①旋转 ②横向进给	旋转
	带环状沟槽内圆面	1	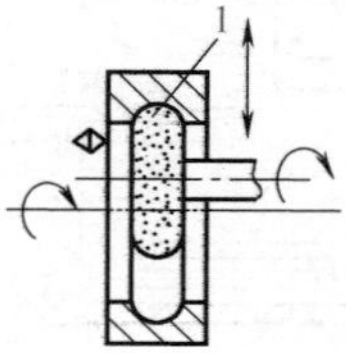	①旋转 ②横向进给	旋转
成形磨削法	凹球面	1	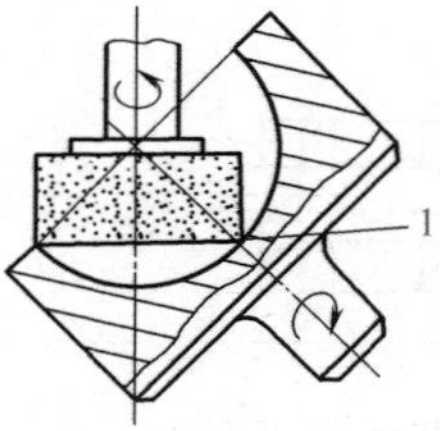	①旋转 ②沿砂轮轴线微量位移	旋转

15.4.2　内圆磨削的工件装夹

内圆磨削时，工件的装夹方法很多，常用三爪自定心卡盘、四爪单动卡盘、花盘、卡盘与中心架组合、吸盘等装夹。一般根据工件的形状、尺寸选用适合的夹具进行装夹。

（1）用三爪自定心卡盘装夹

三爪自定心卡盘俗称三爪卡盘，适于装夹套类和盘类工件。三爪自定心卡盘除正爪夹紧外，还有反爪夹紧，如图 15.47（b）所示，反撑夹紧如图 15.47（c）所示。

三爪自定心卡盘具有装夹方便、能自动定心，但定心精度不高的特点，一般中等尺寸工件夹紧后的径向圆跳动误差为

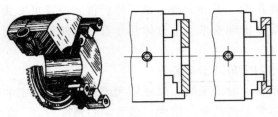

(a) 三爪自定心卡盘的结构　(b) 反爪夹紧　(c) 反撑夹紧

图 15.47　三爪自定心卡盘

0.08mm，高精度的三爪自定心卡盘的径向圆跳动误差为 0.04mm。对于成批磨削径向圆跳动量公差较小的零件，可以用调整卡盘自身定心精度的办法来提高装夹工件的定心精度，调整后的自定心精度可使工件径向圆跳动误差在 0.02～0.01mm。

用三爪自定心卡盘装夹较短的工件时，工件端面易倾斜，须用百分表找正，如图 15.48（a）所示。找正时先用百分表测量出工件端面圆跳动量，然后用铜棒敲击工件端面圆跳动的最大处，直至跳动量符合要求为止。

用三爪自定心卡盘装夹较长的工件时，工件的轴线容易发生偏斜，需要找正工件远离卡盘端外圆的径向圆跳动误差。找正时用百分表测量出工件外圆径向圆跳动量的最大处，然后用铜棒敲击跳动量最大处，直至跳动量符合要求为止，如图 15.48（b）所示。

当工件直径较大时，可采用反爪装夹工件，其找正方法与前

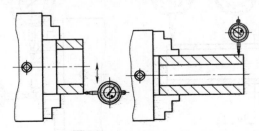

(a) 较短工件的装夹找正　　(b) 较长工件的装夹找正

图 15.48　工件在三爪卡盘上找正

述相同。使用时，拆卸卡盘卡爪，然后再装为反爪形式。拆卸时退出卡爪后要清理卡爪、卡盘体和丝盘并加润滑油，再将卡爪对号装入。

（2）用四爪单动卡盘装夹

四爪单动卡盘用来装夹尺寸较大或外形不太规则的工件，经校正可以达到很高的定心精度，适合定心精度较高、单件及小批量生产。

在四爪单动卡盘上校正工件，工件在卡盘上大致夹紧后，依据工件的基准面进行校正。用千分表可将基准面的跳动量校正在 0.005mm 以内。如果基准面本身留有余量，则跳动量可以控制在磨削余量的 1/3 范围内。在四爪单动卡盘中安装校正时应注意以下几点：

① 在卡爪和工件间垫上铜衬片，这样既能避免卡爪损伤工件外圆，又利于工件的校正。铜衬片可以制成 U 形，用较软的螺旋弹簧固定在卡爪上，铜衬片与工件接触面要小一些。

② 装夹较长工件时，工件夹持部分不要过长，约夹持 10～15mm。先校正靠近卡爪的一端，再校正另一端，如图 15.49 所示。按照工件的要求校正时可分别使用划针盘或千分表。用千分表校正精度可达 0.005mm 以内。

③ 盘形工件以外圆和端面作为校正基准，如图 15.50 所示。

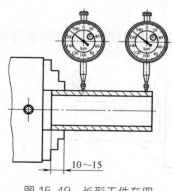

图 15.49　长形工件在四
爪单动卡盘上校正

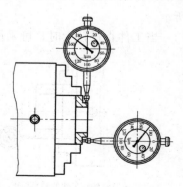

图 15.50　盘形工件在四
爪单动卡盘上校正

（3）用卡盘和中心架组合装夹

磨削较长的轴套类工件内孔时，可采用卡盘和中心架组合装夹，以提高工件的安装稳定性，如图 15.51 所示。

卡盘与中心架组合使用时，应保持中心架的支承中心与头架主轴的回转轴线一致。调整中心架的方法如下：

① 先将工件在卡盘上夹紧，并校正工件左右两端的径向跳动量在 0.005～0.01mm 以内。然后调整中心架三个支承，使其与工件轻轻接触。为防止调整时工件中心偏移，调整每一支承时，均用百（千）分表顶在支承的相应位置，如图 15.52 所示。

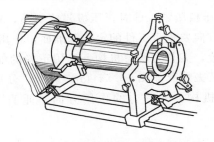

图 15.51　用卡盘和中心架安装工件

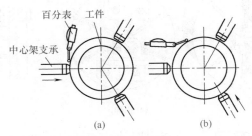

图 15.52　调整中心架的方法

② 利用测量桥板和百（千）分表进行校正，如图 15.53 所示。先用已校正的测量棒校正桥板，然后装上工件，推动桥板测量工件外圆母线和侧母线（图中 a、b 两处），直至校正到工件转动时百（千）分表读数不变时为止。

（4）用花盘装夹

用花盘装夹一些形状不规则的工件，装夹时注意以下两点：

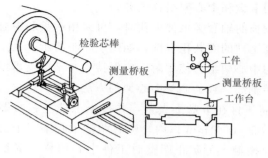

図 15.53 用测量桥板和百分表调整中心

① 用几个压板压紧工件时，压板要放平整，夹紧力要均匀，夹紧力的作用方向要垂直工件的定位基准面，作用点选定工件刚性大的方向位置，夹紧力增力机构，采用正确的如图 15.54 （a）所示，错误的装夹情况如图 15.54 （b）所示，分别错在作用点、杠杆比是减力机构、夹紧力的作用方向不垂直工件的定位基准面。

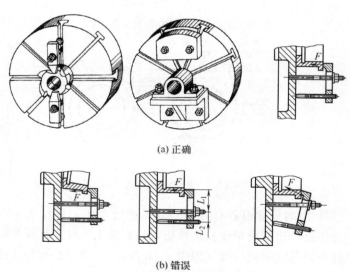

(a) 正确

(b) 错误

图 15.54 花盘装夹及装夹正误

② 装夹不对称的工件时，应加平衡块对花盘进行平衡，以

免旋转时引起振动。

（5）用简易箍套装夹

薄壁套磨内圆时，用如图 15.55 所示简易箍套装夹工件，来减小工件的变形。

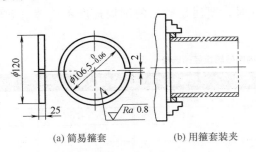

(a) 简易箍套　　　　(b) 用箍套装夹

图 15.55　用箍套装夹

（6）用专用夹具装夹

根据工件的结构特点和工艺要求，内圆磨削也经常采用专用夹具装夹工件。如图 15.56 所示夹具，夹紧力方向为轴向，避免了薄壁套径向刚度差而径向夹紧引起的变形。

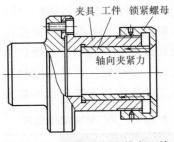

图 15.56　用专用夹具装夹工件

15.4.3　内圆磨削的砂轮

（1）内圆砂轮的特性选择

① 砂轮形状选择。内圆磨削常用的砂轮形状有筒形砂轮和杯形砂轮两种。筒形砂轮主要磨削通孔，杯形砂轮除磨削内孔外，还可磨削台阶孔的端面。

② 砂轮直径的选择。在内圆磨削中，为了获得较理想的磨削速度，最好采用接近孔径尺寸的砂轮，但当砂轮直径增大后，砂轮与工件的接触弧也随之增大，致使磨削热增大，且冷却和排屑更加困难。为了取得良好的磨削效果，砂轮直径与被磨工件孔径应有适当的比值，这一比值通常在 0.5～0.9 之间。

当工件孔径较小时，主要矛盾是砂轮圆周速度低，此时可取较大的比值；当工件孔径较大时，砂轮的圆周速度较高，而发热量和排屑成为主要问题，故应取较小的比值。孔径 $\phi 12 \sim$ 100mm 范围内选择砂轮直径如表 15.28 所示。当工件直径大于 $\phi 100$mm 时，要注意砂轮的圆周速度不应超过砂轮的安全圆周速度。

◇ 表 15.28　内圆砂轮直径的选择　　　　　　　　　　　　　　　　　　mm

被磨孔的直径	砂轮直径 D_0	被磨孔的直径	砂轮直径 D_0
12~17	10	45~55	40
17~22	15	55~70	50
22~27	20	70~80	65
27~32	25	80~100	75
32~45	30		

③ 砂轮宽度的选择。采用较宽的砂轮，有利于降低工件表面粗糙度值和提高生产效率，并可降低砂轮的磨耗。但砂轮也不能选得太宽，否则会使磨削力增大，从而引起砂轮接长轴的弯曲变形。在砂轮接长轴的刚性和机床功率允许的范围内，砂轮宽度可以按工件长度选择，参见表 15.29。

◇ 表 15.29　内圆砂轮宽度的选择　　　　　　　　　　　　　　　　　　mm

磨削长度	14	30	45	>50
砂轮宽度	10	25	32	40

④ 砂轮的磨料、粒度、硬度和结合剂选择。内圆砂轮的特性（磨料、粒度、硬度和结合剂）选择，可依据工件的材料、加工精度等情况，参考表 15.30 进行选择。内圆磨削所用砂轮的组织应比外圆砂轮组织疏松 1~2 号。

（2）内圆砂轮的安装

内圆砂轮一般都安装在砂轮接长轴的一端，而接长轴的另一端与磨头主轴连接，也有些磨床内圆砂轮是直接安装在内圆磨具的主轴上的。内圆砂轮的紧固一般采用螺纹紧固和用粘接剂紧固两种方法。

◇ 表15.30 内圆砂轮特性的选择

加工材料	磨削要求	砂轮的特性			
		磨料	粒度	硬度	结合剂
未淬火的碳素钢	粗磨	A	24～46	K～M	V
	精磨	A	46～60	K～N	V
铝	粗磨	C	36	K～L	V
	精磨	C	60	L	V
铸铁	粗磨	C	24～36	K～L	V
	精磨	C	46～60	K～L	V
纯铜	粗磨	A	16～24	K～L	V
	精磨	A	24	K～M	B
硬青铜	粗磨	A	16～24	J～K	V
	精磨	A	24	K～M	V
调质合金钢	粗磨	A	46	K～L	V
	精磨	WA	60～80	K～L	V
淬火的碳钢及合金钢	粗磨	WA	46	K～L	V
	精磨	PA	60～80	K～L	V
渗氮钢	粗磨	WA	46	K～L	V
	精磨	SA	60～80	K～L	V
高速钢	粗磨	WA	36	K～L	V
	精磨	PA	24～36	M～N	B

用螺纹紧固内圆砂轮牢固，安装方法结构如图15.57（a）、（b）所示。用螺纹紧固内圆砂轮时，应注意以下事项：

① 砂轮内孔与接长轴的配合间隙要适当，不要超过0.2mm。如果间隙过大，可以在砂轮内孔与接长轴间垫入纸片，以免砂轮装偏心而产生振动或造成砂轮工作时松动。筒形砂轮常用的内孔直径为：$\phi6mm$、$\phi10mm$、$\phi13mm$、$\phi16mm$ 和 $\phi20mm$。

② 砂轮的两个端面必须垫上纸质等软性衬垫，衬垫厚度以0.2～0.3mm为宜，这样可以使砂轮夹紧力均匀、紧固可靠。

③ 承压砂轮的接长轴端面要平整，接触面不能太小，否则会减少摩擦面积，不能保证砂轮紧固的可靠性。

④ 紧固螺钉的承压端面与螺纹要垂直，以使砂轮受力均匀。

⑤ 紧固螺钉的旋转方向应与砂轮旋转方向相反，在磨削力

作用下，可以保证砂轮不会松动。

用粘接剂紧固内圆砂轮，一般用于直径 $\phi7mm$ 以下的小砂轮，粘接剂紧固的结构如图 15.57（c）所示。常用的粘接剂为磷酸溶液（H_3PO_4）和氧化铜（CuO）粉末调配而成的一种糊状混合物。粘接时，接长轴与砂轮应有 $0.2\sim0.3mm$ 的间隙，为提高砂轮的粘牢程度，可以将接长轴的外圆压成网纹状，粘接剂应充满砂轮与接长轴之间的间隙，待自然干燥或烘干，冷却 $5min$ 左右即可。

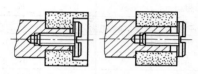

(a) 杯形砂轮螺纹紧固连接　(b) 筒形砂轮螺纹紧固连接

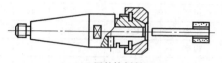

(c) 用粘接剂紧固

图 15.57　内圆砂轮的安装

15.4.4　内圆磨削的磨削用量

（1）内圆磨削用量的选择

砂轮速度受砂轮直径及磨头转速的限制，一般在 $15\sim25m/s$ 之间。在可能的情况下，应尽量采用较高的砂轮速度。

工件速度一般在 $15\sim25m/min$ 之间。表面粗糙度要求高时取小值，粗磨或砂轮与工件接触面积大时取较大值。

粗磨时纵向进给速度一般为 $1.5\sim2.5m/min$，精磨时为 $0.5\sim1.5m/min$。

粗磨时一般为 $0.01\sim0.03mm$；精磨时为 $0.002\sim0.001mm$。每次进给后，要作几次光磨，精磨时光磨次数应更多一些。

一般情况下，内圆磨削粗磨时的磨削用量按表 15.31 进行选择，精磨时的磨削用量按表 15.32 进行选择。

◇ 表 15.31 粗磨内圆磨削用量

(1)工件速度									
工件磨削表面直径 d_w/mm	10	20	30	50	80	120	200	300	400
工件速度 v_w/(m/min)	10～20	10～20	12～24	15～30	18～36	20～40	23～46	28～56	35～70

(2)纵向进给量

$$f_a = (0.5\sim0.8)B \quad B—砂轮宽度,mm$$

(3)背吃刀量 a_p					
工件磨削表面直径 d_w/mm	工件速度 v_w/(m/min)	工件纵向进给量 f_a(以砂轮宽度计)			
		0.5	0.6	0.7	0.8
		工作台一次往复行程背吃刀量 a_p/(mm/行程)			
20	10	0.0080	0.0067	0.0057	0.0050
	15	0.0053	0.0044	0.0038	0.0033
	20	0.0040	0.0033	0.0029	0.0025
25	10	0.0100	0.0083	0.0072	0.0063
	15	0.0066	0.0055	0.0047	0.0041
	20	0.0050	0.0042	0.0036	0.0031
30	11	0.0109	0.0091	0.0078	0.0068
	16	0.0075	0.00625	0.00535	0.0047
	20	0.006	0.0050	0.0043	0.0038
35	12	0.0116	0.0097	0.0083	0.0073
	18	0.0078	0.0065	0.0056	0.0049
	20	0.0059	0.0049	0.0042	0.0037
40	13	0.0123	0.0103	0.0088	0.0077
	20	0.0080	0.0067	0.0057	0.0050
	26	0.0062	0.0051	0.0044	0.0038
50	14	0.0143	0.0119	0.0102	0.0089
	21	0.0096	0.00795	0.0068	0.0060
	29	0.0069	0.00575	0.0049	0.0043
60	16	0.0150	0.0125	0.0107	0.0094
	24	0.0100	0.0083	0.0071	0.0063
	32	0.0075	0.0063	0.0054	0.0047
80	17	0.0188	0.0157	0.0134	0.0117
	25	0.0128	0.0107	0.0092	0.0080
	33	0.0097	0.0081	0.0069	0.0061
120	20	0.024	0.020	0.0172	0.015
	30	0.016	0.0133	0.0114	0.010
	40	0.012	0.010	0.0086	0.0075

工件磨削表面直径 d_w/mm	工件速度 v_w/(m/min)	工件纵向进给量 f_a(以砂轮宽度计)			
		0.5	0.6	0.7	0.8
		工作台一次往复行程背吃刀量 a_p/(mm/行程)			
150	22	0.0273	0.0227	0.0195	0.0170
	33	0.0182	0.0152	0.0130	0.0113
	44	0.0136	0.0113	0.0098	0.0085
180	25	0.0288	0.0240	0.0206	0.0179
	37	0.0194	0.0162	0.0139	0.0121
	49	0.0147	0.0123	0.0105	0.0092
200	26	0.0308	0.0257	0.0220	0.0192
	38	0.0211	0.0175	0.0151	0.0132
	52	0.0154	0.0128	0.0110	0.0096
250	27	0.0370	0.0308	0.0264	0.0231
	40	0.0250	0.0208	0.0178	0.0156
	54	0.0185	0.0154	0.0132	0.0115
300	30	0.0400	0.0333	0.0286	0.025
	42	0.0286	0.0238	0.0204	0.0178
	55	0.0218	0.0182	0.0156	0.0136
400	33	0.0485	0.0404	0.0345	0.0302
	44	0.0364	0.0303	0.0260	0.0227
	56	0.0286	0.0238	0.0204	0.0179

背吃刀量 a_p 的修正系数

与砂轮耐用度有关 k_1						与砂轮直径 d_s 及工件孔径 d_w 之比有关 k_2			
T/s	≤96	150	240	360	600	$\dfrac{d_s}{d_w}$	0.4	≤0.7	>0.7
k_1	1.25	1.0	0.8	0.62	0.5	k_2	0.63	0.8	1.0

与砂轮速度及工件材料有关 k_3

工件材料	v_s/(m/s)		
	18~22.5	≤28	≤35
耐热钢	0.68	0.76	0.85
淬火钢	0.76	0.85	0.95
非淬火钢	0.80	0.90	1.00
铸铁	0.83	0.94	1.05

注：工作台单行程的背吃刀量 a_p 应将表列数值除以 2。

机械工综合切削手册

◇ 表15.32　精磨内圆磨削用量

(1)工件速度 n_w/(m/min)

工件磨削表面直径 d_w/mm	工件材料	
	非淬火钢及铸铁	淬火钢及耐热钢
10	10～16	10～16
15	12～20	12～20
20	16～32	20～32
30	20～40	25～40
50	25～50	30～50
80	30～60	40～60
120	35～70	45～70
200	40～80	50～80
300	45～90	55～90
400	55～110	65～110

(2)纵向进给量 f_a

表面粗糙度　$Ra1.6～0.8\mu m$　$f_a=(0.5～0.9)B$

表面粗糙度　$Ra0.4\mu m$　$f_a=(0.25～0.5)B$

(3)背吃刀量 a_p

工件磨削表面直径 d_w/mm	工件速度 v_w/(m/min)	工件纵向进给量 f_a/(mm/r)							
		10	12.5	16	20	25	32	40	50
		工作台一次往复行程背吃刀量 a_p/(mm/行程)							
10	10	0.00386	0.00308	0.00241	0.00193	0.00154	0.00121	0.000965	0.000775
	13	0.00296	0.00238	0.00186	0.00148	0.00119	0.00093	0.000745	0.000595
	16	0.00241	0.00193	0.00150	0.00121	0.000965	0.000755	0.000605	0.000482
12	11	0.00465	0.00373	0.00292	0.00233	0.00186	0.00146	0.00116	0.000935
	14	0.00366	0.00294	0.00229	0.00183	0.00147	0.00114	0.000915	0.000735
	18	0.00286	0.00229	0.00179	0.00143	0.00114	0.000895	0.000715	0.000572
16	13	0.00622	0.00497	0.00389	0.00311	0.00249	0.00194	0.00155	0.00124
	19	0.00425	0.00340	0.00265	0.00212	0.00170	0.00133	0.00106	0.00085
	26	0.00310	0.00248	0.00195	0.00155	0.00124	0.00097	0.000775	0.00062
20	16	0.0062	0.0049	0.0038	0.0031	0.0025	0.00193	0.00154	0.00123
	24	0.0041	0.0033	0.0026	0.00205	0.00165	0.00129	0.00102	0.00083
	32	0.0031	0.0025	0.00193	0.00155	0.00123	0.00097	0.00077	0.00062
25	18	0.0067	0.0054	0.0042	0.0034	0.0027	0.0021	0.00168	0.00135
	27	0.0045	0.0036	0.0028	0.0022	0.00179	0.00140	0.00113	0.00090
	36	0.0034	0.0027	0.0021	0.00168	0.00134	0.00105	0.00084	0.00067
30	20	0.0071	0.0057	0.0044	0.0035	0.0028	0.0022	0.00178	0.00142
	30	0.0047	0.0038	0.0030	0.0024	0.0019	0.00148	0.00118	0.00095
	40	0.0036	0.0028	0.0022	0.00178	0.00142	0.00111	0.00089	0.00071
35	22	0.0075	0.0060	0.0047	0.0037	0.0030	0.0023	0.00186	0.00149
	33	0.0050	0.0040	0.0031	0.0025	0.0020	0.00155	0.00124	0.00100
	45	0.0037	0.0029	0.0023	0.00182	0.00146	0.00114	0.00091	0.00073

机械工综合切削手册

工件磨削表面直径 d_w/mm	工件速度 v_w/(m/min)	工件纵向进给量 f_a/(mm/r)							
		10	12.5	16	20	25	32	40	50
		工作台一次往复行程背吃刀量 a_p/(mm/行程)							
40	23	0.0081	0.0065	0.0051	0.0041	0.0032	0.0025	0.0020	0.00162
	25	0.0053	0.0042	0.0033	0.0027	0.0021	0.00165	0.00132	0.00106
	47	0.0039	0.0032	0.0025	0.00196	0.00158	0.00123	0.0099	0.00079
50	25	0.0090	0.0072	0.0057	0.0045	0.0036	0.0028	0.0023	0.00181
	37	0.0061	0.0049	0.0038	0.0030	0.0024	0.0019	0.00153	0.00122
	50	0.0045	0.0036	0.0028	0.0023	0.00181	0.00141	0.00113	0.00091
60	27	0.0098	0.0079	0.0062	0.0049	0.0039	0.0031	0.0025	0.00196
	41	0.0065	0.0052	0.0041	0.0032	0.0026	0.0020	0.00163	0.00130
	55	0.0048	0.0039	0.0030	0.0024	0.00193	0.00152	0.00121	0.00097
80	30	0.0112	0.0089	0.0070	0.0056	0.0045	0.0035	0.0028	0.0022
	45	0.0077	0.0061	0.0048	0.0038	0.0030	0.0024	0.0019	0.00153
	60	0.0058	0.0046	0.0036	0.0029	0.0023	0.0018	0.00143	0.00115
120	35	0.0141	0.0113	0.0088	0.0071	0.0057	0.0044	0.0035	0.0028
	52	0.0095	0.0076	0.0059	0.0048	0.0038	0.0030	0.0024	0.0019
	70	0.0071	0.0057	0.0044	0.0035	0.0028	0.0022	0.00176	0.00141
150	37	0.0164	0.0131	0.0102	0.0082	0.0065	0.0051	0.0041	0.0033
	56	0.0108	0.0087	0.0068	0.0054	0.0043	0.0034	0.0027	0.0022
	75	0.0081	0.0064	0.0051	0.0041	0.0032	0.0025	0.0020	0.00161
180	38	0.0189	0.0151	0.01818	0.0094	0.0076	0.0059	0.0047	0.0038
	58	0.0124	0.0099	0.0078	0.0062	0.0050	0.0039	0.0031	0.0025
	78	0.0092	0.0074	0.0057	0.0046	0.0037	0.0029	0.0023	0.00184
200	40	0.0197	0.0158	0.0123	0.0099	0.0079	0.0062	0.0049	0.0039
	60	0.0131	0.0105	0.0082	0.0066	0.0052	0.0041	0.0033	0.0026
	80	0.0099	0.0079	0.0062	0.0049	0.0040	0.0031	0.0025	0.0020
250	42	0.0230	0.0184	0.0144	0.0115	0.0092	0.0072	0.0057	0.0046
	63	0.0153	0.0122	0.0096	0.0077	0.0061	0.0048	0.0038	0.0031
	85	0.0113	0.0091	0.0071	0.0057	0.0045	0.0036	0.0028	0.0023
300	45	0.0253	0.0202	0.0158	0.0126	0.0101	0.0079	0.0063	0.0051
	67	0.0169	0.0135	0.0106	0.0085	0.0068	0.0053	0.0042	0.0034
	90	0.0126	0.0101	0.0079	0.0063	0.0051	0.0039	0.0032	0.0025
400	55	0.0266	0.0213	0.0166	0.0133	0.0107	0.0083	0.0067	0.0053
	82	0.0179	0.0143	0.0112	0.0090	0.0072	0.0056	0.0045	0.0036
	110	0.0133	0.0106	0.0083	0.0067	0.0053	0.0042	0.0033	0.0027

背吃刀量 a_p 的修正系数

与直径余量和加工精度有关 k_1						与加工材料和表面形状有关 k_2			与磨削长度对直径之比有关 k_3				
精度等级	直径余量/mm					工件材料	表面		$\dfrac{l_w}{d_w}$	≤1.2	≤1.6	≤2.5	≤4
	0.2	0.3	0.4	0.5	0.8		无圆角的	带圆角的					
IT6级	0.5	0.63	0.8	1.0	1.25	耐热钢	0.7	0.56	k_3	1.0	0.87	0.76	0.67
IT7级	0.63	0.8	1.0	1.25	1.6	淬火钢	1.0	0.75					
IT8级	0.8	1.0	1.25	1.6	2.0	非淬火钢	1.2	0.90					
IT9级	1.0	1.26	1.6	2.0	2.5	铸铁	1.6	1.2					

注：背吃刀量 a_p 不应大于粗磨的 a_p。

(2) 内圆磨削的磨削余量

内圆磨削的磨削余量如表 15.33 所示。

◇ 表 15.33 内圆磨削的磨削余量

mm

孔径范围	余量限度	磨削前								粗磨后	精磨前
		孔长									
		未经淬火的孔				经淬火的孔					
		50以下	50~100	100~200	200~300	50以下	50~100	100~200	200~300		
≤10	max	—	—	—	—	—	—	—	—	0.020	0.015
	min	—	—	—	—	—	—	—	—		
11~18	max	0.22	0.25	—	—	0.25	0.28	—	—	0.030	0.020
	min	0.12	0.13	—	—	0.15	0.18	—	—		
19~30	max	0.28	0.28	—	—	0.30	0.30	0.35	—	0.040	0.030
	min	0.15	0.15	—	—	0.18	0.22	0.25	—		
31~50	max	0.30	0.30	0.35	—	0.35	0.35	0.40	—	0.050	0.040
	min	0.15	0.15	0.20	—	0.20	0.25	0.28	—		
51~80	max	0.30	0.32	0.35	0.40	0.40	0.40	0.45	0.50	0.060	0.050
	min	0.15	0.18	0.20	0.25	0.25	0.28	0.30	0.35		
81~120	max	0.37	0.40	0.45	0.50	0.50	0.50	0.55	0.60	0.070	0.050
	min	0.20	0.20	0.25	0.30	0.30	0.30	0.35	0.40		
121~180	max	0.40	0.42	0.45	0.50	0.55	0.60	0.65	0.70	0.080	0.060
	min	0.25	0.25	0.25	0.30	0.35	0.40	0.45	0.50		
181~260	max	0.45	0.48	0.50	0.55	0.60	0.65	0.70	0.75	0.090	0.065
	min	0.25	0.28	0.30	0.35	0.40	0.45	0.50	0.55		

注：表中推荐的数据，适合成批生产，要求有完整的工艺装备和合理的工艺规程，可根据具体情况选用。

15.4.5 内圆磨削的检测控制

（1）内圆磨削的工作行程和砂轮越出长度控制

磨削较长的通孔时，磨削的工作行程和砂轮越出长度对孔的形状精度影响较大，对其控制，一般根据工件孔径和长度选择砂轮直径和接长轴（接刀杆）。接长轴的长度只需略大于孔的长度，如图 15.58（a）所示。若接长轴太长，其刚性较差，磨削时容易产生振动，影响磨削效率和加工质量。

工作台的行程长度 L 应根据工件孔长 L' 和砂轮在孔端越出长度 L_1 进行计算调整。

$$L = L' + 2L_1$$
$$L_1 = (1/3 \sim 1/2)B$$

式中，B 为砂轮的宽度，如图 15.58（b）所示。若 L_1 太小，孔端磨削时间短，则两端孔口磨去的金属较少，从而使内孔产生中间大、两端小的现象，如图 15.58（c）所示。如果 L_1 太大，甚至使砂轮全部越出工件孔口，磨削金属量大，接长轴弹性变形减小，使内孔两端磨成喇叭口，如图 15.58（d）所示。

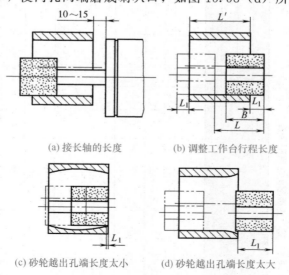

(a) 接长轴的长度　　　　(b) 调整工作台行程长度

(c) 砂轮越出孔端长度太小　　(d) 砂轮越出孔端长度太大

图 15.58　纵向磨削法

（2）内孔的尺寸精度检验

内孔的尺寸精度检验，一般采用塞规、三爪内径千分尺和内径百（千）分表进行检验。

用塞规检验塞规的通端能顺利地通过孔的全长，而止端不能进入孔内，则内孔的实际尺寸符合图样要求。检验时应注意以下几点：

① 根据图样要求选好合适的塞规，测量时应严格做好内孔表面的清洁工作。

② 塞规应放平使用。轻轻朝孔内塞。禁止敲击和摇晃塞规。

③ 要注意内孔的热胀冷缩，防止塞规在孔内取不出来。

用图 15.59 三爪内径千分尺检验内孔时，由于三爪内径千分尺有定中心准确、测量力恒定和检验使用方便等优点，故使用较广泛。

用图 15.60 所示内径百（千）分表测量孔径时，与用千分尺或块规组的标准尺寸比较，测量时需要按图 15.60 所示左右摇动，故也称摇表。使用内径百（千）分表时注意以下几点：

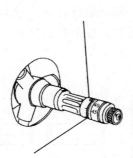
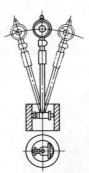

图 15.59 用三爪内径千分尺测量内孔　　图 15.60 用内径百分表测量内孔

① 校对内径百分表时，预先"切入"数一般在 0.1mm 即可。太大了要影响内孔的测量精度，百分表也不容易保持本身精度。

② 使用前要检查活动测量头的接触端是否出现小平面，假如用活动测量头的小平面去接触孔壁，则百分表上反映的读数会与孔的实际尺寸不符合。

③ 要经常检查预先校对好的百分表"零位"是否有变化。

在批量生产中可磨准一只工件的内孔，作为校对百分表使用，这样既方便又省时。

（3）孔的圆度误差检验

孔的圆度误差是在孔的半径方向计量的，要用一定的计量仪器。目前实际生产中使用最普遍的是通用量具，如内径百（千）分表，这时圆度误差应以直径最大差值之半来评定。这种方法称为两点法，测量精度低，但有一定的实用价值，如图15.61（a）所示。

（4）孔的圆柱度误差检验

孔的圆柱度误差检验的要求和方法与检验外圆柱面的圆柱度误差相同。实际生产中要准确地检验孔的圆柱度误差困难较多，一般用内孔表面母线的平行度来控制，即可以控制圆柱面的鼓形、鞍形和锥形等项误差。这几项误差可以用一般通用量具检验和控制，既方便又实用。

（5）孔的同轴度误差检验

孔的同轴度是指被测圆柱面轴线，对基准轴线不共轴的程度。如图15.61（b）所示，可采用综合量规来检验两孔的同轴度误差。量规能通过基准孔和被测孔，则同轴度合格，通不过则不合格。此时要求综合量规的台阶直径均应在两孔的尺寸公差之内，并要求两孔的形状误差较小。

(a) 用千分表测量孔的圆度

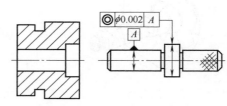
(b) 用量规测量孔的同轴度

图 15.61　孔的同轴度误差检验

15.4.6　内圆磨削常见的工件缺陷、产生原因及解决方法

内圆磨削常见的工件缺陷、产生原因及解决方法如表15.34所示。

◈ 表15.34 内圆磨削常见的工件缺陷、产生原因及解决方法

缺陷名称	产生原因	解决方法
表面有振痕、粗糙、烧伤	①砂轮直径小 ②头架轴承松动,砂轮芯轴弯曲,砂轮修整不圆等原因产生强烈振动,使工件表面产生波纹 ③砂轮堵塞 ④散热不良 ⑤砂轮粒度过细、硬度高或修整不及时 ⑥进给量大,磨削热增加	①砂轮直径尽量选得大些 ②高速轴瓦间隙,修整砂轮 ③选取粒度较粗、组织较疏松、硬度较软的砂轮,使其具有"自觉性" ④供应充分的磨削液 ⑤选取粗、软的砂轮,并及时修理 ⑥减小进给量
喇叭口	①轴向进给不均匀 ②砂轮有锥度 ③接长轴细长刚性差 ④砂轮超过孔口长度太长	①适当控制停留时间,调整砂轮杆伸出长度不超过砂轮宽度的一半 ②正确修整砂轮 ③根据工件内孔大小及长度合理选择接长轴的粗细,选用刚性好的材料制造接长轴 ④缩小超越长度
锥形孔	①头架调整角度不正确 ②轴向进给不均匀,径向进给过大 ③砂轮在两端的越程不等 ④砂轮磨损不均匀	①重新调整角度 ②减小进给量 ③调整使越程相等 ④及时修整砂轮
圆度误差及内外圆同轴度差	①工件装夹不牢 ②薄壁工件夹得过紧而产生弹性变形 ③调整不准确,内外表面不同轴 ④卡盘松动,主轴与轴承间间隙过大 ⑤接长轴刚性差	①固紧工件 ②夹紧力要适当 ③细心找正 ④调整松紧量 ⑤重新设计接长轴
端面与孔轴线不垂直	①找正不正确 ②进给量太大 ③头架偏转角度	①细心找正 ②减小进给量 ③调整头架位置
螺旋痕迹	①轴向进给量太大 ②砂轮钝化 ③接长轴弯曲	①减小轴向进给量 ②及时修整砂轮 ③增强接长轴刚性

15.5 圆锥面磨削

　　圆锥面分为外圆锥面和内圆锥面,外圆锥面也称外圆锥体,

内圆锥面称为圆锥孔。在机械结构中,圆锥面的应用很广,如机床主轴轴颈、安装刀具或夹具的锥孔、顶尖等。

15.5.1 圆锥面各部分名称及计算

（1）圆锥的各部分名称

圆锥是一条与轴线成一定角度的直线段 AB（母线）围绕定轴线 AO 旋转形成的表面,称为圆锥体,如图 15.62（a）所示,斜边直线段 AB 称为圆锥的母线,又叫素线。如果将圆锥的尖端截去,即成为圆台,如图 15.62（b）所示。圆锥的各部分名称如图 15.62 所示。图中 D 为最大圆锥直径,简称大端直径,mm;d 为最小圆锥直径,简称小端直径,mm;α 为圆锥角（对应锥度）,$\alpha/2$ 称圆锥半角（对应斜度）,又称斜角,（°）;L 为最大圆锥直径与最小圆锥直径之间的轴向距离,简称锥形部分长度或锥长,mm。

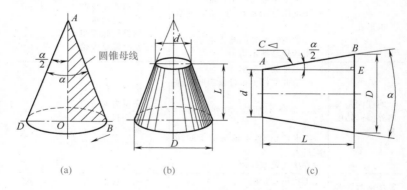

图 15.62　圆锥的形式及要素

D—圆锥大端直径,mm;d—圆锥小端直径,mm;L—圆锥长度,mm;

α—圆锥角,（°）;$\alpha/2$—圆锥半角,（°）;C—锥度

（2）圆锥面的参数计算

圆锥半角 $\alpha/2$、最大圆锥直径 D、最小圆锥直径 d 和锥形部分的长度 L 称为圆锥的四个基本参数。在这四个参数中,已知任意三个量,都可以求出另外一个未知量。

① 锥度（C）定义为:圆锥大、小端直径之差与长度之比

称为锥度，即

$$C = \frac{D-d}{L} = 2\tan\frac{\alpha}{2}$$

② 圆锥的斜度定义为：

$$S = \tan\frac{\alpha}{2} = \frac{D-d}{2L}$$

③ 圆锥四个基本参数之间具有确定的关系，在图 15.62（c）的 $\triangle ABE$ 中，$BE = \frac{D-d}{2}/2$，$AE = L$，则 $\tan\frac{\alpha}{2} = \frac{BE}{AE} = \frac{D-d}{2L}$

显然，$C = 2\tan\frac{\alpha}{2}$

其他三个参数与 α 的关系：$D = d + 2L\tan\frac{\alpha}{2}$

$$d = D - 2L\tan\frac{\alpha}{2}$$

图纸上一般只标注其中的任意三个，如 D、d、L，但在磨圆锥时，需要计算出圆锥半角 $\frac{\alpha}{2}$。其他参数可以利用三角函数关系求出。

15.5.2 圆锥面的磨削方法

圆锥面磨削时，一般要使工件的旋转轴线相对于砂轮与工件轴向运动方向偏斜一个圆锥半角，即圆锥母线与圆锥轴线的夹角（$\alpha/2$）。外圆锥面的磨削运动、磨削特征（见表 15.20）和磨削用量与外圆磨削类同。内圆锥面的磨削运动、磨削特征（见表 15.27）和磨削用量与内圆磨削类同。

外圆锥面一般在外圆磨床或万能外圆磨床上磨削，根据工件的形状和锥度大小不同，形成偏斜角的方法也不同，常用的外圆锥面磨削方法如表 15.35 所示。

内圆锥面一般在内圆磨床或万能外圆磨床上磨削，根据工件的形状和锥度大小不同，常用的内圆锥面磨削方法如表 15.36 所示。

◈ 表 15.35 外圆锥面磨削的几种方法

磨削方法	图示	说明
转动工作台磨外圆锥面	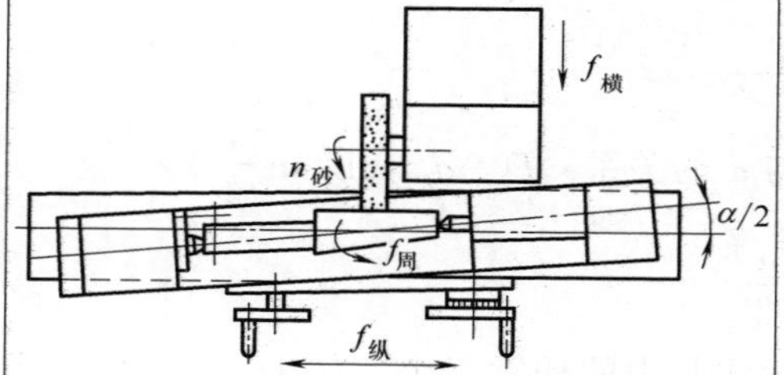	这种方法适用于锥度不大的外圆锥面。磨削时，把工件装夹在两顶尖之间，将上工作台相对下工作台逆时针转过 $\alpha/2$（工件圆锥半角）即可 磨削时，一般采用纵磨法。工作台转动角度时，应按工作台右端标尺上的刻度（标尺右边的刻度为锥度，左边为相应的角度），但按刻度转动角度，并不十分精确，必须经试磨后再进行调整 在顶尖距为 1m 的外圆磨床上，工作台回转角度逆时针一般为 6°～9°，顺时针为 3°。因此，用这种方法只能磨削圆锥角小于 12°～18°的外圆锥 这种方法工件装夹简单，机床调整方便，精度容易保证
转动头架磨外圆锥面	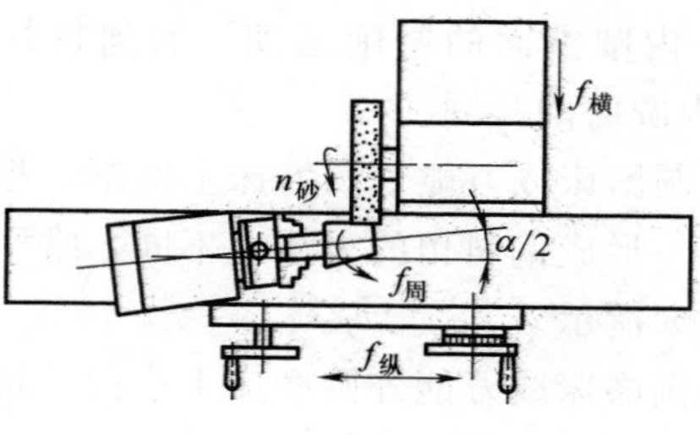	当工件的圆锥半角超过上工作台所能回转的角度时，可采用转动头架的方法来磨削外圆锥面。此法是把工件装夹在头架卡盘中，将头架逆时针转过 $\alpha/2$（工件圆锥半角）即可。角度值可从头架下面底座刻度盘上确定。但是，头架刻度并不十分精确，必须经试磨后再进行调整

磨削方法	图示	说明
同时转动工作台和头架磨外圆锥面	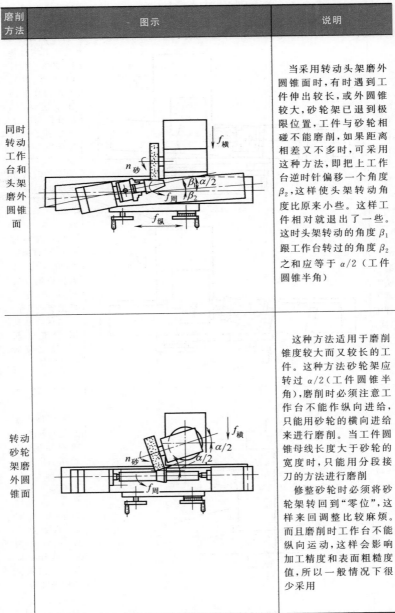	当采用转动头架磨外圆锥面时，有时遇到工件伸出较长，或外圆锥较大，砂轮架已退到极限位置，工件与砂轮相碰不能磨削，如果距离相差又不多时，可采用这种方法，即把上工作台逆时针偏移一个角度 β_2，这样使头架转动角度比原来小些。这样工件相对就退出了一些。这时头架转动的角度 β_1 跟工作台转过的角度 β_2 之和应等于 $\alpha/2$（工件圆锥半角）
转动砂轮架磨外圆锥面		这种方法适用于磨削锥度较大而又较长的工件。这种方法砂轮架应转过 $\alpha/2$（工件圆锥半角），磨削时必须注意工作台不能作纵向进给，只能用砂轮的横向进给来进行磨削。当工件圆锥母线长度大于砂轮的宽度时，只能用分段接刀的方法进行磨削 　修整砂轮时必须将砂轮架转回到"零位"，这样来回调整比较麻烦。而且磨削时工作台不能纵向运动，这样会影响加工精度和表面粗糙度值，所以一般情况下很少采用

◇ 表 15.36　内圆锥面磨削的几种方法

磨削方法	图示	说明
转动工作台磨内圆锥面	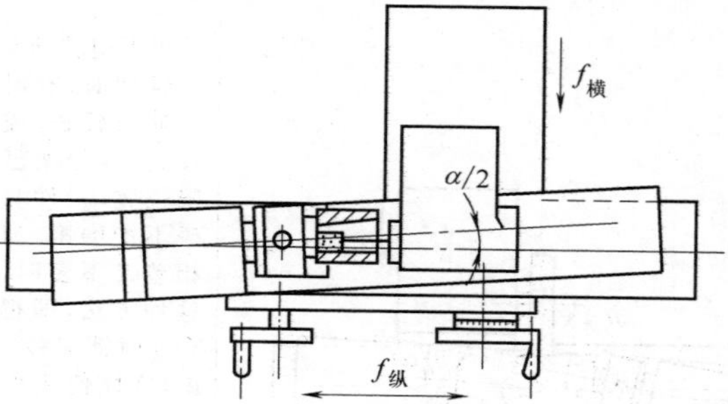	将工作台转过 $\alpha/2$（工件圆锥半角）。工作台作纵向往复运动，砂轮作横向进给 这种方法仅限于磨削圆锥角小于 $18°$（因受工作台转角的限制），较长的内圆锥
转动头架磨内圆锥面	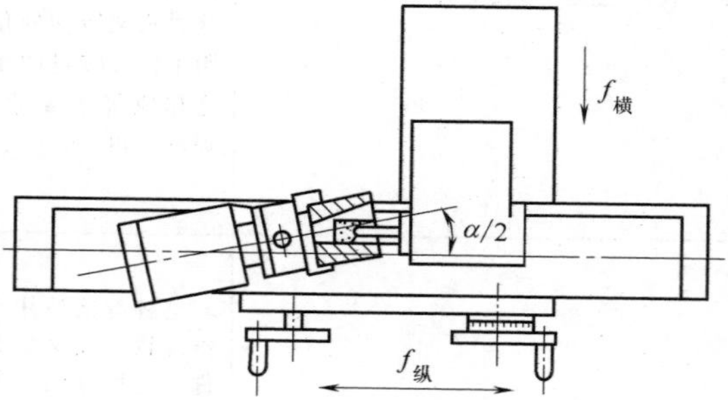	将头架转过 $\alpha/2$（工件圆锥半角）。工作台作纵向往复运动，砂轮作微量横向进给 这种方法适用于锥度较大、长度较短的内圆锥
转动头架磨内圆锥面	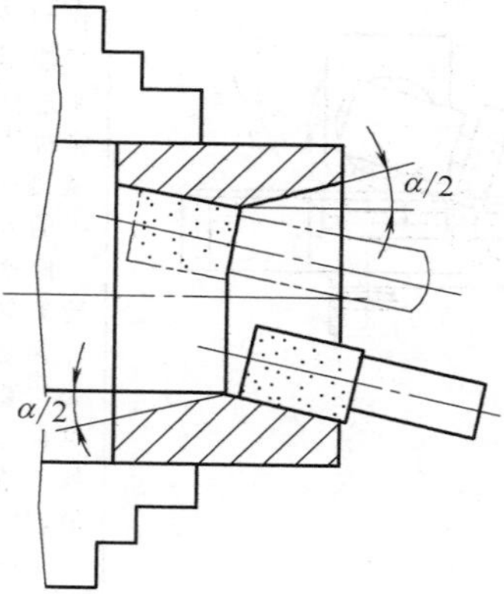	若工件两端有左右对称的内圆锥时，先把外端内圆锥面磨削正确，不变动头架的角度，将内圆砂轮摇向对面，再磨削里面一个内圆锥。这样可以保证两内圆锥的同轴度

外圆锥面磨削的工件装夹方法与外圆磨削的基本相同；内圆锥面磨削的工件装夹方法与内圆磨削的基本相同。

15.5.3　圆锥面的检测与控制

外圆锥面的精度主要从控制锥度和锥面大端或小端的直径尺寸来保证。检测圆锥面常用的量具和仪器有圆锥量规、角度样板、游标万能角度尺和正弦规等。

（1）用圆锥量规检测锥度和直径尺寸

用圆锥量规检验锥面又叫"涂色法"检验。最常用的量具是圆锥套规和圆锥塞规，如图 15.63 所示。圆锥套规用于检验标准外圆锥体，圆锥塞规用于检验标准内圆锥孔。

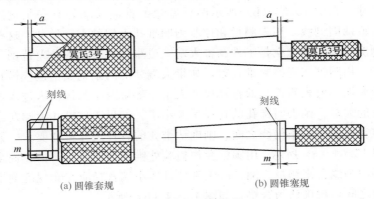

(a) 圆锥套规　　　　　　　　　(b) 圆锥塞规

图 15.63　圆锥量规

用圆锥套规检验外圆锥体时，先在工件表面顺着素线方向（全长上）均匀地涂上三条（三等分布）极薄的显示剂，厚度按国家标准规定为 $2\mu m$，显示剂为红油、蓝油或特种红丹粉，涂色宽度约 $5\sim10mm$，然后将套规擦净，套进工件，使锥面相互贴合，用手紧握套规在 $\pm30°$ 范围内转动一次，适当向素线方向用力，在转动时不能在径向发生摇晃，取出套规仔细观察显示剂擦去的痕迹。如果三条显示剂的擦痕均匀，说明圆锥面接触良好，锥度正确。如果大端擦着小端无擦痕，则说明外圆锥体的锥角大了，反之，锥角小了。如果工件表面在圆周方向上的某个局部无擦痕，则说明圆锥体不圆。出现这些问题，应及时找出原因，采取措施进行修磨。

用圆锥塞规检验内锥孔的方法与之基本相同，但显示剂应涂在塞规的锥面素线上。

用涂色法检验锥度时，要求工件锥体表面接触处靠近大端，根据锥面的精度，接触长度规定如下：

高精度：接触长度为工件锥长的≥85％；

精密：接触长度为工件锥长的≥80％；

普通：接触长度为工件锥长的≥75％。

在磨 15.63（a）所示圆锥套规时，在锥面大端或在锥面小端处有一个刻线台，用来测量和控制外圆锥体大端或小端的直径尺寸。在图 15.63（b）所示圆锥塞规的锥面大端处有一个刻线台或两圈刻线，用来测量和控制内圆锥孔大端的直径尺寸。这些刻度线和刻线台就是工件圆锥大端（或小端）直径的公差范围。

用圆锥塞规检验锥孔时，如果大端处的两条刻线都进入锥孔的大端，就表明锥孔的直径尺寸大了。如果两条刻线都未进入锥孔的大端，则表明锥孔的直径尺寸小了。如果工件锥孔大端在圆锥塞规大端两条刻线之间，则确认锥孔的直径尺寸符合要求，如图 15.64（a）所示。用圆锥套规检验外锥体小端直径，由套规小端的刻线台来测量。测量时工件外锥体小端直径应在套规的刻线台之间，就确认为合格，如图 15.64（b）所示。

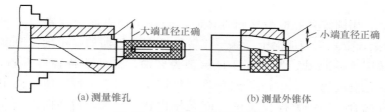

(a) 测量锥孔　　　　　　(b) 测量外锥体

图 15.64　用锥度量规测量图

（2）用圆锥量规确定锥面直径余量

用上述方法检验，若大端或小端尚未达到尺寸要求时，还要进给磨削，要确定磨去的余量多少才能使大、小端尺寸合格，可用量规测量出工件端面到量规台阶中间平面的距离 a，如图 15.65 所示，直径余量的计算如下：

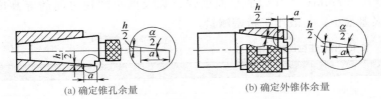

(a) 确定锥孔余量　　　　　　　　(b) 确定外锥体余量

图 15.65　圆锥尺寸的余量确定

$$\frac{h}{2} = a\sin\frac{\alpha}{2}$$

$$h = 2a\sin\frac{\alpha}{2}$$

当 $\alpha/2 < 60°$ 时，$\sin\dfrac{\alpha}{2} \approx \tan\dfrac{\alpha}{2}$；又 $\tan\dfrac{\alpha}{2} = \dfrac{C}{2}$，代入上式中得

$$h = aC$$

式中　h——需要磨去的余量，mm；

　　　a——工件端面到量规台阶平面的距离，mm；

　　　C——圆锥的锥度。

（3）用正弦规检测锥面

正弦规是利用三角中正弦关系来计算测量角度的一种精密量具，主要用于检验外锥面，在制造有圆锥的工件中，使用得比较普遍。

正弦规的结构如图 15.66 所示，它由后挡板 1、侧挡板 2、两个精密圆柱 3 及工作台 4 等组成。根据两圆柱中心距 L 和工作台平面宽度 B，正弦规分成宽型和窄型两种，具体规格见表 15.37。

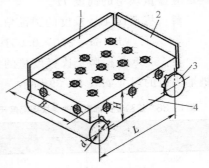

图 15.66　正弦规

1—后挡板；2—侧挡板；3—精密圆柱；4—工作台

正弦规两个圆柱中心距的精度很高，如 $L=100$mm 的宽型正弦规的偏差为 ±0.003mm；$L=100$mm 的窄型正弦规的偏差为 ±0.002mm；工作台的平面度误差以及两个圆柱之间的等高度误差很小，一般用于精密测量。

◇ 表 15.37　正弦规的基本尺寸

mm

正弦规型式	L	B	H	d
宽型	100	80	40	20
	200	150	65	30
窄型	100	25	30	20
	200	40	55	30

测量时，将正弦规放在精密平板上，一根圆柱与平板接触，另一根圆柱垫在量块组上，量块组的高度 H 可根据正弦规两圆柱中心距 L 和被测工件的圆锥角 α 的大小进行计算后求得。正弦规工作台平面与平板间的角度为被测锥面的锥角，H 的计算式为：

$$\sin\alpha=\frac{H}{L}$$

$$H=L\sin\alpha$$

式中　α——圆锥角，$(°)$；

$\quad\quad H$——量块组的高度，mm；

$\quad\quad L$——正弦规两圆柱的中心距，mm。

例　使用 $L=200$mm 的正弦规，测量莫氏 4 号锥度的塞规，确定应垫量块组的高度 H。

解：将莫氏 4 号锥度的圆锥角 $\alpha=2°58'31''$ 代入上式中得

$\quad\quad H=L\sin\alpha=200\times0.051905=10.381$（mm）

表 15.38 是检验莫氏锥度垫的量块组的尺寸，检验常用锥度垫量块组的尺寸如表 15.39 所示。

◇ 表 15.38　检验莫氏锥度垫的量块组高度尺寸

莫氏锥度号数	锥度 C	量块组高度 H/mm	
		正弦规中心距 $L=100$mm	正弦规中心距 $L=200$mm
No.0	0.05205	5.20145	10.4029
No.1	0.04988	4.98489	9.9697
No.2	0.04995	4.99188	9.9837

莫氏锥度号数	锥度 C	量块组高度 H/mm	
		正弦规中心距 $L=100\text{mm}$	正弦规中心距 $L=200\text{mm}$
No. 3	0.05020	5.01644	10.0328
No. 4	0.05194	5.19023	10.3806
No. 5	0.05263	5.25901	10.5180
No. 6	0.05214	5.21026	10.4205

◇ 表 15.39　检验常用锥度垫的量块组高度尺寸

锥度 C	$\tan\alpha$	量块组高度 H/mm	
		正弦规中心距 $L=100\text{mm}$	正弦规中心距 $L=200\text{mm}$
1：200	0.005	0.5000	1.0000
1：100	0.010	1.0000	2.0000
1：50	0.0199	1.9998	3.9996
1：30	0.0333	3.3324	6.6648
1：20	0.0499	4.9969	9.9938
1：15	0.0665	6.6593	13.3185
1：12	0.0831	8.3189	16.6378
1：10	0.0997	9.9751	19.9501
1：8	0.1245	12.4514	24.9027
1：7	0.1421	14.2132	28.4264
1：5	0.1980	19.8020	39.6040
1：3	0.3243	32.4324	64.8649

　　垫好量块后，将工件锥面放在正弦规上，用挡板挡住使工件在测量时不移动，并用插销插入工作台上的小孔中来限制工件锥面的位置，此时，工件锥面上的素线与平板平面平行，一般用千分表或用电感测微仪测量锥角或锥度。

　　在正弦规上，通过千分表测量圆锥体的锥度如图15.67所示。如果千分表在 a 点和 b 点两处的读数相同，则表示工件锥度正确；如果两处的读数不同，则说明工件锥度有误差。当 a 点高于 b 点表明工件锥角大了，若 b 点高于 a 点则表明工件锥角小了。锥

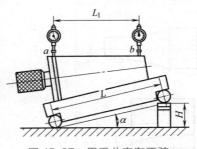

图 15.67　用千分表在正弦规上测量圆锥塞规

度误差 ΔC 可按下面近似式计算：

$$\Delta C = \frac{e}{L_1} \quad (\text{rad})$$

式中　　e——a、b 两点读数之差，mm；

　　　　L_1——a、b 两点之间的距离，mm。

　　由于 $1\text{rad} = 57.3 \times 60 \times 60'' = 206280'' \approx 2 \times 10^5 ''$，将上式的弧度换算成角度，得圆锥角误差为：

$$\Delta\alpha = \Delta C \times 2 \times 10^5 \quad ('')$$

15.5.4　圆锥面磨削产生缺陷的原因及消除措施

◇ **表 15.40　圆锥面磨削产生废品的原因及消除措施**

缺陷	产生原因	消除措施
锥度不正确	①磨削时，因显示剂涂得太厚或用圆锥量规测量时摇晃造成测量误差。没有将工作台、头架或砂轮架角度调整正确	①显示剂应涂得极薄和均匀，圆锥量规测量时不能摇晃，转动角度要在 ±30° 以内。应确实测量准确后，固定工作台、头架或砂轮架的位置再进行磨削
	②用磨钝的砂轮磨削时，因弹性变形的影响，使锥度发生变动	②经常修整砂轮。精磨时需光磨到火花基本消失为止
	③磨削直径小而长的内锥体时，由于砂轮接长轴细长，刚性差，再加上砂轮圆周速度低，切削能力差而引起	③砂轮接长轴尽量选得短而粗些；减小砂轮宽度；精磨余量留少些
圆锥母线不直（双曲线误差） 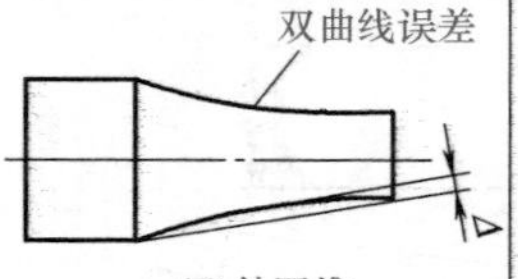 (a) 外圆锥 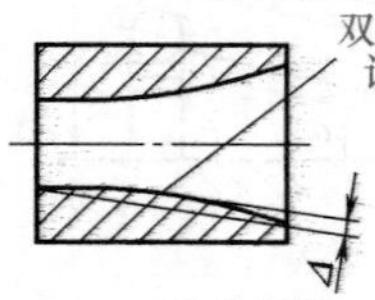 (b) 内圆锥	砂轮架（或内圆砂轮轴）的旋转轴线与工件旋转轴线不等高而引起	修理或调整机床，使砂轮架（或内圆砂轮轴）的旋转轴线与工件的旋转轴线等高

15.6 平面磨削

平面是机械零件上最常见的表面，典型平面类零件的结构形状有板类、块状、条状类零件，及其它零件上的沟槽等平面。平面磨削的尺寸精度可达 IT5~IT6 级，两平面的平行度小于 0.01：100，表面粗糙度 $Ra0.4~0.2\mu m$。

15.6.1 平面的磨削方法

平面磨削常用的机床有卧轴矩台平面磨床、卧轴圆台平面磨床、立轴矩台平面磨床、立轴圆台平面磨床及双端面磨床等。以砂轮工作表面来区分平面磨削形式分为砂轮周边磨削、砂轮端面磨削和砂轮周边与端面同时磨削三种形式。平面磨削的常用方法和特征如表 15.41 所示。

◇ 表 15.41 平面磨削的常用方法特征

磨削方法	磨削表面特征	简图	磨削要点	夹具
周边纵向磨削	平形平面		①选准基准面 ②工件摆放在吸盘绝磁层的对称位置上 ③反复翻转 ④小尺寸工件磨削用量要小	电磁吸盘挡板或挡板夹具
	薄片平面	砂轮 垫 工件 吸盘	①垫纸、橡胶，涂蜡、低熔点合金等，改善工件装夹 ②选用较软砂轮，常修整以保持锋利 ③采用小切深、快送进，切削液要充分	电磁吸盘
	直角槽		①找正槽外基准侧面与工作台进给方向平行 ②将砂轮两端修成凹形	电磁吸盘

磨削方法	磨削表面特征	简图	磨削要点	夹具
周边纵向磨削	多边形平面	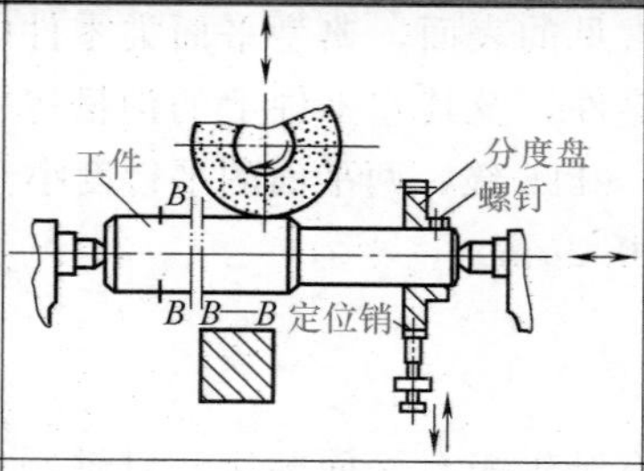	用分度法逐一进行磨削	分度装置
	阶梯平面和侧面	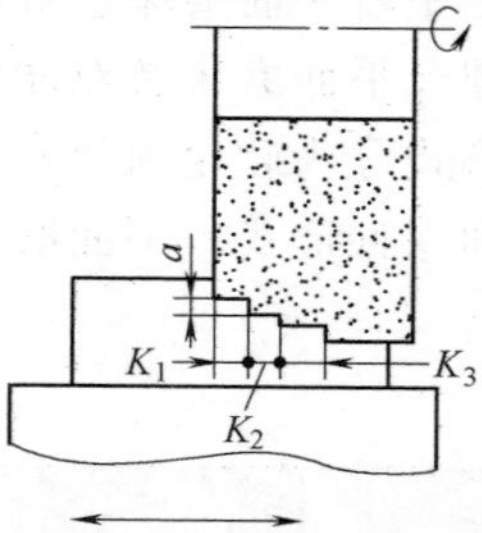	①根据磨削余量将砂轮修整成阶梯砂轮 ②采用较小的纵向进给量	电磁吸盘
周边切入磨削	窄槽	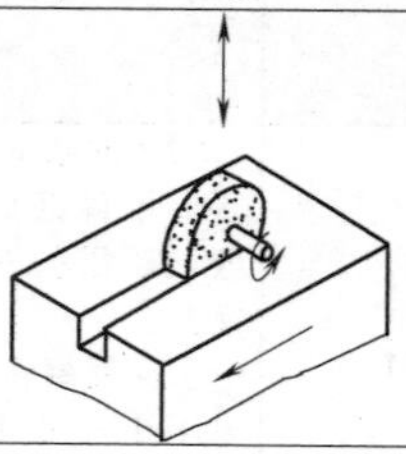	①找正工件 ②调整好砂轮和工件相对位置 ③一次磨出直槽	电磁吸盘
端面纵向磨削	长形平面	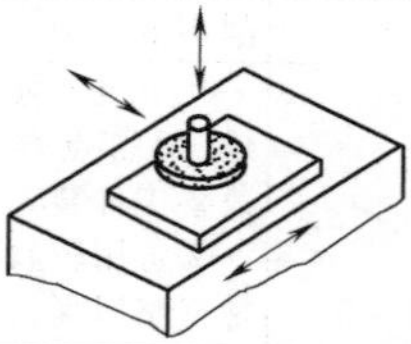	①粗磨时,磨头倾斜一小角度;精磨时,磨头必须与工件垂直 ②工件反复翻转 ③粗、精磨要修整砂轮	电磁吸盘
	垂直平面	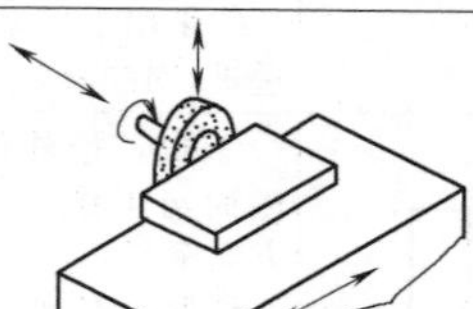	①找正工件 ②正确安装基准面	电磁吸盘

続表

磨削方法	磨削表面特征	简图	磨削要点	夹具
端面切入磨削	环形平面	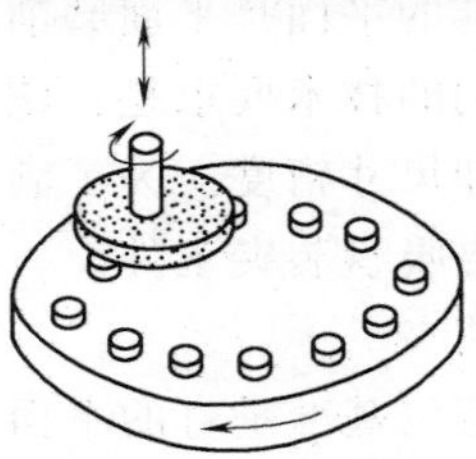	①圆台中央部分不安装工件 ②工件小、砂轮宜软,背吃刀量宜小	圆吸盘
	扁的圆形零件双端平行平面	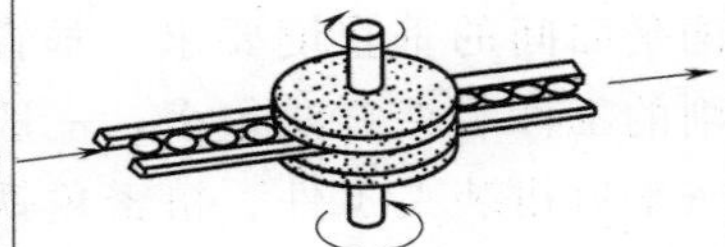	两砂轮水平方向调整成倾斜角,进口为工件尺寸加2/3磨削余量,出口为成品尺寸	导板送料机构
	大尺寸平行平面	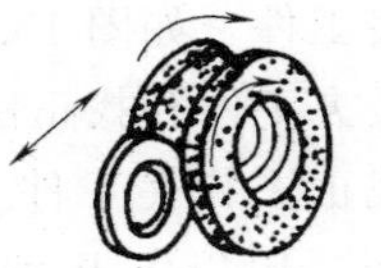	①工件可在夹具中自转 ②两砂轮调整一个倾斜角	专用夹具
导轨磨削	导轨面		①导轨面的端面磨削 ②导轨要正确支承和固定 ③调整好导轨面和砂轮的位置和方向	垫铁支承,磨头运动时导轨不固定,工件运动时要固定
		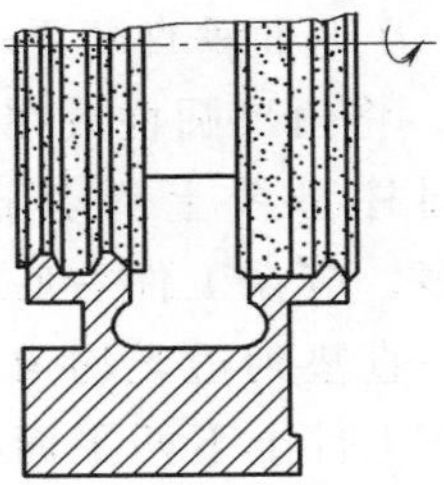	①用组合成形砂轮一次磨出导轨面 ②正确支承和装夹导轨	支承垫铁、压板、螺钉

第15章 磨削加工

15.6.2 平面磨削的工件装夹

(1) 平行平面磨削的工件装夹

相互平行或平行于某一基准的平面是平面磨削工件上最常见的表面，磨削这类平面需要达到的技术要求是：该平面的平面度和粗糙度、两平面间的平行度和尺寸精度。为了满足这些平面磨削后的要求，工件一般采用电磁吸盘装夹工件。

(2) 垂直平面磨削的工件装夹

垂直平面是指被磨平面与定位基准垂直的平面。磨削这类平

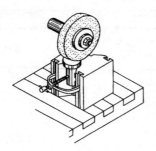

图 15.68　用精密 V 形铁装夹工件

面主要保证两平面的平面度和粗糙度、两平面间的垂直度要求。垂直平面磨削的工件装夹方法很多，一般采用精密平口钳装夹工件、精密角铁装夹工件、导磁直角铁装夹工件、精密 V 形铁装夹工件（如图 15.68 所示）、专用夹具装夹工件和找正法装夹工件。

找正法装夹工件一般用于单件小批生产，用以下几种方法通过测量、垫纸、调整来磨削垂直面。

① 用百分表找正垂直面。如图 15.69 所示，将百分表固定在磨头 C 上，并使百分表测量杆与平面 A 接触，升降磨头测量 A 面的垂直度误差值。若百分表在升降中读数有误差，则在工件底部适当部位垫纸。垫纸时要注意方向，垫纸后要用百分表复量，直至百分表上下运动的读数在一定的范围，通过电磁吸盘将工件紧固。磨削 B 面，保证 A、B 两面垂直度要求。

② 用圆柱角尺找正垂直面。将角尺圆柱放在平板上，再将工件已磨好的平面靠在角尺圆柱母线上看其透光大小，如图 15.70 所示。如果上段透光多，应在工件右底面垫纸，下段透光多则在工件左底面垫纸，一直垫到透光均匀为止，并通过电磁吸盘将工件紧固。这样保证工件上下两平面与侧面垂直度要求。

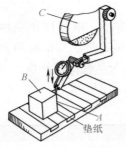

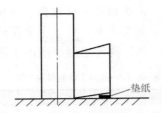

图 15.69　用百分表找正垂直面　　　　图 15.70　用角尺圆柱找正垂直面

③ 用专用百分表座找正垂直面。在专用百分表座上设有定位点，将表针调整到与工件相应的高度，如图 15.71（a）所示。找正工件垂直面前，先校正百分表，方法如图 15.71（b）所示，把圆柱角尺放在平板上，使百分表座的定位点和百分表触点均与圆柱角尺接触，将百分表指针调零。然后，将校正好的专用百分表找正工件，使百分表座的定位点和百分表触点均与基准面接触，观察百分表的读数，如果读数值大了，就在工件底面的右侧垫纸，反之在左侧垫纸，直到百分表的读数对零，最后通过电磁吸盘将工件紧固，如图 15.71（b）所示。

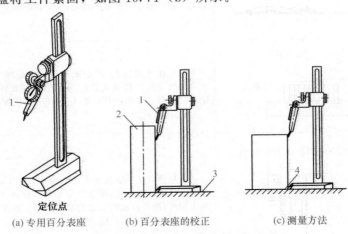

（a）专用百分表座　　　（b）百分表座的校正　　　（c）测量方法

图 15.71　用专用百分表找正垂直面

1—百分表；2—角尺圆柱；3—精密平板；4—垫纸

（3）倾斜面磨削的工件装夹

倾斜面磨削的工件装夹方法也很多，一般采用正弦电磁吸盘、正弦精密平口虎钳、导磁 V 形铁和正弦规与精密角铁组合的方法来装夹工件，主要保证被磨斜面与基准面的斜度。

（4）薄片平面磨削的工件装夹（见表 15.42）

◇ 表 15.42 薄片工件的装夹方法

方法和简图	工作要点
垫弹性垫片 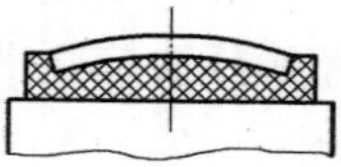 	在工件下面垫很薄的橡皮或海绵等弹性物,并交替磨削两平面
垫纸 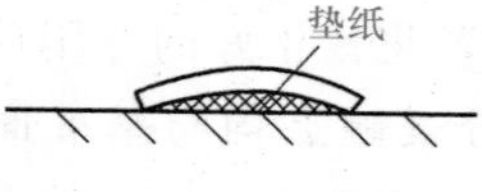 	分辨出工件弯曲方向,用电工纸垫入空隙处,以垫平的一面吸在电磁吸盘上,磨另一面。磨出一个基准面,再吸在电磁吸盘上交替磨两平面
涂蜡  	工件一面涂以白蜡,并与工件齐平,吸住该面磨另一面。磨出一个基准面后,再交替磨两平面
用导磁铁 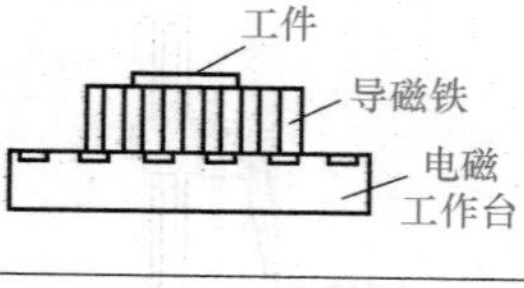 	工件放在导磁铁上(减小磁力对工件的吸力,改善弹性变形),使导磁铁的绝磁层与电磁吸盘绝磁层对齐。导磁铁的高度,应保证工件被吸牢
在外圆磨床上装夹 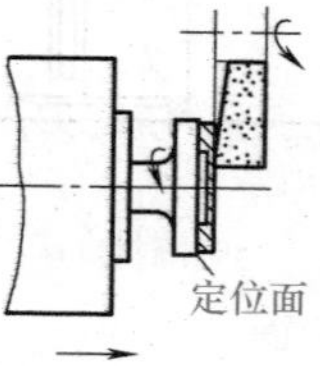 	一薄片环形工件空套在夹具端面小台阶上,靠摩擦力带动工件旋转,弹性变形基本不存在。启动头架时,用竹片轻挡工件的被磨削面。两平面交替磨削,工件也可分粗、精磨

方法和简图	工作要点
先研磨出一个基准面 研磨后平面	先用手工或机械方法研磨出一个基准面,然后吸住磨另一平面,再交替磨削两平面
用工作台剩磁 挡板	利用工作台的剩磁吸住工件,减小弹性变形。此时背吃刀量一定要小,并充分冷却

15.6.3 平面磨削砂轮及磨削用量

（1）平面磨削的砂轮特性（表 15.43）

◇ 表 15.43　平面磨削砂轮的选择

工件材料		非淬火的碳素钢	调质的合金钢	淬火的碳素钢、合金钢	铸铁
砂轮的特性	磨料	A	A	WA	C
	粒度	36～46	36～46	36～46	36～46
	硬度	L～N	K～M	J～K	K～M
	组织	5～6	5～6	5～6	5～6
	结合剂	V	V	V	V

（2）平面磨削用量

平面磨削的磨削余量参考表 15.44 进行选择。平面磨削的砂轮速度参考表 15.45 进行选择。

不同的平面磨床有不同的磨削参数,矩形工作台往复式平面磨削,粗磨平面的磨削用量参考表 15.46 进行选择。矩形工作台往复式平面磨削,精磨平面的磨削用量参考表 15.47 进行选择。

◇ 表 15.44　平面磨削余量　　　　　　　　　　　　　　　　　　mm

加工性质	加工面长度	加工面宽度					
		≤100		>100～300		>300～1000	
		余量	公差	余量	公差	余量	公差
零件在装置时未经校准	≤300	0.3	0.1	0.4	0.12	—	—
	>300～1000	0.4	0.12	0.5	0.15	0.6	0.15
	>1000～2000	0.5	0.15	0.6	0.15	0.7	0.15

加工性质	加工面长度	加工面宽度					
		≤100		>100～300		>300～1000	
		余量	公差	余量	公差	余量	公差
零件装置在	≤300	0.2	0.1	0.25	0.12	—	—
夹具中或用	>300～1000	0.25	0.12	0.3	0.15	0.4	0.15
千分表校准	>1000～2000	0.3	0.15	0.4	0.15	0.4	0.15

注: 1. 表中数值系每一加工面的加工余量。

2. 如几个零件同时加工时, 长度及宽度为装置在一起的各零件尺寸 (长度或宽度) 及各零件间的间隙之总和。

3. 热处理的零件磨削的加工余量系将表中数值乘以 1.2。

4. 磨削的加工余量和公差用于有公差的表面的加工, 其他尺寸按照自由尺寸的公差进行加工。

◇ 表 15.45 平面磨削砂轮速度选择

磨削形式	工件材料	粗磨 /(m/s)	精磨 /(m/s)
圆周磨削	灰铸铁	20～22	22～25
	钢	22～25	25～30
端面磨削	灰铸铁	15～18	18～20
	钢	18～20	20～25

◇ 表 15.46 往复式平面磨粗磨平面磨削用量

(1)纵向进给量

加工性质	砂轮宽度 b_s/mm					
	32	40	50	63	80	100
	工作台单行程纵向进给量 f_a/(mm/st[①])					
粗磨	16～24	20～30	25～38	32～44	40～60	50～75

(2)磨削深度

纵向进给量 f_a (以砂轮宽度计) /mm	耐用度 T/s	工件速度 v_w/(m/min)					
		6	8	10	12	16	20
		工作台单行程磨削深度 α_p/(mm/st)					
0.5	540	0.066	0.049	0.039	0.033	0.024	0.019
0.6		0.055	0.041	0.033	0.028	0.020	0.016
0.8		0.041	0.031	0.024	0.021	0.015	0.012
0.5	900	0.053	0.038	0.030	0.026	0.019	0.015
0.6		0.042	0.032	0.025	0.021	0.016	0.013
0.8		0.032	0.024	0.019	0.016	0.012	0.009
0.5	1440	0.040	0.030	0.024	0.020	0.015	0.012
0.6		0.034	0.025	0.020	0.017	0.013	0.010
0.8		0.025	0.019	0.015	0.013	0.0094	0.007
0.5	2400	0.033	0.023	0.019	0.016	0.012	0.009
0.6		0.026	0.019	0.015	0.013	0.009	0.007
0.8		0.019	0.015	0.012	0.009	0.007	0.005

(3)磨削深度 a_p 的修正系数

k_1(与工件材料及砂轮直径有关)				
工件材料	砂轮直径 d_s/mm			
	320	400	500	600
耐热钢	0.7	0.78	0.85	0.95
淬火钢	0.78	0.87	0.95	1.06
非淬火钢	0.82	0.91	1.0	1.12
铸铁	0.86	0.96	1.05	1.17

k_2(与工作台充满系数 k_f 有关)							
k_f	0.2	0.25	0.32	0.4	0.5	0.63	0.8	1.0
k_2	1.6	1.4	1.25	1.12	1.0	0.9	0.8	0.71

① st 指单行程。

注:工作台一次往复行程的磨削深度应将表列数值乘 2。

◇ **表 15.47 往复式平面磨精磨平面磨削用量**

(1)纵向进给量

加工性质	砂轮宽度 b_s/mm					
	32	40	50	63	80	100
	工作台单行程纵向进给量 f_a/(mm/st)					
精磨	8~16	10~20	12~25	16~32	20~40	25~50

(2)磨削深度

工件速度 v_w /(m/min)	工作台单行程纵向进给量 f_a/(mm/st①)								
	8	10	12	15	20	25	30	40	50
	工作台单行程磨削深度 a_p/(mm/st①)								
5	0.086	0.069	0.058	0.046	0.035	0.028	0.023	0.017	0.014
6	0.072	0.058	0.046	0.039	0.029	0.023	0.019	0.014	0.012
8	0.054	0.043	0.035	0.029	0.022	0.017	0.015	0.011	0.0086
10	0.043	0.035	0.028	0.023	0.017	0.014	0.012	0.0086	0.0069
12	0.036	0.029	0.023	0.019	0.014	0.012	0.0096	0.0072	0.0058
15	0.029	0.023	0.018	0.015	0.012	0.0092	0.0076	0.0058	0.0046
20	0.022	0.017	0.014	0.012	0.0086	0.0069	0.0058	0.0043	0.0035

(3)磨削深度 a_p 的修正系数

k_1(与加工精度及余量有关)							k_2(与加工材料及砂轮直径有关)				
尺寸精度 /mm	加工余量/mm						工件材料	砂轮直径 d_s/mm			
	0.12	0.17	0.25	0.35	0.5	0.70		320	400	500	600
0.02	0.4	0.5	0.63	0.8	1.0	1.25	耐热钢	0.56	0.63	0.7	0.8
0.03	0.5	0.63	0.8	1.0	1.25	1.6	淬火钢	0.8	0.9	1.0	1.1
0.05	0.63	0.8	1.0	1.25	1.6	2.0	非淬火钢	0.96	1.1	1.2	1.3
0.08	0.8	1.0	1.25	1.6	2.0	2.5	铸铁	1.28	1.45	1.6	1.75

续表

k_3（与工作台充满系数 k_f 有关）							
k_f	0.2	0.25	0.32	0.4	0.5	0.63	0.8	1.0
k_3	1.6	1.4	1.25	1.12	1.0	0.9	0.8	0.71

① st 指单行程。

注：1. 精磨的 f_a 不应该超过粗磨的 f_a 值。

2. 工件的运动速度，当加工淬火钢时用大值；加工非淬火钢及铸铁时取小值。

　　圆形工作台回转式平面磨削，粗磨平面的磨削用量参考表 15.48 进行选择。圆形工作台回转式平面磨削，精磨平面的磨削用量参考表 15.49 进行选择。

◇ 表 15.48　回转式平面磨粗磨平面磨削用量

（1）纵向进给量						
加工性质	砂轮宽度 b_s/mm					
	32	40	50	63	80	100
	工作台纵向进给量 f_a/(mm/r)					
粗磨	16～24	20～30	25～38	32～44	40～60	50～75

（2）磨削深度								
纵向进给量 f_a（以砂轮宽度计）/mm	耐用度 T/s	工件速度 v_w/(m/min)						
		8	10	12	16	20	25	30
		磨头单行程磨削深度 a_p/(mm/st)						
0.5	540	0.049	0.039	0.033	0.024	0.019	0.016	0.013
0.6		0.041	0.032	0.028	0.020	0.016	0.013	0.011
0.8		0.031	0.024	0.021	0.015	0.012	0.0098	0.0082
0.5	900	0.038	0.030	0.026	0.019	0.015	0.012	0.010
0.6		0.032	0.025	0.021	0.016	0.013	0.010	0.0085
0.8		0.024	0.019	0.016	0.012	0.0096	0.008	0.0064
0.5	1440	0.030	0.024	0.020	0.015	0.012	0.0096	0.0080
0.6		0.025	0.020	0.017	0.013	0.010	0.0080	0.0067
0.8		0.019	0.015	0.013	0.0094	0.0076	0.0061	0.0050
0.5	2400	0.023	0.018	0.016	0.012	0.0093	0.0075	0.0062
0.6		0.019	0.015	0.013	0.0097	0.0078	0.0062	0.0052
0.8		0.015	0.012	0.0098	0.0073	0.0059	0.0047	0.0039

（3）磨削深度 a_p 的修正系数				
k_1（与工件材料及砂轮直径有关）				
工件材料	砂轮直径 d_s/mm			
	320	400	500	600
耐热钢	0.7	0.78	0.85	0.95
淬火钢	0.78	0.87	0.95	1.06
非淬火钢	0.82	0.91	1.0	1.12
铸铁	0.86	0.96	1.05	1.17

机械工综合切削手册

844

k_2（与工作台充满系数 k_f 有关）						
k_f	0.25	0.32	0.4	0.5	0.63	0.8	1.0
k_2	1.4	1.25	1.12	1.0	0.9	0.8	0.71

◈ **表 15.49　回转式平面磨精磨平面磨削用量**

(1)纵向进给量

加工性质	砂轮宽度 b_s/mm					
	32	40	50	63	80	100
	工作台纵向进给量 f_a/(mm/r)					
精磨	8~16	10~20	12~25	16~32	20~40	25~50

(2)磨削深度

工件速度 v_w/(m/min)	工作台纵向进给量 f_a/(mm/r)								
	8	10	12	15	20	25	30	40	50
	磨头单行程磨削深度 a_p/(mm/st[①])								
8	0.067	0.054	0.043	0.036	0.027	0.0215	0.0186	0.0137	0.0107
10	0.054	0.043	0.035	0.0285	0.0215	0.0172	0.0149	0.0107	0.0086
12	0.045	0.0355	0.029	0.024	0.0178	0.0149	0.0120	0.0090	0.0072
15	0.036	0.0285	0.022	0.0190	0.0149	0.0114	0.0095	0.0072	0.00575
20	0.027	0.0214	0.018	0.0148	0.0107	0.0086	0.00715	0.00537	0.0043
25	0.0214	0.0172	0.0143	0.0115	0.0086	0.0069	0.00575	0.0043	0.0034
30	0.0179	0.0143	0.0129	0.0095	0.00715	0.0057	0.00477	0.00358	0.00286
40	0.0134	0.0107	0.0089	0.00715	0.00537	0.0043	0.00358	0.00268	0.00215

(3)磨削深度 a_p 的修正系数

k_1（与加工精度及余量有关）								k_2（与工件材料及砂轮直径有关）				
尺寸精度 /mm	加工余量/mm							工件材料	砂轮直径 d_s/mm			
	0.08	0.12	0.17	0.25	0.35	0.50	0.70		320	400	500	600
0.02	0.32	0.4	0.5	0.63	0.8	1.0	1.25	耐热钢	0.56	0.63	0.70	0.80
0.03	0.4	0.5	0.63	0.8	1.0	1.25	1.6	淬火钢	0.8	0.9	1.0	1.1
0.05	0.5	0.63	0.8	1.0	1.25	1.6	2.0	非淬火钢	0.96	1.1	1.2	1.3
0.08	0.63	0.8	1.0	1.25	1.6	2.0	2.5	铸铁	1.28	1.45	1.6	1.75

k_3（与工作台充满系数 k_f 有关）							
k_f	0.2	0.25	0.3	0.4	0.5	0.6	0.8	1.0
k_3	1.6	1.4	1.25	1.12	1.0	0.9	0.8	0.71

① st 指单行程。

注：1. 精磨的 f_a 不应超过粗磨的 f_a 值。

2. 工件速度，当加工淬火钢时取大值；加工非淬火钢及铸铁时取小值。

15.6.4　平面磨削的检测控制

平面零件的精度检验包括尺寸精度、形状精度和位置精度三项。

（1）尺寸精度检测

外形尺寸（长、宽、厚）用外径千分尺测量，深度尺寸用深度千分尺测量，槽宽用内径表或卡规检测。

（2）平面度的检验

① 着色法检验。在工件的平面上涂上一层极薄的显示剂（红丹粉或蓝油），然后将工件放在精密平板上，平稳地前后左右移动几下，再取下工件仔细观察平面上的摩擦痕迹分布情况，就可以确定平面度的好坏。

② 用透光法检验。采用样板平尺检测。样板平尺有刀刃式、宽面式和楔式等几种，其中以刀刃式最准确，应用最广，如图 15.72 所示。检测时将样板平尺刀口放在被检测平面上，并对着光源，光从前方照射，此时观察平尺与工件平面之间缝隙透光是否均匀。若各处都不透光，表明工件平面度很高。若有个别地段透光，即可估计出平面度误差的大小。

(a) 样板平尺外形　　　(b) 刀口与工件不同部位接触　　　(c) 用光隙判断表面是否平整

图 15.72　样板平尺测量平面度误差

③ 用千分表检验。在精密平板上用三只千斤顶将工件支起，并将千分表在千斤顶所顶的工件表面 A、B、C 三点调至高度相等，误差不大于 0.005mm，然后用千分表测量整个平面，看千分表读数是否有变动，其变动量即是平面度误差值，如图 15.73 所示。测量时，平板和千分表座要清洁，移动千分表时要平稳。这种方法测量精度较高，可定量测量出平面度误差值。

（3）平行度的检验

① 用千分尺或杠杆千分尺测量工件的厚度。通过测量多个点，将各点厚度取差值即为平面的平行度误差。

② 用百分表或千分表在平板上检验。如图 15.74 所示，将

工件和千分表支架均放在平板上，把千分表的测量头顶在平面上，然后移动工件，千分表读数变动量就是工件平行度误差。测量时应将平板、工件擦干净，以免脏物影响平面平行度和拉毛工件平面。

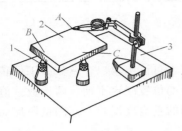

图 15.73　用千分表检验平面度
1—千斤顶；2—被测工件；
3—精密平板

图 15.74　用千分表检验
工件平行度

（4）垂直度的检验

① 用 90°角尺检测垂直度。检验小型工件两平面垂直度时，可将 90°角尺的两个尺边接触工件的垂直面，检测时，先将一个尺边紧贴工件一面，然后再移动 90°角尺，让另一尺边逐渐接近并靠上工件另一平面，根据透光情况来判断垂直度，如图 15.75 所示。当工件尺寸较大时，可将工件和 90°角尺放在平板上，90°角尺的一边紧靠在工件的垂直平面上，根据尺边与工件表面的透光情况，判断工件的垂直度。

② 用角尺圆柱测量。在实际生产中广泛采用角尺圆柱检测，将角尺圆柱放在精密平板上，使被测工件慢慢向角尺圆柱的母线靠拢，根据透光情况判断垂直度如图 15.76 所示。一般角尺圆柱的高度比工件的高，这种测量方法测量方便，精度较高。

③ 用千分表直接检测。测量装置如图 15.77（a）所示。测量时，先将工件的平行度测量好。将工件的平面轻轻地向圆柱棒靠紧，从千分表上读出数值，然后将工件转向 180°，将工件另

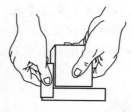

图 15.75　90°角尺检验
　　　　　垂直度

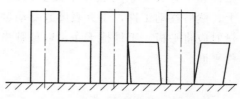

图 15.76　用角尺圆柱检验垂直度

一面也轻轻靠上圆柱棒，从千分表上可读出第二个读数。工件转向测量时，应保证千分表、圆柱棒的位置固定不动。两读数差值的二分之一，即为底面与测量平面的垂直度误差。其测量原理如图 15.77（b）所示。

④ 用精密角尺检验垂直度。两平面间的垂直度也可以用百分表和精密角尺在平面上进行检测。测量时，将工件放置在精密平板上，然后将 90°角尺的底面紧贴在工件的垂直平面上并固定，然后用百分表沿 90°角尺的一边向另一边移动，可测出百分表在距离为 L 的 a、b 两点上的读数差，由此可以计算出工件两平面间的垂直度误差值。测量情况如图 15.78 所示。

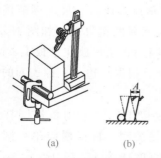

(a)　　　　　(b)

图 15.77　用干分表直接测量垂直度

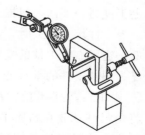

图 15.78　用精密角尺检验垂直度

15.6.5　平面磨削常见的工件缺陷、产生原因及解决方法

平面磨削常见的工件缺陷、产生原因及解决方法如表 15.50 所示。

◇ 表 15.50　平面磨削常见的工件缺陷、产生原因和解决方法

工件缺陷	产生原因和解决方法
表面波纹  (a) 直波纹  (b) 两边直波纹  (c) 菱形波纹  (d) 花波纹	①磨头系统刚性不足 ②主轴轴承间隙过大 ③主轴部件动平衡不好 ④砂轮不平衡 ⑤砂轮过硬,组织不均,磨钝 ⑥电动机定子间隙不均匀 ⑦砂轮卡盘锥孔配合不好 ⑧工作台换向冲击,易出现两边或一边的波纹;工作台换向一定时间与砂轮每转一定时间之比不为整倍数时,易出现菱形波纹 ⑨液压系统振动 ⑩垂直进给量过大及外源振动 消除措施:根据波距和工作台速度算出它的频率,然后对照机床上可能产生该频率的部件,采取相应措施消除
线形划伤 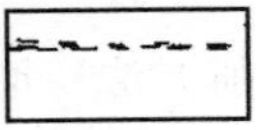	工件表面留有磨屑或细砂,当砂轮进入磨削区后,带着磨屑和细砂一起滑移而引起。调整好切削液喷嘴,加大切削液流量,使工件表面保持清洁
表面接刀痕 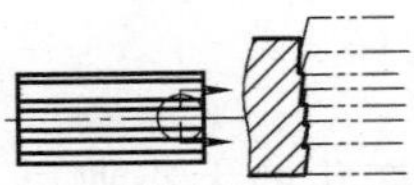	砂轮母线不直,垂直和横向进给量过大 机床应在热平衡状态下修整砂轮,金刚石位置放在工作台面上
侧面呈喇叭口	①轴承结构不合理,或间隙过大 ②砂轮选择不当或不锋利 ③进给量过大 ④可以在两端加辅助工件一起磨削
表面烧伤和拉毛	与外圆磨削相同

15.7　无心磨削

15.7.1　无心磨削的形式及特点

（1）无心磨削的形式

无心磨削主要有无心外圆磨削和无心内圆磨削，是工件不定中心的磨削，如图 15.79 所示。无心外圆磨削时，工件 2 放置在磨削轮 1 与导轮 3 之间，下部由托板 4 托住，磨削轮起磨削作

用，导轮主要起带动工件旋转、推动工件靠近磨削轮和轴向移动的传动作用。无心内圆磨削时，工件 2 装在导轮 3、支承轮 5、压紧轮 6 之间，工作时导轮起传动作用，工件以与导轮相反的方向旋转，磨削轮 1 对工件内孔进行磨削。

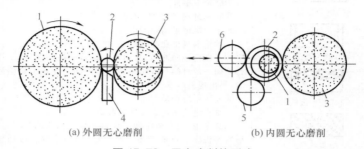

(a) 外圆无心磨削　　　　　　　　(b) 内圆无心磨削

图 15.79　无心磨削的形式

1—磨削轮（砂轮）；2—工件；3—导轮；4—托板；5—支承轮；6—压紧轮

无心磨削是一种适应大批量生产的高效率磨削方法。磨削工件的尺寸精度可达 IT6～ IT7 级、圆度公差可达 0.0005～0.001mm、表面粗糙度 $Ra0.1～0.025\mu m$。

（2）无心磨削的特点

① 磨削过程中工件中心不定。工件位置变化的大小取决于它的原始误差、工艺系统的刚性、磨削用量及其他磨削工艺参数（工件中心高、托板角等）。

② 工件的稳定性、均匀性不仅取决于机床传动链，还与工件的形状、重量、导轮及支承的材料、表面状态、磨削用量和其他工艺参数有关。

③ 无心外圆磨削的支承刚性好，无心内圆磨削用支承块的支承刚性较好，可取较大的背吃刀量，而且砂轮的磨损、补偿和定位产生的误差对工件直径误差影响较小。

④ 生产率高。无心外圆磨削和内圆磨削的上下料时间重合，加上一些附件，可实现磨削过程自动化。

⑤ 无心外圆磨削便于实现强力磨削、高速磨削和宽砂轮磨削。

⑥ 无心内圆磨削适合磨削薄壁工件、内孔与外圆的同轴度要求较高的工件。

⑦ 无心磨削不能修正孔与轴的轴线偏移，加工工件的同轴度要求较低。

⑧ 机床调整比较费时，单件小批量生产不经济。

15.7.2 无心磨削常用方法

无心磨削常用方法如表 15.51 所示。

◇ 表 15.51　无心磨削常用方法

磨削方法	磨削表面特征	简图	说明
纵向贯穿磨法（通磨外圆）	细长轴	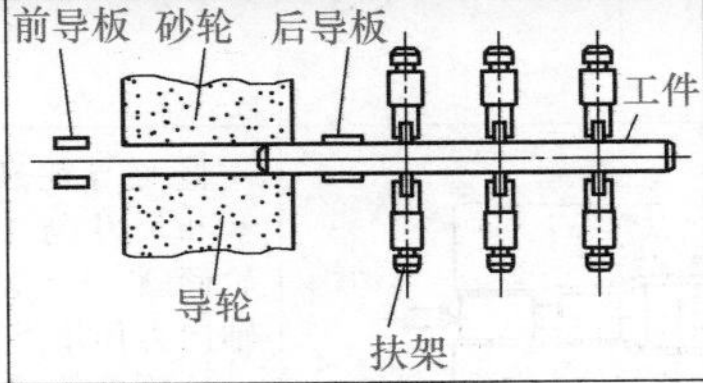	导轮倾角 1°30′～2°30′，若工件弯曲度大需多次磨削时，可为 3°～4°。工件中心应低于砂轮中心，工件直线通过 正确调整导板和托架
	同轴、同径不连续外圆	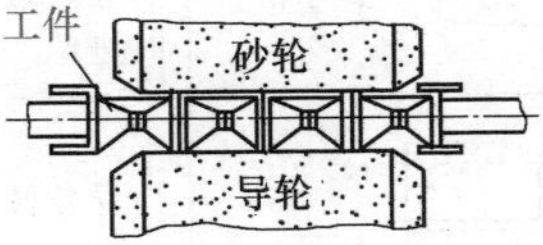	工件较短，磨削重心在磨削轴颈处。要使多个工件靠在一起，形成一个整体，进行贯穿磨削
	外圆锥面	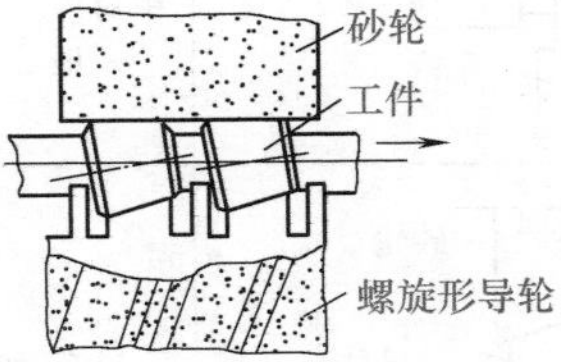	将导轮修成螺旋形，带动工件前进进行磨削，又称强迫通磨。适于大批量生产
	球面滚子外圆	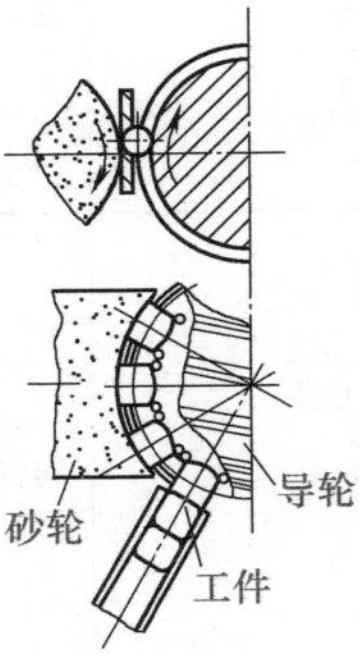	将导轮修成相应形状，进行通磨，适合大批量生产

磨削方法	磨削表面特征	简图	说明
纵向贯穿磨法（通磨外圆）	圆球面	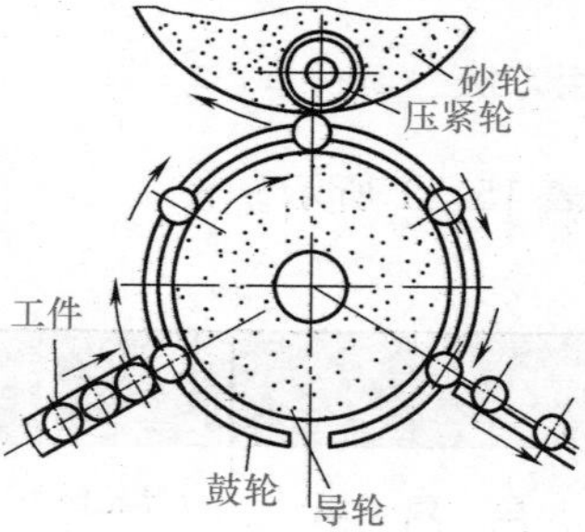	开有槽口的鼓轮围绕常规导轮慢速旋转，每个槽口相当于一个磨削支板，导轮回转使工件自转，压紧轮使工件与导轮保持接触，保证恒速自转
切入磨法	台阶轴外圆	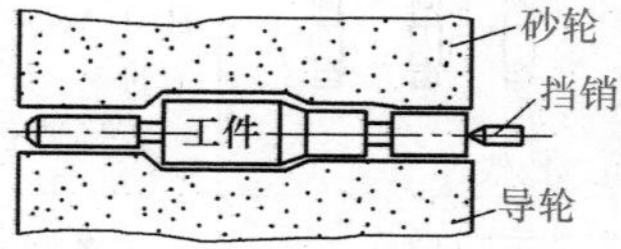	修整导轮和砂轮，使其形状和尺寸与工件相对应，导轮倾斜 $15'\sim30'$，工件在很小轴向力作用下紧贴挡销 导轮进给或导轮与砂轮同时进给
		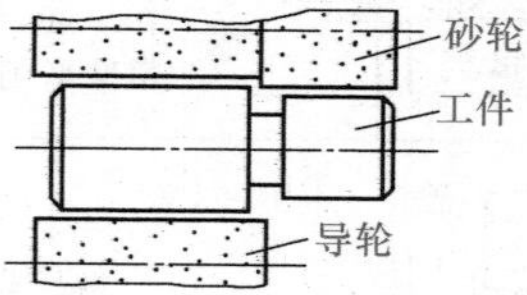	导轮倾斜 $15'\sim30'$，砂轮修整成一个台阶，尺寸与工件相对应 一般导轮进给
	球面滚子外圆	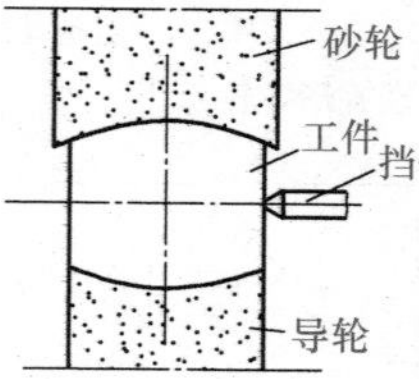	导轮和砂轮都修整成球面，切入磨削
	圆球面	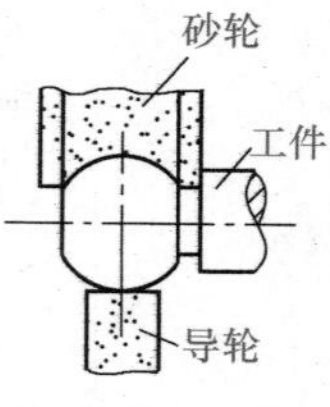	砂轮修整为凹球面，导轮周向进给

机械工综合切削手册

磨削方法	磨削表面特征	简图	说明
切入磨法	外锥面	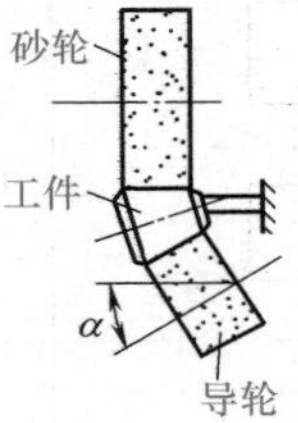	将导轮架转过 α 角（等于工件锥角）。适用于 α 较小场合
		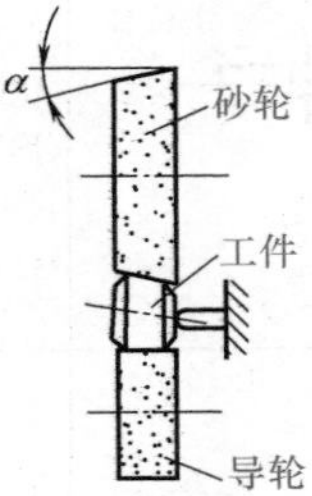	将砂轮修整成斜角为 α。适用于 α 较小场合
		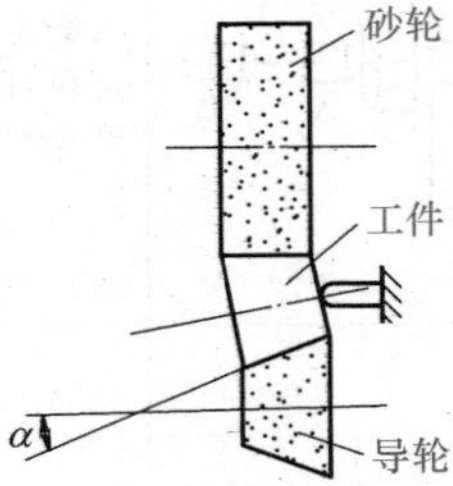	将导轮修整成斜角为 α。适用于 α 较小场合
		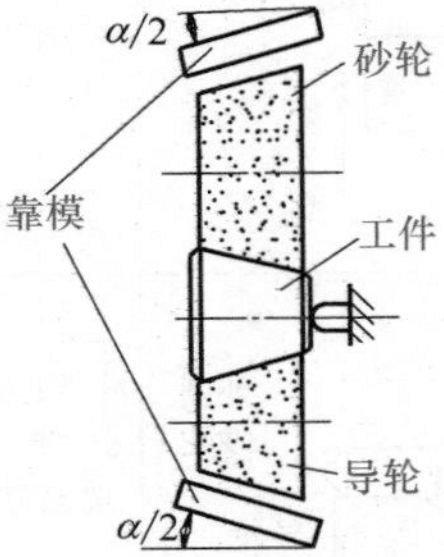	工件锥角 α 较大时，砂轮和导轮都修整成斜角为 $\dfrac{\alpha}{2}$ 的锥形。若 $\dfrac{\alpha}{2}$ 超出机床刻度范围，修整砂轮和导轮时，需采用斜度为 $\dfrac{\alpha}{2}$ 的靠模

磨削方法	磨削表面特征	简图	说明
切入磨法	顶尖形工件外圆	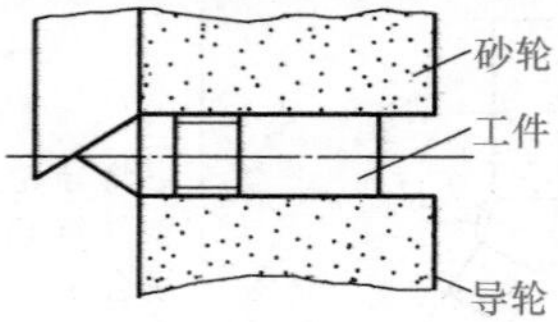	将砂轮修整成相应形状，导轮送进
定程磨法	带端面外圆	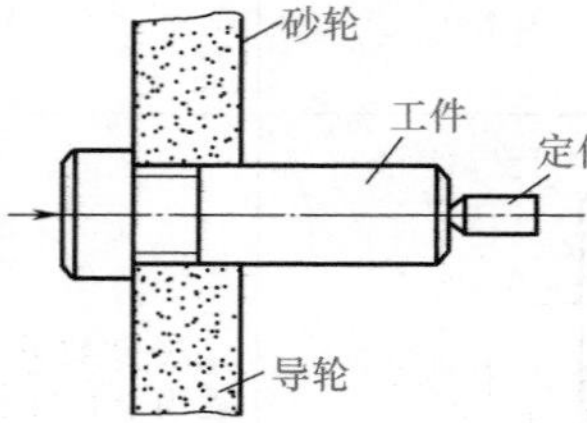	先通磨外圆，工件顶住定位杆后定程磨削，适用于阶梯轴、衬套、锥销等
混合磨法	带圆角外圆	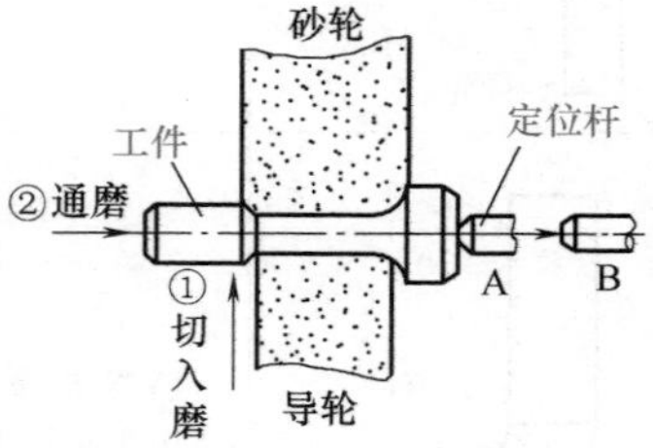	切入磨-通磨混合磨法：切入磨中间部分外圆与圆弧后定位杆由 A 退至 B 位置，通磨小端外圆
	带端面外圆	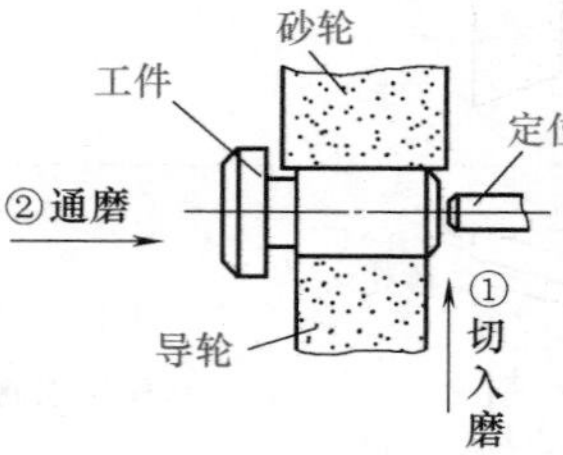	切入磨-通磨一定程度混合磨法
	阶梯外圆与端面垂直	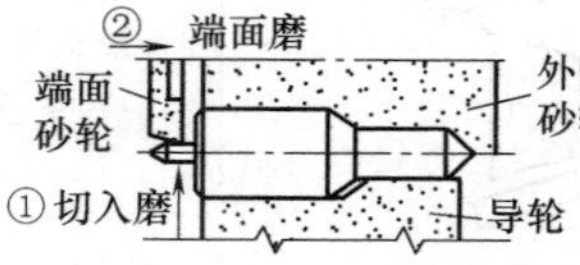	切入磨-端面磨混合磨法：先切入磨出阶梯外圆，再由端面砂轮轴向进给磨出端面

磨削方法	磨削表面特征	简图	说明
无心顶尖磨削	光滑外圆、阶梯套筒外圆等	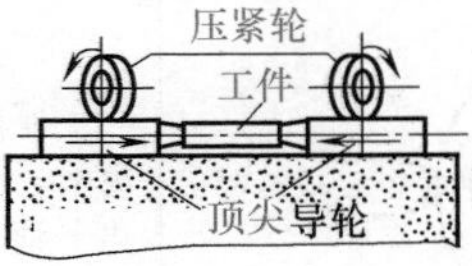 压紧轮 工件 顶尖 导轮	对于同轴度和圆度同时要求很高（<1μm）的细长工件，用普通贯穿法磨削达不到要求，可在工件每端选配一高精度（公差为 0.5μm）顶尖，将此组件用两个弹簧加载的压紧轮压在导轮与支板形成的 V 形内，每个压紧轮可分别调整，使顶尖始终顶住工件。导轮旋转，顶尖也带动工件旋转，砂轮进给，磨削工件
	外圆面	倾斜的弹簧加载压紧轮 导轮	顶尖的外径比工件外径尺寸大，磨削时，顶尖和工件组成的组件形成一个整体，提高了工件的刚性，而且这个组件在磨削时是不定中心的
无心内圆磨削	内孔	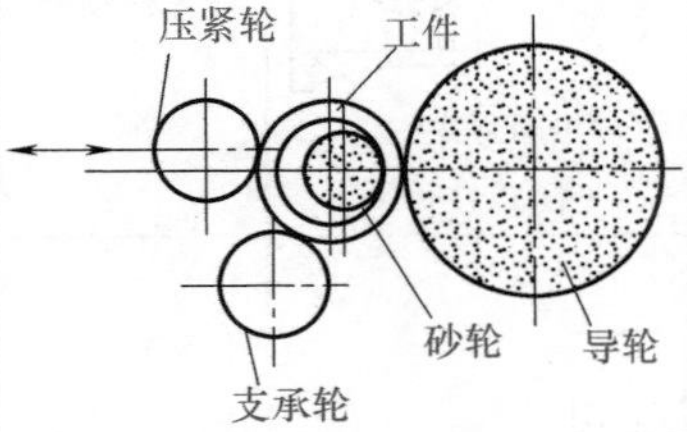 压紧轮 工件 砂轮 导轮 支承轮	工件在导轮带动下，在支承轮上回转，工件和砂轮中心连线与导轮中心等高 支承轮有振摆
		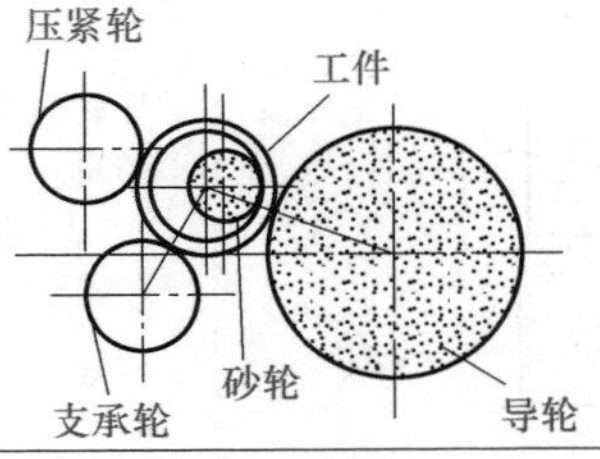 压紧轮 工件 砂轮 导轮 支承轮	工件和砂轮中心连线高于导轮中心，加工精度高
		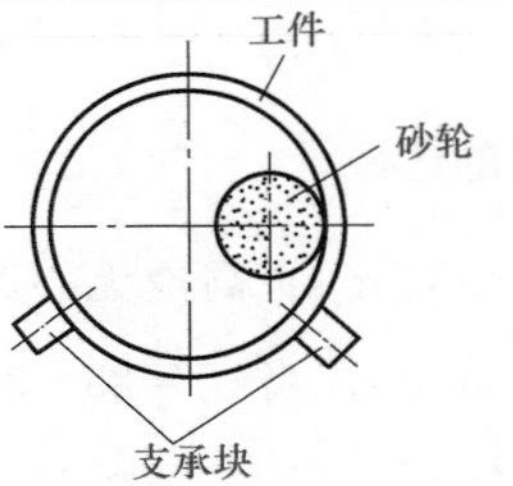 工件 砂轮 支承块	工件靠外圆定位，由支承块支承，刚性好，常用电磁无心夹具装夹

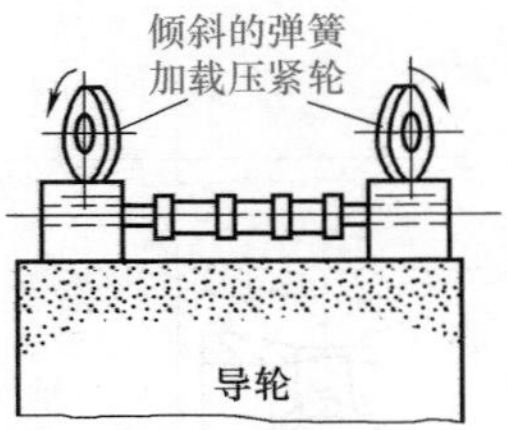

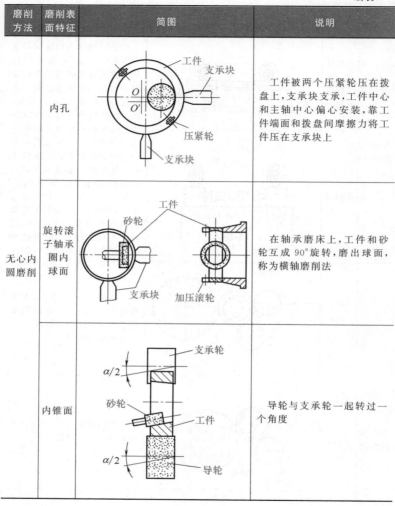

磨削方法	磨削表面特征	简图	说明
无心内圆磨削	内孔		工件被两个压紧轮压在拨盘上,支承块支承,工件中心和主轴中心偏心安装,靠工件端面和拨盘间摩擦力将工件压在支承块上
	旋转滚子轴承圈内球面		在轴承磨床上,工件和砂轮互成90°旋转,磨出球面,称为横轴磨削法
	内锥面		导轮与支承轮一起转过一个角度

15.7.3 无心磨削用量的选择

砂轮速度 v_s 一般为 $25\sim35\text{m/s}$;高速无心磨削 v_s 可达 $60\sim80\text{m/s}$。导轮速度为 $0.33\sim33\text{m/s}$。当 $v_s=25\sim35\text{m/s}$ 时,其他磨削用量见表 15.52~表 15.54。

◇ 表 15.52　无心磨削粗磨磨削用量（通磨钢制工件外圆）

双面的背吃刀量 $2a_p$ /mm	工件磨削表面直径 d_w/mm									
	5	6	8	10	15	25	40	60	80	100
	纵向进给速度/(mm/min)									
0.10	—	—	—	1910	2180	2650	3660	—	—	—
0.15	—	—	—	1270	1460	1770	2440	3400	—	—
0.20	—	—	—	955	1090	1325	1830	2550	3600	—
0.25	—	—	—	760	875	1060	1465	2040	2880	3820
0.30	—	—	3720	635	730	885	1220	1700	2400	3190
0.35	—	3875	3200	545	625	760	1045	1450	2060	2730
0.40	3800	3390	2790	475	547	665	915	1275	1800	2380

纵向进给速度的修正系数与工件材料、砂轮粒度和硬度有关					
非淬火钢		淬火钢		铸铁	
砂轮粒度与硬度	系数	砂轮粒度与硬度	系数	砂轮粒度与硬度	系数
46M	1.0	46K	1.06		
46P	0.85	46H	0.87		
60L	0.90	60L	0.75	46L	1.3
46Q	0.82	60H	0.68		

与砂轮尺寸及寿命有关			
寿命 T/s	砂轮宽度 B/mm		
	150	250	400
540	1.25	1.56	2.0
900	1.0	1.25	1.6
1500	0.8	1.0	1.44
2400	0.63	0.8	1.0

注：1. 纵向进给速度建议不大于 4000mm/min。

2. 导轮倾斜角为 $3°\sim5°$。

3. 表内磨削用量能得到加工表面粗糙度 $Ra1.6\mu m$。

◇ 表 15.53　无心磨削精磨磨削用量（通磨钢制工件外圆）

1. 精磨行程次数 N 及纵向进给速度 v_f/(mm/min)																				
精度等级	工件磨削表面直径 d_w/mm																			
	5		10		15		20		30		40		60		80		100			
	N	v_f	N	v_f	N	v_f	N	v_f	N	v_f	N	v_f	N	v_f	N	v_f	N	v_f		
IT5 级	3	1800	3	1600	3	1300	3	1100	4	1100	4	1050	5	1050	5	900	5	800		
IT6 级	3	2000	3	2000	3	1700	3	1500	4	1500	4	1300	5	1300	5	1100	5	1000		
IT7 级	2	2000	2	2000	3	2000	3	1750	3	1450	3	1200	4	1200	4	1100	4	1100		
IT8 级	2	2000	2	2000	2	1750	2	1500	3	1500	3	1500	3	1300	3	1200	3	1200		

纵向进给速度的修正系数				
工件材料	壁厚和直径之比			
	>0.15	0.12~0.15	0.10~0.11	0.08~0.09
淬火钢	1	0.8	0.63	0.5
非淬火钢	1.25	1.0	0.8	0.63
铸铁	1.6	1.25	1.0	0.8

2. 与导轮转速及导轮倾斜角有关的纵向进给速度 v_f

导轮转速 /(r/s)	导轮倾斜角								
	1°	1°30′	2°	2°30′	3°	3°30′	4°	4°30′	5°
	纵向进给速度 v_f/(mm/min)								
0.30	300	430	575	720	865	1000	1130	1260	1410
0.38	380	550	730	935	1110	1270	1450	1610	1790
0.48	470	700	930	1165	1400	1600	1830	2030	2260
0.57	550	830	1100	1370	1640	1880	2180	2380	2640
0.65	630	950	1260	1570	1880	2150	2470	2730	3040
0.73	710	1060	1420	1760	2120	2430	2790	3080	3440
0.87	840	1250	1670	2130	2500	2860	3280	3630	4050

纵向进给速度的修正系数					
导轮直径 /mm	200	250	300	350	400	500
修正系数	0.67	0.83	1.0	1.17	1.33	1.67

注：1. 精磨用量不应大于粗磨用量。

2. 表内行程次数是按砂轮宽度 $B=150\sim200$mm 计算的。当 $B=250$mm 时，行程次数可减少 40%；当 $B=400$mm 时，减少 60%。

3. 导轮倾斜角磨削 IT5 级精度时用 $1°\sim2°$；IT6 级精度用 $2°\sim2°40′$；IT8 级精度用 $2°30′\sim3°30′$。

4. 精磨进给速度建议不大于 2000mm/min。

5. 磨轮的寿命等于 900s 机动时间。

6. 精磨中最后一次行程的背吃刀量：IT5 级精度为 $0.015\sim0.02$mm；IT6 级 IT7 级精度为 $0.02\sim0.03$mm；其余几次都是半精行程，其背吃刀量为 $0.04\sim0.05$mm。

◈ 表 15.54 切入式无心磨磨削用量

(1)粗磨											
磨削直径 d_w/mm	3	5	8	10	15	20	30	50	70	100	120
工件速度 v_w/(m/min)	10~15	12~18	13~20	14~22	15~25	16~27	16~29	17~30	17~35	18~40	20~50
径向进给速度 /(mm/min)	7.85	5.47	3.96	3.38	2.54	2.08	1.55	1.09	0.865	0.672	0.592

径向进给速度的修正系数

与工件材料和砂轮直径有关				与砂轮寿命有关			
工件材料	砂轮直径 d_s/mm			寿命 T/s	360	540	900	1440
	500	600	750					
耐热钢	0.77	0.83	0.95	修正系数	1.55	1.3	1.0	0.79
淬火钢	0.87	0.95	1.06					
非淬火钢	0.91	1.0	1.12					
铸铁	0.96	1.05	1.17					

(2)精磨

磨削直径 d_w/mm	工件速度/(m/min)		磨削长度/mm							
	非淬火钢及铸铁	淬火钢	25~32	40	50	63	80	100	125	160
			径向进给速度/(mm/min)							
6.3	0.20~0.32	0.29~0.32	0.11	0.09	0.08	0.07	0.06	0.05	0.05	0.04
8	0.21~0.36	0.30~0.36	0.09	0.08	0.07	0.06	0.05	0.05	0.04	0.04
10	0.22~0.38	0.32~0.38	0.08	0.07	0.06	0.06	0.05	0.04	0.04	0.03
12.5	0.23~0.42	0.33~0.42	0.07	0.07	0.06	0.05	0.04	0.04	0.03	0.03
16	0.23~0.46	0.35~0.46	0.07	0.06	0.05	0.04	0.04	0.03	0.03	0.03
20	0.23~0.50	0.37~0.50	0.06	0.05	0.04	0.04	0.03	0.03	0.03	0.02
25	0.24~0.54	0.38~0.54	0.05	0.05	0.04	0.04	0.03	0.03	0.02	0.02
32	0.25~0.60	0.40~0.60	0.05	0.04	0.04	0.03	0.03	0.02	0.02	0.02
40	0.26~0.65	0.42~0.65	0.04	0.04	0.03	0.03	0.02	0.02	0.02	0.02
50	0.27~0.68	0.44~0.68	0.04	0.03	0.03	0.02	0.02	0.02	0.02	0.01
63	0.27~0.77	0.46~0.77	0.03	0.03	0.02	0.02	0.02	0.02	0.01	0.01
80	0.28~0.83	0.48~0.83	0.03	0.03	0.02	0.02	0.02	0.01	0.01	0.01
100	0.28~0.90	0.50~0.90	0.03	0.02	0.02	0.02	0.01	0.01	0.01	0.01
125	0.29~1.00	0.53~1.00	0.03	0.02	0.02	0.01	0.01	0.01	0.01	0.01
160	0.30~1.08	0.55~1.08	0.02	0.02	0.01	0.01	0.01	0.01	0.01	0.01

径向进给速度的修正系数

与工件材料和砂轮直径有关 k_1					与精度和加工余量有关 k_2					
工件材料	砂轮直径 d_s/mm				精度等级	直径余量/mm				
	400	500	600	750		0.2	0.3	0.5	0.7	1.0
耐热钢	0.55	0.58	0.7	0.8	IT5 级	0.5	0.63	0.8	1.0	1.26
淬火钢	0.8	1.9	1.0	1.1	IT6 级	0.63	0.8	1.0	1.25	1.6
非淬火钢	0.95	1.1	1.2	1.3	IT7 级	0.8	1.0	1.25	1.6	2.0
铸铁	1.3	1.45	1.6	1.75	IT8 级	1.0	1.25	1.6	2.0	2.5

注：砂轮圆柱表面的寿命为900s，圆弧表面为300s。

15.7.4 无心外圆磨削参数的调整控制

(1) 磨削砂轮参数的调整控制

磨削砂轮的形状直接影响磨削质量、生产效率和使用寿命，一般要求砂轮形状适应进料、预磨、精磨、光磨、出料等过程。

贯穿法磨削用砂轮形状如图 15.80 所示。当背吃刀量大时，l_1、l_2 长些，角 γ_1、γ_2 大些；反之，l_3 长些，γ_1、γ_2 小些。

宽砂轮如图 15.81 所示，l_1 是进料区，约 $10 \sim 15$mm；l_2 是预磨区，根据磨削用量确定；l_3 是精磨或光磨区，粗磨时约 $5 \sim 10$mm；A 等于最大磨削余量；Δ_1 为进料口，约 0.5mm；Δ_2 为出料口，约 0.2mm。磨削火花主要集中在预磨区，当工件进入精磨或光磨区后，火花逐渐减少，在出料口前，应没有火花。

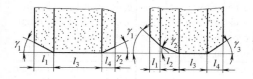 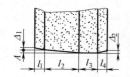

图 15.80　贯穿法磨削砂轮　　　　图 15.81　宽砂轮形状

无心磨削砂轮的特性应与导轮结合起来考虑。砂轮和导轮最大外径及宽度是由机床决定的。贯穿法磨削时，砂轮与导轮同宽；切入法磨削时，一般也相同；磨圆球面工件时，导轮应窄一些，但一般轮宽不小于 25mm。以 M1080 无心磨床为例，砂轮直径 500mm，用贯穿法磨削时，砂轮和导轮宽度为 $150 \sim 200$mm；用切入法磨削时，砂轮和导轮比工件待磨长度长 $5 \sim 10$mm。

无心磨削砂轮的磨料、粒度、硬度，结合剂选择与一般外圆磨削基本相同，硬度通常比一般外圆磨削选得稍硬一些，无心贯穿法磨削砂轮硬度比切入法磨削的稍软一些。多砂轮磨削时，直径小的砂轮比大的稍硬一些。导轮比磨削砂轮要硬一些，粒度要细一些。

(2) 导轮参数的调整控制

导轮与砂轮一起使工件获得均匀的回转运动和轴向送进运

动，由于导轮轴线与磨削轮轴线有一倾角 θ，所以导轮不能是圆柱形的，否则工件与导轮只能在一点接触，不能进行正常的磨削。导轮曲面形状及修整，导轮架扳转的倾角 θ 和导轮速度对磨削质量、生产率和损耗均有很大影响。

实际使用的导轮曲面是一种单叶回转双曲面。导轮曲面形状不正确，会出现下列问题：

① 纵磨时，工件中心实际轨迹与理想轨迹相差很大，会产生凸度、凹度、锥度等误差。

② 磨削时工件与导轮的接触线与理想接触线偏离较大，引起工件中心波动过大，甚至发生振动，会产生圆度误差和振纹。

③ 工件导向不正确，在进入和离开磨削区时，工件表面会局部磨伤。

④ 预磨、精磨、光磨的连续过程不能形成，使生产率降低，影响磨削精度和表面粗糙度，同时难以发挥全部有效宽度的磨削作用，增加砂轮损耗。

导轮倾角 θ 决定工件的纵向进给速度和磨削精度，一般根据磨削方式和磨削工序确定。贯穿法磨削时：粗磨 $\theta = 2° \sim 6°$，精磨 $\theta = 1° \sim 2°$；切入磨削时：$\theta = 0° \sim 0.5°$；长工件磨削时：$\theta = 0.5° \sim 1.5°$。

确定导轮修整角 θ' 和金刚石位移量 h'。当导轮在垂直面内倾斜 θ 角确定后，修正导轮时，应将导轮修整器的金刚石滑座也转过相同的或稍小的角度 θ'。此外，由于工件的中心比两轮中心连线高 H，而使工件与导轮的接触线比两轮中心连线高出 h，因此，金刚石与接触导轮表面的位置也必须偏移相应距离 h'，使导轮修整为双曲面形状，如图 15.82、图 15.83 所示。

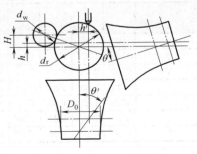

图 15.82 导轮修整原理图

θ' 与 h' 的计算方法为：

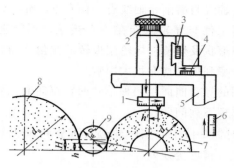

图 15.83 导轮修整器

1—金刚钻偏移刻度板；2—金刚钻进给刻度盘；3—修整器垂直面内
倾斜刻度板；4—修整器水平面回转刻度板；5—导轮架；
6—导轮垂直面倾斜刻度板；7—导轮；8—磨削轮；9—工件

$$\theta' = \theta\, \frac{D_0 + d_w/2}{D_0 + d_w}$$

$$h' = H\, \frac{D_0 + d_w/2}{D_0 + d_w}$$

式中　θ——导轮倾角；

　　　D_0——导轮喉截面直径；

　　　d_w——工件直径；

　　　H——工件中心高。

θ' 也可按表 15.55 进行选择。

◇ 表 15.55　修整导轮时金刚石滑座的回转角度

$\theta/(°)$ ╲ D_0/d_w	3	3.5	4	5	6	7	12	18	24	48
1	50′	50′	55′	55′	55′	55′	55′	1°	1°	1°
2	1°45′	1°45′	1°50′	1°50′	1°50′	1°55′	1°55′	2°	2°	2°
3	2°35′	2°40′	2°40′	2°45′	2°50′	2°50′	2°55′	2°55′	3°	3°
4	3°30′	3°30′	3°35′	3°40′	3°45′	3°45′	3°50′	3°55′	4°	4°
5	4°20′	4°25′	4°30′	4°35′	4°40′	4°40′	4°50′	4°55′	5°	5°
6	5°15′	5°15′	5°25′	5°30′	5°35′	5°40′	5°45′	5°55′	5°55′	5°55′
7	6°10′	6°10′	6°20′	6°25′	6°30′	6°35′	6°45′	6°50′	6°55′	6°55′

导轮工作速度可按下列条件进行选择：

① 磨削大而重的工件时，取 0.33～0.67m/s；

② 磨削小而轻的工件时，取 0.83～1.33m/s；

③ 磨削细长杆件时，取 0.5～0.75m/s；

④ 工件圆度误差较大时，可适当提高导轮工作速度；

⑤ 贯穿法磨削导轮工作速度比切入法磨削时选高一些。

（3）托板参数选择

托板的形状如图 15.84 所示，图 15.84（b）用得最普遍。

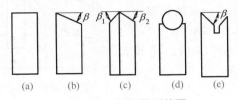

图 15.84　托板的形状图

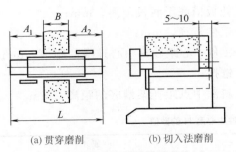

(a) 贯穿磨削　　　(b) 切入法磨削

图 15.85　托板长度

托板角的大小影响工件棱圆的边数，一般托板角 $\beta = 20°\sim 60°$，β 角过大则托板刚性差，磨削时容易发生振动。粗磨及磨削大直径工件（>40mm），选取较小的 β 角；精磨及磨削小直径工件时，选取较大的 β 角；在磨削直径很小的工件及磨削细长杆件时，且工件中心低于砂轮中心，选取 β 角为 0°，以增加托板刚性。

托板长度参数如图 15.85 所示。贯穿法磨削时，托板长度为：

$$L = A_1 + A_2 + B$$

式中　A_1——磨削区前伸长度，mm，取 1～2 倍工件长度；

　　　A_2——磨削区后伸长度，mm，取 0.75～1 倍工件长度；

　　　B——砂轮宽度，mm。

用切入法磨削时，托板比工件长 5～10mm。

托板厚度影响托板的刚性和磨削过程的平稳性，其大小取决于工件的直径。一般托板厚度比工件直径小 1.5～2mm。

如图 15.86 所示，托板高度为：

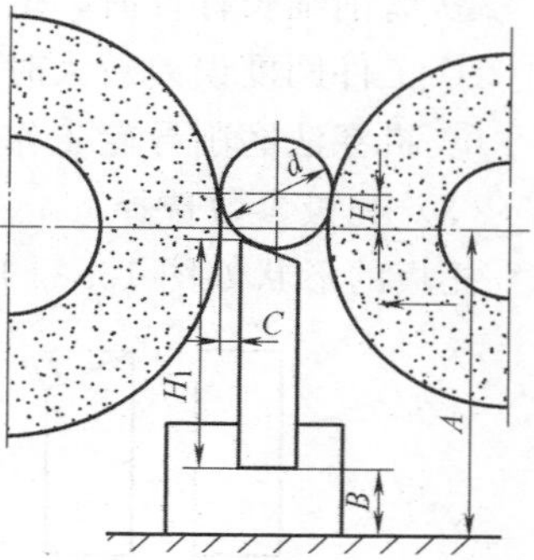

$$H_1 = A - B - d/2 + H$$

图 15.86　托板高度的调整

式中　A——砂轮中心至底板距离，mm；

　　　B——托板槽底至底板距离，mm；

　　　D——工件直径，mm；

　　　H——工件中心距砂轮中心连线的距离，mm，按表 15.56 选择；

　　　H_1——斜面中点距托架槽底的距离，mm。

◇ 表 15.56　工件中心高 H 的数值　　　　　　　　　　　　mm

导轮直径	300 或 350												
工件直径	2	6	10	14	18	22	26	30	34	38	42	46	50
H	1	3	5	7	9	11	13	14	14	14	14	14	14

托板与砂轮的距离 C 是指托板左侧面与磨削轮在水平面内离开的距离。其值不宜过小，否则会影响冷却与排屑，因为该处为磨削液和排屑的通道，其值按表 15.57 选择。

◇ 表 15.57　无心外圆磨削时 H、B、C 值　　　　　　　mm

工件直径 d	托架槽底至底板距离 B	工件至砂轮中心值 H	托板与磨削轮距离 C
5～12	4～4.5	2.5～6	1～2.4
12～25	4.5～10	6～10	1.65～4.75
25～40	10～15	10～15	3.75～7.5
40～80	15～20	15～20	7.5～10

托板材料应根据工件材料而定，一般用高碳合金钢、高碳工具钢、高速钢或硬质合金制造。磨软金属时，可选用铸铁；磨不锈钢时可选用青铜。

（4）导板的选择与调整

导板的作用是正确地将工件通向及引出磨削区域，所以在贯穿磨削法中导板起着重要的作用。导板的长度一般不宜过长，可根据工件的长度进行选择，当工件长度大于 100mm 时，导板的长度取工件长度的 0.75～1 倍；当工件长度小于 100mm 时，导板的长度取工件长度的 1.5～2.5 倍。导板位置对工件形状误差的影响如表 15.58 所示。

◇ 表 15.58　导板位置对工件的影响

导板角度	导板位置	磨削后工件形状	导板角度	导板位置	磨削后工件形状
$\alpha_1 > 0$ $\alpha_2 = 0$			$\alpha_1 < 0$ $\alpha_2 = 0$		
$\alpha_1 = 0$ $\alpha_2 < 0$			$\alpha_1 = 0$ $\alpha_2 > 0$		
$\alpha_1 > 0$ $\alpha_2 < 0$			$\alpha_1 > 0$ $\alpha_2 > 0$		
$\alpha_1 < 0$ $\alpha_2 > 0$			$\alpha_1 < 0$ $\alpha_2 < 0$		

注：α_1 在第 3 象限小于零，在第 4 象限大于零；α_2 在第一象限小于零，在第 2 象限大于零。

导板形状如图 15.87 所示。当工件直径小于 12mm 时，选用图 15.87（a）结构；当工件直径大于 12mm 时，选用图 15.87（b）结构，其尺寸由托架结构和工件尺寸决定。导板材料选择与托板同。

导板安装时，前后导板应与托架定向槽平行（平行度应在 $0.01\sim0.02\mathrm{mm}$ 内），而且应与砂轮、导轮工作面间留有合理间隙（见图 15.88）。

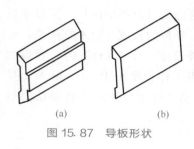

图 15.87　导板形状

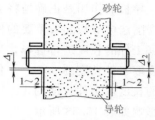

图 15.88　导板的安装与调整

15.7.5　无心磨削常见缺陷及消除方法

无心磨削时，由于调节和操作不当会造成各种各样的缺陷，如工件有圆柱度、多边形和锥度误差及表面粗糙等。每种缺陷又由各种不同原因造成，如导轮修整不圆、磨削轮磨钝、工件中心太低等。因此，分析和预防磨削时产生的缺陷，是一项非常细致的工作。无心磨削中比较常见的缺陷及消除方法见表 15.59。

◇ 表 15.59　无心磨削中的缺陷及其消除方法

序号	缺陷内容	缺陷产生原因	缺陷消除方法	磨削方法
1	工件有圆柱度误差	①导轮未修圆	①修圆导轮(修到无断续声即可)	贯穿法与切入法
		②导轮主轴和轴承之间的间隙过大或导轮在主轴上松动	②调整主轴与轴承之间的间隙,紧固导轮	贯穿法与切入法
		③导轮的传动带过松,使导轮旋转不正常	③适当地拉紧传动带	贯穿法与切入法
		④磨削次数少	④适当地增加磨削次数	贯穿法
		⑤上道工序椭圆度过大	⑤减慢导轮横向进给运动速度及增加光磨时间	切入法
		⑥磨削轮磨钝	⑥修整磨削轮	贯穿法与切入法
		⑦导轮工作时间过久,失去了正确的几何形状或表面嵌有切屑	⑦修整导轮	贯穿法与切入法
		⑧切削液不充足或输送得不均匀	⑧给以足够的均匀的切削液	贯穿法与切入法

序号	缺陷内容	缺陷产生原因	缺陷消除方法	磨削方法
2	工件有多边形误差	①工件安装中心不够高	①适当地提高工件中心高度	贯穿法与切入法
		②托板太薄或顶面倾斜角过大	②更换托板	贯穿法与切入法
		③磨削轮不平衡或传动带太松	③平衡磨削轮及拉紧传动带	贯穿法与切入法
		④导轮的传动带太松	④拉紧传动带	贯穿法与切入法
		⑤工件中心太高,不平稳	⑤适当地降低工件中心高度	贯穿法与切入法
		⑥附近机床有振动	⑥更换磨床位置	贯穿法与切入法
		⑦工件的轴向推力太大,使工件紧压挡销面不能均匀地转动	⑦减小导轮倾角	切入法
3	工件有锥度	①由于前导板比导轮母线低得过多或前导板向导轮方向倾斜,而引起工件前部直径小	①适当地移进前导板及调整前导板,使与导轮母线平行	贯穿法
		②由于后导板比导轮母线低或导板向导轮方向倾斜,而引起工件后部小	②调整后导板的导向表面,使与导轮母线平行,且在同一直线上	贯穿法
		③磨削轮由于修整得不准确,本身有锥度	③根据工件锥度的方向,调整磨削轮修整器的角度,重修磨削轮	切入法
		④工件的轴线与磨削轮和导轮的轴线不平行	④调整托板前后的高低或修磨托板	切入法
		⑤托板不直	⑤更换托板或修直托板	切入法
		⑥磨削轮和导轮的表面已磨损	⑥重新修整砂轮	切入法
4	工件表面有振动痕迹(即鱼鳞斑及直线白色线条)	①磨削轮不平衡而引起机床振动	①仔细平衡磨削轮	贯穿法与切入法
		②工件中心太高引起跳动	②适当地降低托板高度	贯穿法与切入法
		③磨削轮太硬或磨钝	③更换较软一级的磨削轮和修整磨削轮	贯穿法与切入法
		④导轮旋转速度过高	④适当降低导轮转速	贯穿法与切入法
		⑤磨削轮粒度太细	⑤更换粒度粗一些的磨削轮	贯穿法与切入法
		⑥托板的刚性不足或未固紧	⑥增加托板厚度及固紧托板	贯穿法与切入法
		⑦托板支承斜面磨损或弯曲	⑦修磨托板	贯穿法与切入法
		⑧主轴锥体与磨削轮法兰盘锥孔的接触不良	⑧磨锥孔,用涂色法检查锥体的配合	贯穿法与切入法
		⑨磨削轮修整得不好,太粗糙或太光	⑨检查修整工具是否松动,调整修整速度	贯穿法与切入法

序号	缺陷内容	缺陷产生原因	缺陷消除方法	磨削方法
5	工件表面有烧伤痕迹	①导轮转速太低 ②磨削轮粒度太细 ③磨削轮太硬 ④纵向进给量太大 ⑤在入口处磨得太多,工件前部烧伤 ⑥在出口处磨得过多,使工件全部烧伤成螺旋线的痕迹	①增加导轮转速 ②更换粒度较粗的磨削轮 ③更换硬度低一级的磨削轮 ④减小导轮倾斜角 ⑤转动导轮架 ⑥转动导轮架	贯穿法与切入法 贯穿法与切入法 贯穿法与切入法 贯穿法 贯穿法 贯穿法
6	工件表面粗糙度达不到要求	①磨削轮粒度太粗 ②切削液不清洁或浓度不够 ③工件纵向进给速度过大 ④背吃刀量太大 ⑤修整磨削轮时金刚钻移动太快,砂轮表面太粗糙 ⑥工件在出口处还在磨削,没有修光作用 ⑦导轮转速过快 ⑧金刚钻失去尖锋 ⑨磨削余量过少,没有消除上道工序的粗糙度	①更换粒度较细的磨削轮 ②更换一定浓度的清洁的切削液 ③减小导轮倾斜角 ④减小磨削深度 ⑤重修磨削轮 ⑥重修磨削轮或转动导轮架,使工件在出口处具有修光作用 ⑦降低导轮转速 ⑧修磨金刚钻 ⑨降低上道工序的表面粗糙度值或增加磨削余量	贯穿法与切入法 贯穿法与切入法 贯穿法 贯穿法 贯穿法与切入法 贯穿法 贯穿法与切入法 贯穿法与切入法 贯穿法与切入法
7	工件前部被切去一块	①前导板突出于导轮 ②在入口处磨去过多	①把前导板向后放松些 ②转动导轮架回转座进行调整	贯穿法 贯穿法
8	工件后半部被切去一长条	①后导板突出于导轮表面,阻碍了工件旋转与前进,而磨削继续在进行 ②后边托板伸出太长,磨完的工件未掉下,阻碍了将要磨完的工件的旋转与前进	①将后导板适当地后移 ②重新安装托板	贯穿法 贯穿法
9	工件后部有三角形切口或很微小的痕迹	①后导板落后于导轮表面 ②工件中心过高,引起工件在出口处跳动 ③工件端面不平或有毛刺,使已停下的工件被后边旋转的工件带动,碰到磨削轮	①后导板适当地前移 ②适当地降低工件中心高度 ③更正工艺规程,在无心磨前先磨平端面,并修去毛刺	贯穿法 贯穿法 贯穿法

15.8 成形磨削

15.8.1 成形面与成形面的磨削方法

（1）成形面

成形面分为：旋转体成形面、直母线成形面和立体成形面，如图 15.89 所示。

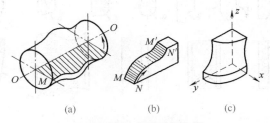

图 15.89 成形面的分类

旋转体成形面是由一条曲线绕某一轴线回转一周而形成的表面。

直母线成形面是由一条直线（母线）沿某一曲线（封闭或不封闭）运动而形成的表面。

立体成形面是一种空间的曲面体。

（2）成形面的磨削方法

成形面的磨削方法主要有：成形砂轮磨削法、成形夹具磨削法、仿形磨削法和坐标磨削法。

成形砂轮磨削法是将砂轮修整成与工件型面完全吻合的反型面，然后切入磨削，以获得所需要的形状。其特点是生产效率高，加工精度稳定，需配置合适的砂轮修整器。

成形夹具磨削法是使用通用或专用夹具，在磨床上对工件的成形面磨削。

仿形磨削法是在专用磨床上按放大样板（或靠模）或放大图进行磨削。

坐标磨削法是在坐标磨床上，工作台或磨头按坐标运动及回转，实现所需要的运动轨迹，磨削工件的成形面。

15.8.2 成形砂轮的修整方法

成形面磨削砂轮的形状类型很多，归纳起来可以分为：角度面、圆弧面和由角度圆弧组成的复杂型面三类，常用的形状如图15.90所示。成形砂轮的修整，就是将其修整成磨削所要求的角度面、圆弧面和复杂型面。

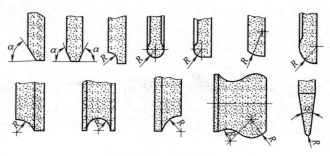

图 15.90　成形砂轮

（1）砂轮角度面的修整

砂轮角度面的修整，需要借助夹具来调整要求的角度，其修整角度的控制原理是利用正弦规的原理，通过垫块来控制所需的角度。砂轮角度面卧式修整夹具的结构组成如图15.91所示。

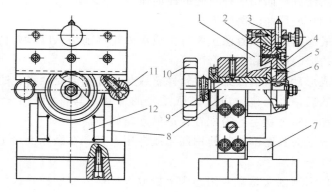

图 15.91　砂轮角度修整夹具

1—正弦尺座；2—滑块；3—金刚石笔；4—齿条；5—芯轴；6—小齿轮；
7—量块平台；8—量块侧板；9—旋紧螺母；10—手轮；11—正弦圆柱；12—夹具体

砂轮修整角度的调整方法如图 15.92 所示。首先计算标准块左右两侧的高度为：

$$H_1 = P - \frac{A}{2}\sin\alpha - \frac{d}{2}$$

$$H_2 = P + \frac{A}{2}\sin\alpha - \frac{d}{2}$$

式中　P——夹具回转中心到垫块规基面高度，mm；

d——圆柱的直径，mm；

A——夹具两圆柱中心的距离，mm。

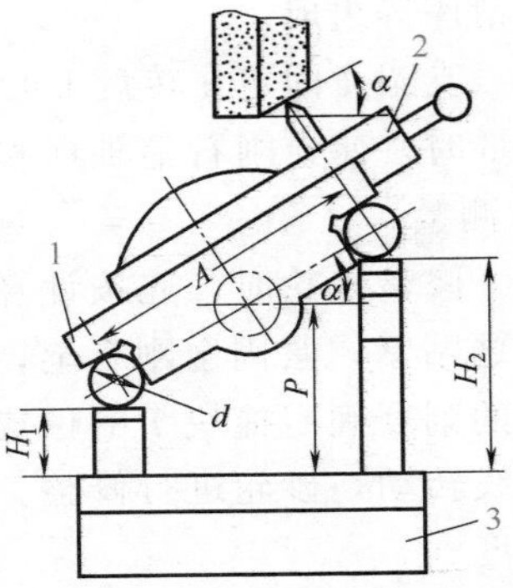

图 15.92　砂轮修整角度的调整

当量块垫好后，使正弦尺调至所需角度，通过旋紧螺母 9 把正弦尺座 1 压紧在夹具体 12 上。修整砂轮时，转动手轮 10，通过小齿轮 6、齿条 4，使装在滑块 2 上的金刚石笔 3 移动，从而实现砂轮角度面的修整。这种方法适合 $\alpha = 0° \sim 75°$ 的砂轮角度修整。

(2) 砂轮圆弧面的修整

砂轮圆弧面的修整，是通过调整金刚石笔尖到夹具回转中心的距离来控制的。

图 15.93 所示为立式砂轮圆弧修整夹具，主要由支架、转盘

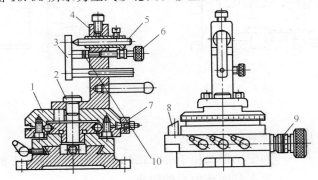

图 15.93　砂轮圆弧面的修整夹具

1—转盘；2—定位销；3—定位板；4—支架；5—金刚石笔；

6—转动螺钉；7—撞块；8—固定块；10—量块

和滑座等组成。

支架 4 固定在转盘 1 上，金刚石笔 5 装在支架上，当转动螺钉 6 时，使金刚石笔轴向移动，移动距离可用定位板 3 和量块 10 测量。

修整砂轮时，先按计算尺寸将一组量块垫上，使定位板 3 与之贴紧，紧固金刚石笔，取下定位板 3 和量块 10，参照转盘上的刻度确定撞块 7 的位置，转动转盘，使金刚石笔绕轴承座轴线转动，砂轮进行修整。撞块 7 与固定块 8 相碰控制回转的角度。

砂轮圆弧半径采用垫量块的方法控制，量块高度 H 的计算方法为：$H = P - R$

修整凸圆弧砂轮时，定位销 2 插入位于夹具回转中心的孔中，见图 15.94（a）。

修整凹圆弧砂轮时，定位销 2 插入夹具的另一孔中，见图 15.94（b）。

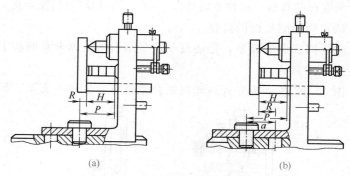

(a)　　　　　　　　　　　　(b)

图 15.94　砂轮圆弧面修整夹具的调整方法

$$H = P - a + R$$

式中　　H——计算的量块高度；

P——当定位销 2 位于夹具回转中心时，支架 4 上的基面至夹具回转中心的距离；

a——转盘上两个定位孔的中心距；

R——砂轮成形半径。

图 15.95 所示为卧式修整工具。该工具主要由摆杆、滑座和夹具体组成。使用时，先按计算尺寸在底面和金刚石笔间垫一组垫块，回转金刚石笔支架进行修整。

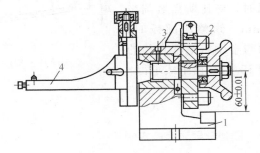

图 15.95　卧式修整工具

1—底座；2—正弦尺分度盘；3—主轴；4—金刚石支架

修整凸圆弧砂轮时，金刚石笔尖在主轴 3 中心线上方，此时 $H = P + R$ ［见图 15.96 （a）］。

修整凹圆弧砂轮时，金刚石笔尖在主轴 3 中心线下方，此时 $H = P - R$ ［见图 15.96 （b）］。

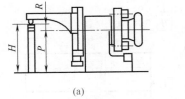
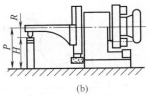

(a)　　　　　　　　　　(b)

图 15.96　砂轮圆弧面的修整方法

（3）成形砂轮的修整要点

① 金刚石笔尖应与夹具回转中心在同一平面内，修整时，应通过砂轮主轴中心。

② 为减少金刚石笔消耗，粗修可用碳化硅砂轮。

③ 砂轮要求修整的型面如果是两个凸圆弧相连接，应先修整大的圆弧；如是一凸一凹圆弧连接，应先修整凹圆弧；若是凸圆弧与直线连接，应先修整直线；若是凹圆弧与直线连接，应先

修整凹圆弧。

④ 修整凸圆弧时，砂轮半径应比所需磨削半径小 0.01mm；修整凹圆弧时，应比所需磨削半径大 0.01mm。修整凹圆弧时，最大圆心角与金刚石笔杆直径的关系（见图 15.97）由下式求得：

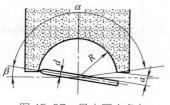

图 15.97　最大圆心角与金刚笔杆直径的关系

$$\sin\beta = \frac{d+2a}{2R}; \quad \alpha = 180° - 2\beta$$

15.8.3　圆弧形导轨磨削实例

（1）零件分析

圆弧形导轨的零件图样如图 15.98 所示，材料 45 钢，热处理淬硬 48～52HRC。高和宽四面均已磨削加工，现要求磨削 $\phi(20\pm0.04)$mm 半圆弧面，圆弧槽深保证 (21 ± 0.01)mm，圆弧轴线对底平面的平行度公差为 0.01mm，对侧面的平行度公差为 0.02mm，表面粗糙度 $Ra0.4\mu$m。

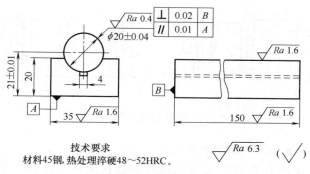

图 15.98　圆弧形导轨

（2）圆弧形导轨的机械加工工艺路线

① 锻坯；

② 回火；

③ 粗铣外形各尺寸；

④ 调质；

⑤ 半精铣外形各尺寸，$Ra1.6\mu m$ 外形各平面留加工余量单面 $0.3\sim0.35mm$；

⑥ 铣圆弧槽，退刀槽铣成，圆弧槽留加工余量单面 $0.3\sim0.35mm$；

⑦ 淬火；

⑧ 粗、精磨外形平面；

⑨ 粗、精磨圆弧槽；

⑩ 检测。

（3）磨削操作准备

根据工件材料和技术要求进行如下选择：

① 选择 M7120A 型卧轴矩台平面磨床。

② 选择砂轮特性为：磨料 WA、粒度 F60、硬度 K、组织号 5、结合剂 V。用修整砂轮工具修整砂轮。

③ 工件用电磁吸盘和平口钳装夹，并用千分表找正工件侧面与工作台纵向的平行度误差在 $0.01mm$ 以内，装夹前应清理工件和工作台。

④ 采用成形砂轮粗、精磨圆弧槽。用圆弧修整工具将砂轮修成 $R10^{-0.01}_{-0.03}mm$ 的凸圆弧，并调整金刚石笔位置垫量块组，控制金刚石笔的位置，获得精确的圆弧尺寸。

⑤ 选用乳化液切削液，并注意充分地冷却。

（4）磨削操作步骤

外形表面的磨削见平面磨削，圆弧槽的磨削步骤如下。

① 操作前检查、准备。

清理电磁吸盘工作台面，清理工件表面，去除毛刺，将工件装夹在电磁吸盘上；找正工件侧面与工作台纵向运动方向平行，误差不大于 $0.01mm$；修整砂轮，用修整圆弧砂轮工具将砂轮修成 $R10^{-0.05}_{-0.10}mm$ 凸圆弧；检查磨削余量；调整工作台，找正砂轮与工件圆弧相对位置，并调整工作台行程挡铁位置。

② 粗磨圆弧。用成形法粗磨圆弧槽，留 $0.03\sim0.06mm$ 精磨余量。

③ 精修整砂轮至 $R10^{-0.01}_{-0.03}$mm 凸圆弧。

④ 精磨圆弧。用成形法精磨圆弧槽，保证圆弧槽尺寸 $\phi(20\pm$ 0.04)mm，圆弧轴线对底平面的平行度误差不大于 0.01mm，对侧面的平行度误差不大于 0.02mm，表面粗糙度 $Ra0.4\mu$m。

（5）工件检测

用 3 级 300mm×300mm 平板、$\phi(20\pm0.005)$mm×150mm 的检验棒和百分表检测工件的平行度。

 15.9 **高效精密磨削**

15.9.1　高速磨削

（1）高速磨削的特点及采取的措施

当砂轮圆周速度达 45m/s 以上时，称为高速磨削。若将砂轮速度提高到 50～60m/s 时，生产效率可提高 30%～100%，砂轮寿命提高约 0.7～1 倍，工件表面粗糙度降低约 50%，可稳定达到 $Ra0.8\sim0.4\mu$m。高速磨削具有以下特点：

① 在一定的金属切除率下，砂轮速度提高，磨粒的切削厚度变薄。因此，磨粒负荷减轻，法向磨削力减小，砂轮的寿命提高，工件加工精度较高，磨削表面粗糙度降低。

② 如果砂轮磨粒切削厚度保持一定，则可以增加金属切除率，生产率提高。

采用高速磨削，需要采取如下措施：

① 砂轮主轴转速必须随 v_s 的提高而相应提高，砂轮传动系统功率和机床刚性必须满足要求。

② 砂轮强度必须足够大，并采取适当的安全防护装置；需要平衡，需要有效地冷却及防磨削液飞溅等。

（2）高速磨削对机床的要求

1）提高高速磨削砂轮电动机的功率　高速磨削的砂轮电动机功率要比普通磨削加大 40%～100%。

2）合理确定砂轮主轴与轴承之间的间隙　砂轮转速提高后，

主轴与轴承之间摩擦加剧，易发生因热膨胀而造成"咬死"（也称抱轴），因此砂轮主轴与轴承的间隙要适当增大，一般取 $0.03\sim$ $0.04mm$，以保证热平衡后有适当的间隙，但间隙也不能过大，以免影响主轴的回转精度与刚度。砂轮主轴与轴承的合理间隙如表 15.60 所示。

◈ **表 15.60　砂轮架主轴轴承类型及间隙要求**

轴承类型	轴承间隙要求/mm	轴承特点
短三块瓦	0.02～0.03	刚性好,制造简单,调整方便,但间隙容易变动
长三块瓦	0.02～0.03	原理同短三块瓦,性能比短三块瓦差
短五块瓦	0.02～0.03	制造比短三块瓦复杂,调整间隙麻烦
长五块瓦	0.02～0.03	原理与短五块瓦相同,性能比短五块瓦差,调整不方便
对开瓦	0.04～0.06	制造工艺复杂,油膜润滑差,老产品上应用较多
粉压轴承	6/1000	纯液体摩擦,主轴寿命长,承载能力大,需要另备供油系统
滚动轴承	由等级而定	通用性强,结构简单,但抗振性能差,易磨损,一般前轴承比后轴承精度高一级

3）采用卸荷皮带轮　皮带传动需要一定的张紧力，如果带轮直接装在主轴上，这个拉紧力会使主轴产生弯曲变形，在高速回转时产生离心力和振动。采用卸荷皮带轮就是将这个张紧力直接由箱体承受，使主轴不承受此力，减小主轴的弯曲变形和高速回转时的振动。

4）改进润滑与冷却条件　高速砂轮主轴要求采用有一定润滑作用、黏度较小的润滑油，要求控制主轴箱内油温不超过 $40℃$。高速砂轮主轴轴承的润滑要求采用循环冷却方式。高速磨削的冷却需要采用反射增压器，如图 15.99 所示，将普通压力的切削液从管中进入，经长方形孔 1 喷射至砂轮表面，受砂轮高速旋转的离心力作用，高速反射回增压器底部。增压器底部开有许多凹槽 2 和凸肋 3，切削液反射到凹槽 2 时，产生紊流和涡旋，在凸肋顶 4 处产生动压，射向砂轮表面起冲洗作用。反射到凹槽的切削液产生的涡旋有时还能够形成一股吸力，将嵌塞在砂轮表面的磨屑清除掉，其冷却与冲洗效果好。一般反射增压器底部凸筋与砂轮表面的间隙 $\Delta = 1.5 \sim 5mm$，供液压力为 0.1MPa，流量为 105L/min，磨削液要求过滤净化。

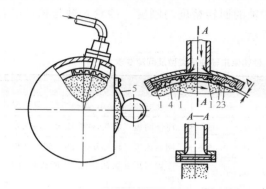

图 15.99　反射增压器

1—长方形孔；2—凹槽；3—凸肋；4—凸肋顶；5—切削液导板

5）加强砂轮防护罩　砂轮的动能随其速度平方关系变化，高速砂轮碎裂后的能量高，要求其砂轮防护罩的钢板厚度比普通速度的增加 40% 以上。高速磨床防护罩的结构尺寸如表 15.61、表 15.62 所示，表中的尺寸符号含义见图 15.100。

◇ 表 15.61　磨削速度 50m/s 时外圆磨床砂轮防护罩结构尺寸　　　　　　　mm

砂轮最大直径	400	500	600	750
轮缘厚度 A	6	8	11	13
侧板厚度 B	6	8	9	10
侧壁凸出轮缘数值 C	8	10	12	15
侧壁伸出宽度 D	20	25	30	40
搭板厚度 E	6	6	10	10
搭板宽度 F	40	40	50	50
搭板边缘离孔距离 G	20	20	22	22
螺栓直径 H	M16	M16	M20	M20
螺栓数	3	4	5	6
焊缝尺寸	5×5	6×6	8×8	10×10
螺栓配置位置(见图)	1、2、3	1、2、3、4	1、2、3、4、5	1、2、3、4、5、6

◎ 表15.62 砂轮防护钢板最小厚度 　　　　　　　　　　　　　　mm

砂轮速度 /(m/s)	砂轮宽度	砂轮外径 D											
		150~305		305~405		405~510		510~610		610~760		760~1250	
		A	B	A	B	A	B	A	B	A	B	A	B
30~50	<100	5.8	4.9	6.3	4.9	7.7	5.8	8.3	6.3	9.0	7.0	11.0	9.7
	100~150	5.8	4.9	6.3	5.4	8.3	6.0	8.8	6.6	9.0	7.0	12.0	9.7
	150~205	7.0	5.6	8.8	7.0	9.4	7.0	10.0	7.0	10.5	7.8	13.0	10.0
	205~305	8.0	6.9	9.3	7.7	9.9	7.7	10.5	7.7	11.0	8.3	14.5	11.0
	305~405	—	—	10.5	9.4	12.0	9.9	12.5	9.9	13.6	10.8	17.0	13.0
	405~510	—	—	—	—	13.0	11.0	13.0	11.0	14.5	12.7	19.0	16.0
50~80	<50	7.9	6.3	7.9	6.3	7.9	6.3	7.9	6.3	9.5	7.9	12.7	9.5
	50~100	9.5	7.9	9.5	7.9	9.5	7.9	9.5	7.9	9.5	7.5	12.7	9.5
	100~150	11.0	9.0	11.0	9.5	11.0	9.5	11.0	9.5	11.0	9.5	17.4	12.0
	150~205	12.7	9.5	14.0	11.0	14.0	11.0	14.0	11.0	14.0	11.0	19.0	12.7
	205~305	14.0	11.0	15.8	12.7	15.8	12.7	15.8	12.7	15.8	12.7	22.0	15.8
	305~405	—	—	15.8	14.0	19.0	15.8	19.0	15.8	20.0	17.4	26.9	20.0
	405~510	—	—	—	—	20.0	17.4	20.0	17.4	22.0	19.0	30.0	23.8

注：本表指钢板焊接结构，如为铸钢表中尺寸应乘以1.6。

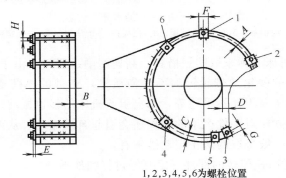

1,2,3,4,5,6为螺栓位置

图15.100　砂轮防护罩结构尺寸

高速磨削砂轮防护罩的开口角要小。开口角越小，砂轮碎裂时碎片飞出的区域就越小，如图15.101所示。高速磨削平面时，砂轮防护罩开口角要尽量减小。

为了减小砂轮碎裂时对

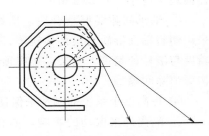

图15.101　砂轮罩开口角

罩壳的冲击，在罩内安装了一层吸能层填料，如图 15.102 所示。吸能层一般用聚氨酯泡沫塑料、合成树脂或蜂窝状铝合金等作衬垫。当砂轮速度＞80m/s 时，此衬垫能有效地减轻砂轮碎片的能量。此外，在高速外圆磨削时，还须考虑在机床与操作者之间放置活动的防护板。

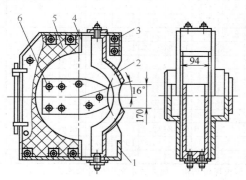

图 15.102　80m/s 高速磨床砂轮防护罩

1—前护罩；2,4—阻力挡板；3—挡板；5—泡沫聚氨酯；6—螺钉

6）机床必须采取防振措施　高速磨削过程中，由于电动机、高速旋转的砂轮及带轮等的不平衡质量，V 带的厚薄或长短不一致，液压泵工作不平稳等，都会引起机床的强迫振动，高速磨削过程中砂轮对工件产生的摩擦还会引起自励振动，从而影响磨削质量，一般采取的防止振动措施有：

① 对高速旋转的部件一定要经过仔细地平衡；

② 传动带选择应长短一致，卸荷装置轴承定位套及砂轮的径向跳动应小于 0.02mm；

③ 轴承间隙要调整合适，选择较好的砂轮架导轨形式，如采用塑料贴面导轨与滚柱导轨等，滚柱导轨应检查导轨面的接触精度与滚柱的精度，头架、尾座顶尖的锥面要接触良好，进给机构要消除间隙等；

④ 提高整个系统的刚性来保证机床抗振性能；

⑤ 隔离外来振动的影响，如在砂轮电动机的底座和垫板之间垫上具有弹性的木板或硬橡胶等。

（3）高速磨削的砂轮特性

高速磨削除要求砂轮具有足够的强度以保证在高速旋转时不致破裂外，还要求其具有良好的磨削性能，以获得高的磨削效率、寿命和加工表面质量。

1）砂轮的特性选择

① 磨料的选择。主要选用韧性较高的刚玉系磨料。其中棕刚玉 A 应用较普遍，用于磨削一般碳钢和合金钢；磨削球墨铸铁材料时多用 A 或 A 与 GC 的混合磨料。

② 粒度的选择。为了保证砂轮的磨削能力和寿命，一般选用粒度为 F60～F80 的磨粒，兼顾粗磨和精磨，精磨时选用粒度为 F70 或 F80。加工塑性材料时，为了避免工件表面烧伤，砂轮的粒度选得粗一些。当 $v_s \geqslant 80\text{m/s}$ 时，选用粒度为 F80～F100。

③ 硬度的选择。高速砂轮的硬度比普通砂轮稍软一些，一般在 K～N 范围内。精磨时宜选更软一些；磨削余量大或粗磨时宜选硬些。磨削一些不平衡的工件，如凸轮轴、曲轴时，砂轮硬度应适当选软些。

④ 组织的选择。高速磨削时，因进给量加大，砂轮粒度较细，要求砂轮表面上有一些微小气孔，以利于容纳磨屑和排热，使磨削效率和砂轮寿命得以提高。但气孔不能太大，否则会使磨粒产生不均匀脱落。

⑤ 结合剂的选择。高速砂轮一般采用硼玻璃陶瓷结合剂，并加入硼、锂、钡、钙等特殊化学成分，以提高结合剂强度。

2）提高砂轮强度措施　提高砂轮强度，除提高结合剂的强度外，还可采用补强砂轮孔区、改变砂轮的形状和采用新结构等措施来实现。

① 砂轮孔区补强。砂轮旋转时最大拉应力位于孔周壁上，最初的破裂是沿周壁发生，后扩展到整个砂轮，所以采用孔区补强是提高砂轮强度的有效方法之一。常用的砂轮补强措施如图 15.103 所示。图中砂轮孔区部分采用细粒度磨粒和较高的砂轮硬度，砂轮强度可提高 20%～25%；图 15.103（b）孔区部分渗入补强剂（树脂液），通过孔周壁渗透到砂轮内部。用此

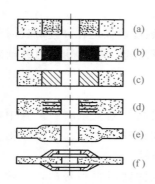

图 15.103　砂轮的补强措施

法砂轮强度可提高 $5\% \sim 15\%$，气孔率大的砂轮强度提高得更多；图 15.103（c）用一金属环黏结在砂轮孔区，金属环可用钢或耐热合金制成，用环氧树脂等与砂轮黏结；图 15.103（d）是树脂砂中加玻璃纤维网；图 15.103（e）增加砂轮孔区厚度和图 15.103（f）用法兰盘装夹提高孔区强度，这两种方法多用于薄片砂轮，效果明显，对厚砂轮则意义不大。

②　改变砂轮孔径大小以改变应力分布状况。当砂轮高速运转时，孔壁处应力最大。但孔径越小，应力也越小。所以应尽可能采用孔径与外径比值小的砂轮或无孔砂轮。通常砂轮孔径与外径之比不应超过表 15.63 所列数值。无孔砂轮多用法兰盘黏结或在圆周上开有几个孔，用螺钉固定在机床上。

◇ 表 15.63　砂轮孔径与外径之比值 K 的最大允许值

砂轮速度/(m/s)	<45	45～60	60～80	80～100
K	0.6	0.5	0.33	0.2

③　采用砂轮组装结构。梯形砂瓦组合砂轮如图 15.104 所示。当砂轮旋转时，砂瓦受到离心力产生的拉应力，同时也受到斜面结构的压应力作用，从而增强了周臂强度，因此这种砂轮可在较高的速度下工作。

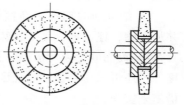

图 15.104　梯形砂瓦组合砂轮

注意，在高速砂轮上必须印有醒目的安全工作速度标志，选择砂轮时要严格控制砂轮速度，不得超过安全工作速度。

3）高速磨削的砂轮平衡与修整　高速砂轮必须经过仔细平衡，因为不平衡会引起振动和离心力剧增。影响离心力大小的主要因素有：不平衡质量和砂轮的速度、半径，还与砂轮组织分布和砂轮修整产生的几何误差等有关。图 15.105 为砂轮不平衡量引起的离心力与砂轮速度的关系。

不同尺寸砂轮不平衡质量最大允许的值如下：

$1-600\times40\times305$	80g
$1-400\times40\times50$	45g
$1-250\times25\times32$	15g

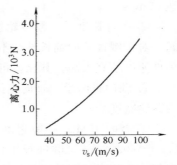

图 15.105 砂轮不平衡量 100g
在不同速度下产生的离心力
（砂轮 1　600×63×305）

为避免和减少砂轮不平衡质量的影响，应使砂轮修整机构的作用点和工件的磨削点在同一位置上（见图 15.106）。采用低速修整砂轮，也能起到很好的作用。用单颗金刚石工具进行砂轮修整的参数见表 15.64。采用金刚石滚轮修整，其效果较好，可大大缩短修整时间并减少金刚石的消耗。

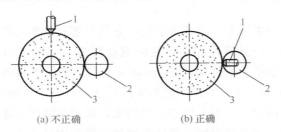

(a) 不正确　　　　　　　(b) 正确

图 15.106　修整机构作用点的位置

1—修整机构；2—工件；3—砂轮

◇ 表 15.64　高速磨削砂轮修整参数

砂轮速度 /(m/s)	修整切深 /mm	修整导程/(mm/r)				修整总量 /mm	冷却条件
		F46	F60	F80	F100		
$50\sim60$	$0.01\sim0.015$	0.32	0.24	0.18	0.14	$\geqslant0.1$	充分冷却
80	$0.015\sim0.02$						

（4）高速磨削用量的选择

① 砂轮速度。砂轮速度目前普遍采用 $50\sim60$m/s，有的高

达 80m/s。

② 工件速度。一般砂轮速度与工件速度之比在 $60\sim100$ 之间。对于刚性差的细长轴和不平衡的工件（如曲轴、凸轮轴等），工件速度不宜太高，其比值可取 $100\sim250$ 之间。

③ 轴向进给量。轴向进给量一般可取 $(0.2\sim0.5)\,B/r$（B 为砂轮宽度）。

④ 背吃刀量。一般粗磨 $a_p=0.02\sim0.07\text{mm}$；精磨 $a_p=0.005\sim0.02\text{mm}$，磨细长工件宜选较小值；磨短粗工件，宜选大值。高速磨削用量选择见表 15.65。

◇ 表 15.65　高速外圆磨削钢材的磨削用量

砂轮速度 v_s /(m/s)	速度比 v_s/v_w	切入磨削 v_f /(mm/min)	纵向磨削	
			纵向进给速度 v_f/(m/s)	背吃刀量 a_p/mm
45	$60\sim90$	$1\sim2$	$0.016\sim0.033$	$0.015\sim0.02$
60		$2\sim2.5$	$0.033\sim0.042$	$0.02\sim0.03$
80	$60\sim100$	$2.5\sim3$	$0.042\sim0.05$	$0.04\sim0.05$

15.9.2　宽砂轮磨削

宽砂轮磨削是一种高效磨削，它是靠增大磨削宽度来提高磨削效率的。一般外圆磨削砂轮的宽度仅为 50mm 左右，而宽砂轮外圆磨削砂轮的宽度可达 300mm 左右；平面磨削砂轮的宽度可达 400mm；无心磨削砂轮的宽度可达 $800\sim1000\text{mm}$。在外圆和平面磨削中，一般采用切入磨削法，在无心磨削中除采用切入磨削法外，还采用通磨。宽砂轮磨削工件精度达 IT6，表面粗糙度可达 $Ra0.63\mu\text{m}$。

（1）宽砂轮磨削的特点

宽砂轮磨削具有如下特点：

① 宽砂轮通过成形修整进行成形面磨削，易保证零件的形状精度，因采用切入磨削比纵向磨削效率高。

② 由于磨削宽度大，磨削力、磨削功率大，磨削热量多，应加强冷却。

③ 因砂轮宽度大，主轴悬臂伸出较长。

④ 砂轮的硬度不仅要求在圆周方向均匀，而且在轴向也要均匀，使砂轮均匀磨损，避免影响加工工件的精度和表面质量。

此外，在生产线上采用宽砂轮磨削，可减少磨床台数和占地面积。宽砂轮磨削适于大批量生产。

（2）宽砂轮磨削对机床和砂轮的要求

宽砂轮磨削对机床的要求为：

① 砂轮主轴系统刚性要好，主轴回转精度要高。主轴的轴承结构合理，一般采用静压轴承可得到较好的刚性和回转精度。

② 头架主轴和尾架套筒悬伸尽可能短，以便选用直径较大、悬伸较短的顶尖，提高刚性。

③ 砂轮电动机功率应足够。

④ 磨削液供应要充分。

宽砂轮磨削砂轮的选用与普通磨削砂轮的选择原则基本相同，宽砂轮磨削砂轮的特性可按表 15.66 进行选择。

◇ 表 15.66　宽砂轮磨削砂轮的选择

磨削性质	磨料	粒度	硬度
粗磨	A、SA、PA	46～60	J、K
精磨		60～80	K、L

（3）宽砂轮磨削用量（见表 15.67）

◇ 表 15.67　宽砂轮磨削用量的选择

砂轮速度 $v/(m/s)$	工件速度 $v_w/(m/s)$	速比 v/v_w
≈35	0.233～0.283	≥120

（4）宽砂轮磨削实例（见表 15.68）

15.9.3　缓进给磨削

缓进给磨削是一种高效强力磨削，又称深切缓进给磨削，背吃刀量（磨削深度）可达 30mm，约为普通磨削的 100～1000 倍，工作进给速度约为 5～300mm/min，经一次或数次行程即可磨到所要求的尺寸和形状精度。缓进给磨削适于磨削高硬度、高韧性材料，如耐热合金钢、不锈钢、高速钢等的，主要用于成形

◇ 表 15.68　宽砂轮磨削实例

加工工件	冷锻花键轴外圆	双曲线轧辊成形面	滑阀外圆
材料	40Cr	9Mn2V　64HRC	20Cr　渗碳淬硬
加工机床	H107 宽砂轮磨床	MB1532	H107 宽砂轮磨床
砂轮	7 型 600×250×305 A46kV	7 型 600×300×305 A46kV	7 型 600×150×305 MA60kV
加工余量/mm	0.5	2	0.25
砂轮速度/(m/s)	35	35	35
砂轮修整用量　f_d/(mm/r)	0.2	0.2	0.4
砂轮修整用量　a_d/(mm/st)	0.1	0.1	0.1
工件速度/(m/min)	10	10	9.5
径向进给速度/(mm/min)	1.5	手进	1.3
光磨时间/s	火花消失为止	火花消失为止	15
表面粗糙度 Ra/μm	2.5~1.25	0.63~0.20	0.63~0.20
单件工时对比/min　普通外圆纵磨	4	1440	2
单件工时对比/min　宽砂轮切入磨	0.33	30	0.5

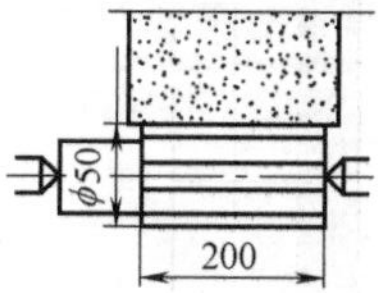

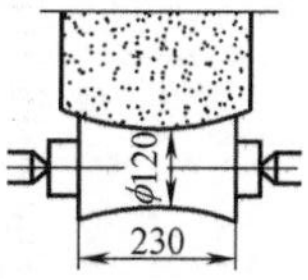

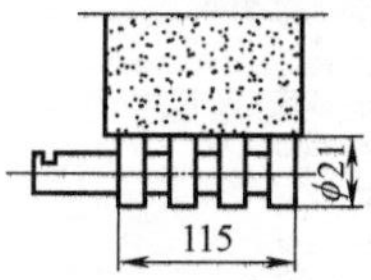

磨削和深槽磨削，其加工精度可达 $2 \sim 5 \mu m$，表面粗糙度可达 $0.63 \sim 0.16 \mu m$，生产效率比普通磨削高 $1 \sim 5$ 倍。

（1）缓进给磨削的特点

① 背吃刀量大，砂轮与工件接触弧长，金属磨除率高，如图 15.107 所示。由于背吃刀量大，工件往复行程次数少，节省了工作台换向时间及空磨时间，可充分发挥机床和砂轮的潜力，生产率高。

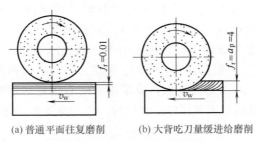

(a) 普通平面往复磨削　　(b) 大背吃刀量缓进给磨削

图 15.107　两种磨削方式对比

② 砂轮磨损小。由于进给速度低，磨削厚度薄，单颗磨粒所承受的磨削力小，磨粒脱落和破碎减少；工作台往复行程次数少，砂轮与工件撞击次数少，加上进给缓慢，减轻了砂轮与工件边缘的冲击，使砂轮能在较长时间内保持原有精度。

③ 单颗磨粒承受的磨削力小、磨削精度高和表面粗糙度低。因砂轮廓形保持性好，加工精度比较稳定。此外，接触弧长可使磨削振动衰减，减少颤振，使工件表面波纹度及表面应力小，不易产生磨削裂纹。

④ 参加磨削磨粒数多，接触面积大，总磨削力大，需要磨床的功率大。

⑤ 接触面大，较长的接触弧长使切削液难以进入磨削区，磨削温度高，工件容易烧伤。

⑥ 经济效果好。由于背吃刀量大，磨削时不受工件表面状况如氧化皮、铸件的白口层等的影响，可直接将精铸、精锻的毛坯磨削成形，可将车、刨、铣、磨等工序合并为一道工序，从而减少毛坯加工余量、降低工时消耗、节约复杂的成形刀具，缩短

生产周期及降低成本。因此在生产中得到广泛的应用，尤其用于平面磨削。

⑦ 设备成本高。缓进给磨削需要大功率高刚度磨床，需要缓进给系统，砂轮自动修整与补偿装置以及强冷却系统，因此磨床的精度要求高，结构复杂，设备成本比普通磨床高得多。

（2）缓进给磨削砂轮的选择与修整

1）砂轮选择

① 磨料。磨料主要根据工件的材料性质选择。磨削一般的合金钢和碳钢可选用白刚玉（WA）或棕刚玉（A）磨料。磨削铸造高温合金等难加工材料可采用 WA 或 MA 磨料。

② 粒度。一般选用 F46～F60 粒度。当成形面圆角小，型面要求精度高及表面粗糙度低，或采用金刚石滚轮修整时，可选细一些。例如磨航空发动机叶片榫齿时，由于圆角小，选用了 F80～F100 粒度。

③ 硬度。为避免磨削表面烧伤，要求砂轮自锐性能好，因此硬度应比普通砂轮软得多。一般选用软级（G～J）砂轮，磨削铸造高温合金等难磨材料，宜选超软级（D、E、F）砂轮。砂轮越软，型面越不易保持，所以在加工高精度型面时，在不烧伤的前提下，选择偏硬的砂轮。

④ 结合剂。缓进给磨削砂轮一般均采用陶瓷结合剂。如在 WA 砂轮的结合剂中加入 0.5%～1.0% 的氧化钴，可减少工件表面烧伤及减缓砂轮的磨损。

⑤ 组织。由于缓进给磨削的金属切除率高，产生热量多，一般采用大气孔或微气孔的松组织砂轮。常用的砂轮组织号为 12～14。

采用 CBN 砂轮缓进给磨削比普通砂轮磨削的金属切除率显著提高，工件热损伤小，加工精度高，表面粗糙度低，砂轮寿命显著提高，但 CBN 砂轮价格昂贵，约为普通砂轮的 500 倍，总之，在型面磨削时可节约磨削成本 30%～50%。

2）砂轮修整 缓进给磨削砂轮常用的修整方法有：钢制滚压轮滚压法和金刚石滚轮磨削法等。

钢制滚压轮修整的优点是滚压轮的制造工艺简单，容易实现，成本低，一般用于多品种、小批量生产或砂轮粗修整。

金刚石滚轮修整砂轮的优点是型面精度高，使用寿命长，修整时间短，可实现修整过程自动化。适用于大批量生产、工件形状复杂、精度要求高时砂轮修整。

缓进给磨削的砂轮修整，除按普通砂轮修整方法修整外，还应注意以下问题：

若希望砂轮磨削力强，可选用滚轮与砂轮的修整速比 $q_d = 0.8$。在修整刚度允许的条件下，选用较大的修整进给量，无须光修。

若希望磨削表面粗糙度低，可选用速比 $q_d = 0.2 \sim 0.8$，较小的修整进给量和 30r/min 左右的光修转速。

若希望砂轮寿命长，则采用顺向修整，可选用较小的修整速比和较大的修整进给量；或选用较大的修整速比和较小的修整进给量搭配进行。

（3）缓进给磨削对机床的要求

① 磨削功率。缓进给磨削效率高，多用于成形磨削，要求磨床的功率在 18kW 以上。

② 工作台作缓进给时，要求平稳无爬行现象。目前采用丝杠螺母结构或滚珠丝杠副结构，保证机床有较高的传动刚度，并具有无级调速和快速退回功能。

③ 机床的刚度。工艺系统刚度是引起工件加工误差的主要原因之一，缓进给磨削要求机床的动、静刚度要高。为了提高系统静刚度，可在前后床身、立柱、滑板支承件上采用双层肋壁结构；加大主轴直径；磨头垂直运动导轨和立柱滑板横向移动的侧导向面采用预加负荷滚柱导轨结构，以消除导轨间隙，提高运动副的接触刚度。

④ 主轴系统精度。由于缓进给磨削主轴功率大，不允许有轴向和径向窜动，所以，主轴前端支承采用圆锥滚子轴承，承受主要磨削负荷，后端采用双列径向圆柱滚子轴承，轴承的径向和轴向通过预紧获得较高的刚度和精度。

⑤ 冷却与冲洗。缓进给磨削存在两个特殊问题：一是磨屑薄而长，易堵塞和黏附于砂轮表面；二是单个磨粒承受的磨削力小，砂轮自锐性差，易使工件表面烧伤。因此要求加强切削液的冷却与冲洗作用。

一般冷却喷嘴流量应大于 80L/min（约每毫米砂轮宽度上为 1.5～2L/min），压力为 0.2～0.3MPa；冲洗喷嘴流量为 200L/min，压力为 0.8～1.2MPa。由于大量的磨削热要求冷却系统吸收并散发，因此切削液容器的总容量大约为 2000L。

喷嘴的形式有小孔式和缝隙式两种，如图 15.108 所示。小孔式的喷射流集中，冲洗效果好。缝隙式的射流不均匀，且缝宽 $b \leqslant 0.3$mm 时容易堵塞，但制造容易，多用于冷却。为了使砂轮型面上得到均匀的冲洗效果，喷嘴均匀分布并与砂轮轮廓形状吻合，如图 15.109 所示。当砂轮修整后直径变小，所以要经常调整喷嘴的位置，使喷嘴口距砂轮表面保持 0.5～1mm 距离，以获得最佳冷却和冲洗效果。

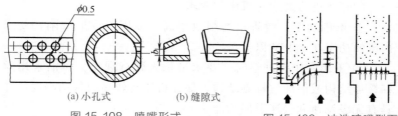

$\phi 0.5$

(a) 小孔式   (b) 缝隙式

图 15.108　喷嘴形式

图 15.109　冲洗喷嘴型面与砂轮型面的关系

在冷却系统中，为了保证冷却和冲洗效果，避免堵塞，要求切削液在工作循环中始终保持清洁无杂质，一般采用粗、精两次过滤，如图 15.110 所示。为节省占地面积，将冷却箱分成三部分。沉渣箱 1，容量 400L 左右。沉渣箱中的隔板将絮状磨屑和砂轮碎屑沉于箱底，可除渣 90% 以上。经除渣净化后切削液从溢流口流入第二只下水箱 2 中，下水箱 2 的容积为 600L，分前后两半，中间设有挡板，使切削液中固体颗料进一步沉淀。图中实线为前半箱中切削液流动方向，虚线为后半箱中切削液流动方向。在后半箱中有一只专用水泵 3 将沉淀后的切削液抽送到并联的涡旋分离器 4 中（4 个），进一步分离细小颗粒，然后送入上水箱 5，容积为 1000L。上水箱 5 中的溢流管 6 用来保持液面高度。经过滤清的切削液通过水泵 7 和 8 分别将切削液供给冷却喷嘴 9 和冲洗喷嘴 10。

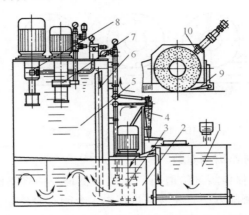

图 15.110 冷却系统示意图

1—沉渣箱；2—下水箱；3—专用水泵；4—涡旋分离器；5—上水箱；
6—溢流管；7,8—水泵；9—冷却喷嘴；10—冲洗喷嘴

⑥ 顺磨和逆磨的影响。平面缓进给磨削采用顺磨时，可顺利地把切削液带入磨削区，冷却效果好，若有磨粒脱落，只能落在已加工表面上，被切削液冲走，不会划伤已加工表面，如图 15.111（a）所示。逆磨时，切削液不易进入磨削区，脱落的磨粒会擦伤已加工表面。逆磨后的表面有明显的拉毛现象，而顺磨表面则可得到较低的表面粗糙度和磨削纹理。由于逆磨的效率稍高，粗磨一般采用逆磨，精磨多采用顺磨。

顺磨时，由于有待加工面可以导流，磨削区有充足的切削液，当磨至工件末端时，切削液开始分流，致使送到该处的切削液不足，可能出现烧伤，逆磨的烧伤部位在进口端，如图 15.111（b）所示。为使切削液不分流而进入磨削区，在易烧伤端紧靠工件处装一导流板进行导流，可防止工件烧伤。

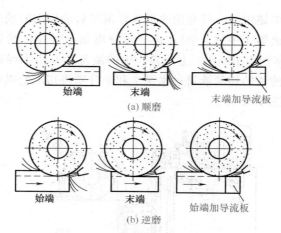

(a) 顺磨

末端加导流板

(b) 逆磨

始端加导流板

图 15.111 导流板对冷却的作用

（4）缓进给磨削参数

1）连续修整缓进给磨削 连续修整是一种修整砂轮与磨削同时进行的磨削方法。在磨削过程中，金刚石滚轮始终与砂轮保持接触，边磨削、边将砂轮修锐及整形。连续修整缓进给磨削技术与普通往复式磨削、普通缓进给磨削相比具有加工时间短、磨削效率高、加工精度高等优点。连续修整法的磨削参数为：

① 砂轮速度 $v_s = 30 \sim 35 \text{m/s}$。

② 工作台进给速度：断续修整时，$v_f < 1500 \text{mm/min}$；连续修整时，$v_f \geqslant 1000 \text{mm/min}$。

③ 修整量为 $(0.25 \sim 0.5) \times 10^{-4} \text{mm/r}$，常选取 $0.35 \times 10^{-4} \text{mm/r}$。

2）高速大背吃刀量快进给磨削 为了克服缓进给磨削工件易烧伤问题，在磨削用量上尽量避开高温区，在加大背吃刀量与提高砂轮速度的同时，提高工件进给速度，以提高金属的切除率。这种工艺方法适合于较小工件，如钻头沟槽、转子槽、棘轮等的大批量生产。

15.9.4 恒压力磨削

恒压力磨削是指在磨削过程中砂轮相对工件保持恒定压力的

磨削。由于磨削过程中的压力是自动控制的，也称为控制力磨削。

(1) 恒压力磨削的特点

恒压力磨削是一种切入磨削，但与普通切入磨削有所不同，其特点如下：

① 可减少空行程时间，节约辅助时间，不需光磨阶段，因此磨削时间短。

② 恒压力磨削的法向磨削力比切向磨削力大 2~3 倍，控制方便。法向力可按下式估算

$$F_n = CB$$

式中　F_n——法向压力，N；

　　　B——砂轮宽度，mm；

　　　C——常数，其值与砂轮、工件质量有关，一般粗磨为 8~15N/mm。

由于 F_n 恒定不变，当毛坯尺寸有变化或砂轮磨钝时，仍能可靠地保证达到预定的精度和表面粗糙度，但使工时延长。

③ 恒压力磨削参数一般控制在合理状态，效率高，可避免超负荷工作，操作安全。

④ 恒压力磨削对电气、液压、砂轮等无特殊要求，易于推广。

(2) 恒压力磨削的原理

恒压力磨削的关键是工作压力 F_n 恒定。实现 F_n 恒定的控制方法有：挂重锤法、差动液压缸法、机械电气组合法等。差动液压缸法恒压力 F_n 控制应用最广。

图 15.112 为 3MZ1313 轴承磨床控制恒压力的示意图，该结构既能实现恒压力 F_n 控制，又能实现快速移动和粗进给、精进给的调速。为提高其低速平稳性和灵敏度，头架支承采用交叉滚柱导轨。其工作过程分为：

① 快速移动。由快速液压缸实现，工作移动量 20mm，当工件接近砂轮时快速移动结束同时发出信号。

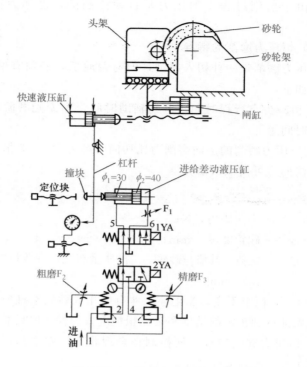

图 15.112　控制力磨削示意图

② 粗磨进给。当快速移动结束信号被接收后，二位四通电磁阀 1YA 吸合，处于右端位置，则压力油由 1→粗磨减压阀 F_2→2→二位三通电磁阀 2YA→3→二位四通电磁阀 1YA→5、6→节流阀 F_1→差动液压缸两端，由于活塞杆两端的面积差使活塞得到一个恒定的推力，推动杠杆作顺时针摆动，使头架被这一恒定力推动，作快速移动进行粗磨。

③ 精磨进给。当粗磨时杠杆下端碰到百分表，并使百分表移动到预先调整量后，即发出信号，使 2YA 吸合，油路移到右端位置，压力油由 1→精磨减压阀 F_3→4→2YA 右端→1YA→5、6、节流阀 F1→差动液压缸两端，使头架作精磨进给。当杠杆下端撞块碰到定位块时，停止进给，作无进给磨削，其时间由

时间继电器控制，到时发信号，快速液压缸退回，电磁阀 1YA、2YA 释放，差动液压缸进出油路换向，头架在闸缸的作用下退回原处。

图中节流阀 F_1 是控制头架空程速度的，当工件与砂轮接触后，通过此阀的流量较少，甚至不起作用。恒力 F_n 的大小由两减压阀 2F、F_3 调节，F_2 控制 $0.3\sim0.6$MPa 的粗磨压力，3F 控制 $0.2\sim0.4$MPa 的精磨压力。

（3）恒压力磨削注意的问题

① 磨削压力与磨削功率的关系，实际上是切向磨削力 F_t 与法向磨削力 F_n 的比值关系。一般 $F_t=(1/2\sim1/3)F_n$，根据 F_t 的值可以确定磨削功率。同一工件在相同加工条件下，与普通磨削相比，恒压力磨削的功率消耗几乎低 50%。

② 采用恒压力磨削，对有键槽或非圆柱表面工件均能磨成圆。圆度误差在 $2\mu m$ 左右。

③ 工件转速对磨圆过程有影响，工件转速提高后，相对工件每转进给量减少，磨圆效果较好，磨多台阶轴较平稳。

④ 在其他磨削用量不变时，工件速度适当降低，可获得较低粗糙度的表面。

⑤ 砂轮架导轨阻尼的大小对磨圆的影响不太明显，但阻尼较小时，砂轮架接触工件时有冲击现象，对磨非圆工件影响较大。

⑥ 恒压力磨削采用挡块定位，其误差以 1:1 直接反映到工件上，由于砂轮架切入机构采用丝杠螺母，对定位精度有影响；在进给量不变的情况下，其他因素（如定位误差、工件余量、振摆、砂轮磨损、砂轮架导轨刚性差等）都会引起尺寸变化。经调整后一般尺寸偏差为 0.01mm 左右。

⑦ 表面粗糙度不仅取决于磨削压力，而且在更大程度上取决于砂轮修整，一般粗磨表面粗糙度可达 $Ra0.8\sim0.4\mu m$；精磨可达 $Ra0.4\sim0.2\mu m$。

（4）恒压力磨削实例

恒压力磨削实例如表 15.69 所示。

◇ 表 15.69　恒压力磨削实例

深沟球轴承内圈沟道
6309/02
材料 GCr15
62～64HRC

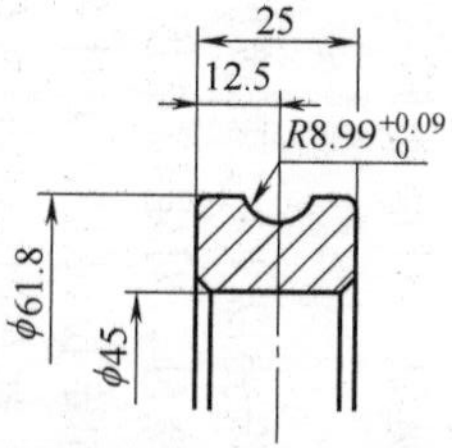

圆锥滚子轴承外圈
30309/01
材料 GCr15
62～64HRC

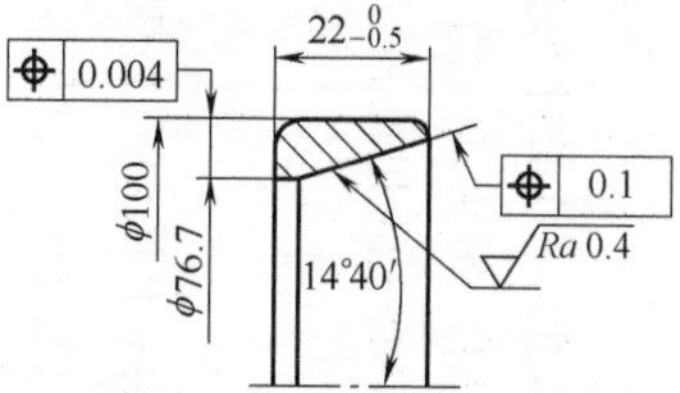

工件	磨削余量/mm	砂轮	工件转速/(r/min)	砂轮速度/(m/s)	磨削进给速度/(mm/min)	快速趋近速度/(mm/min)	恒压力/N	单件工时/s	磨后尺寸精度/μm	圆度/μm	表面粗糙度Ra/μm	功率消耗/kW
6309/02	$0.25^{+0.2}_{0}$	P 500×15×305 WA80LV	320	35	2.6	4	174	12	7	1.6	0.63	1.8
30309/01	$0.4^{+0.15}_{0}$	P 70×50×20 MA80LV	300	50	0.4 (往复次数 105次/min)	8	350	42	8	1～4	0.4	9

15.9.5 低粗糙度磨削

低粗糙度磨削包括精密磨削、超精密磨削和镜面磨削，是指磨削表面粗糙度为 $Ra0.16\sim0.006\mu m$ 的磨削。低粗糙度磨削是依靠精度高性能优的机床、砂轮精密修整技术、较高操作技能，达到工件表面加工的低粗糙度、较高的形位和尺寸精度的新工艺技术，与手工研磨相比，生产率高、工艺范围广、自动化程度高，精密磨削、超精密磨削和镜面磨削是按表面加工粗糙度划分的，如表 15.70 所示。

◈ 表 15.70 精密磨削、超精密磨削和镜面磨削的划分

类型	表面粗糙度值 $Ra/\mu m$	应用实例
精密磨削	$0.16\sim0.04$	液压滑阀、油嘴油泵针阀、机床主轴、滚动导轨、量规、四棱尺、高精度轴承和滚柱等
超精密磨削	$0.04\sim0.0125$	精密磨床和坐标镗床主轴、高精度滚柱导轨、刻线尺、环规、塞规、伺服阀、量棒、半导体硅片、精磨轧辊
镜面磨削	$\leqslant0.01$	特殊精密轧辊、精密刻线尺

精密和超精密加工与低粗糙度磨削有所不同。精密加工是指在一定的发展时期中，加工精度和表面粗糙度达到较高程度的加工工艺，当前是指被加工工件的尺寸精度为 $1\sim0.1\mu m$、表面粗糙度为 $Ra0.2\sim0.01\mu m$ 的加工技术。而超精密加工是指加工精度和表面质量达到最高程度的加工工艺，当前是指被加工工件的尺寸精度高于 $0.1\mu m$，表面粗糙度低于 $Ra0.025\mu m$ 的加工技术。超精密加工的发展趋势是从微米、亚微米级（$1\sim10^{-2}$）μm 的加工技术向纳米级（$10^{-2}\sim10^{-3}\mu m$，$1nm=10^{-3}\mu m$）的加工技术方向发展。根据加工采用的工具、原理和特点，精密和超精密加工方法可以分为刀具切削加工、磨料加工、特种加工和复合加工四类。各种加工方法所能达到的精度和表面粗糙度如表 15.71 所示。

（1）低粗糙度值磨削原理及其对机床的要求

1）低粗糙度值磨削原理 精密磨削、超精磨削和镜面磨削是通过在砂轮工作表面精细修整出大量等高磨粒微刃对工件进行

◎ 表 15.71　常用的精密加工和超精密加工方法

分类	加工方法	加工工具	精度/μm	表面粗糙度 Ra/μm	被加工材料	应用
刀具切削加工 切削	精密、超精密车削	天然单晶金刚石刀具、人造聚晶金刚石刀具、立方氮化硼刀具、陶瓷刀具、硬质合金刀具	1~0.1	0.05~0.008	金刚石刀具：有色金属及其合金等软材料 其他材料刀具各种材料	球、磁盘、反射镜
	精密、超精密铣削					多面棱体
	精密、超精密镗削					活塞销孔
	微孔钻削	硬质合金钻头、高速钢钻头	20~10	0.2	低碳钢、铜、石墨、塑料	印制线路板、石墨模具、喷嘴
磨削	精密、超精密砂轮磨削	砂轮 氧化铝、碳化硅、立方氮化硼、金刚石等磨料	5~0.5	0.05~0.008	黑色金属、硬脆材料非金属材料	外圆、孔、平面
	精密、超精密砂带磨削	砂带				平面、外圆磁盘、磁头
磨料加工 研磨	精密、超精密研磨	铸铁、硬木、塑料等研具；氧化铝、碳化硅、金刚石等磨料	1~0.1	0.025~0.008	黑色金属、硬脆材料非金属材料	外圆、孔、平面
	油石研磨	氧化铝油石、玛瑙油石、电铸金刚石油石				平面

分类	加工方法	加工工具	精度 /μm	表面粗糙度 Ra/μm	被加工材料	应用
磨料加工	磁性研磨 (研磨)	磁性磨料	10~1	0.01	黑色金属	外圆去毛刺
	滚动研磨 (研磨)	固结磨料、游离磨料、化学或电解作用液体			黑色金属等	型腔
	精密、超精密抛光 (抛光)	抛光器、氧化铝、氧化铬等磨料	1~0.1	0.025~0.008	黑色金属、铝合金	外圆、孔、平面
	液中动力抛光 (抛光)	带有模槽工作表面的抛光器 抛光液	0.1~0.01	0.025~0.008	有色金属、非金属材料	平面、圆柱面
	液中研抛 (抛光)	聚氨酯抛光器 抛光液	1~0.1	0.01	黑色金属、非金属材料	平面
	磁流体抛光 (抛光)	非磁性磨料 磁流体	1~0.1	0.01	黑色金属、非金属材料	平面
	挤压研抛 (抛光)	黏弹性物质磨料	5	0.01	黑色金属等	型面、型腔去毛刺、倒棱
	喷射加工 (抛光)	磨料液体	5	0.01~0.02	黑色金属等	孔、型腔
	砂带研抛 (抛光)	砂带 接触轮	1~0.1	0.01~0.008	黑色金属、非金属材料、有色金属	外圆、孔、平面、型腔
	超精研抛 (抛光)	研具（脱脂木材、细毛毡）、磨料、纯水	1~0.1	0.01~0.008	黑色金属、非金属材料、有色金属	平面

分类	加工方法		加工工具	精度/μm	表面粗糙度 Ra/μm	被加工材料	应用
磨料加工	超精加工	精密超精加工	磨条、切削液	1~0.1	0.025~0.01	黑色金属等	外圆
	珩磨	精密珩磨	磨条、切削液	1~0.1	0.025~0.01	黑色金属等	孔
特种加工	电火花加工	电火花成形加工	成形电极、脉冲电源、煤油、去离子水	50~1	2.5~0.02	导电金属	型腔模
		电火花线切割加工	钼丝、铜丝、脉冲电源、煤油、去离子水	20~3	2.5~0.16	导电金属	冲模、样板（切断、开槽）
	电化学加工	电解加工	工具板（铜、不锈钢）、电解液	100~3	1.25~0.06	导电金属	型孔、型面、型腔
		电铸	导电原模、电铸溶液	1	0.02~0.012	金属	成形小零件
	化学加工	蚀刻	掩模板、光敏抗蚀剂、离子束装置、电子束装置	0.1	2.5~0.2	金属、非金属、半导体	刻线、图形
		化学铣削	刻形、光学腐蚀溶液、耐腐蚀涂料	20~10	2.5~0.2	黑色金属、有色金属等	下料、成形加工（如印制线路板）
	超声加工		超声波发生器、换能器、变幅杆、工具	30~5	2.5~0.04	任何硬脆材料和非金属	型孔、型腔
	微波加工		针状电极（钢丝、铱丝）、波导管	10	6.3~0.12	绝缘材料、半导体	打孔

分类	加工方法		加工工具	精度/μm	表面粗糙度 Ra/μm	被加工材料	应用
特种加工	红外光加工		红外光发生器	10	6.3~0.12	任何材料	打孔、切割
	电子束加工		电子枪、真空系统、加工装置(工作台)	10~1	6.3~0.12	任何材料	微孔、镀膜、焊接、蚀刻
	离子束加工	离子束去除加工	离子枪、真空系统、加工装置(工作台)	0.01~0.001	0.02~0.01	任何材料	成形表面、刃磨、蚀刻
		离子束附着加工		1~0.1	0.02~0.01		镀膜
		离子束结合加工					注入、掺杂
	激光束加工		激光器、加工装置(工作台)	10~1	6.3~0.12	任何材料	打孔、切割、焊接、热处理
复合加工	电解	精密电解磨削	工具极、电解液、砂轮	20~1	0.08~0.01	导电黑色金属、硬质合金	轧辊、刀具刃磨
		精密电解研磨	工具极、电解液、磨料	1~0.1	0.025~0.008		平面、外圆、孔
		精密电解抛光	工具极、电解液、磨料	10~1	0.05~0.008	导电金属	平面、外圆、孔、型面

分类		加工方法	加工工具	精度 /μm	表面粗糙度 Ra /μm	被加工材料	应用
复合加工	超声	精密超声车削	超声波发生器、换能器、变幅杆、车刀	5~1	0.1~0.01	难加工材料	外圆、孔、端面、型面
		精密超声磨削	超声波发生器、换能器、变幅杆、砂轮	3~1	0.1~0.01		外圆、孔、端面
		精密超声研磨	超声波发生器、换能器、变幅杆、研磨剂、研具	1~0.1	0.025~0.008	黑色金属等硬脆材料	外圆、孔、平面
	化学	机械化学研磨	研具、磨料、化学活化研磨剂	0.1~0.01	0.025~0.008	黑色金属、非金属材料	外圆、孔、平面、型面
		机械化学抛光	抛光器、化学活化抛光液	0.01	0.01	各种材料	外圆、孔、平面、型面
		化学机械抛光	抛光器、增压活化抛光液	0.01	0.01		外圆、孔、平面、型面

的磨削。精密磨削、超精磨削和镜面磨削的等高磨粒微刃的作用主要有以下几点：

① 微刃的切削作用。低粗糙度值磨削砂轮采用较小的修整导程和修整进给量需要进行精细修整，使磨粒产生细微的破碎和很多等高微刃。磨削时，用很小的磨削用量进行磨削，在砂轮很多微刃精细切削和摩擦抛光作用下而形成低粗糙度值表面。

② 微刃的等高性作用。砂轮经精细修整后，要求微刃在砂轮表面分布呈等高性，如图 15.113 所示。这些等高的微刃能从工件表面上切除极薄的余量，保证工件的精度，能消除一些微量的缺陷和误差。为了达到等高性要求，除修整用量小以外，机床的精度和震动等也有很大的影响。

图 15.113　磨粒的
微刃和等高性

③ 微刃的摩擦抛光作用。砂轮刚修整后得到的微刃比较锋利，切削作用强。随着磨削时间的增加，微刃逐渐被磨钝，微刃的等高性进一步改善，切削作用减弱，而摩擦抛光作用增强。在磨削区高温作用下使金属软化，钝化的微刃在工件表面滑擦挤压碾平，使工件表面变得更光滑平整。

④ 微刃的过余量磨削。过余量磨削是磨削时的实际磨去量小于进给量的现象。采用 F600 细粒度树脂加石墨的砂轮，其微刃等高性好，由于石墨的润滑抛光作用，在过余量磨削下，经过20 多次反复磨削，使工件上留下的痕迹更趋于平滑，工件表面粗糙度值达到 $Ra0.01\mu m$ 以下，即形成镜面。

2）低粗糙度值磨削对机床的要求　精密、超精密和镜面磨削一般在高精度机床上进行，除对磨削用量、砂轮选择与修整有要求外，对机床精度的要求如下：

① 对磨床几何精度的要求包括：磨床主轴的回转精度和床身导轨的几何精度。对砂轮主轴的回转精度要求包括主轴的径向跳动和轴向窜动不得大于 0.001mm。对床身纵向导轨直线度和平行度，床身横向导轨直线度，头架、尾架中心连线与工作台移

动方向平行度、砂轮主轴中心线对工作台移动方向平行度等，均应达到精密磨床出厂技术要求。

② 对工作台低速运动稳定性要求。精密、超精密和镜面磨削均采用低速修整砂轮，要求工作台低速（10mm/min）时无爬行和冲击现象。

③ 对机床抗振性要求。静平衡砂轮一般要进行两次静平衡，如果有条件，可以采用动平衡或砂轮自动平衡装置。砂轮架电机和头架电机的振动直接传给砂轮和工件，对磨削质量影响最大，可采用如图 15.114 所示的隔振装置。

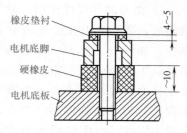

（2）低粗糙度磨削的砂轮特性选择

图 15.114 电动机隔振装置

① 磨料　磨钢件和铸铁件宜选刚玉类砂轮，不宜选用碳化硅磨料。因碳化硅磨料本身质脆，易崩碎，修整后难以形成等高性好的微刃，而刚玉类磨料的韧性较好，能保持等高性微刃。在刚玉类磨料中，以白刚玉和铬刚玉应用较普遍；采用单晶刚玉效果较好，可提高砂轮耐用度。也有人选用白刚玉与绿碳化硅的混合磨料，用石墨作填料，可获得较低的表面粗糙度值。

② 粒度　在精密、超精磨削时，通常选用 F60～F80 粗粒度砂轮，经过精细修整后，可以获得 $Ra0.08～0.025\mu m$ 的粗糙度值。优点是此粒度砂轮的生产率较高，砂轮的供货容易，缺点是易产生拉毛等缺陷，须采取措施加以克服。采用 F240～F320 号粒度的树脂结合剂砂轮，可以获得低于 $Ra0.025\mu m$ 粗糙度值，拉毛等现象少，质量较稳定。镜面磨削宜用 F500 或更细的粒度，并以石墨为填料的砂轮，以加强摩擦抛光作用，经过精细修整，可获得小于 $Ra0.01\mu m$ 的粗糙度值。

③ 硬度　在精密和超精密磨削中主要要求磨粒的微刃与等高保持性良好。硬度太软，磨粒容易脱落，微刃不易保持，易引起工件表面划伤，摩擦与抛光作用减弱。硬度太硬，砂轮的弹性

差，磨削时会出现螺旋形烧伤、花斑与振纹。精密和超精密磨削仅切除一层微量的金属，磨削负荷集中在微刃上，不致使磨粒整体脱落，所以硬度应比一般磨削砂轮的硬度稍软一些。精密、超精磨削砂轮，粒度为 F60～F80，硬度以 J、K、L 中软级较合适。镜面磨削，要求砂轮有良好的弹性和抛光作用，应选用细粒度或微粉，硬度宜选 E、F 超软级，并要求硬度均匀性好，否则达不到粗糙度要求。

④ 结合剂　精密、超精磨削，选用粗粒度陶瓷结合剂砂轮。如出现螺旋形、烧伤等缺陷时，可用树脂结合剂。镜面磨削时，树脂结合剂具有较好的抛光性能，用它制成细粒度砂轮，或外加适量石墨作充填剂可取得较好效果。

⑤ 组织　精密磨削要求砂轮表面磨粒均匀分布，所以选用较紧密的组织，其磨粒数和微刃数多而且均匀分布。组织号比一般砂轮较紧密即可。

砂轮的选择可参考表 15.72 进行。

◎ 表 15.72　精密和超精密磨削砂轮的选择

种类	磨料	粒度	结合剂	硬度	组织	表面粗糙度 Ra/μm	特点
精密磨削	WA PA	F60～F80	V	K、L	紧密	0.08～0.025	生产率高、砂轮易供应，但表面易拉毛
超精磨削	PA WA	F240～F280 F360～F500	B R	H、J	紧密	0.025～0.0125	质量较稳定，拉毛现象少
镜面磨削	WA WA＋DC 石墨填料	F500 以下微粉	B 或聚丙乙烯	E、F	紧密	0.01	可达到低粗糙度镜面磨削

(3) 低粗糙度磨削的砂轮修整

1) 修整工具及安装　一般采用单颗金刚石笔修整，金刚石笔要求的顶角为 70°～80°，有锐利的尖锋。否则达不到微刃的要求，达不到磨削表面粗糙度要求，磨削表面发暗，并且易烧伤。采用多颗粒金刚石笔修整，修整效率高。

金刚石笔的安装如图 15.115 所示。安装角一般在 10°左右，金刚石的尖锋应低于砂轮中心 0.5～1.0mm，效果较好。金刚石的安装位置应符合修整时的位置，位于砂轮磨削工件时位置 ［图 15.115（a）］，如果位置相差太大 ［图 15.115（b）］，就会因砂轮架导轨扭曲，导致磨削时出现单面接触，使磨削表面粗糙度变差，引起工件表面出现螺旋线等缺陷。

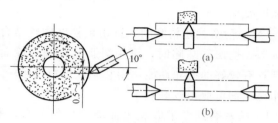

图 15.115　金刚石笔安装位置

2）修整用量

① 修整导程（纵向进给量）f_d。磨粒的微刃性和微刃的等高性与修整导程 f_d 密切相关。f_d 与磨削表面粗糙度 Ra 的关系如图 15.116 所示。随着 f_d 的减小，工件表面粗糙度值降低。另一方面 f_d 减小时，修整力较小，磨粒被剥落较细微，有利于产生较多的等高性微刃。当 f_d 太小时，工作台的速度很低，会产生爬行现象，从而影响工件表面粗糙度；另一方面，f_d 太小时，修整的砂轮切削性能差，工件易烧伤和产生螺旋形等缺陷。

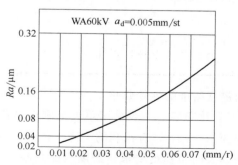

图 15.116　修整导程对表面粗糙度的影响

一般超精磨削，f_d 可选取/砂轮每转 $0.008 \sim 0.012$mm。镜面磨削时可参考取较小值。

② 修整深度（横进给量）a_d。a_d 减小时，金刚石在砂轮表面切痕深度减小，同时修整力也减小，从而使磨粒产生细微剥落，而形成数量多而等高的微刃。a_d 对工件表面粗糙度影响如图 15.117 所示。a_d 的合理范围：精密磨削 $a_d \leqslant 0.005$mm/单程；超精磨削和镜面磨削 a_d 为 $0.002 \sim 0.003$mm/单程。

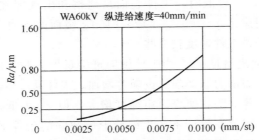

图 15.117　修整深度对表面粗糙度的影响

③ 修整次数。在超精磨削和镜面磨削时，砂轮磨损很小，一般修去 0.05mm 就足以使砂轮恢复切削能力，不必将砂轮表面发黑层全部修去。修整次数不必过多，因修整导程小，每修整一次所需时间较长，应选择合理的修整次数。修整时可分粗修与精修。粗修时可采用较大的修整导程和修整深度，每次修整的 f_d 和 a_d 逐次减小，最后取 $f_d = 0.01$mm/r，$a_d = 0.002 \sim 0.003$mm/st，一般精修次数只需 $2 \sim 3$ 次。

光修（无横向进给）的目的是去除砂轮表面上个别突出的微刃和已被打松而未脱落的微粒，以免磨削时工件表面被划伤和拉毛；另一方面将砂轮表面修平直，避免砂轮与工件产生单角接触而导致磨削表面产生螺旋形缺陷。光修次数不宜过多，一般只光修一次。

（4）低粗糙度磨削的磨削用量

① 砂轮速度 v_s　普通磨削时，砂轮速度增高，可改善表面质量、提高生产效率。但对低粗糙度值磨削，由于砂轮已精细修

整，随着 v_s 进一步提高，砂轮切削能力增强，相对摩擦抛光作用减弱，因此，磨削表面粗糙度反不如低速时好。另外，v_s 增高，磨削热增加，机床震动也增大，容易产生烧伤、震纹、螺旋形波纹等缺陷。因此，低粗糙度值磨削宜采用较低的磨削速度，一般取 $v_s = 15 \sim 20\text{m/s}$。

② 工件速度 v_w 工件速度在一般常用范围内对表面粗糙度影响不明显。但 v_w 较高时，则易产生震动，使工件表面波纹深度增加；当 v_w 较低时，工件表面易烧伤和出现螺旋形等缺陷。一般宜采用速比 $q = v_s / v_w = 120 \sim 150$，镜面磨削时宜选较大速比，也就是说工件速度较低些。

③ 轴向进给量 f_a 当工件轴向进给量增大时，砂轮磨粒的负荷增加，磨削力和磨削热也随着增加，工件易产生烧伤、螺旋形、多角形等缺陷，使表面粗糙度增大。但 f_a 太低，又会影响生产效率。因此在保证不产生螺旋形等缺陷的条件下，f_a 宜适当选大些。镜面磨削时，由于多采用石墨砂轮磨削，一般不会产生明显的螺旋形，即使产生轻微的螺旋形，也可在以后的光磨时磨去。因此，为了提高生产效率，在磨削开始阶段，宜采用较大的轴向进给量，$f_a = 0.25 \sim 0.5\text{mm/r}$，磨削一段时间后再采用较小的轴向进给量，$f_a = 0.06 \sim 0.25\text{mm/r}$。

④ 背吃刀量 a_p 在超精磨削时，a_p 增加，磨削压力增加，易产生螺旋形和工件烧伤，甚至破坏砂轮的微刃。a_p 的选择原则是不能超过微刃的高度。

特别是第一次进刀尽可能选小些。一般采用 $a_p \leqslant 0.0025\text{mm/st}$，超精磨直径余量一般为 $0.01 \sim 0.015\text{mm}$，因此进给次数约为 $2 \sim 3$ 次。

镜面磨削时，径向进给量的选择比较困难。磨削余量一般只有 $0.002 \sim 0.003\text{mm}$，只进给一次就达到粗糙度要求。镜面磨削是典型的过余量磨削，主要是靠砂轮和工件的摩擦抛光作用来达到要求。合适的 a_p 才可保证合理的磨削压力。镜面磨削只能由操作者凭经验控制进给量，一般 $a_p = 0.005 \sim 0.01\text{mm}$。

⑤ 光磨 为了降低表面粗糙度，往往需要增加光磨次数。

光磨前的一次走刀实际磨去量小于进给量，光磨时，砂轮与工件间仍能维持一定压力，以充分发挥半钝化微刃的摩擦抛光作用。

超精磨削时，在光磨开始阶段，工件表面粗糙度随光磨次数的增加而降低（图 15.118）。一般光磨 4～8 个行程后，砂轮的抛光性能就可发挥出来，可达到 $Ra0.05\sim0.025\mu m$。

镜面磨削时，光磨次数对工件表面粗糙度影响较大，光磨次数多，表面粗糙度就低。一般只进刀一次磨削后继续光磨，直至达到 $Ra\leqslant0.01\mu m$ 为止，往往需要 20 多个行程。

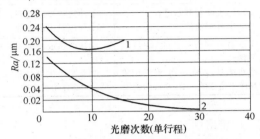

图 15.118　光磨次数对表面粗糙度的影响

1—粗粒度砂轮（PA60kV）；2—细粒度砂轮（WA/GC600KR）

（5）低粗糙度磨削的缺陷及改进措施

低粗糙度磨削的缺陷及改进措施如表 15.73 所示。

◇ 表 15.73　低粗糙度磨削的缺陷及改进措施

问题	原因	措施
产生螺旋线	①砂轮架刚度低、砂轮架前轴承间隙大于后轴承、V形导轨前后段磨损不一致	①控制砂轮架前、后轴承间隙及V形导轨面的直线性
	②工作台左右速度不一致，使砂轮外缘修成凹缘或凸缘	②调整机床操纵箱节流阀，使工作台左右速度相等、修整时行程加长，待工作台平稳后再修整砂轮，砂轮两侧轮缘修出小圆弧
	③机床头架热变形，使前顶尖偏移	③当磨削一段时间后，变形量较大时，调整工作台角度
	④精磨时受力大，超精磨时受力小，由于前后顶尖座与床身刚度差而顶尖偏移	④提高顶尖刚度、顶尖尽可能短、多次空行程，使顶复位
	⑤镜面磨削时砂轮上有残留碎粒、切屑及砂轮修整不平造成	⑤重新修整砂轮，修整后用煤油清洗或用冷却液冲洗砂轮

问题	原因	措施
表面产生斑纹	①机床震动引起 ②砂轮选择不当 ③横向进给量大	①采取减震措施 ②适当降低砂轮硬度及选较粗粒度 ③适当减小横进给量
产生多角形震纹	①砂轮表面钝化 ②砂轮硬度太高 ③用油石修整后表面产生多角形震纹 ④机床本身或外来震动	①重新修整砂轮 ②换稍软的砂轮 ③用油石修整后，微刃未钝化，仍以切削为主，此时，可减小磨削量，重复多次无火花磨削震纹会慢慢消除 ④消除震源
表面有刻痕	①砂轮表面有残留磨粒 ②磨削液不清洁	①冲洗砂轮或重新修整砂轮 ②仔细过滤磨削液
镜面磨削后表面有裂纹	①锻造或淬火后产生，裂纹较深或深浅不一 ②粗磨时，表面烧伤，经磨削液冷却淬火造成的裂纹，在表面较浅	①从锻造或淬火工艺解决 ②磨削产生裂纹较浅，如果余量足够，可多磨几次去除

15.9.6 砂带磨削

砂带磨削是用砂带代替砂轮作切削工具对工件表面进行磨削的一种高效磨削方法。砂带磨削适应各种形状和特殊表面的磨削加工，可对金属和非金属材料工件进行粗、精和抛光磨削加工，磨削精度可与砂轮磨削相媲美，磨削效率甚至超过车、铣、刨等加工工艺。

（1）砂带磨削原理、特点和磨削方式

1）砂带磨削的原理 如图15.119所示，砂带磨削装置由砂带、接触轮、张紧轮等部件组成。砂带磨削时，砂带上有多个磨粒同时进行磨削，所有的磨粒都能参与磨削，砂带经过接触轮与工件进行接触，由于接触轮的外表面套有一层橡胶或软塑料，在磨削力的作用下产生弹性变形，使磨削接触面积增大、磨粒上的载荷减小，且载荷分布均匀，因此，砂带磨削的效率高、加工精度高、表面质量好。

2）砂带磨削的特点

① 磨削效率高。砂带上有无数个磨削刃对表面层金属进行切除，其效率是铣削的10倍，是普通砂轮磨削的5倍。

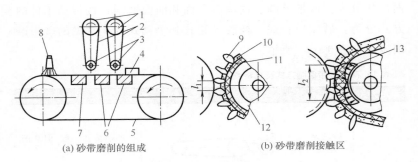

(a) 砂带磨削的组成　　　　　(b) 砂带磨削接触区

图 15.119　砂带磨削

1—张紧轮；2—砂带；3—接触轮；4—工件；5—输送带；6—电磁盘；7—脱磁器；
8—清洗刷子；9—磨粒；10—结合剂；11—带基；12—接触轮胶层；13—应力图

② 加工精度较高。加工精度一般可达普通砂轮磨削的加工精度，尺寸精度可达±0.005mm，最高可达±0.0012mm，形状精度可达 0.001mm。

③ 表面质量高。由于砂带与工件柔性接触，具有较好的跑合、抛光作用，可磨削形状复杂的表面，工件表面粗糙度可达 Ra 0.8～0.2μm，砂带磨削产生的摩擦热量少，且磨粒散热时间间隔长，可有效减少工件变形、烧伤，磨削表面质量高。

④ 设备结构简单，适应性强。砂带磨头可装在普通车床、立车、龙门刨床上对外圆、内圆、平面等进行砂带磨削加工。

⑤ 操作简单、维修方便，安全可靠，砂带不需要像砂轮那样进行平衡和修整，并可更换等。

3）砂带的磨削方式　砂带磨削可以磨削外圆、内圆、平面、曲面等，可以加工各类非金属材料，如木材、塑料、石料、混凝土、橡胶、单晶硅体、宝石等，还可以打磨铸件浇冒口残蒂、结渣、飞边、大件及桥梁的焊缝以及大型容器壳体、箱体的大面积除锈、除残漆等。但是，对齿轮、盲孔、阶梯孔以及各种型腔、退刀槽、小于 3mm 的多阶梯外圆，目前还难以加工。对精度要求很高的工件，也不能与砂轮的高精度磨削相媲美。

砂带磨削方式种类很多，按砂带与工件的接触形式可分为：接触轮式、支撑板式、自由接触式和自由浮动接触式；按磨削表面形状分为：砂带外圆、内圆、平面和曲面磨削；按传动工件的方式分为：砂轮导轮式、橡胶导轮式和手动式等。常见的砂带磨削方式如表 15.74 所示。

◇ 表 15.74 砂带磨削方式及其特点

磨削方式		类型	示意简图	特点
砂带外圆磨削	工件无心砂带外圆磨削	砂轮导轮式	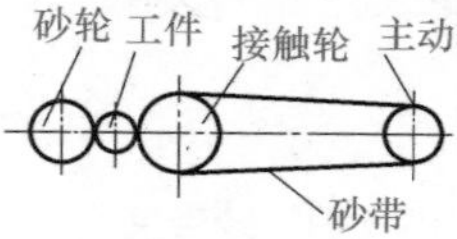 砂轮 工件 接触轮 主动轮 砂带	磨削精度一般,但磨削量较大
		橡胶导轮式	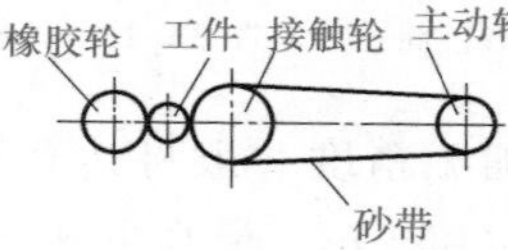 橡胶轮 工件 接触轮 主动轮 砂带	磨削精度一般,但磨削量较大
		砂带充当导轮式	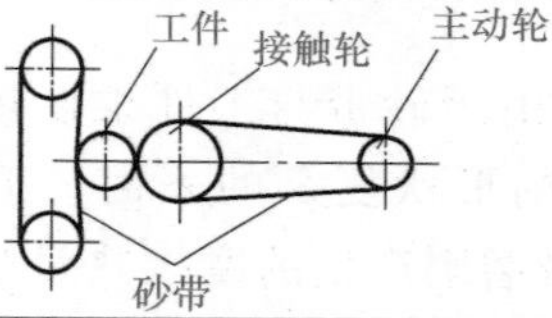 工件 接触轮 主动轮 砂带	磨削量很大,但磨削精度较低
		橡胶导轮加辅轮式	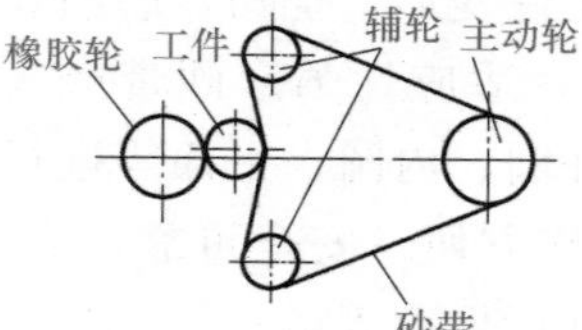 橡胶轮 工件 辅轮 主动轮 砂带 (a) 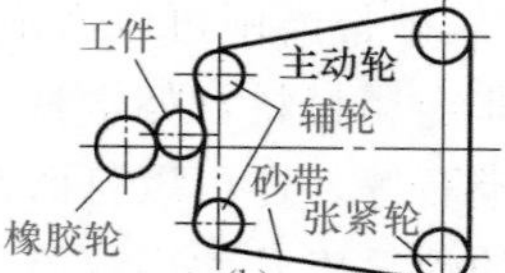　工件 主动轮 辅轮 砂带 橡胶轮 张紧轮 (b)	可得到粗糙度很低的表面,但磨削量较小
	工件定心砂带外圆磨削	接触轮式	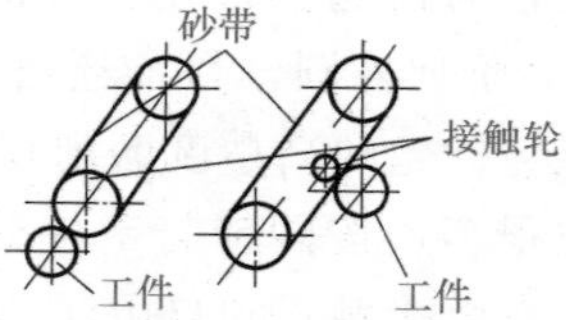 砂带 接触轮 工件 工件	磨削量一般较大,但精度一般

912

续表

磨削方式	类型	示意简图	特点
砂带外圆磨削	工件定心砂带外圆磨削	支撑板式	精度较高,但磨削量较小
		接触带式	粗糙度低,但其磨削量比接触带式小
		自由式	粗糙度低,磨削量比接触带式小
砂带内圆磨削	旋转式	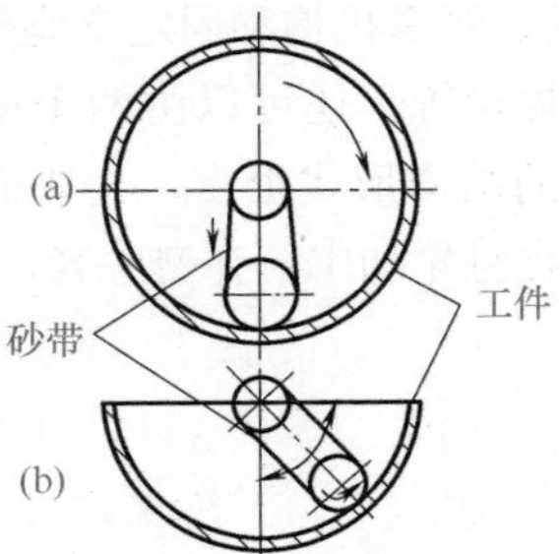	利用工件旋转,磨头不动或摆动,加工大型筒形[如图(a)]或球形[如图(b)]容器内壁,可获得较低粗糙度表面
砂带平面磨削	橡胶接触轮式	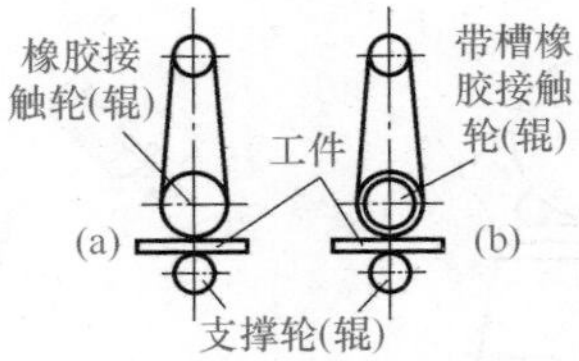	图(a),接触轮外缘为平坦形,以抛光为主,磨削量比较小 图(b),接触轮外缘带槽,以切割为主,工件表面粗糙度较高
	滚动压轮式	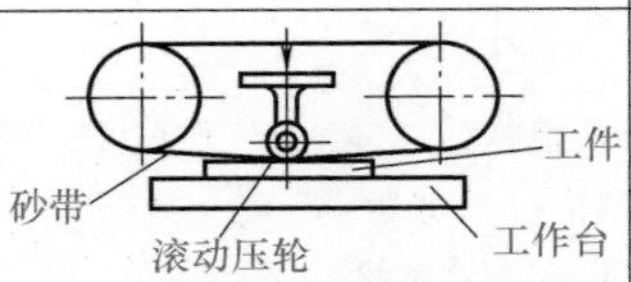	滚动压轮可使砂带张紧,与砂带只有滚动摩擦,工作时升温更小

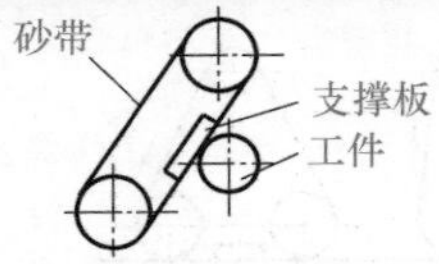

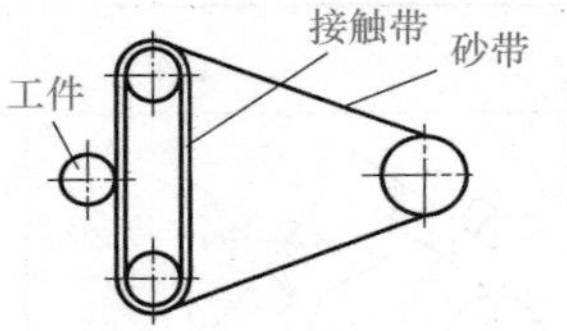

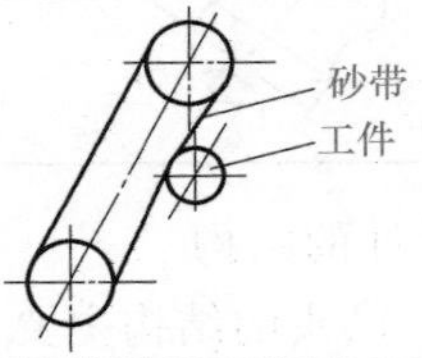

第15章 磨削加工

913

磨削方式	类型	示意简图	特点
砂带平面磨削	多磨头单面磨削组合式	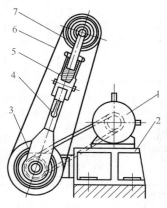	使用粗精磨两个磨头组合,同时加工,一次磨削一个平面,适于小批量生产
砂带成形磨削	成形接触轮式		应用成形接触轮,并利用砂带自身的柔性,迫使砂带依接触轮形状变形,磨削工件的成形面,工作时工件旋转

（2）砂带磨削主要部件的结构

① 砂带磨头的结构　磨头的结构主要由电机、接触轮（或支撑轮）、主动轮、张紧轮、张紧机构和固定支座等组成。根据需要还可增设导轮、辅轮、支撑轮等,还可以由两个或多个磨头（架）构成专机或生产线。磨头的结构形式很多,在普通车床上进行砂带磨削的一种磨头,是利用接触轮加工,弹簧张紧,如图 15.120 所示。

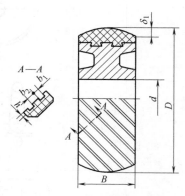

图 15.120　一种磨头结构

1—电机；2—基座；3—接触轮；4—张紧手柄；5—张紧弹簧；6—砂带；7—张紧轮

图 15.121　接触轮的结构

　　砂带磨头的传动与皮带传动类似，其传动参数可参考皮带传动选取。

　　② 接触轮的结构　接触轮是由金属轮及其周边的一层橡胶组成，如图 15.121 所示。其外缘橡胶层表面的形状分平坦形和齿形两种。齿形截面形状如表 15.75 所示。

◎ 表 15.75　接触轮外缘截面形状

类型		外缘截面简图	用途	类型		外缘截面简图	用途
平坦形			用于细粒度砂带精磨和抛光	齿形	矩齿形		主要用于粗磨
齿形	矩齿形		粗磨和精磨			Cu或Al　橡胶 金属填充橡胶	粗磨

　　接触轮圆柱面上齿槽的螺旋角见图 15.122。螺旋角越大，切削能力越强，但工件上留有震纹，噪声大；反之，则会在工件上产生有规则的纹路。一般选用 30°～60°之间。30°多用于精磨，45°～60°多用于粗磨。

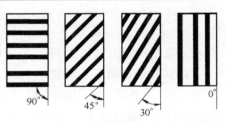

图 15.122　接触轮圆柱面上齿槽的螺旋

　　齿形槽的尺寸按下列比例选取：粗磨 $b_2 : b_1 = 1 : 3$；精磨 $b_2 : b_1 = 1 : (0.3～0.5)$；精磨可按表 15.76 选取，也可选用平坦形外缘。接触轮凸缘高度 δ_1 值可按 $\delta_1 = 0.2\sqrt{B}$ 计算（B 为接触轮的宽度，mm），也可由表 15.77 查得。

◎ 表 15.76　精磨用接触轮外缘尺寸　　　　　　　　　　　mm

轮径 D	50～80	80～120	120～200
槽宽 b_1	1.8～2.4	3～4	4.5～6
齿深 b_2	6～8	10～12	15～20
槽深 h	0.5～1	1～2	2～3

◇ 表 15.77　δ_1 与 δ_2 数值

轮宽 B	40~60	60~100	100~150	150~250	250~400
δ_1	1	1.5	2	2.5	3
δ_2	1.5	2	2.5	3	4

接触轮的外缘硬度是接触轮的重要参数之一。实验表明，接触轮外缘硬度越高，切削时有效切削深度也越深，金属切除率越多，但加工表面粗糙度也高。接触轮外缘橡胶硬度用肖氏 A 级（HSA）表示，粗磨一般选 70~90、半精磨选 30~60、精磨则选 20~40。

③ 张紧轮和主动轮　张紧轮和主动轮的外缘也应敷有硫化橡胶，以增大与砂带之间的摩擦力，为了防止两轮橡胶外缘打滑、脱落，轮缘上沿回转方向开平行环形沟槽，沟槽的数量可根据轮宽决定，$B<60$mm 取 2 条沟槽；$B=60$~120mm 取 3 条沟槽；$B=120$~200mm 取 4~5 条沟槽。其结构如图 15.123 所示。

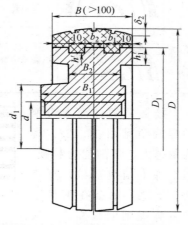

图 15.123　张紧轮和主动轮结构

（3）砂带磨削工艺参数

① 砂带速度 v_s　大功率粗磨时，砂带的速度选 12~20m/s；中功率磨削砂带的速度选 20~25m/s；轻负荷精磨砂带的速度选 25~30m/s。砂带速度与被加工材料有关，对难磨材料如镍铬钢，砂带速度应取小值；对非金属材料取较大的值。

磨削各种材料推荐的砂带速度如表 15.78 所示。

② 接触压力 F_n　F_n 直接影响磨削效率和砂带寿命，根据工件材质、热处理情况、磨削余量、磨后表面粗糙度要求等进行选择，一般为 50~300N。

③ 工件速度 v_w　提高工件速度，磨削力减小，可避免工件表面烧伤，但会导致表面粗糙度升高，过高还会引起工件震动，特别是磨削细长轴。一般粗磨选择 20~30m/min；精磨小于 20m/min。

◇ 表 15.78　磨削不同材料推荐的砂带速度　　　　　　　　　　　　m/s

加工材料		砂带速度	加工材料		砂带速度
有色金属	铝	22～28	铸铁	灰口铸铁 冷硬铸铁	12～18
	紫铜	20～25			
	黄铜、青铜	25～30	非金属	棉纤维 玻璃纤维	30～50
钢	碳钢	20～25			
	不锈钢	12～20		橡胶	25～35
	镍铬钢	10～18		花岗岩	15～20

　　④ 进给量 f_a 和磨削深度 a_p　进给量和磨削深度在粗磨时选大些,精磨时选小些。轴类工件的磨削用量可参考表 15.79 进行选择。

◇ 表 15.79　轴类工件的磨削用量参考值

项目	工件直径 D/mm	工件转速 n_w/(r/min)	磨削深度 a_p/mm	进给量 f_a/(mm/r)
粗磨	50～100 100～200 200～400 400～800 800～1000	136～68 68～45 45～23 23～12 12～8	0.05～0.10	0.17～3.00
精磨	50～100 100～200 200～400 400～800 800～1000	98～48 48～28 28～14 14～7.5 7.5～5	0.01～0.05	0.40～2.00

　　⑤ 磨削余量　磨前工件的表面粗糙度的值越小,工件硬度越高,则磨削余量就越小。轴类工件磨削余量可参考表 15.80 进行选择。

◇ 表 15.80　轴类工件磨削余量

工件材料	磨前表面状况	热处理	直径余量/mm
碳钢 合金钢 不锈钢	工件表面光整,无缺陷,粗糙度在 $Ra1.6\mu m$ 以上	高硬度件 淬火、调质件 未经处理工件	0.03～0.08 0.05～0.10 0.10～0.15
碳钢 合金钢 不锈钢	工件表面较光整,无缺陷,粗糙度在 $Ra3.2\mu m$ 以上	高硬度件 淬火、调质件 未经处理工件	0.05～0.10 0.10～0.15 0.10～0.20

工件材料	磨前表面状况	热处理	直径余量/mm
碳钢 合金钢 不锈钢	工件表面粗糙,有棱痕,不光整,局部有补焊、局部软硬不均,$Ra\,6.3\sim3.2\,\mu m$	高硬度件 淬火、调质件 未经处理工件	0.05~0.12 0.15~0.20 0.20~0.25
黄铜、青铜、铸铁	工件表面光整,无缺陷,粗糙度在 $Ra\,6.3\sim3.2\,\mu m$		0.20~0.35

⑥ 接触轮和砂带的选择　通常砂带无需修整,但为了避免砂带少数磨粒的不等高性划伤工件表面,一般在新换砂带进行磨削之前先用试件进行磨削来修整砂带。接触轮和砂带按表 15.81 进行选择。

◇ 表 15.81　接触轮和砂带的选择

工件材料	工序	砂带		接触轮	
		磨料	粒度号	外缘形状	硬度 HS-A
冷、热延压钢	粗磨 半精磨 精磨	WA WA WA	F30~60 F80~150 F150~500	锯齿形橡胶 平坦形、X 锯齿形橡胶 平坦形或抛光轮	70~90 20~60 20~40
不锈钢	粗磨 半精磨 精磨	WA WA C	F50~80 F80~120 F150~180	锯齿形橡胶 平坦形、X 锯齿形橡胶 平坦形或抛光轮	70~90 30~60 20~60
铝	粗磨 半精磨 精磨	WA、C	F30~80 F100~180 F220~320	锯齿形橡胶 平坦形、X 锯齿形橡胶 平坦形、X 锯齿形橡胶	70~90 30~60 20~50
铜合金	粗磨 半精磨 精磨	WA、C	F36~80 F100~150 F180~320	锯齿形橡胶 平坦形、X 锯齿形橡胶 平坦形、X 锯齿形橡胶	70~90 30~50 20~30
有色金属铸件	粗磨 半精磨 精磨	WA、C	F24~80 F100~180 F220~320	根据使用目的选择硬橡胶轮 平坦形或抛光轮 平坦形或抛光轮	50~70 30~50 20~30
铸铁	粗磨 半精磨 精磨	C	F30~60 F80~150 F120~320	锯齿形或 X 锯齿形橡胶 平坦形或 X 锯齿形橡胶 平坦形或 X 锯齿形橡胶	70~90 30~50 30~40
钛合金	粗磨 半精磨 精磨	WA、C	F36~50 F 60~150 F 120~240	小直径锯齿形橡胶轮 平坦形或抛光轮 平坦形或抛光轮	70~80 50 20~40
耐热合金	粗磨 半精磨 精磨	WA	F 36~60 F 40~100 F 100~150	平坦形或锯齿形橡胶 锯齿形 平坦形	70~90 50 30~40

⑦ 砂带磨削的冷却液 砂带磨削干磨时采用干磨剂，需加除尘装置。湿磨时磨削液的流量可根据砂带的宽度决定，每 100mm 砂带宽度的流量一般取 56L/min。加工不锈钢、钛合金等难磨材料应加大流量。砂带磨削所用的磨削液和干磨剂可参考表 15.82 进行选择。

◇ 表 15.82　砂带磨削的磨削液和干磨剂

种类		特点	应用范围
非水溶性 磨削液	矿物油 混合油 硫化氯化油	可提高磨削性能 可获得良好精磨表面 可提高磨削性能	非铁金属 金属精磨 铁金属、不锈钢粗磨
水溶性磨 削液	乳化型 溶化型 液化型	润滑性能好,价格低廉 冷却、渗透性能好 冷却、渗透性能好,防锈性能好	金属磨削 金属磨削 金属磨削
固态脂、蜡助剂		可有效防止砂带堵塞	各种材料的干磨
水		冷却性能好	玻璃、石料、塑料、橡胶等

（4）砂带磨削实例

轧辊零件图样如图 15.124 所示。其材料为 20CrMoW V，热处理 280～300HB，磨前工件 $Ra6.3～3.2\mu m$，磨削余量 0.12～0.14mm，工序为粗磨、半精磨、精磨，在 C61160 普通车床上加装砂带头。砂带磨削参数如表 15.83 所示。

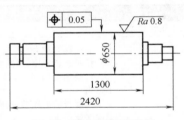

图 15.124　轧辊零件图

◇ 表 15.83　轧辊砂带磨削参数

工序	磨削方式	砂带		磨削用量				冷却方式
		磨料	粒度	v_s /(m/s)	n_w /(r/min)	f_a /(mm/r)	F_n/N	
粗磨	接触轮式	棕刚玉 (A)	P120	25.17	12.5	4.8	250	干式
半精磨			P180	25.17	12.5	3	200	
精磨	自由式		P220	25.17	5.5	3	200	

（5）砂带磨削的常见问题及改进措施（见表 15.84、表 15.85）

◇ 表 15.84　接触轮式砂带磨削的常见问题及改进措施

问题 \ 措施建议	更换		带槽接触轮		改变砂带速度		改变磨削液	加大沟槽槽深	选用更粗粒度砂带
	软的接触轮	硬的接触轮	减窄齿背	加宽齿背	提高	降低			
砂带堵塞		√	√				√		
砂带磨损			√				√	√	
切削能力低	√		√		√				√
表面粗糙度高				√		√			
出现烧伤		√				√	√		√
加工外形过分硬	√		√				√	√	
出现振动	√		√					√	
磨粒脱落	√①	√②	√				√		
出现加工痕迹	√		√						
砂带边缘磨损	√								

① 接触轮宽为 10mm，单位磨削功率低于 0.43kW。
② 接触轮宽为 10mm，单位磨削功率高于 0.43kW。

◇ 表 15.85　砂带的堵塞状态、原因及处理方法

堵塞状态	堵塞原因	处理方法
①正常堵塞		
②过早堵塞	磨削压力过大 相对砂带粒度，磨削压力过大 对被加工物而言，砂带粒度不适当 压磨板的泡沫粘胶硬度不适当或老化严重 接触轮的橡胶硬度不适当或老化严重 砂带湿度过大 被加工物湿度过大 喷气式清洁器的安装位置不当 喷气式清洁器喷出的气体含冷凝水	降低磨削压力 降低磨削压力 正确选择砂带粒度 更换压磨板 更换压磨板 适当干燥，降低砂带湿度 把被加工物（主要指板材）含水率控制在 15% 以下 喷孔应距砂面 3～4mm 安装，喷孔的方向与砂面成直角 避免和排除冷凝水
③砂带单侧过早堵塞	压磨板或接触辊与工作台的平行度出现差异 压磨板的某些部位有缺陷 接触辊的某些部位有缺陷 砂架底座有缺陷	调整两者之间的平行度 检查、修理或更换 检查、修理或更换 检查、修理或更换

堵塞状态	堵塞原因	处理方法
④砂带两侧过早堵塞	压磨板变形或泡沫橡胶老化 接触辊变形或橡胶老化 砂架底座变形 加工时,被加工物先窄后宽	检查、修理或更换 检查、修理或更换 检查、修理或更换 改变作业方法
⑤砂带纵向部分堵塞	喷气清洁器的喷孔部分堵塞 压磨板的形状有缺陷 接触辊的形状有缺陷 砂架底座形状有缺陷 含树脂的纤维板表面部分附着有树脂块	检查、修理 检查、修理或更换 检查、修理或更换 检查、修理或更换 改变纤维板的作业方法
⑥砂带纵向较大部分堵塞	喷气清洁器的往复运动停止	检查喷气清洁器的电气或机械故障并排除
⑦砂带接头部位部分堵塞	砂带接头处厚度超过标准 砂带接头处有效切削残存率变小 砂带接头处柔软度较小	检查接头厚度 检查接头质量 检查砂带接头的柔软度
⑧砂带局部堵塞	砂带有皱褶产生 砂带面上附有水滴	注意砂带使用方法,检查砂带质量 注意清理压磨板的冷凝水

第16章

钳工

钳工是主要手持工具对夹紧在钳工工作台虎钳上的工件进行切削加工的方法。

16.1 钳工常用设备和工量具

（1）钳工工作台

钳工台是用来安装台虎钳、放置工具和工件。钳工台样式很多，有木制的、铸铁件的、钢结构的或在木制的台面上覆盖铁皮的。其高度约为 $800 \sim 900mm$，长度和宽度可随工作需要而定，配有防护网等，如图 16.1 所示。

（2）台虎钳

台虎钳装在钳工台上，用来夹持工件，其规格是用钳口宽度表示，常用的有 100 mm、125mm 和 150mm 等。

台虎钳有固定式和回转式两种，如图 16.2 所示。两者的主要结构基本相同，由于回转式台虎钳的整个钳身可以回转，能满足工件各种不同方位的加工需要，使用方便，应用广泛。

1）回转式台虎钳的结构　主要

图 16.1　钳工台

有固定钳身、活动钳身两个部分，如图 16.2（b）所示。通过转盘底座上三个螺栓固定在钳桌上，并能在转盘底座上绕其轴心线转动，当转到合适的加工位置时，利用手柄使夹紧螺钉旋紧，并通过夹紧盘使固定钳身与转盘底座紧固。螺母固定在固定钳身上，活动钳身导轨与固定钳身导轨孔相滑配，螺杆穿过活动钳身与螺母配合，当摇动手柄使螺杆旋转时，便带动活动钳身相对固定钳身产生移动，完成夹紧或松开工件的动作。在夹紧工件时，为避免螺杆受到冲击力，以及松开工件时活动钳身能平稳退出，螺杆上套有弹簧并用挡圈将其固定。为了防止钳口磨损，在台虎钳上通过螺钉装有钢制钳口，其上有交叉的斜纹，用来夹紧工件使其不易滑动，钳口经淬火以延长使用寿命。

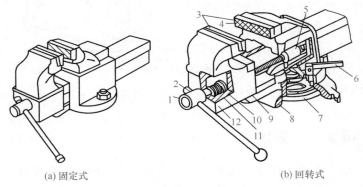

(a) 固定式　　　　　　　　　　　　(b) 回转式

图 16.2　台虎钳

1—螺杆；2,6—手柄；3—钢制钳口；4—螺钉；5—螺母；7—夹紧盘；
8—转盘底座；9—固定钳身；10—挡圈；11—弹簧；12—活动钳身

2）台虎钳的使用维护

①台虎钳安装在钳工工作台上，必须使固定钳身的钳口工作面处于钳桌边缘之外，以便在夹持长工件时不受钳桌边缘的阻碍。

②台虎钳必须牢固地固定在钳工工作台上，两个夹紧螺钉须拧紧，以免有松动现象，保证加工质量。

③夹紧工件时只允许依靠手的力量来扳动手柄，不能用锤子敲击手柄或套上长管子来扳手柄，以免螺杆、螺母或钳床损坏。

④ 强力作业时，应尽量使力量朝向固定钳身，避免螺杆、螺母受力过大而造成损坏。

⑤ 不允许在活动钳身的光滑平面上进行敲击作业。

⑥ 螺杆、螺母和其他活动表面上都要经常加油并保持清洁。

（3）砂轮机

砂轮机主要用来刃磨钳工用的各种刀具或磨其他工具。它由砂机、电动机、砂轮机座、托架和防护罩等组成，如图 16.3 所示。

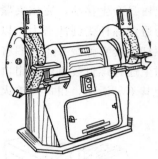

由于砂轮的质地较脆，转速较高，如使用不当，容易发生砂轮碎裂而造成人身事故，因此使用砂轮机时，要严格遵守安全操作规程。

（4）常用工量具

钳工常用工量具有划针、划规、样冲、锉刀、手锯、钢直尺、游标卡尺等。

图 16.3　砂轮机

16.2　划线

划线作为零件加工的头道工序，和零件的加工质量有着密切的关系。钳工在划线时，首先应熟悉图样，合理使用划线工具，按照划线步骤在待加工工件上划出零件的加工界限，作为零件安装（定位）、加工的依据。不仅如此，钳工还要能及时发现和处理不合格的毛坯，避免加工后造成损失。当毛坯误差不大时，可通过划线的借料得到补救，此外划线还便于复杂工件在机床上安装、找正和定位。

16.2.1　划线的种类

划线分平面划线和立体划线两种。平面划线是指在工件的一个表面（即工件的二坐标体系内）上划线就能表示出加工界线的划线（图 16.4），例如在板料上划线，在盘状工件端面上划线等。而立体划线是指在工件的几个不同表面（即工件的三坐标体系内）上划线才能明确表示出加工界线的划线（图16.5），例如在支架、箱体、曲轴等工件上划线。

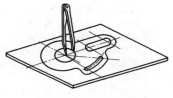

图16.4 平面划线

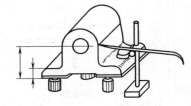

图16.5 立体划线

16.2.2 常用划线工具及用途

在划线工作中，为了保证尺寸的正确性和达到较高的工作效率，必须熟悉各种划线工具及正确使用的方法。

（1）常用划线工具（见表16.1）

◇ 表16.1 常用划线工具的名称及用途

工具名称	形式	用途
平板		用铸铁制成，表面经过精刨或刮削加工。它的工作表面是划线及检测的基准
划线盘		划线盘是用来在工件上划线或找正工件位置常用的工具。划针的直头一端（焊有高速钢或硬质合金）用来划线，而弯头一端常用来找正工件位置 划线时划针应尽量处于水平位置，不要倾斜太大，划针伸出部分应尽量短些，并要牢固地夹紧。操作时划针应与被划线工件表面之间保持 40°～60°夹角（沿划线方向）

工具名称	形式	用途
划针	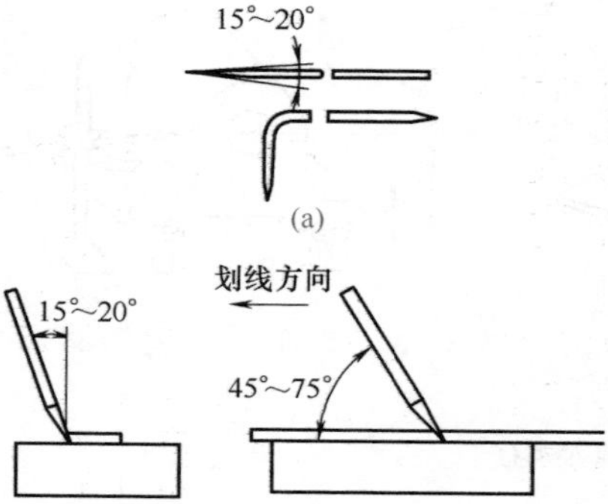 15°～20° (a) 15°～20° 划线方向 45°～75° (b)	划针是划线用的基本工具。常用的划针是用 $\phi 3\sim 6\text{mm}$ 弹簧钢丝或高速钢制成的,尖端磨成 15°～20° 的尖角[图(a)],并经过热处理,硬度可达 55～60HRC。有的划针在尖端部位焊有硬质合金,使针尖能保持长期锋利 划线时针尖要靠紧导向工具的边缘,上部向外侧倾斜 15°～20°,向划线方向倾斜 45°～75° [图(b)]。划线要做到一次划成,不要重复地划同一根线条。力度适当,才能使划出的线条既清晰又准确,否则线条变粗,反而模糊不清
划规	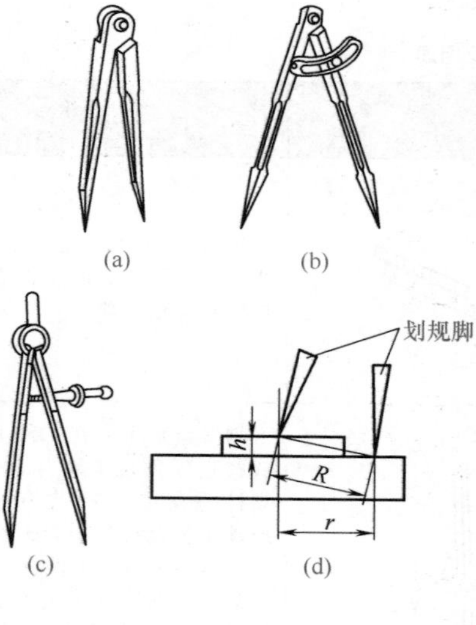 (a) (b) 划规脚 (c) (d)	划规用来划圆和圆弧、等分线段、等分角度以及量取尺寸等。划规用中碳钢或工具钢制成,两脚尖端经过热处理,硬度可达 48～53HRC。有的划规在两脚端部焊上一段硬质合金,使用时耐磨性更好 常用划规有普通划规[图(a)]、扇形划规[图(b)]、弹簧划规[图(c)]三种 使用划规划圆有时两尖脚不在同一平面上[图(d)],即所划线中心高于(或低于)所划圆周平面,则两尖角的距离就不是所划圆的半径,此时应把划规两尖脚的距离调为 $$R=\sqrt{r^2+h^2}$$ 式中 r——所划圆的半径,mm h——划规两尖角高低差的距离,mm
大尺寸划规		大尺寸划规是专门用来划大尺寸圆或圆弧的。在滑杆上调整两个划规脚,就可得到所需的尺寸

机械工综合切削手册

工具名称	形式	用途
游标划规	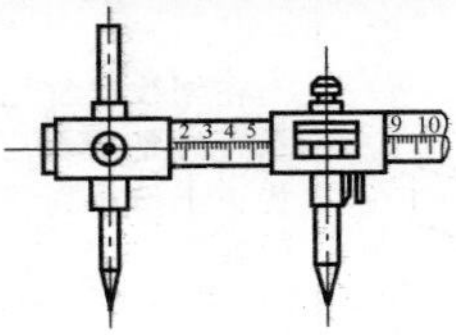	游标划规又称"地规"。游标划规带有游标刻度,游标划针可调整距离,另一划针可调整高低,适用于大尺寸划线和在阶梯面上划线
专用划规	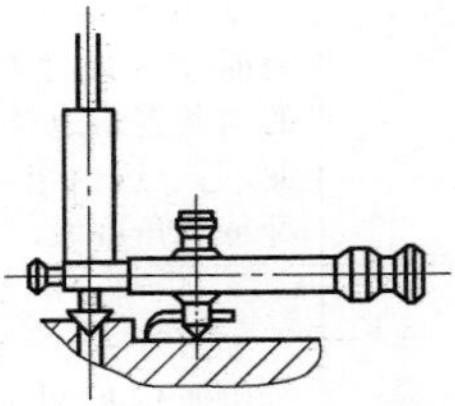	与游标划规相似,可以用零件上的孔为圆心划同心圆或弧,也可以在阶梯面上划线
单脚划规	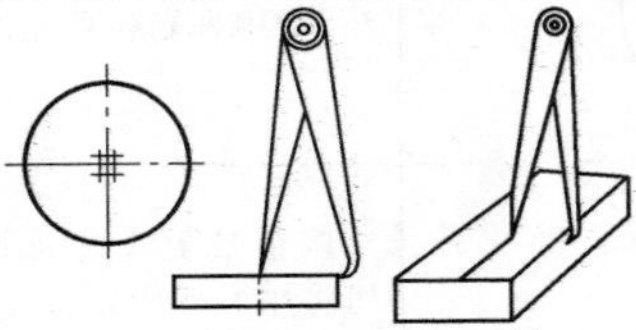 (a)　　　　(b)	单脚划规是用碳素工具钢制成,划线尖端焊上高速钢 　单脚划规可用来求圆形工件中心[图(a)],操作比较方便。也可沿加工好的直面划平行线[图(b)]
高度游标卡尺	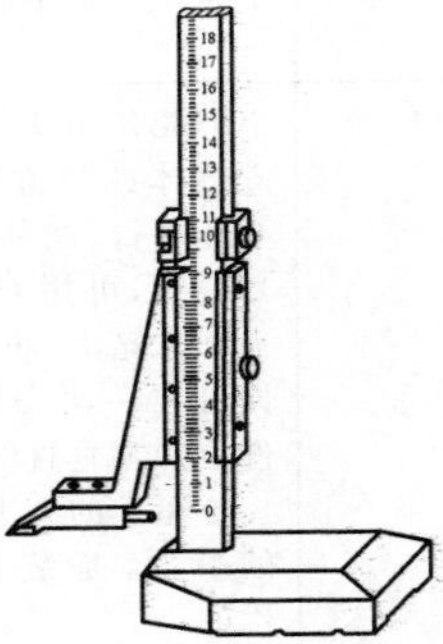	这是一种精密的划线与测量结合的工具,要注意保护划刀刃(有的划刀刃焊有硬质合金)
样冲	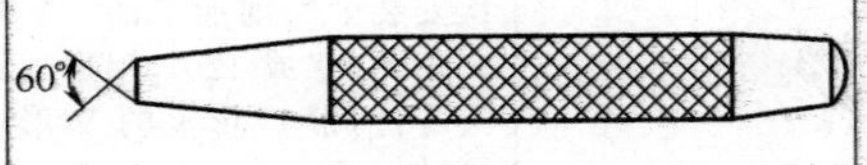	样冲是用工具钢制成,并经热处理,硬度可达55~60HRC,其尖角磨成60°。也可用报废的刀具改制 　使用时样冲应先向外倾斜,以便于样冲尖对准线条,对准后再立直,用锤子锤击

工具名称	形式	用途
90°角尺	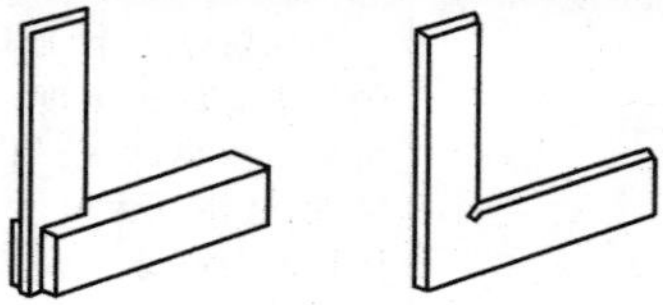	在划线时常用作划平行线或垂直线的导向工具,也可用来找正工件在划线平台上的垂直位置
三角板	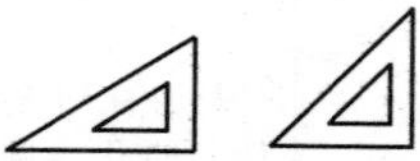	常用 2~3mm 的钢板制成,表面没有尺寸刻度,但有精确的两条直角边及 30°、45°、60°斜面,通过适当组合,可用于划各种特殊角度线
曲线板		用薄钢板制成,表面平整光洁,常用来划各种光滑的曲线
中心架	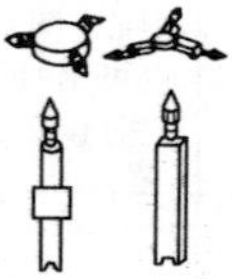	调整带尖头的可伸缩螺钉,可将中心架固定在工件的空心孔中,以便于划中心线时在其上定出孔的中心
方箱	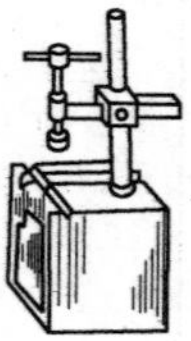	方箱是用灰铸铁制成的空心立方体或长方体,其相对平面互相平行、相邻平面互相垂直。划线时,可用 C 形夹头将工件夹于方箱上,再通过翻转方箱,便可在一次安装情况下,将工件上互相垂直的线全部划出来 方箱上的 V 形槽平行于相应的平面,是装夹圆柱形工件用的
V形块	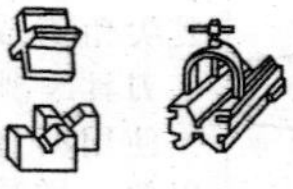	一般 V 形块都是一副两块,两块的平面与 V 形槽都是在一次安装中磨削加工的。V 形槽夹角为 90°或 120°,用来支承轴类零件,带 U 形夹的 V 形块可翻转三个方向,在工件上划出相互垂直的线

工具名称	形式	用途
角铁		角铁一般是用铸铁制成的，它有两个互相垂直的平面。角铁上的孔或槽是搭压板时穿螺栓用的
千斤顶		千斤顶是用来支持毛坯或形状不规则的工件而进行立体划线的工具。它可调整工件的高度，以便安装不同形状的工件 用千斤顶支持工件时，一般要同时用三个千斤顶支承在工件的下部，三个支承点离工件重心应尽量远一些，三个支承点所组成的三角形面积应尽量大，在工件较重的一端放两个千斤顶，较轻的一端放一个千斤顶，这样比较稳定 带 V 形块的千斤顶，是用于支持工件圆柱面的
斜垫铁		用来支持和垫高毛坯工件，能对工件的高低作少量的调节

（2）常用的支持和夹持工具

常用的支持（也称支承）和夹持工具有 V 形架、C 形夹头、千斤顶、楔形垫铁和方箱等，如图 16.6 所示。

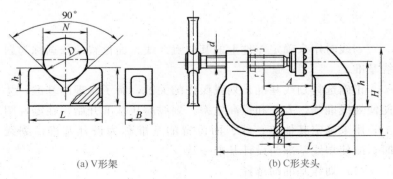

(a) V形架　　　　　　　　(b) C形夹头

图 16.6

第16章 钳工

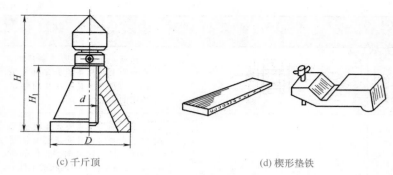

(c) 千斤顶   (d) 楔形垫铁

图 16.6 夹持和支持工具

（3）方箱

方箱是由铸铁制成的空心立方体。它的六个表面都经过精加工，而且相互平行或垂直。主要用来夹持工件并方便地翻转工件，从而划出垂直线。也就是说它既可夹持工件，也可当作基准工具，如图 16.7（a）所示，图 16.7（b）是另一种基准工具直角铁，用途与方箱类似。

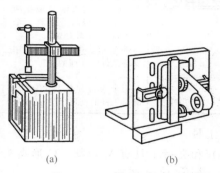

(a)   (b)

图 16.7 方箱和直角铁

16.2.3 划线基准

划线时用来确定零件上的其他点、线、面位置的依据称为划线基准。

正确选择划线基准是划线操作的关键，有了合理的基准，才能使划线准确、方便和提高效率。划线应从基准开始。在零件图上，用来确定其他点、线、面位置的基准称为设计基准，划线时，应使划线基准与设计基准一致。

（1）划线基准的选择

① 以两个相互垂直的平面（或直线）为基准，如图 16.8 所

示，该零件在两个垂直的方向上都有尺寸要求。

② 以一个平面（或直线）和一条中心线为基准，如图 16.9 所示。该零件高度方向的尺寸以底面为依据，宽度方向的尺寸对称于中心线。此时底平面和中心线分别为该零件两个方向上的划线基准。

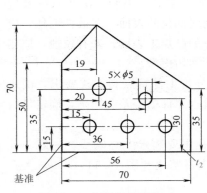

图 16.8　划线基准选择 1

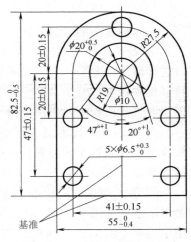

图 16.9　划线基准选择 2

③ 以两条互相垂直的中心线为基准，如图 16.10 所示。该零件两个方向尺寸与其中心线具有对称性，并且其他尺寸也是从中心线开始标注。此时两条中心线分别为两个方向的划线基准。

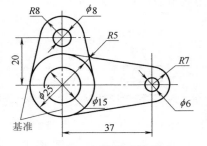

图 16.10　划线基准选择 3

由此可见，划线时在零件的每一个尺寸方向都需要选择一个基准。因此，平面划线一般要选择两个划线基准。立体划线要选择三个划线基准。

（2）划线基准的选择原则

① 划线基准应尽量与设计基准重合。

② 对称形的工件，应以对称中心线为基准。

③ 有孔或塔子的工件，应以主要的孔或塔子中心线为基准。

④ 在未加工的毛坯上划线，应以主要不加工面作基准。

⑤ 在加工过的工件上划线，应以加工过的表面作为基准。

16.2.4　划线程序

（1）划线前的准备工作

① 若是铸件毛坯，应先将残余型砂、毛刺、浇注系统及冒口进行清理、錾平，并且锉平划线部位的表面。对锻件毛坯，应将氧化皮除去。对于"半成品"的已加工表面，若有锈蚀，应用钢丝刷将浮锈刷去，修钝锐边、油污擦净。

② 按图样和技术要求仔细分析工件特点和划线要求，确定划线基准及放置支承位置，并检查工件的误差和缺陷，确定借料的方案。

③ 为了划出孔的中心，在孔中要装入中心塞块。一般小孔多用木塞块［图 16.11（a）］，或铅塞块［图 16.11（b）］，大孔用中心顶［图 16.11（c）］。

④ 划线部位清理后应涂色。涂料要涂得均匀而且要薄，常用涂料及应用见表 16.2。

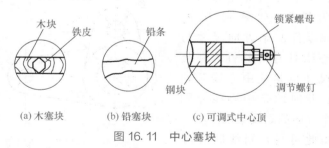

(a) 木塞块　　　(b) 铅塞块　　　(c) 可调式中心顶

图 16.11　中心塞块

◇ 表 16.2　划线涂料及应用

待涂表面	涂料
未加工表面(黑皮表面)	白灰水(白灰、乳胶和水) 白垩溶液(白垩粉、水，并加入少量亚麻油和干燥剂) 粉笔

续表

待涂表面	涂料
已加工表面	硫酸铜溶液（硫酸铜加水或酒精） 蓝油（龙胆紫加虫胶和酒精） 绿油（孔雀绿加虫胶和酒精） 红油（品红加虫胶和酒精）

（2）划线过程

① 把工件夹持稳当，调整支承、找正，结合借料方案进行划线。

② 先划基准线和位置线，再划加工线，即先划水平线，再划垂直线、斜线，最后划圆、圆弧和曲线。

③ 立体工件按上述方法，进行翻转放置依次划线。

（3）检查、打样冲眼

① 对照图样和工艺要求，对工件依划线顺序从基准开始逐项检查，对错划或漏划应及时改正，保证划线的准确。

② 检查无误后，在加工界线上打样冲眼。样冲眼必须打正，毛坯面要适当深些，已加工面或薄板件要浅些、稀些。精加工表面和软材料上可不打样冲眼。

16.2.5 划线实例

根据图 16.12（a），其划线方法和步骤如下：

① 在划线前对工件表面进行清理，并涂上涂料。

② 检查待划工件是否有足够的加工余量。

③ 分析图样，根据工艺要求，明确划线位置，确定基准（高度方向为 A 面，宽度方向为中心线 B），如图 16.12（a）所示。

④ 确定待划图样位置，划出高度基准 A 的位置线，如图 16.12（b）所示，并相继划出其他要素的高度位置线（即平行于基准 A 的线，仅划交点附近的线条）。

⑤ 划出宽度基准 B 的位置线，同时划出其他要素宽度位置线，如图 16.12（c）所示。

⑥ 用样冲打出各圆心的冲孔，并划出各圆和圆弧，如图

16.12 (d) 所示。

⑦ 划出各处的连接线，完成工件的划线工作。

⑧ 检查图样各方向划线基准选择的合理性和各部尺寸的正确性。检查线条是否清晰，有无遗漏和错误。

⑨ 打样冲眼，显示各部尺寸及轮廓（即划线结束），如图 16.12 (e) 所示。

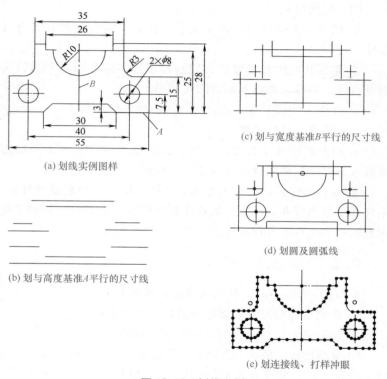

(a) 划线实例图样

(b) 划与高度基准A平行的尺寸线

(c) 划与宽度基准B平行的尺寸线

(d) 划圆及圆弧线

(e) 划连接线、打样冲眼

图 16.12　划线实例

16.3　锯削

锯削是用锯对材料或工件进行切断或切槽等的加工方法。钳工的锯削是利用手锯对较小的材料和工件进行分割或切槽，常见的锯削工作如图 16.13 所示。

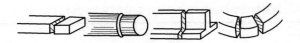

(a) 锯断各种材料或半成品

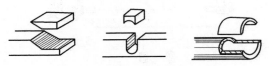

(b) 锯掉工件上多余部分

(c) 在工件上锯沟槽

图 16.13　锯削的应用

16.3.1　锯削常用工具和锯条的选择

钳工锯削所使用的工具是手锯，是由锯架（弓）和锯条组成。

（1）锯架

① 钢板制锯架形式和规格尺寸见表 16.3。

◇ 表 16.3　钢板制锯架形式和规格尺寸（QB/T 1108—2015）　　　　　　mm

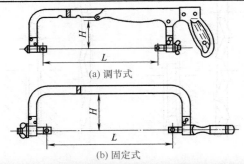

(a) 调节式

(b) 固定式

形式	规格 L	最大锯切深度 H
调节式	200、250、300	64
固定式	300	64

② 钢管制锯架形式和规格尺寸见表 16.4。

◇ 表 16.4　钢管制锯架形式和规格尺寸（QB/T 1108—2015）　　　　mm

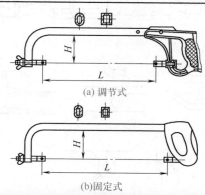

(a) 调节式

(b)固定式

形式	规格 L	最大锯切深度 H
调节式	250、300	74
固定式	300	74

（2）锯条

锯条长度是以两端安装孔的中心距来表示的。

锯条的许多锯齿在制造时按一定的规则左右错开，排列成一定的形状，称为锯路，锯路分为 J 型（交叉型）和 B 型（波浪型）两种（见图 16.14）。

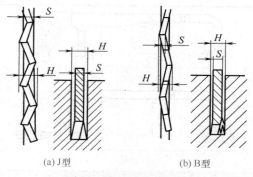

(a)J型　　　　　　　　(b) B型

图 16.14　锯路形式

① 手用钢锯条规格尺寸见表 16.5。

◇ 表 16.5　手用钢锯条规格尺寸（GB/T 14764—2008）　　　　　　　mm

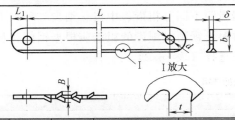

形式	长度 L	宽度 b	厚度 δ	齿距 t	销孔 $d(e) \times f$	全长不大于
A 型	300	12.0 或 10.7	0.65	0.8,1.0,1.2, 1.4,1.5,1.8	3.8	315
	250					265
B 型	296	22	0.65	0.8 1.0 1.4	8×5	315
	292	25			12×6	

注：手用钢锯条按其特性分为全硬型（H）和挠性型（F）；按材质分为优质碳素结构钢（D）、碳素工具钢（T）、高速钢和双金属复合钢（G）三种；按其形式分为单面齿型（A）、双面齿型（B）二种。

② 窄面手用锯条规格尺寸见表 16.6。

◇ 表 16.6　窄面手用锯条规格尺寸　　　　　　　　　　　　　　　mm

两孔中心距	宽度	厚度	齿距	性能	材料
300	10.7	0.65	1.5	硬度和锯切性能均与手用锯条相同,但窄面锯条锯切时阻力更小,所以耐磨性能好	T10
			1.2		T10A
			1.0		65Mn

③ 手用锯条齿形角见表 16.7。

◇ 表 16.7　手用钢锯条齿形角（GB/T 14764—2008）

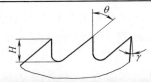

项目	规格/mm				
	300×12×1.8	300×12×1.4	300×12×1.2	300×12×1.0	300×12×0.8
前角 γ	$-2°\sim2°$	$-2°\sim2°$	$-2°\sim2$	$-2°\sim2°$	$-2°\sim2°$
齿形角 θ	$50°\sim58°$	$50°\sim58°$	$46°\sim53°$	$46°\sim53°$	$46°\sim53°$
齿深 H	$0.4\sim1.1$	$0.4\sim1.1$	$0.4\sim1.1$	$0.4\sim1.1$	$0.4\sim1.1$

（3）锯条的选用

锯条根据齿距不同分粗齿、中齿、细齿三种。不同齿距适用于锯削不同材料，锯削时锯齿的粗细应根据锯削材料的软硬和锯削面的厚薄来选择（表16.8）。

◇ 表16.8　锯条的选用

锯齿规格	适用材料
粗齿 （齿距为1.4～1.8mm）	软钢、铝、纯铜及较厚工件
中齿 （齿距为1.2mm）	普通钢材、铸铁、黄铜、厚壁管子、较厚的型钢等
细齿 （齿距为0.8～1mm）	硬性金属、小而薄的型钢、板料、薄壁管子等

16.3.2　锯削方法

（1）棒料的锯削

棒料的锯削断面如果要求比较平整，应从起锯开始连续锯到结束。若所锯削的断面要求不高，可改变几次锯削的方向，使棒料转过一个角度再锯，这样，由于锯削面变小而容易锯削，可提高工作效率。棒料的锯削如图16.15所示。

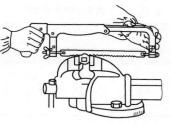

图16.15　棒料的锯削

（2）管子的锯削

锯削管子时必须把管子夹正。对于薄壁管子和精加工过的管子，应夹在有V形槽的两个木衬垫之间（图16.16），以防将管子夹扁或夹坏。

锯削薄壁管子时，不应在一个方向从开始连续锯削到结束［图16.17（b）］，否则锯齿会被管壁钩住而崩裂。正确的方法是，先在一个方向锯到管子内壁处，然后把管子向推锯的方向转过一个角度，并连接原锯缝再锯到管子的内壁处，如此进行几次，直到锯断为止（图16.17）。

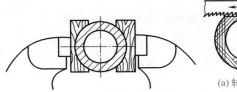

图 16.16　管子的装夹

(a) 转位锯削

(b) 不正确的锯削

图 16.17　管子的锯削

（3）薄板料的锯削

锯削薄板料时，尽可能从宽面上锯下去。当一定要在板料的狭面上锯下去时，应该把板料夹在两块木板之间［图16.18（a）］，连木块一起锯下去。这样可避免锯齿被钩住，同时也增加了板料的刚性，使锯削过程中不会颤动。另一种方法是把薄板料夹在台虎钳上［图16.18（b）］用手锯作横向斜推锯，可使锯齿与薄板料接触的齿数增加，避免锯齿崩裂。

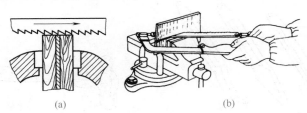

(a)　　　　　　　　　　　　(b)

图 16.18　薄板料的锯削

（4）深缝的锯削

锯削深缝时，当锯缝的深度达到锯架的高度时［图16.19（a）］，为了防止锯架与工件相碰，应将锯条转过90°重新安装，使锯架转到工件的旁边再锯［图16.19（b）、（c）］。由于钳口的高度有

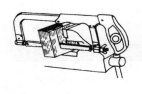

(a)

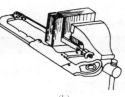

(b)

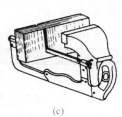

(c)

图 16.19　深缝的锯削

限，工件应逐渐改变装夹位置，但始终使锯削部位处于钳口附近，并应将工件夹紧牢靠，以防损坏锯条或锯缝的质量。

16.4　錾削

用锤子打击錾子对工件进行切削加工的一种方法称为錾削。

錾削的加工效率较低，主要用在不便于机械加工的场合，如清除毛坯件表面多余金属、分割材料、开油槽等，有时也用作较小平面的粗加工。

16.4.1　錾削工具

錾削的工具是锤子和錾子，錾子的种类及形状如图 16.20 所示，锤子如图 16.21 所示。

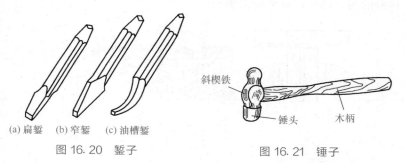

(a) 扁錾　(b) 窄錾　(c) 油槽錾

图 16.20　錾子

图 16.21　锤子

（1）錾子

錾子是錾削中的主要工具，一般用碳素工具钢锻制而成，并经过热处理。錾子的种类及用途见表 16.9，錾子几何角度的选择见表 16.10。

◇ 表 16.9　錾子的种类及用途

名称	简图	特点及用途
扁錾		切削部分扁平、切削刃略带圆弧，常用于錾切平面，去除凸缘、毛边和分割材料

续表

名称	简图	特点及用途
窄錾 （尖錾）	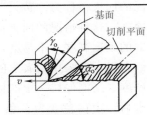	切削刃较短，切削部分的两个侧面从切削刃起向柄部逐渐变狭，主要用于錾槽和分割曲线形板料
油槽錾		切削刃短，并呈圆弧形或菱形，切削部分常做成弯曲形状。主要用来錾削润滑油槽

◇ 表16.10 錾子几何角度选择

基面
切削平面
γ_o β
α_o
v

錾削时的角度

工件材料	β_o（楔角）	α_o（后角）	γ_o（前角）
工具钢、铸铁	$70°\sim60°$	$5°\sim8°$	
结构钢	$60°\sim50°$	$5°\sim8°$	$\gamma_o=90°-(\beta_o+\alpha_o)$
铜、铝、锡	$45°\sim30°$	$5°\sim8°$	

（2）锤子

錾削是利用锤子的锤击力而使錾子切入金属的，锤子是錾削工作中不可缺少的工具，而且也是钳工在装拆零件时的重要工具。锤子材料为 T7 钢，规格有 0.46kg、0.69kg 和 0.92kg 等。

16.4.2 錾子的淬火与回火

錾子是用碳素工具钢（T7A 或 TSA）铸造制成的，经锻造成的錾子要经过淬火、回火后才能使用。

淬火时把已磨好的錾子的切削部分约 20mm 长的一端，加热到 760～780℃（呈暗橘红色）

图 16.22 錾子的淬火

后，迅速从炉中取出，并垂直地把錾子放入水中冷却。浸入深度约5～6mm（图16.22），并将錾子沿着水面缓慢地移动，由此造成水面波动，又使淬硬与不淬硬部分不致有明显的界限，避免了錾子在淬硬与不淬硬的界限处断裂。待冷却到錾子露出水面部分呈黑色时，由水中取出。这时利用錾子上部的余热进行回火。首先迅速擦去前、后刀面上的氧化层和污物，然后观察切削部分随温度升高而颜色变化的情况，錾子刚出水时呈白色，随后由白色变为黄色、再由黄色变为蓝色。当变成黄色时，把錾子全部浸入水中冷却，这种情况的回火俗称为"黄火"，如果变成蓝色时，把錾子全部浸入水中冷却，这种情况的回火俗称为"蓝火"。"黄火"的硬度比"蓝火"的硬度高些，不易磨损，但"黄火"的韧性比"蓝火"的差些。所以一般采用两者之间的硬度"黄蓝火"，这样既能达到较高的硬度，又能保持一定的韧性。

但应注意錾子出水后，由白色变为黄色，由黄色变为蓝色，时间很短，只有数秒钟，所以要取得"黄蓝火"就必须把握好时机。

16.4.3 錾削方法

（1）錾切板料的方法

常见錾切板料的方法有以下三种。

① 工件夹在台虎钳上錾切　錾切时，板料要按划线（切断线）与钳口平齐，用扁錾沿着钳口并斜对着板料（约成45°角）自右向左錾切（图16.23）。

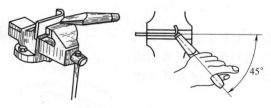

图16.23　在虎钳上錾切板料

錾切时，錾子的刃口不能正对着板料錾切，否则由于板料的弹动和变形，造成切断处产生不平整或出现裂缝（图 16.24）。

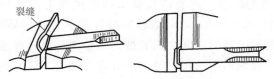

图 16.24　不正确的錾切薄料方法

②　在铁砧上或平板上錾切　尺寸较大的板料，在台虎钳上不能夹持时，应放在铁砧上錾切（图 16.25）。切断用的錾子，其切削刃应磨有适当的弧形，这样不但便于錾削，而且錾痕也齐整（图 16.26）。再有錾子切削刃的宽度应视需要而定。当錾切直线段时，扁錾切削刃可宽些。錾切曲线段时，刃宽应根据曲率半径大小决定，使錾痕能与曲线基本一致。

(a) 用圆弧刃錾錾痕易齐整　(b) 用平刃錾錾痕易错位

图 16.25　在铁砧上錾切板料　　　　图 16.26　錾切板料方法

錾切时应由前向后排錾，錾子要放斜些，似剪切状，然后逐步放垂直，依次錾切（图 16.27）。

③　用密集钻孔配合錾子錾切　当工件轮廓线较复杂的时候，为了减少工件变形，一般先按轮廓线钻出密集的排孔，然后再用扁錾、狭錾逐步錾切（图 16.28）。

(a) 先倾斜錾切　　　　(b) 后垂直錾切

图 16.27　錾切步骤　　　　图 16.28　用密集钻孔配合錾切

（2）錾削平面的方法

① 起錾与终錾　起錾应先从工件的边缘尖角处，将錾子向下倾斜［图 16.29（a）］，只需轻轻敲打錾子，就容易錾出斜面，同时慢慢把錾子移向中间，然后按正常錾削角度进行錾削。若必须采用正面起錾的方法，此时錾子刃口要贴住工件的端面，此时錾子头部仍向下倾斜［图 16.29（b）］，轻轻敲打錾子，待錾出一个小斜面，然后再按正常角度进行錾削。

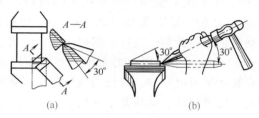

(a)　　　　　　　(b)

图 16.29　起錾方法

终錾即当錾削快到尽头时，要防止工件边缘材料的崩裂，尤其是錾铸铁、青铜等脆性材料时要特别注意，当錾削接近尽头约 10～15mm 时，必须调头再錾去余下的部分［图 16.30（a）］，如果不调头就容易使工件的边缘崩裂［图 16.30（b）］。

② 錾削平面　錾削平面采用扁錾，每次錾削材料厚度一般为 0.5～2mm。在錾削较宽的平面时，当工件被切削面的宽度超过錾子切削刃的宽度时，一般要先用窄錾以适当的间隔开出工艺直槽（图 16.31），然后再用扁錾将槽间的凸起部分錾平。

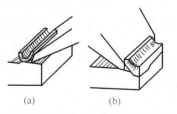

(a)　　　　(b)

图 16.30　錾到尽头时的方法

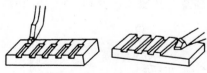

图 16.31　錾削较大平面

在錾削较窄的平面时（如槽间凸起部分），錾子的切削刃最好与錾削前进方向倾斜一个角度（图 16.32），使切削刃与工件有较多的接触面，这样在錾削过程中容易使錾子掌握平稳。

（3）錾削油槽的方法

油槽錾的切削部分，应根据图样上油槽的断面形状、尺寸进行刃磨。同时，在工件需錾削油槽部位划线。起錾时，錾子要慢慢地加深到尺寸要求，錾到尽头时刃口必须慢慢翘起，保证槽底圆滑过渡。如果在曲面上錾油槽，錾子倾斜情况应随着曲面而变动，使錾削时的后角保持不变，保证錾削顺利进行。錾削结束后，应修光槽边毛刺。錾削油槽的方法见图 16.33。

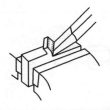 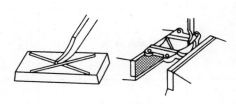

图 16.32　錾削较窄平面　　　　图 16.33　錾削油槽

16.5　锉削

用锉刀对工件进行切削加工的方法称为锉削。锉削尺寸精度可达 0.01mm 左右，表面粗糙度值最小可达 $Ra0.8\mu m$ 左右。锉削是钳工的主要操作技能之一。锉削的工作范围较广，可以锉削工件的内、外表面和各种沟槽，钳工装配过程中也经常利用锉削对零件进行修整。

16.5.1　锉刀及其选用

锉刀是锉削的必备工具。锉刀用高碳工具钢 T12 或 T13 制成，并经热处理淬硬，其硬度应为 62～67HRC。

每种锉刀都有它适当的用途和不同的使用场合，只有合理地选择，才能充分发挥它的效能和不至于过早地丧失锉刀功能。锉刀的选择决定于工件锉削余量的大小、精度要求的高低、表面粗糙度的大小和工件材料的性质。

（1）按锉刀形状选用

锉刀断面形状的选择，取决于工件锉削表面的形状，锉削不同表面的锉刀选择如表 16.11 所示。

◈ 表 16.11　按锉刀形状选用

锉刀类别	用途	示例
扁锉	锉平面、外圆面、凸弧面	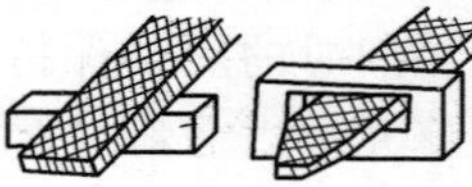
半圆锉	锉凹弧面、平面	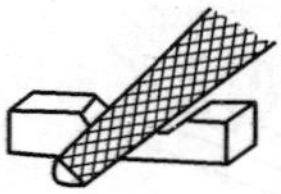
三角锉	锉内角、三角孔、平面	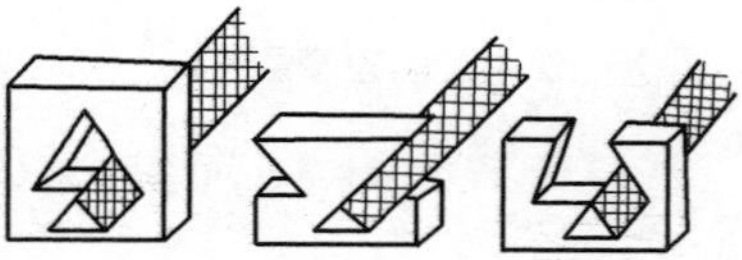
方锉	锉方孔、长方孔	
圆锉	锉圆孔、半径较小的凹弧面、椭圆面	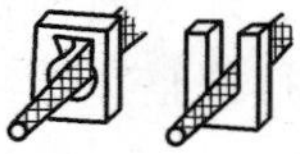
菱形锉	锉菱形孔、锐角槽	
刀形锉	锉内角、窄槽、楔形槽，锉方孔、三角孔、长方孔的平面	

（2）按加工精度选用锉刀（表 16.12）

◇ 表 16.12　按加工精度选用锉刀

锉刀	适用场合		
	加工余量/mm	尺寸精度/mm	表面粗糙度/μm
粗锉	0.5～1	0.2～0.5	100～25
中锉	0.2～0.5	0.05～0.2	12.5～6.3
细锉	0.05～0.2	0.01～0.05	12.5～3.2

　　合理选择锉刀是保证锉削质量、充分发挥锉刀效能的前提，正确使用和保养则是延长锉刀使用寿命的一个重要环节，因此，锉刀使用时必须注意以下几点：

　　① 不用锉刀锉削毛坯的硬皮及淬硬的表面，否则锉纹会很快磨损而使锉刀丧失锉削能力。

　　② 锉刀应先用一面，用钝后再用另一面。

　　③ 发现切屑嵌入纹槽内，应及时用铜丝刷（或铜片）顺着齿纹方向将切屑刷去。

　　④ 锉削中不得用手摸锉削表面，以免再锉时打滑。锉刀严禁接触油类。黏附油脂的锉刀一定要用煤油清洗干净，涂上白粉。

　　⑤ 锉刀放置时不能叠放，不能与其他金属硬物相碰，以免损坏锉齿。

　　⑥ 不用锉刀代替其他工具敲打或撬物。

16.5.2　锉削方法

（1）锉刀握法和正确锉削姿势

　　正确握持锉刀和正确锉削姿势是掌握锉削技能和提高锉削质量的重要环节。

　　① 锉刀的握法：正确握锉刀有助于提高锉削质量。锉刀的种类较多，所以锉刀的握法还必须随着锉刀的大小、使用地方的不同而改变。较大锉刀的握法如图 16.34 所示。中、小型锉刀的握法如图 16.35 所示。

　　② 锉削姿势：正确的锉削姿势既能提高锉削质量和锉削效率，又能减轻劳动强度。锉削时的姿势如图 16.36 所示。

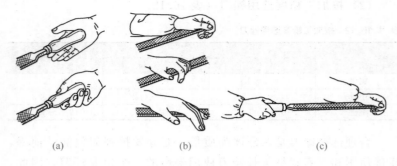

(a)　　　　　　　(b)　　　　　　　(c)

图 16.34　较大锉刀的握法

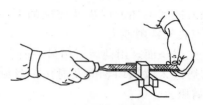

(a) 中型锉刀的握法

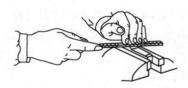

(b) 小型锉刀的握法　　　　　　　(c) 最小型锉刀的握法

图 16.35　中、小型锉刀的握法

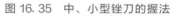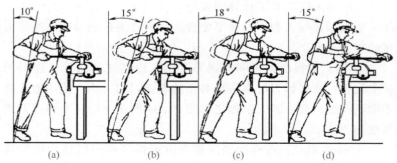

(a)　　　　　　(b)　　　　　　(c)　　　　　　(d)

图 16.36　锉削时的姿势

（2）平面的锉削方法

① 顺向锉法。顺着同一方向对工件进行锉削的方法称为顺向锉法（图 16.37）。顺向锉法是最基本的锉削方法。其特点是锉痕正直、整齐美观，适用于锉削不大的平面和最后的锉光。

② 交叉锉法。锉削时锉刀从两个交叉的方向对工件表面进行锉削的方法称为交叉锉法（图 16.38）。交叉锉法的特点是锉刀与工件的接触面大，锉刀容易掌握平稳，锉削时还可以从锉痕上判断出锉削面高低情况，表面容易锉平，但锉痕不正直。所以交叉锉法只适用于作粗锉，精加工时要改用顺向锉法，才能得到正直的锉痕。

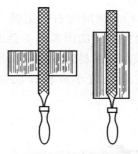

图 16.37　顺向锉法

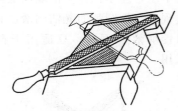

图 16.38　交叉锉法

在锉削平面时，不管是顺向锉还是交叉锉，为使整个平面都能均匀地锉削到，一般每次退回锉刀时都要向旁边略为移动一些（图 16.39）。

③ 推锉法。用两手对称地横握锉刀，用两大拇指推动锉刀顺着工件长度方向进行锉

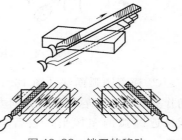

图 16.39　锉刀的移动

削的一种方法称为推锉法（图 16.40）。推锉法一般在锉削狭长的平面或顺向锉法锉刀推进受阻时采用（图 16.41）。推锉法切削效率不高，所以常在加工余量较小和修正尺寸时采用。

（3）曲面的锉削方法

1）外圆弧面的锉削方法　锉削外圆弧面时，锉刀要同时完成两个运动，即锉刀在作前进运动的同时，还应绕工件圆弧的中心转动。其锉削方法有两种：

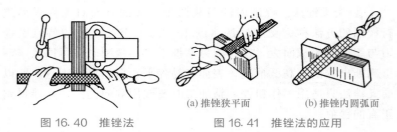

图 16.40　推锉法

(a) 推锉狭平面　(b) 推锉内圆弧面

图 16.41　推锉法的应用

① 顺着圆弧面锉［图 16.42（a）］。锉削时右手把锉刀柄部往下压，左手把锉刀前端向上抬，这样锉出的圆弧面不会出现棱边现象，使圆弧面光洁圆滑。它的缺点是不易发挥锉削力量，而且锉削效率不高，只适用于在加工余量较小或精锉圆弧面时采用。

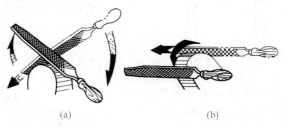

(a)　　　　　　(b)

图 16.42　外圆弧面的锉削方法

② 横着圆弧面锉［图 16.42（b）］。锉削时锉刀向着图示方向作直线推进、容易发挥锉削力量，能较快地把圆弧外的部分锉成接近圆弧的多棱形，然后再用顺着圆弧面锉的方法精锉成圆弧。

2）内圆弧面的锉削方法　锉削内圆弧面时，锉刀要同时完成三个运动（图 16.43）。

① 前进运动。

② 随圆弧面向左或向右移动（约半个到一个锉刀直径）。

③ 绕锉刀中心线转动（顺时针或逆时针方向转动）。

如果锉刀只作前进运动，即圆锉刀的工作面不作沿工件圆弧曲线的运动，而只作垂直于工件圆弧方向的运动，那么就将圆弧面锉成凹形（深坑）[图 16.44（a）]。

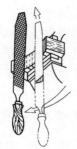

图 16.43　内圆弧面的锉削方法

如果锉刀只有前进和向左（或向右）的移动，锉刀的工作面仍不作沿工件圆弧曲线的运动，而作沿工件圆弧的切线方向的运动，那么锉出的圆弧面将呈棱形 [图 16.44（b）]。

锉削时只有将三个运动同时完成，才能使锉刀工作面沿工件的圆弧作锉削运动，加工出圆滑的内圆弧面来。

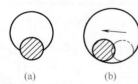

(a)　　　　　(b)　　　　　(c)

图 16.44　内圆弧面锉削时的三个运动分析

（4）确定锉削顺序的一般原则

① 选择工件所有锉削面中最大的平面光锉，达到规定的平面度要求后作为其他平面锉削时的测量基准。

② 先锉平行面达到规定的平面度要求后，再锉与其相关的垂直面，以便于控制尺寸和精度要求。

③ 平面与曲面连接时，应先锉平面后再锉曲面，以便于圆滑连接。

16.6　刮削

在工件已加工表面上，用刮刀刮除工件表面薄层而达到精度要求的方法称为刮削。

刮削是在标准工具的工作面上涂以显示剂，与被刮工件两者合研显点（凸点），然后利用刮刀将高点金属刮除。这种方法具有切削量小、切削力小、产生热量小、加工方便和装夹变形小等特点。通过刮削后的工件表面，能获得很高的形位精度、尺寸精度、接触精度、传动精度及降低表面粗糙度等。另外刮削后留下的一层薄花纹，既可增加工件表面的美观，又可储油，以润滑工件接触表面，减少摩擦，提高工件使用寿命。

16.6.1　通用刮研工具

（1）铸铁平尺

① 铸铁平尺的精度分00级、0级、1级、2级四级。铸铁平尺形状及基本尺寸见表16.13。

◎ 表16.13　铸铁平尺形式及规格尺寸（JB/T 7977—1999）　　　mm

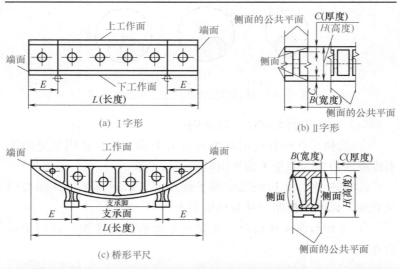

(a) Ⅰ字形

(b) Ⅱ字形

(c) 桥形平尺

规格	Ⅰ字形和Ⅱ字形平尺				桥形平尺			
	L	B	C≥	H≥	L	B	C≥	H≥
400	400	30	8	75	—	—	—	—
500	500	30	8	75	—	—	—	—
630	630	35	10	80	—	—	—	—
800	800	35	10	80	—	—	—	—
1000	1000	40	12	100	1000	50	16	180

规格	Ⅰ字形和Ⅱ字形平尺				桥形平尺			
	L	B	$C\geqslant$	$H\geqslant$	L	B	$C\geqslant$	$H\geqslant$
1250	1250	40	12	100	1250	50	16	180
1600	1600 *	45	14	150	1600	60	24	300
2000	2000 *	45	14	150	2000	80	26	350
2500	2500 *	50	16	200	2500	90	32	400
3000	3000 *	55	20	250	3000	100	32	400
4000	4000 *	60	20	280	4000	100	38	500
5000	—	—	—	—	5000	110	40	550
6300	—	—	—	—	6300	120	50	600

注：平尺长度为带 * 号的尺寸时，建议制成Ⅱ字截面的结构。

② 铸铁平尺工作面的直线度公差及任意 200mm 的直线度公差见表 16.14。

◇ **表 16.14 铸铁平尺工作面的直线度公差**

规格/mm	精度等级			
	00	0	1	2
	直线度公差/μm			
400	1.6	2.6	5	—
500	1.8	3.0	6	—
630	2.1	3.5	7	—
800	2.5	4.2	8	—
1000	3.0	5.0	10	20
1250	3.6	6.0	12	24
1600	4.4	7.4	15	30
2000	5.4	9.0	18	36
2500	6.6	11.0	22	44
3000	7.8	13.0	26	52
4000	—	17.0	34	68
5000	—	21.0	42	84
6300	—	—	52	105
任意 200	1.1	1.8	4	7

注：1. 表中数值均按标准温度 20℃给定。

2. 距工作面边缘 0.01L（最大为 10mm）范围内直线度公差不计，且任意一点都不得高于工作面。

③ Ⅰ、Ⅱ字形平尺上工作面与下工作面的平行度公差、桥形平尺工作面与支承脚支承面的平行度公差、平尺侧面对工作面的垂直度公差见表 16.15。

规格/mm	精度等级							
	00	0	1	2	00	0	1	2
	上工作面与下工作面(或支承面)的平行度公差				侧面对工作面的垂直度公差			
	μm							
400	2.4	3.9	8	—	8.0	13.0	25	—
500	2.7	4.5	9	—	9.0	15.0	30	—
630	3.2	5.3	11	—	10.5	18.0	35	—
800	3.8	6.3	12	—	12.5	21.0	40	—
1000	4.5	7.5	15	30	15.0	25.0	50	100
1250	5.4	9.0	18	36	18.0	30.0	60	120
1600	6.6	11.1	23	45	22.0	37.0	75	150
2000	8.1	13.5	27	54	27.0	45.0	90	180
2500	9.9	16.5	33	66	33.0	55.0	110	220
3000	11.7	19.5	39	78	39.0	65.0	130	260
4000	—	25.5	51	102	—	85.0	170	340
5000	—	31.5	63	126	—	105.0	210	420
6300	—	—	78	158	—	—	260	525

（2）铸铁平板

平板各部分的名称及尺寸符号见图 16.45。平板的精度等级有 000、00、0、1、2 和 3 六个等级。平板的规格和主要尺寸见表 16.16。

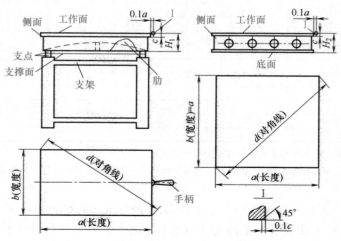

图 16.45 平板各部分的名称及尺寸符号

◇ 表 16.16　平板的规格和主要尺寸（JB/T 7974—1999）　　　　　　mm

规格	主要尺寸						
	a		b		c	H_1	H_2
	基本尺寸	允许偏差	基本尺寸	允许偏差	参考尺寸		
160×100	160		100		10	50	
160×160	160		160		10	50	
250×160	250		160		12	60	—
250×250	250		250		14	65	
400×250	400		250		16	75	
400×400	400		400		18	90	140
630×400	630		400		20	100	—
630×630	630	±0.02a	630	±0.02b	22	140	220
800×800	800		800		24	—	300
1000×630	1000		630		24	160	—
1000×1000	1000		1000		30	200	400
1250×1250	1250		1250		32	—	450
1600×1000	1600		1000		32	250	
1600×1600	1600		1600		35	300	530
2500×1600	2500		1600		40	350	
4000×2500	400		2500		45	400	

（3）专用刮研工具（见表 16.17）

◇ 表 16.17　专用刮研工具

名称	简图	用途
燕尾平板		用于检验凸燕尾导轨
组合平板		用于检验由一个平面和一个 V 形面组合的导轨

16.6.2　刮刀

（1）刮刀的种类及用途

根据刮削面形状的不同，刮刀可分为平面刮刀和曲面刮刀两大类。

① 平面刮刀　主要用来刮削平面，如平板、平面导轨、工作

台等，也可用来刮削外曲面。按所刮削表面精度要求不同，可分为粗刮刀、细刮刀和精刮刀三种。平面刮刀的种类及用途见表 16.18。

◇ 表 16.18　平面刮刀的种类及用途　　　　　　　　　　　mm

(1)普通手推平面刮刀

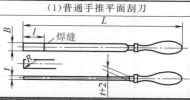

种类 \ 尺寸	L	l	B	t	R	用途
粗刮刀	450～600	150	25～30	4～4.5	120	粗刮
细刮刀	350～450	100	25	3～3.5	60	细刮
精刮刀	300～350	75	20	2.5～3	50	精刮或刮花
小刮刀	200～300	50	15	2.5	40	小工件精刮

(2)挺刮式平刮刀

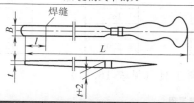

种类 \ 尺寸	L	l	B	t	用途
大型	600～700	150	25～30	4～5	粗刮大平面
小型	450～600	150	20～25	3.5～4	细刮大平面

(3)拉刮刀	
形状和尺寸	用途

R14　36　350　4
120°
3　1.2　15°
16

30　R20
1.2　R4　320
3　16

用于精刮或刮花
　可拉刮带有台阶的
平面

(4)平面刮刀的刃角与工件表面的角度

工件材料	α	β		
		粗刮	细刮	精刮或刮花
钢	15°~25°	85°~90°	85°~90°	85°~90°
铸铁、青铜	15°~25°	90°~92.5°	92.5°~95°	95°~100°

② 曲面刮刀　主要用来刮削内曲面，如滑动轴承内孔等。常用曲面刮刀形状特点及用途见表 16.19。

◇ 表 16.19　常用曲面刮刀形状特点及用途

名称	图示	用途
三角刮刀	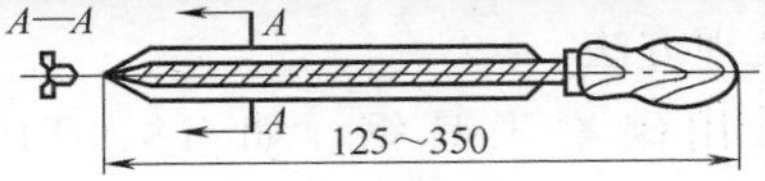 A—A ⟨A⟩ 125~350	常用三角锉刀改制而成，用于刮削各种曲面
蛇头刮刀	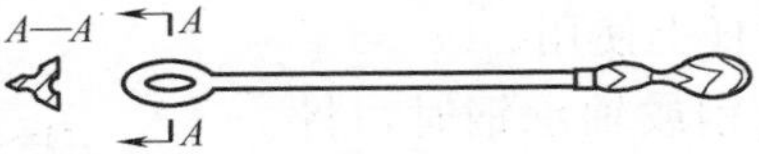 A—A ⟨A⟩	刀头部有 3 个带圆弧形的刃，两平面磨有凹槽，切削刃圆的大小，根据粗、精削而定，常用于精削各种曲面
柳叶刮刀	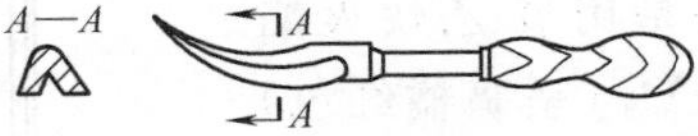 A—A ⟨A⟩	刀头部有两个刃口，口的中部有一弧形钩槽，适用于刮削对开轴承及套形轴承

(2) 平面刮刀头部形状和角度

刃磨刮刀顶端面时，应按粗刮刀、细刮刀、精刮刀的不同，磨出不同的楔角（见表 16.20）。

◇ 表 16.20　平面刮刀头部形状和角度

刮刀种类	图示	β 角及基本要求
粗刮刀	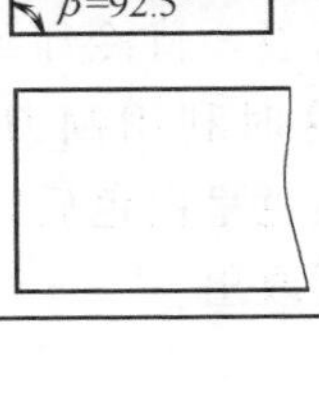 β=92.5°	β 为 90°~92.5°，刀刃必须平直

刮刀种类	图示	β 角及基本要求
细刮刀	β=95°	β 为 95°左右,刀刃稍带圆弧
精刮刀	β=97.5°	β 为 97.5°左右,刀刃呈圆弧形,而圆弧半径要小于细刮刀

（3）刮刀材料和热处理方法

刮刀的材料一般采用碳素工具钢，如 T8、T10、T12、T12A 等或轴承钢，如 GCrl5 锻制而成。当刮削硬质材料时，也可用硬质合金刀片焊在刀杆上使用。

若刮刀采用碳素工具钢或轴承钢时，将刮刀粗磨好后进行热处理，其过程由淬火加上回火两过程组成。方法是用氧-乙炔火焰或炉火中加热至 780～800℃（呈暗橘红色）后，迅速从炉中取出，并垂直地把刮刀放入冷却液中冷却。浸入深度平面刮刀为 5～8mm，三角刮刀为整个切削刃，蛇头刮刀为圆弧部分，并将刮刀沿着水面缓慢地移动（见图 16.46），由此造成水面波动，又使淬硬与不淬硬部分不致有明显的界限，避免了

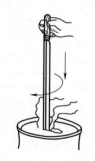

图 16.46　刮刀的淬火

刮刀在淬硬与不淬硬的界限处断裂，待冷却到刮刀露出水面部分呈黑色时，从冷却液中取出，这时利用刮刀上部的余热进行回火，当刮刀浸入冷却液部分的颜色呈白色后，再迅速将刮刀全部浸入冷却液中，至完全冷却后再取出。

冷却液有三种：

① 水，一般用于平面粗刮刀及刮削铸铁或钢的曲面刮刀时的淬火，淬硬程度一般低于60HRC。

② 含有体积分数为15%的盐溶液，用于刮削较硬金属的平面刮刀时的淬火，淬硬程度一般大于60HRC。

③ 油，一般用于曲面刮刀及平面精刮刀时的淬火，淬硬程度在60HRC左右。

16.6.3 刮削用显示剂的种类及应用

◇ 表16.21 刮削用显示剂的种类及应用

种类	成分	特点	应用范围
红丹	一氧化铅再度氧化制成，俗称铅丹。配方为： 红丹：N32G 液压油：煤油≈100：7：3	呈橘黄色，粒度细腻，研点真实，无腐蚀作用，但研点后颜色较淡，对眼睛有反光刺激，虽有铅毒现象产生，但对人体无较大妨害	应用于铸钢件及部分有色金属的刮削，是金属切削机床机械加工结合面接触检验及评定和锥孔接触精度评定的显示剂
	氧化铁红 配方同上	呈红褐色，粒度较粗，研点清楚，对眼睛无反光作用	可用于铸钢件及部分有色金属的刮削，但不能作为接触精度评定的显示剂
普鲁士蓝油	普鲁士蓝粉混合适量 L-AN10 全损耗系统用油与蓖麻油	呈深蓝色，研点小而清楚，刮点显示真实，当室内温度较低时不易涂刷	用于精密零件，特别适用于有色金属刮削和检验
印红油	碱性品红溶解在乙醇中，加入甘油配制而成	呈鲜红色，对眼睛略有反光刺激，取材方便	用于锥孔接触及刮削面的接触判别，但不作为评定用显示剂
烟墨油	烟墨与全损耗系统用油混合	点子成黑色，研点小而清楚	用于表面呈银白色的金属刮削和检验，较少采用
松节油或酒精	松节油或酒精	研点发光亮，特别精细真实，对零件有腐蚀作用，对眼睛有反光刺激	用于精密零件的刮削与检验，较少采用

16.6.4 刮削余量

(1) 平面刮削余量（表 16.22）

◇ 表 16.22 平面刮削余量   mm

零件宽度	零件长度				
	100～500	500～1000	1000～2000	2000～4000	4000～6000
≤100	0.10	0.15	0.20	0.25	0.30
>100～500	0.15	0.20	0.25	0.30	0.40
>500～1000	0.25	0.25	0.35	0.45	0.50

(2) 内孔刮削余量（表 16.23）

◇ 表 16.23 内孔刮削余量   mm

内孔直径	内孔长度		
	≤100	>100～200	>200～300
≤80	0.04～0.06	0.06～0.09	0.09～0.12
>80～120	0.07～0.10	0.10～0.13	0.13～0.16
>120～180	0.10～0.13	0.13～0.16	0.16～0.19
>180～260	0.13～0.16	0.16～0.19	0.19～0.22
>260～360	0.16～0.19	0.19～0.22	0.22～0.25

16.6.5 刮削精度

刮削面的精度常用 25mm×25mm 内的研点数目表示。

(1) 平面刮点要求（表 16.24）

◇ 表 16.24 平面刮点要求

表面类型	每 25mm×25mm 内的点数	刮削前工件表面粗糙度 Ra/μm	应用举例
超精密面	>25	3.2	0 级平板，精密量仪
精密面	20～25	3.2	1 级平板，精密量具
	16～20	6.3	精密机床导轨、精密滑动轴承
一般	12～16	6.3	机床导轨及导向面，工具基准面
	8～12	6.3	一般基准面，机床导向面，密封结合面
	5～8	6.3	一般结合面
	2～5	6.3	较粗糙机件的固定结合面

（2）滑动轴承刮点要求（表 16.25）

◇ 表 16.25　滑动轴承刮点要求

轴承直径 /mm	金属切削机床			锻压设备、通用机械		动力机械、冶金设备	
	机床精度等级						
	Ⅲ级和Ⅲ级以上	Ⅳ级	Ⅴ级	重要	一般	重要	一般
	每 25mm×25mm 的刮点数						
≤120	20	16	12	12	8	8	5
>120	16	12	10	8	6	6	2

（3）金属切削机床刮点要求（表 16.26）

◇ 表 16.26　金属切削机床刮点要求

机床精度等级	静压、滑、滚导轨		移置导轨		镶条压板滑动面	特别重要结合面
	每条导轨宽度/mm					
	≤250	>250	≤100	>100		
	接触点数					
Ⅲ级和Ⅲ级以上	20	16	16	12	12	12
Ⅳ级	16	12	12	10	12	8
Ⅴ级	10	8	8	6	6	6

16.6.6　刮削要点

（1）平面刮削要点（表 16.27）

◇ 表 16.27　平面刮削要点

类别	刮削要点
粗刮	在整个刮削面上采用连续推铲的方法,使刮出的刀迹连成长片。粗刮时有时会出现平面四周高中间低的现象,故四周必须多刮几次,且每刮一遍应转过 30°～45°的角度交叉刮削,直至每 25mm×25mm 内含 4～6 个研点为止
细刮	采用刮刀宽以 15mm 为宜。刮削时,刀迹长度不超过切削刃的宽度,每刮一遍变换一个方向,以形成 45°～60°的网纹。整个细刮过程中随着研点的增多,刀迹应逐渐缩短,直至每 25mm×25mm 内含 12～25 个研点为止
精刮	刀迹长度一般为 5mm 左右。落刀要轻,起刀后迅速挑起,每个研点上只能刮一刀,不能重复,并始终交叉进行。当研点增至每 25mm×25mm 内有 20 个研点时,应按以下三个步骤刮削,直至达到规定的研点数 ①最大最亮的研点全部刮去 ②中等研点在其顶点刮去一小片 ③小研点不刮

类别	刮削要点
刮花	常见花纹有斜纹花和月牙花两种 刮斜纹花时精刮刀与工件边成 45°方向刮削,花纹大小视刮削面大小而定。刮削时应一个方向刮定再刮削另一个方向,刮月牙花时左手按刮刀前部,起压和掌握方向的作用,右手握刮刀中部作适当的扭动,然后起刀,以形成花纹。依次交叉成 45°方向连续推扭刮削

（2）曲面刮削要点（表 16.28）

◇ **表 16.28　曲面刮削要点**

类别		刮削要点
粗刮	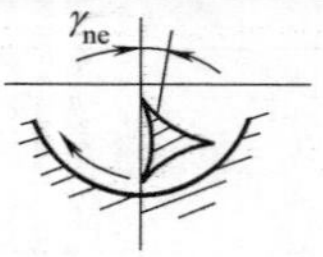	刮刀呈正前角,刮出的切屑较厚,故能获得较高的刮削效率
细刮	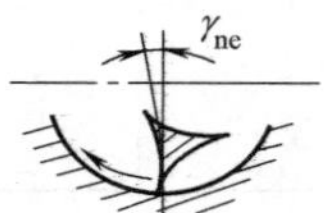	刮刀具有较小的负前角,刮出的切屑较薄,能很好地刮去研点,并能较快地把各处集中的研点改变成均匀分布的研点
精刮	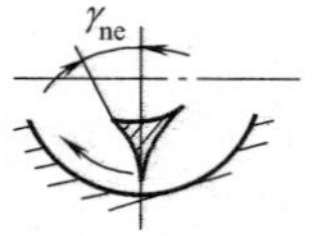	刮刀具有较大的负前角,刮出的切屑极薄,不会产生凹痕,故能获得较好的表面粗糙度

16.6.7　刮削面缺陷的分析

◇ **表 16.29　刮削面缺陷的分析**

缺陷形式	特征	产生原因
深凹痕	刮削面研点局部稀少或刀迹与显示研点高低相差太多	①粗刮时用力不均、局部落刀太重或多次刀迹重叠 ②刀刃磨得过于弧形
撕痕	刮削面上有粗糙的条状刮痕,较正常刀迹深	①刀刃不光滑和不锋利 ②刀刃有缺口或裂纹
振痕	刮削面上出现有规则的波纹	多次同向刮削,刀迹没有交叉
划道	刮削面上划出深浅不一的直线	研点时夹有砂粒、铁屑等杂质,或显示剂不清洁

缺陷形式	特征	产生原因
刮削面精密度不准确	显点情况无规律地改变且捉摸不定	①推磨研点时压力不均,研具伸出工件太多,按出现的假点刮削造成 ②研具本身不准确

16.7 研磨

　　研磨是利用涂敷或压嵌在研具上的游离磨料,通过研具与工件在一定压力下的相对运动,对工件表面进行精整的磨削。

16.7.1 研磨的类型和特点

(1) 研磨的类型

　　研磨的方法很多,按研磨时有无研磨剂分为干研和湿研;按研磨的操作方法分为手工研磨和机械研磨。机械研磨常用的设备有:研磨动力头、单圆盘研磨机、双圆盘研磨机、方板研磨机、球面研磨机、球磨机、滚针研磨机、玻璃研磨机、中心孔研磨机、无心式研磨机、齿轮研磨机等。

　　① 湿研磨。湿研磨又称敷砂研磨。它是将稀糊状或液状研磨剂涂敷或连续注入研具表面,磨粒在工件与研具之间不停地滑动或滚动,形成对工件的切削运动,加工表面呈无光泽的麻点状。一般用于粗研磨。

　　② 干研磨。干研磨又称嵌砂研磨或压砂研磨。它是在一定的压力下,将磨料均匀地压嵌在研具的表层中,研磨时只需在研具表面涂以少量的润滑剂即可。干研磨可获得很高的加工精度和低表面粗糙度值,但研磨效率较低,一般用于精研磨。

　　③ 半干研磨。半干研磨采用糊状的研磨膏作研磨剂,其研磨性能介于湿研磨与干研磨之间,用于粗研磨和精研磨均可。

　　研磨的特点和应用见表16.30。

◇ 表 16. 30 干研、湿研的特点和应用

分类	研磨方法	特点	应用范围
干研	在一定压力下将磨粒均匀地嵌在研具的表层中,嵌砂后进行研磨加工,因此干研也称嵌砂研磨或压砂研磨	干研可获得很高的加工精度和较低的表面粗糙度,但研磨效率较低	一般用于精研,如块规表面的研磨
湿研	把研磨剂连续加注或涂敷于研具表面,磨料在工件与研具间不停地滚动或滑动,形成对工件的切削运动,也称敷料研磨	湿研的金属切除率高,高于干研 5 倍以上,但加工表面几何形状和尺寸精度不如干研	多用于粗研和半粗研
半干研	类似湿研,采用的研磨剂是糊状的研磨膏		粗、精研磨均可采用

（2）研磨的特点

① 研磨精度高。研磨采用一种极细的微粉,在低速、低压下磨去一层极薄的金属。研磨过程中产生的热量很小,工件的变形也很小,表面变质层很轻微,因此可以获得精度很高的表面。研磨的尺寸精度可以达到 $0.01\mu m$。

研磨的切削量很小,运动复杂,不受运动精度的影响,可获得的形状精度,圆度可达 $0.025\mu m$,圆柱度可达 $0.1\mu m$,但是,研磨的切削量很小,原先的位置误差不能得到全部纠正,因此研磨不纠正零件的位置精度。

② 表面质量高。零件和研具之间有一定相对运动,每一次运动轨迹不会与前一次运动轨迹重复,因此可以均匀地切除零件表面上的凸峰,降低表面粗糙度。研磨表面粗糙度一般可达 $Ra0.01\mu m$。研磨后的表面耐磨性和耐腐蚀性提高,研磨表层存在压应力,有利于提高零件表面的疲劳强度。

③ 设备简单、工艺性好、应用范围广。研磨不但适宜单件手工生产,也适合成批机械化生产;研磨可加工钢材、铸铁、各种有色金属和非金属。可以进行各种表面形状的研磨,如平面、外圆、内孔、球面、螺纹、成形表面、啮合表面轮廓研磨等。广泛应用于现代工业生产中各种精密零件的加工,各种块规量具、

光学玻璃、精密刀具、半导体元器件等。

16.7.2 研具

研具是研磨剂的载体，用来涂敷和镶嵌磨料，使游离磨粒嵌入研具起切削作用，同时也把本身的几何形状精度传递给被研工件和磨粒。

（1）对研具的技术要求

研具对研磨质量影响很大，对研具提出如下技术要求：

① 研具的几何形状与被研工件相适应，以保证被研磨工件的几何形状精度。

② 硬度。研具材料的硬度要比工件材料低，组织均匀致密，无夹杂物，硬度均匀，具有适当的嵌入性。研具太硬，会造成磨粒迅速破碎与磨损，甚至将磨粒挤入工件材料内，破坏加工表面质量；研具太软，会导致磨粒过深地被挤入研具材料中。合理地选择研具硬度，才能使磨粒暂时地被支撑，并迅速地改变它们的位置，使每一颗粒都有新的棱角陆续参与切削。

③ 耐磨。研具应具有良好的耐磨性，使其几何精度保持性好。

④ 刚度。研具应具有足够的刚度，以减小变形。

⑤ 研具结构要合理，有足够的刚性，便于排屑、散热，能储存多余磨料。研具的工作表面应光整，无裂纹、斑点，几何精度高。

（2）研具材料

常用研具材料的性能及适用范围如表 16.31 所示，此外，淬硬合金钢、钡镁合金、钡镁铁合金和锡也可用作研具材料。常用干研嵌砂平板材料成分如表 16.32 所示。

◈ 表 16.31　常用研具材料的性能及适用范围

材料	性能与要求	适用范围
灰铸铁	120～180HB，金相组织以铁素体为主，可适当增加珠光体比例，用石墨球化及磷共晶等办法提高使用性能	用于湿式研磨平板

材料	性能与要求	适用范围
高磷铸铁	160～200HB,以均匀细小的珠光体(70%～85%)为基体,可提高平板的使用性能。降低加工表面粗糙度	用于干式研磨平板及嵌砂平板
10,20 低碳钢	强度较高	用于铸铁研具强度不足时,如 M5 以下螺纹孔,$d \leqslant 8mm$ 小孔及窄槽等的研磨
黄铜、紫铜	磨粒易嵌入,研磨效率高。但强度低,不能承受过大的压力,耐磨性差,加工表面粗糙度高	用于余量大的工件,粗研青铜件和小孔研磨
木材	要求木质紧密、细致、纹理平直,无节疤、虫伤	用于研磨铜或其他软金属
沥青	磨粒易嵌入,不能承受大的压力	用于玻璃、水晶、电子元件等的精研与镜面研磨
玻璃	脆性大,一般要求 10mm 厚度,并经 450℃退火处理	用于精研,并配用氧化铬研磨膏,可获得良好的研磨效果

◇ **表 16.32　常用干研嵌砂平板材料成分**

嵌砂粒度	干研平板成分(质量分数)/%								金相组织及硬度
	C	Si	Mn	P	S	Sb	Ti	Cu	
W5、W2.5	3.2	2.14	0.74	0.2	0.1	0.045	—	—	粗片状珠光体占 70%,游离碳呈 A 型 4～5 级,硬度为 156HBW
W1.5、W1	2.88	1.58	0.84	0.95	0.05	—	0.15	0.78	薄片状及细片状珠光体约占 85%,二元磷共晶网状分布,游离碳呈 A 型 4～5 级,硬度为 192HBW

(3) 研磨工具的种类及用途 (表 16.33)

◇ **表 16.33　研磨工具的种类及用途**

研具名称	形式	用途
条板形研具	板形研具　条形研具　带沟槽的条形研具　带角度的条形研具	用来研磨量块和各种精密量具,也常用来对外圆柱形或外圆锥形工件进行抛光加工

机械工综合切削手册

研具名称	形式	用途
圆柱形研具	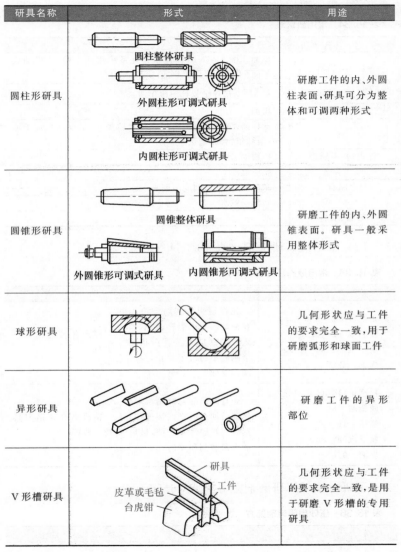圆柱整体研具 外圆柱形可调式研具 内圆柱形可调式研具	研磨工件的内、外圆柱表面,研具可分为整体和可调两种形式
圆锥形研具	圆锥整体研具 外圆锥形可调式研具　内圆锥形可调式研具	研磨工件的内、外圆锥表面。研具一般采用整体形式
球形研具		几何形状应与工件的要求完全一致,用于研磨弧形和球面工件
异形研具		研磨工件的异形部位
V形槽研具	研具 工件 皮革或毛毡 台虎钳	几何形状应与工件的要求完全一致,是用于研磨 V 形槽的专用研具

16.7.3　研磨剂与研磨膏

研磨剂是由磨料、研磨液以及辅料调配而成的一种混合物。

（1）常用研磨液（表 16.34）

◇ 表 16.34 常用研磨液

工件材料		研磨液
钢	粗研	煤油 3 份，L-AN10 高速全损耗系统用油 1 份，透平油或锭子油(少量)，轻质矿物油(适量)
	精研	L-AN10 高速全损耗系统用油
铸铁		煤油
铜		动物油(熟猪油与磨料拌成糊状后加 30 倍煤油)，锭子油(少量)，植物油(适量)
淬火钢、不锈钢		植物油、透平油或乳化液
硬质合金		航空汽油
金刚石		橄榄油、圆度仪油或蒸馏水
金、银、铂		酒精或氨水
玻璃、水晶		水

（2）常用液态研磨剂（表 16.35）

◇ 表 16.35 常用液态研磨剂

配方	调法	用途
金刚砂　2～3g 硬脂酸　2～2.5g 航空汽油　80～100g 煤油　数滴	先将硬脂酸和航空汽油在清洁的瓶中混合，然后放入金刚砂摇晃至乳白状而金刚砂不易沉下为止，最后滴入煤油	研磨各种硬质合金刀具
白刚玉(F1000)　16g 硬脂酸　8g 蜂蜡　1g 航空汽油　80g 煤油　95g	先将硬脂酸与蜂蜡溶解，冷却后加入航空汽油搅拌，然后用双层纱布过滤，最后加入研磨剂和煤油	精研磨高速钢刀具及一般钢材

干研时压砂用研磨剂配方见表 16.36。

◇ 表 16.36 压砂用研磨剂配方

序号	成分		备注
1	白刚玉(F1200 以下) 硬脂酸混合脂 航空汽油 煤油	15g 8g 200mL 35mL	使用时不加任何辅料

序号	成分	备注
2	白刚玉（F1200 以下） 25g 硬脂酸混合脂 0.5g 航空汽油 200mL	使用时，平板表面涂以少量硬脂酸混合脂，并加数滴煤油
3	白刚玉 50g 硬脂酸混合脂 4～5g 与航空汽油及煤油配成 500mL	航空汽油与煤油的比例取决于磨料的粒度 F1200 以下：汽油 9 份 煤油 1 份 F1200：汽油 7 份 煤油 3 份
4	刚玉（F1000～F1200）适量，煤油 6～20 滴，直接放在平板上用氧化铬研磨膏调成稀糊状	

（3）常用研磨膏配方

① 刚玉研磨膏成分及用途见表 16.37。

◇ 表 16.37 刚玉研磨膏成分及用途

粒度号	成分及比例/%				用途
	微粉	混合脂	油酸	其他	
F600	52	26	20	硫化油 2 或煤油少许	粗研
F800	46	28	26	煤油少许	半精研及研窄长表面
F1000	42	30	28	煤油少许	半精研
F1200	41	31	28	煤油少许	精研及研端面
F1200 以下	40	32	28	煤油少许	精研
	40	26	26	凡士林 8	精细研
	25	35	30	凡士林 10	精细研及抛光

注：表中百分数为质量分数。

② 碳化硅、碳化硼研磨膏成分及用途见表 16.38。

◇ 表 16.38 碳化硅、碳化硼研磨膏成分及用途

研磨膏名称	成分及比例/%	用途
碳化硅	碳化硅（F240～F320）83、黄油 17	粗研
碳化硼	碳化硼（F600）65、石蜡 35	半精研
混合研磨膏	碳化硼（F600）35、白刚玉（F600～F1000）与混合脂各 15、油酸 35	半精研
碳化硼	碳化硼（F1200 以下）76、石蜡 12、羊油 10、松节油 2	精细研

注：表中百分数为质量分数。

③ 人造金刚石研磨膏见表 16.39。

◈ 表 16.39　人造金刚石研磨膏

规格	颜色	加工表面粗糙度 $Ra/\mu m$	规格	颜色	加工表面粗糙度 $Ra/\mu m$
F800	青莲	0.16~0.32	F1200 以下	橘红	0.02~0.04
F1000	蓝	0.08~0.32		天蓝	0.01~0.02
F1200	玫红	0.08~0.16		棕	0.008~0.012
F1200 以下	橘黄	0.04~0.08		中蓝	≤0.01
	草绿	0.04~0.08			

注：不同粒度研磨膏采用不同颜色以示区别。

16.7.4　研磨轨迹与研具压砂

(1) 手工研磨运动轨迹形式（表 16.40）

◈ 表 16.40　手工研磨运动轨迹形式

轨迹形式	简图	适用范围
直线往复式		常用于研磨有台阶的狭长平面,如平面样板、角尺的测量面等,能获得较高的几何精度
摆动直线式		用于研磨某些圆弧面,如样板角尺,双斜面直尺的圆弧测量面
螺旋式		用于研磨圆片或圆柱形工件的端面,能获得较好的表面粗糙度和平面度
8 字形或仿 8 字形式	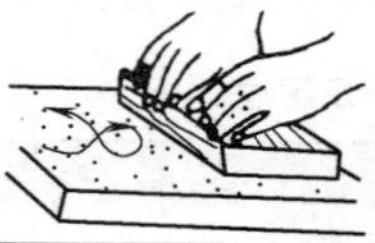	常用于研磨小平面工件,如量规的测量面等

(2) 研具压砂程序（表 16.41）

◈ 表 16.41　研具压砂程序

序号	工序名称	说明
1	涂硬脂酸	用煤油清洗擦净研具,涂抹一层硬脂酸
2	倒砂,抹匀及晾干	将浸泡好的液态研磨剂摇晃均匀,并倒在研具表面,抹匀、晾干

序号	工序名称	说明
3	滴加液态润滑剂	滴加适量煤油,把晾干的研磨粉调匀呈黏糊状,然后将另一块研具合上,开始嵌压砂
4	嵌压砂	按"8"字形运动推研研具,并经常调转上研具的方向,一般需3~5遍,才能使磨粒均匀嵌入并有一定深度
5	擦净	取下上研具,用脱脂棉擦净研具表面
6	试块检查	用与被研工件材料相同的试块,在研具表面直线往复推研几下。当试块推研时切削速度很快,且表面研磨条纹细密均匀,则说明研具表面嵌砂多面均匀,即可正式使用

16.7.5 研磨余量、速度和压力的选择

(1) 研磨余量的选择 (表 16.42)

◇ **表 16.42 研磨余量的选择** mm

平面研磨余量			
平面长度	平面宽度		
	≤25	26~75	76~150
≤25	0.005~0.007	0.007~0.010	0.010~0.014
26~75	0.007~0.010	0.010~0.016	0.016~0.020
76~150	0.010~0.014	0.016~0.020	0.020~0.024
151~250	0.014~0.018	0.020~0.024	0.024~0.030

外圆研磨余量			
直径	余量	直径	余量
≤10	0.005~0.008	51~80	0.008~0.012
11~18	0.006~0.008	81~120	0.010~0.014
19~30	0.007~0.010	121~180	0.012~0.016
31~50	0.008~0.010	181~260	0.015~0.020

注:经过精磨的工件,手工研磨余量为3~8μm,机械研磨余量为8~15μm。

内孔研磨余量		
孔径	铸铁	钢
25~125	0.020~0.100	0.010~0.040
150~275	0.080~0.160	0.020~0.050
300~500	0.120~0.200	0.040~0.060

注:经过精磨的工件,手工研磨直径余量为5~10μm。

（2）研磨速度的选择（表 16.43）

◇ 表 16.43　研磨速度的选择　　　　　　　　　　　　　　　　　　m/min

研磨类型	平面		外圆	内孔	其他
	单面	双面			
湿研	20～120	20～60	50～75	50～100	10～70
干研	10～30	10～15	10～25	10～20	2～8

注：1. 工件材质软或精度要求高时，速度取小值。

　　2. 内孔指孔径范围 6～10mm。

（3）研磨压力的选择（表 16.44）

◇ 表 16.44　研磨压力的选择　　　　　　　　　　　　　　　　　　MPa

研磨类型	平面	外圆	内孔[①]	其他
湿研	0.10～0.15	0.15～0.25	0.12～0.28	0.08～0.12
干研	0.01～0.10	0.05～0.15	0.04～0.16	0.03～0.10

① 孔径范围 5～20mm。

16.8　攻螺纹与套螺纹

16.8.1　攻螺纹用丝锥及工具

（1）丝锥各部名称和代号（见图 16.47）

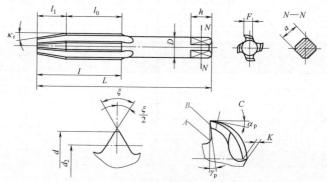

图 16.47　丝锥各部分名称代号

L—丝锥总长；l—螺纹部分长度；l_1—切削锥长度；l_0—校准部分长度；d—大径；
d_2—中径；D—柄部直径；h—方头长度；a—方头厚度；F—刃背宽度；
κ_r—主偏角；γ_p—前角；α_p—后角；K—后面铲背量；ζ—牙形角；
A—沟槽；B—前面；C—后面

（2）常用丝锥规格范围及标准代号（表 16.45）

◇ **表 16.45 常用丝锥规格范围及标准代号**

类型	简图	规格范围	标准代号
粗柄机用和手用丝锥	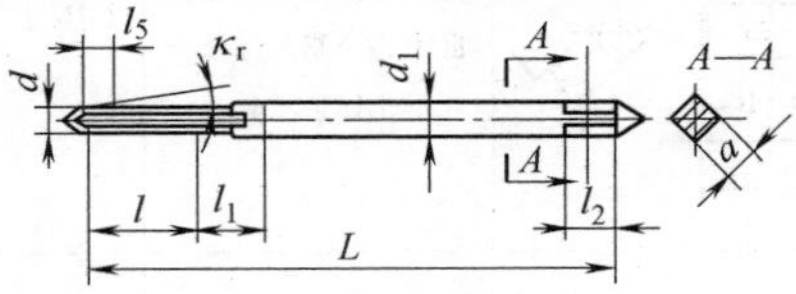	粗牙为 M1～M2.5 细牙为 M1×0.2～ M2.5×0.35	GB/T 3464.1 —2007
粗柄带颈机用和手用丝锥	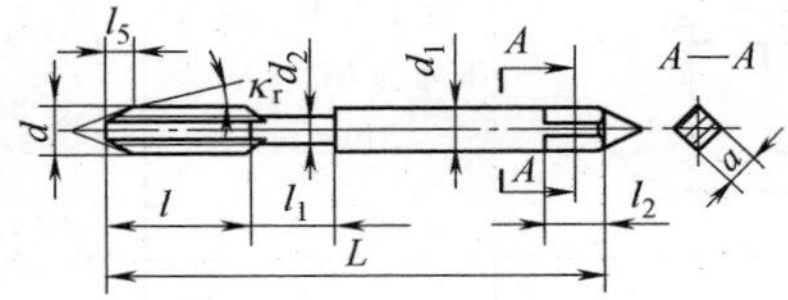	粗牙为 M3～M10 细牙为 M3×0.35～ M10×1.25	GB/T 3464.1 —2007
细柄机用和手用丝锥	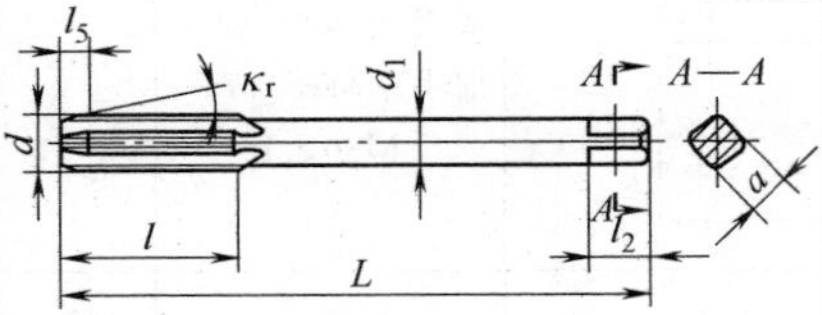	粗牙为 M3～M68 细牙为 M3×0.35～ M100×6	GB/T 3464.1 —2007
长柄机用丝锥	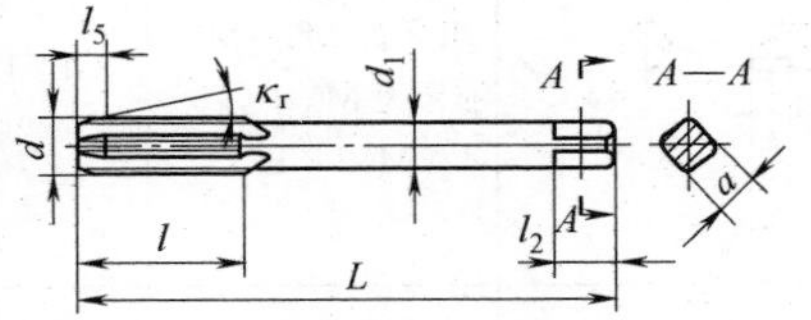	粗牙为 M3～M24 细牙为 M3×0.35～ M24×2	GB/T 3464.2 —2004
粗短柄机用和手用丝锥	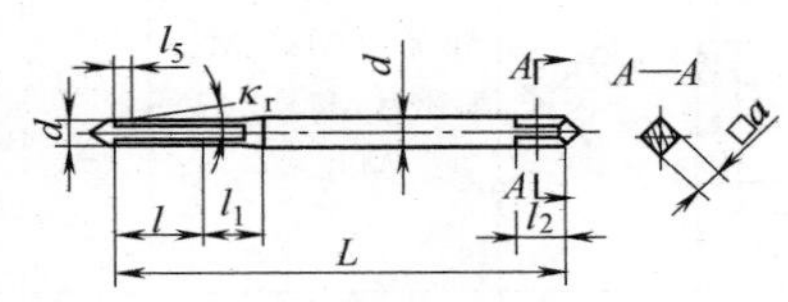	粗牙为 M1～M2.5 细牙为 M1×0.2～ M2.5×0.35	GB/T 3464.3 —2007
粗柄带颈短柄机用和手用丝锥	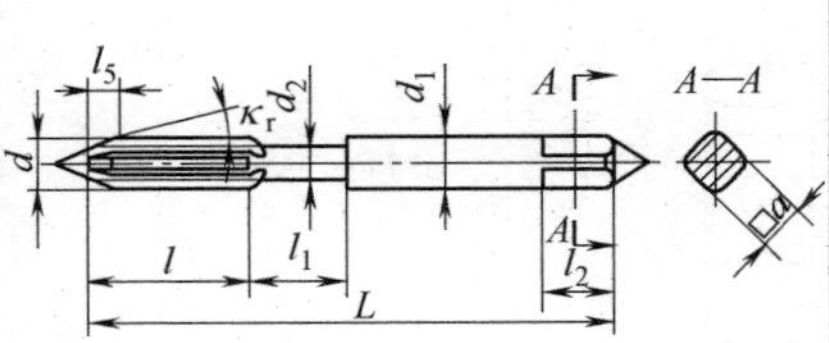	粗牙为 M3～M10 细牙为 M3×0.35～ M10×1.2	GB/T 3464.3 —2007

第 16 章 钳工

类型	简图	规格范围	标准代号
细短柄机用和手用丝锥	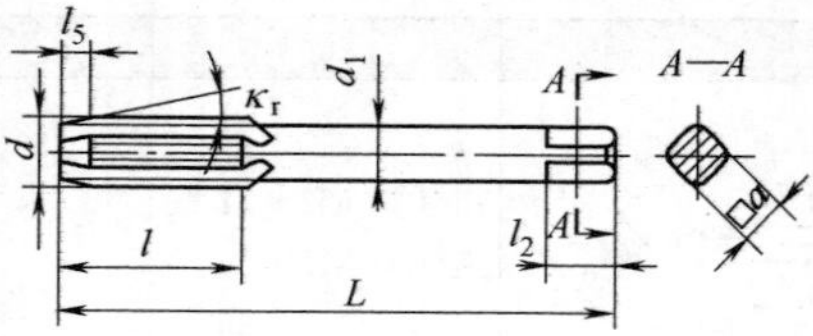	粗牙为 M3～M52 细牙为 M3×0.35～ M52×4	GB/T 3464.3 —2007
螺母丝锥 ($d \leqslant$ 5mm)	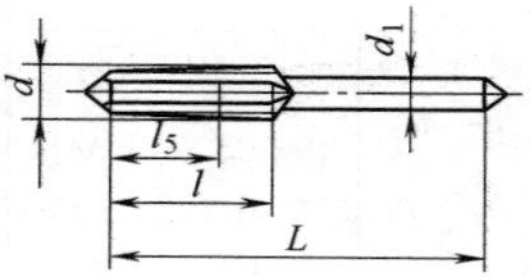	粗牙为 M2～M5 细牙为 M3×0.35～ M5×0.5	GB/T 967 —2008
圆柄螺母丝锥 ($d >$ 5～ 30mm)	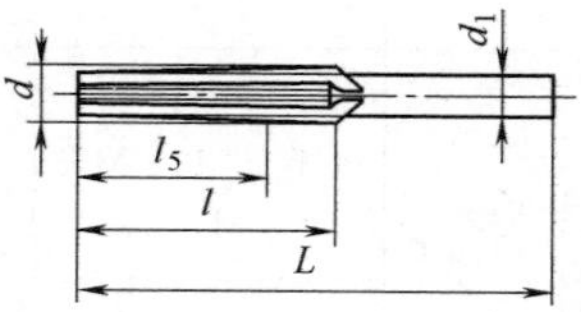	粗牙为 M6～M30 细牙为 M6×0.75～ M30×1	GB/T 967 —2008
螺母丝锥 ($d >$ 5mm)	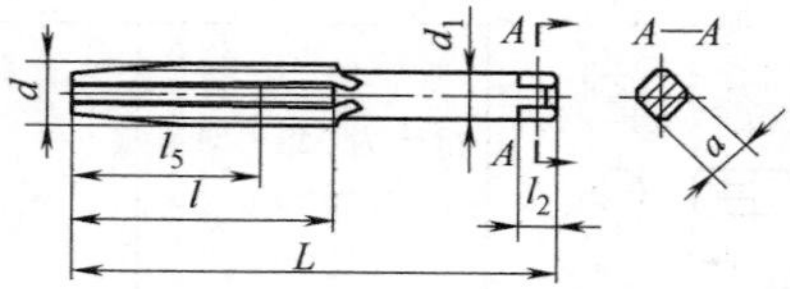	粗牙为 M6～M52 细牙为 M6×0.75～ M52×1.5	GB/T 967 —2008
长柄螺母丝锥	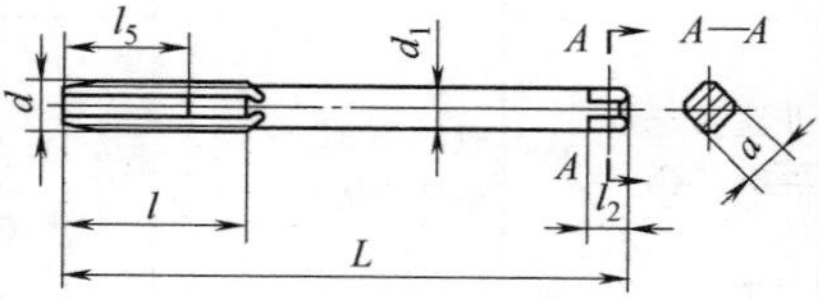	粗牙为 M3～M33 细牙为 M3×0.35～ M52×1	JB/T 8786 —1998
米制锥螺纹丝锥	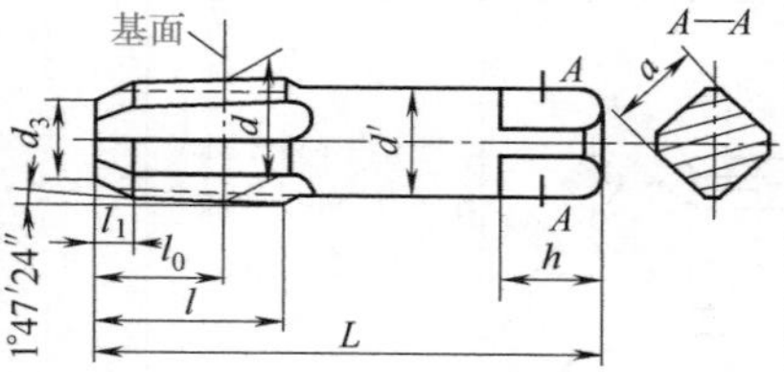	ZM6～ZM60	

类型	简图	规格范围	标准代号
螺旋槽丝锥	 (a) 适用于M3～M6 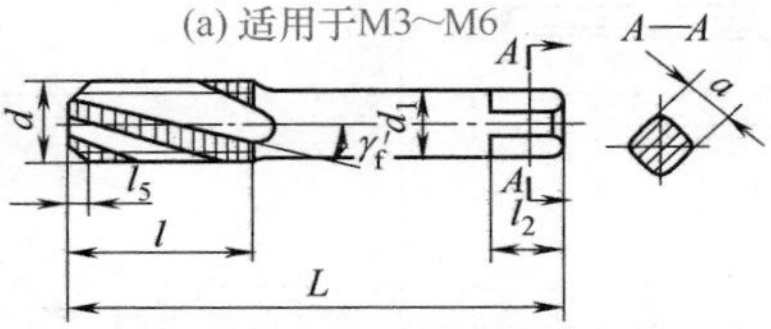 (b) 适用于M7～M33	粗牙为 M3～M27 细牙为 M3×0.35～ M33×3	GB/T 3506 —2008
梯形螺纹丝锥	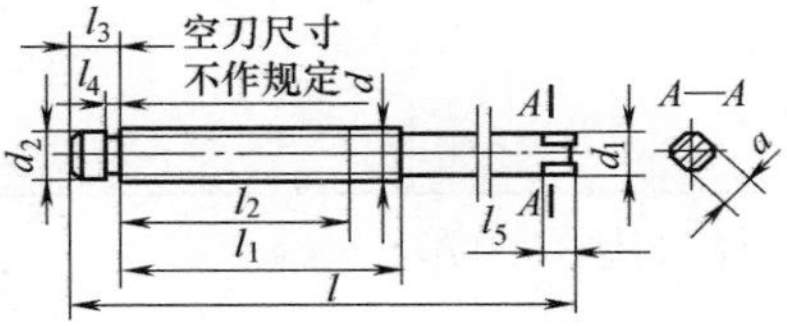	Tr8×1.5～ Tr52×8	GB/T 9989.1 —1999
55°圆柱管螺纹丝锥	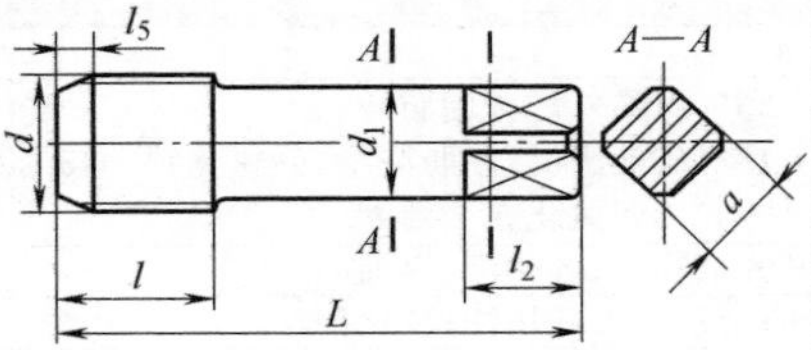	G 系列： G1/16～G4 G-D 系列： G1/16D～G4D Rp 系列： Rp1/16～Rp4	GB/T 9994 —1999
55°圆锥管螺纹丝锥	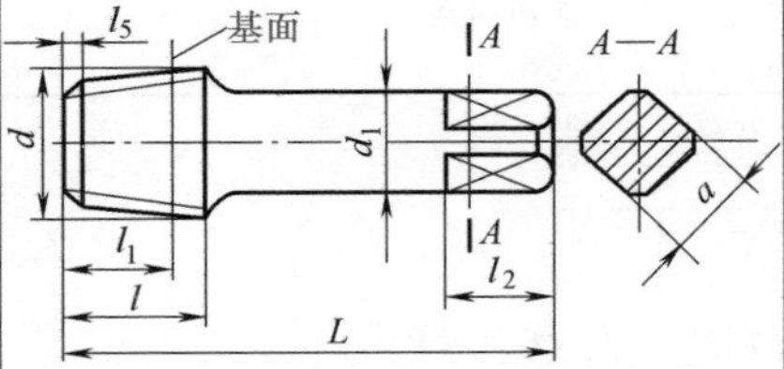	Rc1/16～Rc4	GB/T 9996 —1999

注：1. 米制锥螺纹丝锥，适用于加工用螺纹密封的米制锥螺纹（GB/T 1415—1992）。

2. 55°圆柱管螺纹丝锥有 G、G-D、Rp 三个系列。G 和 G-D 系列适用于加工 55°非密封管螺纹，Rp 系列适用于加工 55°密封管螺纹。

3. 55°圆锥管螺纹丝锥，适用于加工 55°密封管螺纹。

（3）铰杠类型及应用（表16.46）

◇ 表 16.46 铰杠类型及应用

类型		图示	应用
普通铰杠	固定式	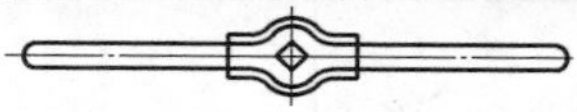	攻 M5 以下螺纹孔
	可调式	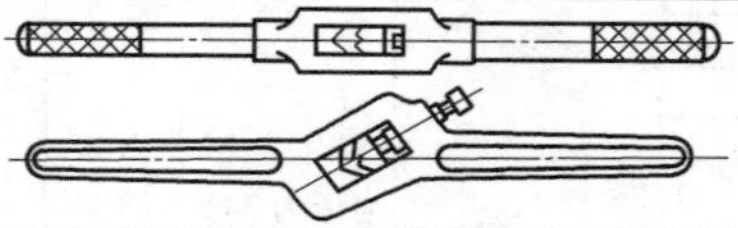	攻 M6 ～ M24 以上螺纹孔
丁字形铰杠	固定式	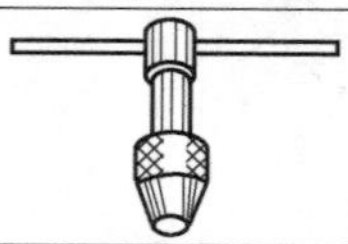	可调式可攻 M6 以下螺纹孔，大尺寸的铰手都是固定式的
	可调式	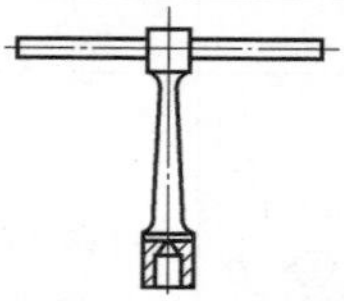	

（4）攻螺纹切削液的选择（表 16.47）

◇ 表 16.47 攻螺纹切削液的选择

工件材料	切削液
结构钢、合金钢	硫化油；乳化液
耐热钢	60％硫化油＋25％煤油＋15％脂肪酸 30％硫化油＋13％煤油＋8％脂肪酸＋1％氯化钡＋48％水 硫化油＋15％～20％四氯化碳
灰铸铁	75％煤油＋25％植物油；乳化液；煤油
铜合金	煤油＋矿物油；全系统消耗用油；硫化油
铝及合金	85％煤油＋15％亚麻油 50％煤油＋50％全系统消耗用油 煤油；松节油；极压乳化液

注：表内含量百分数均为质量分数。

16.8.2 套螺纹用板牙与板牙架

（1）板牙种类和使用范围（表 16.48）

◇ 表 16.48 板牙种类和使用范围

名称	简图	使用范围
固定式圆板	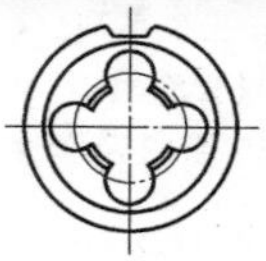	用于普通螺纹和锥形螺纹，手动也可在机床上套螺纹

名称	简图	使用范围
方板牙	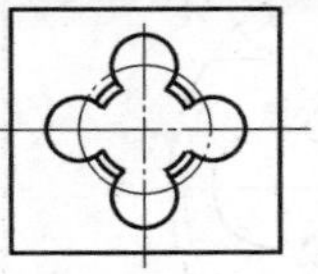	用方扳手,手动套螺纹
六角板牙	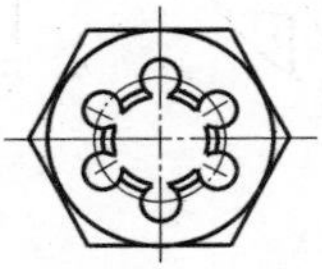	用六角扳手,手动套螺纹
管形板牙	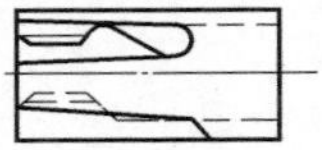	利用板牙架手动套螺纹
钳工板牙	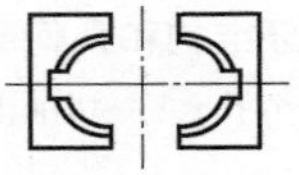	用于车床和自动车床上套螺纹

（2）圆板牙的结构和几何参数

圆板牙的结构和几何参数见图 16.48，其螺纹部分由切削锥部分和校准部分组成。圆板牙两端面处都有切削锥部，板牙螺纹中间一段是校准部分，具有完整的齿形，用来校准已切出的螺纹，也是套螺纹时的导向部分。

常用的切削锥角 $2\kappa_r$ 和切削锥长度 l_1 如下：

M1～M6 的板牙 $2\kappa_r = 50°$，$l_1 = (1.3～1.5)P$（螺距）

M6 以上的板牙 $2\kappa_r = 40°$，$l_1 = (1.7～1.9)P$（螺距）

加工非金属的板牙 $2\kappa_r = 75°$。

板牙切削锥部分经铲磨以形成后角，在端截面上后角 $\alpha_p = 5°～7°$。

圆板牙的前面是容屑孔的一部分，为简化容屑孔加工和刃磨，板牙的前面一般均制成圆弧形（曲面），因此前角的大小沿着切削刃变化（见图 16.49），在螺纹小径处前角 γ_{p1} 最大，大径处前角 γ_p 最小。一般选取 $\gamma_p = 8°～12°$；粗牙板牙 $\gamma_{p1} = 30°～35°$；细牙板牙 $\gamma_{p1} = 25°～30°$。

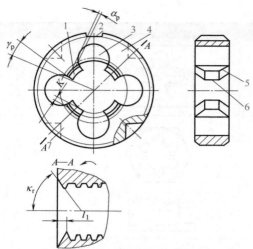

图 16.48 圆板牙结构和几何参数

1—刃瓣；2—调节槽；3—排屑槽；4—调节孔；5—切削锥；6—校准部；7—紧固孔

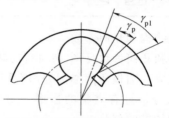

图 16.49 圆板牙前角的变化

（3）常用板牙规格范围及标准代号（表 16.49）

◇ 表 16.49 常用板牙规格范围及标准代号

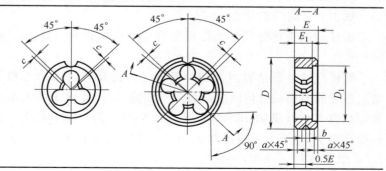

类型	规格范围	标准代号
圆板牙	粗牙为 M1～M68 细牙为 M1×0.2～M56×4	GB/T 970.1—2008

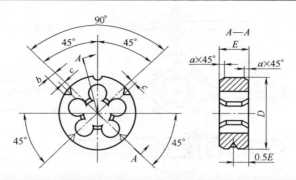

类型	规格范围	标准代号
55°圆柱管螺纹圆板牙	G1/16～G2¼	JB/T 9997—1999

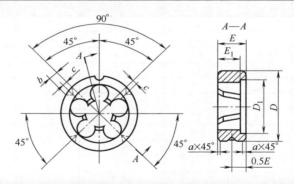

类型	规格范围	标准代号
55°圆锥管螺纹圆板牙	R1/16～R2	JB/T 9998—1999

注：1. 圆板牙适于加工普通螺纹（GB/T 192—2003～GB/T 193—2003、GB/T 196—2003～GB/T 197—2003）。精度为 6g。

2. 55°圆柱管螺纹圆板牙适用于加工"55°非密封管螺纹"（GB/T 7307—2001）中 G 系列 A 级和 B 级精度的螺纹。

3. 55°圆锥管螺纹圆板牙适用于加工"55°密封管螺纹"（GB/T 7306.1—2000、GB/T 7306.2—2000）中 R 系列的螺纹。

（4）圆板牙架形式和尺寸（表 16.50）

◇ 表 16.50　圆板牙架形式和尺寸　　　　　　　　　　　　　　　mm

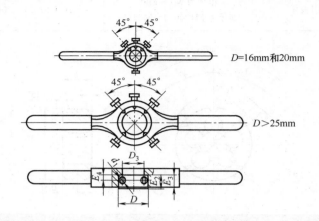

D	E_2	E_3	$E_4\left(\begin{smallmatrix}0\\-0.2\end{smallmatrix}\right)$	D_3	d_1
16	5	4.8	2.4	11	M3
20	7	6.5	3.4	15	M4
25	9	8.5	4.4	20	M5
30	11	10	5.3	25	
38	10	9	4.8	32	
	14	13	6.8		M6
45	18	17	8.8	38	
55	16	15	7.8	48	
	22	20	10.7		
65	18	17	8.8	58	
	25	23	12.2		
75	20	18	9.7	68	M8
	30	28	14.7		
90	22	20	10.7	82	
	36	34	17.7		
105	22	20	10.7	95	
	36	34	17.7		
120	22	20	10.7	107	M10
	36	34	17.7		

16.8.3 螺纹加工工艺

(1) 攻螺纹工艺要点

① 合理选择攻螺纹前的底孔直径，参见表 16.51～表 16.53。

◇ 表 16.51 普通螺纹攻螺纹前底孔的钻头直径   mm

螺纹公称	螺距	钻头直径 D		螺纹公称	螺距	钻头直径 D	
直径 d	P	钢、紫铜	铸铁、青铜、黄铜	直径 d	P	钢、紫铜	铸铁、青铜、黄铜
3	0.5	2.5	2.5	14	2	12	11.8
4	0.7	3.3	3.3	16	2	14	13.8
5	0.8	4.2	4.1	18	2.5	15.5	15.3
6	1	5	4.9	20	2.5	17.5	17.3
8	1.25	6.7	6.6	22	2.3	19.5	19.3
10	1.5	8.5	8.4	24	3	21	20.7
12	1.75	10.2	10.1	30	3.5	26.5	26.2

◇ 表 16.52 非螺纹密封管螺纹攻螺纹前底孔的钻头直径

尺寸代号	每 25.4mm 内的牙数	钻头直径 /mm	尺寸代号	每 25.4mm 内的牙数	钻头直径 /mm
1/8	28	8.8	1	11	30.6
1/4	19	11.7	1 1/4	11	39.2
3/8	19	15.2	1 3/8	11	41.6
1/2	14	18.9	1 1/2	11	45.1
3/4	14	24.4			

◇ 表 16.53 螺纹密封的管螺纹攻螺纹前底孔的钻头直径

尺寸代号	每 25.4mm 内的牙数	钻头直径 /mm	尺寸代号	每 25.4mm 内的牙数	钻头直径 /mm
1/8	28	3.4	1	11	29.7
1/4	19	11.2	1 1/4	11	38.3
3/8	19	14.7	1 1/2	11	44.1
1/2	14	18.3	2	11	55.8
3/4	14	23.6			

普通螺纹的底孔直径也可由下列经验公式确定，加工钢和塑性较大的工件时：

钻头直径 D＝螺纹公称直径 d－螺距 P

加工铸铁和塑性较小的工件时：钻头直径 D＝螺纹公称直径 $d-1.1\times$螺距 P

钻孔后，孔口必须倒角。倒角直径可略大于螺孔大径，这样可使丝锥开始切削时容易切入，并可防止孔口出现被挤压出的凸边。

② 用丝锥头锥切削螺纹时，应保证丝锥中心线与螺孔端面在两个相互垂直方向上的垂直度。可按图 16.50 所示方法检查。

③ 攻盲孔螺纹时，应注意：

钻孔深度＝所需螺孔深度＋0.7×螺纹大径

防止丝锥到底后还继续往下攻，造成丝锥折断。

注意随时清除孔内切屑，防止切屑阻塞造成丝锥折断。

④ 攻螺纹时必须以头锥、二锥、三锥顺序进行至标准尺寸。当丝锥在压力和旋转力的作用下切入底孔，一旦切入稳定后，只需两手均衡的旋转力，不需加压，并要经常倒转 $1/4\sim1/2$ 圈（如图 16.51 所示），使切屑碎断，以防丝锥卡住退不出，造成丝锥折断。

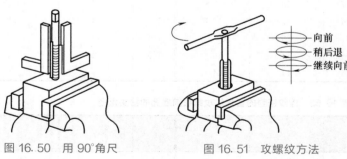

图 16.50　用 90°角尺
检查丝锥位置

图 16.51　攻螺纹方法

向前
稍后退
继续向前

⑤ 攻韧性材料的螺纹时，应加合适的切削液，以减小切削阻力及螺纹的表面粗糙度，延长丝锥寿命。

⑥ 攻螺纹的工序见图 16.52。

（2）套螺纹工艺要点

① 圆杆直径的确定：套螺纹时圆杆直径可参见表 16.54。

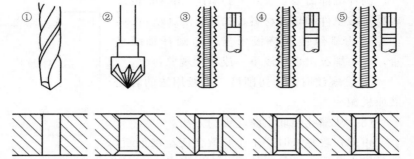

图 16.52　攻制内螺纹时的工序

◈ 表 16.54　**板牙套螺纹时的圆杆直径**　　　　　　　　　　　　　mm

粗牙普通螺纹			英制螺纹			圆柱管螺纹		
螺纹直径	螺距	螺杆直径		螺纹直径/in	螺杆直径		螺纹直径/in	螺杆直径	
		最小直径	最大直径		最小直径	最大直径		最小直径	最大直径
M6	1	5.8	5.9	1/4	5.9	6	1/8	9.4	9.5
M8	1.25	7.8	7.9	5/16	7.4	7.6	1/4	12.7	13
M10	1.5	9.75	9.85	3/8	9	9.2	3/8	16.2	16.5
M12	1.75	11.75	11.9	1/2	12	12.2	1/2	20.5	20.8
M14	2	13.7	13.85	—			5/8	22.5	22.8
M16	2	15.7	15.85	5/8	15.2	15.4	3/4	26	26.3
M18	2.5	17.7	17.85	—			7/8	29.8	30.1
M20	2.5	19.7	19.85	3/4	18.3	18.5	1	32.8	33.1
M22	2.5	21.7	21.85	7/8	21.4	21.6	1⅛	37.4	37.7
M24	3	23.65	23.8	1	24.5	24.8	1¼	41.4	41.7
M27	3	26.65	26.8	1¼	30.7	31	1⅜	43.8	44.1
M30	3.5	29.6	29.8	—			1½	47.3	47.6
M36	4	35.6	35.8	1½	37	37.3			
M42	4.5	41.55	41.75						
M48	5	47	47.7						
M52	5	51.5	51.7						
M60	5.5	59.45	59.7						
M64	6	63.4	63.7						
M68	6	67.4	67.7						

普通螺纹的圆杆直径也可按下列经验公式确定：

圆杆直径 D ＝螺纹公称直径 d －0.13×螺距 P

圆杆端部需要倒 15°～20°的斜角，使板牙容易对准工件和切入材料，如图 16.53 所示。

② 套螺纹应保持板牙端面与圆杆轴线垂直，以防螺纹出现深浅不一或啃牙现象。

③ 套螺纹时需加切削液，一般用浓的乳化液或机械油。

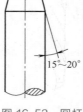

图 16.53　圆杆套螺纹前倒角

（3）从螺孔中取出断丝锥的方法

钳工在攻螺纹时，不小心就会使丝锥折断，而丝锥折断后，必须要从螺孔中取出来，取不出就成了废品，现介绍几种取出断丝锥的方法。

① 用冲子或錾子，顺着退出方向打丝锥的断槽，由开始轻打，逐渐加重。振松后便可退出，如图 16.54（a）所示。

② 使用专门工具旋出断丝锥。由钳工按丝锥的槽型及大小制造旋出工具，如图 16.54（c）所示。

③ 用弹簧钢丝插入断丝锥槽中；把断丝锥旋出。其方法是在带方榫的断锥上，旋上两个螺母，把弹簧钢丝塞进二段丝锥和螺母间的空槽内，然后用铰手向退出方向扳动断丝锥的方榫，带动钢丝，便可把断丝锥旋出，如图 16.54（b）所示。

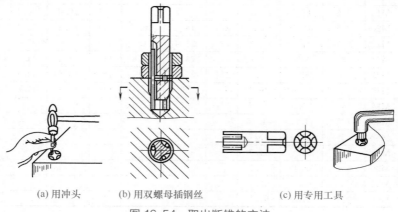

(a) 用冲头　　　(b) 用双螺母插钢丝　　　(c) 用专用工具

图 16.54　取出断锥的方法

④ 用气焊在断丝锥上焊上一个六角螺钉，然后按退出方向

扳动螺钉，把断丝锥旋出。

⑤ 将断丝锥用气焊退火，然后用钻头把断丝锥钻掉。

⑥ 用电脉冲加工机床，将断丝锥电蚀掉。

16.8.4　攻螺纹、套螺纹产生废品及刀具损坏的原因和防止

◇ 表 16.55　攻螺纹产生废品的原因及防止方法

废品形式	产生原因	防止方法
螺纹乱牙	①底孔直径太小，丝锥不易切入，造成孔口乱牙 ②攻二锥时，未按已切出的螺纹切入 ③丝锥磨钝，不锋利 ④螺纹歪斜过多，用丝锥强行纠正 ⑤未用合适的切削液 ⑥攻螺纹时，丝锥未经常倒转	①根据加工材料，选择合适底孔直径 ②先用手旋入二锥，再用铰杆攻入 ③刃磨丝锥 ④开始攻入时，两手用力要均匀，并注意检查丝锥与螺孔端面的垂直度 ⑤选用合适的切削液 ⑥多倒转丝锥，使切屑碎断
螺纹歪斜	①丝锥与螺孔端面不垂直 ②攻螺纹时，两手用力不均匀	①开始切入时，注意丝锥与螺孔端面垂直 ②两手用力要均匀
螺纹牙深不够	①底孔直径太大 ②丝锥磨损	①正确选择底孔直径 ②刃磨丝锥
螺纹表面粗糙	①丝锥前、后面及容屑槽粗糙 ②丝锥不锋利、磨钝 ③攻螺纹时丝锥未经常倒转 ④未用合适切削液 ⑤丝锥前、后角太小	①刃磨丝锥 ②刃磨丝锥 ③多倒转丝锥，改善排屑 ④选择合适切削液 ⑤磨大前、后角

◇ 表 16.56　套螺纹产生废品的原因及防止方法

废品形式	产生原因	防止方法
螺纹乱牙	①塑性材料未用切削液，螺纹被撕坏 ②套螺纹时，没有反转割断切屑，使切屑堵塞，咬坏螺纹 ③圆杆直径太大 ④板牙歪斜太多而强行纠正	①根据材料，正确选用切削液 ②应经常倒转，使切屑断碎，及时排出 ③正确选择圆杆直径 ④开始套时就应注意板牙平面与圆杆轴线垂直，同时注意两手用力相等

废品形式	产生原因	防止方法
螺纹歪斜	①圆杆倒角过小,倒角过大,或倒角歪斜 ②两手用力不均匀	①倒角要正确、无歪斜 ②起套要正,两手用力均衡
螺纹太瘦	①铰杠摆动太大,或由于偏斜多次纠正,切削过多,使螺纹中径偏小 ②起削后,仍用压力扳动	①要摆稳板牙,用力均衡 ②起套后去除压力,只用旋转力
螺纹太浅	圆杆直径太小	根据材料正确选择圆杆直径

第17章

铆工及钣金加工

17.1　铆接

铆接是指采用铆接工具、设备，利用铆钉的形变将两个或两个以上加工有铆钉孔的零件或构件（通常是金属的板材或型材及其半成品）连接成为整体的方法，如图 17.1 所示。铆接的过程是将铆钉插入被铆接工件的孔内，用工具连续锤击或用压力机压缩铆钉杆端，使铆钉充满钉孔并形成铆合头。

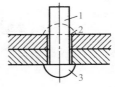

图 17.1　铆接
1—铆钉杆；2—铆合头；
3—铆钉原头

17.1.1　铆接形式

铆接的基本形式有搭接、对接和角接三种。

① 搭接　是把被铆接板件的边缘对搭在一起，用铆钉进行铆接的结构形式。在铆接的板件上，如果铆钉受一个剪切力，叫做单剪切铆接法，如果铆钉受两个剪切力，叫做双剪切铆接法，如图 17.2 所示。如果铆钉受 3 个以上剪切力，叫做多剪切铆接法。

② 对接　是把两个被铆接板件置于同一平台上，利用盖板盖住接口，再用铆钉进行连接的结构形式。对接又分为单盖板式和双盖板式两种，如图 17.3 所示。

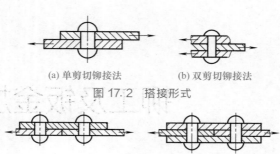

(a) 单剪切铆接法　　　　　(b) 双剪切铆接法

图 17.2　搭接形式

(a) 单盖板式　　　　　　(b) 双盖板式

图 17.3　对接形式

③ 角接　是把两个互相垂直或成一定角度的被铆接板件用铆钉进行连接的结构形式。在连接的转角处，一般用角钢作为搭接件，根据所用角钢数量又分为一侧角钢和双侧角钢两种，如图 17.4 所示。

(a) 一侧角钢连接　　　　　(b) 两侧角钢连接

图 17.4　角接形式

17.1.2　铆接方法

（1）按工具设备分类

① 手工铆接　利用手工工具，通过人工锤击使铆钉杆变形形成铆合头的铆接方法。

② 机械铆接　利用铆钉枪或铆钉机等设备，利用设备产生的锤击力或压力使铆钉杆变形形成铆合头的铆接方法。

（2）按铆接时铆钉的加热温度分类

① 冷铆　冷铆是指铆钉在常温状态下进行的铆接，冷铆技术在金属件的连接装配方面的应用已经非常普遍。冷铆时，铆钉不必加热，直接冷作铆接。钳工所进行的铆接多为手工冷铆。手工冷铆的铆钉直径通常不超过 8mm，用铆钉枪铆接的铆钉直径不超过 13mm，用铆接机铆接的铆钉直径可达 25mm。

② 热铆 热铆是指把铆钉加热至一定温度后进行的铆接。金属材料处在高温时，屈服强度降低，伸长率增加，此时铆钉变形阻力较常温时大大减小。热铆常用在铆钉材质塑性较差、铆钉直径较大或铆力不足的情况下。手工铆接或用铆钉枪铆接低碳钢铆钉时，加热温度在 1000～1100℃之间；用铆接机铆接时，加热温度在 650～750℃之间。

③ 混合铆 混合铆是将铆钉头局部加热后进行的铆接，混合铆能够使较大的铆钉在铆接加工时铆钉杆不改变其形态，并保持稳定。

（3）按铆接件工作要求和应用目的分类

① 活动铆接 活动铆接用于要求铆接件在完成铆接后能保持相互转动，各铆接件之间不做刚性连接，如钳子、剪子、圆规等。

② 坚固铆接 坚固铆接要求铆钉能承受很大的作用力，保证铆接后的构件有足够的强度，而对接缝处的严密性没有特别要求，如房架桥梁、车辆、起重机等。

③ 紧密铆接 紧密铆接不要求铆钉承受较大的作用力，但要求接缝处具有良好的密封性，以防止发生泄漏现象，如水箱、气箱、油罐等。

④ 固密铆接 固密铆接既要求铆钉能承受较大的作用力，又要求接缝处非常紧密，如蒸汽锅炉、压缩空气罐及其他压力容器。

（4）根据铆接时铆钉受力性质和铆钉类型分类

① 冲击铆接 冲击铆接是指在铆接过程中，钉枪部的冲头以相当大的动能锤击铆钉端部，以较快速度形成较大的冲击力，从而使铆钉杆镦粗并在头部形成铆合头，完成铆接。

根据冲击力作用在铆钉上的不同部位，冲击铆接又分为正铆法和反铆法。正铆法是将顶铁顶住铆钉头，冲击力直接作用在铆钉杆而形成铆合头；反铆法是将铆钉枪的冲击力作用在铆钉头上，用顶铁顶住铆钉杆形成铆合头。

② 压铆 压铆是利用铆接机产生的压力镦粗铆钉杆并形成铆合头完成铆接的。

③ 特种铆接 特种铆接是不同于冲击铆接和压铆的其它铆

接方法的统称。其包括单面铆接、高抗剪铆钉的铆接、环槽铆钉的铆接和干涉铆接等。每种铆接方法各有特点，应用于不同的场所，故统称为特种铆接。

17.1.3 铆接工具

（1）冷铆用的铆接工具

包括：顶铁、铆钉锤、冲头、铆钉枪、铆钉机等。

① 顶铁：顶铁的作用是支撑在铆钉的原头一端，使铆钉杆在锤击力作用下受到较大的压力而产生变形。如图17.5所示为几种形状的顶铁，形状简单的用于易接近铆钉的地方，形状比较复杂的，用于不易接近铆钉的地方。不论使用哪种顶铁，其重量应集中在铆钉轴线附近，否则，顶铁不能充分发挥作用。

图17.5 顶铁

② 铆钉锤：手工冷铆时，用铆钉锤锤击伸出钉孔之外的铆钉杆端头，在钉杆被镦粗的同时形成伞状钉头，最后用带窝子的冲头将钉头修理至理想形状，铆钉锤如图17.6所示。手工冷铆时，铆钉直径一般不大于8mm。

③ 冲头：用于传递锤击载荷，使锤击力作用在铆钉杆上，镦出铆钉头的形状。为了保持铆钉头的形状正确，冲头的形状必须随铆钉头的形状而定。冲头有平冲头、带窝子半圆冲头，当铆钉头为半圆头或扁圆头时，冲头应带有圆坑形的窝子。平冲头及带窝子半圆冲头如图17.7所示。

④ 铆钉枪：是由压缩空气驱动的铆接设备。如图17.8所示，铆钉枪的前端可以安装各种冲头和铆窝，由压缩空气驱动活塞快速撞击冲头，镦出完整的铆合头。用铆钉枪冷铆时，直径不大于13mm。

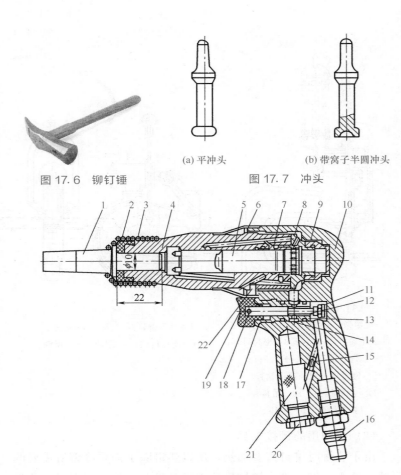

(a) 平冲头　　　　　　(b) 带窝子半圆冲头

图 17.6　铆钉锤　　　　　　　　图 17.7　冲头

图 17.8　铆钉枪

1—冲头；2—缓冲胶垫；3—防护弹簧；4—气缸；5—活塞；6—导气圈；
7—活动阀；8—导气块；9—导气块盖；10—手柄；11—密封垫；12—阀杆；
13—阀套；14—O 形密封圈；15—油嘴；16—进气嘴；17—锁紧垫片；
18—弹性圆柱销；19—按钮；20—油堵；21—润滑油腔；22—锁紧销

⑤ 铆钉机：与其他铆铆钉的工具不同，铆钉机是压力机器，不是锤击式工具。常用的铆钉机有直压式和碾压式两种，直压式铆钉机又有液压铆钉机（图 17.9）、气动铆钉机（图 17.10）和电动铆钉机。用铆钉机冷铆时，直径不大于 25mm。

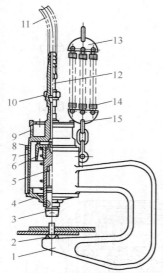

图 17.9 液压铆钉机

1—虎钳架；2—顶铁；3—冲头；
4—油缸压盖；5—支柱；6—密封衬环；
7—压环；8—螺栓；9—油缸；
10—密封垫；11—高压软管；
12—软管接头；13—吊板；
14—弹簧；15—链环

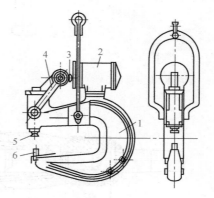

图 17.10 气动铆钉机

1—弓形臂；2—气缸；3—活塞；
4—连杆机构；5—冲头；6—顶铁

（2）热铆用的铆接工具

由于热铆时铆钉需要加热，所以热铆除了需要冷铆所需要的顶铁、冲头、铆钉枪、铆接机等工具及设备之外，还需要一些热铆专用设备，包括铆钉加热炉、烧钉钳、穿钉钳、接钉桶等。

① 铆钉加热炉：简称铆钉炉，用于热铆时加热铆钉。常用的有焦炭炉、煤气炉、油炉和电炉等，其中焦炭炉的使用最为广泛。

② 烧钉钳：用于加热铆钉时在炉内摆料和取料。

③ 穿钉钳：用于夹持烧红的铆钉穿入铆钉孔时的专用钳子。

④ 接钉桶：热铆时，当烧钉者将铆钉加热后，须将铆钉从铆钉炉中取出并扔给接钉者，接钉者靠接钉桶接取。

17.1.4　铆钉

（1）铆钉的种类

铆钉是铆接结构的重要组成部分，铆钉的选择将直接影响铆接质量。铆钉的种类很多，按铆钉形状分为平头、半圆头、沉头、半圆沉头等多种形状；铆工作业中常用的铆钉有实心铆钉和部分空心铆钉；按铆钉材料分为钢铆钉、铜铆钉和铝铆钉等几种。常用铆钉的种类及其一般用途如表 17.1 所示。

（2）铆钉的规格

铆钉的规格通常包括铆钉的公称直径、公称长度、铆钉用材料、表面处理等情况信息。如公称直径 $d=8mm$、公称长度 $l=50mm$、材料为 BL2、不经表面处理的半圆头铆钉的规格记为：铆钉 8×50 GB/T 867—1986。

① 粗制半圆头铆钉规格　粗制半圆头铆钉规格如表 17.2 所示。

② 半圆头铆钉规格　半圆头铆钉规格如表 17.3 所示。

③ 粗制沉头铆钉规格　粗制沉头铆钉规格如表 17.4 所示。

④ 沉头铆钉规格　沉头铆钉规格如表 17.5 所示。

⑤ 扁平头半空心铆钉规格　扁平头半空心铆钉规格如表 17.6 所示。

⑥ 沉头半空心铆钉规格　沉头半空心铆钉规格如表 17.7 所示。

⑦ 标牌铆钉规格　标牌铆钉规格如表 17.8 所示。

⑧ 常用铆钉材料及表面处理　常用铆钉材料及表面处理情况如表 17.9 所示。

铆钉的钉杆一般为圆柱形，铆钉头的成形采用加热锻造、冷镦或者切削加工等方法。用冷镦法制成的铆钉须经退火处理。根据使用要求，对铆钉应进行可锻性试验及剪切强度试验。铆钉的表面不允许有小凸起、平顶和影响使用的圆钝、飞边、碰伤、锈蚀等缺陷。

◎ 表 17.1 常用铆钉种类及其一般用途

国家标准	铆钉形式		钉杆直径 d /mm		一般用途
	名称	形状	粗制	精制	
GB/T 863—1986 GB/T 867—1986	半圆头铆钉		2~36	0.6~16	常用于锅炉、房架、桥梁、车辆等的连接
GB/T 864—1986 GB/T 868—1986	平锥头铆钉		2~36	2~16	由于钉头肥大，能耐腐蚀，常用于船舶、锅炉等严重腐蚀部位的铆钉
GB/T 865—1986 GB/T 869—1986	沉头铆钉		2~36	1~16	常用于承受强大力量的结构并要求凸出工件表面的连接
GB/T 866—1986 GB/T 870—1986	半沉头铆钉		2~36	1~36	不凸出或不全部凸出工件表面的连接

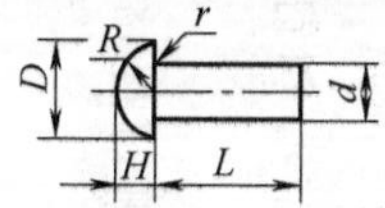

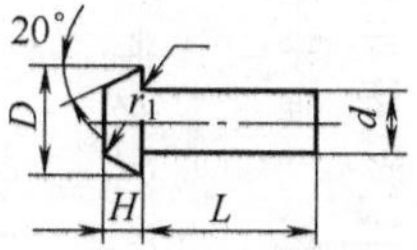

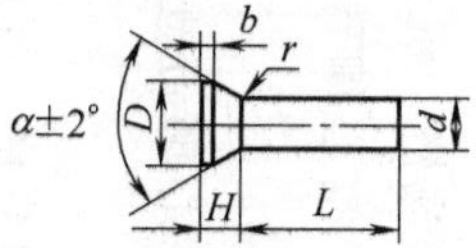

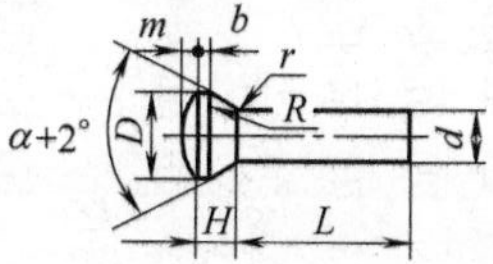

国家标准	铆钉形式		钉杆直径 d /mm	一般用途
	名称	形状		
GB/T 109—1986	平头铆钉	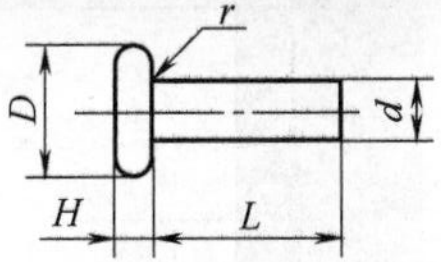	2~6	用于薄板的连接，适用于冷铆和有色金属的铆接
GB/T 871—1986	扁圆头铆钉	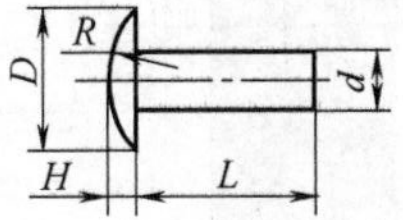	1.2~1.0	
GB/T 872—1986	扁平头铆钉	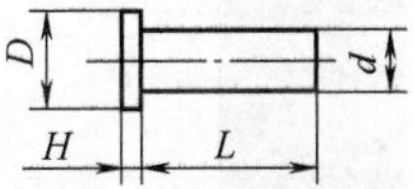	1.2~1.0	
GB/T 873—1986	扁圆头半空心铆钉	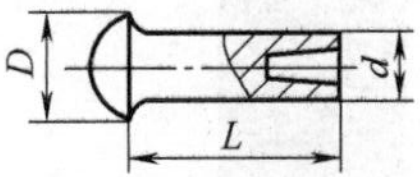	1.4~1.0	铆接方便，钉头较弱，适用于受载不大的铆接
GB/T 876—1986	空心铆钉	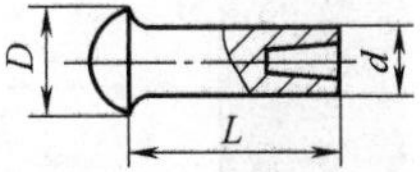	1.4~6	铆钉重量轻，钉头承载能力差，适用于轻载和异种材料的铆接

◇ 表 17.2 粗制半圆头铆钉规格　　　　　　　　　　　　　mm

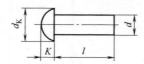

公称直径 d	铆钉头直径 d_{Kmax}	铆钉头高度 K_{max}	铆钉杆长度 l	公称直径 d	铆钉头直径 d_{Kmax}	铆钉头高度 K_{max}	铆钉杆长度 l
12	22	8.5	20～90	(22)	40.4	16.3	38～180
(14)	25	9.5	22～100	24	44.4	17.8	52～180
16	30	10.5	26～110	(27)	49.4	20.2	55～180
(18)	33.4	13.3	32～150	30	54.8	22.2	55～180
20	36.4	14.8	32～150	36	63.8	26.2	58～200

◇ 表 17.3 半圆头铆钉规格　　　　　　　　　　　　　　mm

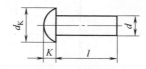

公称直径 d	铆钉头直径 d_{Kmax}	铆钉头高度 K_{max}	铆钉杆长度 l	公称直径 d	铆钉头直径 d_{Kmax}	铆钉头高度 K_{max}	铆钉杆长度 l
2	3.74	1.4	3～16	6	11.35	3.84	8～60
2.5	4.84	1.8	5～20	8	14.35	5.04	16～65
3	5.54	2	5～26	10	17.35	6.24	16～85
(3.5)	6.59	2.3	7～26	12	21.42	8.29	20～90
4	7.39	2.6	7～50	(14)	24.42	9.29	22～100
5	9.09	3.2	7～55	16	29.42	10.29	26～110

◇ 表 17.4 粗制沉头铆钉规格　　　　　　　　　　　　　mm

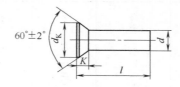

公称 直径 d	铆钉头 直径 d_{Kmax}	铆钉头 高度 K	铆钉杆 长度 l	公称 直径 d	铆钉头 直径 d_{Kmax}	铆钉头 高度 K	铆钉杆 长度 l
12	19.6	6	20～75	(22)	37.4	12	38～180
(14)	22.5	7	20～100	24	40.4	13	50～180
16	25.7	8	24～100	(27)	44.4	14	55～180
(18)	29.0	9	28～150	30	51.4	17	60～200
20	33.4	11	30～150	36	59.8	19	65～200

◇ **表 17.5　沉头铆钉规格**　　　　　　　　mm

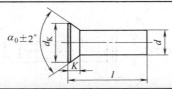

公称 直径 d	铆钉头 直径 d_{Kmax}	角度 α_0	铆钉头 高度 K	铆钉杆 长度 l	公称 直径 d	铆钉头 直径 d_{Kmax}	角度 α_0	铆钉头 高度 K	铆钉杆 长度 l
2	4.5		1	3.5～16	6	10.62		2.4	6～50
2.5	4.75		1.1	5～18	8	14.22	90°	3.2	12～60
3	5.35		1.2	5～22	10	17.82		4	16～62
(3.5)	6.28	90°	1.4	6～24	12	18.86		6	18～75
4	7.18		1.6	6～30	(14)	21.76	60°	7	20～100
5	8.98		2	6～50	16	24.96		8	24～100

◇ **表 17.6　扁平头半空心铆钉规格**　　　　　　　　mm

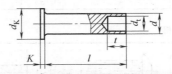

公称直径 d	铆钉头 直径 d_{Kmax}	铆钉头 高度 K_{max}	内孔直径 d_{tmax}		内孔长度 l_{max}		铆钉杆 长度 l
			黑色	有色	黑色	有色	
2	3.74	0.68	1.12	1.12	2.24	1.76	2～13
2.5	4.74	0.68	1.62	1.62	2.74	2.26	3～15
3	5.74	0.88	2.12	2.12	3.24	2.76	3.5～30
(3.5)	6.79	0.88	2.32	2.32	3.79	3.21	5～36

公称直径 d	铆钉头直径 d_{Kmax}	铆钉头高度 K_{max}	内孔直径 d_{tmax}		内孔长度 l_{max}		铆钉杆长度 l
			黑色	有色	黑色	有色	
4	7.79	1.13	2.62	2.52	4.29	3.71	5～40
5	9.79	1.13	3.66	3.46	5.29	4.71	6～50
6	11.85	1.33	4.66	4.16	6.29	5.71	7～50
8	15.85	1.33	6.16	4.66	8.35	7.65	9～50
10	19.42	1.63	7.7	7.7	10.35	9.65	10～50

◇ **表 17.7 沉头半空心铆钉规格**　　　　　　　　　　　　mm

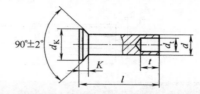

公称直径 d	铆钉头直径 d_{Kmax}	内孔直径 d_{lmax}		内孔长度 l_{max}	铆钉头高度 K	铆钉杆长度 l
		黑色	有色			
2	4.05	1.12	1.12	2.24	1	4～14
2.5	4.75	1.62	1.62	2.74	1.1	5～16
3	5.35	2.12	2.12	3.24	1.2	6～18
3.5	6.28	2.32	2.32	3.79	1.4	8～20
4	7.18	2.62	2.52	4.29	1.6	8～24
5	8.98	3.66	3.46	5.29	2	10～40
6	10.62	4.66	4.16	6.29	2.4	12～40
8	14.22	6.16	4.66	8.35	3.2	14～50
10	17.82	7.7	7.7	10.35	4	18～50

◇ **表 17.8 标牌铆钉规格**　　　　　　　　　　　　mm

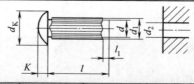

公称直径 d	铆钉头直径 d_{Kmax}	铆钉头高度 K_{max}	铆钉杆直径 d_{1min}	铆钉孔直径		铆钉杆长度 l
				d_{2max}	d_{2min}	
(1.6)	3.2	1.2	1.75	1.56	1.5	3～6
2	3.74	1.4	2.15	1.96	1.9	3～8

续表

| 公称直径 | 铆钉头直径 | 铆钉头高度 | 铆钉杆直径 | 铆钉孔直径 | | 铆钉杆长度 |
d	d_{Kmax}	K_{max}	d_{1min}	d_{2max}	d_{2min}	l
2.5	4.84	1.8	2.65	2.46	2.4	3～10
3	5.54	2.0	3.15	2.96	2.9	4～12
4	7.39	2.6	4.15	3.96	3.9	6～18
5	9.09	3.2	5.15	4.96	4.9	8～20

◇ 表17.9　常用铆钉材料及表面处理情况

	钢	铜	铝
材料	Q215、Q235、BL3、BL2、10、15、ML10、ML20	T2、T3、H62	2A10、5B05
表面处理	不经处理或做镀锌钝化	不经处理或钝化	不经处理或阳极氧化

17.1.5　铆钉孔径选择

铆钉孔径由铆钉直径确定。铆接时，若铆钉直径过大，则铆合头成形困难，容易使板料变形。反之，若铆钉直径过小，则铆钉强度不足，致使铆钉数量增多，施工不便。铆接时，首先依据板材厚度和铆接形式等选择铆钉直径，再根据铆钉直径选择铆钉孔径。铆钉孔径的确定如表17.10所示。

◇ 表17.10　铆钉孔径的选择（GB/T 152.1—1988）　　　　mm

铆钉直径 d		约2.5	3.35	4	5～8	10	12	14～16	18	20～27	30～36
铆钉孔径	精装配	d+0.1			d+0.2	d+0.3	d+0.4	d+0.5			
	粗装配	d+0.2	d+0.4	d+0.5	d+0.6	d+1			d+1	d+1.5	d+2

注：1. 对于多层板料固密铆接时，钻孔直径应按标准孔径减少1～2mm，以备装配后铆铆钉前铰孔用。

2. 凡冷铆的铆钉孔直径应尽量接近铆钉杆直径。

3. 如板料与角钢等非容器结构铆接时，铆钉孔直径可加大2%。

17.1.6　单面铆接

单面铆接是指仅从单面接近工件完成的铆接，这类铆接特别适用于不便采用普通铆钉（须从两面进行铆接）的铆接场合。

单面铆接采用特殊铆钉和专用工具（拉铆枪或旋转工具），是通过专用工具使特殊的铆钉变形，将铆接件铆合在一起的一种铆接方法，属于冷铆的一种。

抽芯铆钉铆接是单面铆接常用的一种铆接方法，采用抽芯铆钉铆接的专用工具是拉铆枪。下面主要介绍抽芯铆钉单面铆接的工具及工艺过程。

（1）抽芯铆钉单面铆接的工具

抽芯铆钉单面铆接的工具有抽芯铆钉组件和拉铆枪。

抽芯铆钉组件由空心铆钉体（空心）、铆钉钉杆（实心）和锁环组成。抽芯铆钉的实物图如图 17.11 所示。

图 17.11　抽芯铆钉

拉铆枪有手动、电动和气动等多种类型。手动拉铆枪有单把的和双把的，如图 17.12 所示。电动拉铆枪和气动拉铆枪如图 17.13 和图 17.14 所示。

(a) 双把　　　　　　　　　　　　(b) 单把

图 17.12　手动拉铆枪

图 17.13　电动拉铆枪　　　　　　图 17.14　气动拉铆枪

（2）抽芯铆钉单面铆接工艺过程

抽芯铆钉单面铆接拉铆步骤如下：

① 将铆钉组件放入已经制好的铆钉孔内。

② 用拉铆枪夹住铆钉杆，枪头顶住锁环，并按下拉铆枪按钮开始拉铆。

③ 构件被锁环和铆钉体夹紧，实心铆钉杆下端的剪切环迫使空心铆钉体下部向外膨胀，形成铆合头。

④ 继续拉铆，铆钉杆与铆钉体互相挤压，铆钉体填满铆孔，铆钉杆直径收缩，这个过程叫做拉丝过程。

⑤ 当铆钉杆被拉到位以后，拉铆枪自动压入锁环，实心铆钉杆从细颈部断开，铆接完成。

抽芯铆钉单面铆接工艺过程如图 17.15 所示。

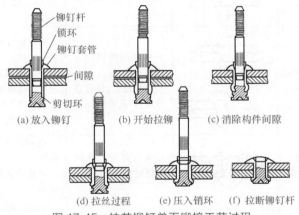

图 17.15　抽芯铆钉单面铆接工艺过程

17.1.7　铆接常见缺陷产生原因及防止措施

铆接常见缺陷种类、产生原因及防止措施如表 17.11 所示。

◇ 表 17.11　铆接质量缺陷的原因及防止措施

缺陷种类	缺陷图示	产生原因	防止措施
铆钉头周围帽缘过大	$a \geqslant 3; b \geqslant 1.5 \sim 3$	钉杆太长 罩模直径太小 铆接时间过长	正确选择钉杆长度 更换罩模 减少打击次数

机械工综合切削手册

缺陷种类	缺陷图示	产生原因	防止措施
铆钉头过小，高度不够	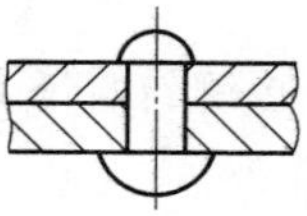	钉杆较短或孔径过大 罩模直径过大	加长钉杆 更换罩模
铆钉形成突头及克伤板料	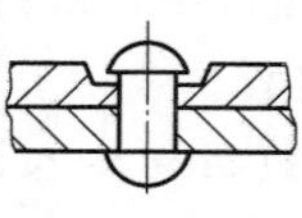	铆钉枪位置偏斜 钉杆长度不足 罩模直径过大	铆接时铆钉枪与板件垂直 计算钉杆长度 更换罩模
铆钉头上有伤痕	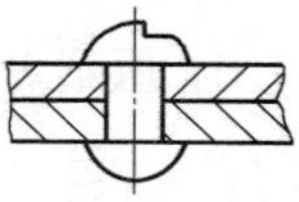	罩模击在铆钉头上	铆接时紧握铆钉枪，防止跳动过高
铆钉头偏移或钉杆歪斜	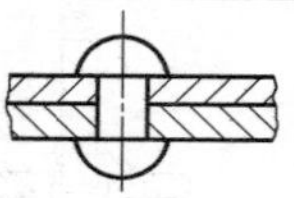 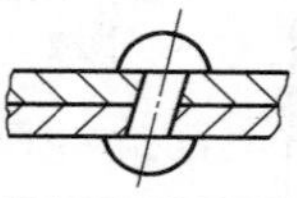	铆接时铆钉枪与板面不垂直 风压过大，使钉杆弯曲、钉孔歪斜	柳钉枪与钉杆应在同一轴线上 开始铆接时，风门应由小逐渐增大 钻或铰孔时刀具应与板面垂直
铆钉杆在钉孔内弯曲	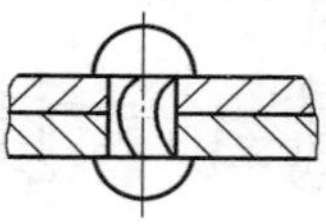	铆钉杆与钉孔的间隙过大	选用适当直径的铆钉 开始铆接时，风门应小
铆钉头四周未与板件表面贴合	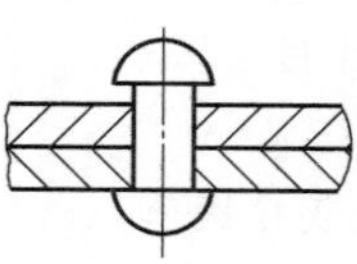	孔径过小或钉杆有毛刺，顶钉力不够或未顶严 压缩空气压力不足	铆接前先检查孔径 穿钉前先消除钉杆毛刺和氧化皮 压缩空气压力不足时应停止铆接
铆钉头有部分未与板料表面贴合	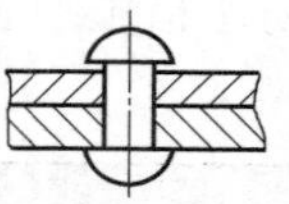	罩模偏斜 钉杆长度不够	铆钉枪应保持垂直 正确确定铆钉杆长度
板料接合面间有缝隙	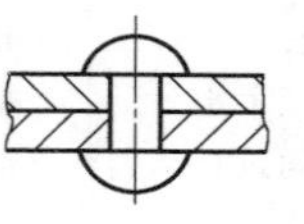	装配时螺栓未紧固或过早地被拆卸 孔径过小 板件间相互贴合不严	拧紧螺母，待铆接后再拆除螺栓 铆接前检查板件是否贴合和检查孔径大小

续表

缺陷种类	缺陷图示	产生原因	防止措施
铆钉头有裂纹	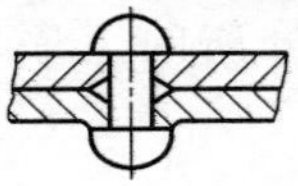	铆钉材料塑性差 加热温度不适当	检查铆钉材质,试 验铆钉的塑性 控制好加热温度

17.2 钣金加工

钣金加工是钣金制品成形的重要工序。钣金加工就是在保持板料厚度不变的情况下,通过切割下料、冲压、弯压成形等手段来加工薄板类制品。

17.2.1 板料冲压的特点和基本工序

板料冲压是利用压力,使放在冲模间的板料产生分离或变形,从而获得一定形状、尺寸和性能的零件或毛坯的压力加工方法。板料冲压一般是在冷态下进行,故又称冷冲压,简称冷冲或冲压。板料冲压所用的原材料必须具有足够高的塑性。

(1) 板料冲压的特点

① 冲压件的尺寸精度高,表面质量好,互换性好,一般不需要切削加工即可直接使用,且质量稳定。

② 可压制形状复杂的零件,且废料较少,产品的重量轻,强度和刚度较高。

③ 冲压生产的生产率高,操作简单,其工艺过程易于实现机械化和自动化,成本低。

④ 冲压用模具结构复杂,精度要求高,制造费用高。冲压只有在大批量生产时,才能显示其优越性。

⑤ 冲压件的质量为一克至几十千克,尺寸为一毫米至几米。

⑥ 可利用加工硬化提高零件的力学性能。

(2) 板料冲压的基本工序

板料冲压的基本工序包括分离工序和成形工序。分离工序是使冲压件与板料沿一定的轮廓线相互分离的工序,分离工序包括冲裁（落料与冲孔）。成形工序是使坯料塑性变形，获得所需要形状、尺寸的制件的工序，成形工序包括弯曲、拉深和成形。

① 冲裁：使板料沿封闭轮廓线分离的工序，包括落料与冲孔。

落料：得到片状冲压件的外形。

冲孔：得到冲压件上的孔。

② 弯曲：利用模具或其它工具将坯料一部分相对另一部分弯曲成一定的角度和圆弧的变形工序。

③ 拉深：利用模具将已落料的平面板坯压制成各种开口空心零件，或将已制成的开口空心件毛坯制成其他形状空心零件的一种变形工艺，又称拉延。

④ 成形：使板料或半成品改变局部形状的工序。

17.2.2 冲压设备

冲压设备就是所谓的压力机，是板料加工中的重要设备之一。常见冲压设备有机械压力机和液压机。

冲压设备的种类很多，冲压设备按驱动滑块机构的种类可分为曲柄式和摩擦式；按滑块个数可分为单动和双动；按床身结构形式可分为开式（C 型床身）和闭式（Ⅱ型床身）；按自动化程度可分为普通压力机和高速压力机等。冲压加工中常用的冲压设备有以下几种类型。

（1）冲床

1）通用冲床　通用冲床是冲压加工常用设备，它们广泛用于冲裁、弯曲、拉伸及局部成形等工序。若配有自动进出料机构或装上专用模具还可实现自动化生产或完成特定工艺，如精密冲裁或冷挤压等。根据公称压力的大小，通用冲床可大致分为大、中、小三种型号。公称压力在 100t 以下的为小型冲床，100～300t 之间的为中型冲床，300t 以上的为大型冲床。根据床身结构不同，通用冲床可分为开式和闭式两种。开式冲床又可分为单柱、双柱式两种。按床身可否倾斜分为可倾式和不可倾式。按工作台可否活动分为固定台式和活动台式。根据曲柄形式不同，通用冲床又可分为偏心冲床、曲轴冲床和偏心齿轮式冲床三种。根据连杆的数目不同，通用冲床又可分为单点、双点和四点冲床三种。

通用冲床最常用的是曲轴冲床，曲轴冲床的外形如图 17.16 所示。

曲轴冲床的工作原理如图 17.17 所示，曲轴冲床工作时，由电动机通过 V 带驱动大皮带轮（通常兼作飞轮），经过齿轮副和离合器带动曲柄滑块机构，使滑块和凸模直线下行。冲压工作完成后滑块回程上行，离合器自动脱开，同时曲轴上的自动器接通，使滑块停止在上止点附近。

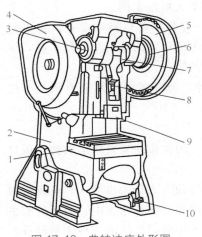

图 17.16　曲轴冲床外形图

1—工作台；2—床身；3—制动器；

4—安全罩；5—齿轮；6—离合器；

7—曲轴；8—连杆；

9—滑块；10—脚踏操纵器

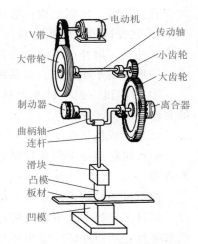

图 17.17　曲轴冲床工作原理图

2）专用冲床　各类专用冲床主要是为了完成某种特定的生产工艺，而在通用冲床的基础上作了一些相应的改动，或附加某些辅助机构和附属装置。根据不同的加工工艺，专用冲床有：

① 拉伸冲床　这类冲床适用于拉伸工序，按传动系统布置的位置不同，分为上传动和下传动。按其滑块的数目不同分为双动和三动两种形式。

② 精冲冲床　这类冲床适用于冲裁精密冲压件。

③ 精压机　这类冲床适用于压印、校平和精压等工序。

④ 金属挤压机　适用于金属的挤压（冷挤压和温热挤压）及立体成形工序。

⑤ 冷镦机　适用于金属的镦压，如标准件螺栓、螺母的冷镦等。

3）自动冲床

① 多工位自动冲床　适用于多工位连续自动冲压生产。

② 高速冲床　这类冲床的滑块每分钟行程次数很高，它通常带有自动进、出料机构，适用于大批量生产。

③ 数控回转换模压力机　一种数控单机自动设备。它可自行选取冲模，以冲压不同形状和不同尺寸的孔，生产效率高，准备周期短，适于小批量、多品种的生产。

④ 弯曲机　把线材或带材冲、剪和弯曲成复杂形状冲压件的自动压力机。

（2）剪板机

剪板机是用一个刀片相对另一刀片作往复直线运动剪切板材的机器。

剪板机的结构形式很多，按传动方式分为机械式和液压式两种；按其工作性质又可分为剪直线和剪曲线两大类。剪板机的生产效率高，切口光洁，是板材加工中应用广泛的一种切割设备。

剪板机有龙门剪板机、振动剪床、圆盘剪切机、联合冲剪机和数控液压剪板机等。

① 龙门剪板机　龙门剪板机是最常用的一种机械式剪切设备，主要用于板料的直线剪切，如图 17.18 所示。剪切板厚受剪切设备功率的限制，剪切板宽受剪刀刃长度的限制。龙门剪板机的型号有 Q11-3×1200、Q11-4×2000、Q11-13×2500 等。例如，型号为 Q11-4×2500 的剪板机表示可剪钢板厚度为 4mm，可剪钢板宽度为 2500mm。

② 振动剪床　振动剪床又叫冲型剪切机，它是利用高速往复运动的冲头（每分钟行程次数最高可达数千次）对被加工的板

料进行逐步冲切，以获得所需要轮廓形状的零件。

振动剪床除用于直线、曲线或圆的剪切外，还可以用来切除零件内外余边、冲孔、冲型、冲槽、切口、翻边、成形等工序，用途相当广泛，是一种万能型的钣金加工机械。但振动剪床剪切的板料，其断面一般比较粗糙，所以在剪切后还需要进行修边，即对板料的边缘进行修光。

振动剪床的规格是以最大剪切厚度表示的，例如，Q21-2×1040 的振动剪床最大剪切厚度为 2mm，最大剪切直径为 1040mm。振动剪床结构如图 17.19 所示。

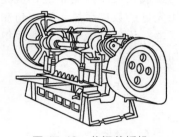

图 17.18 龙门剪板机

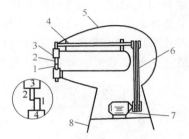

图 17.19 振动剪床结构

1—下刀头；2—上刀头；3—滑块；
4—偏心轴；5—外壳；6—传动带；
7—电动机；8—底座

③ 圆盘剪切机 圆盘剪切机由剪切轮盘形成两剪切刃，所以又称为圆盘滚剪机或双盘滚剪机，它主要用于剪切直线、圆、圆弧或曲线钣金件。双圆盘剪切机外形如图 17.20 所示。圆盘剪切机的剪切轮盘通常有水平轮和倾斜轮两种。

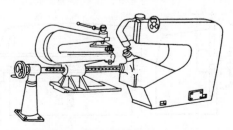

图 17.20 双圆盘剪切机外形

圆盘剪切机的规格是以剪切钢板的最大厚度和剪切直径表示的。例如，型号为 Q23-3×1500 的圆盘剪切机的剪板厚度为 3mm，剪切板料的最大直径为 1500mm。

④ 联合冲剪机　联合冲剪机主要用于板材或型材的剪切和冲孔。联合冲剪机型号主要有 Q34-10、Q34-16 和 Q34-25 等几种，联合冲剪机外形结构如图 17.21 所示。

⑤ 数控液压剪板机　数控液压剪板机是将数字和液压技术应用在剪板设备上，是传统的机械式剪板机的更新换代产品。其机架、刀架采用整体焊接结构，经振动消除应力，确保机架的刚性和加工精度。该剪板机采用先进的集成式液压控制系统，提高了整体的稳定性与可靠性。同时采用先进的数控系统，剪切角和刀片可以无级调节，使工件的切口平整、均匀且无毛刺，能取得最佳的剪切效果。数控液压剪板机如图 17.22 所示。

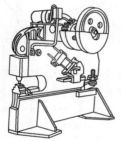

图 17.21　联合冲剪机外形结构

图 17.22　数控液压剪板机

（3）折弯机

折弯机是一种能够对薄板进行折弯的机器，主要是用来对条料或板料进行直线弯曲的机床，其构造如图 17.23 所示。

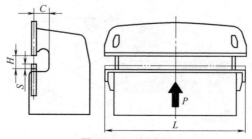

图 17.23　折弯机

　　折弯机可用于弯折各种几何形状的金属箱、柜、盒壳、翼板、肋板、矩形管、U形梁和屏板等薄板制件，以提高结构的强度和刚度，广泛应用于各种钣金加工。

　　折弯机按驱动方式分为机械折弯机、液压折弯机和气动折弯机，按功用又可分为折板机和板料折弯机。折板机结构比较简单，适用于简单、小型零件的生产；板料折弯机结构比较复杂，适用于复杂、大中型零件的生产。

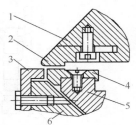

图 17.24　折板机上
镶条的安装情况

1—上台面；2—上台面镶条；
3—折板镶条；4—下台面镶条；
5—上台面；6—折板

　　1）折板机　折板机按传动方式可分为手动和机动两种，一般都使用机动折板机。机动折板机由床架、传动丝杆、上台面、下台面和折板等组成。折板机的工作部分是固定在台面和折板上的镶条，其安装情况如图17.24所示。上台面和折板镶条一般是成套的，具有不同角度和弯曲半径，可根据需要选用。

　　2）板料折弯机

　　① 机械式板料折弯机　机械式板料折弯机采用曲柄连杆滑块机构，将电动机的旋转运动变为滑块的往复运动。只要传动系统和机构具有足够的刚度和精度，应能保证加工出来的工件具有相当高的尺寸重复精度。它的每分钟行程次数较高，维护简单，但体积庞大，制造成本较高，多半用于中、小型工件的折弯加工。

　　机械式板料折弯机的结构类似于普通开式双柱双点压力机，其一般传动系统如图17.25所示。工作时，滑板的起落和上下位置的调节，是两个独立的传动系统。滑板位置的调整是由电动机21，通过齿轮22、20、19、23带动轴25转动，装在轴25上的蜗杆24使连杆螺纹2旋入连杆3内，通过电动机21换向，可上下调节滑板1位置。滑板1的起落是靠电动机13，通过带轮16、齿轮10、8带动传动轴7转动，通过齿轮6和5带动曲轴4转动，使连杆 3 带动滑板起落，进行工件折弯。

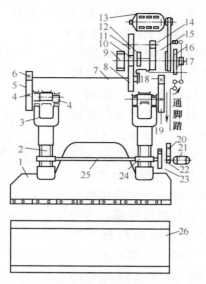

图 17.25　机械式板料折弯机传动系统

1—滑板；2—连杆螺纹；3—连杆；4—曲轴；5,6,8,10,19,20,22,23—齿轮；

7—传动轴；9—止动器；11,12,14,15—变速箱齿轮；13,21—电动机；

16—带轮；17—主轴；18—齿轮变速齿条；24—蜗杆；25—轴；26—工作台

② 液压板料折弯机　液压板料折弯机采用液压泵驱动，由于液压系统能在整个行程中对板料施加压力，能在过载时自动卸荷保护，自动化程度很高，使用方便，因此液压板料折弯机是一种常用的折弯设备。液压板料折弯机有液压下传动式、液压上传动式和液压机械三种结构形式。

液压下传动式折弯机的液压系统一般都安装在底座，如

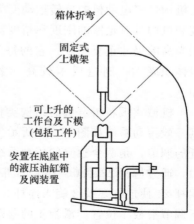

图 17.26　液压下传动式折弯机

图 17.26 所示，上横梁是固定不动的，工件随工作台往上升而完成折弯任务。

液压上传动式板料折弯机设有机械挡块结构。在折弯各种角度时，机械挡块结构能够精确地控制上模插入下模槽的深度，以得到准确的折弯角度。液压上传动式折弯机如图 17.27 所示。

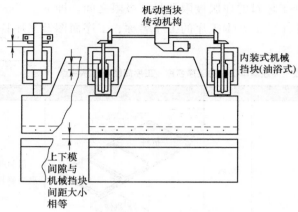

图 17.27　液压上传动式折弯机

液压机械板料折弯机如图 17.28 所示。它汇集了机械式和液压式折板机的各自优点，特别是在平行度、压力吨位控制和可变行程机构上，更具有优越性。

17.2.3　冲压工艺

冲压工艺是一种金属加工方法，它是建立在金属塑性变形的基础上，利用模具和冲压设备对板料施加压力，使板料产生塑性变形或分离，从而获得具有一定形状、尺寸和性能的零件。

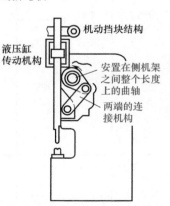

图 17.28　液压机械板料折弯机

（1）冲压工艺的基本工序

总体来说，冲压加工可分为两类工序：分离工序和变形工序。

分离工序是指使坯料沿一定的轮廓线相互分开而获得一定形状、尺寸和断面质量的冲压件，分离工序中，坯料应力超过坯料的强度极限，即 $\sigma > R_m$。

　　变形工序则是使坯料在不被破坏的条件下发生塑性变形，产生形状和尺寸的变化，转化成为所需要的制件，变形工序中，坯料应力介于坯料的屈服极限和强度极限之间，即 $R_{eL} < \sigma < R_m$。

　　冲压工艺的基本工序的工序名称、工序简图及工序特点如表 17.12 所示。

◇ 表 17.12　冲压基本工序的工序名称、工序简图及工序特点

工序分类	基本工序	工序名称	工序简图	工序特点
分离工序	冲裁	落料	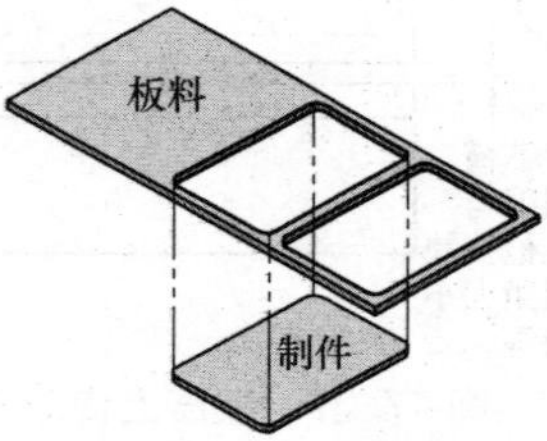	沿封闭轮廓分离出制件
		冲孔	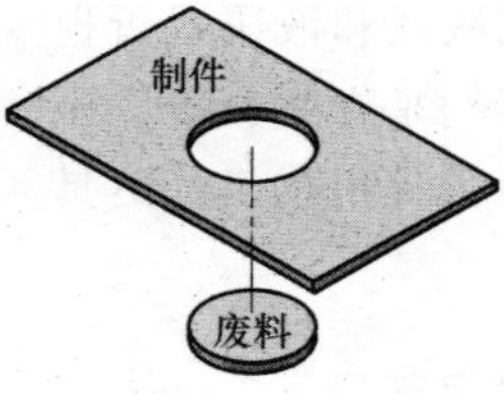	沿封闭轮廓分离出废料
变形工序	弯曲	压弯	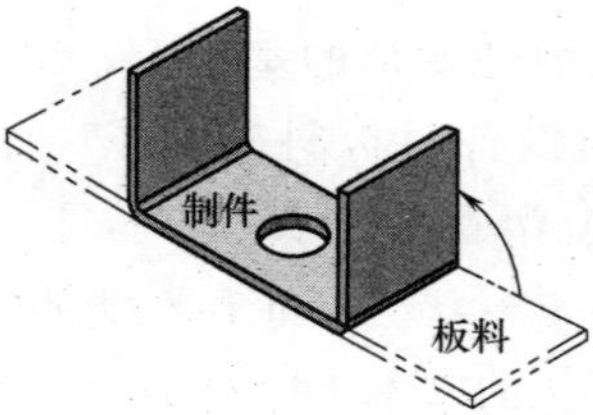	将板料沿直线弯曲形成制件

工序分类	基本工序	工序名称	工序简图	工序特点
变形工序	拉深	拉深		将板料冲压成开口空心制件
	成形	翻边	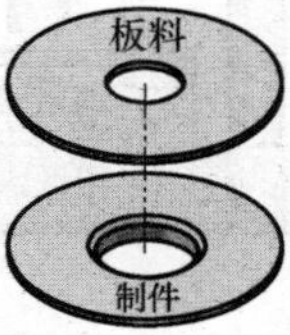	将板料边缘弯曲成竖立的曲边弯曲线形状，或将孔附近的材料变形成有限高度的圆筒形

（2）冲压工艺过程设计

冲压工艺过程的设计步骤如下：

① 冲压件零件图分析；

② 冲压工艺方案制定；

③ 各工序工艺方案的确定与设计；

④ 冲压设备初选；

⑤ 冲压工艺过程文件编制。

17.2.4 冲模构造

冲模是冲压生产的主要工艺设备，冲模结构设计对冲压件品质、生产率及经济效益具有很大的影响。

（1）冲模分类

① 按冲压工序性质可分为冲裁模、拉深模、翻边模、胀形模、弯曲模等。

② 按冲压工序的组合方式可分为单工序模、连续模和复合模等。

（2）冲模构造

① 单工序模　单工序模是指在冲床的一次冲程中，只完成

一个工序的冲模。

单工序模构造示意图如图 17.29 所示。图中的冲模中只有一套凸模和凹模，在冲床的一次冲程中，只能完成一道工序。

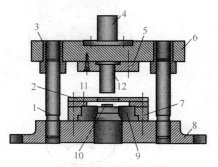

图 17.29　单工序模构造示意图

1—导柱；2—卸料板；3—导套；4—模柄；5—凸模固定板；6—上模板；

7—凹模固定板；8—下模板；9—凹模；10—挡料销；11—导料板；12—凸模

② 连续模　连续模是指在冲床的一次冲程中，在模具不同的部位上完成数道工序的冲模。

连续模构造示意图如图 17.30 所示。图中冲模中有冲孔的凸模 4 和凹模 5 以及落料的凸模 3 和凹模 6，在冲床的一次冲程中，在模具的不同部位上能够完成板料 7 的冲孔和落料两道工序。

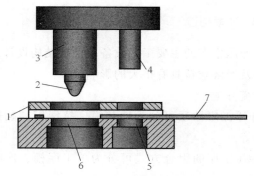

图 17.30　连续模构造示意图

1—卸料板；2—导正销；3—落料凸模；4—冲孔凸模；

5—冲孔凹模；6—落料凹模；7—板料

③ 复合模　复合模是指在冲床的一次冲程中，在模具同一部位上同时完成数道工序的冲模。

复合模构造示意图如图17.31所示。在图中的冲模中，在模具的同一个部位上，利用拉深凸模 1、凸凹模 4 和落料凹模 6 能够同时完成板料 5 的落料和拉深两道工序。

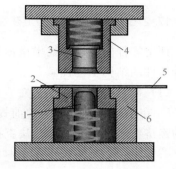

图 17.31　连续模构造示意图
1—拉深凸模；2—卸料器；3—顶出器；
4—凸凹模；5—板料；6—落料凹模

（3）冲模零部件

冲模结构的复杂程度不同，其所含零部件也各有差异，根据其作用都可归纳为如下五种类型：

① 工作零件　工作零件直接使被加工材料变形、分离，而成为工件，如凸模、凹模、凸凹模等。

② 定位零件　定位零件控制板料的送进方向和送料进距，确保板料在冲模中的正确位置，有挡料销、导正销、导尺、定位销、定位板、导料板、侧压板和侧刃等。

③ 压料、卸料与顶料零件　压料、卸料与顶料零件包括冲裁模的卸料板、顶出器、废料切刀、拉深模中的压边圈等。卸料与顶料零件在冲压完毕后，将工件或废料从模具中排出，以使下次冲压工序顺利进行；拉深模中的压边圈的作用是防止板料毛坯发生失稳起皱。

④ 导向零件　导向零件的作用是保证上模对下模相对运动精确导向，使凸模与凹模之间保持均匀的间隙，提高冲压件品质。如导柱、导套、导筒即属于这类零件。

⑤ 固定零件　固定零件包括上模板、下模板、模柄、凸模和凹模的固定板、垫板、限位器、弹性元件、螺钉、销钉等。这类零件的作用是使上述四类零件连接和固定在一起，构成整体，保证各零件的相互位置，并使冲模能安装在压力机上。

17.2.5 冲压件的结构工艺性

评定零件的结构和技术指标是否适合采用冲压加工的指标称为冲压件的结构工艺性。

（1）冲裁件的结构工艺性

① 在不影响使用要求的前提下，应尽量采用冲裁法所能达到的经济精度以便使用冲裁法直接得到冲裁件。

② 工件形状力求简单、对称，有利于排样、提高材料利用率。

③ 冲裁件的外形不要有过细长的槽、过长的悬臂，以防止凸模折断。如表 17.13，槽宽 B 据材料而定，悬臂和细长槽的长度 L 最大为 $5B$。

◇ 表 17.13　冲裁件凸出和凹进部分的宽度和深度

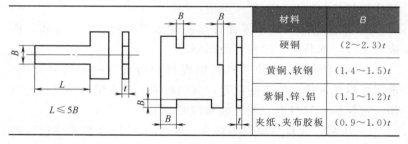

材料	B
硬铜	$(2 \sim 2.3)t$
黄铜、软钢	$(1.4 \sim 1.5)t$
紫铜、锌、铝	$(1.1 \sim 1.2)t$
夹纸、夹布胶板	$(0.9 \sim 1.0)t$

④ 冲裁件的内外各转角处避免尖角，采用适当的圆弧过渡，转角处的最小圆角半径如表 17.14 所示。

◇ 表 17.14　转角处最小圆角半径

	落料		冲孔	
	$\alpha \geqslant 90°$	$\alpha < 90°$	$\alpha \geqslant 90°$	$\alpha < 90°$
	R_1、$R_3 \geqslant 0.3t$	$R_2 \geqslant 0.5t$	R_5、$R_6 \geqslant 0.4t$	$R_4 \geqslant 0.6t$

（图中标注：R_2 $\alpha<90°$ R_4 $R_5 R_6$ $\alpha>90°$ $\alpha=90°$ R_1 R_3）

⑤ 当工件两端带圆弧，当落料成形时，圆弧半径 r 应等于工件宽度 b 的一半；当用条料切断成形时，圆弧半径 r 应略大于条料宽度 b 的一半，以避免出现台阶，如图 17.32 所示。

⑥ 工件的孔与孔之间以及孔与边缘的距离 b 不能过小，否则凹模强度和冲裁件的质量都不易保证。一般要求 $b \geqslant 2t$，并不能小于 3～4mm，如图 17.33 所示。

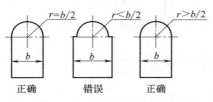 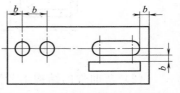

图 17.32　冲裁件断面带圆弧的要求　　图 17.33　孔间距及孔与边缘距离

⑦ 工件孔的尺寸不宜过小，否则容易损坏凸模。冲孔时的最小尺寸与孔的形状、材料性能和材料厚度有关，如表 17.15 和表 17.16 所示。

◎ 表 17.15　用自由凸模冲孔的最小尺寸

材料	冲孔的最小尺寸/mm			
	圆孔直径 d	方孔边长 a	长圆孔宽 b	矩形孔宽 b
钢($\tau > 700$MPa)	$d \geqslant 1.5t$	$a \geqslant 1.35t$	$b \geqslant 1.1t$	$b \geqslant 1.2t$
钢($\tau > 400 \sim 700$MPa)	$d \geqslant 1.3t$	$a \geqslant 1.2t$	$b \geqslant 1.1t$	$b \geqslant 1.1t$
钢($\tau \leqslant 400$MPa)	$d \geqslant t$	$a \geqslant 0.9t$	$b \geqslant 0.7t$	$b \geqslant 0.8t$
黄铜、铜	$d \geqslant 0.9t$	$a \geqslant 0.8t$	$b \geqslant 0.6t$	$b \geqslant 0.7t$
铝、锌	$d \geqslant 0.8t$	$a \geqslant 0.7t$	$b \geqslant 0.5t$	$b \geqslant 0.6t$
布胶板、纸胶板	$d \geqslant 0.7t$	$a \geqslant 0.6t$	$b \geqslant 0.4t$	$b \geqslant 0.5t$
硬纸、纸	$d \geqslant 0.6t$	$a \geqslant 0.5t$	$b \geqslant 0.3t$	$b \geqslant 0.4t$

注：表中数据仅供参考。

◎ 表 17.16　采用凸模护套冲孔的最小尺寸　　　　　　　　　　mm

材料	圆孔直径 d	方孔边长 a
高碳钢	0.5t	0.4t
低碳钢、黄铜	0.35t	0.3t
铝、锌	0.3t	0.25t

⑧ 在弯曲或拉深件上冲孔时，孔与工件直壁之间须保持一

定距离，孔应在变形区外。一般要求 $L > R + 0.5t$，如图 17.34 所示。拉深件底部的孔可以在拉深前、后冲出，凸缘上的孔只能在拉深后冲出。

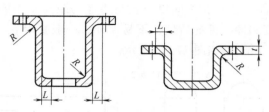

图 17.34　弯曲件和拉深件上的冲孔位置

（2）弯曲件的结构工艺性

① 弯曲件所能达到的经济精度一般为 IT13、IT14、IT15。

② 弯曲件的弯曲半径不宜过大或过小，弯曲半径要大于最小弯曲半径 r_{min}，最小弯曲半径通常采用实验的方法确定，常用板料的最小弯曲半径 r_{min}（即内圆弧半径）实验数据见表 17.17。

◇ 表 17.17　板料的最小弯曲半径　　　　　　　　　　　　　　　mm

材料	退火状态		冷作硬化状态	
	弯曲线位置			
	垂直轧制方向	平行轧制方向	垂直轧制方向	平行轧制方向
08、10、Q195、Q215	0.1t	0.4t	0.4t	0.8t
15、20、Q235	0.1t	0.5t	0.5t	1.0t
25、30、Q255[①]	0.2t	0.6t	0.6t	1.2t
45、50、Q275	0.5t	1.0t	1.0t	1.7t
65Mn	1.0t	2.0t	2.0t	3.0t
铝	0.1t	0.35t	0.5t	1.0t
纯铜	0.1t	0.35t	1.0t	2.0t
软黄铜	0.1t	0.35t	0.35t	0.8t
半硬黄铜	0.1t	0.35t	0.5t	1.2t
磷青铜	—	—	1.0t	3.0t

① Q255 牌号在 GB/T 700—2006 中取消。

注：1. 当弯曲线与轧制方向成一定角度时，视角度大小，可采用垂直和平行轧制方向两者之间的数值。

2. 在冲裁或剪裁没有退火的窄条料的弯曲时，应作为硬化的金属来使用。

3. 弯曲时应使有毛刺的一边处于折弯内侧。

4. 表中 t 为板料厚度。

③ 弯曲件上的孔或槽若有精度要求，应先弯曲后冲孔，否则，一般先冲孔后弯曲。为避免孔和槽产生变形，必须使孔和槽距离变形区一定距离（图 17.35、图 17.36）。

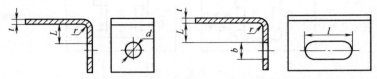

图 17.35　圆孔孔边最小距离　　图 17.36　长圆孔孔边最小距离

如图 17.35 中，根据经验，圆孔孔边最小距离一般当 $t <$ 2mm 时，取 $L \geqslant r + t$，当 $t \geqslant 2$mm 时，取 $L \geqslant r + 2t$，当 $r = t$ 时，圆孔孔壁至折弯边的最小距离见表 17.18。如图 17.36 中，长圆孔孔壁至折弯边的最小距离推荐值见表 17.19。

◎ 表 17.18　当 $r = t$ 时，圆孔孔壁至折弯边的最小距离　　　　　　　mm

板料厚度 t	0.6～0.8	1.0	1.2	1.5	2.0	2.5
最小孔边距离 L	1.3	2.0	2.4	3.0	6	7.5

◎ 表 17.19　长圆孔孔壁至折弯边的最小距离推荐值　　　　　　　　mm

长圆孔长度 l	<26	26～50	>50
最小孔边距离 L	$2t + r$	$2.5t + r$	$3t + r$

④ 弯曲件直边长度不宜过小，其直边高度 $H \geqslant 2t$。如果直边高度过小，可在毛坯上先开工艺槽之后再弯曲，槽深 $h = (0.1 \sim 0.3)t$，或者先加高直边高度尺寸，待弯曲成形后再切掉多余料，如图 17.37 所示。

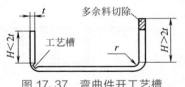

图 17.37　弯曲件开工艺槽和加高直边高度

⑤ 如果弯曲件须将折弯边弯曲到毛坯内边时，为防止破裂或形状不准确，可设置工艺缺口或工艺孔。如图 17.38 所示，一般工艺孔直径取 $d \geqslant 2t$，槽或缺口宽度取 $k \geqslant t$，槽或缺口深度取 $l \geqslant r$。

⑥ 管材冷弯时，最小弯曲半径 $r_{min} = k(D^2 - d^2)/S$。式中，D 为外径；d 为内径；S 为壁厚；k 为系数，根据管材原料而定。

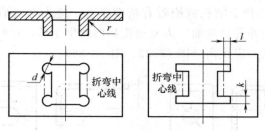

图 17.38　工艺孔、槽或缺口

⑦ 圆钢弯曲时，其弯曲曲率半径一般不小于材料的直径。

（3）拉延件的结构工艺性

① 拉延件的尺寸精度要求不应该太严，一般情况下经济精度为 IT13、IT14、IT15。

② 应尽量避免曲面空心、实底、高度大的零件，形状力求简单、对称、高度小。

③ 对于深拉延件，凸缘尺寸比较合理的范围：$d+12t \leqslant d' \leqslant d+25t$。式中，$d'$ 为凸缘直径；d 为工件直径；t 为板料厚度。

④ 筒形件的圆角半径不宜过小，否则需要增加整形工序。如图 17.39 所示，一般 $r \geqslant (3 \sim 5)t$；$R \geqslant (4 \sim 8)t$。当 $R < 2t$ 或 $r < t$ 时，需增加整形工序，$r' \geqslant 3t$。

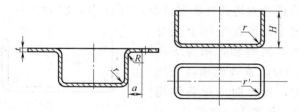

图 17.39　筒形拉延件圆角半径及整形半径

⑤ 拉深件底或凸缘上的孔边到侧壁距离应满足 $a \geqslant R + 0.5t$，如图 17.40 所示。

⑥ 对于非轴对称零件，应尽量避免急剧的轮廓变化，对有局

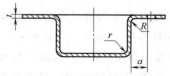

图 17.40　拉伸件底或凸缘上的孔边到侧壁距离

部内凹或外凸的零件，差异不能过大，尽量考虑留出工艺口或工艺缺口。

⑦ 对半敞开或不对称的空心件，应考虑将两个或几个合并，呈对称拉延后，再割切分开。

17.3　板料的弯曲与矫正

17.3.1　弯曲与矫正的概念

（1）弯曲

① 弯曲的定义　利用金属的塑性变形，将毛坯弯成一定曲率、一定角度形成所需形状零件的冲压工艺称为弯曲，是冲压加工的基本工序之一。

② 弯曲变形过程　在弯曲变形过程中，材料先是产生弹性变形，然后是塑性变形，最后定型完成弯曲过程，如图17.41所示。弯曲时坯料内侧受压，外侧受拉，板条的内、外表层的应力、应变最大，愈向内其应力、应变愈小，直至中性层应力、应变为零，如图17.42所示。

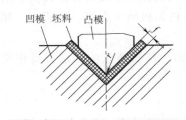

图 17.41　弯曲过程

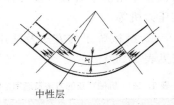

图 17.42　弯曲件的应力与变形

（2）矫正

① 矫正的定义　钣金工消除条料、棒料、管材或板材的弯形、翘曲和凹凸不平等变形缺陷的作业过程叫作矫正。

② 矫正的目的　矫正的目的就是使钣金材料发生塑性变形，实质是使钣金材料产生新的塑性变形来消除原有的不平、不直或翘曲变形，将原来不平直的变为平直。对于轧制材料及金属压力

加工半成品的瓢曲、弧弯、波浪形或弯曲等缺陷，应矫正后才能划线、切割或转其他工序。

矫正时不仅改变了工件的形状，而且使钣金材料的性质也发生了变化。矫正后金属材料内部组织发生变化，金属材料表面硬度增大，性质变脆。冷硬后的钣金材料将会给进一步的矫正或其他冷加工带来一定的困难，必要时应进行退火处理，使钣金材料恢复到原来的力学性能。

17.3.2 矫正方法

矫正的方法有机械矫正、手工矫正和火焰矫正。在机械矫正和手工矫正中，根据材料的性质、工件的变形程度和生产的实际情况又可分为冷矫正和热矫正。用机械矫正或手工矫正变形严重的工件时，冷矫正会产生裂纹或折断；当工件材质较脆、设备能力不足、冷矫时克服不了变形工件的刚性时，常采用热矫正。

（1）机械矫正

① 机械矫正常用设备　机械矫正是借助于机械设备来对变形工件及变形原材料进行矫正的，是矫正钢结构的重要手段，是钣金技术现代化的标志之一。常用的机械矫正设备有滚板机、滚圆机、专用矫平矫直机及各种压力机如机械压力机、油压机、螺旋压力机等。

② 机械矫正的方法及适用范围　机械矫正的方法及适用范围见表 17.20。

◇ **表 17.20　机械矫正的方法及适用范围**

类别	简图	适用范围
拉伸机矫正	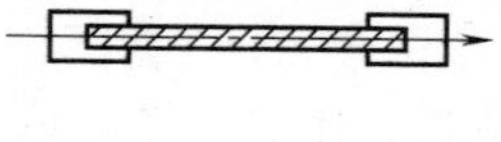	①薄板瓢曲矫正 ②型材扭曲矫正 ③管材、带材、线材的矫直
压力机矫正	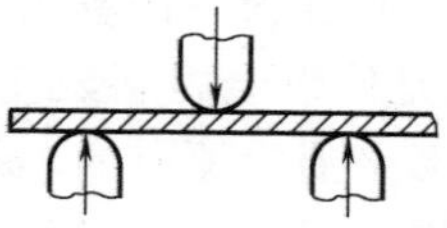	板材、管材、型材的局部矫正

类别		简图	适用范围
辊式机矫正	正辊	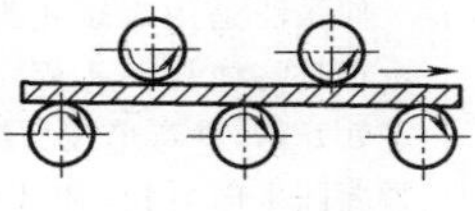	板材、管材、型材的矫正
	斜辊		圆截面管材,棒材的矫正
		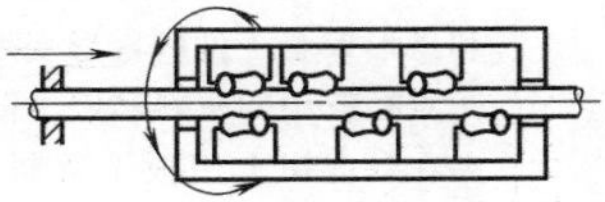	圆截面薄壁细管的精矫
		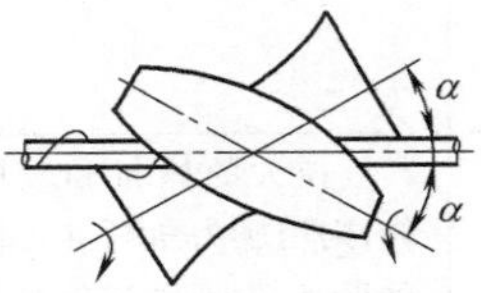	圆截面厚壁管、棒材的矫直

（2）手工矫正

1）手工矫正常用工具

① 支承矫正件的工具，如铁砧、矫正用平板和 V 形块等。

② 加力用的工具，如铜锤、木锤和压力机等。

③ 检验用的工具，如平板、90°角尺、钢直尺和百分表等。

2）手工矫正常用方法及特点　见表 17.21。

◇ 表 17.21　手工矫正常用方法及特点

名称	简图	工艺特点
扭转法		扭转法是用来矫正条料扭曲变形的,如图所示。它一般是将条料夹持在台虎钳上,左手扶着扳手的上部,右手握住扳手的末端,施加扭力,把条料向变形的相反方向扭转到原来的形状

名称	简图	工艺特点
伸张法	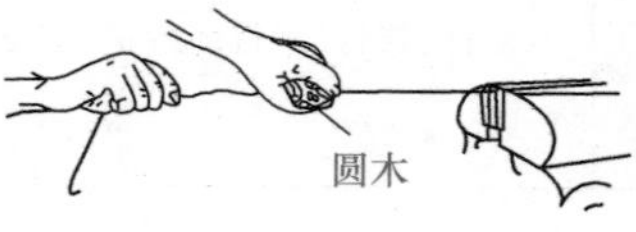 圆木	伸张法是用来矫正细长线材的,矫正时将线材一头固定,然后从固定处开始,将弯形线材绕圆木一周,紧握圆木向后拉,使线材在拉力作用下绕过圆木得到伸长矫直,如左图所示
弯形法	 (a) 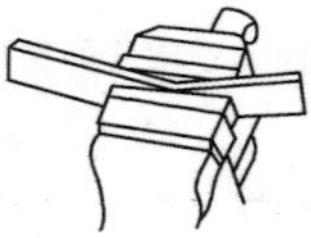 (b)	弯形法用来矫正钣金棒料、轴类和条形钣金工件的弯形变形 直径较小的棒料和钣金薄条料可夹在台虎钳上用扳手弯制,如左图所示
	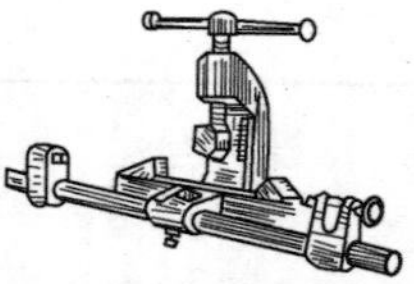 (a) 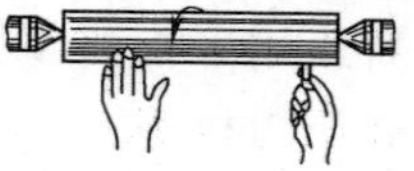 (b)	直径大的棒料和较厚的钣金条料,则用压力机矫正,如左图所示。矫正前,先把轴架放在两块 V 形块上,两 V 形块的支点和距离可以按需要调节。将轴转动检测,用粉笔画出弯形变形部分,然后转动压力机的螺杆,使压块压在圆轴最高凸起部分。为了消除因弹性变形所产生的回翘现象,可适当压过一些,然后检查。边矫正,边检查,直至符合要求
延展法	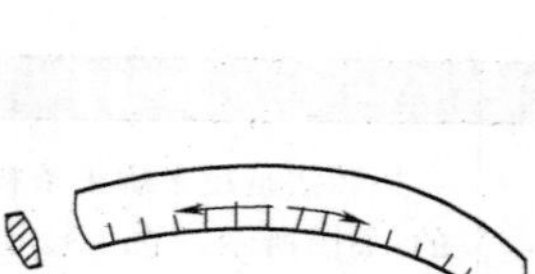	延展法用来矫正各种型钢和钣金板料的翘曲等变形,是用锤子敲击工件材料,使其延展伸长来达到矫正目的 如左图所示为宽度方向上弯形变形的钣金条料,如果利用弯形法矫正,就会发生裂痕或折断,如果采用延展法,即锤击弯形里边的材料,使里面材料延展伸长就能得到矫正

机械工综合切削手册

（3）火焰矫正

火焰矫正是手工矫正的一种特殊形式，在焊接结构的变形矫正中得到了极为广泛的应用。

火焰矫正是利用加热点有选择、有规范地进行局部加热，使其冷却后产生收缩来实现矫正的。需要火焰矫正的板料构件加热部位一般都在弯曲部位中弧长较长的外侧。为了获得更好的矫正效果和工作效率，可在火焰矫正的基础上，再实施强制水冷、锤击和施加外力等措施，如图 17.43 和图 17.44 所示。

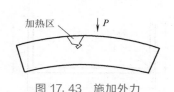

图 17.43 施加外力

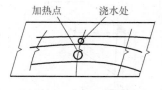

图 17.44 浇水冷却

17.3.3 弯曲参数计算

（1）手工弯曲件展开料的尺寸计算

手工弯曲就是利用手工工具将板料、管料和型材弯曲成所需制件的加工方法，常用于单件生产或机床难以成形的零件，手工弯曲的零件一般是中、小型的钣金件。

随着生产的不断发展和技术进步，钣金成形加工逐步由机械方法来完成。但手工仍不可缺少，对那些形状较复杂或单件小批量的钣金件，仍利用通用的夹具或模具进行手工成形。这种方法虽然劳动强度大，但由于使用的工具简单，操作比较灵活，至今仍被广泛采用。

① 圆角很小（$R < 0.5\delta$）的手工弯曲件展开计算法 对于圆角小的板料弯曲件（见图 17.45），其计算公式

$$L = L_1 + L_2 + K\delta$$

式中 K——介于 0.48～0.5 之间，软料取下限，硬料取上限。

多角弯曲时

$$L = L_1 + L_2 + \cdots + L_n + K_1\delta(n-1)$$

式中 L_1，L_2，$\cdots L_n$——各直边内线长度，mm；

　　　　n——直边的数目；

　　　　K_1——系数，双角弯曲时，介于 $0.45 \sim 0.48$ 之间，见图 17.46；多角弯曲时为 0.25（对于塑性很好的材料可取为 0.125），见图 17.47。

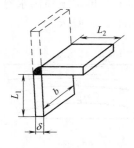

图 17.45　小圆角单角弯曲件

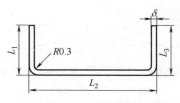

图 17.46　小圆角双角弯曲件

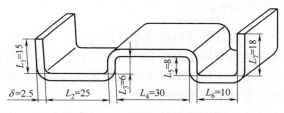

图 17.47　小圆角多角弯曲件

　　② 中性层展开计算法　如图 17.48，当弯曲件 $R > 0.5\delta$ 时，毛坯展开长

$$L = L_1 + L_2 + \frac{\pi\phi}{180°}(R + X_0\delta)$$

式中 L_1，L_2——直边部分的长度，mm；

　　　　ϕ——弯曲角 α 的补角，(°)；

　　　　X_0——中性层位移系数，通常小于 0.5，见表 17.22。

　　当 $\dfrac{R}{\delta} > 12$ 时，其中性层的位置在板厚的中间；当 $\dfrac{R}{\delta} \leqslant 12$ 时，其中性层的位置向弯曲内表面移动，其 X_0 值查表 17.22。

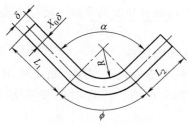

图 17.48 弯曲零件

◇ **表 17.22 中性层位移系数**

$\dfrac{R}{\delta}$	0.25	0.5	1	2	3	4	5	6	7	8	9	10	11	12	>12
X_0	0.26	0.33	0.35	0.375	0.4	0.415	0.43	0.44	0.45	0.46	0.465	0.47	0.475	0.48	0.5

③ 经验计算法 如图 17.49 所示,对于薄板弯曲件,其弯曲角近似直角,其毛坯展开长为

$$L = a + b - \left(\delta + \frac{R}{2}\right)$$

式中,a——零件长度,mm;

$\quad b$——零件高度,mm;

$\quad \delta$——板料厚度,mm;

$\quad R$——零件弯曲半径,mm。

经验算法只适用于对单角弯曲件的计算,对多角弯曲件计算误差较大。

弯曲件的毛坯展开长度如图 17.50,可以按下式近似计算。

$$L = A + B - \frac{\delta}{2}$$

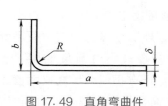

图 17.49 直角弯曲件

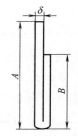

图 17.50 180°单角弯曲件

上述弯曲件毛坯展开长度的计算，还应该通过实验加以适当的修正。

（2）机械弯曲参数计算

① 机械弯曲的变形方式　在压力机上使用弯曲模进行弯曲成形的加工方式称为压弯。压弯时的变形方式有 3 种，如表17.23 所示。

◇ 表 17.23　压弯时的 3 种变形方式

变形方式	图示	特点及应用范围
自由弯曲	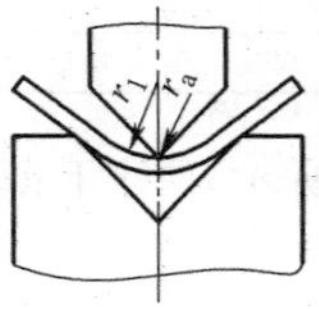	所需压弯力小，但工作时，靠调整凹模槽口的宽度与凸模的下死点位置来保证零件的形状。批量生产时，弯曲件质量不稳定。多用于小批生产的中大型零件的压弯
接触弯曲	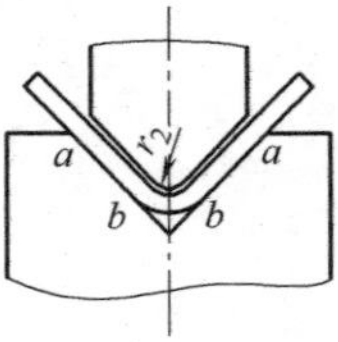	模具保证弯曲件的精度，质量较高而且稳定。但所需弯曲力较大，并且模具周期长、费用高。多用于大批量生产的中、小型零件的压弯
校正弯曲	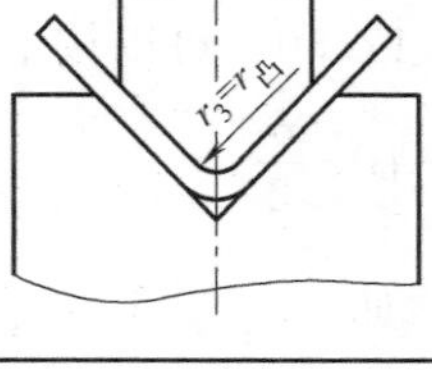	

② 弯曲半径计算　弯曲的变形量决定于 r/t，r/t 愈小，弯曲变形量愈大。r/t 小到一定程度，外层金属就会被拉裂，所以弯曲件内侧圆角半径不能太小。一般最小内圆角半径 $r_{min} = (0.25 \sim 1)t$，材料的塑性越好，r_{min} 可取小值，反之取大值。如果材料是加热后弯曲，由于塑性提高，可选取较小的弯曲半径；

当板材的弯曲角小于 90°时，角度越小，变形越大，弯曲半径需要选大些。经过多次试验获得的（考虑了部分工艺因素）r_{min}/t 的数值如表 17.24 所示。

◇ **表 17.24　最小相对弯曲半径r_{min}/t 的数值**

材料	正火或退火的		硬化的	
	弯曲线方向			
	与轧纹垂直	与轧纹平行	与轧纹垂直	与轧纹平行
铝	0	0.3	0.3	0.8
退火紫铜			1.0	2.0
黄铜 H68			0.4	0.8
05、08F			0.2	0.5
08～10、Q195、Q215	0	0.4	0.4	0.8
15～20、Q235	0.1	0.5	0.5	1.0
25～30、Q255	0.2	0.6	0.6	1.2
35～40、Q275	0.3	0.8	0.8	1.5
45～50	0.5	1.0	1.0	1.7
55～60	0.7	1.3	1.3	2.0
硬铝（软）	1.0	1.5	1.5	2.5
硬铝（硬）	2.0	3.0	3.0	4.0
镁合金	300℃热弯		冷弯	
MA1-M	2.0	3.0	6.0	8.0
MA8-M	1.5	2.0	5.0	6.0
钛合金	300～400℃热弯		冷弯	
BT1	1.5	2.0	3.0	4.0
BT5	3.0	4.0	5.0	6.0
铝合金	400～500℃热弯		冷弯	
BM1、BM2 $\left(\dfrac{t}{mm}\leqslant 2\right)$	2.0	3.0	4.0	5.0

注：本表用于板厚小于 10mm，弯曲角大于 90°，剪切断面良好的情况。

③ 坯料尺寸的计算　板料弯曲时，应变中性层的长度是不变的。板料弯曲坯料尺寸的确定就是依据弯曲前后中性层长度不变的原则确定的。V 形单角弯曲坯料尺寸计算公式见表 17.25、表 17.26。

④ 弯曲力的计算　弯曲力是设计模具和选择压力机的重要依据。为了使材料能在足够的压力下成形，必须计算弯曲力。生产中常用的计算弯曲力的经验公式见表 17.28。

弯曲形式	简图	计算公式
	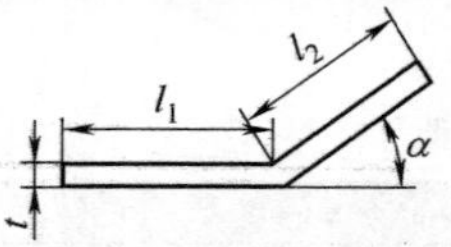	$$L = l_1 + l_2 + \frac{\alpha}{90°} \times 0.5t$$
单角弯曲	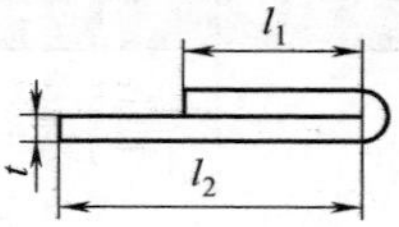	$$L = l_1 + l_2 + t$$
	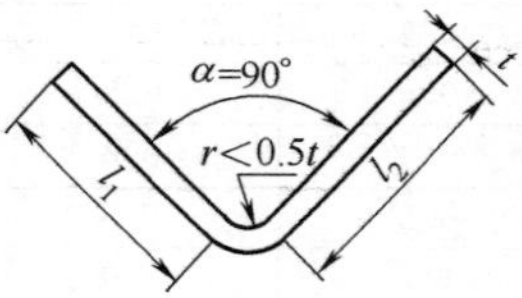	$$L = l_1 + l_2 + 0.5t$$

◈ 表 17.26 r> 0.5t 时坯料展开长度的计算公式

弯曲形式	简图	计算公式
单角弯曲 （切点尺寸）	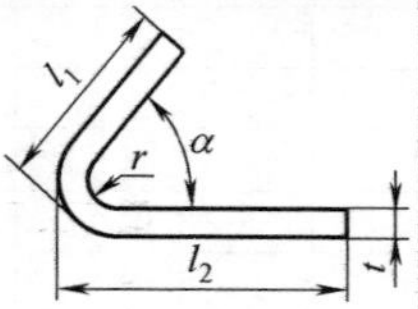	$$L = l_1 + l_2 + \frac{\pi(180° - \alpha)}{180°}(r + xt) - 2(r + t)$$
单角弯曲 （交点尺寸）	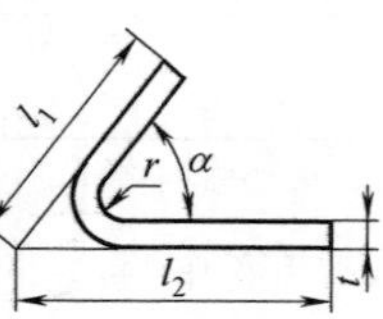	$$L = l_1 + l_2 + \frac{\pi(180° - \alpha)}{180°}(r + xt) - 2\cot\frac{\alpha}{2}(r + t)$$
单角弯曲 （中心尺寸）	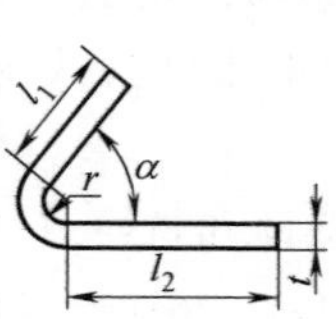	$$L = l_1 + l_2 + \frac{\pi(180° - \alpha)}{180°}(r + xt)$$

注：中性层位移系数 x 见表 17.27。

◇ 表 17. 27　低碳钢板 V 形压弯 90°时的中性层位移系数 x

r/t	0.3	0.4	0.5	0.6	0.7	0.8	0.9	1.0	1.1	1.2
x	0.18	0.22	0.24	0.25	0.26	0.28	0.29	0.30	0.32	0.33
r/t	1.3	1.4	1.5	1.6	1.8	2.0	2.5	3.0	4.0	≥5.0
x	0.34	0.35	0.36	0.37	0.39	0.40	0.43	0.46	0.48	0.50

◇ 表 17. 28　求弯曲力的经验公式

弯曲方式	经验公式	弯曲方式	经验公式
V 形自由弯曲	$P = \dfrac{cbt^2\sigma_b}{2L}$	U 形自由弯曲	$P = Kbt\sigma_b$
V 形接触弯曲	$P = \dfrac{0.6cbt^2\sigma_b}{r_凸 + t}$	U 形接触弯曲	$P = \dfrac{0.7cbt^2\sigma_b}{r_凸 + t}$
V 形校正弯曲	$P = Fq$	U 形校正弯曲	$P = Fq$

　　注：式中，P 为压弯力，N；b 为弯曲件的宽度，mm；t 为弯曲件的厚度，mm；L 为凹模槽口两支点间的距离，mm；$r_凸$ 为凸模半径，mm；σ_b 为材料的抗拉强度，MPa；c 为系数，取 $c = 1 \sim 1.3$；K 为系数，取 $K = 0.3 \sim 0.6$；F 为校正部分投影面积，mm^2；q 为单位校正力，见表 17.29。

◇ 表 17. 29　单位校正力 q 值　　　　　　　　　　　　　　　　　　　　MPa

材料	材料厚度/mm			
	<1	1~3	3~6	6~11
铝	15~20	20~30	30~40	40~50
黄铜	20~30	30~40	40~60	60~80
10、20 钢	30~40	40~60	60~80	80~100
25、30 钢	40~50	50~70	70~100	100~120

参考文献

[1] 马贤智. 实用机械加工手册. 沈阳：辽宁科学技术出版社，2002.

[2] 陈宏均. 实用金属切削手册. 北京：机械工业出版社，2005.

[3] 原北京第一通用机械厂. 机械工人切削手册. 北京：机械工业出版社，2010.

[4] 王先逵. 机械加工工艺手册. 北京：机械工业出版社，2007.

[5] 成大先. 机械设计手册. 北京：化学工业出版社，2002.

[6] 李洪，等. 机械加工工艺手册. 北京：北京出版社，1990.

[7] 刘胜新. 新编钢铁材料手册. 北京：机械工业出版社，2016.

[8] 张以鹏. 实用切削手册. 沈阳：辽宁科学技术出版社，2007.

[9] 吴晓光，等. 数控加工工艺与编程. 武汉：华中科技大学出版社，2010.

[10] 陈家芳. 实用金属切削加工工艺. 上海：上海科学技术出版社，2005.

[11] 周湛学. 简明数控工艺与编程手册. 北京：化学工业出版社，2018.

[12] 尹成湖. 机械切削加工常用基础知识手册. 北京：科学出版社，2016.

[13] 蒋知民，张洪鏸. 怎样识读《机械制图》新标准. 北京：机械工业出版社，2010.

[14] 吴瑞明. 机械制造工艺学课程设计. 北京：机械工业出版社，2016.

[15] 尹成湖. 机械加工工艺简明速查手册. 北京：化学工业出版社，2016.

[16] 王先逵. 机械制造工艺学. 北京：机械工业出版社，2006.

[17] 尹成湖. 磨工工作手册. 北京：化学工业出版社，2007.

[18] 张德生，孙曙光. 机械制造技术基础课程设计指导. 哈尔滨：哈尔滨工业大学出版社，2013.

[19] 龚定安. 机床夹具设计. 西安：西安交通大学出版社，2000.

[20] 卢秉恒. 机械制造技术基础. 北京：机械工业出版社，1999.

[21] 邹青. 机械制造技术基础课程设计指导教程. 北京：机械工业出版社，2004.

[22] 赵家齐. 机械制造工艺学课程设计指导书. 北京：机械工业出版社，2000.

[23] 尹成湖. 机械制造技术基础. 北京：高等教育出版社，2008.

[24] 尹成湖. 机械制造技术基础课程设计. 北京：高等教育出版社，2008.

[25] 李旦. 机床夹具设计图册. 哈尔滨：哈尔滨工业大学出版社，2012.

[26] 耿玉岐. 怎样识读机械图样. 北京：金盾出版社，2006.

[27] 胡传炘. 热加工手册. 北京：北京工业大学出版社，2002.

[28] 谷春瑞. 热加工工艺基础. 天津：天津大学出版社，2009.

[29] 甘永立. 几何量公差与检测. 上海：上海科学技术出版社，2001.

[30] 崔振勇. 工程制图. 北京：机械工业出版社，2009.

[31] 张忠诚. 工程材料及成形工艺基础. 北京：航空工业出版社，2018.

[32] 李志永. 工程实习. 北京：兵器工业出版社，2018.

[33] 贾亚洲. 金属切削机床概论. 北京：机械工业出版社，2007.

[34] 刘晋春. 特种加工（4）. 北京：机械工业出版社，2008.

[35] 盛善权. 机械制造. 北京：机械工业出版社，1999.

[36] 黄鹤汀，吴善元. 机械制造技术. 北京：机械工业出版社，1997.

[37] 上海柴油机厂工艺设备研究所. 金属切削机床夹具设计手册. 北京：机械工业出版社，1984.

[38] 王光斗，王春福. 夹具设计图册. 上海：上海科学技术出版社，2000.

[39] 郭新民. 机械制造技术. 北京：北京理工大学出版社，2010.

[40] 袁哲俊. 金属切削刀具. 上海：上海科学技术出版社，1993.

[41] 毛谦德. 袖珍机械设计师手册. 北京：机械工业出版社，1994.

[42] 韩秋实. 机械制造技术基础. 北京：机械工业出版社，1998.

[43] 袁军堂. 机械制造技术基础. 北京：清华大学出版社，2013.

[44] 于民治，张超. 新编金属材料速查手册. 北京：化学工业出版社，2007.

[45] 周湛学. 铣工. 北京：化学工业出版社，2004.

[46] 周湛学. 数控电火花加工及实例详解. 北京：化学工业出版社，2013.

[47] 黄涛勋. 简明钳工手册. 上海：上海科学技术出版社，2009.

[48] 尹成湖. 磨工一点通. 北京：科学出版社，2011.

[49] 尹成湖. 磨工. 北京：化学工业出版社，2004.

[50] 尹成湖. 车工识图. 北京：化学工业出版社，2007.

[51] 方若愚. 金属切削加工工艺人员手册. 上海：上海科学技术出版社，1965.

[52] 赵如福. 金属切削加工工艺人员手册（4）. 上海：上海科学技术出版社，2006.

[53] 蔡兰. 数控加工工艺学. 北京：化学工业出版社，2005.

[54] 赵长旭. 数控加工工艺学. 西安：西安电子科技出版社，2006.

[55] 罗春华，刘海明. 数控加工工艺简明教程. 北京：北京理工大学出版社，2007.

[56] 殷作禄，陆根奎. 切削加工操作技巧与禁忌. 北京：机械工业出版社，2007.

[57] 杨有君. 数控技术. 北京：机械工业出版社，2005.

[58] ［德］乌尔里希·菲舍尔. 简明机械手册. 云忠，等译. 长沙：湖南科学技术出版社，2009.

[59] ［日］荻原芳彦. 机械实用手册. 赵文珍，等译. 北京：科学技术出版社，2008.

[60] ［美］Michael Fitzpatick. 机械加工技术. 卜迟武，等译. 北京：科学技术出版社，2009.

[61] 邱言龙. 磨工技师手册. 北京：机械工业出版社，2002.

[62] 廖效果. 数字控制机床. 武汉：华中理工大学，1998.

[63] 叶文华，陈蔚芳. 机械制造工艺与装备. 哈尔滨：哈尔滨工业大学出版社，2011.

[64] 陈华杰，李宪麟. 简明冷作钣金工手册. 上海：上海科学技术出版社，2003.

[65] 邱言龙，王兵，赵明. 钣金工实用技术手册（上、下册）. 北京：中国电力出版社，2016.

[66] 张春丽，杨燕勤. 新编实用钣金技术手册. 北京：人民邮电出版社，2007.

[67] 张如华，赵向阳，章跃荣. 冲压工艺与模具设计. 北京：清华大学出版社，2006.

[68] 杨占尧. 现代模具工手册. 北京：化学工业出版社，2007.

［69］　胡忆沩，杨梅，李鑫．实用铆工手册．北京：化学工业出版社，2017.

［70］　机械工业职业教育研究中心．冷作钣金工必备技能．北京：机械工业出版社，2016.

［71］　吕扶才．钣金技术及应用．北京：化学工业出版社，2013.

［72］　李英杰．钣金压弯技术．北京：机械工业出版社，2012.

［73］　钟翔山．实用钣金操作技法．北京：机械工业出版社，2012.

［74］　霍长荣，韩志范．钣金下料常用技术．北京：机械工业出版社，2015.

［75］　刘群山，张忠诚．材料及其成形技术基础．北京：兵器工业出版社，2010.

［76］　丁德全．金属工艺学．北京：机械工业出版社，2000.

［77］　陈文明，高殿玉，刘群山．金属工艺学．北京：机械工业出版社，1994.

［78］　庞国星．工程材料与成形技术基础．北京：机械工业出版社，2018.

［79］　张忠诚，张双杰，李志永．工程材料及成形工艺基础．北京：航天工业出版社，2019.

［80］　刘群山，张双杰．工业生产技术基础．北京：机械工业出版社，2004.